国家出版基金项目
NATIONAL PUBLICATION FOUNDATION

中国昆虫地理

Insect Geography of China

申效诚等　著

By

Shen Xiaocheng *et al.*

河南科学技术出版社
·郑州·

内 容 简 介

昆虫地理学是昆虫学与地理学的交叉学科。本书简要回顾了国内外生物地理学的发展成就，详细地介绍了多元相似性聚类分析方法的创建原理和计算方法，用多元相似性聚类分析方法对全国823科17 018属93 661种昆虫的分布进行了定量分析，提出了中国昆虫3界4亚界9区20亚区的区划方案。此书的出版，将预示着以"合并降阶"为特征的旧方法的终结，使生物地理学由定性分析进入定量分析的新阶段。

本书采用的方法新颖先进，材料丰硕准确，论证周密严谨，结论客观合理，是我国第一部全面、系统论证昆虫分布规律和地理区划的专著。本书可供高等院校昆虫、生物、地理等专业师生以及从事昆虫学、动物学、植物学、地理学、生物地理学研究的科研工作者和自然保护区工作人员参考。

图书在版编目（CIP）数据

中国昆虫地理 = Insect Geography of China / 申效诚等

著 . —郑州：河南科学技术出版社，2015.10

ISBN 978-7-5349-7925-5

Ⅰ.①中… Ⅱ.①申… Ⅲ.①昆虫–地理分布–中国

Ⅳ.①Q968.22

中国版本图书馆CIP数据核字（2015）第210896号

出版发行：河南科学技术出版社

地址：郑州市经五路66号 邮编：450002

电话：（0371）65737028 65788613

网址：www.hnstp.cn

策划编辑：周本庆 陈淑芹 编辑信箱：hnstpnys@126.com

责任编辑：陈淑芹 孙 珺

责任校对：崔春娟 王晓红 马晓灿

装帧设计：张 伟 杨红科

责任印制：张艳芳

地图审图号：GS（2015）3147号

地图编制：湖南地图出版社

印 刷：北京盛通印刷股份有限公司

经 销：全国新华书店

幅面尺寸：210 mm×292 mm 印张：63 字数：2 261千字

版 次：2015年10月第1版 2015年10月第1次印刷

定 价：850.00元

如发现印、装质量问题，影响阅读，请与出版社联系调换。

本书编著人员（Authors）

申效诚 Shen Xiaocheng

（河南省农业科学院植物保护研究所 Institute of Plant Protection, Henan Academy of Agricultural Sciences，Zhengzhou，450002，China) e-mail: shenxiaoc@126.com

全书设计、运算、分析及各编、章的撰写。

任应党 Ren Yingdang

（河南省农业科学院植物保护研究所 Institute of Plant Protection, Henan Academy of Agricultural Sciences，Zhengzhou，450002，China) e-mail: renyd@126.com

项目的统筹、运作及支持，农林昆虫资料的统计与分析，审读全文。

刘新涛 Liu Xintao

（河南省农业科学院植物保护研究所 Institute of Plant Protection, Henan Academy of Agricultural Sciences，Zhengzhou，450002，China) e-mail: lxt.good@163.com

计算程序的设计，软件制作，全书图的绘制。

申 琪 Shen Qi

（河南中医药大学第一临床医学院 First Clinical University, Henan College of Traditional Chinese Medicine，Zhengzhou，450000，China) e-mail: shenqi450000@aliyun.com

基础资料的收集与整理，医学卫生昆虫部分的运算与分析。

王爱萍 Wang Aiping

（郑州大学生命科学学院 The School of Life Science, Zhengzhou University，Zhengzhou，450001，China) e-mail: pingaw@126.com

相似性通用公式的创建。

张书杰 Zhang Shujie

（郑州大学生命科学学院 The School of Life Science, Zhengzhou University，Zhengzhou，450001，China) e-mail: zhangshujie@zzu.edu.cn

基础资料的收集与分析。

孙 浩 Sun Hao

（郑州轻工业学院 Zhengzhou University of Light Industry，Zhengzhou，45002，China) e-mail: sunhaofirst@126.com

基础资料的收集与整理。

马晓静 Ma Xiaojing

（河南省农业科学院植物保护研究所 Institute of Plant Protection，Henan Academy of Agricultural Sciences，Zhengzhou，450002，China) e-mail: maerniu1984@126.com

基础资料的收集与整理。

序

Sequence

生物地理学（biogeography）是生物学和地理学的交叉学科，主要研究生物在地球上的时空分布现状与历史、分布格局和形成机制等。生物地理学产生于 19 世纪早期，根据研究的生物类群可分为植物地理学、动物地理学和昆虫地理学等。此后，达尔文关于物种形成和生物演化的理论，以及地球板块构造、海底扩张、大陆漂移等地理学假说与理论的完善，促进了该学科的快速发展。

作为生物地理学的分支学科，昆虫地理学重点研究昆虫的起源与进化、昆虫的分布与扩散、地理的阻障与演化、区系地理的相似与相异等。我国昆虫地理学最早可追溯到 20 世纪初，新中国成立后进入了快速发展阶段。我国昆虫工作者对农林生产区和人类生活区的农林昆虫、卫生昆虫、储藏物昆虫、天敌昆虫等开展了系统的调查或普查，并多次组织了对横断山、昆仑山、长江三峡库区、秦岭和十万大山等昆虫物种分布重要地区的考察活动，将全国昆虫种类数目从新中国成立初期的 2 万余种提高到现在的 10 万余种。相关研究人员先后发表了数千篇昆虫分类论文，出版了 50 多卷《中国经济昆虫志》、50 多卷《中国动物志》（昆虫纲）以及数十部昆虫类群志。

作为长期从事昆虫区系研究的科学家，申效诚先生针对传统相似性分析方法不能用于两个以上地区昆虫分布相似性综合比较的局限性，研究提出了一个多地区相似性计算的通用公式，并据此创立了多元相似性聚类分析方法（multivariate similarity clustering analysis, MSCA），解决了传统定性方法难以处理点状分布信息和海量数据的缺陷，并利用 MSCA 方法，按照"全员参与，适度设区，摒弃合并，等距划分"的原则，定量分析了我国 823 科 17 018 属 93 661 种昆虫的地理分布，提出了中国昆虫属于世界昆虫的东古北界（西伯利亚亚界、中国亚界）、西古北界（中亚亚界）和东洋界（南亚亚界）的 3 界 4 亚界 9 区 20 亚区的地理区划方案。

基于长期研究昆虫地理区划所取得的创新性成果，申效诚先生等编写了《中国昆虫地理》一书。该书包括中国昆虫种类分布资料的收集与整理、数据库建设、基本地理单元的确立、相似性聚类分析和地理区划系统的建立等，内容丰富，信息量大，学术性强，是我国第一部全面、系统论证昆虫分布规律和地理区划的专著。它的出版为我国昆虫学、动物学、植物学、地理学和生物地理学科研工作者提供了一本高水平的专业性工具书。

申效诚先生是我 20 世纪 80 年代在河南省学习和工作时期的良师益友，他为人正直、谦逊、睿智，十分热爱农业科学研究工作。在基层植保站期间，他大力推广生物防治技术，解决农民的生产需求。在河南省农业科学院工作期间，他率先将农业信息技术用于病虫害的测报工作，推动传统学科与新兴学科的交叉融合。退休后，他把全部精力用于昆虫地理学的研究，不顾病重的身体，经常深入大山采集昆虫标本，风餐露宿、不辞辛苦。由于严重的肝病，他9年前做了肝移植手术，此后，我们一直为他的健康而默默祈祷。今天，当我看到他抱病完成的学术巨著，心里充满了对他为科学献身精神的崇高敬意；当然，更多的是高兴，为一个昆虫学家实现他的梦想而由衷地高兴。正是他们这一代科学家，凭着对科学的执着追求和对国家的奉献精神，推动了我国科学事业的快速发展。

这不仅是一部昆虫学学术著作，它还传承了老一代昆虫学家的光荣传统和精神财富。

中国农业科学院研究员
中国 工 程 院 院 士　　吴孔明

2014 年 5 月 31 日

前　言

Preface

　　写作这部专著的缘由，起自 10 年前，2005 年 1 月，肝功能衰竭这个可怕的病魔把我推进了天津市第一中心医院的手术室内。当医生们把折磨我 20 年的病魔祛除之后，我望着 ICU（intensive care unit 的缩写，即重症加强护理病房）的天花板，思绪万千，又飞回到为之奋斗了 40 多年的昆虫王国。

　　世界上任何两个地区的生物种类，不可能完全相同，也不可能完全不同，相同的部分说明两个地区之间的固有关系或历史渊源，不同的部分说明两个地区之间的进化方向的差异。这种相同相异的对比关系就是"相似性"，它是生物地理学的理论基础。相似性的概念由 Lorentz 于 1858 年首先提出，到 1901 年 Jaccard 提出了著名的相似性计算公式，使得相似性由概念进入到数学表达阶段。遗憾的是，这仅仅是两个地区之间的比较，并不能够解决两个以上地区相似性的计算。因此 100 多年来，科学家都在探讨多地区之间相似性的计算方法，都在寻觅这把金光闪闪的钥匙，但似乎都没有达到预期目标，以至英国学者 Cox 在评论了当今流行的各种方法之后感慨地表示：生物地理定性研究，"这些 19 世纪的阐释直到 20 世纪末都几乎不变地被沿用"。那么，我能啃下这块天鹅肉吗？我能锻造出这把开山之斧吗？我开始了这个似乎有点异想天开、自不量力的探讨和寻觅，我不指望会有什么结果，也不指望手术赋予我的时间能不能够完成，唯一的原因是这不需要任何器材、条件和经费，只需要逻辑思维能力，躺在病床上就可进行，就可打发掉我宝贵得来而又无法打发的时间。

　　当反复对比了两个地区与多个地区昆虫种类共有程度的差别之后，难点集中在如何给不同层次共有种类赋予一个怎样的系数序列。而且这个序列是自然的、有规律的，不是人为强加的。我苦苦寻觅，魂牵梦绕。

　　2006 年酷暑季节，我带着研究生们在伏牛山腹地采集昆虫标本。我们住在农家宾馆里，这家宾馆，房间四面透风但不漏雨，电压不足但能带动电脑。四周松涛阵阵，流水潺潺，白天鸟儿翻飞于窗前，夜晚野猪撒野于房后。这样天人合一的洞天福地之所，我渴望领悟到自然之真谛，渴望凝练出科学之正道。我期待着这个时刻的到来。

　　8 月上旬一天的凌晨，正是笔者蒙蒙眬眬、将醒非醒的时刻，大脑里忽然像一道电光闪过：那些需要的数字不是都闪现出来了吗？那些不同组合的脚标和肩标不就是"众里寻他千百度"的系数吗？我立即打开电灯，迅速写出来一个冗长的原理公式。又经过一年多的数学推导、实践验证，简化了公式，赋予了定义，规范了算法，完善了流程，一个多地区相似性计算的通用公式和据此而创立的多元相似性聚类分析方法正式问世了。这个命名为 MSCA 的方法的完成，从手术时算起，用了整整 3 年的时间。

方法完成之后，我立即意识到自己将面临一项"中国昆虫地理学"的重大历史使命。这将是一项有计划、有目标，且在预见时间内一定要完成的工作，也将是我参加工作 40 多年来最富挑战性、最具科学价值的工作。根据工作量的估计和生命的预期，我辞去了郑州大学的聘任，不撰写论文，不参加学术会议，不参与其他任何活动，集中力量，蜗居斗室，面壁 5 年，终于在笔者 70 岁生日和第二次生命 8 岁生日时，完成了这部由定量分析方法得到的专著——《中国昆虫地理》的全部工作，包括从中国昆虫的种类、分布资料的收集与整理、数据库建造、基本地理单元的确立、相似性聚类分析、地理区划系统的建立，一直到专著的规划与撰写等各个环节。这是一个拼时间、拼意志、拼毅力的浩繁工程，仅建造数据库，录入的数据如果用 A4 纸小 5 号字打印出来，将用 80 多包纸，有 4 米多高。

这部专著的问世，无疑证明了 MSCA 方法的严谨、快捷和准确，尤其是传统定性方法无能为力的点状分布信息和以"合并降阶"为特征的软件处理不了的海量数据，MSCA 都可以简便、快捷、准确、严密地获得符合数学逻辑、地理学逻辑、生态学逻辑、生物学逻辑的分析结果。它的简单实用性、强大的数据处理能力、分析结果的合理性，相信会继续得到使用者的体验与认可。

中国昆虫纲原有 33 目，其中原尾目、弹尾目、双尾目先后离开昆虫纲，组成内颚纲 Entognatha，与狭义昆虫纲 Insecta *s. str.* 共同组成六足总纲 Hexapoda，或称为广义昆虫纲 Insecta *s. slat.*。本研究仍按中国昆虫原来的分类系统（即包括原尾目、弹尾目、双尾目在内）进行统计分析讨论，共计 33 目 823 科 17 018 属 93 661 种。

为了确定中国昆虫在世界地理区划中的地位，在目前还没有建立世界昆虫地理区划系统的情况下，笔者还分析了世界昆虫以及众多低等生物类群的分布特征及地理区划，进行全面论述显然已超出本专著范围，因此，本专著专辟一章列举近 500 科世界昆虫类群的分析结果，以显示中国昆虫和周边地区的关系，构建完整的中国昆虫地理区划系统。

本专著通过 MSCA 得到的中国昆虫 3 界 4 亚界 9 区 20 亚区的地理区划方案，是低等生物地理区划的首次尝试，它必须经过学界前辈、同仁以及广大昆虫学工作者共同认可才具有实际意义，因此这个结果只是引玉之砖，能得到大家的批评和讨论，心愿足矣。

本专著问世之际，感谢潘澄主任医师和他的团队，他的精湛医术和他的团队的精心护理，使我有了至今已 10 年的生命。

本专著问世之际，感谢中国工程院院士、中国农业科学院研究员郭予元先生、吴孔明先生，中国科学院西北分院杨星科研究员，中国科学院动物研究所黄大卫研究员、袁德成研究员，中国科学院地理研究所张荣组研究员、张镱锂研究员，南开大学卜文俊教授等给予的指导与关注；感谢南开大学李后魂教授，中国农业大学杨定教授、彩万志教授，首都师范大学任东教授，河北大学任国栋教授，中南林业大学魏美才教授，河南省科学院王治国研究员，河南农业大学原国辉教授，河南师范大学牛瑶教授，广西农业科学院曾涛研究员，中国科学院上海植物生理生态研究所卜云博士等业界同仁给予的帮助与鼓励，并无私提供文献资料。

　　本专著问世之际，感谢河南科学技术出版社周本庆先生，他以学术上的预见和业务上的敏感，早在数据库完成之前，就约定了本专著的编辑和出版。

　　本专著问世之际，感谢工作单位领导的关心和年轻学者的帮助与合作。

　　由于笔者水平有限，本专著中的错误和不妥之处，诚请学界同仁批评指正，以期不断完善。

申效诚
2014 年 10 月 1 日

目 录
Contents

第三编　省区

第四编　类群

第五编　中国昆虫地理区划

参考文献

索 引

附 录

Contents

Part I Exordium

Part II Methods

Part III　Provinces

Part IV　Insect Groups

Part V　Insect Biogeography Division in China

References

Index

Appendix

第一编
绪论

Part I Exordium

导　言

本编明晰而简要地介绍了世界和中国生物地理学的发展历史及辉煌成就。两个多世纪以来，一直是定性研究的成就推动与维系着生物地理学的发展，定量研究则举步维艰，建树甚微。

与定性研究几乎同时起步的定量研究始于 1858 年相似性概念的提出，随后 Jaccard 提出的二元相似性计算公式把相似性概念推进到数学表达阶段。这个公式的功绩是"能够"计算出两个地区间的相似性，它的局限性是仅仅能够计算出"两个"地区间的相似性。随后产生的以"逐区合并"为共同特征的诸多公式与软件，都没能彻底打开定量分析的大门。正如 Cox（2005）评价目前流行的各个流派后所描述的，定性分析，"这些 19 世纪的阐释直到 20 世纪末都几乎不变地被沿用"。

那么，能够计算多地区相似性的这把金光闪闪的钥匙在哪里呢？

Introduction

In the part, development history and achievements in biogeography are reviewed. Since Jaccard's formula which can only calculate the similarity coefficient between two units, was created, no great progress was gained. All kinds of formula and software attain no the desired results, consequently the bio-geographical qualitative divisions in 19th century were using up to now, and achieved no quantitative expounding, espousing or revising. Calculating similarity of multi-region has become a difficult question in the World.

So, where is the key opening the door of quantitative analysis?

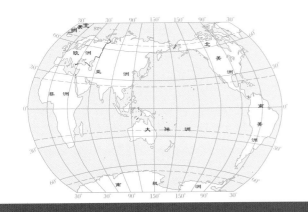

第一章
生物地理学的概念及成就

Chapter 1   The conception and achievement of biogeography

第一节   生物地理学的研究内容
Segment 1   The conception of biogeography

生物地理学（biogeography）是生物学和地理学的交叉学科。它是研究生物在地球上的时空分布现状和历史、分布格局和形成机制的科学。

生物分布、环境条件影响生物分布等朴素概念，是与人类的生活和生产活动同时产生的，经典著作《尚书》中的《夏书·禹贡》列举了不少植物、动物的分布。例如：扬子鳄 *Alligator sinensis* 古时称"鼍"，分布于长江中下游、黄河中下游及金沙江，而现在只存在于安徽宣城地区；桑蚕古代分布于豫州、兖州、青州、徐州、扬州、荆州等。《山海经》中叙述了 289 种动物的地理分布。著名的《晏子春秋》中，晏婴面对楚王的诘问，"婴闻之，橘生淮南则为橘，生于淮北则为枳，叶徒相似，其实味不同。所以然者何？水土异也"。其实，橘（*Citrus reticulata*）和枳（*Poncirus trifoliata*）是不同属的两种植物，但已至少说明，橘的分布地限于淮南，枳则可延及淮北，气候条件限制了植物分布地。

生物地理学作为现代科学的学科之一，几乎是与现代的生物分类学一起诞生的。当 1758 年瑞典博物学家林奈（Linnaeus）发表他的《自然系统》第十版作为现代分类学的起点时，而 1761 年法国博物学家乔治·布封（Georges Buffon）出版的《自然史》（*Natural History*）多卷本则开启了生物地理学的序幕。

生物进化论和大陆漂移学说的相继诞生和引入，为生物地理学注入强大生命力，产生了历史生物地理学和生态生物地理学的根本分化。生态生物地理学关心的是较短时间的、现生时期的、局部的、生境内的或大陆内的问题，主要考虑活的动物或者植物的种级、亚种级水平的生物。历史生物地理学则考虑长期的、进化时期的、较大的或全球的区域、种级以上的阶元或灭绝的阶元。由于植物和动物的不同性质以及研究材料获得的难易程度不同，历史生物地理学主要是动物学家的活跃领域，植物学家更多关心生态生物地理学（Cox，2005）。各自都有诸多的学派或分支学科的涌现，诸如散布论、分替论、聚类生物地理学、种系发生生物地理学、种系地理学、概括轨迹、特有性简约分析（parsimony analysis of endemicity，PAE）、泛生物地理学等等。

20 世纪末，当人们逐渐认识到人类自身活动导致地球气候变化等种种不良后果后，关于生物地理学的研究总量显著增加，这既说明人们在解决众多危机中对生物地理学的期盼，也说明生物地理学应该承担的历史责任。

生物地理学既是古老的学科，又是崭新的学科，既需要分类学、生态学、生理学、古生物学、地质学、气候学等传统学科的支撑，又不断需要新的微观的和宏观的技术、方法、手段，诸如分子生物学、分子系统学、航测遥感、空间检测、计算机技术等进行武装、验证或阐释。它非但不是行将就木、颓废待毙的没落学科，反而更是重整待兴、蓄势待发的新兴学科。它将会在整合、保护、有效利用生物资源，维持社会和经济持续发展中发挥积极作用。

数学的介入和支持是现代科学的重要特征之一。但遗憾的是生物地理学在 200 多年的发展历程中，很少得到数学的帮助。有限的事例是：

1. 德国的分类学家维利·亨尼希（Willi Hennig）1950 年提出的用聚类法来分析生物类群内成员间的系统发育关系，至今应用广泛。英国国王学院生命科学部首席学者 C. B. Cox 等评价说："虽然分支学提供了一种新的、比较严格的生物学关系分析途径，但是这一技术对于所有的系统学或者生物地理学问题不是简单的万应灵丹。"

2. 英国古生物学家科林·帕特森（Colin Patterson）1981 年提出的后来称之为区域聚类学的方法。在一定的生物类群内，"生物学和地质学事件的比较似乎表明一种满意的和令人信服的平行"，但"分支技术的使用往往表明"这种"平行的假设是不正确的"。

3. 英国的古生物学家布莱恩·罗森（Brian Rosen）于 1988 年提出的特有性简约分析，是利用一个地理区域内的特有生物的分布资料，来分析这一区域内的生物分布区。然而，PAE 和上述方法"共有许多前述缺点，却没有它的……优点，因此，新近受到了有力的批评"。

上述这些几乎是仅有的数学介入的事例，为什么在一定的生物或地理区域范围内，可以得到令人满意的结果，而增大或改变生物类群、扩大或改变地理区域后，就难以得到类似结果呢？这些留待第二编分析。不过可以肯定的是，数学的介入和支撑应是生物地理学发展的重要途径。

第二节　植物地理学的成就
Segment 2　The achievement of plant geography

在经过许多植物学家、探险家的奋斗实践后，德国人亚历山大·冯·洪堡（Alexander von Humboldt）成为植物地理学的奠基人。他于 1799~1804 年进行了南美洲考察，其间他登到钦波拉佐火山 5 800m 以上的高度，这一人类登高世界纪录由他保持了 30 年。他注意到生活在大山上的植物按照海拔高度有着像纬度变化一样的分带现象，他相信世界分成许多个自然地区，每个地区有自己独特的生物集群。1805 年开始，他陆续发表了 30 卷的系列出版物，详细、透彻地解释了他的植物学观察。

瑞士植物学家奥古斯丁·德堪多（Augustin de Candolle）随后推进了洪堡的工作。他于 1820 年评述了导致植物扩散和限制植物扩散的因素，认为这个过程的结果将形成特定的地区，这些地区的不同就在于它们有各自的"特有的"动植物。他认定了世界上 20 个特定的地区，其中 18 个是大陆上，2 个是岛屿。

1879 年，德国植物分类学家阿道夫·恩格勒（Adolf Engler）将世界分作 4 个植物区系界，并对不同的界中植物区系进行对比。他对这些界的认定，除细微的区别外，与今天人们接受的植物区系系统很相似。他绘制了一个详细的地图，标出了各界的分界，把欧洲、亚洲大部分地区、北美洲、非洲北部称为"北方热带外界"，把中、南美洲作为新热带界，把非洲到印度尼西亚作为旧热带界，把南美洲南端、非洲南端、澳大利亚大部分地区、新西兰南部称作"古大洋洲界"。他对"古大洋洲界"这一令人惊异的分布格局的认定，直到 80 年后大陆漂移学说问世后才得到解释。

此后，Diels（1895），Drude（1902），Good（1964）陆续提出各自的地理区划意见，植物界数目上升到 6 个，1978 年苏联人塔赫他间（Takhtajan）提出新的分区系统（图 1-1），他主要根据被子植物的分布，划分出 6 个植物界，8 个亚界，34 个植物区和 142 个亚区。与恩格勒的划分相比，除具体的分界线有所调整外，最大的不同是把古大洋洲界分为 3 个界：澳洲界、好望角界和泛南极界。泛北极界共有特有科 30 个，特有属 700 个，共分 3 个亚界、9 个区，其中东亚区有特有科 14 个，特有属 300 多个，几乎占全界的一半；古热带界共有 40 个特有科，1 200 个特有属，分为 5 个亚界，12 个区；新热带界共有 25 个特有科，近 2 000 个特有属；好望角界有 7 个特有科，210 个特有属；澳洲界有 8 个特有科，570 个特有属；泛南极界有 10 个特有科，100 个特有属。塔赫他间的观点得到今天人们的基本认可。

Cox（2001）提出新的意见，他认为，应该撤掉好望角界和泛南极界，有关地区归并入自己所属的大陆；他提议把古热带界分为非洲界和印度-太平洋界。

中国的植物地理学，20 世纪早期已经开始有学者（胡先骕，1926，1929，1934，1935，1936；Handel Mazzettii，1931；刘慎谔，1934，1935，1936，1944）关注，但作为生物地理学整门学科，是在 20 世纪 50 年代才开始兴起的。到 1983 年，吴征镒等认可世界植物地理区划中关于中国涉及的两个界——泛北极界和古热带界的意见，提出中国植物区系"区－亚区－地区"3 个阶元的分区方案，将中国分为 2 区（泛北极区和古热带区），7 亚区，22 地区，其中泛北极区分为欧亚森林、欧亚草原、亚洲荒漠、青藏高原、中日森林、中国－喜马拉雅森林共 6 个亚区。2011 年，吴征镒等在《中国种子植物区系地理》中又提出新的区划方案，和原方案相比，最大的不同是新设立东亚植物区，下辖中国－日本森林、中国－喜马拉雅森林、青藏高原 3 个亚区，同时将地中海、伊朗高原、中亚等地设立为"古地中海植物区"，将中国的亚洲荒漠亚区作为其下辖的中亚荒漠亚区。更细的层面上是在 24 个地区下划分了 49 个亚地区（图 1-2）。

植物的分布资料是植物地理学研究的基础，方精云等（2009）《中国木本植物分布图集》将中国的 11 405 种木本植物，以县为基础地理单元的分布状况，绘制 11 405 张分布图，为中国木本植物地理分布的定量分析做好了充分的准备。

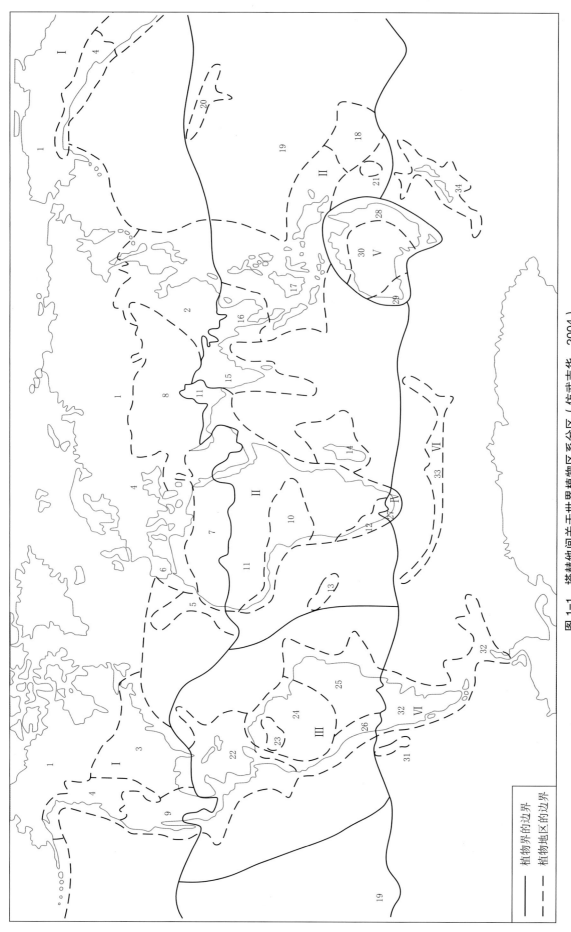

图 1-1 塔赫他间关于世界植物区系分区（仿武吉华，2004）

Ⅰ、泛北极界：1. 环北方植物地区 2. 东亚植物地区 3. 大西洋-北美植物地区 4. 落基山植物地区 5. 辛运岛植物地区 6. 地中海植物地区 7. 撒哈拉-吐兰植物地区 8. 伊朗-吐兰植物地区 9. 马德雷（索诺拉）植物地区 10. 几内亚-刚果植物地区 11. 苏丹-赞比亚植物地区 12. 卡鲁-纳米布植物地区 13. 阿森松和圣赫勒拿植物地区 14. 马达加斯加植物地区 15. 印度植物地区 16. 中南半岛植物地区 17. 马来西亚植物地区 18. 斐济西亚植物地区 19. 波利尼西亚植物地区 20. 夏威夷植物地区 21. 新喀里多尼亚植物地区 Ⅱ、古热带界：Ⅲ、新热带界：22. 加勒比植物地区 23. 亚马孙植物地区 24. 亚马那高地植物地区 25. 巴西植物地区 26. 安第斯植物地区 Ⅳ、好望角界：27. 好望角植物地区 Ⅴ、澳洲界：28. 东北澳大利亚植物地区 29. 西南澳大利亚植物地区 30. 中部澳大利亚植物地区 Ⅵ、泛南极界：31. 胡安-费尔南德斯植物地区 32. 智利-巴塔哥尼亚植物地区 33. 亚南极岛屿植物地区 34. 新西兰植物地区

—— 植物界的边界

---- 植物地区的边界

第三节　动物地理学的成就
Segment 3　The achievement of zoogeography

作为动物地理学的研究材料主要是哺乳动物和鸟类，由于它们是温血动物，所以对环境条件的依赖不像植物那么大。早期的动物地理学者不大关心局部生态条件的影响，只是识别了与大洲对应的六个区。1858 年，英国鸟类学家菲利普·斯克莱特（Philip Sclater）根据他对鸟类特别是雀形目 Passeriformes 鸟类分布的研究，提出了世界动物地理区的划分，并赋予所鉴定的 6 个大陆区域的经典名称。

英国动物学家艾尔弗雷德·拉塞尔·华莱士（Alfred Russel Wallace）是一位进化论者，他在印度尼西亚旅行期间以采集鸟类、蝴蝶、甲虫标本卖给博物学家为生，他的旅行和采集活动导致他对动物的分布格局大感兴趣。他的研究材料不仅有斯克莱特所依据的鸟类，还包括了哺乳动物和其他脊椎动物，甚至还包括了一些鞘翅目和鳞翅目的昆虫种类。他接受了斯克莱特的划分方案以及名称，并在加里曼丹岛与苏拉威西岛之间，以"线"划分开东洋界与澳洲界。他的《动物的地理分布》（1876）被推崇为动物地理学的奠基之作，并一直沿用至今（图 1-3），他把全世界划分为 6 个界 24 个亚界。

丹麦哥本哈根大学 B. G. Holt 等 2013 年在 *Science* 上发表研究报告，以哺乳动物、两栖动物和鸟类为材料，把全世界分为 11 个界，但立即受到同行们的质疑（Kreft H. *et al*，2013）。

中国动物地理学研究同样始于 20 世纪早期，de Sowerby（1923），La Touche（1926~1934），寿振黄（1936），Mori（1936），Loukashkin（1939），Allen（1938，1940），Boring（1945），张作干（1947），郑作新（1947）等分别就高等动物的某些类群，或全国或局部地域进行了动物地理的研究和探讨。

新中国成立后，随着全国动物区系调查及分类工作开展，一些学者开始对全国范围内的脊椎动物的分布和地理分区工作进行系统的整理和研究，代表性的著作有《中国第四纪哺乳动物群的地理分布》（裴文中，1957），《中国动物地理区划》（郑作新，1959），《中国第四纪动物区系的演变》（周明镇，1964），《中国鸟类分布名录》（郑作新，1976），《中国淡水鱼类的分布区划》（李思忠，1981），《中国自然地理系列专著：中国海洋地理》（王颖等，1996）等。张荣祖 20 世纪 50 年代投身动物地理研究，1979 年出版的《中国自然地理系列专著：中国动物地理》，首次对中国陆栖脊椎动物地理分布进行了系统分析，探讨了历史演变过程，并对全国动物区划进行了修订，得到广泛认可和应用。后又于 1999 年、2004 年、2011 年进行了 3 次补充和修改（图 1-4）。

在图 1-4 中，中国动物地理共分为东北动物地理区（Ⅰ）、华北动物地理区（Ⅱ）、蒙新动物地理区（Ⅲ）、青藏动物地理区（Ⅳ）、西南动物地理区（Ⅴ）、华中动物地理区（Ⅵ）和华南动物地理区（Ⅶ）七个大区：**东北区**包括大兴安岭亚区（ⅠA）、长白山地亚区（ⅠB）、松辽平原亚区（ⅠC），大兴安岭亚区下又分大兴安岭北部省（1）、大兴安岭南部省（2），长白山地亚区下又分小兴安岭省（3）、长白山地省（4）、三江平原省（5），松辽平原亚区下又分山前丘陵省（6）、嫩江平原省（7）、辽河平原省（8）；**华北区**包括黄淮平原亚区（ⅡA）、黄土高原亚区（ⅡB），黄淮平原亚区下又分华北平原省（9）、山东丘陵省（10）、淮北平原省（11），黄土高原亚区下又分冀晋陕北部省（12）、晋南-渭河-伏牛省（13）、甘南-六盘省（14）；**蒙新区**包括东部草原亚区（ⅢA）、西部荒漠亚区（ⅢB）、天山山地亚区（ⅢC），

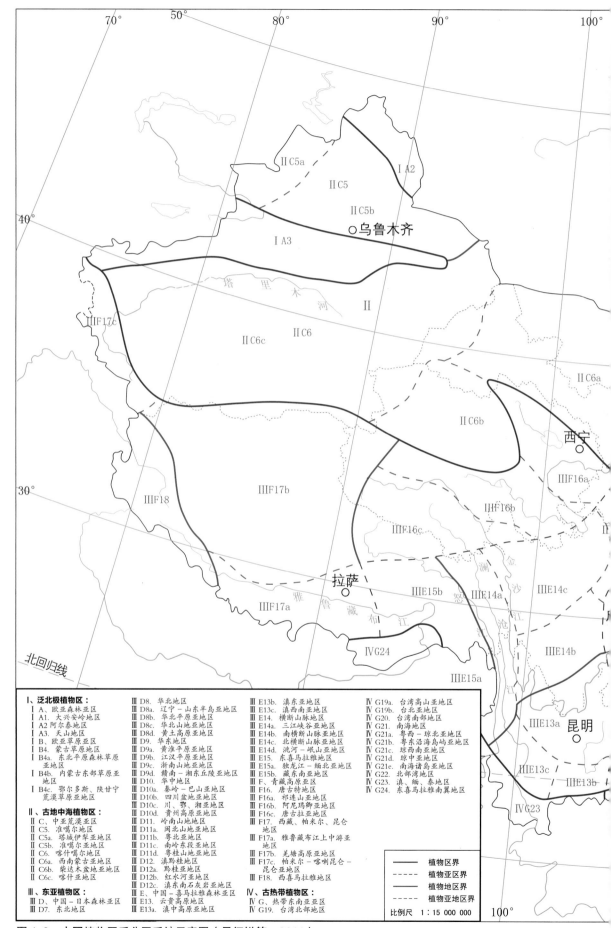

图1-2 中国植物区系分区系统示意图（吴征镒等，2011）

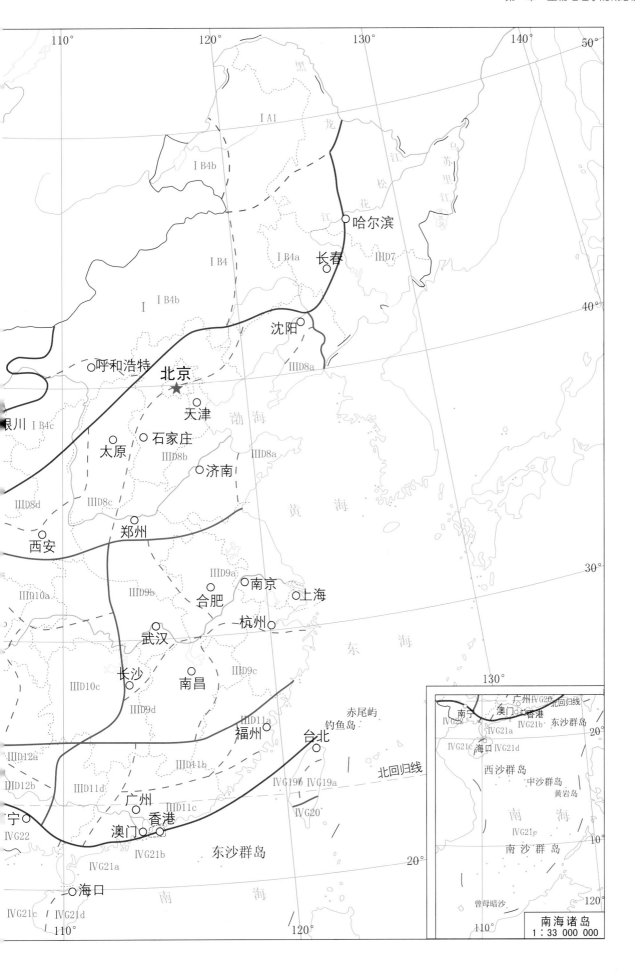

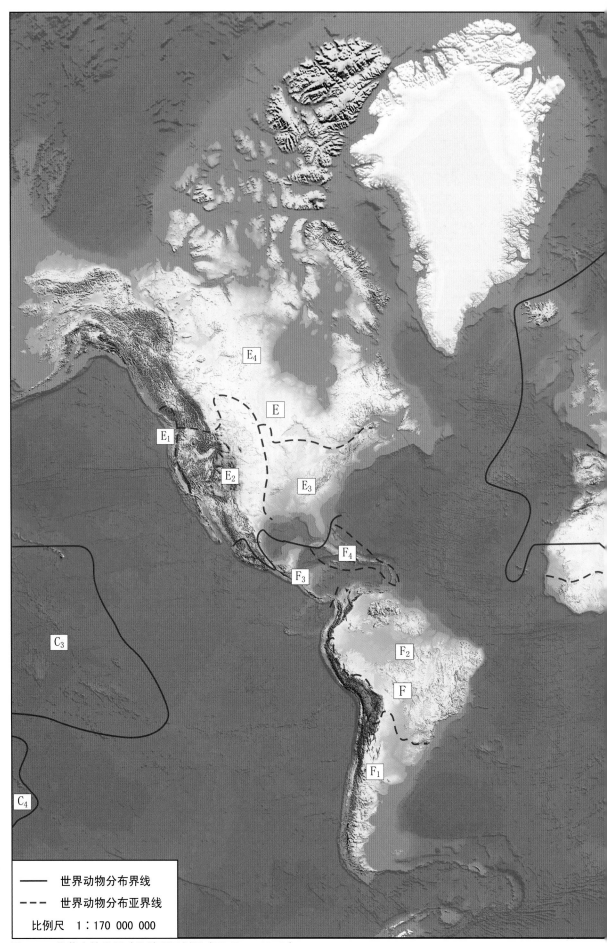

图1-3　华莱士的世界动物地理区划图（Wallace,1876）

图例：
—— 世界动物分布界线
----- 世界动物分布亚界线
比例尺　1：170 000 000

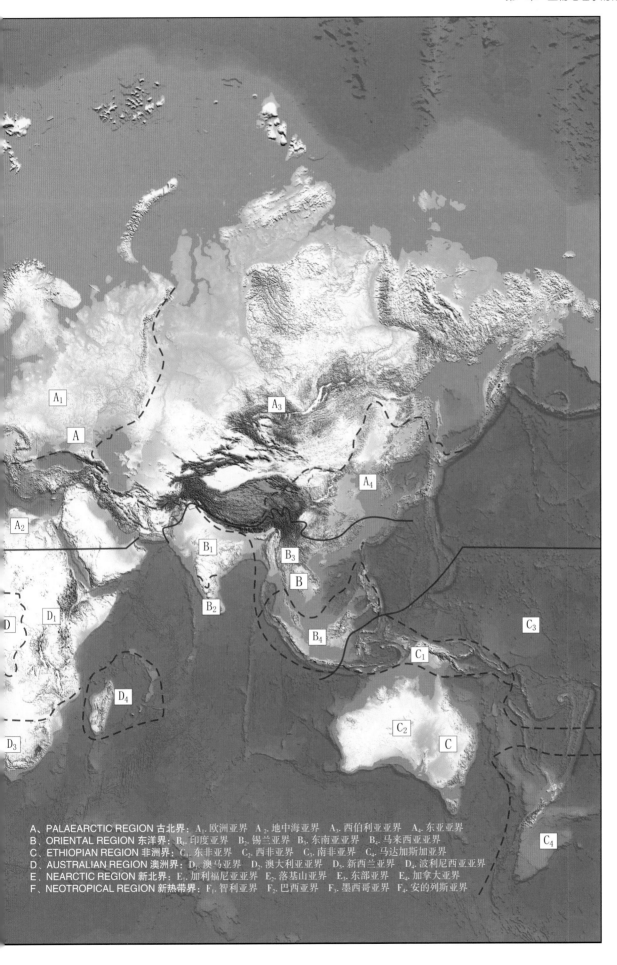

A、PALAEARCTIC REGION 古北界：A₁.欧洲亚界 A₂.地中海亚界 A₃.西伯利亚亚界 A₄.东亚亚界
B、ORIENTAL REGION 东洋界：B₁.印度亚界 B₂.锡兰亚界 B₃.东南亚亚界 B₄.马来西亚亚界
C、ETHIOPIAN REGION 非洲界：C₁.东非亚界 C₂.西非亚界 C₃.南非亚界 C₄.马达加斯加亚界
D、AUSTRALIAN REGION 澳洲界：D₁.澳马亚界 D₂.澳大利亚亚界 D₃.新西兰亚界 D₄.波利尼西亚亚界
E、NEARCTIC REGION 新北界：E₁.加利福尼亚亚界 E₂.落基山亚界 E₃.东部亚界 E₄.加拿大亚界
F、NEOTROPICAL REGION 新热带界：F₁.智利亚界 F₂.巴西亚界 F₃.墨西哥亚界 F₄.安的列斯亚界

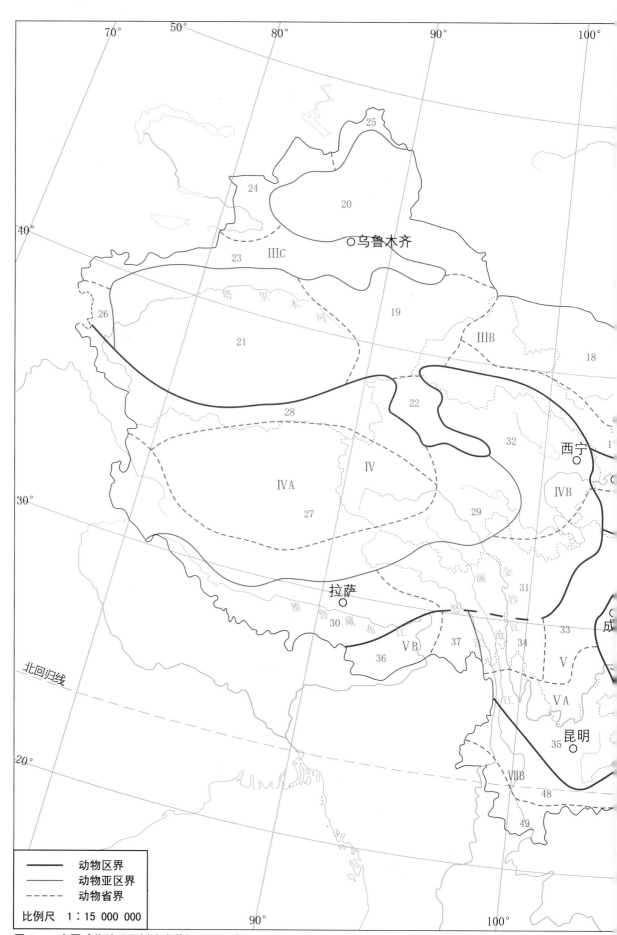

图 1-4 中国动物地理区划（张荣祖，2011）

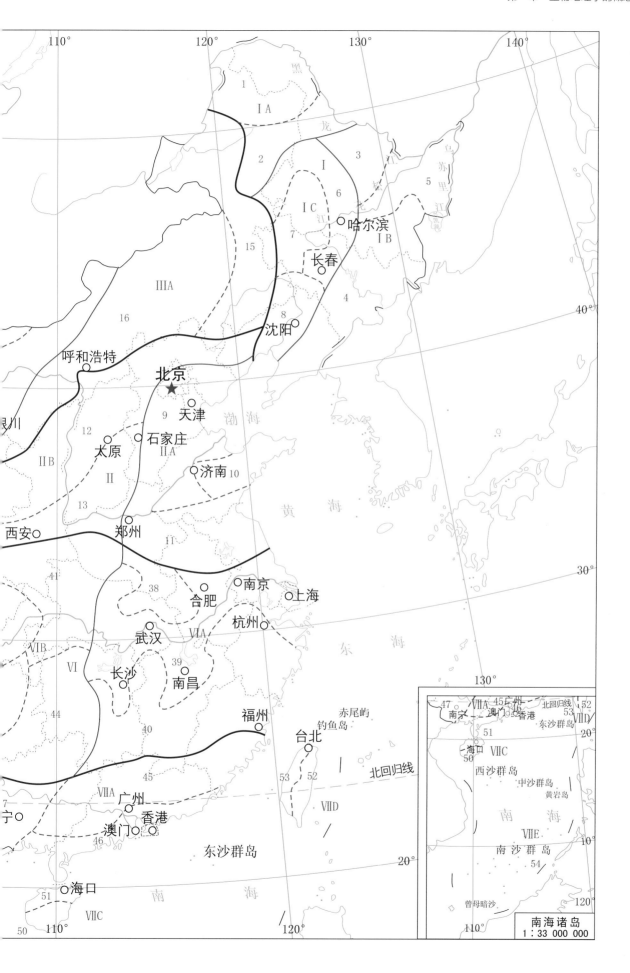

东部草原亚区下又分呼伦贝尔－辽西省（15）、内蒙古东部省（16），西部荒漠亚区下又分河套－河西省（17）、阿拉善－北山省（18）、东疆戈壁省（19）、准噶尔盆地省（20）、塔里木盆地省（21）、柴达木盆地省（22），天山山地亚区下又分天山山地省（23）、准噶尔界山省（24）、阿尔泰山地省（25）、帕米尔高原省（26）；**青藏区**包括羌塘高原亚区（ⅣA）、青海藏南亚区（ⅣB），羌塘高原亚区下又分羌塘高寒省（27）、昆仑省（28）和高原湖盆山地省（29），青海藏南亚区下又分藏南高原谷地省（30）、青藏东部省（31）和祁连湟南省（32）；**西南区**包括西南山地亚区（ⅤA）、喜马拉雅亚区（ⅤB），西南山地亚区下又包括东北山地省（33）、三江横断省（34）和云南高原省（35），喜马拉雅亚区下又包括喜马拉雅省（36）、察隅－贡山省（37）；**华中区**包括东部丘陵平原亚区（ⅥA）、西部山地高原亚区（ⅥB），东部丘陵平原亚区下又分伏牛－大别省（38）、长江沿岸平原省（39）和江南丘陵省（40），西部山地高原亚区下又分秦巴－武当省（41）、四川盆地省（42）、贵州高原省（43）和黔桂湘低山丘陵省（44）；**华南区**包括闽广沿海亚区（ⅦA）、滇南山地亚区（ⅦB）、海南岛亚区（ⅦC）、台湾亚区（ⅦD）和南海诸岛亚区（ⅦE），闽广沿海亚区下又分东部丘陵省（45）、沿海低丘平地省（46）、滇桂山地丘陵省（47），滇南山地亚区下又分滇西南山地省（48）、滇南山地省（49），海南岛亚区下又分中部山地省（50）和沿海低地省（51），台湾亚区下又分中部山地省（52）、西部低地省（53），南海诸岛亚区只有珊瑚岛省（54）。

陈宜瑜等于1996年、1998年根据青藏高原的鱼类区系资料，提出把青藏高原作为一个独立的动物地理"界"，和东洋界、古北界的地位相等。

张荣祖（2011）认为中国动物地理区划上有三个仍有争议的问题：东洋界、古北界在中国东部的分界线、在横断山地区的分界线以及青藏高原的独立设界问题。

半个世纪来，全国区域性的动物区系调查、地方性动物区系资料的整理、全国动物志书的出版等，为动物地理学的发展提供了基础资料。

第四节　昆虫生物地理学的发展
Segment 4　The awkward position of insect biogeography

有了上面的植物地理学和动物地理学，有必要节外生枝地讨论一下昆虫地理学吗？回答应是肯定的。因为植物地理学所依据的材料是有花植物，有花植物种类在植物界中占绝大多数，而且种类和分布资料非常详尽，所以，以有花植物的资料分析结果代表植物界的地理分布是当之无愧的，当然，如果能增加蕨类、苔藓、地衣等类群，更是锦上添花。而动物地理学所依据的是脊椎动物，甚或只是哺乳动物，即使这些动物的资料再为详细，无奈其种类在动物界中所占比例很小（表1-1），再加上哺乳动物在进化史上是最年轻的生物（图1-6），经历的地质历史事件少得可怜。而昆虫是变温动物，受环境条件影响比哺乳动物和鸟类等温血动物大得多；另外，绝大多数昆虫以植物或更小型的生物为食，它们的分布可能更取决于寄主植物的分布。因此，借用哺乳动物的资料建立的体系来代表整个动物界，是很难令人信服的，完全有必要对昆虫的地理分布，甚至还有其他低等动物的地理分布进行分析。

事实上，昆虫学家并没有偷懒或回避，与植物学家、动物学家基本同时起步开展生物地理的研究，并且在昆虫的起源与进化、昆虫的分布与扩散、地理的阻障与演化、区系地理的相似与相异等，都取得了

出色的成就。但令人遗憾的是至今没有一个昆虫区系的世界区划图出来，一直沿用华莱士的动物地理区

表 1-1 一些生物类群已描述的物种数量（根据 Groombridge, 1992）

类群	已描述的物种数	可能存在的物种数	已知类群比例（%）
病毒	5 000	500 000	1
细菌	4 000	400 000	1
真菌	70 000	1 000 000	7
绿藻	40 000	200 000	20
维管植物	250 000	300 000	83
原生动物	40 000	200 000	20
线虫	15 000	500 000	3
软体动物	70 000	200 000	35
甲壳动物	40 000	150 000	27
蛛形动物	75 000	750 000	10
昆虫	950 000	8 000 000	12
脊椎动物	45 000	50 000	90

划方案，尽管华莱士采用的昆虫资料极为有限。

致使昆虫地理学陷于尴尬无助的境地，其原因至少有三：

第一，昆虫种类浩繁，至今仍处于种类描述阶段，全世界每年以 8 000 种的速度扩张，又有数千种改变分类地位或变为异名，很难有人能够全面掌握昆虫类群状况，而单个类群又难以代表昆虫整体的分布特征。

第二，至今为止的昆虫分布资料，绝大多数为点状分布，即使分布很普遍的种类，也不能形成明晰的分布区域，因此，不能够像有花植物和哺乳动物那样，使用传统的"内插法"来进行地理分区。内插法是将每一种生物绘制一张分布区域图，然后叠加起来，分布边界线密集的地方就是分布区的边界线。点状分布的种类和普遍分布的种类，不能画出其分布区域图，因此，内插法对昆虫的地理区划无能为力。

第三，昆虫体形小，生活周期短，有变态，大多生活场所隐蔽，调查、采集、鉴定的难度比有花植物和哺乳动物艰巨得多，想在设定的时间内基本查清已知昆虫的分布范围是根本不可能实现的。

可喜的是，近些年来，已有一些昆虫学家分别对毛翅目、蚤目以及双翅目蚊科、鞘翅目隐翅虫科、膜翅目叶蜂科等昆虫类群提出自己的地理区划意见（Herman, 2001；Silver, 2004；Moor, 2008；Taege, 2010；Morse, 2011；Vashehomok, 2013）。这些都将对昆虫地理区划的稳步发展有推动作用。

一、国内昆虫地理研究进展

（一）中国的昆虫地理学和高等动物地理学、植物地理学同时起步

作为现代科学，生物地理学是和分类学一起于 20 世纪初传入我国。一批批学者抱着科学救国的决心，或学成归国，或国内奋斗，开始了昆虫地理学的长征。陈世骧 1934 年在法国的博士论文 *Recherches sur les Chrysomelinae de la China et du Tonkin*、邹钟琳 1935 年发表的《中国飞蝗之分布与气候地理之关系及其发生地之环境》、柳支英 1935 年 12 月发表的《中国瓢虫名录》和 1939 年发表的 *The fleas of China Order Siphonaptera*、杨惟义 1937 年发表的《中国昆虫之分布》、冯兰洲 1938 年在国际昆虫学大会上发表的论文 *The geographical distribution of mosquitoes in China* 等可谓中国昆虫地理学的开山之作。与此同时，胡经甫 1935~1941 年出版的 6 卷巨著 *Catalogus insectorum Sinensium* 首次对中国 20 069 种的昆虫区系及其分布进行

了总结。至此，中国昆虫地理学与高等动物地理学、植物地理学相比，不仅是同时起步，且业绩表现不俗。

（二）中国昆虫地理的奠基之作

新中国成立后，按照全国地理区划的科学规划，植物地理、动物地理、昆虫地理又站在同一条起跑线上。1959年马世骏发表了中国昆虫地理区划初稿（中国科学院自然地理区划工作委员会，1959），并出版了《中国昆虫生态地理概述》一书。他系统讨论了中国昆虫区系成分，详细分析了中外学者关于东洋界与古北界在中国的分界线位置的争论，根据当时已知农林昆虫的分布，提出了中国昆虫地理区划方案。他的贡献主要是：①明确提出了中国-喜马拉雅区系是中国昆虫中分布最广的区系成分；②把中国-喜马拉雅区系成分作为一个整体予以对待，希望构成一个完整的东方区；③首次将中国-喜马拉雅成分占优势的地区设立为亚界级的区划单位；④国内昆虫区和亚区的划分有诸多和现在用定量分析的结果相似，如新疆干草原区和内蒙古河西干草原区的差异，柴达木归属于青藏高原区等。因此，马世骏的这项研究工作被人们称为中国昆虫地理的奠基之作是当之无愧的。

马世骏这项研究工作的合理内核得到很多学者的响应和支持（杨星科，1997，2000，2005；魏美才，1997；陈学新，1997），也有不少昆虫分类学家用自己的研究类群予以证明。如蚤目昆虫是以哺乳动物和鸟类为寄主的，它的分布理应和哺乳动物、鸟类相似，柳支英在1986年出版的《中国动物志 昆虫纲 蚤目》中也认为张荣祖的高等动物地理区划系统适用于蚤类，但他在随后的452种蚤的分布数量表中显示，蚤的中国特有种在华北、华中、西南、青藏、台湾各地理区域内都居优势地位，证明马世骏方案核心内容的合理性，也证明台湾的区系地理位置的合理归属。

（三）全国昆虫区系和分布资料的积累

新中国成立半个多世纪以来，昆虫分类学取得长足进步。昆虫学家连续对横断山、昆仑山、长江三峡库区、秦岭、十万大山等关键地区开展昆虫考察，发表或出版了50多卷《中国经济昆虫志》，50多卷《中国动物志》（昆虫纲），数十部昆虫类群志，数千篇昆虫分类论文，中国昆虫种类已从新中国成立初期的20 000余种发展到现在的10万余种，为昆虫地理学的发展提供了雄厚的基础资料。

（四）地方性昆虫区系调查及地理区划

全国各省区相继开展了农业昆虫、林业昆虫、医学卫生昆虫、储藏物昆虫、天敌昆虫的调查或普查，丰富了昆虫的分布资料；多数省区编辑出版了自己的昆虫志或昆虫名录，系统完善了当地的昆虫区系及分布资料；更多的省区进行了昆虫区系分析，按照自然生态条件开展地理区划研究。

二、研究中的不足与局限

（一）长期套用哺乳动物的地理区划方案

马世骏开创性的工作具有奠基意义，但由于各种原因，没有学者继续深入研究和发展。于是长期以来，借用、套用哺乳动物的地理区划作为昆虫的地理区划，几乎成了习惯。尽管人们深知，这种借用和套用从理论、方法、材料上都得不到合理的解释和证明：①哺乳动物起源自古生代末、中生代初，但繁盛于新生代第三纪初，距今不超过6 500万年，昆虫起源于4亿年前，繁荣于3亿年前，即使按我国现有昆虫化石的记录，昆虫也有自三叠纪以来的至少2.1亿多年的生活历史，比哺乳动物经历了多得多的历史事件，从理论上不可能和哺乳动物的地理分布格局相同，更不可能完全相同。②先假设秦岭-淮河一线作为古北界、东洋界分界线，然后把分布于线南的中国特有种作为东洋成分，线北的中国特有种作为古北成分，两侧都有分布的作为广布成分，把中国特有种"消化"在上述3种区系成分中，所得结论自然证明先前的假设正确，但扔掉了中国昆虫的主体部分的作用。这种用假设得到的结果再去证明假设，是方法论上的大忌。③全面占有基础材料是保证正确研究结果的前提，全国昆虫基础资料尚未系统整理，谈何支持地理区划。但并没有人打破这种持久的沉默，而沉默的直接后果是在国家的学科分类中，动物学、植物学、昆虫学同是二级学科，唯有昆虫学没有设立"昆虫地理学"的三级学科。

（二）基础资料缺乏系统整理

生物的区系（fauna，flora）是指一个地理区域内的生物种类，生物的分布（distribution）是一种生物的生存区域，两者是生物和地理关系的两个表现形式。对这些表现形式的揭示与确立是分类学家的任务，对其所表现关系的分析是生物地理学家的任务。因此对生物类群区系分布资料的整理，是分类学家的终端成果，又是生物地理学家的始端基础资料。既可由分类学家来总结，又可由生物地理学家来完成。如张荣祖作为动物地理学家出版的《中国哺乳动物分布》（1997）和方精云等作为植物学家编撰的《中国木本植物分布图集》（2009），都已经是或将是生物地理学的基础资料。在昆虫学界中，除胡经甫的 *Catalogus insectorum Sinensium* 和华立中的 *List of Chinese insects* 外，至今再没有进行过系统整理，无人能够说得清全国有多少种昆虫。全国没有哪个昆虫类群能够像美国 Platnick 那样将世界蜘蛛目种类及分布建成网站，每半年补充更新一次并提供免费下载；全国也没有哪个省区能够像台湾地区那样从细菌到哺乳动物汇集全部生物种类并免费下载；全国更没有哪个出版社能够像河南科学技术出版社那样对《中国蝶类志》从创意策划，到组织编写，最后全资出版并取得不菲业绩。

因此，无论进行省区级、全国级或世界级的昆虫地理学研究，都必须从收集区系资料开始，而且所费时间要占全部时间的 70%~80%，这对任何人都是严峻的挑战。

另一个严峻的挑战是昆虫的分布资料。相当数量的昆虫种类，尤其是外国人命名的中国种类、较早期发现的种类，对分布地的记载，要么十分笼统，如"中国""华西"等，要么虽有具体地点但拼写艰涩难于考证；对一些普通的、分布较广泛的种类，志书作者往往为了节省篇幅而省去大量的具体地点，笼统地标以省区名。若再去追溯各省区的具体地点，工作量将十分浩繁。这时若有像方精云等的以种（亚种）为单位、精确到县的分布图集，该是多么惬意和轻松，然而他们这项没有任何项目经费支持的自设项目花费了多少心血，在《中国木本植物分布图集》的前言中可窥一斑。

（三）分析方法的局限

如果说上述难题还只是拼时间、拼精力、拼人力、拼毅力能够完成的话，分析方法就不是一个那么简单的问题。没有恰当的分析方法，前述一切劳动的作用和意义就会大打折扣。

因此，解脱昆虫地理学尴尬局面的途径只能是：寻找一种方法，能够将数量庞大的点状分布资料，整理分析出有效信息，完成昆虫地理区划大厦的构建。

但需明白的是，这不仅仅是昆虫界的问题，还是整个生物界的问题；这不仅仅是中国的问题，也是整个世界的问题。

第五节 生物地理学发展的瓶颈
Segment 5 The barrier to development of biogeography

事实上，长期裹足不前的尴尬局面不是昆虫界所独有，资料丰厚的植物地理学和高等动物地理学同样陷入徘徊状态。正如 Cox（2005）描述的："德堪多在 1820 年，恩格勒接着在 1879 年，都是用有花植物的分布格局作为植物区系统的基础，而斯克莱特在 1858 年靠鸟类工作，华莱士在 1860~1876 年靠哺乳类工作，界定了动物地理区系统。除了 Good 和 Takhetajan 对植物学方案的一些修正和 Darlington 对动物地理学方案的十分微小的改变外，这些 19 世纪的阐释直到 20 世纪末都几乎不变地被沿用。"

这个经过进化论和板块结构两台伟大机器共同武装下的学科大厦，还在执着地等待什么呢？还要等待什么学科的成就来武装呢？前已述及，没有数学的介入和支撑是生物地理学的短板。面对浩如烟海的分类学、生物学、地理学数据，没有数学方法的整理和分析，用多少文字都是表述不清的，蕴藏其内的生物学逻辑、生态学逻辑、地理学逻辑也是难以定量表达的。因此，生物地理学必须从定性研究的圈子里走出来，进入定量研究的新阶段。

生物地理学家并不抵制数学的介入，相反，生物地理学从早期就强烈表达出对数学的诉求。1858 年植物学界就提出了相似性（similarity）的概念（Lorentz，1858），1901 年 Jaccard 提出了两个地区间的相似性系数（coefficient of similarity）的计算公式，使得相似性由概念阶段进入到数学表达阶段。Jaccard 的公式是：

$$SI=C/（A+B-C）$$

式中：SI 是两个地区的相似性系数；A、B 是两个地区的物种数；C 是两个地区的共有种类数。

这个公式简单明了，概念清晰，计算便捷，得到包括生物地理学在内的多个学科、多个领域，甚至包括社会科学的广泛应用。尽管以后人们又从不同角度陆续提出 40 余个公式，但 Jaccard 的公式的主流地位从来没有动摇，以至成为两系统间相似性系数计算中最基础、最常用、最直观的公式（张镱锂，1998）。

Jaccard 的公式对生物地理学家绝对是令人振奋的武器。但时隔不久，生物地理学家们再度陷入束手无策的迷茫状态。因为，在生物地理学家的分析预案中，常常不是只有简单的两个地区，而是很多个地理单元之间复杂的相似性比较。面对如此复杂局面，人们从数理统计角度出发，采用"合并降阶"的方法，即在 n 个地区比较时，首先计算两两地区间的相似性系数，把相似性系数最大的两个地区合并成为一个新地区，重新计算 $n-1$ 个地区之间的两两相似性系数再次合并，这样经过 $n-2$ 次合并和相似性系数计算的轮回之后，变为两个庞大地区间的比较，最后把合并的过程绘成树状聚类图，此即所谓的相似性聚类分析法（similarity clustering analysis，SCA）。

问题的症结就在这里。"合并降阶"方法的"功绩"在于从数理统计的角度提出了一条"能够计算下去"的途径，而这条看似有理的光明坦途，却是一个表面光鲜的泥潭，因为在为数不多的地区比较时，例如 3~7 个地区，还能得到似乎合乎生物学逻辑的结果，而随着参与地区逐渐增多，违背生物学逻辑、地理学逻辑的程度越发突出。这时，使用者往往只怀疑自己提供的基础数据不足，不质疑分析方法的缺陷。事实上，经过"合并"，消除一部分种类的正作用，增强了一部分种类的副作用，"降阶"又改变了整体的相似性水平。

这种改变积累到一定程度，就会发生逻辑上的紊乱。而且不管最终分析结果如何紊乱或完美，都不是原来期望的 n 个地区的聚类结果，而是经过层层合并到最后的两个大区的相似性。"惹不起躲得起"，得不到合理结果就罢手不做。因此，至今很难看到 10 个以上地理单元的相似性分析案例，更难看到合乎逻辑的分析报告。"合并降阶"的泥潭阻滞了生物地理定量研究发展的脚步，成为生物地理学发展的制约瓶颈。

跳出泥潭的办法就是找到多地区的生物区系相似性计算方法，这是突破瓶颈制约、开启生物地理定量分析大门的钥匙。

下面三个案例可以看到生物地理学家们对这把钥匙的期待之炽、盼望之切。

案例一：V. H. Heywood 1978 年出版的 *Flowering Plants of the World* 一书中有一个插图（图 1-5），

哺乳动物科的数量

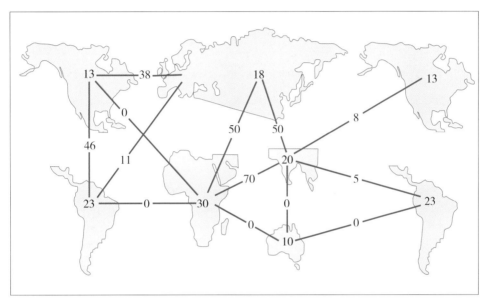

有花植物科的数量

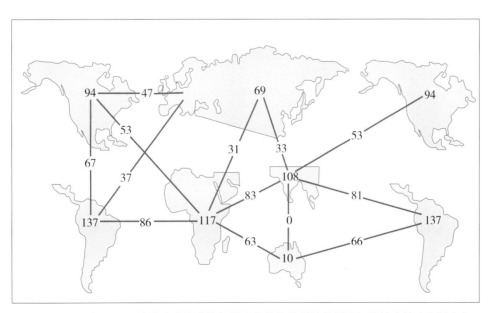

图 1-5 世界各界之间的哺乳动物科的数量和有花植物科的数量及相似性比较（资料来自
V.H.Heywood, 1978）

各界内的数字为科数，各界间的数字为相似性系数

标出哺乳动物、有花植物在世界各界的科数和各界之间的两两相似性系数，他只用二元相似性公式计算至此，没有继续用聚类分析法计算各界之间的相似性。实际上使用 SCA 法算得的结果，从数值上看可能畸变不大，但这不是 6 界的相似性系数，而是合并后的南北两半球或东西两半球的相似性系数。从图中还可看到，无论哺乳动物或有花植物，北美洲和南美洲的关系都密切于北美洲和欧亚大陆的关系，因此植物中的泛北极界以及动物中的全北界的概念是值得推敲和审视的。

案例二：张荣祖在 2004 年版的《中国动物地理》中，将全国分为 90 个景观区，并将哺乳动物的分布资料转化为景观区的分布资料，只差最后一步计算分析却戛然而止，笔者访问张荣祖时，他表示目前没有可用之法。2011 年版的《中国动物地理》中，减弱了这部分内容。

案例三：吴征镒以 90 岁高龄于 2011 年出版了《中国种子植物区系地理》，在"区划的原则和方法"中说："在进行区划时对不同地区所有科、属、种的资料进行统计分析以判定不同地区区系的相似性和相异性以及彼此的亲缘关系是有用的，但不能过分强调数量统计的重要性。"这里，既肯定了相似性分析是一条可用途径，又反映了现有分析技术对生物地理学者期望、信念的破坏。因此，在区划的具体方法上，他仍采用将"种的分布图进行重叠，重叠最多的线即是地区或亚地区的边界"的传统的定性的内插法。

目前的残酷状况是，无论国内或国外，无论高等动植物或低等动植物，浩瀚无比的区系分布资料就像水位高高的水库，下游干旱的禾苗急需灌溉，但缺少一把打开水库闸门的钥匙，一旦钥匙锻造成功，水库的水就会一泻千里，润泽万物。

那么，这把金光闪闪的钥匙在哪里呢？

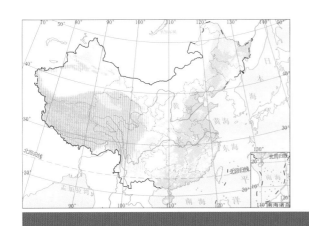

第二章
中国昆虫分布的
环境背景

Chapter 2　The environment background of influence insect distribution in China

第一节　板块结构及昆虫进化
Segment 1　Plate tectonics and insect evolution

世界上昆虫起源于近 4 亿年前的古生代泥盆纪早期，从 3.5 亿年前的石炭纪到 2.1 亿年前的三叠纪，是昆虫发生、分化的鼎盛时期。在这期间，昆虫现代各目大部分都已出现（图 1-6）。

这个时期，也正是地球表面各板块间剧烈变化时期，中国北部、中国南部、中国西藏以及东南亚等是冈瓦纳超级大陆北缘分裂出来的碎片。4 亿多年前，欧美古陆形成，到 2.7 亿至 3.0 亿年前石炭纪期间，它与冈瓦纳、西伯利亚、哈萨克斯坦等大陆连接，到 2.6 亿年前的晚二叠纪，中国北部、中国南部、中国西藏、东南亚逐渐加入这个巨大陆块，形成世界单一的联合古陆。

以后，联合古陆分裂为南北两大陆块，即冈瓦纳古陆和劳亚古陆，它们各自又分分合合。劳亚古陆在近 2 亿年前的侏罗纪时期由鄂毕海把欧亚分开，直到 6 500 万年前的新生代欧亚又连在了一起。印度在侏罗纪时期与冈瓦纳分离，向北移动，到约 5 000 万年前的始新世与亚洲连接，促使我国西藏地区抬高，形成青藏高原。至此我们大致可以看到中国大陆架昆虫区系和亚洲、欧洲、印度的关系亲疏程度。

台湾属中国大陆架，因造山运动，于中生代后期约 7 000 万年前第一次露出海面，第三纪初期，再次下沉没入海中。3 800 万年前始新世后期，再次的造山运动使台湾中央山脉升出海面，至第四纪初 160 万年前时全岛陆地露出，并一度和福建相连。更新世中期约 100 万年前，福建海岸下沉，台湾和福建分开。

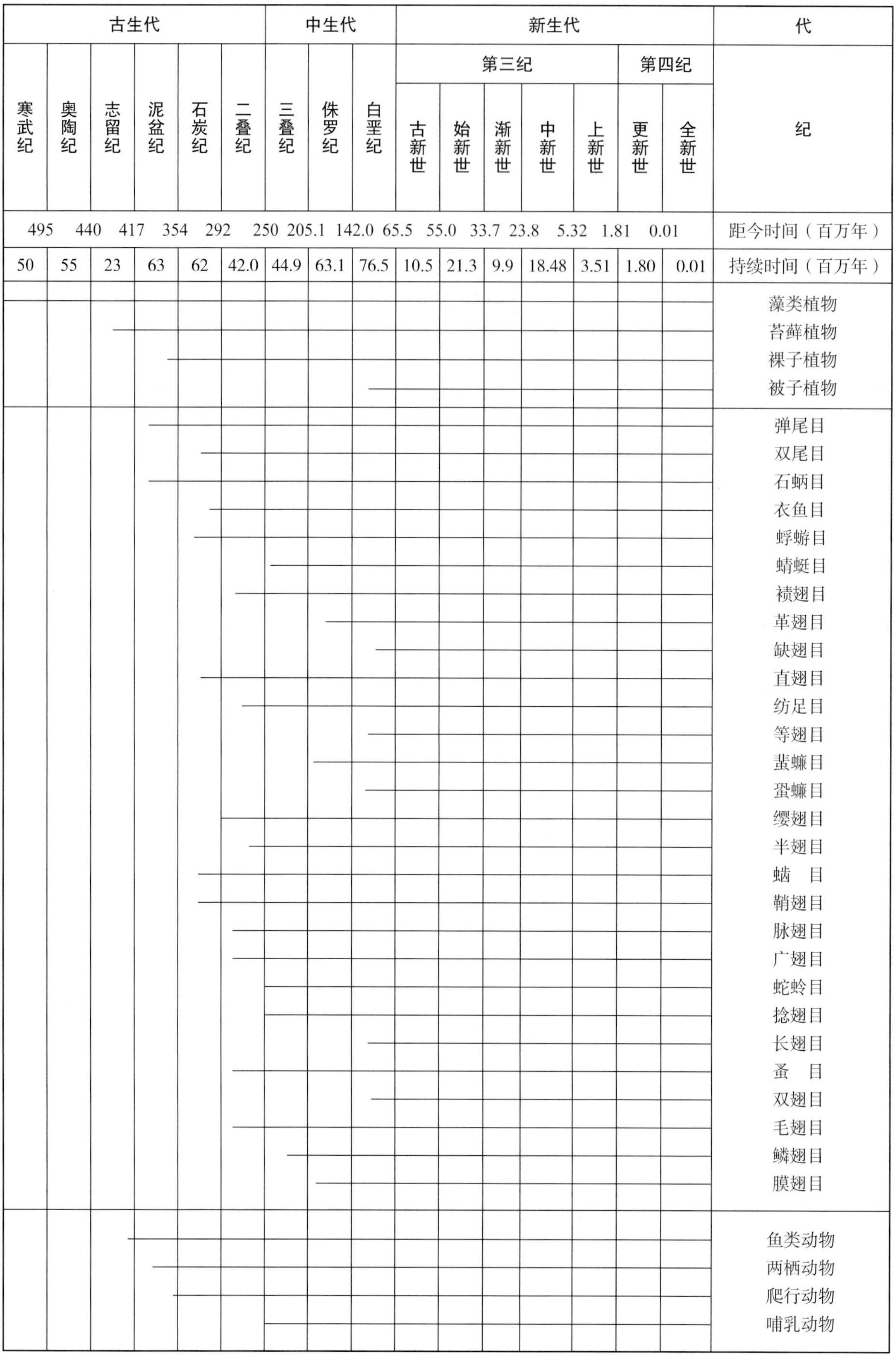

古生代						中生代			新生代							代
									第三纪					第四纪		
寒武纪	奥陶纪	志留纪	泥盆纪	石炭纪	二叠纪	三叠纪	侏罗纪	白垩纪	古新世	始新世	渐新世	中新世	上新世	更新世	全新世	纪
495	440	417	354	292	250	205.1	142.0	65.5	55.0	33.7	23.8	5.32	1.81	0.01		距今时间（百万年）
50	55	23	63	62	42.0	44.9	63.1	76.5	10.5	21.3	9.9	18.48	3.51	1.80	0.01	持续时间（百万年）

植物/昆虫/动物类群：

- 藻类植物
- 苔藓植物
- 裸子植物
- 被子植物
- 弹尾目
- 双尾目
- 石蛃目
- 衣鱼目
- 蜉蝣目
- 蜻蜓目
- 襀翅目
- 革翅目
- 缺翅目
- 直翅目
- 纺足目
- 等翅目
- 蜚蠊目
- 螳螂目
- 缨翅目
- 半翅目
- 虱目
- 鞘翅目
- 脉翅目
- 广翅目
- 蛇蛉目
- 捻翅目
- 长翅目
- 蚤目
- 双翅目
- 毛翅目
- 鳞翅目
- 膜翅目
- 鱼类动物
- 两栖动物
- 爬行动物
- 哺乳动物

图 1-6　昆虫和动植物进化地质历史［综合彩万志等（2009）和武吉华等（2004），重绘］

由此可见台湾和福建昆虫区系的历史渊源。

昆虫化石是昆虫起源、进化的最直接证据。我国涉及 17 目 294 科 885 属 1 389 种中生代昆虫化石的发掘与研究，提供了中国昆虫多样性的历史证据（任东等，2012）。

第二节　中国国土
Segment 2　National territory of China

中国位于欧亚大陆东部、太平洋西岸，南界为 4°15′N 的海南曾母暗沙，北界为 53°31′N 的黑龙江漠河，南北从赤道热带到寒温带跨纬度近 50°。东界为 135°51′E 的乌苏里江与黑龙江的汇合口。西界为 73°40′E 的新疆西端，东西从海洋到亚洲腹地，跨经度 62°。全国陆地面积约 960 万 km²，占世界陆地面积的 1/15，占亚洲面积的 1/4。另有海洋面积 300 万 km²，海洋中有 5 000 多个岛屿。

中国疆土面积居世界第三位，次于俄罗斯和加拿大。疆土辽阔是生物多样性的基本保证，因为能够给物种提供更多的生息环境。植物界有人认为，面积每增加 10 倍，物种数就增加 1 倍（应俊生，2011）。如果这个数量关系成立的话，昆虫则会更大于这个比例，如四川、重庆、云南三省市面积刚好是 96 万 km²，占全国 1/10，全国昆虫种类是它们的 3.1 倍。以河南为例，全国面积是河南的 57.5 倍，昆虫种类是河南的 10.9 倍。

辽阔的国土疆域构成了复杂的自然环境条件，中国的自然地理区划共分为东部季风区、西北干旱区和青藏高寒区三大区域（图 1–7）。图中绿黄色区域为**东部季风区**，其中包括东北湿润、半湿润温带地区（Ⅰ），华北湿润、半湿润暖温带地区（Ⅱ），华中、华南湿润亚热带地区（Ⅲ）和华南湿润热带地区（Ⅳ）：东北湿润、半湿润温带地区下又包括大兴安岭针叶林区（1）、东北东部山地针阔叶混交林区（2）、东北平原森林草原区（3）；华北湿润、半湿润暖温带地区下又包括辽东、山东半岛落叶阔叶林区（4）、华北平原落叶阔叶林区（5）、晋冀山地落叶阔叶林、森林草原区（6）、黄土高原森林草原、干草原区（7）；华中、华南湿润亚热带地区下又包括北亚热带长江中下游平原混交林区（8），北亚热带秦岭、大巴山混交林区（9），中亚热带浙闽沿海山地常绿阔叶林区（10），中亚热带长江南岸丘陵盆地常绿阔林区（11），中亚热带四川盆地常绿阔叶林区（12），中亚热带贵州高原常绿阔叶林区（13），中亚热带云南高原常绿阔叶林区（14），南亚热带岭南丘陵常绿阔叶林区（15），南亚热带、热带台湾常绿阔叶林、季雨林区（16）；华南湿润热带地区下又包括琼雷热带雨林、季风林区（17），滇南热带季雨林区（18），南海诸岛热带雨林区（19）。图中橙黄色区域为**西北干旱区**，其中包括内蒙古温带草原地区（Ⅴ）、西北温带、暖温带荒漠地区（Ⅵ）：内蒙古温带草原地区下又包括西辽河流域干草原区（20），内蒙古高原干草原、荒漠草原区（21）和鄂尔多斯高原干草原、荒漠草原区（22）；西北温带、暖温带荒漠地区下又包括阿拉善高原温带荒漠区（23），准噶尔盆地温带荒漠区（24），阿尔泰山山地草原、针叶林区（25），天山山地草原、针叶林区（26），塔里木盆地暖温带荒漠区（27）。图中红色区域为**青藏高寒区**，其中只有青藏高原地区（Ⅶ），青藏高原地区下又包括喜马拉雅山南翼热带亚热带山地森林区（28），藏东、川西切割山地针叶林、高山草甸区（29），藏南山地灌丛草原区（30），羌塘高原、青南山地高寒草原、山地草原区（31），柴达木盆地、昆仑山北坡荒漠区（32）和阿里–昆仑山地高寒荒漠、荒漠草原区（33）。

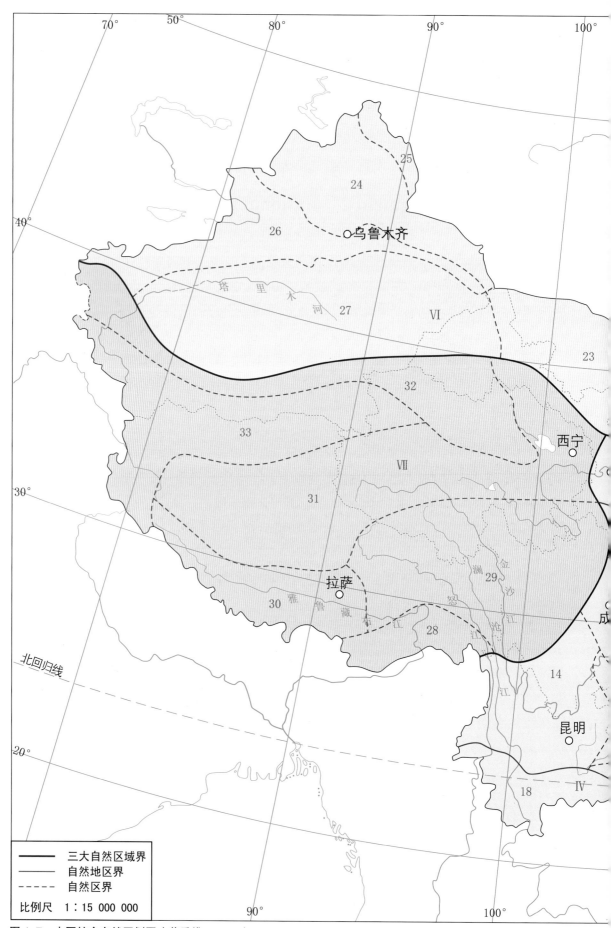

图1-7 中国综合自然区划图（黄秉维，1986）

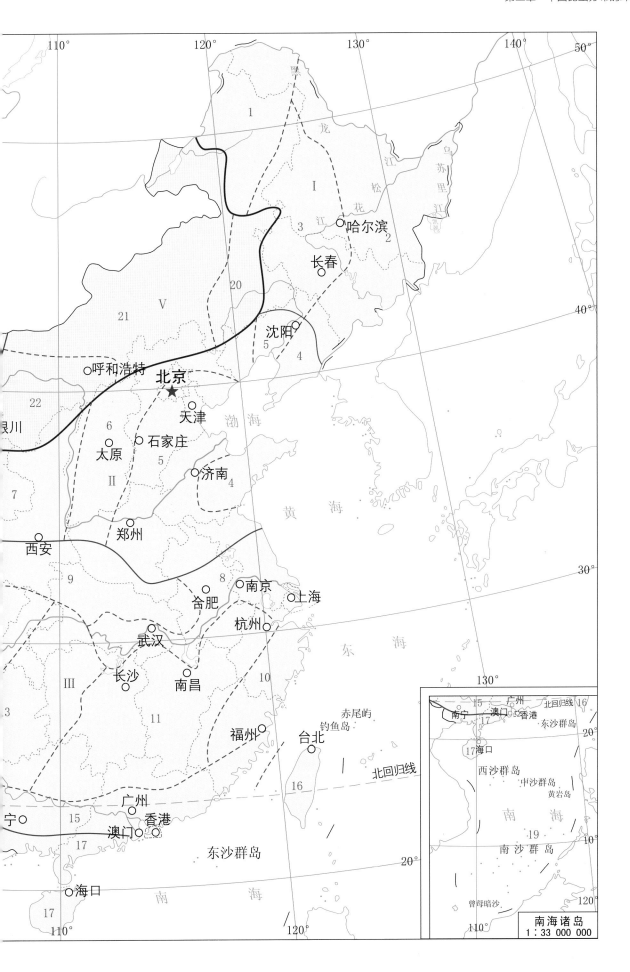

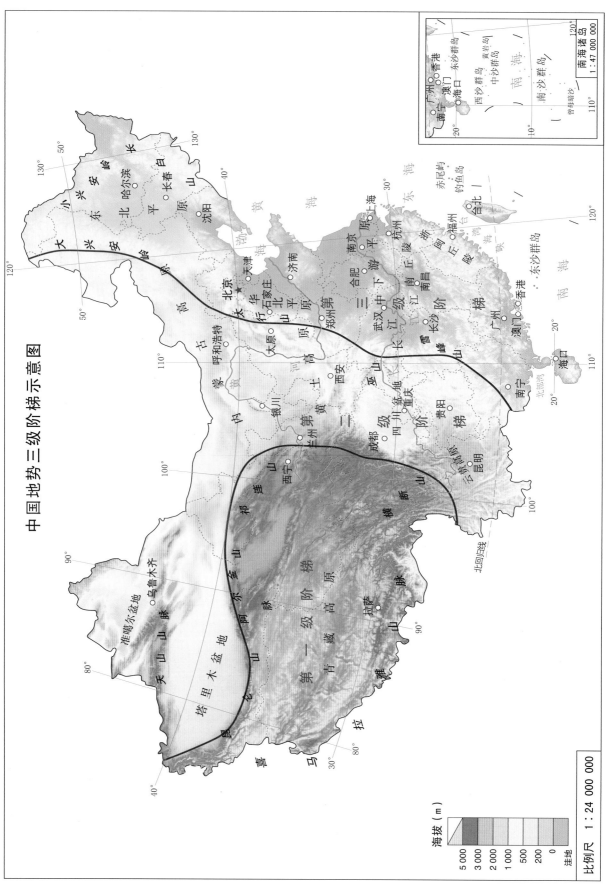

中国地势三级阶梯示意图

图1-8 中国地势三级阶梯示意图（黄晓凤，2012）

第三节　中国地势
Segment 3　The terrain in China

中国地势的显著特点是西高东低，呈巨大的三级阶梯（中国科学院《中国自然地理》编辑委员会，1980）。第一级阶梯是青藏高原，平均海拔在 4 000~5 000 m，最高山峰在海拔 8 000 m 以上（图 1-8），素称"世界屋脊"，除东部的岷山-邛崃山-横断山及墨脱地区昆虫区系丰富外，其余则极为贫乏，但特有性高。从第一阶梯的以北、以东，到大兴安岭、太行山、巫山、武陵山、雪峰山至广西西部山地，是中国地势第二阶梯，一般海拔 1 000~2 000 m，包括一系列中高山系和高原、盆地，是地理环境和昆虫区系复杂的地区。第二阶梯以东直到海岸为第三阶梯，主要是东北平原、华北平原、长江中下游平原、珠江三角洲以及一些山地丘陵，海拔一般在 1 000 m 以下到近海平面。平原地区开发成熟，昆虫区系比较简单，丘陵和山地还保有比较丰富的昆虫种类。有人主张将海岸线以东、以南的大陆架上的浅海称为第四阶梯，海中有众多岛屿，最主要的是台湾岛和海南岛，这里也是昆虫多样性十分丰富的地区。

一、山地

中国山地占陆地面积的 33%，山地的高度和走向，影响着气候和植被，进而影响着昆虫区系的丰贫。

海拔 3 000 m 以上的高山主要在中国西部，如天山、昆仑山、冈底斯山、喜马拉雅山等都高出森林线以上，海拔 5 000 m 以上更是终年积雪，植被简单甚至无高等植物，昆虫区系贫乏。

海拔 500~3 000 m 的中山、低山主要分布在中国东部，如大兴安岭（主峰海拔 2 029 m）、小兴安岭（主峰海拔 1 429 m）、长白山（主峰海拔 2 500 m）、千山（主峰海拔 1 325 m）、燕山（主峰海拔 2 116 m）、阴山（主峰海拔 2 364 m）、太行山（主峰海拔 2 882 m）、秦岭（主峰海拔 3 767 m）、伏牛山（主峰海拔 2 212.5 m）、泰山（主峰海拔 1 532.7 m）、大别山（主峰海拔 1 729 m）、大巴山（主峰海拔 3 105 m）、武陵山（主峰海拔 2 493 m）、天目山（主峰海拔 1 787 m）、武夷山（主峰海拔 2 157 m）、台湾中央山脉（主峰海拔 3 833 m）、南岭（主峰海拔 2 142 m）、五指山（主峰海拔 1 867 m）等都是植物多样性和昆虫多样性丰富的地区。

东-西走向的山脉有 3 列，北列是天山-阴山-燕山，中列是昆仑山-秦岭-大别山，南列是南岭，这 3 列山脉，尤其是它们的东段，昆虫区系丰富，又是昆虫区系成分变化的分界线。

南-北走向及东北-西南走向的山脉有横断山、邛崃山、六盘山、贺兰山、大兴安岭、太行山、武陵山、长白山、天目山、武夷山、台湾中央山脉等，它们是昆虫扩散传布的通道，是昆虫物种保存、分化、发展的关键地区或重要地区。

西北-东南走向的山脉主要有喜马拉雅山、昆仑山、巴颜喀拉山、祁连山、阿尔泰山等，皆在 4 000 m 以上，尤其是喜马拉雅山脉的抬升和形成对中国大陆与印度次大陆的自然环境和生物区系产生了巨大的影响。

二、高原

中国的四大高原是内蒙古高原、黄土高原、云贵高原、青藏高原，高原面积占全国面积的 26%。它们构成第一、二阶梯的主体。

内蒙古高原位于大兴安岭以西、阴山以北，是蒙古高原的组成部分。通常也把阿拉善高原、鄂尔多斯高原、河西走廊包括在内。地理范围涉及内蒙古大部以及陕西、宁夏、甘肃的北部。地势缓和，海拔1 000~1 500 m，大陆性气候，植被以草原和荒漠草原为主。

黄土高原东起太行山，西到乌鞘岭，秦岭以北，内蒙古高原以南。海拔一般1 500 m以上，山峰海拔最高近3 000 m，河谷平原海拔500 m左右。地面侵蚀严重，形成特殊的黄土地貌。东部为温带季风气候，西部为温带大陆性气候。植被以华北落叶阔叶林或喜旱针叶林向蒙古草原过渡的植物区系为主。昆虫区系也和华北平原、鄂尔多斯高原、阿拉善高原有较高的相似性。

云贵高原位于横断山、点苍山、哀牢山以东，梵净山、雷公山以西，北接川南山地，南到苗岭。一般海拔1 000~2 000 m，典型的熔岩地貌。亚热带季风气候，亚热带常绿阔叶林植被，对昆虫区系的扩散与发展具有重要意义。

青藏高原是5 000万年前受印度板块的碰撞，逐渐抬升至准平原的亚热带环境，到第三纪末、第四纪初（160万年前）喜马拉雅第二次造山运动中急剧升高，至晚更新世达到现代高度，成为年轻的世界屋脊。青藏高原的地理范围以海拔4 000 m为依据（李炳元，1987），北界是昆仑山-阿尔金山-祁连山的北侧，南界是喜马拉雅山南侧，西界为帕米尔高原西侧，东界为横断山东缘。气候和植被都成为具有高山高原特色的典型，昆虫区系也变得简单而特化。

三、丘陵

丘陵是海拔200~500 m的山地向平原的过渡，分布于山地外围，低岭、浅山之间也有海拔1 000 m左右的山峰，个别达到2 000 m。丘陵面积占全国陆地面积的10%，主要有江南丘陵和东南沿海丘陵。

江南丘陵位于长江中下游平原以南，直至南岭之间。四周有武陵山、雪峰山、南岭、天目山、黄山，中部有幕阜山、罗霄山等。岭丘之间有盆地及小块平原。中亚热带季风气候，亚热带常绿阔叶林和中亚热带混交中生林植被。

东南沿海丘陵从广西西南部的十万大山、南岭以南、九连山、武夷山，到浙江的仙霞岭、会稽山以东的沿海地带以及海南省。海拔200~1 500 m，海岸线曲折，多港湾岛屿，山间平原及沿海平原狭小，珠江三角洲最大。亚热带和热带季风气候，常绿阔叶林或热带雨林植被。

丘陵地区由于山丘间的盆地和平原都已开发，但浅山及丘顶是植被多样性和昆虫多样性的保有地和种群发展的来源地。

四、盆地

中国四大盆地是准噶尔盆地、塔里木盆地、柴达木盆地、四川盆地，另有哈密盆地、吐鲁番盆地、宛襄盆地等较小盆地。盆地面积占全国面积的19%。

准噶尔、塔里木、柴达木盆地都是西北干旱区的内陆盆地，是四周山麓冲积的倾斜平原，盆地中心是沙漠戈壁和内陆湖沼。准噶尔盆地海拔500~1 000 m，面积约38万km²；塔里木盆地海拔800~1 300 m，面积53万km²；柴达木盆地海拔2 000~3 000 m，面积25万km²。这三大盆地都属于干旱荒漠气候，植被简单，昆虫区系贫乏。

四川盆地位于湿润亚热带地区，四周为海拔2 000~3 000 m的高山和高原环绕，盆地内西北高东南低，海拔300~600 m，有400~800 m的丘陵。面积约20万km²，亚热带季风气候，亚热带常绿阔叶林植被。

昆虫区系丰富，和周围山地昆虫区系关系密切。

五、平原

中国有东北、华北、长江中下游三大平原，还有许多小型平原。平原面积占全国面积的12%。

三大平原都位于第三级台阶，南北相连，海拔50~200 m，温带、亚热带季风气候，温带阔叶落叶林或亚热带常绿阔叶林植被，农业开发成熟，是我国重要粮油生产基地。植被和昆虫区系相对简单，更迭频繁，是农业昆虫的重要分布区。

第四节　中国气候
Segment 4　The climate in China

中国的气候条件，尤其是温度和降水，不仅是影响昆虫生长发育的重要因素，也通过影响植物的分布，间接影响昆虫的分布。

中国的气候分为3大类型：季风气候、温带大陆性气候和高原高山气候（图1-9）。季风气候在中国东部和南部，又分为温带季风气候、亚热带季风气候和热带季风气候；温带大陆性气候在中国西北和北部；高原高山气候在青藏高原。

一、气温

昆虫是变温动物，受气温的影响比高等动物大得多。低温在很大程度上决定着昆虫的生存北界和分布区域。因此，古北成分向南扩散比东洋成分向北扩散更为容易。

中国由于地域辽阔，气温差异非常显著。年平均气温，黑龙江北部和藏北地区在 −5~ −8℃以下，海南岛则在25℃以上，相差30℃以上。大兴安岭、小兴安岭、阿尔泰山、天山、青藏高原都在0℃以下，东北、内蒙古、准噶尔盆地在10℃以下，黄河流域在12~14℃，长江流域16℃左右，南岭以南在20℃以上。与世界同纬度比较，中国冬季更冷，夏季更热，温差更大，而且从南向北增加（张家诚，1991）。

1月份是全年的最冷月份，最冷月份月平均温度的等温线大致是东西走向（图1-10），全国最高和最低相差悬殊，黑龙江漠河为 −30.9℃，极端最低气温则达 −52.3℃，而南沙群岛为25~26℃。1月份平均温度的 −20℃等温线在三江平原、松嫩平原、大兴安岭、小兴安岭一带，−10℃等温线在辽东半岛至长城附近，0℃等温线在秦岭-淮河一线，10℃等温线在南岭地区。在中国西部，除西藏墨脱地区在0℃以上，塔里木盆地在 −10℃以上外，其余均在 −10℃以下，甚至 −20℃以下。

7月份是最热月份，最热月份月平均温度南北相差很小（图1-11）。中国东部，除漠河为18.4℃外，都在20℃以上，淮河以南多在28~30℃。中国西部，青藏高原在10℃以下，最低为5.4℃；而塔里木盆地和准噶尔盆地则在25℃以上；吐鲁番盆地达32.7℃，极端最高气温达49.6℃，为全国最热中心。

二、降水

水，是昆虫生命活动的物质基础，又是影响昆虫生存、区系结构和地理分布的重要因素。中国各地

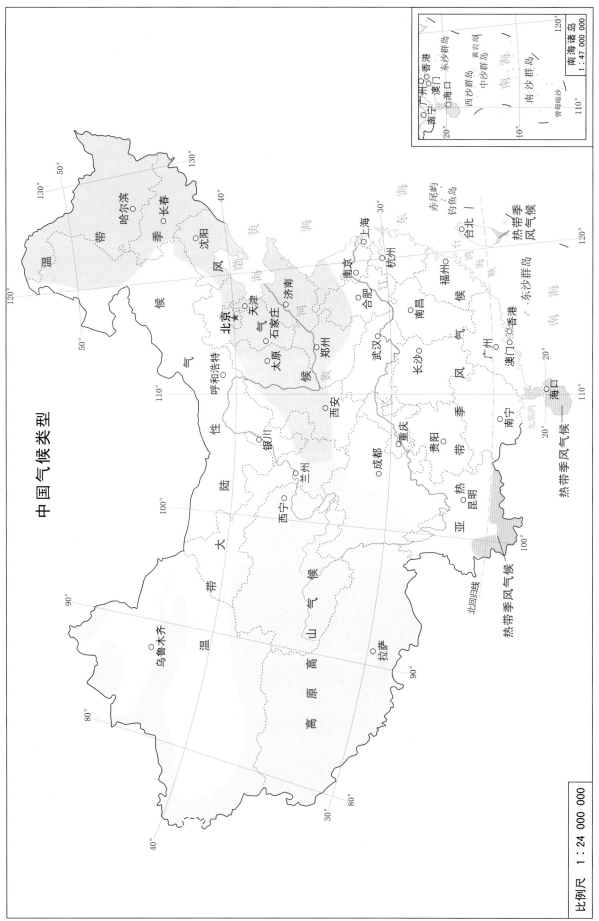

图 1-9　中国气候类型（黄晓凤，2012）

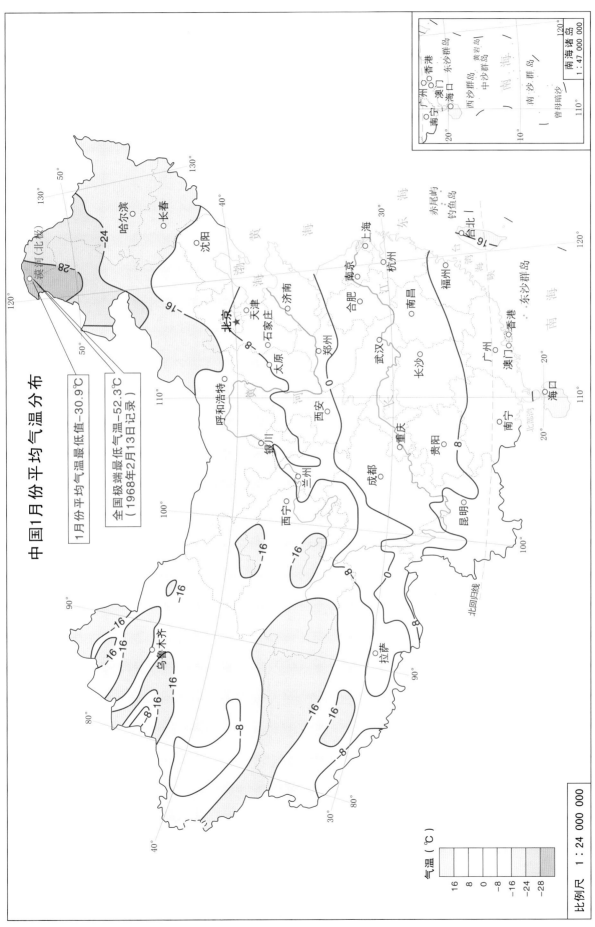

图1-10　中国1月份平均气温（黄晓凤，2012）

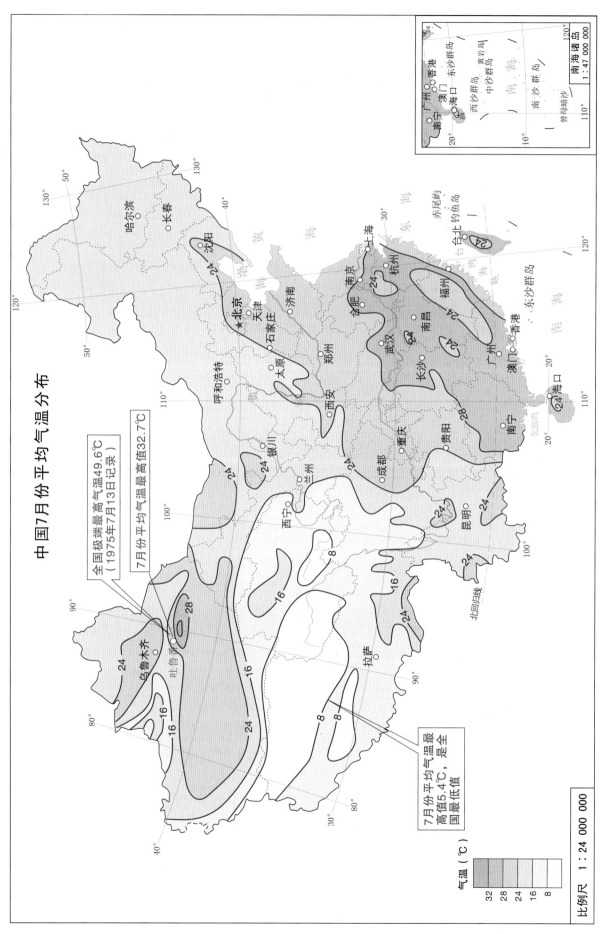

中国7月份平均气温分布

全国极端最高气温49.6℃
（1975年7月13日记录）

7月份气温最高值32.7℃

7月份平均气温最
高值5.4℃，是全
国最低值

气温（℃）

比例尺　1：24 000 000

图1-11　中国7月份平均气温（黄晓凤，2012）

的年降水量差异很大，总的特征是东南多，西北少，夏季多，冬季少（图1-12）。

淮河-秦岭-横断山东缘-昆明-波密、林芝一线是800 mm/年的等降水量线。此线以南，年降水量多在1 000 mm以上，东南沿海、云南南部、西藏东南部沿边境地区在2 000 mm以上，台湾最高纪录达8 408 mm；此线以北，由东向西逐渐减少，宁夏以西降至100 mm以下，塔里木盆地和柴达木盆地在25 mm以下，吐鲁番地区的托克逊年降水量5.9 mm，是全国最低纪录。

降水的季节变化明显，冬季受西北冷高压气流控制，盛行来自内陆的偏北风，降水很少；夏季在东部地区由于受太平洋季风影响，从5月下旬雨带登陆东南沿海，迅速向北推进，形成多雨季节。西部高原地区由于受印度洋西南季风影响，6~10月为多雨的湿季。

三、季风

季风是中国气候特点之一。季风除通过带来的降雨影响昆虫外，还能直接成为昆虫远距离迁飞（migrate）的运载工具。

迁飞是一些昆虫对自然条件长期适应的结果，巧妙地利用高空气流有规律地定向流动而远距离地迁移到依靠自身能量所不能够到达的地方，寻找新的适合生存地。

黏虫 *Leucania separate*（Walker）是一种杂食性、暴食性、无滞育昆虫。在1月份平均温度0℃等温线以北不能越冬。早春3月，南方越冬代成虫羽化，生殖系统停止发育，在晴好天气主动起飞，乘上升气流到达约1500m高空，在西南-东北的气流中被动运载，到达江淮地区上空时，遇阴雨下降气流落下，造成江淮地区小麦的危害。6月上旬，小麦收割，第一代黏虫出现，再次起飞，迁往东北等地，危害春小麦及谷子、玉米等，7月第二代成虫羽化后，乘南下气流，回到江淮地区，危害玉米。8月中、下旬，第3代成虫出现，再次乘南下气流，回到南方，危害晚稻或其他越冬作物（图1-13）。

这种周而复始的迁飞现象是昆虫和高空气流的互动和巧妙搭配，是季风促使昆虫扩大了活动范围和分布区域。这种远距离迁飞还存在于多种昆虫，如小地老虎 *Agrotis ypsilon* (Rottemberg)、稻纵卷叶螟 *Cnaphalocrocis medinalis* Güenée、褐飞虱 *Nilaparvata lugens* (Stål)、草地螟 *Loxostege sticticalis* (Linnaeus) 等。

当然，低空气流和地面风向也能够帮助昆虫进行扩散和迁移（emigrate）。迁移和迁飞有着根本的不同，但相同的是，昆虫都是主动起飞，效果都是避开原来不利的生活条件而找到新的适生场所，风是迁行载体。

第五节　中国植物和植被
Segment 5　The Plant and vegetation in China

绝大部分昆虫以植物为食，因此植物对昆虫的发生、进化、分布都有着直接的、决定性的关系，特别是寡食性（oligophagous）、单食性（monophagous）的昆虫，对植物的生存依赖性更大。

植物是一个庞大的王国，包括藻类植物、苔藓植物、蕨类植物、种子植物等，前一类为低等植物，后三类为高等植物，后两类又称维管束植物。

世界上有藻类植物27 000种，苔藓植物23 000种，这些植物和昆虫的关系研究较少，主要的是维管束植物和昆虫的联系。

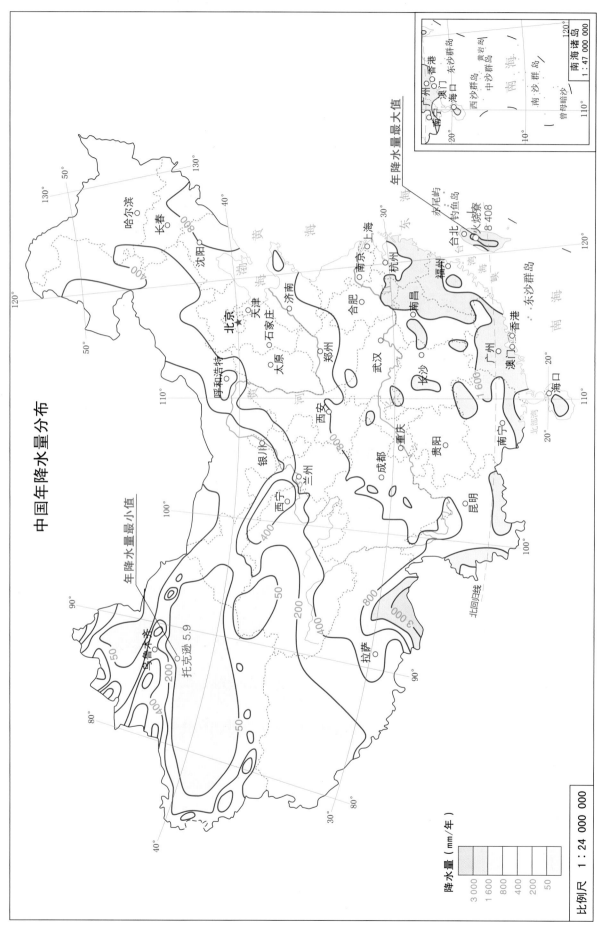

中国年降水量分布

图 1-12　中国年降水量分布图（黄晓凤，2012）

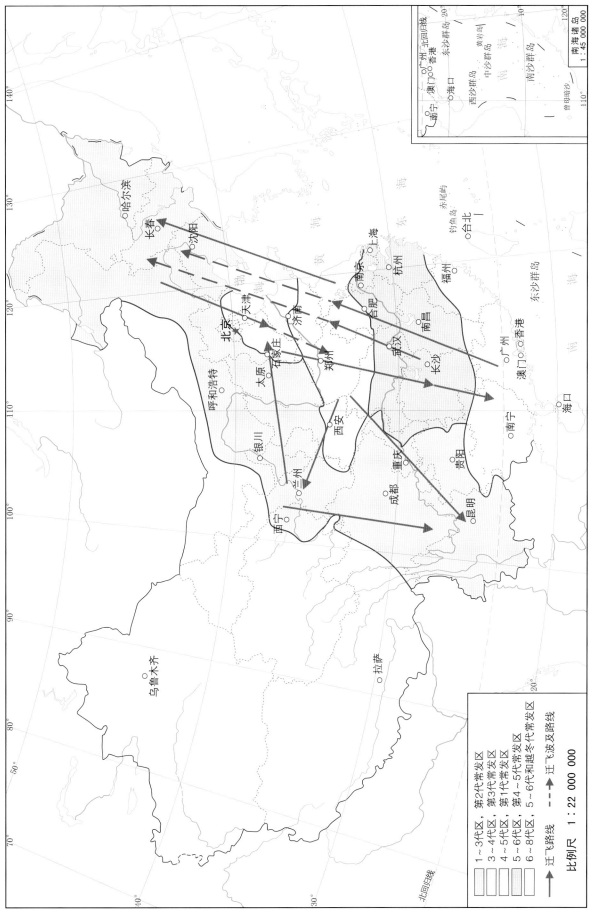

图1-13　黏虫迁飞路线图（仿中国农业科学院植物保护研究所，1996）

中国是世界上植物多样性十分丰富的国家，世界排名第三，北半球第一。据已出版的 80 卷 126 册《中国植物志》统计，中国维管束植物共 300 科 3 407 属 31 141 种。据吴征镒等（2011）、应俊生等（2011）最新统计，有 330 科 3 347 属 31 815 种。其中中国特有科 14 科，特有属 321 属，特有种 17 300 种，占全国种类的 54.4%。如此丰富的植物种类及特有种，为孕育丰富的昆虫种类及特有种提供了丰厚的物质基础。

植被（vegetation）是覆盖于某一地区上的具有一定密度的众多植物的总和。由于中国的地形、气候等自然条件非常复杂，也形成了多种多样的植被类型。特别是亚热带常绿阔叶林几乎是我国在世界上特有的植被类型，也正是我国昆虫特有种的集中产地。如图 1-14，中国的植被类型分为寒温带针叶林区域（Ⅰ）、温带针阔叶混交林区域（Ⅱ）、暖温带落叶阔叶林区域（Ⅲ）、亚热带常绿阔叶林区域（Ⅳ）、热带季风雨林、雨林区域（Ⅴ）、温带草原区域（Ⅵ）、温带荒漠区域（Ⅶ）和青藏高原高寒植被区域（Ⅷ）共八大区域。其中：**温带针阔叶混交林区域**包括温带北部针阔叶混交林地带（Ⅱ₁）、温带南部针阔叶混交林地带（Ⅱ₂）；**暖温带落叶阔叶林区域**包括暖温带北部落叶栎林地带（Ⅲ₁）、暖温带南部落叶栎林地带（Ⅲ₂）；**亚热带常绿阔叶林区域**包括东部湿润常绿阔叶林亚区域（ⅣA）、西部半湿润常绿阔叶林亚区域（ⅣB），东部湿润常绿阔叶林亚区域下又分为北亚热带常绿阔叶落叶混交林地带（ⅣA₁）、中亚热带常绿阔叶林地带（ⅣA₂）、南亚热带季风常绿阔叶林地带（ⅣA₃），西部半湿润常绿阔叶林亚区域下又分中亚热带常绿阔叶林地带（ⅣB₁）、南亚热带常绿阔叶林地带（ⅣB₂）；**热带季风雨林、雨林区域**包括东部偏湿性季风雨林、湿润雨林亚区域（ⅤA），西部偏干性季风雨林、湿润雨林亚区域（ⅤB）、南海珊瑚岛植被亚区域（ⅤC），东部偏湿性季风雨林、湿润雨林亚区域下又分北热带半常绿季风雨林、湿润雨林地带（ⅤA₁），南热带季风雨林、雨林地带（ⅤA₂），西部偏干性季风雨林、湿润雨林亚区域下又分滇南盆地季风雨林地带（ⅤB₁）、滇西南河谷山地半常绿季风雨林地带（ⅤB₂）、东喜马拉雅南麓河谷季风雨林、雨林地带（ⅤB₃），南海珊瑚岛植被亚区域又分为季风带珊瑚岛植被地带（ⅤC₁）、赤道热带珊瑚岛植被地带（ⅤC₂）；**温带草原区域**包括东部草原亚区域（ⅥA）、西部草原亚区域（ⅥB），东部草原亚区域下又分温带北部草原地带（ⅥA₁）、温带南部草原地带（ⅥA₂）；**温带荒漠区域**包括西部荒漠亚区域（ⅦA）、东部荒漠亚区域（ⅦB），东部荒漠亚区域下又分温带半灌木、灌木荒漠地带（ⅦB₁），暖温带半灌木、灌木荒漠地带（ⅦB₂）；**青藏高原高寒植被区域**包括青藏高原东部高寒灌丛草甸亚区域（ⅧA）、青藏高原中部高寒草甸亚区域（ⅧB）、青藏高原西部高寒荒漠亚区域（ⅧC）和青藏高原西北部高寒荒漠亚区域（ⅧD），青藏高原西部高寒荒漠亚区域下又分高寒荒漠地带（ⅧC₁）、湿性荒漠地带（ⅧC₂），青藏高原西北部高寒荒漠亚区域下又分昆仑山高原、帕米尔高原高寒荒漠地带（ⅧD₁）、阿里高原谷地湿性荒漠地带（ⅧD₂）。

第六节　中国高等动物
Segment 6　The higher animal in China

和昆虫关系密切的高等动物主要是人类、兽类和鸟类。昆虫对它们的影响主要是吸血、骚扰、传病、影响卫生、取食羽毛等，它们对昆虫的影响主要是种类和分布。

和高等动物关系密切的昆虫类群不多，蜚蠊目、虱目、蚤目、食毛目以及双翅目的蚊、蝇、虻、蠓、蚋等，总种类仅为昆虫种类的 7% 左右。因此，它们的分布格局可能和植食性昆虫会有所差异。

第七节　中国自然保护区
Segment 7　The natural reserves in China

　　人们越来越清楚地认识到，人类自身的生活行为方式和生产实践活动，将会直接或间接地影响包括昆虫在内的生物种群的盛衰和分布区域的增减，这种影响如不能得到缓解或遏制，最终将会影响到人类自身的生存。设立自然保护区就是消减这种影响、维护生物多样性的重要举措。

　　1956 年，中国第一个自然保护区——广东鼎湖山自然保护区建立，之后 20 年进展缓慢，改革开放后，进入快速发展阶段（环境保护部自然生态保护司，2008）。到 2008 年，共设有各种类型、不同级别的自然保护区 2 538 个（不包括台湾、香港、澳门），总面积 149 万 km^2，其中陆域面积 143 万 km^2。台湾设有不同部门管辖的自然保护区 70 余个，保护面积 68 万 hm^2，香港和澳门也都设有数个自然保护区。

　　这些自然保护区中，国家级自然保护区有 303 个，面积 9 120 万 hm^2，分别占全国自然保护区总数和总面积的 11.94% 和 61.23%；地方级自然保护区 2 235 个，面积 5 774 万 hm^2。自然保护区数量多的省份有广东、内蒙古、黑龙江、江西、四川等，面积大的省份有西藏、青海、新疆、内蒙古、四川等。自然保护区类型，数量上以森林生态系统和野生动物类型为主，面积上以野生动物类型和荒漠生态系统为主。自然保护区的主管部门，以林业为主，其次是环保、海洋、农业等。这些保护区虽然没有一处的主要保护对象涉及昆虫，但相信只要植被得到有效保护，就会给昆虫带来无限的福利。

　　国家还制定颁布了环境保护和野生动植物保护等一系列法规条例，还公布了两批野生动植物物种保护名录，以及濒危物种名录和红色物种名录，均有一些昆虫种类在内。

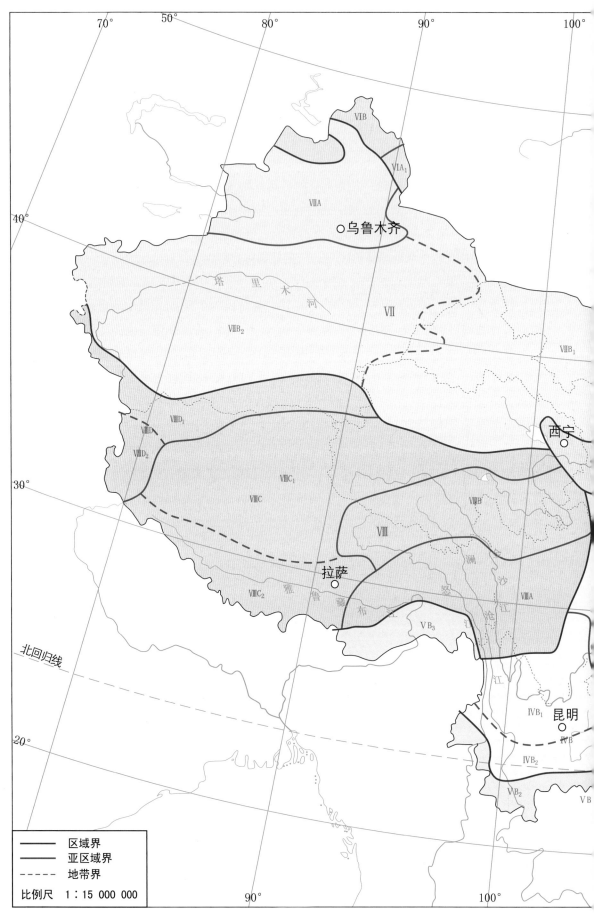

图 1-14　中国植被区划图（中国植被编辑委员会，1980）

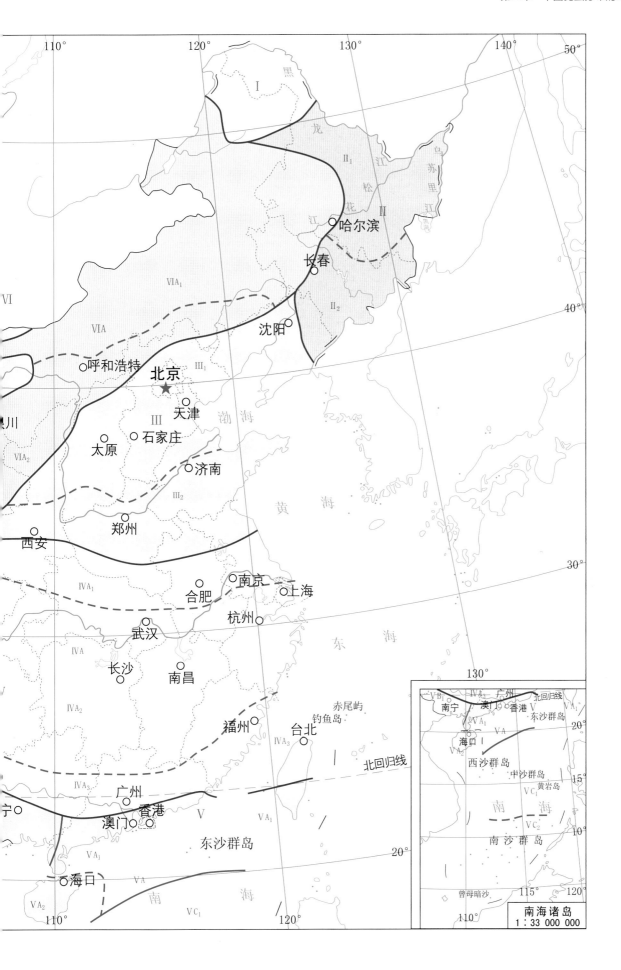

第二编 方法

Part II Methods

导　言

第二编介绍本研究中所使用的方法。第一章是昆虫分布资料的收集、鉴别，体现基础材料的代表性与准确性；第二章是基础地理单元的设置原则和方法，体现材料处理的合理性；第三章是数据库的选择、建造方法、使用方法，表明计算过程的简便与快捷；第四章是多元相似性的概念，相似性通用公式（similarity general formula, SGF）的创建、完善、定义、使用，以及由此产生的"多元相似性聚类分析"法（multivariate similarity clustering analysis, MSCA）。MSCA 的根本特点是直接计算多个地区的相似性系数和摒弃传统聚类中的合并环节。详细介绍了 MSCA 的遵循原则、计算流程、优点、影响因素以及与传统聚类方法的对比。充分显现 MSCA 方法的科学性与先进性。

Introduction

In this part, a similarity general formula (SGF) and a multivariate similarity clustering analysis (MSCA) are introduced. They are developed in recent years by the first author. Their chief characters are direct calculation of the similarity coefficient of multi−region and to throw away old merged method. Analysis results that are statistically, geographically, ecologically, and biologically logical can be gained quickly. Especially, the capability treating typical point−forms and vast amounts of distribution information is incomparable. So, the door of bio−geographical quantitative analysis will be opening perfectly.

第一章
中国昆虫
区系资料

Chapter 1　The data of insect fauna in China

昆虫区系（insect fauna）是一个特定区域内昆虫种类的总和，是开展昆虫地理研究的基础。对于昆虫区系的讨论，通常包含三个层次的内容：一是分类学的统计和分析，如科、属、种的数量、大小和组成特点等；二是区域内的区系成分分析，即根据昆虫的分布类型进行的分析；三是区域间昆虫区系的比较分析，包括定性分析和定量分析。本章主要讨论昆虫区系资料的收集及确定昆虫区系成分的方法，其他内容将在以后章节陆续讨论，特别是定量分析将是本书重点阐释和希望解决的问题。

第一节　中国昆虫区系资料的收集与整理
Segment 1　The collection and arrangement for insect fauna data in China

区系和分类是紧密相关的，没有分类，就没有区系，区系是紧紧地跟在分类后面的一项工作，有了区系，才有以后的分布规律和地理区划。

中国昆虫区系及其分布不像高等动物和高等植物那样完整和明晰，几乎所有省区都没有像台湾省那样的经常更新的昆虫名录，大多数昆虫类群没有像类群志、动物志各卷那样系统和准确。因此，从事昆虫地理研究还必须从昆虫区系入手，而且这项工作耗费的时间最多。

一、分类区系资料的收集

我们研究的既定目标是昆虫全部种类，因此资料收集任务相当艰巨。我们所依靠的分类和分布资料主要来源有：

（一）《中国动物志》（昆虫纲）和《中国经济昆虫志》

《中国动物志》（昆虫纲）包括没有列入昆虫纲系列的原尾纲，已出版的共 55 卷，《中国经济昆虫志》共出版 55 册。这些资料的优点是科学性毋庸置疑，缺憾是涉及类群少，出版周期长，有些卷册的分布记录只到省份。需要注意的是出版早的卷册，有些种类的分类地位会有变动。

（二）专著

昆虫分类学界前辈们的专著，不仅给我们丰富的分类学知识，字里行间所透露出来的敬业的崇高精神和严谨的治学态度始终在鞭策、激励着我们的工作。如《中国蜻类昆虫鉴定手册》（第一、二册）（萧采瑜等，1977，1981）、《青藏高原的蝗虫》（印象初，1984）、《中国春蜓分类》（赵修复，1990）、《中国亚热带土壤动物》（尹文英等，1992）、《中国粉蚧科》（汤祊德，1992）、《中国蝶类志》（周尧，1994）、《中国蝉科志》（周尧等，1997）、《中国蝇类》（薛万琦等，1996）、《中国吸虱的分类和检索》（金大雄，1999）、《中国白蚁学概论》（黄远达，2001）、《中国重要医学昆虫分类与鉴别》（陆宝麟等，2003）、《中国西部蚱总科志》（郑哲民，2005）等，特别是胡经甫（1935~1941）的 6 卷 *Catalogus Insectorum Sinensium* 是我国昆虫区系的第一次全面总结，共 20 069 种。郑乐怡联合全国昆虫分类学家共同撰写的《昆虫分类》（1999）更给我们描绘出昆虫纲各类群的整体轮廓，使我们有所把握和遵循。

（三）昆虫类群志

我国已出版了不少的昆虫类群志书，这些志书的作者都是这些类群的顶尖分类学家，科学性与动物志不分伯仲。如《中国蜻目志》（李法圣，2002）、《中国木虱志》（李法圣，2011）、《中国蠓科昆虫》（虞以新，2006）、《中国蜻翅目昆虫》（陈树椿等，2008）、《中国灰蝶志》（王敏等，2002）、《中国黑蝇》（陈汉彬等，2003）、《中国麦蛾（一）》（李后魂，2002）、*Oecophoridae of China*（*Insecta: Lepidoptera*）（Wang Shuxia，2006）、《中国土壤拟步甲志 一、二卷》（任国栋等，2006，2010）、《中国赤眼蜂分类》（林乃铨，1994）、《中国反颚茧蜂族》（陈家骅等，1994），还有张雅林（1990）的《中国叶蝉分类研究》、汤玉清（1990）的《中国细颚姬蜂属志》、黄建（1994）的《中国蚜小蜂科分类》、杨忠岐（1996）的《中国小蠹虫寄生蜂》、任国栋等（1999）的《中国荒漠半荒漠的拟步甲科昆虫》、江世宏（1999）的《中国经济叩甲图志》、刘广纯（2001）的《中国蚤蝇分类》、徐志宏等（2004）的《中国介壳虫寄生蜂志》、庞虹等（2004）的《中国瓢虫物种多样性及其利用》、盛茂领等（2010）的《中国林木蛀虫天敌姬蜂》等等，提供了这些类群准确的分类和分布信息。

（四）地方志、地方类群志、地方名录

全国各省区的昆虫志、类群志及名录也大多是由国内知名分类学家撰写、审查或合作的，这些著作能提供各省区下具体分布地点，便于地理分析。如新疆的《新疆荒漠昆虫区系及其形成与演变》（黄人鑫等，2005），内蒙古的《内蒙古草地昆虫》（马耀等，1991）、《内蒙古仓库昆虫》（刘巨元等，1997）、《内

蒙古昆虫》(能乃扎布 ,1999),宁夏的《宁夏昆虫名录》(王希蒙等，1992)、《宁夏蚧虫及其天敌》(王建义等，2009)，青海的《青海经济昆虫志》(蔡振声等，1994)、《青海小蛾类图鉴》(徐振国，1997)，西藏的《西藏昆虫区系及其演化》(王保海等，1992)，东北的《东北蝶类志》(王直诚，1999)、《东北天牛志》(王直诚，2003)、《长白山访花甲虫》(孟庆繁等，2008)，河北的《河北省昆虫蜱螨名录》(王大洲等，2000)及各卷《河北动物志》，山西的《山西省寄蝇志》(刘银忠等，1998)、《山西叶甲》(范仁俊，1999)，山东的《山东林木昆虫志》(范迪等，1993)、《泰山蝶蛾志》(上、中、下集)(卢秀新，1990~1994)、《山东天牛志》(祁诚进 ,1999)，陕西的《秦巴山区蚜蝇区系分类》(霍科科等，2007)、《陕西省经济昆虫图志·鳞翅目：蝶类》(西北农学院植物保护系，1978)、《陕西省经济昆虫图志·贮粮昆虫》(曹志丹，1981)，甘肃的《甘肃农林经济昆虫名录》(陈明等，2007)、《甘肃省叶甲科昆虫志》(王洪建等，2006)，河南的《河南昆虫名录》(申效诚，1993)、《河南农业昆虫志》(于思勤等，1993)及各卷《河南昆虫志》，安徽的《安徽省昆虫名录》(孟绪武，2003)，湖北的《湖北省昆虫名录》(雷朝亮等，1998)，浙江的《浙江蜂类志》(何俊华等，2004)、《天目山昆虫》(吴鸿等，2001)、《龙王山昆虫》(吴鸿，1998)、《华东百山祖昆虫》(吴鸿，1995)、《浙江昆虫名录》(方志刚等，2001)，福建的《福建省昆虫名录》(赵修复，1982)、《武夷山保护区叶甲科昆虫志》(汪家社等，1999)、《福建昆虫志》1~8 卷(黄邦侃，1999~2003)，台湾的《台湾 2010 物种名录》(邵广昭等，2011)，江西的《江西昆虫名录》(章士美，1994)，湖南的《湖南森林昆虫图鉴》(彭建文等，1992)，贵州的《贵州农林昆虫志》1~4 卷、《贵州吸虱类、蚤类志》(金大雄等，1991)、《贵州虻类志》(陈汉彬等，1991)，重庆的《重庆市昆虫》(陈斌等，2010)，云南的《云南森林昆虫》(黄复生，1987)，广西的《广西昆虫名录》(张永强等，1994)、《广西蚂蚁》(周善义，2001)，海南的《海南森林昆虫》(黄复生，2002)、《海南岛的蠓类》(刘金华等，1996)等。

(五)国内分类学期刊及自然科学期刊

中国昆虫分类论文是提供昆虫种类信息和分布信息的另一条重要渠道，它的特点是资料最新又最原始，分布地点最准确，信息利用率高，但资料来源分散，不容易收集完全。我国目前与昆虫有关的期刊有《动物分类学报》《昆虫分类学报》《昆虫学报》《动物学研究》《动物学集刊》《昆虫学研究集刊》《中国昆虫科学》《武夷科学》8 种。另外还有一些新种发表在农林院校学报、综合性院校学报上。国内期刊中，最长的一篇论文是汪兴鉴的《东亚地区双翅目实蝇科昆虫》，正文 338 页，图 81 页，刊载于《动物分类学报》1996 年 21 卷增刊。

(六)科学考察报告

中国昆虫科学考察的形式有：一是由国家立项的、由国家级研究单位执行的考察，考察结果主要有《西藏昆虫》(中国科学院青藏高原综合科学考察队，1982)、《西藏南迦巴瓦峰地区昆虫》(黄复生，1988)、《横断山区昆虫》(陈世骧，1992)、《西南武陵山地区昆虫》(黄复生，1993)、《喀喇昆仑山—昆仑山地区昆虫》(黄复生，1996)、《长江三峡库区昆虫》(杨星科，1997)、《西藏雅鲁藏布大峡谷昆虫》(杨星科，2004)、《广西十万大山地区昆虫》(杨星科，2004)、《秦岭西段及甘南地区昆虫》(杨星科，2005)等。二是由地方政府组织和国家级研究单位合作进行的考察，结果主要有《海南森林昆虫》(黄复生，2002)、《龙栖山动物》(黄春梅，1993)等。三是由分类学家个人，或带领同事、学生进行考察，结果多以论文发表，出版的有赵养昌等(1982)的《中国仓库害虫区系调查》等。四是由行业行政部门部署的昆虫(害虫、天敌)普查，这类普查规模大，行动面广，目前作者看到的有《中国主要农作物害虫天敌种类》（朴永范，1998）和《中国林业有害生物概况》（马爱国，2008）。五是20世纪末兴起的由地方学者出面组织邀请，全国分类学家自由参加的大规模考察。主要有：河南1996~2008年组织的考察，根据考察结果出版了1~6卷《河南昆虫分类区系研究》（申效诚等，1998~2006）；贵州1998~2004年组织的考察，根据考察结果出版了《茂兰景观昆虫》（李子忠等，2002）、《习水景观昆虫》（金道超等，2005）、《贵州大沙河昆虫》（杨茂发等，2005）、《梵净山景观昆虫》（李子忠等，2006）、《赤水桫椤景观昆虫》（金道超等，2006）、《雷公山景观昆虫》（李子忠等，2007）；宁夏2007~2009年组织的考察，根据考察结果出版了《六盘山无脊椎动物》（任国栋，2010）、《宁夏贺兰山昆虫》（王新谱等，2010）。所有参加者都感到这是花费不多、收获巨大、高效多赢的自然科学考察组织形式。

（七）世界性、全国性昆虫名录，国外科学网站

针对昆虫某个类群，世界性名录或出版，或开设网站，不胜枚举。国内学者出版的世界名录诸如印象初等（1996）的 *A Synonymic Catalogue of Grasshoppers and Their Allies of the World*，杨定等（2006、2007）的 *World catalog of Dolichopodidae*（*Insecta: Diptera*）和 *World catalog of Empididae*（*Insecta: Diptera*）。全国性名录有《中国森林昆虫名录》（杨秀元等，1981），《中国农业害虫名录》（中国农业科学院植物保护研究所，1980），华立中（2000~2006）的 *List of Chinese Insects* 1~4卷，崔俊芝等（2007、2009）的《中国昆虫模式标本名录》第一、二卷。这些可用来作为种类的补充、查询或相互印证。

（八）国外发表的昆虫分类论文及回顾、厘定论文

本书作者曾统计1997~1999年度，全世界发表新种27 544种，其中中国种类5 314种，占19.29%。在中国种类中，大陆科学家在国内发表2 363种，占44.47%，在国外发表536种，占10.09%；中外人士发表台湾地区种类461种，占8.68%；外国科学家发表中国种类1 954种，占36.76%（申效诚等，2002）。因此，国外论文发表的种类仍是不容忽视的重要部分。这个资料来源渠道的缺点是，刊物繁杂，收集困难；分布地点或笼统或拼写艰涩。克服办法是，收集不全的种类靠 *Zoological Record* 来补充和校正。

（九）自然保护区的资源考察报告

近些年来，一些自然保护区陆续出版了自然资源考察报告，昆虫作为自然资源的组成部分，理论上讲这是非常具体的昆虫分布记录，非常珍贵。但总体上衡量，由于参与人员水平参差不齐，导致科学水平不一，调查难以深入，报道种类也极其有限，因此，只能根据实际情况，谨慎采用。

二、分类区系资料的整理

我们首次做全国的昆虫分布地理研究，尽可能要求所有种类参与，并且都以正确的分类地位参与，如果以某种标准选择部分种类参加，再以某些方式使结果适合自己的意愿，那将不是探索自然规律的态度。因此，必须认真地将各种渠道收集来的种类进行资料整理，清除或纠正错误名称、异名、重复名以及错误的地位等，确保"一虫一票"的权利。这是比收集资料还要花费时间的工作。我们主要从下列几个方面入手。

（一）防止种类重复

种类重复是个相当常见的错误。对于有新组合（*comb. n.*）、新名（*nomen n.*）、新异名（*syn. n.*）标识的种类，自然很容易将其改正过来，主要是那些刚提出变动不久，还处在新旧名称同时使用阶段的，容易出现重复。所以重点注意那些命名年代不太久远，命名人加了括号的种类，注意检查有无原来的名字存在，最好防止在登录入库之前。入库以后的方法是科内种名正序排列，发现可疑种类再核对文献。

（二）按新分类地位予以调整

有的科会划分为几个新科，有时一个亚属会划归另属或另立新属，有时几个种会划归另一科，这些要及时进行整体转移，防止新老阶元都有"户口"。

（三）"认本归宗"

这也是一类常见错误，从种到科都会出现这种"不认家"的现象。如把落叶松毛虫放在毒蛾科，连中文名字都改为"显纹毒蛾"；把斑蛾放螟蛾科中，把飞虱放粒脉蜡蝉科中，把蟓科、蚋科放短角亚目中。有部省级昆虫名录，苔蛾科下只有1种，大部分苔蛾都留在灯蛾科内。这些都是不该发生的事例。

（四）防止种类和分布地的脱节错位

这是一个偶发错误，但一旦发生，纠正起来相当麻烦。在一部名录上，登录某刊物上的新种资料，学名以某省命名，但模式产地不是该省。这种张冠李戴的错误可能不只是一个种的笔下误，核查原文，该属的种类和它的分布地来个"大轮岗"。进而核查该期刊物，全部论文的种类和分布地都轮了岗，涉及几十个种。

（五）规范学名

学名的不规范使用是常见的错误，不经意地减少或增加字母，更是平常。文献提供者和我们登录时都会出现。结果是：属名错一个字母，会被作为两个属；种名错一个字母，会被作为两个种。处理方法是科内做属名排序、属内做种名排序检查，发现可疑名字进一步核查。

（六）注意其他离奇错误

每发现一处错误，我们都要查找一下产生错误的原因，以期能掌握一些规律，提高查错效率。可还是有些错误，让人百思不得其解。对于这类错误，只有仔细再仔细地查找。

（七）录入数据库后的检查

在录制数据库过程中，经常将一些科、属排序，检查属内有无种名相同，发现有相同种名，需检查是重复录入，还是命名错误，前者删去任意一个，后者删去命名晚的一个。

录制完成投入使用前，将属名排序，检查不同目、科之间有无属名重复，发现有相同属名，需检查是由于分类位置变动引起的重复录入，还是命名错误？前者将其回到正确位置并删去可能的种类重复；后者予以保留，加以标注，以免再次重复审查。

第二节 中国昆虫种类数量
Segment 2 The number of insect species in China

要想知道中国昆虫确切的种类数量，还真不是一件容易的事，因为这远不像高等动物那样简单，也不像高等植物那样易于操作。其原因：一是昆虫种类多，昆虫占世界生物种类的 60%，占世界动物种类的 80%。在中国，昆虫种类是高等动物的 40 倍，是高等植物的 3 倍。一个昆虫分类学家，倾其一生精力，研究透一个中等大小的科已经很了不起了，甚至只能研究一个大科下的一个族或属，涉猎昆虫种类最广的杨集昆，一生工作曾触及 100 多科，而全国有 800~900 科，需要多少位昆虫分类学家，将不言而喻。二是昆虫个体小，生活场所隐蔽，公众认知程度低，即使昆虫分类学家，不是自己的研究类群，采集起来也非常困难。三是昆虫生命周期中有形态各异的变态，具有种类鉴定特征的成虫期时间长短不一，早晚各异，有的非常短暂，甚至"朝生暮死"，有的在早春，有的又在暮秋，错过成虫发生期，再专业的工作者也无能为力。试想一年中，仅靠短暂的考察又能在多大程度上解决问题。四是昆虫整体上还处在分类描述阶段，每年新种大量涌现，老种又频频改变分类地位，即使有一个精确的统计数字，也是截止于某个时间的"里程碑"。

我国老一辈昆虫学家胡经甫花费 12 年时间收集了世界各地发表的中国昆虫种类，于 1934~1941 年出版了 6 卷《中国昆虫名录》，共计 20 069 种（Wu, 1934~1941）。2000~2006 年，中山大学华立中编撰出版的 *List of Chinese insects* 1~4 卷，共记录截至 1990 年的中国昆虫 33 目 782 科 14 700 多属 76 000 多种（Hua, 2000~2006)。2004 年虞国跃介绍刘绍基的未发表资料，截至 2004 年 4 月，中国昆虫共 88 328 种（虞国跃，2004）。

本研究共系统收集中国昆虫 33 目 823 科 17 018 属 93 661 种，不包括异名、未定种、亚种、型等。资料基本截止于 2006 年，个别类群补充收集到 2012 年。近几年来，每年又有 2 000 多个新种和新记录涌现，因此，目前全国昆虫种类已稳定超过 10 万种，但尚未见具体统计报告。本书中所称全国种类是我们数据库的 93 661 种，距离目前的实际种类数有一些差距。

第三节 区系成分确定的原则
Segment 3 The principle for determining insect fauna element

区系成分（fauna element）既然是一种分布类型，就涉及分布区域的表述方法，以洲为单位，或是以国家，以地理区域，以自然景观，都不违背定义，区域越细，分布类型越复杂，分析难度越大；区域越大，分布类型越简单，但也越会掩盖一些信息。

对一种昆虫的区系性质的判别不是容易的事，如果能彻底了解其系统发育过程，自是非常必要，但要求对每个昆虫物种都了解其系统发育过程，绝不是一个指日可待的事情。根据目前的分布状况判别区系性质，可能是唯一途径。马世骏早在1959年就提出，中国昆虫有古北、东洋、中日、中国–喜马拉雅四种区系成分，其中中国–喜马拉雅分布最广，并在地理区划中，考虑到要把这一成分作为一个独立的整体予以安排。这个观点为不少学者所接受（杨星科，1997，2000，2005；陈学新，1997；魏美才，1997），但一直未受到广泛的重视。杨星科（2005）提出的几条标准是一个简便的、极具可操作性的方法，能够解决绝大部分物种性质的判别。

本研究主要依据杨星科（2005）的方法，具体是：

一、古北种类（Palaearctic species）

典型古北界范围内或全北界范围内分布的种类。即除中国分布外，还向北分布于西伯利亚、中亚、西亚、北亚、欧洲、北非以及美国、加拿大或其中某些地区的种类。这些种类可以理解为北方来源种类，是从北向南逐步扩散的。

二、东洋种类（Oriental species）

典型东洋界范围以及更远热带地区的种类，即除中国分布外，还向南分布于越南、老挝、缅甸、柬埔寨、印度尼西亚以及尼泊尔、印度、斯里兰卡，甚至可能涉及热带非洲、澳洲，或者其中某些地区的种类。这些种类可以理解为南方来源种类或热带种类，由南向北逐步扩散的。

三、广布种类（Eurytopic species）

能够跨古北、东洋两界或更大范围的种类，即多界分布或全球分布的种类。

四、东亚种类（East Asian species）

分布于中国、朝鲜半岛、日本的种类。根据分布范围大小又分为中日种类和中国特有种。中日种类是除中国分布外，还向东分布于朝鲜半岛、日本的种类，中国特有种是仅限于中国国内分布，尚无国外分布报道的种类。

显然，这是一个随时变化的动态数据。国内特有种可能在朝鲜、日本，或越南，或西伯利亚发现，变为其他性质的种类，又有一些种类会由于分类地位变动而取消。但可以肯定的是，在相当长的时间内，东亚成分增加的种类要多于减少的种类，其他成分种类也会不断增加，各个成分间的比例将保持在一个稳定的动态平衡中。

需要注意的是，昆虫的区系性质，这个日常频繁使用的概念，严格区分起来，是非常困难的。因为任何两种昆虫的分布都是不同的，把千差万别的分布状态归纳为几个类别，总要有个别种类介于难以处理的中间状态，一个广泛分布于北方的种类，偶尔在越南北方采到，是归入古北种还是广布种？一个分布于澳洲界、东洋界、海南岛的种类，是归为东洋种还是广布种？实际上，对于中国昆虫区系研究，主要是判明来源于南方或北方，而且中国的来自北方的种类，绝大部分是古北界的种类，全北地区的种类很少；同样，来自南方的种类绝大部分是东洋种类，东洋＋热带非洲、东洋＋澳洲的种类很少、东洋＋热带非洲＋澳洲的种类更少。把这些少得可怜的种类放在哪里都不影响分析结果。

更何况，昆虫区系性质应该用昆虫区划的名称来标识，而昆虫的世界地理区划和全国地理区划都未完成，因此这里能够区分开南、北方，能够定性地佐证定量分析结果即可，完全没有必要苛求进一步的准确。到进行全世界昆虫地理区划时，自会划分得更为精细、准确。由于昆虫的区系性质不参与定量分析的过程，所以不影响区系分析的结果。

第二章 昆虫分布的 基础地理单元

Chapter 2　The basic geographical unit of insect distribution in China

第一节　基础地理单元划分的方法

Segment 1　The method for dividing basic geographical units of insect distribution

从事昆虫地理研究，必须有基本的地理单元才能进行比较。目前基础地理单元的确定大致有 3 种方法：

一是以省、市、县等行政区域为单位。这种方法最省事，因为昆虫分布记录基本都是行政区域，无须进行必要的转换。但这种划分效果并不好，因为省市范围很大，生态环境复杂，影响分析的精确度。县的地理范围虽然不大，但昆虫分布记录应用的价值不大。

二是以栅格为单位。以经纬线或等距离划为方格，作为基础地理单元。这种方法的优点是保证地理单元面积相等，能够使昆虫种类的密度更为直观；缺点是昆虫分布资料需要转换，方格的大小不易掌握，过小则容易和分布资料不匹配，过大又使方格内的自然环境复杂，改善不了分析的质量。

三是以自然景观为单位。划分为大小不等的生态区作为基础地理单元。优点是保证小区内环境条件一致，小区间的差异明显，分析质量会明显提高。缺点是需要进行资料转换，但研究者丰厚的地理知识将对此大有裨益。

本研究将根据自然景观划分基础地理单元。为使划分准确且易于分布资料的录入，先根据各省区已有的动植物区划和昆虫区划研究成果，将各省区划分为若干小区（3~14 个不等），全国共计 176 个小区（表 2–1），将

表 2-1　中国昆虫地理小区

省区	地理小区	省区	地理小区	省区	地理小区	省区	地理小区	省区	地理小区
新疆	阿尔泰山	西藏	墨脱	山东	鲁中山区	湖北	神农架山区	贵州	黔南苗岭
	准噶尔盆地		亚东		鲁北平原		襄阳盆地		黔西南山区
	准西山地		波密		鲁西南平原		桐柏山区		黔西山区
	伊犁谷地		林芝		胶潍浅丘		大别山区	四川	川西山区
	北天山		芒康		胶东丘陵		江汉平原		阿坝高原
	南天山		昌都	陕西	大巴山区		武陵山区		大凉山区
	东天山		丁青		秦岭南坡		幕阜山区		大巴山区
	塔里木盆地		藏中		秦岭北坡	浙江	杭湖嘉平原		武陵山区
	东疆戈壁		藏南		渭河平原		金衢平原		四川盆地
	帕米尔高原		那曲		黄土高原		沿海丘陵	云南	滇西北山区
	西昆仑		阿里		陕北荒漠		天目山区		无量山区
	东昆仑		羌塘	甘肃	陇南山区		浙南山区		滇北山区
内蒙古	呼伦贝尔高原	黑龙江	大兴安岭		甘南高原		浙中丘陵		云贵高原
	锡林郭勒高原		小兴安岭		陇东高原	福建	武夷山区		瑞丽地区
	乌兰察布高原		三江平原		陇中高原		龙栖山区		西双版纳
	阿拉善高原		松嫩平原		河西走廊		闽中丘陵		滇东南
	大兴安岭北段		长白山区		祁连山区		闽东北山区	广东	南岭山区
	大兴安岭南段	吉林	长白山区		酒泉戈壁		戴云山区		广东平原
	赤峰山区		吉中丘陵	河南	太行山区		闽南丘陵		粤西山区
	察哈尔山区		松花江平原		豫北平原		沿海丘陵	广西	桂西山区
	贺兰山区	辽宁	长白山区		豫西丘陵	台湾	台湾地区		桂北山区
	大兴安岭北段山前平原		辽东丘陵		黄河平原	江西	赣西北山区		桂东丘陵
	大兴安岭南段山前平原		辽东半岛		伏牛山北坡		井冈山区		桂南平原
	辽河上游平原		辽河平原		淮北平原		南岭山区	海南	海南
	河套地区		辽西山区		伏牛山南坡		赣东北山区		
	鄂尔多斯高原	河北	张北山区		南阳盆地		武夷山区		
宁夏	六盘山区		承德山区		桐柏山区		赣南丘陵		
	黄土高原		小五台山区		淮南平原		鄱阳湖平原		
	宁中荒漠		京津唐平原	安徽	大别山区	湖南	张家界山区		
	银川平原		太行山区		淮北平原		湘西山区		
	贺兰山区		华北平原		淮南平原		洞庭湖平原		
青海	湖东地区	山西	五台山区		大别山区		湘中丘陵		
	青海湖地区		太行山区		江南平原		湘南山区		
	祁连山区		中条山区		黄山山区		湘东丘陵		
	黄河源区		晋北山地		江北平原	贵州	梵净山区		
	长江源区		晋中平原	江苏	苏北平原		雷公山区		
	可可西里		晋南平原		苏中平原		大娄山区		
	柴达木盆地		吕梁山区		江南平原		黔中高原		

昆虫分布资料按省区和省下小区录入。然后打破省区界限，将相同生态环境的小区合为一个基础地理单元，如河北的 05 小区，河南的 01 小区，山西的 02、03 小区合在一起成为太行山单元，河北的 04、06 小区，河南的 02 小区，山东的 02、03 小区合为华北平原单元。全国由 176 个小区归并为 64 个基础地理单元（图 3-55）。

　　昆虫的基础地理单元和人们的行政区域是完全不同的划分方法，人类早期大都临河而居，便于生活，便于交通运输，行政区划就以河为中心，以山脊为界，如祁连山为青海和甘肃之界，武夷山为福建、江西之界，南岭为广东、湖南之界，大别山为河南、安徽、湖北之界。而昆虫则是以河流隔开的山系为基本生活区域，山脊的两侧的差别往往小于和山系以外的差别。因此，将山脊作为昆虫分布区域的界线是不合适的，这将在以后有关章节讨论分析。植物和高等动物也应大致如此。

　　基础地理单元划分的粗细程度关乎着分析结果的质量。划分得越细，所要求提供的分布信息越多，能够得到的分析结果越具体、越明晰。当不能够提供足够的分布信息时，也就不能划分得太细。有时会需要反复尝试。因此，在录完小区级分布信息后，一定要留下备份，因为任何人都难以承受前功尽弃的打击。

　　由于全国各地昆虫区系调查工作的不平衡，合适的地理单元确定之后，在地图上看起来可能显得不均匀，有的面积很大，有的很小。这就是基础材料的差异所致。调查深入的地方，数据表达的差异可能显示的是不同环境的差异，而不是调查的差异，可以划分得精细一些。调查有欠深入的地方，可能显示的是调查的差异较大，生态条件的差异没有充分表达，只能划分得粗一些。相对而言，定性研究是生态条件优先于生物因素，先划分区域再用生物材料描述。定量研究是生物材料优先于生态因素，根据相似性关系确定划分区域。

　　地理单元的数量不可能是唯一的、固定的，每一位分析者都可以根据自己的材料来确定单元的数量和粗细程度，目标是能够得到尽量精细的聚类结果，即使同一份材料，也完全有不同的地理单元的划分，但最后结果可能殊途同归。

第二节　昆虫分布资料的积累与转换
Segment 2　The accumulation and transformation of insect distribution data

　　昆虫分类学家在漫长的历史时期内，并不是都意识到分布资料要为以后的昆虫地理学研究做准备，对昆虫分布地点的记录没有大致统一的规格。因此，对分布地点的历史记录，只能是"量材使用"。在数据库中，凡是没有明确省区的种类，例如只是 "China" "West China" 等的种类，只录入种类的分类资料，不录入任何分布信息，只能作为中国分布种类；凡是明确省区，但没有省区下具体分布地点的种类，只录入相应省区的分布信息，不录入省区下小区的分布，作为该省区的分布记录；而对有详细分布记录的种类，不但记录相应省区，更要按相应的小区记录分布信息，这样的信息才能在定量分析中发挥作用。

　　待所有种类的分布信息录入完毕，按划分好的基础地理单元进行分布信息的转换，把组成该单元的数个小区的昆虫分布信息集合到这个地理单元内。所有单元转换完毕，再按分类系统，汇集各属、各科的分布记录，以备按不同分类阶元进行聚类分析。

　　具体的建库、录入和转换方法，在下章详细介绍。

第三章
昆虫分布数据库
的构建与利用

Chapter 3 The databank of insect distribution

进行昆虫区系分析和地理区划研究，必须具有大量的昆虫种类和分布信息，对这些海量信息的处理和利用，不借助于数据库技术是难以想象的。数据库其实就是一张或多张具有一定联系的数据表，多数计算机使用者对 Excel 技术非常熟悉，感到得心应手，而对 Access 技术接触不多，特别是开始建表时感到麻烦。其实 Access 是专门的数据库应用程序，具有很多 Excel 没有的功能，相当复杂的统计运算都可以在表上直接完成。

第一节　微软 Access 数据库的优点
Segment 1　The merits of Microsoft Access

使用微软 Access 数据库，仅根据自己的使用实践，感到它具有以下几方面的优越功能，满足分析时的需要。

一、列与列之间可以任意移动

在昆虫区系分析时，常常需要把不相邻的列移动在相邻位置，或把一些列临时按一定顺序排列。在 Access 上都可以任意左右移动，而且不管移动得多么凌乱，按 3 次键即可恢复原状。这个功能 Excel 是不具备的。

二、单列或多列一起可以经常地按正序或倒序排序

对单列数据或多列数据一起排序是经常需要的。无论正排或倒排，Access 可以确保左右所有数据联动，保证每行的数据不致错乱，可以放心任意排序。而 Excel 虽然也有正排或倒排功能，一些情况下不能保证左右联动，致使昆虫的分布地发生错乱，而且难以恢复，整个表只能报废。

三、强大的查询功能

数据库的真正功能不仅是你能看到数据表的全部数据，更是能按你的意图去汇总、统计、分析数据，回答你提出的问题。我们进行昆虫区系分析和昆虫地理研究，只是应用了其查询功能中的初级部分，就能得到我们需要的全部参数。即使不依靠我们研发的 MSCA 统计软件，同样能快捷地完成全部分析任务。

第二节　数据库的设计与数据的录入
Segment 2　Design databank and record data

一、数据库设计

打开一个新建文件夹或选择一个合适的文件夹，点击"文件"，在"新建"的右拉菜单中，点击"Microsoft Access 应用程序"，将会出现一把钥匙状的数据库图标和要你命名数据库的方框，命名（例如"中国舞虻总科"）后，双击图标，出现数据库窗口（图 2-1）。

窗口上端为工具栏，工具栏下左边"对象"下的 7 种类型，我们只应用"表"和"查询"两项。右边目前只列有 3 种创建数据表的方法，数据库建成后，还列有本数据库所有表的目录，以备打开或查询不同的数据表。本研究推荐使用第一种创建数据表的方法。

双击图 2-1 上的"使用设计器创建表"，将出现"表设计窗口"（图 2-2）。

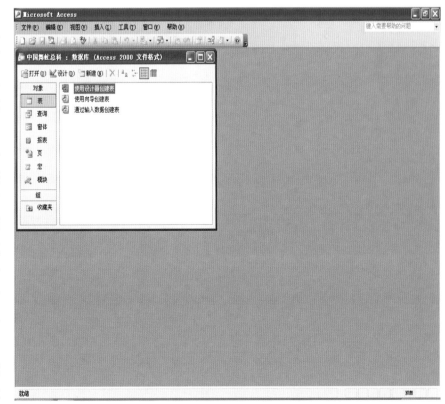

图 2-1　数据库窗口

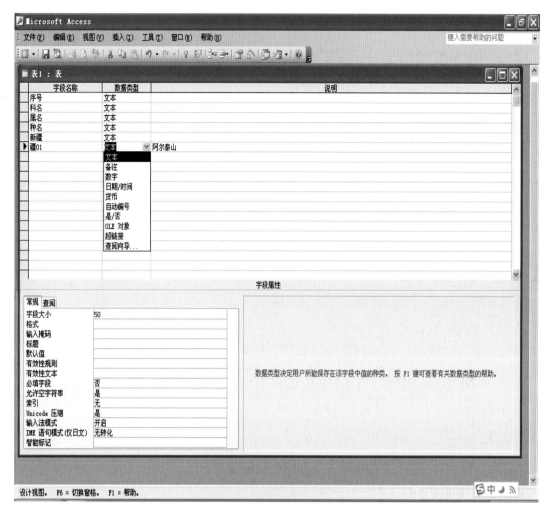

图 2-2　表设计窗口

表设计窗口是要完成数据表表头的设计，表头的各个项目称为"字段"，本研究所用字段有 4 类：第一类是序号，在数据表中属于自动生成；第二类是昆虫的有关字段，例如目名、科名、属名、种名等；第三类是昆虫的性状字段，如区系性质等；第四类是分布地的有关字段，如各省或各个地理单元。在创建数据库前应先慎重设计好各个字段的名字及其具体内容。

在图 2-2 的第一栏"字段名称"下逐个录入设计好的字段，第二栏"数据类型"自动生成"文本"，当光标在"文本"栏末尾处变为箭头时点击出一个下拉框，列出 10 种数据类型，可根据需要确定数据类型，本研究只需把序号的数据类型由"文本"改为"自动编号"，其余各个字段不变。第三栏是对字段的说明，以防备分布地编号内容的遗忘或混淆。

表设计窗口的下部是"字段属性"，更具体地规定各字段数据的性质。与本研究有关的主要有"字段大小"和"输入掩码"两项。点击各行的任意部位，即会出现该字段的属性默认值，可以根据具体情况更改。如"目名"和"科名"的"字段大小"可设为 10，区系性质和各地理单元的"字段大小"可设为 5，"属名"和"种名"保持 50 个字符不变，并在"输入掩码"一栏可在英文输入状态下输入 50 个"?"，这样可保持录入昆虫学名时，自动切换为英文状态，省却数据录入时中英文来回切换的麻烦。

当所有字段录入完毕，检查有无遗漏或多余，可以增添或删除。如需增添"目名"，可在最下方录入"目名"，将该行选中，拖动到"科名"上方放开。需要删除某字段，将该行选中，按"删除"键即可。

检查调整结束，该表设计完毕。点"保存"，出现命名该表的对话框，命名后（例如长足虻科），按"确定"，出现要求确定主键的对话框，点"否"，表明保存完成。按"保存"按钮前面的"表视图"按钮，即可打开设计好的数据表。数据表各列的宽度可以任意调节，一般在窗口上可以看到尽量多的列，便于录入数据。至此，数据库可以开始录入数据了。

二、数据的录入

图 2-3 是一个完成设计，刚刚打开并开始录入数据的膜翅目数据表，各列的顶部是字段，各行称作"记录"。工具栏最前方的"三角板和直尺"按钮是"设计视图"用的，可以回到图 2-2 的设计视图，以便进行必要的修改，然后按"保存""表视图"，打开数据表。工具栏中部有"正排""倒排"按钮，其后的"漏斗加闪电"是"筛选"按钮，可以根据你的意图只显示需要的记录，方便进一步操作和分析。在筛选状态下，后面的"漏斗"状按钮是红色的，按它可以返回全显示状态。

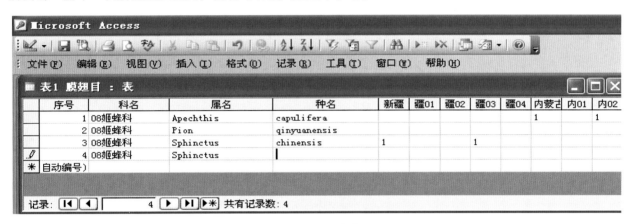

图 2-3　数据表窗口

数据表的第一列是自动生成的序号，确保一条记录一个号码不变，如果删掉一条记录，这个序号也将删去，不会再次出现。目名、科名前最好按分类学顺序加上编号，以便排序时可以按分类系统排列。数据表下方有关于记录的统计和按钮，在数据库很大时，使用很方便。

数据的录入是一个漫长而枯燥的过程，应千方百计地加速这一进程。

首先在分布地录入时，改变以往类似项目中的"0""1"法，采用有分布记"1"，无分布不记的方法，好处有二：一是可以节省大量时间，以本研究的数据库为例，如果将"0"全部补齐，需要录入 3 200 万个"0"，按 100 个 /min 录入，工作 8 h/d，需要 23 个月；二是能减少"0"对"1"的视觉干扰。

其次可以采用多种快捷录入方法，如一个目内、一个科内、一个属内有很多种，为避免这些目名、科名、属名的重复性操作，可采用不同的方法，在 30 个重复以下，可用"Ctrl+'"的办法，30~80 个重复，可用"粘贴"的办法，80 个以上时，可用"置换"的办法。

由于昆虫资料分散，不能按分类顺序一个目、一个科地陆续录入，而是有什么录什么，为节省时间，可借助于"筛选"。如新拿到一本《中国动物志　鳞翅目　刺蛾科》，可将数据表的目名、科名、属名、种名选中，按"正排"，排序后，找到鳞翅目的刺蛾科，将任意一个"刺蛾科"名字选中，按"筛选"，数据表将只显示已录入的刺蛾种类，方便审查有无重复和新种类的录入，录完后，可再次将属名、种名选中，排序，确保没有重复后，按"取消筛选"，返回数据表。

在没有新的资料录入时，数据库建设即宣告完成。由于中国昆虫分布资料零散，整理起来费时费工费脑筋，我们在有一定基础的情况下，尚耗时 4 年多，而且还留有些许遗憾。

第三节 数据库的应用
Segment 3　The use of databank

一、数据表的外观整理

设计好的数据表初次打开，列的宽度和行的高度都是一个默认值，需要进行适当调整，使之美观实用。当某一列须调整时，把光标放在字段右侧的分隔线上，光标变成左右双箭头状，按下并拖动分割线左移使列变窄，右移使列变宽，或者双击分隔线，会自动调到适宜宽度。如果要使多列一起调整，可把多列选中，按住任一条分割线移动或双击即可。行高基本不必调整，它是和字体大小相匹配的，如按"格式""字体"，加大字号后，行高和列宽会随之调整。当然，必要时行高可适当调整，方法是把光标放在最左边的指针列中任意一条分行线上，光标变为上下双箭头，按住将分行线上下拖动，向上将使所有行变低，向下将使所有行变高。

数据表最下方有个记录状态行，最后方是全数据表的总记录数，中间方框内的数字是数据表目前状态下光标所在处的记录数。方框前有 2 个按钮，尖向前的三角形指针按钮可以使正在操作的记录向前移动一条，作用与键盘上的上箭头相同，另一个指针加竖线的按钮可以向前移到数据表的第一条记录；方框后面有 3 个按钮，第 1、2 个作用与上述两个刚刚相反，第 3 个带"*"号的按钮能使操作移到新添加记录的位置。

二、移动、筛选、排序

数据表上，列的排列顺序是由设计时排列的基本顺序决定的，顺序的改变有两种方法，一种是在设计窗口上变更，然后"保存""视图"，返回数据表，从而改变基本顺序；二是在数据表上变更，把想变动的一列或数列选中，拖动到合适的位置，这种临时顺序按"保存"后也可保持不变，直到想整理顺序时，按"视图""保存""视图"，即可恢复如初。

数据表上，行的位置是不能任意移动的。只有在排序或筛选时，行的相对位置可以变化。

"筛选"能按你的意图，只显示有关的记录，如只要某目、某科、某区系成分的昆虫，也可选择昆虫序号尾数为 5 的记录。

"排序"能对你的目标列进行正排或倒排，也可将多列移动到相邻状态，共同排序。如一同把目名、科名、属名、种名选中正排，就可使所有昆虫按分类顺序和字母排列。

三、列、行、值的增添、修改与删除

列的增添、修改或删除是须慎重的，笔者不主张在数据表上进行，单击数据表左上方的"视图"按钮，回到设计窗口，在最下方添加新列的字段，设定属性，并拖动到适当位置；若删除某列，将该列选中，按删除键；修改某列，就在该字段上修改。修改变动完毕，按"保存""视图"钮，返回数据表。

行的增添与删除直接在数据表上进行，增加新的记录，按数据表上方工具栏上或表下方记录状态栏上的带有"*"的新记录按钮即可。删除某行，将其选中，按"删除键"或工具栏上的"删除记录"按钮。

值是列和行交叉的单元格里的内容，本研究涉及的修改内容主要是属名或种名的修改和分布地的增加，可以随时在数据表上进行。

四、数据表的分设、合并、复制

（一）数据表的分设

创建数据库时，由于昆虫种类繁多，为避免一个大表来回折腾的风险，最好分设几个小表，一个目一个目地分别录入，最后合并成一个总表，进行统计分析。为保证合并顺利进行，关键在于各个分表的设计格式应完全一致。保证完全一致的最好方法是将表头复制。方法是，打开数据库，或者关闭正在打开的表，显示数据库窗口，单击现有数据表的图标或表名，顺序点击"编辑""复制""编辑""粘贴"，出现"粘贴表方式"对话框（图2-4），命名新表的表名，在选项中选择"只粘贴结构""确定"后，即在数据库窗口上创建了一个新表。同样方法，再次按"编辑""粘贴"命名、选项、"确定"，创建表3、表4，打开这些表，只有相同的表头，内容等待录入。

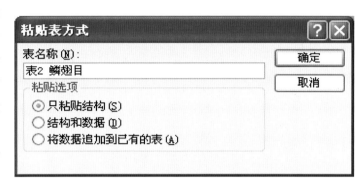

图2-4　粘贴表方式

（二）数据表的合并

图2-5是已完成各个分表录入的数据库窗口，要把它们合并为一个总表。另设一新数据库，命名为"中国昆虫种类"，打开窗口，最小化，显示在屏幕下方。从原窗口上表1开始，点蓝表名，点击"编辑""复制"，打开新数据库窗口，点击"编辑""粘贴"，出现"粘贴表"对话框，命名"表1中国昆虫"，选择"结构和数据""确定"，窗口上会出现新表名。可打开新表查看，如总记录数和原表1一致，证明复制成功。关闭返回窗口状态。把表2复制过来，在粘贴表对话框上同样填入"表1中国昆虫"，选择"将数据追加到已有的表""确定"后，总记录数应是两表记录之和。同样的方法把所有表的数据都追加过来，形成总表。可最后检查，总记录数应是各表记录之和。

（三）数据表的复制

当在一个数据表上长时间操作，会使文件变得很大，一个简单的排序或筛选变得非常困难，这时需要将数据表复制一个新表，内容相同，文件变小，操作容易。在数据库窗口，选中将要复制的表名，依次单击"编辑""复制""编辑""粘贴"，命名表名，选择"数据和结构""确定"后，会出现一个新表。

图2-5　各目昆虫分布的数据库窗口

五、数据表上的简单统计

数据表完成以后，一些简单的、临时想起的统计和运算就可在表上进行，不必关掉表窗口启动查询程序。例如：

统计计算某省或某区的昆虫种类。将光标放在该字段处，光标成为"↓"，选中全列，按倒序排列，所有的"1"排在一起，将光标放在最后的"1"的单元格，点击，表下方的当前记录框内显示的数字即是该区种类数。

计算两区或多区的种类数。由于地区间有相同种类，多区的总种类不是各自种类数之和。将这些区移在相邻位置，一起选中后按倒序排列，光标点在最后一列最后的"1"上，读取当前记录数。

统计计算两个地区间的相似性系数。将两区移到相邻位置，共同选中后按倒序排列。最先排列的是二者共有种类，将其共有种类数除以总种类数即是。

统计计算某目、某科、某区系成分的种类数。将目标类群名或区系成分的符号选中，"筛选"表下的总记录数即是。

例如统计陕西省鳞翅目昆虫的区系成分结构。将"鳞翅目"筛选，再将陕西列的"1"筛选，再将"性质"列排序，即可顺序记录各区系成分数量。也可将"陕西""鳞翅目""性质"顺序排列，选中后按倒序排列。还有一些灵活的方法，都可获得同样结果。

六、全国基础地理单元资料的录制

录制数据库时，是根据各省动物地理区划或昆虫地理区划的基础，共分为176个省下小区，在对各省区进行分析后，将全国划分为64个基础地理单元，这些基础单元的昆虫种类是由若干省下小区汇集而成，如太行山单元包括河北太行山小区、河南太行山小区、山西太行山小区及中条山小区。最正规的方法是数据表上新设64列，然后将所包含的小区的分布记录录入进来。但为了节省时间和磁盘空间，可采取选择种类最多为1 576种的1401太行山小区放在左边，和其他0905、1002、1003小区一起选中后按倒序排列，共计2 501种，在1401列内，从2 501种记录开始（图2-6），向上录"1"，直到其原有的1 576种处，节省近2/3的时间。但须牢记两点，其一，将1401列改名；其二，这种合并是不可逆的，应先把数据表复制留底，以防万一。

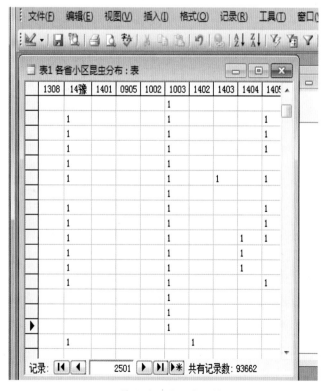

图2-6　基础地理单元资料的录制

七、属、科分布资料的录制

制作数据表时，是以种的分布录制的，没有现成的属分布资料和科分布资料可以利用，因此，当种的记录完成后，必须进行属、科分布资料的汇总。由于属的数量有17 018个，每属的大小各异，从 1 种到 360 种，最好按分类系统逐目、逐科进行。增加一个"阶元"列，以便为增加的属、科行标记。图 2-7 是为鳞翅目夜蛾科地老虎属 *Agrotis* 分布记录，将属名选中"筛选"，显示该属为 37 种，在下方增加一个属行，"阶元"框内计入属的标记"G"，然后将 37 种地老虎的分布汇总计入。为节省时间和空间，当某属只有 1 种时，可在其"阶元"内标以属、种的标记"GS"，不再另加新行。当一个大科或小目做完，点"G"筛选，看属数是否和实际属数相符，如有遗漏，当仔细检查。

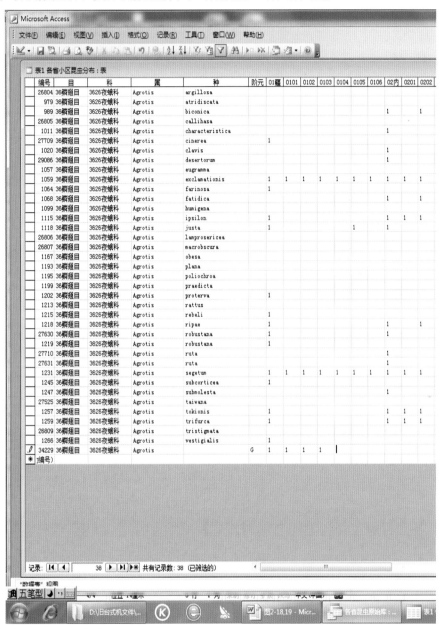

图 2-7　录制属的分布记录

所有属记录完毕，且检查无误后，点"G"筛选，按分类顺序排列。同样方法记录科的分布，并在"阶元"框内标以科的标记"F"。如果某科只有 1 属的话，可在其标记上加上"F"成为"FG"或"FGS"。

录制完毕，数据表包含有 93 661 种、17 018 属、823 科的分布信息。为了以后操作方便，可将数据表复制一个，命名为"中国昆虫属表"。原表作为"中国昆虫种表"，将"阶元"列选中后按倒序排列，将"F""G""FG"标记的行删除，注意不要删除带有"S"的行。共留下所有种的 93 661 行。

把属表打开，将"阶元"列选中后按倒序排列，把施以标记的行留下，而对没有任何标记的行完全删除，由于删除的数量很大，为加快速度，可将表的窗口关得很小，仅有5、6行的高度，这样选中的速度会大幅度提高。删除后，将属表复制一个，命名为"中国昆虫科表"。同样方法，将属表上的科删除，把科表上的属删除。注意，删除时要慎重，一旦删多，较难恢复。有了这3个分类阶元的表，进行3个水平的分析操作，会省事省心得多。

八、建立查询

（一）开启查询窗口

打开数据库窗口，或关闭数据表回到数据库窗口，在"对象"栏中点击"查询"按钮，再点击"新建"按钮，出现"新建查询"对话框，选择"设计视图"，点击"确定"，出现查询窗口和"显示表"对话框（图2-8）。对话框上列出供选择的数据表，选中后按"添加""关闭""查询"（图2-9），可开始各种查询。

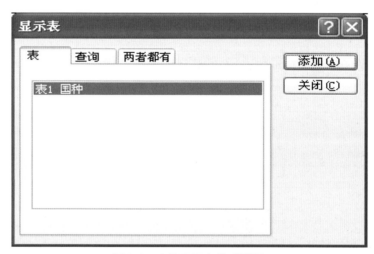

图2-8　查询窗口上的对话框

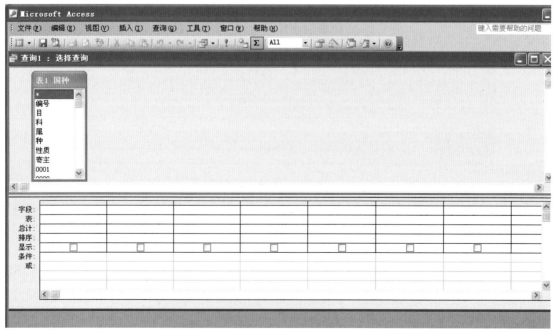

图2-9　添加了数据表的查询窗口

（二）查询的设计与运行

查询窗口上部分是查询表项窗格，它显示数据表的各个字段供选择，双击选中字段，就会出现在下面的窗格中。下部分是查询设计窗格，针对查询的问题，决定哪些字段参与。图 2-10 是要统计各目种类数目，并从大到小排列。双击“目”“编号”，按工具栏中的“∑”总计按钮，窗格会增加一行“总计”。“总计”的下拉菜单中有分组、总计、平均值、最大值、最小值、计数、标准差、方差 8 项，本研究主要用“分组”和“计数”，分组是默认项，将“编号”列的“分组”改为“计数”“排序”项选倒序。

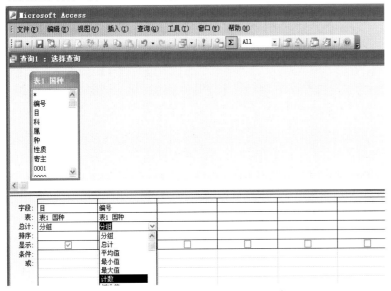

图 2-10　各目昆虫种类的查询设计

目	编号之计数
28鞘翅目	23643
36鳞翅目	17786
32双翅目	15404
37膜翅目	12517
22半翅目	11973
14直翅目	2716
18蜡目	1648
34毛翅目	927
19食毛目	906
07蜻蜓目	781
26脉翅目	768
21缨翅目	570
33蚤目	568
10等翅目	532
08襀翅目	447
09蜚蠊目	366
15蜷目	343
02弹尾纲	337
13革翅目	264
06蜉蝣目	262
30长翅目	227
01原尾纲	185

记录: 1　共有记录数: 33

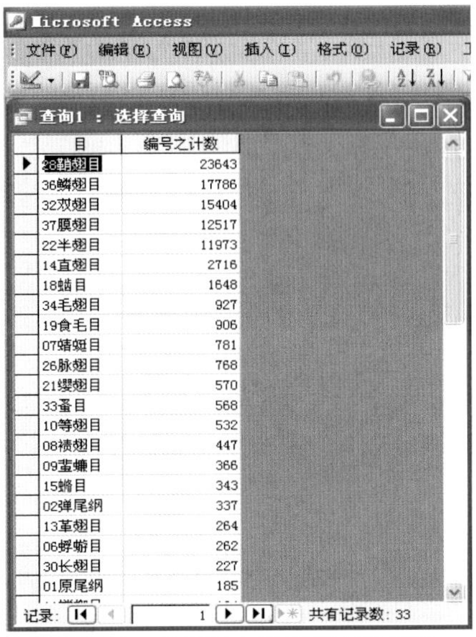

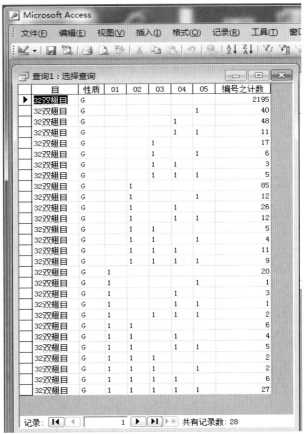

图 2-11　各目昆虫种类的查询结果

点击工具栏上的“！”运行按钮，运行结果见图 2-11。

结果使用完毕后，点“视图”按钮，回到设计窗口，开始新的查询。

查询一：01~05 号地理单元的双翅目古北种类的分布类型如何？

操作：点击图 2-11 的“视图”按钮，回到图 2-10 的状态。在“目”列的“条件”行填上“32 双翅目”，从查询表项双击点下“性质”“0001”“0002”“0003”“0004”“0005”，将“性质”的条件设“G”，将“编号”列移至最后，并取消倒序排列。点击“运行”，结果见图 2-12。图中第一行的数字 2195 是 5 个单元都没有的古北种类，以下的数量是 5 个单元的不同分布状态的古北种类，有 20 种单独分布在 01 号单元，有 85、17、48、40 种分别单独分布在 02~05 号单元，有 27 种 5 个单元都有分布。

查询二：01~05 号地理单元各有多少双翅目的古北种类？

目	性质	01	02	03	04	05	编号之计数
32双翅目	G						2195
32双翅目	G					1	40
32双翅目	G				1		48
32双翅目	G				1	1	11
32双翅目	G			1			17
32双翅目	G			1		1	6
32双翅目	G			1	1		3
32双翅目	G			1	1	1	5
32双翅目	G		1				85
32双翅目	G		1			1	12
32双翅目	G		1		1		26
32双翅目	G		1		1	1	12
32双翅目	G		1	1			5
32双翅目	G		1	1		1	4
32双翅目	G		1	1	1		11
32双翅目	G		1	1	1	1	9
32双翅目	G	1					20
32双翅目	G	1				1	1
32双翅目	G	1			1		3
32双翅目	G	1			1	1	1
32双翅目	G	1		1	1	1	2
32双翅目	G	1	1				6
32双翅目	G	1	1		1		4
32双翅目	G	1	1		1	1	5
32双翅目	G	1	1	1			2
32双翅目	G	1	1	1		1	2
32双翅目	G	1	1	1	1		6
32双翅目	G	1	1	1	1	1	27

记录: 1　共有记录数: 28

图 2-12　5 个地理单元的双翅目古北种类分布类型

目	性质	01之计数	02之计数	03之计数	04之计数	05之计数
32双翅目	G	79	216	99	173	137

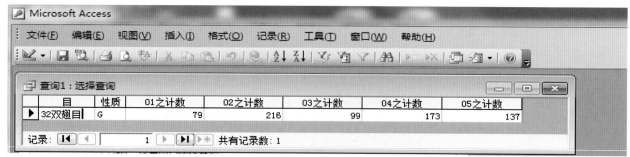

图 2-13 5 个单元的各自双翅目古北种类

操作：图 2-12 各列种类数相加，即是各单元古北种类。为了更简便准确，返回设计窗口，将 5 个单元的“分组”换为“计数”，将“编号”列删除，“运行”，结果见图 2-13。

查询三：统计各地理单元的昆虫区系成分结构。

操作：返回设计窗口，将“目”列删除，“性质”列的条件“G”去掉，将其余地理单元选中，将其“分组”全部换为“计数”“运行”，结果见图 2-14。图中各行依次是成分不明种类、东洋种类、广布种类、古北种类、东亚种类。

性质	01之计数	02之计数	03之计数	04之计数	05之计数	06之计数	07之计数	08之计数	09之计数	10之计数	11之计数	12之计数	13之计数	14之计数	15之计数
	4	14	7	12	4	1	241	255	148	7	266	46	61	78	42
D	0	9	1	10	2	2	52	30	73	35	237	258	157	145	151
E	25	76	41	80	55	35	180	141	197	52	311	196	243	248	180
G	419	1375	401	909	572	388	1361	877	1003	705	2010	1789	1159	1275	1057
T	113	312	142	356	219	64	440	180	347	370	972	1455	635	645	739

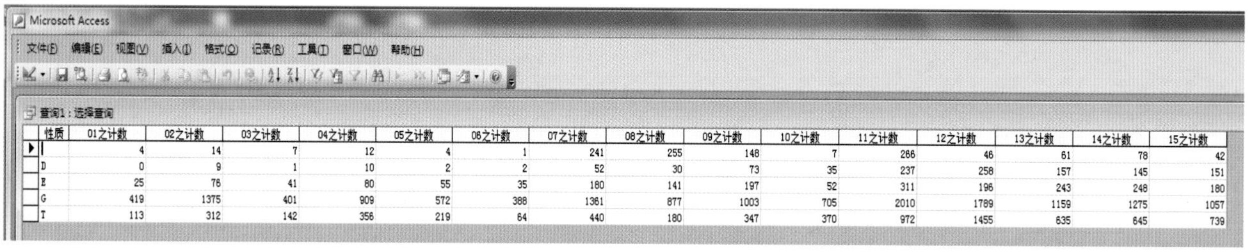

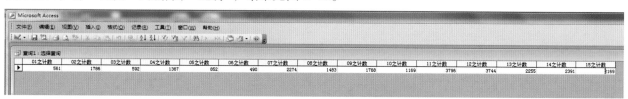

图 2-14 各地理单元的区系成分

查询四：统计各单元的总种类数。

操作：图 2-14 各列的 5 个数字相加，就是其种类数。为了更简便、更准确地借助于本项查询，返回设计窗口，将“性质”列删除，“运行”，结果见图 2-15。

01之计数	02之计数	03之计数	04之计数	05之计数	06之计数	07之计数	08之计数	09之计数	10之计数	11之计数	12之计数	13之计数	14之计数	15之计数
561	1786	592	1367	852	490	2274	1483	1768	1169	3796	3744	2255	2391	2169

图 2-15 各地理单元的昆虫种类统计

查询五：第 1 单元种类和其他 63 个单元的共有种类数。

操作：返回设计窗口，将“01”列的“计数”换为“分组”“运行”。结果见图 2-16。图中显示两行数字，上行是各单元和第 1 单元不同的种类，下行是和第 1 单元共有的种类。如果在“01”列的“条件”处设“1”，结果将只显示下边一行。同样方法，将第 1 单元删除，第 2 单元“计数”改为“分组”，得到第 2 单元和其余单元的共有种类。直到最后，得到任意两个单元间的共有种类数，即可计算两两单元间的相似性系数。

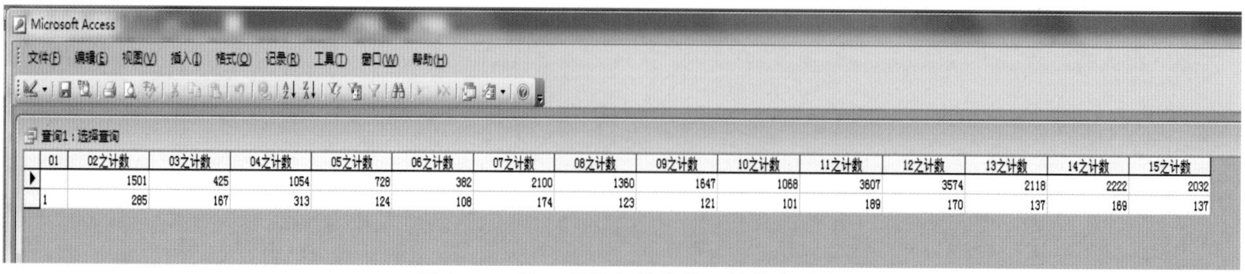

01	02之计数	03之计数	04之计数	05之计数	06之计数	07之计数	08之计数	09之计数	10之计数	11之计数	12之计数	13之计数	14之计数	15之计数
	1501	425	1054	728	382	2100	1360	1647	1068	3607	3574	2118	2222	2032
1	285	167	313	124	108	174	123	121	101	189	170	137	169	137

图 2-16 第 1 单元和其他单元的共有种类数

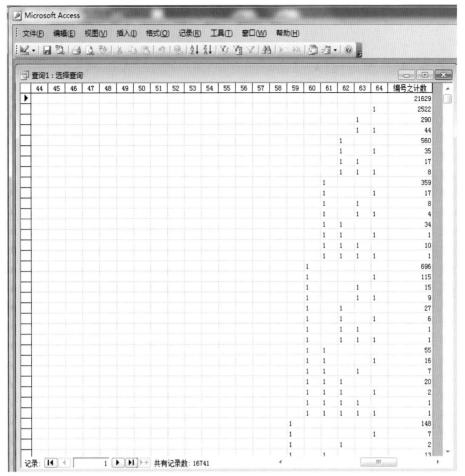

图 2-17　各地理单元的独有种类及共有种类

查询六：各单元的独有种类和共有种类。

操作：返回设计窗口，补齐已删除的各地理单元，所有"计数"换回"分组"，点下"编号"列，将其"分组"改为"计数"，"运行"，结果见图 2-17。

图 2-17 所示是一个大表，有 16 741 行，除第一行没有种类分布外，中国昆虫在 64 个地理单元中共有 16 740 种不同的分布形式。图中第一行的 21 629 种是全国 93 661 种昆虫中，没有在 64 个地理单元中记录的种类。各列的第 1 个记录的种类数是其在 64 个地理单元中的独有种类，其余记录则是和其他单元的共有种类数。如 64 单元的独有种类是 2 522 种，在查询四中已知 64 单元的种类数是 7 914 种，那么 64 单元和其他单元的共有种类是 7 914-2 522=5 392 种。同样，60 单元的独有种类是 696 种，共有种类是 5 633-696=4 937 种。一个单元的独有种类和共有种类数是随着比较范围不同而变化的，如果只统计 58~64 单元，它们的独有种类肯定会增多。正是这种变化，为我们研究地区间的相互关系提供了依据。根据这个表，全国 64 个单元的总相似性系数十来分钟就可计算出来。

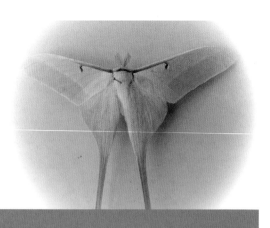

第四章
昆虫区系的多元
相似性聚类分析

Chapter 4　MSCA for insect fauna

多元相似性聚类分析（multivariate similarity clustering analysis，MSCA）是我们近年来新创建的生物区系定量分析方法（申效诚等，2008a，2008b，2010a，2010b，任应党等，2010）。它依据我们新创立的相似性通用公式（similarity general formula，SGF）（申效诚等，2007a，2007b），摒弃传统聚类分析中的导致偏差和错误的"合并降阶"做法，使得大地理区域的、多地理单元参加的相似性聚类分析能够得到既符合生物学逻辑、生态学逻辑，又符合地理学、统计学逻辑的结果，使濒于停滞在定性研究阶段的生物地理研究进入定量研究的发展阶段。本章将详细介绍多元相似性系数计算公式产生的背景、定义、计算过程、人机结合进行 MSCA 的方法以及和传统方法的比较。

第一节　相似性的概念和二元相似性系数的计算
Segment 1　The concept of similarity and calculation of the coefficient of bi-variant similarity

世界上任何两个地区的昆虫区系，不可能完全相同，也不可能完全不同，相同的部分说明两地区间的固有关系或历史渊源，不同的部分说明两地区间的进化方向的差异。这种相同相异的对比关系就是相似性（similarity）。相似性的概念是由 Lorentz 于 1858 年首先提出，到 1901 年 Jaccard 提出了两个地区间的相似性系数（coefficient of similarity）的计算公式，使得相似性由概念进入数学表达阶段。Jaccard 的公式是：

$$SI = C / （A+B-C）$$

式中：SI 是两个地区的相似性系数；A、B 是两个地区的物种数；C 是两个地区的共有种类数。

这个公式简单明了，概念清晰，计算便捷，得到多个学科、多个领域，甚至包括社会科学的广泛应用。但也必须指出，它仅是相似性计算中在 $n = 2$ 的特殊情况下的特殊规律，没有揭示出 n 为任意正整数的情况下的普遍规律。尽管人们提出不少的算法和软件，但由于没有摆脱"合并降阶"的窠臼，至今没有突破瓶颈制约，找到开启生物地理定量分析大门的钥匙。

第二节　多元相似性的概念、公式与计算

Segment2　The concept, formula and calculation of multivariate similarity

为什么 Jaccard 的公式不能够解决多地区的相似性计算？二元相似性和多元相似性有什么不同？

在两个地区比较时，无论它们各自有多少昆虫种类，其分布有两类组合的 3 种形式，即 $C_2^1+C_2^2 =3$，组合 C_2^1 有 2 种分布形式，是两地区各自的独有种类（unique species），组合 C_2^2 只 1 种分布形式，即两地区的共有种类（common species）。3 种分布形式的种类之和是 Jaccard 公式中的分母，C_2^2 的种类数是公式的分子，每个共有种类在分子中的作用为 1。

在 3 个地区比较时，无论它们各自有多少昆虫种类，其分布有 3 类组合的 7 种形式，即 $C_3^1+C_3^2+C_3^3=7$，组合 C_3^1 有 3 种分布形式，分别是 3 个地区各自的独有种类，组合 C_3^2 有 3 种分布形式，即两两地区的共有种类，C_3^3 只 1 种分布形式，即 3 个地区的共有种类。7 种分布形式的种类之和应是相似性系数公式的分母，C_3^3 的种类数应是公式的分子的一部分，每个种类在分子中的作用为 1，C_3^2 的种类数之和也应是分子中的一部分，每个种类在分子中的作用（Z_3^2）是多少呢？其数值范围应该是 $0 < Z_3^2 < 1$，这是 Jaccard 的公式中没有遇到的新问题。

在 4 个地区比较时，无论它们各自有多少昆虫种类，其分布有 4 类组合的 15 种形式，即 $C_4^1 C_4^2 C_4^3 C_4^4=15$，组合 C_4^1 有 4 种分布形式，是 4 个地区各自的独有种类，组合 C_4^2 共 6 种分布形式，即 4 地区中任意两个地区的共有种类，组合 C_4^3 共 4 种分布形式，即 4 个地区中任意 3 个地区的共有种类，C_4^4 只 1 种分布形式，即 4 地区的共有种类。15 种分布形式的种类之和是相似性系数公式中的分母，C_4^4 的种类数是公式的分子的一部分，每个种类在分子中的作用为 1，C_4^2、C_4^3 的种类数也应是分子中的一部分，每个种类在分子中的作用（Z_4^2、Z_4^3）是多少呢？其数值范围应该是 $0 < Z_4^2 < Z_4^3 < 1$。这也是 Jaccard 的公式中没有遇到的新问题。

在 n 个地区比较时，其分布理论上有 n 类组合的（$C_n^1+C_n^2+\cdots+C_n^n$）种形式。组合 C_n^1 有 n 种分布形式，即 n 个地区各自的独有种类，组合 C_n^2 有 C_n^2 种分布形式，即 n 地区中任意两地区的共有种类……组合 C_n^{n-1} 有 $C_n^{n-1}=C_n^1= n$ 种分布形式，即 n 地区中任意 $n-1$ 个地区的共有种类，组合 C_n^n 只 1 种分布形式，即 n 个地区的共有种类。所有分布形式种类数之和，即这些地区的总种类数是相似性系数的分母，C_n^n 的种类数是

公式分子的一部分，或者很小一部分，每个种类的作用为 1，C_n^2，C_n^3，$\cdots$，C_n^{n-1} 的种类数也是分子中的组成部分，每个种类作用的数值范围是 $0 < Z_n^2 < Z_n^3 < \cdots < Z_n^{n-1} < 1$，这也是 Jaccard 的公式中没有遇到、但必须解决的新问题。

问题的焦点就集中在多地区比较时，对于部分地区的共有种类在相似性系数中作用评估，即赋予这些种类数一个多么大的小于 1 大于 0 的系数？这个系数成为解决问题的关键。

苦思冥想，难寻答案，一旦窗户纸捅破，竟是非常的简单。每类组合的脚码和肩码就是它们应有的系数：

$$SI_{ab \cdots n} = [(\sum H_{ij})2/n + (\sum H_{ijk})3/n + \cdots + H_{ab \cdots n}]/[\sum S_i - \sum H_{ij} - 2\sum H_{ijk} - \cdots - (n-1)H_{ab \cdots n}] \tag{1}$$

式中：SI 为相似性系数；H 为共有种类数；S 为某系统的种类数（申效诚等，2007a，2008a）。

这个冗长得不像个公式的公式，第一次计算出来多地区的相似性系数。但随着计算规模的增多，感到对公式的记忆和数据的统计都比较麻烦，如要计算 20 个地理单元的总相似性系数，将有 20 类组合的理论上 1 047 435 个分布形式。能否简化表达呢？

设下列 4 个地区（A、B、C、D）共有 14 种昆虫（有昆虫分布的分别标上 a、b、c、d）：

```
    1  2  3  4  5  6  7  8  9 10 11 12 13 14
A   a  a     a  a  a     a  a              a
B   b  b  b     b     b           b  b
C   c  c  c     c  c  c           c  c
D   d     d  d        d           d  d
```

A、B、C、D 分别有 8、7、9、6 种，A 有 2 种独有种类，其余 6 种与其他地区共有，B 有 1 种独有种类，其余 6 种与其他地区共有，C 有 1 种独有，其余 8 种与其他地区共有，D 没有独有种类，全部与其余地区共有。4 个地区共有种类 1 种，3 个地区共有种类 4 种，2 个地区共有种类 5 种，独有种类共 4 种。依照式（1）：

$$SI = [(H_{ab} + 2H_{ac} + H_{bd} + H_{cd})2/4 + (H_{abc} + 2H_{bcd} + H_{acd})3/4 + H_{abcd}]/14$$

分子分母都乘以 4 得：

$$SI = [(2H_{ab} + 4H_{ac} + 2H_{bd} + 2H_{cd}) + (3H_{abc} + 6H_{bcd} + 3H_{acd}) + 4H_{abcd}]/(4 \times 14)$$

把共有种类展开为地区种的记录得：

$$SI = [(a+b+2a+2c+b+d+c+d) + (a+b+c+2b+2c+2d+a+c+d) + (a+b+c+d)]/(4 \times 14)$$

括号打开，合并同类项得：

$$SI = (6a + 6b + 8c + 6d)/(4 \times 14)$$

分子的各项就是各地区的共有种类数，也是各地区种类数与独有种类数的差，因此，式（1）形成了下列两个表达式（申效诚等，2008b）：

$$SI = \sum H_i/nS \tag{2}$$

$$SI = \sum (S_i - T_i)/nS \tag{3}$$

式中：SI 是 n 个地理单元的相似性系数；H 是共有种类数；T 是独有种类数，满足 $S_i = H_i + T_i$；S 是 n 个地理单元的总种类数。

根据式（2）可以定义：**多地区间的相似性系数是各地区的共有种类的平均数占总种类数的比例**。这个定义同样适用于二元相似性计算，因此也可以称为相似性通用公式（Similarity general formula, SGF）。

为使 H_i 的数值更容易获取，用 $S_i - T_i$ 取代 H_i，形成式（3），因为独有种类数在数据库中可以轻易获得

（图 2-17）。

上述 3 个公式的计算结果完全相同，式（1）是原理公式，可以帮助理解，不必记忆和使用；式（2）是定义公式，表达简单，用于定义和表述；式（3）是计算公式，参数获取简便，用于分析计算。

如要计算中国昆虫种级水平的 64 个地理单元的相似性系数，人机结合计算如下：

执行查询四，图 2-15 的表已列出 64 个单元的种类数，将其相加得 $\sum S_i=222\ 795$，记录在一旁。执行查询六，得图 2-17 中的表，将数据库的总种类数 93 661 减去表第一行的 21 629，得到 $S=72\ 032$，放入计算器的储存中，从 $\sum S_i\ 222\ 795$ 中，逐个减去各列的独有种类，除以 64，再除以"记忆"72 032，得到最后结果 0.039，即是中国 64 个地理单元的昆虫种类总相似性系数。整个计算过程耗时 10~13min。

相似性系数通用公式（SGF）和 Jaccard 公式比较，后者是前者当 $n=2$ 时的一个特例，在数据表窗口，要计算二元相似性系数，前式比后式还要方便（见上章第三节之五）。前式包含、覆盖后式，后式不能代替前式。即在相似性计算中，Jaccard 揭示了 n 为 2 时的特殊规律，SGF 则表达了任意多的地区间的普遍规律。

相异性是相对于相似性提出的一个概念，它是相似性系数的补数。在二元比较时，相异性系数的公式是：

$$DI=1-SI=1-C/(A+B-C)=T/S$$

式中：DI 是相异性系数；SI 是相似性系数；T 是两地区的独有种类数；S 是两地区总种类数。

在多元比较中，相异性的构成除各自的独有种类外，还有在共有种类中各地区所缺少的种类。其公式是：

$$DI=1-SI=1-\sum (S_i-T_i)/nS=[nT+\sum (H-H_i)]/nS \tag{4}$$

这里有必要进一步明确"特有种"和"独有种"的区别。"特有的"（endemic）是奥古斯丁·德堪多拟就的单词，是区系分布上的概念，它表明该物种只在该地分布，不在世界上其他任何地点分布，只有在新的分布资料增加后才有可能改变；次级区域的特有种一定是上级区域的特有种，上级区域的特有种一定等于或大于所辖区域的特有种的总和。而从上章末开始接触到的"独有的"（unique）是作者在聚类分析中使用的单词，它表示在参与比较的若干地理单元内，某单元所独自具有的物种，是"共有的"（common）反义词；是在特定地理单元比较时才产生、比较后即消失的物种存在的相对状态，随着参与地理单元的改变而改变。它是相似性分析中的重要参数。

第三节　多元相似性聚类分析
Segment 3　Multivariate similarity clustering analysis

相似性系数计算通用公式的出现，自然要结束"合并降阶"这一实属无奈之举的历史，为区别原来的相似性聚类分析（similarity clustering analysis, SCA），笔者将其命名为多元相似性聚类分析（multivariate similarity clustering analysis，MSCA）。MSCA 与 SCA 在分析过程中的区别仅仅在于不合并与合并。分析结果的差异以及 MSCA 计算流程、遵循的原则将在本节讨论。

一、MSCA 遵循的原则

通过对多类群、多地域、多项次的 MSCA 实践，要做好一个 MSCA 项目，需要把握好下列几个环节：

（一）全员参与

无论所做项目的地理区域大小、昆虫类群大小，尽量保证昆虫类群的所有已知成员参与分析。有意无意地舍弃部分种类，很难认定分析结果的客观性和准确性。尤其不能有意将具有某类分布特征的种类排斥在外，如有报告在其研究方法中称，不采用广泛分布的物种，因为它们"不能提供单元之间的差别信息"，也不采用只在一个单元出现的物种，因为它们"不能提供单元之间相似性信息"，这样的理由是站不住脚的，那些广布的种类不是提供了相似性信息吗？那些只分布在一个单元的种类不是提供了差异性信息吗？该报告这样选择的结果，一个类群的种类只选择了不足 1/3，另一个类群的种类只选择了 1/70，试想，这个结果能有多大的可信度呢？能揭示出多少新鲜的信息呢？诚然，合理的取样方法可以从部分种类中得到能代表全体的信息，但前提必须是取样方法合理，这将在本章第四节中讨论。

还有不少学者认为，由于每个物种在区系中的作用和地位是不相等的，应该对重要物种增加权重，对指示性物种的信息更应加重。其实，不同物种的作用不相等确实是客观存在，但对"重要"物种的认定、对不同物种的加权赋值，以及对指示物种信息的依赖等，都带有浓重的人为主观因素。实际上，全员参与，各个物种都以自己的分布信息参与比较，有 10 个单元分布的物种比只分布于 2 个单元的物种作用已经大了 4 倍，已经受到足够的尊重，已经得到自然的体现，完全无须对其额外关注。

（二）适度设区

按照生态地理条件设置基础地理单元已在第二章讨论。基础地理单元设置的数量，划分的粗细程度同样决定着分析的质量或成败。因为再完整的分布资料都和实际分布状态有着或大或小的差距，设置适量的地理单元就是要最大程度发挥现有资料的代表功能，得到最接近实际状态的科学结果。例如《中国木本植物分布图集》（方精云等，2009）是我国目前种类、分布资料最完整、最详尽的基础资料，11 405 种木本植物在 2 408 个县的分布图，这也不能表示进行木本植物分布的聚类分析能够以县作为地理单元，因为 11 405 张分布图所表示的某县的物种数和该县的实际数可能还有一定距离。

过粗地设置地理单元，虽然使分析过程变得简单，但分析结果不能挖掘出尽量多的有用信息，浪费了信息资源。

因此，恰当地、适度地设置基础地理单元是保证成败的重要环节，有时甚至需要反复试验比较，才能确定。

（三）摒弃合并

"合并降阶"是 SCA 结果产生偏差和错误的根源，已在本书绪论中述及。摒弃合并则是 MSCA 的核心。同一套数据两种方法的分析结果的对比，将在本节最后讨论。

（四）等距划分

聚类分析的聚类图得出之后，如果还要进一步进行地理区划分析，应该依据等距划分的原则。选择适当的相似性水平，得到恰当数量的分布区。

二、MSCA 计算流程

以河南省昆虫、蜘蛛、蜱螨的数据库为例,展示击打鼠标次数最少的手工分析计算流程。准备一个简单的计算器、黑色笔、红色笔,一张 $n \times n$ 的空白表格。

第一步,打开数据表,记下总种类数 8 637 及地理小区数 11。随意按几个功能键,检查运行是否正常。

第二步,关闭数据表,回到数据库窗口,单击"查询",进入查询设计窗口。从表项窗格依次双击各地理小区及编号,单击"∑"总计按钮,将编号列的"分组"改为"计数",其他各列保持分组状态,单击"运行",用计算器将各地理小区的独有种类数相加,记下独有种类总和"∑ Ti" 4 262 及各单元都没有分布的种类 501(图 2-18)。

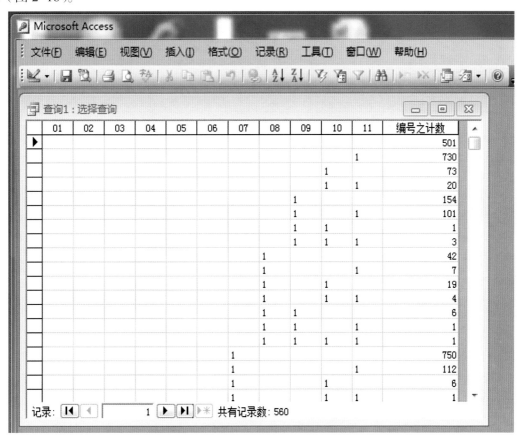

图 2-18 河南昆虫数据表的独有种类查询

第三步,单击"视图"按钮,返回查询设计窗口,将编号列删除,各地理小区列的"分组"改为"计数",单击"运行",得到各小区的种类数,用红色笔醒目地记录在空白表格的从左上到右下的对角线空格内。并将这些数据相加,得到各小区种类数总和"∑ Si" 20 779。计算各地理小区的总相似性系数:

$$（20\ 779-4\ 262）/11/（8\ 637-501）=0.184\ 6。$$

第四步,返回查询设计窗口,将"01"小区的"计数"改回"分组""运行",得到"01"小区和其他小区的共有种类数,填入表格的上三角的相应空格内。然后返回,将"01"列删除,"02"列的"计数"改回"分组""运行",得到"02"小区和其他小区的共有种类数,填入表格,依此顺序,填满上三角。

第五步,依表格上记录,用计算器计算两两小区间的相似性系数,填入下三角内相应空格,做成二元相似性系数的三角形矩阵(表 2-2)。

第六步,根据表 2-2 的数据,08 和 10 小区的相似性系数最大,最先建群。建群后,按照原理,必须

表 2-2　河南各生态区域昆虫的共有种类数（上三角）和相似性系数（下三角）

小　区	01	02	03	04	05	06	07	08	09	10	11
01 太行山山区	**1 752**	686	1 022	766	1 108	630	1 034	635	832	620	1 038
02 豫北平原	0.301	**1 213**	779	970	635	695	645	723	593	712	656
03 豫西丘陵	0.399	0.344	**1 831**	905	1 093	684	1043	753	795	693	1 001
04 黄河平原	0.258	0.442	0.314	**1 957**	727	839	755	870	648	836	812
05 伏牛山北坡	0.257	0.149	0.248	0.148	**3 671**	625	1 593	630	917	597	1 307
06 淮北平原	0.297	0.458	0.318	0.397	0.154	**1 001**	640	651	618	670	682
07 伏牛山南坡	0.284	0.185	0.281	0.183	0.318	0.195	**2 925**	678	983	621	1 367
08 南阳盆地	0.289	0.460	0.349	0.402	0.153	0.455	0.204	**1 082**	604	740	674
09 桐柏山区	0.345	0.281	0.315	0.232	0.216	0.330	0.287	0.307	**1 489**	577	1 147
10 淮南平原	0.284	0.458	0.316	0.385	0.145	0.484	0.185	0.530	0.294	**1 053**	658
11 大别山区	0.295	0.195	0.276	0.206	0.253	0.219	0.314	0.210	0.365	0.206	**2 801**

用 SGF 逐个计算该群和其余 9 个小区的三元相似性系数，再来比较。设计的软件计算程序就是按这个步骤进行的。但在手工分析时，有一个便捷的途径，可以直接判断出下一个聚类伙伴。比较 9 个小区分别与 08、10 小区的二元相似性系数，哪个最大，就可能是下一个聚类目标，06 和 08、10 小区的相似性系数为 0.455 和 0.484，显著高于其他小区和 08、10 小区的系数，其次是 02 小区。先计算 08、10、06 共 3 个小区的相似性系数。这个判断方法在传统的 SCA 中不能够使用，必须将合并后的新群和其余小区逐个计算，才能确定下一个聚类目标。

将查询表返回查询设计窗口，删除残留的列，双击 06、08、10 小区及编号，编号列设“计数”，运行得查询数据表（图 2-19）。

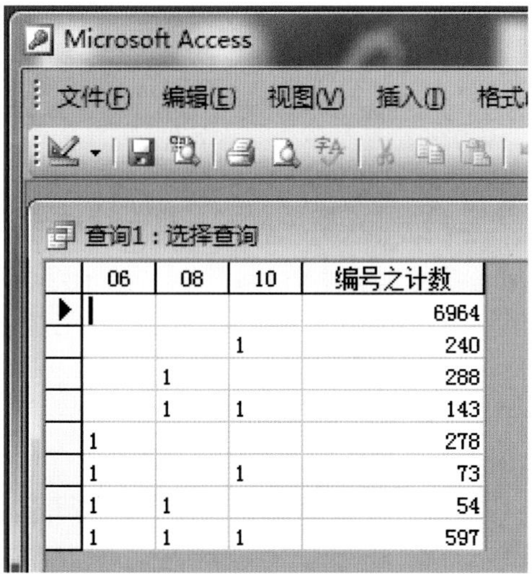

06	08	10	编号之计数
			6964
		1	240
	1		288
	1	1	143
1			278
1		1	73
1	1		54
1	1	1	597

图 2-19　3 个小区的查询数据表

用计算器计算其相似性系数：

8 637−6 964=1 673，

存入记忆，

（1 001+1 082+1 053−240−288−278）/3/“记忆“=0.464。

返回，将“06”小区下拉改为“02”小区，运行，计算 02、08、10 小区的相似性系数为 0.452；

返回，加入“06”小区，运行，计算 02、06、08、10 小区的相似性系数为 0.419；

返回，加入“04”小区，运行，计算 02、04、06、08、10 小区的相似性系数为 0.389。

比较得知，06 小区比 02 小区先聚入群内，02 小区若入群，相似性系数低于 02、04 小区的系数，所以 02、04、06、08、10 小区为一个大群，相似性系数为 0.389，其中 02、04 小区和 06、08、10 小区各为一小群。同样的方法，01 和 03 小区，04 和 06 小区，05 和 07 小区各为一小群，而且前 2 个小群关系密切。至此，各小区的聚类关系已完全清楚。整个计算过程用时不超过 1h。

第七步，用计算机或手工绘出聚类图（图 2-20）。5 个平原小区和 7 个山地丘陵小区各为一大群，在山区群中，太行山区、伏牛山区、桐柏山区、大别山区互有差别，各自独立成群，和计算机结果完全相同。

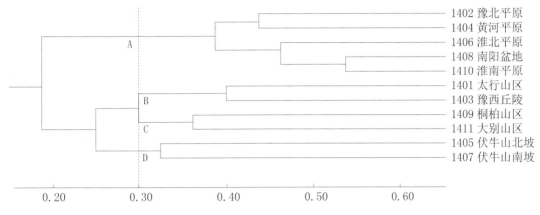

图 2-20　河南各生态区域昆虫的 MSCA 图

第八步，在聚类图上，比较不同的相似性水平所划分生态区域的结果，确定一个最佳方案。如相似性水平选择 0.2，全省分为平原、山地两个生态类型区域，似嫌过粗，且 3 个山区互不相连，有违地理学原则；如相似性水平选择 0.4，又嫌过细；在相似性水平为 0.3 时，全省分为 A 平原区、B 西北山地丘陵区、C 南部山地、D 西部山地 4 个生态区，最为合理。

三、相似性和相异性的贡献率

相似性贡献率和相异性贡献率是本研究提出的新概念，它是对某地区在相似性或相异性分析中发挥作用大小的度量。

在二元相似性中，双方的贡献率是相等的，各占 50%。在多元相似性比较中，各方对相似性的贡献率一般是不相等的，共有种类多的地区将会发挥骨干和主导作用，表明一种趋同、稳定、吸引的力量。其算法是：

$$CSI_i = H_i / \sum H_i \qquad (5)$$

式中：CSI_i 是 i 地区对相似性的贡献率。

无论二元相异性或多元相异性，各方的贡献率一般都是不同的，所以一个地区如果独有种类多，共有种类少，对相异性的贡献就大，它是趋异、分化、独立的力量。其计算公式是：

$$CDI_i = (nT_i + H - H_i) / (nS - \sum H_i) \qquad (6)$$

式中：CDI_i 是 i 地区对相异性的贡献率。

例如，分析中国中部 6 省夜蛾科昆虫种类的相似性、相异性及其贡献率。

如表 2-3，6 省夜蛾科的昆虫种类数 S 和独有种类数 T 都可以从查询表轻易获取，两数相减得到共有种类数 H，6 省的总种类数为 1 101 种，其中 512 种为 6 省的独有种类，589 种为共有种类，总相似性为 0.283 7，总相异性为 0.716 3，河南的相似性贡献率最高，江苏最低。湖北的相异性贡献率最高，安徽最低。

四、MSCA 与 SCA 的比较

在系统介绍了 MSCA 的方法及具体计算流程后，我们可以随手选择一些基础材料，比较 MSCA 和传

表 2-3　中国中部 6 省夜蛾科昆虫种类的相似性、相异性及其贡献率

省份	S	T	H	CSI(%)	SI	nTi+H-Hi	CDI(%)	DI
河北	379	88	291	15.53		826	17.46	
陕西	303	85	218	11.63		881	18.62	
河南	691	151	540	28.82		955	20.18	
湖北	587	149	438	23.37		1 045	22.08	
安徽	247	17	230	12.27		461	9.74	
江苏	179	22	157	8.38		564	11.92	
Σ	2 386	512	1874	100.00		4 732	100.00	
总	1 101	512	589		0.283 7			0.716 3

统的 SCA 方法的计算结果，具体分析这些差异的实质。这里我们应用多组数据比较两种方法的结果。

当被比较的地区为 2 个时，相似性系数完全相同，因为相似性通用公式 SGF 在 $n=2$ 时，和 Jaccard 公式相同。

当被比较的地区为 3 个时，由于都是选择相似性系数最大的两个地区先行聚类或合并，再与第三个地区计算，所以聚类顺序不会变化，但总相似性系数一般不会是相同的。

当被比较的地区为 4 个时，除总相似性系数不相同外，一般还会引起聚类顺序的变化，即两个地区先行聚类或合并后，再和另外两个地区中的哪一个关系最近。

（一）山东昆虫分布的聚类分析结果比较

山东昆虫具体数据见第三编第十一章。使用 SCA 和 MSCA 法分别得到两个聚类图（图 2-21、图 3-22）。

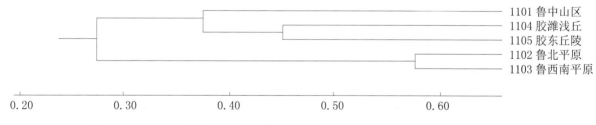

图 2-21　山东昆虫分布的 SCA 图

在 MSCA 图（图 3-22）中，02、03 号两个平原小区，04、05 号两个丘陵小区，分别建群，然后聚类，01 号山地小区最后聚入。在相似性水平 0.4 时，分为平原、丘陵、山地 3 个单元群。在 SCA 图（图 2-21）的聚类顺序发生了变化，总相似性系数也有较大差异，但从应用效果来看，同样可以在 0.4 时划分为 3 个单元群。

（二）山西昆虫分布的聚类分析结果比较

山西昆虫具体数据见第三编第十章。使用 SCA 和 MSCA 分别得到两个聚类图（图 2-22，图 3-20）。

在 MSCA 结果（图 3-20）中，7 个小区在相似性系数为 0.30 时聚为两个群 :01、04、07 小区聚为一群，以中低山地为主，居该省北部和西部；其余 4 小区聚为一群，以平原、丘陵、低山为主，居该省中部、东

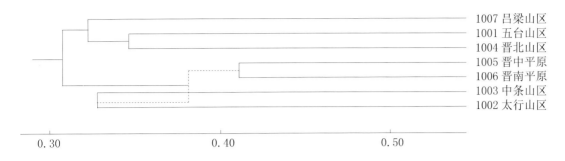

图 2-22　山西昆虫分布 SCA 图

部、南部，7 个小区的总相似性系数为 0.248。在 SCA 结果（图 2-21）中，7 个小区起初合并为 3 个新小区，01、04、07 小区，02、03 小区，05、06 小区各为一新小区。02、03 小区为低山，05、06 小区则为平原、丘陵，生态学意义更为突出，但在随后的高一级的聚类中丧失。7 个小区逐步合并，最后的相似性系数为 0.308，最多可在 0.32 处区分成两个新小区，找不到辨别 3 个新小区的相似性水平。两种聚类方法的结果在地理学、生物学上不存在差异，聚类结构基本也没有变化。在统计上的差异：第一，相似性系数的含义不同，SCA 法最后的相似性系数 0.308 是最终合并成的山地区与平原区之间的相似性系数，必须层层合并到最后才能完成。合并完成时，7 个小区已不复存在，聚类图只是合并过程图；MSCA 法的相似性系数 0.248 确实是 7 个小区的总相似性系数，它不受聚类过程的影响，也不因聚类结构变动而变化，甚至可以最先计算出来，如本节之二计算流程。第二，SCA 在 02、03 小区合并区和 05、06 小区合并区之间的相似性系数 0.382 比 02、03 小区合并时的系数 0.328 还高，这种"倒挂"现象是由合并引起的后果，致使聚类图出现"凹陷"，不再是典型的阶梯结构。

（三）内蒙古昆虫分布的聚类结果比较

内蒙古昆虫的具体数据见第三编第二章。两种聚类法得到两个聚类图（图 2-23、图 3-4）。

在 MSCA 结果（图 3-4）中，在相似性系数 0.20 的相似性水平上，14 个小区聚为两类，一类为内蒙古的东北部，以大兴安岭等山地为主要地理特征，另一类在内蒙古西南部，以高原沙漠为主要地理特征，14 个小区的总相似性系数为 0.159。而 SCA 结果（图 2-23）中，起初 12 个小区分别合并为 6 个新小区，在以后的 7 次系数计算中，有 3 次出现了"倒挂"，而且由于合并，09 小区贺兰山和 10 小区大兴安岭北

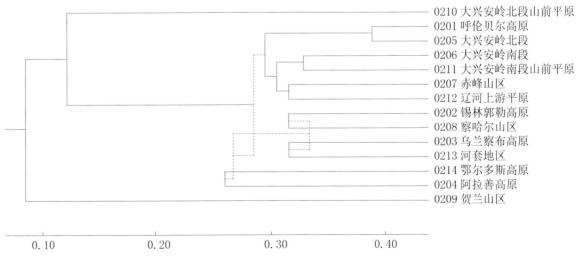

图 2-23　内蒙古昆虫分布 SCA 图

段山前平原面积最小、昆虫种类最少，被排斥在外，直到最后是贺兰山和全内蒙古的比较，相似性系数为 0.086，聚类结构产生较大变化，找不到一个合适的相似性水平把 14 个小区划分成几个有统计学和生态学意义的"类"来。"并而不类"，常常是 SCA 的最终结果。

在图 3-4 中，也出现一次"倒挂"，02、08 小区之间相似性系数为 0.315，03、13 小区之间为 0.316，但 02、08、03 三者的相似性系数为 0.317，3 个小区只能放弃 13 小区，和 02、08 小区聚在一起，由于

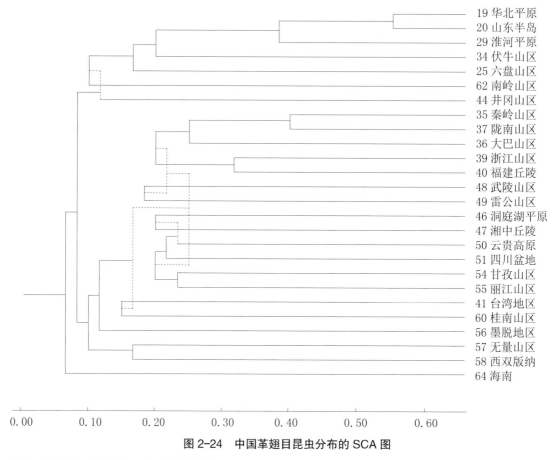

图 2-24 中国革翅目昆虫分布的 SCA 图

02、08 没有合并，可以将 3 个小区并列。

（四）中国革翅目昆虫分布的聚类结果比较

革翅目昆虫在全国的分布数据见第四编第十三章，除种类较少的单元外，有 26 个地理单元参加分析（图 2-24，图 4-20）。图 4-20 是一个典型的阶梯结构，而图 2-24 已基本丧失梯形的基本特征。相似性系数"倒挂"是 SCA 结果中的常见现象，而且聚类顺序失去生物学意义。

（五）中国昆虫属级分布的聚类结果比较

刘新涛等（2013）分别用 MSCA 和 SCA 方法对中国昆虫属级阶元的分布资料进行分析比较（图 2-25），他的数据库记录到的中国昆虫共 91 179 种，隶属于 16 804 属，按生态条件将全国分成 67 个基础地理单元。他的数据库资料与本书所依据的资料有所差别，对基础地理单元划分的数量及其地理范围也不尽相同。MSCA 的聚类图是明显的梯形结构，在相似性系数为 0.25 时，聚合为 9 群，每群所辖单元在地理上都相邻相连，在昆虫区系性质上都具有相同或相似的成分构成，与本书结果几乎完全一致。而用 SCA 法的聚类图中，各个单元最后合并成两区，一个是由 5 个单元合并，包括东北的小兴安岭、三

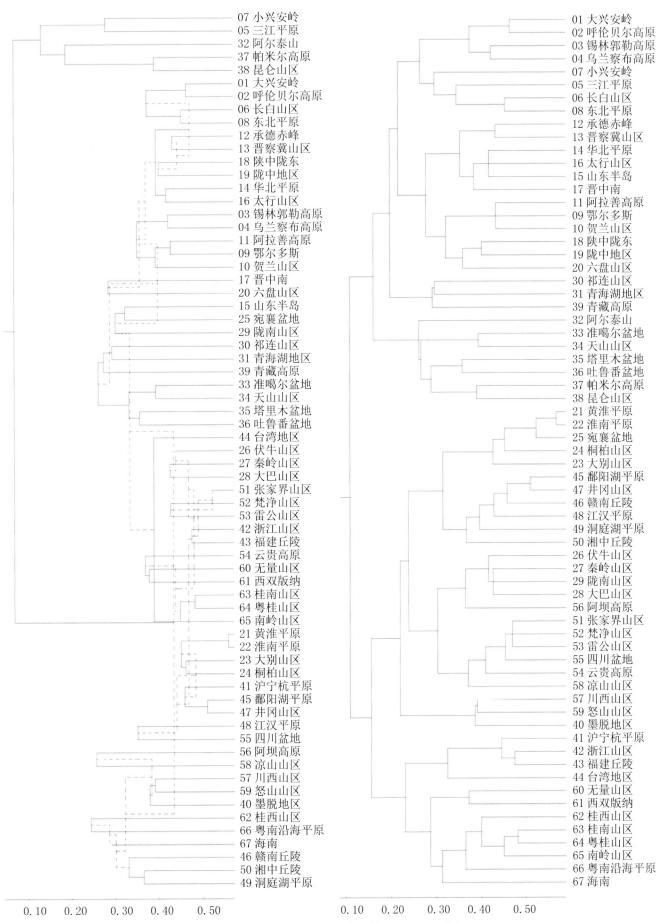

图 2-25　中国昆虫属级阶元分布资料的 MSCA 图（右）
与 SCA 图（左）结果比较（刘新涛，2013）

江平原，西北的阿尔泰山，和新疆南部的帕米尔高原、昆仑山，严重违背地理学逻辑；另一个由其余单元合并而成，没有生态学和生物地理学价值。除去 20 余个有意义的最低层次聚类外，其余 40 多个较高层次聚类中有半数相似性系数是倒挂的。整个过程，除像是一场数字游戏外，没有出现任何有积极意义的结果。

（六）两种聚类方法的差异显而易见，随着比较单元的增多愈加剧烈

使用同一组数据，两种聚类分析方法得到不同的结果，而且随着参与比较的地理单元的增多，差异愈加剧烈，从相似性系数的大小，到聚类结构的变化，再到聚类功能的丧失与否。这不是使用计算公式的错误，而是由于层层合并，改变了原参与小区资料的性质所引发的变化。在参与比较的地理单元较少时（例如 7 个以下），聚类结构还不至于发生不合理变动，聚类结果还有一些应用价值。参与小区达到 10 个以上，聚类结果则难以相信。所以目前聚类分析的报道多是较少地理单元的应用，大地理区域、多单元参与的分析报告寥若晨星。这也是人们已经看到 SCA 的应用局限性的结果。

两种方法的计算，简便程度也差别颇大。以手工计算为例，常常相差 2~3 倍的时间。SCA 所浪费的时间主要在合并数据的环节。

（七）两种聚类方法的性质迥然不同

无论两种方法的结果差异大小，即使结果完全相同的情况下，其性质也截然不同。MSCA 的每一个相似性系数都是所辖小区的共同的相似性关系，不受所辖小区之间的聚类顺序变动的影响；每一个系数都是独立的，它的产生没有顺序，既可从下到上，也可从上到下，又可从中间任何层次算起；所有系数都是同时存在的。所以，MSCA 的聚类图是一个"状态"，一个所参与地理单元在共同存在的情况下表明彼此关系亲疏、距离大小的状态。

SCA 的每一个相似性系数都是有关小区经过多次合并而成的两个新小区的相似性关系，受有关小区之间的合并顺序变动的影响；每一个系数都不是独立的，它的产生遵循从下到上的顺序，前一个系数是后一个系数产生的条件，后一个系数是前两个系数消亡的结果；所有系数都不可能同时存在。所以，SCA 的聚类图是一个"过程"，一个所参与地理单元不断消亡新单元不断产生的过程，一个不断肯定又不断否定的过程。

相似性系数越聚越高的"倒挂"是两个方法都遇到的现象，但其性质也不相同。MSCA 的倒挂是由于涉及的 3 个或 4 个小区互相都有较高的相似性，聚类后的共同相似性系数更高的罕见现象，只出现在聚类过程中的初级层次，不会出现在较高层次，而且出现频次不高，出现时可以用并列法表示；SCA 中的倒挂是由于合并后的两个新小区之间的较高的相似性，它主要出现在合并过程的较高层次，而且频次很高，几乎占较高层次的 1/2。由于涉及的小区已经合并，没有办法再把已经合并消失掉的它们并列，只能使聚类图出现凹陷，失去正常的梯形结构。

（八）两种聚类方法结果相同的特殊情况

在绝大多数聚类分析中，两种方法的结果是不相同的，但在某些特殊情况下，最终聚类结果是相同的。如：

1.3 个地理小区，每个小区有 2 种（或 $2a$ 种，a 为自然数），且互相之间都有 1 种（或 a 种）为共有。两种方法的结果都是 2/3。

2. 4 个地理小区，每个小区有 3 种（或 3a 种），且互相之间都有 1 种（或 a 种）为共有。两种方法的结果都是 3/6=1/2。

3. 5 个地理小区，每个小区有 4 种（或 4a 种），且互相之间都有 1 种（或 a 种）为共有。两种方法的结果都是 4/10=2/5。

4. n 个地理单元，每个小区有 n−1 种 [或 a（n−1）种]，且互相之间都有 1 种（或 a 种）为共有。两种方法的结果都是（n−1）/{1+2+…+（n−1）} 或 2/n。

第四节　不同阶元、类群、区系成分间 MSCA 结果的比较
Segment 4　The comparison of MSCA results among the grades, groups and elements

仍以河南省昆虫、蜘蛛、蜱螨数据库为例，在分析方法不变、基础地理单元不变的情况下，比较不同参量的变化对相似性聚类关系的影响（申效诚等，2010）。

一、不同分类阶元的相似性分析

全省昆虫、蜘蛛、蜱螨共计 551 科 3 967 属，将 11 个生态区域的属级分布资料和科级分布资料编制相似性系数表，再依其大小计算多元相似性系数，绘出聚类图（图 2-26、图 2-27）。

属级水平聚类图显示，各生态区域聚类的顺序以及分布区的划分和种级结果（图 2-20）是完全相同的，只是相似性水平有显著提高，整体相似性系数由 0.184 提高到 0.287，划分分布区的相似性水平由 0.300 提高到 0.450。这说明对于河南这一特定地理区域，使用属级分布资料仍可以有效地进行地理区划的分析。

科级水平的聚类图显示：相似性水平进一步提高，无论山地和平原，均达到显著水平 0.500 以上，整体相似性系数为 0.492，也接近显著水平；在 0.5 的相似性水平上，可以分为山地和平原两区，在 0.6 的相似性水平上，伏牛山北坡独立一区，再往下细分，已失去生态学意义。这说明，科级水平的分布资料将适合于国家以上层面的地理区域。在省级区域里，科级分布的差异太小，以至于不能做出实质性区分。

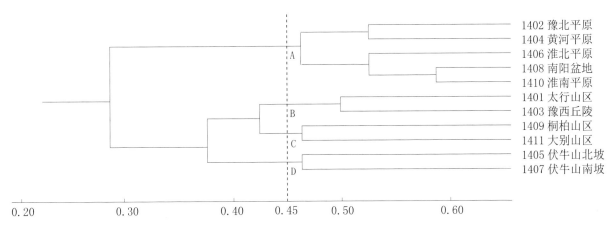

图 2-26　河南昆虫属级水平的 MSCA 图

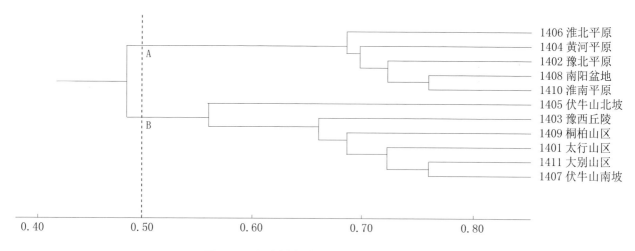

图 2-27　河南昆虫科级水平的 MSCA 图

　　三个分类阶元的聚类结果显示，阶元越高，相似性程度越大，聚类关系越模糊，适用于分析的地域也越大。在全国及其以下的地域分析应以种级为主，属级作为参考；世界级区域分析应以属级为主，科、种级作为参考。

二、不同区系成分分布的相似性分析

　　河南昆虫的东亚种类共 4 388 种，广布种类 420 种，古北种类 1 847 种，东洋种类 1 577 种。用东亚种类分析所显示的区系亲疏关系（图 2-28）和总种类的分析基本一致，各区域聚类的顺序和范围完全相同，各类分布区的相似性系数及总相似性系数均同步降低，划分 4 个分布区的相似性水平由 0.3 降为 0.25，整

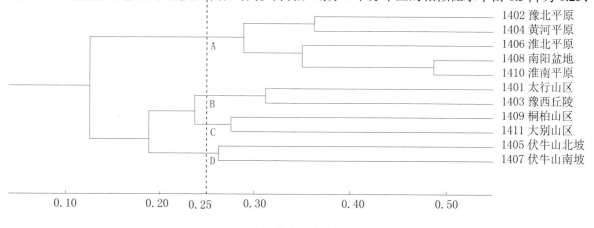

图 2-28　河南昆虫东亚种类的 MSCA 图

体相似性系数由 0.184 下降到 0.130。

　　广布种类（图 2-29）和总种类的分析结果有较大差别，5 个平原地区的聚类顺序有所变化，豫北和豫东不再聚为一组，即显示不出纬度的影响；在 0.6 的相似性水平上，太行山区、豫西丘陵分布区和桐柏山区、大别山区分布区成为一区，不符合生态学逻辑，在 0.65 的相似性水平上，虽然二者可以分开，但平原区的豫东将会独立为一区，把其他平原隔开，不符合地理学逻辑；各区、各类之间的相似性系数大幅度提高，整体相似性系数为 0.458。

　　古北种类（图 2-30）和总种类分析结果相比，5 个平原地区的聚类顺序有所改变，和广布种类一样，显示不出纬度的影响，6 个山区的聚类顺序没有改变，划分分布区的数量和范围没有变化，各个层次的相似性水平稍有提高，整体相似性系数为 0.236，划分分布区的标准由 0.3 变为 0.4。

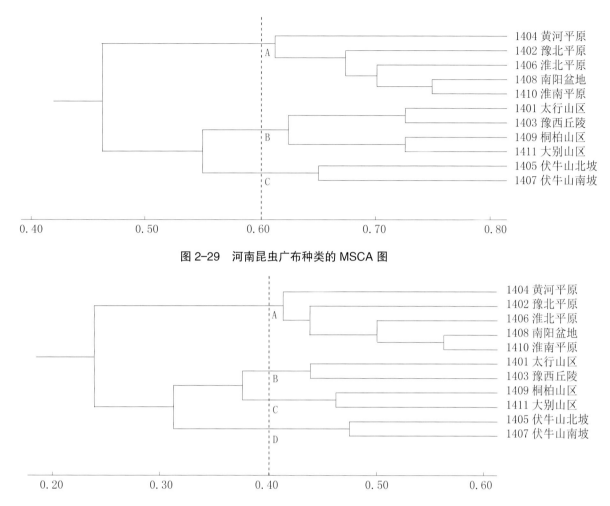

图 2-29　河南昆虫广布种类的 MSCA 图

图 2-30　河南昆虫古北种类的 MSCA 图

东洋成分分析结果（图 2-31）和古北成分结果相似，平原 5 个区的聚类顺序有所改变，豫北平原首先和淮南平原聚在一起，有欠合理；山地 6 个区没有改变；各层次的相似性水平均稍有提高，总体相似性系数为 0.222，划分分布区的标准由 0.3 变为 0.35。

通过以上 4 种区系成分的相似性分析和总体分析相比，东亚成分的结果变化最小，古北成分及东洋成分的结果变化居中，广布成分的结果变化最大，在省区级区域不宜单独应用，全国性分析中效果可能较好。

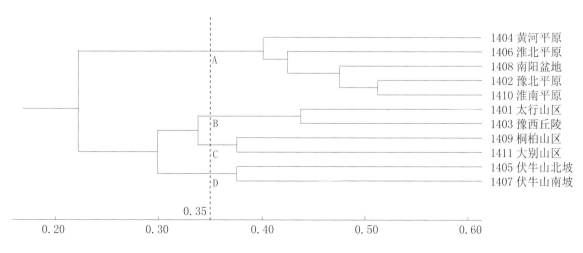

图 2-31　河南昆虫东洋种类的 MSCA 图

三、不同种类规模的相似性分析

（一）对种的 1/10 抽样

对数据库中种类的编号按"**5"进行顺序抽样，共得到 29 目 269 科 799 属 863 种。MSCA 结果如图 2-32。和全部种类的结果相比，除有些层次的相似性系数稍有升降外，分布区的划分数量和划分标准都相同，其至连整体相似性系数只相差 0.005。

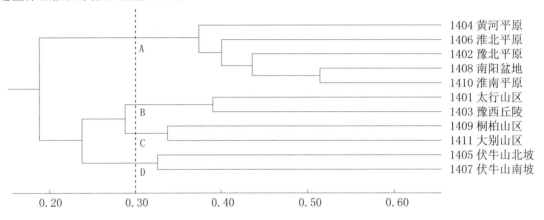

图 2-32　河南昆虫种类 1/10 抽样的 MSCA 图

（二）除去全有种和独有种

在有的分析实践中，要求去掉各小区全部分布的种类和独有分布的种类，认为这些种类不起作用，其实它们的作用不可忽视。河南 8 637 种昆虫在 11 个生态区域中的分布，去掉全布种和独有种后，共计 24 目 391 科 1 990 属 3 356 种。MSCA 结果为图 2-33。与全部种类结果相比，种类规模并不算小，结果却相当糟糕，在 0.35 的相似性水平上仅能显示出平原和山地的区别，在平原 5 区和山地 6 区内，看不出有生态学意义的差异。远远不及 1/10 种类抽样 863 种的辨别灵敏度。

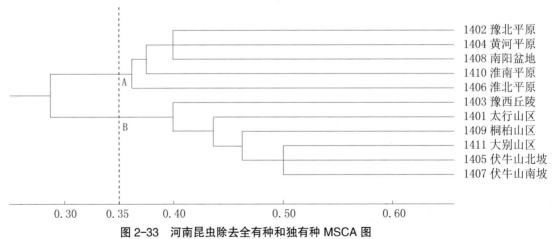

图 2-33　河南昆虫除去全有种和独有种 MSCA 图

四、不同类群的相似性分析

和全部类群相比，各个类群都有自己的分布特征，任何一个类群都和全部类群的分析结果有着或多或少的差别，这既和类群本身的分布特点有关，又和调查深入程度的差别有关。

（一）直翅目昆虫分布的相似性

直翅目昆虫共 27 科 117 属 244 种。图 2-34 是其 MSCA 结果，和全部种类相比，5 个平原区的聚类顺序相同；6 个山地区中，豫西丘陵、太行山地先后和伏牛山聚在一起；在 0.35 的相似性水平上，分为 3 个分布区。

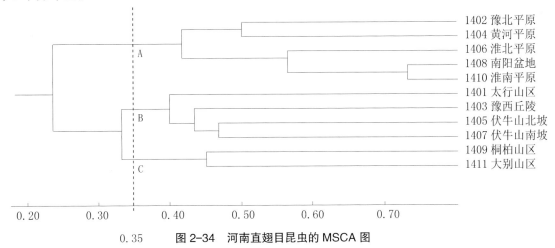

图 2-34　河南直翅目昆虫的 MSCA 图

（二）半翅目昆虫分布的相似性

半翅目昆虫共 70 科 530 属 1 020 种。其分析结果和全部种类结果差别较大（图 2-35），在 0.35 的相似性水平上分为 5 个分布区，东部平原 4 个区聚在一起还比较合理；南阳盆地和桐柏山地聚类后，又先后和豫西台地及太行山地聚为一区，有违地理学逻辑；伏牛山南、北坡以及大别山地各自独立为一区。

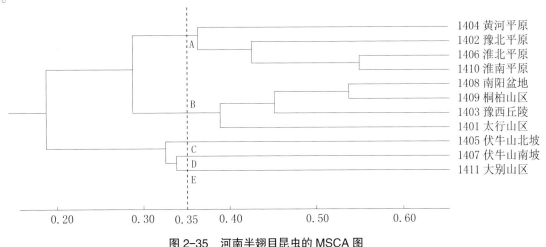

图 2-35　河南半翅目昆虫的 MSCA 图

（三）鞘翅目昆虫分布的相似性

鞘翅目昆虫共计 64 科 545 属 1 078 种。在 0.40 的相似性水平上分为 4 个分布区（图 2-36），黄河两岸 4 个生态区聚为一区；淮河源头及其两岸 4 个生态区聚为一区；伏牛山北坡、南坡及大别山各自独立为一区。鞘翅目结果和全部种类结果差异较大，可能与调查不够深入有关。鞘翅目昆虫种类是最多的类群，采集难度较大，鉴定难度也大，区系资料相对薄弱。

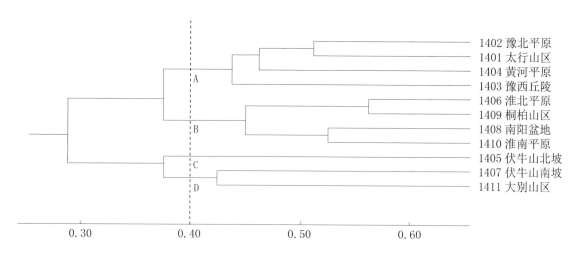

图 2-36　河南鞘翅目昆虫的 MSCA 图

（四）双翅目昆虫分布的相似性

双翅目昆虫共 53 科 370 属 917 种。在 0.35 的相似性水平上分为 5 区（图 2-37），太行山地、豫西台地先后和北方 3 个平原区聚为一区，南方 2 个平原区聚为一区，伏牛山南、伏牛山北坡由于各自都有不少独特种类，各自独立为一区。

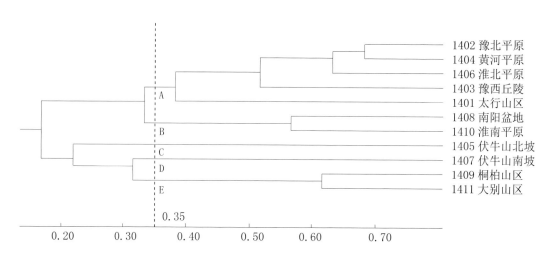

图 2-37　河南双翅目昆虫 MSCA 图

（五）鳞翅目昆虫分布的相似性

鳞翅目昆虫共 67 科 1252 属 2752 种。其 MSCA 结果比其他目都更接近全部种类的结果（图 2-38），主要区别在于平原 5 个区被分成南、北两个区，似乎更合理一些。

（六）膜翅目昆虫分布的相似性

膜翅目昆虫共 54 科 526 属 1 410 种。其 MSCA 结果和全部种类结果相比（图 2-39），主要不同的地方有两点：一是桐柏山地种类最少，从而和平原诸区聚在一块；二是调查发现新种、新记录较多，分布比较狭窄，整体相似性水平降低。

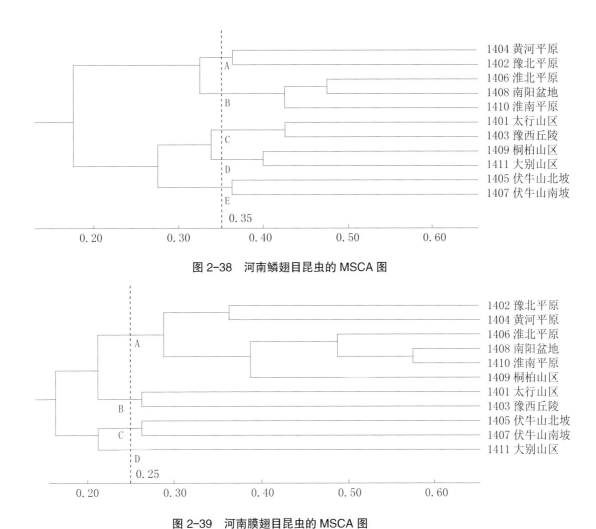

图 2-38　河南鳞翅目昆虫的 MSCA 图

图 2-39　河南膜翅目昆虫的 MSCA 图

五、减少分布地对相似性分析的影响

（一）分布地点扣减 10%

河南省共计 8 637 种昆虫、蜘蛛和蜱螨，在全省 11 个生态区域共有 20 775 个分布地记录，在无序排列的情况下，按顺序抽样扣减 1/10，剩余 18 702 个记录。对其进行 MSCA 的结果为图 2-40。和全部分布地相比，各个生态区聚类的顺序基本不变；在保持分布区划分标准 0.3 不变的情况下，伏牛山南北

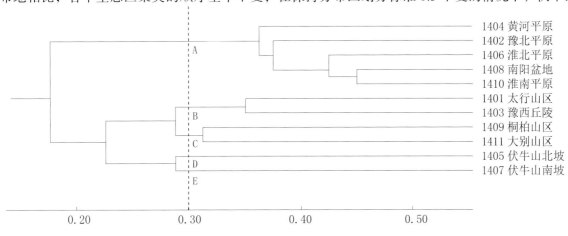

图 2-40　分布地扣减 1/10 后的 MSCA 图

坡被分为两区；各个层次的相似性系数都有所降低，整体相似性系数由 0.184 降为 0.173，减少 0.011，占 5.98%。

（二）分布地点再扣减 10%

同样方法，再扣减 1/10 的分布记录，剩余 16 834 个记录，MSCA 结果如图 2-41。聚类顺序没有变化，相似性系数进一步降低，整体相似性系数为 0.162，再次降低 0.011；在 0.27 的相似性水平上，分布区的划分不变。

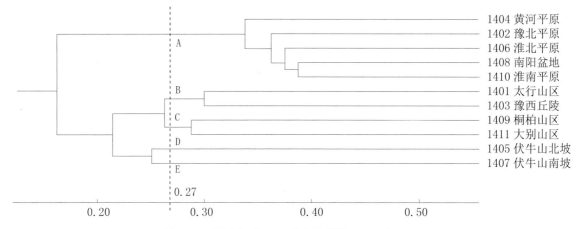

图 2-41　再次扣减 1/10 分布地后的 MSCA 图

通过以上分析可以看出，提高分类阶元，能提高相似性，掩饰差异性，属级水平还能够有效揭示各生态区域的相似关系，而科级水平已不适宜用于省级区域分析，必须有更大的地理区域才能发挥作用。各区系成分都有自己的分布规律，但除广布种外，都能显示与总体特征相差不大的相似聚类关系。类群是对相似聚类结构影响最大的参量，只有保证多类群的参与，才能保证总体规律的揭示。在多类群参与的前提下，种类的多寡不是灵敏的因素，只要不涉及具有一定分布特征的种类增减，即使 1/10 的种类，也能充分显示总体聚类特征，因此在类似研究中，有意除去一部分带有一定分布特征的种类，是一个不足取的办法。分布地是计算相似性的基础材料，收集积累昆虫的分布地比积累种类资料更困难，更繁琐。种类的真伪有分类学科作为最后诉庭，而附属于种类的分布地资料则没有这样幸运，即使是昆虫区系调查本身，也只是肯定某地有什么，并不证明无什么。因此昆虫的分布仿佛是一个没有终点的工作。那么，这是否意味着昆虫相似性分析以及地理区划工作的开展就遥遥无期，或者无可信任了呢？分析结果显示，在有足够多的类群和相当多的种类情况下，分布地的少量增减，只会引起相似性系数适量的增减，一般不会发生聚类结构的变动。

第五节　对聚类结果的检查
Segment 5　The examination of MSCA results

当一项多元相似性分析题目完成后，必须对分析结果进行仔细检查，是否符合统计学逻辑、地理学逻辑、生态学逻辑、生物学逻辑。统计学逻辑主要检查是否完全按照相似性系数大小进行聚类，特别是单元数量的增加或减少，常会引起较大范围的相似性系数的变动，而单元之间聚类顺序的变动，引起的变化范围不大；地理学逻辑主要检查聚类的不同层次单元群内，各组成单元是否都相邻相连，有没有"飞地"（"飞地"是指四周与本群各单元均不相连的地块），如无特殊原因，不应出现"飞地"现象；生态学逻辑主要检查单元群内，生态学环境是否大致相同，有没有共同特征；生物学逻辑主要检查单元群内，区系成分是否基本一致，差异是否过大。这四个逻辑之间常是互相联系的，"一损俱损""一荣俱荣"的情况很常见。

计算机是严格按数学逻辑执行的，由于在原始昆虫区系调查、地理单元设置、基础数据采集等环节中的不足或欠缺，当计算机程序分析出结果后，出现这种不能同时满足多学科逻辑的现象是不足为奇的。注意审查是否有面积较小、昆虫种类较少的地理单元，会被地理距离很远、相似性系数较高的单元群"吸引"过去，出现违背地理学、生态学逻辑的"飞地"现象。还会有个别单元由于种类显著比其他单元多，也容易被边缘化而使相似性关系出现偏差。必须进行适当调整。

调整的方法主要是考虑将有偏差的单元或单元群的撤销或拆分，防止畸形单元出现。例如对东洋种类的相似性分析，新疆各单元种类极少，不宜参与其中。

如果采取人机结合计算分析，会同时考虑多学科的要求，前期较多考虑统计学要求，后期注意地理学和生物学要求，若连同适当调整的时间在内，人机结合计算并不比程序计算多费时间。

第三编
省区

Part III Provinces

导　言

　　本编根据自然条件和已有研究结果，将各省区分为 176 个小区。对各省区进行 MSCA 处理，了解各个小区之间的关系密切程度。在此基础上，确定全国的基础地理单元（basic geographical units, BGU），作为全国昆虫 MSCA 的基础。BGU 的确定，既要根据自然条件的差异，更要和昆虫分布材料相匹配。BGU 越多，分析结果越精细，越需要分布资料的支撑； BGU 越少，计算越简单，结果越模糊，分布资料得不到充分利用。因此从某种意义上说，合适的 BGU 设置，是自然条件和生物资料协调妥协的结果，目标是得到尽量精细的分析结果。本编最后将全国分为 64 个 BGU。BGU 的面积大小有别，这是与分布资料适应的结果。

Introduction

　　In the part, 176 small regions of 28 provinces and autonomous regions are analysed by MSCA respectively. Based on it and natural conditions, 64 basic geographical units are established.

中国的省区级行政区域共包括23个省，5个自治区，4个直辖市，2个特别行政区，由于直辖市和特别行政区面积较小，昆虫分布资料较欠完整，难以以省区地位进行分析，所以，将北京、天津放入河北一起讨论，同样，上海放入江苏，重庆放入四川，香港、澳门放入广东。然后进行编号，新疆为01，内蒙古为02，……，海南为28（表3-1）。各省区编号及省下各小区编号在全书中是唯一的。

各省区的昆虫种类及其区系性质见表3-1，然后分章对各个省区的具体分布进行分析。

表 3-1　中国各省区昆虫种类及区系性质

编号	行政区域	科数	属数	种数	东洋种类	广布种类	古北种类	东亚种类		成分不明种类
								中日种类	中国特有	
01	新疆	329	2 510	6 928	119	311	4 456	368	1 582	92
02	内蒙古	394	3 200	7 920	330	490	4 040	545	1 650	865
03	宁夏	335	2 266	4 713	301	381	2 274	418	1 296	43
04	青海	276	1 702	3 528	153	232	1 628	338	1 115	62
05	西藏	434	3 540	8 956	2 457	360	1 279	1 106	3 721	33
06	黑龙江	382	2 815	6 297	267	387	3 652	891	1 054	46
07	吉林	392	2 771	5 860	408	376	2 935	981	1 093	67
08	辽宁	364	2 523	5 223	395	390	2 387	871	1 111	69
09	河北	452	3 653	8 453	922	589	3 350	1 074	2 157	61
10	山西	341	2 358	4 677	466	356	2 002	542	1 199	112
11	山东	354	2 376	4 335	735	428	1 471	722	947	32
12	陕西	451	3 608	8 934	1 223	503	2 071	1 211	2 894	32
13	甘肃	408	3 580	8 492	1 108	504	2 851	1 007	2 938	84
14	河南	444	3 798	8 422	1 684	564	2 030	1 461	2 620	63
15	安徽	380	2 470	4 525	1 316	379	874	861	1 064	31
16	江苏	426	2 959	5 662	1 465	508	1 216	927	1 522	24
17	湖北	471	4 273	9 821	2 553	544	1 582	1 695	3 383	64
18	浙江	548	5 157	12 211	3 097	636	1 646	1 937	4 818	77
19	福建	557	5 738	14 522	4 656	713	1 421	1 776	5 850	106
20	台湾	618	7 638	20 352	5 877	664	936	3 121	9 500	254
21	江西	448	4 013	8 504	2 800	505	1 080	1 413	2 597	109
22	湖南	429	3 954	8 354	2 734	500	1 065	1 322	2 711	22
23	贵州	457	3 944	9 299	2 891	447	925	1 111	3 882	43
24	四川	526	5 851	17 487	4 014	631	2 229	2 345	8 201	67
25	云南	554	6 576	19 707	7 189	624	1 389	1 785	8 631	89
26	广东	525	4 879	11 195	4 870	545	743	1 079	3 899	59
27	广西	484	4 629	10 023	4 800	539	768	1 007	3 880	29
28	海南	427	3 810	7 914	4 253	320	295	570	2 447	29
	全国	823	17 018	93 661	15 510	1 261	12 335	9 490	52 691	2 374

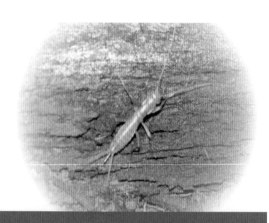

第一章　新疆 *

Chapter 1　Xinjiang

第一节　自然地理特征及昆虫地理小区

Segment 1　Natural geographical features and insect geographical small‑regions

　　新疆地处亚洲中部、中国西北边陲，与蒙古、俄罗斯、哈萨克斯坦、吉尔吉斯斯坦、塔吉克斯坦、阿富汗等国家和克什米尔地区毗邻，国内与甘肃、青海、西藏接壤（图3-1）。全区面积约166万km²，占中国陆地面积的1/6。

　　地势　新疆地势是"三山夹两盆"。北部是阿尔泰山，位于中国、蒙古、俄罗斯、哈萨克斯坦的边境，仅中段南坡在新疆境内，友谊峰海拔4 374 m，一般海拔2 000~4 000 m；横亘中部的天山，西高东低，一般海拔3 000~5 000 m，最高托木尔峰7 443 m，冰川甚多，总面积达9 600 km²；逶迤连绵南部的是帕米尔高原、喀喇昆仑山、昆仑山、阿尔金山，一般海拔5 000~6 000 m，最高乔戈里峰海拔8 611 m，为世界第二高峰；天山以北是准噶尔盆地，面积20万km²，平均海拔500 m，盆地中央是中国第二大沙漠——古尔班通古特沙漠，面积4.5万km²；天山以南是塔里木盆地，面积达50万km²，平均海拔1 000 m，中央是塔克拉玛干沙漠，面积32万km²，为中国第一大沙漠；东疆还有吐鲁番盆地、哈密盆地等，最低处海拔-154 m，为中国最低处。

　　气候　由于深处内陆，高山环绕，形成典型的大陆性气候，降水稀少，年温差、日温差极大。年平均

　　＊本编各章题图部分采用各省区昆虫工作者或爱好者拍摄的昆虫生态照片，以彰显地域性。在此特致谢。

气温，北疆 -4~9℃，南疆 7~14℃，1 月份平均气温北疆 -20~ -15℃，南疆 -10~ -5℃，7 月份平均气温在 22~26℃，极端最低气温 -52℃，极端最高气温 47.6℃。年无霜期北疆 120~180 d，南疆 180~240 d。年降水量 150 mm，北疆较多，南疆很少。

河流湖泊 全区河流湖泊较少，且多为内流河，源自高山积雪，终消失于沙漠，或积水成湖。塔里木河是中国最长的内流河，全长 2 100 km，源自帕米尔高原和昆仑山，流经塔里木盆地北半部，注入罗布泊湖；伊犁河源自天山，流经伊犁谷地，向西出国境后流入巴尔喀什湖；额尔齐斯河源自阿尔泰山，是鄂毕河的上游，既是新疆唯一的外流河，也是中国唯一的流入北冰洋的河流。主要湖泊有罗布泊、博斯腾湖、艾比湖、赛里木湖、乌伦古湖。

高等植物 新疆野生植物达 4 000 多种，占全国总种类的 11.4%。在中国植物地理区划中，新疆分属于泛北极植物区下的欧亚森林植物亚区和亚洲荒漠植物亚区。

高等动物 野生动物近 700 余种，有国家重点保护动物 116 种，约占全国保护动物种类的 1/3。其中列为一级保护动物的有 28 种，列为二级保护动物 88 种，包括蒙古野马、藏野驴、藏羚羊、雪豹、棕熊、白肩雕、黑颈鹤等国际濒危野生动物。在中国动物地理区划中，新疆属于蒙新区的西部荒漠亚区和天山山地亚区。

自然保护区 全区有 9 个国家级自然保护区和 18 个省级自然保护区，自然保护区面积近 2 150 万 hm²，占全区土地面积的 13.43%。自然保护区类型主要是野生动物和荒漠生态，如罗布泊、阿尔金山、托木尔峰等自然保护区。

昆虫地理小区 黄人鑫多年致力于新疆动物区系和动物地理区划研究，2005 年提出的新疆动物地理区划（初步方案），把全区分为"12 个省 34 个州"（黄人鑫，2005）。本研究根据新疆昆虫分布记录状况，以 12 个"省"作为新疆昆虫地理小区进行分析，包括各小区的昆虫分布、相似性分析及和周边省区的比较。12 个地理小区的编号为 01，02，……，12，加上本省区的编号"01"，那么 12 个小区的完整编号为 0101，0102，……，0112（图 3-1）（其他省区和小区的编号排列同此，不再一一介绍）。12 个小区代码和地理范围如下：

0101 阿尔泰山小区 是阿尔泰山在新疆境内的中段南坡，海拔 2 000~4 000 m，年平均气温 2.5~5℃，年平均降水量 500 mm，植被发育良好，植物种类 2 500 种。有鸟类 207 种，兽类 50 余种。

0102 准噶尔盆地小区 北为阿尔泰山，南为天山，东接北塔山，西至西部山地。面积 20 万 km²，海拔 500 m。温带沙漠气候，年平均气温 5~7℃，年平均降水量 50~200 mm。有鸟类 150 种，兽类 46 种。

0103 准西山地小区 由准噶尔盆地西北部一系列山地及其之间的塔城盆地组成，海拔较低，年平均气温 2~5℃，年平均降水量 300~400 mm。森林稀少。有鸟类 130 种，兽类 50 种。

0104 伊犁谷地小区 伊犁谷地是北天山和中天山之间的伊犁河冲积平原，海拔 500~780 m，面积 4 040 km²，年平均气温 8℃，年平均降水量 260 mm。

0105 北天山小区 西起阿拉套山，东到博格达山，山峰多在 4 000~5 000 m。年平均气温 -2.5℃，年平均降水量 400 mm。植被垂直结构明显。有鸟类 170 种，兽类 55 种。

0106 南天山小区 西接帕米尔高原，东至吐鲁番盆地，长 520 km，托木尔峰海拔 7 443 m，为本小区最高点。植被垂直变化明显。有鸟类 150 种，兽类 55 种。

0107 东天山小区 博格达山以东的较低山区，海拔 3 000~4 000 m，面积 16 500 km²。年平均降水量 300 mm，较为干旱。有鸟类 119 种，兽类 30 余种。

0108 塔里木盆地小区 四周环山，东西长 1 400 km，南北宽 520 km，面积 530 000 km²，地势平坦，

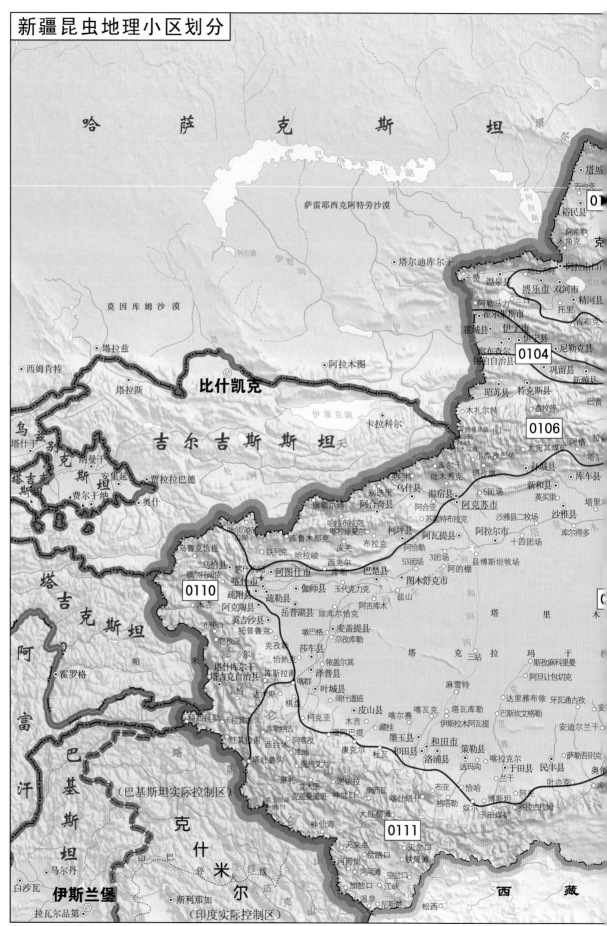

图 3-1 新疆昆虫地理小区划分（图中数字代码内容见正文，下同）

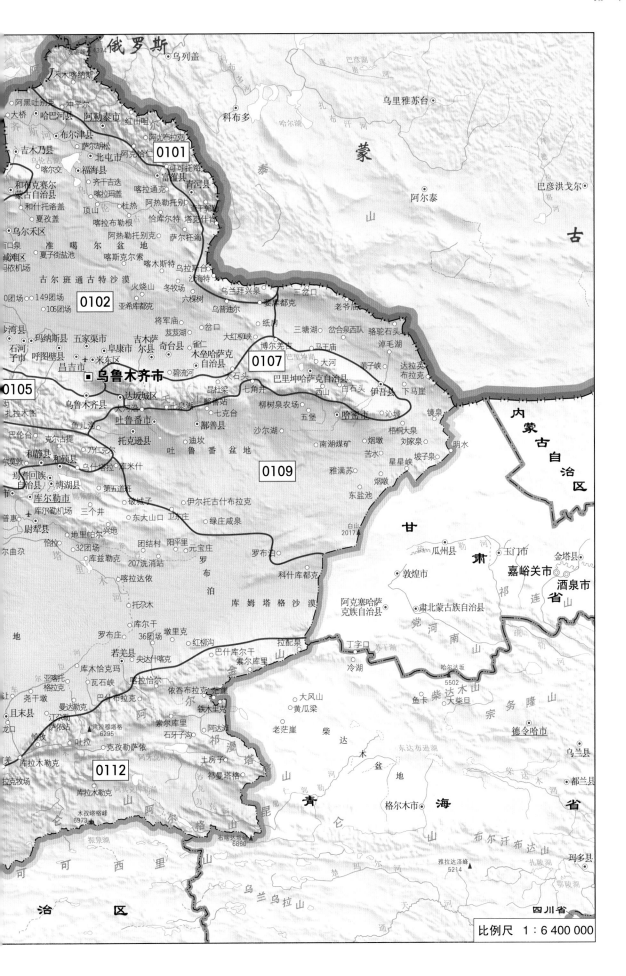

俄罗斯

天木喀纳斯
乌列盖

阿黑吐别克
冲乎尔
阿勒泰市
红山咀
科布多

大桥
哈巴河县

吉木乃县
布尔津县
萨尔胡松
阿克哈
0101

乌伦交
北屯市
富蕴县
阿尔泰海
阿克托

齐干古达
青河县

和布克赛尔
喀拉通克
蒙
阿尔泰

蒙古自治县
顶山
布热
阿热勒托别

巴彦洪戈尔

和什托洛盖
夏孜盖
喀拉玛盖根
恰库尔特
塔克什肯

乌尔禾区
阿热勒托别克
萨尔托海
古
阿尔泰

白泉
准
噶
喀斯克尔索
喀木斯特
乌拉斯台

咸滩区
夏子街盐池
尔
盆
沙海特

马依机场
地
火烧山
冬牧场
乌兰拜兴泉
三岔口

古尔班通古特沙漠
六棵树
安福都克
老爷庙

0场
149团场
106团场
0102
亚希库都克
将军庙
岔口
纸房
三塘湖
岔合泉西队
骆驼石头

沙湾县
玛纳斯县
五家渠市
吉木萨尔县
奇台县
大红柳峡
博尔羌市
马王庙
大河
苦子峡
达拉英布拉克
淖毛湖

石河子市
呼图壁县
阜康市
尔县
木垒哈萨克
自治县
碧流
西山
苦子峡
伊吾县

昌吉市
乌鲁木齐市
米东区
巴里坤哈萨克自治县
白石头
镜泉
下马崖

0105
乌鲁木齐县
达坂城区
昆杜梁
七角井
自石头
伊吾县
沁城

扎拉木图
乌拉木齐县
甘泉镇
勒循海
七克台
柳树泉农场
哈密市
梧桐大泉

巴伦台
克尔古提
鱼儿沟
鄯善县
沙尔湖
五堡
刘家泉
坡子泉

和静县
和硕县
托克逊县
迪坎
吐鲁番盆地
南湖煤矿
烟墩
明水

焉耆回族
自治县
博湖县
乌什塔拉
库米什
0109
雅满苏
苦水
星星峡

库尔勒市
第五道班
破城子
伊尔托古什布拉克
东盐池
烟墩

库尔勒机场
三个井
东大山口
卫庄
绿庄咸泉
白山
2017
甘

尉犁县
地里帕尔兴地
团结村
阳平里
元宝庄
罗布泊
肃
瓜州县
玉门市
金塔县

恰拉
32团场
库兹勒克
207洗消站
罗
布
敦煌市
嘉峪关市

尔曲尕
喀拉达依
泊
科什库都克
酒泉市

托尕木
库姆塔格沙漠
阿克塞哈萨
克族自治县
肃北蒙古族自治县
祁
连
省
山

罗布庄
36团场
墩里克
红柳沟
党
河
南

若羌县
库木恰克玛
巴什库尔干
拉配泉
丁字口
哈尔达坂
5502
山

亚喀托
瓦石峡
库拉恰尔
索尔库里
冷湖
柴
达
木
山

格塔克
巴什布拉克
依吞布拉克
大风山
鱼卡
大柴旦

且末县
曼达勒克
江尕勒
铁木里克
黄瓜梁
柴
宗
德令哈市

龙口
恰取
萨依站
洪蒲穆格
6295
索尔库里
阿达滩
老茫崖
达
务
隆
山

美
库拉木勒克
吐拉
石牙子沟
木
乌兰县
都兰县

拉齐牧场
0112
克孜勒萨依
祁
漫
塔
土房子
东达布逊湖
青
海
省

库拉木勒克
山
阿
祁曼塔格
格尔木市

木孜塔格峰
6973
尔
金
布尔汗布达山
扎陵湖
玛多县

猿泉湖
格
山
昆
仑
雅拉达泽峰
5214
布尔汗布达山

治
区
西
里
乌兰乌拉山
四川省

自
治
区

比例尺　1:6 400 000

海拔 800~1 400 m。极端干旱的大陆性气候，年降水量不足 100 mm。植被贫乏。有鸟类 250 种，兽类 30 种。

0109 东疆戈壁小区　新疆东部天山南北的吐鲁番盆地、哈密盆地、焉耆盆地等以及库鲁克塔格沙山、噶顺戈壁。海拔一般 1 000 m，最低点为 -155 m。气候极为干旱。植被低矮稀疏。有鸟类 60 种，兽类 30 种。

0110 帕米尔高原小区　位于新疆西南部，是帕米尔高原的国内部分。长 260 km，宽 50~100 km。海拔一般 5 000~5 500 m。大陆性高山气候，极为严寒，年降水量 200~400 mm。植被以草本和灌木为主。有鸟类 120 种，兽类 20 种。

0111 西昆仑小区　民丰县以西的昆仑山和喀喇昆仑山。平均海拔 5 000~6 000 m。年平均气温 -5~-2.5℃，年降水量 200~400 mm。植被为典型荒漠景观。有鸟类 70 种，兽类 20 种。

0112 东昆仑小区　昆仑山东段及阿尔金山。海拔一般在 4 500~5 500 m，面积 16.5 万 km^2。气候严寒，年平均气温 -2.5℃，年平均降水量 200~300 mm。有鸟类 90 种，兽类 30 种。

第二节　昆虫的类群及种类
Segment 2　Insect groups and species

新疆地理位置和自然条件特殊，区内外、国内外科学家对新疆昆虫非常关注，区系调查比较深入，尤其北疆调查更为详尽。已先后有数部专著出版，但还没有看到全区的系统名录。

本研究根据志书、分类专著、分类区系论文等，共收集到新疆昆虫记录 24 目 329 科 2 510 属 6 928 种，占中国种类的 7.40%。尚有石蛃目、蜉蝣目、蛇蛉目的采集结果没有鉴定到种的资料录入（表 3-2）。以

表 3-2　新疆昆虫的类群和种类

目　　名	科数	属数	种数	目　　名	科数	属数	种数
原尾目 Protura	4	5	5	啮目 Psocoptera	2	2	4
弹尾目 Collembola	3	7	9	食毛目 Mallophaga	5	85	387
双尾目 Diplura	1	2	2	虱目 Anoplura	7	9	23
石蛃目 Microcoryphia	0	0	0	缨翅目 Thysanoptera	3	11	26
衣鱼目 Zygentoma	0	0	0	半翅目 Hemiptera	48	335	709
蜉蝣目 Ephemeroptera	0	0	0	广翅目 Megaloptera	0	0	0
蜻蜓目 Odonata	7	18	42	蛇蛉目 Raphidioptera	0	0	0
襀翅目 Plecoptera	4	6	6	脉翅目 Neuroptera	5	17	39
蜚蠊目 Blattodea	2	4	5	鞘翅目 Coleoptera	70	610	1 806
等翅目 Isoptera	0	0	0	捻翅目 Strepsiptera	0	0	0
螳螂目 Mantodea	2	4	4	长翅目 Mecoptera	1	1	1
蛩蠊目 Grylloblattodea	1	1	1	双翅目 Diptera	46	374	1 296
革翅目 Dermaptera	2	5	6	蚤目 Siphonaptera	8	42	148
直翅目 Orthoptera	15	99	238	毛翅目 Trichoptera	8	14	18
䗛目 Phasmatodea	2	2	2	鳞翅目 Lepidoptera	43	572	1 394
纺足目 Embioptera	0	0	0	膜翅目 Hymenoptera	40	285	757
缺翅目 Zoraptera	0	0	0	合计	329	2 510	6 928

鞘翅目种类最多，1 806 种；鳞翅目和双翅目都在 1 000 种以上。

第三节　昆虫的分布及 MSCA 分析
Segment 3　Insect distribution and MSCA

一、新疆昆虫的区系成分

在新疆 6 928 种昆虫中，古北种类 4 456 种，占 64.32%；包括中国特有和中日种类在内的东亚种类 1 950 种，占 28.15%；广布种类 311 种，占 4.49%；东洋种类 119 种，仅占 1.72%（表 3-3）。无论是种数或比例，新疆都是古北种类最多、东洋种类最少的省区。

表 3-3　新疆昆虫的区系结构和分布

代码	地理小区	东洋种类	古北种类	广布种类	东亚种类		成分不明种类	合计
					中国特有种	中日种类		
0101	阿尔泰山	0	419	25	58	55	4	561
0102	准噶尔盆地	9	1 375	76	271	41	14	1 786
0103	准西山地	0	139	16	22	33	1	211
0104	伊犁谷地	1	401	41	110	32	7	592
0105	北天山	8	753	75	187	56	10	1 089
0106	南天山	4	227	22	85	32	2	372
0107	东天山	3	195	21	29	32	0	280
0108	塔里木盆地	2	572	55	210	9	4	852
0109	东疆戈壁	2	388	35	63	1	1	490
0110	帕米尔高原	1	316	34	66	13	3	433
0111	西昆仑	5	376	37	74	16	11	519
0112	东昆仑	0	96	19	50	9	2	176
	合　计	35	5257	456	1225	329	59	7361
0100	全区	119	4 456	311	1 582	368	92	6 928

注：表中全区数据与各地理小区合计数据不相等。原因有两点：一是由于全区有部分昆虫种类只有省区分布记录，没有小区分布记录，进入不到各地理小区中，致使小区合计数据会小于全区数据；二是由于各小区之间有很多共有种类，致使小区合计数据会大于全区数据。其他各省区同此。

二、新疆昆虫在各小区的分布

在新疆 6 928 种昆虫中，3 730 种昆虫有省下分布记录，它们在 12 个地理小区的分布情况见表 3-3。大体有北疆多，南疆少；盆地多，山地少；湿润地区多，干旱地区少的分布趋势。以准噶尔盆地小区、北天山小区、塔里木盆地小区昆虫种类丰富。

三、各地理小区的 MSCA 分析

表 3-4 是 12 个地理小区的相似性参数矩阵。对角线上的加黑数字是各小区的种类数，上三角是两两小区的共有种类数，对应的下三角的位置是相似性系数。

从表 3-4 中基本上就可以看出聚类的顺序来，0106、0107 小区的相似性系数是 0.350，首先聚为 a 群，

表 3-4　新疆各地理小区之间的共有种类（上三角）和相似性系数（下三角）

代码	0101	0102	0103	0104	0105	0106	0107	0108	0109	0110	0111	0112
0101	**561**	285	123	167	278	144	152	124	108	83	70	22
0102	0.138	**1 786**	158	329	511	149	156	415	366	135	137	64
0103	0.190	0.086	**211**	125	142	84	98	70	62	51	44	41
0104	0.169	0.161	0.184	**592**	289	101	116	178	122	75	83	43
0105	0.203	0.216	0.123	0.208	**1 089**	226	205	238	164	136	125	62
0106	0.183	0.074	0.168	0.117	0.183	**372**	169	130	70	104	76	52
0107	0.221	0.082	0.249	0.153	0.176	0.350	**280**	84	90	79	60	48
0108	0.096	0.187	0.070	0.141	0.140	0.119	0.080	**852**	260	148	178	74
0109	0.114	0.192	0.097	0.127	0.116	0.088	0.132	0.240	**490**	82	87	51
0110	0.091	0.065	0.086	0.079	0.098	0.148	0.125	0.130	0.098	**433**	193	84
0111	0.070	0.063	0.065	0.081	0.085	0.094	0.082	0.150	0.095	0.256	**519**	92
0112	0.081	0.034	0.118	0.059	0.052	0.105	0.118	0.078	0.083	0.160	0.154	**176**

0108、0109 小区的相似性系数是 0.240，聚为 b 群，0102、0105 小区的相似性系数是 0.216，聚为 c 群，0110、0111 小区的相似性系数是 0.256，聚为 d 群，它们将是 4 个聚类建群的核心。0103 小区和 0106、0107 小区的相似性系数是 0.170 和 0.253，0101 小区和 0106、0107 小区的相似性系数是 0.188 和 0.226，它们将会先后和 a 群聚在一起，同样，0104 小区将会和 c 群聚在一起，0112 小区将会和 d 群聚在一起。分别计算各群之间的相似性系数，以确定几个基本群的建立，然后，再计算基本群间的高层次的相似性系数，以致最后聚类图的建成（图 3-2）。在计算过程中，如果对预先的判断有疑问，例如 0101 和 0103 小区，是哪个先聚入 a 群，可以分别计算来比较，因为多计算一组小区的相似性系数，多用不了一两分钟的时间。

这种判断方法在合并法的传统聚类分析中是不能采用的，因为 0106、0107 小区合并为 a 群后，a 群的种类数是 372+270-169=483 种，0103 小区就不一定能和 a 群聚在一起。同样，0102、0105 小区合并为 c 群的种类是 2 364 种，难以再找到聚类伙伴了。

图 3-2 显示，12 个地理小区的总相似性系数是 0.116，在相似性系数 0.200 的水平上，分为 A、B、C、D、E 5 个大群，各大群的构成和黄人鑫的区划方案中 5 个亚区相比，除北天山的聚类位置不同外，其余完全相同。这将为设立全国昆虫区系分析时的基础地理单元提供了依据，同时，还将会注意昆仑山地和青藏地区的关系，3 个盆地和内蒙古、甘肃荒漠区的关系。

在 12 个小区的聚类关系中，0102、0105、0108 小区的种类数最多，其相似性贡献率最大，分别是 19.51%、15.07% 和 11.95%，相异性贡献率也最大，分别是 24.8%、11.25%、9.39%。

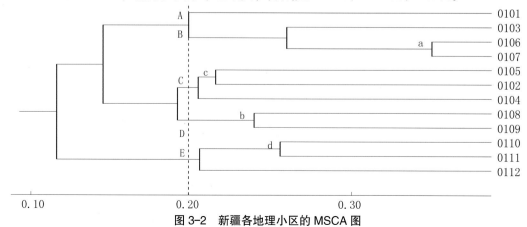

图 3-2　新疆各地理小区的 MSCA 图

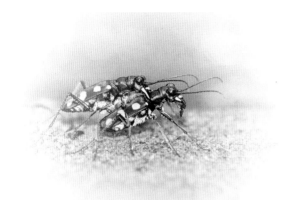

第二章　内蒙古

Chapter 2　Neimenggu

第一节　自然地理特征及昆虫地理小区

Segment 1　Natural geographical features and insect geographical small‐regions

　　内蒙古位于中国北部边疆，由东北向西南斜伸，呈狭长形，东西直线距离 2 400 km，南北跨度 1 700 km（图 3-3）。全区总面积 118.3 万 km²，占全国总面积的 12.3%，在各省、市、自治区中列第三位。东、南、西分别与黑龙江、吉林、辽宁、河北、山西、陕西、宁夏、甘肃 8 省区毗邻，北与蒙古国、俄罗斯接壤，国境线长 4 200 km。全区耕地面积 722.4 万 hm²，占全国的 6.11%；　草原面积 8 666.7 万 hm²，占全国的 73.3%；　森林面积 1 866.7 万 hm²，占全国的 15.8%。

　　地势　全区以高原为主，统称内蒙古高原，大部分地区海拔 1 000 m 左右，是中国四大高原中的第二大高原。高原东部边缘是大兴安岭，东北—西南走向，东陡西缓，最高峰海拔 2 037 m。位于中部的阴山，海拔 1 500~2 000 m，西高东低，南陡北缓。阴山以南是丰腴肥美的河套平原，有"塞上谷仓"之誉。河套以南是鄂尔多斯高原，海拔 1 000~1 300 m。与宁夏交界处有贺兰山，主峰海拔 3 556 m，为全区最高点。

　　气候　全区是以温带大陆性季风气候为主。春季气温骤升，多大风天气；　夏季短促温热，降水集中；秋季气温剧降，秋霜冻往往过早来临；　冬季漫长严寒，多寒潮天气。全年平均气温 −1~10℃，1 月份−23~ −10℃，极端最低气温达 −49.6℃，7 月份 17~26℃。全年降水量在 100~500 mm，无霜期 80~150 d，年日照量普遍在 2 700 h 以上。

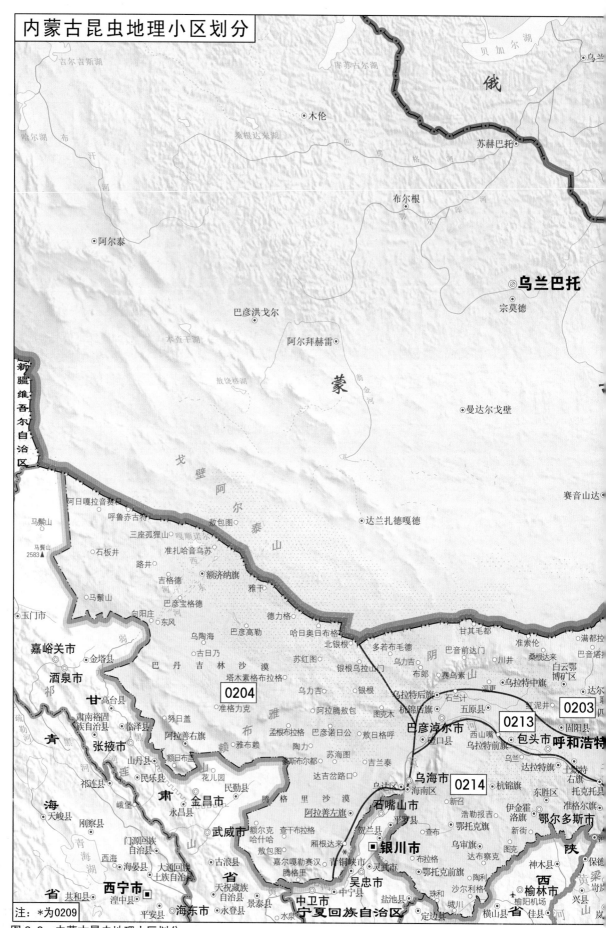

图 3-3 内蒙古昆虫地理小区划分

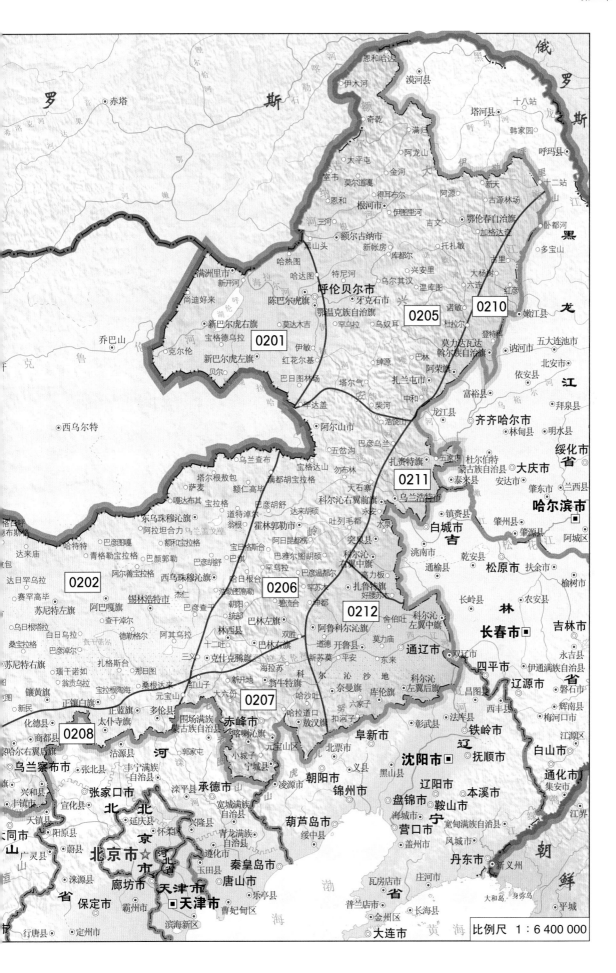

比例尺 1：6 400 000

河流湖泊　全区大部为内流区，河流较少，且多为时令河，常在下游洼地积水，形成咸水湖。黄河流经本区南部，富灌溉之利，形成富饶的河套地区；大兴安岭东麓源出的河流是东北地区嫩江、松花江、辽河的上游。呼伦湖是境内最大淡水湖，其他湖泊还有噶顺诺尔、苏古诺尔、乌梁素海等。

高等植物　据《内蒙古植物志》第二版记录，全区共有高等植物134科749属2 389种，其中蕨类植物17科28属58种，裸子植物3科7属25种，被子植物114科714属2 302种。东部以夏绿阔叶林为主，中部以草原植物为主，西部以荒漠植物为主。在中国植物地理区划中，本区分属于泛北极植物区下的3个亚区：欧亚森林植物亚区、欧亚草原植物亚区和亚洲荒漠植物亚区。

高等动物　野生动物众多，共有兽类117种，鸟类362种，其中，列入国家和地区重点保护的动物有49种，珍贵、稀有动物10多种。在中国动物地理区划中，除大兴安岭北段属于东北区的大兴安岭亚区外，其余分属于蒙新区的东部草原亚区和西部荒漠亚区。

自然保护区　全区有23个国家级自然保护区和60个省级自然保护区，还有市级和县级自然保护区113个，自然保护区面积1 380万 hm²，占全区土地面积的11.69%。内蒙古自然保护区主要以荒漠生态、森林生态和草原草甸生态为主，如锡林郭勒、达赉湖、西鄂尔多斯等自然保护区。

昆虫地理小区　中国科学院动物研究所于20世纪80年代对内蒙古草地昆虫进行连续7年的调查，在《内蒙古草地昆虫》一书中，将全区划分为3个不同地形区和13个亚区（马耀等，1991），本研究在其基础上，略加调整，划为14个地理小区（图3-3）。

0201 呼伦贝尔高原小区　北邻俄罗斯，南、西邻蒙古，东至大兴安岭山麓。海拔600~900 m，年平均气温0~2℃，年降水量300~350 mm。森林草原植被。

0202 锡林郭勒高原小区　北邻蒙古，东到乌拉盖河，西抵二连浩特，南至浑善达克沙地边缘。海拔900~1 300 m，年平均气温0~2℃，年平均降水量250~350 mm，典型草原植被。

0203 乌兰察布高原小区　阴山以北的乌兰察布盟北部、包头市北部、巴彦淖尔盟北部，海拔1 000~1 500 m，最高点呼和巴什格2 364 m。比上小区气温更高，降水更少，荒漠草原植被。

0204 阿拉善高原小区　除去贺兰山的阿拉善盟广大区域，四周环山，海拔1 000~1 500 m。年平均气温7~9℃，年总降水量50~100 mm，荒漠型植被。

0205 大兴安岭北段小区　大兴安岭中部太平岭以北的山地，西有呼伦贝尔高原，东有山前平原。南高北低。比上述高原的气温低，雨水多。森林植被。

0206 大兴安岭南段小区　自太平岭至黄岗梁，西邻锡林郭勒高原，东有山前平原和辽河上游平原。地势两端高，中部低。

0207 赤峰山区小区　赤峰市南半部。西北高东南低，海拔500~1 000 m。年平均气温7℃，年总降水量400~500 mm。暖温型典型草原植被。

0208 察哈尔山区小区　乌兰察布盟南部和锡林郭勒盟南端3县。年平均气温2~4℃，年总降水量300~400 mm。草原植被。

0209 贺兰山区小区　阿拉善盟东部边境和宁夏的界山，主峰海拔3 556 m。年平均气温1~6℃，年总降水量200 mm，极端干旱，植被荒漠类型。

0210 大兴安岭北段山前平原小区　呼伦贝尔盟东部的山前平原。海拔150~250 m，年平均气温 -2℃左右，年总降水量450~500 mm，湿润半湿润气候。夏绿阔叶林植被。

0211 大兴安岭南段山前平原小区　兴安盟东部的山前平原，年平均气温3℃左右，年总降水量400~450 mm，森林草原植被类型。

0212 辽河上游平原小区 通辽市除却西北部山地以外的大部分和赤峰市东部的阿鲁科尔沁旗。年平均气温 6℃ 左右，年总降水量 450~500 mm，典型草原植被。

0213 河套地区小区 阴山山脉和鄂尔多斯高原之间、沿黄河两岸的平原。年平均气温 4~7℃，年总降水量 150~450 mm，暖温型荒漠草原植被。

0214 鄂尔多斯高原小区 河套以南被黄河河道弯曲环抱的一块高原。海拔 1 600~2 000 m，年平均气温 6~8℃，年总降水量 150~400 mm。东部属暖温型典型草原植被，向西逐步加剧荒漠化程度。

第二节 昆虫的类群及种类
Segment 2 Insect groups and species

内蒙古师范大学能乃扎布教授及他的团队献身于半翅目分类及内蒙古昆虫区系研究，他在《内蒙古昆虫》一书中记载了 341 科 5 982 种（能乃扎布，1999）。

连同其他志书、专著、研究报告的报道，本书共记录该区昆虫 26 目 394 科 3 200 属 7 920 种，占本书全国昆虫种类的 8.46%，其中鞘翅目最多，有 1 946 种，占全区的 24.6%，其后依次是双翅目、鳞翅目、半翅目、膜翅目、直翅目，6 目共占全区昆虫的 92.1%（表 3-5）。

表 3-5 内蒙古昆虫的类群和种类

目　　名	科数	属数	种数	目　　名	科数	属数	种数
原尾目 Protura	5	6	7	啮目 Psocoptera	9	14	23
弹尾目 Collembola	4	4	4	食毛目 Mallophaga	4	61	124
双尾目 Diplura	0	0	0	虱目 Anoplura	7	10	28
石蛃目 Microcoryphia	0	0	0	缨翅目 Thysanoptera	3	30	76
衣鱼目 Zygentoma	1	1	1	半翅目 Hemiptera	71	516	1 174
蜉蝣目 Ephemeroptera	7	11	25	广翅目 Megaloptera	2	2	2
蜻蜓目 Odonata	8	24	50	蛇蛉目 Raphidioptera	1	1	1
襀翅目 Plecoptera	8	30	60	脉翅目 Neuroptera	6	28	61
蜚蠊目 Blattodea	3	4	5	鞘翅目 Coleoptera	73	672	1 946
等翅目 Isoptera	0	0	0	捻翅目 Strepsiptera	0	0	0
螳螂目 Mantodea	1	4	6	长翅目 Mecoptera	1	1	1
蛩蠊目 Grylloblattodea	0	0	0	双翅目 Diptera	51	510	1 434
革翅目 Dermaptera	4	6	10	蚤目 Siphonaptera	8	42	119
直翅目 Orthoptera	14	99	282	毛翅目 Trichoptera	8	17	24
蟾目 Phasmatodea	1	1	1	鳞翅目 Lepidoptera	51	727	1 421
纺足目 Embioptera	0	0	0	膜翅目 Hymenoptera	43	379	1 035
缺翅目 Zoraptera	0	0	0	合计	394	3 200	7 920

第三节　昆虫分布及 MSCA 分析
Segment 3　Insect distribution and MSCA

一、内蒙古昆虫的区系成分

在内蒙古 7 920 种昆虫中，古北种类 4 040 种，占 51.01%；东亚种类（包括中国特有种和中日种类）2 195 种，占 27.71%；广布种类 490 种，占 6.19%；东洋种类 330 种，占 4.17%。可以认为，内蒙古昆虫中古北种类具有绝对优势地位，东洋种类很难进入该区。

二、内蒙古昆虫在各小区的分布

在内蒙古 7 920 种昆虫中，有区下具体分布记录的种类共 5 727 种，它们在 14 个地理小区的分布见表 3-6。各小区分布比较均匀，种类最多的小区是最少的小区的 2.2 倍。

三、各地理小区的 MSCA 分析

表 3-7 是 14 个地理小区的相似性系数矩阵，0201 和 0205 小区，0206 和 0211 小区，0207 和 0212 小区，

表 3-6　内蒙古昆虫的区系结构和分布

代码	地理小区	东洋种类	古北种类	广布种类	东亚种类		成分不明种类	合计
					中国特有种	中日种类		
0201	呼伦贝尔高原	30	877	141	118	62	255	1 483
0202	锡林郭勒高原	54	747	167	184	54	103	1 309
0203	乌兰察布高原	41	588	125	138	35	55	982
0204	阿拉善高原	28	587	112	169	22	151	1 069
0205	大兴安岭北段	28	845	143	135	75	181	1 407
0206	大兴安岭南段	37	728	122	127	81	76	1 171
0207	赤峰山区	59	518	150	94	80	46	947
0208	察哈尔山区	46	690	151	214	53	66	1 220
0209	贺兰山区	25	406	118	138	39	65	791
0210	大兴安岭北段山前平原	19	352	103	52	30	110	666
0211	大兴安岭南段山前平原	36	747	139	124	99	145	1 290
0212	辽河上游平原	51	483	141	82	70	46	873
0213	河套地区	70	743	209	216	88	58	1 384
0214	鄂尔多斯高原	32	430	127	151	27	41	808
	合　计	556	8 741	1 948	1 942	815	1 398	15 400
0200	全区	330	4 040	490	1 650	545	865	7 920

表 3-7　内蒙古各地理小区之间的共有种类（上三角）和相似性系数（下三角）

代码	0201	0202	0203	0204	0205	0206	0207	0208	0209	0210	0211	0212	0213	0214
0201	**1 483**	513	408	343	801	543	396	485	282	507	577	445	430	333
0202	0.23	**1 309**	523	383	403	436	411	596	313	280	490	425	524	428
0203	0.16	0.30	**982**	434	340	388	347	508	292	245	396	362	562	422
0204	0.16	0.20	0.27	**1 069**	302	302	298	375	272	236	332	299	438	384
0205	0.39	0.17	0.17	0.14	**1 407**	493	103	390	246	560	513	407	395	294
0206	0.26	0.23	0.22	0.16	0.24	**1 171**	394	472	278	328	608	479	429	314
0207	0.20	0.22	0.22	0.17	0.21	0.23	**947**	425	235	277	441	436	449	344
0208	0.22	0.31	0.30	0.20	.017	0.25	.024	**1 220**	299	281	485	451	589	415
0209	0.14	0.18	0.20	0.17	0.13	0.17	0.16	0.18	**791**	220	289	247	293	260
0210	0.31	0.17	0.18	0.16	0.37	0.22	0.21	0.18	0.18	**666**	397	312	271	241
0211	0.26	0.23	0.21	0.16	.024	0.33	0.25	0.24	0.16	0.26	**1 290**	485	156	334
0212	0.23	0.24	0.24	0.18	0.22	0.31	0.32	0.28	0.17	0.25	0.29	**873**	427	336
0213	0.18	0.24	0.31	0.22	0.17	0.20	0.24	0.29	0.16	0.15	0.21	0.23	**1 384**	462
0214	0.17	0.25	0.31	0.26	0.15	0.19	0.24	0.26	0.19	0.20	0.19	0.25	0.27	**808**

0202 和 0208 小区将会首先聚类建为 a、b、c、d 群，然后陆续尝试比较其他各个小区聚入（图 3-4）。

聚类图显示，14 个小区的总相似性系数为 0.157，在 0.20 的相似性水平上，分为 A、B 2 个大群：A 大群为内蒙古的东北部，以大兴安岭等山地为主要地理特征；B 大群在内蒙古西南部，以高原沙漠为主要地理特征。我们将关注一些小区和周边省份有关小区的关系。例如 0204 小区阿拉善高原和河西走廊、东疆戈壁的关系，0214 小区鄂尔多斯高原和黄土高原的关系。

在聚类关系中，0201、0205、0213、0211、0202、0208 小区相似性贡献率较大，依次为 9.93%、8.76%、8.65%、8.41%、8.29%、8.20%，它们成为聚类的核心；0204、0209 小区相异性贡献率最大，分别是 10.55%、9.67%，它们在单元群中处于边缘地位。

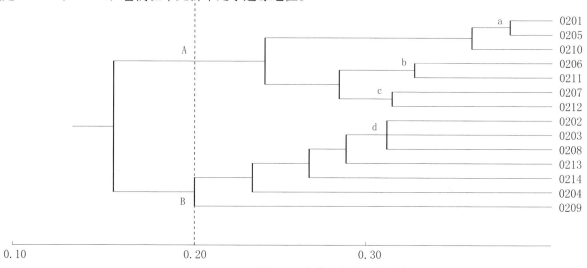

图 3-4　内蒙古各地理小区的 MSCA 图

第三章 宁夏

Chapter 3 Ningxia

第一节 自然地理特征及昆虫地理小区

Segment 1 Natural geographical features and insect geographical small-regions

宁夏位于中国西北部，地处黄河中上游，东经104°10′~107°30′，北纬35°25′~39°25′。东邻陕西，北接内蒙古，西、南与甘肃相连（图3-5）。全区面积6.6万 km²。有宜农荒地达71.2万 hm²，是全国8个宜农荒地超70万 hm²的省区之一；有天然草场300万 hm²，是全国十大牧场之一；由银川平原、卫宁平原组成的达37万 hm²引黄灌区是中国西北地区四大自流灌区之一。

地势 地势南高北低，一般海拔为1 100~2 000 m，最高海拔为贺兰山主峰3 556 m，南部六盘山主峰海拔2 928m。

气候 为温带大陆性半湿润—干旱气候，南湿北干，南寒北暖，冬寒漫长，夏少酷暑，风大沙多，雨雪稀少。全区年平均气温5~10℃，1月份-10~-7℃，极端最低气温-30.6℃，7月份17~24℃，极端最高气温41.4℃。全年无霜期100~162 d。年降水量变差大，平均为100~700 mm。

河流湖泊 全区均属黄河水系，黄河流经本区西北部，是当地重要灌溉水源，使银川平原成为塞上江南；自南向北流经本区南、中部的清水河、苦水河，是本区黄河的主要支流，在本区南部六盘山东、西麓源出的泾河、茹水河、葫芦河，流出本区后，均注入黄河。

高等植物 全区有维管束植物130科644属1 868种，占全国种类的5.3%。在中国植物地理区划中，本区属于亚洲荒漠植物亚区。

高等动物　全区有哺乳动物 6 目 13 科 52 属 75 种。在中国动物地理区划中，本区中北部属于蒙新区的西部荒漠亚区，南部属于华北区的黄土高原亚区。

自然保护区　全区有 6 个国家级自然保护区和 7 个省级自然保护区，自然保护区面积 50 万 hm^2，占全区土地面积的 9.78%。宁夏自然保护区主要是森林生态和荒漠生态类型，如宁夏贺兰山、六盘山、罗山自然保护区等。

昆虫地理小区　王希蒙、任国栋等在《宁夏昆虫名录》中，对全区各地的自然条件和昆虫分布进行了分析，将全区分为 3 区，第 3 区又分为 3 个亚区，共 5 个地理单元（王希蒙等，1992）。本研究基本依照他们的划分，分为 5 个小区进行昆虫分布的登录（图 3-5）。

0301 六盘山区小区　宁夏南部，南北狭长，长 110 km，宽 5~12 km，海拔 2 000~2 500 m，主峰海拔 2 942 m。暖温带半湿润气候，年平均气温 6.4℃，年平均降水量 620 mm，全年无霜期 120 d。温带森林草原植被。有高等植物 788 种，陆栖脊椎动物 207 种。

0302 黄土高原小区　宁夏南部六盘山东侧，海拔 1 800~2 000 m，年平均气温 5.3~7.9℃，年降水量 400~500 mm，全年无霜期 130~140 d。

0303 宁中荒漠小区　宁夏中部，海拔 1 300~1 500 m，年平均气温 7.6~8.4℃，年降水量 250~300 mm，全年无霜期 150~160 d。

0304 银川平原小区　宁夏北部沿黄河两岸。海拔 1 100~1 200 m，年平均气温 8.1~9.4℃，年降水量 180~210 mm，全年无霜期 140~160 d。

0305 贺兰山区小区　位于宁夏西北部与内蒙古交界处，是银川平原与阿拉善高原的界山，海拔 1 500~2 500 m，最高主峰 3 556 m。中温带干旱半干旱大陆性季风气候，年平均气温 −0.7℃，年平均降水量 420 mm，全年无霜期 117 d。温带草原-荒漠植被。有维管束植物 634 种，脊椎动物 218 种。

第二节　昆虫的类群及种类
Segment 2　Insect groups and species

对于宁夏昆虫区系研究，20 世纪 60、70 年代，吴福祯、高兆宁已做了大量奠基工作，出版了《宁夏农业昆虫图志》（一、二册）；80 年代，任国栋、王希蒙及区内、国内学者对不同昆虫类群进行调查。1992 年出版的《宁夏昆虫名录》记录宁夏昆虫和蜘蛛 2 314 种。《宁夏蚜虫及其天敌》记述 145 种蚜虫和 29 种天敌（王建义，2009）；在科学考察的基础上，《宁夏贺兰山昆虫》记述贺兰山昆虫 1 025 种（王新谱等，2010），《六盘山无脊椎动物》记述六盘山昆虫 3 100 余种（任国栋，2010）。

本研究共登录宁夏昆虫 25 目 335 科 2 266 属 4 713 种，占全国种类的 5.03%（表 3-8）。其中鳞翅目最多，1 146 种，占全区的 24.32%，其次是双翅目、鞘翅目、半翅目、膜翅目、直翅目，6 目共占全区种类的 91.96%。在目前还没有记录的 8 个目中，石蛃目、蜡目、广翅目、捻翅目还可能有其分布。

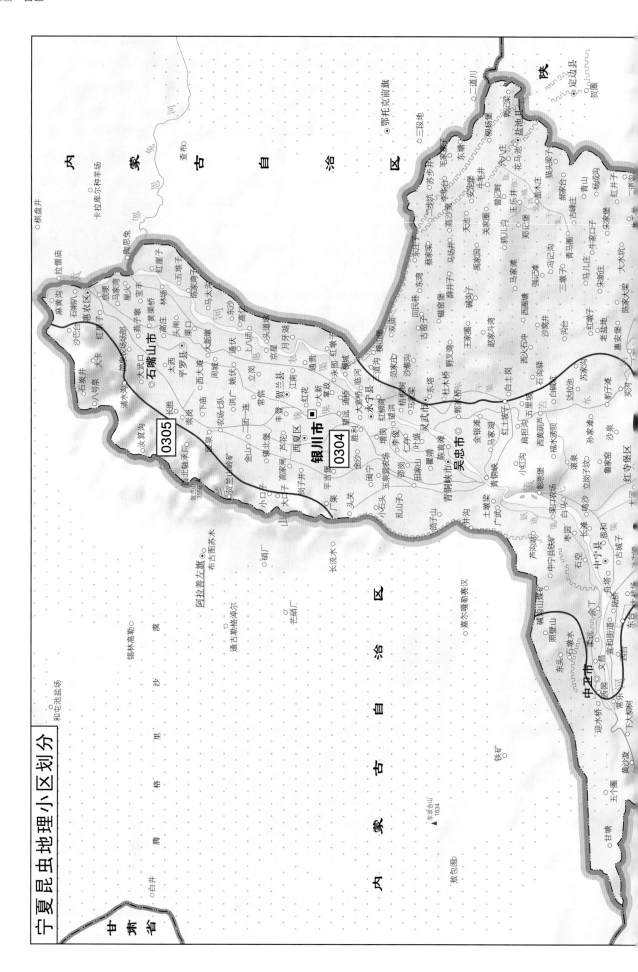

宁夏昆虫地理小区划分

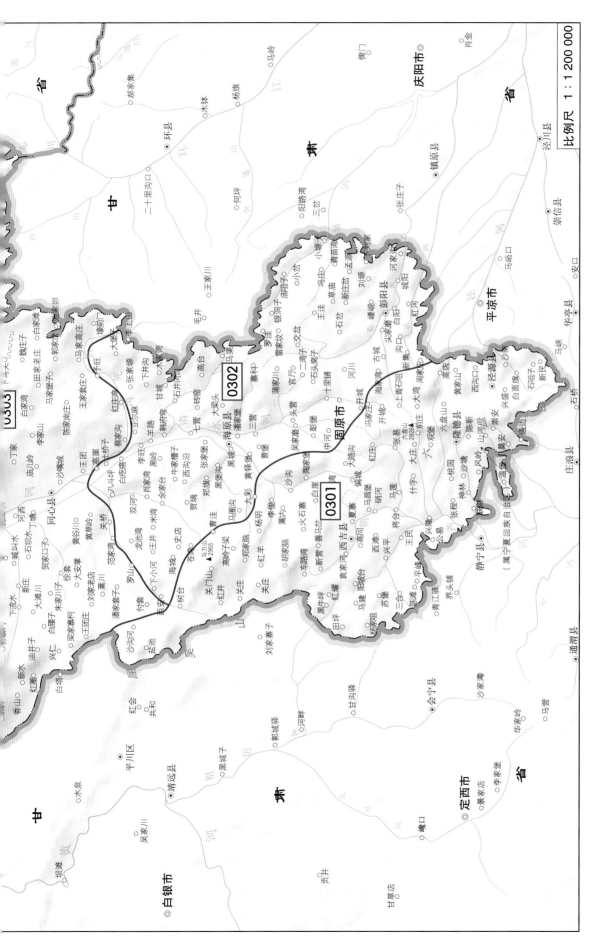

图 3-5 宁夏昆虫地理小区划分

比例尺 1：1 200 000

表 3-8　宁夏的昆虫类群和种类

目　名	科数	属数	种数	目　名	科数	属数	种数
原尾目 Protura	7	9	15	啮目 Psocoptera	9	20	32
弹尾目 Collembola	6	17	23	食毛目 Mallophaga	2	11	17
双尾目 Diplura	1	1	1	虱目 Anoplura	7	8	19
石蛃目 Microcoryphia	0	0	0	缨翅目 Thysanoptera	3	27	65
衣鱼目 Zygentoma	1	1	1	半翅目 Hemiptera	60	347	700
蜉蝣目 Ephemeroptera	2	2	2	广翅目 Megaloptera	0	0	0
蜻蜓目 Odonata	6	16	32	蛇蛉目 Raphidioptera	2	2	2
襀翅目 Plecoptera	2	3	6	脉翅目 Neuroptera	7	24	35
蜚蠊目 Blattodea	2	3	4	鞘翅目 Coleoptera	57	381	768
等翅目 Isoptera	0	0	0	捻翅目 Strepsiptera	0	0	0
螳螂目 Mantodea	1	4	5	长翅目 Mecoptera	1	1	5
蛩蠊目 Grylloblattodea	0	0	0	双翅目 Diptera	46	416	1 024
革翅目 Dermaptera	2	3	7	蚤目 Siphonaptera	8	37	105
直翅目 Orthoptera	13	51	125	毛翅目 Trichoptera	3	3	3
螳目 Phasmatodea	0	0	0	鳞翅目 Lepidoptera	51	653	1 146
纺足目 Embioptera	0	0	0	膜翅目 Hymenoptera	36	226	571
缺翅目 Zoraptera	0	0	0	合　计	335	2 266	4 713

第三节　昆虫的分布及 MSCA 分析
Segment 3　Insect distribution and MSCA

一、宁夏昆虫的区系成分

在宁夏 4 713 种昆虫中，古北种类有 2 274 种，占全区种类的 48.25%，东亚种类 1 714 种，占全区种类的 36.37%；广布种类 381 种，占 8.08%，东洋种类 301 种，占 6.39%。

二、宁夏昆虫在各小区的分布

在宁夏 4 713 种昆虫中，有 4 295 种昆虫有省下分布记录，占总种类的 91.13%。它们在 5 个地理小区的分布见表 3-9。六盘山昆虫种类最为丰富。

三、各地理小区的 MSCA 分析

表 3-10 是 5 个小区之间的共有种类数及其相似性系数。可以直观判断，0302、0303 小区最先聚类建群，然后，0304、0305、0301 小区依次聚入，形成一个单核聚类结构（图 3-6）。总相似性系数为 0.185，

表 3-9 宁夏昆虫的区系结构和分布

代码	地理小区	东洋种类	古北种类	广布种类	东亚种类		成分不明种类	合计
					中国特有种	中日种类		
0301	六盘山区	203	1 499	249	902	277	18	3 148
0302	黄土高原	51	462	126	150	62	7	858
0303	宁中荒漠	32	344	99	129	28	5	637
0304	银川平原	77	543	185	214	75	7	1 101
0305	贺兰山区	72	705	141	176	91	9	1 194
合　计		435	3 553	800	1 571	533	46	6 938
0300	全区	301	2 274	381	1 296	418	43	4 713

表 3-10 宁夏各地理小区之间的共有种类（上三角）和相似性系数（下三角）

代码	0301	0302	0303	0304	0305
0301	**3 148**	740	414	519	617
0302	0.227	**858**	393	425	423
0303	0.123	0.357	**637**	445	400
0304	0.139	0.277	0.344	**1 101**	503
0305	0.166	0.260	0.279	0.280	**1 194**

在 0.30 的相似性水平上，聚为 3 个大群，2 个山地小区各自独立为 A 大群和 C 大群，3 个高原小区聚为 B 大群。0301、0305 为 2 个山地小区，其相异性贡献率最大，分别为 61.19% 和 14.31%，位于单核群的边缘；0302、0303 小区相异性贡献率最小，形成聚类的核心。

使用两种聚类法，5 个小区的聚类顺序没有变化，但聚类的相似性系数有所不同，更重要的是这些系数的含义不同，MSCA 聚类法最后得到的 0.185 是 5 个小区的总相似性系数，SCA 聚类法最后得到的 0.247 是六盘山区与其他 4 小区合并后的相似性系数。

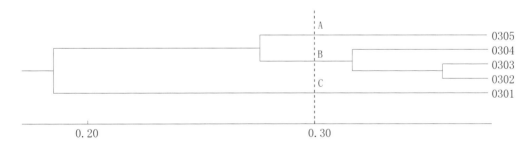

图 3-6 宁夏各地理小区的 MSCA 图

第四章　青海

Chapter 4　Qinghai

第一节　自然地理特征及昆虫地理小区

Segment 1　Natural geographical features and insect geographical small‑regions

青海位于青藏高原东北部，北临甘肃，东连四川，南毗西藏，西靠新疆（图3-7）。东西长约1 200 km，南北宽800 km，面积为72万km²。境内山脉高耸，地形多样，河流纵横，湖泊棋布。巍巍昆仑山横贯中部，唐古拉山峙立于南部，祁连山矗立于北部，茫茫草原起伏绵延，柴达木盆地浩瀚无垠。南部为长江、黄河、澜沧江三江之源。

地势　全省均属青藏高原范围之内。地形复杂，地貌多样。全省平均海拔3 000 m，最高点昆仑山的布喀达坂峰海拔为6 860 m，最低点在民和县，海拔为1 650 m。青南高原海拔超过4 000m的面积占全省的一半以上，河湟谷地海拔较低，多在2 000 m左右。海拔3 000～5 000 m的面积占67%，海拔5 000 m以上占5%，水域面积占1.7%。海拔5 000 m以上的山脉和谷地大都终年积雪，广布冰川。全省地形可分为祁连山地、柴达木盆地和青南高原三个自然区域。

气候　青海深居高原内陆，地势高耸，相对高差大，气候属高原大陆性气候，干燥少雨、多风寒冷、日温差大、冬长夏短、四季不分明。全年平均气温0.4~7.4℃，1月份气温-5.0~10.3℃，7月份气温10.8~19.0℃。无霜期为30~90 d，有的地区无绝对无霜期。年降水量柴达木盆地仅50 mm，东部河谷则超过500 mm。全省日照时间长，辐射量大。仅次于西藏高原，日照时数在2 35~2 90 h。

河流湖泊　全省河流湖泊众多，水力资源丰富。本省东南部是外流区，面积占全省 2/3，分属黄河、长江、扎曲三大流域。西北部是内流区，占全省面积 1/3，源自昆仑山、祁连山的柴达木河、格尔木河、红水河等流向盆地中心，在沙漠中消失或流入咸水湖。外流区多淡水湖，如扎陵湖、鄂陵湖等，内流区多咸水湖，如青海湖是中国最大咸水湖，面积达 4 500 km²。

高等植物　全省森林极少，覆盖率全国最低。草场面积 3 644 万 hm²，占全省面积的一半。全省有野生植物 2 000 多种，其中经济植物 75 科 331 属 947 种，药用植物约 680 种。在中国植物地理区划中，本省主要属于青藏高原植物亚区下的唐古特植物地区。

高等动物　全省有兽类 110 种，占全国的 25%。鸟类 294 种，占全国的 16.5%。国家一、二级重点保护动物有 68 种。在中国动物地理区划中，全省均在青藏区内。

自然保护区　全省有 5 个国家级自然保护区和 6 个省级自然保护区，自然保护区面积 2 180 万 hm²，占全省土地面积的 30.28%。自然保护区类型主要是内陆湿地和野生动物，如三江源、青海湖、可可西里等自然保护区。

昆虫地理小区　根据青海自然条件和昆虫分布实际情况，分为 7 个地理小区（图 3-7）。

0401 湖东地区小区　日月山以东，包括西宁市、海东地区及黄南州的北部。

0402 青海湖地区小区　大通山以南，青海湖周围以及黄南州的南部。

0403 祁连山区小区　青海省北部沿青甘边境的山区。

0404 黄河源区小区　果洛州全境及黄河源头约古宗列曲。

0405 长江源区小区　玉树州东部长江和扎曲源区。

0406 可可西里小区　青海境内的昆仑山及可可西里山区。

表 3-11　青海昆虫的类群和种类

目　名	科数	属数	种数	目　名	科数	属数	种数
原尾目 Protura	3	5	7	啮目 Psocoptera	2	2	3
弹尾目 Collembola	2	2	2	食毛目 Mallophaga	5	63	194
双尾目 Diplura	0	0	0	虱目 Anoplura	6	8	19
石蛃目 Microcoryphia	0	0	0	缨翅目 Thysanoptera	2	5	10
衣鱼目 Zygentoma	0	0	0	半翅目 Hemiptera	43	174	239
蜉蝣目 Ephemeroptera	0	0	0	广翅目 Megaloptera	2	2	2
蜻蜓目 Odonata	2	4	5	蛇蛉目 Raphidioptera	0	0	0
襀翅目 Plecoptera	4	5	6	脉翅目 Neuroptera	6	14	18
蜚蠊目 Blattodea	1	2	2	鞘翅目 Coleoptera	53	285	540
等翅目 Isoptera	0	0	0	捻翅目 Strepsiptera	0	0	0
螳螂目 Mantodea	0	0	0	长翅目 Mecoptera	0	0	0
蛩蠊目 Grylloblattodea	0	0	0	双翅目 Diptera	36	282	745
革翅目 Dermaptera	1	3	5	蚤目 Siphonaptera	7	45	155
直翅目 Orthoptera	14	50	120	毛翅目 Trichoptera	2	5	6
䗛目 Phasmatodea	0	0	0	鳞翅目 Lepidoptera	57	606	1153
纺足目 Embioptera	0	0	0	膜翅目 Hymenoptera	28	140	297
缺翅目 Zoraptera	0	0	0	合计	276	1702	3528

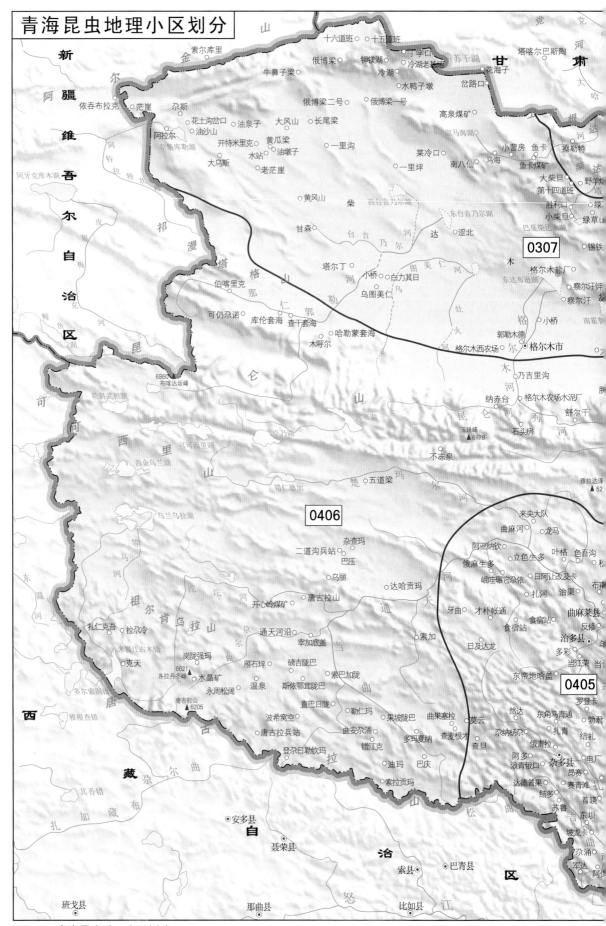

图 3-7　青海昆虫地理小区划分

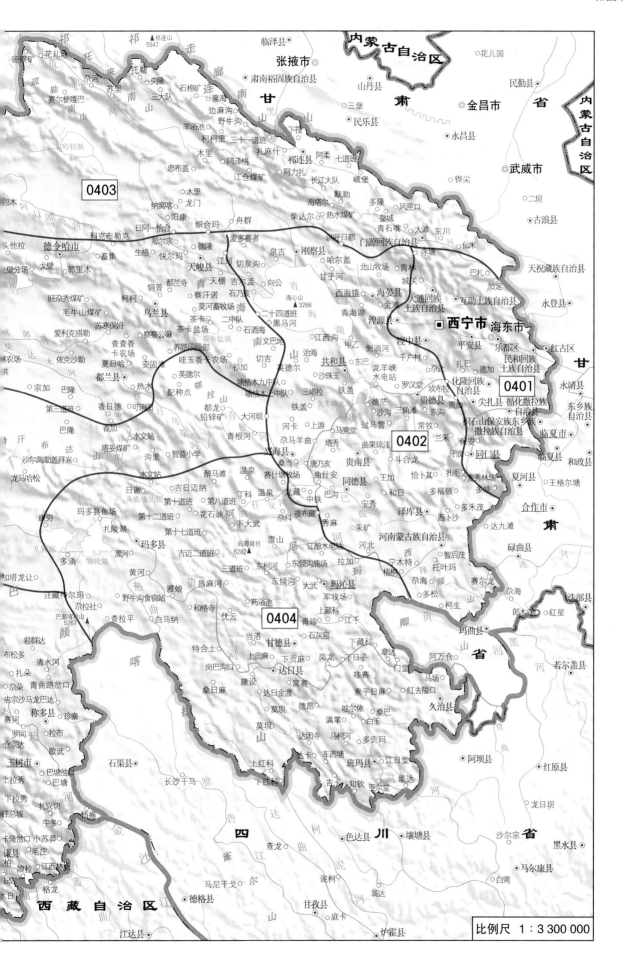

比例尺 1：3 300 000

0407 柴达木盆地小区　昆仑山以北的盆地荒漠地区。

第二节　昆虫的类群及种类
Segment 2　Insect groups and species

青海昆虫区系，早在 20 世纪上半叶，就有国内外一些昆虫学家和西方传教士进行过昆虫采集与调查，新中国建立后，有关部门和专家多次开展科学考察和研究。蔡振声等出版的《青海经济昆虫志》记述了 17 目 214 科 1 646 种昆虫，《青海小蛾类图鉴》记述了 162 种小蛾，国内一些专著、区域志、论文也对青海昆虫做过研究与报道。

本研究的数据库共记录青海昆虫 20 目 276 科 1 702 属 3 528 种（表 3-11），占全国昆虫种类的 3.77%，是全国昆虫种类记录最少的省区。在全省昆虫中，鳞翅目最多，1 153 种，占全省 32.68%，其后依次是双翅目、鞘翅目、膜翅目和半翅目。令人兴奋的是青海食毛目有 194 种，占全国食毛目的 21.41%，全国省区中占第 12 位；蚤目有 155 种，占全国蚤类的 27.29%，在全国省区中占第一位。

第三节　昆虫的分布及 MSCA 分析
Segment 3　Insect distribution and MSCA

一、青海昆虫的区系成分

在青海 3 528 种昆虫中，古北种类有 1 628 种，占全省昆虫种类的 46.15%，东亚种类 1 453 种，占 41.18%，广布种类 232 种，占 6.58%，东洋种类 153 种，占 4.34%。青海也是一个东洋种类难以进

表 3-12　青海昆虫的区系结构和分布

代码	地理小区	东洋种类	古北种类	广布种类	东亚种类		成分不明种类	合计
					中国特有种	中日种类		
0401	湖东地区	63	609	91	197	120	11	1 091
0402	青海湖地区	8	147	20	131	14	0	320
0403	祁连山区	7	142	11	141	29	0	330
0404	黄河源区	15	150	14	62	27	3	271
0405	长江源区	5	74	9	142	23	0	253
0406	可可西里	0	51	2	99	6	0	158
0407	柴达木盆地	7	110	10	84	7	2	220
合　计		105	1 283	157	856	226	16	2 643
0400	全省	153	1 628	232	1 115	338	62	3 528

入的地区。

二、青海昆虫在各小区的分布

在青海 3 528 种昆虫中，有 1 862 种昆虫有省下分布记录，它们在 7 个地理小区的分布见表 3-12。以湖东地区昆虫区系最为丰富。在 7 个小区中，有 3 个小区的古北种类占优势，1 个小区古北种类和东亚种类几乎相等，有 3 个小区东亚种类超过古北种类。

三、各地理小区的 MSCA 分析

表 3-13 是青海各地理小区之间的共有种类和相似性系数。可以直观判断，0401、0404 小区的相似性系数为 0.140，首先聚类建群，0402 小区和 0401、0404 小区的相似性系数分别为 0.121 和 0.126，会先于其他小区聚入，计算 0401、0402、0404 小区的相似性系数为 0.157，高于 0401、0404 小区之间的相似性系数。这种越聚越高的"倒挂"现象，在 MSCA 分析中，只发生在基层的单区聚类中，不会发生在群与群之间。由于 0.157 是 3 个小区的共同相似性系数，所以采用三者并列的形式表示。它和 SCA 聚类法中主要发生在群、群比较时的"倒挂"完全不是相同的概念，后者也不可能用并列法表示。

表 3-13　青海各地理小区之间的共有种类（上三角）和相似性系数（下三角）

代码	0401	0402	0403	0404	0405	0406	0407
0401	**1 091**	152	145	167	66	8	82
0402	0.121	**320**	69	66	43	8	54
0403	0.114	0.119	**330**	66	63	10	33
0404	0.140	0.126	0.123	**271**	56	9	47
0405	0.052	0.081	0.121	0.120	**253**	18	23
0406	0.006	0.017	0.021	0.021	0.046	**158**	16
0407	0.067	0.111	0.064	0.106	0.051	0.044	**220**

在 0401、0402、0404 小区首先聚类后，0403、0405、0407、0406 小区会依次聚入。和宁夏聚类一样，也是一个单核的聚类结构，而且相似性水平很低，总相似性系数不足 0.10。这意味着昆虫种类很少分布在 2 个小区或多个小区，其原因或是昆虫的分布域确实很窄，或是调查深度有待加强。在 0.14 的相似性水平上，0405、0406、0407 小区各自独立为 B、C、D 大群，0401、0402、0403、0404 小区聚为 A 大群。由于 0401 小区昆虫种类比其他小区显著丰富，在聚类关系中，其相似性贡献率为 29.45%，相异性贡献率为 43.61%，均居第一位。

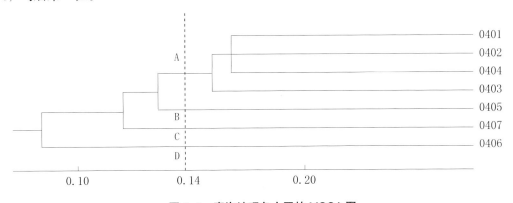

图 3-8　青海地理各小区的 MSCA 图

第五章　西藏

Chapter 5　Xizang

第一节　自然地理特征及昆虫地理小区

Segment 1　Natural geographical features and insect geographical small-regions

西藏位于青藏高原西南部，地处北纬 26° 50′ ~36° 53′，东经 78° 25′ ~99° 06′ 的广大地区（图3-9）。北邻新疆，东连四川，东北紧靠青海，东南连接云南，南与缅甸、印度、尼泊尔等国毗邻，西与克什米尔地区接壤，陆地国界线 4 000 km。南北最宽达 900 km，东西最长达 2 000 km。全区面积 122.84 万 km²，约占全国总面积的 1/8。

地势　西藏平均海拔在 4 000 m 以上，素有"世界屋脊"之称。境内海拔在 7 000 m 以上的高山有 50 多座，其中海拔 8 000 m 以上的有 11 座，被称为除南极、北极以外的"地球第三极"。全区为喜马拉雅山脉、喀喇昆仑山脉、唐古拉山脉和横断山脉所环抱。藏北高原位于喀喇昆仑山脉、唐古拉山脉和冈底斯—念青唐古拉山脉之间，平均海拔 4 500 m 以上，长约 2 400 km，宽约 700 km，占自治区总面积的 1/3，为西藏主要的牧业区。藏南谷地海拔平均在 3 500 m 左右，在雅鲁藏布江及其支流流经的地方，有许多宽窄不一的河谷平地，谷宽一般 7 ~8 km，长 70 ~ 100 km，地形平坦，土质肥沃，是西藏主要的农业区。藏东高山峡谷，即藏东南横断山脉、三江流域地区，为一系列由东西走向逐渐转为南北走向的高山深谷，北部海拔 5 200 m 左右，南部海拔 4 000 m 左右，山势较陡峻，山顶与谷底落差可达 2 500 m，山顶终年积雪，山腰森林茂密，山麓有四季常青的田园，景色奇特。喜马拉雅山地分布在中国与印度、尼泊尔、不丹等接壤的地区，由几条大致东西走向的山脉构成，平均海拔 6 000m 左右，是世界上最高的山脉，山区内西部海拔较高，气候干燥寒冷，东部气候温和，降水量充沛，森林茂密。

气候　西藏的气候独特而复杂多样，总体上具有西北严寒、东南温暖湿润的特点。由东南向西北逐渐呈现由亚热带—温带—亚温带—亚寒带—寒带，由湿润—半湿润—半干旱—干旱的变化。总的特点是：空气稀薄，含氧量低；日照时间长，辐射强烈；气温较低，温差大；干湿分明，多夜雨；冬春干燥，多大风。西藏是中国太阳辐射总量最多的地方，全区年均日照时数 1 620～3 400 h。全区年均气温 -2.8～11.9℃，温差较大。年降水量在 74.8～901.5 mm，雨季分明，降水量集中在 8～9 月，可占全年降水量的 80%～90%。

河流湖泊　全区东南部为外流区，其东部有怒江、澜沧江、金沙江；南部有雅鲁藏布江，境内全长 2 000 km，流域面积 24 万 km²，在 "大拐弯" 后切开喜马拉雅山进入印度；西部有狮泉河，为印度河的上游。本区西北部藏北高原为内流区，河流短小，源于融雪，消失于荒漠或注入盐湖。藏北高原是中国湖泊最多的地区之一，如纳木错是中国第二大咸水湖。

高等植物　西藏植物区系丰富，森林类型复杂多样。有高等植物 6 400 多种，其中：苔藓植物 700 余种，维管束植物（蕨类和种子植物）5 700 余种。还有藻类植物 2 376 种，真菌 878 种。有木本植物 1 700 余种，药用植物 1 000 余种，油脂、油料植物 100 余种。有 300 余种植物被列在国家重点保护种类和《濒危野生动植物种国际贸易公约》附录中。在中国植物地理区划中，西藏属于青藏高原植物亚区下的两个地区：帕米尔、昆仑、西藏植物地区和西喜马拉雅植物地区。

高等动物　西藏有脊椎动物 798 种，其中两栖类 45 种，爬行类 55 种，鸟类 488 种，兽类 142 种，鱼类 68 种。大中型野生动物数量居全国第一位。特别是藏羚羊数量占世界上整个种群数量的 70% 以上；黑颈鹤越冬数量占世界上整个种群数量的 80%；野牦牛数量占世界上整个种群数量的 78%。现有野生动物中被列为国家和自治区重点保护的有 147 种。在中国动物地理区划中，东南部属于西南区，其余大部分地区属于青藏区。

自然保护区　全区有 9 个国家级自然保护区和 11 个省级自然保护区，还有 25 个市县级自然保护区。自然保护区面积为 4 140 万 hm²，占全区土地面积的 34.51%。西藏自然保护区主要是荒漠生态、森林生态和野生动物等类型，如羌塘、珠穆朗玛峰、工布、色林错、纳木错等自然保护区。

昆虫地理小区　王保海等对西藏昆虫区系进行了系统的整理与分析，他的《西藏昆虫区系及其演化》将西藏分为 13 个小区（王保海等，1992）。本研究将加查 – 郎县小区合并于米林 – 林芝小区外，其余均按照王保海的划分（图 3-9）。

0501 墨脱小区　本小区是喜马拉雅山东段南坡，从北部海拔 5 000 m 向南直降到 100 m，气温、降水量、植被都呈现明显的垂直变化。

0502 亚东小区　喜马拉雅山中段南坡的几个互不相连的深切峡谷。垂直变化显著。海拔 2 000～3 000 m，温暖潮湿，森林茂密，生物物种丰富。

0503 波密小区　念青唐古拉山东段和喜马拉雅山东段所夹持的河谷地带，海拔最高为南迦巴瓦峰 7 756m，其余海拔为 1 800～2 000 m。

0504 林芝小区　雅鲁藏布江和其支流尼洋河的河谷，包括林芝、米林、工布江达、加查、郎县。最低处海拔 3 000 m 左右，年平均气温 8.6℃，年降水量 630 mm。

0505 芒康小区　西藏东南部横断山脉三江并流地带的南段。山脉高耸，河谷深切，从河谷低处海拔 2 300 m 到最高山峰 6 300 m，垂直变化分明。低处年均气温 12℃，年降水量 600～700 mm。

0506 昌都小区　西藏东部横断山脉的北段，金沙江和澜沧江的上游地区。和南段相比，河谷变宽，

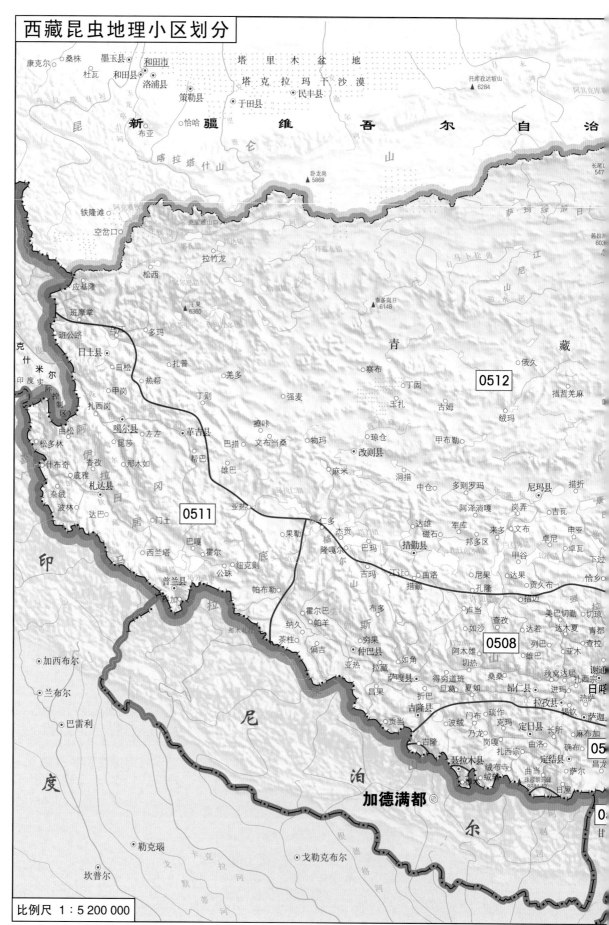

图 3-9 西藏昆虫地理小区划分

比例尺 1：5 200 000

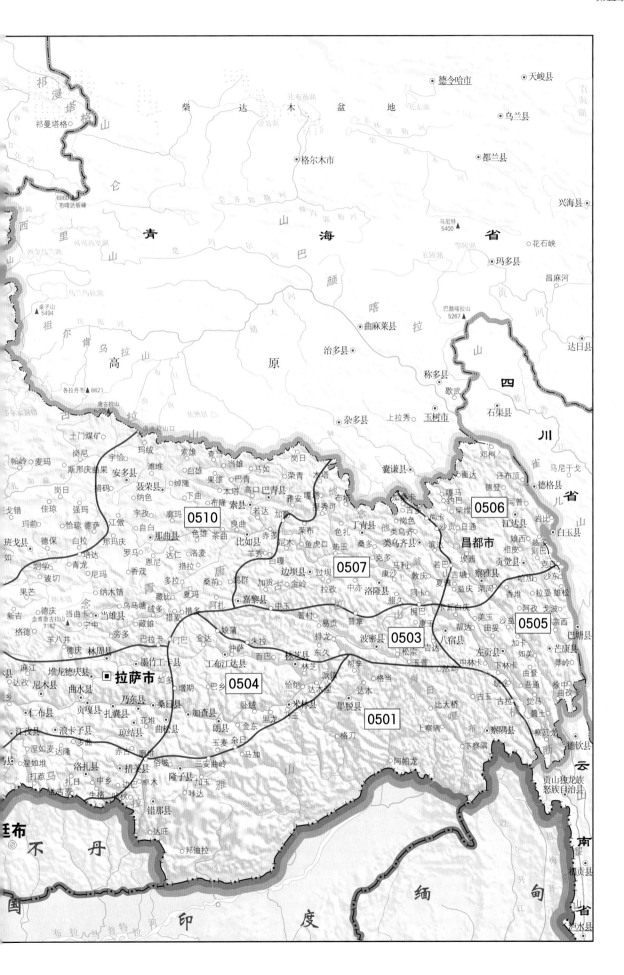

地势变缓，气温下降，年降水量 500mm。

0507 丁青小区　怒江中游地区，包括类乌齐、丁青、洛隆、边坝等地。年均气温 4~5℃，年降水量 600~1 000mm。

0508 藏中小区　主要是雅鲁藏布江河谷地带，涉及拉萨市、日喀则地区、山南地区的各一部分。海拔在 3 500 m 以上，年均气温 7℃，年降水量 250~450 mm。

0509 藏南小区　喜马拉雅山中段的北坡。高寒是其主要特点。盆地谷地内，年均气温 0~2℃，年降水量 250~400 mm。

0510 那曲小区　在念青唐古拉山和唐古拉山之间，包括那曲地区的最东部及拉萨市的最北部。低处海拔在 4 000 m 以上，山峰多在 5 500~6 000 m。低温寒冷，降水量适中。

0511 阿里小区　阿里地区的西部，横贯中部的冈底斯山南北侧有象泉河和狮泉河流域。低处海拔4 000 m 左右。降水量少，光照足。

0512 羌塘小区　西藏西北部的高寒荒漠地区，由那曲地区和阿里地区的大部分区域组成。海拔4 000~5 000 m。年均气温 −3~0℃，年降水量 100~300 mm。主要植被为高山草原。

第二节　昆虫的类群及种类
Segment 2　Insect groups and species

西藏特殊的自然环境及特殊的生物区系，一直是世人关注的热点。19 世纪，列强们不惜采用武装考察的方式来西藏掠夺生物资源。新中国建立后，国家连续组织大规模科学考察，全国各地的研究机构和高等院校的科学家先后来藏考察采集，出版一系列考察报告、专著，发表了大批昆虫各类群的研究论文。王保海自入藏以来，不仅连年在西藏各地调查采集，还系统整理总结了西藏昆虫考察研究成果，在《西藏昆虫区系及其演化》一书中记述了 3 937 种昆虫的分布。在《西藏昆虫分化》中，统计西藏昆虫有 25 目 249 科 4 411 种。

本研究共记录西藏昆虫 28 目 434 科 3 540 属 8 956 种（表 3-14），占全国种类的 9.56%，其中鳞翅目最多，2 683 种，占全区种类的 29.96%，连同鞘翅目、双翅目、半翅目、膜翅目、直翅目，6 目共 8 018 种，占全区种类的 89.53%。

表 3-14　西藏昆虫的类群和种类

目　名	科数	属数	种数	目　名	科数	属数	种数
原尾目 Protura	4	6	13	啮目 Psocoptera	11	33	69
弹尾目 Collembola	4	6	13	食毛目 Mallophaga	5	63	210
双尾目 Diplura	2	2	3	虱目 Anoplura	4	5	9
石蛃目 Microcoryphia	0	0	0	缨翅目 Thysanoptera	3	21	47
衣鱼目 Zygentoma	0	0	0	半翅目 Hemiptera	83	543	1 062
蜉蝣目 Ephemeroptera	3	6	12	广翅目 Megaloptera	1	1	4
蜻蜓目 Odonata	11	44	63	蛇蛉目 Raphidioptera	0	0	0

（续表）

目　名	科数	属数	种数	目　名	科数	属数	种数
襀翅目 Plecoptera	3	9	13	脉翅目 Neuroptera	10	41	112
蜚蠊目 Blattodea	5	10	16	鞘翅目 Coleoptera	72	759	2 019
等翅目 Isoptera	3	8	23	捻翅目 Strepsiptera	1	1	1
螳螂目 Mantodea	2	13	31	长翅目 Mecoptera	1	2	4
蛩蠊目 Grylloblattodea	0	0	0	双翅目 Diptera	52	421	1 327
革翅目 Dermaptera	8	30	66	蚤目 Siphonaptera	7	39	106
直翅目 Orthoptera	21	135	265	毛翅目 Trichoptera	13	33	102
蟾目 Phasmatodea	4	11	19	鳞翅目 Lepidoptera	62	1 053	2 683
纺足目 Embioptera	0	0	0	膜翅目 Hymenoptera	39	244	662
缺翅目 Zoraptera	1	1	2	合计	434	3 540	8 956

第三节　昆虫的分布及 MSCA 分析
Segment 3　Insect distribution and MSCA

一、西藏昆虫的区系成分

在西藏 8 956 种昆虫中，东洋种类 2 457 种，占全区种类的 27.43%；古北种类 1 279 种，占 14.28%；广布种类 360 种，占 4.02%；中日种类 1 106 种，中国特有种 3 721 种，二者共占 53.90%。在 3 721 种的中国特有种中，西藏特有种 2 228 种，占 59.88%，占全区种类的 24.88%，是一个特有性十分突出的地区。

二、西藏昆虫在各小区的分布

在西藏 8 956 种昆虫中，5 876 种有区下具体分布地点记录，它们在 12 个地理小区的分布见表 3-15。各小区分布极不均匀，墨脱小区是羌塘小区的 80 多倍。12 个小区中，10 个小区中国特有种占绝对优势，亚东小区的中国特有种与中日种类之和也超过东洋种类，墨脱小区的中国特有种和中日种类之和与东洋种类基本相等。

表 3-15　西藏昆虫的区系结构和分布

代码	地理小区	东洋种类	古北种类	广布种类	东亚种类		成分不明种类	合计
					中国特有种	中日种类		
0501	墨脱	1 302	200	131	980	273	3	2 889
0502	亚东	643	172	118	515	269	1	1 718
0503	波密	258	102	55	409	85	1	910
0504	林芝	174	132	63	283	72	1	725
0505	芒康	53	142	33	280	75	0	583

（续表）

代码	地理小区	东洋种类	古北种类	广布种类	东亚种类		成分不明种类	合计
					中国特有种	中日种类		
0506	昌都	56	154	39	231	48	2	530
0507	丁青	7	33	8	60	14	0	122
0508	藏中	35	131	46	214	41	1	468
0509	藏南	18	46	13	151	23	0	251
0510	那曲	3	30	5	55	12	0	105
0511	阿里	6	80	8	65	15	0	174
0512	羌塘	2	9	1	18	3	1	34
合　计		2 557	1 231	520	3 261	930	10	8 509
0500	全区	2 457	1 279	360	3 721	1 106	33	8 956

三、各地理小区的 MSCA 分析

表 3-16 是西藏各小区的相似性系数矩阵。这个矩阵并没有将两两小区间的相似性系数完全计算出来，只是把相邻和次相邻的小区计算出来就足以应用。因为一个小区总是和相邻或邻近的小区存在较高的相似性关系，如果两个地理距离很远的小区有较高的相似性，就要检查小区设置、分布资料等方面的原因。因此在进行多地区的相似性分析时，从检索共有种类时，就可省去共有种类很少的组合的记录和计算，这是人机结合分析时的快捷途径，也是 MSCA 和 SCA 的重要区别之一。从表 3-16 直观判断，0503 和 0504 小区、0505 和 0506 小区、0508 和 0509 小区会分别聚类建立 a、b、c 群，然后，0501、0502 小区会先后聚到 a 群，谁先谁后需具体计算比较，0507 小区会聚到 b 群，0510、0511、0512 可能会聚到 c 群中，

表 3-16　西藏各地理小区之间的共有种类（上三角）和相似性系数（下三角）

代码	0501	0502	0503	0504	0505	0506	0507	0508	0509	0510	0511	0512
0501	**2 889**	483	403	291	136	123	27	92	35	17	24	11
0502	0.117	**1 718**	235	217	106	101	25	133	55	12	23	3
0503	0.119	0.098	**910**	221	84	76	17	63	24	9	11	3
0504	0.088	0.097	0.156	**725**	93	98	21	106	36	13	17	5
0505	0.041	0.048	0.060	0.077	**583**	200	61	79	49	28	34	12
0506				0.085	0.219	**530**	72	72	31	22	30	4
0507				0.095	0.124		**122**	26	16	15	14	3
0508			0.098	0.081	0.078	0.046		**468**	118	37	42	5
0509					0.045	0.196			**251**	30	33	8
0510					0.071	0.069		0.092		**105**	19	6
0511						0.070		0.084		0.073	**174**	16
0512										0.043	0.083	**34**

也需具体计算决定。图 3-10 是实际运算结果。

　　图 3-10 显示，12 个小区的总相似性系数为 0.060，是全国各省区中最低水平，除去区系调查有待深入的因素之外，表明种类的分布域非常狭窄。用各小区种类数之和 8 509 除以分布的总种类数 5 876，平均每个物种占有 1.45 个小区，和青海省 1.42 基本相同。这是否是青藏高原昆虫的固有特征，有待以后研究。但在目前全国区系分析中，这里将会有分区过细的倾向。分区越细，虽精确度越高，但相似性越低。保证合适的相似性水平比精确度重要。

　　虽然整体相似性水平较低，但聚类结构的生态学、地理学意义非常突出。在 0.10 的相似性水平上，组成 A、B、C 3 个大群，A 大群是喜马拉雅东段，B 大群是横断山区，C 大群是青藏高原。

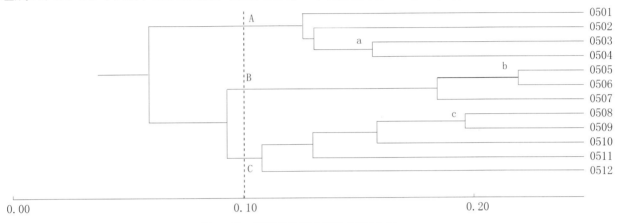

图 3-10　西藏各地理小区的 MSCA 图

第六章 黑龙江

Chapter 6 Heilongjiang

第一节 自然地理特征及昆虫地理小区

Segment 1 Natural geographical features and insect geographical small-regions

黑龙江位于中国的东北部，是中国位置最北、纬度最高的省份。东西跨 14 个经度，南北跨 10 个纬度。北部和东部隔黑龙江、乌苏里江与俄罗斯相望，西部与内蒙古自治区毗邻，南部与吉林省接壤（图 3-11）。黑龙江省总面积 46 万 km²，占全国总面积的 4.8%。

地势 黑龙江西北部、北部和东南部高，东北部、西南部低。西北部为东北—西南走向的大兴安岭山地，北部为西北—东南走向的小兴安岭山地，东南部为东北—西南走向的张广才岭、老爷岭、完达山脉。山地约占全省总面积的 24.7%，大秃顶子山海拔 1 669 m，为全省最高点；海拔高度在 300 m 以上的丘陵地带约占全省的 35.8%；东北部的三江平原、西部的松嫩平原，是中国最大的东北平原的一部分，占全省总面积的 37.0%，海拔高度为 50~200 m。

气候 黑龙江属温带大陆性季风气候。四季分明，夏季高温多雨，冬季漫长寒冷，全省年平均气温 −6~4℃，1 月份 −32~−17℃，7 月份 16~23℃。全省 ≥ 10℃的积温为 2 000~3 000℃。无霜期在 100~160 d。全省年平均降水量 400~650 mm，5~9 月生长季降水量占全年总量的 80%~90%。全省湿润系数 0.7~1.3，西南部地区低于 0.7，属半干旱地区。全省太阳辐射资源比较丰富，日照时数 2 300~2 800h，其中生长季日照时数占总量的 44%~48%。

河流湖泊 全省绝大部分属于黑龙江水系。黑龙江、乌苏里江、嫩江分别流经本省的北部、东部、西部。松花江源自吉林,是黑龙江在中国境内最大支流;嫩江源自内蒙古,是松花江的重要支流;牡丹江源自吉林,注入松花江。本省东南部一角属于绥芬河流域。主要湖泊有兴凯湖、镜泊湖、五大连池等。天然湿地 434万 hm^2,占全省面积的 9.18%。

高等植物 黑龙江是全国最大的林业省份之一,有林地面积 2 007 万 hm^2,活立木总蓄积 16.5 亿 m^3,森林覆盖率达 43.6%,森林面积、森林总蓄积和木材产量均居全国前列。全省有高等植物 184 科 739 属 2 400 种,其中国家一级重点保护野生植物有东北红豆杉,国家二级重点保护野生植物有野大豆、水曲柳、黄檗、胡桃楸等 10 种。在中国植物地理区划中,黑龙江分属于泛北极植物区下的 3 个亚区:北部属于欧亚森林植物亚区下的大兴安岭植物地区,东部是中国-日本森林植物亚区下的东北植物地区,西部属于欧亚草原植物亚区 – 蒙古草原植物地区 – 东北平原植物亚地区。

高等动物 陆生脊椎动物 483 种,其中兽类 90 种,鸟类 364 种,爬行类 16 种,两栖类 13 种。国家一级保护动物 17 种,国家二级保护动物 66 种。在中国动物地理区划中,黑龙江分属于东北区的大兴安岭亚区、长白山亚区、松嫩平原亚区。

自然保护区 全省有 20 个国家级自然保护区和 67 个省级自然保护区,还有市县级自然保护区 103 个。自然保护区面积 617 万 hm^2,占全省土地面积的 13.59%。黑龙江自然保护区主要是以内陆湿地、森林生态、野生动物等类型为主,如扎龙、兴凯湖、三江等自然保护区。

昆虫地理小区 黑龙江有 3 个互不相连的山地和两个稍微相连的平原,共分 5 个小区(图 3-11)。

0601 大兴安岭小区 本省东北部,中国的最北端。海拔一般 1 000 m。

0602 小兴安岭小区 本省北部,海拔 600~1 000 m。

0603 三江平原小区 本省东北部,海拔 50 m 以下。

0604 松嫩平原小区 本省西南部,海拔 50~200 m。

0605 长白山区小区 本省东南部,包括张广才岭、老爷岭、完达山。一般海拔 500 m。

第二节 昆虫的类群及种类
Segment 2 Insect groups and species

本研究共记录黑龙江省昆虫 2 目 382 科 2 815 属 6 297 种,占全国昆虫种类的 6.72%。其中鳞翅目最多,1 826 种,占全省昆虫的 29.00%,其后依次有鞘翅目、双翅目、膜翅目、半翅目、食毛目、6 目种类占全省种类的 93.27%(表 3-17)。

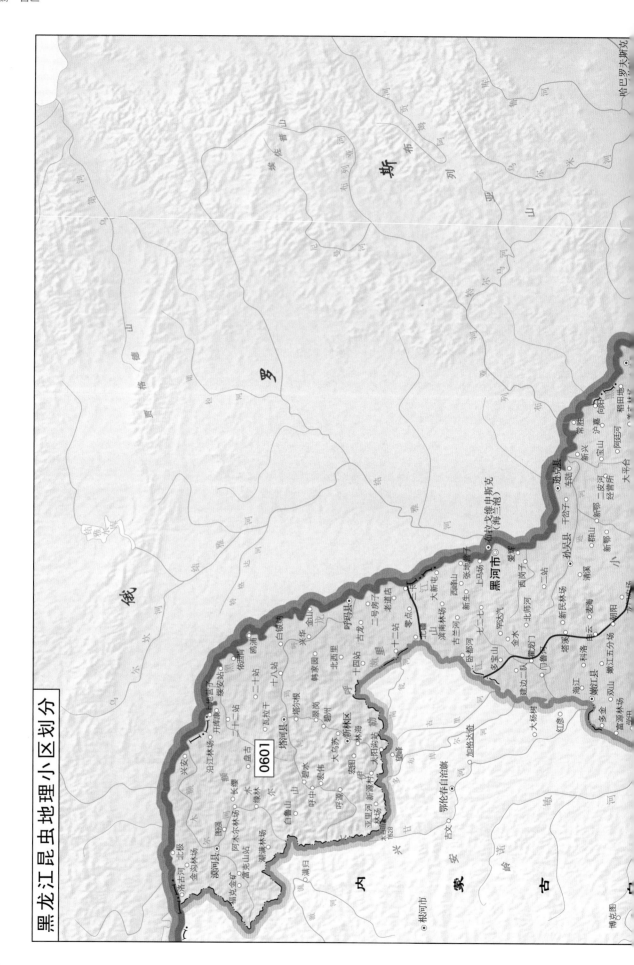

黑龙江昆虫地理小区划分

0601

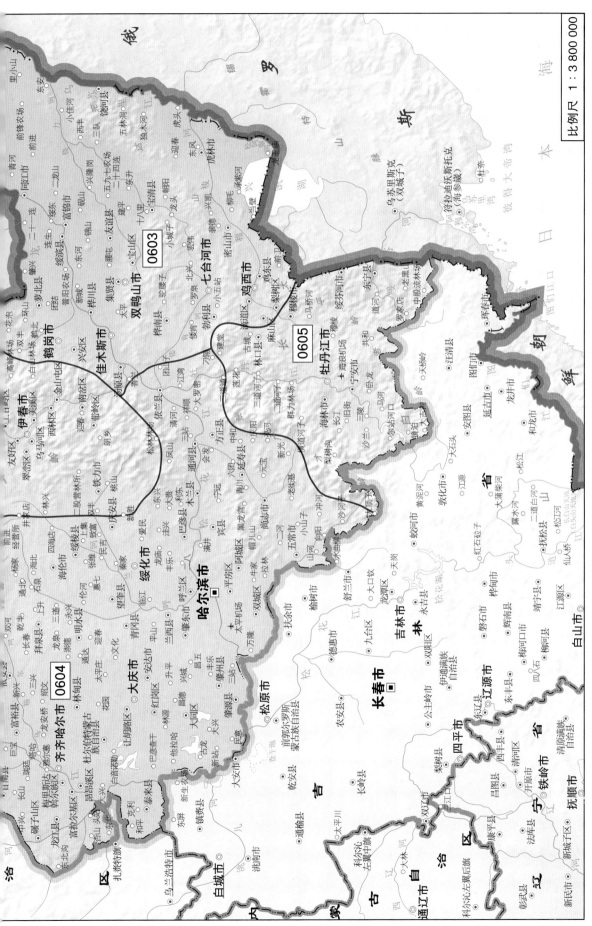

图3-11　黑龙江昆虫地理小区划分

表 3-17 黑龙江的昆虫类群和种类

目　　名	科数	属数	种数	目　　名	科数	属数	种数
原尾目 Protura	4	7	8	蜡目 Psocoptera	5	5	7
弹尾目 Collembola	2	3	3	食毛目 Mallophaga	5	71	259
双尾目 Diplura	0	0	0	虱目 Anoplura	2	2	3
石蛃目 Microcoryphia	0	0	0	缨翅目 Thysanoptera	3	9	13
衣鱼目 Zygentoma	0	0	0	半翅目 Hemiptera	64	305	523
蜉蝣目 Ephemeroptera	12	22	34	广翅目 Megaloptera	2	2	3
蜻蜓目 Odonata	9	37	73	蛇蛉目 Raphidioptera	0	0	0
襀翅目 Plecoptera	5	7	9	脉翅目 Neuroptera	6	12	17
蜚蠊目 Blattodea	3	3	3	鞘翅目 Coleoptera	78	614	1 414
等翅目 Isoptera	0	0	0	捻翅目 Strepsiptera	0	0	0
螳螂目 Mantodea	1	2	3	长翅目 Mecoptera	2	2	3
蛩蠊目 Grylloblattodea	0	0	0	双翅目 Diptera	45	367	1 116
革翅目 Dermaptera	2	4	5	蚤目 Siphonaptera	7	32	58
直翅目 Orthoptera	13	59	133	毛翅目 Trichoptera	9	22	49
蟾目 Phasmatodea	0	0	0	鳞翅目 Lepidoptera	56	876	1 826
纺足目 Embioptera	0	0	0	膜翅目 Hymenoptera	47	352	735
缺翅目 Zoraptera	0	0	0	合计	382	2 815	6 297

第三节　昆虫的分布及 MSCA 分析
Segment 3　Insect distribution and MSCA

一、黑龙江昆虫的区系成分

在黑龙江 6 297 种昆虫中，古北种类 3 652 种，占 58.00%；东亚种类 1 945 种，占 30.89%；广布种类 387 种，占 6.15%；东洋种类 267 种，占 4.24%。

二、黑龙江昆虫在各小区的分布

在黑龙江 6 297 种昆虫中，有省下分布记录的有 2 128 种，仅占 1/3 左右。它们在 5 个地理小区分布如表 3-18。

表 3-18 黑龙江昆虫的区系结构和分布

代码	地理小区	东洋种类	古北种类	广布种类	东亚种类		成分不明种类	合计
					中国特有种	中日种类		
0601	大兴安岭	3	265	9	62	38	2	379

（续表）

代码	地理小区	东洋种类	古北种类	广布种类	东亚种类		成分不明种类	合计
					中国特有种	中日种类		
0602	小兴安岭	13	507	41	128	95	3	787
0603	三江平原	29	400	28	71	116	5	649
0604	松嫩平原	44	581	78	107	150	3	963
0605	长白山区	25	440	38	75	119	2	699
合　　计		114	2 193	194	443	518	15	3 477
0600	全省	267	3 652	387	1 054	891	46	6 297

三、各地理小区的 MSCA 分析

表 3-19 为 5 个地理小区间的相似性系数矩阵，直观判断，0603、0605 小区首先聚类形成核心，0604、0602、0601 小区依次聚入，聚类图（图 3-12）表明判断无误。单核结构中，5 个小区的总相似性系数为 0.203。大、小兴安岭的相似性贡献率最低，因此距离核心较远。

表 3-19　黑龙江各地理小区之间的共有种类（上三角）和相似性系数（下三角）

代码	0601	0602	0603	0604	0605
0601	**379**	156	161	143	134
0602	0.154	**787**	267	260	232
0603	0.185	0.228	**649**	299	285
0604	0.121	0.174	0.228	**963**	309
0605	0.142	0.185	0.268	0.228	**699**

图 3-12　黑龙江各地理小区的 MSCA 图

第七章 吉林

Chapter 7 Jilin

第一节 自然地理特征及昆虫地理小区

Segment 1 Natural geographical features and insect geographical small‑regions

吉林位于中国东北地区中部（图 3-13），北界黑龙江，南接辽宁，西邻内蒙古。处于日本、俄罗斯、朝鲜、韩国、蒙古与中国东北部组成的东北亚的腹心地带，东与俄罗斯接壤，东南部以图们江、鸭绿江为界与朝鲜隔江相望。地处东经 122°~131°，北纬 41°~46°。东西长 750km，南北宽 600km。辖区面积为 18.74 万 km²，占全国总面积的 2%。

地势 吉林东南部高，西北部低。东部长白山地一般海拔 1 000 m 以上，主峰白云峰海拔 2 691 m，为全省最高点。中部为海拔 500 m 以下的低山丘陵。西部是松辽平原，地势低平。三个地带分别为吉林的林业、农业、牧业基地。

气候 吉林处于中国温带的最北部，接近亚寒带，属于温带湿润‑半干旱季风气候。东部距黄海、日本海较近，气候湿润多雨；西部远离海洋而接近干燥的蒙古高原，气候干燥。全省年平均气温为 -3~7℃，1 月份 -20~-14℃，7 月份 16~24℃，全省极端最低气温 -45.0℃，极端最高气温 38.9℃。全年日照 2 200~3 000h，年活动积温平均 2 700~3 600℃，全省年降水量在 550~910 mm，无霜期 120~160 d，初霜期在 9 月下旬，终霜在 4 月末 5 月初。

河流湖泊 全省河流有松花江、绥芬河、图们江、鸭绿江、辽河流域。以松花江流域面积最大，占全省40%以上。松花江源自中朝边界上的长白山天池。在天池附近，又分别向北源出图们江，向南源出鸭绿江，二者均是中朝界河。在本省东北角有源出绥芬河的上游支流，西南角有源出辽河的上游支流。主要湖泊有松花湖以及西部平原上的查干湖、月亮湖等诸多湖泊。

高等植物　吉林省是中国六大林区之一。林地面积797.67万 hm²，列全国第8位。全省活立木总蓄积量为8.4亿 m³，列全国第6位；森林覆盖率为42.4%。西部草原，地处松嫩草原中心，草原可利用面积达437.9万 hm²。全省有植物资源2 300多种，其中经济价值较高的有900多种。药用植物多达870余种，可食用的植物200多种。在中国植物地理区划中，吉林分属于两个亚区：东部属于中国–日本森林植物亚区下的东北植物地区，西部属于欧亚草原植物亚区–蒙古草原植物地区–东北平原植物亚地区。

高等动物　全省有陆生脊椎动物437种，在中国动物地理区划中，分属于东北区的长白山亚区和松嫩平原亚区。

自然保护区　全省有11个国家级自然保护区和14个省级自然保护区，还有9个市县级自然保护区。自然保护区面积230万 hm²，占全省土地面积的12.40%。吉林自然保护区主要以森林生态类型为主，长白山自然保护区最为著名。

昆虫地理小区　吉林省的自然条件分明，分区也比较简单，共分3个小区（图3-13）。

0701 长白山区小区　本省东部，一般海拔1 000 m。

0702 吉中丘陵小区　本省中部，一般海拔500 m。

表3-20　吉林昆虫的类群和种类

目　名	科数	属数	种数	目　名	科数	属数	种数
原尾目 Protura	6	11	12	啮目 Psocoptera	6	16	32
弹尾目 Collembola	13	38	68	食毛目 Mallophaga	5	37	76
双尾目 Diplura	0	0	0	虱目 Anoplura	1	1	1
石蛃目 Microcoryphia	0	0	0	缨翅目 Thysanoptera	2	9	14
衣鱼目 Zygentoma	0	0	0	半翅目 Hemiptera	68	342	576
蜉蝣目 Ephemeroptera	6	11	29	广翅目 Megaloptera	1	1	1
蜻蜓目 Odonata	8	26	39	蛇蛉目 Raphidioptera	1	1	1
襀翅目 Plecoptera	4	5	9	脉翅目 Neuroptera	6	18	25
蜚蠊目 Blattodea	2	2	2	鞘翅目 Coleoptera	78	646	1 484
等翅目 Isoptera	0	0	0	捻翅目 Strepsiptera	0	0	0
螳螂目 Mantodea	1	2	3	长翅目 Mecoptera	3	3	11
蛩蠊目 Grylloblattodea	1	1	1	双翅目 Diptera	46	364	1 032
革翅目 Dermaptera	3	5	6	蚤目 Siphonaptera	7	31	67
直翅目 Orthoptera	14	62	130	毛翅目 Trichoptera	7	13	18
䗛目 Phasmatodea	1	1	1	鳞翅目 Lepidoptera	56	725	1 330
纺足目 Embioptera	0	0	0	膜翅目 Hymenoptera	46	400	892
缺翅目 Zoraptera	0	0	0	合计	392	2 771	5 860

吉林昆虫地理小区划分

图 3-13　吉林昆虫地理小区划分

比例尺 1 : 2 400 000

0703 松花江平原小区 本省西部，海拔 100~200 m。

第二节 昆虫的类群及种类
Segment 2 Insect groups and species

本研究记录吉林昆虫 26 目 392 科 2 771 属 5 860 种，占全国昆虫种类的 6.26%。其中鞘翅目最多，有 1 484 种，占全省的 25.32%。其次是鳞翅目、双翅目、膜翅目、半翅目、直翅目，6 目共占全省昆虫的 92.90%（表 3-20）。

第三节 昆虫的分布及 MSCA 分析
Segment 3 Insect distribution and MSCA

一、吉林昆虫的区系成分

在吉林的 5 860 种昆虫中，古北种类 2 935 种，占全省种类的 50.09%； 东亚种类 2 074 种，占 35.39%； 东洋种类 408 种，占 6.96%； 广布种类 376 种，占 6.42%。

二、吉林昆虫在各小区的分布

在吉林 5 860 种昆虫中，有省下分布记录的有 3 325 种，它们在 3 个小区的分布见表 3-21。长白山地

表 3-21 吉林昆虫的区系结构和分布

代码	地理小区	东洋种类	古北种类	广布种类	东亚种类		成分不明种类	合计
					中国特有种	中日种类		
0701	长白山区	150	1 300	153	424	446	34	2 507
0702	吉中丘陵	115	749	106	94	231	3	1 298
0703	松花江平原	120	809	145	108	174	8	1 364
合 计		385	2 858	404	626	851	45	5 169
0700	全省	408	2 935	376	1 093	981	67	5 860

的昆虫显然比平原丘陵地带丰富得多。

三、各地理小区的 MSCA 分析

吉林 3 个地理小区之间都有比较高的相似性（表 3-22），0702、0703 小区之间比较密切，首先聚类，

0701 小区随后聚入（图 3-14）。3 个小区的总相似性系数为 0.312。

表 3-22　吉林各地理小区之间的共有种类（上三角）和相似性系数（下三角）

代码	0701	0702	0703
0701	**2 507**	927	787
0702	0.322	**1 298**	701
0703	0.255	0.357	**1 364**

图 3-14　吉林各地理小区的 MSCA 图

第八章 辽宁

Chapter 8 Liaoning

第一节 自然地理特征及昆虫地理小区

Segment 1 Natural geographical features and insect geographical small - regions

辽宁位于中国东北的南部。地理位置介于东经 118° 53′ ~125° 46′，北纬 38° 43′ ~43° 26′，处于温带—暖温带区域，与吉林、内蒙古、河北等省区接壤，东南隔鸭绿江与朝鲜为邻（图 3-15）。全省面积 15 万 km²，大陆海岸线长 2 178 km，约占全国的 12%。

地势　辽宁东部为长白山、千山、辽东丘陵，一般海拔 500 m，花脖山海拔 1 336 m，为全省最高点。西部山地丘陵区是内蒙古高原向辽河平原的过渡地带，海拔 300~1 000 m。丘陵东缘沿渤海海滨有狭长平原，习惯上称为"辽西走廊"，是中国东北地区沟通华北地区的主要陆上通道。中部辽河平原是东北平原的一部分，由辽河及其支流冲积而成，地势平坦，土壤肥沃，水源充足。

气候　辽宁属温带大陆季风气候，四季分明，冬冷夏暖，春季短促。年平均气温 5.2~10.9℃，1 月份 -17~-5℃，极端最低气温 -38.5℃，7 月份 21~25℃，极端最高气温 40℃。年平均降水量为 439~1 051 mm。全年无霜期 131~223 d。

河流湖泊　辽河为全省最大河流，两条支流分别源自吉林和内蒙古，流经本省中部辽河平原，第二大河流鸭绿江为中朝界河。东、西部其他各小河流均直接入海。

高等植物　全省森林面积 695.03 万 hm²，森林覆盖率 35.13%。在中国植物地理区划中，辽宁分属于中国—

日本森林植物亚区下的东北植物地区和华北植物地区。

高等动物 全省有脊椎动物815种，其中两栖类13种，爬行类28种，鸟类380种，鱼类320种，哺乳类74种。在中国动物地理区划中，辽宁分属于东北区的长白山亚区和松嫩平原亚区。

自然保护区 全省有12个国家级自然保护区和27个省级自然保护区，还有56个市县级自然保护区。自然保护区面积265万 hm²，占全省土地面积的10.36%，以森林生态和野生动物类型为主。

昆虫地理小区 全省划分为5个地理小区（图3-15）。

0801 长白山区小区 本省东部山地，和吉林长白山区相连。

0802 辽东丘陵小区 本省东部丘陵地带，北连吉林的丘陵地带，南到千山南端。

0803 辽东半岛小区 辽东半岛及丹东低丘平原。

0804 辽河平原小区 本省中部平原及辽西走廊。

0805 辽西山区小区 本省西部山地，连接内蒙古的赤峰山地和河北的承德山地。

第二节 昆虫的类群及种类
Segment 2 Insect groups and species

本研究共记录到辽宁昆虫26目364科2 523属5 223种，占全国种类的5.58%。其中鞘翅目1 343种，占全省的25.71%，其次有双翅目、膜翅目、鳞翅目、半翅目、食毛目，6目共占全省的95.11%（表3-23）。

表 3-23 辽宁昆虫的类群和种类

目　名	科数	属数	种数	目　名	科数	属数	种数
原尾目 Protura	5	7	11	啮目 Psocoptera	5	5	7
弹尾目 Collembola	1	1	1	食毛目 Mallophaga	3	58	218
双尾目 Diplura	0	0	0	虱目 Anoplura	0	0	0
石蛃目 Microcoryphia	0	0	0	缨翅目 Thysanoptera	3	13	24
衣鱼目 Zygentoma	0	0	0	半翅目 Hemiptera	71	338	620
蜉蝣目 Ephemeroptera	3	5	7	广翅目 Megaloptera	1	1	1
蜻蜓目 Odonata	5	13	17	蛇蛉目 Raphidioptera	1	1	1
襀翅目 Plecoptera	3	7	8	脉翅目 Neuroptera	5	13	17
蜚蠊目 Blattodea	4	8	10	鞘翅目 Coleoptera	80	627	1 343
等翅目 Isoptera	1	1	1	捻翅目 Strepsiptera	1	1	1
螳螂目 Mantodea	1	3	4	长翅目 Mecoptera	2	2	4
蛩蠊目 Grylloblattodea	0	0	0	双翅目 Diptera	45	409	1 203
革翅目 Dermaptera	2	2	5	蚤目 Siphonaptera	6	16	26
直翅目 Orthoptera	12	58	95	毛翅目 Trichoptera	5	10	13
螳目 Phasmatodea	2	2	2	鳞翅目 Lepidoptera	56	503	777
纺足目 Embioptera	0	0	0	膜翅目 Hymenoptera	41	419	807
缺翅目 Zoraptera	0	0	0	合计	364	2 523	5 223

辽宁昆虫地理小区划分

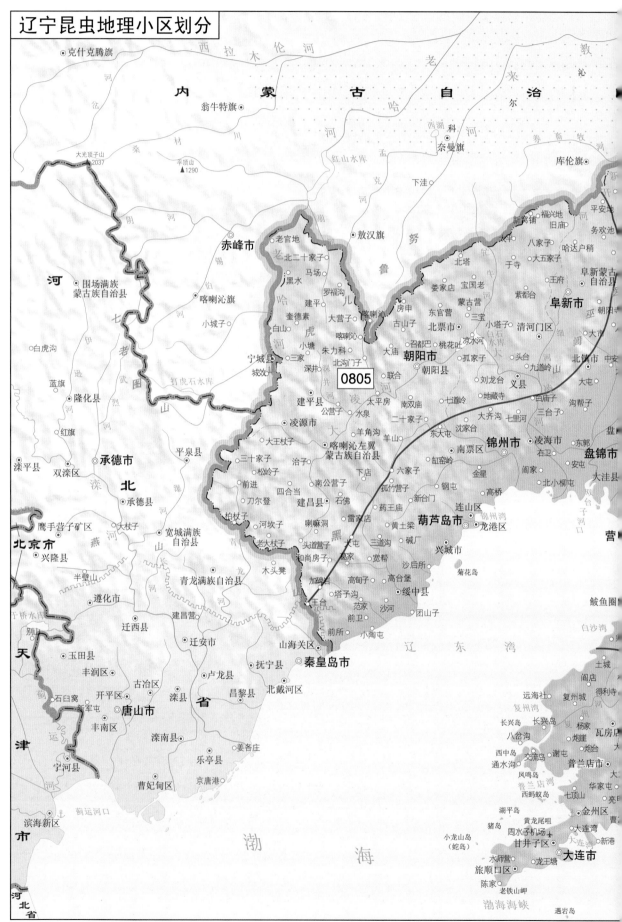

图 3-15　辽宁昆虫地理小区划分

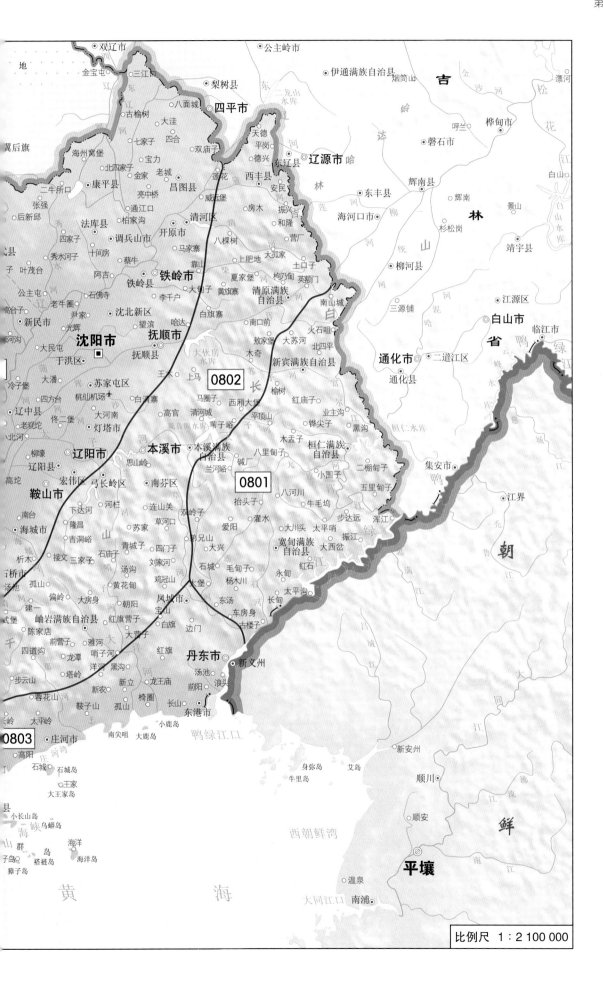

双辽市　公主岭市　吉

金宝屯　三江口　伊通满族自治县　烟筒山

地　梨树县　林　桦甸市　漂河

翼后旗　海州窝堡　古榆树　八面城　四平市　东　磐石市　松

二牛所口　北四家子　七家子　四合　天德　二龙山水库　呼兰　花

康平县　宝力　双庙子　平岗　景山　白山水库　江

张强　亮中桥　昌图县　德兴　辽源市　东辽县　靖宇县

二牛所口　老城　莲花　西丰县　安民　东丰县　辉南县

后新邱　法库县　柏家沟　通江口　威远堡　房木　振兴乡　海龙　辉南　杉松岗

四家子　调兵山市　开原市　清河区　和隆　海河口市　柳河县　江源区

秀水河子　十间房　马家寨　八棵树　营厂　三源铺　白山市

叶茂台　阿吉　蔡牛　靠山　上肥地　大孤家　土口子　哈　临江市

公主屯　铁岭市　夏家堡　枸乃甸　英额门　鸭

高台子　老牛圈　石佛寺　铁岭县　李千户　清原满族自治县　南山城　白　绿

新民市　尹家　沈北新区　哈达　白旗寨　南口前　火石咀　北四平　通化市　江

阿沟　光辉　望滨　抚顺市　大伙房水库　木奇　大苏河　三道江区

大民屯　沈阳市　于洪区　抚顺县　王木　上马　新宾满族自治县　通化县　省

冷子堡　大潘　苏家屯区　桃仙机场　白河寨　0802　榆树　业主沟　长

辽中县　四方台　大河南　高官　清河城　西厢大堡　红庙子　黑沟　桓仁水库　二道江区

老观坨　佟二堡　灯塔市　马圈子　平顶山　锛尖子　白

河　柳壕　辽阳市　思山岭　茨子岭　木孟子　桓仁满族自治县　鸭

高坨　辽阳县　本溪市　本溪满族自治县　八里甸子　集安市　江界

宏伟区　弓长岭区　兰河峪　0801　小国子　江

鞍山市　南芬区　抬头子　八河川　二棚甸子　五里甸子　朝

南台　河栏　连山关　双岭子　灌水　牛毛坞　集安市

海城市　下达河　草河口　爱阳　大川头　太平哨　步达远　浑江

析木　隆昌　苏家　岫　大兴　振江　绿

三家子　青城子　四门子　宽甸满族自治县　大西岔

桥头　石庙子　刘家河　石城　毛甸子　红石　秃

汤池　孤山　汤沟　鸡冠山　杨木川　永甸　鲁

偏岭　大房身　朝阳　二堡　东汤　太平湾　长甸　江

建一　岫岩满族自治县　红旗营子　凤城市　车房身　江

陈家店　前营子　宝山　白旗　古楼子

千　四道沟　雅河　哨子河　大营子　边门

步云山　龙潭　洋河　红旗　丹东市　新义州

塔岭　黑沟　汤池　浪头

蓉花山　新农　新立　龙王庙　前阳

武堡　鞍子山　孤山　长山　东港市

岭　太平岭　山城

0803　庄河市　小鹿岛　鸭绿江口

高阳　南尖咀　大鹿岛　新安州

石城　石城岛　身弥岛　艾岛

王家　牛里岛　顺川

大王家岛　顺安

县　小长山岛　朝

海　二峡乌蟒岛　平壤

山　海洋　鲜

群　子岛　褡裢岛　温泉

癞子岛　黄　海　南浦　大同江口

西朝鲜湾

比例尺　1：2 100 000

第三节 昆虫的分布及 MSCA 分析
Segment 3 Insect distribution and MSCA

一、辽宁昆虫的区系成分

在辽宁 5 223 种昆虫中，古北种类 2 387 种，占全省种类的 45.70%； 东亚种类 1 982 种，占 37.95%；东洋种类 395 种，占 7.56%； 广布种类 390 种，占 7.47%。除辽西小区东洋种类达到 10% 外，其余小区都很低。

二、辽宁昆虫在各小区的分布

在辽宁 5 223 种昆虫中，仅 1 515 种昆虫有省下分布记录，它们在 5 个地理小区的分布状况见表 3-24。

表 3-24 辽宁昆虫的区系结构和分布

代码	地理小区	东洋种类	古北种类	广布种类	东亚种类		成分不明种类	合计
					中国特有种	中日种类		
0801	长白山区	27	251	28	140	103	6	555
0802	辽东丘陵	28	206	24	72	86	3	419
0803	辽东半岛	64	237	35	74	162	2	574
0804	辽河平原	53	305	41	148	104	0	651
0805	辽西山区	26	119	17	48	37	1	248
合 计		198	1 118	145	482	492	12	2 447
0800	全省	395	2 387	390	1 111	871	69	5 223

三、各地理小区的 MSCA 分析

表 3-25 是 5 个地理小区的相似性系数矩阵，首先 0801、0802 小区聚类建群，随后 0803、0804、0805 小区相继聚入，呈单核型聚类结构（图 3-16），总相似性系数 0.191。0804、0805 小区距离聚类核心较远。

表 3-25 辽宁各地理小区之间的共有种类（上三角）和相似性系数（下三角）

代码	0801	0802	0803	0804	0805
0801	**555**	199	167	177	106
0802	0.257	**419**	185	199	104
0803	0.174	0.229	**574**	221	114
0804	0.172	0.228	0.220	**651**	148
0805	0.152	0.185	0.161	0.197	**248**

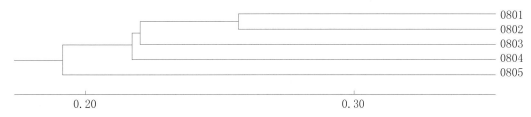

图 3-16 辽宁各地理小区的 MSCA 图

第九章 河北

Chapter 9 Hebei

第一节 自然地理特征及昆虫地理小区

Segment 1 Natural geographical features and insect geographical small-regions

河北地处华北平原的北部，兼跨内蒙古高原（图 3-17）。北与辽宁、内蒙古为邻，西靠山西，南与河南、山东接壤，东临渤海。海岸线长 620 km。总面积 21.8 万 km²。

地势　河北的地势有三大地貌单元，占全省面积 3/5 的是山地和高原。其中：坝上高原平均海拔 1 200~1 500 m；燕山和太行山地，包括丘陵和盆地，海拔多在 2 000 m 以下，小五台山海拔 2 882 m，是全省最高点。占 2/5 的河北平原是华北大平原的一部分，海拔多在 50 m 以下。

气候　河北属温带-暖温带半湿润大陆性季风气候。大部分地区四季分明，春秋短促。年平均气温 4~13℃，1 月份平均气温-14~-2℃，7 月份平均气温 20~27℃，年平均降水量 480~680 mm。无霜期 81~204 d。

河流湖泊　河北的河流分属于海河、滦河流域，唯西北角为内流区。海河干流很短，支流众多，扇形分布，流域面积 26 万 km²。滦河源自冀北山地，全长 870 km，流域面积达 4 万 km²。二者均注入渤海。本省湖泊不多，如白洋淀等。

高等植物　全区现有植物 3 000 多种。在中国植物地理区划中，属于中国-日本森林植物亚区下的华北植物地区。

高等动物　在中国动物地理区划中，属于华北区下的两个亚区。

自然保护区 河北共有 16 个国家级自然保护区和 35 个省级自然保护区，还有 11 个市县级自然保护区。自然保护区面积达 85 万 hm², 占全省土地面积的 3.96%, 以森林生态类型为主。

昆虫地理小区 将全区分为 6 个地理小区（图 3-17）：

0901 张北山区小区 河北地区的西北部山地，海拔 2 200 m 以下。

0902 承德山区小区 河北地区的东北部山地，海拔 2 000 m 以下。

0903 小五台山区小区 张家口市南部、保定市西部、北京市西部的山区，最高海拔 2 882 m。

0904 京津唐平原小区 北京、天津及唐山市、秦皇岛市的平原地区。

0905 太行山区小区 石家庄、邢台、邯郸 3 市西部沿冀晋边境的山地。

0906 华北平原小区 河北南部的广大平原。

第二节 昆虫的类群及种类
Segment 2 Insect groups and species

河北聚集着中国昆虫学界巨擘和精英，造诣精深，著述丰硕。1999 年《河北省昆虫蜱螨名录》出版，记录冀京津昆虫 3 415 种。近年《河北动物志》已陆续出版了蚜虫类、双翅目、半翅目异翅亚目、鳞翅目小蛾类等卷，共记述 108 科 890 属 1 855 种。天津万仙山自然保护区报告了 32 科 901 种昆虫。

表 3-26 河北昆虫的类群和种类

目 名	科数	属数	种数	目 名	科数	属数	种数
原尾目 Protura	5	7	8	啮目 Psocoptera	12	27	49
弹尾目 Collembola	6	13	19	食毛目 Mallophaga	5	81	334
双尾目 Diplura	2	2	5	虱目 Anoplura	5	7	9
石蛃目 Microcoryphia	1	1	1	缨翅目 Thysanoptera	3	25	42
衣鱼目 Zygentoma	1	1	1	半翅目 Hemiptera	88	550	1100
蜉蝣目 Ephemeroptera	7	9	18	广翅目 Megaloptera	1	3	7
蜻蜓目 Odonata	9	38	61	蛇蛉目 Raphidioptera	1	1	1
襀翅目 Plecoptera	3	5	7	脉翅目 Neuroptera	5	25	45
蜚蠊目 Blattodea	4	8	11	鞘翅目 Coleoptera	76	711	1609
等翅目 Isoptera	1	1	3	捻翅目 Strepsiptera	3	3	4
螳螂目 Mantodea	1	4	10	长翅目 Mecoptera	1	1	1
蛩蠊目 Grylloblattodea	0	0	0	双翅目 Diptera	54	533	1417
革翅目 Dermaptera	2	3	6	蚤目 Siphonaptera	6	32	53
直翅目 Orthoptera	17	65	128	毛翅目 Trichoptera	11	22	32
螩目 Phasmatodea	1	2	2	鳞翅目 Lepidoptera	70	992	1937
纺足目 Embioptera	0	0	0	膜翅目 Hymenoptera	51	481	1233
缺翅目 Zoraptera	0	0	0	合计	452	3653	8153

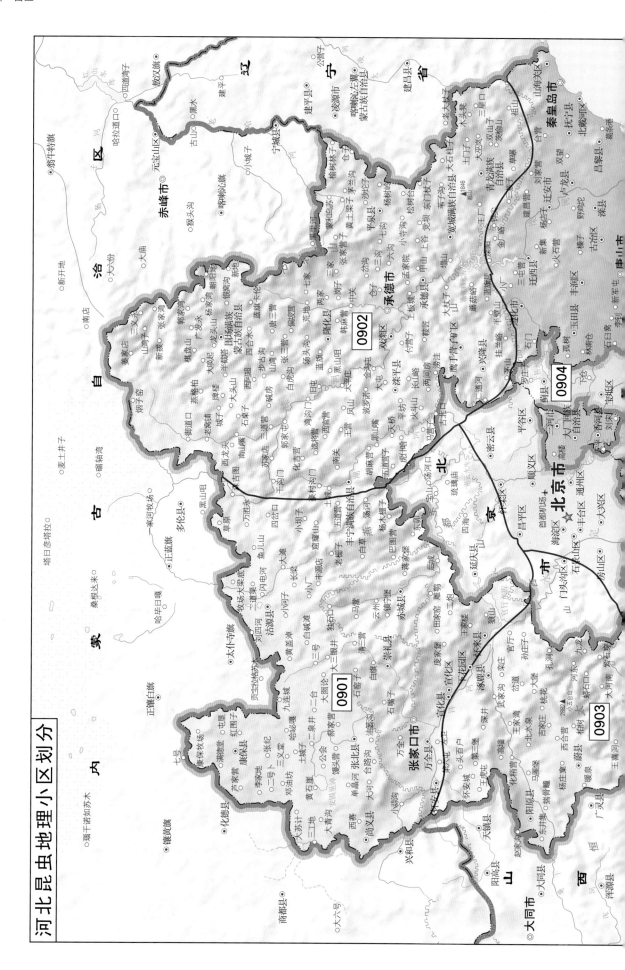

河北昆虫地理小区划分

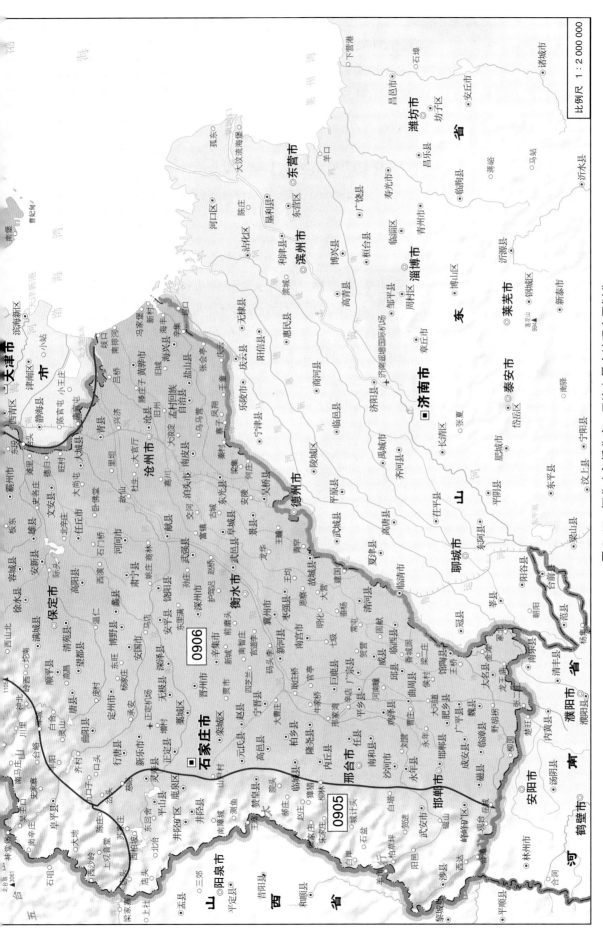

图 3-17　河北（包括北京、天津）昆虫地理小区划分

本研究共记录河北昆虫30目452科3 653属8 153种。占全国昆虫种类的8.70%。其中鳞翅目种类最多，1 937种，占全区种类的23.76%，其次是双翅目、膜翅目、鞘翅目、半翅目、食毛目，6目共占全区的93.59%（表3-26）。

第三节　昆虫的分布及 MSCA 分析
Segment 3　Insect distribution and MSCA

一、河北昆虫的区系成分

在河北8 153种昆虫中，古北种类3 350种，占全省昆虫总量的41.09%；东亚种类3 231种，占全省昆虫总量的39.63%；东洋种类922种，占全省昆虫总量的11.31%；广布种类589种，占全省昆虫总量的7.22%。和以上8省区相比，河北地区的区系成分结构已发生质的变化，古北种类和东亚种类基本相等，改变了其绝对优势的地位；东洋种类超过10%，成为重要成分之一，将冀北山地的南缘，即北纬40°左右作为东洋种类的北界是适合的。

二、河北昆虫在各小区的分布

在河北8 153种昆虫中，4 134种有省下分布记录，它们在6个地理小区的分布情况见表3-27。以京津唐平原种类最丰富，太行山最少，这不仅与当地的生物多样性程度有关，也和人们对各地的关注度及调查采集的频次有关。

表3-27　河北昆虫的区系结构和分布

代码	地理小区	东洋种类	古北种类	广布种类	东亚种类		成分不明种类	合计
					中国特有种	中日种类		
0901	张北山区	87	615	114	180	132	11	1 139
0902	承德山区	104	748	126	247	194	15	1 394
0903	小五台山区	125	737	139	345	199	9	1 554
0904	京津唐平原	230	846	208	574	292	6	2 156
0905	太行山区	46	113	57	34	44	0	294
0906	华北平原	131	433	124	133	144	9	974
合　计		723	3 492	768	1 513	1 005	50	7 511
0900	全省	922	3 350	589	2 157	1 074	61	8 153

三、各地理小区的 MSCA 分析

根据表3-28的各地理小区的相似性系数，0901、0902、0906小区首先以0.326的相似性合并相聚，0903、0904、0905小区相继聚入，形成单核聚类结构（图3-18）。6个小区的总相似性系数为0.206，0904、0905小区由于昆虫种类居多、寡两个极端，0904小区相异性贡献率36.78%，0905小区相似性贡献率只有5.41%，所以它们距离核心较远。

表 3-28　河北各地理小区之间的共有种类（上三角）和相似性系数（下三角）

代码	0901	0902	0903	0904	0905	0906
0901	**1 139**	629	504	482	152	488
0902	0.324	**1 394**	570	575	182	592
0903	0.230	0.236	**1 554**	586	185	441
0904	0.171	0.191	0.188	**2 156**	218	563
0905	0.118	0.117	0.118	0.098	**294**	223
0906	0.300	0.326	0.211	0.219	0.213	**974**

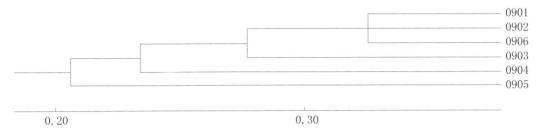

图 3-18　河北各地理小区的 MSCA 图

第十章　山西

Chapter 10　Shanxi

第一节　自然地理特征及昆虫地理小区

Segment 1　Natural geographical features and insect geographical small‑regions

山西地处黄河流域中部，位于北纬 34°34′~40°44′，东经 110°15′~114°32′。四周分别与河北、河南、陕西、内蒙古相邻（图 3-19）。总面积 15.6 万 km²，林地面积 343.5 万 hm²，森林覆盖率 20.0%。

地势　山西四面环山，东有太行山，南有中条山，西有吕梁山，北有恒山，中间有丘陵和一系列盆地。全省海拔一般 1 000m，统称山西高原，五台山主峰北台顶海拔 3 058 m，为华北最高点。全省山地丘陵面积占 72%，盆地平原占 28%。

气候　全省属温带-暖温带、半湿润-半干旱大陆性季风气候，与相邻的华北平原相比，气温偏低，雨水偏少，冬季较长，夏无酷暑。全省年平均气温 3~14℃，1 月份-16~-2℃，7 月份 19~28℃。全年无霜期 120~210 d，年降水量一般在 350~700 mm。

河流湖泊　全省河流分属海河、黄河两大水系。东部和北部为海河水系，主要有漳河、滹沱河、桑干河等；西部和南部属黄河水系，黄河流经本省西部、南部边境，源自北部管涔山的汾河，流经中部，在西南部流入黄河，全长 700km，流域面积近 4 万 km²，是黄河第二大支流。源自中部太岳山的沁河，流经东南部，进入河南省，注入黄河。本省湖泊很少。

高等植物　已知的种子植物有 134 科约 1 700 种，其中木本植物有 480 多种。山西植物资源分布，从南到北可划分为：南部和东南部是以落叶阔叶林和次生落叶灌丛为主的夏绿阔叶林或针叶阔叶混交林分布区，也是植被类型最多、种类最丰富的地区；中部是以针叶林及中生的落叶灌丛为主、夏绿阔叶林为次分布区，是森林分布面积较大的地区；北部和西北部是温带灌草丛和半干旱草原分布区，森林植被较少，优势植物是长芒草、旱生蒿类和柠条、沙棘等。山西森林资源稀少，是全国森林资源最少的省份之一。在中国植物地理区划中，山西属于中国-日本森林植物亚区，华北植物地区，黄土高原植物亚地区。

高等动物 山西野生动物以陆栖类为主，已知的有400多种，属于国家保护的珍稀动物有70多种。其中一级保护动物有14种，二级保护动物有56种，包括鸟类40种，两栖爬行类2种，兽类14种。在中国动物地理区划中，山西属于华北区的黄土高原亚区。

自然保护区 全省有5个国家级自然保护区和41个省级自然保护区，自然保护区面积113万hm²，占全省土地面积的7.29%，以野生动物和森林生态类型为主。

昆虫地理小区 学者们对山西进行昆虫地理区划研究（王瑞等，2000；曹天文等，2004），本研究参照他们的意见，将山西划为7个地理小区（图3-19）。

1001 五台山区小区　山西东北部的五台山、恒山等山地，和河北小五台山小区相接。

1002 太行山区小区　山西东部和河北、河南相邻的太行山南段。

1003 中条山区小区　山西南部和河南相邻的中条山、王屋山。

1004 晋北山区小区　山西北部的山地、丘陵、大同盆地。

1005 晋中平原小区　山西中部的盆地平原、浅丘。

1006 晋南平原小区　山西南部、中条山以北的盆地平原、浅丘。

表3-29　山西的昆虫类群和种类

目　　名	科数	属数	种数	目　　名	科数	属数	种数
原尾目 Protura	4	4	5	啮目 Psocoptera	11	20	50
弹尾目 Collembola	4	8	10	食毛目 Mallophaga	2	20	35
双尾目 Diplura	1	1	1	虱目 Anoplura	4	4	5
石蛃目 Microcoryphia	0	0	0	缨翅目 Thysanoptera	2	8	10
衣鱼目 Zygentoma	1	1	1	半翅目 Hemiptera	68	350	641
蜉蝣目 Ephemeroptera	0	0	0	广翅目 Megaloptera	1	4	4
蜻蜓目 Odonata	7	20	39	蛇蛉目 Raphidioptera	0	0	0
襀翅目 Plecoptera	2	2	2	脉翅目 Neuroptera	4	12	20
蜚蠊目 Blattodea	2	3	3	鞘翅目 Coleoptera	65	522	1 043
等翅目 Isoptera	1	1	1	捻翅目 Strepsiptera	0	0	0
螳螂目 Mantodea	2	3	3	长翅目 Mecoptera	0	0	0
蛩蠊目 Grylloblattodea	0	0	0	双翅目 Diptera	37	352	1 000
革翅目 Dermaptera	2	4	8	蚤目 Siphonaptera	5	18	37
直翅目 Orthoptera	12	45	99	毛翅目 Trichoptera	3	4	4
䗛目 Phasmatodea	2	2	2	鳞翅目 Lepidoptera	59	711	1 185
纺足目 Embioptera	0	0	0	膜翅目 Hymenoptera	39	239	469
缺翅目 Zoraptera	0	0	0	合计	341	2 358	4 677

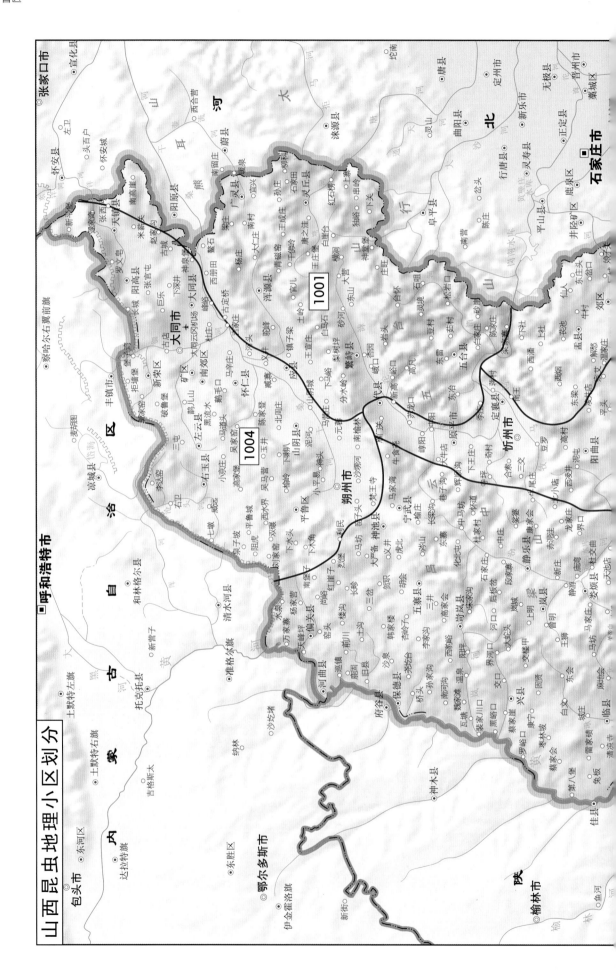

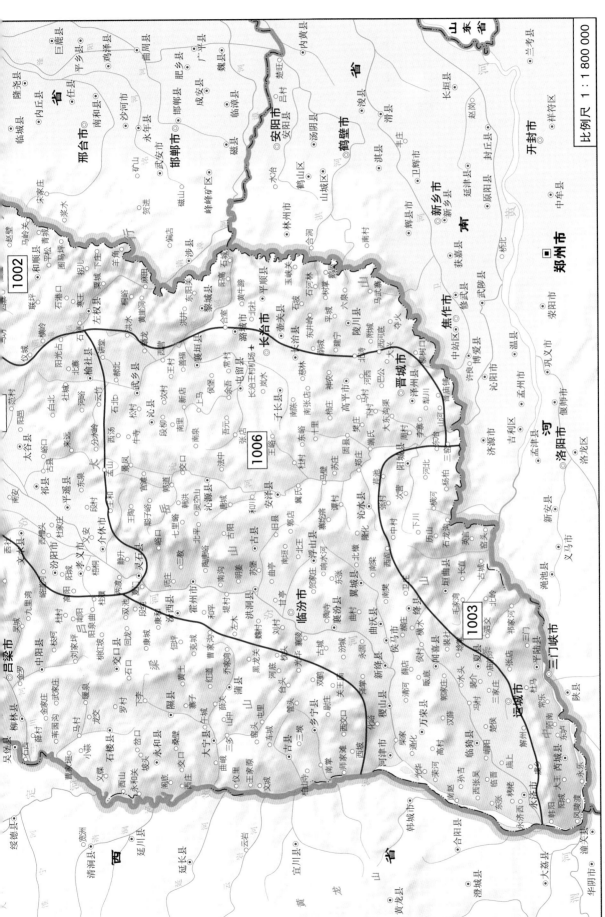

图3-19　山西昆虫地理小区划分

1007 吕梁山区小区 山西西部的吕梁山区。

第二节 昆虫的类群及种类
Segment 2 Insect groups and species

山西省昆虫区系分类方面已出版有几部专著,《山西蝗虫》（张经元，1995）记述了数十种蝗虫。《山西省寄蝇志》（刘银忠等，1998）记述 83 属 200 种，《山西叶甲》（范仁俊，1999）记述 88 属 177 种。还有不少研究报告对不同类群做了深度报道。但全省昆虫区系尚缺乏系统整理。

本研究共记录山西昆虫 25 目 341 科 2 358 属 4 677 种，占全国种类的 4.99%。鳞翅目、鞘翅目、双翅目、半翅目、膜翅目、直翅目 6 目占全省种类的 94.87%（表 3-29）。

第三节 昆虫的分布及 MSCA 分析
Segment 3 Insect distribution and MSCA

一、山西昆虫的区系成分

在山西 4 677 种昆虫中，古北种类 2 002 种，占全省种类的 42.81%； 东亚种类 1 741 种，占 37.22%；东洋种类 466 种，占 9.96%； 广布种类 356 种，占 7.61%。昆虫区系结构和河北省基本相同。

二、山西昆虫在各小区的分布

在山西 4 677 种昆虫中，2 675 种有省下分布记录，它们在 7 个地理小区的分布见表 3-30。南部比北

表 3-30 山西昆虫的区系结构和分布

代码	地理小区	东洋种类	古北种类	广布种类	东亚种类		成分不明种类	合计
					中国特有种	中日种类		
1001	五台山区	40	484	66	177	70	33	870
1002	太行山区	73	255	67	67	108	1	571
1003	中条山区	149	428	116	156	174	4	1 027
1004	晋北山区	37	328	56	88	48	3	560
1005	晋中平原	118	463	95	199	102	17	994
1006	晋南平原	155	461	115	166	129	5	1 031
1007	吕梁山区	64	505	83	220	102	13	987
合 计		636	2 924	598	1 073	733	76	6 040
1000	全省	466	2 002	356	1 199	542	112	4 677

部种类丰富，山地与平原的差异不明显。

三、各地理小区的 MSCA 分析

在表 3-31 中，1001、1004 小区和 1005、1006 小区无疑会成为山地、平原两个建群的核心，首先聚为 a 群和 b 群，1002、1003 小区聚入 b 群的先后顺序需要计算比较，1007 小区会聚入哪个群也需要计算比较。实际运算结果见图 3-20，总相似性系数为 0.246，1002 小区先于 1003 小区聚入 a 群，1007 小区在 a 群和 b 群之间十分中立，相似性系数只有 0.003 之差而聚入 a 群。在 0.30 的相似性水平上区分为 A、B 2 个大群，A 大群为西北部山地，B 大群为东南部的平原丘陵及浅山。

表 3-31　山西各地理小区之间的共有种类（上三角）和相似性系数（下三角）

代码	1001	1002	1003	1004	1005	1006	1007
1001	**870**	318	338	366	419	367	439
1002	0.283	**571**	394	277	394	435	332
1003	0.217	0.327	**1 027**	297	436	545	393
1004	0.344	0.324	0.230	**560**	395	338	374
1005	0.290	0.336	0.275	0.341	**994**	589	498
1006	0.239	0.373	0.360	0.270	0.410	**1 031**	458
1007	0.310	0.271	0.243	0.319	0.336	0.294	**987**

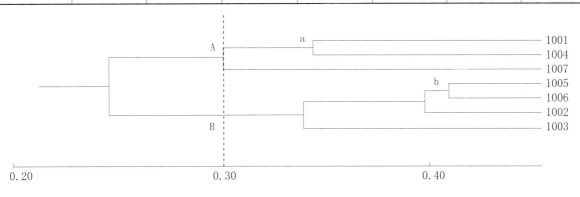

图 3-20　山西各地理小区的 MSCA 图

第十一章　山东

Chapter 11　Shandong

第一节　自然地理特征及昆虫地理小区

Segment 1　Natural geographical features and insect geographical small-regions

山东位于中国东部沿海、黄河下游，东经 114° 50′ ~122° 50′，北纬 34° 30′ ~38° 15′。境域包括半岛和内陆两部分（图 3-21），山东半岛突出于渤海与黄海之中，同辽东半岛遥相对峙；内陆部分自北而南与河北、河南、安徽、江苏四省接壤。全境南北最长约 420 km，东西最宽约 700 km，总面积 15.7 万 km²。

地势　山东中部山地隆起，地势最高，泰山主峰海拔 1 545 m，为全省最高点。鲁东丘陵除少数山峰海拔在 700 m 以上，其他海拔多在 200~300 m，鲁北、鲁西平原海拔多在 50m 以下，尤其黄河三角洲一般海拔 2~10 m，为全省陆地最低处。山地约占全省面积的 15.5%，丘陵占 13.2%，平原占 55%，河流湖泊占 1.1%。

气候　山东气候属暖温带半湿润季风气候。降水集中，雨热同季，四季分明。年平均气温 11~15℃，1 月份 -5~ -1℃，极端最低气温 -27.5℃，7 月份 24~28℃，极端最高气温 43.4℃。无霜期 180~220 d，年平均降水量一般在 500~1 100 mm。

河流湖泊　山东河流众多，大部分属于黄河水系，少量属于淮河水系，也有的直接入海。黄河和大运河是本省主要河流。黄河自西南部流入，向东北于东营市注入渤海。大运河南北贯穿西部平原。微山湖、南阳湖、东平湖等为主要湖泊。

高等植物　山东境内有各种植物 3 100 余种，其中野生经济植物 645 种。在中国植物地理区划中，属于中国-日本森林植物亚区中的华北植物地区，分属两个亚地区：辽东、山东半岛植物亚地区和华北平原、山地亚地区。

高等动物　全省有陆栖脊椎动物 479 种，占全国种数的 20.5%。其中兽类 47 种，鸟类 391 种，两栖动物 11 种，爬行动物 30 种。在中国动物地理区划中，山东属于华北区的黄淮平原亚区。

自然保护区　全省有 7 个国家级自然保护区和 23 个省级自然保护区，还有 45 个市县级自然保护区。自然保护区面积 110 万 hm²，占全省土地面积的 6.63%。山东自然保护区主要以野生动物、森林生态和海洋海岸类型为主，如黄河三角洲、昆嵛山等自然保护区。

昆虫地理小区　顾耘等对山东农业昆虫区系进行了地理区域划分（顾耘等，1995），本研究基本按照他们的意见，将全省分为 5 个地理小区（图 3-21）。

1101 鲁中山区小区　山东省中南部的山地丘陵。

1102 鲁北平原小区　山东省北部平原及黄河三角洲。

1103 鲁西南平原小区　山东省西南部平原及洼地。

1104 胶潍浅丘小区　青岛、潍坊一带的河谷平原及浅丘。

表 3-32　山东昆虫的类群和种类

目　名	科数	属数	种数	目　名	科数	属数	种数
原尾目 Protura	2	2	2	啮目 Psocoptera	9	14	25
弹尾目 Collembola	1	1	1	食毛目 Mallophaga	5	59	185
双尾目 Diplura	1	1	1	虱目 Anoplura	2	2	3
石蛃目 Microcoryphia	1	1	1	缨翅目 Thysanoptera	3	14	19
衣鱼目 Zygentoma	1	1	1	半翅目 Hemiptera	79	386	647
蜉蝣目 Ephemeroptera	0	0	0	广翅目 Megaloptera	1	2	7
蜻蜓目 Odonata	8	23	34	蛇蛉目 Raphidioptera	1	1	1
襀翅目 Plecoptera	1	2	3	脉翅目 Neuroptera	4	17	24
蜚蠊目 Blattodea	2	5	5	鞘翅目 Coleoptera	62	551	1 052
等翅目 Isoptera	1	1	5	捻翅目 Strepsiptera	0	0	0
螳螂目 Mantodea	1	4	8	长翅目 Mecoptera	1	1	1
蛩蠊目 Grylloblattodea	0	0	0	双翅目 Diptera	33	220	477
革翅目 Dermaptera	5	7	12	蚤目 Siphonaptera	5	11	12
直翅目 Orthoptera	16	65	108	毛翅目 Trichoptera	3	3	3
蟏目 Phasmatodea	2	5	5	鳞翅目 Lepidoptera	59	665	1 051
纺足目 Embioptera	0	0	0	膜翅目 Hymenoptera	45	312	642
缺翅目 Zoraptera	0	0	0	合计	354	2 376	4 335

山东昆虫地理小区划分

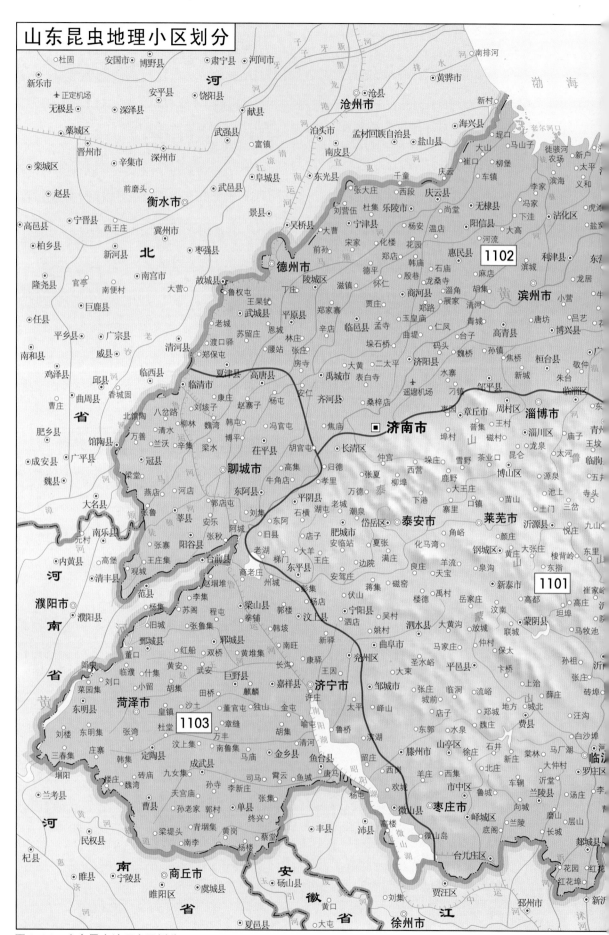

图3-21　山东昆虫地理小区划分

渤　海

黄　海

北隍城岛
庙　小钦岛　南隍城岛
岛　　大钦岛
群　渤海海峡
　　高山岛　砣矶岛
岛
碳矶岛　车由岛

大黑山岛　北长山岛
　　　　长岛县
南长山岛
庙岛海峡

黄河营　蓬莱市　刘家沟
　　　龙口市　大季家
龙港　　　　大辛店　古现　幸福　八角　芝罘岛　威海市　刘公岛
黄山馆　七甲　村里集　　　　　　芝罘区　养马岛　　　成山角
　　辛庄　　苏家庄　福山区　　姜格庄　初村　草庙子　始皇殿
三山岛　金岭　玲珑　庙后　莱山机场　牟平区　龙泉　汪疃　文登营　大水泊　荣成市　桥头　成山头　荣成湾
　　朱桥　招远市　寺口　回里　院格庄　玉林店　　水道　葛家　文登区　宋村　高村　俚岛
海庄　程市　驿道　道头　杨础　姚村　王格庄　刘家夼　　冯家　　侯家　埠口　东山
　下营港　莱州市　夏甸　毕郭　徐家店　埠西头　郭城　泽头　南黄　宁津　镇镲岛
央子　土山　柞村　郭家店　马连庄　发城　朱吴　乳山市　泽库　　靖海　石岛　石岛湾
泊子　夏邱　旧店　南墅　河头店　　黄崖　　　徐家　　浪暖口
昌邑市　新河　店子　武备　莱西市　大乔　海阳市　海阳所
寒亭区　围子　张家　平度市　团旺　　小纪　行村　南黄岛　苏山岛
坊子区　石埠　明村　白埠　古岘　店埠　姜山　穴坊　羊郡　大阎家　凤城
北孟　蒌兰　兰底　刘家庄　集各　丰城　辛安　丁字港　窄岛
潍坊市　崔家集　张家坊　南村　段泊岚　华山　　王村　田横　北湾　田横岛
赵戈　塔耳堡　仁和　七级　　　温泉　即墨市　鳌山卫
安丘市　双羊　姚家　高密市　马店　胶北　胶东　城阳区　王哥庄
凌河　金家子　守青路口　注沟　胶西　胶州市　流亭机场　李沧区　马儿岛
诸城市　李家营　杜村　营子　胶州湾　李沧区
程戈庄　百尺河　铺集　张应　黄岛　青岛市　小公岛
枳沟　许孟　瓦店　宝山　柳花泊　大公岛　朝连岛
五莲县　桃林　大村　张家楼　灵山岛
中至　松柏　海青　泊里　灵山卫
石场　街头　西城　慕官屯
三庄　陈疃　河山
西湖　东港区
日照市　奎山
巨峰
坪上　涛雒
壮岗　汾水　平岛（平山岛）
岚山区　达山岛（达念山）

黄　海

诸秦山岛　车牛山岛

赣榆区　东西连岛
墩尚　连云区　连云港
连云港市
海州区　燕尾港

省

灌云县

1105 胶东丘陵小区　胶潍平原以东的丘陵地区。

第二节　昆虫的类群及种类
Segment 2　Insect groups and species

山东省昆虫区系已出版了数部专著，《山东林木昆虫志》记述 15 目 187 科 1 509 种林木昆虫（范迪，1993）；《泰山蝶蛾志》上、中、下三集共记述泰山的鳞翅目昆虫 20 科 183 种（卢秀新，1990）；《山东天牛志》记述全省天牛 78 属 123 种。一些研究报告也深度报道了某些类群的区系记录。但目前尚没有全省昆虫区系的系统整理。

本研究记录山东昆虫 28 目 354 科 2 376 属 4 335 种，占全国 4.63%（表 3-32）。

第三节　昆虫的分布及 MSCA 分析
Segment 3　Insect distribution and MSCA

一、山东昆虫的区系成分

在山东 4 337 种昆虫中，古北种类 1 471 种，占全省种类的 33.93%；东亚种类 1 669 种，占 38.50%，超过了古北种类；东洋种类 735 种，占 16.96%；广布种类 428 种，占 9.87%。

二、山东昆虫在各小区的分布

在山东 4 337 种昆虫中，2 141 种昆虫有省下分布记录，它们在 5 个地理小区的分布情况见表 3-33。非常明显，山地昆虫区系丰富，丘陵次之，平原较简单。

表 3-33　山东昆虫的区系结构和分布

代码	地理小区	东洋种类	古北种类	广布种类	东亚种类		成分不明种类	合计
					中国特有种	中日种类		
1101	鲁中山区	303	533	175	249	301	14	1 575
1102	鲁北平原	101	192	92	63	76	2	526
1103	鲁西南平原	145	204	93	77	87	3	609
1104	胶潍浅丘	156	291	109	141	165	2	864
1105	胶东丘陵	167	352	120	129	165	8	941
合　计		872	1 572	589	659	794	29	4 515
1100	全省	735	1 471	428	947	722	32	4 337

三、各地理小区的 MSCA 分析

各地理小区之间的相似性水平都比较高（表 3-34）。直观判断，1102 和 1103 小区、1104 和 1105 小区会分别聚类建为 a 群和 b 群，1101 小区将在 a、b 群中选择或最后聚入。实际运算结果证明（图 3-22），总相似性系数 0.318。在相似性水平 0.40 时，全省分为 A、B、C（山地、平原、丘陵）3 个大群。

表 3-34　山东各地理小区之间的共有种类（上三角）和相似性系数（下三角）

代码	1101	1102	1103	1104	1105
1101	**1 575**	474	508	643	645
1102	0.291	**526**	420	394	396
1103	0.303	0.587	**609**	412	424
1104	0.358	0.396	0.388	**864**	563
1105	0.345	0.370	0.377	0.453	**941**

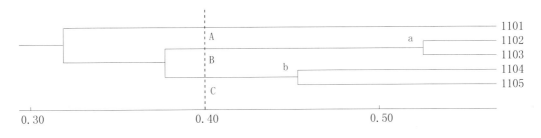

图 3-22　山东各地理小区的 MSCA 图

第十二章　陕西

Chapter 12　Shanxi

第一节　自然地理特征及昆虫地理小区

Segment 1　Natural geographical features and insect geographical small-regions

陕西位于中国内陆腹地，黄河中游，东经 105°29′~111°15′，北纬 31°42′~39°35′。东邻山西、河南，西连宁夏、甘肃，南抵四川、重庆、湖北，北接内蒙古（图 3-23）。全省地域南北长约 870 km，东西宽 500 km。全省土地面积为 20.58 万 km²，占全国土地面积的 2.1%。

地势　陕西境内山塬起伏，地形复杂。全省南北高，中间低。由北向南形成 3 个各具特色的自然区。北部是陕北黄土高原，中部是关中平原，南部是秦巴山区。陕北黄土高原海拔 800~1 300 m，约占全省总面积的 45%；关中平原西起宝鸡，东至潼关，平均海拔 520 m，占全省总面积 19%；陕南秦巴山区包括秦岭、大巴山和汉江谷地，占全省总面积的 36%。秦岭海拔 1 000~3 000 m，主峰太白山海拔 3 767 m。大巴山位于本省最南部，主峰海拔 1 500~2 000 m。

气候　全省气候南北差异显著，自北向南分属温带半干旱季风气候、暖温带半干旱-半湿润季风气候、亚热带湿润季风气候。年平均气温分别为 7~12℃、12~14℃、14~16℃。年平均降水量 400~1 000 mm。

河流湖泊　全省河流以秦岭为界，分属长江和黄河水系。秦岭以南的长江流域，面积占全省的 1/3，有丹江、汉水、嘉陵江的上游，横贯东西的汉水是长江最大支流。秦岭以北的黄河流域，面积占全省土地面积的 2/3，黄河流经陕、晋边界，在境内的支流有渭河、泾河、洛河、延河、无定河等，这些河流携带黄土高原的泥沙，是黄河泥沙的主要来源。渭河是黄河的最大支流，源于甘肃，全长 787 km。省内湖泊极少。

高等植物　陕西现有林地 670.39 万 hm²，森林覆盖率 32.6%；天然林 467.59 万 hm²，主要分布在秦巴山区、关山、黄龙山和桥山。全省有野生种子植物 3 300 余种，约占全国的 10%。珍稀植物 30 种，药用植物近 800 种。在中国植物地理区划中，陕西北部属于亚洲荒漠植物亚区下的中亚东部植物地区，中南部分属于中国-日本森林植物亚区下的华北植物地区和华中植物地区。

高等动物　陕西野生陆生脊椎珍贵动物众多，现有野生动物 604 余种，其中鸟类 380 种，哺乳类 147 种，两栖爬行类动物 77 种。其中珍稀动物 69 种，国家级保护动物 81 种。在中国动物地理区划中，陕西分属于华北区的黄土高原亚区和华中区的西部山地高原亚区。

自然保护区　全省有 9 个国家级自然保护区和 34 个省级自然保护区，还有 7 个市县级自然保护区。自然保护区面积 105 万 hm²，占全省土地面积的 5.08%。陕西自然保护区主要以野生动物和森林生态类型为主，如周至、太白山、佛坪、汉中等自然保护区。

昆虫地理小区　陕西南北狭长，地势、气候、动物区系都呈现带状的差异变化。不少学者对高等动物的不同类群和农业昆虫进行了地理区划研究（王廷正，199；许涛清等，1996；宋鸣涛，2002；李建军等，2002），阴环等（2003）做了分析总结。本研究综合这些意见，将陕西由南向北划分为 6 个地理小区（图 3-23）。

1201 大巴山区小区　汉水以南的山地。

1202 秦岭南坡小区　汉水以北至秦岭主脊。

1203 秦岭北坡小区　秦岭主脊到渭河平原。

1204 渭河平原小区　渭河及其支流流域的平原、塬区。

1205 黄土高原小区　延安市及榆林市的南部。

1206 陕北荒漠小区　榆林市大部。

第二节　昆虫的类群及种类
Segment 2　Insect groups and species

陕西聚集着不少国内外知名昆虫分类学家和众多昆虫学界精英，他们学富五车，著作等身，蜚声中外。但陕西本省的昆虫区系目前尚没有进行系统整理。20 世纪 70 年代末、80 年代初，有《陕西省经济昆虫图志 鳞翅目蝶类》（西北农学院植物保护系，1978）和《陕西省经济昆虫志》（曹志丹，1981）出版。21世纪初，《秦岭西段及甘南地区昆虫》（杨星科，2005）记述了陕西秦岭昆虫 175 科 1 084 属 1 952 种。近年出版的《秦巴山区蚜蝇区系分类》（霍科科等，2007）记述蚜蝇 63 属 244 种。其他皆散见于全国性昆虫志书、专著及研究报告中。

本研究共记录陕西昆虫 29 目 451 科 3 608 属 7 934 种，占全国昆虫的 8.47%。其中鳞翅目最多，2 417 种，占全省的 30.46%，连同鞘翅目、双翅目、半翅目、膜翅目、直翅目，6 目共占全省的 89.35%（表 3-35）。

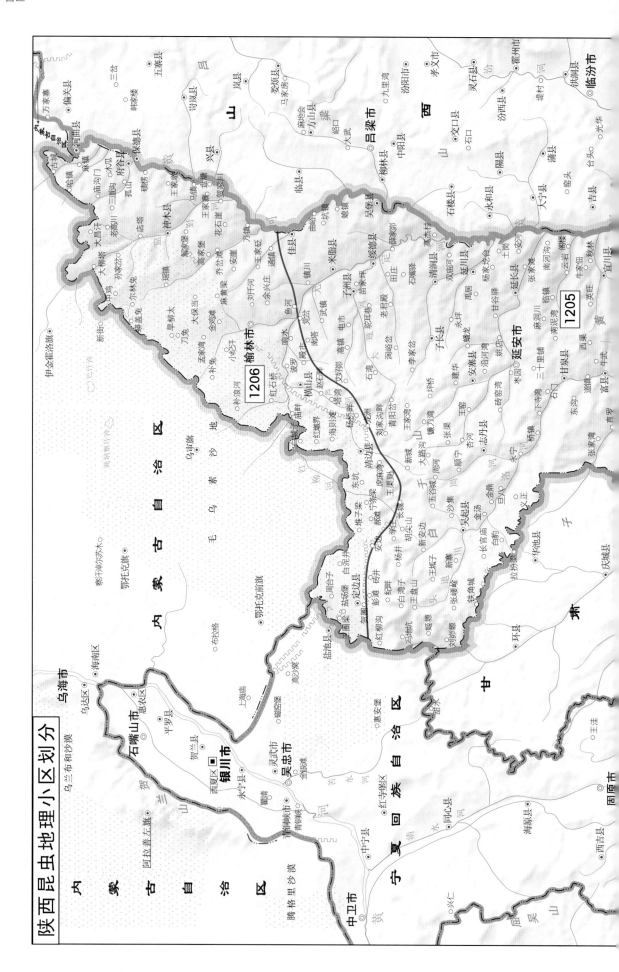

陕西昆虫地理小区划分

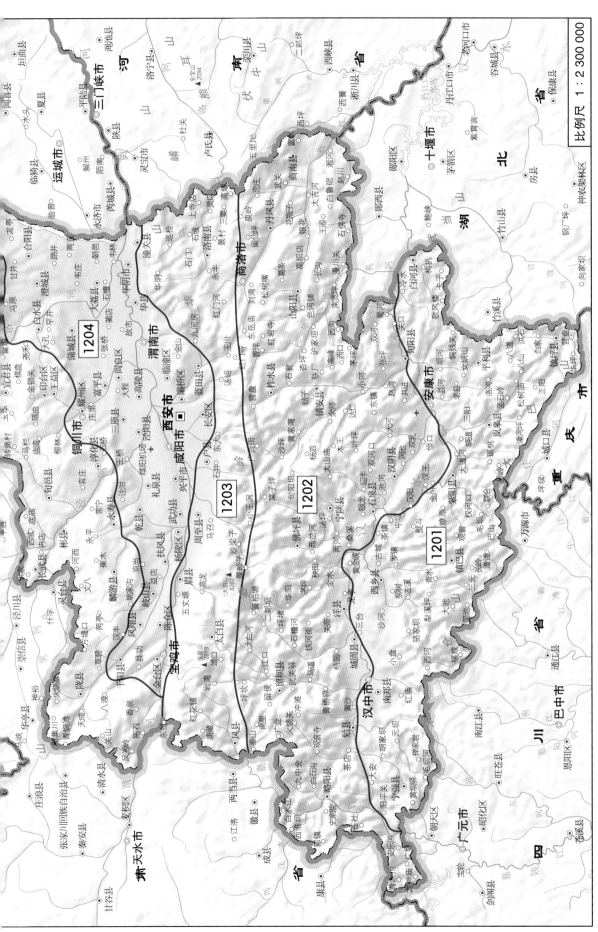

图 3-23　陕西昆虫地理小区划分

表 3-35　陕西昆虫的类群和种类

目　名	科数	属数	种数	目　名	科数	属数	种数
原尾目 Protura	6	11	23	啮目 Psocoptera	12	34	86
弹尾目 Collembola	3	4	5	食毛目 Mallophaga	5	61	176
双尾目 Diplura	3	5	9	虱目 Anoplura	5	8	18
石蛃目 Microcoryphia	0	0	0	缨翅目 Thysanoptera	3	25	52
衣鱼目 Zygentoma	1	2	3	半翅目 Hemiptera	80	541	1 075
蜉蝣目 Ephemeroptera	7	9	12	广翅目 Megaloptera	2	5	11
蜻蜓目 Odonata	15	67	148	蛇蛉目 Raphidioptera	1	1	1
襀翅目 Plecoptera	6	19	35	脉翅目 Neuroptera	7	32	64
蜚蠊目 Blattodea	4	8	11	鞘翅目 Coleoptera	75	687	1 430
等翅目 Isoptera	3	4	13	捻翅目 Strepsiptera	1	2	3
螳螂目 Mantodea	4	11	15	长翅目 Mecoptera	2	3	31
蛩蠊目 Grylloblattodea	0	0	0	双翅目 Diptera	48	384	1 099
革翅目 Dermaptera	4	11	21	蚤目 Siphonaptera	8	30	56
直翅目 Orthoptera	15	93	203	毛翅目 Trichoptera	10	19	42
䗛目 Phasmatodea	2	5	10	鳞翅目 Lepidoptera	67	1 157	2 417
纺足目 Embioptera	0	0	0	膜翅目 Hymenoptera	52	370	865
缺翅目 Zoraptera	0	0	0	合计	451	3 608	7 934

第三节　昆虫的分布及 MSCA 分析

Segment 3　Insect distribution and MSCA

一、陕西昆虫的区系成分

在陕西 7 934 种昆虫中，东亚种类 4 105 种，占 51.74%，处于绝对优势地位；古北种类 2 071 种，占 26.10%；东洋种类 1 223 种，占 15.41%；广布种类 503 种，占 6.34%。

二、陕西昆虫在各小区的分布

在陕西 7 934 种昆虫中，5 614 种有省下分别记录，它们在 6 个地理小区的分布见表 3-36。秦岭南坡昆虫种类 4 225 种，独占鳌头，显示了秦岭在生物多样性上的地位。由此向北，种类逐渐减少，自是环境条件使然，但和周边省区相同自然条件的小区相比显著为少，可能与大家对这些地区的关注度以及调查采集的频度、深度有一定关系。即使大巴山区，也比四川、湖北同一山区显著贫乏。

表 3-36　陕西昆虫的区系结构和分布

代码	地理小区	东洋种类	古北种类	广布种类	东亚种类		成分不明种类	合计
					中国特有种	中日种类		
1201	大巴山区	115	139	73	223	49	1	600
1202	秦岭南坡	792	1 111	356	1 285	666	15	4 225
1203	秦岭北坡	232	436	118	854	270	4	1 914
1204	渭河平原	86	229	100	228	73	0	716
1205	黄土高原	24	138	39	109	24	0	334
1206	陕北荒漠	23	134	43	49	19	1	269
合　　计		1 272	2 187	729	1 463	1 101	21	8 058
1200	全省	1 223	2 071	503	2 894	1 211	32	7 934

三、各地理小区的 MSCA 分析

6 个地理小区之间的相似性系数见表 3-37。直观判断，1205 和 1206 小区、1202 和 1203 小区会聚为 a、b 2 群，1201 和 1204 小区能否聚入，要看分析结果。1201 和 1204 小区之间相似性系数为 0.217，若按统计学逻辑，二者可以聚在一起，但不符合地理学逻辑和生态学逻辑，连片是地理学上的重要原则，生态条件相对一致也是重要原则。如果 1205、1206 小区的种类稍微丰富一些或者 1201 小区丰富一些，都不会出现这个现象。综合权衡，最后结果见图 3-24。总相似性系数为 0.118，在 0.17 的相似性水平上分为墟地 A 和山地 B 2 个大群。在下面的全国区系分析中，位于陕西、四川、湖北边界的大巴山区小区的昆虫种类要丰富得多，不会再和渭河平原小区有什么密切关系了。

表 3-37　陕西各地理小区之间的共有种类（上三角）和相似性系数（下三角）

代码	1201	1202	1203	1204	1205	1206
1201	**600**	406	303	236	136	118
1202	0.092	**4 225**	1109	425	182	166
1203	0.136	0.220	**1 914**	350	174	137
1204	0.217	0.094	0.154	**716**	168	139
1205	0.168	0.042	0.084	0.190	**334**	136
1206	0.155	0.038	0.067	0.164	0.291	**269**

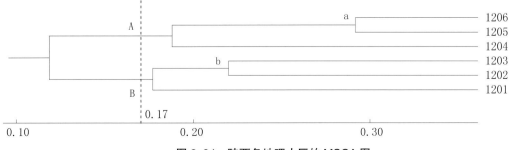

图 3-24　陕西各地理小区的 MSCA 图

第十三章 甘肃

Chapter 13 Gansu

第一节 自然地理特征及昆虫地理小区

Segment 1 Natural geographical features and insect geographical small-regions

甘肃位于中国西北部，地处黄河上游，地域辽阔，北纬 32°11′~42°57′、东经 92°13′~108°46′。东接陕西，南邻四川，西连青海、新疆，北靠内蒙古、宁夏并与蒙古国接壤（图 3-25）。东西长 1 655 km，南北宽 530 km。土地总面积 45.5 万 km²。

地势 甘肃地貌复杂多样，山地、高原、平川、河谷、沙漠、戈壁交错分布。地势自西南向东北倾斜，海拔 1 000 m 以上。南部是陇南山地和甘南高原，海拔 2 000~4 000 m。北侧是陇东、陇中黄土高原，海拔一般在 2 000 m 以下。祁连山绵延于甘、青边境，海拔 3 500~5 000 m，主峰海拔 5 547 m。祁连山北侧是长 1 000 km、宽 10~100 km 的河西走廊，海拔 1 000~1 500 m，多为戈壁、沙漠。甘肃最北部是北山山地，海拔 1 500~2 500 m，是内蒙古高原的西部边缘。

气候 甘肃气候类型复杂，从南向北，逐渐由亚热带湿润区过渡到温带干旱区以及高寒干旱区。年平均气温 1~15℃，1 月份-15~3℃，极端最低气温 -36.4℃，7 月份 11~27℃，极端最高气温 43.6℃。无霜期 160~280 d，年降水量 30~860 mm。

河流湖泊 全省河流以中部乌鞘岭为界，以南为外流区，以北为内流区。外流区分属黄河流域和长江流域，黄河在甘南高原和陇中高原两次流经本省，境内支流有渭河、洮河等； 长江流域仅限陇南，主要有嘉陵江的支流白龙江和西汉水。内流区河流皆源自融雪，流入沙漠，水量小，流程也短。全省湖泊很少。

高等植物 野生植物有 4 000 多种。在中国植物地理区划中，甘肃兰州是一个斜十字的交叉点，东西南北各属于泛北极植物区下的 4 个植物亚区：东部是中国-日本森林植物亚区下的华北植物地区，北部是亚洲荒漠亚区下的中亚东部植物地区，西部是青藏高原植物亚区下的唐古特植物地区，南部是中国-喜马拉雅森林植物亚区下的横断山脉植物地区。

高等动物 甘肃有野生动物 659 种，其中两栖类 24 种，爬行类 57 种，鸟类 441 种，哺乳类 137 种。属国家保护的珍稀动物有大熊猫、金丝猴、羚羊、雪豹等 105 种。在中国动物地理区划中，甘肃最为复杂，分属于西南、青藏、蒙新、华北、华中 5 个地理区。

自然保护区 全省有 13 个国家级自然保护区和 40 个省级自然保护区，还有 4 个市县级自然保护区。自然保护区面积 754 万 hm²，占全省土地面积的 16.54%。甘肃自然保护区主要以野生动物、荒漠生态和森林生态类型为主，如盐池湾、敦煌、安南坝、祁连山等自然保护区。

昆虫地理小区 姚崇勇曾对甘肃两栖、爬行动物进行地理区划分析（姚崇勇，1995，2004）。本研究大体参照其意见，将全省划分为 7 个地理小区（图 3-25）。

1301 陇南山区小区 秦岭的西延部分，包括陇南市、定西市的岷县、甘南藏族自治州的舟曲、迭部两县。

1302 甘南高原小区 青海高原的东部边缘。甘南藏族自治州除舟曲、迭部以外的 6 县。

1303 陇东高原小区 六盘山以东。包括庆阳、平凉两市。

1304 陇中高原小区 六盘山以西，秦岭以北，乌鞘岭以南。包括天水、定西（除岷县）、临夏、兰州、白银 5 市。

1305 河西走廊小区 从乌鞘岭到酒泉。包括武威、金昌、张掖 3 市的高原荒漠地带。

1306 祁连山区小区 从乌鞘岭到西境的沿甘青边境的山地。

1307 酒泉戈壁小区 酒泉、嘉峪关两市的祁连山以北的高原荒漠和北山、马鬃山。

第二节 昆虫的类群及种类
Segment 2 Insect groups and species

20 世纪后半叶，甘肃开展了多次林业、农业昆虫普查，积累了大量标本和原始资料，没有正式出版发表。21 世纪初，《秦岭西段及甘南地区昆虫》报告了甘南地区昆虫 177 科 1 078 属 2 093 种（杨星科，2005），《甘肃省叶甲科昆虫志》报告了 98 属 278 种（王洪建等，2006），2007 年陈明等系统整理总结了甘肃农林经济昆虫材料，记录了 2 目 285 科 4 540 种。

本研究共记录甘肃昆虫 29 目 408 科 3 580 属 8 492 种（表 3-38），占全国昆虫的 9.07%。其中，鳞翅目最为丰富，2 508 种，占全省的 29.53%，连同鞘翅目、半翅目、双翅目、膜翅目、直翅目，6 目共占全省的 93.09%。

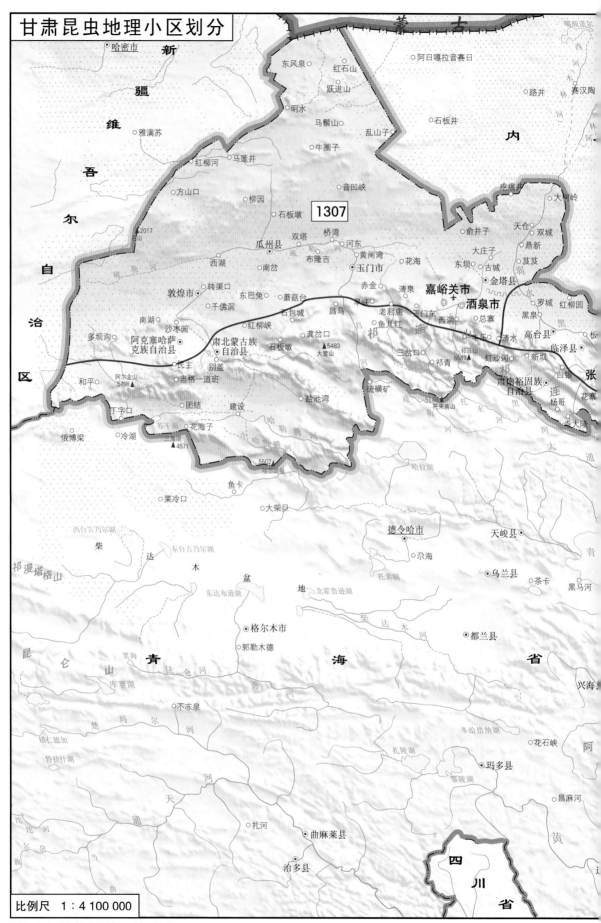

图 3-25　甘肃昆虫地理小区划分

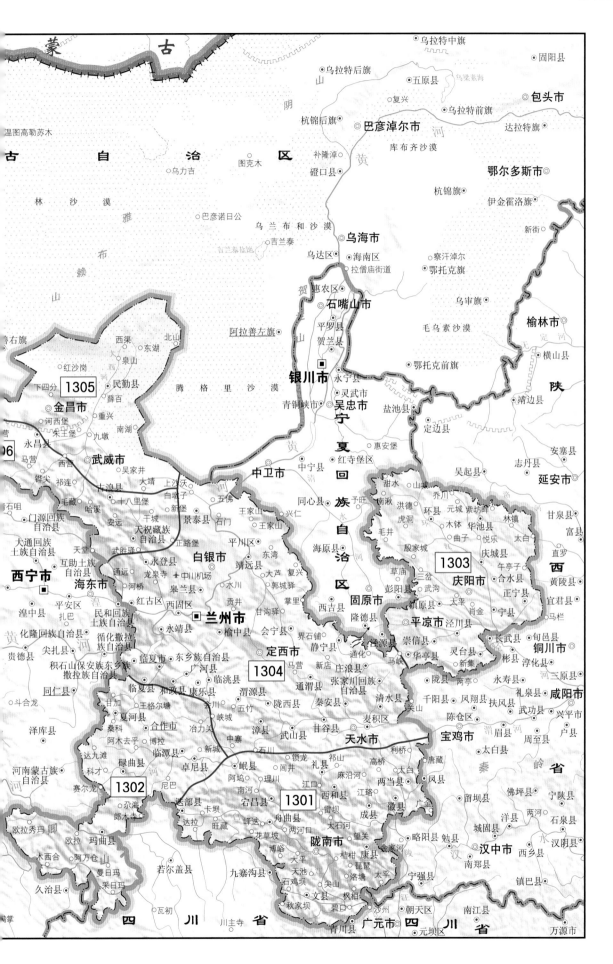

表 3-38　甘肃昆虫的类群和种类

目　　名	科数	属数	种数	目　　名	科数	属数	种数
原尾目 Protura	6	9	11	蜡目 Psocoptera	13	27	56
弹尾目 Collembola	1	1	1	食毛目 Mallophaga	4	61	163
双尾目 Diplura	1	3	3	虱目 Anoplura	7	11	13
石蛃目 Microcoryphia	1	1	1	缨翅目 Thysanoptera	3	20	40
衣鱼目 Zygentoma	1	1	1	半翅目 Hemiptera	71	581	1 304
蜉蝣目 Ephemeroptera	4	5	6	广翅目 Megaloptera	1	3	9
蜻蜓目 Odonata	7	21	30	蛇蛉目 Raphidioptera	1	1	1
襀翅目 Plecoptera	6	18	32	脉翅目 Neuroptera	5	24	44
蜚蠊目 Blattodea	4	7	15	鞘翅目 Coleoptera	72	765	1 860
等翅目 Isoptera	4	6	11	捻翅目 Strepsiptera	0	0	0
螳螂目 Mantodea	2	5	9	长翅目 Mecoptera	2	2	3
蛩蠊目 Grylloblattodea	0	0	0	双翅目 Diptera	45	393	1 193
革翅目 Dermaptera	3	8	19	蚤目 Siphonaptera	8	39	94
直翅目 Orthoptera	17	112	242	毛翅目 Trichoptera	4	9	13
䗛目 Phasmatodea	2	3	12	鳞翅目 Lepidoptera	70	1 136	2 508
纺足目 Embioptera	0	0	0	膜翅目 Hymenoptera	43	308	798
缺翅目 Zoraptera	0	0	0	合计	408	3 580	8 492

第三节　昆虫的分布及 MSCA 分析
Segment 3　Insect distribution and MSCA

一、甘肃昆虫的区系成分

在甘肃 8 492 种昆虫中，东亚种类 3 945 种，占 46.46%；古北种类 2 851 种，占 33.57%；东洋种类 1 108 种，占 13.05%；广布种类 504 种，占 5.93%。

二、甘肃昆虫在各小区的分布

在甘肃 8 492 种昆虫中，6 478 种昆虫有省下分布记录。它们在 7 个地理小区的分布情况见表 3-39。以陇南山地最丰富，黄土高原次之，荒漠地带贫乏。各种区系成分的比例从南向北也呈现规律性变化。

三、各地理小区的 MSCA 分析

各小区之间的相似性系数见表 3-40。1305 和 1307 小区、1303 和 1304 小区将会成为荒漠戈壁和黄土高原 2 个核心，首先聚为 a、b 群，随后，1301 小区聚入 b 群，1306、1302 先后聚入 a 群。实际运算结果

表 3-39 甘肃昆虫的区系结构和分布

代码	地理小区	东洋种类	古北种类	广布种类	东亚种类		成分不明种类	合计
					中国特有种	中日种类		
1301	陇南山区	775	1 010	268	1 231	514	11	3 809
1302	甘南高原	38	232	59	178	54	1	562
1303	陇东高原	230	806	209	256	286	8	1 795
1304	陇中高原	204	847	200	551	244	9	2 055
1305	河西走廊	74	745	149	250	108	8	1 334
1306	祁连山区	33	447	71	173	67	12	803
1307	酒泉戈壁	22	350	83	127	30	2	614
合 计		1 376	4 437	1 039	2 766	1 303	51	10 972
1300	全省	1 108	2 851	504	2 938	1 007	84	8 492

完全如此（图 3-26），总相似性系数 0.147，相似性在 0.25 水平上，分为 A、B、C、D 4 个大群：A 大群为荒漠和山地，B 大群为高寒高原，C 大群为黄土高原，D 大群为亚热带湿润类型。

表 3-40 甘肃各地理小区之间的共有种类（上三角）和相似性系数（下三角）

代码	1301	1302	1303	1304	1305	1306	1307
1301	**3 809**	372	893	1 020	524	327	277
1302	0.093	**562**	284	347	264	207	175
1303	0.189	0.137	**1 795**	849	526	329	367
1304	0.211	0.153	0.283	**2 055**	646	382	367
1305	0.113	0.162	0.202	0.236	**1 334**	386	420
1306	0.076	0.179	0.145	0.154	0.220	**803**	250
1307	0.067	0.175	0.142	0.159	0.275	0.214	**614**

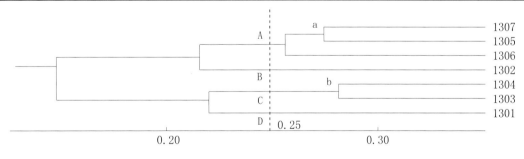

图 3-26 甘肃各地理小区的 MSCA 图

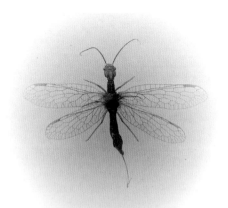

第十四章　河南

Chapter 14　Henan

第一节　自然地理特征及昆虫地理小区

Segment 1　Natural geographical features and insect geographical small‑regions

　　河南位于中国中东部，黄河中下游地区。北纬 31°23′~36°22′，东经 110°21′~116°39′，南北直线距离 530 km，东西直线距离 580 km。周围和河北、山东、安徽、湖北、陕西、山西接壤（图 3–27）。全省面积 16.7 万 km²，占全国面积的 1.7%。其中山地有北部的太行山、西部的伏牛山、南部的桐柏山和大别山，总面积 7.4 万 km²，占全省面积的 44.3%；平原有东部的黄淮海平原和西南部的南阳盆地，总面积 9.3 万 km²，占全省面积的 55.7%。

　　地势　河南地势西高东低，兼跨中国地势的第二、三阶梯。中山海拔 1 000 m 以上，低山海拔 500~1 000 m，丘陵海拔 200~500 m，平原海拔在 200 m 以下。

　　西北部的太行山区和丘陵是华北太行山脉的南端，长约 185 km，是河南和山西两省的天然分界。位于济源境内的鳌背山海拔 1 929.6 m，是省内太行山的最高峰。山坡陡峻，高耸雄伟。

　　西部的伏牛山是秦岭山脉的东延，东西蜿蜒 200 km，山势雄浑巍峨，海拔 2 000 m 以上高峰众多，是黄河水系、淮河水系、长江水系的分水岭。其北侧从西向东依次有小秦岭、崤山、熊耳山、外方山，西端的老鸦岔海拔 2 413.8 m，为全省最高峰。东端的嵩山海拔 1 440 m，挺立中原，挺拔壮丽，尊为"中岳"。

　　南部的桐柏山、大别山是河南、湖北两省的分界，也是黄淮平原和江汉平原的分界。桐柏山西北—

东南方向延伸，海拔多在 400~800 m，主峰太白顶海拔 1 140 m。大别山东西走向，境内长约 180 km，由西向东，逐渐增高，西端的著名避暑胜地鸡公山主峰海拔 744.4 m，东端的金刚台海拔 1 584 m。大别山地风化作用强烈，地表风化壳深厚，流水侵蚀严重。

河南东部是广袤的黄淮海平原，海拔大部分在 100 m 以下，由黄河、淮河和卫河冲积而成。黄河自郑州以下，是高出地面的"悬河"，成为奇特的"河道式分水岭"，黄河以北属于海河流域，地势由西南向东北倾斜；黄河以南属于淮河流域，地势由西北向东南倾斜。淮河以南，海拔多在 100 m 以上，由南向北倾斜。本区地势平坦和缓，土层深厚，适于农作。有部分为河泛沙地和风成沙丘地貌，也有部分为低洼易涝地。

西南部的南阳盆地，三面环山，南面与江汉平原相接，海拔大部在 100~200 m，水系主要为白河、唐河及其支流，发源于周围山地，南流注入汉水。

气候 河南处于中国东部季风区，由北亚热带向暖温带，由湿润区向半湿润区的过渡地带，具明显的大陆性气候特征，四季分明，春季干旱多风沙，夏季炎热多雨且降水量充沛，秋季晴朗多日照，冬季寒冷少雨雪。

全省各地年平均气温 13~15℃，高低受纬度和海拔高度的双重影响。全省无霜期 190~230 d，最短的卢氏只有 184d，而相邻的西峡位于伏牛山南坡，可达 237 d。

本省冬季寒冷，多偏北风，1 月份平均气温-2~2℃。最低气温多年平均在-10~-14℃，极端最低气温可达-20℃。春季气温迅速上升，风沙频率大。夏季炎热，多偏南风，7 月份平均气温大都在 27~28℃，西部山区则在 26℃以下。

全省年降水量在 600~1 200 mm，淮南达 1 000~1 200 mm，黄淮之间为 700~900 mm，豫北及豫西丘陵区 600~700 mm。季节差异较大，夏季占全年降水量的 45%~60%，降水强度和变率均较大。冬季最少，只有 20~100 mm，占 3%~10%。

河流湖泊 全省有四大水系：黄河流经河南的北部，境内流域面积 3.6 万 km²，占全省面积的 21.7%；淮河流经河南东南部，境内流域面积 8.8 万 km²，占 52.8%；流经西南部的唐河、白河、丹江等属长江水系，境内流域面积 2.7 万 km²，占 16.3%；北部的卫河属海河水系，境内流域面积 1.5 万 km²，占 9.2%。河南天然湖泊很少，且面积不大，人工湖泊——水库在全省则星罗棋布，对人们的生产和生活发挥了重要作用。全省水域面积 467 km²，占全省面积的 0.27%。

高等植物 河南共有高等植物 255 科 1 240 属 4 230 余种，占全国总种类的 12.01%。其中苔藓植物 315 种，蕨类植物 228 种，其余是种子植物。木本植物占 1/3。平原地区和浅山丘陵主要是农田，自然植被已由农作物取代，植物物种单一，群落简单，更迭迅速。在中山和低山地区，是植物物种、植被类型、群落类型的多样性集中产地。在中国植物地理区划中，河南分属于中国-日本森林植物亚区下的华北植物地区和华中植物地区。

高等动物 陆栖脊椎动物共有 479 种，占全国 2 687 种的 17.83%。其中两栖动物 26 种，占全国 370 种的 7.03%；爬行动物 40 种，占全国 384 种的 10.42%；鸟类 353 种，占全国 1 288 种的 27.41%；哺乳动物 60 种，占全国 645 种的 9.30%。在中国动物地理区划中，伏牛山—淮河一线既是古北、东洋两界的分界线，又是中国动物地理区划中华北区和华中区的分界线，河南分属于华北区和华中区。

自然保护区 全省共有 11 个国家级自然保护区和 21 个省级自然保护区，还有 3 个市县级自然保护区。自然保护区面积 75 万 hm²，占全省土地面积的 4.51%。河南自然保护区主要以内陆湿地、野生动物等类型为主，如伏牛山、黄河湿地、宝天曼、鸡公山等自然保护区。

昆虫地理小区 学者们已先后对农业昆虫、森林昆虫、爬行动物、两栖动物等进行过分布地理的研

图 3-27　河南昆虫地理小区划分

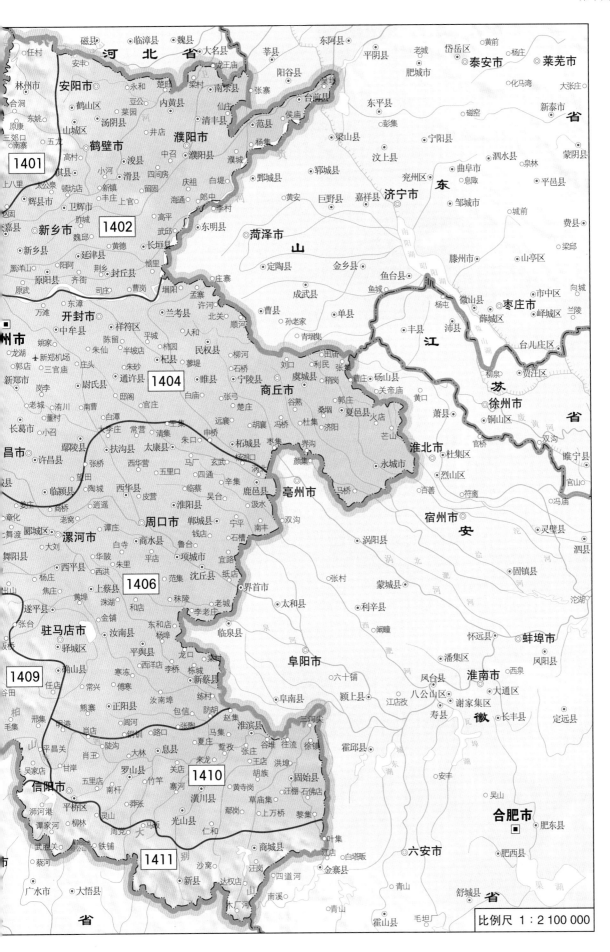

究分析（丁文山，1964；　杨有乾等，1985，1994；　瞿文元等，2002；　路纪琪等，2012）。本研究综合各学者的意见，将全省划分为 11 个小区（图 3-27）。

　　1401 太行山区小区　西北部和山西太行山、中条山相连的山区。

　　1402 豫北平原小区　黄河以北的平原地区。

　　1403 豫西丘陵小区　黄河以南、伏牛山以北、郑州以西的丘陵、塬地、河谷。

　　1404 黄河平原小区　郑州、开封、商丘、许昌以及平顶山市的北部。

　　1405 伏牛山北坡小区　三门峡市、洛阳市、平顶山市境内的山地。

　　1406 淮北平原小区　漯河、周口、驻马店 3 市和平顶山市南部。

　　1407 伏牛山南坡小区　南阳市北部的山区。

　　1408 南阳盆地小区　南阳市的平原地区。

　　1409 桐柏山区小区　南阳市东南部和信阳市西部的山区。

　　1410 淮南平原小区　信阳市北部的平原地区。

　　1411 大别山区小区　信阳市南部的山地。

第二节　昆虫的类群及种类
Segment 2　Insect groups and species

　　现代科学意义上的昆虫记录，河南在 20 世纪前半叶几乎为零。到 70 年代以前，主要散见于科学期刊上的研究报告，以后《天敌昆虫》（杨有乾，1978）、《河南森林昆虫志》（杨有乾等，1988）、《河南蝶类志》（王治国等，1990）、《河南农业昆虫志》（于思勤等，1993）陆续出版。《河南昆虫名录》报告了截至当时全省昆虫、蜘蛛、螨类共 3 850 种（申效诚，1993）。

　　1996 年始，河南邀请国内外昆虫学家，连续 13 年进行科学考察，出版了 6 卷考察报告，并按类群编撰出版了《河南昆虫志》。目前，全省已知昆虫、蜘蛛、蜱螨 580 科 4 196 属 9 272 种（申效诚等，2014）。

　　本研究共收录昆虫 30 目 444 科 3 798 属 8 422 种，占全国种类的 8.99%。鳞翅目、膜翅目、鞘翅目、半翅目、双翅目、直翅目 6 目共占全省种类的 92.65%（表 3-41）。

表 3-41　河南昆虫的类群和种类

目　　名	科数	属数	种数	目　　名	科数	属数	种数
原尾目 Protura	4	9	13	蜡目 Psocoptera	3	4	14
弹尾目 Collembola	7	15	22	食毛目 Mallophaga	4	36	67
双尾目 Diplura	2	2	3	虱目 Anoplura	5	5	8
石蛃目 Microcoryphia	1	2	2	缨翅目 Thysanoptera	3	39	81
衣鱼目 Zygentoma	1	1	2	半翅目 Hemiptera	79	565	1 076
蜉蝣目 Ephemeroptera	6	11	13	广翅目 Megaloptera	2	4	11
蜻蜓目 Odonata	15	64	111	蛇蛉目 Raphidioptera	1	2	2

（续表）

目　名	科数	属数	种数	目　名	科数	属数	种数
襀翅目 Plecoptera	5	14	35	脉翅目 Neuroptera	7	23	40
蜚蠊目 Blattodea	4	9	17	鞘翅目 Coleoptera	69	597	1 193
等翅目 Isoptera	2	6	22	捻翅目 Strepsiptera	1	2	2
螳螂目 Mantodea	4	8	18	长翅目 Mecoptera	2	3	10
蛩蠊目 Grylloblattodea	0	0	0	双翅目 Diptera	52	400	1 000
革翅目 Dermaptera	3	5	9	蚤目 Siphonaptera	4	9	11
直翅目 Orthoptera	19	125	275	毛翅目 Trichoptera	15	32	66
䗛目 Phasmatodea	2	9	20	鳞翅目 Lepidoptera	70	1 298	2 893
纺足目 Embioptera	0	0	0	膜翅目 Hymenoptera	52	499	1 386
缺翅目 Zoraptera	0	0	0	合计	444	3 798	8 422

第三节　昆虫的分布及 MSCA 分析
Segment 3　Insect distribution and MSCA

一、河南昆虫的区系成分

在河南 8 422 种昆虫中，东亚种类 4 081 种，占 48.46%；古北种类 2 030 种，占 24.10%；东洋种类 1 684 种，占 20.00%；广布种类 564 种，占 6.70%。

二、河南昆虫在各小区的分布

在河南 8 422 种昆虫中，7 461 种昆虫有省下分别记录，它们在 11 个地理小区中的分布情况见表 3-42。显然，山地昆虫种类多于平原，山区中，伏牛山昆虫种类最为丰富。

三、各地理小区的 MSCA 分析

11 个地理小区之间的共有种类及相似性系数见表 3-43。直观判断，1401 和 1403 小区，1405 和 1407 小区，1409 和 1411 小区，1402 和 1404 小区，1408、1410 和 1406 小区会分别聚为 a、b、c、d、e 5 群，5 群之间如何聚类，可计算比较。实际运算结果见图 3-28，总相似性系数 0.186，在 0.320 的相似性水平上，全区分为 A、B、C、D 4 个大群：A 大群为平原盆地区、B 大群为西北山地丘陵区、C 大群为桐柏大别山区、D 大群为伏牛山区。种类分布较为广泛，平均每种分布域 * 为 2.57 个小区。

---

　　* 分布域：原指某种或某类生物分布的地理疆域。这里引入分布域的概念，是以生物分布的小区数量来表示分布的宽窄程度。如表 3-42，将 11 个小区的合计栏的数字相加，得到 7 461 种昆虫在河南的分布 19 148 种 • 小区，除以 7 461，平均每种分布域为 2.57 小区。这个数值较大，表明 MSCA 的结果较好；数值较小，就难以得到较好结果，可以及早调整，如提高生物阶元，或扩大小区范围等，以免浪费时间和精力。

表 3-42　河南昆虫的区系结构和分布

代码	地理小区	东洋种类	古北种类	广布种类	东亚种类		成分不明种类	合计
					中国特有种	中日种类		
1401	太行山区	292	470	209	325	272	8	1 576
1402	豫北平原	245	393	204	126	140	11	1 119
1403	豫西丘陵	301	483	213	248	251	7	1 503
1404	黄河平原	402	567	299	186	223	18	1 695
1405	伏牛山北坡	606	841	277	1 190	582	12	3 508
1406	淮北平原	226	298	192	90	125	3	934
1407	伏牛山南坡	547	681	254	788	477	8	2 755
1408	南阳盆地	246	313	198	103	150	2	1 012
1409	桐柏山区	386	337	202	184	284	4	1 397
1410	淮南平原	309	323	206	148	150	5	1 141
1411	大别山区	669	520	254	600	461	4	2 508
合　计		4 229	5 226	2 508	3 988	3 115	82	19 148
1400	全省	1 684	2 030	564	2 620	1 461	63	8 422

表 3-43　河南各地理小区之间的共有种类（上三角）和相似性系数（下三角）

代码	1401	1402	1403	1404	1405	1406	1407	1408	1409	1410	1411
1401	**1 576**	606	832	654	1060	567	970	569	786	577	931
1402	0.290	**1 119**	706	869	601	631	611	655	553	686	601
1403	0.370	0.368	**1 503**	776	983	611	887	699	680	637	810
1404	0.250	0.447	0.320	**1 695**	689	768	698	765	603	822	728
1405	0.263	0.149	0.244	0.153	**3 508**	598	1560	625	897	581	1256
1406	0.292	0.444	0.335	0.413	0.156	**934**	615	596	590	672	648
1407	0.289	0.187	0.263	0.186	0.332	0.200	**2 755**	659	934	633	1249
1408	0.282	0.444	0.385	0.394	0.160	0.441	0.212	**1 012**	567	708	633
1409	0.359	0.282	0.306	0.242	0.224	0.339	0.290	0.308	**1 397**	573	1071
1410	0.270	0.436	0.317	0.408	0.143	0.479	0.194	0.490	0.291	**1 141**	649
1411	0.295	0.199	0.253	0.209	0.264	0.232	0.311	0.219	0.378	0.216	**2 508**

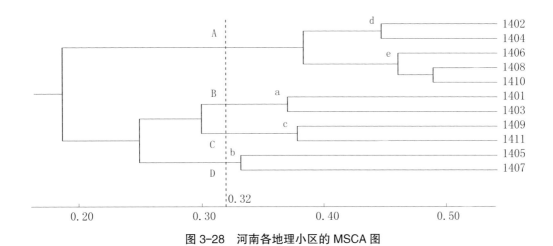

图 3-28 河南各地理小区的 MSCA 图

第十五章　安徽

Chapter 15　Anhui

第一节　自然地理特征及昆虫地理小区

Segment 1　Natural geographical features and insect geographical small-regions

安徽位于中国东部，与河南、山东、江苏、浙江、江西、湖北相邻。全省疆域南北长约 570 km，东西宽约 450 km（图 3-29），总面积 13.96 万 km²，约占全国国土面积的 1.45%。

地势　安徽省地形地貌呈现多样性，长江和淮河自西向东横贯全境，将全省分为淮北、江淮、江南三大自然区。淮河以北地势坦荡辽阔，为华北大平原的一部分。中部江淮之间，西部有大别山区，向东是山地岗丘逶迤曲折、丘波起伏、岗冲相间的丘陵区，长江两岸和巢湖周围地势低平，为长江中下游平原。南部以山地、丘陵为主。黄山莲花峰海拔 1 864.8 m，为全省最高点。

气候　安徽地处暖温带与亚热带过渡地区，气候温暖湿润，四季分明。但气候条件分布差异明显，天气多变，降水年际变化大。全省年平均气温在 14~17℃，1 月份-1~4℃，极端最低气温 -24.1℃，7 月份 27~29℃，极端最高气温 43.3℃。全省平均日照 1 800~2 500h，无霜期 200~250 d，年降水量 800~1 800 mm。

河流湖泊　全省除南端新安江属于钱塘江水系外，其余大部分河流均属长江水系和淮河水系。长江流经本省南部，两侧多小支流及湖泊河汊。淮河流经本省北部，支流甚多，北侧支流多源自河南省内的山地和平原，流程长，流速缓，南侧支流多源自大别山，流程短，流速急。境内湖泊众多，巢湖面积最大，约 800 km²。

高等植物　全省植物种类丰富，共有木本植物 1 300 余种，草本植物约 2 100 余种。在中国植物地理区划中，安徽全境分属于中国–日本森林植物亚区下的华北植物地区和华东植物地区。

高等动物　全省有高等动物约 500 余种，其中国家重点保护动物 54 种，以扬子鳄、白鳍豚最为珍贵。在中国动物地理区划中，安徽分属于华北区的黄淮平原亚区和华中区的东部丘陵平原亚区，

自然保护区　全省有 6 个国家级自然保护区和 27 个省级自然保护区，还有 69 个市县级自然保护区。自然保护区面积 52 万 hm²，占全省土地面积的 4.05%。安徽自然保护区主要以森林生态和内陆湿地类型为主，如金寨、铜陵、宣城、鹞落坪等自然保护区。

昆虫地理小区　学者已对安徽的高等动物、农业昆虫进行了地理区划探析，把全省分为 5 个生态区域（王岐山，1986；　张汉鹄，1995）。本研究把芜湖、铜陵及宣城的北部的平原丘陵另列一区，即把全省分为 6 个小区（图 3-29）。

1501 淮北平原小区　包括宿州、淮北、亳州、蚌埠、阜阳及淮南市的淮河以北区域。

1502 淮南平原小区　合肥、滁州、淮南市市区、六安市的平原地区。

1503 大别山区小区　六安和安庆的山地区域。

1504 江南平原小区　长江以南的平原浅丘。

1505 黄山山区小区　长江以南的山地。

表 3-44　安徽昆虫的类群和种类

目　名	科数	属数	种数	目　名	科数	属数	种数
原尾目 Protura	7	14	32	啮目 Psocoptera	7	11	16
弹尾目 Collembola	3	4	4	食毛目 Mallophaga	4	21	28
双尾目 Diplura	2	2	2	虱目 Anoplura	5	6	11
石蛃目 Microcoryphia	0	0	0	缨翅目 Thysanoptera	3	9	13
衣鱼目 Zygentoma	1	1	2	半翅目 Hemiptera	69	427	726
蜉蝣目 Ephemeroptera	7	14	20	广翅目 Megaloptera	1	5	8
蜻蜓目 Odonata	11	44	73	蛇蛉目 Raphidioptera	1	1	1
襀翅目 Plecoptera	1	2	2	脉翅目 Neuroptera	5	14	20
蜚蠊目 Blattodea	4	7	14	鞘翅目 Coleoptera	61	458	804
等翅目 Isoptera	2	10	41	捻翅目 Strepsiptera	2	2	2
螳螂目 Mantodea	1	4	10	长翅目 Mecoptera	1	2	3
蛩蠊目 Grylloblattodea	0	0	0	双翅目 Diptera	35	186	420
革翅目 Dermaptera	3	6	7	蚤目 Siphonaptera	4	10	10
直翅目 Orthoptera	20	96	168	毛翅目 Trichoptera	11	23	52
𧌑目 Phasmatodea	2	4	5	鳞翅目 Lepidoptera	61	819	1 512
纺足目 Embioptera	0	0	0	膜翅目 Hymenoptera	46	268	519
缺翅目 Zoraptera	0	0	0	合计	380	2 470	4 525

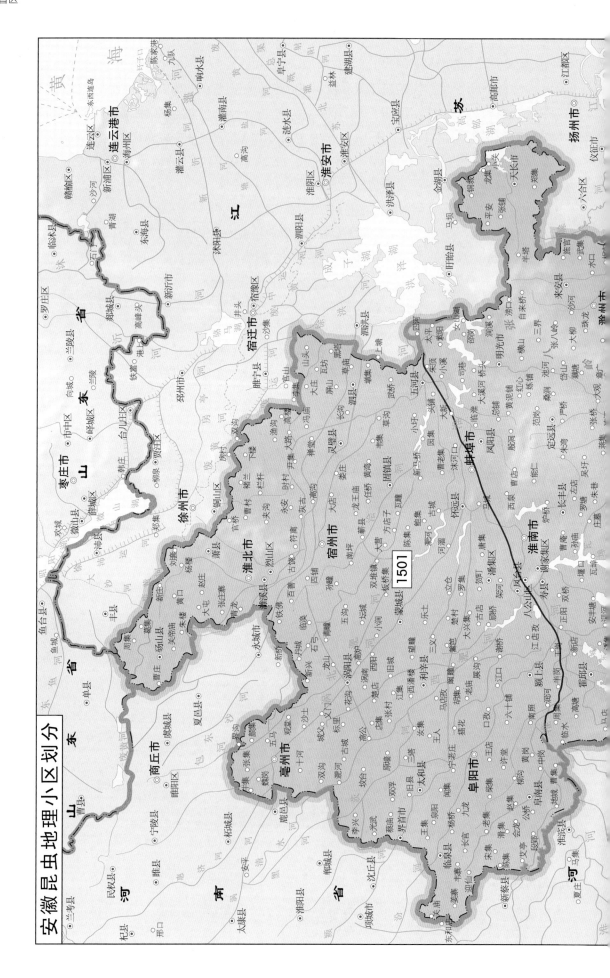

安徽昆虫地理小区划分

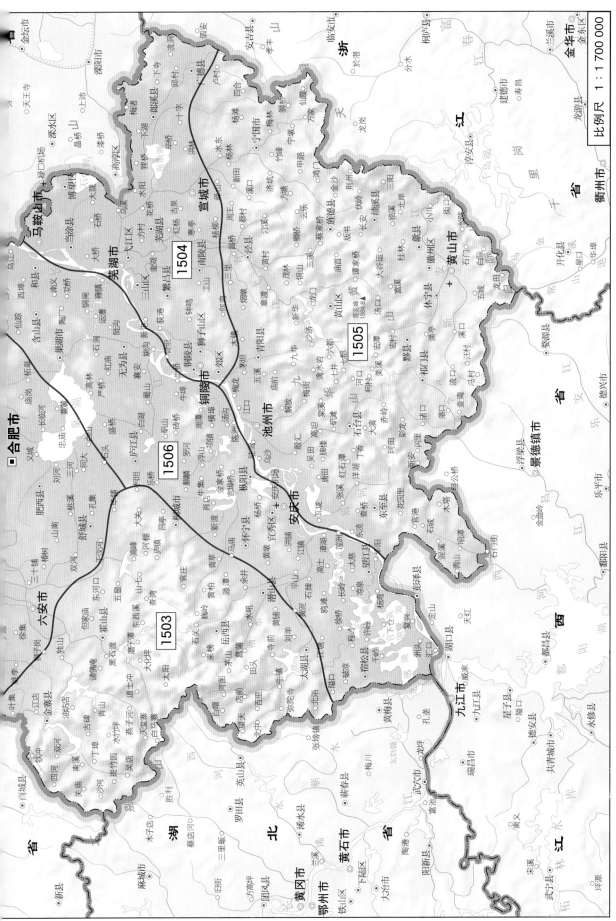

图 3-29　安徽昆虫地理小区划分

1506 江北平原小区 长江北侧的巢湖市以及安庆市的沿江平原。

第二节 昆虫的类群及种类
Segment 2 Insect groups and species

安徽昆虫区系资料除散见于全国性专著、志书及刊物外，孟绪武做了系统整理。他在《安徽省昆虫名录》中记录了 25 目 280 科 1 830 属 3 300 种。

本研究共收录安徽昆虫 29 目 380 科 2 470 属 4 525 种，占全国种类的 4.83%。安徽是全国昆虫种类较少的省区之一（表 3-44）。

第三节 昆虫的分布及 MSCA 分析
Segment 3 Insect distribution and MSCA

一、安徽昆虫的区系成分

在安徽 4 525 种昆虫中，东亚种类 1 925 种，占全省的 42.54%；东洋种类 1 316 种，占全省 29.08%；古北种类 874 种，占 19.31%；广布种类 379 种，占 8.38%。

二、安徽昆虫在各小区的分布

在安徽 4 525 种昆虫记录中，3 196 种有省下分布记录。它们在 6 个地理小区中的分布情况见表 3-45。

表 3-45 安徽昆虫的区系结构和分布

代码	地理小区	东洋种类	古北种类	广布种类	东亚种类		成分不明种类	合计
					中国特有种	中日种类		
1501	淮北平原	195	238	124	52	90	6	705
1502	淮南平原	423	332	195	155	238	12	1 355
1503	大别山区	242	152	84	134	150	3	765
1504	江南平原	266	161	94	106	166	8	801
1505	黄山山区	600	276	138	398	370	11	1 793
1506	江北平原	201	131	93	47	90	5	567
合 计		1 927	1 290	728	892	1 104	45	5 986
1500	全省	1 316	874	379	1 064	861	31	4 525

以黄山山区昆虫种类最为丰富。

三、各地理小区的 MSCA 分析

各小区之间的相似性系数见表 3-46。直观判断，1501、1506 小区首先聚为 a 群，随后 1502、1503 小区先后聚入，1504、1505 小区另聚为 b 群。实际运算结果证实这个判断（图 3-30）。总相似性系数为 0.216，在 0.25 的相似性水平上，全省形成 2 个有生态学意义的大群：A 大群为江北区，B 大群为江南区。这些有意义的结果，在后面的全国区系分析中，会慎重考虑和应用的。

表 3-46 安徽各地理小区之间的共有种类（上三角）和相似性系数（下三角）

代码	1501	1502	1503	1504	1505	1506
1501	**705**	483	245	256	340	311
1502	0.306	**1 355**	372	411	554	421
1503	0.200	0.214	**765**	257	420	245
1504	0.205	0.236	0.196	**801**	533	253
1505	0.158	0.214	0.196	0.259	**1 793**	323
1506	0.324	0.280	0.225	0.227	0.159	**567**

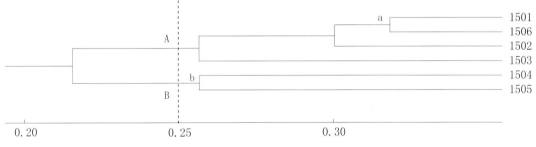

图 3-30 安徽各地理小区的 MSCA 图

第十六章 江苏

Chapter 16 Jiangsu

第一节 自然地理特征及昆虫地理小区

Segment 1 Natural geographical features and insect geographical small‐regions

江苏位于中国大陆东部沿海中心,东经116°18′~121°57′,北纬30°45′~35°20′。东濒黄海,西连安徽,北接山东,东南与浙江毗邻(图3-31),海岸线长954 km。土地面积10.72万km²。

地势 江苏地处美丽富饶的长江三角洲,地形以平原为主,主要有苏南平原、江淮平原、黄淮平原和东部滨海平原,其中点缀着中国五大淡水湖中的太湖、洪泽湖,海拔多在50 m以下。

气候 江苏气候具有明显的季风特征,处于亚热带向暖温带过渡地带,大致以淮河-灌溉总渠一线为界,以南属亚热带湿润季风气候,以北属暖温带湿润季风气候。全省气候温和,降水量适中,四季分明。年平均气温13~16℃,1月份-2~4℃,7月份26~29℃。无霜期200~250 d。年降水量800~1 200 mm。

河流湖泊 江苏河流分属长江水系和淮河水系,还有沂河、沭河等直接入海,大运河贯穿南北,境内河网交织,湖泊星罗棋布。长江斜穿南部,河道宽阔,水量巨大。极富灌溉、航运之利。淮河横贯北部,东流直接入海,但由于历史上黄河改道,泥沙淤积淮河下游河道,致使淮水滞积成洪泽湖,辗转南下,注入长江。湖泊最大为太湖,面积2 425 km²,其次是洪泽湖,面积近2 000 km²。

高等植物 在中国植物地理区划中,江苏分属于中国-日本森林植物亚区下的华北植物地区和华东植物地区。

高等动物 在中国动物地理区划中，江苏分属于华北区的黄淮平原亚区和华中区的东部丘陵平原亚区。

自然保护区 江苏共有 5 个国家级自然保护区和 12 个省级自然保护区，还有 17 个市县级自然保护区。自然保护区面积 65 万 hm²，占全省土地面积的 6.05%。江苏自然保护区主要以野生动物和内陆湿地类型为主，如盐城湿地、泗洪、浦东九段沙等自然保护区。

昆虫地理小区 邹寿昌曾对江苏两栖动物进行了区划分析（邹寿昌，1995）。本研究将江苏分为 3 个地理小区（图 3-31）。

1601 苏北平原小区　包括徐州、连云港、宿迁、淮安四市。

1602 苏中平原小区　包括盐城、扬州、泰州、南通四市。

1603 江南平原小区　江南各市县。

第二节　昆虫类群及种类
Segment 2　Insect groups and species

江苏是中国昆虫学研究的一块高地。但关于昆虫区系的系统报道并不多见。本研究共收录江苏昆虫 30 目 426 科 2 959 属 5 662 种（表 3-47），占全国昆虫种类的 6.05%。其中鳞翅目、鞘翅目都在 1 270 种以上，

表 3-47　江苏的昆虫类群和种类

目　名	科数	属数	种数	目　名	科数	属数	种数
原尾目 Protura	7	14	30	啮目 Psocoptera	5	8	8
弹尾目 Collembola	8	30	42	食毛目 Mallophaga	4	57	172
双尾目 Diplura	2	4	4	虱目 Anoplura	3	3	4
石蛃目 Microcoryphia	1	4	4	缨翅目 Thysanoptera	3	19	38
衣鱼目 Zygentoma	2	3	3	半翅目 Hemiptera	76	425	715
蜉蝣目 Ephemeroptera	7	15	27	广翅目 Megaloptera	2	3	3
蜻蜓目 Odonata	12	52	91	蛇蛉目 Raphidioptera	1	1	1
襀翅目 Plecoptera	2	2	2	脉翅目 Neuroptera	6	18	35
蜚蠊目 Blattodea	4	11	16	鞘翅目 Coleoptera	75	644	1 279
等翅目 Isoptera	3	6	18	捻翅目 Strepsiptera	1	1	1
螳螂目 Mantodea	1	5	13	长翅目 Mecoptera	2	2	3
蛩蠊目 Grylloblattodea	0	0	0	双翅目 Diptera	41	293	664
革翅目 Dermaptera	4	7	17	蚤目 Siphonaptera	5	15	20
直翅目 Orthoptera	21	92	165	毛翅目 Trichoptera	12	35	61
䗛目 Phasmatodea	2	6	6	鳞翅目 Lepidoptera	60	773	1 277
纺足目 Embioptera	0	0	0	膜翅目 Hymenoptera	54	411	943
缺翅目 Zoraptera	0	0	0	合计	426	2 959	5 662

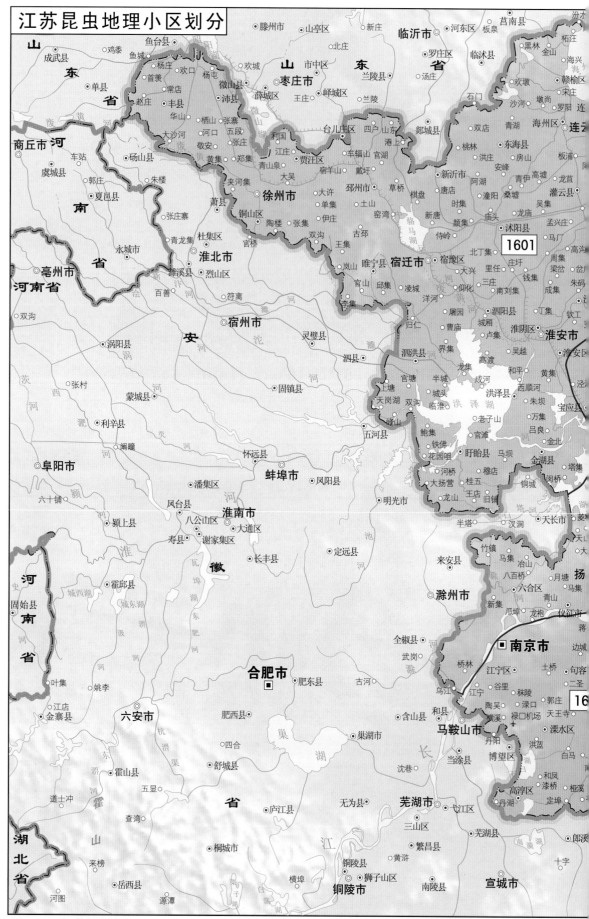

图 3-31　江苏昆虫地理小区划分

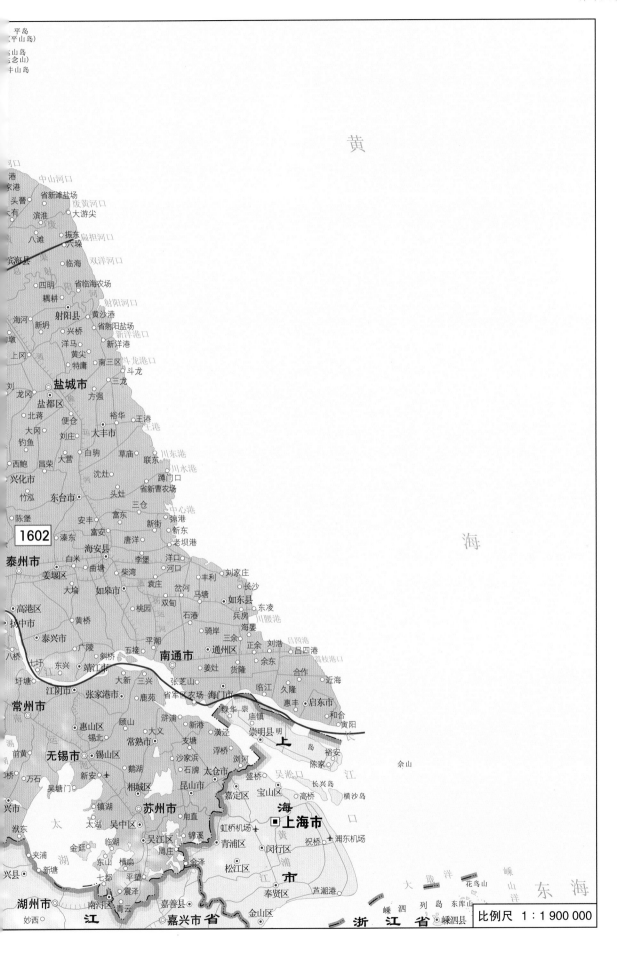

黄

海

1602

比例尺 1:1 900 000

东 海

连同膜翅目、半翅目、双翅目、食毛目 6 目共占全省的 89.19%。

第三节　昆虫的分布及 MSCA 分析
Segment 3　Insect distribution and MSCA

一、江苏昆虫的区系成分

在江苏 5 662 种昆虫中，东亚种类 2 449 种，占 43.25%；　东洋种类 1 465 种 占 25.87%；　古北种类 1 216 种，占 21.48%；　广布种类 508 种，占 8.97%。

二、江苏昆虫在各小区的分布

在江苏 5 662 种昆虫中，只有 1 969 种有省下分布记录。它们在各个地理小区的分布情况见表 3-48。江南昆虫种类明显多于江北。

表 3-48　江苏昆虫的区系结构和分布

代码	地理小区	东洋种类	古北种类	广布种类	东亚种类		成分不明种类	合计
					中国特有种	中日种类		
1601	苏北平原	164	159	105	39	124	3	594
1602	苏中平原	141	113	101	41	54	3	453
1603	江南平原	469	327	176	422	274	8	1 676
合　计		774	599	382	502	452	14	2 723
1600	全省	1 465	1 216	508	1 522	927	24	5 662

三、各地理小区的 MSCA 分析

3 个小区的关系非常简单（表 3-49），1601、1602 小区关系密切，首先聚合建群，然后是 1603 小区聚入（图 3-32）。总相似性系数为 0.219，在 0.30 相似性水平上，显示出江南江北的差异，分为 A、B 2 大群，A 大群为江北区，B 大群为江南区。

表 3-49　江苏各地理小区之间的共有种类（上三角）和相似性系数（下三角）

代码	1601	1602	1603
1601	**594**	243	422
1602	0.302	**453**	304
1603	0.228	0.167	**1 676**

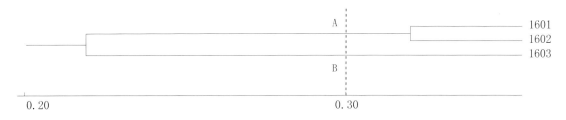

图 3-32 江苏各地理小区的 MSCA 图

第十七章　湖北

Chapter 17　Hubei

第一节　自然地理特征及昆虫地理小区

Segment 1　Natural geographical features and insect geographical small‑regions

　　湖北位于中国的中部，北接河南，东连安徽，南邻江西、湖南，西靠重庆，西北与陕西为邻（图3-33）。北纬29°01′53″~33°6′47″，东经108°21′42″~116°07′50″。东西长约740 km，南北宽约470 km，面积18.59万 km²，占全国总面积的1.94%，居全国第16位。

　　地势　湖北处于中国地势第二级阶梯向第三级阶梯过渡地带，地势呈三面高起、中间低平、向南敞开、北有缺口的不完整盆地。山地、丘陵和岗地、平原湖区各占全省总面积的56%、24%和20%。地势高低相差悬殊，西部神农架神农顶海拔3 105 m，为全省最高点；东部平原的监利县谭家渊附近，海拔高度为0m。全省西、北、东三面被武陵山、巫山、大巴山、武当山、桐柏山、大别山、幕阜山等山地环绕，山前丘陵岗地广布，中南部为江汉平原，与湖南省洞庭湖平原连成一片，地势平坦，土壤肥沃，海拔多在35m以下。

　　气候　湖北地处亚热带，位于典型的季风区内。全省除高山地区外，大部分为亚热带季风性湿润气候，光能充足，热量丰富，无霜期长，降水充沛，雨热同季。全省日照时数为1 100~2 150 h。全省年平均气温15~17℃，1月份2~4℃，极端最低气温−17.3℃；7月份27~29℃，极端最高气温42.7℃。全省无霜期230~300 d。年降水量在800~1 600 mm。

河流湖泊 湖北素有"千河千湖"之誉，全省有河流 1 100 余条，皆属长江水系，长江自重庆流入，横贯东西，入安徽。众支流多源自四周山地，唯最长的汉水源自陕西。湖泊多分布在江汉平原上，大湖多与长江相通，其中洪湖最大，面积达 344 km²。

高等植物 湖北植物种类有 3 000 多种，世界稀有或中国特有植物有 30 多种。在中国植物地理区划中，湖北分属于中国–日本森林植物亚区下的华东植物地区和华中植物地区。

高等动物 全省有脊椎动物 843 种，其中两栖类 46 种，爬行类 58 种，鸟类 454 种，鱼类 176 种，哺乳类 109 种。有 111 种被列为国家一、二级保护对象。在中国动物地理区划中，湖北分属于华中区的两个亚区。

自然保护区 全省有 13 个国家级自然保护区和 22 个省级自然保护区，还有 39 个市县级自然保护区。自然保护区面积为 99 万 hm²，占全省土地面积的 5.34%。湖北自然保护区主要以森林生态和野生植物类型为主，如神农架、星斗山、七姊妹山等自然保护区。

昆虫地理小区 多篇论文题目涉及地理区划，但文中只是区系成分分析，没有地理区划内容。王维等把全省用直线分为 5 区讨论蚁科昆虫的分布。本研究把桐柏山区和襄阳盆地另列，全省分为 7 个地理小区（图 3-33）。

1701 神农架山区小区 湖北西北部山地，包括十堰、神农架及襄阳、宜昌的山地。

1702 襄阳盆地小区 襄阳的盆地平原地区。

1703 桐柏山区小区 随州的北部山地。

1704 大别山区小区 与河南、安徽交界的大别山区，黄冈市北部和孝感市的大悟县。

表 3-50 湖北的昆虫类群和种类

目　　名	科数	属数	种数	目　　名	科数	属数	种数
原尾目 Protura	6	10	23	啮目 Psocoptera	15	37	99
弹尾目 Collembola	3	7	9	食毛目 Mallophaga	3	29	42
双尾目 Diplura	3	5	9	虱目 Anoplura	6	7	10
石蛃目 Microcoryphia	1	1	1	缨翅目 Thysanoptera	3	35	62
衣鱼目 Zygentoma	2	2	3	半翅目 Hemiptera	80	608	1 106
蜉蝣目 Ephemeroptera	4	6	6	广翅目 Megaloptera	1	5	12
蜻蜓目 Odonata	12	49	87	蛇蛉目 Raphidioptera	2	2	3
襀翅目 Plecoptera	5	10	18	脉翅目 Neuroptera	9	49	94
蜚蠊目 Blattodea	5	12	16	鞘翅目 Coleoptera	85	979	2 348
等翅目 Isoptera	3	8	56	捻翅目 Strepsiptera	2	2	2
螳螂目 Mantodea	2	7	15	长翅目 Mecoptera	2	3	3
蛩蠊目 Grylloblattodea	0	0	0	双翅目 Diptera	42	347	1 050
革翅目 Dermaptera	6	16	42	蚤目 Siphonaptera	8	34	66
直翅目 Orthoptera	22	124	217	毛翅目 Trichoptera	16	34	72
螰目 Phasmatodea	3	5	11	鳞翅目 Lepidoptera	68	1 353	3 057
纺足目 Embioptera	0	0	0	膜翅目 Hymenoptera	52	487	1 282
缺翅目 Zoraptera	0	0	0	合计	471	4 273	9 821

图 3-33　湖北昆虫地理小区划分

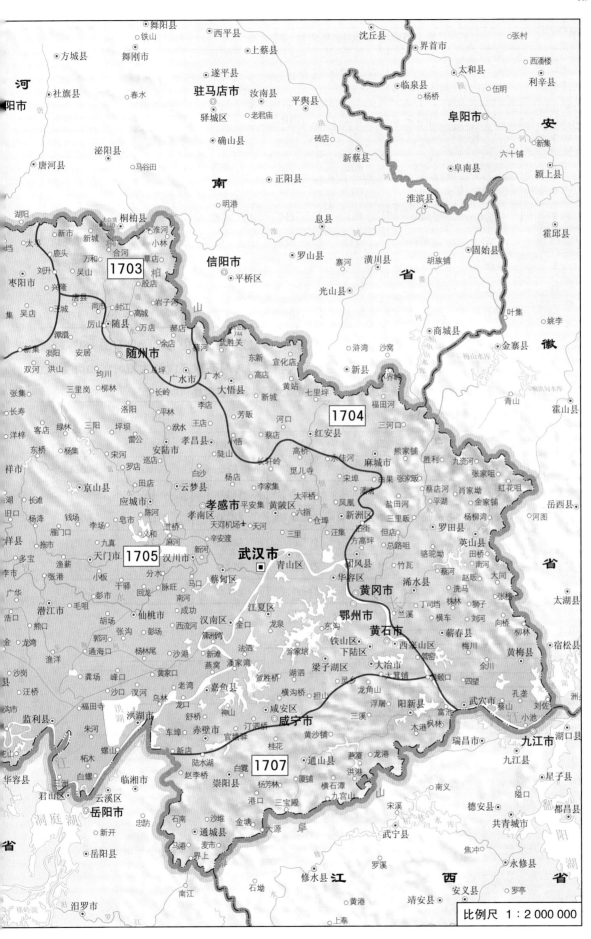

比例尺 1：2 000 000

1705 江汉平原小区　全省中南部的平原、浅丘。

1706 武陵山区小区　湖北西南部山地，包括恩施市以及宜昌市的江南部分。

1707 幕阜山区小区　湖北东南部和江西、湖南交界的山区。

第二节　昆虫的类群及种类
Segment 2　Insect groups and species

湖北昆虫区系工作，江世宏首先整理了华中农业大学馆藏标本共 2 目 236 科 2 751 种（江世宏，1993），雷朝亮等的《湖北省昆虫名录》系统报道了 27 目 5 735 种（雷朝亮等，1998），王维等报告了湖北蚂蚁 50 属 150 种。

本研究记录湖北昆虫 30 目 471 科 4 273 属 9 821 种，占全国种类的 10.49%。鳞翅目最为丰富，3 057 种，占全省的 31.13%，连同鞘翅目、膜翅目、半翅目、双翅目、直翅目，6 目共占 92.25%（表 3-50）。

第三节　昆虫的分布及 MSCA 分析
Segment 3　Insect distribution and MSCA

一、湖北昆虫的区系成分

在湖北 9 821 种昆虫中，东亚种类 5 078 种，占 51.71%；东洋种类 2553 种，占 26.00%；古北种类 1 582 种，占 16.11%；广布种类 544 种，占 5.54%。

二、湖北昆虫在各小区的分布

在湖北 9 821 种昆虫中，7 624 种有省下分布记录。它们在 7 个地理小区的分布情况见表 3-51。3 个面积较大的小区比其余 4 个小区显著丰富。

表 3-51　湖北昆虫的区系结构和分布

代码	地理小区	东洋种类	古北种类	广布种类	东亚种类		成分不明种类	合计
					中国特有种	中日种类		
1701	神农架山区	1 141	849	292	1 595	772	18	4 667
1702	襄阳盆地	232	184	139	76	124	2	757
1703	桐柏山区	225	133	106	58	98	2	622
1704	大别山区	296	150	117	124	110	0	797
1705	江汉平原	856	479	309	439	413	31	2 527

（续表）

代码	地理小区	东洋种类	古北种类	广布种类	东亚种类		成分不明种类	合计
					中国特有种	中日种类		
1706	武陵山区	1 225	514	267	987	645	13	3 651
1707	幕阜山区	377	164	132	196	173	1	1 043
	合　　计	4 352	2 473	1 362	3 475	2 335	67	14 064
1700	全省	2 553	1 582	544	3 383	1 695	64	9 821

三、各地理小区的 MSCA 分析

各小区之间的相似性系数见表 3-52。直观判断，1701 和 1706 小区、1707 和 1704 小区将会首先聚合为 a、b 2 群，1703、1702 小区谁先谁后聚入 b 群，要具体计算决定，1705 小区聚入哪个群也要计算决定。实际运算结果的聚类图（图 3-34）显示，总相似性系数为 0.176。在相似性系数为 0.280 时，分为 3 个大群：A 大群为高山区、B 大群为平原区，C 大群为低山区。

表 3-52　湖北各地理小区之间的共有种类（上三角）和相似性系数（下三角）

代码	1701	1702	1703	1704	1705	1706	1707
1701	**4 667**	588	472	601	1 303	1 885	744
1702	0.122	**757**	272	361	640	518	381
1703	0.098	0.246	**622**	323	478	457	354
1704	0.124	0.303	0.295	**797**	627	548	445
1705	0.221	0.242	0.179	0.232	**2 527**	1 209	753
1706	0.293	0.133	0.120	0.141	0.243	**3 651**	718
1707	0.150	0.268	0.270	0.319	0.267	0.181	**1 043**

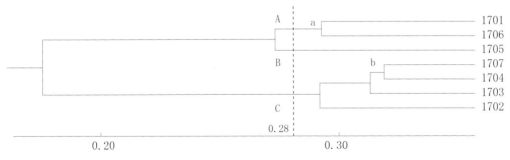

图 3-34　湖北各地理小区的 MSCA 图

第十八章　浙江

Chapter 18　Zhejiang

第一节　自然地理特征及昆虫地理小区

Segment 1　Natural geographical features and insect geographical small‑regions

　　浙江地处中国东南沿海长江三角洲南翼，北纬 27°03′~31°11′，东经 118°02′~123°08′。东临东海，南接福建，西与江西、安徽相连，北与上海、江苏接壤（图 3-35）。浙江省东西和南北的直线距离均为 450 km 左右，陆域面积 10.18 万 km²，为全国的 1.06%，是中国面积较小的省份之一。浙江海域面积 26 万 km²，面积大于 500 m² 的海岛有 3 061 个，是全国岛屿最多的省份，海岸线包括海岛线总长 6 486 km。

　　地势　浙江地形复杂，山地和丘陵占 70.4%，平原和盆地占 23.2%，河流和湖泊占 6.4%。地势由西南向东北倾斜，大致可分为浙北平原、浙西丘陵、浙东丘陵、中部金衢盆地、浙南山地、东南沿海平原及滨海岛屿等 7 个地形区。

　　气候　浙江地处亚热带中部，属季风性湿润气候，四季分明，光照充足，降水量充沛，是中国自然条件较优越的地区之一。全省年平均气温 15~19℃，1 月份 2~8℃，极端最低气温 -13.3℃，7 月份 27~30℃，极端最高气温 41.9℃。年平均降水量 850~1 700 mm。

　　河流湖泊　全省河流多源于西部或中部山地，东行直接入海，以钱塘江最长，源自赣、皖、浙山地，全长 605 km，流入杭州湾，流域面积占全省面积的 2/5。湖泊多分布于浙北平原，面积很小。

　　高等植物　全省已知维管束植物 4 670 种。森林覆盖率近 60.5%。50 多种野生植物被列入国家珍稀保护名录。在中国植物地理区划中，浙江分属于中国-日本森林植物亚区下的华东植物地区和华南植物地区。

高等动物　全省野生动物 1 900 多种，其中列入国家一、二类保护动物 120 多种。在中国动物地理区划中，浙江属于华中区的东部丘陵平原亚区。

自然保护区　全省有 9 个国家级自然保护区和 9 个省级自然保护区，还有 13 个县级自然保护区。自然保护区面积达 25 万 hm^2，占全省土地面积的 2.52%。浙江自然保护区主要以海洋海岸和森林生态类型为主，如百山祖、南麂列岛、乌岩岭、天目山等自然保护区。

昆虫地理小区　浙江论及动物或昆虫地理区划的著述不多，仅见何俊华在《浙江蜂类志》中，详尽讨论了浙江 7 个自然资源区域的划分。本研究基本采用何先生的划分方法，只是把海域岛屿区没有单列而并入沿海丘陵（图 3-35）。各区地理范围基本相同，个别边界可能稍有出入。

1801 杭湖嘉平原小区　浙江东北部，包括杭州、嘉兴、湖州、绍兴的平原。

1802 金衢平原小区　以金衢盆地为主的平原、低地、丘陵。

1803 沿海丘陵小区　东部沿海平原丘陵。

1804 天目山区小区　以天目山为主的浙江西部山地丘陵。

1805 浙南山区小区　浙江南部的山地丘陵，有百山祖、雁荡山、凤阳山、乌岩岭等。

表 3-53　浙江昆虫的类群和种类

目　　名	科数	属数	种数	目　　名	科数	属数	种数
原尾目 Protura	8	15	35	啮目 Psocoptera	15	58	187
弹尾目 Collembola	10	32	51	食毛目 Mallophaga	4	32	56
双尾目 Diplura	3	5	8	虱目 Anoplura	4	4	6
石蛃目 Microcoryphia	1	2	3	缨翅目 Thysanoptera	3	38	73
衣鱼目 Zygentoma	1	2	2	半翅目 Hemiptera	92	766	1 530
蜉蝣目 Ephemeroptera	8	24	37	广翅目 Megaloptera	2	7	21
蜻蜓目 Odonata	17	94	201	蛇蛉目 Raphidioptera	1	1	2
襀翅目 Plecoptera	6	24	68	脉翅目 Neuroptera	11	45	77
蜚蠊目 Blattodea	5	22	51	鞘翅目 Coleoptera	91	968	2 127
等翅目 Isoptera	4	16	51	捻翅目 Strepsiptera	2	2	3
螳螂目 Mantodea	3	15	24	长翅目 Mecoptera	2	3	21
蛩蠊目 Grylloblattodea	0	0	0	双翅目 Diptera	64	568	1 668
革翅目 Dermaptera	5	16	38	蚤目 Siphonaptera	7	20	25
直翅目 Orthoptera	22	133	264	毛翅目 Trichoptera	19	48	152
蟾目 Phasmatodea	2	13	30	鳞翅目 Lepidoptera	69	1 403	3 197
纺足目 Embioptera	0	0	0	膜翅目 Hymenoptera	67	781	2 203
缺翅目 Zoraptera	0	0	0	合计	548	5 157	12 211

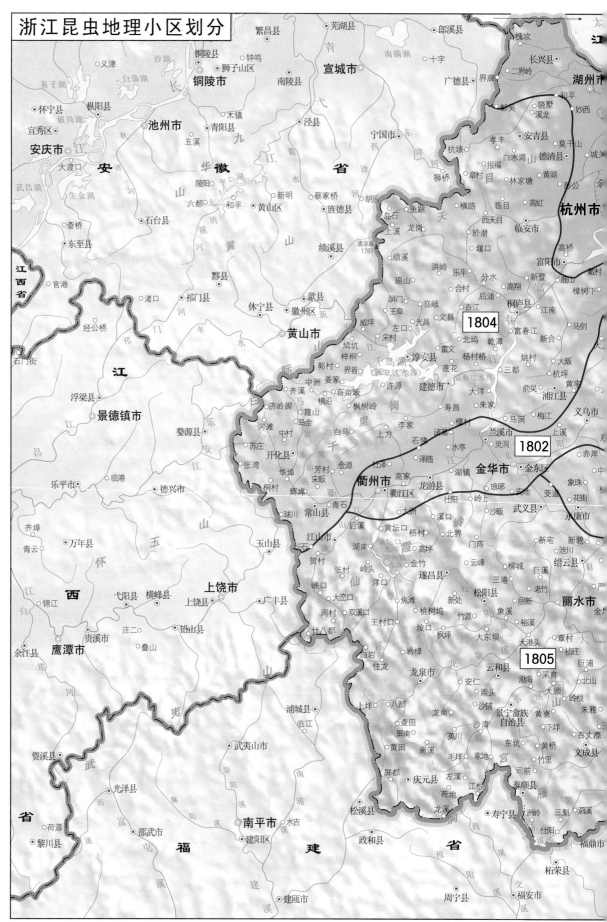

图 3-35　浙江昆虫地理小区划分

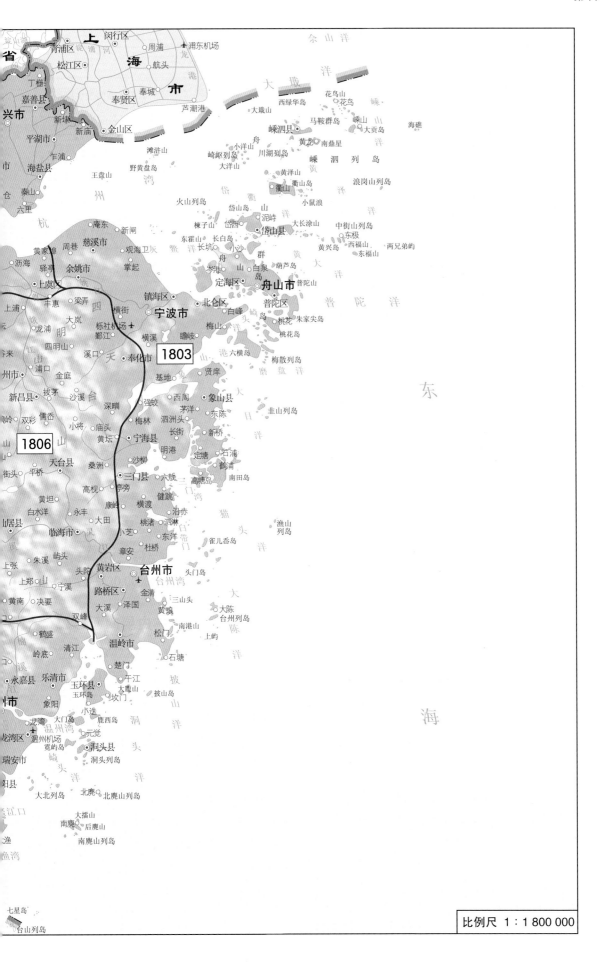

比例尺 1：1 800 000

1806　浙中丘陵小区　浙江中东部的浅山丘陵盆地。

第二节　昆虫的类群及种类
Segment 2　Insect groups and species

浙江昆虫区系分类开展得早，而且连续系统。经过几代科学家的近百年努力，成就辉煌。20 世纪 90 年代开始，按类群或按地区陆续出版了《浙江蝶类志》《浙江古田山昆虫和大型真菌》《华东百山祖昆虫》《龙王山昆虫》《天目山昆虫》《浙江蜂类志》等专著。方志刚等系统整理了浙江昆虫区系，共记录 30 目 447 科 9 563 种昆虫。

本研究共登录浙江昆虫 30 目 548 科 5 157 属 12 211 种，占全国种类的 13.04%。其中鳞翅目最多，3 197 种，占全省的 26.18%，连同膜翅目、鞘翅目、双翅目、半翅目、直翅目，6 目共占全省种类的 89.99%（表 3-53）。

第三节　昆虫的分布及 MSCA 分析
Segment 3　Insect distribution and MSCA

一、浙江昆虫的区系成分

在浙江 12 211 种昆虫中，东亚种类 6 755 种，占 55.32%；东洋种类 3 097 种，占 25.36%；古北种类 1646 种，占 13.48%；广布种类 636 种，占 5.21%。

二、浙江昆虫在各小区的分布

在浙江 12 211 种昆虫中，8 779 种有省下分布记录。它们在 6 个地理小区的分布见表 3-54。两个山

表 3-54　浙江昆虫的区系结构和分布

代码	地理小区	东洋种类	古北种类	广布种类	东亚种类		成分不明种类	合计
					中国特有种	中日种类		
1801	杭湖嘉平原	817	449	236	596	499	11	2 608
1802	金衢平原	295	156	114	105	115	1	786
1803	沿海丘陵	578	247	174	271	280	7	1 557
1804	天目山区	1 506	821	310	2 574	928	27	6 166
1805	浙南山区	1 168	486	233	1 186	580	17	3 670
1806	浙中丘陵	395	177	124	168	221	4	1 089
	合　计	4 759	2 336	1 191	4 900	2 623	67	15 876
1800	全省	3 097	1 646	636	4 818	1 937	77	12 211

地小区显著丰富于其他地方。

三、各地理小区的 MSCA 分析

6 个地理小区之间的相似性系数见表 3-55。直观判断，1803、1806 小区首先聚为 a 群，随后 1801、1802 小区聚入，1804、1805 小区可能最后聚为 b 群。实际运算结果见图 3-36。6 个小区的总相似性系数为 0.207，在 0.25 的相似性水平上，形成 A、B 2 个大群，东北部 4 个平原丘陵小区为 A 大群，西南部 2 个山地小区聚为 B 大群。

表 3-55　浙江各地理小区之间的共有种类（上三角）和相似性系数（下三角）

代码	1801	1802	1803	1804	1805	1806
1801	**2 608**	591	1 021	1 634	1 338	801
1802	0.211	**786**	493	574	590	415
1803	0.325	0.266	**1 557**	1023	993	722
1804	0.229	0.090	0.153	**6 166**	2 122	840
1805	0.271	0.153	0.235	0.287	**3 670**	804
1806	0.277	0.284	0.375	0.131	0.203	**1 089**

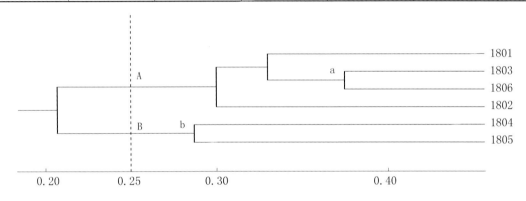

图 3-36　浙江各地理小区的 MSCA 图

第十九章 福建

Chapter 19 Fujian

第一节 自然地理特征及昆虫地理小区

Segment 1 Natural geographical features and insect geographical small-regions

福建地处中国东南部东海之滨，陆域北纬 23°33′~28°20′，东经 115°50′~120°40′。东隔台湾海峡与台湾省相望，东北与浙江省毗邻，西北以武夷山脉与江西省交界，西南与广东省相连（图 3-37）。陆地面积 12.14 万 km²，海域面积 13.63 万 km²。海岸线 3 752 km，居全国第二。分布大小岛屿 1 404 个。

地势 全省西北高东南低，以低山丘陵为主，面积占全省 90%，平原分布在沿海地带。武夷山位于闽、赣边界，长 540 km，海拔 1 000~1 500 m，主峰黄岗山海拔 2 158 m，是全省最高点。鹫峰山、戴云山、博平岭等以东北-西南走向贯穿于中部。东部沿海有小而分散的平原。

气候 福建地处亚热带，气候温和，降水量充沛。年平均气温 17~21℃，1 月份 5~13℃，极端最低气温 -9.5℃，7 月份 25~30℃，极端最高气温 43.2℃。年平均降水量 1 400~2 000 mm，是全国降水量最丰富的省份之一。全省无霜期 240~330 d。

河流湖泊 本省河流几乎与境外无涉，源自本省山地，东行入海，最大闽江，两大支流均源自武夷山，汇合后自福州入海，全长 577 km。其次是南部的九龙江。本省湖泊较少。

高等植物 福建森林资源十分丰富，树木种类繁多，森林覆盖率达 62.96%，居全国首位。据《福建植物志》（1~6 卷）记述，全省共有高等植物 248 科 1 593 属 4 378 种。有 55 种列入国家级保护植物。在中国植物地理区划中，福建属于中国-日本森林植物亚区下的华南植物地区。

高等动物　全省有哺乳动物 120 种，有鱼类 750 多种，占全国海洋鱼类种数的一半。在中国动物地理区划中，福建分属于华中区的东部丘陵平原亚区和华南区的闽广沿海亚区。

自然保护区　全省有 12 个国家级自然保护区和 25 个省级自然保护区，还有 55 个市县级自然保护区。自然保护区面积 50 万 hm^2，占全省土地面积的 3.05%，以森林生态和野生动物类型为主，如武夷山、戴云山、龙栖山、君子峰等自然保护区。

昆虫地理小区　学者们已分别对高等动物、农业昆虫进行地理区划分析（洪朝长，1982；　张继祖，1993；　陈友铃，2009）。本研究综合其意见，把全省设为 7 个地理小区（图 3-37）。

1901 武夷山区小区　福建西北部，南平市西部。

1902 龙栖山区小区　福建西部，三明市西部及龙岩市西北一角。

1903 闽中丘陵小区　南平市东部，三明市中部及龙岩市北部。

1904 闽东北山区小区　福建东北部鹫峰山以东山地，包括宁德市、福州市北部、南平市东北一角。

1905 戴云山区小区　福建中部戴云山地，包括三明、福州、泉州、龙岩、漳州各一部分。

1906 闽南丘陵小区　福建南部丘陵，包括龙岩南部及漳州西部。

1907 沿海丘陵小区　福建东南部沿海丘陵平原，包括福州、莆田、泉州、厦门、漳州等市的全部或部分。

表 3-56　福建的昆虫类群和种类

目　名	科数	属数	种数	目　名	科数	属数	种数
原尾目 Protura	4	6	18	啮目 Psocoptera	11	32	68
弹尾目 Collembola	6	6	13	食毛目 Mallophaga	4	85	331
双尾目 Diplura	3	5	5	虱目 Anoplura	6	6	17
石蛃目 Microcoryphia	1	2	3	缨翅目 Thysanoptera	3	57	120
衣鱼目 Zygentoma	2	7	7	半翅目 Hemiptera	93	916	1 946
蜉蝣目 Ephemeroptera	10	21	31	广翅目 Megaloptera	2	8	23
蜻蜓目 Odonata	17	93	217	蛇蛉目 Raphidioptera	1	2	3
襀翅目 Plecoptera	5	21	51	脉翅目 Neuroptera	10	58	142
蜚蠊目 Blattodea	5	33	76	鞘翅目 Coleoptera	109	1 400	3 803
等翅目 Isoptera	4	20	76	捻翅目 Strepsiptera	3	3	4
螳螂目 Mantodea	6	20	42	长翅目 Mecoptera	2	3	16
蛩蠊目 Grylloblattodea	0	0	0	双翅目 Diptera	60	544	1 523
革翅目 Dermaptera	6	25	64	蚤目 Siphonaptera	6	19	29
直翅目 Orthoptera	23	156	287	毛翅目 Trichoptera	21	49	130
螩目 Phasmatodea	3	11	26	鳞翅目 Lepidoptera	69	1 363	2 903
纺足目 Embioptera	1	2	3	膜翅目 Hymenoptera	61	765	2 545
缺翅目 Zoraptera	0	0	0	合计	557	5 738	14 522

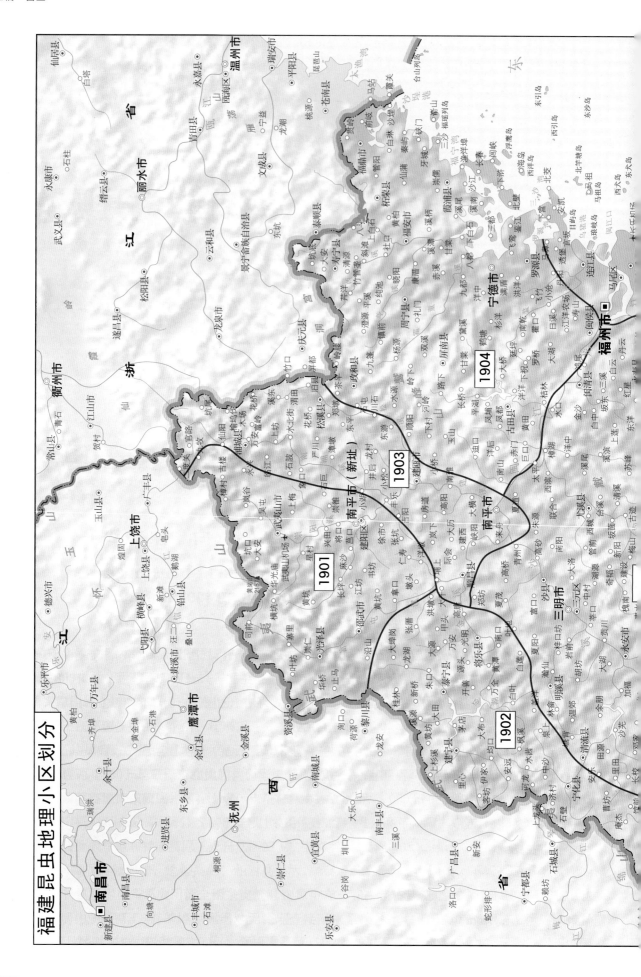

福建昆虫地理小区划分

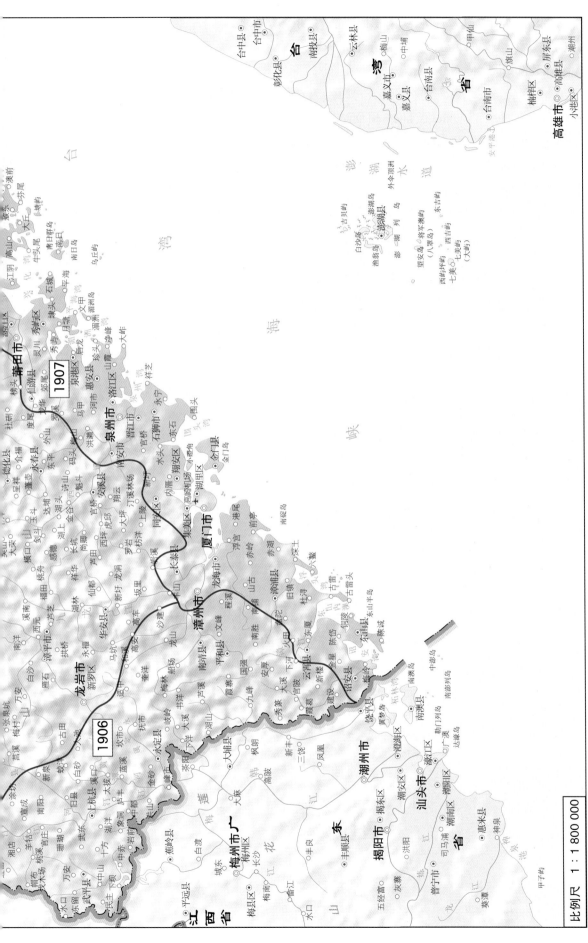

图3-37　福建昆虫地理小区划分

比例尺　1∶1 800 000

第二节　昆虫的类群及种类

Segment 2　Insect groups and species

福建昆虫区系研究始于 20 世纪 20 年代，1981 年在全国率先出版了第一部省级昆虫名录——《福建省昆虫名录》（赵修复，1981），1993 年《龙栖山动物》出版（黄春梅，1993）。1999~2003 年又一浩瀚工程启动，《福建昆虫志》（1~8 卷）陆续出版，这部巨著共报道福建昆虫 31 目 503 科 11 020 种，雄踞全国各省之冠。

本研究共记录福建昆虫 31 目 557 科 5 738 属 14 522 种（表 3-56），占全国昆虫种类的 15.50%。其中鞘翅目最多，3 803 种，占全省种类的 26.19%，鳞翅目、膜翅目、半翅目、双翅目、食毛目，6 目共占全省的 89.87%。

第三节　昆虫的分布及 MSCA 分析

Segment 3　Insect distribution and MSCA

一、福建昆虫的区系成分

在福建 14 522 种昆虫中，东亚种类 7 626 种，占 52.51%；东洋种类 4 656 种，占 32.06%；古北种类 1 421 种，占 9.79%；广布种类 713 种，占 4.91%。

二、福建昆虫在各小区的分布

在福建 14 522 种昆虫中，9 715 种有省下分布记录。它们在 7 个地理小区的分布情况见表 3-57。以

表 3-57　福建昆虫的区系结构和分布

代码	地理小区	东洋种类	古北种类	广布种类	东亚种类		成分不明种类	合计
					中国特有种	中日种类		
1901	武夷山区	1 863	526	260	2 848	715	19	6 231
1902	龙栖山区	824	160	176	615	243	9	2 027
1903	闽中丘陵	995	194	166	511	274	5	2 145
1904	闽东北山区	373	72	113	134	73	2	767
1905	戴云山区	728	125	127	366	157	2	1 505
1906	闽南丘陵	804	147	134	400	194	1	1 680
1907	沿海丘陵	1 448	279	267	714	326	13	3 047
合　　计		7 035	1 503	1 243	2 740	1 982	51	17 402
1900	全省	4 656	1 421	713	5 850	1 776	106	14 522

武夷山最多，闽东北山地最少，这可能与关注度及采集频度、深度有关。

三、各地理小区的 MSCA 分析

各地理小区之间的相似性系数见表 3-58。除 1901、1904 小区之间种类数量悬殊，致使相似性系数很低外，其余相似性系数相差不大。1903、1905 小区首先聚类建群，随后 1906、1907 小区先后聚入，其余小区按计算结果决定。实际运算的聚类图见图 3-38，总相似性系数为 0.164，聚类图结构显示不出生态学意义上的显著差异，也许不分区更为合适。

表 3-58　福建各地理小区之间的共有种类（上三角）和相似性系数（下三角）

代码	1901	1902	1903	1904	1905	1906	1907
1901	**6 231**	1 144	1 318	570	909	1 004	1 308
1902	0.161	**2 027**	734	383	534	592	728
1903	0.187	0.213	**2 145**	517	839	793	1 124
1904	0.089	0.159	0.216	**767**	434	398	552
1905	0.133	0.178	0.298	0.236	**1 505**	655	879
1906	0.145	0.190	0.262	0.194	0.259	**1 680**	842
1907	0.164	0.168	0.276	0.169	0.239	0.217	**3 047**

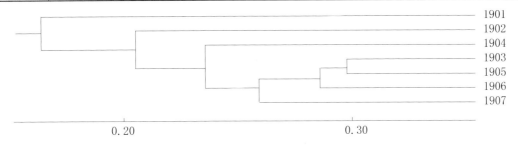

图 3-38　福建各地理小区的 MSCA 图

第二十章　台湾

Chapter 20　Taiwan

第一节　自然地理特征
Segment 1　Natural geographical features

台湾是中国的第一大岛屿，位于中国东南沿海的大陆架上，东经 119°18′~124°34′，北纬 21°45′~25°56′。台湾东临太平洋，东北邻琉球群岛，相隔约 600 km；南界巴士海峡，与菲律宾相隔约 300km；西隔台湾海峡与福建相望，最窄处为 130 km。台湾扼西太平洋航道的中心，是中国与太平洋地区各国海上联系的重要交通枢纽。台湾省包括台湾本岛及兰屿、绿岛、钓鱼岛等 21 个附属岛屿，澎湖列岛 64 个岛屿，其中台湾本岛面积为 35 873 km² （图 3-39 ）。

地势　台湾多山，高山和丘陵面积占全部面积的 2/3 以上。台湾山系与台湾岛的东北—西南走向平行，竖卧于台湾岛中部偏东位置，形成本岛东部多山脉、中部多丘陵、西部多平原的地形特征。台湾山脉由中央山脉、雪山山脉、玉山山脉、阿里山山脉和台东山脉组成，大部分海拔 3 000~3 500 m，玉山主峰 3 952 m，为台湾最高点。平原地区有宜兰平原、嘉南平原、屏东平原、台东纵谷平原、台北盆地、台中盆地和埔里盆地。

气候　台湾气候冬季温暖，夏季炎热，降水量充沛。北回归线穿过台湾岛中部，北部为亚热带气候，南部属热带气候。年平均气温（高山除外）为 22℃，年降水量多在 2 000 mm 以上。

河流湖泊　全省河流多源于中部山地，分别向四周方向入海，坡陡流急泥沙多。最大的河流是浊水溪，长 186km，流域约 3 000 km²。日月潭为本省最大天然湖泊。

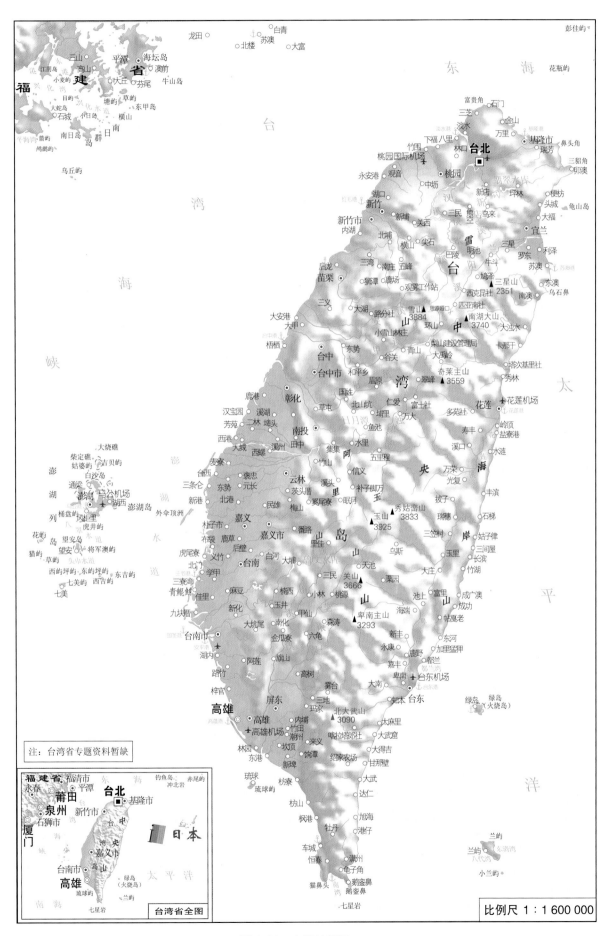

注：台湾省专题资料暂缺

比例尺 1 : 1 600 000

图 3-39 台湾地势图

　　高等植物　据《台湾 2010 物种名录》记载，台湾有藻类植物 1 275 种，苔藓植物 1 089 种，蕨类植物 647 种，裸子植物 78 种，被子植物 4 568 种。在中国植物地理区划中，台湾属于古热带植物区热带东南亚植物亚区下的台湾植物地区。

　　高等动物　台湾有两栖类 67 种，爬行类 128 种，鸟类 578 种，鱼类 3 118 种，哺乳类 123 种。在中国动物地理区划中，台湾属于华南区的台湾亚区。

　　自然保护区　有动物自然保护区、动物重点栖息环境、国家公园、自然保留区等不同部门管理的自然保护区域 70 余处，保护面积 68 万 hm²，占全省土地面积的 19.05%。

　　昆虫地理小区　台湾虽然也有山地和平原，但由于面积小，而且昆虫分布地点多不具体，不再具体分区。

第二节　昆虫的类群及种类
Segment 2　Insect groups and species

　　《台湾 2010 物种名录》记载台湾昆虫 20 730 种。本研究共记录 31 目 618 科 7 638 属 20 352 种。占全国总种类的 21.73%，其中鞘翅目最多，6 236 种，占全省的 30.64%，连同鳞翅目、双翅目、半翅目、膜翅目，5 目共占 92.98%。食毛目、缨翅目、直翅目都是 230 种左右（表 3-59）。

表 3-59　台湾昆虫的类群和种类

目　　名	科数	属数	种数	目　　名	科数	属数	种数
原尾目 Protura	2	4	5	啮目 Psocoptera	17	35	57
弹尾目 Collembola	10	27	45	食毛目 Mallophaga	5	67	227
双尾目 Diplura	1	1	1	虱目 Anoplura	7	8	15
石蛃目 Microcoryphia	1	1	4	缨翅目 Thysanoptera	4	93	226
衣鱼目 Zygentoma	2	2	2	半翅目 Hemiptera	103	1 168	2 704
蜉蝣目 Ephemeroptera	16	14	25	广翅目 Megaloptera	2	4	7
蜻蜓目 Odonata	6	81	151	蛇蛉目 Raphidioptera	1	2	2
襀翅目 Plecoptera	4	14	21	脉翅目 Neuroptera	10	59	99
蜚蠊目 Blattodea	5	43	107	鞘翅目 Coleoptera	136	2 098	6 236
等翅目 Isoptera	4	12	17	捻翅目 Strepsiptera	1	2	2
螳螂目 Mantodea	2	9	13	长翅目 Mecoptera	2	3	36
蛩蠊目 Grylloblattodea	0	0	0	双翅目 Diptera	79	876	2 707
革翅目 Dermaptera	6	20	34	蚤目 Siphonaptera	6	12	20
直翅目 Orthoptera	22	126	231	毛翅目 Trichoptera	13	23	55
螆目 Phasmatodea	3	11	25	鳞翅目 Lepidoptera	85	1 938	4 697
纺足目 Embioptera	1	1	2	膜翅目 Hymenoptera	62	884	2 579
缺翅目 Zoraptera	0	0	0	合计	618	7 638	20 352

第三节　昆虫区系结构及与周边省区的关系

Segment 3　Insect fauna elements and its relations with other provinces

一、台湾昆虫的区系结构

在台湾 20 352 种昆虫中，东亚种类 12 621 种，占全省 62.01%；东洋种类 5 877 种，占 28.88%；古北种类 936 种，4.60%；广布种类 664 种，占 3.26%（表 3-60）。

表 3-60　台湾昆虫的区系结构

类群	东洋种类	古北种类	广布种类	东亚种类		成分不明种类	合计
				中国特有种	中日种类		
半翅目	664	132	140	1 389	378	1	2 704
鞘翅目	1 601	214	127	3 292	998	4	6 236
双翅目	816	120	119	1 442	202	8	2 707
鳞翅目	1 848	208	143	1 364	1 127	7	4 697
膜翅目	539	135	66	1 392	231	216	2 579
昆虫全纲	5 877	936	664	9 500	3 121	254	20 352

二、台湾和周边省区的关系

在中国高等动物和植物地理区划中，台湾被划入东洋界和古热带区。近年来，它的地位不断受到质疑（黄晓磊等，2004；申效诚等，2007）。表 3-61 列出了台湾昆虫主要类群和周边省区的共有种类，表明台湾和福建的关系显著密切于其他省份。更具体的定量分析在第五编进行。

表 3-61　台湾和周边省区间的共有种类

类群	福建	浙江	江西	湖北	湖南	广东	海南	广西
半翅目	727	549	451	319	366	595	342	551
鞘翅目	1 311	923	740	785	607	915	515	854
双翅目	520	376	207	286	244	439	329	379
鳞翅目	1 303	1 208	1 196	1 089	1 105	1 177	1 075	1 088
膜翅目	643	624	324	306	404	420	171	434
昆虫全纲	5 017	3 973	3 171	2 995	2 941	4 039	2 779	3 652

第二十一章 江西

Chapter 21 Jiangxi

第一节 自然地理特征及昆虫地理小区

Segment 1 Natural geographical features and insect geographical small‐regions

江西位于中国的东南部，长江中下游的南岸（图 3-40），北纬 24°29′～30°04′，东经 113°34′～118°28′。东邻浙江、福建，南连广东，西接湖南，北毗湖北、安徽。全省总面积 16.69 万 km²。

地势 江西以山地、丘陵为主，山地占全省面积的 36%，丘陵占 42%，平原、水面占 22%。主要山脉多分布于省境边陲，东北部有怀玉山，东部有武夷山，南部有大庾岭和九连山，西部有罗霄山脉，西北部有幕阜山和九岭山，位于赣闽边界的武夷山主峰黄岗山海拔 2 158 m，是本省最高点。中南部为丘陵，北部为鄱阳湖平原，海拔多在 50 m 以下。

气候 江西属亚热带湿润季风气候，年平均气温 16～20℃，1 月份 3～9℃，极端最低气温 -16.8℃，7 月份 27～31℃，极端最高气温 44.9℃。全年无霜期 240～300 d。年均降水量 1 341～1 940 mm。春季多梅雨，夏季多暴雨。

河流湖泊 长江流经本省北部边境，与境内的鄱阳湖相通。本省河流皆源自四周山地，注入鄱阳湖，最大河流赣江，源于赣南山地，全长 744 km，流域占全省面积一半，其次还有信江、鄱江、修水、抚河等。鄱阳湖面积达 3 500 km²，为中国第一大淡水湖。

高等植物 江西植物资源十分丰富，种子植物有 4 000 余种，蕨类植物约 470 种，苔藓植物有 100 种

以上。在中国植物地理区划中，江西分属于中国-日本森林植物亚区下的华东植物地区和华南植物地区，

高等动物　全省现有脊椎动物 611 种，其中鱼类 171 种，两栖类 40 种，爬行类 74 种，鸟类约 271 种，兽类 55 种。在中国动物地理区划中，江西全境属于华中区的东部丘陵平原亚区。

自然保护区　全省有 8 个国家级自然保护区和 22 个省级自然保护区，还有 144 个市县级自然保护区。自然保护区面积 110 万 hm²，占土地面积的 5.61%。江西自然保护区主要以森林生态和野生动物类型为主，如鄱阳湖、井冈山、九连山等自然保护区。

昆虫地理小区　学者已对江西的农业昆虫和爬行动物进行了地理区划研究（章士美，1986；　钟昌福，2004）。本研究将江西分为 7 个地理小区（图 3-40）。

2101 赣西北山区小区　江西西北部山地，包括庐山、幕阜山、九岭山及罗霄山北端。

2102 井冈山区小区　江西西部罗霄山，包括萍乡市及吉安市西部。

2103 南岭山区小区　江西西南部的南岭东端。

2104 赣东北山区小区　江西东北部山地，包括景德镇北部和上饶市大部。

2105 武夷山区小区　江西东部蜿蜒于赣闽边界。

2106 赣南丘陵小区　江西南部丘陵、河谷。

表 3-62　江西的昆虫类群和种类

目　名	科数	属数	种数	目　名	科数	属数	种数
原尾目 Protura	4	10	30	啮目 Psocoptera	10	19	33
弹尾目 Collembola	5	7	7	食毛目 Mallophaga	3	35	58
双尾目 Diplura	2	2	2	虱目 Anoplura	2	2	3
石蛃目 Microcoryphia	0	0	0	缨翅目 Thysanoptera	3	25	45
衣鱼目 Zygentoma	1	2	2	半翅目 Hemiptera	74	645	1 193
蜉蝣目 Ephemeroptera	9	17	31	广翅目 Megaloptera	2	5	16
蜻蜓目 Odonata	15	83	165	蛇蛉目 Raphidioptera	0	0	0
襀翅目 Plecoptera	6	18	34	脉翅目 Neuroptera	7	33	55
蜚蠊目 Blattodea	5	12	25	鞘翅目 Coleoptera	86	830	1 914
等翅目 Isoptera	3	17	50	捻翅目 Strepsiptera	1	1	2
螳螂目 Mantodea	2	13	20	长翅目 Mecoptera	2	3	10
蛩蠊目 Grylloblattodea	0	0	0	双翅目 Diptera	35	237	547
革翅目 Dermaptera	6	9	12	蚤目 Siphonaptera	5	9	9
直翅目 Orthoptera	20	127	222	毛翅目 Trichoptera	18	42	108
竹节虫目 Phasmatodea	3	9	11	鳞翅目 Lepidoptera	67	1 359	2 910
纺足目 Embioptera	1	1	1	膜翅目 Hymenoptera	51	441	989
缺翅目 Zoraptera	0	0	0	合计	448	4 013	8 504

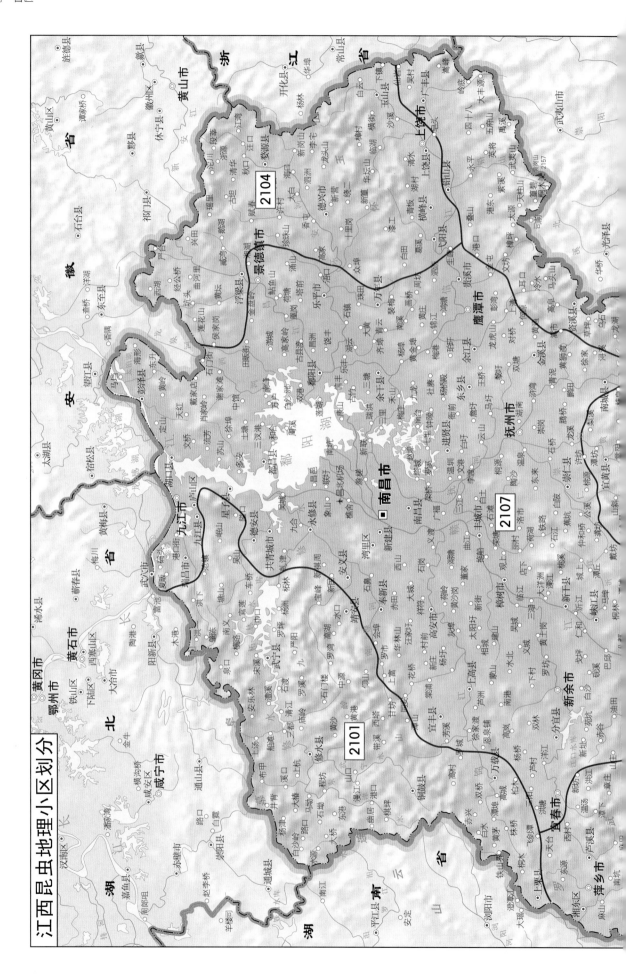

江西昆虫地理小区划分

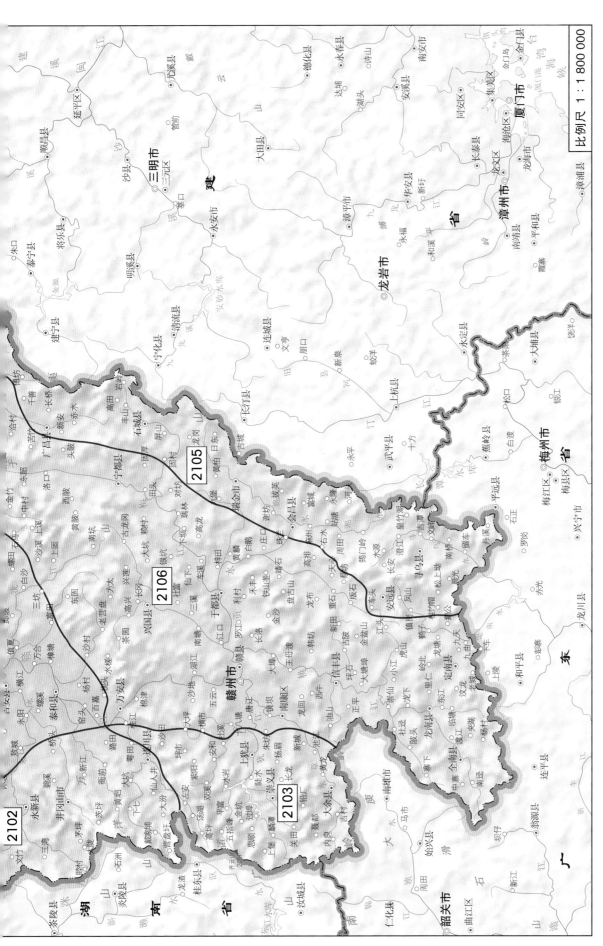

图 3-40　江西昆虫地理小区划分

2107 鄱阳湖平原小区 江西中北部鄱阳湖区及各河流下游平原。

第二节 昆虫的类群及种类
Segment 2 Insect groups and species

江西昆虫区系工作始于1928年江西昆虫局的成立。到1958年，已知种类875种，1987年上升到4 611种，到1993年底，江西已知昆虫24目365科6 456种（章士美，1994）。

本研究共记录江西昆虫29目448科4 013属8 504种。占全国种类的9.08%。其中鳞翅目最多，2 910种，占全省的34.22%，连同鞘翅目、半翅目、膜翅目、双翅目、直翅目，6目共占全省的91.43%（表3-62）。

第三节 昆虫的分布及 MSCA 分析
Segment 3 Insect distribution and MSCA

一、江西昆虫的区系成分

在江西8 504种昆虫中，东亚种类4 010种，占47.15%；东洋种类2 800种，占32.93%；古北种类1 080种，占12.70%；广布种类505种，占5.94%。

二、江西昆虫在各小区的分布

在江西8 504种昆虫中，5 912种有省下分布记录。它们在7个地理小区的分布情况见表3-63。以鄱

表3-63 江西昆虫的区系结构和分布

代码	地理小区	东洋种类	古北种类	广布种类	东亚种类		成分不明种类	合计
					中国特有种	中日种类		
2101	赣西北山区	892	364	252	662	431	35	2 636
2102	井冈山区	733	215	215	369	302	9	1 843
2103	南岭山区	612	150	188	218	222	7	1 397
2104	赣东北山区	491	174	191	229	224	8	1 317
2105	武夷山区	714	192	202	312	297	10	1 727
2106	赣南丘陵	874	204	226	405	286	13	2 008
2107	鄱阳湖平原	1 130	509	338	628	611	40	3 256
合计		5 446	1 808	1 612	2 823	2 373	122	14 184
2100	全省	2 800	1 080	505	2 597	1 413	109	8 504

阳湖平原及西北山地最为丰富，其余小区相差不明显。

三、各地理小区的 MSCA 分析

各地理小区之间的相似性系数见表 3-64。2103、2105 小区首先聚为 a 群，2104、2106 小区相继聚入，2101、2107 小区另聚为 b 群，2102 小区聚入 a、b 哪一群中，需要计算比较。图 3-41 是实际运算结果的聚类图，总相似性系数为 0.268，整体相似性较高，种类分布域为 2.4 个小区，说明区系调查比较全面深入。在 0.30 的相似性水平上，2101、2102、2107 小区聚为中北部的平原山区 A 大群，2103、2104、2105、2106 小区聚为东南部的丘陵浅山区 B 大群。

表 3-64　江西各地理小区之间的共有种类（上三角）和相似性系数（下三角）

代码	2101	2102	2103	2104	2105	2106	2107
2101	**2 636**	1 187	994	958	1 101	1 133	1 557
2102	0.352	**1 843**	983	895	1 028	1 055	1 217
2103	0.327	0.436	**1 397**	837	978	1 033	1018
2104	0.320	0.395	0.446	**1 317**	893	899	994
2105	0.338	0.404	0.456	0.415	**1 727**	1 100	1 143
2106	0.323	0.377	0.423	0.371	0.417	**2 008**	1 278
2107	0.359	0.313	0.280	0.278	0.298	0.320	**3 256**

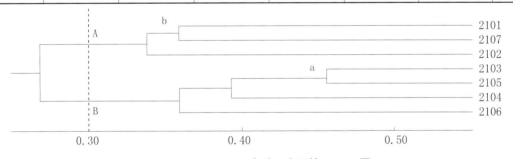

图 3-41　江西各地理小区的 MSCA 图

第二十二章 湖南

Chapter 22　Hunan

第一节　自然地理特征及昆虫地理小区

Segment 1　Natural geographical features and insect geographical small‑regions

湖南地处中国中南部，北邻湖北，西接贵州、重庆，南毗广东、广西，东连江西（图 3-42）。东经 108°47′~114°15′，北纬 24°38′~30°08′，东西宽 667 km，南北长 774 km，全省总面积 21.1 万 km²。

地势　全省东南西三面环山，幕阜山、罗霄山脉绵亘于东，南岭山脉屏障于南，武陵山、雪峰山脉逶迤于西。湘西山地大多数山峰海拔 1 000 m 以上，中部丘陵与河谷盆地相间。全省面积中，51.2% 为山地，13.9% 为盆地，13.1% 为平原，15.4% 为丘陵，6.4% 为水面。海拔高度在 50 m 以下的面积占总面积的 9.9%，海拔 1 000 m 以上的占 4.3%，大部分地区海拔高度在 100~800 m。北部是洞庭湖平原，与湖北的江汉平原相连。

气候　湖南为亚热带湿润季风气候。年平均气温在 16~18℃，1 月份 4~8℃，极端最低气温 -11.8℃，7 月份 26~30℃，极端最高气温 43.7℃。无霜期 260~310 d，年平均降水量在 1 200~1 700 mm。

河流湖泊　全省长 5 km 以上的河流有 5 300 多条，几乎全属洞庭湖水系，源自四周或邻省山地，注入洞庭湖，主要有湘江、资江、沅江、澧水四大河流。湘江源自广西东北部的海洋山，全长 856 km，流域面积全省最大。洞庭湖原为中国第一大淡水湖，南纳四水，北注长江，由于淤积和围垦，分割为多个小湖，总面积降为 2 800 km²，次于鄱阳湖。

高等植物　全省已知植物种类 4 859 种，其中有木本植物 1 997 种及 220 个变种。国家重点保护的野生植物种类有 59 种。在中国植物地理区划中，湖南分属于中国-日本森林植物亚区下的华东植物地区和华中植物地区。

高等动物　全省有脊椎动物约 820 种左右，其中鸟类 400 余种，兽类 100 多种，两栖类 40 余种，爬行类 70 多种，鱼类 200 余种。其中属国家重点保护的野生动物有 90 余种。在中国动物地理区划中，湖南分属于华中区的东部丘陵平原亚区和西部山地亚区。

自然保护区　全省有 14 个国家级自然保护区和 28 个省级自然保护区，还有 53 个县级自然保护区。自然保护区面积 112 万 hm²，占土地面积的 5.29%。湖南自然保护区主要以森林生态和内陆湿地类型为主，如东洞庭湖、壶瓶山、张家界、乌云界等自然保护区。

昆虫地理小区　彭建文等基于森林昆虫的分析，把全省分为 5 个地理生态类型。本研究基本根据其划分方法，只把湘东丘陵另列一区，共 6 个地理小区（图 3-42）。

2201 张家界山区小区　湖南西北部，武陵山的湖南部分。

2202 湘西山区小区　湖南西部以雪峰山为主的山地丘陵。

2203 洞庭湖平原小区　湖南北部洞庭湖周围的平原地区。

2204 湘中丘陵小区　湖南中部的丘陵盆地。

2205 湘南山区小区　湖南南部的南岭山地。

表 3-65　湖南的昆虫类群和种类

目　　名	科数	属数	种数	目　　名	科数	属数	种数
原尾目 Protura	5	11	34	啮目 Psocoptera	9	26	65
弹尾目 Collembola	6	10	15	食毛目 Mallophaga	3	35	66
双尾目 Diplura	3	8	12	虱目 Anoplura	2	2	3
石蛃目 Microcoryphia	1	1	1	缨翅目 Thysanoptera	3	31	48
衣鱼目 Zygentoma	1	1	1	半翅目 Hemiptera	74	584	999
蜉蝣目 Ephemeroptera	4	5	9	广翅目 Megaloptera	1	5	17
蜻蜓目 Odonata	11	58	84	蛇蛉目 Raphidioptera	0	0	0
襀翅目 Plecoptera	4	8	13	脉翅目 Neuroptera	7	28	39
蜚蠊目 Blattodea	5	16	30	鞘翅目 Coleoptera	80	774	1 673
等翅目 Isoptera	4	17	56	捻翅目 Strepsiptera	0	0	0
螳螂目 Mantodea	2	11	15	长翅目 Mecoptera	1	2	24
蛩蠊目 Grylloblattodea	0	0	0	双翅目 Diptera	39	281	673
革翅目 Dermaptera	7	18	40	蚤目 Siphonaptera	3	4	4
直翅目 Orthoptera	23	147	279	毛翅目 Trichoptera	7	13	25
䗛目 Phasmatodea	2	10	26	鳞翅目 Lepidoptera	68	1 319	2 782
纺足目 Embioptera	1	1	1	膜翅目 Hymenoptera	56	528	1 320
缺翅目 Zoraptera	0	0	0	合计	432	3 954	8 354

湖南昆虫地理小区划分

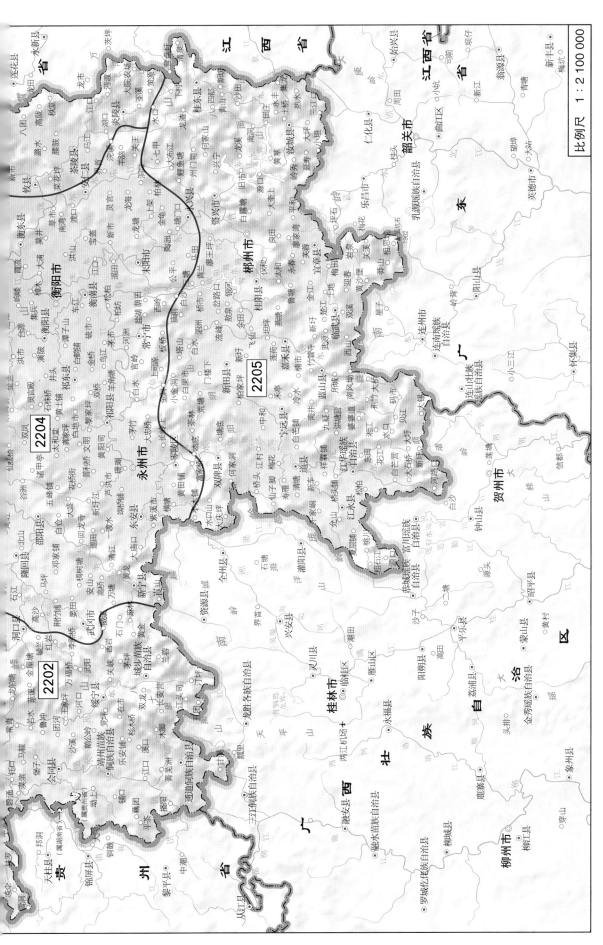

图 3-42　湖南昆虫地理小区划分

2206 湘东丘陵小区 湖南东部和江西交界的山地，包括幕阜山、连云山、罗霄山等。

第二节 昆虫的类群及种类
Segment 2 Insect groups and species

湖南较早编辑出版了省级昆虫志书，共记述 19 目 278 科 2 659 属 4 881 种（彭建文等，1992）。本研究共记录湖南昆虫 29 目 432 科 3 954 属 8 354 种，占全国种类的 8.92%。其中鳞翅目最多，2 782 种，占全省的 33.30%，连同鞘翅目、膜翅目、半翅目、双翅目、直翅目，6 目共占 92.48%（表 3-65）。

第三节 昆虫的分布及 MSCA 分析
Segment 3 Insect distribution and MSCA

一、湖南昆虫的区系成分

在湖南省 8 354 种昆虫中，东亚种类 4 033 种，占 48.28%；东洋种类 2 734 种，占 32.73%；古北种类 1 065 种，占 12.75%；广布种类 500 种，占 5.99%。

二、湖南昆虫在各小区的分布

在湖南省 8 354 种昆虫中，5 902 种有省下分布记录。它们在 6 个地理小区分布的情况见表 3-66。以张家界山区种类最丰富。

表 3-66　湖南昆虫的区系结构和分布

代码	地理小区	东洋种类	古北种类	广布种类	东亚种类		成分不明种类	合计
					中国特有种	中日种类		
2201	张家界山区	1 258	438	263	1 107	592	9	3 667
2202	湘西山区	426	147	92	333	192	2	1 192
2203	洞庭湖平原	484	207	153	343	204	3	1 394
2204	湘中丘陵	662	212	147	483	333	1	1 838
2205	湘南山区	572	127	124	398	144	0	1 365
2206	湘东丘陵	530	177	148	322	215	0	1 392
合　　计		3 932	1 308	927	2 986	1 680	15	10 848
2200	全省	2 734	1 065	500	2 711	1 322	22	8 354

三、各地理小区的 MSCA 分析

各地理小区之间的相似性系数见表 3-67。直观判断，2201 和 2202 小区、2203 和 2206 小区分别聚为 a、b 群。2204 小区会聚入 b 群，2205 小区将在 a、b 2 群中进行计算比较。实际运算结果的聚类图见图 3-43，总相似性系数为 0.212，在 0.25 的相似性水平上，分为 3 个大群，A 大群为湘西山地，B 大群为湘南山地，C 大群为中东部丘陵平原。

表 3-67　湖南各地理小区之间的共有种类（上三角）和相似性系数（下三角）

代码	2201	2202	2203	2204	2205	2206
2201	**3 667**	1 066	794	942	721	756
2202	0.281	**1 192**	375	393	377	355
2203	0.186	0.170	**1 394**	652	494	602
2204	0.206	0.149	0.253	**1 838**	616	657
2205	0.167	0.173	0.218	0.238	**1 365**	497
2206	0.176	0.159	0.276	0.255	0.220	**1 392**

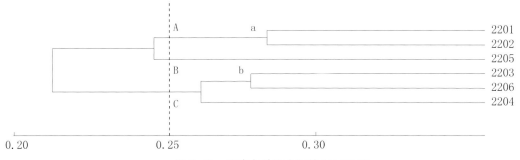

图 3-43　湖南各地理小区的 MSCA 图

第二十三章 贵州

Chapter 23 Guizhou

第一节 自然地理特征及昆虫地理小区

Segment 1 Natural geographical features and insect geographical small-regions

贵州位于东经103°36′~109°35′,北纬24°37′~29°13′,东毗湖南,南邻广西,西连云南,北接四川和重庆(图3-44)。全省东西长595 km,南北约509 km,总面积为17.6万 km²,占全国国土面积的1.8%。

地势 贵州地处云贵高原东部,境内地势西高东低,自中部向北、东、南三面倾斜,平均海拔1 100 m左右。全省92.5%的面积为山地和丘陵。北部有大娄山,中南部苗岭横亘,主峰雷公山海拔2 178 m,东北境有武陵山,主峰梵净山海拔2 494 m; 西部有乌蒙山,其主峰韭菜坪海拔2 900.6 m,为贵州境内最高点。贵州岩溶地貌发育典型。喀斯特地貌面积10.9万 km²,占全省总面积的61.9%。

气候 全省温暖湿润,属亚热带湿润季风气候。气温变化小,冬暖夏凉,气候宜人。全省年平均气温为10~20℃,1月份1~10℃,极端最低气温-13.8℃,7月份17~28℃,极端最高气温42.5℃。全省无霜期210~300 d。年平均降水量1 000~1 300 mm。

河流湖泊 全省河流多源于中西部山地,以苗岭为界,以北为长江水系,面积占全省的7/10; 以南为珠江水系,面积占3/10。乌江是长江在本省的最大支流,流域面积占全省面积的2/5。珠江水系的主要支流有南盘江、北盘江,在北盘江的上游,有著名的黄果树大瀑布。本省湖泊不多,西部的草海最大,面积为45 km²。

高等植物　贵州有维管束植物248科1 551属5 591种。国家级保护植物70种。在中国植物地理区划中，贵州分属于两个亚区，贵阳以东分属于中国–日本森林植物亚区下的华中植物地区和黔桂植物地区，贵阳以西属于中国–喜马拉雅森林植物亚区下的云贵高原植物地区。

高等动物　全省有野生动物1 000余种，其中87种被列为国家一、二级国家保护动物。在中国动物地理区划中，贵州属于华中区的西部山地亚区。

自然保护区　全省有8个国家级自然保护区和4个省级自然保护区，还有117个市县级自然保护区。自然保护区面积95万hm²，占全省土地面积的5.42%。贵州自然保护区主要以森林生态和野生植物类型为主，如习水、梵净山、雷公山、茂兰等自然保护区。

昆虫地理小区　学者们已对贵州的两栖动物、啮齿动物、陆生贝类、飞虱科昆虫的地理区划进行了讨论分析，一般分为5个自然生态类型（魏刚等，1989；　黎道洪等，1999；　刘畅，2006；　李红荣等，2009）。本研究又分设东北和西南共7个地理小区（图3-44）。

2301 梵净山区小区　贵州东北部，主要是铜仁地区。

2302 雷公山区小区　贵州东南部，主要是黔东南州。

2303 大娄山区小区　贵州北部，主要是遵义市。

2304 黔中高原小区　包括贵阳市、黔东南州北端、安顺市北部、毕节地区东部。

2305 黔南苗岭小区　主要是黔南州（不包括北端和西南角的罗甸县）。

2306 黔西南山区小区　贵州西南部，包括兴义市、安顺市南部、黔南州的罗甸县。

表 3-68　贵州的昆虫类群和种类

目　名	科数	属数	种数	目　名	科数	属数	种数
原尾目 Protura	5	11	36	啮目 Psocoptera	14	42	119
弹尾目 Collembola	4	9	12	食毛目 Mallophaga	4	32	53
双尾目 Diplura	3	6	10	虱目 Anoplura	10	17	39
石蛃目 Microcoryphia	0	0	0	缨翅目 Thysanoptera	3	29	55
衣鱼目 Zygentoma	0	0	0	半翅目 Hemiptera	77	777	1 692
蜉蝣目 Ephemeroptera	10	21	37	广翅目 Megaloptera	1	8	26
蜻蜓目 Odonata	16	60	113	蛇蛉目 Raphidioptera	0	0	0
襀翅目 Plecoptera	5	14	43	脉翅目 Neuroptera	8	32	50
蜚蠊目 Blattodea	5	24	52	鞘翅目 Coleoptera	71	781	1 858
等翅目 Isoptera	4	17	79	捻翅目 Strepsiptera	0	0	0
螳螂目 Mantodea	3	15	33	长翅目 Mecoptera	2	3	34
蛩蠊目 Grylloblattodea	0	0	0	双翅目 Diptera	45	388	1 321
革翅目 Dermaptera	6	22	51	蚤目 Siphonaptera	6	27	46
直翅目 Orthoptera	21	156	284	毛翅目 Trichoptera	10	18	48
竹节虫目 Phasmatodea	3	16	43	鳞翅目 Lepidoptera	65	960	2 019
纺足目 Embioptera	1	1	1	膜翅目 Hymenoptera	55	458	1 145
缺翅目 Zoraptera	0	0	0	合计	457	3 944	9 299

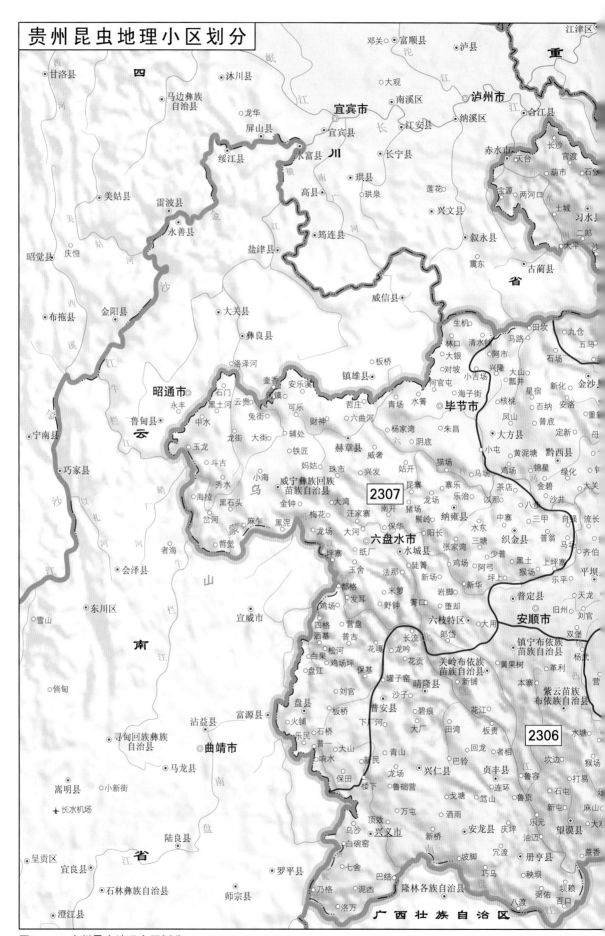

图3-44　贵州昆虫地理小区划分

比例尺 1:2 000 000

2307 黔西山区小区 贵州西部，包括六盘水市、毕节地区西部。

第二节 昆虫的类群及种类
Segment 2 Insect groups and species

20世纪70年代，贵州就开始筹备《贵州动物志》编写工作，1987~1992年，共出版6卷昆虫志（郭振中，1987~1991； 陈汉彬等，1991； 金大雄等，1992），共记述约2 500种昆虫。20世纪末到本世纪初，对重要自然保护区进行大规模昆虫考察，共出版6卷考察报告（李子忠等，2002，2006，2007； 金道超等，2005，2006； 杨茂发等，2005）。

本研究共记录贵州昆虫27目457科3 944属9 299种，占全国昆虫种类的9.93%。其中鳞翅目最多，2 019种，占全省种类的21.71%，连同鞘翅目、半翅目、双翅目、膜翅目、直翅目，6目共占89.46%（表3-68）。

第三节 昆虫的分布及 MSCA 分析
Segment 3 Insect distribution and MSCA

一、贵州昆虫的区系成分

在贵州9 299种昆虫中，东亚种类4 993种，占53.69%； 东洋种类2 891种，占31.09%； 古北种类925种，占9.95%； 广布种类447种，占4.81%。

二、贵州昆虫在各小区的分布

在贵州9 299种昆虫中，7 735种有省下分布记录。它们在7个地理小区的分布情况见表3-69。以梵净山最丰富，黔西山地最贫乏。除自然分布的差异外，区系调查的频度和深度也是重要因素。

表3-69 贵州昆虫的区系结构和分布

代码	地理小区	东洋种类	古北种类	广布种类	东亚种类		成分不明种类	合计
					中国特有种	中日种类		
2301	梵净山区	1 013	314	211	1 248	416	9	3 211
2302	雷公山区	992	260	189	978	326	12	2 757
2303	大娄山区	1 027	344	192	1 161	412	4	3 140
2304	黔中高原	629	206	161	450	213	9	1 668
2305	默南苗岭	896	153	139	645	219	15	2 067

（续表）

代码	地理小区	东洋种类	古北种类	广布种类	东亚种类		成分不明种类	合计
					中国特有种	中日种类		
2306	黔西南山区	559	93	88	270	93	8	1 111
2307	黔西山区	224	96	67	139	60	3	589
合　计		5 340	1 466	1 047	4 891	1 739	60	14 543
2300	全省	2 891	925	447	3 882	1 111	43	9 299

三、各地理小区的 MSCA 分析

各地理小区之间的相似性系数见表 3-70。2304、2306 小区首先聚为 a 群，2307 小区相继聚入，2301、2302、2303 小区以 0.265 的相似性聚为 b 群，而 05 小区在 a、b 群之间相比，以 0.002 之差聚入 b 群。聚类图（图 3-45）显示，总相似性系数为 0.183，在 0.25 的相似性水平上，全省分为 A、B、C 3 个大群，A 大群为东部山地、B 大群为南部低山丘陵、C 大群为西部高原。

表 3-70　贵州各地理小区之间的共有种类（上三角）和相似性系数（下三角）

代码	2301	2302	2303	2304	2305	2306	2307
2301	**3 211**	1 210	1 295	755	848	523	360
2302	0.254	**2 757**	1 160	710	831	526	360
2303	0.256	0.245	**3 140**	828	934	584	371
2304	0.183	0.321	0.208	**1 668**	768	650	445
2305	0.191	0.208	0.219	0.259	**2 067**	627	348
2306	0.138	0.157	0.159	0.305	0.248	**1 111**	352
2307	0.105	0.121	0.110	0.246	0.151	0.261	**589**

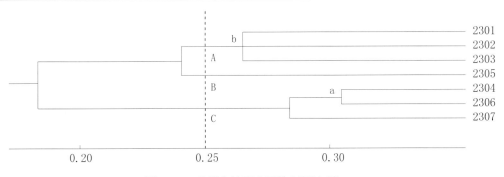

图 3-45　贵州各地理小区的 MSCA 图

第二十四章　四川

Chapter 24　Sichuan

第一节　自然地理特征及昆虫地理小区

Segment 1　Natural geographical features and insect geographical small-regions

四川位于中国内陆西部腹地，四面环山，东邻湖北、湖南，南靠云南、贵州，西接青海、西藏、北连陕西、甘肃，总面积57万km²（图3-46）。

地势　四川地跨青藏高原、横断山脉、云贵高原、秦巴山地、武陵山地、四川盆地几大地貌单元，地势西高东低，由西北向东南倾斜。最高点是西部的大雪山主峰贡嘎山，海拔7 556 m。地形复杂多样。以龙门山-大凉山一线为界，东部为四川盆地及盆缘山地，西部为川西高山高原及川西南山地。

气候　四川位于亚热带范围内，由于复杂的地形和不同季风环流的交替影响，气候复杂多样。东部盆地属亚热带湿润气候。西部高原在地形作用下，以垂直气候带为主，从南部山地到北部高原，由亚热带演变到亚寒带，垂直方向上有亚热带到永冻带的各种气候类型。年平均气温-1~19℃，1月份-12~10℃，极端最低气温-36.3℃，7月份10~30℃，极端最高气温44.1℃。无霜期盆地280~300 d，西部30~90 d。年降水量500~1 200 mm，季节分布差异明显。

河流湖泊　四川河流众多，除北部松潘草地有小河流入黄河外，其余均属长江水系。长江上游为金沙江，穿行四川和重庆全境，于巫峡处进入湖北，其北侧先后有雅砻江、岷江、沱江、嘉陵江注入，南侧有乌江注入。该区湖泊不多。

高等植物 全区有高等植物 270 科 1 700 属 10 000 种，约占全国种类的 1/3，仅次于云南，居全国第二位。其中：苔藓植物 500 余种；蕨类植物 708 种；裸子植物 100 余种（含变种）；被子植物 8 500 余种。有 74 种全国珍稀濒危保护植物。在中国植物地理区划中，该区属于东亚植物区下的两个亚区，成都以东为中国–日本森林植物亚区下的华中植物地区，成都以西为中国喜马拉雅森林植物亚区下的横断山脉植物地区。

高等动物 共有脊椎动物 1 246 种，其中兽类 217 种，鸟类 625 种，爬行类 84 种，两栖类 90 种，鱼类 230 种。有国家重点保护的野生动物 146 种，有省重点保护动物 77 种。在中国动物地理区划中，该区分属于华中区的西部山地高原亚区和西南区的西南山地亚区。

自然保护区 四川共有 25 个国家级自然保护区和 84 个省级自然保护区，还有 106 个市县级自然保护区。自然保护区面积 964 万 hm²，占全区土地面积的 16.90%。四川自然保护区主要以野生动物、森林生态和内陆湿地类型为主，如卧龙、贡嘎山、海子山、九寨沟、大巴山等自然保护区。

昆虫地理小区 赵尔宓对四川爬行动物进行了地理区划研究，将四川分为 6 个地理区（赵尔宓，2002）。本研究也将昆虫分为 6 个地理小区，但所辖地理范围有所变动（图 3-46）。

2401 川西山区小区 四川西部山地，包括甘孜州、雅安市、凉山州的西部。

2402 阿坝高原小区 包括阿坝州以及青川、平武、北川、都江堰市。

2403 大凉山区小区 包括凉山州东部、攀枝花市。

2404 大巴山区小区 四川、重庆的东北部和陕西、湖北的交界山区。

表 3-71 四川的昆虫类群和种类

目 名	科数	属数	种数	目 名	科数	属数	种数
原尾目 Protura	5	14	41	啮目 Psocoptera	12	42	118
弹尾目 Collembola	5	10	20	食毛目 Mallophaga	5	72	270
双尾目 Diplura	3	5	8	虱目 Anoplura	8	11	23
石蛃目 Microcoryphia	1	2	2	缨翅目 Thysanoptera	3	41	85
衣鱼目 Zygentoma	1	2	2	半翅目 Hemiptera	94	890	2 080
蜉蝣目 Ephemeroptera	7	14	22	广翅目 Megaloptera	2	6	24
蜻蜓目 Odonata	15	77	171	蛇蛉目 Raphidioptera	0	0	0
襀翅目 Plecoptera	5	27	73	脉翅目 Neuroptera	10	46	110
蜚蠊目 Blattodea	5	20	50	鞘翅目 Coleoptera	97	1 253	3 903
等翅目 Isoptera	4	16	92	捻翅目 Strepsiptera	2	2	4
螳螂目 Mantodea	3	13	32	长翅目 Mecoptera	3	4	29
蛩蠊目 Grylloblattodea	0	0	0	双翅目 Diptera	58	650	2 885
革翅目 Dermaptera	7	23	73	蚤目 Siphonaptera	7	39	96
直翅目 Orthoptera	21	179	420	毛翅目 Trichoptera	17	48	164
螭目 Phasmatodea	2	20	41	鳞翅目 Lepidoptera	69	1 721	4 886
纺足目 Embioptera	0	0	0	膜翅目 Hymenoptera	55	604	1 763
缺翅目 Zoraptera	0	0	0	合计	526	5 851	17 487

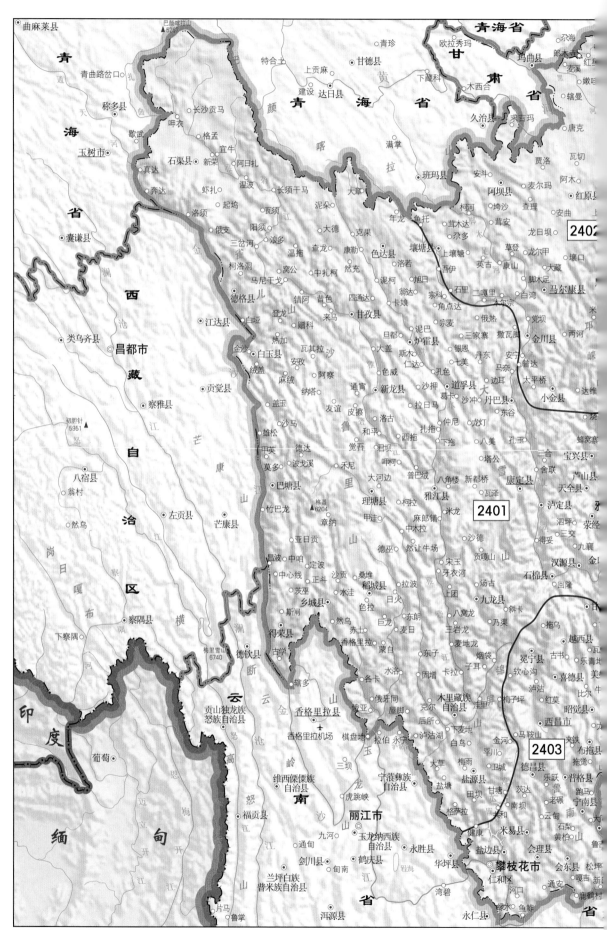

图 3-46　四川（包括重庆）昆虫地理小区划分

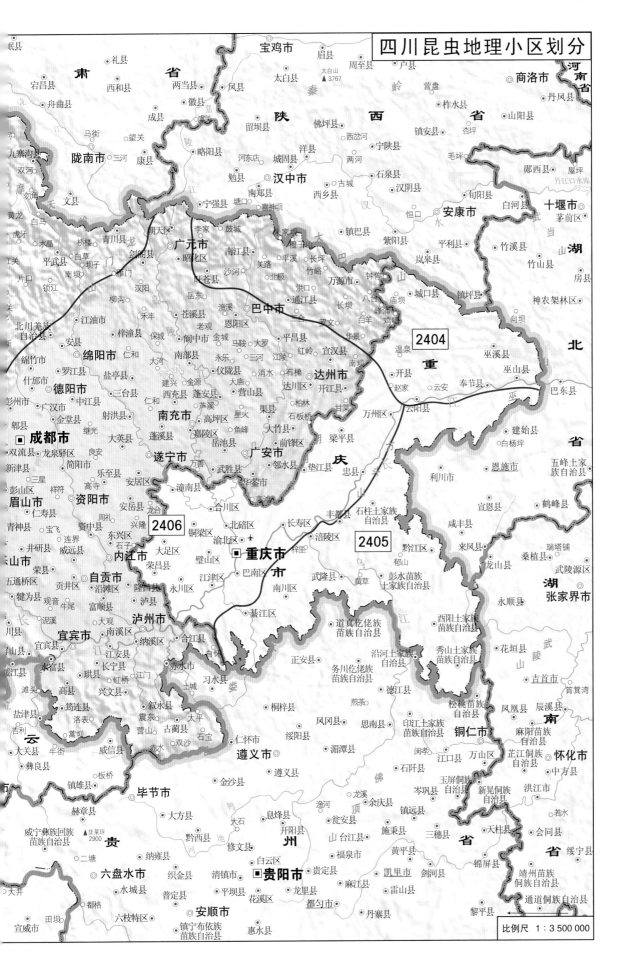

四川昆虫地理小区划分

比例尺 1：3 500 000

2405 武陵山区小区　重庆市东南部山区。

2406 四川盆地小区　上述山区包围着的广阔盆地平原。

第二节　昆虫的类群及种类
Segment 2　Insect groups and species

　　四川是中国昆虫重要集中产地之一，昆虫多样性很早就为世人所关注，但很少有人进行系统整理。《四川森林昆虫名录》和《四川农业害虫天敌图册》报道了一些昆虫种类。《横断山区昆虫》（一、二册）（陈世骧，1992、1993）、《长江三峡库区昆虫》（上、下册）（杨星科，1997）分别有四川东、西部的昆虫种类。2010 年《重庆市昆虫》出版（陈斌等，2010），报道 26 目 319 科 2 566 属 4 715 种昆虫，是该地区种类最多的专著。

　　本研究共记录四川、重庆昆虫 29 目 526 科 5 851 属 17 487 种，占全国种类的 18.67%。其中鳞翅目最多，4 886 种，占全区种类的 27.94%，连同鞘翅目、双翅目、半翅目、膜翅目、直翅目，6 目共 15 937 种，占全区种类的 91.14%（表 3-71）。

第三节　昆虫的分布及 MSCA 分析
Segment 3　Insect distribution and MSCA

一、四川昆虫的区系成分

　　在四川 17 487 种昆虫中，东亚种类 10 546 种，占 60.31%；东洋种类 4 014 种，占 22.95%；古北种类 2 229 种，占 12.75%；广布种类 631 种，占 3.61%。

二、四川昆虫在各小区的分布

　　在四川 17 487 种昆虫中，10 425 种昆虫有省下分布记录。它们在 6 个地理小区的分布情况见表 3-72。

表 3-72　四川昆虫的区系结构和分布

代码	地理小区	东洋种类	古北种类	广布种类	东亚种类		成分不明种类	合计
					中国特有种	中日种类		
2401	川西山区	1 007	583	166	2 833	485	9	5 083
2402	阿坝高原	390	416	111	1 108	184	6	2 215
2403	大凉山区	338	77	36	287	123	1	862
2404	大巴山区	442	283	164	409	289	6	1 593

（续表）

代码	地理小区	东洋种类	古北种类	广布种类	东亚种类		成分不明种类	合计
					中国特有种	中日种类		
2405	武陵山区	1 069	413	247	746	469	10	2 954
2406	四川盆地	1 317	485	291	1 109	568	11	3 781
合　计		4 563	2 257	1 015	6 492	2 118	43	16 488
2400	全省	4 014	2 229	631	8 201	2 345	67	17 487

　　川西山地和四川盆地最多，大凉山和大巴山最少，这些差异，有自然地理的因素，也与区系调查的关注度、频度、深度有关。

三、各地理小区的 MSCA 分析

　　各地理小区之间的相似性系数见表 3-73。直观判断，2405、2406 小区首先聚类建群，2404 小区随后聚入。实际运算结果见图 3-47，总相似性系数为 0.156，在 0.25 的相似性水平上，西部的 2401、2402、2403 小区各自独立为 A、B、C 大群，东部的 2404、2405、2406 小区牢固相聚为 D 大群。

表 3-73　四川各地理小区之间的共有种类（上三角）和相似性系数（下三角）

代码	2401	2402	2403	2404	2405	2406
2401	**5 083**	1 136	369	441	896	1 002
2402	0.184	**2 215**	164	245	456	459
2403	0.066	0.036	**862**	185	288	310
2404	0.071	0.069	0.081	**1 593**	925	915
2405	0.125	0.097	0.082	0.255	**2 954**	1 763
2406	0.128	0.083	0.072	0.206	0.355	**3 781**

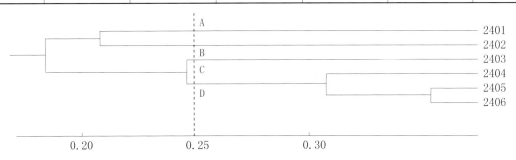

图 3-47　四川各地理小区的 MSCA 图

第二十五章　云南

Chapter 25　Yunnan

第一节　自然地理特征及昆虫地理小区

Segment 1　Natural geographical features and insect geographical small-regions

云南地处中国西南边陲,北回归线横贯其南部(图3-48)。总面积39.4万km²,占全国总面积的4.1%。东与广西和贵州毗邻,北以金沙江为界与四川隔江相望,西北与西藏相连,西部与缅甸以山相隔,南部和东南部分别与老挝、越南接壤,共有陆地边境线4061km。

地势　云南地势北高南低,海拔相差大。南部海拔一般在1500~2200m,北部在3000~4000m,全省最高点是梅里雪山的卡瓦格博峰,海拔6740m,东部为云贵高原,地形渐趋平缓。

气候　云南属亚热带-热带高原型湿润季风气候,垂直变化明显,干湿季节分明。全省年平均气温4~24℃,1月份5~7℃,极端最低气温-25.4℃,7月份19~22℃,极端最高气温42.3℃。全省年平均降水量600~2300mm。

河流湖泊　全省河流分属6个水系,怒江和瑞丽江进入缅甸后,分别注入印度洋;澜沧江进入老挝,经柬埔寨、越南流入太平洋;元江进入越南流入太平洋;南盘江是珠江上游,金沙江是长江上游。全省湖泊较多,主要有滇池、洱海、抚仙湖等。

高等植物　云南是全国植物种类最多的省份,有18000种,占全国总数的51%。在中国植物地理区划中,云南的北、南分属于东亚植物区和古热带植物区,南部属于热带东南亚植物亚区下的滇缅泰植物地区，北部分属于中国–喜马拉雅植物亚区下的云贵高原植物地区和横断山脉植物地区。

高等动物　全省有脊椎动物 1 407 种，其中两栖类 100 多种，鸟类 772 种，鱼类 300 种，兽类 235 种。在中国动物地理区划中，云南分属于西南区的西南山地亚区和华南区的滇南山地亚区。

自然保护区　全省有 16 个国家级自然保护区和 45 个省级自然保护区，还有 91 个市县级自然保护区。自然保护区面积 284 万 hm^2，占土地面积的 7.21%。云南自然保护区主要以森林生态类型为主，如高黎贡山、白马雪山、西双版纳、苍山洱海、哀牢山等自然保护区。

昆虫地理小区　黄复生等将云南划分为 7 个地理小区（黄复生等，1987）。本研究依照黄复生等的意见进行划分（图 3-48）。

2501 滇西北山区小区　西北部横断山区，包括迪庆藏族自治州、怒江州、丽江市、大理白族自治州西部。

2502 无量山区小区　云南西南部，包括保山市、临沧市、普洱市北部。

2503 滇北山区小区　云南北部、东北部，包括昭通市、曲靖市北部、昆明市北部、楚雄州北部、丽江市南部。

2504 云贵高原小区　云南中东部，包括玉溪市、昆明市南部、楚雄州南部、大理市东南部、红河州北部、文山壮族苗族自治州北部、曲靖市南部。

2505 瑞丽地区小区　云南西南部，包括德宏州、临沧市西部。

2506 西双版纳小区　云南南部，包括景洪市、普洱市南部。

2507 滇东南小区　云南东南部，包括红河州南部、文山壮族苗族自治州南部。

表 3-74　云南昆虫的类群和种类

目　　名	科数	属数	种数	目　　名	科数	属数	种数
原尾目 Protura	6	11	66	啮目 Psocoptera	20	67	227
弹尾目 Collembola	6	9	12	食毛目 Mallophaga	6	82	342
双尾目 Diplura	4	6	7	虱目 Anoplura	9	13	47
石蛃目 Microcoryphia	0	0	0	缨翅目 Thysanoptera	4	63	105
衣鱼目 Zygentoma	0	0	0	半翅目 Hemiptera	105	1 195	3 112
蜉蝣目 Ephemeroptera	5	8	12	广翅目 Megaloptera	2	9	44
蜻蜓目 Odonata	16	85	193	蛇蛉目 Raphidioptera	0	0	0
襀翅目 Plecoptera	4	20	47	脉翅目 Neuroptera	13	65	130
蜚蠊目 Blattodea	5	48	186	鞘翅目 Coleoptera	99	1 351	4 412
等翅目 Isoptera	4	36	137	捻翅目 Strepsiptera	2	2	3
螳螂目 Mantodea	8	31	49	长翅目 Mecoptera	2	4	15
蛩蠊目 Grylloblattodea	0	0	0	双翅目 Diptera	49	645	2 650
革翅目 Dermaptera	8	40	120	蚤目 Siphonaptera	9	47	131
直翅目 Orthoptera	22	227	630	毛翅目 Trichoptera	19	50	143
螭目 Phasmatodea	3	26	53	鳞翅目 Lepidoptera	65	1 770	4 853
纺足目 Embioptera	1	1	1	膜翅目 Hymenoptera	58	665	1 980
缺翅目 Zoraptera	0	0	0	合计	554	6 576	19 707

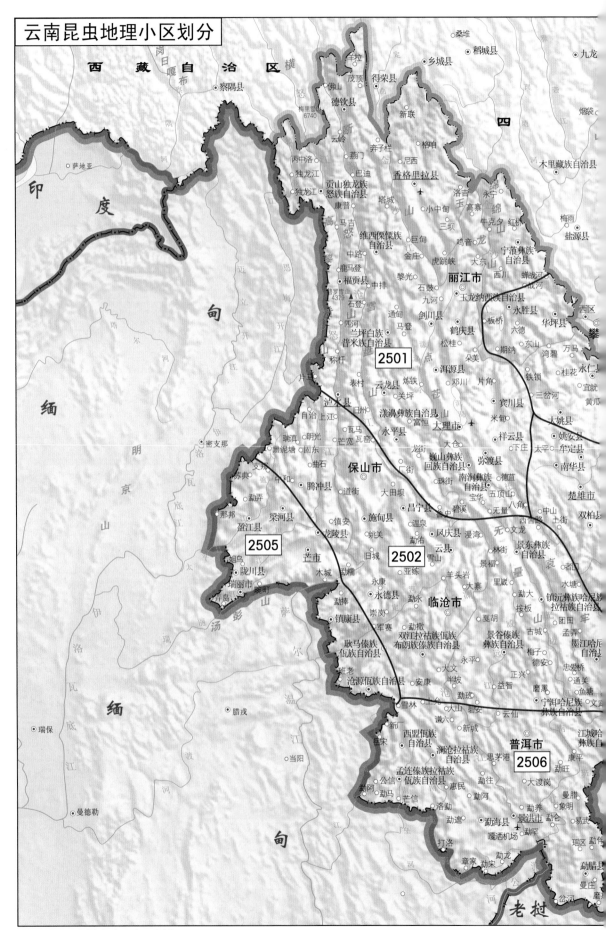

图 3-48 云南昆虫地理小区划分

比例尺 1:3 800 000

第二节　昆虫的类群及种类
Segment 2　Insect groups and species

云南是中国生物多样性宝库，早就为世人所知。1978~1981 年进行的森林病虫害普查，采集到 21 目 253 科 10 959 种昆虫，在随后出版的《云南森林昆虫》中，记述了 5 300 种（黄复生，1987）。《横断山区昆虫》（一、二册）（陈世骧，1992，1993）有涉及滇西北山地小区的部分种类。近年来，有自然保护区的科学考察报告出版，但昆虫部分比重不大。

本研究共记录云南昆虫 28 目 554 科 6 576 属 19 707 种，占全国种类的 21.04%。其中鳞翅目最多，4 853 种，占全省的 24.63%，连同鞘翅目、半翅目、双翅目、膜翅目、直翅目，6 目共有 17 637 种，占全省的 89.50%（表 3-74）。

第三节　昆虫的分布及 MSCA 分析
Segment 3　Insect distribution and MSCA

一、云南昆虫的区系成分

在云南 19 707 种昆虫中，东亚种类 10 416 种，占 52.85%；东洋种类 7 189 种，占 36.48%；古北种类 1 389 种，占 7.05%；广布种类 624 种，占 3.17%。

二、云南昆虫在各小区的分布

在云南 19 707 种昆虫中，12 471 种有省下分布记录。它们在 7 个地理小区的分布情况见表 3-75。西北山地和西双版纳种类最多。2503、2505、2507 小区种类最少，显然，除自然因素以外，区系调查的关注度、频度、深度也不无关系。2501、2503、2504 小区的东亚种类多于东洋种类，2502、2505、2506、2507 小区的东洋种类多于东亚种类。

三、各地理小区的 MSCA 分析

各地理小区之间的相似性系数见表 3-76。直观判断，2502、2504 小区首先聚合建为 a 群，2505 小区随后聚入，2503、2507 小区也会相继聚入，谁先谁后要具体计算决定；2501、2506 小区是另外独立建群，或是聚为一起，也要计算比较。实际运算结果见图 3-49，总相似性系数 0.139，在 0.18 的相似性水平上，2501、2503、2506 小区分别独立为 A、B、D 大群，2502、2504、2505、2507 小区聚为 C 大群。这个单核聚类结构的相似性水平偏低，改善的途径是增加昆虫的分布信息，毕竟还有 7 000 多种昆虫没有省下分

布资料而不能参加分析。

表 3-75　云南昆虫的区系结构和分布

代码	地理小区	东洋种类	古北种类	广布种类	东亚种类		成分不明种类	合计
					中国特有种	中日种类		
2501	滇西北山区	1 414	512	226	2 237	446	18	4 853
2502	无量山区	1 435	119	114	1 047	188	12	2 915
2503	滇北山区	629	193	122	490	190	8	1 632
2504	云贵高原	1 090	210	174	963	225	9	2 671
2505	瑞丽地区	1 004	63	67	592	101	10	1 837
2506	西双版纳	2 395	125	114	1 930	185	16	4 765
2507	滇东南	1 014	39	52	529	111	3	1 748
合　计		8 981	1 261	869	7 788	1 446	76	20 421
2500	全省	7 189	1 389	624	8 631	1 785	89	19 707

表 3-76　云南各地理小区之间的共有种类（上三角）和相似性系数（下三角）

代码	2501	2502	2503	2504	2505	2506	2507
2501	**4 853**	995	841	1 060	484	731	429
2502	0.147	**2 915**	553	967	810	1 245	681
2503	0.149	0.138	**1 632**	677	300	403	265
2504	0.168	0.209	0.187	**2 671**	559	852	554
2505	0.078	0.205	0.095	0.142	**1 837**	908	504
2506	0.082	0.192	0.167	0.129	0.159	**4 765**	880
2507	0.070	0.171	0.085	0.143	0.164	0.156	**1 748**

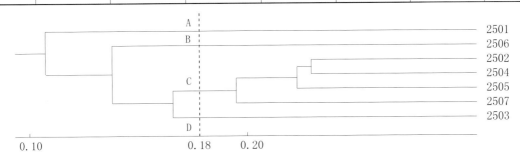

图 3-49　云南各地理小区的 MSCA 图

第二十六章 广东

Chapter 26 Guangdong

第一节 自然地理特征及昆虫地理小区

Segment 1 Natural geographical features and insect geographical small-regions

广东地处中国大陆最南部，北纬 20°13′~25°31′，东经 109°39′~117°19′，东邻福建，北接江西、湖南，西连广西，南临南海，西南部雷州半岛隔琼州海峡与海南省相望（图 3-50）。东西跨度约 800km，南北跨度约 600km。北回归线从南澳-从化-封开一线横贯全境。陆地面积为 18 万 km²，约占全国陆地面积的 1.87%。全省大陆海岸线长 3 368.1 km，居全国第一位。按照《联合国海洋法公约》关于领海、大陆架及专属经济区归沿岸国家管辖的规定，全省海域总面积 41.9 万 km²。

地势 全区北高南低，北部多为山地和高丘陵，最高峰石坑崆海拔 1 902 m，位于广东、湖南交界处；南部则为平原和台地。平原以珠江三角洲平原最大，潮汕平原次之，此外还有高要、清远、杨村和惠阳等冲积平原。台地以雷州半岛-电白-阳江一带和海丰-潮阳一带分布较多。山地、丘陵、台地和平原，其面积分别占全省总面积的 33.7%、24.9%、14.2% 和 21.7%，河流和湖泊等占全省土地总面积的 5.5%。

气候 广东属于亚热带-热带湿润季风气候，是全国光、热和水资源最丰富的地区之一。年平均气温 19~24℃，1 月份 8~19℃，极端最低气温 -7.3℃，7 月份 28~29℃，极端最高气温 42℃。年平均降水量 1 300~2 500 mm。沿海地区台风频繁。

河流湖泊 全区河流众多，水量丰富，除珠江水系最大外，还有韩江、漠阳江、鉴江等自行入海。珠江由西江、北江、东江组成，分别源自云南东部、湖南南部、江西南部，长度居全国第五，水量仅次于长江。全省湖泊不多。

高等植物　全区共有维管束植物 280 科 1 645 属 7 055 种，属于国家保护植物的有 67 种，还有省级保护植物 12 种。在中国植物地理区划中，广东全区基本以珠江为界，以南属于古热带植物区，热带东南亚植物亚区，南海植物地区，以北属于泛北极植物区，中国–日本森林植物亚区，岭南山区植物地区。

高等动物　陆生脊椎动物有 829 种；其中兽类 124 种、鸟类 510 种、爬行类 145 种、两栖类 50 种。有淡水水生动物的鱼类 281 种，底栖动物 181 种和浮游动物 256 种。动物种类中，被列入国家级保护的有 117 种。在中国动物地理区划中，广东属于华南区的闽广沿海亚区。

自然保护区　全省有 11 个国家级自然保护区和 58 个省级自然保护区，还有 302 个市县级自然保护区。自然保护区面积 355 万 hm^2，占全区土地面积的 19.73%。广东自然保护区主要以野生动物和森林生态类型为主，如南岭、珠江口、雷州等自然保护区。

昆虫地理小区　学者们对广东的啮齿动物、农业昆虫、蝙蝠等做了地理区划，将全省分为 4~6 个地理小区（秦耀亮等，1979；陈振耀，1994；徐剑等，2002）。本研究分为 3 个地理小区（图 3-50）。

2601 南岭山区小区　广东北部、东北部山地、丘陵。东到梅州，西到连山县。

2602 广东平原小区　全省南部的平原、浅丘。东到潮州，西到湛江。

表 3-77　广东昆虫的类群和种类

目　名	科数	属数	种数	目　名	科数	属数	种数
原尾目 Protura	3	9	23	啮目 Psocoptera	17	56	167
弹尾目 Collembola	9	25	42	食毛目 Mallophaga	5	75	271
双尾目 Diplura	4	12	13	虱目 Anoplura	2	3	5
石蛃目 Microcoryphia	0	0	0	缨翅目 Thysanoptera	4	78	170
衣鱼目 Zygentoma	2	4	4	半翅目 Hemiptera	101	856	1 688
蜉蝣目 Ephemeroptera	8	16	29	广翅目 Megaloptera	1	7	29
蜻蜓目 Odonata	19	101	199	蛇蛉目 Raphidioptera	0	0	0
襀翅目 Plecoptera	2	9	16	脉翅目 Neuroptera	6	32	45
蜚蠊目 Blattodea	5	21	49	鞘翅目 Coleoptera	92	1 058	2 606
等翅目 Isoptera	5	25	118	捻翅目 Strepsiptera	1	1	5
螳螂目 Mantodea	4	18	31	长翅目 Mecoptera	2	3	6
蛩蠊目 Grylloblattodea	0	0	0	双翅目 Diptera	51	447	1 279
革翅目 Dermaptera	7	14	22	蚤目 Siphonaptera	5	15	17
直翅目 Orthoptera	24	173	341	毛翅目 Trichoptera	17	41	84
螭目 Phasmatodea	3	23	47	鳞翅目 Lepidoptera	72	1 278	2 716
纺足目 Embioptera	1	1	5	膜翅目 Hymenoptera	53	478	1 168
缺翅目 Zoraptera	0	0	0	合计	525	4 879	11 195

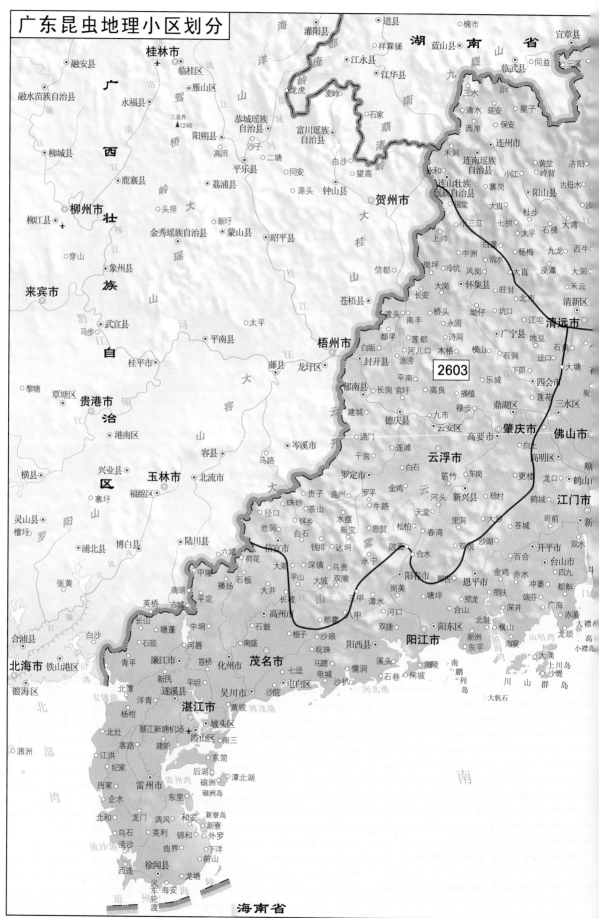

图 3-50　广东（包括香港、澳门）昆虫地理小区划分

省

池江　　大余县

长江　　　　信丰县

扶溪　　黄坑　乌迳　　坪石　　右水　　　　　湘

仁化县　澜河　南港　　　筠门岭　　　武平县　　福

马头　　　　　　安远县　　　　　　上杭县　　龙岩市

始兴县　顿岗　澄江　龙南县　　　　十方

长市　深渡水　全南县　　寻乌县　　　　下坝　　永定县　建

石　司前　都亭　　　　汶龙　天花　上坪　　仁居　广福　　　抚市

陆子　坝仔　　　老城　细坳　蒲　　八尺　文福　　　南靖县　漳州市

新江　江尾　陂头　　上陵　下车　麻布岗　东石　蕉岭县　蓝坊　永定县　平和县

翁城　　　　和平县　优胜　岩镇　罗浮　黄槐　白渡　雁洋　大埔县　漳浦县

官渡　青塘　六里　翁源县　彭寨　赤光　罗岗　石马　梅州市　坪上　枫朗

沙　回龙　　黄砂　隆街　油溪　漳溪　东水　田心　梅县区　高陵　上善　云霄县

遥田　梅坑　新丰县　半江　　柳城　　五华县　水口　龙岗　小胜　三饶

东明　山蓝坑　石角　锡场　双江　龙川县　　丰良　潘田　喇嘤　凤凰

01　吕田　田美　新港　东源县　康禾　长布　安流　双华花　郭田　丰顺县　汤溪

良口　龙门县　　平陵　　　黄潭　中坝　　　棉洋　潮州市　诏安县　东山县

永汉　龙华　公庄　古竹　河源市　紫金县　华阳　　揭阳市　揭东区

罗　麻榨　横河　柏塘　观音阁　凤安　上义　九和　龙窝　龙村　揭西县　灰寨　澄海区

楼　王果　横河　　蓝塘　苏区　　　　洪阳　潮安区　南澳县

增城区　博罗县　逯陂　梁化　安墩　宝口　高潭　河口　普宁市　潮南区　广澳

三江　东莞市　桥头　　　多祝　公平　　鮜溪　大坪　　河林　仙境

樟木头　惠州市　　白花　园墩　鮜门　　　葵潭　惠来县

2602　长安　塘尾　新圩　惠阳区　黄埠　马宫　陆丰市　内湖　甲子　前詹

宝安机场　龙岗区　葵涌　澳头　西冲口　铁漏　西碇岛　碣石　湖东

安区　盐田区　沙头　　港口　东碇岛　遮浪

南山区　深圳市　　沙井　　　　汕尾市

香港　西贡

香港特别行政区

政区

山　群岛

三门列岛　担杆列岛

群岛　佳

蓬

列

岛

海

北卫滩

南卫滩

东沙群岛

东沙岛

东北角

东南角

比例尺　1:2 300 000

2603 粤西山区小区 广东西部的山地。包括肇庆市、云浮市和茂名的信宜市。

第二节 昆虫的类群及种类
Segment 2 Insect groups and species

本研究共记录广东昆虫 29 目 525 科 4 879 属 11 195 种,占全国昆虫种类的 11.95%。其中鳞翅目最多,2 716 种,占全省的 24.26%,连同鞘翅目、半翅目、双翅目、膜翅目、直翅目,6 目共 9 798 种,占全省的 87.52%(表 3-77)。

第三节 昆虫的分布及 MSCA 分析
Segment 3 Insect distribution and MSCA

一、广东昆虫的区系成分

在广东 11 195 种昆虫中,东亚种类 4 978 种,占 44.47%; 东洋种类 4 870 种,占 43.50%,与东亚种类基本相等; 古北种类 743 种,占 6.64%; 广布种类 545 种,占 4.87%。

二、广东昆虫在各小区的分布

在广东 11 195 种昆虫中,仅有 3 882 种昆虫有省下分布记录。它们在 3 个地理小区的分布情况见表 3-78。南岭山地东亚种类多于东洋种类,粤西山地二者基本相等,平原地区东洋种类多于东亚种类。

表 3-78 广东昆虫的区系结构和分布

代码	地理小区	东洋种类	古北种类	广布种类	东亚种类		成分不明种类	合计
					中国特有种	中日种类		
2601	南岭山区	818	113	87	681	274	11	1 984
2602	广东平原	1 173	100	120	636	137	8	2 174
2603	粤西山区	209	14	18	187	25	1	454
合　计		2 200	227	225	1 504	436	20	4 612
2600	全省	4 870	743	545	3 899	1 079	59	11 195

三、各地理小区的 MSCA 分析

各地理小区之间的相似性系数见表 3-79。整体相似性水平不高,种类分布域只有 1.19 个小区。3 个

小区的总相似性系数为 0.121（图 3-51）。

表 3-79　广东各地理小区之间的共有种类（上三角）和相似性系数（下三角）

代码	2601	2602	2603
2601	**1 984**	522	142
2602	0.143	**2 174**	184
2603	0.062	0.075	**454**

图 3-51　广东各地理小区的 MSCA 图

第二十七章 广西

Chapter 27 Guangxi

第一节 自然地理特征及昆虫地理小区

Segment 1 Natural geographical features and insect geographical small-regions

广西地处中国南疆，位于东经 104°28′~112°04′，北纬 20°54′~26°24′，北回归线横贯全区中部。南临北部湾，西南与越南毗邻，东邻广东，北连湖南、贵州，西接云南（图 3-52）。全区土地面积 23.76 万 km²，占全国总面积的 2.47%。

地势 广西地处云贵高原东南边缘，地势西北高东南低，山地、丘陵、平原相间，越城岭猫儿山海拔为 2 141m，为全区最高点。全区山地面积占总面积的 60.24%，丘陵面积占 10.49%，台地面积占 6.43%，平原面积占 20.86%。

气候 广西属热带亚热带湿润季风气候，夏季长而炎热，冬季偶有奇寒，干湿季节明显。全区年平均气温 17~22℃，1 月份 5.5~15.2℃，极端最低气温 -8.4℃，7 月份 27~29℃，极端最高气温 42.5℃。全年无霜期 284~365 d。年平均降水量 1 200~2 000 mm，时空分布差异大。

河流湖泊 全区河流众多，水量丰富。除东北角属长江水系和沿海有小河自行入海外，全省绝大部分属珠江水系，南盘江是珠江正源，重要支流还有右江、左江、柳江、漓江等。全区湖泊不多。

高等植物 广西植物资源丰富，已知有 289 科 1 670 属 6 000 多种。其中，乔木、亚乔木有 120 科 480 属 1 800 多种。国家级濒危保护植物 113 种。在中国植物地理区划中，广西南部属于古热带植物区，热带东南亚植物亚区，北部湾植物地区，北部属于东亚植物区，中国-日本森林植物亚区的滇黔桂植物地区和岭南山地植物地区。

高等动物　广西有鸟类530种，兽类113种，爬行类152种，两栖类61种。国家野生动物保护种类有143种。在中国动物地理区划中，全区大部分属于华南区的闽广沿海亚区，北部小部分属于华中区的西部山地高原亚区。

自然保护区　全省有15个国家级自然保护区和49个省级自然保护区，还有12个市县级自然保护区。自然保护区面积为143万hm²，占全区土地面积的5.90%。广西自然保护区主要以森林生态和野生动物类型为主，如十万大山、大瑶山、九万大山、金钟山等自然保护区。

昆虫地理小区　学者已对广西两栖动物、农业昆虫等进行地理区划研究（张玉霞等，2000；贤振华等，1996；蒋国芳，1999），分别把全区分为4~6个地理区域。本研究按4个地理小区进行划分（图3-52）。

2701 桂西山区小区　包括百色市、河池市。

2702 桂北山区小区　包括桂林市北部、柳州市北部。

2703 桂东丘陵小区　包括桂林市南部、柳州市南部、贺州市、梧州市、贵港市、来宾市。

表3-80　广西昆虫的类群和种类

目　名	科数	属数	种数	目　名	科数	属数	种数
原尾目 Protura	4	10	38	啮目 Psocoptera	16	70	216
弹尾目 Collembola	2	2	2	食毛目 Mallophaga	3	48	110
双尾目 Diplura	3	5	6	虱目 Anoplura	5	4	10
石蛃目 Microcoryphia	0	0	0	缨翅目 Thysanoptera	2	45	81
衣鱼目 Zygentoma	1	1	1	半翅目 Hemiptera	95	834	1 697
蜉蝣目 Ephemeroptera	3	3	4	广翅目 Megaloptera	2	9	43
蜻蜓目 Odonata	17	72	119	蛇蛉目 Raphidioptera	0	0	0
襀翅目 Plecoptera	3	13	41	脉翅目 Neuroptera	8	29	66
蜚蠊目 Blattodea	5	21	41	鞘翅目 Coleoptera	82	976	2 511
等翅目 Isoptera	4	26	124	捻翅目 Strepsiptera	2	2	5
螳螂目 Mantodea	2	9	23	长翅目 Mecoptera	1	1	1
蛩蠊目 Grylloblattodea	0	0	0	双翅目 Diptera	49	360	1 146
革翅目 Dermaptera	7	28	57	蚤目 Siphonaptera	6	17	24
直翅目 Orthoptera	25	222	643	毛翅目 Trichoptera	11	27	60
蜻目 Phasmatodea	5	28	69	鳞翅目 Lepidoptera	64	1 191	2 500
纺足目 Embioptera	1	2	2	膜翅目 Hymenoptera	56	574	1 383
缺翅目 Zoraptera	0	0	0	合计	484	4 629	11 023

图 3-52 广西昆虫地理小区划分

2704 桂南平原小区　包括南宁市、崇左市、钦州市、玉林市、北海市。

第二节　昆虫的类群及种类
Segment 2　Insect groups and species

广西几位学界前辈对广西昆虫区系非常专注，不仅编绘了《广西经济昆虫图册》，又对全区昆虫资源进行系统整理。在《广西昆虫名录》中记述了 29 目 331 科 2 794 属 5 830 种（张永强等，1994）。

本研究共记录广西昆虫 29 目 484 科 4 629 属 11 023 种，占全国昆虫种类的 11.77%。其中鞘翅目最多，2 511 种，占全省的 22.78%，连同鳞翅目、半翅目、膜翅目、双翅目、直翅目，6 目共有 9 880 种，占89.63%（表 3-80）。

第三节　昆虫的分布及 MSCA 分析
Segment 3　Insect distribution and MSCA

一、广西昆虫的区系成分

在广西 11 023 种昆虫中，东亚种类 4 887 种，占 44.33%；东洋种类 4 800 种，占 43.55%，二者基本相等；古北种类 768 种，占 6.97%；广布种类 539 种，占 4.89%。

二、广西昆虫在各小区的分布

在广西 11 023 种昆虫中，7 635 种有区下分布记录。它们在 4 个地理小区的分布情况见表 3-81。从表中可见，4 个地理小区的东洋种类均比东亚种类多，而全区东洋种类比东亚种类少。这是不同区系成分种类的分布域不同所致，不是统计的偏差。各区系成分在广西的分布域是，东洋成分平均每种 1.86 小区，

表 3-81　广西昆虫的区系结构和分布

代码	地理小区	东洋种类	古北种类	广布种类	东亚种类		成分不明种类	合计
					中国特有种	中日种类		
2701	桂西山区	934	137	163	425	130	6	1 795
2702	桂北山区	1 005	164	178	733	208	7	2 295
2703	桂东丘陵	1 466	235	256	975	269	9	3 210
2704	桂南平原	2 777	338	357	1 520	408	14	5 414
合　计		6 182	874	954	3 653	1 015	36	12 714
2700	全区	4 800	768	539	3 880	1 007	29	11 023

古北成分 1.81 小区，广布成分 2.34 小区，中国特有种 1.31 小区，中日种类 1.70 小区。

三、各地理小区的 MSCA 分析

各地理小区之间的相似性系数见表 3-82。直观判断，2702、2703 小区首先聚类建群，271、2704 小区先后聚入。实际运算结果见图 3-53，总相似性系数为 0.260，相似性水平较高。2704 小区和其余 3 个小区相对较疏远，它的相异性贡献率为 52.49%。

表 3-82　广西各地理小区之间的共有种类（上三角）和相似性系数（下三角）

代码	2701	2702	2703	2704
2701	**1 795**	968	1 146	1 345
2702	0.308	**2 295**	1 320	1 378
2703	0.297	0.314	**3 210**	2 035
2704	0.229	0.217	0.309	**5 414**

0.20　　　　　　　　　　　0.30

图 3-53　广西各地理小区的 MSCA 图

第二十八章　海南
Chapter 28　Hainan

第一节　自然地理特征
Segment 1　Natural geographical features

海南位于中国最南端，北以琼州海峡与广东省划界，西临北部湾与越南民主共和国相对，东濒南海，与台湾相望，东南和南边在南海中与菲律宾、文莱和马来西亚为邻（图3-54）。海南的行政区域包括海南岛和西沙群岛、中沙群岛、南沙群岛的岛礁及其海域。全省陆地（包括海南岛和西沙、中沙、南沙群岛）总面积3.5万km²，海域面积约200万km²。海南岛面积（不包括卫星岛）3.39万km²，是中国仅次于台湾岛的第二大岛屿。海南与广东的雷州半岛相隔的琼州海峡宽约33 km（18海里），南沙群岛的曾母暗沙是中国最南端的领土。

地势　海南四周低平，中间高耸，以五指山、鹦哥岭为隆起核心，向外围逐级下降。山地、丘陵、台地、平原构成环形层状地貌，梯级结构明显。海南岛的山脉海拔多数在500~800 m，五指山山脉位于海南岛中部，主峰海拔1 867.1 m，是海南岛最高点；鹦哥岭山脉位于五指山西北，主峰鹦哥岭海拔1 811.6 m；雅加大岭山脉位于岛西部，主峰海拔1 519.1 m。

气候　海南是中国最具热带海洋气候特色的地方，全年暖热，降水量充沛，干湿季节明显，热带风暴和台风频繁。海南年日照时数为1 750~2 650 h，年平均气温在23~25℃，全年无冬季。大部分地区降雨充沛，年平均降水量在1 600 mm以上。中部和东部沿海为湿润区，西南部沿海为半干燥区，其他地区为半湿润区。降雨季节分配不均匀，冬春干旱，夏秋降水量多。

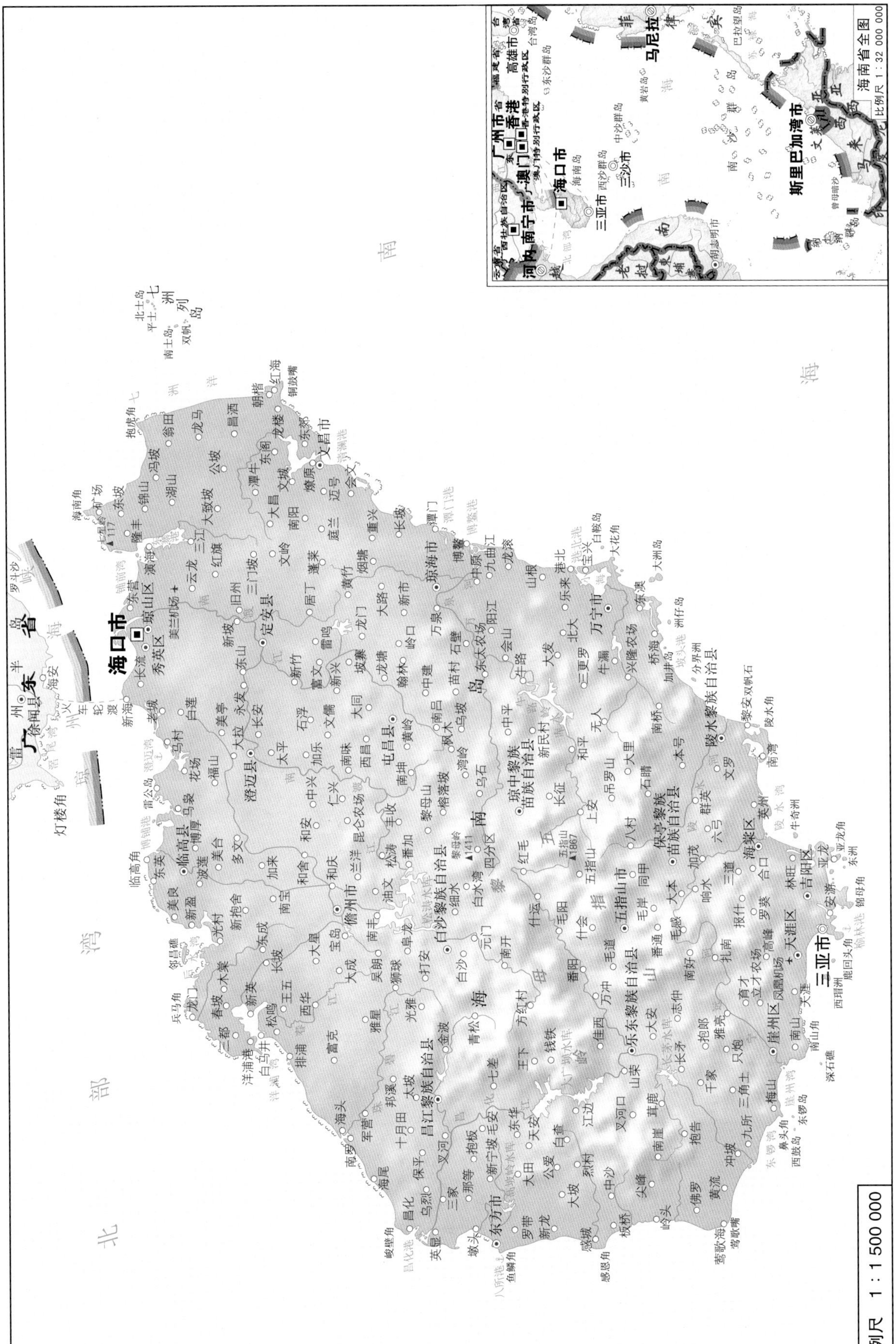

图 3-54 海南省的地理位置

比例尺 1:1 500 000

河流湖泊 全省河流皆源自中部山地，流向四周入海，南渡江、万泉河、昌化江是分别流向北、东、西的主要河流。

高等植物 海南的植被生长快，植物繁多，是热带雨林、热带季雨林的原生地。海南有维管束植物4 000 多种，其中 600 多种为海南所特有，列为国家重点保护的特产与珍稀树木 20 多种。热带森林主要分布于五指山、尖峰岭、霸王岭、吊罗山、黎母山等林区，其中五指山属未开发的原始森林。在中国植物地理区划中，海南属于古热带植物区，热带东南亚植物亚区，南海植物地区。

高等动物 海南陆生脊椎动物有 500 多种，其中两栖类 37 种，爬行类 104 种，鸟类 344 种，哺乳类 82 种。在中国动物地理区划中，海南属于华南区的海南亚区和南海诸岛亚区。

自然保护区 全省有 9 个国家级自然保护区和 24 个省级自然保护区，还有 35 个市县级自然保护区。自然保护区面积 281 万 hm^2。以野生动物和森林生态类型为主。如西沙、霸王岭、尖峰岭、吊罗山等自然保护区。

昆虫地理小区 海南由于陆地面积不大，南海诸岛的昆虫资料比较单薄，不再划分地理小区。

第二节　昆虫的类群及种类
Segment 2　Insect groups and species

海南由于特殊的地理环境和丰富的生物资源，引起世人的热切关注。早在 19 世纪中叶，就有许多生物学家、昆虫学家、探险者、采集者等来海南采集考察，20 世纪 50 年代以来，特别是建省以来，昆虫区系调查深入全面开展。21 世纪初出版的《海南森林昆虫》是一个系统的总结，报道海南昆虫 25 目 334 科3 056 属 5 842 种（黄复生，2002）。

本研究共记录海南昆虫 29 目 427 科 3 810 属 7 914 种，占全国昆虫种类的 8.45%（表 3-83）。其中鳞翅目种类最多，2 555 种，占全省的 32.28%，连同鞘翅目、半翅目、双翅目、膜翅目、食毛目，6 目共占88.19%。

在海南 7 914 种昆虫中，东洋种类 4 253 种，占 53.74%，居绝对优势地位；东亚种类 3 017 种，占38.12%；广布种类 320 种，占 4.04%；古北种类 295 种，占 3.73%。在省区级水平上，海南是唯一一个东洋成分占优势的省份。

表 3-83　海南昆虫的类群和种类

目　名	科数	属数	种数	目　名	科数	属数	种数
原尾目 Protura	3	6	21	啮目 Psocoptera	13	34	69
弹尾目 Collembola	2	4	5	食毛目 Mallophaga	4	54	204
双尾目 Diplura	1	1	2	虱目 Anoplura	3	3	5
石蛃目 Microcoryphia	1	1	1	缨翅目 Thysanoptera	2	74	158
衣鱼目 Zygentoma	0	0	0	半翅目 Hemiptera	83	671	1 121
蜉蝣目 Ephemeroptera	7	14	19	广翅目 Megaloptera	2	4	7
蜻蜓目 Odonata	16	77	137	蛇蛉目 Raphidioptera	0	0	0

（续表）

目　　名	科数	属数	种数	目　　名	科数	属数	种数
襀翅目 Plecoptera	2	5	5	脉翅目 Neuroptera	10	43	72
蜚蠊目 Blattodea	3	20	29	鞘翅目 Coleoptera	72	734	1 561
等翅目 Isoptera	4	23	78	捻翅目 Strepsiptera	1	1	3
螳螂目 Mantodea	7	23	36	长翅目 Mecoptera	1	3	5
蛩蠊目 Grylloblattodea	0	0	0	双翅目 Diptera	43	317	985
革翅目 Dermaptera	8	20	31	蚤目 Siphonaptera	5	8	8
直翅目 Orthoptera	21	97	161	毛翅目 Trichoptera	7	19	39
螭目 Phasmatodea	5	21	39	鳞翅目 Lepidoptera	61	1 234	2 555
纺足目 Embioptera	1	2	5	膜翅目 Hymenoptera	39	297	553
缺翅目 Zoraptera	0	0	0	合计	427	3 810	7 914

省区小结
Provinces Summary

在我们把各省区昆虫区系进行分析之后，再把其主要特征集中起来进行比较，就可以看到各省区的昆虫区系特征的根源，是自然环境条件的差异，或是区系工作基础的差异，或者二者兼而有之（表3-84）。

各省区昆虫种类差别很大，从青海的 3 528 种到台湾的 20 352 种，后者是前者的 5.8 倍。这既是各地昆虫多样性的固有差异，也在一定程度上反映区系调查深度的差异，一些种类较少的省份可能远不止目前的状态。28 个省区昆虫种类呈正态分布，10 000 种以上有 7 个省区，5 000 种以下有 5 个省区，平均每

表 3-84　各省区昆虫区系的特征

省区	总种类	占全国比例（%）	有省（区）下记录种类	占本省（区）比例（%）	小区分布记录	分布域（小区/种）	总相似性系数	区系主成分
新疆	6 928	7.40	3 730	53.84	7 361	1.97	0.116	古北
内蒙古	7 920	8.46	5 727	72.31	15 400	2.69	0.157	古北
宁夏	4 713	5.03	4 295	91.13	6 938	1.62	0.185	古北
青海	3 528	3.77	1 862	52.78	2 643	1.42	0.098	古北
西藏	8 956	9.56	5 876	65.61	8 509	1.45	0.060	东亚
黑龙江	6 297	6.72	2 128	33.79	3 477	1.63	0.203	古北
吉林	5 860	6.26	3 325	56.74	5 169	1.55	0.312	古北
辽宁	5 223	5.58	1 515	29.01	2 447	1.62	0.191	古北
河北	8 153	8.70	4 134	50.71	7 511	1.82	0.206	古北、东亚
山西	4 677	4.99	2 675	57.19	6 040	2.26	0.246	古北、东亚
山东	4 335	4.63	2 141	49.39	4 515	2.11	0.318	东亚、古北
陕西	7 934	8.47	5 614	70.76	8 058	1.44	0.118	东亚
甘肃	8 492	9.07	6 478	76.28	10 972	1.69	0.147	东亚
河南	8 422	8.99	7 461	88.59	19 148	2.57	0.186	东亚
安徽	4 525	4.83	3 196	70.63	5 986	1.87	0.216	东亚
江苏	5 662	6.05	1 969	34.78	2 723	1.38	0.219	东亚
湖北	9 821	10.49	7 624	77.63	14 064	1.84	0.176	东亚
浙江	12 211	13.04	8 779	71.89	15 876	1.81	0.207	东亚
福建	14 522	15.50	9 715	66.90	17 402	1.79	0.164	东亚
台湾	20 352	21.73	—	—	—	—	—	东亚
江西	8 504	9.08	5 912	69.52	14 184	2.40	0.268	东亚

（续表）

省区	总种类	占全国比例（%）	有省（区）下记录种类	占本省（区）比例（%）	小区分布记录	分布域（小区/种）	总相似性系数	区系主成分
湖南	8 354	8.92	5 902	70.65	10 848	1.84	0.212	东亚
贵州	9 299	9.93	7 735	83.18	14 543	1.88	0.183	东亚
四川	17 487	18.67	10 425	59.62	16 488	1.58	0.156	东亚
云南	19 707	21.04	12 471	63.28	20 421	1.64	0.139	东亚、东洋
广东	11 195	11.95	3 882	34.68	4 612	1.19	0.121	东亚、东洋
广西	11 023	11.77	7 635	69.26	12 714	1.67	0.260	东亚、东洋
海南	7 914	8.45	—	—	—	—	—	东洋

省区有 9 004 种 ±4 415 种。

有省下分布记录的种类是提供 MSCA 分析信息的种类。各省区都有一些种类的分布只记录到省，没有具体到省下某地、某山，这样的种类只能统计到省区种类数量之中，不能体现在各个小区之内。而提供省下分布信息的种类及其比例各省不一，平均 5 473 种 ±2 911 种，7 000 种以上有 8 省区，3 000 种以下有 6 省区，也呈正态分布。占各省区种类的比例平均为 62.29% ±16.65%，宁夏、河南、贵州三省都在 80% 以上，这是他们近些年来邀请全国昆虫学家进行科学考察的初步成效。

昆虫在省下小区的记录数及其分布域，也能够体现昆虫分布的广泛或狭窄程度，当然也受小区的设置数量以及区系调查程度的影响，吉林、江苏、广东同样设置 3 个小区，其分布域差别也相当显著。

各省区的总相似性系数是对小区之间相似度的定量考量。除台湾和海南未做省下分区外，26 个省区平均为 0.187 ± 0.062。显然，相似性较低的 5 省区中，新疆、青海、西藏、陕西是以环境条件差异较大、昆虫地域性较强的原因为主，广东则是基础资料缺乏系统整理。

第二十九章
中国昆虫分布的
基础地理单元

Chapter 29　Basic geographical units of insect distribution in China

第一节　基础地理单元的划分
Segment 1　Division of basic geographical units

在对各省区的生态小区进行 MSCA 分析的基础上，打破省区界线，将生态条件相同的小区或地理位置相邻相连及相似性较大的生态小区组成基础地理单元。如太行山区涉及河北、河南、山西三省的 4 个生态小区；华北平原则由河北、山东、河南的 5 个生态小区组成。28 个省区的 176 个生态小区重新组成全国的 64 个基础地理单元（图 3-55、表 3-85）。这将是进行全国昆虫地理分析的基础，比起以省区为基础进行的分析，科学性、严密性、可信度都会有大幅度提高。

不必讳言，64 个基础地理单元的划分不是最完美的。由于各省区之间，从事昆虫区系研究的人员不同、所熟悉昆虫类群不同、工作年代长短不同、区系调查深度频度不同、种类分布记载的详略程度不同、区系资料总结的详尽程度与规格不同，常常会使分析工作面临尴尬境地，不得不进行某种程度上的妥协或变通。

如果短期内，例如 10~20 年内，一些区系调查比较薄弱或区系资料比较欠缺的地区得以补充或加强，将全国分为 80~90 个基础地理单元是比较理想的状态。而更细的划分，在相当长的时期内，都将是奢望的。

表 3-85 中国昆虫分布的基础地理单元

编号	基础地理单元	编号	基础地理单元	编号	基础地理单元
01	阿尔泰山	23	陕中陇东	45	江汉平原
02	准噶尔盆地	24	陇中地区	46	洞庭湖平原
03	伊犁谷地	25	六盘山区	47	湘中丘陵
04	天山山区	26	祁连山区	48	武陵山区
05	塔里木盆地	27	青海湖地区	49	雷公山区
06	吐鲁番盆地	28	青藏高原	50	云贵高原
07	大兴安岭	29	淮河平原	51	四川盆地
08	呼伦贝尔高原	30	苏北平原	52	阿坝地区
09	锡林郭勒高原	31	大别山区	53	大凉山区
10	三江地区	32	桐柏山区	54	甘孜山区
11	东北平原	33	宛襄盆地	55	丽江山区
12	长白山区	34	伏牛山区	56	墨脱地区
13	坝上高原	35	秦岭山区	57	无量山区
14	晋察冀山区	36	大巴山区	58	西双版纳
15	五台山区	37	陇南山区	59	桂西山区
16	鄂尔多斯	38	沪宁杭平原	60	桂南山区
17	贺兰山区	39	浙江山区	61	粤桂山区
18	阿拉善高原	40	福建丘陵	62	南岭山区
19	华北平原	41	台湾地区	63	粤南沿海平原
20	山东半岛	42	鄱阳湖平原	64	海南
21	太行山区	43	赣南丘陵		
22	晋中南	44	井冈山区		

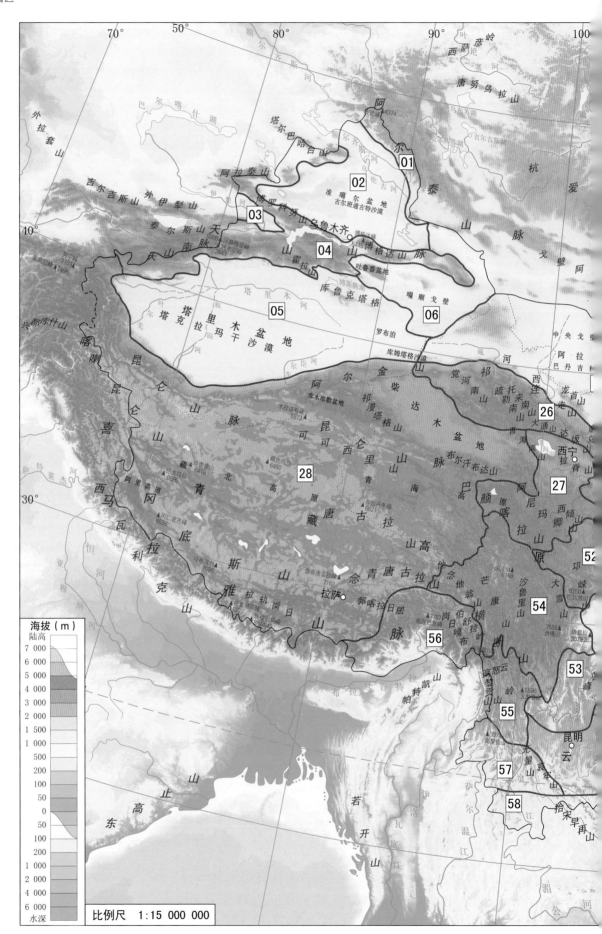

图 3-55　中国昆虫基础地理单元的划分（单元编号 01~64 见表 3-85）

第二节　基础地理单元的地理范围
Segment 2　The limit of basic geographical units

图 3-55 已经绘出 64 个地理单元的地理位置，但还不能使研究者或使用者感到十分准确、方便，笔者在以前的研究中也曾因此陷入束手无策的境地。因此下面列出各个地理单元的地理范围，一般具体到县市级，个别在昆虫地理资料中经常出现的较小地名也顺便列出，以求使用者方便，也便于研究者提出修改意见。由于近些年来，地名变换频繁，本节力求使用最新地名，也适当列出一些旧地名，因为对于读懂和使用昆虫分布的历史记载，旧地名比新地名更为有用。

01 阿尔泰山单元　新疆北部边境的山地，即 0101 小区。包括：

新疆维吾尔自治区：阿勒泰市的喀纳斯、红山嘴、青河县以及北塔山。

02 准噶尔盆地单元　新疆北部的准噶尔盆地，即 0102 小区。包括：

新疆维吾尔自治区：阿勒泰市的布尔津、福海、哈巴河、吉木乃、富蕴，塔城市的乌苏、沙湾，昌吉市的玛纳斯、呼图壁、阜康、奇台、木垒、吉木萨尔、将军庙，克拉玛依市的克拉玛依、奎屯、乌尔禾，乌鲁木齐市的达坂、米东，博尔塔拉蒙古州的博乐、精河，石河子市，五家渠市。

03 伊犁谷地单元　新疆西部的伊犁河谷地，即 0104 小区。包括：

伊宁市的伊宁、巩留、新源、尼勒克、霍城、察布查尔。

04 天山山脉单元　横亘新疆中部的天山山脉及准噶尔西部浅山，即 0103、0105、0106、0107 小区。包括：

新疆维吾尔自治区：塔城市的塔城、裕民、额敏、托里、和布，博尔塔拉自治州的温泉，伊宁市的特克斯、昭苏，巴音郭楞蒙古自治州的北部山地、和静，阿克苏市的北部山地、托木尔峰、拜城、温宿、柯坪、乌什，克孜勒苏柯尔克孜自治州的阿合奇，哈密地区的巴里坤、伊吾、托木尔提山。

05 塔里木盆地单元　新疆南部的塔里木盆地沙漠草原，即 0108 小区。包括：

新疆维吾尔自治区：巴音郭楞蒙古自治州的库尔勒、博湖、焉耆、和硕、尉犁、轮台、且末、若羌，阿克苏市的阿拉尔、库车、新和、阿瓦提，喀什市的巴楚、伽师、疏勒、疏附、喀什、莎车、叶城、泽普，和田市的于田、民丰、策勒、和田、洛浦、墨玉、皮山。

06 吐鲁番盆地单元　新疆东部的吐鲁番盆地、哈密盆地及沙漠，即 0109 小区。包括：

新疆维吾尔自治区：吐鲁番市的吐鲁番、鄯善、托克逊，哈密地区的哈密。

07 大兴安岭单元　整个大兴安岭山区，由 0205、0206、0601 组成。包括：

黑龙江省：大兴安岭地区的漠河、塔河、呼中区、新林区、呼玛；

内蒙古自治区：呼伦贝尔盟的额尔古纳、根河、鄂伦春、牙克石、扎兰屯，兴安盟的阿尔山市，通辽市的霍林郭勒，赤峰市的巴林左旗、巴林右旗、林西县、克什克腾。

08 呼伦贝尔高原单元　大兴安岭西侧的呼伦贝尔高原，即 0201 小区。包括：

内蒙古自治区：呼伦贝尔盟的呼伦贝尔、陈巴尔虎旗、满洲里、新巴尔虎左右旗。

09 **锡林郭勒高原单元** 内蒙古锡林郭勒盟的绝大部分地域及阴山以北的高原地区，即0202、0203小区。包括：

内蒙古自治区：锡林郭勒盟的东乌珠穆沁旗、西乌珠穆沁旗、锡林浩特市、镶黄旗、正镶白旗、苏尼特左旗、苏尼特右旗、阿巴嘎旗、二连浩特市，乌兰察布盟的四子王旗，包头市的达尔罕、白云鄂博，巴彦淖尔盟的乌拉特中旗、乌拉特后旗。

10 **三江地区单元** 黑龙江东北部沿黑龙江、乌苏里江的平原和浅山丘陵，即0602、0603小区。包括：

黑龙江省：鹤岗市的萝北、绥滨，佳木斯市的桦南、汤原、桦川、富锦，双鸭山市的集贤、友谊、宝清、饶河，七台河市各区，鸡西市的鸡东、密山、虎林、兴凯湖，黑河市的逊克、黑河、孙吴、五大连池、北安、爱辉，伊春市的各区、嘉荫。

11 **东北平原单元** 黑龙江、吉林、辽宁、内蒙古的松嫩平原、辽河平原，由0211、0212、0213、0604、0703、0804小区组成。包括：

黑龙江省：哈尔滨市的五常、尚志、双城、宾县、方正、依兰、通河、木兰、巴彦，绥化市的肇东、安达、兰西、青冈、明水、望奎、庆安、绥棱、海伦，齐齐哈尔市的龙江、富裕、甘南、依安、拜泉、克东、克山、讷河、泰来，大庆市的林甸、杜尔伯特、肇州、肇源；

吉林省：包括白城市的通榆、洮南、洮北、大安、镇赉，松原市的长岭、乾安、扶余、前郭尔罗斯、宁江，长春市的农安、德惠、九台、榆树和六个市区，四平市的公主岭、梨树、双辽、伊通、四平；

辽宁省：铁岭市的开原、昌图、铁岭、调兵山，沈阳市的康平、法库、新民、辽中、沈阳，辽阳市的灯塔、辽阳和5个市区，盘锦市的盘山、大洼，营口市的大石桥、盖州、营口，鞍山市的海城、台安、鞍山，锦州市的黑山、北镇、义县、凌海、锦州，葫芦岛市的绥中、兴城、南票、葫芦岛，阜新市的彰武；

内蒙古自治区：呼伦贝尔盟的莫力达瓦达、阿荣，兴安盟的扎赉特、乌兰浩特、科尔沁右翼前旗、科尔沁右翼中旗、突泉，通辽市的扎鲁特旗、开鲁、奈曼、科尔沁左翼中旗、科尔沁左翼后旗、库伦、通辽，赤峰市的阿鲁科尔沁旗。

12 **长白山区单元** 逶迤中国东北地区东部的山区丘陵，由0605、0701、0702、0801、0802、0803小区组成。包括：

黑龙江省：牡丹江市的林口、穆棱、绥芬河、东宁、宁安、海林、镜泊湖；

吉林省：延边自治州的图们、延吉、珲春、汪清、安图、敦化、龙井、和龙、老秃顶子，白山市的抚松、靖宇、长白、临江、白山，通化市的集安、通化、柳河、辉南、梅河口，吉林市的桦甸、磐石、永吉、蛟河、舒兰、吉林，辽源市的东丰、东辽、辽源；

辽宁省：抚顺市的新宾、清原、抚顺，本溪市的桓仁、南芬区、本溪，丹东市的宽甸、东港、凤城、丹东，铁岭市的西丰，鞍山市的岫岩，辽阳市的弓长岭，大连市的普兰店、大连、瓦房店、庄河。

13 **坝上高原单元** 辽宁、内蒙古、河北交界的高原地区，由0207、0805、0902小区组成。包括：

内蒙古自治区：赤峰市的翁牛特、喀喇沁、宁城、敖汉旗；

辽宁省：朝阳市的北票、建平、凌源、喀喇沁左翼、朝阳，阜新市各区，葫芦岛市的建昌；

河北省：承德市的围场、丰宁、隆化、滦平、兴隆、宽城、平泉、承德，秦皇岛市的青龙。

14 **晋察冀山区单元** 冀北、晋北、内蒙古乌兰察布盟南部的山地及高原，由0208、0901、1004小区组成。包括：

内蒙古自治区：乌兰察布盟的察哈尔右翼前旗、察哈尔右翼中旗、察哈尔右翼后旗、丰镇、凉城、卓资、兴和、商都、化德，锡林郭勒盟的多伦、正蓝、太仆寺；

河北省：张家口市的赤城、沽源、康保、张北、尚义、怀安、万全、宣化、怀来、崇礼、张家口；

北京市：延庆；

山西省：大同市的天镇、阳高、大同、左云，朔州市的怀仁、应县、山阴、右玉、平鲁、朔州。

15 五台山区单元　河北西部、山西西北部的山区，即 0903、1001 小区。包括：

河北省：张家口市的涿鹿、蔚县、阳原、小五台山，保定市的涞源、阜平；

北京市：西山；

山西省：大同市的灵丘、浑源、广灵，忻州市的繁峙、五台、恒山。

16 鄂尔多斯单元　阴山以南的河套地区和荒漠、半荒漠地区，由 0213、0214、0303、0304、1206 小区组成。包括：

内蒙古自治区：巴彦淖尔盟的磴口、杭锦后旗、五原、乌拉特前旗，包头市的固阳、土默特右旗、包头，呼和浩特市的武川、土默特左旗、托克托、和林格尔、清水河县，鄂尔多斯盟的准格尔旗、伊金霍洛、乌审、鄂托克前旗、鄂托克旗、杭锦旗、达拉特旗，乌海市；

宁夏回族自治区：中卫市的中宁、沙坡头区，吴忠市的同心、盐池、吴忠、青铜峡，银川市的灵武、永宁、贺兰、西夏区，石嘴山市的平罗、惠农区；

陕西省：榆林市的神木、府谷、横山、子洲、靖边、定边、榆林。

17 贺兰山区单元　内蒙古和宁夏交界的贺兰山地区，即 0209、0305 小区。

18 阿拉善高原单元　内蒙古阿拉善地区及甘肃的河西走廊地区，由 0204、1305、1307 小区组成。包括：

内蒙古自治区：阿拉善盟的阿拉善左旗、阿拉善右旗、阿济纳旗；

甘肃省：武威市的民勤、古浪，金昌市的永昌、金昌，张掖市的山丹、临泽、高台，酒泉市的金塔、酒泉、玉门、瓜州、敦煌，嘉峪关市。

19 华北平原单元　北京大部、天津、冀中南、鲁西鲁北、豫北的平原地区，由 0904、0906、1102、1103、1402 小区组成。包括：

北京市：大兴、房山、顺义、昌平、密云、怀柔、平谷；

天津市：蓟县、宝坻、静海、宁河、塘沽、大港；

河北省：唐山市的唐海、滦南、乐亭、滦县、玉田、丰润、迁安、迁西、遵化，秦皇岛市的昌黎、抚宁、山海关、秦皇岛，廊坊市的三河、香河、固安、霸州、文安、大城，保定市的涿州、涞水、易县、定兴、高碑店、容城、徐水、满城、安新、顺平、唐县、望都、曲阳、定州、安国、博野、高阳、蠡县、清苑、石家庄市的深泽、无极、辛集、晋州、藁城、栾城、赵县、高邑、元氏、赞皇、正定、灵寿、新乐、行唐，沧州市的任丘、肃宁、河间、献县、东光、吴桥、南皮、盐山、海兴、黄骅、青县、沧县，衡水市的饶阳、安平、武强、阜城、景县、武邑、故城、枣强、冀州、深州，邢台市的宁晋、柏乡、临城、内丘、隆尧、南宫、清河、临西、威县、平乡、巨鹿、南和、任县、沙河、邢台，邯郸市的永年、武安、鸡泽、邱县、曲周、馆陶、大名、魏县、广平、肥乡、成安、临漳、磁县、邯郸；

山东省：德州市的乐陵、宁津、陵县、临邑、齐河、禹城、平原、夏津、武城、德州，滨州市的沾化、无棣、阳信、惠民、邹平、博兴、滨州，东营市的广饶、利津、垦利、河口区、东营，济南市的济阳、商河，淄博市的桓台、高青，菏泽市的东明、曹县、单县、成武、巨野、郓城、鄄城、定陶、菏泽，济宁市的鱼台、金乡、微山、嘉祥、兖州、汶上、梁山、曲阜、泗水，聊城市的阳谷、莘县、冠县、临清、高唐、东阿、茌平，枣庄市的滕州、台儿庄，临沂市的郯城、临沭、苍山；

河南省：安阳市的汤阴、安阳、内黄、滑县，鹤壁市的浚县、淇县，濮阳市的南乐、清丰、濮阳、台前，新乡市的封丘、长垣、延津、原阳、新乡、获嘉，焦作市的武陟、温县、孟州、修武、博爱、沁阳。

20 山东半岛单元 山东中东部的山地丘陵，即1101、1104、1105小区。包括：

山东省：威海市的乳山、文登、荣成、威海，烟台市的莱阳、海阳、莱州、招远、龙口、蓬莱、栖霞、牟平、烟台，潍坊市的寿光、昌邑、诸城、安丘、临朐、青州、潍坊，青岛市的平度、莱西、即墨、胶州、胶南、青岛，济南市的平阴、南部，泰安市的肥城、宁阳、新泰、泰安，莱芜市，淄博市的沂源、博山，日照市的莒县、五莲，临沂市的蒙阴、平邑、费县、莒南、沂南，枣庄市的山亭，济宁市的邹城。

21 太行山区单元 冀、豫、晋交界的太行山中南部、中条山，由0905、1002、1003、1401小区组成。包括：

河北省：石家庄市的井陉、平山、鹿泉，邢台市的西部山地，邯郸市的涉县、武安、峰峰；

山西省：阳泉市的盂县、平定、阳泉、昔阳，晋中市的和顺、左权，长治市的黎城、平顺，晋城市的陵川、阳城，运城市的垣曲、平陆、芮城；

河南省：安阳市的林州，新乡市的辉县，焦作市的修武北部、博爱北部，济源市。

22 晋中南单元 山西中、西、南部的平原、浅山丘陵地区，即1005、1006、1007小区。包括：

山西省：忻州市的代县、原平、定襄、忻州、静乐、宁武、五寨、岢岚、保德、偏关、神池、河曲，吕梁市的兴县、岚县、临县、方山、柳林、交城、交口、石楼、中阳、文水、孝义、汾阳、吕梁，太原市的娄烦、古交、阳曲、清徐、太原，临汾市的永和、大宁、吉县、乡宁、蒲县、隰县、汾西、霍州、洪洞、临汾、襄汾、翼城、浮山、古县、安泽、曲沃、侯马，晋中市的寿阳、榆社、太谷、祁县、平遥、介休、灵石，运城市的新绛、稷山、闻喜、绛县、夏县、运城、永济、临猗、万荣、河津，长治市的武乡、沁县、沁源、长子、长治、壶关、潞城、屯留、襄垣，晋城市的高平、沁水、泽州、晋城，以及历山、太岳山、灵空山、关帝山、管涔山等。

23 陕中陇东单元 中国黄土高原东部，由1204、1205、1303、0302小区组成。包括：

陕西省：榆林市的清涧、吴堡、绥德、米脂、佳县，延安市的子长、安塞、志丹、吴起、甘泉、富县、洛川、宜川、黄龙、黄陵，铜川市的各区、宜君，咸阳市的旬邑、彬县、长武、武功、兴平、礼泉、乾县、永寿、泾阳、三原、淳化，宝鸡市的陇县、麟游、凤翔、千阳、宝鸡、扶风、岐山，西安市的高陵、长安，渭南市的华县、华阴、大荔、蒲城、白水、合阳、韩城；

甘肃省：庆阳市的宁县、合水、镇原、庆城、华池、环县、正宁，平凉市的灵台、泾川、崇信、华亭、庄浪、静宁；

宁夏回族自治区：固原市的原州区、彭阳，中卫市的海原。

24 陇中地区单元 中国黄土高原的西半部，即1304小区。包括：

甘肃省：天水市的清水、甘谷、武山、秦安、张家川，定西市的通渭、陇西、漳县、渭源、临洮，临夏市的广河、康乐、和政、临夏、东乡、永靖，兰州市的榆中、皋兰、永登、红古，白银市的会宁、靖远、景泰、平川。

25 六盘山区单元 宁夏南部的六盘山区，即0301小区。包括：

宁夏回族自治区：固原市的泾源、隆德、西吉。

26 祁连山区单元 甘肃、青海交界的祁连山地，由0403、1306小区组成。包括：

甘肃省：张掖市的肃南、民乐，武威市的天祝，酒泉市的肃北、阿克塞；

青海省：海北自治州的祁连、门源。

27 青海湖地区单元 青海东部青海湖周边山地、高原，由0401、0402、0404、1302小区组成。包括：

甘肃省：甘南自治州的卓尼、临潭、合作、夏河、碌曲、玛曲；

青海省：西宁市的大通、湟源、湟中、西宁，海东地区的互助、平安、民和、化隆、循化、乐都，海北自治州的刚察、海晏，海南自治州的共和、贵德、贵南、同德、兴海，黄南自治州的泽库、河南、同仁、尖扎，果洛自治州的玛沁、玛多、甘德、久治、班玛、达日。

28 青藏高原单元 青海、西藏、新疆的高原、高山地区，由 0110、0111、1012、0405、0406、0407、0508、0509、0510、0511、0512 小区组成。包括：

新疆维吾尔自治区：克孜勒苏柯尔克孜自治州的乌恰、阿图什，喀什市的塔什库尔干、阿克陶，和田市的南部山地，巴音郭楞蒙古自治州的南部山地和东南部山地；

青海省：海西自治州的格尔木、德令哈、乌兰、天峻及南部昆仑山，玉树自治州的玉树、囊谦、杂多、治多、称多及西部可可西里；

西藏自治区：山南地区的贡嘎、扎囊、琼结、乃东、曲松、桑日、措美、洛扎、浪卡子，拉萨市的林周、当雄、达孜、墨竹工卡、曲水、堆龙德庆、尼木、拉萨，日喀则地区的南木林、谢通门、拉孜、昂仁、吉隆、萨嘎、康马、岗巴、定结、萨迦、定日、仲巴，那曲地区的巴青、索县、比如、嘉黎、那曲、安多、聂荣、班戈、申扎、尼玛，阿里地区的普兰、札达、革吉、噶尔、日土、措勤、改则。

29 淮河平原单元 河南和安徽的淮河流域的平原地区，涉及 1404、1406、1410、1501、1502、1506 小区。包括：

河南省：郑州市的荥阳、新密、新郑、中牟，开封市的尉氏、通许、开封、兰考、杞县，商丘市的民权、睢县、宁陵、柘城、虞城、夏邑、永城、商丘，许昌市的鄢陵、长葛、许昌、禹州、襄城，平顶山市的郏县、宝丰、叶县、舞钢，漯河市的临颍、郾城、舞阳，周口市的扶沟、太康、鹿邑、郸城、淮阳、西华、商水、项城、沈丘，驻马店市的西平、上蔡、汝南、平舆、新蔡、正阳、确山、遂平，信阳市的淮滨、固始、潢川、息县、光山及平桥、罗山、新县、商城的北部；

安徽省：宿州市的砀山、萧县、宿州、灵璧、泗县，淮北市的濉溪县、杜集区、烈山区、淮北，亳州市的亳州、涡阳、蒙城、利辛，阜阳市的界首、太和、临泉、阜南、颍上、阜阳，蚌埠市的固镇、五河、怀远、蚌埠，淮南市的潘集区、凤台县、大通区、谢家集区、八公山区，滁州市的凤阳、定远、来安、天长、全椒、明光、滁州，合肥市的肥东、肥西、长丰、合肥，六安市的霍邱、舒城、寿县、裕安区、六安，巢湖市的含山、无为、和县、庐江、巢湖，安庆市的宿松、太湖、望江、枞阳、桐城、安庆。

30 苏北平原单元 江苏的长江以北的平原地区，即 1601、1602 小区。包括：

江苏省：徐州市的丰县、铜山、邳州、新沂、睢宁、徐州，宿迁市的沭阳、泗阳、泗洪、宿迁，淮安市的涟水、洪泽、金湖、盱眙、淮阴，连云港市的赣榆、东海、灌云、灌南、连云港，盐城市的响水、滨海、阜宁、射阳、建湖、大丰、东台、盐城，扬州市的宝应、高邮、仪征、扬州，泰州市的兴化、姜堰、泰兴、靖江、泰州，南通市的海安、如皋、如东、通州、启东、海门、南通。

31 大别山区单元 豫、鄂、皖交界的大别山区，涉及 1411、1503、1704 小区。包括：

河南省：信阳市的平桥、罗山、新县、商城的南部；

安徽省：六安市的金寨、霍山及白马尖、天堂寨，安庆市的岳西、潜山及天柱山、鹞落坪；

湖北省：孝感市的大悟，黄冈市的红安、麻城、英山、罗田。

32 桐柏山区单元 豫、鄂交界的桐柏山区，即 1409、1703 小区。包括：

河南省：南阳市的桐柏，驻马店市的泌阳；

湖北省：随州市的广水、随州。

33 宛襄盆地单元　豫、鄂相邻的南阳、襄阳盆地，即 1408、1702 小区。包括：

河南省：南阳市的镇平、邓州、新野、唐河、南阳、社旗、方城；

湖北省：襄阳市的老河口、枣阳、宜城。

34 伏牛山区单元　河南中西部的伏牛山及其浅山丘陵，由 1403、1405、1407 小区组成。包括：

河南省：三门峡市的灵宝、陕县、渑池、义马、卢氏，洛阳市的洛宁、宜阳、新安、孟津、伊川、偃师、栾川、嵩县、汝阳，郑州市的巩义、登封，平顶山市的汝州、鲁山，南阳市的西峡、内乡、南召、淅川。

35 秦岭山区单元　陕西中南部的秦岭山地，即 1202、1203 小区。包括：

陕西省：宝鸡市的凤县、太白、眉县，西安市的周至、户县、蓝田，渭南市的华山，汉中市的略阳、留坝、佛坪、勉县、城固，安康市的宁陕、旬阳、白河、石泉、汉阴，商洛市的镇安、柞水、山阳、丹凤、商南、洛南。

36 大巴山区单元　陕、川、渝交界的大巴山及湖北武当山、神农架，由 1201、1701、2404 小区组成。包括：

陕西省：汉中市的宁强、镇巴、南郑、西乡，安康市的紫阳、岚皋、镇坪、平利、安康；

四川省：广元市的旺苍，巴中市的南江、通江，达州市的万源；

重庆市：城口、巫溪、巫山、奉节、云阳、开县；

湖北省：十堰市的郧县、郧西、丹江口、房县、竹山、竹溪、十堰，神农架林区，宜昌市的兴山、远安、宜昌，襄阳市的保康、南漳。

37 陇南山区单元　甘肃南部山区，即 1301 小区。包括：

甘肃省：陇南市的文县、康县、成县、徽县、两当、西和、礼县、宕昌，定西市的岷县，甘南自治州的舟曲、迭部。

38 沪宁杭平原单元　安徽东南部、江苏南部、浙江北部的平原地区，由 1504、1603、1801、1802 小区组成。包括：

安徽省：马鞍山市的当涂、马鞍山、采石矶，芜湖市的繁昌、南陵、芜湖、鸠江区，铜陵市的铜陵县，宣城市的郎溪、广德；

江苏省：南京市的南京、溧水、高淳，镇江市的扬中、丹阳、句容、镇江，常州市的金坛、溧阳、常州，无锡市的江阴、宜兴、无锡，苏州市的张家港、常熟、太仓、昆山、吴江、苏州；

上海市：崇明、嘉定、青浦、松江、奉贤、金山；

浙江省：杭州市的富阳、余杭、萧山，嘉兴市的海宁、海盐、平湖、嘉善、嘉兴，湖州市的长兴、南浔、安吉，绍兴市的绍兴、上虞，金华市的东阳、义乌、兰溪、金华，衢州市的龙游、衢州。

39 浙江山区单元　皖、赣、浙交界的山地及以东的浅山、丘陵、岛屿，由 1505、1803、1804、1805、1806、2104 小区组成。包括：

浙江省：宁波市的慈溪、余姚、宁海、象山、宁波、镇海、奉化及四明山、会稽山，舟山市的岱山、嵊泗、舟山、定海及普陀山，台州市的玉环、温岭、三门、临海、黄岩、仙居、天台、天童，杭州市的临安、桐庐、建德、淳安，衢州市的开化、常山、江山，湖州市的安吉、德清，金华市的浦江、武义、磐安、永康，温州市的泰顺、文成、苍南、瑞安、温州、乐清、永嘉、平阳，丽水市的缙云、青田、松阳、遂昌、龙泉、庆元、景宁、云和、丽水，绍兴市的新昌、诸暨、嵊州，以及龙王山、莫干山、天目山、古田山、百山祖、九龙山、凤阳山、雁荡山；

安徽省：宣城市的宁国、旌德、绩溪、泾县及天目山，黄山市的歙县、休宁、祁门、黟县、徽州及屯溪，池州市的东至、青阳、石台、池州及九华山；

江西省：上饶市的婺源、玉山、横峰、德兴、弋阳、上饶，景德镇市的浮梁。

40 福建丘陵单元　赣、闽交界的武夷山及以东的浅山、丘陵、平原、岛屿，由 1901~1907 及 2105 小区组成。包括：

福建省：南平市的武夷山市、光泽、浦城、松溪、政和、建阳、建瓯、邵武、顺昌、南平，三明市的泰宁、建宁、宁化、尤溪、大田、将乐、沙县、明溪、清流、永安、三明及龙栖山，龙岩市的长汀、漳平、连城、武平、上杭、永定、龙岩，宁德市的寿宁、柘荣、福鼎、霞浦、福安、周宁、屏南、古田、宁德，福州市的罗源、闽侯、闽清、永泰、连江、长乐、福清、平潭、福州，泉州市的德化、安溪、永春、惠安、南安、晋江、石狮、泉州，莆田市的仙游、莆田，厦门市各区、同安、金门，漳州市的华安、南靖、平和、长泰、龙海、漳浦、云霄、诏安、东山、漳州；

江西省：上饶市的广丰、铅山，抚州市的资溪、黎川、广昌，赣州市的石城、瑞金、会昌、安远、寻乌。

41 台湾地区单元　台湾岛全境及周边岛屿，包括：

台湾省：台北市、高雄市、基隆市、新竹市、台中市、嘉义市、台南市、北投区、台北县、桃园县、新竹县、苗栗县、台中县、彰化县、南投县、云林县、嘉义县、台南县、高雄县、左营区、台东县、花莲县、宜兰县、澎湖县、兰屿、绿岛、钓鱼岛，以及中央山脉、玉山山脉、雪山山脉、阿里山。

42 鄱阳湖平原单元　江西中北部的鄱阳湖及其赣、信、鄱、修等干流流域的平原、丘陵，即 2107 小区。包括：

江西省：南昌市的新建、进贤、安义、南昌，九江市的彭泽、湖口、都昌、德安、永修、星子、九江，上饶市的万年、余干、鄱阳，宜春市的奉新、高安、樟树、上高、丰城、宜丰，新余市的分宜、新余，鹰潭市的余江、贵溪、鹰潭，抚州市的东乡、崇仁、金溪、南城、临川、抚州，吉安市的新干、峡江、永丰、吉水、吉安、泰和，景德镇市的乐平、景德镇。

43 赣南丘陵单元　江西中南部的浅山丘陵，即 2106 小区。包括：

江西省：抚州市的宜黄、南丰、乐安，吉安市的万安，赣州市的宁都、兴国、于都、赣县、信丰、龙南、全南、定南、南康及九连山。

44 井冈山区单元　鄂、赣、湘交界的幕阜山、九岭山、罗霄山等低山山区，涉及 1707、2101、2102、2206 小区。包括：

江西省：九江市的瑞昌、修水、武宁、庐山及九岭山、幕阜山，宜春市的靖安、铜鼓、万载、上栗、宜春，萍乡市的芦溪、莲花、安源及武功山、罗霄山，吉安市的永新、井冈山、遂川；

湖北省：咸宁市的通城、崇阳、通山、咸宁，黄石市的阳新；

湖南省：岳阳市的平江，长沙市的浏阳，株洲市的醴陵、茶陵、炎陵、攸县。

45 江汉平原单元　湖北中南部的沿江平原和汉水平原，即 1705 小区。包括：

湖北省：宜昌市的当阳、宜都、枝江，荆州市的松滋、公安、江陵、石首、监利、洪湖、荆州，荆门市的沙洋、钟祥、京山、荆门，潜江市，仙桃市，天门市，孝感市的汉川、应城、云梦、安陆、孝昌、孝感，武汉市的各区，鄂州市，黄石市的浠水、蕲春、武穴、黄梅。

46 洞庭湖平原单元　湖南北部的环湖平原，即 2203 小区。包括：

湖南省：长沙市的望城、宁乡、长沙，岳阳市的华容、汨罗、湘阴、岳阳、临湘，益阳市的沅江、南县、桃江，常德市的津市、临澧、汉寿、桃源、常德。

47 湘中丘陵单元　湖南中部的浅山丘陵，即 2204 小区。包括：

湖南省：邵阳市的新宁、武冈、隆回、邵阳、邵东、新邵，娄底市的涟源、双峰、娄底，株洲市的株洲，湘潭市的湘潭、湘乡、韶山，衡阳市的衡山、衡东、衡南、衡阳、耒阳、常宁、祁东，永州市的祁阳、零陵、东安、永州，郴州市的安仁、永兴。

48 武陵山区单元　湖南西北部、湖北西南部、重庆东南部、贵州东北部的山区，由 1706、2201、2301、2303、2405 小区组成。包括：

湖南省：张家界市的慈利、桑植、张家界，吉首市的龙山、永顺、花垣、古丈、凤凰、泸溪、保靖、吉首，常德市的石门；

湖北省：恩施市的巴东、建始、鹤峰、宣恩、咸丰、来凤、恩施，宜昌市的秭归、长阳、五峰；

重庆市：石柱、黔江、秀山、酉阳、彭水、武隆、丰都、涪陵、綦江；

贵州省：铜仁市的松桃、印江、沿河、德江、思南、石阡、江口、铜仁、余庆及梵净山、佛顶山，遵义市的湄潭、凤冈、绥阳、遵义、仁怀、桐梓、习水、赤水、正安、务川、道真、金沙。

49 雷公山区单元　贵州东部雷公山、湖南西南部雪峰山等中低山区、丘陵，即 2202、2302 小区。包括：

湖南省：怀化市的通道、靖州、洪江、新晃、中方、芷江、麻阳、溆浦、辰溪、沅陵、会同、怀化，益阳市的安化，邵阳市的城步、绥宁、洞口，娄底市的新化、冷水江；

贵州省：凯里市的雷山、丹寨、麻江、榕江、从江、黎平、锦屏、天柱、剑河、施秉、三穗、镇远、岑巩、黄平、台江、凯里，铜仁市的玉屏。

50 云贵高原单元　云南中东部和贵州中西部的高原地区，由 2304、2305、2306、2307、2504 小区组成。包括：

贵州省：都匀市的贵定、龙里、惠水、长顺、平塘、荔波、独山、三都、都匀、茂兰、福泉、瓮安、罗甸，贵阳市的清镇、开阳、息烽、修文、贵阳，安顺市的平坝、普定、镇宁、关岭、紫云、安顺，毕节市的黔西、大方、毕节、纳雍、赫章、威宁、织金，六盘水市的水城、六枝、盘县、六盘水，兴义市的晴隆、贞丰、望谟、册亨、安龙、普安、兴仁、兴义；

云南省：昆明市的宜良、呈贡、晋宁、安宁、富民、嵩明、石林、东川、昆明，楚雄市的姚安、南华、双柏、禄丰、牟定、楚雄，玉溪市的澄江、江川、华宁、通海、峨山、新平、易门、元江、玉溪，丽江市的永胜、华坪，曲靖市的宣威、沾益、富源、马龙、陆良、师宗、罗平、曲靖，红河自治州的石屏、红河、元阳、蒙自、建水、开远、弥勒、泸西，文山自治州的丘北、广南、砚山、富宁、西畴、文山。

51 四川盆地单元　四川、重庆中部的盆地平原，即 2406 小区。包括：

四川省：成都市的双流、新津、蒲江、邛崃、大邑、崇州、郫县、都江堰、彭州、金堂、成都，德阳市的中江、广汉、什邡、绵竹、罗江、德阳，绵阳市的三台、盐亭、梓潼、安县、绵阳，广元市的苍溪、剑阁、广元，南充市的营山、蓬安、仪陇、西充、南部、阆中、南充，达州市的宣汉、开江、达县、大竹、渠县、达州，广安市的邻水、华蓥、武胜、岳池、广安，遂宁市的射洪、蓬溪、大英、遂宁，资阳市的安岳、乐至、简阳、资阳，眉山市的仁寿、青神、彭山、丹棱、洪雅、眉山，乐山市的夹江、井研、犍为、沐边、乐山，内江市的资中、隆昌、威远、内江，自贡市的荣县、富顺、自贡，宜宾市的屏山、南溪、江安、长宁、珙县、高县、水富、筠连、兴文、宜宾，泸州市的合江、叙永、古蔺、泸县、泸州；

重庆市：万州、梁平、忠县、荣昌、潼南、大足、璧山、铜梁、垫江、重庆。

52 阿坝地区单元　四川北部的阿坝地区及附近高原、山地，即 2402 小区。包括：

四川省：阿坝藏族自治州的小金、汶川、茂县、黑水、马尔康、金川、壤塘、阿坝、若尔盖、九寨沟、松潘、红原，绵阳市的北川、平武，广元市的青川。

53 大凉山区单元　云南昭通、四川西昌和攀枝花等山地，即 2403、2503 小区。包括：

四川省：凉山自治州的甘洛、越西、冕宁、喜德、雷波、美姑、昭觉、布拖、普格、德昌、宁南、会东、会理、西昌，攀枝花市的米易、盐边、攀枝花；

云南省：昭通市的威信、镇雄、盐津、绥江、永善、大关、彝良、鲁甸、巧家、昭通，昆明市的寻甸、禄劝，楚雄市的元谋、大姚、武定、永仁，曲靖市的会泽。

54 甘孜山区单元　四川西部的中、高山地高原与西藏东部高山峡谷地区，由 2401、0505、0506、0507 小区组成。包括：

四川省：甘孜自治州的乡城、稻城、九龙、得荣、巴塘、理塘、雅江、泸定、康定、丹巴、道孚、新龙、白玉、炉霍、甘孜、色达、德格、石渠，雅安市的名山、宝兴、芦山、天全、荥经、汉源、石棉、峨边、雅安，乐山市的峨眉山、马边，凉山自治州的木里、盐源；

西藏自治区：昌都地区的芒康、左贡、八宿、察雅、贡觉、江达、昌都县、丁青、类乌齐、洛隆、边坝。

55 丽江山区单元　云南西北部的横断山区南段，即 2501 小区。包括：

云南省：丽江市的宁蒗、玉龙、丽江及玉龙雪山，大理自治州的鹤庆、剑川、云龙、漾濞、巍山、南涧、祥云、宾川、洱源、弥渡、大理，迪庆自治州的维西、德钦、香格里拉及梅里雪山，怒江自治州的贡山、福贡、兰坪、泸水。

56 墨脱地区单元　西藏东南部的湿润雨林地区，涉及 0501、0502、0503、0504 小区。包括：

西藏自治区：林芝地区的墨脱、察隅、波密、林芝、米林、工布江达、朗县，山南地区的加查、错那、隆子，日喀则地区的亚东、聂拉木、吉隆镇。

57 无量山区单元　云南中、西南部的中低山、丘陵地区，即 2502、2505 小区。包括：

云南省：保山市的腾冲、龙陵、施甸、昌宁、永平、保山，临沧市的凤庆、云县、永德、双江、镇康、沧源、耿马、临沧，普洱市的景东、镇沅、墨江、宁洱、景谷、普洱，德宏自治州的盈江、梁河、潞西、陇川、瑞丽、芒市。

58 西双版纳单元　滇南的热带雨林地区，即 2506、2507 小区。包括：

云南省：普洱市的江城、澜沧、西盟、孟连，西双版纳自治州的勐海、勐腊、景洪，红河自治州的绿春、金平、屏边、河口，文山自治州的麻栗坡、马关。

59 桂西山区单元　桂西山地、高原，即 2701 小区。包括：

广西壮族自治区：百色市的西林、隆林、乐业、田林、凌云、田阳、田东、平果、德保、靖西、那坡、百色，河池市的天峨、凤山、巴马、大化、都安、宜州、东兰、南丹、罗城、环江、河池及九万大山、凤凰山、金钟山。

60 桂南山区单元　广西南部的平原、丘陵、山地，即 2704 小区。包括：

广西壮族自治区：玉林市的容县、兴业、博白、陆川、北流、玉林，南宁市的马山、上林、隆安、武鸣、宾阳、横县、南宁，钦州市的浦北、灵山、钦州，北海市的合浦、北海，防城港市的上思、东兴、防城港及十万大山。崇左市的扶绥、天等、大新、龙州、凭祥、宁明、崇左。

61 粤桂山区单元　广东西部、广西东部的云雾山、云开山、大桂山、大瑶山等，即 2703、2603 小区。包括：

广西壮族自治区：贺州市的富川、钟山、昭平、贺州，梧州市的岑溪、藤县、苍梧、蒙山、梧州，贵港市的平南、桂平、贵港，来宾市的金秀、象州、武宣、合山、忻城、来宾，柳州市的融水、柳城、柳江、鹿寨、柳州，桂林市的灵川、临桂、阳朔、平乐、荔浦、桂林；

广东省：肇庆市的怀集、广宁、封开、德庆、四会、高要、肇庆，云浮市的郁南、云安、罗定、新兴、云浮，茂名市的信宜。

62　南岭山区单元　绵延于赣西南、湘南、粤北、桂北的南岭山脉，由 2103、2205、2601、2702 小区组成。包括：

江西省：赣州市的上犹、崇义、大余；

湖南省：永州市的江永、江华、蓝山、道县、宁远、新田、双牌，郴州市的临武、宜章、汝城、桂东、资兴、桂阳、嘉禾、郴州；

广东省：梅州市的大埔、蕉岭、平远、兴宁、五华、丰顺、梅州，河源市的紫金、龙川、和平、连平、东源、河源，韶关市的南雄、仁化、乐昌、乳源、始兴、曲江、翁源、新丰、韶关，清远市的连州、连南、连山、阳山、英德、佛冈、清新、清远；

广西壮族自治区：桂林市的资源、龙胜、永福、恭城、兴安、全州，柳州市的三江、融安。

63　粤南沿海平原单元　广东中南部的平原地区及香港、澳门，即 2602 小区。包括：

广东省：广州市的从化、增城、广州，惠州市的龙门、博罗、惠东、惠州，东莞市，深圳市，佛山市，中山市，珠海市，江门市的开平、台山、恩平、江门，阳江市的阳东、阳西、阳春、阳江，潮州市的饶平、潮安、潮州，汕头市的南澳、汕头，揭阳市的揭东、揭西、普宁、惠来、揭阳，汕尾市的陆河、陆丰、海丰、汕尾，茂名市的高州、化州、电白、茂名，湛江市的吴川、廉江、遂溪、雷州、徐闻、湛江；

香港特别行政区；

澳门特别行政区。

64　海南单元　海南岛及南海诸岛，包括：

海南省：海口市，三亚市，文昌、琼海、万宁、五指山市、儋州、东方、临高、澄迈、定安、屯昌、昌江、白沙、琼中、陵水、保亭、乐东以及三沙市。

第四编
类群

Part IV　Insect Groups

导　言

本编分别统计各目昆虫在各省区、各基础地理单元的分布情况，并对各目进行MSCA尝试，除种类少、分布狭窄的类群不能得到明确结果外，多数类群可以生成互有差别的聚类图。通过逐个类群的分析比较，虽然结果各不相同，但可以肯定的是：第一，每个类群，每个种类，每个分布记录，都在为昆虫地理学大厦的构建贡献力量，我们没有理由随意选取或抛弃某些类群或某些种类。第二，各类群的各个单元群的构成虽有差异，但都是符合统计学、地理学、生物学逻辑的。第三，可以得到几个比较稳定构成的单元群，这些单元群将在下编全国昆虫的分析中得到印证。

Introduction

In this part, the distributions of 3 orders of Entognatha and 30 orders of Insecta in every province and every basic geographical unit were reported. Each order was analyzed by MSCA to produce trees mostly. 9 great unit groups and even more small unit groups were clustered stably.

中国昆虫分布数据库所列类群和种类数见表 4-1。共计 33 目 823 科 17 018 属 93 661 种，其中种类数超过全国种类 1% 的目有鞘翅目、鳞翅目、双翅目、膜翅目、半翅目、直翅目、蜡目，这 7 个目占全国种类的 91.49%。

表 4-1　供分析的中国昆虫类群和种类

目　　名	科数	属数	种数	占总种数的比例（%）
原尾目 Protura	9	39	185	0.198
弹尾目 Collembola	15	91	337	0.360
双尾目 Diplura	6	24	44	0.047
石蛃目 Microcoryphia	1	6	24	0.026
衣鱼目 Zygentoma	2	8	9	0.010
蜉蝣目 Ephemeroptera	14	65	262	0.280
蜻蜓目 Odonata	19	172	781	0.834
襀翅目 Plecoptera	10	80	447	0.477
蜚蠊目 Blattodea	6	82	366	0.391
等翅目 Isoptera	5	46	532	0.568
螳螂目 Mantodea	9	54	164	0.175
蛩蠊目 Grylloblattodea	1	2	2	0.002
革翅目 Dermaptera	8	61	264	0.282
直翅目 Orthoptera	40	564	2 716	2.900
螳目 Phasmatodea	5	66	343	0.366
纺足目 Embioptera	1	2	6	0.006
缺翅目 Zoraptera	1	1	2	0.002
蜡目 Psocoptera	27	177	1 648	1.760
食毛目 Mallophaga	6	124	906	0.967
虱目 Anoplura	11	22	97	0.104
缨翅目 Thysanoptera	4	164	570	0.609
半翅目 Hemiptera	127	2 803	11 973	12.783
广翅目 Megaloptera	2	13	106	0.113
蛇蛉目 Raphidioptera	2	6	14	0.015
脉翅目 Neuroptera	14	148	768	0.820
鞘翅目 Coleoptera	154	3 910	23 643	25.243
捻翅目 Strepsiptera	6	9	23	0.025
长翅目 Mecoptera	3	5	227	0.242
双翅目 Diptera	99	2 020	15 404	16.447
蚤目 Siphonaptera	10	85	568	0.606
毛翅目 Trichoptera	26	142	927	0.990
鳞翅目 Lepidoptera	94	3 848	17 786	18.990
膜翅目 Hymenoptera	86	2 179	12 517	13.364
合计	823	17 018	93 661	100.000

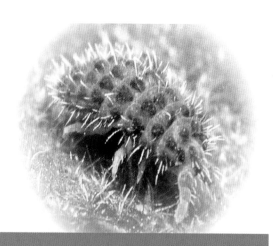

第一章 原尾目 *

Chapter 1 Order Protura

原尾目昆虫俗称原尾虫，统称"蚖"，是昆虫纲中最原始的一个目，1907 年由意大利 Silvestri 建立。中国原尾目昆虫由杨集昆 1956 年首次发现。

原尾目昆虫身体微小，体长在 2 mm 以下，无触角，第一胸足前举似触角，缺复眼和单眼。终生生活于土壤中，尤喜潮湿而富有腐殖质的林区土壤。增节变态。

第一节 区系组成及特点
Segment 1 Fauna and character

全世界共有原尾目昆目昆虫 10 科 69 属 649 种，全球广泛分布（尹文英，1999）。中国记载 9 科 39 属 213 种，占世界种类的 32.8%，本研究记录 185 种（表 4-2）。

在 185 种原尾目昆虫中，没有广布种类，东洋种类和古北种类很少，东亚种类占 95% 以上。根据全目分布广泛、种类分布狭窄、种的数量少的特点，可以看出原尾目起源早、进化慢、扩散能力弱的发育特征。

＊本编各章题图部分引自《日本动物大百科 昆虫》，特此致谢。

表 4-2　　中国原尾目昆虫的种类及区系成分

科　　名	世界属种		中国属种		东洋种类	广布种类	古北种类	东亚种类		成分不明种类
	属	种	属	种				中国特有种	中日种类	
夕蚖科 Hesperentomidae	3	24	2	14				13	1	
始蚖科 Protentomidae	6	42	4	10	2			8		
檗蚖科 Berberentomidae	21	152	9	52	3		1	43	5	
蚖科 Acerentomidae	15	22	7	10				7	3	
日本蚖科 Nipponentomidae	11	20	8	11				9	2	
富蚖科 Fujientomidae	1	2	1	1				1		
华蚖科 Sinentomidae	1	3	1	1				1		
古蚖科 Eosentomidae	9	342	6	83	2			78	3	
旭蚖科 Antelientomidae	1	3	1	3				3		
合计	68	610	39	185	7	0	1	163	14	0
全目	69	649	39	185	7	0	1	163	14	0

注：表内只列出中国有分布的科，因此，"世界属种"栏下的"全目"数据大于表内各科的合计数据。以后各目同此。

第二节　分布地理
Segment 2　Geographical distribution

原尾目昆虫在全国的分布，28 省区（4 个直辖市和 2 个特区都附入所在地的省份，下同）都有分布（图 4-1）。但各省区并不均匀。主要在西南和长江流域的省区，种类最多的省区依次是云南、四川、广西、贵州、浙江、湖南、安徽等，山东、内蒙古、山西、新疆、青藏高原最少，这与自然条件有关，也与调查的深度有关。

原尾目昆虫各科在全国的分布也不均匀，檗蚖科和古蚖科种类多，分布广，青海和山东没有檗蚖科的分布，青海和山西没有古蚖科的分布，其余省区都有两科的记录。夕蚖科、始蚖科、蚖科分布在一半以上的省区，主要在西南和中部以北，很少涉及华南地区。日本蚖科分布在东北、西北及秦巴地区。富蚖科和华蚖科是东亚特有属，分布于中南部少数几省。旭蚖科是中国特有科，分布于江苏、浙江、福建、江西、广西、西藏等省区。

由于原尾目昆虫通常栖息在富含腐殖质的湿润、疏松的土壤中，在按生态环境划分的基础地理单元中，原尾目昆虫的分布更显示出不均匀性。在 185 种原尾目昆虫中有 184 种有省区下分布记录，全国 64 个地理单元中，有分布记录的 45 个单元（表 4-3），共有 604 种·单元记录，平均每种的分布域为 3.28 个地理单元。除新疆、青藏高原的种类不和其他地理单元存在相似性关系以及一些地理单元种类很少（低于 5 种）外，其余 32 个地理单元可以依据相似性关系进行聚类。由于本书页面面积难以容下 32×32 的相似性系数矩阵，以后各章可能更大，只能省略，因此也就不再分析聚类过程，只将聚类结果予以分析比较。各

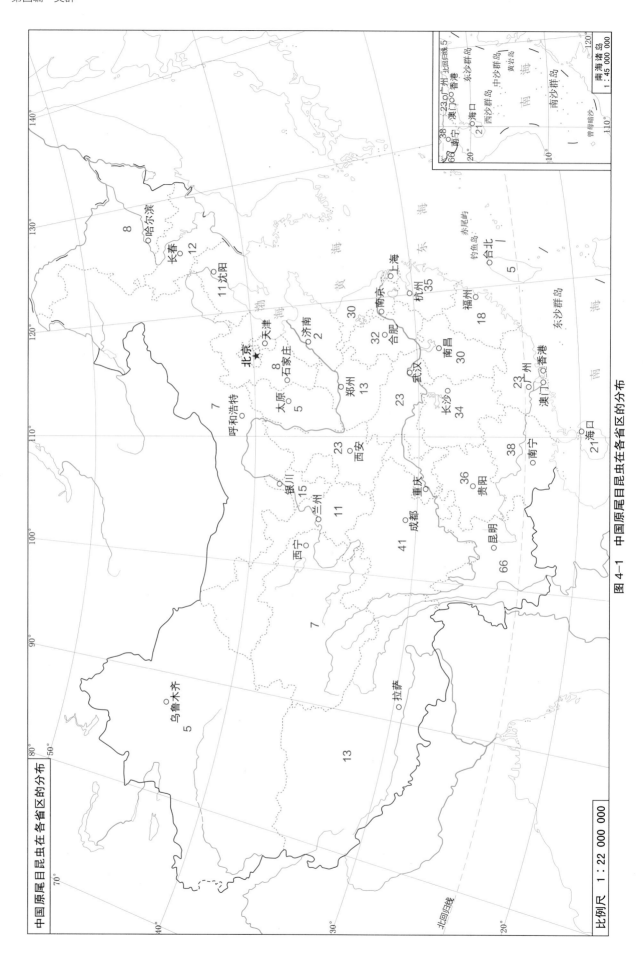

中国原尾目昆虫在各省区的分布

比例尺　1：22 000 000

图 4-1　中国原尾目昆虫在各省区的分布

地理单元的总相似性系数为 0.090，在不同的相似性水平上，聚为 a、b、c、d、e 5 个地理单元群（图 4-2）。这些单元群都符合地理学、生态学、统计学要求。和其他类群比较，只有华南单元群（Ⅰ）的地理范围相同。

a. 东北和华北单元群：涉及 6 个单元，共 36 种，全部是东亚种类。

b. 东南单元群：涉及 10 个单元，共 75 种，东洋种类 2 种，其余是东亚种类。

c. 华中单元群：涉及 6 个单元，共 43 种，全部是东亚种类。

d. 西南单元群：涉及 5 个单元，共 70 种，东洋种类 1 种，其余是东亚种类。

e. 华南单元群：涉及 5 个单元，共 84 种，东洋种类 4 种，其余是东亚种类。

表 4-3　中国原尾目昆虫在各基础地理单元中的分布

地理单元	种类	地理单元	种类	地理单元	种类
01 阿尔泰山	1	23 陕中陇东	1	45 江汉平原	0
02 准噶尔盆地	0	24 陇中地区	0	46 洞庭湖平原	7
03 伊犁谷地	0	25 六盘山区	15	47 湘中丘陵	20
04 天山山区	4	26 祁连山区	0	48 武陵山区	42
05 塔里木盆地	0	27 青海湖地区	3	49 雷公山区	1
06 吐鲁番盆地	0	28 青藏高原	3	50 云贵高原	28
07 大兴安岭	0	29 淮河平原	3	51 四川盆地	8
08 呼伦贝尔高原	0	30 苏北平原	0	52 阿坝地区	10
09 锡林郭勒高原	0	31 大别山区	8	53 大凉山区	19
10 三江地区	8	32 桐柏山区	0	54 甘孜山区	31
11 东北平原	5	33 宛襄盆地	0	55 丽江山区	16
12 长白山区	16	34 伏牛山区	13	56 墨脱地区	13
13 坝上高原	5	35 秦岭山区	22	57 无量山区	4
14 晋察冀山区	5	36 大巴山区	20	58 西双版纳	42
15 五台山区	3	37 陇南山区	11	59 桂西山区	0
16 鄂尔多斯	0	38 沪宁杭平原	33	60 桂南山区	12
17 贺兰山区	3	39 浙江山区	32	61 粤桂山区	32
18 阿拉善高原	0	40 福建丘陵	18	62 南岭山区	0
19 华北平原	0	41 台湾地区	5	63 粤南沿海平原	19
20 山东半岛	2	42 鄱阳湖平原	2	64 海南	21
21 太行山区	0	43 赣南丘陵	12	合计（种·单元）	604
22 晋中南	3	44 井冈山区	23	全国	185

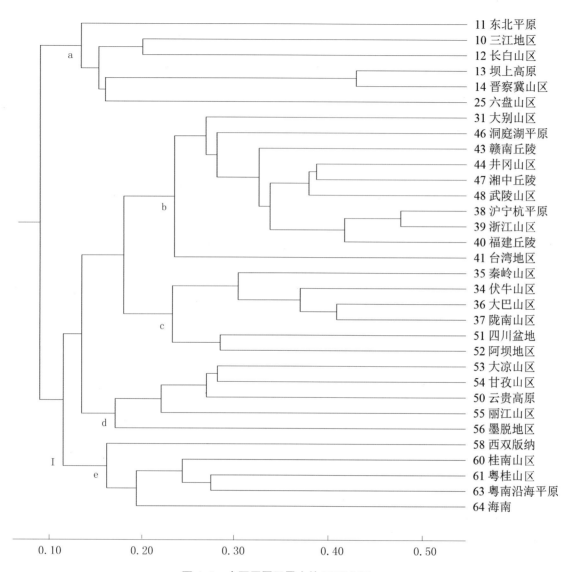

图 4-2　中国原尾目昆虫的 MSCA 图

第二章　弹尾目

Chapter 2　Order Collembola

弹尾目昆虫统称"蚘"，俗称"弹尾虫""跳虫"。体长多为 1~3 mm，身体圆筒形、球形、扁平形，体色多样，有触角，无真正的复眼，无翅；腹部生有腹管、弹器和握弹器，能跳跃。一般生活在潮湿场所或水面，以腐殖质、菌类、藻类为主要食物。表变态。两性生殖，少数单性生殖。

第一节　区系组成及特点
Segment 1　Fauna and character

全世界共有弹尾目昆虫 24 科 695 属 8 439 种（Janssens，2014），中国记载 15 科 91 属 337 种。按中国种类占世界 1/10 计算，还有相当大的调查空间。

在 337 种弹尾目昆虫中，东亚种类有 239 种，占 70.9%，居绝对优势地位（表 4-4）；东洋种类 24 种，占 7.12%；广布种类 23 种，占 6.82%；古北种类 42 种，占 12.46%。

表 4-4 中国弹尾目昆虫的种类及区系成分

科 名	世界属种		中国属种		东洋种类	广布种类	古北种类	东亚种类		成分不明种类
	属	种	属	种				中国特有种	中日种类	
原蚖科 Poduridae	1	2	1	1			1			
棘蚖科 Onychiuridae	55	619	7	27	1	2	2	15	5	2
球角蚖科 Hypogastruridae	42	697	6	19		2	2	9	5	1
拟亚蚖科 Pseudachorutidae	50	385	5	15			2	8	4	1
疣蚖科 Neanuridae	117	999	7	32	4		4	19	4	1
等节蚖科 Isotomidae	110	1 388	24	64	1	13	8	31	11	
长角蚖科 Entomobryidae	68	1 749	16	87	12	3	7	51	10	4
长角长蚖科 Orchesellidae	15	251	1	1					1	
鳞蚖科 Tomoceridae	16	168	2	41	1		5	23	12	
地蚖科 Oncopoduridae	2	54	1	2			1		1	
驼蚖科 Cyphoderidae	13	133	2	4	1			3		
短吻蚖科 Brachystomellidae	18	132	2	2				1	1	
龟纹蚖科 Anuridae	1	76	1	1			1			
短角蚖科 Neelidae	5	44	2	2			2			
圆蚖科 Sminthuridae	47	500	14	39	4	2	8	20	5	
合计	560	7 197	91	337	24	23	42	180	59	9
全目	695	8 439	91	337	24	23	42	180	59	9

第二节　分布地理
Segment 2　Geographical distribution

弹尾目昆虫种类多，生物量大，从赤道到两极附近，从平原到海拔 6 400 m 高山，几乎任何类型的栖息地都有弹尾目昆虫生存，有些种类生活于水面或海面，尤其适宜于有机质丰富的土壤中。

弹尾目昆虫虽然在国内分布广泛，各省区都有分布记录，但由于基础调查不够，各省区极不均匀（图 4-3），较多的省区有吉林、台湾、浙江、江苏、广东、宁夏、河南等，数量少的省区有黑龙江、辽宁、山东、甘肃、广西、青海等。

弹尾目昆虫各科种类在省区间的分布范围和种类的多少有直接关系，7 个种类较多的科的分布省区都在 12 个省区以上，种类最多的等节蚖科和长角蚖科各有 20 个省区；7 个种类较少的科则只有 1~2 个省区。

弹尾目昆虫在各基础地理单元的分布同样非常狭窄，除去 109 种没有省下分布记录的种类以外，其余 228 种只在 43 个单元内有分布（表 4-5），共有 284 种·单元记录，每种的分布域平均为 1.25 个地理单元。种类较多的单元有台湾、贺兰山、伏牛山、武陵山和沪宁杭平原，各单元之间的相似性关系微弱，显示

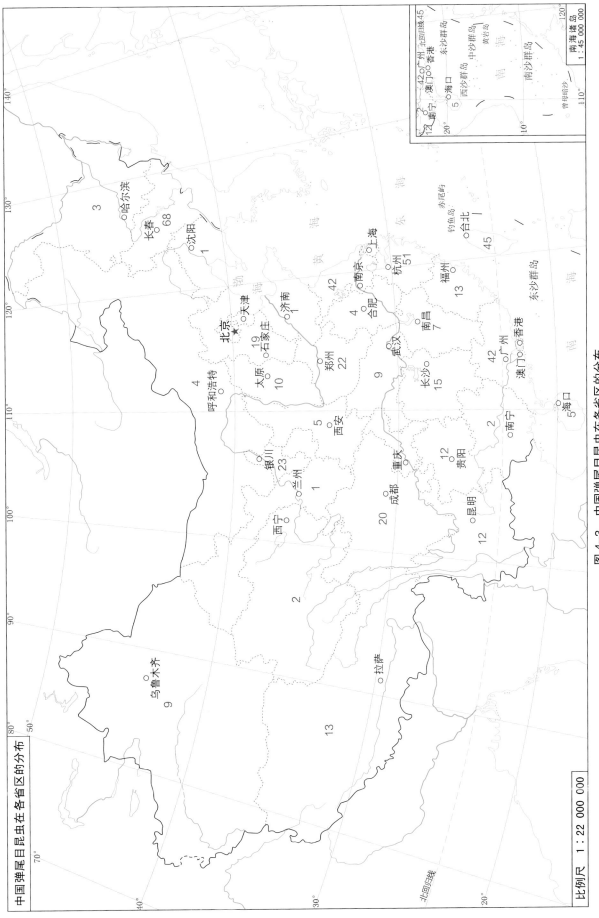

中国弹尾目昆虫在各省区的分布

图4-3 中国弹尾目昆虫在各省区的分布

比例尺 1：22 000 000

不出地理学意义。

因此,弹尾目虽然是种类众多、适应性强、分布广泛的类群,但在中国由于基本没有开展专业调查,可供分析的资料十分有限,目前还不足以进行生态学、地理学上的分析。待大部分省区适度开展专业考察以后,将会是一个生物地理学上的很好的分析材料。

表 4-5 中国弹尾目昆虫在各基础地理单元中的分布

地理单元	种类	地理单元	种类	地理单元	种类
01 阿尔泰山	0	23 陕中陇东	1	45 江汉平原	0
02 准噶尔盆地	0	24 陇中地区	0	46 洞庭湖平原	0
03 伊犁谷地	0	25 六盘山区	22	47 湘中丘陵	0
04 天山山区	8	26 祁连山区	0	48 武陵山区	18
05 塔里木盆地	0	27 青海湖地区	0	49 雷公山区	2
06 吐鲁番盆地	0	28 青藏高原	2	50 云贵高原	9
07 大兴安岭	0	29 淮河平原	2	51 四川盆地	3
08 呼伦贝尔高原	0	30 苏北平原	0	52 阿坝地区	2
09 锡林郭勒高原	1	31 大别山区	1	53 大凉山区	0
10 三江地区	2	32 桐柏山区	1	54 甘孜山区	8
11 东北平原	0	33 宛襄盆地	1	55 丽江山区	0
12 长白山区	30	34 伏牛山区	21	56 墨脱地区	9
13 坝上高原	3	35 秦岭山区	4	57 无量山区	0
14 晋察冀山区	1	36 大巴山区	1	58 西双版纳	2
15 五台山区	1	37 陇南山区	0	59 桂西山区	1
16 鄂尔多斯	1	38 沪宁杭平原	21	60 桂南山区	0
17 贺兰山区	1	39 浙江山区	14	61 粤桂山区	7
18 阿拉善高原	1	40 福建丘陵	9	62 南岭山区	3
19 华北平原	2	41 台湾地区	45	63 粤南沿海平原	6
20 山东半岛	0	42 鄱阳湖平原	4	64 海南	5
21 太行山区	2	43 赣南丘陵	2	合计(种·单元)	284
22 晋中南	1	44 井冈山区	4	全国	337

第三章　双尾目

Chapter 3　Order Diplura

双尾目昆虫俗称"双尾虫",统称"蚁",自 1842 年首先被发现,1904 年建立双尾目。

双尾目昆虫体长 2~5 mm,少数种类可达 50 mm。头部无复眼和单眼,胸部无翅,有气孔,腹部末端有 1 对分节的尾须或不分节的尾铗。一般生活在阴暗潮湿的土表腐殖质层的枯枝落叶、倒木下、腐朽树干中、石缝内,爬行迅速。多以微小的土壤动物、微生物、植物根和植物碎屑为食。表变态。两性生殖,体外受精。

第一节　区系组成及特点
Segment 1　Fauna and character

全世界共有双尾目昆虫 10 科 134 属 1 202 种,中国记载 6 科 24 属 44 种。同样也是一个专业调查比较欠缺的类群。

在 44 种双尾目昆虫种类中,没有广布种类,东亚种类 41 种,占 93.2%(表 4-6),其他种类比例很低。

表 4-6 中国双尾目昆虫的种类及区系成分

科 名	世界属种		中国属种		东洋种类	古北种类	广布种类	东亚种类		成分不明种类
	属	种	属	种				中国特有种	中日种类	
康蚪科 Campodeidae	54	552	9	18	2			13	3	
八孔蚪科 Oetostigmatidae	1	3	1	1				1		
原铗蚪科 Projapygidae	4	41	1	1				1		
副铗蚪科 Parajapygidae	3	69	1	5			1	3	1	
铗蚪科 Japygidae	66	480	11	18				16	2	
异铗蚪科 Heterojapygidae	1	7	1	1				1		
合计	129	1 152	24	44	2	0	1	35	6	0
全目	134	1 202	24	44	2	0	1	35	6	0

第二节　分布地理
Segment 2　Geographical distribution

双尾目昆虫也是一类分布广泛的小型土壤动物, 10 个科中, 除原康蚪科 Procampodeidae 分布于欧洲和美洲, 敏铗蚪科 Dinjapygidae 分布于南美, Testajapygidae 分布于北美外, 其余 7 科在世界各地都有发现。

双尾目昆虫在中国的分布, 由于专业调查薄弱, 目前还难以称得上分布广泛。仅有 23 个省区有分布记录, 种类较多的省区有广东、湖南、贵州、湖北、陕西等, 宁夏、山西、山东、台湾各只有 1 种, 黑龙江、吉林、辽宁、内蒙古、青海目前没有分布记录。

双尾目昆虫各科在各省的分布也随种类的多少而异。康蚪科有 18 种, 分布于 18 个省区, 黑龙江、吉林、辽宁、内蒙古、宁夏、青海、河北、山西、山东、海南没有分布记录; 铗蚪科 18 种分布于河北以南的 13 个省区内; 副铗蚪科 5 种分布于 16 省区, 比较集中在中南部; 原铗蚪科 1 种, 分布于广东; 八孔蚪科 1 种, 分布于云南、广东; 异铗蚪科 1 种, 仅分布于西藏 (图 4-4)。

44 种双尾目昆虫在各个基础地理单元的分布, 31 种有省下分布记录, 仅局限于 20 个地理单元 (表 4-7), 共有 63 种·单元记录, 平均每种分布域 2.03 个地理单元。种类丰富的地理单元有秦岭山区、张家界山区、雷公山区、云贵高原区及浙江山区, 除这几个地理单元之间有一定程度的相似性关系外, 其余大部分单元之间没有明显的相似性关系。待进一步的专业性调查之后, 可能会为全国的区系分布提供帮助。

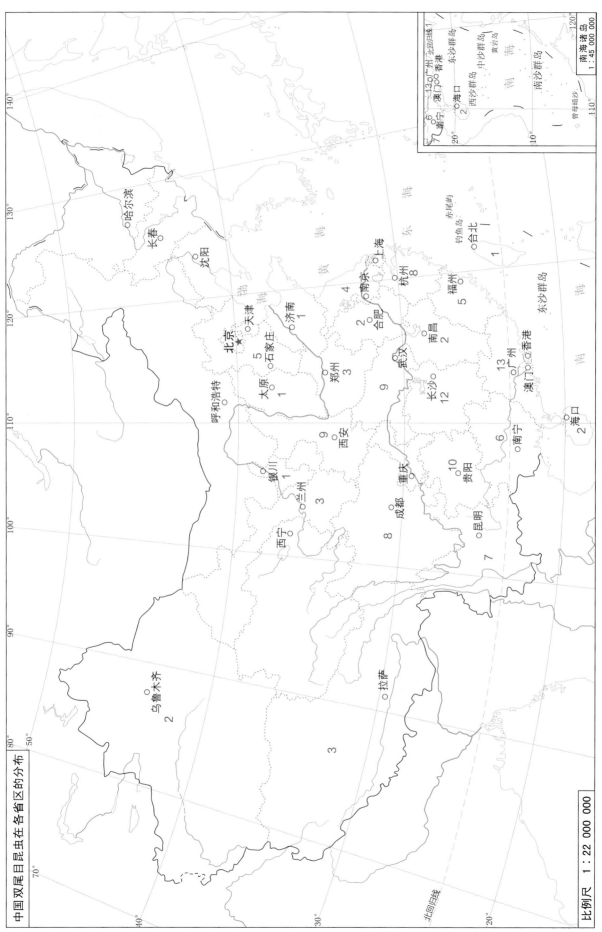

图 4-4　中国双尾目昆虫在各省区的分布

表 4-7　中国双尾目昆虫在各基础地理单元中的分布

地理单元	种类	地理单元	种类	地理单元	种类
01 阿尔泰山	0	23 陕中陇东	0	45 江汉平原	1
02 准噶尔盆地	0	24 陇中地区	0	46 洞庭湖平原	0
03 伊犁谷地	0	25 六盘山区	1	47 湘中丘陵	0
04 天山山区	1	26 祁连山区	0	48 武陵山区	10
05 塔里木盆地	1	27 青海湖地区	0	49 雷公山区	2
06 吐鲁番盆地	0	28 青藏高原	0	50 云贵高原	7
07 大兴安岭	0	29 淮河平原	0	51 四川盆地	0
08 呼伦贝尔高原	0	30 苏北平原	0	52 阿坝地区	0
09 锡林郭勒高原	0	31 大别山区	0	53 大凉山区	0
10 三江地区	0	32 桐柏山区	0	54 甘孜山区	2
11 东北平原	0	33 宛襄盆地	0	55 丽江山区	0
12 长白山区	0	34 伏牛山区	2	56 墨脱地区	2
13 坝上高原	0	35 秦岭山区	9	57 无量山区	0
14 晋察冀山区	0	36 大巴山区	0	58 西双版纳	2
15 五台山区	0	37 陇南山区	3	59 桂西山区	0
16 鄂尔多斯	0	38 沪宁杭平原	0	60 桂南山区	4
17 贺兰山区	0	39 浙江山区	7	61 粤桂山区	1
18 阿拉善高原	0	40 福建丘陵	0	62 南岭山区	0
19 华北平原	2	41 台湾地区	1	63 粤南沿海平原	3
20 山东半岛	0	42 鄱阳湖平原	0	64 海南	2
21 太行山区	0	43 赣南丘陵	0	合计（种·单元）	63
22 晋中南	0	44 井冈山区	0	全国	44

第四章　石蛃目

Chapter 4　Order Microcoryphia

石蛃目昆虫原属于缨尾目，20 世纪 80 年代，设立石蛃目。

石蛃目昆虫身体近纺锤形，胸部较粗且背部拱起，体长不超过 20 mm。体表密被鳞片，有触角、复眼和单眼，有较长的下颚须和下唇须，腹部末端有 1 对侧尾丝和 1 根中尾丝。主要栖息于阴暗潮湿处，如苔藓、地衣上，石缝中，石块下，枯枝落叶中，以植食性为主。善跳跃。

第一节　区系组成及特点
Segment 1　Fauna and character

全世界共有石蛃目昆虫 4 科 76 属 506 种（2013），中国记载 1 科 6 属 24 种。中国目前对石蛃目昆虫研究还不多，现有记录还处于随机状态。

24 种石蛃目昆虫全部是东亚种类（表 4-8）。

表 4-8　中国石蛃目昆虫的种类及区系成分

科　　名	世界属种		中国属种		东洋种类	广布种类	古北种类	东亚种类		成分不明种类
	属	种	属	种				中国特有种	中日种类	
石蛃科 Machilidae	50	377	6	24				23	1	

第二节　分布地理
Segment 2　Geographical distribution

石蛃目昆虫种类主要有 2 科，光角蛃科 Meinertellidae 有 22 属，主要分布于南半球；石炳科 Machilidae 有 50 属，主要分布在北半球。

中国只有石蛃科 1 科，目前分布也不广泛，仅在 12 省区有分布记录，有 6 省仅有 1 种，台湾、江苏最多，各有 4 种（图 4-5）。

在 24 种石蛃目昆虫中，6 种无省下分布，共有 19 种·单元记录，平均分布域 1.06 个单元（表 4-9）。

实际上，石蛃目昆虫可能分布不止如此狭窄，因为我们在河南昆虫考察中，曾经在不少地方采到石蛃目昆虫，特别是在登封少林寺的小溪中的石头上，考察队员都采得尽兴而归。由此可见，基础调查目前还是相当薄弱的。

表 4-9　中国石蛃目昆虫在各基础地理单元中的分布

地理单元	种类	地理单元	种类	地理单元	种类
01 阿尔泰山	0	23 陕中陇东	0	45 江汉平原	0
02 准噶尔盆地	0	24 陇中地区	1	46 洞庭湖平原	0
03 伊犁谷地	0	25 六盘山区	0	47 湘中丘陵	0
04 天山山区	0	26 祁连山区	0	48 武陵山区	0
05 塔里木盆地	0	27 青海湖地区	0	49 雷公山区	0
06 吐鲁番盆地	0	28 青藏高原	0	50 云贵高原	0
07 大兴安岭	0	29 淮河平原	0	51 四川盆地	0
08 呼伦贝尔高原	0	30 苏北平原	0	52 阿坝地区	1
09 锡林郭勒高原	0	31 大别山区	0	53 大凉山区	0
10 三江地区	0	32 桐柏山区	0	54 甘孜山区	0
11 东北平原	0	33 宛襄盆地	0	55 丽江山区	0
12 长白山区	0	34 伏牛山区	1	56 墨脱地区	0
13 坝上高原	0	35 秦岭山区	0	57 无量山区	0
14 晋察冀山区	0	36 大巴山区	1	58 西双版纳	0
15 五台山区	0	37 陇南山区	0	59 桂西山区	0
16 鄂尔多斯	0	38 沪宁杭平原	2	60 桂南山区	0
17 贺兰山区	0	39 浙江山区	3	61 粤桂山区	0
18 阿拉善高原	0	40 福建丘陵	3	62 南岭山区	0
19 华北平原	0	41 台湾地区	4	63 粤南沿海平原	0
20 山东半岛	1	42 鄱阳湖平原	0	64 海南	1
21 太行山区	1	43 赣南丘陵	0	合计（种·单元）	19
22 晋中南	0	44 井冈山区	0	全国	24

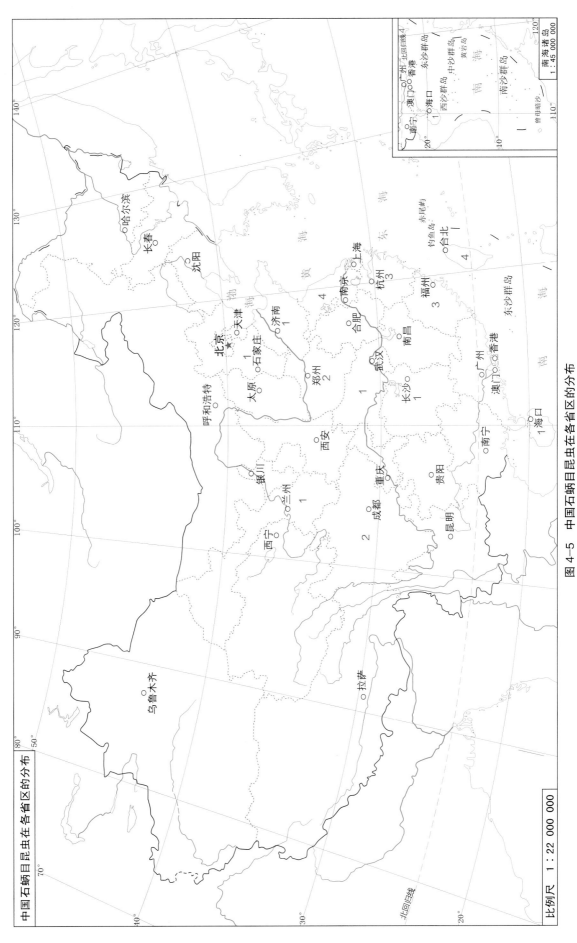

图 4-5　中国石蛃目昆虫在各省区的分布

中国石蛃目昆虫在各省区的分布

比例尺　1：22 000 000

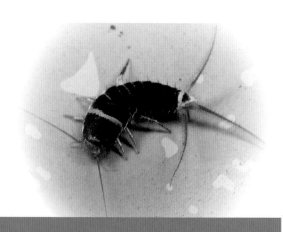

第五章　衣鱼目

Chapter 5　Order Zygentoma

衣鱼目又称缨尾目 Thysanura。该目昆虫俗称"衣鱼"。身体纺锤形,背部扁平不拱起。体表多数密被鳞片,有金属光泽。触角长,丝状,复眼退化,多数无单眼。有一对尾须和细长的中尾丝。生活于野外和室内。

第一节　区系组成及特点
Segment 1　Fauna and character

全世界共有衣鱼目昆虫 7 科 134 属 587 种（2013），中国记载 2 科 8 属 9 种，其中土衣鱼科 Nicoletiidae 4 属 4 种，衣鱼科 Lepismatidae 4 属 5 种。目前在国内是最少有人关注的昆虫类群。

表 4-10　中国衣鱼目昆虫的种类及区系成分

科　　名	世界属种		中国属种		东洋种类	广布种类	古北种类	东亚种类		成分不明种类
	属	种	属	种				中国特有种	中日种类	
土衣鱼科 Nicoletiidae	25	158	4	4				4		
衣鱼科 Lepismatidae	41	303	4	5	1	2	1	1		
合计	66	461	8	9	1	2	1	5		
全目	134	587	8	9	1	2	1	5		

在已知的 9 种衣鱼目昆虫中，广布种类 2 种，东洋种类和古北种类各 1 种，其余 5 种都是东亚种类（表 4-10）。

第二节 分布地理
Segment 2 Geographical distribution

衣鱼目昆虫虽然是常见昆虫，但目前国内基本没有人进行调查和研究，有用资料极其有限。

9 种衣鱼的分布记录有 20 个省区，主要在中国东南部，福建、广东、湖北、陕西种类较多，东北、西北、青藏高原以及贵州、海南未见记录（图 4-6）。

9 种衣鱼中，有 6 种没有省下分布记录，另 3 种衣鱼在地理单元中有 44 种·单元记录（表 4-11），平均每种 14.67 个单元。

表 4-11 中国衣鱼目昆虫在各基础地理单元中的分布

地理单元	种类	地理单元	种类	地理单元	种类
01 阿尔泰山	0	23 陕中陇东	1	45 江汉平原	1
02 准噶尔盆地	0	24 陇中地区	0	46 洞庭湖平原	0
03 伊犁谷地	0	25 六盘山区	1	47 湘中丘陵	0
04 天山山区	0	26 祁连山区	0	48 武陵山区	2
05 塔里木盆地	0	27 青海湖地区	0	49 雷公山区	0
06 吐鲁番盆地	0	28 青藏高原	0	50 云贵高原	0
07 大兴安岭	1	29 淮河平原	1	51 四川盆地	2
08 呼伦贝尔高原	1	30 苏北平原	0	52 阿坝地区	0
09 锡林郭勒高原	1	31 大别山区	1	53 大凉山区	0
10 三江地区	0	32 桐柏山区	1	54 甘孜山区	0
11 东北平原	1	33 宛襄盆地	1	55 丽江山区	0
12 长白山区	0	34 伏牛山区	1	56 墨脱地区	0
13 坝上高原	1	35 秦岭山区	1	57 无量山区	0
14 晋察冀山区	1	36 大巴山区	2	58 西双版纳	0
15 五台山区	0	37 陇南山区	0	59 桂西山区	1
16 鄂尔多斯	1	38 沪宁杭平原	1	60 桂南山区	1
17 贺兰山区	1	39 浙江山区	2	61 粤桂山区	1

（续表）

地理单元	种类	地理单元	种类	地理单元	种类
18 阿拉善高原	1	40 福建丘陵	2	62 南岭山区	2
19 华北平原	1	41 台湾地区	2	63 粤南沿海平原	0
20 山东半岛	0	42 鄱阳湖平原	2	64 海南	0
21 太行山区	1	43 赣南丘陵	2	合计（种·单元）	44
22 晋中南	0	44 井冈山区	2	全国	9

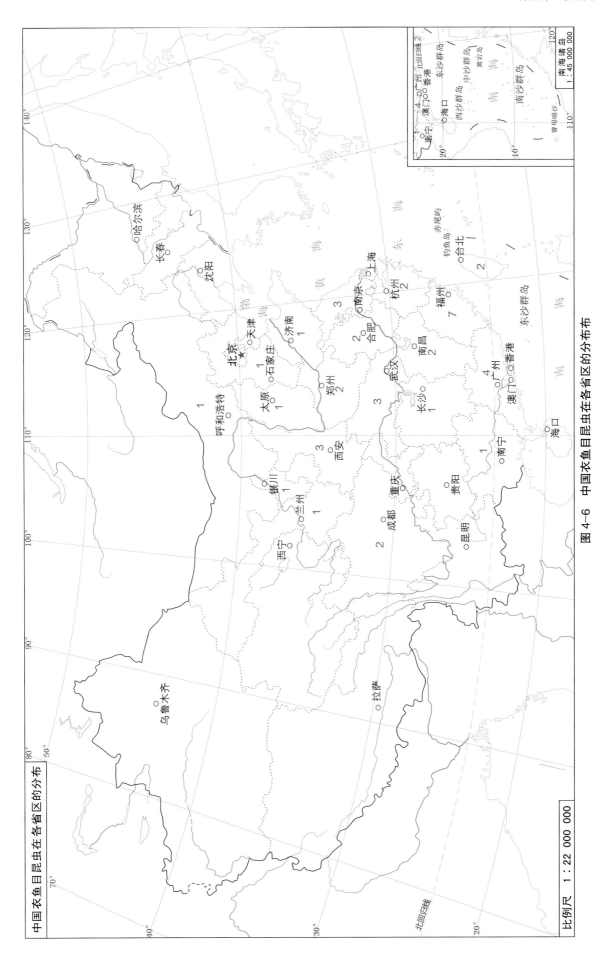

图 4-6 中国衣鱼目昆虫在各省区的分布

第六章 蜉蝣目

Chapter 6 Order Ephemeroptera

蜉蝣目昆虫是有翅亚纲中的原始类群，中文统称"蜉"，英文称 mayfly。该目昆虫体态轻盈，体形小至中等大小。1 对复眼发达，单眼 3 个，触角短。翅一般 2 对，膜质透明，翅脉原始，不能折叠，静止时竖立于体背，后翅小甚至无。成虫不食，存活时间很短。卵产于水中，幼虫水生，捕食藻类和水生无脊椎动物，又是鱼类的饵料。喜清洁溪流，可作为水质监测的指示昆虫。

第一节 区系组成及特点
Segment 1 Fauna and character

全世界共有蜉蝣目昆虫现生种 23 科 540 属 3 339 种（Barber-James *et al.*，2013），另有化石 43 科 134 属 236 种（任东等，2012）。中国记载现生蜉蝣目昆虫已达 300 种以上，本研究记录 14 科 65 属 262 种。多年来，南京师范大学几代科学家从事本目昆虫的研究，由古生物学家秉志开始的蜉蝣化石研究，迄今已报道 9 科 20 属 31 种。

在 262 种现生蜉蝣目昆虫中，东亚种类 185 种，占 70.6%；古北种类占 10.3%，东洋种类占 4.6%，广布种类只有 2 种（表 4–12）。除巨跗蜉科和寡脉蜉科各只有 1 种外，其余各科都是中国特有种，占绝对优势地位。

表4-12　中国蜉蝣目昆虫的种类及区系成分

科　名	世界属种		中国属种		东洋种类	广布种类	古北种类	东亚种类		成分不明种类
	属	种	属	种				中国特有种	中日种类	
细裳蜉科 Leptophlebiidae	141	467	9	21	1	1	2	15	1	1
多脉蜉科 Polymitarcyidae	5	70	3	6			2	4		
河花蜉科 Potamanthidae	6	28	6	17	3		1	12		1
蜉蝣科 Ephemeridae	8	100	2	33	2		6	23	1	1
新蜉科 Neoephemeridae	3	14	1	2				2		
小蜉科 Ephemerellidae	23	230	12	46	1	1	3	24	5	12
细蜉科 Caenidae	14	100	3	8	1			3	2	2
扁蜉科 Heptageniidae	28	400	14	74			7	41	15	11
等蜉科 Isonychiidae	1	34	1	6				5	1	
短丝蜉科 Siphlonuridae	4	48	1	5				2	1	2
四节蜉科 Baetidae	104	500	9	37	4		5	22		6
褶缘蜉科 Palingeniidae	6	31	2	5				4	1	
巨跗蜉科 Ametropodidae	1	3	1	1					1	
寡脉蜉科 Oligoneuriidae	11	54	1	1			1			
合计	355	2 079	65	262	12	2	27	157	28	36
全目	540	3 339	65	262	12	2	27	157	28	36

第二节　分布地理

Segment 2　Geographical distribution

蜉蝣目昆虫主要分布于热带和温带的广大地区。由于成虫身体纤弱，寿命又极为短暂，使得长距离扩散能力受到限制，但幼虫能够随水流漂游，成为种类扩散的主要方式。因此对于研究生物地理，常成为有价值的材料。

虽然中国蜉蝣目昆虫种类已达世界种类的13%以上，但全国范围内的基础调查还不全面，24个省区有数量不等的分布记录（图4-7），种类较多的省份依次有浙江、贵州、黑龙江、福建、江西等，新疆、青海、山西、山东4省区目前没有蜉蝣记录，宁夏、广西、湖北、甘肃、辽宁等省区不超过10种，这显然是不能令人信服的。由此可见中国昆虫区系基础调查任务的艰巨程度。

在262种蜉蝣目昆虫中，92种无省区下分布记录，170种有省区下分布记录的种类分布在64个基础

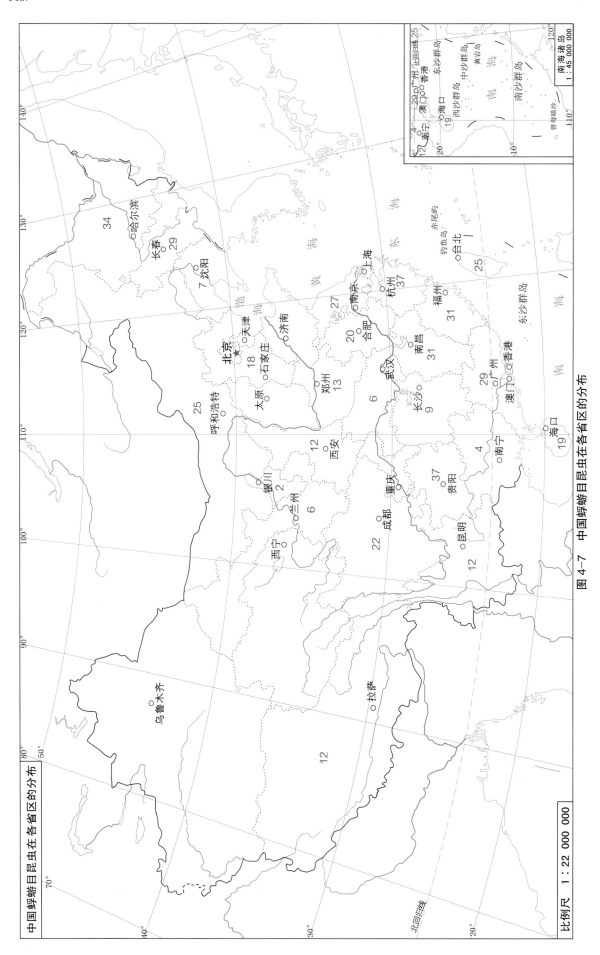

图 4-7 中国蜉蝣目昆虫在各省区的分布

地理单元中的 35 个单元内（表 4-13）。共有 279 种·单元记录，平均每种 1.64 个地理单元。只有个别单元间有一定的相似性，整体相似性很低。种类丰富的单元或有一定相似性关系而构成的单元群有：

a. 长白山单元：14 种，古北及广布种类各 1 种，东亚种类 2 种，区系成分不明种类 10 种。

b. 大兴安岭单元群：涉及 2 个单元，共 20 种，其中东亚种类 3 种，古北种类 3 种，区系成分不明种类 14 种。

c. 伏牛山单元群：涉及 2 个单元，共 22 种，其中东亚种类 14 种，东洋种类 2 种，古北种类 5 种，区系成分不明种类 1 种。

d. 武陵山单元群：涉及 3 个单元，共 41 种，其中东亚种类 31 种，东洋种类 3 种，广布种类各 1 种，古北种类 4 种，区系成分不明种类 2 种。

e. 华东单元群：涉及 3 个单元，共 68 种，其中东亚种类 51 种，东洋种类 3 种，古北种类 8 种，广布种类 1 种，区系成分不明种类 5 种。

f. 海南单元：19 种，其中东亚种类 17 种，东洋和广布种类各 1 种。

表 4-13　中国蜉蝣目昆虫在各基础地理单元中的分布

地理单元	种类	地理单元	种类	地理单元	种类
01 阿尔泰山	0	23 陕中陇东	0	45 江汉平原	1
02 准噶尔盆地	0	24 陇中地区	0	46 洞庭湖平原	0
03 伊犁谷地	0	25 六盘山区	1	47 湘中丘陵	0
04 天山山区	0	26 祁连山区	0	48 武陵山区	23
05 塔里木盆地	0	27 青海湖地区	0	49 雷公山区	24
06 吐鲁番盆地	0	28 青藏高原	0	50 云贵高原	4
07 大兴安岭	12	29 淮河平原	0	51 四川盆地	9
08 呼伦贝尔高原	19	30 苏北平原	0	52 阿坝地区	1
09 锡林郭勒高原	1	31 大别山区	5	53 大凉山区	1
10 三江地区	0	32 桐柏山区	0	54 甘孜山区	1
11 东北平原	4	33 宛襄盆地	0	55 丽江山区	0
12 长白山区	14	34 伏牛山区	13	56 墨脱地区	11
13 坝上高原	2	35 秦岭山区	9	57 无量山区	1
14 晋察冀山区	2	36 大巴山区	1	58 西双版纳	2
15 五台山区	0	37 陇南山区	1	59 桂西山区	0
16 鄂尔多斯	1	38 沪宁杭平原	4	60 桂南山区	0
17 贺兰山区	1	39 浙江山区	27	61 粤桂山区	0
18 阿拉善高原	4	40 福建丘陵	24	62 南岭山区	0
19 华北平原	0	41 台湾地区	25	63 粤南沿海平原	2
20 山东半岛	0	42 鄱阳湖平原	6	64 海南	19
21 太行山区	0	43 赣南丘陵	0	合计（种·单元）	279
22 晋中南	0	44 井冈山区	4	全国	262

第七章 蜻蜓目

Chapter 7 Order Odonata

蜻蜓目昆虫俗称"蜻蜓""豆娘",统称"蜻""蜓""蟌",体形中大型,身体细长。复眼发达,触角短,咀嚼式口器。2对翅发达、透明,翅脉复杂,不能折叠,竖立或平伸于体背。雄虫腹部第2、3节有构造复杂的副生殖器官,因此交配姿态特殊。成虫陆生,幼虫水生,均捕食性,是重要的天敌类群和水质监测类群。

第一节 区系组成及特点
Segment 1 Fauna and character

全世界截至2007年8月共有蜻蜓目昆虫32科640属5 626种,中国已记载19科172属777种(王治国,2007),本研究记录781种,占世界种类的13.9%。

781种蜻蜓目昆虫中,除9种区系成分不明外,东亚种类533种,占68.2%,东洋种类占24.3%,古北种类占5.9%,广布种类只有3种(表4-14)。

表 4-14　中国蜻蜓目昆虫的种类及区系成分

科　名	世界属种		中国属种		东洋种类	广布种类	古北种类	东亚种类		成分不明种类
	属	种	属	种				中国特有种	中日种类	
蜓科 Aeschnidae	53	451	15	71	13		5	43	8	2
春蜓科 Gomphidae	102	1 000	37	191	27		5	148	9	2
大蜓科 Cordulegasteridae	6	48	5	18	2		1	14	1	
裂唇蜓科 Chlorogomphidae			4	18				16	2	
伪蜻科 Corduliidae	45	168	6	25	2		5	14	4	
大蜻科 Macromiidae	4	124	1	20	3			16	1	
蜻科 Libellulidae	142	933	36	125	51	2	18	29	22	3
丽螅科 Amphipterygidae	4	9	2	3				2	1	
色螅科 Calopterygidae	20	214	9	42	8		2	26	5	1
犀螅科 Chlorocyphidae	19	147	5	27	9			15	3	
溪螅科 Euphaeidae	12	70	8	32	9			23		
综螅科 Synlestidae	8	38	2	13	1			12		
丝螅科 Lestidae	8	150	5	26	10		4	10	2	
原螅科 Protoneuridae	26	273	2	10	5			5		
山螅科 Megapodagrionidae	40	310	8	9	1			8		
螅科 Coenagrionidae	99	1 000	15	95	37	1	6	41	10	
扇螅科 Platycnemididae	26	219	6	34	11			20	3	
扁螅科 Platystictidae	6	224	3	8	1			7		
伪丝螅科 Pseudolestidae			3	14				12	1	1
合计	620	5 378	172	781	190	3	46	461	72	9
全目	640	5 626	172	781	190	3	46	461	72	9

第二节　分布地理
Segment 2　Geographical distribution

蜻蜓目是人们常见昆虫类群，也是全球广泛分布的类群。

中国 781 种蜻蜓各省区都有分布，只是省区之间种类数量不同，种类丰富的省区依次是福建、浙江、广东、云南、四川、江西、台湾、陕西、海南等，而青海、辽宁、甘肃、宁夏较少（图 4-8）。

蜻蜓目各科昆虫在全国的分布范围差别很大，蜓科、春蜓科、大蜓科、螅科几乎所有省区都有分布，而丽螅科、扁螅科、原螅科分布省区在 10 个以下。

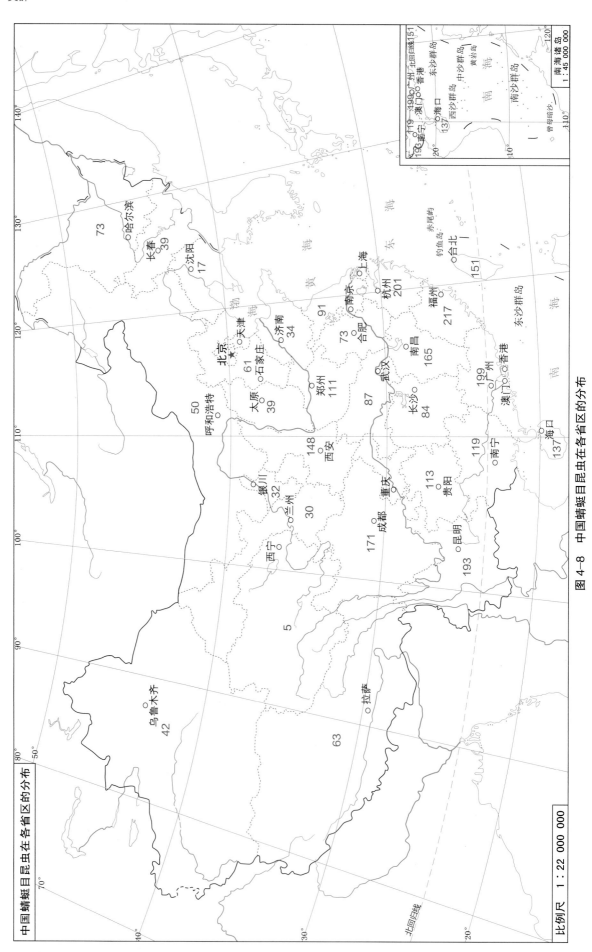

中国蜻蜓目昆虫在各省区的分布

图 4-8　中国蜻蜓目昆虫在各省区的分布

比例尺　1：22 000 000

表 4-15　中国蜻蜓目昆虫在各基础地理单元中的分布

地理单元	种类	地理单元	种类	地理单元	种类
01 阿尔泰山	1	23 陕中陇东	61	45 江汉平原	24
02 准噶尔盆地	1	24 陇中地区	9	46 洞庭湖平原	23
03 伊犁谷地	1	25 六盘山区	11	47 湘中丘陵	11
04 天山山区	12	26 祁连山区	0	48 武陵山区	118
05 塔里木盆地	0	27 青海湖地区	6	49 雷公山区	62
06 吐鲁番盆地	0	28 青藏高原	9	50 云贵高原	46
07 大兴安岭	20	29 淮河平原	40	51 四川盆地	77
08 呼伦贝尔高原	13	30 苏北平原	39	52 阿坝地区	17
09 锡林郭勒高原	23	31 大别山区	58	53 大凉山区	18
10 三江地区	29	32 桐柏山区	39	54 甘孜山区	23
11 东北平原	47	33 宛襄盆地	5	55 丽江山区	66
12 长白山区	42	34 伏牛山区	61	56 墨脱地区	37
13 坝上高原	7	35 秦岭山区	90	57 无量山区	30
14 晋察冀山区	8	36 大巴山区	109	58 西双版纳	22
15 五台山区	0	37 陇南山区	12	59 桂西山区	28
16 鄂尔多斯	40	38 沪宁杭平原	55	60 桂南山区	40
17 贺兰山区	24	39 浙江山区	181	61 粤桂山区	48
18 阿拉善高原	22	40 福建丘陵	162	62 南岭山区	79
19 华北平原	16	41 台湾地区	151	63 粤南沿海平原	75
20 山东半岛	22	42 鄱阳湖平原	64	64 海南	137
21 太行山区	35	43 赣南丘陵	16	合计（种·单元）	2 598
22 晋中南	4	44 井冈山区	72	全国	781

在 781 种蜻蜓目昆虫中，188 种没有省下分布记录。593 种在全国基础地理单元的分布，除祁连山、塔里木盆地、吐鲁番盆地、五台山 4 个单元没有记录外，60 个地理单元都有数量不等的分布记录（表 4-15）。共有 2 598 种·单元记录，平均每种 4.38 个单元。新疆和青藏高原个别单元的蜻蜓种类较少，和其他地理单元构不成相似性关系，其余 53 个地理单元的总相似性系数为 0.074，在 0.160 的相似性水平上可以明显形成下列单元群（图 4-9）：

a. 北方单元群：18 个单元组成，共 131 种，其中东亚种类 99 种，古北种类 7 种，东洋种类 21 种，

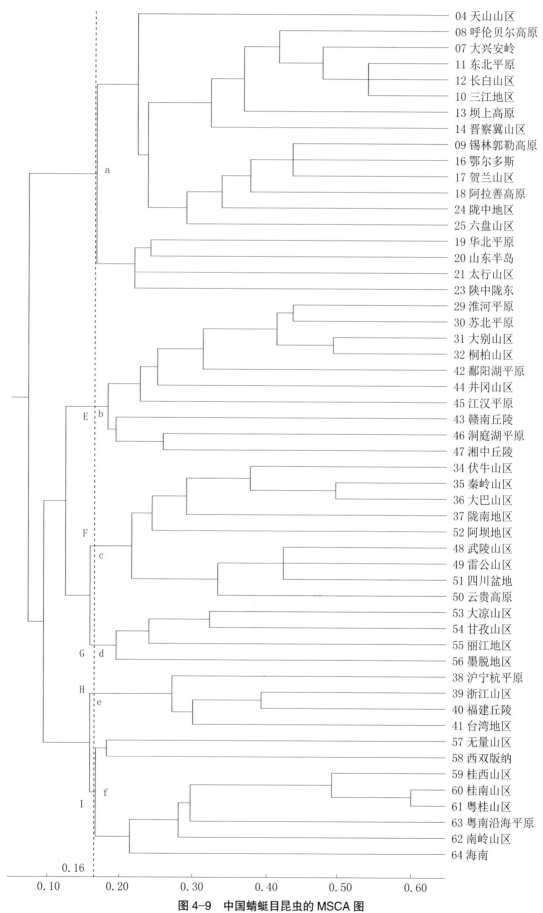

04 天山山区
08 呼伦贝尔高原
07 大兴安岭
11 东北平原
12 长白山区
10 三江地区
13 坝上高原
14 晋察冀山区
09 锡林郭勒高原
16 鄂尔多斯
17 贺兰山区
18 阿拉善高原
24 陇中地区
25 六盘山区
19 华北平原
20 山东半岛
21 太行山区
23 陕中陇东
29 淮河平原
30 苏北平原
31 大别山区
32 桐柏山区
42 鄱阳湖平原
44 井冈山区
45 江汉平原
43 赣南丘陵
46 洞庭湖平原
47 湘中丘陵
34 伏牛山区
35 秦岭山区
36 大巴山区
37 陇南地区
52 阿坝地区
48 武陵山区
49 雷公山区
51 四川盆地
50 云贵高原
53 大凉山区
54 甘孜山区
55 丽江地区
56 墨脱地区
38 沪宁杭平原
39 浙江山区
40 福建丘陵
41 台湾地区
57 无量山区
58 西双版纳
59 桂西山区
60 桂南山区
61 粤桂山区
63 粤南沿海平原
62 南岭山区
64 海南

0.16

0.10   0.20   0.30   0.40   0.50   0.60

图 4-9 中国蜻蜓目昆虫的 MSCA 图

图中大写英文字母表示和昆虫总体及其他类群分析结果相同的单元群，下同

广布种类 1 种。

　　b. 江淮单元群：10 个单元组成，共 163 种，其中东亚种类 96 种，东洋种类 58 种，古北种类 5 种，广布种类 1 种。

　　c. 华中单元群：由秦巴山地和云贵高原等 9 个单元组成，共 245 种，其中东亚种类 163 种，东洋种类 66 种，古北种类 12 种，广布种类 2 种。

　　d. 西南单元群：由 4 个单元组成，共 96 种，其中东亚种类 49 种，东洋种类 41 种，古北种类 3 种，广布种类 1 种。

　　e. 华东单元群：4 个单元组成，共 334 种，其中东亚种类 241 种，东洋种类 86 种，古北种类 4 种，广布种类 1 种。

　　f. 华南单元群：由 8 个单元组成，共 237 种，其中东亚种类 138 种，东洋种类 95 种，古北种类 2 种，广布种类 1 种。

　　在 6 个单元群中，后 5 个的单元构成及分布疆域和其他类群以及昆虫总体分析相同，分别标以大写英文字母，并全书统一，作为各类群的比较。

第八章 襀翅目

Chapter 8　Order Plecoptera

　　襀翅目昆虫俗称石蝇，统称"蜻"，英文名 stonefly。体形小至中型，体柔软，略扁平。头宽，复眼发达，触角丝状多节，前胸大，背板发达，2 对翅膜质，翅脉多，中脉、肘脉间多横脉，后翅臀区发达，翅可折叠，平叠与体背。腹末有尾须 1 对。成虫多不取食，幼虫水生，取食小动物、植物碎屑或藻类。对水质敏感，可用于水质监测。

第一节　区系组成及特点
Segment 1　Fauna and character

　　截至 2007 年底，全世界共有襀翅目昆虫 28 科 381 属 3 276 种，中国记载 10 科 80 属 447 种，占世界种类的 13.6%。

　　在 447 种襀翅目昆虫中，没有广布种类，除 42 种区系成分不明外，东亚种类 386 种，占全国种类的 86.4%，东洋种类和古北种类很少（表 4-16）。

表 4-16 中国襀翅目昆虫的种类及区系成分

科　名	世界属种		中国属种		东洋种类	广布种类	古北种类	东亚种类		成分不明种类
	属	种	属	种				中国特有种	中日种类	
黑襀科 Capniidae	16	250	4	9						9
卷襀科 Leuctridae	12	210	4	30			2	24	2	2
叉襀科 Nemouridae	18	450	8	93				87		6
带襀科 Taeniopterygidae	14	80	6	7			1	1		5
大襀科 Pteronarcyidae	2	13	2	3			1	1		1
扁襀科 Peitoperlidae	10	40	4	8				7	1	
刺襀科 Styloperlidae	2	9	2	9				9		
襀科 Perlidae	51	580	45	259	11		3	229	4	12
绿襀科 Chloroperlidae	17	130	2	8				5		3
网襀科 Perlodidae	45	260	2	21			1	15	1	4
合计	187	2 022	79	447	11	0	8	378	8	42
全目	381	3 276	79	447	11	0	8	378	8	42

第二节　分布地理
Segment 2　Geographical distribution

　　襀翅目昆虫分布广泛，除南极大陆以外的世界各大陆上均有分布。襀翅目分两个亚目，南襀亚目有 4 科，全部分布在澳洲和南美；北襀亚目有 12 科，其中背襀科 Notonemouridae 分布于南半球的澳洲、南美洲、非洲，襀科的某些类群在南半球也有分布，其余绝大部分分布于北半球。刺襀科仅分布于中国，裸襀科 Scopuridae 分布在日本和朝鲜，黑襀科、带襀科、大襀科、绿襀科、网襀科分布于古北、新北界，卷襀科、叉襀科、扁襀科在古北、新北、东洋界均有分布，以襀科分布最为广泛。

　　襀翅目昆虫在中国各省区都有分布（图 4-10），种类丰富的省区有四川、浙江、内蒙古、福建、云南、贵州等，种类少的有山西、安徽、江苏、山东、宁夏等。

　　襀翅目各科昆虫的分布范围差别显著，襀科种类最多，分布也最广，除宁夏没有记录外，27 省区都有分布，卷襀科和叉襀科也分布于多数省区，刺襀科分布于中、南部，绿襀科和网襀科分布于中、北部，扁襀科分布于中、西南部，大襀科、带襀科、黑襀科主要分布于北部。

　　在 447 种襀翅目昆虫中，135 种没有省下分布记录，312 种分布在 64 个基础地理单元中的 44 个单元（表 4-17），共有 503 种·单元记录，平均每种 1.61 个单元。在 25 个种类较多的单元中，除东北单元群和台湾单元不与其他单元有共同种类，甘孜山区单元和大别山区单元与周围联系微弱外，其余 20 个单元的聚类结果见图 4-11。总相似性系数为 0.052，在 0.100 相似性水平上聚为 a、b、c、d 4 个单元群：

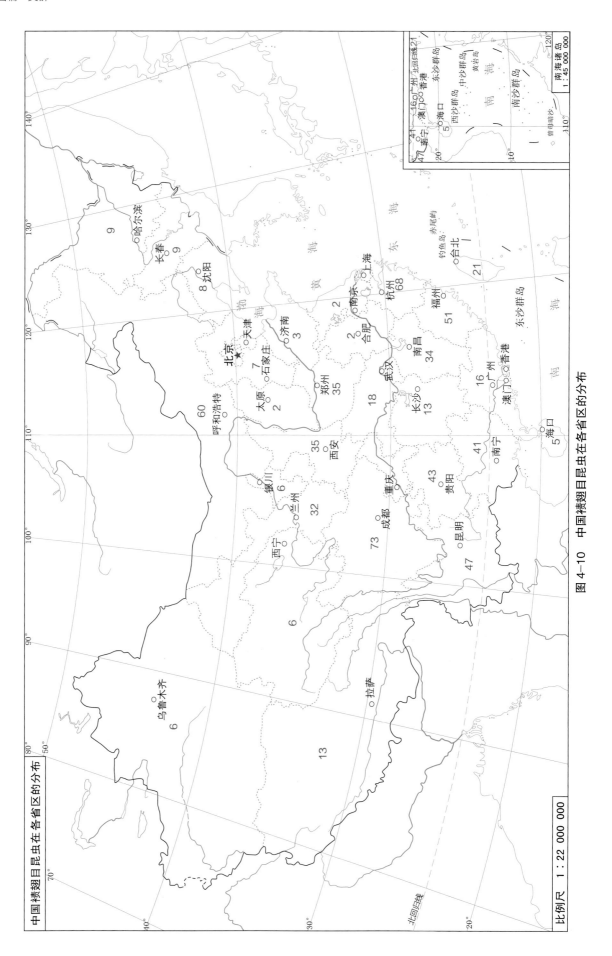

图 4-10 中国襀翅目昆虫在各省区的分布

a. 秦巴单元群：由 6 个单元组成，共 67 种，其中东亚种类 64 种，古北种类 1 种。

b. 武陵山单元群：由 3 个单元组成，共 48 种，其中东亚种类 44 种，东洋种类 3 种，古北种类 1 种。

c. 中东部单元群：由 5 个单元组成，共 90 种，其中东亚种类 84 种，东洋种类 3 种，古北种类 2 种。

d. 华南单元群：由 6 个单元组成，共 57 种，其中东亚种类 53 种，东洋种类 4 种。

另外，e、f、g 3 个单元群的昆虫种类较多且集中。但这些单元群不和其他单元群发生联系，不能显示在聚类图中。

e. 东北单元群：3 个单元组成，共 49 种，其中 38 种区系成分不明，东亚种类 7 种，古北种类 3 种，东洋种类 1 种。

f. 台湾地区单元：有 21 种，其中东亚种类 20 种，东洋种类 1 种。

g. 甘孜山区单元：有 23 种，全部为东亚种类种。

表 4-17　中国襀翅目昆虫在各基础地理单元中的分布

地理单元	种类	地理单元	种类	地理单元	种类
01 阿尔泰山	2	23 陕中陇东	2	45 江汉平原	0
02 准噶尔盆地	2	24 陇中地区	6	46 洞庭湖平原	2
03 伊犁谷地	1	25 六盘山区	6	47 湘中丘陵	0
04 天山山区	0	26 祁连山区	0	48 武陵山区	26
05 塔里木盆地	0	27 青海湖地区	4	49 雷公山区	15
06 吐鲁番盆地	0	28 青藏高原	0	50 云贵高原	17
07 大兴安岭	7	29 淮河平原	0	51 四川盆地	5
08 呼伦贝尔高原	36	30 苏北平原	0	52 阿坝地区	1
09 锡林郭勒高原	0	31 大别山区	6	53 大凉山区	0
10 三江地区	0	32 桐柏山区	1	54 甘孜山区	23
11 东北平原	13	33 宛襄盆地	0	55 丽江山区	1
12 长白山区	1	34 伏牛山区	31	56 墨脱地区	1
13 坝上高原	1	35 秦岭山区	26	57 无量山区	10
14 晋察冀山区	1	36 大巴山区	9	58 西双版纳	23
15 五台山区	1	37 陇南山区	17	59 桂西山区	9
16 鄂尔多斯	0	38 沪宁杭平原	7	60 桂南山区	18
17 贺兰山区	0	39 浙江山区	53	61 粤桂山区	18
18 阿拉善高原	0	40 福建丘陵	42	62 南岭山区	8
19 华北平原	0	41 台湾地区	21	63 粤南沿海平原	1
20 山东半岛	2	42 鄱阳湖平原	11	64 海南	5
21 太行山区	0	43 赣南丘陵	0	合计（种·单元）	503
22 晋中南	0	44 井冈山区	11	全国	447

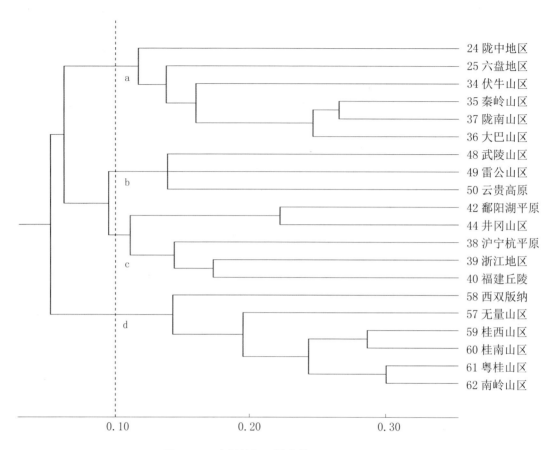

图 4-11　中国襀翅目昆虫的 MSCA 图

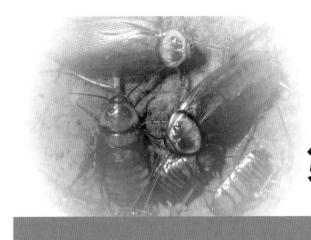

第九章　蜚蠊目

Chapter 9　Order Blattodea

蜚蠊目昆虫俗称"蟑螂"、"土鳖"等,英文名cockroach,统称"蠊"。体长2~100 mm,体扁平,卵圆形,口器咀嚼式,触角丝状,复眼肾形。渐变态。适应性强,生活范围广。一般生活在石块、树皮、枯枝落叶、垃圾堆下,也有在朽木、各种洞穴、暖气管隧道内,一些种类生活于居室内。食性杂,喜好糖和淀粉物质,能污染食物,传播病菌和寄生虫,成为卫生害虫,有些种类危害树木和栽培植物,也有些能作为中药材。

第一节　区系组成及特点
Segment 1　Fauna and character

世界已知蜚蠊目昆虫28科470属5 584种,中国已记载6科82属366种,占世界种类的6.6%,如果按10%计算,中国种类还有一定的发展空间。

在366种蜚蠊目昆虫中,除31种成分不明外,东亚种类235种(表4-18),占中国种类的64.2%;东洋种类81种,占22.1%;广布种类11种,古北种类8种。由此可见,蜚蠊目昆虫多分布于热带和亚热带,少数在温带。

表4-18　中国蜚蠊目昆虫的种类及区系成分

科　名	世界属种		中国属种		东洋种类	广布种类	古北种类	东亚种类		成分不明种类
	属	种	属	种				中国特有种	中日种类	
蜚蠊科 Blattidae	44	525	15	61	17	5	3	32		4
光蠊科 Epilampridae	31	270	7	43	11			23	4	5
姬蠊科 Blattellidae	209	1 740	36	178	30	1	1	128	4	14
蟨蠊科 Nocticolidae	7	20	1	1				1		
地鳖蠊科 Polyphagidae	39	192	9	24	4	1	3	16		
硕蠊科 Blaberidae	119	1 200	14	59	10	4	1	26	1	8
合计	449	3 947	82	366	81	11	8	226	9	31
全目	470	5 584	82	366	81	11	8	226	9	31

第二节　分布地理
Segment 2　Geographical distribution

蜚蠊目昆虫在各个动物地理界都有分布。

在全国各省区，都有蜚蠊目昆虫的分布记录，只是调查深入程度不同，种类丰富的省区依次是云南、台湾、福建、广东、四川、贵州等，记录较少的省区有吉林、青海、山西、黑龙江、宁夏、新疆等（图4-12）。

蜚蠊目各科昆虫分布范围有很大差别，姬蠊科、地鳖蠊科、蜚蠊科几乎全国分布，仅个别省份没有记录，光蠊科、硕蠊科分布有半数以上省区，且主要是中国中南部，蟨蠊科则没有省区分布记录。

蜚蠊目昆虫在全国各个基础地理单元的分布，同样显示出热带、亚热带种类多于温带的趋势。在366种蜚蠊中，有148种没有省下分布记录。在64个地理单元中，有15个单元没有分布记录（表4-19），主要在东北、西北、华北的一些地理单元没有分布或很少分布，中南部的地理单元，分布种类较多。218种蜚蠊共有576种·单元记录，平均每种2.64个单元。

种类较多的29个地理单元之间的总相似性系数为0.064（图4-13），在不同的相似性水平上，明显可聚类成5个地理单元群：

a.秦淮单元群：涉及8个单元，共19种，其中东亚种类6种，东洋种类3种，古北种类5种，广布种类4种。

b.江汉单元群：涉及5个单元，共19种，其中东亚种类8种，东洋种类4种，古北种类4种，广布种类3种。

c.云贵川单元群：涉及6个单元，共53种，其中东亚种类25种，东洋种类18种，古北种类4种，广布种类4种。

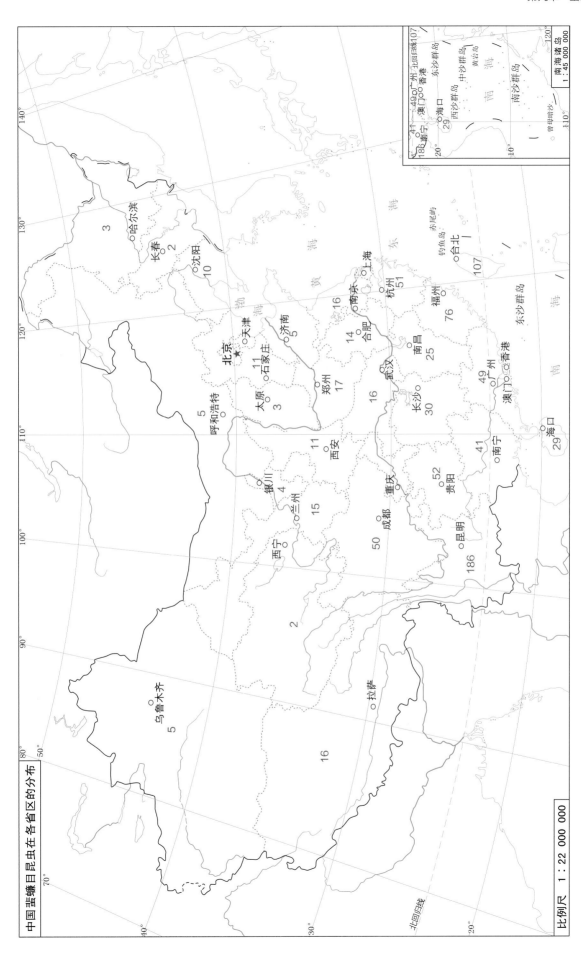

图 4-12　中国蜚蠊目昆虫在各省区的分布

d. 华东单元群：涉及 4 个单元，共 155 种，其中东亚种类 92 种，东洋种类 37 种，古北种类 4 种，广布种类 6 种。

e. 华南单元群：涉及 6 个单元，共 73 种，其中东亚种类 33 种，东洋种类 30 种，古北种类 4 种，广布种类 6 种。

在 0.150 的相似性系数水平上，最后 2 个单元群和其他类群分析结果相同。

表 4-19　中国蜚蠊目昆虫在各基础地理单元中的分布

地理单元	种类	地理单元	种类	地理单元	种类
01 阿尔泰山	0	23 陕中陇东	6	45 江汉平原	7
02 准噶尔盆地	0	24 陇中地区	5	46 洞庭湖平原	3
03 伊犁谷地	0	25 六盘山区	1	47 湘中丘陵	9
04 天山山区	0	26 祁连山区	0	48 武陵山区	25
05 塔里木盆地	0	27 青海湖地区	1	49 雷公山区	11
06 吐鲁番盆地	0	28 青藏高原	1	50 云贵高原	26
07 大兴安岭	1	29 淮河平原	9	51 四川盆地	16
08 呼伦贝尔高原	1	30 苏北平原	0	52 阿坝地区	0
09 锡林郭勒高原	3	31 大别山区	8	53 大凉山区	0
10 三江地区	0	32 桐柏山区	5	54 甘孜山区	6
11 东北平原	3	33 宛襄盆地	6	55 丽江山区	1
12 长白山区	0	34 伏牛山区	6	56 墨脱地区	12
13 坝上高原	2	35 秦岭山区	8	57 无量山区	5
14 晋察冀山区	2	36 大巴山区	8	58 西双版纳	14
15 五台山区	0	37 陇南山区	7	59 桂西山区	4
16 鄂尔多斯	3	38 沪宁杭平原	9	60 桂南山区	22
17 贺兰山区	3	39 浙江山区	46	61 粤桂山区	15
18 阿拉善高原	1	40 福建丘陵	51	62 南岭山区	34
19 华北平原	2	41 台湾地区	107	63 粤南沿海平原	9
20 山东半岛	1	42 鄱阳湖平原	7	64 海南	29
21 太行山区	0	43 赣南丘陵	8	合计（种·单元）	576
22 晋中南	0	44 井冈山区	7	全国	366

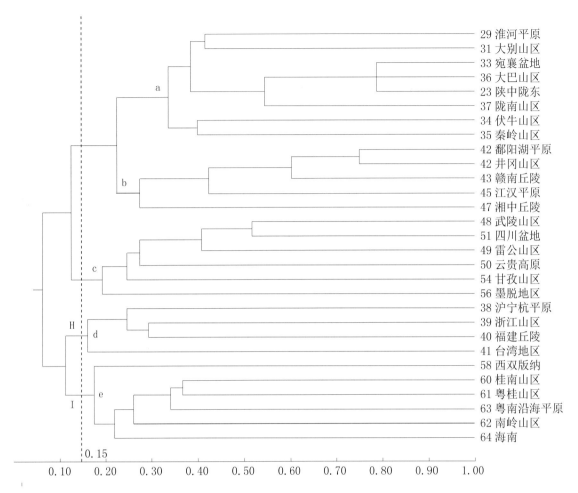

图 4-13 中国蜚蠊目昆虫的 MSCA 图

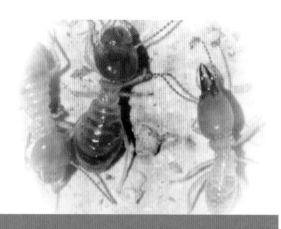

第十章 等翅目

Chapter 10 Order Isoptera

等翅目昆虫俗称"白蚁"，英文名 termite，为多形态的社会性昆虫，有蚁王、蚁后、工蚁、兵蚁等严密分工，分工不同，形态及习性也不同。有翅成虫有 2 对形态、大小相等的翅，平叠于腹背，远长于腹部末端。兵蚁有强大的上颚。白蚁分布广泛，但集中于热带、亚热带。一般生活于低海拔的原始林区。居于树木、木材、堤坝及地下，对林木、建筑、家具、堤防安全危害很大。

第一节 区系组成及特点
Segment 1 Fauna and character

世界已知等翅目昆虫 9 科 284 属 2 933 余种（Krishna *et al.*，2013），中国记载 5 科 46 属 532 种。占世界种类的 18.1%。

在 532 种等翅目昆虫中，除 4 种区系成分不明外，没有广布种类和古北种类；东亚种类 500 种，占全国种类的 94.0%；东洋种类 28 种，占 5.3%（表 4-20）。

表 4-20　中国等翅目昆虫的种类及区系成分

科　名	世界属种		中国属种		东洋种类	广布种类	古北种类	东亚种类		成分不明种类
	属	种	属	种				中国特有种	中日种类	
草白蚁科 Hodotermitidae	3	21	1	1	1					
木白蚁科 Kalotermitidae	21	456	5	69	3			62	2	2
鼻白蚁科 Rhinotermitidae	12	315	7	220	5			214		1
白蚁科 Termitidae	238	2 072	32	241	19			220	2	
原白蚁科 Termopidae			1	1						1
合计	274	2 864	46	532	28	0	0	496	4	4
全目	284	2 933	46	532	28	0	0	496	4	4

第二节　分布地理
Segment 2　Geographical distribution

等翅目昆虫在世界 6 个洲和 6 个动物地理界都有分布，但主要分布在南纬 45.5º、北纬 45º 之间，即加拿大、格陵兰、欧洲中北部、亚洲北部以及南美洲南端没有白蚁分布。东半球多于西半球，北半球多于南半球。多数等翅目昆虫分布在低海拔、低纬度的原始森林地区，但也有能生活在海拔 2 700m 的高山地带。

中国是世界上等翅目昆虫种类最多的国家。全国除新疆、青海、宁夏、内蒙古、吉林、黑龙江外，其他省区都有分布记录（图 4-14）。但主要发生在长江以南省区，长江以北逐渐稀少，其分布北界大体沿东北季风区的边缘，由西南向东北倾斜，最北限在辽宁丹东约北纬 40º，显然低于世界白蚁的分布北界，因此，更北的一些地方，如长白山区以及内蒙古或新疆的草原地区，是否有白蚁生存，须进一步调查。种类丰富的省区有云南、广西、广东、四川、贵州、海南、福建等。台湾，作为中国昆虫物种多样性最丰富的省份之一，白蚁只有 17 种，远远低于华南、华中各省区，接近黄河流域诸省，其原因有待澄清。

等翅目各科昆虫在各省区的分布范围也不尽相同，鼻白蚁科分布于全国的白蚁分布区，共 22 省区，白蚁科和木白蚁科则分布于陕西、甘肃以南的全国半数省区，草白蚁科仅分布在浙江以南的 11 个省区。

昆虫在全国各地理单元的分布，除 18 种没有省下分布记录外，514 种白蚁分布于 43 个地理单元（表 4-21），共有 1 090 种•单元记录，平均每种 2.12 单元。种类比较集中的单元有西双版纳、海南、南岭山区、粤南沿海平原、福建丘陵、浙江山区、雷公山区、桂南山区等。种类在 5 种以上的单元共有 30 个，除墨脱单元和周围联系极少外，29 个单元的总相似性系数为 0.050（图 4-15），在 0.10 相似性水平上可明显地聚为以下几个单元群：

a. 秦淮单元群：由 7 个单元组成，共有 65 种，其中东亚种类 59 种，东洋种类 5 种。

b. 武陵山单元群：由 5 个单元组成，共有 142 种，其中东亚种类 136 种，东洋种类 6 种。

c. 中东部单元群：由 9 个单元组成，共有 142 种，其中东亚种类 133 种，东洋种类 8 种。

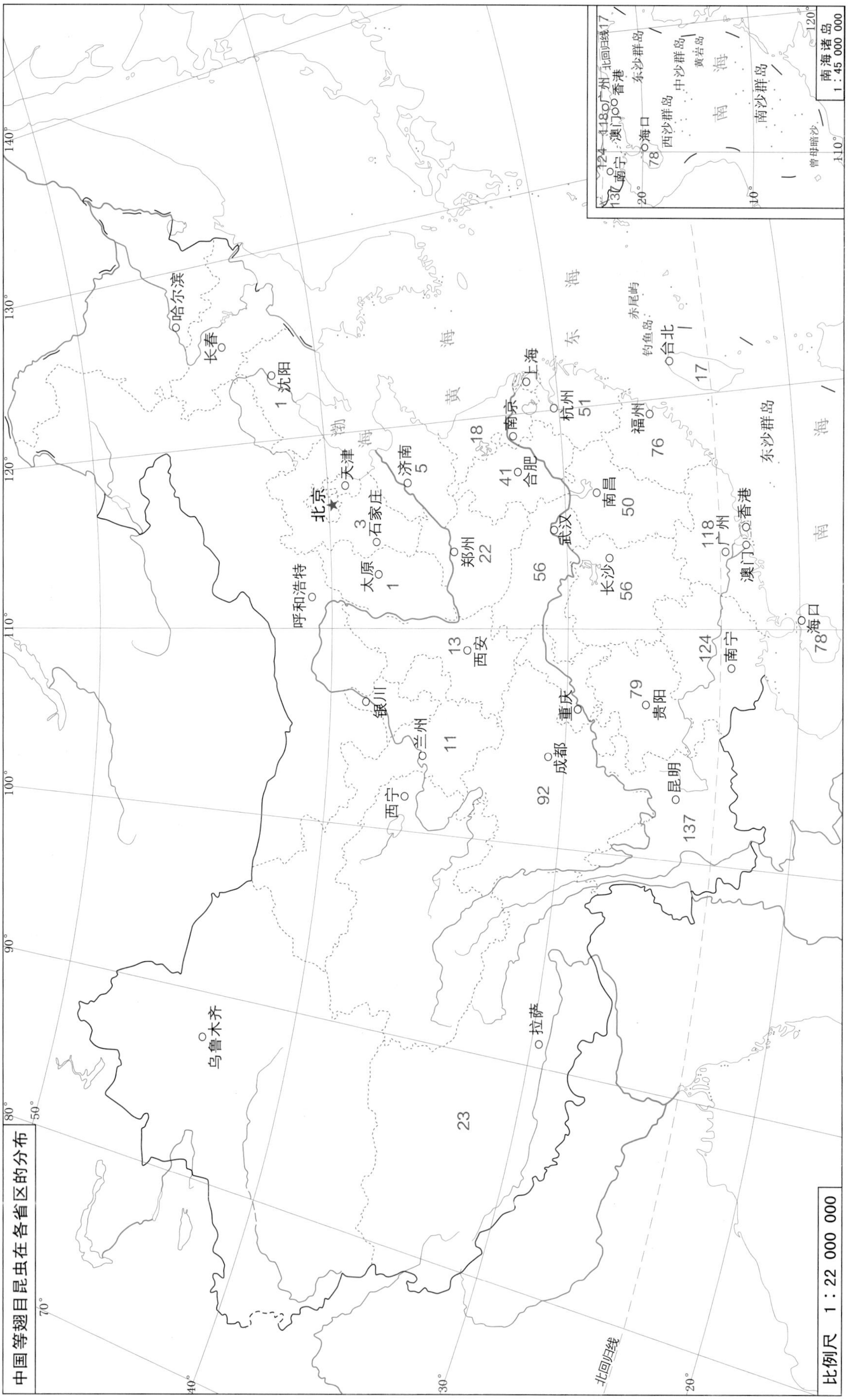

图 4-14 中国等翅目昆虫在各省区的分布

d. 华南单元群：由 8 个单元组成，共有 299 种，其中东亚种类 275 种，东洋种类 23 种。

表 4-21　中国等翅目昆虫在各基础地理单元中的分布

地理单元	种类	地理单元	种类	地理单元	种类
01 阿尔泰山	0	23 陕中陇东	4	45 江汉平原	36
02 准噶尔盆地	0	24 陇中地区	1	46 洞庭湖平原	6
03 伊犁谷地	0	25 六盘山区	0	47 湘中丘陵	15
04 天山山区	0	26 祁连山区	0	48 武陵山区	56
05 塔里木盆地	0	27 青海湖地区	0	49 雷公山区	55
06 吐鲁番盆地	0	28 青藏高原	0	50 云贵高原	36
07 大兴安岭	0	29 淮河平原	14	51 四川盆地	50
08 呼伦贝尔高原	0	30 苏北平原	7	52 阿坝地区	1
09 锡林郭勒高原	0	31 大别山区	29	53 大凉山区	13
10 三江地区	0	32 桐柏山区	4	54 甘孜山区	5
11 东北平原	0	33 宛襄盆地	2	55 丽江山区	1
12 长白山区	1	34 伏牛山区	4	56 墨脱地区	22
13 坝上高原	0	35 秦岭山区	10	57 无量山区	40
14 晋察冀山区	0	36 大巴山区	21	58 西双版纳	90
15 五台山区	0	37 陇南山区	11	59 桂西山区	9
16 鄂尔多斯	0	38 沪宁杭平原	21	60 桂南山区	55
17 贺兰山区	0	39 浙江山区	55	61 粤桂山区	48
18 阿拉善高原	0	40 福建丘陵	60	62 南岭山区	69
19 华北平原	2	41 台湾地区	17	63 粤南沿海平原	66
20 山东半岛	4	42 鄱阳湖平原	15	64 海南	78
21 太行山区	1	43 赣南丘陵	35	合计（种·单元）	1 090
22 晋中南	1	44 井冈山区	20	全国	532

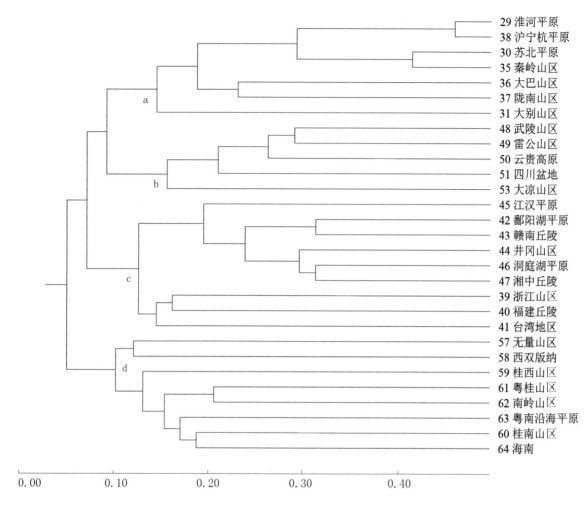

图 4-15　中国等翅目昆虫的 MSCA 图

第十一章　螳螂目

Chapter 11　Order Mantodea

螳螂目昆虫统称"螳"，英文名 mantis。体形中等至大型，10~110 mm。体色绿或褐、灰，有的有金属色或花斑。体细长，或圆筒形，或扁平呈叶片状。头三角形，复眼发达，单眼 3 个，触角形状各异。前胸极度延长如颈。前翅皮革质，后翅膜质，臀区发达，雌性后翅通常退化。前足捕捉式，状如折刀。不完全变态。成、幼虫均营自由生活，肉食性，是重要的天敌类群之一。卵块称螵蛸，入药。

第一节　区系组成及特点
Segment 1　Fauna and character

世界已知螳螂目昆虫 15 科 639 属 2 329 种（Otte *et al.*，2013），中国记载 9 科 54 属 164 种。

在 164 种螳螂目昆虫中，东亚种类 125 种，占 76.2%；东洋种类 32 种，占 19.5%；广布种类和古北种类很少（表 4-22）。

表4-22 中国螳螂目昆虫的种类及区系成分

科 名	世界属种		中国属种		东洋种类	广布种类	古北种类	东亚种类		成分不明种类
	属	种	属	种				中国特有种	中日种类	
怪足螳科 Amorphoscelidae	15	95	1	4				4		
花螳科 Hymenopodidae	37	244	11	47	10			36	1	
锥头螳科 Empusidae	10	28	2	3	1		2			
叶背螳科 Choeradodidae	3	55	1	2	1			1		
扁尾螳科 Toxoderidae	17	53	2	2	1			1		
长颈螳科 Vatidae	19	92	1	11				11		
细足螳科 Thespidae	42	214	1	1				1		
螳科 Mantidae	164	964	32	89	18	1	3	63	3	1
乳螳科 Litugusidae	20	91	3	5	1			4		
合计	327	1 836	54	164	32	1	5	121	4	1
全目	639	2 329	54	164	32	1	5	121	4	1

第二节 分布地理
Segment 2　Geographical distribution

螳螂目昆虫是人们常见的类群，全世界广泛分布。

螳螂目昆虫在全国基本上也是广泛分布，除青海没有记录外，各省区种类或多或少都有一定数量的记载。种类丰富的省区有云南、福建、海南、贵州、四川等，山西、黑龙江、吉林等省较少，台湾13种，和黄河流域省份相当（图4-16）。

螳螂目各科昆虫在全国各省区的分布范围差异较大，螳科分布最广，代表了螳螂目的分布范围，特别是刀螳属 Tenodera 和螳螂属 Mantis 的种类分布最广；花螳科次之，分布在陕西以南的16个省区；长颈螳科分布于河南、山西及其以南的共9个省区；其余6科种类少，分布狭窄，除锥头螳科有新疆的分布外，其余分布省区都在中南部。

在164种螳螂目昆虫中，有39种没有省下分布记录，在全国64个基础地理单元中，有16个单元没有螳螂目昆虫的分布记录（表4-23），125种螳螂目昆虫在48个地理单元的分布中，共有423种·单元记录，平均每种3.38个单元。种类丰富的有海南、福建丘陵、梵净山区、雷公山区等单元。在种类较多的29个单元中，除西双版纳单元和周围没有联系外，其余单元间的总相似性系数为0.096（图4-17），在0.170的相似性水平上，有下列关系密切的单元群：

a. 秦淮单元群：由10个单元组成，共31种，其中东亚种类19种，东洋种类7种，古北种类3种，广布种类1种。

b. 中西南部单元群：由6个单元组成，共50种，其中东亚种类32种，东洋种类16种，古北种类和

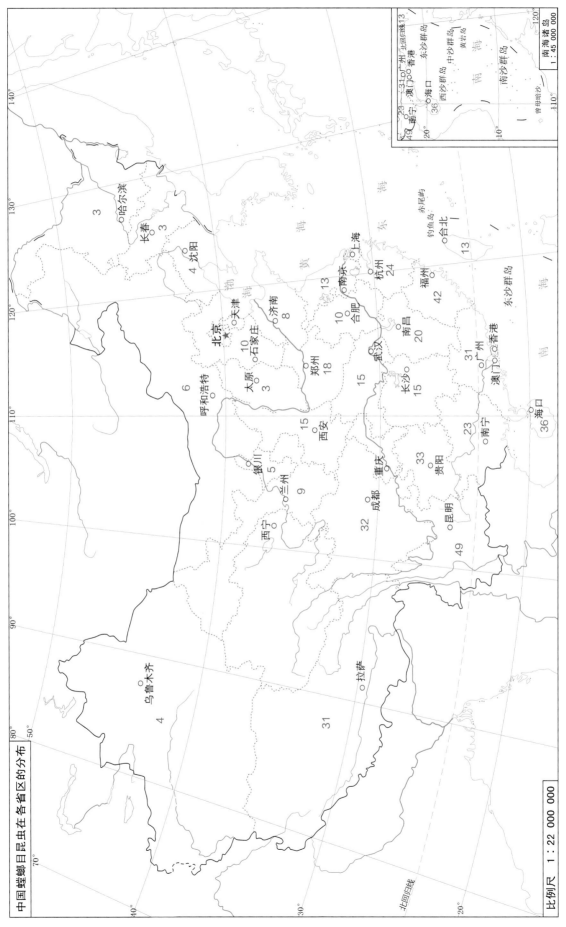

图4-16 中国螳螂目昆虫在全国各省区的分布

广布种类各1种。

c. 中东部单元群：由5个单元组成，共51种，其中东亚种类38种，东洋种类10种，广布种类和古北种类各1种。

d. 华南单元群：由7个单元组成，共47种，其中东亚种类32种，东洋种类13种，古北种类和广布种类各1种。

表4-23 中国螳螂目昆虫在各基础地理单元中的分布

地理单元	种类	地理单元	种类	地理单元	种类
01 阿尔泰山	0	23 陕中陇东	3	45 江汉平原	4
02 准噶尔盆地	0	24 陇中地区	1	46 洞庭湖平原	3
03 伊犁谷地	0	25 六盘山区	2	47 湘中丘陵	3
04 天山山区	0	26 祁连山区	0	48 武陵山区	33
05 塔里木盆地	0	27 青海湖地区	0	49 雷公山区	21
06 吐鲁番盆地	0	28 青藏高原	0	50 云贵高原	17
07 大兴安岭	2	29 淮河平原	7	51 四川盆地	18
08 呼伦贝尔高原	0	30 苏北平原	6	52 阿坝地区	3
09 锡林郭勒高原	3	31 大别山区	11	53 大凉山区	0
10 三江地区	0	32 桐柏山区	5	54 甘孜山区	3
11 东北平原	3	33 宛襄盆地	5	55 丽江山区	6
12 长白山区	0	34 伏牛山区	10	56 墨脱地区	18
13 坝上高原	1	35 秦岭山区	13	57 无量山区	6
14 晋察冀山区	2	36 大巴山区	8	58 西双版纳	9
15 五台山区	0	37 陇南山区	9	59 桂西山区	6
16 鄂尔多斯	8	38 沪宁杭平原	8	60 桂南山区	9
17 贺兰山区	2	39 浙江山区	20	61 粤桂山区	12
18 阿拉善高原	1	40 福建丘陵	35	62 南岭山区	12
19 华北平原	7	41 台湾地区	13	63 粤南沿海平原	7
20 山东半岛	2	42 鄱阳湖平原	0	64 海南	36
21 太行山区	7	43 赣南丘陵	8	合计（种·单元）	423
22 晋中南	0	44 井冈山区	5	全国	164

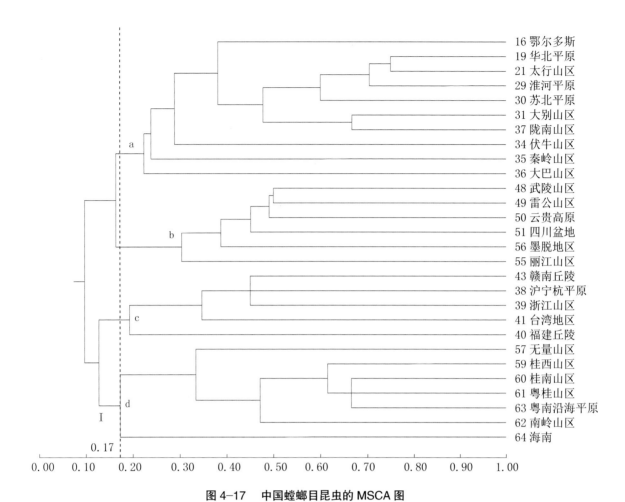

图 4-17　中国螳螂目昆虫的 MSCA 图

第十二章 蛩蠊目

Chapter 12 Order Grylloblattodea

蛩蠊目是昆虫纲中一个小目，起源古老，特征原始。该目昆虫成虫无翅，体表被细毛；复眼有或无，无单眼；触角细长丝状，27~50 节；前口式，咀嚼口器，上颚发达；3 个胸节背板形状相似，能自由活动，3 对足细长，相似，跗节 5 节；腹部 10 节，有丝状尾须 1 对。

全世界共有蛩蠊目昆虫 44 个化石科和 1 个现生科——蛩蠊科 Grylloblattidae。

蛩蠊科迄今已知 5 属 31 种（亚种）。生活于冰河边缘、湖沼周围、冰雪表面以及林地腐木、碎石下或洞穴中。适宜气温为 0℃左右，超过 16℃死亡率显著增加。生长发育缓慢，生活周期很长。营隐蔽生活，多夜出性，也有白天在雪地或地面活动。不喜群集，能互相残杀。

蛩蠊目昆虫分布于北纬 33°~60° 的地带。由于无翅，且不喜温暖，活动范围和扩散能力大受局限，使得种的分布地域非常狭窄。蛩蠊属 Grylloblatta 共 13 种（亚种），分布区域仅限北美落基山山脉以西地区；格氏蛩蠊属 Galloisiana 共 12 种，分布区域限于亚洲东北部的中国东北、朝鲜半岛、日本、俄罗斯远东滨海地区南部；纳蛩蠊属 Namkungia 仅 1 种，分布于韩国；东蛩蠊属 Grylloblattina 有 1 种 2 亚种，分布区在亚洲北部及欧洲；西蛩蠊属 Grylloblattella 已知 3 种，分布于西伯利亚西南部的阿尔泰山和萨彦岭山区，其中有 1 种可以分布到欧洲。

中国的蛩蠊目昆虫已知 2 属 2 种，分别发现于长白山和阿尔泰山（表 4-24、图 4-18），均为中国特有种。

表 4-24 中国蛩蠊目昆虫种类及区系成分

科 名	世界属种		中国属种		东洋种类	广布种类	古北种类	东亚种类		成分不明种类
	属	种	属	种				中国特有种	中日种类	
蛩蠊科 Grylloblattidae	5	31	2	2				2		

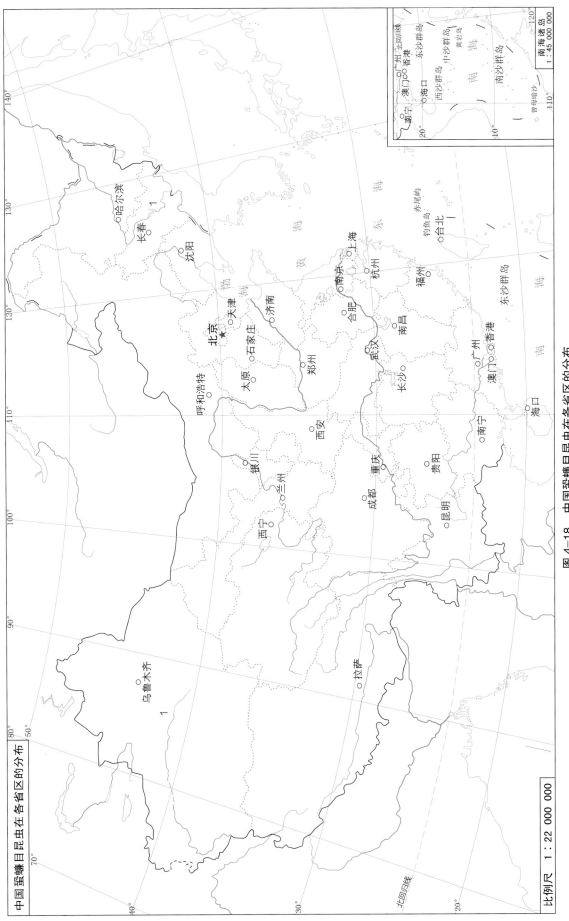

中国蛩蠊目昆虫在各省区的分布

图 4-18　中国蛩蠊目昆虫在各省区的分布

比例尺　1：22 000 000

第十三章　革翅目

Chapter 13　Order Dermaptera

革翅目昆虫俗称"蠼螋"，统称"螋"，英文名 earwig。身体狭长且扁平，口器咀嚼式，触角丝状，有复眼，单眼退化，前胸背板四方形，前翅革质，较短，后翅膜质，翅脉放射状。腹末有尾铗。不完全变态。昼伏夜出，杂食性。

第一节　区系组成及特点

Segment 1　Fauna and character

世界已知革翅目昆虫 11 科 219 属 2 028 种，中国已记载 8 科 61 属 264 种。占世界种类的 13.0%。

在 264 种革翅目昆虫中，东亚种类 143 种，占 54.2%；东洋种类 103 种，占 39.0%；古北种类 12 种，广布种类 4 种（表 4-25）。

表 4-25　中国革翅目昆虫的种类及区系成分

科　名	世界属种		中国属种		东洋种类	广布种类	古北种类	东亚种类		成分不明种类
	属	种	属	种				中国特有种	中日种类	
大尾螋科 Pygidicranidae	20	191	4	13	8			4	1	

（续表）

科　名	世界属种		中国属种		东洋种类	广布种类	古北种类	东亚种类		成分不明种类
	属	种	属	种				中国特有种	中日种类	
丝尾螋科 Diplatyidae	9	165	4	36	11			25		
肥螋科 Anisolabididae	45	419	8	38	14	1		20	1	2
蠼螋科 Labiduridae	8	72	3	10	5	1	2	2		
臀螋科 Apachuidae	2	15	1	2	2					
苔螋科 Spongiphoridae	42	504	8	15	11	1		3		
垫跗螋科 Chelisochidae	15	95	8	18	13	1		4		
球螋科 Forficulidae	64	486	25	132	39		10	78	5	
合计	185	1 756	61	264	103	4	12	136	7	2
全目	219	2 028	61	264	103	4	12	136	7	2

第二节　分布地理
Segment 2　Geographical distribution

革翅目昆虫为全世界广泛分布的昆虫类群，但盛产于热带和亚热带，由温带到寒带，种类数量渐少。

革翅目昆虫在中国也属广泛分布。各省区都有分布记录，同样有南多北少的趋势。种类丰富的省区有云南、四川、西藏、福建、广西、贵州、湖北等，比较贫乏的省区有辽宁、黑龙江、青海、吉林、新疆等（图4-19）。

革翅目各科昆虫的分布范围差异显著，球螋科种类最多，分布最广，各省区都有分布。蠼螋科虽种类不多，但分布甚广，除青海、台湾没有记录外，遍布其余各省区。肥螋科也比较广泛，涉及20个省区。大尾螋科和丝尾螋科分布于半数省区，主要在黄河流域以南，其余3科分布较为狭窄，基本局限在长江流域以南。各科都有分布的省区有云南、海南、西藏。

在264种革翅目昆虫中，有223种具有省下分布记录，它们分布在64个地理单元中的53个单元（表4-26），共有575种·单元记录，平均每种2.58个单元。种类丰富的单元有武陵山区、墨脱地区、福建丘陵、台湾地区、无量山区、海南等。种类较多的26个单元间的总相似性系数为0.073（图4-20），在0.130的相似性水平上，聚为下列单元群：

a. 东部平原单元群：涉及7个单元，共29种，其中东亚种类13种，东洋种类9种，广布种类2种，古北种类4种，区系成分不明种类1种。

b. 华中单元群：涉及8个单元，共80种，其中东亚种类48种，东洋种类25种，广布种类3种，古北种类4种。

c. 西南单元群：涉及3个单元，共65种，其中东亚种类31种，东洋种类32种，广布种类和古北种类各1种。

d. 华东单元群：涉及3个单元，共72种，其中东亚种类43种，东洋种类25种，广布种类1种，古

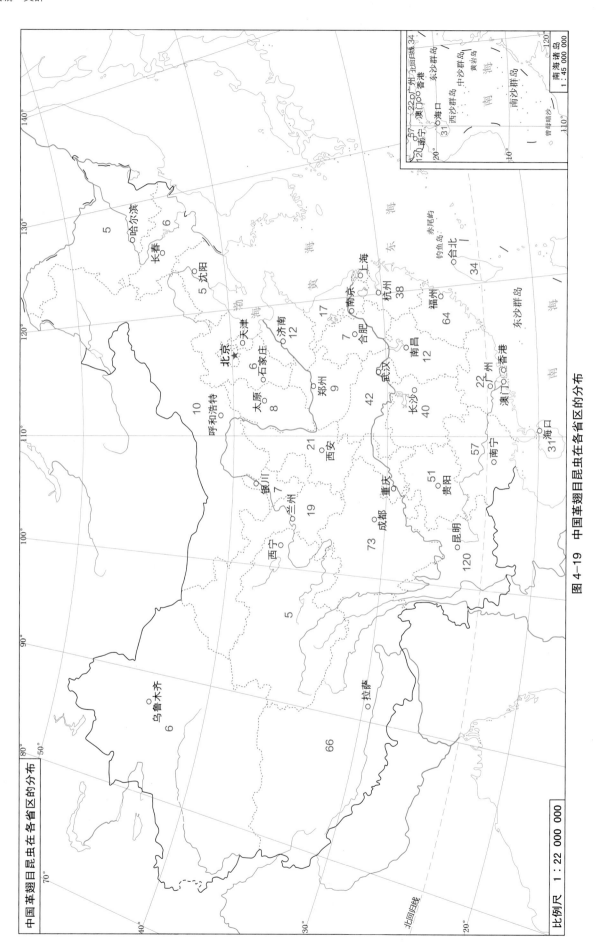

图4-19 中国革翅目昆虫在各省区的分布

北种类 3 种。

e. 华南单元群：涉及 5 个单元，共 98 种，其中东亚成分 33 种，东洋成分 58 种，广布成分和古北成分各 3 种，区系成分不明种类 1 种。

分析结果，后 4 个单元群和其他类群的 F、G、H、I 相同。

表 4-26　中国革翅目昆虫在各基础地理单元中的分布

地理单元	种类	地理单元	种类	地理单元	种类
01 阿尔泰山	1	23 陕中陇东	3	45 江汉平原	1
02 准噶尔盆地	1	24 陇中地区	3	46 洞庭湖平原	8
03 伊犁谷地	0	25 六盘山区	6	47 湘中丘陵	9
04 天山山区	3	26 祁连山区	0	48 武陵山区	54
05 塔里木盆地	1	27 青海湖地区	1	49 雷公山区	18
06 吐鲁番盆地	0	28 青藏高原	4	50 云贵高原	11
07 大兴安岭	0	29 淮河平原	7	51 四川盆地	11
08 呼伦贝尔高原	0	30 苏北平原	1	52 阿坝地区	3
09 锡林郭勒高原	0	31 大别山区	2	53 大凉山区	0
10 三江地区	0	32 桐柏山区	3	54 甘孜山区	21
11 东北平原	3	33 宛襄盆地	2	55 丽江山区	25
12 长白山区	0	34 伏牛山区	7	56 墨脱地区	37
13 坝上高原	1	35 秦岭山区	13	57 无量山区	33
14 晋察冀山区	1	36 大巴山区	21	58 西双版纳	29
15 五台山区	0	37 陇南山区	11	59 桂西山区	2
16 鄂尔多斯	4	38 沪宁杭平原	4	60 桂南山区	30
17 贺兰山区	2	39 浙江山区	30	61 粤桂山区	4
18 阿拉善高原	2	40 福建丘陵	35	62 南岭山区	13
19 华北平原	5	41 台湾地区	34	63 粤南沿海平原	4
20 山东半岛	6	42 鄱阳湖平原	2	64 海南	31
21 太行山区	2	43 赣南丘陵	0	合计（种·单元）	575
22 晋中南	1	44 井冈山区	9	全国	264

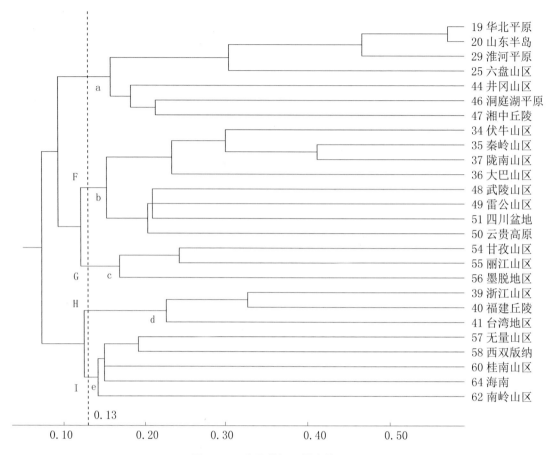

图 4-20 中国革翅目昆虫的 MSCA 图

第十四章 直翅目

Chapter 14 Order Orthoptera

直翅目昆虫包括蝗虫、蟋蟀、螽斯、蝼蛄等。体形中到大型。头部圆形或圆锥形，复眼发达，下口式，口器咀嚼式，上颚发达，触角长而多节，丝状或剑状。翅发达，前翅狭长，皮革质，称覆翅，有的种类退化，后翅膜质，臀区宽阔，能折叠于前翅下。在前足胫节或腹部第一节有听器。后足跳跃式或前足开掘式。腹部末端有明显的产卵器，刀状、矛状或瓣状。

自由活动，植栖、洞栖或土栖。听觉、视觉灵敏，能鸣叫，植食性，是农林业重要害虫。

不完全变态，两性生殖，卵产于土下。

第一节　区系组成及特点
Segment 1　Fauna and character

到 2007 年为止，全世界已知直翅目昆虫 24 总科 74 科 4 600 属 22 342 种，中国记载 40 科 564 属 2 716 种。属、种数量均超过世界数量的 10%。

在 2 716 种直翅目昆虫中，除 30 种区系成分不明外，东亚种类 2 192 种，占 80.7%；东洋种类 295 种，占 10.9%；古北种类 194 种，占 7.1%；广布种类最少（表 4-27）。

表 4-27 中国直翅目昆虫的种类及区系成分

科　名	世界属种		中国属种		东洋种类	广布种类	古北种类	东亚种类		成分不明种类
	属	种	属	种				中国特有种	中日种类	
螽斯总科 Tettigoniodea	1 079	6 058	143	546	90	1	42	363	45	5
蝼蛄总科 Gryllotalpoidea	5	76	1	8	1		1	6		
蟋蟀总科 Grylloidea	460	3 100	67	236	73	1	6	129	22	5
蜢总科 Eumastacoidea	275	1 280	14	36	4		2	30		
蝗总科 Acridoidea	2 579	10 679	278	1 271	82	3	132	1 026	10	18
蚱总科 Tetrigoidea	190	1 000	59	612	45		10	552	3	2
蚤蝼总科 Tridactyloidea	12	149	2	7			1	5	1	
合计	4 600	22 342	564	2 716	295	5	194	2 111	81	30
全目	4 600	22 342	564	2 716	295	5	194	2 111	81	30

第二节　分布地理
Segment 2　Geographical distribution

直翅目昆虫是人们常见且关系密切的类群，全世界广泛分布。

直翅目昆虫在全国同样广泛分布于各个省区（图 4-21），种类丰富的省区有广西、云南、四川、广东、福建、河南、贵州、内蒙古等，记录较少的省区有辽宁、山西、山东等。

直翅目昆虫各类群在全国的分布范围差异不大，螽斯、蝼蛄、蟋蟀、蝗、蚱均是分布于所有省区，蚤蝼和蜢的分布记录虽不是全国，但也在半数以上省区，没有分布记录的省区估计也是调查深度的原因大于生态的原因。个别的小型科分布很窄，如扩胸蟋科 Cachoplistidae 世界仅 3 种，中国 1 种，记录于广西；三棱角蚱科 Tripetaloceridae 世界只 1 属，分布于东南亚，中国已知 1 种，记录于广西、湖北（图 4-21）。

在 2 716 种直翅目昆虫中，有 316 种没有省下分布记录，2 400 种广泛分布于全国 64 个基础地理单元内（表 4-28），共有 7 084 种·单元记录，平均每种 2.95 个单元。种类丰富的单元有桂南山区、武陵山区、南岭山区、粤桂山区、台湾地区、浙江山区等，个别单元记录较少，如苏北平原只记录 16 种，显然是调查不足的原因。

对 64 个地理单元进行 MSCA 分析，可以得到聚类图（图 4-22）。总相似性系数为 0.036，在 0.10 的相似性水平上，64 个地理单元聚为 A~G 7 个单元群，这些单元群的种类及其区系成分构成见表 4-29。其中 C、E、F、G 单元群和其他类群分析的 D、F、G、I 单元群相同，江淮单元群及华东单元群虽然已经形成，由于相似性较高，在水平线前聚合。在 0.21 相似性水平上，还可以分出与其他类群分析相同的 14 个小单元群，分别标以英文小写字母，以资比较。

不论单元群地理位置如何，东亚种类都居绝对优势地位，最少也在 50% 以上；东洋种类南方多，北方少，西北、青藏高原更少，古北种类北方多，南方少，广布种类都很少。

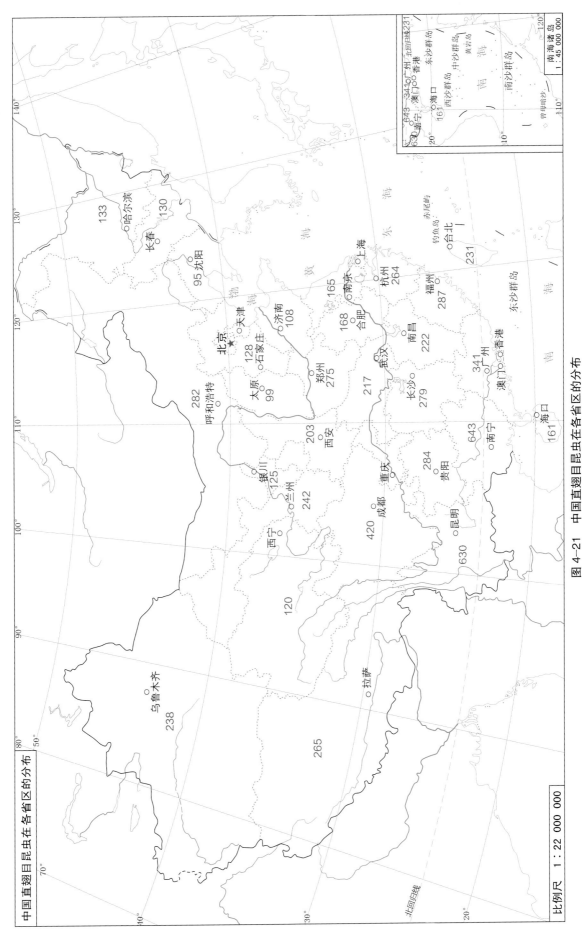

中国直翅目昆虫在各省区的分布

图 4-21　中国直翅目昆虫在各省区的分布

比例尺　1：22 000 000

表 4-28　中国直翅目昆虫在各基础地理单元中的分布

地理单元	种类	地理单元	种类	地理单元	种类
01 阿尔泰山	52	23 陕中陇东	82	45 江汉平原	50
02 准噶尔盆地	124	24 陇中地区	77	46 洞庭湖平原	46
03 伊犁谷地	50	25 六盘山区	75	47 湘中丘陵	50
04 天山山区	109	26 祁连山区	55	48 武陵山区	305
05 塔里木盆地	39	27 青海湖地区	106	49 雷公山区	123
06 吐鲁番盆地	54	28 青藏高原	80	50 云贵高原	165
07 大兴安岭	102	29 淮河平原	69	51 四川盆地	130
08 呼伦贝尔高原	34	30 苏北平原	16	52 阿坝地区	54
09 锡林郭勒高原	64	31 大别山区	162	53 大凉山区	79
10 三江地区	21	32 桐柏山区	101	54 甘孜山区	189
11 东北平原	115	33 宛襄盆地	27	55 丽江山区	144
12 长白山区	122	34 伏牛山区	148	56 墨脱地区	142
13 坝上高原	34	35 秦岭山区	126	57 无量山区	161
14 晋察冀山区	68	36 大巴山区	113	58 西双版纳	181
15 五台山区	44	37 陇南山区	121	59 桂西山区	147
16 鄂尔多斯	93	38 沪宁杭平原	63	60 桂南山区	360
17 贺兰山区	98	39 浙江山区	224	61 粤桂山区	275
18 阿拉善高原	91	40 福建丘陵	173	62 南岭山区	284
19 华北平原	77	41 台湾地区	231	63 粤南沿海平原	93
20 山东半岛	53	42 鄱阳湖平原	68	64 海南	161
21 太行山区	82	43 赣南丘陵	94	合计（种·单元）	7084
22 晋中南	69	44 井冈山区	139	全国	2 716

表 4-29　中国直翅目昆虫各单元群的区系成分

单元群	地理单元组成	种类数	东洋种类	广布种类	古北种类	东亚种类	成分不明种类
A、蒙新单元群	01~06，08，09，16~18	357	10	1	150	195	1
B、东北和华北单元群	07，10~15，19~25	402	38	4	82	274	4
C、青藏高原单元群	26~28	205	6	1	41	157	
D、中东部单元群	29~33，38~47	594	151	3	22	413	5
E、华中单元群	34~37，48~53	615	107	4	41	459	4
F、西南单元群	54~56	406	75	2	13	312	4
G、华南单元群	57~64	953	194	5	12	737	5

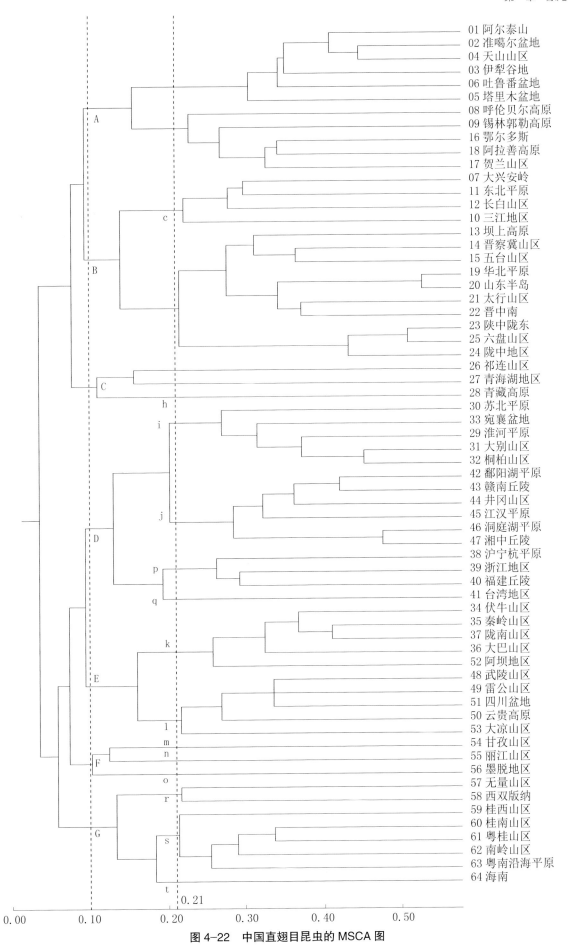

图 4-22　中国直翅目昆虫的 MSCA 图

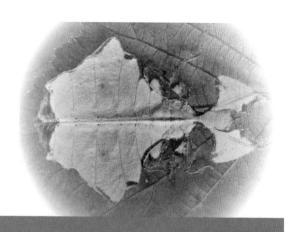

第十五章 蛸目

Chapter 15 Order Phasmatodea

蛸目昆虫统称"蛸",俗称"竹节虫",英文名 wlking stick。该目昆虫体形较大,成虫有翅或无翅昆虫,身体细长,圆筒形,有的扁平如叶片状。前胸短,中后胸长,有翅种类前翅短,后翅发达。不完全变态。全为植食性。生活于树木、灌木或草丛中。

第一节 区系组成及特点

Segment 1 Fauna and character

全世界已知蛸目昆虫 6 科 300 属 3 000 种(陈树椿等,2008),中国记载 5 科 66 属 343 种,占世界种类的 11.4%。

在 343 种蛸目昆虫中,没有广布种类,东亚种类 319 种,占 93.0%,其他种类比例很小(表 4-30)。

表 4-30 中国蛸目的种类及区系成分

科 名	世界属种		中国属种		东洋种类	广布种类	古北种类	东亚种类		成分不明种类
	属	种	属	种				中国特有种	中日种类	
蛸科 Phasmatidae	87	500	18	151	9			138	4	
异蛸科 Heteronemiidae	90	1 000	42	176	8		1	162	4	1

（续表）

科　名	世界属种		中国属种		东洋种类	广布种类	古北种类	东亚种类		成分不明种类
	属	种	属	种				中国特有种	中日种类	
杆䗛科 Bacillidae	56	300	3	4	1			3		
拟䗛科 Pseudophasmatidae	61	300	2	2				2		
叶䗛科 Phyllidae	4	50	1	10	4			6		
合计	298	2 150	66	343	22	0	1	311	8	1
全目	300	3 000	66	343	22	0	1	311	8	1

表 4-31　中国螳目昆虫在各基础地理单元中的分布

地理单元	种类	地理单元	种类	地理单元	种类
01 阿尔泰山	0	23 陕中陇东	1	45 江汉平原	0
02 准噶尔盆地	1	24 陇中地区	0	46 洞庭湖平原	0
03 伊犁谷地	0	25 六盘山区	0	47 湘中丘陵	2
04 天山山区	0	26 祁连山区	0	48 武陵山区	34
05 塔里木盆地	0	27 青海湖地区	0	49 雷公山区	14
06 吐鲁番盆地	0	28 青藏高原	0	50 云贵高原	22
07 大兴安岭	0	29 淮河平原	1	51 四川盆地	19
08 呼伦贝尔高原	0	30 苏北平原	0	52 阿坝地区	6
09 锡林郭勒高原	0	31 大别山区	11	53 大凉山区	8
10 三江地区	0	32 桐柏山区	7	54 甘孜山区	15
11 东北平原	0	33 宛襄盆地	0	55 丽江山区	14
12 长白山区	1	34 伏牛山区	13	56 墨脱地区	15
13 坝上高原	0	35 秦岭山区	9	57 无量山区	1
14 晋察冀山区	0	36 大巴山区	6	58 西双版纳	20
15 五台山区	0	37 陇南山区	10	59 桂西山区	2
16 鄂尔多斯	0	38 沪宁杭平原	3	60 桂南山区	35
17 贺兰山区	0	39 浙江山区	28	61 粤桂山区	24
18 阿拉善高原	0	40 福建丘陵	23	62 南岭山区	47
19 华北平原	2	41 台湾地区	25	63 粤南沿海平原	18
20 山东半岛	5	42 鄱阳湖平原	1	64 海南	39
21 太行山区	0	43 赣南丘陵	2	合计（种·单元）	489
22 晋中南	0	44 井冈山区	5	全国	343

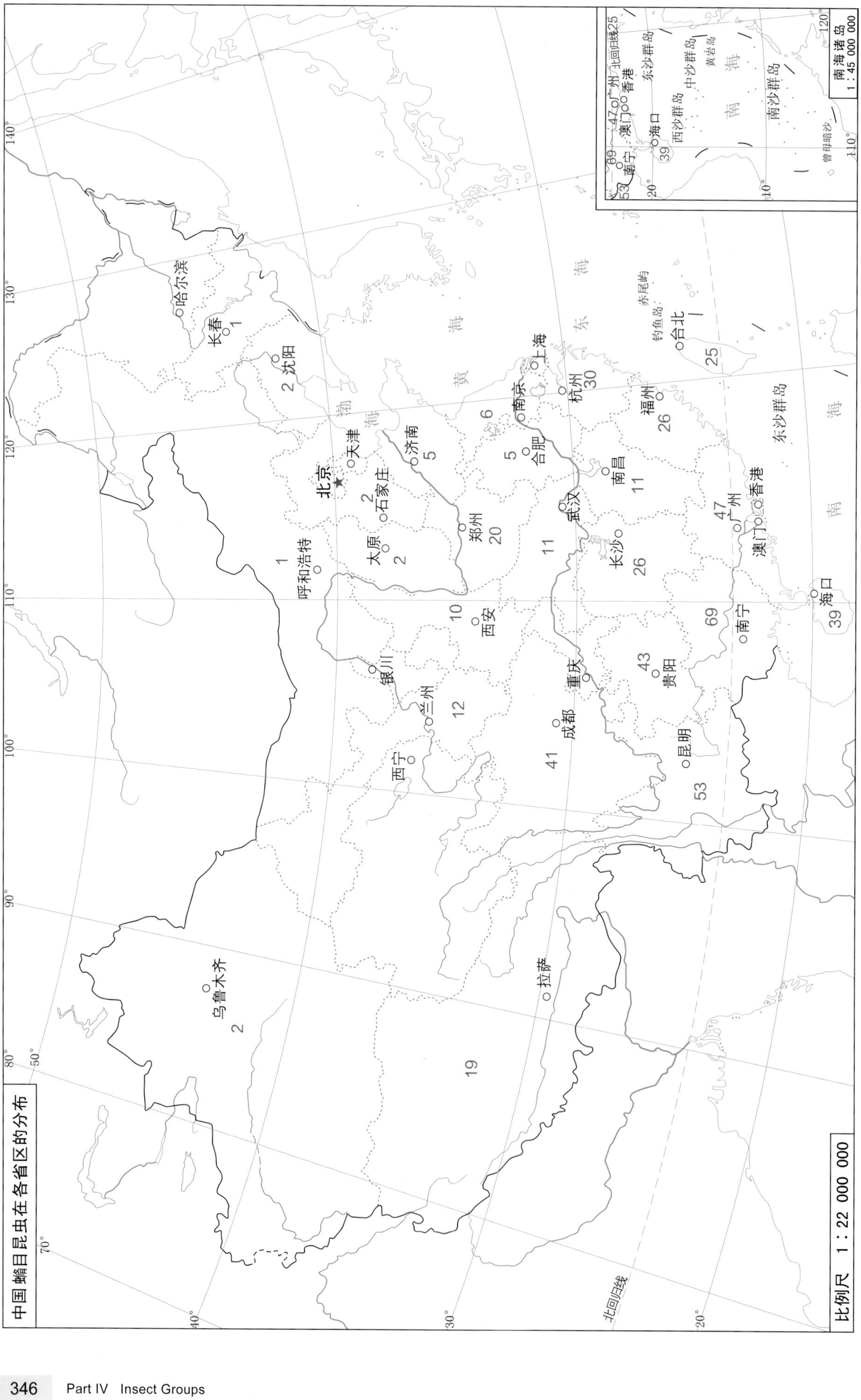

中国螭目昆虫在各省区的分布

中国螭目昆虫在各省区的分布

哈尔滨

长春
1

沈阳
2

北京 ★
天津

石家庄
2

济南
5

呼和浩特
1

太原
2

郑州
20

西安
10

兰州
12

银川

西宁

乌鲁木齐
2

拉萨

昆明
53

成都
41

重庆

贵阳
43

长沙
26

武汉
11

南昌
11

合肥
5

南京
6

上海

杭州
30

福州
26

台北

广州
47

南宁
69

香港
澳门

海口
39

19

黄 海

东 海

南 海

南海诸岛
1:45 000 000

北回归线

广州
47

澳门
香港
25

南宁
69
53

海口
39

西沙群岛

东沙群岛

中沙群岛

黄岩岛

南沙群岛

曾母暗沙

钓鱼屿
赤尾屿

东沙群岛

图 4-23　中国螭目昆虫在各省区的分布

比例尺 1:22 000 000

第二节　分布地理

Segment 2　Geographical distribution

　　䗛目昆虫分布世界各大洲，但以热带湿润地区为主。

　　䗛目昆虫在中国也是广泛分布，在各省区中，除黑龙江、青海、宁夏没有分布记录外，其余省区都有种类数量不等的记载。种类丰富的省区主要有广西、云南、广东、贵州、四川等，而东北、华北、西北各省区种类贫乏（图4-23）。

　　䗛科和异䗛科昆虫几乎在所有省区都有分布，其余3科则非常狭窄，叶䗛科昆虫分布于长江流域以南的8个省区，杆䗛科昆虫只分布于台湾、广东、广西、海南，拟䗛科昆虫仅分布于西藏、广西、海南。

　　在343种䗛目昆虫中，有16种无省下分布记录，64个基础地理单元中，有27个单元没有分布记录（表4-31）。327种䗛目昆虫在37个地理单元记录489种·单元，平均每种1.50个单元。5种以上的单元有24个，除去7个单元和周围没有联系外，17个单元之间的总相似性系数为0.045（图4-24），在相似性系数为0.080时，形成下列3个单元群：

　　a. 秦巴大别山单元群：涉及6个单元，共32种，其中东亚种类31种，东洋种类1种。

　　b. 武陵山单元群：涉及5个单元，共76种，其中东亚种类68种，东洋种类7种，区系成分不明种类1种。

　　c. 华南单元群：涉及6个单元，共147种，其中东亚种类131种，东洋种类15种，区系成分不明种类1种。

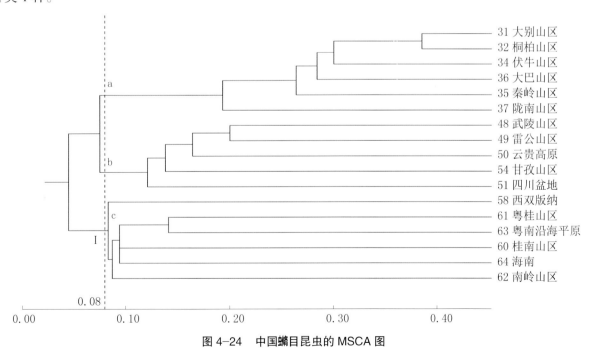

图4-24　中国䗛目昆虫的MSCA图

第十六章 纺足目

Chapter 16 Order Embioptera

纺足目昆虫俗称"足丝蚁"，是因其幼虫、成虫阶段都能够由前足的基跗节分泌丝质来织造隧道，一生居在其中而得名。小到中型、有翅或无翅，不完全变态，植食性。通常在林中树皮下或其他缝隙中织造隧道，取食、活动于其中，除有翅成虫能外出扑向灯光外，一般不外出，因此不为人们所常见。

纺足目昆虫除 1 个化石科外，现生种类有 12 科 82 属 344 种，中国目前已知 1 科 2 属 7 种。本研究记录 6 种。在 6 种纺足目昆虫中，东洋种类 4 种，东亚种类 2 种。

世界各大洲都有纺足目昆虫分布，但科级分布已经较为局限，属种的分布更为狭窄。主要发生在热带，纬度越高种类越少。分布北限可达 45ºN，分布南限可达 43ºS。

纺足目昆虫在中国目前仅限于南方 9 省区（表 4–32、图 4–25），广东、海南各 5 种，台湾 2 种，福建 3 种，广西 2 种。云南、贵州、湖南、江西各记录 1 种。实际分布可能更广，由于经济意义不大，人们容易忽视对其调查。

表 4–32　中国纺足目的种类及区系成分

科　名	世界属种		中国属种		东洋种类	广布种类	古北种类	东亚种类		成分不明种类
	属	种	属	种				中国特有种	中日种类	
等尾丝蚁科 Oligotomidae	6	22	2	6	4				2	

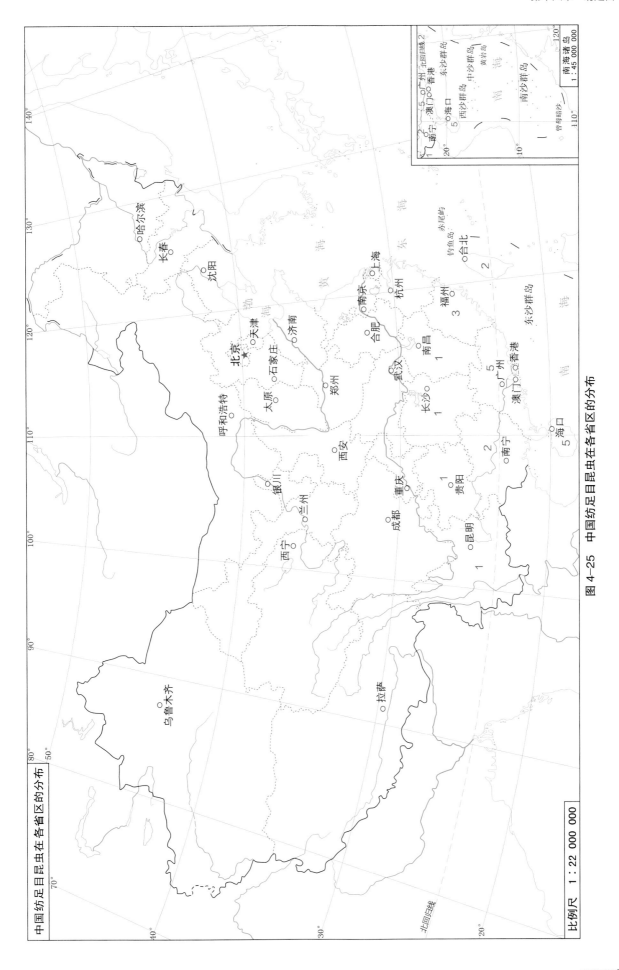

图 4-25　中国纺足目昆虫在各省区的分布

第十七章 缺翅目

Chapter 17　Order Zoraptera

缺翅目是昆虫纲中一类原始的稀有昆虫，也是最小一目。该目昆虫包括缺翅型和有翅型两类。半变态。生活于常绿阔叶林地，倒木、折木的树皮下，成、幼虫常集聚在一起，受惊后迅速四处逃逸。

缺翅目昆虫世界只有1科1属，目前已知32种。主要分布于赤道两侧的热带、亚热带地区。但种的分布非常狭窄。

在32种缺翅目昆虫中，分布于南美洲8种，北美洲13种，非洲4种，大洋洲1种，包括中国在内的南亚8种。

中国缺翅目昆虫共有3种（表4-33、图4-26），即中华缺翅虫 *Zoratypus sinensis* Huang 分布于西藏察隅地区，墨脱缺翅虫 *Z. medoensis* 分布于西藏墨脱地区，纽氏缺翅虫 *Z. newi* (Chao & Chen) 分布于台湾地区，全部是中国特有种。本研究仅收录2种，纽氏缺翅虫尚未登录本数据库内。

表4-33　中国缺翅目的种类及区系成分

科　名	世界属种		中国属种		东洋种类	广布种类	古北种类	东亚种类		成分不明种类
	属	种	属	种				中国特有种	中日种类	
缺翅虫科 Zorotypidae	1	32	1	2				2		

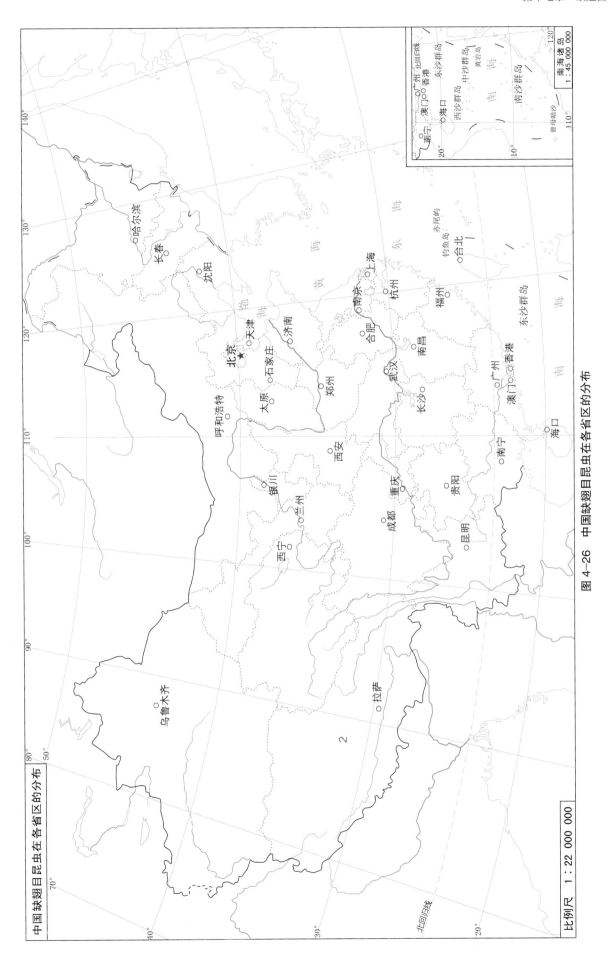

中国缺翅目昆虫在各省区的分布

图 4-26　中国缺翅目昆虫在各省区的分布

比例尺　1：22 000 000

第十八章　啮目

Chapter 18　Order Psocoptera

　　啮目昆虫俗称"啮虫"，统称"啮"。体形微小，1~10 mm。柔弱，具长翅，也有短翅、小翅或无翅种类。头大，活动灵活，后唇基发达。翅膜质透明，有臀褶、翅痣，多呈屋脊状置于体背。以热带、亚热带、温带林区为多，也有生活于室内种类。植食性、菌食性，或危害储藏物品。

第一节　区系组成及特点
Segment 1　Fauna and character

　　啮目昆虫全世界共43科485属5 926种（Johnson *et al.*，2014），中国已记载27科177属1 648种，占世界种类的27.81%（李法圣，2002）。

　　在1 648种啮目昆虫中，中国特有种1 610种，占全国种类的97.7%（表4-34），东洋种类和古北种类各有12种，广布种类和中日种类各4种，区系成分不明种类6种。

表 4-34　中国啮目昆虫的种类及区系成分

科　名	世界属种		中国属种		东洋种类	广布种类	古北种类	东亚种类		成分不明种类
	属	种	属	种				中国特有种	中日种类	
无鳞啮科 Thylacellidae	4	16	2	2				2		
全鳞啮科 Perientomidae	16	196	3	3				3		
窃啮科 Trogiidae	10	55	3	3				3		
圆啮科 Psoquillidae	8	31	1	1			1			
跳啮科 Psyllipsocidae	6	50	3	12				12		
虱啮科 Liposcelididae	9	197	2	29	1	4	6	18		
厚啮科 Pachytroctidae	11	92	2	5				5		
粉啮科 Troctopsocidae	1	9	1	1				1		
重啮科 Amphientomidae	25	156	14	69				69		
斧啮科 Dolabellopsocidae	4	39	1	8	1			7		
上啮科 Epipsocidae	23	207	12	27				27		
亚啮科 Asiopsocidae	3	16	1	1				1		
单啮科 Caeciliusidae	42	808	14	362	1			359	1	1
狭啮科 Stenopsocidae	4	194	4	166	1		1	163	1	
双啮科 Amphipsocidae	20	285	7	109				108		1
离啮科 Dasydemellidae	2	27	2	21				21		
半啮科 Hemipsocidae	4	40	3	22				22		
外啮科 Ectopsocidae	7	230	5	60			1	59		
沼啮科 Elipsocidae	34	151	2	3				3		
美啮科 Philotarsidae	7	159	3	15				15		
古啮科 Archipsocidae	5	81	1	2				2		
叉啮科 Pseudocaeciliidae	29	396	18	115	2			113		
围啮科 Peripsicidae	12	345	11	184	2			181		1
羚啮科 Mesopsocidae	16	99	5	20				19		1
鼠啮科 Myopsocidae	10	195	6	23	2			21		
啮科 Psocidae	88	1 308	44	353	2		2	346	2	1
分啮科 Lachesillidae	20	354	7	32			1	30		1
合计	420	5 736	177	1 648	12	4	12	1 610	4	6
全目	485	5 926	177	1 648	12	4	12	1 610	4	6

第二节　分布地理

Segment 2　Geographical distribution

啮目昆虫种类广布于世界各大洲。但由于啮目昆虫行动迟缓，不善飞行，体躯柔弱，栖所隐蔽，对温湿度要求高，对不良环境敏感，极大程度限制了扩散能力，形成众多的特有类群。

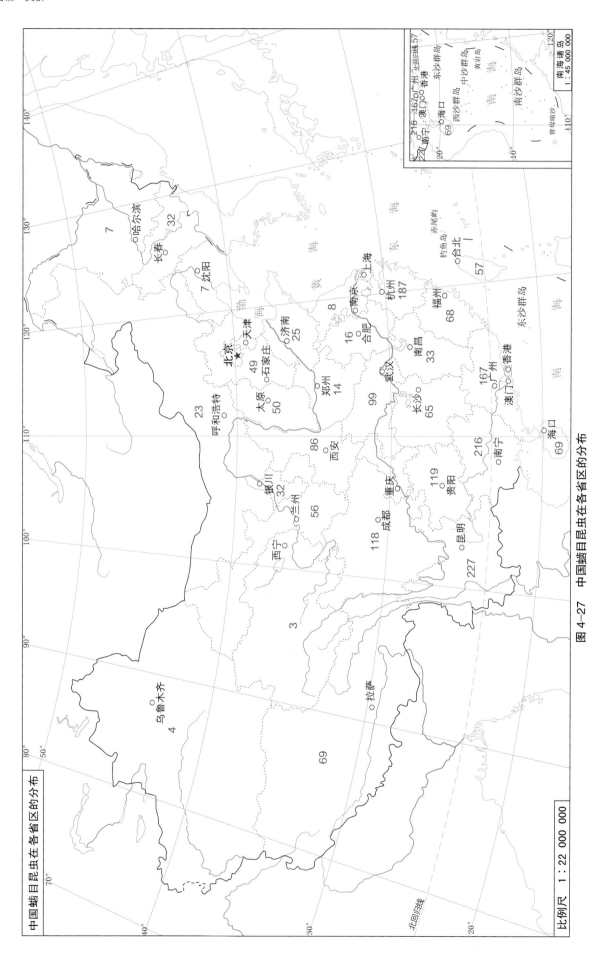

中国啮目昆虫在各省区的分布

图 4-27　中国啮目昆虫在各省区的分布

比例尺　1：22 000 000

中国蛄目昆虫分布广泛，各省区都有记载（图4-27），种类丰富的省区有云南、广西、浙江、广东、贵州、四川等，记录最少的省区有青海、新疆、黑龙江、辽宁、江苏等。

蛄目昆虫各科的分布范围差别很大。蛄科各省区都有分布。虱蛄科、单蛄科、狭蛄科、双蛄科、外蛄科、围蛄科6科基本是全国分布，缺少个别省区的记录。跳蛄科、重蛄科、上蛄科、离蛄科、半蛄科、美蛄科、叉蛄科、鼠蛄科8科分布省区6~18个不等，但都主要在南方省区，北限互不相同。窃蛄科、羚蛄科、分蛄科3科分布省区7~13个不等，但主要在北方省区，南限各不相同，另外9个科仅分布在个别省区，以南方省区为主。

在全国1648种蛄目昆虫中，179种没有省下分布记录。在64个基础地理单元中，有9个单元没有蛄目昆虫分布（表4-35）。1 469种蛄目昆虫在55个地理单元的分布共有1 778种·单元的记录，平均每种1.21个单元，这将使单元之间的联系非常微弱，相似性非常低。种类丰富的单元有浙江山区、武陵山区、大巴山区、桂南山区等。仅从少得可怜的共有种类的分布，可以看到有下列几个单元群，相似性系数低得难以计算：

a. 东北单元群：涉及7个单元，共52种，其中东亚种类45种，广布种类2种，区系成分不明种类5种。

b. 华北平原单元群：涉及4个单元，共100种，其中东亚种类94种，广布种类4种，古北种类2种。

c. 黄土高原单元群：涉及4个单元，共50种，其中东亚种类47种，广布种类3种。

d. 秦岭单元群：涉及4个单元，共202种，其中东亚种类195种，东洋种类1种，广布种类4种，古北种类2种。

e. 华东单元群：涉及4个单元，共316种，其中东亚种类306种，东洋种类4种，广布种类和古北种类各3种。

f. 云贵高原单元群：涉及3个单元，共213种，其中东亚种类210种，东洋种类1种，广布种类2种。

g. 华南单元群：涉及8个单元，共502种，其中东亚种类496种，东洋种类和广布种类各3种。

表4-35　中国蛄目昆虫在各基础地理单元中的分布

地理单元	种类	地理单元	种类	地理单元	种类
01 阿尔泰山	0	23 陕中陇东	17	45 江汉平原	8
02 准噶尔盆地	0	24 陇中地区	8	46 洞庭湖平原	1
03 伊犁谷地	3	25 六盘山区	26	47 湘中丘陵	12
04 天山山区	0	26 祁连山区	0	48 武陵山区	131
05 塔里木盆地	0	27 青海湖地区	15	49 雷公山区	0
06 吐鲁番盆地	0	28 青藏高原	6	50 云贵高原	64
07 大兴安岭	11	29 淮河平原	10	51 四川盆地	35
08 呼伦贝尔高原	3	30 苏北平原	0	52 阿坝地区	9
09 锡林郭勒高原	3	31 大别山区	4	53 大凉山区	0
10 三江地区	2	32 桐柏山区	4	54 甘孜山区	27
11 东北平原	11	33 宛襄盆地	5	55 丽江山区	16
12 长白山区	34	34 伏牛山区	6	56 墨脱地区	60
13 坝上高原	17	35 秦岭山区	55	57 无量山区	98

（续表）

地理单元	种类	地理单元	种类	地理单元	种类
14 晋察冀山区	12	36 大巴山区	125	58 西双版纳	69
15 五台山区	28	37 陇南山区	29	59 桂西山区	19
16 鄂尔多斯	10	38 沪宁杭平原	26	60 桂南山区	109
17 贺兰山区	4	39 浙江山区	176	61 粤桂山区	59
18 阿拉善高原	3	40 福建丘陵	67	62 南岭山区	65
19 华北平原	24	41 台湾地区	57	63 粤南沿海平原	44
20 山东半岛	7	42 鄱阳湖平原	4	64 海南	69
21 太行山区	7	43 赣南丘陵	9	合计（种·单元）	1 778
22 晋中南	27	44 井冈山区	28	全国	1 648

第十九章　食毛目

Chapter 19　Order Mallophaga

食毛目昆虫俗称"鸟虱"。体形小且扁，0.5~6 mm。头大，触角短，口器为特化的咀嚼式，足为攀缘式。渐变态。营外寄生生活于鸟类或兽类上，以寄主的羽毛、毛、皮肤分泌物为食，少数取食寄主血液，不侵袭人类。

第一节　区系组成及特点
Segment 1　Fauna and character

食毛目昆虫全世界共 13 科 313 属 4 793 种，中国已记载 6 科 124 属 906 种，占世界种类的 20.1%。

在 906 种食毛目昆虫中，古北种类 403 种，占中国种类的 44.5%（表 4-36）；东洋种类 217 种，占 24.0%；东亚种类 194 种，占 21.4%；广布种类 88 种，占 9.7%。

食毛目昆虫不仅对寄主选择严格，对寄主的身体部位都有明显的选择，寄生于头颈部的种类由于鸟嘴啄捕不到，生境稳定，虫体短粗肥胖，用上颚紧紧咬住寄主羽毛不动，而寄生于其他部位，由于寄主的啄捕，大都是虫体较小、活动迅速的种类，可以躲避危险。

食毛目昆虫在寄主个体之间的传播，主要靠寄主个体的接触来实现，如寄主交配、抚育幼雏、群体休息时，实现个体间的转移。

表 4-36　中国食毛目昆虫的种类及区系成分

科　名	世界属种		中国属种		东洋种类	广布种类	古北种类	东亚种类		成分不明种类
	属	种	属	种				中国特有种	中日种类	
短角鸟虱科 Menoponidae	86	1 203	36	288	64	29	120	64	11	
水鸟虱科 Laemobothriidae	2	24	1	5	1	2	2			
鸟虱科 Ricinidae	3	115	1	11	1	2	6		2	
长角鸟虱科 Philopteridae	176	2 935	79	561	145	46	257	74	38	1
兽鸟虱科 Trichodectidae	20	338	6	40	5	9	18	4	1	3
象鸟虱科 Haematomyzidae	1	3	1	1	1					
合计	288	4 618	124	906	217	88	403	143	52	4
全目	313	4 793	124	906	217	88	403	142	52	4

第二节　分布地理
Segment 2　Geographical distribution

食毛目昆虫由于终生在寄主身上度过，虽然本身的扩散能力有限，但随着寄主的活动或迁徙，成为昆虫纲中少见的广泛分布的类群。全世界分布的纬度、海拔差异很小。

食毛目昆虫在中国的分布同样很广，各省区均有记录，种类丰富的省区有新疆、云南、河北、福建、广东、四川、黑龙江、台湾、辽宁、西藏等，记录相对较少的省区有宁夏、安徽、山西、湖北、贵州、浙江等（图4-28）。

食毛目各科昆虫的分布也显示出分布的广泛性，除象虱科只有 1 种分布在云南外，长角鸟虱科和短角鸟虱科各省区都有记载，其余 3 科虽然种类不多，也分布在 18~22 个省区内。

906 种食毛目昆虫在 28 个省区共有 4 675 种·省的记录，平均每种分布 5.16 省，这是其他类群无可比及的。不同省区之间的相似性关系也比其他类群突出。

但由于食毛目昆虫的分布记录基本都是以省区记录，省区级以下的区系调查很少进行，至今只有 353 种有省下分布资料，分布于 25 个地理单元内（表 4-37），而且分布极不均匀。暂时不能进行基础地理单元的分析。

表 4-37　中国食毛目昆虫在各基础地理单元中的分布

地理单元	种类	地理单元	种类	地理单元	种类
01 阿尔泰山	0	23 陕中陇东	4	45 江汉平原	0
02 准噶尔盆地	0	24 陇中地区	0	46 洞庭湖平原	0
03 伊犁谷地	0	25 六盘山区	6	47 湘中丘陵	0
04 天山山区	0	26 祁连山区	0	48 武陵山区	0

（续表）

地理单元	种类	地理单元	种类	地理单元	种类
05 塔里木盆地	0	27 青海湖地区	0	49 雷公山区	0
06 吐鲁番盆地	0	28 青藏高原	6	50 云贵高原	0
07 大兴安岭	15	29 淮河平原	5	51 四川盆地	0
08 呼伦贝尔高原	15	30 苏北平原	0	52 阿坝地区	0
09 锡林郭勒高原	15	31 大别山区	1	53 大凉山区	0
10 三江地区	0	32 桐柏山区	1	54 甘孜山区	4
11 东北平原	15	33 宛襄盆地	1	55 丽江山区	0
12 长白山区	0	34 伏牛山区	1	56 墨脱地区	0
13 坝上高原	15	35 秦岭山区	12	57 无量山区	0
14 晋察冀山区	15	36 大巴山区	0	58 西双版纳	0
15 五台山区	0	37 陇南山区	0	59 桂西山区	0
16 鄂尔多斯	16	38 沪宁杭平原	0	60 桂南山区	0
17 贺兰山区	15	39 浙江山区	0	61 粤桂山区	0
18 阿拉善高原	15	40 福建丘陵	0	62 南岭山区	0
19 华北平原	3	41 台湾地区	227	63 粤南沿海平原	0
20 山东半岛	0	42 鄱阳湖平原	0	64 海南	204
21 太行山区	1	43 赣南丘陵	0	合计（种·单元）	602
22 晋中南	0	44 井冈山区	0	全国	353

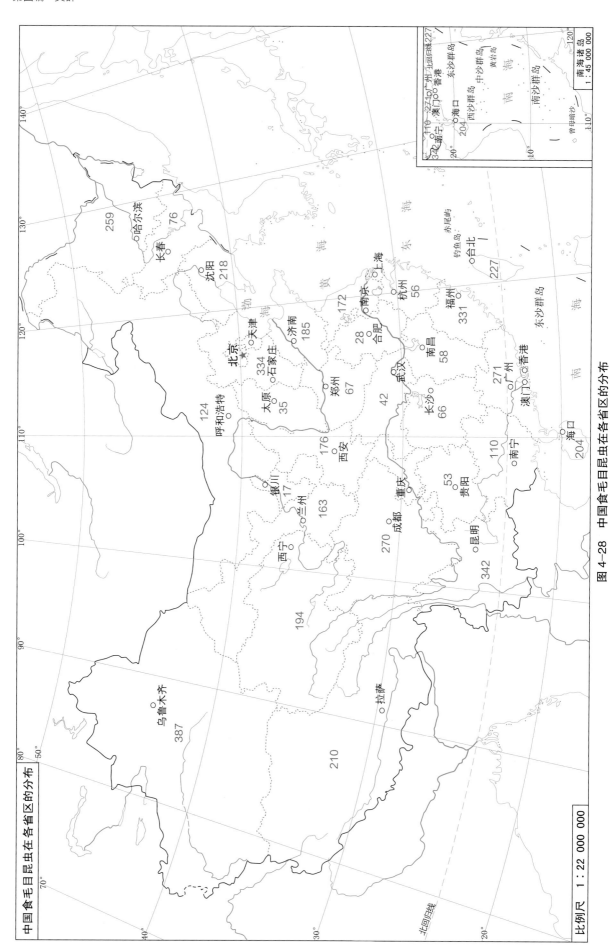

中国食毛目昆虫在各省区的分布

哈尔滨 259

长春 76

沈阳 218

北京 ★

天津

石家庄 334

济南 185

南京 172

上海

杭州 56

合肥 28

南昌 58

福州 331

钓鱼屿

台北 227

郑州 67

武汉 42

呼和浩特 124

太原 35

西安 176

长沙 66

贵阳 53

香港 271

广州

澳门

南宁 110

海口 204

银川 17

兰州 163

重庆

成都 270

昆明 342

拉萨 210

西宁 194

乌鲁木齐 387

中国食毛目昆虫在各省区的分布

南海诸岛
1:45 000 000

南宁 334
南宁 274
广州 北回归线 227
澳门 香港
海口 204
海口
西沙群岛
中沙群岛
黄岩岛
南沙群岛
曾母暗沙

图 4-28 中国食毛目昆虫在各省区的分布

比例尺 1:22 000 000

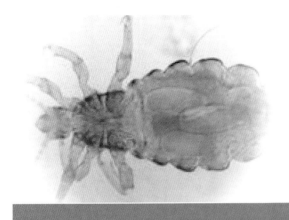

第二十章　虱目

Chapter 20　Order Anoplura

虱目昆虫俗称"虱子"，统称"吸虱"，英文名 sucking lice。体形小，扁平，无翅。体长 1~6 mm，头小，向前突出，复眼退化，无单眼，口器为特化的刺吸式。胸部 3 节愈合，足为攀缘式。渐变态。寄生于人体和真兽类 eutheria，以吸血为生，是重要的卫生害虫。

第一节　区系组成及特点

Segment 1　Fauna and character

全世界共有虱目昆虫 17 科 42 属 500 种，中国已记载 11 科 22 属 97 种（金大雄，1999），占世界种类的 19.4%。

在 97 种虱目昆虫中，东亚种类占 1/3，处微弱优势（表 4-38），东洋种类和古北种类基本相等，广布种类较少。

表 4-38　中国虱目昆虫的种类及区系成分

科　名	世界属种		中国属种		东洋种类	广布种类	古北种类	东亚种类		成分不明种类
	属	种	属	种				中国特有种	中日种类	
恩兰虱科 Enderleinellidae	5	54	3	10	5		1	4		
血虱科 Haematopinidae	1	21	1	7	3	3	1			
拟血虱科 Haematopinoididae	4	17	3	6	1		1	4		
甲胁虱科 Hoplopleuridae	1	140	1	23	8		7	7	1	
颚虱科 Linognathidae	3	70	2	9	4	2	3			
欣奇虱科 Mirophthiridae	1	1	1	1				1		
猴虱科 Pedicinidae	1	14	1	3						3
虱科 Pediculidae	1	4	1	1		1				
多板虱科 Polyplacidae	21	147	7	34	6		13	15		
阴虱科 Pthiridae	1	2	1	1		1				
马虱科 Ratemiidae	1	3	1	2				1		1
合计	40	473	22	97	27	7	26	32	1	4
全目	42	500	22	97	27	7	26	32	1	4

第二节　分布地理

Segment 2　Geographical distribution

虱目昆虫是人和真兽类专性寄生物，整个生活史离不开宿主，其分布也应和人及真兽类的分布相似，是全球广布型的生物。

虱目昆虫在中国的分布也是广泛分布，目前只有辽宁没有分布记录，但也不可能没有虱目昆虫存在。种类记录较多的省区有云南、贵州、内蒙古、台湾、新疆、四川等，吉林、黑龙江、山东、江西、湖南记录较少（图4-29）。

虱目昆虫各科的分布范围不同，在11科中，有血虱科、甲胁虱科、颚虱科、虱科、多板虱科、阴虱科6个科基本上全国分布，只有个别省区没有记录。其余5科为局限分布，恩兰虱科分布于12个省区，拟血虱科分布于7个省区，猴虱科分布于贵州、广西、云南、台湾，马虱科记录于新疆、青海，欣奇虱科是中国特有科，记录于四川、贵州。

在97种虱目昆虫中，有75种有省下分布记录，在64个地理单元中，有42个单元有分布（表4-39），它们的分布记录共327种•单元，平均每种4.36个单元。种类较多的27个地理单元的总相似性系数为0.134，在不同的相似性水平上聚为4个比较突出的单元群（图4-30）：

a. 东北单元群：涉及9个单元，共17种，其中东亚种类和广布种类各6种，古北种类4种，东洋种类1种。

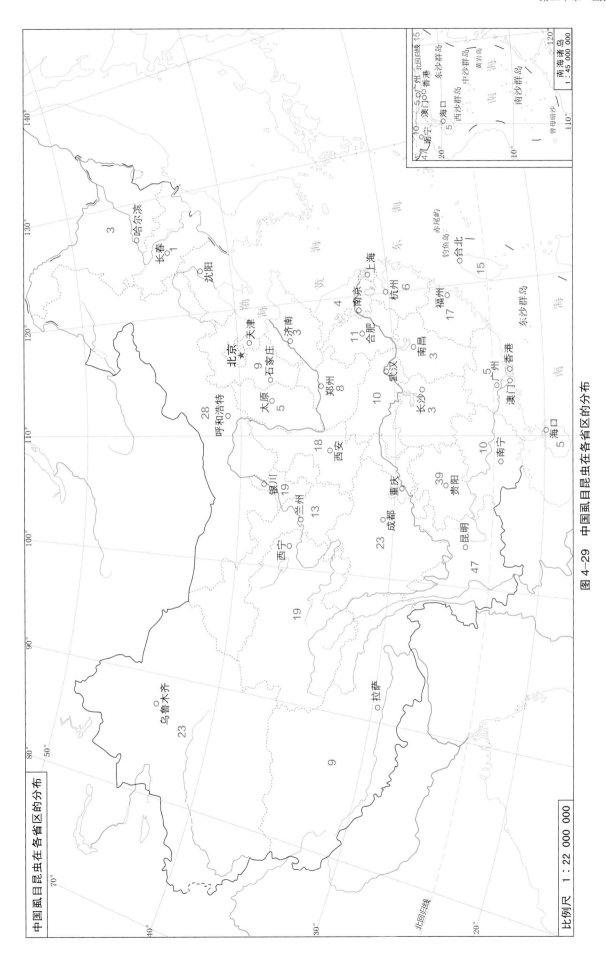

图 4-29　中国虱目昆虫在各省区的分布

b. 东部平原单元群：涉及 8 个单元，共 9 种，其中东洋种类和古北种类各 2 种，广布种类 5 种。

c. 青藏高原单元群：涉及 3 个单元，共 22 种，其中古北种类 9 种，东亚种类 5 种，广布种类 7 种，东亚种类 1 种。

d. 云贵高原单元群：涉及 7 个单元，共 52 种，其中东洋种类 19 种，古北种类 12 种，广布种类 6 种，东亚种类 13 种，区系成分不明种类 2 种。

表 4-39　中国虱目昆虫在各基础地理单元中的分布

地理单元	种类	地理单元	种类	地理单元	种类
01 阿尔泰山	0	23 陕中陇东	13	45 江汉平原	7
02 准噶尔盆地	1	24 陇中地区	0	46 洞庭湖平原	0
03 伊犁谷地	0	25 六盘山区	4	47 湘中丘陵	0
04 天山山区	0	26 祁连山区	3	48 武陵山区	19
05 塔里木盆地	1	27 青海湖地区	12	49 雷公山区	10
06 吐鲁番盆地	1	28 青藏高原	12	50 云贵高原	33
07 大兴安岭	8	29 淮河平原	4	51 四川盆地	0
08 呼伦贝尔高原	7	30 苏北平原	0	52 阿坝地区	0
09 锡林郭勒高原	8	31 大别山区	5	53 大凉山区	6
10 三江地区	0	32 桐柏山区	7	54 甘孜山区	3
11 东北平原	7	33 宛襄盆地	7	55 丽江山区	29
12 长白山区	0	34 伏牛山区	7	56 墨脱地区	3
13 坝上高原	7	35 秦岭山区	7	57 无量山区	6
14 晋察冀山区	7	36 大巴山区	5	58 西双版纳	7
15 五台山区	0	37 陇南山区	0	59 桂西山区	0
16 鄂尔多斯	15	38 沪宁杭平原	0	60 桂南山区	2
17 贺兰山区	8	39 浙江山区	1	61 粤桂山区	0
18 阿拉善高原	8	40 福建丘陵	5	62 南岭山区	0
19 华北平原	4	41 台湾地区	15	63 粤南沿海平原	0
20 山东半岛	0	42 鄱阳湖平原	0	64 海南	5
21 太行山区	4	43 赣南丘陵	0	合计（种·单元）	327
22 晋中南	0	44 井冈山区	4	全国	97

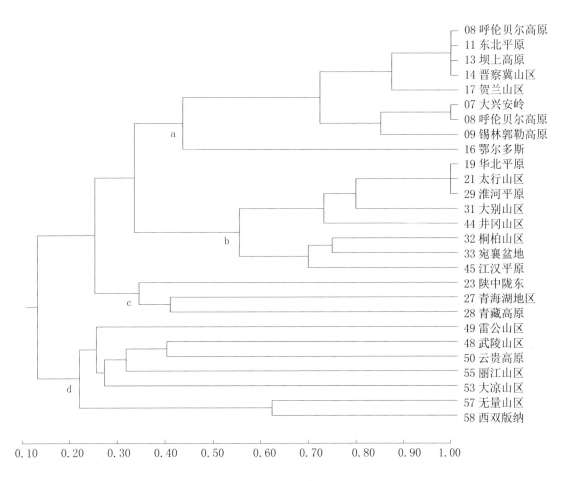

图 4-30　中国虱目昆虫的 MSCA 图

第二十一章　缨翅目

Chapter 21　Order Thysanoptera

缨翅目昆虫俗称"蓟马"，英文名 thrips。体形小，体长 0.5~7 mm。触角 6~9 节，口器锉吸式。足跗节端部有可伸缩的端泡，翅狭长，翅脉简单或消失，翅缘具缨毛。无尾须。大多为植食性，生活于植物嫩梢、叶片、花及果实上。也有菌食性或腐食性，生活于枯枝，树皮下或落叶层。少数种类为捕食性。

第一节　区系组成及特点
Segment 1　Fauna and character

全世界共有缨翅目昆虫 9 科 776 属 5 992 种（Lehtiner et al., 2013），中国记载 4 科 164 属 570 种。

在 570 种缨翅目昆虫中，东亚种类 265 种，占 46.5%；东洋种类 194 种，占 34.0%；古北种类 65 种，广布种类 24 种，区系成分不明种类 22 种（表 4-40）。

表 4-40　中国缨翅目昆虫的种类及区系成分

科　名	世界属种		中国属种		东洋种类	广布种类	古北种类	东亚种类		成分不明种类
	属	种	属	种				中国特有种	中日种类	
纹蓟马科 Aeolothripidae	23	198	6	22	1		13	4	4	
蓟马科 Thripidae	287	2 053	80	288	99	18	36	107	15	13
大腿蓟马科 Merothripidae	3	15	1	3	3					
管蓟马科 Phlaeothripidae	447	3 559	77	257	91	6	16	87	48	9
合计	760	5 825	164	570	194	24	65	198	67	22
全目	776	5 992	164	570	194	24	65	198	67	22

第二节　分布地理
Segment 2　Geographical distribution

缨翅目昆虫在全世界广泛分布，但扩散能力微弱。

缨翅目昆虫在国内分布遍及各个省区，种类最丰富的省区有台湾、广东、海南、福建、云南、四川、广西、河南、内蒙古、浙江等（图 4-31），而山西、青海、黑龙江、安徽、吉林等省目前记录相对较少。

在 4 科缨翅目昆虫中，除大腿蓟马科种类少，分布区域目前仅记录云南、广东、台湾 3 省外，其余 3 科都是广泛分布，仅纹蓟马科尚有青海、山西、广西、海南 4 省区没有记录。

在 570 种缨翅目昆虫中，有 53 种没有省下分布记录。在 64 个基础地理单元中，有 7 个单元没有缨翅目昆虫的记录（表 4-41）。517 种缨翅目昆虫在 57 个单元中共有记录 1 477 种·单元，平均每种 2.86 个单元。除去没有记录和记录很少的单元，45 个地理单元之间的总相似性系数为 0.051（图 4-32），在 0.140 的相似性水平上，可以分辨出 a~f 6 个独立的单元群，其中 b、c、d、e 单元群和其他类群分析的 E、F、G、H 单元群相同，另有 f 单元群则比较松散，到相似性系数为 0.108 时才聚在一起：

a. 北方单元群：涉及 15 个单元，共 93 种，其中东亚种类 20 种，东洋种类 7 种，广布种类 14 种，古北种类 37 种，区系成分不明种类 15 种。

b. 江淮单元群：涉及 6 个单元，共 44 种，其中东洋种类 21 种，东亚种类 7 种，广布种类 13 种，古北种类 3 种。

c. 华中单元群：涉及 10 个单元，共 176 种，其中东亚种类 79 种，东洋种类 55 种，广布种类 17 种，古北种类 25 种。

d. 西南单元群：涉及 2 个单元，共 48 种，其中东亚种类 21 种，东洋种类 12 种，广布种类 8 种，古北种类 7 种。

e. 华东单元群：涉及 4 个单元，共 271 种，其中东洋种类 118 种，东亚种类 117 种，广布种类 18 种，古北种类 17 种，区系成分不明种类 1 种。

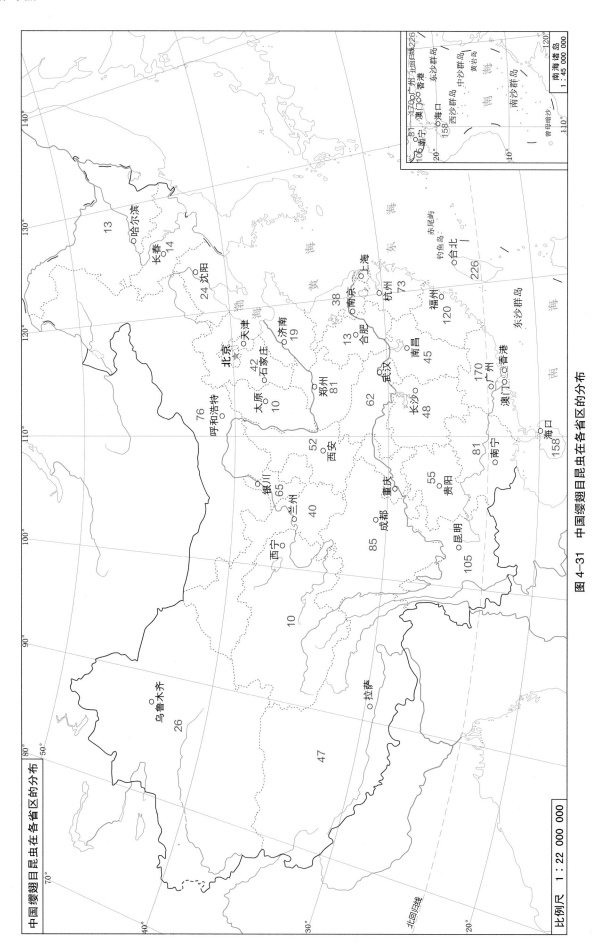

图 4-31 中国缨翅目昆虫在各省区的分布

f. 华南单元群：涉及 8 个单元，共 199 种，其中东洋种类 114 种，东亚种类 62 种，广布种类 16 种，古北种类 7 种。

表 4-41　中国缨翅目昆虫在各基础地理单元中的分布

地理单元	种类	地理单元	种类	地理单元	种类
01 阿尔泰山	0	23 陕中陇东	13	45 江汉平原	3
02 准噶尔盆地	2	24 陇中地区	12	46 洞庭湖平原	2
03 伊犁谷地	0	25 六盘山区	37	47 湘中丘陵	1
04 天山山区	2	26 祁连山区	1	48 武陵山区	49
05 塔里木盆地	0	27 青海湖地区	5	49 雷公山区	20
06 吐鲁番盆地	0	28 青藏高原	16	50 云贵高原	19
07 大兴安岭	9	29 淮河平原	10	51 四川盆地	21
08 呼伦贝尔高原	14	30 苏北平原	0	52 阿坝地区	1
09 锡林郭勒高原	33	31 大别山区	46	53 大凉山区	3
10 三江地区	0	32 桐柏山区	4	54 甘孜山区	28
11 东北平原	13	33 宛襄盆地	5	55 丽江山区	9
12 长白山区	0	34 伏牛山区	41	56 墨脱地区	29
13 坝上高原	9	35 秦岭山区	40	57 无量山区	22
14 晋察冀山区	10	36 大巴山区	39	58 西双版纳	16
15 五台山区	2	37 陇南山区	31	59 桂西山区	3
16 鄂尔多斯	46	38 沪宁杭平原	14	60 桂南山区	40
17 贺兰山区	35	39 浙江山区	50	61 粤桂山区	16
18 阿拉善高原	31	40 福建丘陵	105	62 南岭山区	29
19 华北平原	13	41 台湾地区	226	63 粤南沿海平原	9
20 山东半岛	8	42 鄱阳湖平原	24	64 海南	158
21 太行山区	4	43 赣南丘陵	15	合计（种·单元）	1 477
22 晋中南	1	44 井冈山区	33	全国	570

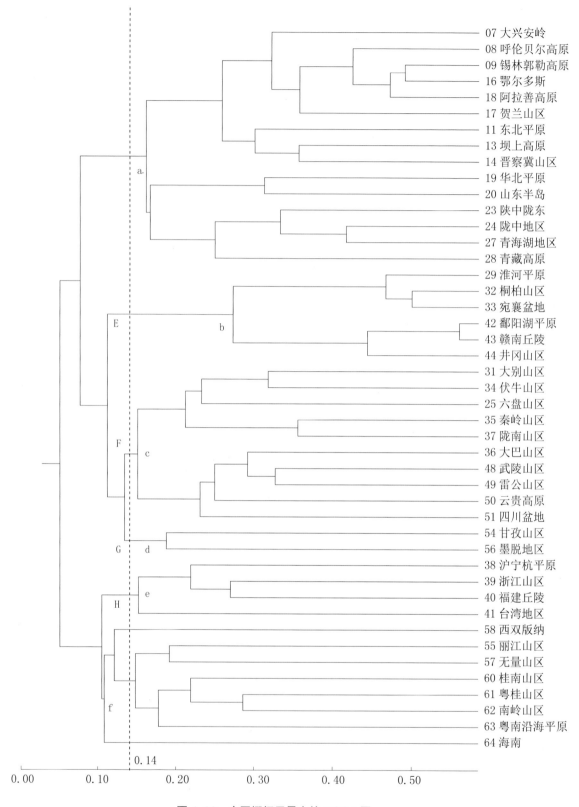

图 4-32　中国缨翅目昆虫的 MSCA 图

第二十二章　半翅目

Chapter 22　Order Hemiptera

半翅目包括原来的同翅目 Homoptera 和半翅目。半翅目昆虫有蝉类、蚜虫、介壳虫、粉虱、木虱、椿象等，是昆虫纲中较大类群。成虫体形小到大型，具有刺吸式口器，吸取植物汁液，并能传播病害，是农林业的重要害虫，也有些种类是工业原料昆虫和药材昆虫。

第一节　区系组成及特点
Segment 1　Fauna and character

全世界共有半翅目昆虫 173 科 14 000 属 110 000 多种，中国记载 127 科 2 803 属 11 973 种，占世界种类的 10.9%。

在 11 973 种半翅目昆虫中，东亚种类 8 183 种，占全国种类的 68.3%（表 4-42）；东洋种类 2 043 种，占 17.1%；古北种类 1 393 种，占 11.6%；广布种类 199 种，占 1.7%；另有 155 种区系成分不明种类。以科计算，在 127 个科的中国种类中，106 科以东亚种类占优势地位，14 个科以东洋种类占优势，2 个科以古北种类占优势，1 个科以广布种类占优势，4 个科为其他状态。

表 4-42　中国半翅目昆虫的种类及区系成分

科　名	世界属种		中国属种		东洋种类	广布种类	古北种类	东亚种类		成分不明种类
	属	种	属	种				中国特有种	中日种类	
蜡蝉科 Pulgoridae	120	700	23	53	18			32	3	
广翅蜡蝉科 Ricaniidae	41	400	8	36	14			14	8	
蛾蜡蝉科 Flatidae	212	1 000	20	52	21	1		28	2	
飞虱科 Delphacidae	300	2 000	174	443	70	6	56	274	29	8
菱蜡蝉科 Cixiidae	120	2 000	19	94	7	1	5	67	12	2
粒脉蜡蝉科 Meenoplidae	11	80	7	26	5	1		18	1	1
象蜡蝉科 Dictyopharidae	130	700	12	43	8		2	27	5	1
蚁蜡蝉科 Tettigometridae	14	100	2	4	1	1	2			
阉蜡蝉科 Dinnaridae	8	50	1	7	1			6		
颖蜡蝉科 Achilidae	100	300	21	76	5			65	6	
扁蜡蝉科 Tropiduchidae	100	400	23	39	13			13	13	
袖蜡蝉科 Derbidae	100	900	40	141	6	1	3	120	11	
娜蜡蝉科 Nogodinidae	40	150	6	8	2			6		
瓢蜡蝉科 Issidae	200	1 200	43	157	9			128	19	1
璐蜡蝉科 Lophopidae	40	150	10	13	5			7	1	
颜蜡蝉科 Eurybrachidae	30	200	7	16	1			15		
蝉科 Cicadidae	300	2 000	80	340	83	1	11	210	31	4
沫蝉科 Cercopidae	245	1 200	57	194	47		4	120	19	4
尖胸沫蝉科 Aphrophoridae	43	800	32	162	14	1	13	111	21	2
棘沫蝉科 Machaerotidae	31	100	5	21				17	3	1
叶蝉科 Cicadellidae	2 758	23 822	351	1 989	277	15	115	1 432	140	10
梨胸蝉科 Aetalionidae	12	60	1	2	1			1		
角蝉科 Membracidae	400	3 100	41	283	59	3	4	197	19	1
球蚜科 Adelgidae	8	50	6	17			3	13	1	
根瘤蚜科 Phylloxeridae	12	70	4	5		1	2	1	1	
瘿绵蚜科 Pemphigidae	53	260	36	156	8	2	35	90	15	6
纩蚜科 Mindaridae	1	10	1	4			1	2	1	
扁蚜科 Hormaphididae			27	70	26	3	1	26	14	
平翅绵蚜科 Pholeomyzidae	1	1	1	1				1		
群蚜科 Thelaxidae	12	50	3	10	3		1	4	2	
毛管蚜科 Greenideidae	7	100	5	50	17		1	28	3	1
短痣蚜科 Anoeciidae	3	40	3	11	1	1	4	3	2	
大蚜科 Lachnidae	18	350	14	100	10	1	22	58	9	

（续表）

科　名	世界属种		中国属种		东洋种类	广布种类	古北种类	东亚种类		成分不明种类
	属	种	属	种				中国特有种	中日种类	
斑蚜科 Callaphididae	60	400	49	146	15	1	31	58	40	1
毛蚜科 Chaitophoridae	13	140	10	50	4	2	15	26	3	
蚜科 Aphididae	300	3 000	137	550	60	54	134	231	70	1
粉虱科 Aleyrodidae	163	1 542	34	186	44	3	3	117	17	2
半木虱科 Hemipteripsyllidae	2	3	2	3				1	2	
小头木虱科 Paurocephalidae	2	70	2	11	5			6		
扁木虱科 Liviidae	7	47	1	8	1			7		
斑木虱科 Aphalaridae	24	332	12	76			25	49	2	
叶木虱科 Euphylluridae	54	298	18	32	1		1	27	3	
丽木虱科 Calophyidae	12	82	4	21	1		1	15	4	
盾木虱科 Spodyliaspididae	30	299	4	7	1			6		
幽木虱科 Euphaleridae	19	228	11	64	4		2	56	2	
木虱科 Psyllidae	99	785	14	435	4		17	402	12	
花木虱科 Phacopteronidae	3	5	1	2	2					
同木虱科 Homotomidae	4	37	1	21				19	2	
圆木虱科 Strogylocephalidae	2	3	1	1				1		
痣木虱科 Macrohomotomidae	6	35	2	11	3			8		
瘿木虱科 Cecidopsyllidae	1	9	1	4	1			3		
裂木虱科 Carsidaridae	11	52	4	10	3			7		
裂个木虱科 Carsitriidae	1	1	1	1				1		
翅木虱科 Leptynopteridae	1	13	1	1	1					
新个木虱科 Neotriozidae	2	41	2	5	2			3		
个木虱科 Triozidae	73	1 127	31	291	2		13	268	8	
绵蚧科 Monophlebidae	47	210	9	22	11	1	2	7	1	
珠蚧科 Maegarorodidae	11	100	5	21			4	16	1	
旌蚧科 Ortheziidae	20	199	5	11	1	1	1	6	2	
粉蚧科 Pseudococcidae	220	1 400	87	311	25	8	77	175	10	16
绒蚧科 Eriococcidae	68	540	14	69	5		20	32	8	4
红蚧科 Kermidae	10	90	3	18			2	13	3	
链蚧科 Asterolecaniisae	32	200	10	115	19	2	5	80	9	
壶蚧科 Cerococcidae			2	12	3		1	7		1
战蚧科 Phoenicococcidae	2	20	2	3				3		
胶蚧科 Kerriidae	10	82	5	9	6			3		

（续表）

科　名	世界属种		中国属种		东洋种类	广布种类	古北种类	东亚种类		成分不明种类
	属	种	属	种				中国特有种	中日种类	
仁蚧科 Aclerdidae	5	57	2	8	1	1		5	1	
盘蚧科 Lecaniodiaspididae	12	81	5	17	2			15		
蜡蚧科 Coccidae	126	850	43	132	28	10	31	47	11	5
壳蚧科 Conchaspidae			1	1				1		
绛蚧科 Beesoniidae	3	9	1	1				1		
盾蚧科 Diaspididae	448	2 400	110	570	57	37	44	390	38	4
奇蝽科 Enicocephalidae	55	405	4	7	3			3	1	
栉蝽科 Ceratocombidae	10	50	1	5				5		
鞭蝽科 Dipsocoridae	2		2	3			1	1	1	
毛角蝽科 Schizopteridae	35	120	5	5				5		
水蝽科 Mesoveliidae	12	46	1	5	1	1	1		1	1
膜蝽科 Hebridae	7	150	3	10	1			7	2	
尺蝽科 Hydrometridae	7	126	1	10	3			3	4	
宽蝽科 Veliidae	61	962	9	15	3		3	7	2	
黾蝽科 Gerridae	67	751	17	62	15	2	5	34	6	
负蝽科 Belostomatidae	9	160	4	8	3	1	2		2	
蝎蝽科 Nepidae	15	268	5	19	8	1	4	4	2	
蟾蝽科 Gelastocoridae	3	103	2	4	3			1		
蜍蝽科 Ochteridae	3	68	1	1		1				
划蝽科 Cirixidae	35	607	12	67	12	2	22	27	4	
潜蝽科 Naucoridae	40	390	2	3	1		1		1	
盖蝽科 Aphelocheiridae	1	55	1	10	1			9		
仰蝽科 Notonectidae	11	400	4	25	10	1	6	6	2	
固蝽科 Pleidae	3	38	1	3	1	1			1	
蚤蝽科 Helotrephidae	16	40	2	4	1			3		
跳蝽科 Saldidae	29	335	13	46	4		26	13	1	2
细蝽科 Leptopodidae	10	37	3	3				3		
猎蝽科 Reduviidae	981	6 878	115	400	147	3	16	216	10	8
瘤蝽科 Phymatidae			8	48	8		1	39		
捷蝽科 Velocipedidae	1	10	1	5	1			4		
盲蝽科 Miridae	1 300	11 091	214	869	70	1	163	522	72	41
树蝽科 Isometopidae			5	14				14		

（续表）

科 名	世界属种		中国属种		东洋种类	广布种类	古北种类	东亚种类		成分不明种类
	属	种	属	种				中国特有种	中日种类	
网蝽科 Tingidae	260	2 124	58	208	53	1	49	82	18	5
姬蝽科 Nabidae	31	386	17	95	15	1	31	42	5	1
毛唇花蝽科 Lasiochilidae	8	60	1	1					1	
细角花蝽科 Lyctocoridae	1	27	1	4			1	2	1	
花蝽科 Anthocoridae	71	455	19	98	12	2	32	43	9	
臭虫科 Cimicidae	24	110	1	2	1	1				
寄蝽科 Polyctenidae	5	30	2	2	1			1		
扁蝽科 Aradidae	233	1 931	19	120	20	1	16	79	3	1
跷蝽科 Berytidae	36	172	11	26	3		4	17	2	
束蝽科 Colobathristidae	23	83	2	7	2			5		
长蝽科 Lygaeidae	500	4 000	132	409	130	6	85	141	32	15
束长蝽科 Malcidae	3	34	1	20	10			10		
皮蝽科 Pismidae	4	37	1	16			8	8		
红蝽科 Pyrrhocoridae	33	340	16	42	20	1	6	15		
大红蝽科 Largidae	13	106	3	10	8			2		
蛛缘蝽科 Alydidae	45	254	14	38	12		7	18	1	
缘蝽科 Coreidae	267	1 884	66	226	65		12	138	10	1
姬缘蝽科 Rhopalidae	18	209	11	38	1		21	14	1	1
狭蝽科 Stenocephalidae	2	30	1	5	1		1	3		
异蝽科 Urostylidae	11	170	6	135	14	1	5	110	5	
同蝽科 Acanthosomatidae	45	180	10	118	22		19	69	7	1
土蝽科 Cydnidae	110	600	17	51	13	3	13	21	1	
龟蝽科 Plataspidae	59	560	12	107	34		3	67	3	
盾蝽科 Scutelleridae	81	450	18	76	41		18	14	3	
兜蝽科 Dinidoridae	16	65	4	19	15			3	1	
荔蝽科 Tessaratomidae	55	240	14	41	25			16		
蝽科 Pentatomidae	900	4 700	178	525	184	9	97	211	22	2
黑蝽科 Corimelaenidae			1	1	1					
蟊蝽科 Termitaphididae			1	3				3		
合计	12 940	99 457	2 803	11 973	2 043	199	1 393	7 306	877	155
全目	14 000	110 000	2 803	11 973	2 043	199	1 393	7 306	877	155

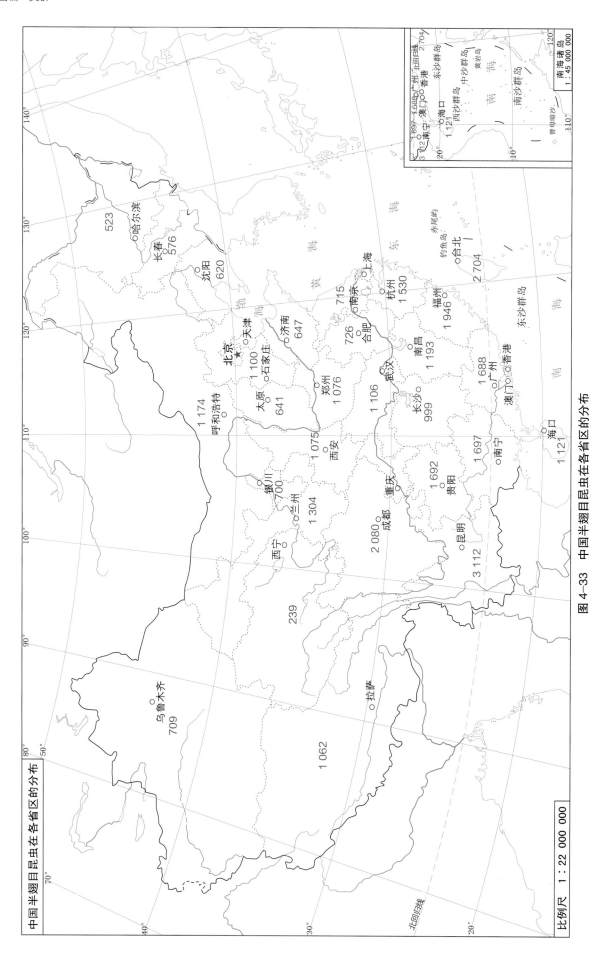

中国半翅目昆虫在各省区的分布

图 4-33 中国半翅目昆虫在各省区的分布

比例尺 1：22 000 000

南海诸岛
1：45 000 000

第二节　分布地理
Segment 2　Geographical distribution

半翅目是昆虫纲中较大类群，自然也是全球广泛分布。

半翅目昆虫在全国同样是广泛分布，各省区都积累了大量分布记录。记录最少的省区青海也有 239 种，其次黑龙江、吉林都在 500 种以上，种类最多的云南、台湾、四川都在 2 000 种以上（图 4-33）。

半翅目各科之间昆虫分布范围差异很大，有 27 科分布于所有省区，39 个科分布较为广泛，分别分布于 20~27 个省区，有 22 个科分布范围中等程度大小，分别分布于 10~19 个省区，有 21 个科分布较为狭窄，局限于 5~9 个省区，18 个科最为狭窄，仅局限于 1~4 个省区。

表 4-43　中国半翅目昆虫在各基础地理单元中的分布

地理单元	种类	地理单元	种类	地理单元	种类
01 阿尔泰山	30	23 陕中陇东	458	45 江汉平原	301
02 准噶尔盆地	245	24 陇中地区	463	46 洞庭湖平原	198
03 伊犁谷地	85	25 六盘山区	339	47 湘中丘陵	219
04 天山山区	158	26 祁连山区	179	48 武陵山区	1 376
05 塔里木盆地	87	27 青海湖地区	194	49 雷公山区	665
06 吐鲁番盆地	64	28 青藏高原	170	50 云贵高原	1 325
07 大兴安岭	352	29 淮河平原	488	51 四川盆地	371
08 呼伦贝尔高原	252	30 苏北平原	86	52 阿坝地区	465
09 锡林郭勒高原	313	31 大别山区	513	53 大凉山区	259
10 三江地区	74	32 桐柏山区	164	54 甘孜山区	829
11 东北平原	544	33 宛襄盆地	207	55 丽江山区	741
12 长白山区	363	34 伏牛山区	563	56 墨脱地区	762
13 坝上高原	411	35 秦岭山区	747	57 无量山区	806
14 晋察冀山区	346	36 大巴山区	651	58 西双版纳	1 148
15 五台山区	270	37 陇南山区	703	59 桂西山区	321
16 鄂尔多斯	624	38 沪宁杭平原	663	60 桂南山区	904
17 贺兰山区	258	39 浙江山区	1 148	61 粤桂山区	619
18 阿拉善高原	438	40 福建丘陵	1 358	62 南岭山区	862
19 华北平原	630	41 台湾地区	2 704	63 粤南沿海平原	333
20 山东半岛	335	42 鄱阳湖平原	566	64 海南	1 121
21 太行山区	359	43 赣南丘陵	342	合计（种·单元）	33 585
22 晋中南	349	44 井冈山区	687	全国	11 973

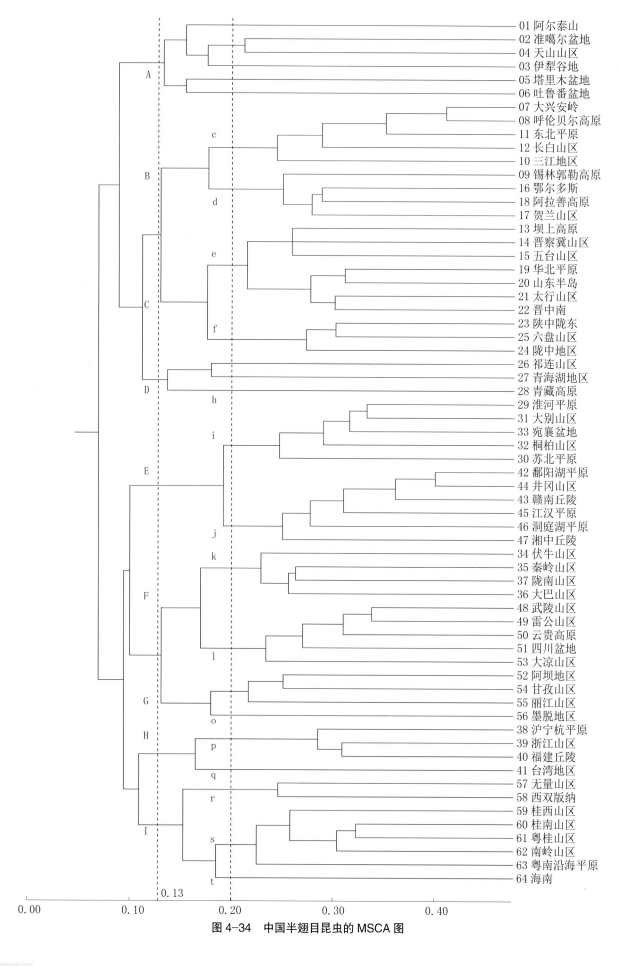

图 4-34　中国半翅目昆虫的 MSCA 图

11 973 种半翅目昆虫中,有 1 796 种没有省下分布记录,10 177 种在 64 个基础地理单元共有 33 585 种·单元的记录,平均每种 3.30 个单元(表 4-43)。

对 64 个地理单元进行 MSCA 分析,得到聚类图(图 4-34)。总相似性系数为 0.067,在 0.130 的相似性水平上,聚为 A~I 9 个单元群,和其他大目及昆虫总体分析结果相同。在 0.200 的相似性水平上,可以分出与其他分析相同的 15 个小单元群,其余小单元群在水平线前后分别聚类。

各单元群种类的区系成分如表 4-44。西北单元群和东北单元群的古北种类都居优势地位,其余单元群都是东亚种类所占比例最高。

表 4-44 半翅目昆虫各单元群的区系结构

单元群	地理单元组成	总种类	东洋种类	广布种类	古北成分	东亚种类	成分不明种类
A、西北单元群	01~06	449	7	30	260	151	1
B、东北单元群	07~12,16~18	1 476	69	98	677	542	90
C、华北单元群	13~15,19~25	1 750	167	111	581	866	25
D、青藏单元群	26~28	445	30	27	178	209	1
E、江淮单元群	29~33,42~47	1 462	457	109	224	670	2
F、华中单元群	34~37,48~51,53	3 382	721	130	452	2 065	14
G、西南单元群	52,54~56	1 811	412	75	186	1 133	5
H、华东单元群	38~41	4 197	985	166	296	2 739	11
I、华南单元群	57~64	3 293	1 184	119	139	1 844	7

第二十三章　广翅目

Chapter 23　Order Megaloptera

广翅目是一个小目,该目昆虫俗称"齿蛉""泥蛉""鱼蛉",是完全变态昆虫最原始类群。成虫体形粗长,翅较宽大。成虫陆生,幼虫水生,均为捕食性。可作为一些害虫的天敌。幼虫对水质变化敏感,可用作生物监测。幼虫还可用作鱼类的食料,有的种类幼虫有药用价值。

第一节　区系组成及特点
Segment 1　Fauna and character

广翅目昆虫全世界共 2 科 33 属 325 种,中国目前已记载 2 科 13 属 106 种(杨定等,2010),占世界种类的 32.6%。

在 106 种广翅目昆虫中,无广布种类;东亚种类 78 种,占全国种类的 73.6%,居绝对优势地位;东洋种类 25 种,占 23.6%;古北种类很少(表 4-45)。

表 4-45　中国广翅目昆虫的种类及区系成分

科　名	世界属种		中国属种		东洋种类	广布种类	古北种类	东亚种类		成分不明种类
	属	种	属	种				中国特有种	中日种类	
齿蛉科 Corydalidae	26	253	10	96	24		1	61	10	
泥蛉科 Sialidae	7	72	3	10	1		2	5	2	
合计	33	325	13	106	25	0	3	66	12	
全目	33	325	13	106	25	0	3	66	12	

第二节　分布地理
Segment 2　Geographical distribution

广翅目昆虫广泛分布于世界各大动物地理区，齿蛉科相对喜温暖湿润的环境，多分布于热带 4 界，少数可以分布于古北界和新北界；泥蛉科昆虫喜冷凉环境，多分布于北方 2 界。

表 4-46　中国广翅目昆虫在各基础地理单元中的分布

地理单元	种类	地理单元	种类	地理单元	种类
01 阿尔泰山	0	23 陕中陇东	4	45 江汉平原	1
02 准噶尔盆地	0	24 陇中地区	0	46 洞庭湖平原	4
03 伊犁谷地	0	25 六盘山区	0	47 湘中丘陵	5
04 天山山区	0	26 祁连山区	1	48 武陵山区	25
05 塔里木盆地	0	27 青海湖地区	1	49 雷公山区	14
06 吐鲁番盆地	0	28 青藏高原	0	50 云贵高原	16
07 大兴安岭	1	29 淮河平原	1	51 四川盆地	8
08 呼伦贝尔高原	1	30 苏北平原	0	52 阿坝地区	8
09 锡林郭勒高原	0	31 大别山区	8	53 大凉山区	9
10 三江地区	2	32 桐柏山区	0	54 甘孜山区	13
11 东北平原	1	33 宛襄盆地	1	55 丽江山区	6
12 长白山区	2	34 伏牛山区	7	56 墨脱地区	3
13 坝上高原	3	35 秦岭山区	10	57 无量山区	21
14 晋察冀山区	2	36 大巴山区	12	58 西双版纳	17
15 五台山区	3	37 陇南山区	8	59 桂西山区	9
16 鄂尔多斯	0	38 沪宁杭平原	6	60 桂南山区	26
17 贺兰山区	0	39 浙江山区	18	61 粤桂山区	31
18 阿拉善高原	0	40 福建丘陵	20	62 南岭山区	28
19 华北平原	4	41 台湾地区	7	63 粤南沿海平原	7
20 山东半岛	5	42 鄱阳湖平原	8	64 海南	7
21 太行山区	5	43 赣南丘陵	8	合计（种·单元）	420
22 晋中南	3	44 井冈山区	10	全国	106

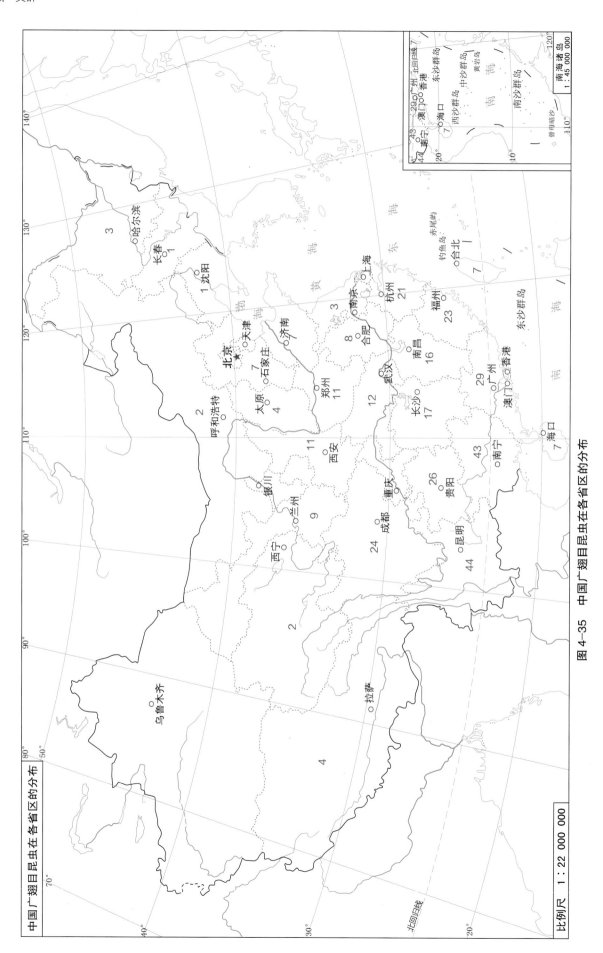

图 4-35 中国广翅目昆虫在各省区的分布

比例尺 1:22 000 000

广翅目昆虫在中国属于亚广泛分布，新疆和宁夏没有分布记录外，吉林、辽宁、内蒙古、青海等记录种类也比较贫乏，种类丰富的省区有云南、广西、广东、贵州、四川等（图4-35）。

广翅目昆虫在中国64个地理单元中的49个有分布记录（表4-46），共420种·单元，平均每种4.00个单元，分布域比较广泛。对3种以上的38个单元进行分析，总相似性系数为0.096（图4-36），在0.200的相似性水平上，有下列几个明显的单元群：

a. 华北单元群：涉及8个单元，共11种，其中东亚种类7种，东洋种类3种，古北种类1种。

b. 华中单元群：涉及9个单元，共44种，其中东亚种类32种，东洋种类11种，古北种类1种。

c. 西南单元群：涉及4个单元，共23种，其中东亚种类17种，东洋种类5种，古北种类1种。

d. 中东部单元群：涉及9个单元，共33种，其中东亚种类25种，东洋种类7种，古北种类1种。

e. 华南单元群：涉及8个单元，共73种，其中东亚种类49种，东洋种类23种，古北种类1种。

其中a、b、c、e单元群和其他分析结果的C、F、G、I群相同。

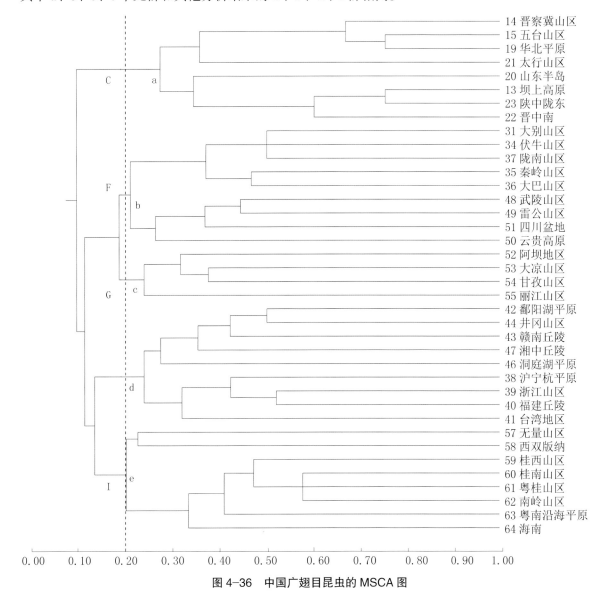

图4-36 中国广翅目昆虫的MSCA图

第二十四章　蛇蛉目

Chapter 24　Order Raphidioptera

蛇蛉目也是一个小目。该目昆虫因其头部能高高抬起，像一个伺机出击的蛇头而得名。成虫前口式、咀嚼式口器。头扁平，基部收缩似颈，能自由活动。触角丝状。前胸普遍延长。前后翅近于相似，翅痣明显。雌虫产卵器长。

成、幼虫均为陆生、树栖种类，肉食性。主要分布于北纬 20° 以北的地方。

第一节　区系组成及特点
Segment 1　Fauna and character

现生蛇蛉目昆虫全世界共 2 科 33 属 225 种，中国已记载 2 科 6 属 16 种，本研究记录 14 种。

在 14 种蛇蛉目昆虫中，没有东洋种类和广布种类，古北种类 2 种，其余 12 种全为东亚种类，居绝对优势地位（表 4-47）。

表 4-47　中国蛇蛉目昆虫的种类及区系成分

科　名	世界属种		中国属种		东洋种类	广布种类	古北种类	东亚种类		成分不明种类
	属	种	属	种				中国特有种	中日种类	
蛇蛉科 Raphidiidae	27	199	4	7			1	6		
盲蛇蛉科 Inocelliidae	6	26	2	7			1	5	1	
合计	33	225	6	14	0	0	2	11	1	0
全目	33	225	6	14	0	0	2	11	1	0

第二节　分布地理
Segment 2　Geographical distribution

世界的蛇蛉目昆虫主要分布于古北界和新北界。

中国目前 15 省区有蛇蛉目昆虫的分布记录（图 4-37），主要在华东和秦淮诸省区。

在各基础地理单元的分布中，有省下分布记录的 13 种蛇蛉目昆虫仅在 12 个地理单元有分布（表 4-48），它们是台湾地区、福建丘陵、浙江山区、伏牛山区、秦岭山区、大巴山区、太行山区、陕中陇东、贺兰山区、长白山区、大兴安岭、呼伦贝尔高原。在 12 个地理单元中共有 19 种·单元，平均每种分布域为 1.46 个地理单元。各单元之间没有明显的联系，区系调查有必要进一步深入。

表 4-48　中国蛇蛉目昆虫在各基础地理单元中的分布

地理单元	种类	地理单元	种类	地理单元	种类
01 阿尔泰山	0	23 陕中陇东	1	45 江汉平原	0
02 准噶尔盆地	0	24 陇中地区	0	46 洞庭湖平原	0
03 伊犁谷地	0	25 六盘山区	0	47 湘中丘陵	0
04 天山山区	0	26 祁连山区	0	48 武陵山区	0
05 塔里木盆地	0	27 青海湖地区	0	49 雷公山区	0
06 吐鲁番盆地	0	28 青藏高原	0	50 云贵高原	0
07 大兴安岭	1	29 淮河平原	0	51 四川盆地	0
08 呼伦贝尔高原	1	30 苏北平原	0	52 阿坝地区	0
09 锡林郭勒高原	0	31 大别山区	0	53 大凉山区	0
10 三江地区	0	32 桐柏山区	0	54 甘孜山区	0

（续表）

地理单元	种类	地理单元	种类	地理单元	种类
11 东北平原	0	33 宛襄盆地	0	55 丽江山区	0
12 长白山区	1	34 伏牛山区	2	56 墨脱地区	0
13 坝上高原	0	35 秦岭山区	1	57 无量山区	0
14 晋察冀山区	0	36 大巴山区	2	58 西双版纳	0
15 五台山区	0	37 陇南山区	0	59 桂西山区	0
16 鄂尔多斯	0	38 沪宁杭平原	0	60 桂南山区	0
17 贺兰山区	2	39 浙江山区	2	61 粤桂山区	0
18 阿拉善高原	0	40 福建丘陵	3	62 南岭山区	0
19 华北平原	0	41 台湾地区	2	63 粤南沿海平原	0
20 山东半岛	0	42 鄱阳湖平原	0	64 海南	0
21 太行山区	1	43 赣南丘陵	0	合计（种·单元）	19
22 晋中南	0	44 井冈山区	0	全国	14

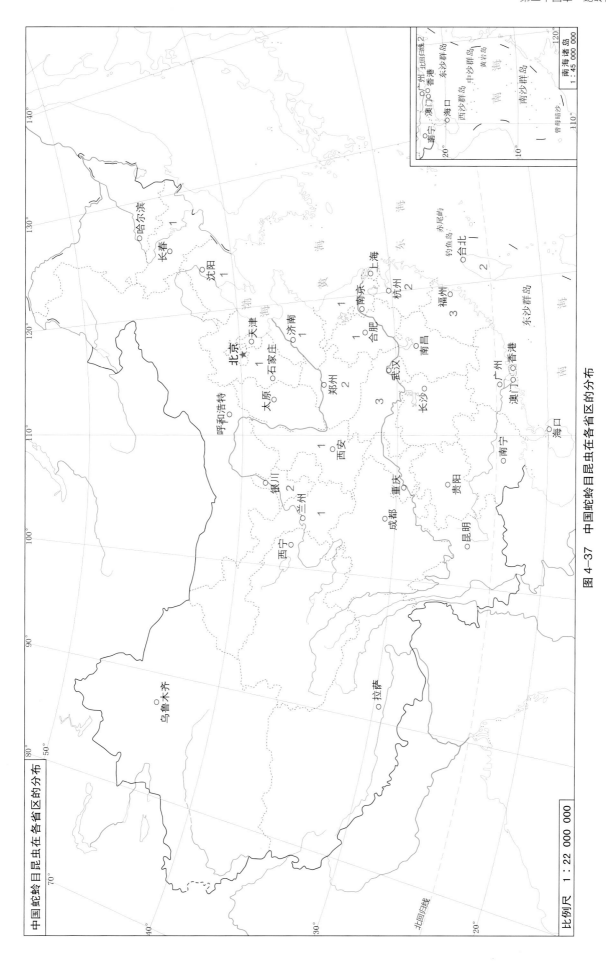

图 4-37　中国蛇蛉目昆虫在各省区的分布

第二十五章 脉翅目

Chapter 25 Order Neuroptera

脉翅目昆虫统称"蛉",英文名为lacewings。完全变态。口器咀嚼式。触角多为丝状或念珠状。2对翅膜质,纵脉多分支,横脉很多,使翅脉呈网状。

成虫、幼虫均为捕食性,是农林业重要的害虫天敌。

第一节 区系组成及特点
Segment 1 Fauna and character

全世界共有脉翅目昆虫种类18科670属5 600种,中国已记载14科148属768种,占世界种类的13.7%。

在768种脉翅目昆虫中,除13种区系成分不明种类外,东亚种类662种,占全国种类的86.3%;古北种类56种,东洋种类35种,广布种类2种(表4-49)。

表 4-49 中国脉翅目昆虫的种类及区系成分

科　名	世界属种		中国属种		东洋种类	广布种类	古北种类	东亚种类		成分不明种类
	属	种	属	种				中国特有种	中日种类	
粉蛉科 Coniopterygidae	24	560	11	62	1		5	52	4	
山蛉科 Rapismatidae	1	19	1	4				4		
溪蛉科 Osmylidae	31	203	12	59	1		1	55	1	1
栉角蛉科 Dilaridae	4	71	1	19				18	1	
泽蛉科 Neurorthidae	3	12	1	4				4		
鳞蛉科 Berothidae	28	122	4	8				7	1	
螳蛉科 Mantispidae	44	418	8	35	3		1	26	4	1
水蛉科 Sisyridae	4	65	3	7				7		
褐蛉科 Hemerobiidae	80	600	26	162	6		18	128	10	
草蛉科 Chrysopidae	80	1 300	27	249	8	1	16	218	5	1
蝶蛉科 Psychopsidae	8	30	4	8	1			7		
蚁蛉科 Myrmeleontidae	194	1 684	39	120	9		12	81	8	10
蝶角蛉科 Ascalaphidae	95	300	10	30	6	1	3	19	1	
旌蛉科 Nemopteridae	39	146	1	1				1		
合计	635	5 530	148	768	35	2	56	627	35	13
全目	670	5 600	148	768	35	2	56	627	35	13

第二节　分布地理
Segment 2　Geographical distribution

　　脉翅目昆虫广泛分布于世界各地，各科的分布范围不同，山蛉科仅分布于东南亚一带，蝶蛉科多分布于热带地区，旌蛉科多发生在地中海及热带地区，亮翅蛉科 Stilbopterygidae 分布于澳大利亚和南美洲，细蛉科 Nymphidae 仅局限于澳大利亚和新几内亚岛。

　　脉翅目昆虫在中国分布广泛，各省区之间的种类数量差异比其他类群较小（图4-38），这可能与作为害虫天敌，各地进行较深入的调查有关。记录种类较多的省区有福建、云南、西藏、四川、台湾等，记录较少的有黑龙江、辽宁、青海等。各科昆虫的分布范围和种类的数量有明显的关系，草蛉科、褐蛉科、蚁蛉科、粉蛉科、蝶角蛉科是各省区广泛分布或亚广泛分布，而山蛉科、栉角蛉科、泽蛉科、鳞蛉科、水蛉科、蝶蛉科、旌蛉科是局限性分布，分别记录在1~8个省区，溪蛉科和螳蛉科分布范围中等。

　　在768种脉翅目昆虫中，有104种没有省下分布记录，664种在各基础地理单元的分布非常普遍（表4-50），只有伊犁谷地单元没有记录。63个地理单元上共有1 638种·单元，平均每种2.47单元。各单元

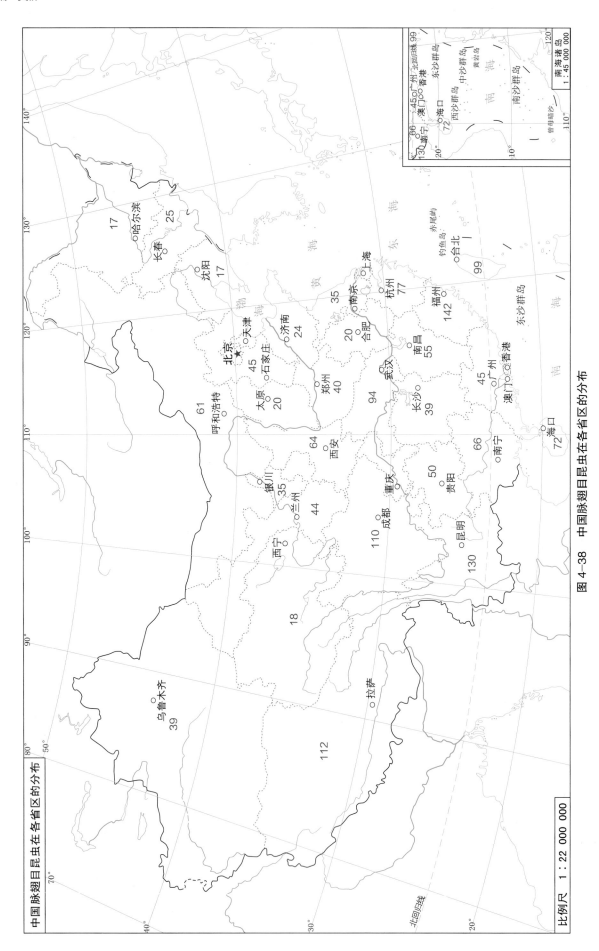

图4-38 中国脉翅目昆虫在各省区的分布

比例尺 1：22 000 000

之间的总相似性系数为 0.028（图 4-39），除青藏高原单元没有聚群外，可以明显聚为相似性密疏不一的 9 个单元群，和其他类群分析结果相同，只是相似性水平不能一致，北方的单元群相似性较高，南方的单元群相似性较低。各单元群的种类及区系成分见表 4-51。

表 4-50　中国脉翅目昆虫在各基础地理单元中的分布

地理单元	种类	地理单元	种类	地理单元	种类
01 阿尔泰山	1	23 陕中陇东	25	45 江汉平原	19
02 准噶尔盆地	5	24 陇中地区	11	46 洞庭湖平原	8
03 伊犁谷地	0	25 六盘山区	19	47 湘中丘陵	9
04 天山山区	6	26 祁连山区	2	48 武陵山区	61
05 塔里木盆地	7	27 青海湖地区	8	49 雷公山区	20
06 吐鲁番盆地	5	28 青藏高原	18	50 云贵高原	46
07 大兴安岭	17	29 淮河平原	14	51 四川盆地	23
08 呼伦贝尔高原	19	30 苏北平原	5	52 阿坝地区	22
09 锡林郭勒高原	29	31 大别山区	12	53 大凉山区	13
10 三江地区	8	32 桐柏山区	5	54 甘孜山区	43
11 东北平原	21	33 宛襄盆地	10	55 丽江山区	38
12 长白山区	23	34 伏牛山区	34	56 墨脱地区	84
13 坝上高原	17	35 秦岭山区	45	57 无量山区	50
14 晋察冀山区	28	36 大巴山区	77	58 西双版纳	26
15 五台山区	4	37 陇南山区	20	59 桂西山区	14
16 鄂尔多斯	40	38 沪宁杭平原	20	60 桂南山区	39
17 贺兰山区	16	39 浙江山区	69	61 粤桂山区	18
18 阿拉善高原	24	40 福建丘陵	128	62 南岭山区	20
19 华北平原	25	41 台湾地区	99	63 粤南沿海平原	17
20 山东半岛	17	42 鄱阳湖平原	23	64 海南	72
21 太行山区	6	43 赣南丘陵	9	合计（种·单元）	1 638
22 晋中南	1	44 井冈山区	25	全国	768

表 4-51　中国脉翅目昆虫各单元群的区系结构

单元群	地理单元组成	总种类	东洋种类	广布种类	古北种类	东亚种类	成分不明种类
a. 西北单元群	01, 02, 04~06	16			9	7	
b. 东北单元群	07~12, 16~18	69	2	2	27	29	9
c. 华北单元群	13~15, 19~25	63	1	2	22	34	4
d. 青海单元群	26, 27	8		1	5	2	
e. 江淮单元群	19~23, 42~47	56	7	2	11	35	1
f. 华中单元群	34~37, 48~53	188	9	2	21	155	1
g. 西南单元群	54~56	146	5		12	129	
h. 华东单元群	38~41	245	22	2	13	205	
i. 华南单元群	57~64	176	19	2	9	146	

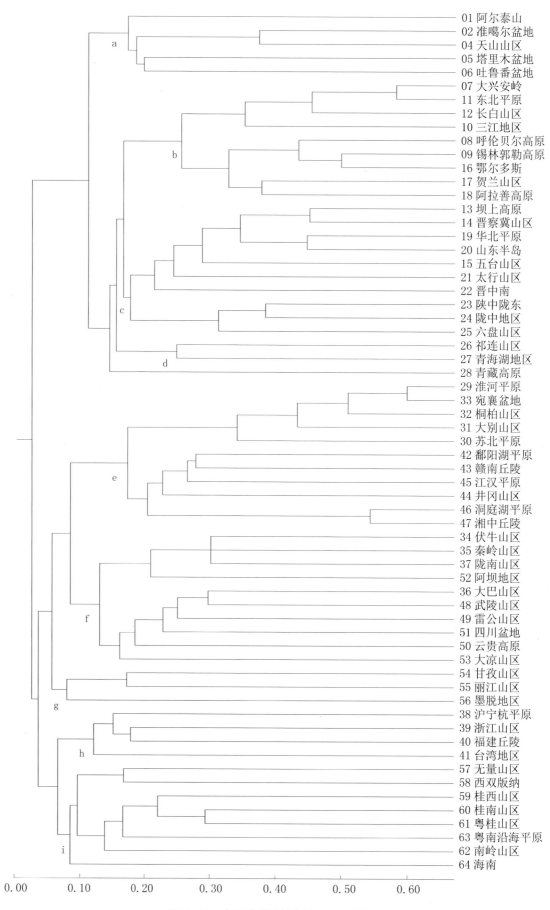

图 4-39　中国脉翅目昆虫的 MSCA 图

第二十六章 鞘翅目

Chapter 26 Order Coleoptera

鞘翅目昆虫统称"甲虫",是生物界中最大一目。成虫主要特征是体壁强烈角质化,前翅也演化为角质的鞘翅。

鞘翅目昆虫体壁坚硬,提高了对环境的抗逆能力,分布范围相当广泛,也带来了形态、习性上的强烈分异。因此,既有农林业生产上的重要害虫,又有帮助人们控制害虫的天敌类群。更多的是维护生态平衡、保护环境的种类。

第一节 区系组成及特点
Segment 1 Fauna and character

鞘翅目昆虫全世界共 180 科约 41 000 属 350 000 种,中国已记载 154 科 3 910 属 23 643 种,占世界种类的 6.6%,相对于其他各目,种类最多,所占本目世界种类比例甚低,距离占世界种类 10% 的一般估计甚远,因此区系调查的空间尚大。

在中国的鞘翅目昆虫中,东亚种类 15 869 种(表 4-52),占全国种类的 67.1%;东洋种类 4 232 种,占 17.9%;古北种类 2 882 种,占 12.2%;广布种类 220 种,占 0.9%;区系成分不明种类有 440 种。154 个科的中国种类中,东亚种类占优势的科有 131 个,东洋种类占优势的科有 13 个,古北种类占优势的科有 6 个,广布种类占优势的科有 2 个,区系成分相等的科有 2 个。

表 4-52　中国鞘翅目昆虫的种类及区系成分

科　名	世界属种		中国属种		东洋种类	广布种类	古北种类	东亚种类		成分不明种类
	属	种	属	种				中国特有种	中日种类	
水缨甲科 Hydroscaphidae	6	13	1	2				2		
虎甲科 Cicindelidae		2 000	22	155	75		29	43	8	
步甲科 Carabidae	2 140	26 000	288	2 217	256	15	220	1 484	216	26
行步甲科 Trechidae			15	53	1		3	47	2	
条脊甲科 Rhysodidae	9	120	4	4	1			2	1	
棒角甲科 Paussidae		300	4	18	4			13	1	
两栖甲科 Amphizoidae	1	5	1	1				1		
沼梭甲科 Haliplidae	6	200	2	25	4		8	9	4	
水甲科 Hydrobiidae		5	1	1				1		
豉甲科 Gyrinidae	27	900	7	53	17		7	21	4	4
小粒龙虱科 Noteridae	15	260	3	14	7		3	3	1	
龙虱科 Dytiscidae	198	4 000	48	277	80	11	74	72	26	14
长扁甲科 Cupedidae	61	130	2	5		1		4		
花甲科 Dascillidae	25	300	14	44	5			38	1	
沼甲科 Helodidae		600	5	17				15	2	
扁腹花甲科 Eucinetidae			1	1				1		
皮蠹科 Dermestidae	59	800	13	90	9	12	33	21	13	2
平唇水龟甲科 Hydraenidae	56	400	4	30				30		
小花甲科 Byturidae		15	1	5	1		2	2		
丸甲科 Byrrhidae	47	500	7	13	2			11		
缨甲科 Ptiliidae	90	430	2	3	2				1	
球蕈甲科 Leiodidae	365	2 000	11	23				14	2	7
苔甲科 Scydmaenidae	20	2 000	5	29				28	1	
埋葬甲科 Silphidae	27	175	20	104	3		41	42	15	3
铠甲科 Micropeplidae		43	1	4		1	2	1		
隐翅甲科 Staphylinidae	3 677	10 000	207	1 485	261	26	148	764	166	120
蚁甲科 Psalaphidae		5 000	42	66	20			40	6	
水龟甲科 Hydrophilidae	204	2 000	31	204	62	5	52	57	21	7
毛牙甲科 Spercheidae	1	4	1	1			1			
圆泥甲科 Georyssidae	1	25	1	1				1		
扁圆甲科 Sphaeritidae	2	3	1	1				1		
阎甲科 Histeridae	397	3 000	50	215	62	6	68	48	26	5
细阎甲科 Niponiidae			1	4	1		1	2		
球蕈甲科 Catopidae			8	34	3		7	19	5	
黄胸甲科 Thorictidae		100	1	4	1	1		2		
拳甲科 Clambidae			2	4	1			3		
拟球甲科 Orthoperidae			3	3	1	1		1		
盘甲科 Discolomidae			1	8				8		

（续表）

科　名	世界属种		中国属种		东洋种类	广布种类	古北种类	东亚种类		成分不明种类
	属	种	属	种				中国特有种	中日种类	
出尾蕈甲科 Scaphidiidae			9	66	5		3	49	9	
黑蜣科 Passalidae	67	600	6	16	9			7		
拟锹甲科 Sinodendridae			1	1			1			
锹甲科 Lucanidae	125	800	34	262	96	2	4	126	28	6
粪金龟科 Geotrupidae	51	600	10	68	9		18	39	2	
皮金龟科 Trogidae	12	398	3	26	5	2	7	10		2
红金龟科 Ochodaeidae	17	141	2	9	2		3	2	2	
驼金龟科 Hybosoridae	106	700	2	11	5			6		
蜉金龟科 Aphodiidae	347	1 500	16	219	40	2	62	96	16	3
金龟科 Scarabaeidae	1124	2 300	25	283	101	1	40	122	12	7
绒毛金龟科 Glaphyridae	20	262	3	18	2		1	15		
犀金龟科 Dynastidae	212	1 400	12	41	16		10	15		
臂金龟科 Euchiridae	3	16	2	8	4			4		
丽金龟科 Rutelidae	245	3 000	29	515	115		25	330	41	4
鳃金龟科 Melolonthidae	854	10 000	60	490	46		48	360	24	12
花金龟科 Cetoniidae	501	3 000	61	339	95	2	28	192	21	1
斑金龟科 Trichiidae		200	6	48	7		5	31	5	
胖金龟科 Valgidae			10	51	11			37	3	
沙金龟科 Aegialiidae	10	88	1	1				1		
绢金龟科 Sericidae			26	204	8		12	163	19	2
热萤科 Acanthocnemidae	4	7	1	1	1					
叩萤科 Plastoceridae			1	1						1
扁泥甲科 Psephenidae	34	248	7	11				11		
长泥甲科 Heteroceridae	16	150	1	7	1	1		5		
泽甲科 Limnichidae	38	368	1	1					1	
溪泥甲科 Elmidae	151	1 300	5	66	3		2	61		
泥甲科 Dryopidae	38	230	2	10	1			9		
吉丁甲科 Buprestidae	565	13 000	62	779	100	7	134	425	81	32
叩甲科 Elateridae	725	10 000	134	614	187	4	71	276	70	6
地叩甲科 Cebrionidae		200	1	2	1			1		
隐唇叩甲科 Eucnemidae	205	1 500	15	25	10			8	7	
粗叩甲科 Trixagidae		200	2	3	1			2		
羽角甲科 Phipiceridae		180	3	7	1			6		
扇角甲科 Callirhipidae			2	7	2			4	1	
萤科 Lamperidae	115	1 900	15	115	24		3	79	9	
红萤科 Lycidae	116	2 900	32	127	14		5	90	12	6
花萤科 Cantharidae	163	3 500	41	531	27		10	474	18	2
拟花萤科 Melyridae		5 000	10	27	1			26		

（续表）

科　名	世界属种		中国属种		东洋种类	广布种类	古北种类	东亚种类		成分不明种类
	属	种	属	种				中国特有种	中日种类	
细花萤科 Prionoceridae			3	23	7			15	1	
囊花萤科 Malachiidae			9	70	4		3	60	3	
光萤科 Phengodidae	35	264	1	8				8		
稚萤科 Drilidae	10	123	2	8				8		
隐跗郭公甲科 Corynetidae			2	4		3				1
方胸甲科 Elacatidae			2	4				4		
窃蠹科 Anobiidae	87	1 300	18	37		2	7	26	2	
蛛甲科 Ptinidae	170	660	5	18		3	6	5	1	3
长蠹科 Bostrichidae	97	450	12	28	12	2	1	10	3	
粉蠹科 Lyctidae		100	3	7	3	1	2		1	
筒蠹科 Lymexylidae	14	50	3	7			1	4	2	
复变甲科 Micromalthidae			1	1	1					
鳃须筒蠹科 Atractoceridae			1	4	1			2	1	
谷盗科 Trogossitidae	64	650	8	9	1	1	1	5	1	
郭公甲科 Cleridae	325	3 000	36	124	20	3	7	74	18	1
露尾甲科 Nitidulidae	266	3 000	35	123	29	5	18	54	17	
扁甲科 Cucujidae	16	700	5	7	1	1		1	4	
锯谷盗科 Silvanidae	60	400	13	31	10	8	6	4	3	
隐食甲科 Cryptophagidae	66	600	9	26		1	10	14		2
毛蕈甲科 Biphyllidae	7	200	1	5				4	1	
拟叩甲科 Languriidae	9	800	23	102	47		2	42	11	
大蕈甲科 Erotylidae	149	3 000	25	99	23		5	58	13	
姬花甲科 Phalacride	53	600	6	14	7		1		5	1
皮坚甲科 Cerylonidae	56	700	4	6	1			4	1	
瓢虫科 Coccinellidae	379	5 000	101	840	222	11	87	469	49	2
伪瓢虫科 Endomychidae	138	1 552	31	91	20			64	7	
薪甲科 Lathridiidae	49	600	9	36		7	17	8	4	
蜡斑甲科 Helotidae	6	130	2	26	2			21	3	
方头甲科 Cybacephalidae			1	16	2			13	1	
小扁甲科 Monotomidae	32	240	2	9		1	4	2	1	1
扁谷盗科 Laemophloeidae	39	454	2	11	5	3		2	1	
捕蠹虫科 Passandridae	9	109	5	6	1			3	1	1
小蕈甲科 Mycetophagidae	23	150	3	8	1	1	3	1	2	
坚甲科 Colydiidae			13	16	3	1		8	4	
邻坚甲科 Murmidiidae			1	3	2		1			
扁薪甲科 Merophysiidae			1	4		1		1	2	
拟步甲科 Tenebrionidae	2 162	25 000	292	1 448	187	18	258	887	92	6
树皮甲科 Pythidae	16	50	1	1					1	

（续表）

科　名	世界属种		中国属种		东洋种类	广布种类	古北种类	东亚种类		成分不明种类
	属	种	属	种				中国特有种	中日种类	
长颈甲科 Cephaloidae		20	1	1			1			
拟天牛科 Oedemeridae	114	1 500	19	66	1		5	51	9	
缩腿甲科 Monommatidae		200	1	4	1			3		
长朽木甲科 Melandryidae	78	640	13	17			1	14	2	
三栉牛科 Trictenotomidae	2	13	2	4	1			3		
大花蚤科 Rhipiphoridae	44	300	8	27	4	2	1	14	6	
花蚤科 Mordellidae	128	1 000	28	170	6	1	7	95	55	6
蚁形甲科 Anthicidae	116	2 000	7	56	5	1	6	35	8	1
赤翅甲科 Pyrochroidae	26	120	6	21	1		1	18	1	
芫菁科 Meloidae	126	2 300	23	197	19	1	72	88	12	5
细树皮甲科 Mycteridae	29	152	1	1				1		
斑蕈甲科 Tetratomidae	16	112	1	1				1		
细颈甲科 Pedilidae			6	12	1			10	1	
朽木甲科 Alleculidae			17	154	2		5	133	10	4
伪叶甲科 Lagriidae			26	178	17		4	142	15	
距甲科 Megalopodidae	31	230	6	56	9		7	37	2	1
木蕈甲科 Ciidae			4	17			1	9	7	
天牛科 Cerambycidae	6 157	25 000	540	2829	643	5	347	1 506	282	46
负泥虫科 Crioceridae		2 000	13	184	70	2	27	65	17	3
豆象科 Bruchidae			18	83	10	7	25	32	8	1
叶甲科 Chrysomelidae	2 477	20 000	267	2 063	370	12	209	1 329	112	31
肖叶甲科 Eumolpidae		9 000	78	946	142	5	118	604	66	11
铁甲科 Hispidae		7 000	59	485	174	2	44	252	13	
瘦天牛科 Disteniidae			7	28	7		1	20		
三锥象科 Brentidae	461	1 300	34	69	37			26	6	
长角象科 Anthribidae	449	3 000	53	120	30	1	1	53	34	1
卷象科 Attelabidae	357	5 000	30	317	33	2	26	222	33	1
象甲科 Curculionidae	6 523	50 000	384	1 559	124	6	240	967	190	32
梨象科 Apoinidae	55	661	7	49	4		4	39	2	
毛象科 Rhinomaceridae			1	1				1		
蚁象科 Cyladidae			1	1	1					
长小蠹科 Platypodidae			5	48	15			21	11	1
小蠹科 Scolytidae		6 000	59	352	63		98	132	53	6
其他 7 小科			10	19	1			12	6	
合计	34 824	311 446	3 910	23 643	4 232	220	2 882	13 748	2 121	440
全目	41 000	350 000	3 910	23 643	4 232	220	2 882	13 748	2 121	440

第二节 分布地理
Segment 2　Geographical distribution

鞘翅目昆虫由于体壁坚硬，抗逆能力强，取食范围广，生活环境复杂，习性分化强烈，因此也是分布范围最为广泛的生物类群。

在国内，鞘翅目同样是分布最广的类群之一，是各省区昆虫记录最多的主要类群（图4-40）。以台湾、云南、四川、福建等省区最为丰富，青海、宁夏、安徽也有500~800种。在154科中，有35科是各省区广泛分布，有25科是亚广泛分布。

鞘翅目昆虫在全国64个基础地理单元中的分布，虽然每个地理单元都有记录，但没有一个科能达到

表4-53　中国鞘翅目昆虫在各基础地理单元中的分布

地理单元	种类	地理单元	种类	地理单元	种类
01 阿尔泰山	103	23 陕中陇东	540	45 江汉平原	663
02 准噶尔盆地	731	24 陇中地区	395	46 洞庭湖平原	398
03 伊犁谷地	127	25 六盘山区	443	47 湘中丘陵	294
04 天山山区	233	26 祁连山区	190	48 武陵山区	1 868
05 塔里木盆地	306	27 青海湖地区	235	49 雷公山区	765
06 吐鲁番盆地	230	28 青藏高原	282	50 云贵高原	1 131
07 大兴安岭	550	29 淮河平原	739	51 四川盆地	843
08 呼伦贝尔高原	365	30 苏北平原	252	52 阿坝地区	395
09 锡林郭勒高原	389	31 大别山区	531	53 大凉山区	430
10 三江地区	166	32 桐柏山区	300	54 甘孜山区	890
11 东北平原	815	33 宛襄盆地	483	55 丽江山区	930
12 长白山区	750	34 伏牛山区	626	56 墨脱地区	803
13 坝上高原	387	35 秦岭山区	857	57 无量山区	806
14 晋察冀山区	431	36 大巴山区	1 130	58 西双版纳	1 055
15 五台山区	160	37 陇南山区	821	59 桂西山区	386
16 鄂尔多斯	519	38 沪宁杭平原	617	60 桂南山区	1 084
17 贺兰山区	395	39 浙江山区	1 285	61 粤桂山区	730
18 阿拉善高原	493	40 福建丘陵	2 467	62 南岭山区	973
19 华北平原	541	41 台湾地区	6 236	63 粤南沿海平原	255
20 山东半岛	387	42 鄱阳湖平原	708	64 海南	1 563
21 太行山区	397	43 赣南丘陵	369	合计（种·单元）	45 523
22 晋中南	409	44 井冈山区	871	全国	23 643

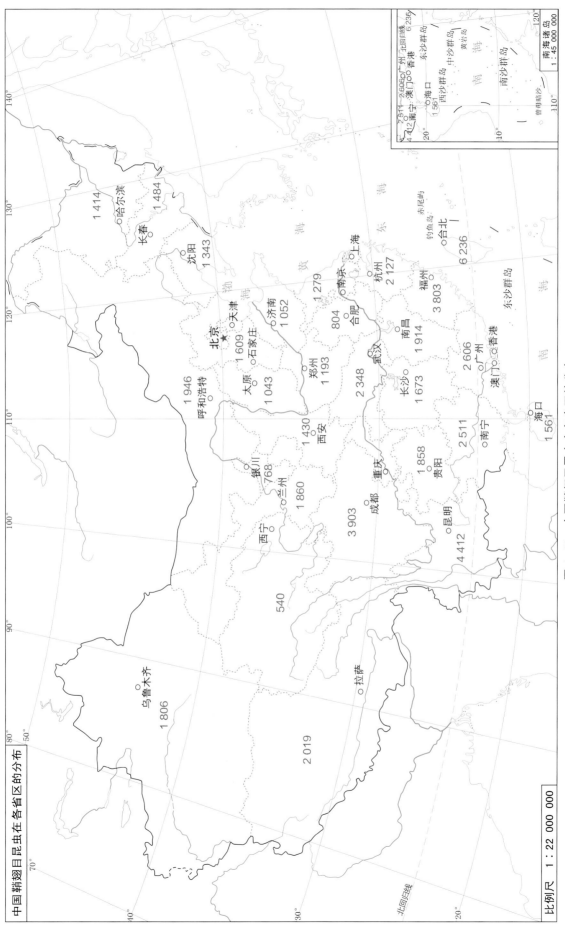

图 4-40　中国鞘翅目昆虫在各省区的分布

所有单元都有分布。以台湾单元最为丰富，其次有福建丘陵、武陵山区、海南、浙江山区、云贵高原、大巴山区等。

在 23 643 种鞘翅目昆虫中，有 8 197 种没有省区下分布信息，其余 15 446 种昆虫在 64 个单元中有 45 521 种·单元的记录，平均每种 2.95 个单元。

对 64 个地理单元进行 MSCA 分析，得到聚类图（图 4-41、表 4-53）。总相似性系数为 0.036，在 0.140 的相似性水平上聚为 10 个单元群，和前面的脉翅目及半翅目的 9 个单元群相比，台湾单元群由于特有种多和浙闽单元群较为疏远在水平线以下。各单元群的组成及区系成分见表 4-54。在相似性系数为 0.220 时，能区分出与其他分析相同的 18 个小单元群。

表 4-54　中国鞘翅目昆虫各单元群的区系结构

单元群	地理单元组成	总种类	东洋种类	广布种类	古北种类	东亚种类	成分不明种类
A、西北单元群	01~06	1 015	5	18	832	151	9
B、东北单元群	07~12，16~18	1 970	109	98	948	629	186
C、华北单元群	13~15，19~25	1 629	196	101	650	638	44
D、青藏单元群	26~28	558	18	26	235	275	4
E、江淮单元群	29~33，42~47	2 030	606	119	407	886	32
F、华中单元群	34~37，48~53	3 927	1 088	123	544	2 140	32
G、西南单元群	54~56	2 131	649	42	125	1 309	6
H、浙闽单元群	38~40	3 056	903	103	299	1 714	37
I、华南单元群	57~64	3 812	1 816	113	175	1 688	20
J、台湾单元	41	6 256	1 601	127	214	4 290	4

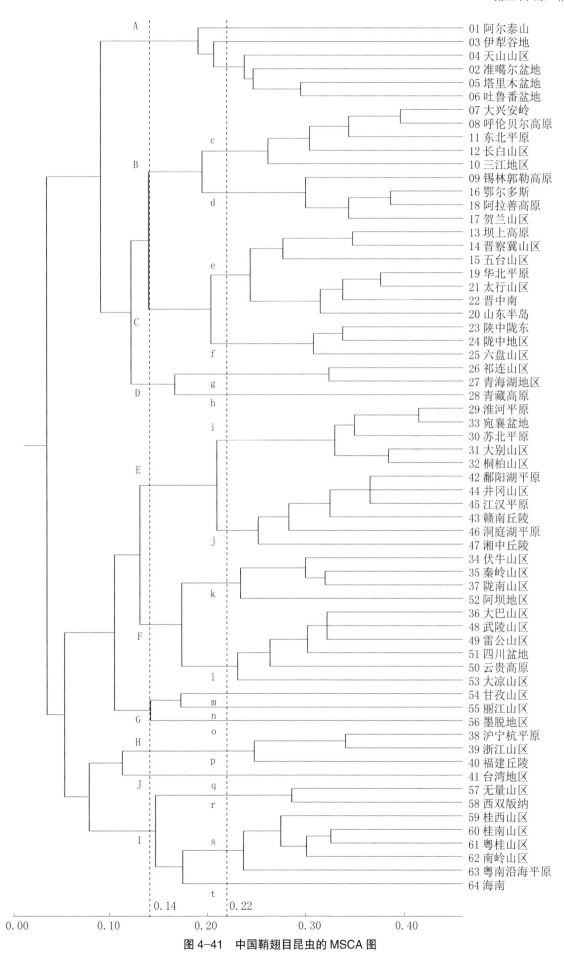

图 4-41　中国鞘翅目昆虫的 MSCA 图

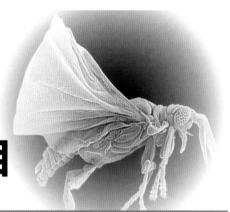

第二十七章 捻翅目

Chapter 27 Order Strepsiptera

捻翅目昆虫俗称"捻翅虫"，统称"蝙"。该目昆虫雌雄异型：雄虫自由生活，前翅退化如平衡棒，后翅宽大，能飞翔。雌虫一般无翅无足，终生生活在寄主体内，头胸部露出寄主体外，无触角无眼，口器退化不取食。在头、胸部相连处有一个育腔口，幼虫孵化后，从此处爬出，再寻找新的寄主。

捻翅目昆虫的寄主主要是蜂、蚁、叶蝉、飞虱等。

第一节 区系组成及特点
Segment 1　Fauna and character

捻翅目昆虫全世界共 10 科 42 属 478 种，中国记载 6 科 10 属 26 种，本研究记录 9 属 23 种。

在 23 种捻翅目昆虫中，没有广布种类和古北种类，东亚种类 20 种，占 87.0%，东洋种类 3 种（表 4-55）。

表 4-55　中国捻翅目昆虫的种类及区系成分

科　名	世界属种		中国属种		东洋种类	广布种类	古北种类	东亚种类		成分不明种类
	属	种	属	种				中国特有种	中日种类	
原蝙科 Mengenillidae	3	12	1	1					1	

（续表）

科　　名	世界属种		中国属种		东洋种类	广布种类	古北种类	东亚种类		成分不明种类
	属	种	属	种				中国特有种	中日种类	
蠕蝠科 Corioxenidae	11	40	1	1					1	
跗蝠科 Elenchidae	4	25	1	1					1	
Halictophagidae	7	122	2	12	3			9		
蜂蝠科 Stylopidae	6	159	1	1				1		
胡蜂蝠科 Xenidae	5	120	3	7				4	3	
合计	33	466	9	23	3	0	0	15	5	0
全目	42	478	9	23	3	0	0	15	5	0

第二节　分布地理
Segment 2　Geographical distribution

捻翅目昆虫种类虽然不多，但世界各动物地理界都有分布，而又主要分布于古北界和新北界。

中国目前捻翅目的记录很少，仅17省区有分布（图4-42），广东、广西5种居首，河北、四川、福建各有4种。

现有捻翅目昆虫中，6种没有省下分布，其余17种在各基础地理单元中，仅涉及26个地理单元43个种•单元（表4-56）。平均每种2.53个单元。由于种类很少，不再进行MSCA计算。

表4-56　中国捻翅目昆虫在各基础地理单元中的分布

地理单元	种类	地理单元	种类	地理单元	种类
01 阿尔泰山	0	23 陕中陇东	0	45 江汉平原	2
02 准噶尔盆地	0	24 陇中地区	0	46 洞庭湖平原	0
03 伊犁谷地	0	25 六盘山区	0	47 湘中丘陵	0
04 天山山区	0	26 祁连山区	0	48 武陵山区	0
05 塔里木盆地	0	27 青海湖地区	0	49 雷公山区	0
06 吐鲁番盆地	0	28 青藏高原	0	50 云贵高原	0
07 大兴安岭	0	29 淮河平原	2	51 四川盆地	0
08 呼伦贝尔高原	0	30 苏北平原	0	52 阿坝地区	0
09 锡林郭勒高原	0	31 大别山区	1	53 大凉山区	0
10 三江地区	0	32 桐柏山区	1	54 甘孜山区	1
11 东北平原	0	33 宛襄盆地	1	55 丽江山区	0
12 长白山区	0	34 伏牛山区	1	56 墨脱地区	1
13 坝上高原	0	35 秦岭山区	2	57 无量山区	1

（续表）

地理单元	种类	地理单元	种类	地理单元	种类
14 晋察冀山区	0	36 大巴山区	1	58 西双版纳	0
15 五台山区	0	37 陇南山区	0	59 桂西山区	1
16 鄂尔多斯	1	38 沪宁杭平原	1	60 桂南山区	3
17 贺兰山区	0	39 浙江山区	2	61 粤桂山区	0
18 阿拉善高原	0	40 福建丘陵	4	62 南岭山区	2
19 华北平原	3	41 台湾地区	2	63 粤南沿海平原	2
20 山东半岛	0	42 鄱阳湖平原	2	64 海南	3
21 太行山区	1	43 赣南丘陵	1	合计（种·单元）	43
22 晋中南	0	44 井冈山区	1	全国	23

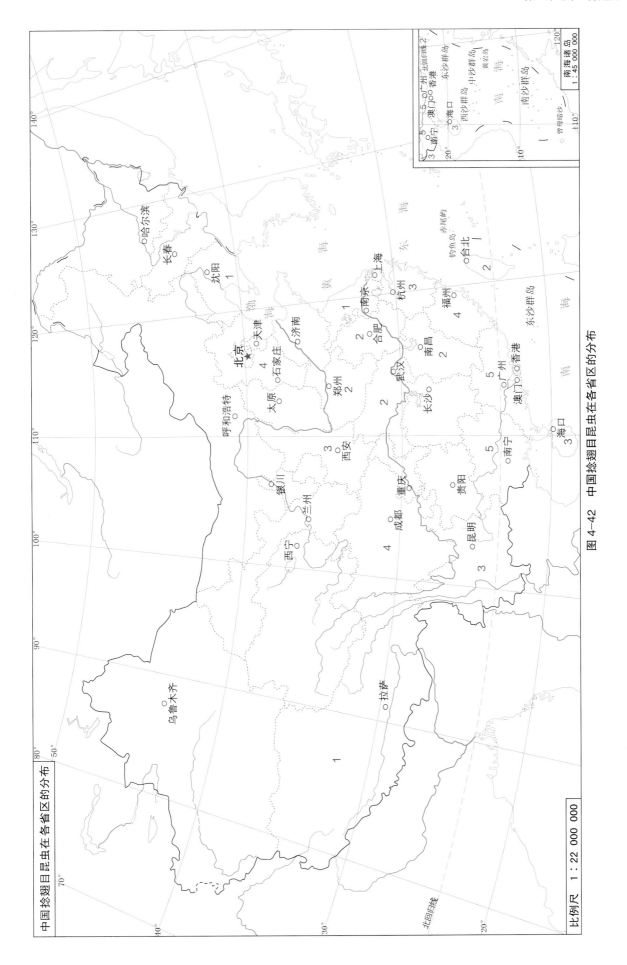

图 4-42　中国捻翅目昆虫在各省区的分布

第二十八章 长翅目

Chapter 28 Order Mecoptera

长翅目昆虫统称"蝎蛉"，喜生活在潮湿的森林、峡谷以及植被茂密的地区。成虫体中型，细长，头部向腹面延伸成特殊的长喙，口器咀嚼式；触角长丝状；2对翅膜质透明，十分相似，翅脉接近原始脉相。雄虫有显著的外生殖器，在腹末上翘似蝎尾。

长翅目昆虫具捕食性，能捕食各种昆虫，亦能取食苔藓类植物。对环境变化敏感，可作为环境质量的指示生物。

第一节 区系组成及特点
Segment 1 Fauna and character

长翅目昆虫全世界共记载9科37属668种，中国已记录3科5属231种，占世界种类的34.6%，本研究记录227种。

在227种长翅目昆虫中，没有广布种类，东亚种类223种，占98.2%（表4-57）；东洋种类2种，古北种类1种，区系成分不明种类1种。

表 4-57 中国长翅目昆虫的种类及区系成分

科 名	世界属种		中国属种		东洋种类	广布种类	古北种类	东亚成分		成分不明种类
	属	种	属	种				中国特有种	中日种类	
蝎蛉科 Panorpidae	4	418	3	194	2		1	189	1	1
蚊蝎蛉科 Bittacidae	19	201	1	31				29	2	
拟蝎蛉科 Panorpodidae	2	14	1	2				2		
合计	25	633	5	227	2	0	1	220	3	
全目	37	668	5	227	2	0	1	220	3	1

第二节 分布地理
Segment 2 Geographical distribution

长翅目昆虫全球广泛分布，在世界分布 9 个科中第一大科蝎蛉科和第三大科雪蝎蛉科 Boreidae 主要分布于北半球，第二大科蚊蝎蛉科主要分布于南半球。

长翅目昆虫在中国属于亚广泛分布（图 4-43），台湾、贵州、陕西、四川的种类较为丰富，而青海、山西没有分布记录，新疆、内蒙古、河北、山东、广西只有 1 种记录，相信除了自然分布的差异外，调查工作的差异也是目前分布不均衡的重要原因。

长翅目在中国分布的 3 个科昆虫，其分布范围大不相同，蝎蛉科代表着全目的分布范围，蚊蝎蛉科涉及 16 省区的分布，拟蝎蛉科仅记录于四川。

在 227 种长翅目昆虫中，有 47 种没有省下分布记录，180 种仅记录在 30 个地理单元内（表 4-58），共有 217 种•单元的记录，平均每种 1.21 个单元，是分布相当狭窄的类群。依照微弱的相似性，显示出下列单元群，而且群与群之间以及这些群外的单元之间基本没有联系：

a. 东北单元群：涉及 3 个单元，共 10 种，古北种类 1 种，东亚种类 9 种。

b. 秦巴单元群：涉及 4 个单元，共有 32 种，全部是东亚种类。

c. 赣湘单元群：涉及 4 个单元，共 7 种，全部是东亚种类。

d. 武陵山单元群：涉及 2 个单元，共 34 种，全部是东亚种类。

e. 浙闽单元群：涉及 2 个单元，共 30 种，全部是东亚种类。

f. 台湾单元：只有台湾地区单元，共 36 种，全部是东亚种类。

g. 南岭单元：只有南岭山区单元，共 16 种，全部是东亚种类。

表 4-58 长翅目昆虫种类在各基础地理单元的分布

地理单元	种类	地理单元	种类	地理单元	种类
01 阿尔泰山	0	23 陕中陇东	1	45 江汉平原	0

（续表）

地理单元	种类	地理单元	种类	地理单元	种类
02 准噶尔盆地	0	24 陇中地区	1	46 洞庭湖平原	1
03 伊犁谷地	0	25 六盘山区	5	47 湘中丘陵	3
04 天山山区	0	26 祁连山区	0	48 武陵山区	25
05 塔里木盆地	0	27 青海湖地区	0	49 雷公山区	12
06 吐鲁番盆地	0	28 青藏高原	0	50 云贵高原	4
07 大兴安岭	1	29 淮河平原	0	51 四川盆地	1
08 呼伦贝尔高原	0	30 苏北平原	0	52 阿坝地区	1
09 锡林郭勒高原	0	31 大别山区	1	53 大凉山区	0
10 三江地区	1	32 桐柏山区	0	54 甘孜山区	1
11 东北平原	2	33 宛襄盆地	0	55 丽江山区	3
12 长白山区	9	34 伏牛山区	8	56 墨脱地区	0
13 坝上高原	0	35 秦岭山区	26	57 无量山区	4
14 晋察冀山区	0	36 大巴山区	6	58 西双版纳	0
15 五台山区	0	37 陇南山区	0	59 桂西山区	0
16 鄂尔多斯	0	38 沪宁杭平原	0	60 桂南山区	0
17 贺兰山区	0	39 浙江山区	20	61 粤桂山区	1
18 阿拉善高原	0	40 福建丘陵	15	62 南岭山区	16
19 华北平原	0	41 台湾地区	36	63 粤南沿海平原	0
20 山东半岛	0	42 鄱阳湖平原	3	64 海南	5
21 太行山区	1	43 赣南丘陵	0	合计（种·单元）	217
22 晋中南	0	44 井冈山区	4	全国	227

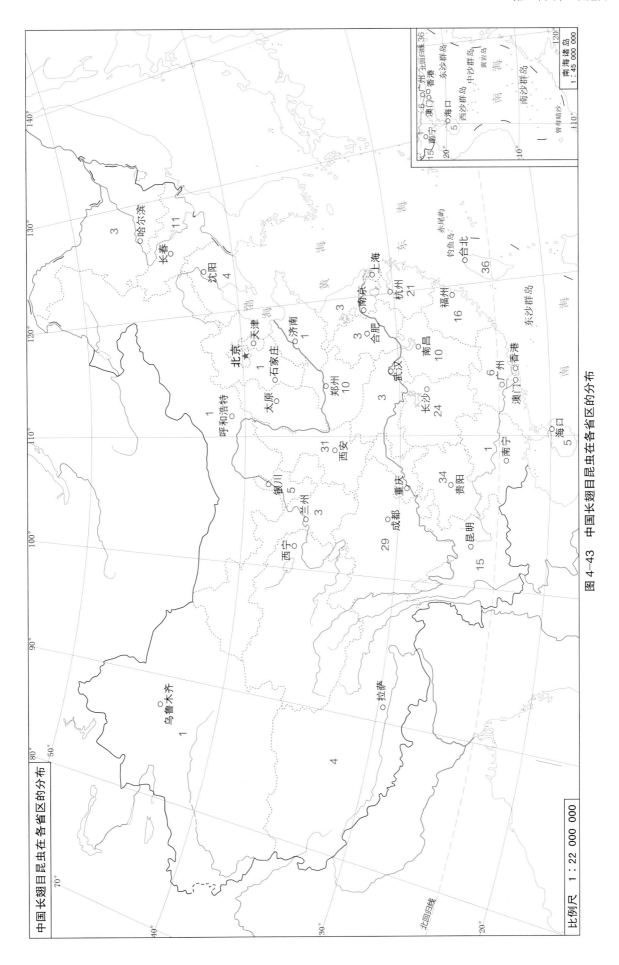

中国长翅目昆虫在各省区的分布

图 4-43　中国长翅目昆虫在各省区的分布

比例尺　1：22 000 000

第二十九章　双翅目

Chapter 29　Order Diptera

双翅目昆虫包括蚊类、蠓类、蚋类、虻类、蝇类等，也是昆虫纲中较大的目，分为长角、短角和环裂 3 个亚目。成虫只有 1 对膜质透明的前翅，后翅退化为平衡棒；口器刺吸式或舔吸式。

双翅目昆虫身体中型到微小。食性有植食性、捕食性、腐食性、血食性等，是卫生害虫集中的类群，也有不少的农林害虫和天敌昆虫。

第一节　区系组成及特点
Segment 1　Fauna and character

双翅目昆虫全世界有 170 科约 18 000 属 185 000 种，中国已记载 99 科 2 020 属 15 404 种，占世界种类的 11.00%。

在中国的双翅目昆虫中，东亚种类 10 450 种，占 67.8%（表 4-59）；古北种类 2 568 种，占 16.7%；东洋种类 1 789 种，占 11.6%；广布种类 228 种，占 1.5%；另有 369 种区系成分不明种类。

表 4-59　中国双翅目昆虫的种类及区系成分

科　名	世界属种		中国属种		东洋种类	广布种类	古北种类	东亚种类		成分不明种类
	属	种	属	种				中国特有种	中日种类	
毫大蚊科 Trichoceridae	18	110	2	12				11	1	
大蚊科 Tipulidae	366	17 000	92	1 132	17	1	41	1 023	44	6
网蚊科 Blephariceridae	53	350	4	7				7		
蛾蠓科 Psychodidae	154	3 000	14	73	7	2	2	60	2	
细蚊科 Dixidae	9	150	2	9				9		
蚊科 Culicidae	230	4 000	18	374	210	16	45	86	15	2
幽蚊科 Chaoboridae	27	100	1	1				1		
奇蚋科 Thaumaleidae	12	200	1	2				2		
摇蚊科 Chironomidae	577	10 000	115	477	21	14	120	268	40	14
蚋科 Simuliidae	84	1 600	8	295	30		67	168	13	17
蠓科 Ceratopogonidae	187	5 155	37	1 052	115	1	129	770	32	5
粗脉蚊科 Pachyneuridae	6	8	1	1			1			
极蚊科 Axymyiidae	4	6	1	1				1		
殊蠓科 Anisopodidae	16	155	3	5	1		1	3		
粪蚊科 Scatopsidae	38	332	2	4		1		3		
瘿蚊科 Cecidomyiidae	938	5 400	61	124	4	5	37	64	6	8
眼蕈蚊科 Sciaridae	132	2 270	21	244	1		5	237		1
张翅蕈蚊科 Diadocidiidae	10	44	1	1				1		
菌蚊科 Mycetophilidae	255	4 800	35	301	4	1	53	237	5	1
毛蚊科 Bibionidae	18	740	7	145	7	2	13	120	2	1
褶蚊科 Ptychopteridae	9	60	1	4				4		
拟网蚊科 Deuterophlebiidae	1	14	1	1				1		
扁角蚊科 Keroplatidae	91	1 232	2	13	1			6		6
虻科 Tabanidae	293	4 400	20	586	65	2	97	380	34	8
伪鹬虻科 Athericidae	13	100	2	2			1	1		
鹬虻科 Rhagionidae	65	1 538	8	88	3		3	76	6	
木虻科 Xylomyidae	11	136	4	17			1	14	2	
水虻科 Stratiomyidae	431	2 600	55	278	13	4	24	191	21	25
臭虻科 Coenomyiidae		30	5	7			2	5		
食木虻科 Xylophagidae	20	167	1	2			2			
穴虻科 Vermileonidae	14	60	2	8				8		
小头虻科 Acroceridae	65	500	9	22			5	14	2	1
网翅虻科 Nemestrinidae	37	400	5	13	1		1	11		
剑虻科 Therevidae	146	1 135	12	30			2	19	1	8
窗虻科 Scenopodidae	29	419	2	5			1	4		
蜂虻科 Bomybyliidae	365	5 000	27	164	10		19	116	8	11
拟食虫虻科 Mydidae	67	600	1	1					1	
食虫虻科 Asilidae	670	5 600	82	484	61	2	68	266	18	69

（续表）

科　名	世界属种		中国属种		东洋种类	广布种类	古北种类	东亚种类		成分不明种类
	属	种	属	种				中国特有种	中日种类	
舞虻科 Empididae	204	4 969	47	470	10		13	445	2	
长足虻科 Dolichopodidae	332	6 870	73	1 087	84	6	87	900	10	
尖翅蝇科 Lonchopteridae	7	44	3	21	3		2	16		
蚤蝇科 Phoridae	365	3 400	28	154	26	5	18	98	7	
扁足蝇科 Platypezidae	37	260	4	7	1			6		
头蝇科 Pipunculidae	37	2 000	11	94	18	2	6	67	1	
食蚜蝇科 Syrphidae	492	8 400	118	888	111	37	230	431	39	40
尖尾蝇科 Lonchaeidae	20	506	5	7	1			6		
缟蝇科 Lauxaniidae	203	1 875	16	131	17		6	92	10	6
斑腹蝇科 Chamaemyiidae	34	257	4	18		2	9	3		4
甲蝇科 Celyphidae	7	115	3	44	12			32		
禾蝇科 Opomyzidae	4	42	2	5				5		
果蝇科 Drosophilidae	115	3 957	41	617	207	9	49	246	79	27
细果蝇科 Diastatidae	8	57	2	2				2		
滨蝇科 Canaceidae		49	6	12	2			9	1	
水蝇科 Ephydridae	198	1 970	31	86	13	2	11	50	9	1
刺股蝇科 Megomerinidae	5	18	3	8	1			7		
茎蝇科 Psilidae	22	318	7	52	1		8	43		
圆目蝇科 Strongylophthalmyzidae	1	46	1	9	1			8		
粪蝇科 Scathophagidae	78	385	9	38	1	1	17	18		1
花蝇科 Anthomyiidae	94	2 400	50	664	11	5	187	403	41	17
厕蝇科 Fanniidae	18	270	5	115	1	7	32	68	5	2
蝇科 Myscidae	371	4 200	67	1 487	163	25	226	1 043	19	11
胃蝇科 Gasterophilidae		20	1	7		3	3	1		
狂蝇科 Oestridae	51	200	6	12		2	7	3		
皮蝇科 Hypodermatidae		38	5	19		1	9	9		
丽蝇科 Calliphoridae	199	1 800	53	302	69	7	45	166	14	1
麻蝇科 Sarcophagidae	613	5 500	98	440	47	6	205	151	27	4
短角寄蝇科 Rhinophoridae	51	175	2	2				2		
寄蝇科 Tachinidae	2 684	12 395	278	1 157	155	22	422	460	82	16
虱蝇科 Hippoboscidae	102	896	12	26	5	2	9	9		1
蛛蝇科 Nycteribiidae	3	109	6	11	3	1		5	2	
蝙蝠蝇科 Streblidae			2	2	1			1		
瘦足蝇科 Tylidae			8	14	2		1	11		
指角蝇科 Neriidae	26	116	3	3				2	1	
突眼蝇科 Diopsidae	18	150	8	18	3		1	14		
沼蝇科 Sciomyzidae	90	500	10	29	2		8	19		
鼓翅蝇科 Sepsidae	57	350	9	41	15	2	5	16	1	2

（续表）

科　名	世界属种		中国属种		东洋种类	广布种类	古北种类	东亚种类		成分不明种类
	属	种	属	种				中国特有种	中日种类	
日蝇科 Heleomyzidae	111	730	11	22			3	17		2
寡脉蝇科 Asteiidae	15	100	2	17			1	16		
小粪蝇科 Borboridae		1 575	16	32	2	3	8	15	3	1
腐木蝇科 Clusiidae	34	370	4	4				4		
潜蝇科 Agromyzidae	53	2 954	20	160	34	13	48	49	14	2
隐芒蝇科 Cryptechetidae	3	33	1	12				12		
秆蝇科 Chloropidae	291	2 000	68	225	32	1	26	128	14	24
眼蝇科 Conopidae	78	600	16	73	6	4	27	30	1	5
岸蝇科 Tethinidae			3	4	1			2	1	
叶蝇科 Milichiidae	36	240	5	12			1	11		
酪蝇科 Piophilidae	31	80	1	2			1	1		
蜣蝇科 Pyrgotidae	80	300	10	44	1		1	38	4	
实蝇科 Trypetidae		4 200	125	594	141	6	85	296	54	12
斑蝇科 Otitidae			10	34	2		12	20		
小金蝇科 Ulidiidae	144	700	2	15		1		7		7
扁口蝇科 Platystomatidae	190	1 147	16	62	12		1	42	7	
其他蝇类 7 小科			8	8	1			7		
合计	13 073	154 128	2 020	15 404	1 789	228	2 568	9 749	701	369
全目	18 000	185 000	2 020	15 404	1 789	228	2 568	9 749	701	369

第二节　分布地理
Segment 2　Geographical distribution

双翅目昆虫广泛分布于世界各地。

中国的双翅目昆虫分布也非常普遍，各省区都有较多记录（图 4-44），四川、台湾、云南都在 2 000 种以上，较少的安徽、山东、江西也在 400 种以上。

双翅目各科昆虫的大小差别和分布范围大小密切联系，大蚊科、蚊科、瘿蚊科、虻科、长足虻科、食蚜蝇科、花蝇科、厕蝇科、蝇科、丽蝇科、麻蝇科、寄蝇科等 18 科为各省区所共同记录，蛾蠓科、蚋科、眼蕈蚊科、菌蚊科、水虻科、舞虻科、茎蝇科、秆蝇科等 16 科为亚全国分布，仅缺个别省区，有 11 科为中等程度分布，其余 54 科分别局限在少数几省区分布。

在 15 404 种双翅目昆虫中，有 2 897 种没有省下分布记录（表 4-60），12 507 种在 64 个基础地理单元中共有 30 536 种·单元记录，平均每种 2.44 个单元。

对 64 个单元进行 MSCA 分析，得到聚类图（图 4-45）。总相似性系数为 0.028，在 0.100 的相似性水平上，聚为 8 个单元群，其中 7 个单元群和其他类群相同，只有西北和青藏单元群提前聚合在一起。在 0.150

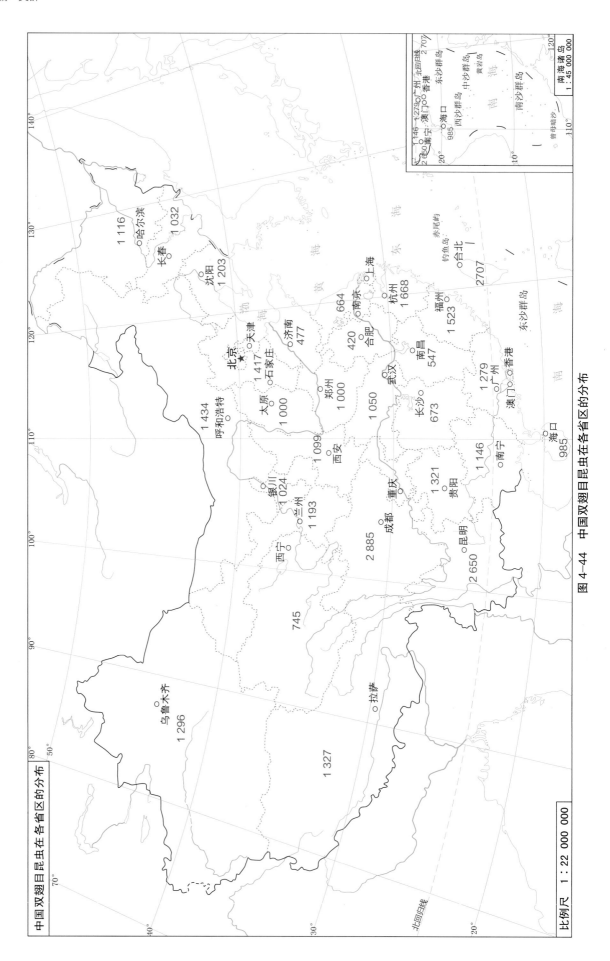

图 4-44　中国双翅目昆虫在各省区的分布

的相似性水平上，能够区分出 13 个小单元群。

表 4-60　中国双翅目昆虫在各基础地理单元中的分布

地理单元	种类	地理单元	种类	地理单元	种类
01 阿尔泰山	107	23 陕中陇东	326	45 江汉平原	443
02 准噶尔盆地	298	24 陇中地区	196	46 洞庭湖平原	71
03 伊犁谷地	144	25 六盘山区	789	47 湘中丘陵	65
04 天山山区	273	26 祁连山区	193	48 武陵山区	1 061
05 塔里木盆地	212	27 青海湖地区	223	49 雷公山区	430
06 吐鲁番盆地	84	28 青藏高原	596	50 云贵高原	500
07 大兴安岭	403	29 淮河平原	330	51 四川盆地	443
08 呼伦贝尔高原	238	30 苏北平原	37	52 阿坝地区	442
09 锡林郭勒高原	306	31 大别山区	302	53 大凉山区	243
10 三江地区	319	32 桐柏山区	203	54 甘孜山区	1 278
11 东北平原	657	33 宛襄盆地	199	55 丽江山区	705
12 长白山区	799	34 伏牛山区	607	56 墨脱地区	811
13 坝上高原	379	35 秦岭山区	741	57 无量山区	316
14 晋察冀山区	585	36 大巴山区	664	58 西双版纳	825
15 五台山区	481	37 陇南山区	467	59 桂西山区	222
16 鄂尔多斯	416	38 沪宁杭平原	258	60 桂南山区	589
17 贺兰山区	223	39 浙江山区	1 196	61 粤桂山区	334
18 阿拉善高原	453	40 福建丘陵	1 253	62 南岭山区	512
19 华北平原	750	41 台湾地区	2 707	63 粤南沿海平原	336
20 山东半岛	167	42 鄱阳湖平原	133	64 海南	985
21 太行山区	419	43 赣南丘陵	65	合计（种·单元）	30 536
22 晋中南	405	44 井冈山区	322	全国	15 404

表 4-61　中国双翅目昆虫各单元群的区系结构

单元群	地理单元组成	总种类	东洋种类	广布种类	古北种类	东亚种类	成分不明种类
A、青藏单元群	01~06，26~28	1 292	18	56	620	572	26
B、东北单元群	07~12，16~18	1 984	80	111	911	698	184
C、华北单元群	13~15，19~25	2 343	179	127	986	1 006	45
E、江淮单元群	29~33，42~47	968	224	102	199	406	37
F、华中单元群	34~37，48~51，53	3 292	448	131	554	2 130	29
G、西南单元群	52，54~56	2 295	342	85	351	1 510	7
H、华东单元群	38~41	4 367	1 002	155	384	2 803	23
I、华南单元群	57~64	2 615	761	106	140	1 591	17

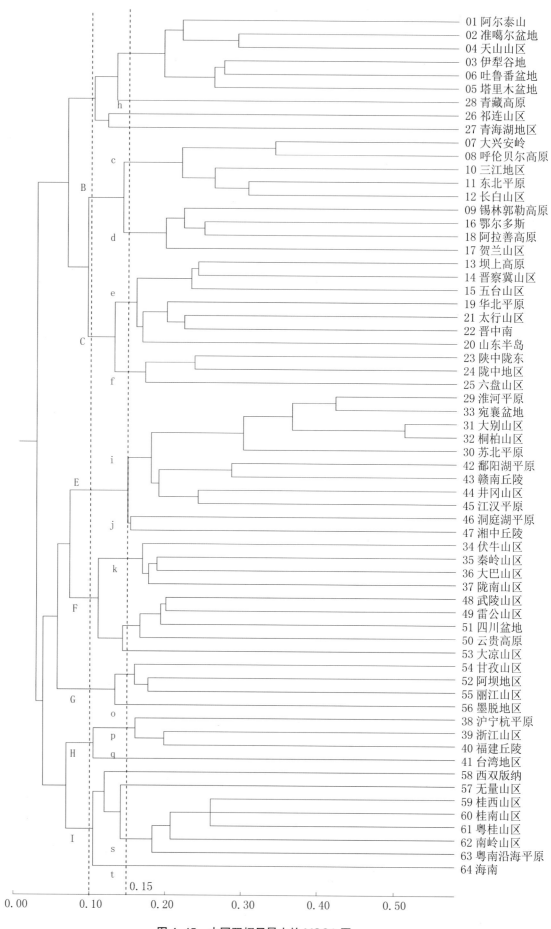

图 4-45　中国双翅目昆虫的 MSCA 图

第三十章 蚤目

Chapter 30 Order Siphonaptera

蚤目是一个十分特化的小目。其昆虫体小而侧扁，无翅，体壁高度几丁质化，刺吸式口器，胸足发达，适于跳跃。

蚤目昆虫成虫靠吸食宿主的血液生存和繁衍后代，宿主多为兽类，少数种类寄生于鸟类或人类。不仅其叮刺吸血对人畜造成骚扰和危害，更可能是鼠疫、伤寒等重要疾病的传播媒介。幼虫蛆形，无眼无足，咀嚼式口器，取食有机物粉屑以及成虫排出的血粪粒。

第一节 区系组成及特点
Segment 1 Fauna and character

蚤目昆虫全世界共 16 科 239 属 2 497 种，中国已记载 10 科 85 属 568 种，占世界种类的 22.7%。

在 568 种蚤目昆虫中，东亚种类 368 种，占 64.8%（表 4-62）；古北种类 174 种，占 30.6%；东洋种类 16 种，占 2.8%；广布种类和区系成分不明种类各 5 种。

表 4-62　中国蚤目昆虫的种类及区系成分

科　名	世界属种		中国属种		东洋种类	广布种类	古北种类	东亚种类		成分不明种类
	属	种	属	种				中国特有种	中日种类	
蚤科 Pulicidae	26	205	9	24	3	3	12	5	1	
蠕形蚤科 Vermipsyllidae	3	41	3	28			10	16	1	1
切唇蚤科 Coptopsyllidae	1	26	1	1			1			
多毛蚤科 Hystrichopsyllidae	6	54	1	13			2	11		
臀蚤科 Pygiopsyllidae	37	183	3	10	1			8		1
栉眼蚤科 Ctenophthalmidae	40	758	14	177	6		43	123	5	
柳氏蚤科 Liuopsyllidae	1	3	1	2				2		
蝠蚤科 Ischnopsyllidae	20	124	8	29	4	1	4	17	3	
细蚤科 Leptopsyllidae	30	339	20	149	2	1	55	85	5	1
角叶蚤科 Ceratopsyllidae	44	532	25	135			47	83	3	2
合计	208	2 265	85	568	16	5	17	350	18	5
全目	239	2 497	85	568	16	5	174	350	18	5

第二节　分布地理
Segment 2　Geographical distribution

蚤目虽是昆虫纲中一个小目，但随着其宿主，广布于世界各动物地理界。

中国的蚤目昆虫同样广泛分布，各个省区都有记录（图 4-46）。种类丰富的省区有青海、新疆、云南、宁夏等，目前记录较少的省份有湖南、海南、江西等。

蚤科、栉眼蚤科、细蚤科、角叶蚤科全国广泛分布，蠕形蚤科、多毛蚤科、蝠蚤科分布于半数或半数以上省区，其余 3 科局限于个别省区。

在 568 种蚤目昆虫中，101 种仅有省区级分布记录，没有省下分布信息，不能在地理单元中显示记录（表 4-63）。467 种在地理单元中的分布记录共 1 814 种·单元，平均每种 3.88 个单元，是较为广泛分布的。64 个地理单元中，只有少数几个没有分布记录，如鄱阳湖平原、赣南丘陵、湘中丘陵等。5 种以上的 59 个地理单元之间的总相似性系数为 0.061，明显聚成 a~h 8 个单元群（表 4-64），在 0.190 的相似性水平上，d、e 两个单元群的各单元比较疏远，相聚在水平线以下，只能够区分开 6 个单元群（图 4-47），其中西北单元群（a）、华东单元群（g）、华南单元群（h）与其他昆虫类群分析结果一致。其余单元群的组成单元虽然互有交叉，但都相邻相连，不违背地理学原则。

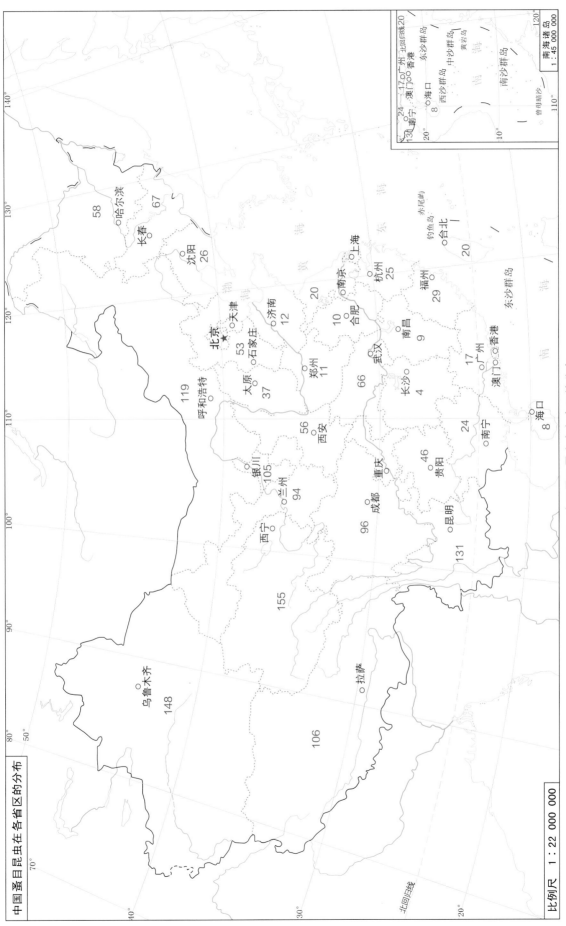

中国蚤目昆虫在各省区的分布

比例尺　1∶22 000 000

图 4-46　中国蚤目昆虫在各省区的分布

表 4-63 中国蚤目昆虫在各基础地理单元中的分布

地理单元	种类	地理单元	种类	地理单元	种类
01 阿尔泰山	9	23 陕中陇东	56	45 江汉平原	16
02 准噶尔盆地	64	24 陇中地区	13	46 洞庭湖平原	1
03 伊犁谷地	16	25 六盘山区	86	47 湘中丘陵	0
04 天山山区	61	26 祁连山区	45	48 武陵山区	37
05 塔里木盆地	25	27 青海湖地区	79	49 雷公山区	16
06 吐鲁番盆地	5	28 青藏高原	113	50 云贵高原	35
07 大兴安岭	72	29 淮河平原	6	51 四川盆地	6
08 呼伦贝尔高原	42	30 苏北平原	1	52 阿坝地区	50
09 锡林郭勒高原	88	31 大别山区	5	53 大凉山区	24
10 三江地区	10	32 桐柏山区	5	54 甘孜山区	32
11 东北平原	61	33 宛襄盆地	5	55 丽江山区	114
12 长白山区	37	34 伏牛山区	10	56 墨脱地区	42
13 坝上高原	43	35 秦岭山区	10	57 无量山区	40
14 晋察冀山区	58	36 大巴山区	40	58 西双版纳	16
15 五台山区	10	37 陇南山区	11	59 桂西山区	7
16 鄂尔多斯	75	38 沪宁杭平原	16	60 桂南山区	18
17 贺兰山区	16	39 浙江山区	11	61 粤桂山区	6
18 阿拉善高原	45	40 福建丘陵	27	62 南岭山区	11
19 华北平原	11	41 台湾地区	20	63 粤南沿海平原	5
20 山东半岛	6	42 鄱阳湖平原	0	64 海南	8
21 太行山区	5	43 赣南丘陵	0	合计（种·单元）	1 814
22 晋中南	6	44 井冈山区	6	全国	568

表 4-64 中国蚤目昆虫各单元群的区系结构

单元群	地理单元组成	总种类	东洋种类	广布种类	古北种类	东亚种类	成分不明种类
a. 西北单元群	01~06	106		2	92	12	
b. 东北单元群	07~18	151	2	3	73	73	
c. 青藏、黄土高原单元群	22~28	191	1	3	91	94	2
d. 华中单元群	48~51	101	9	3	11	76	2
e. 西南单元群	52~58	186	13	3	28	140	3
f. 华北、黄淮单元群	19~21，29，31~34，44，45	26	2	3	6	15	
g. 华东单元群	38~41	49	5	3	7	34	
h. 华南单元群	59~64	23	6	3	5	9	

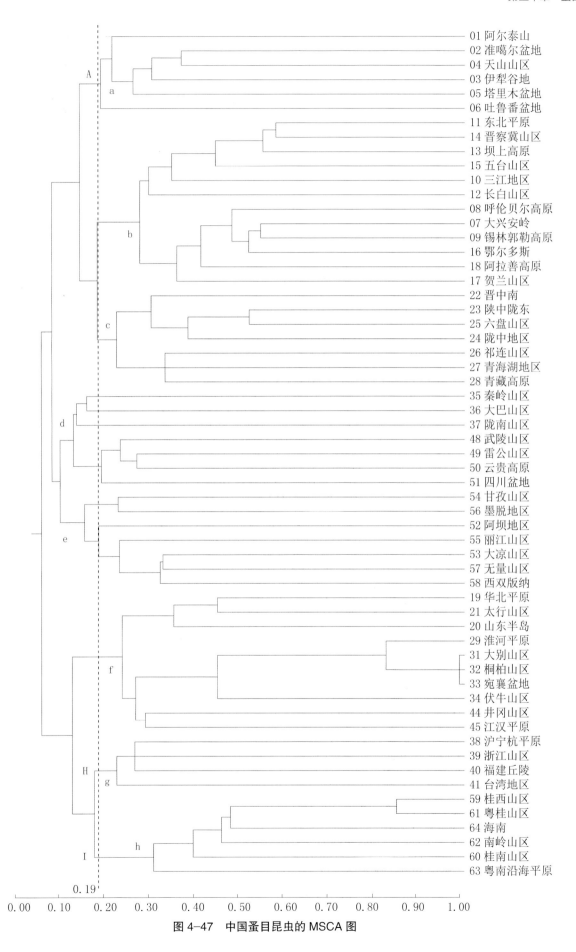

图 4-47 中国蚤目昆虫的 MSCA 图

第三十一章 毛翅目

Chapter 31 Order Trichoptera

毛翅目昆虫统称"石蛾",由于体表及翅面多毛而得名。成虫体长 2~40 mm,体色较暗,褐色、黄褐色、灰色等,少有鲜艳者。头小,能自由活动,复眼大而左右远离,触角丝状多节,咀嚼式口器,但较退化,翅脉复杂。幼虫生活在各类清洁的水体中,常筑巢于石块缝隙,植食或肉食。

毛翅目昆虫是水生昆虫中最大类群之一,在淡水生态系统中具有重要作用。可用作水质生物监测的指示生物。

第一节　区系组成及特点
Segment 1　Fauna and character

毛翅目昆虫全世界共 47 科 608 属 13 574 种,中国已记载 26 科 142 属 927 种,占世界种类的 6.8%。

在 927 种毛翅目昆虫中,东亚种类 790 种,占 85.2%(表 4–65);古北种类 75 种,占 8.1%;东洋种类 48 种,占 5.2%;另有 3 种广布种类和 11 种区系性质不明种类。

表 4-65　中国毛翅目昆虫的种类及区系成分

科　名	世界属种		中国属种		东洋种类	广布种类	古北种类	东亚种类		成分不明种类
	属	种	属	种				中国特有种	中日种类	
原石蛾科 Rhyacophilidae	5	755	5	89	7		1	75	6	
螯石蛾科 Hydrobiosidae	48	400	1	2				2		
舌石蛾科 Glossisomatidae	20	500	3	23	1		1	21		
小石蛾科 Hydroptilidae	67	1 560	7	57	5		8	39	5	
等翅石蛾科 Philopotamidae	17	900	10	48	3		2	42	1	
角石蛾科 Stenopsychidae	3	100	2	55	4	1	1	46	3	
纹石蛾科 Hydripsychidae	60	1 200	16	173	14	1	15	135	6	2
多距石蛾科 Polycentripodidae	25	450	8	37			1	33	2	1
畸距石蛾科 Dipseudopsidae	6	132	1	3	1			2		
径石蛾科 Ecnomidae	6	328	1	16			2	12	2	
剑石蛾科 Xiphocentronidae	7	132	1	1				1		
蝶石蛾科 Psychomyiidae	15	300	5	23			1	22		
弓石蛾科 Arctopsychidae			2	22	2		1	19		
石蛾科 Phryganeidae	16	100	11	32	2	1	10	17	2	
拟石蛾科 Phryganopsychidae	1	6	1	2				1		1
细翅石蛾科 Molannidae	4	39	4	6			2	3		1
枝石蛾科 Calamoceratidae	9	125	3	12	1			10	1	
齿角石蛾科 Odontoceridae	10	100	2	31	1			30		
瘤石蛾科 Goeridae	12	164	2	22				21		1
沼石蛾科 Limnephilidae	13	1 100	24	106			13	86	6	1
幻沼石蛾科 Apatanidae			1	2				2		
鳞石蛾科 Lepidostomatidae	30	350	9	29				26	1	2
短石蛾科 Brachycentridae	7	112	2	4			2	2		
毛石蛾科 Sericostomatidae	19	98	5	7				6	1	
长角石蛾科 Leptoceridae	50	1 200	15	124	7		15	93	7	2
乌石蛾科 Uenoidae	7	78	1	1				1		
合计	457	9 129	142	927	48	3	75	747	43	11
全目	608	13 574	142	927	48	3	75	747	43	11

第二节　分布地理

Segment 2　Geographical distribution

毛翅目昆虫广泛分布于除南极洲以外的世界 5 各大洲。各科有的广布各界，有的局限于 1 界或数界。

中国的毛翅目昆虫，目级水平在全国广泛分布（图 4-48），各省区都有记载。科级水平分布较显局限，

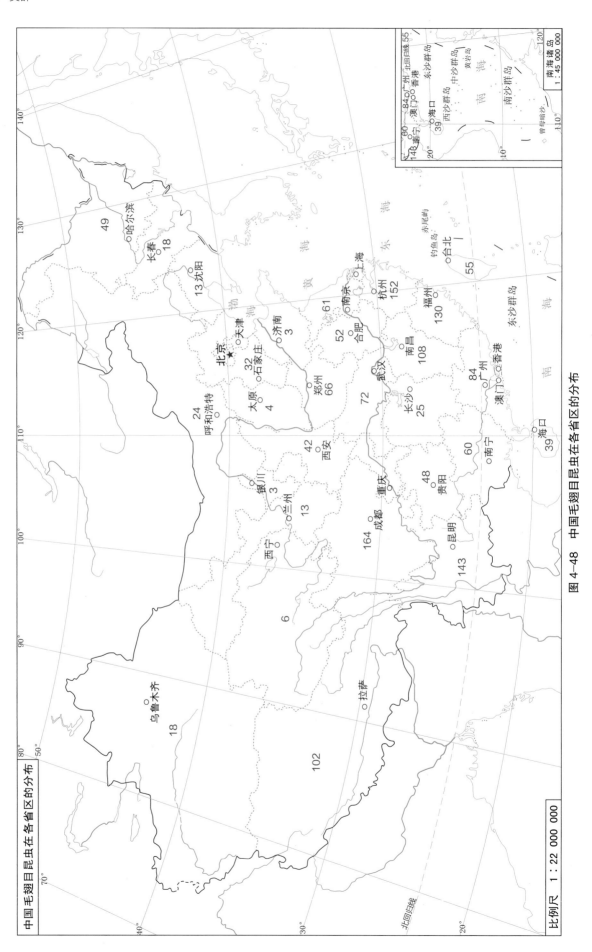

图4-48 中国毛翅目昆虫在各省区的分布

没有任何一科记录于各个省区，4 科分布于 20 个以上省区，8 科分布于 10~20 个省区，其余 13 科局限于 2~9 个省区。种类最丰富的是四川、浙江、云南、福建、江西等省区，而山东、宁夏、山西、青海只有寥寥数种。

在 927 种毛翅目昆虫中，315 种没有省下分布记录，612 种毛翅目昆虫分布在 48 个地理单元（表 4-66），共有 930 种·单元记录，平均每种 1.52 个单元。单元之间的联系较为微弱，依其很少的共有种类，可区分出下列几个单元群：

a. 华东单元群：包括 39~41 单元，共 249 种，其中东亚种类 226 种，占 90.8%，东洋种类 10 种，古北种类 7 种，广布种类 2 种，其余种类区系成分不明。

b. 江西单元群：包括 42~44 单元，共 51 种，其中东亚种类 41 种，也占 80.4%，古北种类 2 种，东洋种类 3 种，区系成分不明种类 5 种。

c. 西南单元群：包括 52，54~56 单元，共 146 种，其中东亚种类 124 种，占 84.9%，东洋种类 16 种，古北种类 5 种，广布种类 1 种。

d. 广西单元群：包括 60~63 单元，共 45 种，其中东亚种类 38 种，占 84.4%，东洋种类 5 种，古北种类 1 种，区系成分不明种类 1 种。

表 4-66　中国毛翅目昆虫在各基础地理单元中的分布

地理单元	种类	地理单元	种类	地理单元	种类
01 阿尔泰山	0	23 陕中陇东	0	45 江汉平原	23
02 准噶尔盆地	5	24 陇中地区	0	46 洞庭湖平原	0
03 伊犁谷地	0	25 六盘山区	3	47 湘中丘陵	1
04 天山山区	0	26 祁连山区	1	48 武陵山区	48
05 塔里木盆地	0	27 青海湖地区	1	49 雷公山区	6
06 吐鲁番盆地	0	28 青藏高原	5	50 云贵高原	7
07 大兴安岭	4	29 淮河平原	3	51 四川盆地	14
08 呼伦贝尔高原	0	30 苏北平原	1	52 阿坝地区	16
09 锡林郭勒高原	0	31 大别山区	27	53 大凉山区	3
10 三江地区	3	32 桐柏山区	8	54 甘孜山区	45
11 东北平原	4	33 宛襄盆地	0	55 丽江山区	79
12 长白山区	2	34 伏牛山区	44	56 墨脱地区	47
13 坝上高原	1	35 秦岭山区	7	57 无量山区	6
14 晋察冀山区	1	36 大巴山区	22	58 西双版纳	5
15 五台山区	0	37 陇南山区	3	59 桂西山区	5
16 鄂尔多斯	0	38 沪宁杭平原	17	60 桂南山区	23
17 贺兰山区	2	39 浙江山区	137	61 粤桂山区	14
18 阿拉善高原	0	40 福建丘陵	96	62 南岭山区	18
19 华北平原	2	41 台湾地区	55	63 粤南沿海平原	5
20 山东半岛	0	42 鄱阳湖平原	34	64 海南	39
21 太行山区	7	43 赣南丘陵	19	合计（种·单元）	930
22 晋中南	0	44 井冈山区	12	全国	927

第三十二章　鳞翅目

Chapter 32　Order Lepidoptera

鳞翅目昆虫包括蛾类、蝶类，是仅次于鞘翅目的第二大目。成虫 2 对膜质翅及全身满覆鳞片，口器一般为虹吸式；幼虫蠋形，腹足具趾钩；蛹一般为被蛹。

成虫体形大小相差极大，翅展由 4 mm 到 300 mm。大多生活于陆地环境。蛾类多在夜间活动，蝶类均在白天活动。

幼虫几乎全为植食性，是农林业害虫的重要类群，但也有一些种类对人类生产生活贡献甚大，如家蚕、蝠蛾、观赏蝶类等。

第一节　区系组成及特点
Segment 1　Fauna and character

鳞翅目昆虫全世界已知 150 科约 25 000 属 200 000 种，中国记载 94 科 3 848 属 17 786 种，占世界已知种类的 8.9%。

在中国已知鳞翅目昆虫中，有东亚种类 10 218 种，占 57.4%；有东洋种类 4 413 种，占 24.8%；古北种类 2 498 种，占 14.0%；广布种类 280 种，占 1.6%；另有 397 种区系成分不明种类（表 4-67）。按科统计，有 76 个科东亚种类占优势，13 个科东洋种类占优势，5 个科是以古北种类为主。

表 4-67　中国鳞翅目昆虫的种类及区系成分

科　　名	世界属种		中国属种		东洋种类	广布种类	古北种类	东亚种类		成分不明种类
	属	种	属	种				中国特有种	中日种类	
小翅蛾科 Micropterigidae	3	180	2	13				13		
毛顶蛾科 Eriocraniidae	7	30	1	2			2			
扇鳞蛾科 Mneserchaeidae	1	14	1	1				1		
蛉蛾科 Neopseustidae	4	12	1	5	1			4		
蝙蝠蛾科 Hepialidae	80	500	11	121	3		10	103	5	
原蝙蛾科 Prototheoridae	2	7	1	2				2		
长角蛾科 Adelidae	10	385	4	34	3		6	21	3	1
微蛾科 Nepticulidae	19	600	2	2			1	1		
冠潜蛾科 Tischeriidae	2	100	2	3			1	1	1	
茎潜蛾科 Opostegidae	6	106	1	1	1					
谷蛾科 Tineidae	360	3 000	74	138	21	8	10	86	12	1
绵蛾科 Eriocottidae	8	70	1	1				1		
蓑蛾科 Psychidae	200	600	26	58	10	1	3	38	5	1
细蛾科 Gracillariidae	98	1 809	25	96	26	1	12	37	13	7
印麦蛾科 Amphitheridae			2	4				1	3	
颊蛾科 Bucculatricidae	1	228	1	4				4		
举肢蛾科 Heliodinidae	66	400	7	11	2		2	6	1	
银蛾科 Argyresthiidae			1	14			3	8	3	
梯翅蛾科 Metachandidae			1	1				1		
邻菜蛾科 Acrolepiidae			3	9			1	7		1
潜蛾科 Lyonetiidae	29	200	4	12	1	2	3	3	3	
叶潜蛾科 Phyllocnistidae	3	95	1	7	1	1		4	1	
菜蛾科 Plutellidae	54	383	4	15	1	1	3	7	3	
辉蛾科 Hieroxestidae			2	12	4		1	5	1	1
翼蛾科 Alucitidae	9	170	3	9	2			6	1	
遮颜蛾科 Blastobasidae	25	200	3	6	2			3	1	
草蛾科 Ethmiidae	7	310	1	44	6	1	4	29	3	1
巢蛾科 Yponomeutidae	198	800	27	95	20		13	43	19	
雕蛾科 Glyphipterygidae	30	345	15	91	21	1	2	53	14	
木蠹蛾科 Cossidae	115	700	13	52	2	1	16	31	2	
豹蠹蛾科 Zeuzeridae			4	27	10	3	2	12		
拟木蠹蛾科 Metarbelidae			2	3	1			2		
缺僵木蠹蛾科 Ratardidae			1	1				1		
宽蛾科 Depressariidae	35	400	5	38	6	1	10	16	3	2
木蛾科 Xyloryctidae	86	1 200	13	44	6		1	29	7	1

（续表）

科 名	世界属种		中国属种		东洋种类	广布种类	古北种类	东亚种类		成分不明种类
	属	种	属	种				中国特有种	中日种类	
织蛾科 Oecophuridae	326	3 150	40	291	22	2	15	233	16	3
祝蛾科 Lecithoceridae	98	800	49	226	20		2	196	8	
绢蛾科 Scythridae	15	370	3	7			1	4	1	1
尖蛾科 Cosmopterygidae	140	1 200	24	65	10	1	3	42	4	5
椰蛾科 Agonexenidae			1	1	1					
列蛾科 Autostichidae	67	308	1	47	1			39	7	
麦蛾科 Gelechiidae	500	4 000	84	392	31	7	117	200	27	10
鞘蛾科 Coleophoridae	16	1 500	5	88	1		15	43	4	25
卷蛾科 Tortricidae	1 000	9 000	229	1 170	182	12	383	458	108	27
透翅蛾科 Sesiidae	151	1 370	35	113	10	1	10	79	11	2
短透蛾科 Brachodidae	10	100	2	2				1	1	
斑蛾科 Zygaenidae	147	800	67	283	50	1	26	185	21	
刺蛾科 Limacodidae	270	1 000	71	263	92	1	7	143	18	2
寄蛾科 Epipyropidae	9	40	2	3				2	1	
伊蛾科 Immidae	10	238	4	18	4			13	1	
蛀果蛾科 Carposinidae	31	302	8	29	4		2	20	3	
粪蛾科 Copromorphidae	23	61	2	2	1			1		
邻蛾科 Epermeniidae	15	98	2	2				2		
羽蛾科 Pterophoridae	90	1 160	49	190	44	11	70	42	22	1
网蛾科 Thyrididae	96	600	20	127	40		5	75	7	
驼蛾科 Hyblaeidae	2	41	1	4	3			1		
螟蛾科 Pyralidae	2 050	25 000	515	2 180	629	50	244	964	247	46
缨翅蛾科 Pterothysanidae			1	1	1					
锚纹蛾科 Callidulidae	9	78	6	6	4				1	1
凤蛾科 Epicopeiidae	7	48	1	5				4	1	
燕蛾科 Uraniidae	93	876	6	12	6			5		1
蛱蛾科 Epiplemidae	94	600	12	48	19		2	18	9	
尺蛾科 Geometridae	1 850	20 000	511	2 383	606	23	253	1 072	349	80
波纹蛾科 Thyatiridae	54	240	28	113	41	1	11	42	18	
圆钩蛾科 Cyclidiidae	3	15	2	9	4			3	2	
钩蛾科 Drepanidae	114	800	35	209	47		7	132	23	
带蛾科 Eupterotidae	54	300	13	48	16			29	2	1
蚬蛾科 Lemoniidae	2	41	1	1					1	
桦蛾科 Endromidae	2	2	2	2			1	1		
蚕蛾科 Bombycidae	47	468	11	35	12	1		16	5	1

（续表）

科　名	世界属种		中国属种		东洋种类	广布种类	古北种类	东亚种类		成分不明种类
	属	种	属	种				中国特有种	中日种类	
枯叶蛾科 Laciocampidae	170	2 200	39	190	72	1	23	86	8	
箩纹蛾科 Brahmacidae	5	30	4	18	3		3	12		
大蚕蛾科 Saturniidae	149	1 300	17	89	26	5	10	38	3	7
天蛾科 Sphingidae	196	1 050	64	211	85	13	26	72	12	3
舟蛾科 Notodontidae	725	3 000	138	528	237	7	68	170	45	1
毒蛾科 Lymantriidae	344	2 785	39	418	120	1	29	230	37	1
灯蛾科 Arctiidae	800	5 000	66	224	68	1	32	88	34	1
苔蛾科 Lithosiidae			84	460	122		10	251	77	
瘤蛾科 Nolidae	35	647	14	73	27	1	6	2	36	1
鹿蛾科 Ctenuchidae	200	2 000	8	101	34		5	54	2	6
虎蛾科 Agaristidae	126	506	12	46	22			1	19	4
夜蛾科 Noctuidae	3 212	26 299	797	3 645	912	81	705	13	1 852	82
弄蝶科 Hesperiidae	520	3 500	79	392	128	3	24	10	212	15
凤蝶科 Papilionidae	32	600	20	123	58		7		56	2
绢蝶科 Parnassiidae	3	65	2	46			26	1	19	
粉蝶科 Pieridae	86	1 300	27	176	44	3	38	4	84	3
灰蝶科 Lycaenidae	470	5 000	158	690	169	4	81	2	422	12
蚬蝶科 Riodinidae	130	1 500	7	34	19				15	
喙蝶科 Libytheidae	2	12	1	3	2	1				
蛱蝶科 Nymphalidae	270	4 000	95	454	128	5	65	13	231	12
眼蝶科 Satyridae	240	3 000	54	456	51		60	15	306	24
环蝶科 Amathusiidae	34	224	8	22	11				11	
斑蝶科 Danaidae	12	180	6	34	22	2			9	1
珍蝶科 Acracidae	7	260	1	2	2					
合计	16 621	151 908	3 848	17 786	4 413	260	2 498	5 706	4 512	397
全目	21 000	200 000	3 848	17 786	4 413	260	2 498	5 706	4 512	397

第二节　分布地理

Segment 2　Geographical distribution

鳞翅目昆虫在全世界广泛分布，是昆虫纲中第二大目。中国各省区对鳞翅目昆虫都有较多的记载，种类丰富的省份有四川、云南、台湾，都在 4 000 种以上（图 4-49），种类最少的辽宁也有 700 多种。94 个科中，32个科各省区都有分布，29个科分布省区在20个以上，6个科在10~20省区，其余27个科分别局限在1个或数个省区。

在17 786种鳞翅目昆虫中，3 662种没有省下分布记录，它们不能在各基础地理单元中有所记载。14 124种在64个地理单元中共有64 561种·单元的记录，平均每种4.57个单元，分布域显然宽于绝大多数目级类群。

64个地理单元都有鳞翅目昆虫的分布，平均每单元在1 000种以上（表4-68），仅新疆南部几个单元的记录较少。夜蛾科、毒蛾科、凤蝶科、粉蝶科、蛱蝶科广泛记录于各个单元，螟蛾科、天蛾科、尺蛾科、枯叶蛾科、舟蛾科、灯蛾科、弄蝶科、灰蝶科、眼蝶科等仅缺乏南疆的个别单元记录。

表4-68　中国鳞翅目昆虫在各基础地理单元中的分布

地理单元	种类	地理单元	种类	地理单元	种类
01 阿尔泰山	229	23 陕中陇东	952	45 江汉平原	602
02 准噶尔盆地	162	24 陇中地区	751	46 洞庭湖平原	461
03 伊犁谷地	131	25 六盘山区	835	47 湘中丘陵	939
04 天山山区	362	26 祁连山区	253	48 武陵山区	2 949
05 塔里木盆地	76	27 青海湖地区	748	49 雷公山区	1 015
06 吐鲁番盆地	24	28 青藏高原	391	50 云贵高原	1 197
07 大兴安岭	496	29 淮河平原	860	51 四川盆地	1 207
08 呼伦贝尔高原	296	30 苏北平原	277	52 阿坝地区	549
09 锡林郭勒高原	228	31 大别山区	1 062	53 大凉山区	965
10 三江地区	443	32 桐柏山区	764	54 甘孜山区	1 682
11 东北平原	904	33 宛襄盆地	323	55 丽江山区	1 532
12 长白山区	939	34 伏牛山区	1 981	56 墨脱地区	1 553
13 坝上高原	751	35 秦岭山区	1 684	57 无量山区	1 104
14 晋察冀山区	640	36 大巴山区	1 904	58 西双版纳	1 337
15 五台山区	1 033	37 陇南山区	1 323	59 桂西山区	257
16 鄂尔多斯	445	38 沪宁杭平原	1 355	60 桂南山区	1 369
17 贺兰山区	388	39 浙江山区	2 726	61 粤桂山区	701
18 阿拉善高原	495	40 福建丘陵	2 494	62 南岭山区	1 585
19 华北平原	956	41 台湾地区	4 697	63 粤南沿海平原	677
20 山东半岛	739	42 鄱阳湖平原	1 201	64 海南	2 555
21 太行山区	953	43 赣南丘陵	872	合计（种·单元）	64 561
22 晋中南	499	44 井冈山区	1683	全国	17 786

依照单元之间的相似性关系，得到鳞翅目昆虫的聚类图（图4-50）。64个地理单元的总相似性系数为0.060，在0.185的相似性水平上，可以聚为A~I 9个单元群，和昆虫总体分析结果相同。各单元群的组成及区系结构见表4-69。在0.250的相似性水平上，可以区分出16个小单元群。

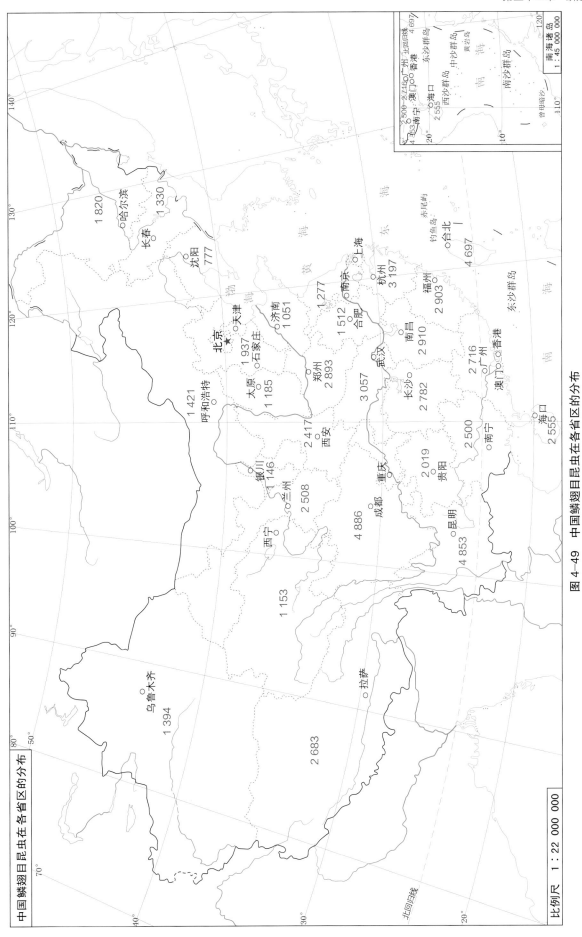

图 4-49　中国鳞翅目昆虫在各省区的分布

比例尺　1∶22 000 000

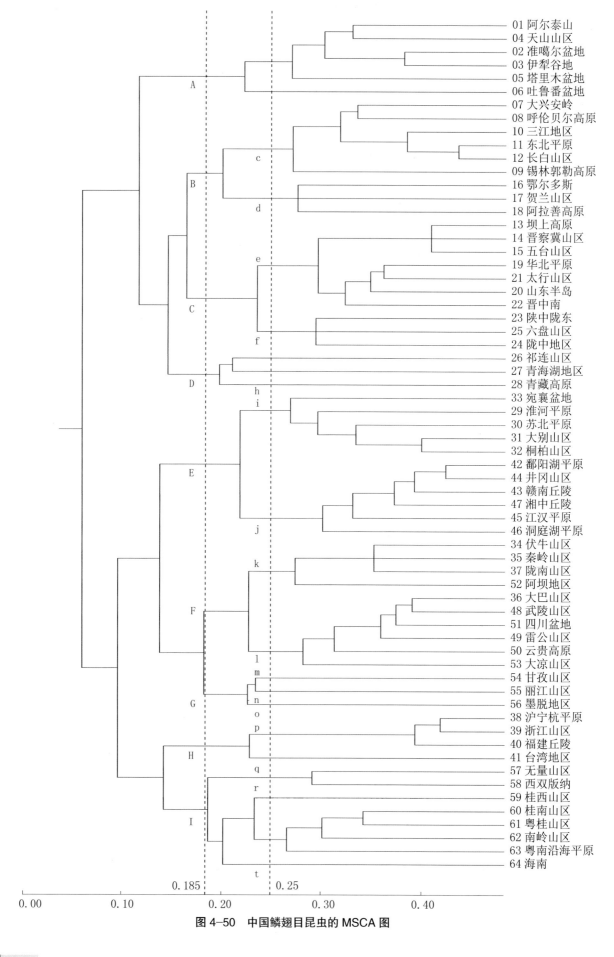

图 4-50　中国鳞翅目昆虫的 MSCA 图

表 4-69　中国鳞翅目昆虫各单元群的区系结构

单元群	地理单元组成	总种类	东洋种类	广布种类	古北种类	东亚种类	成分不明种类
A、西北单元群	01~06	531	3	30	367	126	5
B、东北单元群	07~12，16~18	2 003	162	134	1 027	566	107
C、华北单元群	13~15，19~25	2 870	396	171	1 132	1 093	78
D、青藏单元群	26~28	1 047	83	69	555	333	9
E、江淮单元群	29~33，42~47	3 205	1 041	168	558	1 406	32
F、华中单元群	34~37，48~53	5 547	1 650	182	888	2 808	19
G、西南单元群	54~56	3 462	1 241	132	333	1 756	
H、华东单元群	38~41	7 127	2 486	199	560	3 860	22
I、华南单元群	57~64	4 747	2 601	154	247	1 735	10

第三十三章　膜翅目

Chapter 33　Order Hymenoptera

膜翅目昆虫包括蜂类、蚁类，是世界上昆虫种类较多的大目之一。成虫咀嚼式口器，2 对膜质翅，前大后小，翅钩连接，具衣鱼形产卵器。

膜翅目昆虫体形大小悬殊，生活习性复杂，有植食性、捕食性、寄生性等，寄生性和捕食性种类是农林业生产上可供利用的重要天敌类群。不少的膜翅目昆虫是植物的传粉者。蜜蜂养殖已成为重要产业，用于食品、医疗保健、化工等。

第一节　区系组成及特点
Segment 1　Fauna and character

膜翅目昆虫全世界共近 100 科约 15 000 属 120 000 种，中国已记载 86 科 2 179 属 12 517 种，占世界种类的 10.43%。

在中国的膜翅目昆虫中，东亚种类 8 092 种，占 64.6%（表 4-70）；古北种类 1 831 种，占 14.6%；东洋种类 1 642 种，占 13.1%；广布种类 170 种，占 1.4%；另有 782 种区系性质不明。86 个科中，72 个科都是以东亚种类占优势，只有 14 个小科分别以东洋种类或古北种类居优势地位。

表 4-70　中国膜翅目昆虫的种类及区系成分

科　名	世界属种		中国属种		东洋种类	广布种类	古北种类	东亚种类		成分不明种类
	属	种	属	种				中国特有种	中日种类	
长节叶蜂科 Xyelidae	5	47	2	5			1	4		
扁蜂科 Pamphiliidae	8	160	7	67			21	44	1	1
广背蜂科 Megalodontidae	6	45	1	5			3	1		
茸蜂科 Blasticotomidae	2	13	2	7			1	6		
三节叶蜂科 Argidae	54	800	16	183	11		17	148	7	
锤角叶蜂科 Cimbicidae	21	130	11	52	4		15	28	5	
松叶蜂科 Diprionidae	11	85	7	35	2		5	27	1	
叶蜂科 Tenthredinidae	430	5 000	249	1 717	211	5	140	1 245	75	41
筒腹叶蜂科 Pergidae	57	398	1	1				1		
树蜂科 Siricidae	11	95	6	51	2		11	34	4	
项蜂科 Xiphydriidae	23	100	14	27			6	21		
茎蜂科 Cephidae	16	130	16	48	1		6	31	8	2
尾蜂科 Orussidae	14	70	1	1				1		
钩腹蜂科 Trigonelyidae		90	10	18				15	3	
巨蜂科 Megalyridae	11	29	1	1				1		
旗腹蜂科 Evaniidae	30	400	4	14	2			12		
举腹蜂科 Aulacidae	5	150	2	10	2			8		
褶翅蜂科 Gasteruptiidae	2	500	1	8				7	1	
姬蜂科 Ichneumonidae	1 510	15 000	468	2 020	206	15	225	989	144	441
茧蜂科 Braconidae	1 200	10 000	253	1 669	146	23	274	1 139	77	10
蚜茧蜂科 Aphidiidae		500	20	111	10	3	16	67	13	2
冠蜂科 Stephanidae	11	296	5	17	1			14	2	
枝跗瘿蜂科 Ibaliidae	2	13	2	5	1			4		
光翅瘿蜂科 Liopteridae	14	80	1	3				3		
环腹瘿蜂科 Figitidae	13	125	1	1				1		
匙胸瘿蜂科 Eucoilidae	70	1 000	11	29				29		
瘿蜂科 Cynipidae	44	1 000	23	44			5	32	3	4
长背瘿蜂科 Charipidae	3	3	1	1				1		
褶翅小蜂科 Leucospidae	4	134	1	7	2		1	3	1	
小蜂科 Chalcididae	70	1 400	25	124	46	2	6	62	7	1
广肩小蜂科 Eurytomidae	73	1 100	13	58	4		17	36		
长尾小蜂科 Torymidae	66	1 500	14	68	9	1	13	34	10	1
榕小蜂科 Agaonidae	39	400	5	10	3			6	1	
刻腹小蜂科 Ormyridae	3	60	1	1			1			
蚁小蜂科 Eucharitidae	55	330	2	2			1	1		
巨胸小蜂科 Perilampidae	26	230	6	11			4	6		1
金小蜂科 Pteromalidae	587	3 463	119	401	31	15	114	226	8	7

（续表）

科　名	世界属种		中国属种		东洋种类	广布种类	古北种类	东亚种类		成分不明种类
	属	种	属	种				中国特有种	中日种类	
旋小蜂科 Eupelmidae	71	750	11	56	9	2	6	35	4	
跳小蜂科 Encyrtidae	513	3 000	149	491	29	10	78	221	34	119
棒小蜂科 Signiphoridae	4	75	3	6			1	3	1	1
蚜小蜂科 Aphelinidae	45	1 000	22	225	27	18	28	122	8	22
姬小蜂科 Eulophidae	331	3 200	57	289	45	27	104	93	10	10
长痣小蜂科 Tanaostigmatidae	9	86	1	1					1	
扁股小蜂科 Elasmidae	1	200	1	12	9		2	1		
四节金小蜂科 Tetracampidae	14	40	1	1				1		
赤眼蜂科 Trichogrammatidae	74	532	44	174	20	4	10	134	4	2
缨小蜂科 Mymaridae	95	1 300	17	94	18	4	24	41	7	
柄腹翅小蜂科 Mymarommatidae	3	17	3	4			1	3		
柄腹细蜂科 Heloridae	1	12	1	2			1	1		
离颚细蜂科 Vanhorniidae	3	5	1	1				1		
细蜂科 Proctotrupidae	26	360	18	81	2	1	6	70	2	
窄腹细蜂科 Roproniidae	3	18	2	13				12	1	
锤角细蜂科 Diapriidae	191	1 940	7	7	2		3	2		
缘腹细蜂科 Scelionidae	168	2 696	7	64	6		5	41	5	7
广腹细蜂科 Platygasteridae	68	1 100	2	3				2	1	
大痣细蜂科 Megaspilidae			1	2	1			1		
分盾细蜂科 Ceraphronidae	14	360	3	3	1			2		
螯蜂科 Dryinidae	150	1 200	21	210	46	1	17	142	4	
犁头蜂科 Embolemidae	2	10	1	3	2		1			
肿腿蜂科 Bethylidae	104	1 840	14	39			2	28	9	
青蜂科 Chrysididae	82	2 423	13	102	5		8	84	5	
尖胸青蜂科 Cleptidae			1	5				5		
蚁蜂科 Mutillidae		5 000	33	168	25		18	111	12	2
钩土蜂科 Tiphiidae	25		7	101	10		3	79	3	6
寡毛土蜂科 Sapygidae		80	2	2			1	1		
土蜂科 Scoliidae		300	7	77	22	2	10	36	7	
蚁科 Formicidae	300	12 000	127	949	322	10	78	443	78	18
蛛蜂科 Pompilidae		4 200	51	185	24		23	118	16	4
蜾蠃蜂科 Eumenidae	200	3 000	36	223	35	3	35	94	21	35
胡蜂科 Vespidae	100	2 000	9	87	21	3	19	42	1	1
异腹胡蜂科 Polybiidae	21	258	1	3	2			1		
铃腹胡蜂科 Ropalidiidae			1	13	11			1	1	
狭腹胡蜂科 Stenogastridae			6	7	5			2		
马蜂科 Polistidae	4	630	1	31	5	1	5	11	9	

（续表）

科　名	世界属种		中国属种		东洋种类	广布种类	古北种类	东亚种类		成分不明种类
	属	种	属	种				中国特有种	中日种类	
切叶蜂科 Megachilidae	76	4 032	24	331	40	1	95	157	34	4
分舌蜂科 Collatidae	54	2 474	4	26			3	19	4	
隧蜂科 Halictidae	79	4 163	12	241	17		38	159	14	13
蜜蜂科 Apidae	200	1 300	45	541	87	9	114	287	31	13
地蜂科 Andrenidae	47	3 020	4	95	2		25	65	2	1
准蜂科 Melittidae	15	184	4	56	3	1	9	40	3	
泥蜂科 Sphecidae	226	8 000	14	111	23	3	28	43	7	7
长背泥蜂科 Ampulicidae			3	37	10			26	1	
方头泥蜂科 Crabronidae			62	510	61	6	127	287	23	6
其他 3 个小科			3	3	1			2		
合计	7 815	117 681	2 179	12 517	1 642	170	1 831	7 355	737	782
全目	15 000	120 000	2 179	12 517	1 642	170	1 831	7 355	737	782

第二节　分布地理
Segment 2　Geographical distribution

膜翅目作为昆虫纲的大目之一，其昆虫广泛分布于世界各地。

中国各省区都有膜翅目昆虫的分布记录（图 4-51），种类丰富的省区有台湾、福建、浙江，种类超过 2 000 种，中部省区大都在 1 000 种以上，目前种类比较少的有青海、山西、海南、安徽等省。在 86 个科中，17 个科各省区都有分布，25 个科为亚广泛分布，9 个科分布于半数左右的省区，35 个科则仅局限于个别省区。

在 12 517 种膜翅目昆虫中，2 566 种没有省下分布记录，不能确定其在各基础地理单元中的存在。9 951 种在 64 个地理单元中共有 24 606 种•单元的记录，平均每种2.47个单元，分布域远远小于鳞翅目昆虫。

各地理单元虽然都有膜翅目昆虫的记录（表 4-71），但由于基础调查的力度不够均衡，有的地理单元显著偏少，如吐鲁番盆地单元、阿尔泰山单元、青海湖地区单元等。

各地理单元按照相似性关系，得到聚类图（图 4-52）。总相似性系数为 0.029，在 0.080 的相似性水平上，

表 4-71　膜翅目昆虫种类在各基础地理单元的分布

地理单元	种类	地理单元	种类	地理单元	种类
01 阿尔泰山	24	23 陕中陇东	244	45 江汉平原	314
02 准噶尔盆地	144	24 陇中地区	102	46 洞庭湖平原	151
03 伊犁谷地	34	25 六盘山区	415	47 湘中丘陵	171
04 天山山区	135	26 祁连山区	108	48 武陵山区	1 040

（续表）

地理单元	种类	地理单元	种类	地理单元	种类
05 塔里木盆地	97	27 青海湖地区	69	49 雷公山区	315
06 吐鲁番盆地	23	28 青藏高原	196	50 云贵高原	574
07 大兴安岭	189	29 淮河平原	384	51 四川盆地	452
08 呼伦贝尔高原	126	30 苏北平原	76	52 阿坝地区	158
09 锡林郭勒高原	260	31 大别山区	377	53 大凉山区	163
10 三江地区	81	32 桐柏山区	111	54 甘孜山区	454
11 东北平原	547	33 宛襄盆地	187	55 丽江山区	377
12 长白山区	557	34 伏牛山区	856	56 墨脱地区	316
13 坝上高原	158	35 秦岭山区	446	57 无量山区	371
14 晋察冀山区	165	36 大巴山区	782	58 西双版纳	676
15 五台山区	129	37 陇南山区	180	59 桂西山区	342
16 鄂尔多斯	231	38 沪宁杭平原	780	60 桂南山区	621
17 贺兰山区	170	39 浙江山区	1447	61 粤桂山区	511
18 阿拉善高原	180	40 福建丘陵	1638	62 南岭山区	554
19 华北平原	481	41 台湾地区	2579	63 粤南沿海平原	201
20 山东半岛	265	42 鄱阳湖平原	368	64 海南	553
21 太行山区	201	43 赣南丘陵	120	合计（种·单元）	24 606
22 晋中南	72	44 井冈山区	558	全国	12 517

聚为 A~I 9 个单元群，和鳞翅目的 9 个单元群相比，各单元群的组成基本相同，青藏单元群先与西北单元群聚在一起，华中单元群内的聚类顺序有所变化。各单元群的构成及其区系成分如表 4-72。

表 4-72　中国膜翅目昆虫各单元群的区系结构

单元群	地理单元组成	总种类	东洋种类	广布种类	古北种类	东亚种类	成分不明种类
A、西北单元群	01~06	311	3	9	184	107	8
D、青藏单元群	26~28	332	17	11	146	153	5
B、东北单元群	07~12，16~18	1 418	75	48	555	589	151
C、华北单元群	13~15，19~25	1 514	146	60	486	783	39
E、江淮单元群	29~33，42~47	1 336	317	59	216	724	20
F、华中单元群	34~37，48~51，53	2 893	495	83	465	1 824	26
G、西南单元群	52，54~56	970	224	24	117	601	4
H、华东单元群	38~41	4 902	834	115	460	3 255	238
I、华南单元群	57~64	2 094	744	70	197	1 056	27

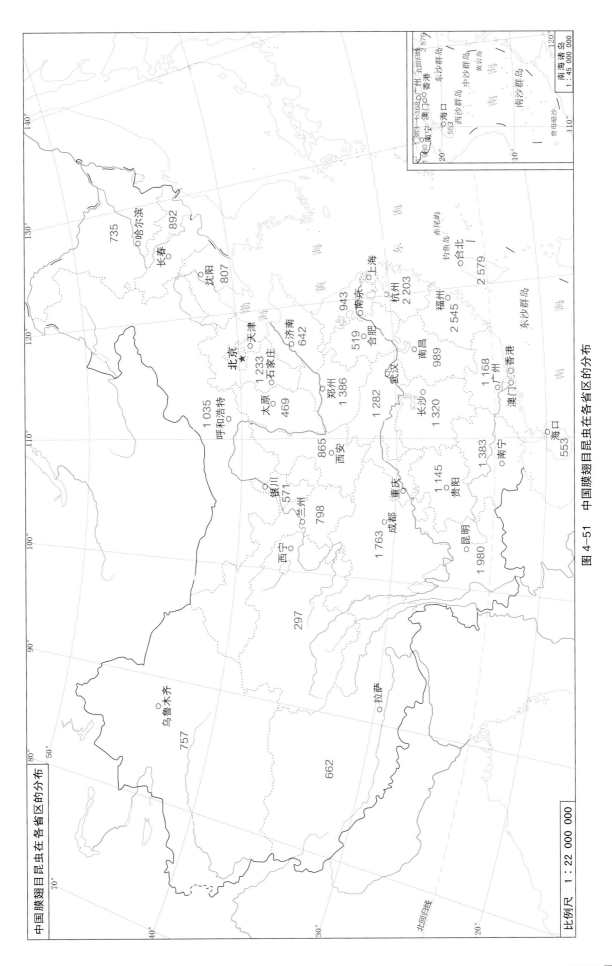

图 4-51　中国膜翅目昆虫在各省区的分布

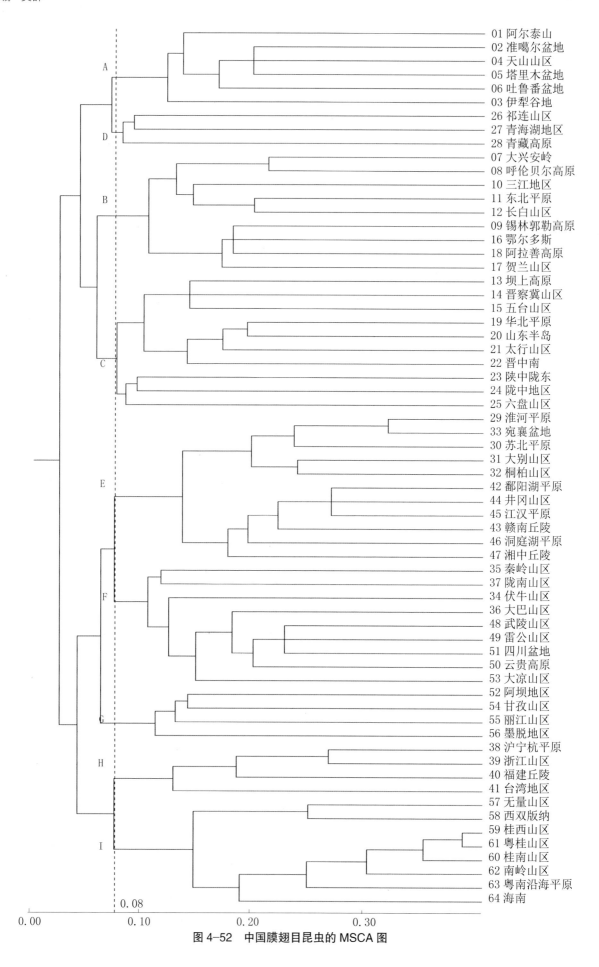

01 阿尔泰山
02 准噶尔盆地
04 天山山区
05 塔里木盆地
06 吐鲁番盆地
03 伊犁谷地
26 祁连山区
27 青海湖地区
28 青藏高原
07 大兴安岭
08 呼伦贝尔高原
10 三江地区
11 东北平原
12 长白山区
09 锡林郭勒高原
16 鄂尔多斯
18 阿拉善高原
17 贺兰山区
13 坝上高原
14 晋察冀山区
15 五台山区
19 华北平原
20 山东半岛
21 太行山区
22 晋中南
23 陕中陇东
24 陇中地区
25 六盘山区
29 淮河平原
33 宛襄盆地
30 苏北平原
31 大别山区
32 桐柏山区
42 鄱阳湖平原
44 井冈山区
45 江汉平原
43 赣南丘陵
46 洞庭湖平原
47 湘中丘陵
35 秦岭山区
37 陇南山区
34 伏牛山区
36 大巴山区
48 武陵山区
49 雷公山区
51 四川盆地
50 云贵高原
53 大凉山区
52 阿坝地区
54 甘孜山区
55 丽江山区
56 墨脱地区
38 沪宁杭平原
39 浙江山区
40 福建丘陵
41 台湾地区
57 无量山区
58 西双版纳
59 桂西山区
61 粤桂山区
60 桂南山区
62 南岭山区
63 粤南沿海平原
64 海南

0.08

0.00　　　　　　0.10　　　　　　0.20　　　　　　0.30

图 4-52　中国膜翅目昆虫的 MSCA 图

类群小结
Insect Groups Summary

通过对昆虫各个类群分布状况的分析，可以看到，种类多、分布域广的目可以得到层次分明、结构合理的聚类分析结果，如鳞翅目、半翅目、鞘翅目、双翅目、膜翅目、直翅目；种类不多但分布域较广的类群，也可得到一定合理性的，或局部地域的聚类结果，如蜻蜓目、螳螂目、虱目、蚤目、广翅目、原尾纲等，衣鱼目虽然分布域最广，但提供分布信息的种类只有 3 种，不能指望有意义的结果出现；而一些种类虽然不少，但分布域较为狭窄的类群，如弹尾纲、双尾纲、石蛃目、食毛目、长翅目等，则难以形成清晰的聚类组群；诚然，对于种类很少、分布域又窄的蛩蠊目、缺翅目、纺足目、捻翅目、蛇蛉目等，我们本就不能奢望它们单独做出贡献（表 4-73）。

表 4-73　各类群的分布及聚类特征的比较

类群	总种类	分布省份	省区下分布种类	分布单元	分布域	聚类群数	A	B	C	D	E	F	G	H	I	总 SI
原尾目	185	28	184	45	3.28	5									I	0.090
弹尾目	337	28	228	43	1.25											
双尾目	44	23	31	21	2.03											
石蛃目	24	12	18	11	1.06											
衣鱼目	9	20	3	34	14.67											
蜉蝣目	262	24	170	35	1.64											
蜻蜓目	781	28	593	60	4.38	6					E	F	G	H	I	0.074
襀翅目	447	28	312	44	1.61	7									i	0.052
蜚蠊目	366	28	218	49	2.64	5								H	I	0.064
等翅目	552	22	514	43	2.12	4									I	0.050
螳螂目	164	27	125	48	3.38	4									I	0.096
蛩蠊目	2	2	2	2	1.00											
革翅目	264	28	223	53	2.58	7						F	G	H	I	0.073
直翅目	2 716	28	2 400	64	2.95	7				D		F	G		I	0.036
䗛目	343	25	327	37	1.50	3									I	0.045
纺足目	6	9	0	0	—											
缺翅目	2	3	2	2	1.00											
虱目	1 648	28	1 469	55	1.21	7										
食毛目	906	28	353	25	1.73											

（续表）

类群	总种类	分布省份	省区下分布种类	分布单元	分布域	聚类群数	单元群 A	B	C	D	E	F	G	H		总 SI
虱目	97	27	75	42	4.36	4										0.134
缨翅目	570	28	517	57	2.86	6					E	F	G	H	I	0.051
半翅目	11 973	28	10 177	64	3.30	9	A	B	C	D	E	F	G	H	I	0.067
广翅目	106	26	105	49	4.00	6			C			F	G		I	0.096
蛇蛉目	14	15	13	12	1.46											
脉翅目	768	28	664	63	2.47	9										0.028
鞘翅目	23 643	28	15 446	64	2.95	9	A	B	C	D	E	F	G	H	I	0.036
捻翅目	23	17	17	26	2.53											
长翅目	227	26	180	30	1.21											
双翅目	15 404	28	12 507	64	2.44	8		B	C		E	F		H	I	0.028
蚤目	568	28	467	61	2.88	8	A							H	I	0.061
毛翅目	927	28	612	48	1.52											
鳞翅目	17 786	28	14 124	64	4.57		A	B	C	D	E	F	G	H	I	0.060
膜翅目	12 517	28	9 951	64	2.47	9	A	B	C	D	E	F	G	H	I	0.029

通过逐个类群的聚类分析，虽然结果各不相同，但可以肯定地得出如下结论：一是每个类群，每个种类，每个分布记录，都在为昆虫地理学大厦的构建贡献着正能量，我们的责任就是把这些点点滴滴的正能量汇集起来，抽象出它们的自然规律，我们没有理由随意选取或抛弃某些类群或某些种类；二是各类群的各个单元群的构成虽不相同，但都是符合统计学、地理学、生物学逻辑的，除了区系调查差异的原因以外，它标志着类群分布的特点；三是可以得到几个比较稳定构成的单元群 A~I，A 单元群由 01~06 共 6 个单元组成，B 单元群由 07~12，16~18 共 9 单元组成，C 单元群由 13~15，19~25 共 10 个单元组成，D 单元群由 26~28 共 3 个单元组成，E 单元群由 29~33，42~47 共 11 个单元组成，F 单元群由 34~37，48~53 共 10 个单元组成，G 单元群由 54~56 共 3 个单元组成，H 单元群由 38~41 共 4 个单元组成，I 单元群由 57~64 共 8 个单元组成。表 4-73 中各类群的单元群一栏，各英文字母表示单元构成在上述范围之内。可以看出，种类多、分布域广的类群，可以得到彼此基本相同的聚类结果，而种类虽多，分布域非常狭窄的类群，或分布域虽广，种类很少的类群，则难以单独进行聚类分析。即便如此，在进行昆虫整体分析时，这些类群也不应该剔除或舍弃。

在本编的各章中，我们已先后将这 9 个单元群命名为西北单元群、东北单元群、华北单元群、青藏单元群、江淮单元群、华中单元群、西南单元群、华东单元群和华南单元群，在本书中保持稳定。

第五编
中国昆虫地理区划

Part V Insect Biogeography Division in China

导　言

本编把全国 823 科 17 018 属 93 661 种昆虫在 64 个基础地理单元的分布，按种、属、科 3 个分类阶元分别进行 MSCA 分析，得到基本相同的聚类结果，只是阶元越高，聚类结果越模糊。又分别对东洋种类、广布种类、古北种类、中国特有种、中日种类，农林、卫生、环境 3 类行业昆虫，昆虫分布地随机删减 10%、20%，种类的 3 种方式删减和 3 次 10% 抽样等共 16 项次进行 MSCA 分析，显示出 9 个昆虫区和 20 个昆虫亚区的稳定性。再根据中国昆虫区系成分构成比例的梯级变化和世界近 500 科昆虫的属级 MSCA 分析，确定中国昆虫属于世界昆虫的东古北界（西伯利亚亚界、中国亚界）、西古北界（中亚亚界）、东洋界（南亚亚界），组成中国昆虫区系的 3 界 4 亚界 9 区 20 亚区的区划系统。

Introduction

In the part，according to the MSCA of 19 items of 93661 species of insect in China and the tentative MSCA of near 500 families of insect in the World，Chinese insect geographical division system，3 kingdoms 4 sub-kingdoms 9 regions 20 sub-regions，was suggested.

章士美在《中国农林昆虫的地理分布》中说：世界上每种昆虫都有自己的分布范围，没有任何两种昆虫的分布范围相同； 世界上每个地区都有自己的昆虫组成，没有任何两个地区的昆虫组成相同。我们可以进一步引申，世界上总有一些昆虫种类的分布区域相似，构成一种分布类型； 世界上也总有一些地区的昆虫组成相近，形成一定的地理区。二者结合起来可以说，一个地区的昆虫区系，由多个分布类型的昆虫组成，这些分布类型的多少和构成比例，决定了这个地区的区系性质； 一个地区的昆虫区系，依其种类及其分布区域的宽窄，决定了这个地区和其他地区的相似性大小，从质和量两方面构成地理区划的依据。

本编将根据第三编、第四编对昆虫类群和省区昆虫分布的初步分析，参考众多学者关于生物地理的阐释与实践，应用第二编的 MSCA 方法，定量地提出中国昆虫地理区划的一个初步方案，以抛砖引玉，引起讨论。本编所依据的基础材料见表 5-1。

表 5-1　各基础地理单元的昆虫种类及区系成分

地理单元	科数	属数	种数	东洋种类	古北种类	广布种类	东亚种类		成分不明种类
							中国特有种	中日种类	
01 阿尔泰山	91	333	561	0	419	25	58	55	4
02 准噶尔盆地	150	833	1 786	9	1 375	76	271	41	14
03 伊犁谷地	106	374	592	1	401	41	110	32	7
04 天山山区	155	733	1 367	10	909	80	288	68	12
05 塔里木盆地	130	473	852	2	572	55	210	9	4
06 吐鲁番盆地	93	284	490	2	388	35	63	1	1
07 大兴安岭	247	1 224	2 274	52	1 361	180	284	156	241
08 呼伦贝尔高原	212	893	1 483	30	877	141	118	62	255
09 锡林郭勒高原	228	997	1 768	73	1 003	197	271	76	148
10 三江地区	108	593	1 169	35	705	52	191	179	7
11 东北平原	311	1 953	3 796	237	2 010	311	509	463	266
12 长白山区	264	1 820	3 744	258	1 789	196	743	712	46
13 坝上高原	253	1 351	2 255	157	1 159	243	365	270	61
14 晋察冀山区	251	1 335	2 391	145	1 275	248	437	208	78
15 五台山区	197	1 222	2 169	151	1 057	180	502	237	42
16 鄂尔多斯	281	1 402	2 589	144	1 309	304	559	176	97
17 贺兰山区	232	996	1 667	88	929	198	263	120	74
18 阿拉善高原	243	1 252	2 308	103	1 227	221	463	137	157
19 华北平原	326	1 994	3 563	538	1 346	376	771	502	30
20 山东半岛	244	1 348	2 034	363	695	196	362	396	22
21 太行山区	236	1 531	2 501	405	865	289	506	423	13
22 晋中南	178	1 073	1 851	203	837	147	427	210	27
23 陕中陇东	281	1 669	2 819	311	1 173	293	658	369	15
24 陇中地区	199	1 206	2 055	204	847	200	551	244	9
25 六盘山区	270	1 620	3 148	203	1 499	249	902	277	18
26 祁连山区	142	615	1 031	40	528	76	294	81	12

（续表）

地理单元	科数	属数	种数	东洋种类	古北种类	广布种类	东亚种类 中国特有种	东亚种类 中日种类	成分不明种类
27 青海湖地区	223	1 035	1 711	102	821	126	485	163	14
28 青藏高原	179	821	1 910	65	837	90	777	125	16
29 淮河平原	306	1 781	3 009	815	859	390	427	484	34
30 苏北平原	159	602	804	234	204	135	75	151	5
31 大别山区	310	1 867	3 197	902	649	295	762	582	7
32 桐柏山区	228	1 151	1 744	513	406	235	228	356	6
33 宛襄盆地	239	1 044	1 483	395	427	253	166	238	4
34 伏牛山区	376	2 630	5 125	929	1 232	361	1 724	855	24
35 秦岭山区	363	2 555	5 030	863	1 223	369	1 800	758	17
36 大巴山区	383	2 857	5 780	1 405	1 012	349	2 030	959	25
37 陇南山区	284	1 941	3 809	775	1 010	268	1 231	514	11
38 沪宁杭平原	355	2 295	4 004	1 203	718	311	989	755	28
39 浙江山区	488	4 034	9 010	2 286	1 198	462	3 650	1 347	67
40 福建丘陵	475	4 393	10 320	3 386	905	511	4 238	1 230	50
41 台湾地区	616	7 638	20 352	5 877	936	664	9 500	3 121	254
42 鄱阳湖平原	323	2 023	3 256	1 130	509	338	628	611	40
43 赣南丘陵	260	1 384	2 008	874	204	226	405	286	13
44 井冈山区	364	2 524	4 545	1 524	593	378	1 235	774	41
45 江汉平原	290	1 525	2 527	856	479	309	439	413	31
46 洞庭湖平原	210	992	1 394	484	207	153	343	204	3
47 湘中丘陵	227	1 220	1 838	662	212	147	483	333	1
48 武陵山区	438	4 054	9 455	2 804	1 120	464	3 670	1 360	37
49 雷公山区	301	2 049	3 636	1 283	372	241	1 248	478	14
50 云贵高原	354	2 684	5 339	2 032	440	309	1 994	535	29
51 四川盆地	330	2 127	3 772	1 317	485	291	1 100	568	11
52 阿坝地区	205	1 200	2 215	390	416	111	1 108	184	6
53 大凉山区	208	1 299	2 256	857	246	140	732	272	9
54 甘孜山区	287	2 376	5 657	1 056	737	192	3 101	560	11
55 丽江山区	296	2 258	4 853	1 414	512	226	2 237	446	18
56 墨脱地区	324	2 270	4 835	1 802	438	221	1 825	545	4
57 无量山区	297	2 076	3 942	1 929	146	127	1 479	242	19
58 西双版纳	323	2 589	5 633	2 775	143	132	2 306	261	16
59 桂西山区	235	1 070	1 795	934	137	163	425	130	6
60 桂南山区	376	2 739	5 414	2 777	338	357	1 520	408	14
61 粤桂山区	332	2 010	3 525	1 587	241	264	1 138	285	10
62 南岭山区	373	2 783	5 226	2 064	400	340	1 741	658	23
63 粤南沿海平原	249	1 313	2 194	1 173	100	120	636	157	8
64 海南	424	3 810	7 914	4 253	295	320	2 447	570	29
全国	823	17 018	93 661	15 510	12 355	1 261	52 691	9 490	2 374

第一章
中国昆虫区系特征

Chapter 1　The Characters
of the insect fauna of China

第一节　典型右偏分布的类群结构

Segment 1　Significantly right skewed insect group structure

本研究所依据的中国昆虫包括 33 目 823 科 17 018 属 93 661 种。

各目的种类数量极不平均，有 26 个目的种类在 1 000 种以下，而鞘翅目种类在 23 000 多种。种类最多和最少的目、科、属见表 5-2。

各科的物种数、属数和各属的物种数，都呈右偏分布 *（right skewed）（图 5-1）。即大部分科含有很少的属和种，而含有较多属或种的科很少，如含有 50 种以下的科有 559 科，占总科数的 67.9%，共含有 6 790 种，占总种数的 7.2%，而夜蛾、天牛、尺蛾、步甲、螟蛾、叶甲、姬蜂 7 科共拥有 17 337 种，占总种类的 18.5%；含有 10 属以下的科共 556 科，占总科数的 67.6%，共含有 1 599 属，占总属数的 9.4%，而夜蛾、天牛、尺蛾、螟蛾、姬蜂 5 科共拥有 2 831 属，占总属数的 16.6%。

各属中的物种数的频度分布类似科的情况，含有 1、2 种的属有 9 825 属，占总属数的 57.7%，共含有 12 628 种，占总种数的 13.5%。而将各属的种数从大到小排列，前 100 个属共拥有 35 906 种，占总种数的 38.3%。

＊右偏分布：统计学中关于频度分布的一种分布状态，相对于正态分布，是偏态分布，偏态分布又分右偏分布和左偏分布。从分布图看，右偏分布是峰左尾右，左偏分布是峰右尾左。偏态的程度可用偏度系数来表示。

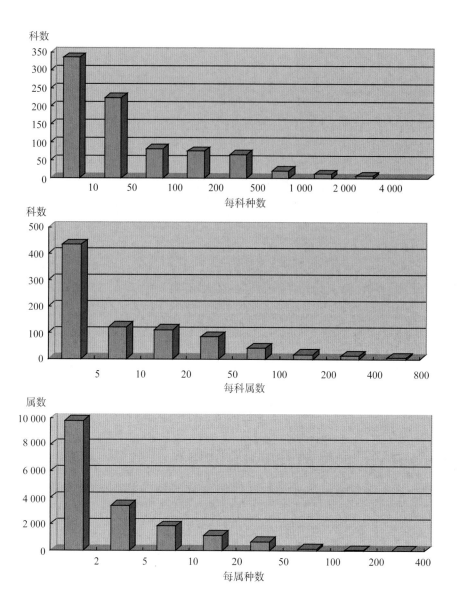

图 5-1　中国昆虫科、属阶元的种类组成

表 5-2　中国昆虫最大和最小的目、科、属

序号	目	科数	属数	种数	序号	科	属数	种数	序号	属	种数
1	鞘翅目	154	3 910	23 643	1	夜蛾科	797	3 645	1	叶蜂属 Tenthredo	363
2	鳞翅目	94	3 848	17 786	2	天牛科	540	2 829	2	棘蝇属 Phaonia	360
3	双翅目	99	2 020	15 404	3	尺蛾科	511	2 383	3	步甲属 Carabus	317
4	膜翅目	86	2 179	12 517	4	步甲科	288	2 217	4	库蠓属 Culicoides	316
5	半翅目	127	2 803	11 973	5	螟蛾科	515	2 180	5	咯木虱属 Cacopsylla	313
6	直翅目	40	564	2 716	6	叶甲科	267	2 063	6	虻属 Tabanus	283
7	蜉目	27	177	1 648	7	姬蜂科	468	2 020	7	大蚊属 Tipula	273
8	毛翅目	26	142	927	8	叶蝉科	351	1 969	8	蚋属 Simulium	270
9	食毛目	6	124	906	9	叶蜂科	249	1 717	9	寡长足虻属 Hercostomus	247

（续表）

序号	目	科数	属数	种数	序号	科	属数	种数	序号	属	种数
10	蜻蜓目	19	172	781	10	茧蜂科	253	1 669	10	果蝇属 *Drosophila*	237
⋮	⋮	⋮	⋮	⋮	⋮	⋮	⋮	⋮	⋮	⋮	⋮
31	纺足目	1	2	6	235	缨甲等 36 科	1	3	135	*Eremisca* 等 1 557 属	3
32	缺翅目	1	1	3	236	奇蚋等 45 科	1	2	136	*Bocana* 等 2 805 属	2
33	蛩蠊目	1	2	2	237	蚬蛾等 93 科	1	1	137	*Tala* 等 7 020 属	1

第二节　丰富的昆虫多样性
Segment 2　Rich in insect biodiversity

中国的生物多样性为世人瞩目，任何有价值的多样性排序，中国（或喜马拉雅）都会赫然居前，如 Myers（1998）确定的 25 个"热点地区"（hot spots）中，东喜马拉雅排在第 10 位；在被称作"多样性特别丰富中心"（megadiversity centers）的 26 个国家中，中国位居第 3；在 Barthlott 等（1996）描绘的 10 个"多样带"（diversity zones）中，东喜马拉雅–云南中心位居第 4。

生物种类数量是生物多样性的最直接的指标和最权威的依据。昆虫作为生物王国中的最繁茂类群，多年来一直按中国种类占世界种类的 10% 估计，实际目前已稳定超过这个比例。为了更直接比较中国昆虫多样性的状况，将世界一些重要国家或地区的几个生物类群列表 5-3。

表 5-3　世界几个重要国家或地区生物多样性的比较

国家或地区	陆地面积（万 km²）	蜘蛛目的种数	舞虻总科的种数	蝗亚目的属数	夜蛾科的属数
中国	960	3 290	1 461	263	506
美国	937	2 429	1 896	146	527
亚马孙地区	960	2 995	413	254	368
澳大利亚	768	2 044	480	196	376
南非地区	531	1 830	469	348	314
墨西哥	187	1 877	328	135	314
印度尼西亚	225	2 726	364	196	515
印度	297	2 040	217	188	574
欧洲	1 016	3 477	2 098	108	333
全世界	14 900	32 883	11 854	2 261	3 331

注：本表中亚马孙地区包括巴西和玻利维亚，南非地区包括安哥拉、赞比亚、马拉维、莫桑比克、津巴布韦、博茨瓦纳、莱索托、南非以及圣赫勒拿岛。

第三节　复杂的昆虫区系成分

Segment 3　Complex insect fauna elements

中国辽阔的疆域及复杂的地势、气候、植被条件，决定了中国无与伦比的复杂的昆虫区系成分。世界上任何国家都不具备这样复杂的自然地理条件和如此复杂的昆虫区系成分。

在全国 93 661 种昆虫中，东洋种类 15 510 种，占全国种类的 16.56%，古北种类 12 335 种，占 13.17%，广布种类 1 261 种，占 1.35%，中日种类 9 490 种，占 10.13%，中国特有种 52 691 种，占 56.26%，另外还有成分不明的 2 374 种（图 5-2）。

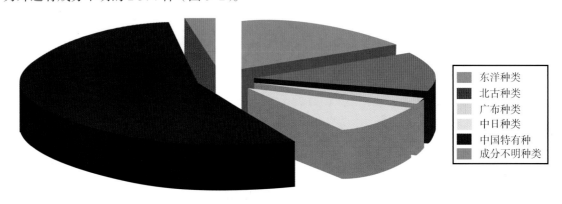

图 5-2　中国昆虫区系构成比例

图例：
东洋种类
北古种类
广布种类
中日种类
中国特有种
成分不明种类

第四节　突出的昆虫特有类群

Segment 4　Prominent insect endemic groups

特有种是一个地区区别于另外地区的主要标志，是地区之间相异性的主要依据，是生物地理学研究中的重要信息。对特有种的轻视或忽略是导致生物地理研究出现偏差，甚至失败的重要原因之一。个别地理学研究报告提出的将仅分布于 1 个地区的特有种排除在外的做法是不足取的，甚至是错误的。

一、特有科（亚科）

1. 富蚖科 Fujientomidae：是东亚特有科，由尹文英 1983 年建立，1 属 2 种：

双腰富蚖 *Fujientomon dicestum* Yin, 1977 分布于上海佘山、浙江杭州、江苏苏州、安徽宣城、海南尖峰岭、云南石屏等地。

另 1 种分布于日本。

2. 华蚖科 Sinentomidae：是东亚特有科，由尹文英 1965 年建立。共 1 属 3 种，其中红华蚖

Sinentomon erythranum Yin，1965 分布于上海佘山，江苏苏州，浙江杭州、天目山，安徽合肥，福建福州，广东湛江，广西桂林，湖南衡山，贵州梵净山，云南西双版纳等地。另外 2 种，1 种在朝鲜，1 种在日本。

3. 旭蚖科 Antelientomidae：是中国特有科，由尹文英 1996 年建立，共 1 属 3 种：

桂林旭蚖 *Antelientomon guilinicum* Zhang *et* Yin，1981 分布于广西桂林；

初旭蚖 *A. prodromi* Yin，1974 分布于江苏南京、上海佘山、江西赣县；

西藏旭蚖 *A. xizangnicum* Yin，1989 分布于西藏墨脱。

4. 沪蚖亚科 Huhentominae：是东亚特有亚科，由尹文英 1983 年建立，1 属 1 种；

褶爪沪蚖 *Huhentomon plicatunguis* Yin，1977 分布于上海东佘山，江苏苏州，浙江杭州、天目山、上虞，安徽黄山、九华山、宣城以及日本。

5. 云南蝗亚科 Yunnanitinae：是中国特有亚科，由印象初 1982 年建立，2 属 2 种，均分布于云南、四川、贵州。

6. 澜沧蝗亚科 Mekongiellinae：是西藏高原特有亚科，由印象初 1982 年建立，1 属 5 种，见澜沧蝗属。

7. 霄蝗亚科 Dysaneminae：是中国特有亚科，由印象初 1982 年建立，共 6 属 11 种，分别见盲蝗属、缺耳蝗属、惇蝗属、拙蝗属、霄蝗属、缝隔蝗属。

8. 怪重螅亚科 Antivulgarinae：是中国特有亚科，由李法圣 2002 年建立，1 属 1 种：

尖峰岭怪重螅 *Antivulgaris jianfenglingensis* Li，2002 分布于海南乐东尖峰岭。

9. 扁重螅亚科 Compressioninae：是中国特有亚科，由李法圣 2002 年建立，1 属 1 种：

隐脉扁重螅 *Compressionis introvenis* Li，1993 分布于山东。

10. 双单螅亚科 Amphicaeciliinae：是中国特有亚科，由李法圣 2002 年建立，1 属 4 种，分布于云南、四川、广西。

11. 裂个木虱科 Carsitriidae：是我国特有科，由李法圣 1997 年建立的新属并于 2011 年提升的新阶元。1 属 1 种：

赵氏裂个木虱 *Carsitria zhaoi* Li，1997 分布于西藏察隅，云南景洪、陇川、大理、昆明等地（李法圣，2011）。

12. 半木虱科 Hemipteripsyllidae Yang *et* Li，2011：东亚特有科，由杨集昆和李法圣 1981 年建立的新属并于 2011 年提升的新阶元。共 2 属 3 种，分布于中国；日本、尼泊尔。

13. 亚个木虱亚科 Asiotriozinae Li，2011 中国特有亚科，由李法圣 2011 年建立，1 属 1 种。

14. 欣奇虱科 Mirophthridae：是中国特有科，由金大雄 1980 年建立。目前 1 属 1 种：

李氏欣奇虱 *Mirophthirus liae* Chin，1980 分布于四川、贵州（金大雄，1999）。

15. 刺襀科 Styloperlidae：是我国特有科。共 2 属，*Cerconychia* 属 4 种、*Styloperla* 属 5 种，全部分布在中国南方浙江、福建、台湾、江西等地。

二、特有属

特有属的整理与统计需要更广泛的资料背景，本研究仅统计下列几个昆虫类群的特有属，可管窥一斑。

（一）原尾目 Protura

据尹文英的《中国动物志 原尾纲》，世界原尾目动物共 69 属，中国 34 属，其中中国特有属 11 个，东亚特有属 6 个，共占世界属的 24.6%，占中国属的 50.0%。

1. 沪蚖属 *Huhentomon* Yin，1977 东亚特有属，仅 1 种：

　　褶爪沪蚖 *H. plicatunguis* Yin，1977 分布于上海、江苏、浙江、安徽；　日本。

2. 近康蚖属 *Paracondeellum* Yin，Xie *et* Zhang，1994 中国特有属，仅 1 种：

　　渡口近康蚖 *P. dukouensis*（Tang *et* Yin，1988）分布于四川渡口、云南勐腊。

3. 新巴蚖属 *Neobaculentulus* Yin，1984 东亚特有属，共 3 种：

　　茨坪新巴蚖 *N. cipingensis* Yin，1987 分布于江西茨坪，湖南衡山、慈利；

　　河南新巴蚖 *N. henanensis* Yin，1984 分布于河南洛阳，湖南衡山、永顺、古丈，贵州梵净山，四川绵阳、峨眉山、青城山；

　　泉新巴蚖 *N. izumi*（Imadaté，1965）分布于上海佘山；　日本。

4. 多腺蚖属 *Polyadenum* Yin，1980 中国特有属，仅 1 种：

　　中华多腺蚖 *P. sinensis* Yin，1980 分布于上海佘山，安徽宁国，浙江杭州、玉泉、天目山。

5. 藏蚖属 *Zangentulus* Yin，1983 中国特有属，仅 1 种：

　　中华藏蚖 *Z. sinensis* Yin，1983 分布于西藏墨脱。

6. 华山蚖属 *Huashanentulus* Yin，1980 中国特有属，仅 1 种：

　　华山蚖 *H. huashanensis* Yin，1980 分布于陕西华山，甘肃徽县，湖北神农架，四川广元、绵阳、峨眉山。

7. 伊春蚖属 *Yichunentulus* Yin，1980 中国特有属，仅 1 种：

　　伊春蚖 *Y. yichunensis* Yin，1980 分布于黑龙江伊春。

8. 大和蚖属 *Yamatentomon* Imadaté,1964 东亚特有属，共 4 种，分布于中国，朝鲜，日本，中国 1 种：

　　大和蚖 *Yamatentomon yamato*（Imadaté *et* Yosii，1956）分布于黑龙江伊春、吉林长白山，日本，朝鲜。

9. 丽蚖属 *Callientomon* Yin，1980 中国特有属，仅 1 种：

　　中国丽蚖 *C. chinensis* Yin，1980 分布于黑龙江伊春，吉林长白山，辽宁千山。

10. 富蚖属 *Fujientomon* Yin，1977 东亚特有属，共 2 种：

　　双腰富蚖 *Fujientomon dicestum* Yin，1977 分布于上海佘山、浙江杭州、江苏苏州、安徽宣城、海南尖峰岭、云南石屏等地；　另一种分布于日本。

11. 华蚖属 *Sinentomon* Yin，1965 东亚特有属，共 3 种：

　　红华蚖 *Sinentomon erythranum* Yin，1965 分布于上海佘山，江苏苏州，浙江杭州、天目山，安徽合肥，福建福州，广东湛江，广西桂林，湖南衡山，贵州梵净山，云南西双版纳等地；另外 2 种在朝鲜、日本。

12. 中国蚖属 *Zhongguohentomon* Yin，1979 中国特有属，共 2 种：

　　多毛中国蚖 *Z. piligeroum* Zhang *et* Yin,1981 分布于广西桂林,广东汕头,湖北鹤峰,贵州贵阳、遵义,四川秀山、黔江、攀枝花、峨眉山、青城山、雅安、绵阳；

　　大中国蚖 *Z. magnum* Yin，1979 分布于上海佘山，浙江杭州。

13. 异蚖属 *Anisentomon* Yin，1977 中国特有属，共 4 种：

　　中国异蚖 *A. chinensis* Yin，1977 分布于上海佘山，江苏苏州，浙江杭州，江西井冈山，湖南衡阳、慈利，广西桂林，四川乐山，重庆；

　　异毛异蚖 *A. heterochaitum* Yin，1977 分布于上海佘山，浙江杭州、天目山、莫干山；

　　巨刺异蚖 *A. magnispinosum*（Yin，1965）分布于江苏苏州，浙江杭州、天目山，河南登封，陕西华山，四川绵阳；

　　四毛异蚖 *A.quadrisetum* Zhang *et* Yin，1981 分布于广西桂林、金秀，广东汕头、惠阳。

14. 新异蚖属 *Neanisentomon* Zhang *et* Yin，1984 中国特有属，共 3 种：

桂新异蚖 *N. guicum* Zhang *et* Yin，1984 分布于广西桂林、雁山；

天目新异蚖 *N. tienmunicum* Yin，1989 分布于浙江天目山；

粤新异蚖 *N. yuenicum* Zhang *et* Yin，1984 分布于广东汕头、惠阳。

15. 近异蚖属 *Paranisentomon* Zhang *et* Yin，1984 东亚特有属，共 4 种：

土栖近异蚖 *P. krybetes* Zhang *et* Yin，1984 分布于贵州梵净山，湖南衡山、慈利，广东肇庆，安徽；

线目近异蚖 *P. linoculum*（Zhang *et* Yin，1981）分布于广西桂林、阳朔，安徽黄山；

三珠近异蚖 *P. triglobulum* Yin *et* Zhang，1982 分布于广西桂林、武鸣，广东广州、阳春，江西九连山、井冈山，湖南衡山、岳麓山，贵州贵阳，安徽；

屠氏近异蚖 *P. tuxeni*（Imadaté *et* Yosii，1959）分布于陕西华山，湖北神农架，湖南衡山、慈利，江西井冈山，安徽东至，贵州贵阳以及日本。

16. 拟异蚖属 *Pseudonisentomon* Zhang *et* Yin，1984 中国特有属，共 17 种：

苍山拟异蚖 *P. cangshanense* Imadaté，Yin *et* Xie，1995 分布于云南大理、宾川；

长垫拟异蚖 *P. dolichempidium*（Yin *et* Zhang，1982）分布于广西桂林、雁山；

广西拟异蚖 *P. guangxiensis*（Yin *et* Zhang，1982）分布于广西桂林；

惠州拟异蚖 *P. huizhouense* Zhang *et* Yin，1984 分布于广东惠阳，云南大理；

江西拟异蚖 *P. jiangxiensis* Yin，1987 分布于江西井冈山厦平镇；

梅花拟异蚖 *P. meihwa*（Yin，1965）分布于江苏无锡、南京，浙江天目山，安徽黄山、芜湖、青阳、歙县，福建南平，河南登封、洛阳，湖南衡山、慈利，贵州梵净山；

小孔拟异蚖 *P. minystigmum*（Yin，1979）分布于上海佘山，江苏苏州，浙江杭州，安徽合肥，福建长汀、南平，湖北神农架，云南昆明；

软拟异蚖 *P. molykos* Zhang *et* Yin，1984 分布于广东肇庆，广西金秀，云南西双版纳，香港；

小眼拟异蚖 *P. paurophthalmum* Zhang *et* Yin，1985 分布于广西金秀；

短垫拟异蚖 *P. pedanempodium*（Zhang *et* Yin，1981）分布于广西桂林，江西九连山；

佘山拟异蚖 *P. sheshanensis*（Yin，1965）分布于上海佘山，浙江杭州、天目山，湖南岳麓山，云南昆明、景洪；

华南拟异蚖 *P. sininotialis* Zhang *et* Yin，1984 分布于广西金秀，湖南衡山，海南尖峰岭；

松江拟异蚖 *P. songkiangensis*（Yin，1977）分布于上海佘山；

三纹拟异蚖 *P. trilinum*（Zhang *et* Yin，1981）分布于广西桂林、阳朔，广东惠阳、阳春、广州，福建长汀、漳州，江西九连山，贵州贵阳，四川乐山、峨眉山、雅安，云南勐腊；

皖拟异蚖 *P. wanense* Zhang，1987 分布于安徽霍山，浙江天目山；

瑶山拟异蚖 *P. yaoshanensis* Zhang *et* Yin，1984 分布于广西金秀；

永兴拟异蚖 *P. yongxingense* Yin，1988 分布于海南西沙永兴岛。

17. 旭蚖属 *Antelientomon* Yin，1974 中国特有属，共 3 种：

桂林旭蚖 *A. guilinicum* Zhang *et* Yin，1981 分布于广西桂林；

初旭蚖 *A. prodromi* Yin，1974 分布于江苏南京、上海佘山、江西赣县；

西藏旭蚖 *A. xizangnicum* Yin，1989 分布于西藏墨脱。

（二）蝗亚目 Caelifera

根据印象初的 *A synonymic catalogue of grasshoppers and their allies of the World* 以及《中国动物志　蝗总科》等专著，全世界蝗亚目共 2 402 属，中国 345 属，其中中国特有属 132 属，东亚特有属 3 属，共占世界属的 5.6%，占中国属的 39.1%。

1. 小翅蝗属 *Alulacris* Zheng，1981 中国特有属，仅 1 种：

　　石林小翅蝗 *A. shilinensis*（Cheng，1977）分布于云南路南石林。

2. 拟小翅蝗属 *Alulacroides* Zheng，Dong *et* Xu，2010 中国特有属，仅 1 种：

　　小垫拟小翅蝗 *A. micromacrolius* Zheng，Dong *et* Xu，2010 分布于新疆尼勒克。

3. 安秃蝗属 *Anapodisma* Dovnar–Zapolskii，1933 东亚特有属，共 2 种：

　　玛安秃蝗 *A. miramae* Dovnar–Zapolskii，1933 分布于吉林图们，朝鲜，俄罗斯东部滨海区；

　　红翅安秃蝗 *A. rufapenna* Zheng，1989 分布于辽宁垣仁。

4. 珂蝗属 *Anepipodisma* Huang，1984 中国特有属，仅 1 种：

　　点珂蝗 *A. punctata* Huang，1984 分布于云南德钦，西藏芒康。

5. 拟皱膝蝗属 *Angaracrisoides* Gong *et* Zheng，2003 中国特有属，仅 1 种：

　　黑翅拟皱膝蝗 *A. nigripennis* Gong *et* Zheng，2003 分布于甘肃肃南。

6. 卫蝗属 *Armatacris* Yin，1979 中国特有属，仅 1 种：

　　西沙卫蝗 *A. xishaenxix* Yin，1979 分布于海南西沙永兴岛。

7. 无齿蝗属 *Aserratus* Huang，1981 中国特有属，仅 1 种：

　　突额无齿蝗 *A. emeinifrontus* Huang，1981 分布于西藏波密、墨脱。

8. 无声蝗属 *Asonus* Yin，1982 中国特有属，共 6 种：

　　大尾片无声蝗 *A. amplifurculus* Chen，Zheng *et* Zeng，2010 分布于青海贵德；

　　筱翅无声蝗 *A. brachypterus*（Ying，1974）分布于青海治多、玉树，西藏安多、类乌齐；

　　长沟无声蝗 *A. longisulcus* Yin，1984 分布于西藏类乌齐；

　　小尾无声蝗 *A. microfurculus* Yin，1984 分布于西藏昌都卡吉拉山；

　　小眼无声蝗 *A. parvoculus* Xie *et* Liu，1998 分布于四川西部；

　　青海无声蝗 *A. qinghaiensis* Liu，1986 分布于青海玉树。

9. 拟缺沟蝗属 *Asulconotoides* Liu，1984 中国特有属，仅 1 种：

　　四川拟缺沟蝗 *A. sichuanensis* Liu，1984 分布于四川理塘。

10. 缺沟蝗属 *Asulconotus* Ying，1974 中国特有属，共 3 种：

　　阿坝缺沟蝗 *A. abaensis* Yin，Zheng *et* Yin，2012 分布于青海久治；

　　青海缺沟蝗 *A. chinghaiensis* Ying，1974 分布于青海曲麻莱、玛沁、久治、杂多，四川阿坝；

　　科氏缺沟蝗 *A. kozlovi* Mistshenko，1981 分布于青海玉树。

11. 缺耳蝗属 *Atympanum* Yin，1982 中国特有属，共 5 种：

　　长角缺耳蝗 *A. antennatum* Yin，1984 分布于西藏乃东；

　　尖尾须缺耳蝗 *A. belonocercus*（Liu，1981）分布于西藏措美卡；

　　断线缺耳蝗 *A. carinotum*（Yin，1979）分布于西藏改则、申扎；

措美缺耳蝗 *A. comaiensis*（Liu，1981）分布于西藏措美卡；

暗纹缺耳蝗 *A. nigrofasciatum*（Yin，1979）分布于西藏改则。

12. 小屏蝗属 *Aurilobulus* Yin，1979 中国特有属，仅 1 种：

丽色小屏蝗 *A. splendens* Yin，1979 分布于西藏扎达。

13. 版纳蝗属 *Bannacris* Zheng，1980 中国特有属，仅 1 种：

点背版纳蝗 *B. punctonotus* Zheng，1980 分布于云南勐腊、景洪。

14. 隆背蝗属 *Carinacris* Liu，1984 中国特有属，仅 1 种：

条纹隆背蝗 *C. vittatus* Liu，1984 分布于四川西昌，云南昆明、南华、大理、丽江。

15. 拟卵翅蝗属 *Caryandoides* Zheng *et* Xie，2008 中国特有属，仅 1 种：

大拟卵翅蝗 *C. maguas* Zheng *et* Xie，2008 分布于湖南莽山。

16. 拟竹蝗属 *Ceracrisoides* Liu，1985 中国特有属，共 3 种：

昆明拟竹蝗 *C. kunmingensis* Liu，1985 分布于云南昆明；

山南拟竹蝗 *C. shannanensis* Bi *et* Xia，1987 分布于西藏山南地区；

绿拟竹蝗 *C. virides* Zheng *et* Yang，1989 分布于江西庐山。

17. 金色蝗属 *Chrysacris* Zheng，1983 中国特有属，共 11 种：

长白山金色蝗 *C. changbaishanensis* Ren，Zhang *et* Zheng，1994 分布于黑龙江镜泊湖，吉林长白山；

呼盟金色蝗 *C. humengensis* Ren *et* Zhang，1993 分布于内蒙古鄂温克旗；

佳木斯金色蝗 *C. Jiamusi* Ren，Zhao *et* Hao，2002 分布于黑龙江佳木斯、阿城、铁力；

辽宁金色蝗 *C. liaoningensis* Zheng，1988 分布于辽宁；

满洲里金色蝗 *C. manzhoulensis* Zheng，Ren *et* Zhang，1996 分布于内蒙古满洲里；

山间金色蝗 *C. montanis* Zhang *et* Zheng，1993 分布于辽宁铁岭龙首山；

秦岭金色蝗 *C. qinlingensis* Zheng，1983 分布于陕西留坝、周至、户县；

粗壮金色蝗 *C. ribusta* Lian *et* Zheng，1987 分布于吉林安图；

曲线金色蝗 *C. sinucarinata* Zheng，1988 分布于河南西峡；

狭胸金色蝗 *C. stenosterna* Niu，1994 分布于河南鸡公山；

绿金色蝗 *C. viridis* Lian *et* Zheng，1987 分布于内蒙古加格达奇。

18. 迷蝗属 *Confusacris* Yin *et* Li，1987 中国特有属，共 7 种：

短翅迷蝗 *C. brachypterus* Yin *et* Li，1987 分布于宁夏六盘山；

沼泽迷蝗 *C. limnophila* Liang *et* Jia，1993 分布于内蒙古鄂伦春、根河；

长翅迷蝗 *C. longipennis* Zheng *et* Shi，2010 分布于黑龙江漠河；

素色迷蝗 *C. unicolor* Yin *et* Li，1987 分布于内蒙古；

绿色迷蝗 *C. viridis* Ren *et* Zhang，2001 分布于内蒙古阿荣旗；

兴安迷蝗 *C. xinganensis* Li *et* Zheng，1994 分布于黑龙江漠河、伊春、镜泊湖；

新疆迷蝗 *C. xinjiangensis* Wang *et* Zheng，2007 分布于新疆霍城。

19. 拟裸蝗属 *Conophymacris* Willemse，1933 中国特有属，共 6 种：

中华拟裸蝗 *C. chinensis* Willemse，1933 分布于云南昆明，重庆；

锥尾拟裸蝗 *C. conicerca* Bi *et* Xia，1984 分布于云南保山；

黑股拟裸蝗 *C. nigrofemora* Liang，1993 分布于四川盐源；

绿拟裸蝗 *C. viridis* Zheng，1980 分布于四川昭觉；

四川拟裸蝗 *C. szechwanensis* Chang，1937 分布于四川峨眉山；

云南拟裸蝗 *C. yunnanensis* Cheng，1977 分布于云南个旧。

20. 异裸蝗属 *Conophymella* Wang *et* Xiangyu，1995 中国特有属，仅 1 种：

蓝胫异裸蝗 *C. cyanipes* Wang *et* Xiangyu，1995 分布于云南文山、老君山。

21. 伪裸蝗属 *Conophymopsis* Huang，1983 中国特有属，共 2 种：

唇突伪裸蝗 *C. labrispinus* Huang，1983 分布于新疆叶城；

舌突伪裸蝗 *C. lingusoinus* Huang，1983 分布于新疆阿克陶、乌恰、塔什库尔干。

22. 曲翅蝗属 *Curvipennis* Huang，1984 中国特有属，仅 1 种：

维西曲翅蝗 *C. wixiensis* Huang，1984 分布于云南维西。

23. 蓝尾蝗属 *Cyanicaudata* Yin，1979 中国特有属，仅 1 种：

环角蓝尾蝗 *C. annulicornea* Yin，1979 分布于西藏扎达。

24. 滇蝗属 *Dianacris* Yin，1983 中国特有属，仅 1 种：

周氏滇蝗 *D. choui* Yin，1983 分布于云南丽江玉龙山。

25. 异色蝗属 *Dimeracris* Niu *et* Zheng，1993 中国特有属，仅 1 种：

草绿异色蝗 *D. prasina* Niu *et* Zheng，1993 分布于云南勐腊。

26. 霄蝗属 *Dysanema* Uvarov，1925 中国特有属，共 2 种：

珠峰霄蝗 *D. irvinei* Uvarov，1925 分布于西藏珠穆朗玛峰、定结、岗巴、浪卡子、亚东；

缺线霄蝗 *D. malloryi* Uvarov，1925 分布于西藏亚东。

27. *Echanthacris* Tinkham，1940 中国特有属，仅 1 种：

E. mirabilis Tinkhan，1940 分布于华南。

28. 疹蝗属 *Ecphymacris* Bi，1984 中国特有属，仅 1 种：

罗浮山疹蝗 *E. lofaoshana*（Tinkham，1940）分布于广东、广西、云南、贵州。

29. 峨眉蝗属 *Emeiacris* Zheng，1981 中国特有属，共 2 种：

30. 斑腿峨眉蝗 *E. maculate* Zheng，1981 分布于四川峨眉山；

鄂西峨眉蝗 *E. exiensis* Wang，1995 分布于湖北利川。

31. 原突颜蝗属 *Eoeotmethis* Zheng，1985 中国特有属，仅 1 种：

长翅原突颜蝗 *E. longipennis*（Zheng，1985）分布于甘肃肃南。

32. 原金蝗属 *Eokingdonella* Yin，1984 中国特有属，共 5 种：

巴颜喀拉原金蝗 *E. bayanharaensis* Huo，1995 分布于青海曲麻莱；

昌都原金蝗 *E. changtunica* Yin，1984 分布于西藏昌都；

龙胆原金蝗 *E. gentiana*（Uvarov，1939）分布于西藏八宿；

凯原金蝗 *E. kaulbacki*（Uvarov，1939）分布于西藏左贡；

西藏原金蝗 *E. tibetana*（Mistshenko，1952）分布于西藏八宿。

33. 突颜蝗属 *Eotmethis* Bei-Bienko，1949 中国特有属，共 9 种：

贺兰突颜蝗 *E. holanensis* Zheng *et* Gaw，1981 分布于宁夏石嘴山；

景泰突颜蝗 *E. jintaiensis* Xi *et* Zheng，1984 分布于甘肃景泰；

蒙古突颜蝗 *E. mongolensis* Xi *et* Zheng，1984 分布于内蒙古乌拉特中、乌拉特后旗；

突颜蝗 *E. nasutus* Bei–Bienko，1948 分布于宁夏中卫；

宁夏突颜蝗 *E. ningxiaensis* Zheng *et al.*，1989 分布于宁夏贺兰山；

短翅突颜蝗 *E. recipennis* Xi *et* Zheng，1986 分布于内蒙古乌拉特前旗、乌拉特中旗、乌拉特后旗；

红缘突颜蝗 *E. rufemarginis* Zheng，1985 分布于陕西榆林；

赤胫突颜蝗 *E. rufitibialis* Xi *et* Zheng，1986 分布于甘肃天祝；

素色突颜蝗 *E. unicolor* Yin *et* Li，2011 分布于甘肃景泰。

34. 寂蝗属 *Eremitusacris* Liu，1981 中国特有属，仅 1 种：

新疆寂蝗 *E. xinjiangensis* Liu，1981 分布于新疆玛纳斯、奇台、巴里坤。

35. 突眼蝗属 *Eremoscopus* Bei–Bienko，1951 中国特有属，仅 1 种：

瞅突眼蝗 *E. oculatus* Bei–Bienko，1951 分布于新疆吐鲁番、高昌、托克逊。

36. 短鼻蝗属 *Filchnerella* Karay，1908 中国特有属，共 15 种：

裴氏短鼻蝗 *F. beicki* Ramme，1931 分布于甘肃兰州，陕西榆林、绥德；

短翅短鼻蝗 *F. brachyptera* Zheng，1992 分布于宁夏同心大罗山、贺兰山、平罗；

甘肃短鼻蝗 *F. gansuensis* Xi *et* Zheng，1985 分布于甘肃靖远；

贺兰短鼻蝗 *F. helanshanensis* Zheng，1992 分布于宁夏贺兰山；

青海短鼻蝗 *F. kukunoris* Bei–Bienko，1948 分布于青海共和，甘肃武威、古浪、张掖、山丹、金昌、肃南；

兰州短鼻蝗 *F. lanchowensis* Zheng，1981 分布于甘肃兰州；

小翅短鼻蝗 *F. micropenna* Zheng *et* Xi，1985 分布于甘肃东乡、临洮、景泰、会宁、临夏、定西；

黑胫短鼻蝗 *F. nigritibia* Zheng，1992 分布于宁夏贺兰山；

癞短鼻蝗 *F. pamphagoides* Karny，1908 分布于甘肃兰州、定西、榆中；

祁连山短鼻蝗 *F. qilianshanensis* Xi *et* Zheng，1984 分布于甘肃肃南；

红胫短鼻蝗 *F. rufitibia* Yin，1984 分布于青海民和；

肃南短鼻蝗 *F. sunanensis* Liu，1982 分布于甘肃肃南、阿克塞；

天祝短鼻蝗 *F. tientsuensis* Chang，1978 分布于甘肃天祝；

红缘短鼻蝗 *F. tubimargina* Zheng，1992 分布于宁夏海源；

永登短鼻蝗 *F. yongdengensis* Xi *et* Zheng，1984 分布于甘肃永登。

37. 平顶蝗属 *Flatovertex* Zheng，1981 中国特有属，仅 1 种：

红胫平顶蝗 *F. rufotibialis* Zheng，1981 分布于云南昆明。

38. 台蝗属 *Formosacris* Willemse，1951 中国特有属，仅 1 种：

恒春台蝗 *F. koshunensis*（Shiraki，1910）分布于台湾恒春、高雄，广西龙州。

39. 笨蝗属 *Haplotropis* Saussure，1888 东亚特有属，共 2 种：

笨蝗 *H. brunneriana* Saussure，1888 分布于华北、东北以及西伯利亚东南部；

内蒙古笨蝗 *H. neimongolensis* Yin，1982 分布于内蒙古。

40. 拙蝗属 *Hebetacris* Liu，1981 中国特有属，仅 1 种：

宽背拙蝗 *H. amplinota* Liu，1981 分布于西藏吉隆。

41. 印秃蝗属 *Indopodisma* Dovnar–Zapolskii，1933 喜马拉雅特有属，仅 1 种：
    金印秃蝗 *I. kingdomi*（Uvarov，1927）分布于西藏察隅，印度阿萨姆。

42. 康蝗属 *Kangacris* Yin，1983 中国特有属，仅 1 种：
    红足康蝗 *K. rufipes* Yin，1983 分布于四川康定。

43. 拟康蝗属 *Kangacrisoides* Wang，Zheng *et* Niu，2006 中国特有属，仅 1 种：
    霍城拟康蝗 *K. huochengensis* Wang，Zheng *et* Niu，2006 分布于新疆霍城。

44. 甘癞蝗属 *Kanotmethis* Yin，1994 中国特有属，仅 1 种：
    蓝胫甘癞蝗 *K. cyanipes*（Yin *et* Feng，1983）分布于甘肃肃南。

45. 金蝗属 *Kingdonella* Uvarov，1933 中国特有属，共 17 种：
    无尾金蝗 *K. afurcula* Yin，1984 分布于西藏类乌齐；
    二丘金蝗 *K. bicollina* Yin，1984 分布于西藏类乌齐；
    锥金蝗 *K. conica* Yin，1984 分布于西藏昌都卡吉拉山；
    汉金蝗 *K. hanburyi* Uvarov，1939 分布于西藏八宿、左贡；
    科金蝗 *K. kozlovi* Mistshenko，1952 分布于西藏昌都，青海玉树；
    长锥金蝗 *K. longiconica* Yin，1984 分布于西藏昌都卡吉拉山；
    大金蝗 *K. magna* Yin，1984 分布于青海达日；
    静金蝗 *K. modesta* Uvarov，1939 分布于西藏八宿；
    黑股金蝗 *K. nigrofemora* Yin，1984 分布于青海久治；
    黑胫金蝗 *K. nigrotibia* Zheng，1990 分布于四川白玉麻城沟；
    小金蝗 *K. parvula* Yin，1984 分布于西藏类乌齐；
    紫足金蝗 *K. pictipes* Uvarov，1935 分布于西藏八宿然乌；
    边坝金蝗 *K. pienbaensis* Zheng，1980 分布于西藏边坝；
    青海金蝗 *K. qinghaiensis* Zheng，1990 分布于青海治多；
    肛沟金蝗 *K. rivuna* Huang，1981 分布于西藏察雅吉塘；
    石栖金蝗 *K. saxicola* Uvarov，1939 分布于西藏八宿；
    瓦迪金蝗 *K. wardi* Uvarov，1933 分布于西藏察隅。

46. 金沙蝗属 *Kinshaties* Cheng，1977 中国特有属，仅 1 种：
    元谋金沙蝗 *K. yuanmowensis* Cheng，1977 分布于云南元谋，四川会理、渡口。

47. 舟形蝗属 *Lemba* Huang，1983 中国特有属，共 6 种：
    叉尾舟形蝗 *L. bituberculata* Yin *et* Liu，1987 分布于重庆奉节；
    大关舟形蝗 *L. daguanensis* Huang，1983 分布于云南大关；
    四川舟形蝗 *L. sichuanensis* Ma，Guo *et* Li，1994 分布于四川宁南；
    中华舟形蝗 *L. sinensis*（Chang，1939）分布于四川宜宾；
    绿胫舟形蝗 *L. viriditibia* Niu *et* Zheng，1992 分布于云南东川；
    云南舟形蝗 *L. yunnana* Ma *et* Zheng，1994 分布于云南盐津。

48. 白纹蝗属 *Leuconemacris* Zheng，1988 中国特有属，共 8 种：
    缺沟白纹蝗 *L. asulcata* Zheng，1988 分布于四川巴塘；
    短翅白纹蝗 *L. brevipennis*（Yin，1983）分布于四川理塘、雅江、康定；

稲城白纹蝗 *L. daochengensis* Zheng，1988 分布于四川稻城；

理塘白纹蝗 *L. litangensis*（Yin，1983）分布于四川理塘；

长翅白纹蝗 *L. longipennis* Zheng，1988 分布于四川巴塘；

小翅白纹蝗 *L. microptera* Zheng，1988 分布于四川巴塘；

乡城白纹蝗 *L. xiangchengensis* Zheng，1988 分布于四川乡城；

西藏白纹蝗 *L. xizangensis*（Yin，1984）分布于西藏芒康，四川巴塘。

49. 辽秃蝗属 *Liaopodisma* Zheng，1990 中国特有属，仅 1 种：

千山辽突蝗 *L. qianshanensis* Zheng，1990 分布于辽宁千山。

50. 龙川蝗属 *Longchuanacris* Zheng et Fu，1989 中国特有属，仅 1 种：

巨尾片龙川蝗 *L. macrofurculus* Zhen et Li，1989 分布于云南瑞丽。

51. 陇根蝗属 *Longgenacris* You et Li，1983 中国特有属，仅 1 种：

斑边陇根蝗 *L. maculacarina* You et Li，1983 分布于广西陇州、陇根。

52. 长距蝗属 *Longipternis* Yin，1984 中国特有属，仅 1 种：

察隅长距蝗 *L. chayuensis* Yin，1984 分布于西藏察隅。

53. 拟长距蝗属 *Longipternisoides* Zheng et al. 2006 中国特有属，仅 1 种：

平缘拟长距蝗 *L. glabimarginis* Zheng et al. 2006 分布于新疆霍城。

54. 龙州蝗属 *Longzhouacris* You et Bi，1983 中国特有属，共 5 种：

斑角龙州蝗 *L. annulicornis* Lu，Li et You，2000 分布于广西那坡；

短翅龙州蝗 *L. brevipennis* Li，Lu et You，1996 分布于广西隆安；

海南龙州蝗 *L. hainanensis* Zheng et Liang，1984 分布于海南；

环江龙州蝗 *L. huanjiangensis* Jiang et Zheng，1994 分布于广西环江；

金秀龙州蝗 *L. jinxiuensis* Li et Jin，1984 分布于广西金秀；

长翅龙州蝗 *L. longipennis* Huang et Xia，1984 分布于云南河口；

红翅龙州蝗 *L. rufipennis* You et Bi，1983 分布于广西龙州。

55. 大康蝗属 *Macrokangacris* Yin，1983 中国特有属，仅 1 种：

黄纹大康蝗 *M. luteoarmilla* Yin，1983 分布于四川巴塘。

56. 湄公蝗属 *Mekongiana* Uvarov，1940 中国特有属，仅 1 种：

戈弓湄公蝗 *M. gregoryi*（Uvaeov，1925）分布于云南。

57. 澜沧蝗属 *Mekongiella* Kevan，1966 西藏高原特有属，共 5 种：

金澜沧蝗 *M. kingdoni*（Uvarov，1937）分布于西藏林芝、米林；

扩胸澜沧蝗 *M. pleurodilata* Yin，1984 分布于西藏错那；

红胫澜沧蝗 *M. rufitibia* Yin，1984 分布于西藏错那；

瓦澜沧蝗 *M. wardi*（Uvarov，1937）分布于西藏朗县，以及印度北部山区；

西藏澜沧蝗 *M. xizangensis* Yin，1984 分布于西藏错那。

58. 梅荔蝗属 *Melliacris* Ramme，1941 中国特有属，仅 1 种：

中华梅荔蝗 *M. sinensis* Ramme，1941 分布于云南大理。

59. 勐腊蝗属 *Menglacris* Jiang et Zheng，1994 中国特有属，仅 1 种：

斑腿勐腊蝗 *M. maculata* Jiang et Zheng，1994 分布于云南勐腊。

60. 尼蝗属 *Niitakacris* Tinkham，1936 中国特有属，共 2 种：

戈根尼蝗 *N. goganzanensis* Tinkhan，1936 分布于台湾台中、大竹；

红胫尼蝗 *N. rosaceanum*（Shiraki，1910）分布于台湾台南、大竹。

61. 雪蝗属 *Nivisacris* Liu，1984 中国特有属，仅 1 种：

中甸雪蝗 *N. zhongdianensis* Liu，1984 分布于云南中甸。

62. 惇蝗属 *Oknosacris* Liu，1981 中国特有属，仅 1 种：

吉隆惇蝗 *O. gyirongensis* Liu，1981 分布于西藏吉隆。

63. 屹蝗属 *Oreoptygonotus* Tarbinsky，1927 中国特有属，共 4 种：

短翅屹蝗 *O. brachypterus* Yin，1984 分布于青海兴海；

青海屹蝗 *O. chinghaiensis*（Cheng *et* Hang，1974）分布于青海共和、贵南、同仁、泽库、河南、玛沁、天峻；

壮屹蝗 *O. robustus* Yin，1984 分布于青海河南县；

藏屹蝗 *O. tibetanus* Tarbinsky，1927 分布于青海玛多、曲麻莱。

64. *Orinhippus* Uvarov，1921 中国特有属，共 2 种：

O. tibetanus Tibkham，1921 分布于西藏；

O. trisulcus Yin，1984 分布于青藏高原。

65. 拟稻蝗属 *Oxyoides* Zheng *et* Fu，1994 中国特有属，共 2 种：

武陵山拟稻蝗 *O. wulingshanensis* Zheng *et* Fu，1994 分布于湖南张家界；

八面山拟稻蝗 *O. bamianshanensis* Fu *et* Zheng，1997 分布于湖南郴州。

66. 拟澜沧蝗属 *Paramekongiella* Huang，1990 中国特有属，仅 1 种：

中甸拟澜沧蝗 *P. zhongdianensis* Huang，1990 分布于云南中甸。

67. 绿肋蝗属 *Parapleurodes* Ramme，1941 中国特有属，仅 1 种：

中华绿肋蝗 *P. chinensis* Ramme，1941 分布地点仅记中国。

68. 扮桃蝗属 *Paratoacris* Li *et* Jin，1984 中国特有属，仅 1 种：

网翅扮桃蝗 *P. reticulipennis* Li *et* Jin，1984 分布于广西金秀。

69. 佯越蝗属 *Paratonkinacris* You *et* Li，1983 中国特有属，共 4 种：

井冈山佯越蝗 *P. jinggangshanensis* Wang *et* Xiangyu，1995 分布于江西井冈山；

庐山佯越蝗 *P. lushanensis* Zheng *et* Yang，1989 分布于江西庐山；

斑腿佯越蝗 *P. vittifemoralis* You *et* Li，1983 分布于广西龙胜；

尤氏佯越蝗 *P. youi* Li，Lu *et* Jiang，1995 分布于广西融水元宝山。

70. 小蹦蝗属 *Pedopodisma* Zheng，1980 中国特有属，共 17 种：

阿坝小蹦蝗 *P. abaensis* Yin，Zheng *et* Ye，2012 分布于四川阿坝；

长尾小蹦蝗 *P. dolichypyga* Huang，1988 分布于安徽黄山；

峨眉小蹦蝗 *P. emeiensis*（Yin，1980）分布于四川峨眉山、青城山、都江堰；

尖翅小蹦蝗 *P. epacroptera* Huang，1988 分布于湖北神农架；

伏牛山小蹦蝗 *P. funiushana* Zheng，1994 分布于河南卢氏、西峡；

小尾小蹦蝗 *P. furcula* Pu *et* Zheng，1996 分布于湖南桑植；

突眼小蹦蝗 *P. protrocula* Zheng，1980 分布于甘肃康县、文县、武都，陕西宁陕、平利、镇坪、安康；

橙股小蹦蝗 *P. rutifemoralis* Zhong *et* Zheng，2004 分布于湖北神农架；

神农架小蹦蝗 *P. shennongjiaensis* Wang *et* Li，1996 分布于湖北神农架；

秦岭小蹦蝗 *P. tsinlingensis*（Cheng，1974）分布于陕西长安、周至；

万县小蹦蝗 *P. wanxianensis* Zheng *et* Chen，1995 分布于重庆万县；

武当山小蹦蝗 *P. wudangshana* Wang，1991 分布于湖北武当山，河南伏牛山；

乌岩岭小蹦蝗 *P. wuyanlingensis* He，Mu *et* Wang，1999 分布于浙江泰顺；

兴山小蹦蝗 *P. xingshanensis* Zhong *et* Zheng，2004 分布于湖北兴山。

71. 平尾蝗属 *Platycercacris* Zheng *et* Shi，2001 中国特有属，仅 1 种：

凉山平尾蝗 *P. liangshanensis* Zheng *et* Shi，2001 分布于四川屏山。

72. *Podismodes* Ramme，1939 中国特有属，仅 1 种：

P. melli Ramme，1939 分布于广东北部。

73. 似秃蝗属 *Podismomorpha* Lian *et al.*，1984 中国特有属，仅 1 种：

隆背似秃蝗 *P. gibba* Lian *et* Zheng，1984 分布于甘肃碌曲。

74. 胸铧蝗属 *Promesosternus* Yin，1982 中国特有属，共 2 种：

喜马拉雅胸铧蝗 *P. himalayicus* Yin，1984 分布于西藏墨脱；

暗纹胸铧蝗 *P. vittatus* Yin，1984 分布于西藏墨脱。

75. 拟无声蝗属 *Pseudoasonus* Yin，1982 中国特有属，共 4 种：

白玉拟无声蝗 *P. baiyuensis* Zheng，1990 分布于四川白玉；

康定拟无声蝗 *P. kangdingensis* Yin，1983 分布于四川康定；

直缘拟无声蝗 *P. orthomarginis* Zheng，Chen *et* Lin，2012 分布于西藏墨竹工卡；

玉树拟无声蝗 *P. yushuensis* Yin，1982 分布于青海玉树。

76. 拟埃蝗属 *Pseudoeocyllina* Liang *et* Jia，1992 中国特有属，共 7 种：

短翅拟埃蝗 *P. brevipennis* Sun *et* Zheng，2008 分布于黑龙江北安；

拟短翅拟埃蝗 *P. brevipennisoides* Zhang，Zheng *et* Yang，2012 分布于内蒙古贺兰山；

格尔木拟埃蝗 *P. golmudensis* Zheng *et* Chen，2012 分布于青海格尔木；

贺兰山拟埃蝗 *P. helanshanensis* Zheng，Zeng *et* Zhang，2012 分布于内蒙古贺兰山；

长角拟埃蝗 *P. longicorna* Liang *et* Jia，1992 分布于内蒙古科尔沁右前旗；

红胫拟埃蝗 *P. rufitibialis*（Li *et* Liu）分布于广西乐业；

新疆拟埃蝗 *P. xinjiangensis* Zheng *et* Yang，2006 分布于新疆哈巴河、温泉。

77. 拟凹背蝗属 *Pseudoptygonotus* Cheng，1977 中国特有属，共 6 种：

贡山拟凹背蝗 *P. gunshanensis* Zheng *et* Liang，1986 分布于云南泸水；

金沙拟凹背蝗 *P. jinshaensis* Zheng，Shi *et* Chen，1994 分布于四川会理、攀枝花；

昆明拟凹背蝗 *P. kunmingensis* Cheng，1977 分布于云南昆明、大理，贵州威宁；

凉山拟凹背蝗 *P. liangshanensis* Zheng *et* Zhang，1995 分布于四川喜德；

突缘拟凹背蝗 *P. prominemarginis* Zheng *et* Mao，1996 分布于云南大理苍山、南涧、无量山；

相岭拟凹背蝗 *P. xianglingensis* Zheng *et* Zhang，1995 分布于四川喜德。

78. 疙蝗属 *Pseudotmethis* Bei-Bienko，1949 中国特有属，共 5 种：

贺兰疣蝗 *P. alashanicus* Bei-Bienko，1948 分布于内蒙古阿拉善左旗，甘肃民乐、皇城、永昌、张掖、山丹、肃南、秦安；

短翅疣蝗 *P. brachypterus* Li，1986 分布于内蒙古阿拉善左旗；

甘肃疣蝗 *P. gansuensis* Xi *et* Zheng，1984 分布于甘肃永昌、张掖、山丹；

红缘疣蝗 *P. rubimarginis* Li，1986 分布于宁夏贺兰山；

粉股疣蝗 *P. rufifemoralis* Zheng *et* He，1996 分布于宁夏贺兰山。

79. 凹背蝗属 *Ptygonotus* Tarbinsky，1927 中国特有属，共 9 种：

筱翅凹背蝗 *P. brachypterus* Yin,1974 分布于青海玉树、治多，西藏安多；

青海凹背蝗 *P. chinghaiensis* Yin，1974 分布于青海同德、贵南；

甘肃凹背蝗 *P. gansuensis* Zheng *et* Chang，1994 分布于甘肃迭部；

戈氏凹背蝗 *P. gurneyi* Chang，1937 分布于四川康定、成都；

河卡山凹背蝗 *P. hocashanensis* Cheng *et* Hang，1974 分布于青海兴海，甘肃碌曲、夏河、玛曲、迭部；

薛氏凹背蝗 *P. semenovi* Tarbinsky，1927 分布于四川松潘，甘肃；

四川凹背蝗 *P. sichuanensis* Zheng，1983 分布于四川理县；

达氏凹背蝗 *P. tarbinskii* Uvarov，1930 分布于四川松潘，甘肃夏河、碌曲、迭部；

兴隆山凹背蝗 *P. xinglongshanensis* Zheng *et al.*，1994 分布于甘肃榆中兴隆山。

80. 小垫蝗属 *Pusillarolium* Zheng，1999 中国特有属，仅 1 种：

白纹小垫蝗 *P. albonimum* Zheng，1999 分布于内蒙古贺兰山。

81. 角锥蝗属 *Pyramisternum* Huang，1983 中国特有属，仅 1 种：

草栖角锥蝗 *P. herbaceum* Huang，1983 分布于安徽霍山，福建邵武、崇安。

82. 秦岭蝗属 *Qinlingacris* Yin *et* Chou，1979 中国特有属，共 3 种：

周氏秦岭蝗 *Q. choui* Li，Feng *et* Wu，1991 分布于陕西宁陕；

橄榄秦岭蝗 *Q. elaeodes* Yin *et* Chou，1979 分布于陕西秦岭太白山；

太白秦岭蝗 *Q. taibaiensis* Yin *et* Chou，1979 分布于陕西秦岭太白山，河南伏牛山。

83. 清水蝗属 *Qinshuiacris* Zheng *et* Mao，1996 中国特有属，仅 1 种：

绿清水蝗 *Q. viridis* Zheng *et* Mao，1996 分布于云南云龙。

84. 方额蝗属 *Quadriverticis* Zheng，1999 中国特有属，仅 1 种：

小方额蝗 *Q. elegans* Zheng，1999 分布于内蒙古雅布赖山。

85. 蛙蝗属 *Ranacris* You *et* Lin，1983 中国特有属，仅 1 种：

白斑蛙蝗 *R. albicornis* You *et* Lin，1983 分布于广西凭祥。

86. 直缘秃蝗属 *Rectimargipodisma* Zheng，Li *et* Wang，2004 中国特有属，仅 1 种：

墨脱直缘秃蝗 *R. motogensis* Zheng，Li *et* Wang，2004 分布于西藏墨脱。

87. 皱背蝗属 *Ruganotus* Yin，1979 中国特有属，仅 1 种：

红足皱背蝗 *R. rufipes* Yin，1979 分布于西藏普兰。

88. 神农秃蝗属 *Shennongipodisma* Zhong *et* Zheng，2004 中国特有属，仅 1 种：

宽顶神农秃蝗 *S. lativertex* Zhong *et* Zheng，2004 分布于湖北五峰。

89. 华蝗属 *Sinacris* Tinkham，1940 中国特有属，共 3 种：

湖南华蝗 *S. hunanensis* Fu *et* Zheng，1999 分布于湖南郴州；

长翅华蝗 *S. longipennis* Liang，1989 分布于云南勐腊；

爱山华蝗 *S. oreophilus* Tinkham，1940 分布于广西龙胜、防城、龙州，贵州望谟，云南勐腊，广东，福建。

90. 华笨蝗属 *Sinohaplotropis* Cao *et* Yin，2008 中国特有属，仅 1 种：

鄂伦春华笨蝗 *S. elunchuna* Cao *et* Yin，2008 分布于内蒙古鄂伦春。

91. 华佛蝗属 *Sinophlaeoba* Niu *et* Zheng，2005 中国特有属，共 4 种：

版纳华佛蝗 *S. bannaensis* Niu *et* Zheng，2005 分布于云南勐腊；

短翅华佛蝗 *S. brachyptera* Mao，Ou *et* Ren，2008 分布于云南新平；

老阴山华佛蝗 *S. laoyinshan* Mao，Ou *et* Ren，2008 分布于云南个旧；

郑氏华佛蝗 *S. zhengi* Luo *et* Mao，2011 分布于云南元江。

92. 蹦蝗属 *Sinopodisma* Chang，1940 中国特有属，共 26 种：

二齿蹦蝗 *S. bidenta* Liang，1989 分布于广东连县大东山；

台湾蹦蝗 *S. formosana*（Shiraki，1910）分布于台湾台北；

贵州蹦蝗 *S. guizhouensis* Zheng，1981 分布于贵州威宁；

衡山蹦蝗 *S. hengshanica* Fu，1998 分布于湖南衡山；

黄山蹦蝗 *S. huangshana* Huang，2006 分布于安徽黄山；

霍山蹦蝗 *S. huoshana* Huang，1982 分布于安徽霍山、大别山、黄山，河南鸡公山，陕西安康、平利、镇坪，湖北神农架；

九连山蹦蝗 *S. jiulianshana* Huang，1982 分布于江西九连山、于都、莲花、新建；

克氏蹦蝗 *S. kawakamii*（Shiraki，1910）分布于台湾台中；

卡氏蹦蝗 *S. kelloggii*（Chang，1940）分布于福建福州、建阳、光泽，浙江丽水；

柯蹦蝗 *S. kodamae*（Shiraki，1910）分布于台湾台中、阿里山、台南；

山蹦蝗 *S. lofapshana*（Tinkhan，1936）分布于广东罗浮山、乳源，广西金秀；

卢氏蹦蝗 *S. lushiensis* Zheng，1994 分布于河南卢氏；

比氏蹦蝗 *S. piei*（Chang，1940）分布于江西庐山，安徽黄山、九华山，浙江龙泉，河南伏牛山、大别山；

喙尾蹦蝗 *S. rostellocerea* You，1980 分布于广西龙胜、桂林；

素木蹦蝗 *S. Shirakii*（Tinkham，1936）分布于台湾台中；

针尾蹦蝗 *S. spinocerca* Zheng *et* Liang，1986 分布于贵州雷山；

丽色蹦蝗 *S. splendida*（Tinkham，1936）分布于台湾台中；

笋子山蹦蝗 *S. sunzishanensis* Zheng，Shi *et* Chen，1994 分布于四川古蔺笋子山；

蔡氏蹦蝗 *S. tsaii*（Chang，1940）分布于浙江天目山，江苏南京、苏州；

武陵山蹦蝗 *S. wulingshana* Peng *et* Fu，1992 分布于湖南张家界，湖北利川，重庆黔江、秀山；

武夷山蹦蝗 *S. wuyishana* Zheng，Lian *et* Xi，1985 分布于福建崇安；

英德蹦蝗 *S. yingdensis* Liang，1988 分布于广东英德雷公山；

郑氏蹦蝗 *S. zhengi* Liang *et* Lin，1995 分布于云南宁蒗。

93. 拟蹦蝗属 *Sinopodismoides* Gong，Zheng *et* Lian，1994 中国特有属，共 2 种：

千山拟蹦蝗 *S. qianshanensis* Gong，Zheng *et* Lian，1994 分布于辽宁千山；

草绿拟蹦蝗 *S. prasina* Gong，Zheng *et* Lian，1994 分布于吉林松花湖。

94. 华癞蝗属 *Sinotmethis* Bei-Bienko，1959 中国特有属，共 2 种：

友谊华癞蝗 *S. amicus* Bei-Bienko，1959 分布于甘肃酒泉、肃南、安西、金塔、嘉峪关；

短翅华癞蝗 *S. brachypterus* Zheng *et* Xi，1985 分布于甘肃民勤。

95. 板齿蝗属 *Sinstauchira* Zheng，1981 中国特有属，共 5 种：

嘉氏板齿蝗 *S. gressitti*（Tinkham，1940）分布于海南乐东；

胡氏板齿蝗 *S. hui* Li，Lu，Jiang *et* Meng，1995 分布于广西武鸣大明山；

红角板齿蝗 *S. ruficornis* Huang *et* Xia，1984 分布于云南易武、勐宗；

瑶山板齿蝗 *S. yaoshanensis* Li，1987 分布于广西金秀大瑶山；

云南板齿蝗 *S. yunnana* Zheng，1981 分布于云南勐腊、景洪勐龙、勐海勐混。

96. 鳞翅蝗属 *Squamopenna* Lian *et* Zheng，1984 中国特有属，仅 1 种：

甘肃鳞翅蝗 *S. gansuensis* Lian *et* Zheng，1984 分布于甘肃夏河。

97. 方板蝗属 *Squaroplatacris* Liang *et* Zheng，1987 中国特有属，共 2 种：

紫胫方板蝗 *S. violatibialis* Liang *et* Zheng，1987 分布于新疆伊犁；

小方板蝗 *S. elegans* Zheng *et* Cao，1992 分布于新疆奎屯。

98. 缝隔蝗属 *Stristernum* Liu，1981 中国特有属，仅 1 种：

日土缝隔蝗 *S. rutogensis* Liu，1981 分布于西藏日土。

99. 藏蝗属 *Tibetacris* Chen，1964 中国特有属，仅 1 种：

昌都藏蝗 *T. changtunensis* Chen，1964 分布于西藏昌都、察雅、芒康。

99. 杜蝗属 *Toacris* Tinkhan，1940 中国特有属，共 3 种：

南岭杜蝗 *T. nanlingensis* Liu *et* Yin，1988 分布于湖南道县；

沙洛山杜蝗 *T. shaloshanensis* Tinkham，1940 分布于广东乳源天井山，广西金秀；

瑶山杜蝗 *T. yaoshanensis* Tinkham，1940 分布于广东瑶山、龙头山、南昆山、鼎湖山，福建大安。

100. 横鼓蝗属 *Transtympanacris* Zheng *et* Lian，1985 中国特有属，共 3 种：

幼翅横鼓蝗 *T. neipopennis*（Xia *et* Jin，1982）分布于四川雅江；

雪山横鼓蝗 *T. xueshanensis* Zheng *et* Lian，1985 分布于四川康定；

雅江横鼓蝗 *T. yajiangensis* Zheng，1994 分布于四川雅江。

101. 凸越蝗属 *Traulitonkinacris* You *et* Bi，1983 中国特有属，仅 1 种：

叉尾凸越蝗 *T. bifureatus* You *et* Bi，1983 分布于广西宁明。

102. 蔷蝗属 *Uvaroviola* Bei-Bienko，1930 中国特有属，仅 1 种：

多刺蔷蝗 *U. multispinosa* Bei-Bienko，1930 分布于甘肃夏河，青海。

103. 奇翅蝗属 *Xenoderus* Uvarov，1925 中国特有属，仅 1 种：

山奇翅蝗 *X. montanus* Uvarov，1925 分布于云南。

104. 新疆蝗属 *Xinjiangacris* Zheng，1993 中国特有属，有 2 种：

红胫新疆蝗 *X. rufitibia* Zheng，1993 分布于新疆伊宁；

黄胫新疆蝗 *X. flavitibis* Dong，Zheng *et* Xu，2012 分布于新疆吉木乃。

105. 彝蝗属 *Yiacris* Zheng *et* Chen，1993 中国特有属，仅 1 种：

蓝翅彝蝗 *Y. cyaniptera* Zheng *et* Chen，1993 分布于四川会东。

106. 云秃蝗属 *Yunnanacris* Chang，1940 中国特有属，共 2 种：

云南云秃蝗 *Y. yunnaneus*（Ramme，1939）分布于云南昆明、个旧、大理、宣威、温泉、石林、蒙自；　文山云秃蝗 *Y. wenshanensis* Wang *et* Xiangyu，1995 分布于云南文山。

107. 云南蝗属 *Yunnanites* Uvarov，1924 中国特有属，仅 1 种：

云南蝗 *Y. coriacea* Uvarov，1925 分布于云南洱源。

108. 豫蝗属 *Yupodisma* Zhang *et al.*，1990 中国特有属，共 2 种：

红翅豫蝗 *Y. rufipennis* Zhang *et* Xia，1990 分布于河南商城黄柏山；

清原豫蝗 *Y. qingyuana* Ren，Zhang *et* Cao，1995 分布于辽宁清原、新宾。

109. 角蜢属 *Angulomastax* Zheng，1985 中国特有属，仅 1 种：

少刺角蜢 *A. meiospina* Zheng，1985 分布于青海玉树。

110. *Erianthella* Descamps，1975 中国特有属，仅 1 种：

E. formosanus（Shiraki，1910）分布于台湾。

111. 蚁蜢属 *Myrmeleomastax* Yin，1984 中国特有属，仅 1 种：

小垫蚁蜢 *M. pulvinella* Yin，1984 分布于西藏安多。

112. *Pentaspinula* Yin，1979 中国特有属，仅 1 种：

P. calcara Yin，1979 分布于西藏。

113. 比蜢属 *Pielomastax* Chang，1937 中国特有属，共 12 种：

尖尾比蜢 *P. acuticera* Zheng *et* Fu，1999 分布于湖南石门云雾山；

柱尾比蜢 *P. cylindrocerca* Xia *et* Liu，1989 分布于浙江杭州、莫干山；

牯牛降比蜢 *P. guniujiangensis* Zheng，1997 分布于安徽牯牛降；

肛翘比蜢 *P. lokata* Wang，1992 分布于河南桐柏；

钝齿比蜢 *P. obtusidentata* Zheng，1997 分布于湖北神农架；

神农架比蜢 *P. shennongjiaensis* Wang，1995 分布于湖北神农架；

苏州比蜢 *P. soochouensis* Chang，1937 分布于江苏苏州；

细尾比蜢 *P. tenuicerca* Xia *et* Liu，1989 分布于湖北神农架；

三齿比蜢 *P. tridentata* Wang *et* Zheng，1993 分布于安徽霍山，湖北英山；

异齿比蜢 *P. varidentata* Niu，1994 分布于河南鲁山尧山；

武夷山比蜢 *P. wuyishanensis* Wang，Xiang *et* Liu，1997 分布于江西武夷山；

郑氏比蜢 *P. zhengi* Niu，1994 分布于河南信阳鸡公山。

114. 褶蜢属 *Ptygomastax* Bei-Bienko，1959 中国特有属，共 3 种：

黑马河褶蜢 *P. heimaheensis* Zheng *et* Han，1974 分布于青海共和黑马河；

长足褶蜢 *P. longifemora* Yin，1984 分布于青海贵南；

中华褶蜢 *P. sinica* Bei-Bienko，1959 分布于甘肃的肃南、民乐、安西。

115. 华蜢属 *Sinomastax* Yin，1984 中国特有属，仅 1 种：

长角华蜢 *S. longicornea* Yin，1984 分布于青海玉树。

116. 无翅蚱属 *Aalatettix* Zheng *et* Mao，2002 中国特有属，共 3 种：

驼背无翅蚱 *A. gibbosa* Zheng，Cao *et* Chen，2011 分布于四川冕宁；

乐山无翅蚱 *A. leshanensis* Zheng，Cao *et* Chen，2011 分布于四川乐山；

长垫无翅蚱 *A. longipulvillus*　Zheng *et* Mao，2002 分布于云南景洪。

117. 微刺蚱属 *Alulatettix* Liang，1993 中国特有属，共 3 种：

武当山微刺蚱 *A. wudangshanensis* Wang *et* Zheng，1997 分布于湖北丹江口、武当山、神农架、兴山；

云南微刺蚱 *A. yunnanensis* Liang，1993 分布于云南昆明；

郑氏微刺蚱 *A. zhengi* Niu，1994 分布于河南西峡、鲁山尧山。

118. 版纳蚱属 *Bannatettix* Zheng，1993 中国特有属，共 4 种：

长角版纳蚱 *B. longicornia* Zheng，1993 分布于云南勐连、勐海、景洪、大理、景东；

龙栖山版纳蚱 *B. longqishanensis* Zheng，1993 分布于福建将乐龙栖山；

勐海版纳蚱 *B. menghaiensis* Zheng，1993 分布于云南勐海勐混；

瑞丽版纳蚱 *B. ruiliensis* Zheng，1993 分布于云南瑞丽、勐海。

119. 二齿蚱属 *Bidentatettix* Zheng，1992 中国特有属，仅 1 种：

云南二齿蚱 *B. yunnanensis* Zheng，1992 分布于云南西双版纳。

120. 弯背蚱属 *Cyphotettix* Liang，1995 中国特有属，仅 1 种：

鼎湖弯背蚱 *C. dinghuensis* Liang，1995 分布于广东肇庆鼎湖山。

121. 突顶蚱属 *Exothotettix* Zheng *et* Jiang，1993 中国特有属，仅 1 种：

广西突顶蚱 *E. guangxiensis* Zheng *et* Jiang，1993 分布于广西龙胜。

122. 拟悠背蚱属 *Euparatettixoides* Zheng，1994 中国特有属，仅 1 种：

广西拟悠背蚱 *E. guangxiensis* Zheng，1994 分布于广西平果、大明山。

123. 拟台蚱属 *Formosatettixoides* Zheng，1994 中国特有属，共 3 种：

湖南拟台蚱 *F. hunanensis* Zheng *et* Fu，1992 分布于湖南张家界；

武夷山拟台蚱 *F. wuyishanensis* Zheng *et* Liang，1993 分布于福建崇安、三港；

浙江拟台蚱 *F. zhejiangensis* Zheng，1994 分布于浙江丽水、开化、庆元。

124. 驼背蚱属 *Gibbotettix* Zheng，1992 中国特有属，共 8 种：

圆肩驼背蚱 *G. circinihumerus* Zheng，2003 分布于广西南部；

冠驼背蚱 *G. cristata*（Liang，1995）分布于广东肇庆；

峨眉驼背蚱 *G. emeiensis* Zheng，1992 分布于四川峨眉山；

广西驼背蚱 *G. guangxiensis* Zheng *et* Jiang，1998 分布于广西百色；

红河驼背蚱 *G. hongheensis* Zheng，1992 分布于云南屏边大围山；

壶瓶山驼背蚱 *G. hupingshanensis* Fu *et* Zheng，2003 分布于湖南壶瓶山；

雷山驼背蚱 *G. leishanensis* Zheng，1992 分布于贵州雷山、桃江；

郑氏驼背蚱 *G. zhengi* Liang，2011 分布于广东乳源。

125. 拟大磨蚱属 *Macromotettixoides* Zheng，2005 中国特有属，共 6 种：

M. aelytra（Zheng，Li *et* Shi，2002）分布于贵州赤水；

M. brachynota Zheng *et* Shi，2009 分布于江西龙南；

M. cliva Zheng，Li，Wang *et* Niu，2006 分布于云南瑞丽；

九万山拟大磨蚱 *M. jiuwanshanensis* Zheng，2005 分布于广西融水、罗城、环江，江西安远；

五峰拟大磨蚱 *M. wufengensis* Zheng，Wei *et* Li，2009 分布于湖北五峰；

郑氏拟大磨蚱 *M. zhengi* Deng，2011 分布于广东梅县，福建武平，江西安远。

126. 伴鳄蚱属 *Paragavialidium* Zheng，1994 中国特有属，共 8 种：

弯刺伴鳄蚱 *P. curvispinum* Zheng，1994 分布于安徽牯牛降、九华山，福建武夷山；

峨眉伴鳄蚱 *P. emeiensis* Zheng *et* Cao，2011 分布于四川峨眉山；

海南伴鳄蚱 *P. hainanensis*（Zheng *et* Liang，1985）分布于海南尖峰岭；

龙州伴鳄蚱 *P. longzhouensis* Zheng *et* Jiang，1994 分布于广西龙州；

直刺伴鳄蚱 *P. orthacanum* Zheng，1994 分布于浙江丽水；

齿股伴鳄蚱 *P. serrifemura* Zheng *et* Cao，2011 分布于广东乳源；

四川伴鳄蚱 *P. sichuanensis* Zheng，Wang *et* Shi，2007 分布于四川雅安；

三齿伴鳄蚱 *P. tridentatum* Zheng，1994 分布于广西龙胜。

127. 扁角蚱属 *Platocerus* Liang *et* Zheng，1984 中国特有属，共 9 种：

P. brachynotus Liang，Chen *et* Chen，2008 分布于云南；

赤水扁角蚱 *P. chishuiensis* Zheng *et* Shi，2006 分布于贵州赤水；

大青山扁角蚱 *P. daqingshanensis* Zheng *et* Liang，1998 分布于广西大青山，广东南岭；

齿股扁角蚱 *P. dentifemura* Zheng，2003 分布于广西金秀；

贵州扁角蚱 *P. guizhouensis* Wang，1992 分布于贵州；

海南扁角蚱 *P. hainanensis* Liang，1988 分布于海南保亭；

南昆山扁角蚱 *P. nankunshanensis* Liang *et* Zheng，1984 分布于广东龙门南昆山、封开黑石顶、连县大东山，广西兴安、龙胜、龙州、金秀、曲江龙头山；

黑胫扁角蚱 *P. nigritibialis* Zheng，Bai *et* Xu，2011 分布于广东乳源；

武夷山扁角蚱 *P. wuyishanensis* Zheng，1991 分布于福建崇安。

128. 拟双背蚱属 *Pseudamphinotus* Zheng，1993 中国特有属，仅 1 种：

云南拟双背蚱 *P. yunnanensis* Zheng，1993 分布于云南西双版纳。

129. 拟后蚱属 *Pseudepitettix* Zheng，1995 中国特有属，共 2 种：

云南拟后蚱 *P. yunnanensis* Zheng，1995 分布于云南思茅；

广西拟后蚱 *P. guangxiensis* Zheng *et* Liang，1994 分布于广西上思。

130. 拟扁蚱属 *Pseudogignotettix* Liang，1990 中国特有属，共 2 种：

峨眉山拟扁蚱 *P. emeiensis* Zheng，1995 分布于四川峨眉山；

广东拟扁蚱 *P. guangdongensis* Liang，1990 分布于广东始兴车八岭。

131. 拟希蚱属 *Pseudoxistrella* Liang，1991 中国特有属，仅 1 种：

宽跗拟希蚱 *P. eurymera* Liang，1991 分布于海南尖峰岭、吊罗山。

132. 瘤股蚱属 *Tuberfemurus* Zheng，1992 中国特有属，仅 1 种：

叶瘤股蚱 *T. laminatus* Zheng，1992 分布于四川青城山。

133. 夏蚱属 *Xiatettix* Zheng *et* Liang，1993 中国特有属，仅 1 种：

广西夏蚱 *X. guangxiensis* Zheng *et* Liang，1993 分布于广西龙胜、内粗江。

134. 云南蚱属 *Yunnantettix* Zheng，1995 中国特有属，仅 1 种：

版纳云南蚱 *Y. bannaensis* Zheng，1995 分布于云南景洪。

135. 郑蚱属 *Zhengitettix* Liang，1994 中国特有属，仅 1 种：

　　海南郑蚱 *Z. hainanensis* Liang，1994 分布于海南尖峰岭、琼山、吊罗山。

（三）䗛目 Phasmatodea

根据陈树椿等的《中国䗛目昆虫》以及有关资料，䗛目昆虫世界共约 300 属，中国有 66 属，其中中国特有属 20 个，占世界属的 6.7%，占中国属的 30.3%。

1. 拟刺背䗛属 *Pseudocentema* Chen *et* He，2002 中国特有属，仅 1 种：

　　双棘拟刺背䗛 *P. bispinatum* Chen *et* He，2002 分布于海南尖峰岭。

2. 滇䗛属 *Dianphasma* Chen *et* He，1997 中国特有属，仅 1 种：

　　微翅滇䗛 *D. microptera* Chen *et* He，1997 分布于云南中甸。

3. 副华枝䗛属 *Parasinophasma* Chen *et* He，2001 中国特有属，共 4 种：

　　梵净山副华枝䗛 *P. fanjingshanense* Chen *et* He，2005 分布于贵州梵净山，浙江泰顺乌岩岭，广西龙胜；

　　广东副华枝䗛 *P. guangdongense* Chen *et* He，2008 分布于广东连县大东山；

　　海南副华枝䗛 *P. hainanense* Chen *et* He，2008 分布于海南乐东；

　　河南副华枝䗛 *P. henanense*（Bi *et* Wang，1998）分布于河南伏牛山，贵州梵净山，四川峨眉山，浙江，江西，广西。

4. 壮䗛属 *Megalophasma* Bi，1995 中国特有属，仅 1 种：

　　颗粒壮䗛 *M. granulate* Bi，1995 分布于西藏墨脱。

5. 棘䗛属 *Acanthophasma* Chen *et* He，1992 中国特有属，仅 1 种：

　　杂色长角棘䗛 *A. varium*（Chen *et* He，1992）分布于湖南桑植天平山。

6. 并胸䗛属 *Arthminotus* Bi，1995 中国特有属，仅 1 种：

　　中华并胸䗛 *A. sinensis* Bi，1995 分布于西藏墨脱。

7. 仿原异䗛属 *Paraprosceles* Chen *et* He，2004 中国特有属，仅 1 种：

　　小翅仿原异䗛 *P. micropterus* Chen *et* He，2004 分布于广西上思南屏、龙州大青山。

8. 新健䗛属 *Neososibia* Chen *et* He，2000 中国特有属，共 3 种：

　　短刺新健䗛 *N. brevispina* Chen *et* He，2000 分布于广东封开；

　　贵州新健䗛 *N. guizhouensis* Chen *et* Ren，2002 分布于贵州荔波茂兰；

　　金秀新健䗛 *N. jinxiuensis* Chen *et* He，2008 分布于广西金秀。

9. 粗棘䗛属 *Spiniphasma* Chen *et* He，2000 中国特有属，仅 1 种：

　　广西粗棘䗛 *S. guangxiense* Chen *et* He，2000 分布于广西武鸣大明山、花坪红滩。

10. 琼䗛属 *Qiongphsma* Chen *et* He，2002 中国特有属，仅 1 种：

　　尖峰琼䗛 *Q. jianfengense* Chen *et* He，2002 分布于海南乐东尖峰岭。

11. 圆足䗛属 *Gongylopus* Brunner，1907 中国特有属，仅 1 种：

　　云南圆足䗛 *G. adiposus* Brunner，1907 分布于云南。

12. 仿圆足䗛属 *Paragongylopus* Chen *et* He，1997 中国特有属，仅 1 种：

　　中华仿圆足䗛 *P. sinensis* Chen *et* He，1997 分布于广西武鸣大明山。

13. 藏䗛属 *Zangphsma* Chen *et* He，2008 中国特有属，仅 1 种：

林芝藏䗛 *Z. nyingchiense* Chen *et* He，2008 分布于西藏林芝。

14. 无肛䗛属 *Paraentoria* Chen *et* He，1997 中国特有属，共 2 种：

四川无肛䗛 *P. sichuanensis* Chen *et* He，1997 分布于四川万县；

庐山无肛䗛 *P. lushanensis* Chen *et* He，2000 分布于江西庐山。

15. 润䗛属 *Leiophasma* Chen *et* He，2008 中国特有属，仅 1 种：

云南润䗛 *L. yunnanense* Chen *et* He，2008 分布于云南中甸。

16. 仿润䗛属 *Paraleiophasma* Chen *et* He，2008 中国特有属，仅 1 种：

兴安仿润䗛 *P. xinganense* Chen *et* He，2008 分布于广西兴安。

17. 中䗛属 *Mesentoria* Chen *et* He，2008 中国特有属，共 5 种：

尖尾中䗛 *M. acuticaudata* Chen *et* He，2008 分布于云南丽江；

双带中䗛 *M. bifasciata* Chen *et* He，2008 分布于云南元谋；

褐纹中䗛 *M. testacea* Chen *et* He，2008 分布于云南元谋；

盐边中䗛 *M. yanbianensis* Chen *et* He,2008 分布于四川盐边；

元谋中䗛 *M. yuanmouensis* Chen *et* He，2008 分布于云南元谋。

18. 介䗛属 *Interphasma* Chen *et* He，2008 中国特有属，共 11 种：

叉突介䗛 *I. bifidum* Chen *et* He，2008 分布于四川峨眉山；

锥尾介䗛 *I. canicercum* Chen *et* He，2008 分布于四川峨眉山；

峨眉介䗛 *I. emeiense* Chen *et* He，2008 分布于四川峨眉山；

梵净介䗛 *I. fanjingense* Chen *et* He，2008 分布于贵州梵净山；

广西介䗛 *I. guangxiense* Chen *et* He，2008 分布于广西田林；

陇南介䗛 *I. longnanense* Chen *et* He，2008 分布于甘肃康县；

庐山介䗛 *I. lushanense* Chen *et* He，2008 分布于江西庐山；

黑条介䗛 *I. nigrilineatum* Chen *et* He，2008 分布于云南西双版纳；

陕西介䗛 *I. shanxiense* Chen *et* He，2008 分布于陕西洋县；

卧龙介䗛 *I. wolongense* Chen *et* He，2008 分布于四川汶川卧龙；

新疆介䗛 *I. xinjiangense* Chen *et* He，2008 分布于新疆。

19. 光䗛属 *Leurophsma* Bi，1995 中国特有属，仅 1 种：

长尾光䗛 *L. dolichocerca* Bi，1995 分布于西藏墨脱。

20. 南华䗛属 *Nanhuaphasma* Chen *et* He，2002 中国特有属，仅 1 种：

钩尾南华䗛 *N. hamicercum* Chen *et* He，2002 分布于海南尖峰岭，广西龙州。

（四）啮目 Psocoptera

据李法圣的《中国啮目志》，世界啮目昆虫共 440 属，中国有 168 属，其中东亚特有属 1 属，中国特有属 75 属，占世界属的 17.3%，占中国属的 45.2%。

1. 拟袋鳞啮属 *Pseudothylacus* Li，2002 中国特有属，仅 1 种：

尖翅拟袋鳞啮 *P. acisopterus* Li，2002 分布于广西龙胜。

2. 新鳞啮属 *Neolepipsocus* Li，1992 中国特有属，仅 1 种：

中国新鳞啮 *N. chinensis* Li，1992 分布于贵州。

3. 扁窃蜢属 *Helminotrogia* Li，2002 中国特有属，仅 1 种：

　二斑扁窃蜢 *H. bipunctatia* Li，2002 分布于西藏亚东。

4. 树窃蜢属 *Phlebotrogia* Li，2002 中国特有属，仅 1 种：

　中华树窃蜢 *P. chinensis* Li，2002 分布于西藏波密。

5. 拟跳蜢属 *Pseudopsyllipsicus* Li，2002 中国特有属，仅 1 种：

　瘤突拟跳蜢 *P. gangliigerus* Li，2002 分布于海南乐东尖峰岭。

6. 怪重蜢属 *Antivulgaris* Li，2002 中国特有属，仅 1 种：

　尖峰岭怪重蜢 *A. jianfenglingensis* Li，2002 分布于海南尖峰岭。

7. 扁重蜢属 *Compressionis* Li，2002 中国特有属，仅 1 种：

　隐脉扁重蜢 *C. introvenis* Li，2002 分布于山东。

8. 尹氏蜢属 *Yinia* Li，1995 中国特有属，仅 1 种：

　黑头尹氏蜢 *Y. capitinigra* Li. 1995 分布于云南。

9. 云重蜢属 *Yunientomia* Li，2002 中国特有属，仅 1 种：

　双带云重蜢 *Y. ditaenia* Li，2002 分布于云南勐腊孟仑。

10. 双眼重蜢属 *Biocellientomia* Li，2002 中国特有属，共 2 种：

　二带双眼重蜢 *B. bitrigata* Li，2002 分布于云南勐腊孟仑；

　双斑双眼重蜢 *B. diplosticta* Li，2002 分布于广西龙胜。

11. 圆重蜢属 *Obeliscus* Li，2002 中国特有属，仅 1 种：

　中山氏圆重蜢 *O. zhongshani* Li，2002 分布于江苏南京。

12. 波重蜢属 *Ancylentomus* Li，2002 中国特有属，共 5 种：

　端白波重蜢 *A. apicidealbatus* Li，2002 分布于广西凭祥；

　旋斑波重蜢 *A. fortuosus*（Li，1997）分布于湖北；

　甘泉波重蜢 *A. ganquanensis* Li，2002 分布于陕西甘泉；

　长脉波重蜢 *A. longinervis* Li，2002 分布于广西临桂雁山；

　大尾波重蜢 *A. macrourus*（Li，1997）分布于四川。

13. 脉重蜢属 *Neuroseopsis* Li，2002 中国特有属，共 2 种：

　短叉脉重蜢 *N. cuetifurcis* Li，2002 分布于广西百色；

　长叉脉重蜢 *N. mecodichis* Li，2002 分布于浙江杭州。

14. 角重蜢属 *Cornutientomus* Li，2002 中国特有属，共 2 种：

　中国角重蜢 *C. chinensis*（Li，1993）分布于四川、广东；

　无鳞角重蜢 *C. illepidotus* Li，2002 分布于重庆缙云山。

15. 通重蜢属 *Diamphipsocus* Li，1997 中国特有属，共 10 种：

　无尾通重蜢 *D. acaudatus* Li，1997 分布于湖北；

　一色通重蜢 *D. concoloratus* Li，2002 分布于山西沁水中条山；

　月形通重蜢 *D. fulvus* Li，1997 分布于湖北；

　线斑通重蜢 *D. grammostictous* Li，2002 分布于浙江天目山；

　长柄通重蜢 *D. magnimanbrus*（Li，1995）分布于浙江；

　小柄通重蜢 *D. nanus*（Li，1995）分布于浙江；

山西通重蝎 *D. shanxiensis* Li，2002 分布于山西文水关帝山；

路标通重蝎 *D. signatus* Li，2002 分布于山西文水关帝山；

伟华氏通重蝎 *D. weihuai* Li，2002 分布于海南；

黄头通重蝎 *D. xanthocephalus* Li，1997 分布于湖北。

16. 肘上蝎属 *Cubitiglabrus* Li，1995 中国特有属，共 3 种：

大瑶山肘上蝎 *C. dayaoshananus* Li，2002 分布于广西金秀大瑶山；

多脉肘上蝎 *C. polyphebius* Li，1995 分布于浙江；

四点肘上蝎 *C. quadripunctatus* Li，1995 分布于浙江。

17. 异上蝎属 *Heteroepipsocus* Li，1995 中国特有属，共 3 种：

短室异上蝎 *H. brevicellus* Li，1995 分布于浙江；

长室异上蝎 *H. longicellus* Li，1995 分布于浙江；

斑异上蝎 *H. maculates* Li，2002 分布于云南景洪。

18. 散上蝎属 *Spordoepipsocus* Li，2002 中国特有属，共 3 种：

丽散上蝎 *S. formosus*（Li，1992）分布于云南；

无孔散上蝎 *S. imperforatus* Li，2002 分布于浙江天目山；

多孔散上蝎 *S. porforatus* Li，2002 分布于浙江天目山。

19. 脊上蝎属 *Liratepipsocus* Li，2002 中国特有属，仅 1 种：

景洪脊上蝎 *L. jinghongicus* Li，2002 分布于云南景洪。

20. 间上蝎属 *Metepipsocus* Li，2002 中国特有属，仅 1 种：

北京间上蝎 *M. beijingicus* Li，2002 分布于北京昌平。

21. 半脊上蝎属 *Dimidistriata* Li & Mockford，1997 中国特有属，仅 1 种：

长头半脊上蝎 *D. longicapita* Li & Mockford，1997 分布于浙江。

22. 瓣上蝎属 *Valvepipsocus* Li，2002 中国特有属，仅 1 种：

纵带瓣上蝎 *V. diodematus* Li，2002 分布于海南乐东尖峰岭。

23. 双单蝎属 *Amphicaecilius* Li，2002 中国特有属，共 4 种：

大青山双单蝎 *A. daqingshanicus* Li，2002 分布于广西凭祥大青山；

花美双单蝎 *A. floribundus* Li，2002 分布于云南峨山化念；

极美双单蝎 *A. pulcherrimus* Li，2002 分布于四川峨眉山；

亚美双单蝎 *A. pulchellus* Li，2002 分布于云南景洪。

24. 无翅单蝎属 *Disialacaecilia* Li，2002 中国特有属，仅 1 种：

宁夏无翅单蝎 *D. ningxiaensis* Li，2002 分布于宁夏固原黄峁山。

25. 小翅单蝎属 *Parvialacaecilia* Li，2002 中国特有属，仅 1 种：

河北小翅单蝎 *P. hebeiensis* Li，2002 分布于河北兴隆雾灵山。

26. 新单蝎属 *Neocaecilius* Li，2002 中国特有属，共 2 种：

三叉新单蝎 *N. triradiatus* Li，2002 分布于广西龙胜粗江；

芒市新单蝎 *N. mangshiensis* Li，2002 分布于云南潞西芒市。

27. 无眼单蝎属 *Anoculaticaecilius* Li，1997 中国特有属，仅 1 种：

川陕无眼单蝎 *A. chuanshanicus* Li，1997 分布于四川、陕西。

28. 双瓣单螆属 *Bivalvicaecilia* Li，2002 中国特有属，共 2 种：

　　长柄双瓣单螆 *B. loangiansa* Li，2002 分布于湖南张家界；

　　短瓣双瓣单螆 *B. abbreviata*（Li，1993）分布于广东。

29. 拟科螆属 *Pseudokolbea* Li，2002 中国特有属，共 5 种：

　　无斑拟科螆 *P. immaculata*（Li & Yang，1992）分布于四川；

　　黑毛拟科螆 *P. nigrisetosa* Li，2002 分布于西藏波密扎木；

　　暗条拟科螆 *P. phaea* Li，2002 分布于甘肃卓尼；

　　黄翅拟科螆 *P. xanthoptera* Li，2002 分布于广西龙胜；

　　黄褐拟科螆 *P. xuthosticta* Li，2002 分布于甘肃临潭。

30. 华双螆属 *Siniamphipsocus* Li，1997 中国特有属，共 20 种：

　　锐尖华双螆 *S. acutus* Li，2002 分布于湖北神农架；

　　鲜黄华双螆 *S. aureus* Li，1997 分布于四川；

　　北疆华双螆 *S. beijianicus* Li，2002 分布于黑龙江黑河；

　　精美华双螆 *S. bellulus* Li，2002 分布于山西文水关帝山；

　　岳桦华双螆 *S. betulicolus* Li，2002 分布于吉林长白山；

　　双八华双螆 *S. biconjugarus* Li，2002 分布于广西临桂雁山；

　　二条华双螆 *S. bilinearis* Li，2002 分布于陕西周至；

　　长白山华双螆 *S. changbaishanicus* Li，2002 分布于吉林长白山；

　　褐唇华双螆 *S. chiloscotius* Li，2002 分布于浙江天目山；

　　三角华双螆 *S. deltoides* Li，2002 分布于广西桂林；

　　二歧华双螆 *S. dichasialis* Li，2002 分布于山西文水关帝山；

　　峨眉华双螆 *S. emeiensis* Li，2002 分布于四川峨眉山；

　　黄额华双螆 *S. flavifrontus* Li，2002 分布于湖北神农架；

　　华山华双螆 *S. huashaniensis* Li，2002 分布于陕西华山；

　　长头华双螆 *S. mecocephalus* Li，2002 分布于四川峨眉山；

　　足形华双螆 *S. pedatus* Li，2002 分布于河北平泉光头山；

　　纤细华双螆 *S. pertenius* Li，2002 分布于甘肃文县高楼山；

　　阔唇华双螆 *S. platyocheilus* Li，1997 分布于湖北；

　　孙氏华双螆 *S. sunae* Li，2002 分布于辽宁建昌；

　　扬子江华双螆 *S. yangzijiangiensiss* Li，1997 分布于湖北。

31. 扁室双螆属 *Complaniamphus* Li，2002 中国特有属，共 5 种：

　　尖室扁室双螆 *C. acutulus* Li，2002 分布于广西金秀；

　　暗顶扁室双螆 *C. apicifuscus* Li，2002 分布于西藏波密；

　　黑斑扁室双螆 *C. atrimaculatus* Li，2002 分布于云南瑞丽；

　　黑带扁室双螆 *C. fascirus* Li，2002 分布于云南瑞丽；

　　带斑扁室双螆 *C. loratus* Li，2002 分布于广西金秀。

32. 圆半螆属 *Cyclohemipsocus* Li，2002 中国特有属，仅 1 种：

　　中华圆半螆 *C. chinensis* Li，2002 分布于云南勐腊孟仑。

33. 无眼外蜡属 *Ectianoculus* Li，1995 中国特有属，仅 1 种：

百山祖无眼外蜡 *E. baishanzuicus* Li，1995 分布于浙江庆元百山祖。

34. 间沼蜡属 *Metelipsocus* Li，2002 中国特有属，仅 1 种：

青海间沼蜡 *M. qinghaiensis* Li，2002 分布于青海玛多。

35. 角叉蜡属 *Kerocaecilius* Li，2002 中国特有属，共 15 种：

圆室角叉蜡 *K. circulicellus* Li，2002 分布于甘肃康县；

条角叉蜡 *K. costatus* Li，2002 分布于西藏波密；

杉角叉蜡 *K. cunninghamius* Li，2002 分布于云南大理；

短角角叉蜡 *K. curtiangulus* Li，2002 分布于宁夏固原；

滇西角叉蜡 *K. dianxiensis* Li，2002 分布于云南腾冲；

瘤角叉蜡 *K. ganglioneus* Li，2002 分布于贵州贵阳；

斑头角叉蜡 *K. grammocephalus* Li，2002 分布于云南大理；

大角叉蜡 *K. grandis* Li，2002 分布于云南昆明西山；

崆峒山角叉蜡 *K. kongdongshanicuss* Li，2002 分布于甘肃平凉崆峒山；

楼观台角叉蜡 *K. louguantaiensis* Li，2002 分布于陕西周至；

褐头角叉蜡 *K. luridicapitus* Li，2002 分布于云南临沧；

小角叉蜡 *K. minisculus* Li，2002 分布于云南大理；

粗角角叉蜡 *K. pachyoceratus* Li，2002 分布于云南腾冲；

褐缘角叉蜡 *K. phaeolomus* Li，2002 分布于陕西佛坪；

长角角叉蜡 *K. tenuicornutus* Li，2002 分布于宁夏六盘山。

36. 华叉蜡属 *Sinelipsocus* Li，1992 中国特有属，共 2 种：

毛华叉蜡 *S. villosus* Li，1992 分布于宁夏；

杨氏华叉蜡 *S. yangi* Li，1992 分布于陕西。

37. 扁叉蜡属 *Platyocaeilius* Li，2002 中国特有属，仅 1 种：

扁室扁叉蜡 *P. parallelivenius* Li，2002 分布于广西宁明。

38. 棘叉蜡属 *Phallocaecilius* Lee & Thornton，1967 中国特有属，共 2 种：

多棘棘叉蜡 *P. sentosus* Li，1999 分布于福建；

毛棘叉蜡 *P. hirsutus*（Thornton，1961）分布于香港。

39. 突叉蜡属 *Thelocaecilius* Li，2002 中国特有属，共 2 种：

长角突叉蜡 *T. mecokeratus* Li，2002 分布于云南勐腊孟仑；

乳突突叉蜡 *T. papillatus*（Li，1995）分布于云南。

40. 丽叉蜡属 *Calocaecilius* Li，2002 中国特有属，仅 1 种：

双钩丽叉蜡 *C. biaduncus*（Li，1992）分布于湖南。

41. 叶叉蜡属 *Phyllocaecilius* Li，2002 中国特有属，仅 1 种：

无毛叶叉蜡 *P. atrichus* Li，2002 分布于海南儋县。

42. 环围蜡属 *Orbiperipsocus* Li，2002 中国特有属，仅 1 种：

曲茎环围蜡 *O. fractiflexus* Li，2002 分布于云南腾冲。

43. 铃围蜡属 *Campanulatus* Li，2002 中国特有属，共 3 种：

矛铃围蜡 *C. jaculatorius* Li，2002 分布于广西桂林；

长颈铃围蜡 *C. lagenarius* Li，2002 分布于北京；

彩铃围蜡 *C. pictus*（Thornton，1962）分布于香港。

44. 双角围蜡属 *Bicuspidatus* Li，1993 中国特有属，共 3 种：

广东双角围蜡 *B. guangdongensis* Li，1993 分布于广东；

丽斑双角围蜡 *B. pulchipunctatus* Li，1993 分布于广东；

淡边双角围蜡 *B. sigillatus* Li，1993 分布于广东。

45. 楔围蜡属 *Coniperipsocus* Li，1997 中国特有属，共 7 种：

四条楔围蜡 *C. quadrifascius*（Li & Mockford，1993）分布于海南；

金顶楔围蜡 *C. jindingensis* Li，2002 分布于四川峨眉山；

黑缘楔围蜡 *C. melanolomus* Li，2002 分布于陕西华山；

小楔围蜡 *C. minutissimus* Li，2002 分布于海南三亚；

突齿楔围蜡 *C. proceridentalis* Li，2002 分布于广西龙胜；

四角楔围蜡 *C. quadrangulus*（Li，1992）分布于湖南；

虞氏楔围蜡 *C. yuae* Li，1997 分布于四川。

46. 尖羚蜡属 *Acmomesopsocus* Li，2002 中国特有属，仅 1 种：

西藏尖羚蜡 *A. tibeticus* Li，2002 分布于西藏林芝。

47. 无毛羚蜡属 *Aphanomesopsocus* Li，2002 中国特有属，共 3 种：

双斑无毛羚蜡 *A. bipunctatus* Li，2002 分布于山西文水关帝山、沁县中条山；

黑色无毛羚蜡 *A. furvus* Li，2002 分布于宁夏泾源六盘山；

棕色无毛羚蜡 *A. fuscus* Li，2002 分布于内蒙古正镶白旗。

48. 开羚蜡属 *Oegomesopsocus* Li，2002 中国特有属，仅 1 种：

广西开羚蜡 *O. guangxiensis* Li，2002 分布于广西临桂雁山。

49. 锥羚蜡属 *Conomesopsocus* Li，2002 中国特有属，仅 1 种：

黑痣锥羚蜡 *C. melanostigmus* Li，2002 分布于浙江天目山。

50. 角鼠蜡属 *Polygonomyus* Li，2002 中国特有属，共 3 种：

杆突角鼠蜡 *P. scapiformis* Li，2002 分布于云南勐仑；

六角角鼠蜡 *P. sexangulus* Li，2002 分布于海南乐东尖峰岭；

中华角鼠蜡 *P. sinicus* Li，2002 分布于云南勐腊勐仑。

51. 环鼠蜡属 *Gyromyus* Li，2002 东亚特有属，共 2 种：

环茎环鼠蜡 *G. gyrus* Li，2002 分布于广西凭祥；

头茎环鼠蜡 *G. sanguensis*（New，1973）分布于广西，尼泊尔。

52. 冠鼠蜡属 *Lophomyus* Li，2002 中国特有属，仅 1 种：

二指冠鼠蜡 *L. bidigitatus* Li，2002 分布于海南儋县。

53. 指蜡属 *Stylotopsocus* Li，2002 中国特有属，仅 1 种：

双角指蜡 *S. biuncialis* Li，2002 分布于广西宁明。

54. 后暮蜡属 *Metagerontia* Li，2002 中国特有属，仅 1 种：

三尖后暮蜡 *M. tribulosa* Li，2002 分布于海南万宁。

55. 前蓓䘟属 *Epiblaste* Li，1993 中国特有属，共 2 种：

　　黄褐前蓓䘟 *E. glandacea* Li，1993 分布于广东；

　　华南前蓓䘟 *E. huananiensis* Li，2002 分布于广东广州。

56. 唇䘟属 *Chilopsocus* Li，2002 中国特有属，仅 1 种：

　　大唇唇䘟 *C. macrochilus* Li，2002 分布于西藏波密。

57. 双裂䘟属 *Disopsocus* Li，2002 中国特有属，仅 1 种：

　　大唇双裂䘟 *D. megacheilus* Li，2002 分布于新疆伊宁。

58. 驼䘟属 *Hybopsocus* Li，2002 中国特有属，仅 1 种：

　　双峰驼䘟 *H. bisipolaris* Li，2002 分布于内蒙古卓资。

59. 宽䘟属 *Lativalvae* Li，2002 中国特有属，仅 1 种：

　　白斑宽䘟 *L. albimaculata*（Li，1990）分布于贵州。

60. 头䘟属 *Cephalopsocus* Li，2002 中国特有属，仅 1 种：

　　盔头䘟 *C. cassideus* Li，2002 分布于北京百花山。

61. 伞䘟属 *Sciadionopsocus* Li，2002 中国特有属，仅 1 种：

　　葵花松伞䘟 *S. fenzelianae* Li，2002 分布于云南昆明西山。

62. 拟皱䘟属 *Pseudoptycta* Li，2002 中国特有属，仅 1 种：

　　松拟皱䘟 *P. pinicola* Li，2002 分布于云南大理。

63. 楯䘟属 *Sacopsocus* Li，2002 中国特有属，仅 1 种：

　　四角楯䘟 *S. quadricoenis* Li，2002 分布于海南乐东尖峰岭。

64. 无带䘟属 *Cryptopsocus* Li，2002 中国特有属，仅 1 种：

　　大痣无带䘟 *C. cynostigmus* Li，2002 分布于海南。

65. 锥胸麻䘟属 *Conothoracalis* Li，1997 中国特有属，共 9 种：

　　冠锥胸麻䘟 *C. corollatus* Li，2002 分布于云南澜沧勐朗；

　　九角锥胸麻䘟 *C. enneagonus* Li，2002 分布于云南勐海、思茅；

　　广西锥胸麻䘟 *C. guangxiicus* Li，2002 分布于广西扶绥；

　　长突锥胸麻䘟 *C. longimucronatus* Li，1997 分布于湖南；

　　优美锥胸麻䘟 *C. perbellus* Li，2002 分布于广西宁明；

　　五边锥胸麻䘟 *C. quinarius* Li，2002 分布于云南勐腊勐仑；

　　石林锥胸麻䘟 *C. shilinicus* Li，2002 分布于云南路南石林；

　　塔形锥胸麻䘟 *C. turriformis*（Li，1995）分布于浙江；

　　钩突锥胸麻䘟 *C. unciformis* Li，2002 分布于广西南宁。

66. 拟枝䘟属 *Pseudoclematus* Li，1992 中国特有属，仅 1 种：

　　黄带拟枝䘟 *P. xanthozonatus* Li，1992 分布于四川。

67. 瓣䘟属 *Longivalvus* Li，1993 中国特有属，共 6 种：

　　网纹瓣䘟 *L. dictyodromus* Li，1993 分布于广东；

　　明斑瓣䘟 *L. hyalospilus* Li，2002 分布于浙江天目山；

　　长颈瓣䘟 *L. lagenarius* Li，2002 分布于广西武鸣、龙胜、金秀、桂林，浙江杭州，贵州贵阳；

　　侧叶瓣䘟 *L. pleuranthus* Li，2002 分布于云南；

辐斑瓣䗛 *L. radiatus* Li，1993 分布于广东；

神农瓣䗛 *L. shennongicus* Li，2002 分布于湖北神农架。

68. 圆尾䗛属 *Cyclotus* Li，2002 中国特有属，共 3 种：

版纳圆尾䗛 *C. bannaicus* Li，2002 分布于云南勐腊、勐海、景洪、普洱、瑞丽；

贵州圆尾䗛 *C. guizhouensis*（Li & Yang，1988）分布于贵州；

小角圆尾䗛 *C. microcorneus* Li，2002 分布于江西于都。

69. 须䗛属 *Pogonopsocus* Li，2002 中国特有属，仅 1 种：

八字须䗛 *P. octofaris* Li，2002 分布于广西龙胜粗江。

70. 角痣䗛属 *Ceratostigma* Li，2002 中国特有属，共 2 种：

纤细角痣䗛 *C. gracilis* Li，2002 分布于广西龙胜天坪山、金秀大瑶山；

大痣角痣䗛 *C. macrostigmus*（Li & Yang，1987）分布于福建。

71. 平触䗛属 *Lubricus* Li，2002 中国特有属，仅 1 种：

大瑶山平触䗛 *L. dayaoshanensis* Li，2002 分布于广西金秀大瑶山。

72. 前触䗛属 *Propsococerastis* Li & Yang，1988 中国特有属，仅 1 种：

江口前触䗛 *P. jiangkouensis* Li & Yang，1988 分布于贵州江口。

73. 环分䗛属 *Cyclolachesillus* Li，2002 中国特有属，仅 1 种：

宁夏环分䗛 *C. ningxiaensis* Li，2002 分布于宁夏盐池。

74. 角分䗛属 *Ceratolachesillus* Li，2002 中国特有属，仅 1 种：

五角角分䗛 *C. quinquecornus* Li，2002 分布于甘肃甘谷、夏河、宕昌、临夏，北京百花山。

75. 同分䗛属 *Homoeolachesilla* Li，1995 中国特有属，共 2 种：

藏同分䗛 *H. tibetana* Li，1995 分布于西藏；

小翅同分䗛 *H. pinnulata* Li，1995 分布于西藏。

76. 藏分䗛属 *Zangilachesilla* Li，2002 中国特有属，仅 1 种：

无痣藏分䗛 *Z. apterostigma* Li，2002 分布于西藏亚东。

（五）木虱类 Psyllidomorpha

据李法圣《中国木虱志》以及有关资料，世界共有 253 属，中国有 117 属，其中东亚特有属 3 个，中国特有属 25 属，共占世界的 11.1%，占中国的 23.9%。

1. 半木虱属 *Hemipteripsylla* Yang *et* Li，1981 东亚特有属，共 2 种：

藏半木虱 *Hemipteripsylla tibetana* Yang *et* Li，1981 分布于西藏林芝；

山鸡椒半木虱 *H. matsumurana*（Kuwayama，1949）分布于浙江百山祖、台湾台中，日本，尼泊尔。

2. 棘木虱属 *Togepsylla* Kuwayama，1931 东亚特有属，仅 1 种：

香叶树棘木虱 *T. takahashii* Kuwayama，1931 分布于福建沙县，广西柳州，台湾台中、南投，日本，尼泊尔。

3. 叶斑木虱属 *Microphyllura* Li，2002 中国特有属，仅 1 种：

长室叶斑木虱 *M. longicella* Li，2002 分布于海南陵水。

4. 曲脉木虱属 *Sinuonemopsylla* Li *et* Yang，1991 中国特有属，仅 1 种：

蚬木曲脉木虱 *S. excetrodendri* Li *et* Yang，1991 分布于广西大青山、龙州。

5. 鳞斑木虱属 *Leprostictopsylla* Li，2011 中国特有属，仅 1 种：

　　九寨鳞斑木虱 *L. jiuzhaiensis* Li，2011 分布于四川九寨沟。

6. 短头叶木虱属 *Brachyphyllura* Li，2011 中国特有属，仅 1 种：

　　曲脉短头叶木虱 *B. nesoscolia* Li，2011 分布于福建连城。

7. 弓顶叶木虱属 *Crytophyllura* Li，2011 中国特有属，仅 1 种：

　　多刺弓顶叶木虱 *C. polyacantha* Li，2011 分布于云南瑞丽。

8. 邻叶木虱属 *Paraphyllura* Yang，1984 中国特有属，仅 1 种：

　　含笑邻叶木虱 *P. micheliae* Yang，1984 分布于台湾台中、嘉义。

9. 聚木虱属 *Symphorosus* Li，2002 中国特有属，仅 1 种：

　　长室聚木虱 *S. longicellus* Li，2002 分布于海南乐东尖峰岭。

10. 朴盾木虱属 *Celtisaspis* Yang *et* Li，1982 东亚特有属，共 6 种，4 种分布于中国，另 2 种分布于日本、韩国。

　　北京朴盾木虱 *C. beijingana* Yang *et* Li，1982 分布于辽宁千山、北京香山、山西太原、山东章丘、陕西南五台；

　　贵州朴盾木虱 *C. guizhouana* Yang *et* Li，1982 分布于贵州贵阳；

　　中华朴盾木虱 *C. sinica* Yang *et* Li，1982 分布于贵州贵阳，广西南宁、田林，广东；

　　浙江朴盾木虱 *C. zhejiangana* Yang *et* Li，1982 分布于浙江的杭州、临安，江苏扬州，湖北十堰，山东青岛。

11. 联木虱属 *Synpsylla* Yang，1984 中国特有属，仅 1 种：

　　水锦联木虱 *S. wandlandiae* Yang，1984 分布于台湾南投。

12. 奇脉木虱属 *Peregrinivena* Li，2005 中国特有属，仅 1 种：

　　两河奇脉木虱 *P. liangheana* Li，2005 分布于甘肃康县两河。

13. 蓬木虱属 *Yangus* Fang，1990 中国特有属，共 2 种：

　　白格蓬木虱 *Y. chiasiensis* Fang，1990 分布于台湾高雄、海南乐东；

　　臭菜藤蓬木虱 *Y. pennatae* Li，20101 分布于云南勐海。

14. 宽木虱属 *Euryopsylla* Li，2011 中国特有属，仅 1 种：

　　胖胖宽木虱 *E. pandai* Li，2011 分布于云南瑞丽。

15. 匕木虱属 *Pugionipsylla* Li，2006 中国特有属，共 2 种：

　　仪花匕木虱 *P. lysidiceae* Li，2006 分布于广西南宁；

　　张氏匕木虱 *P. zhangi* Li，2006 分布于海南儋县。

16. 筒木虱属 *Cylindropsylla* Li，2011 中国特有属，共 2 种：

　　腾冲筒木虱 *C. tengchongica* Li，2011 分布于云南腾冲、西藏察隅；

　　察隅筒木虱 *C. zayuensis* Li，2011 分布于西藏察隅。

17. 邻木虱属 *Gelonopsylla* Li，1992 中国特有属，仅 1 种：

　　山东邻木虱 *G. shandongica* Li，1992 分布于山东。

18. 三齿木虱属 *Tridentipsylla* Li，2002 中国特有属，仅 1 种：

　　四条三齿木虱 *T. hungtouensis*（Fang *et* Yang，1986）分布于台湾台东，海南乐东。

19. 裂个木虱属 *Carsitria* Li，1997 中国特有属，仅 1 种：

赵氏裂个木虱 *C. zhaoi* Li，1997 分布于西藏察隅，云南景洪、大理、陇川、昆明。

20. 锥翅个木虱属 *Coniotrioza* Li，2005 中国特有属，共 2 种：

郑氏锥翅个木虱 *C. zhengi* Li，2011 分布于云南哀牢山；

筒锥翅个木虱 *C. cylindrata* Li，2005 分布于甘肃迭部。

21. 叉个木虱属 *Furcitrioza* Li，2011 中国特有属，仅 1 种：

假楼梯草叉个木虱 *F. lecanthae* Li，2011 分布于西藏波密。

22. 粗角个木虱属 *Trachotrioza* Li，2011 中国特有属，共 2 种：

北京粗角个木虱 *T. beijingensis* Li，2011 分布于北京百花山；

端黑粗角个木虱 *T. apicinigra* Li，2011 分布于云南昆明。

23. 颊个木虱属 *Genotriozus* Li，2011 中国特有属，共 3 种：

大明山颊个木虱 *G. damingshananus* Li，2011 分布于广西武鸣大明山；

八斑颊个木虱 *G. octoimaculatus* Li，2011 分布于广西田林、武鸣；

十一斑颊个木虱 *G. undeccimimacularis* Li，2011 分布于广西金秀大瑶山。

24. 丛毛个木虱属 *Torulus* Li，1991 中国特有属，仅 1 种：

中国丛毛个木虱 *T. sinicus* Li，1991 分布于福建建阳武夷山。

25. 勾儿茶个木虱属 *Berchemitrioza* Li，2011 中国特有属，共 2 种：

尖勾儿茶个木虱 *B. acutata* Li，2011 分布于西藏林芝；

圆勾儿茶个木虱 *B. rotundata* Li，2011 分布于西藏波密。

26. 三毛个木虱属 *Trisetrioza* Li，1995 中国特有属，仅 1 种：

棒突三毛个木虱 *T. clavellata* Li，1995 分布于西藏波密。

27. 周个木虱属 *Chouitrioza* Li，1989 中国特有属，仅 1 种：

中华周个木虱 *C. sinica* Li，1989 分布于四川康定。

28. 亚个木虱属 *Asiotrioza* Li，2011 中国特有属，仅 1 种：

中菲亚个木虱 *A. zhongfeiensis* Li，2011 分布于海南乐东尖峰岭。

（六）舞虻总科 Empidoidea

根据杨定等的 *World Catalog of Empididae* 和 *World Catalog of Dolichopodidae*，世界舞虻总科共有 405 属，中国有 120 属，其中东亚特有属 1 属，中国特有属 10 属，占世界属的 2.7%，占中国属的 9.2%。

1. *Aclinocera* Yang *et* Yang，1995 中国特有属，仅 1 种：

A. sinica Yang *et* Yang，1995 分布于浙江开化古田山。

2. *Achelipoda* Yang，Zhang *et* Zhang，2007 中国特有属，仅 1 种：

A. pictipennis（Bezzi，1912）分布于台湾。

3. *Sinodrapetis* Yang，Gaimari *et* Grootaert，2004 中国特有属，仅 1 种：

S. basiflava Yang，Gaimari *et* Grootaert，2004 分布于广东南岭。

4. *Sinotrichopeza* Yang，Zhang *et* Zhang，2007 中国特有属，共 2 种：

S. sinensis（Yang，Grootaert *et* Horvat，2005）分布于广东南岭；

S. taiwanensis（Yang *et* Horvat，2006）分布于台湾花莲。

5. *Ahercostomus* Yang *et* Saigusa，2001 中国特有属，仅 1 种：

A. jiangchenganus（Yang *et* Saigusa，2001）分布于云南江城。

6. *Ahypophyllus* Zhang *et* Yang，2005 中国特有属，仅 1 种：

A. sinensis Zhang *et* Yang，2005 分布于湖北神农架。

7. *Aphalacrosoma* Zhang *et* Yang，2005 中国特有属，共 7 种，分布于湖北神农架、云南勐腊、四川峨眉山、贵州、台湾南投。

8. *Acymatopus* Takagi，1965 东亚特有属，共 6 种；

A. takeishii Masunaga，Saigusa *et* Yang，2005 分布于辽宁大连；

其余 5 种分布于日本。

9. *Alishania* Bickel，2004 中国特有属，仅 1 种：

A. elmohardyi Bickel，2004 分布于台湾阿里山。

10. *Parahercostomus* Yang，Saigusa *et* Masunaga，2001 中国特有属，共 4 种，分布于云南的中甸、丽江、云龙及西藏。

11. *Sinosciapus* Yang，2001 中国特有属，共 2 种：

S. tianmushanus Yang，2001 分布于浙江天目山；

S. yunlonganus Yang *et* Saigusa，2001 分布于云南云龙。

三、特有种

中国昆虫种类中，特有种占全国种类的 56% 以上（表 5-4），而且和世界主要生物多样性地区相比，并不逊色（表 5-5）。在目级类群中，除食毛目特有种少于古北、东洋种类，纺足目特有种少于东洋种类外，其余目的特有种比例均居第一位。

表 5-4 中国昆虫各目特有种

类 群	总种类数量	特有种数量	特有种比例（%）	类 群	总种类数量	特有种数量	特有种比例（%）
原尾目 Protura	185	163	88.11	啮目 Psocoptera	1 648	1 610	97.69
弹尾目 Collembola	337	180	53.41	食毛目 Mallophaga	906	142	15.67
双尾目 Diplura	44	35	79.55	虱目 Anoplura	97	32	32.99
石蛃目 Microcoryphia	24	23	95.83	缨翅目 Thysanoptera	570	198	34.74
衣鱼目 Zygentoma	9	5	55.56	半翅目 Hemiptera	11 973	7 306	61.02
蜉蝣目 Ephemeroptera	262	157	59.92	广翅目 Megaloptera	106	66	62.26
蜻蜓目 Odonata	781	461	59.03	蛇蛉目 Raphidioptera	14	11	78.57
襀翅目 Plecoptera	447	378	84.56	脉翅目 Neuroptera	768	627	81.64
蜚蠊目 Blattodea	366	226	61.75	鞘翅目 Coleoptera	23 643	13 748	58.15
等翅目 Isoptera	532	496	93.23	捻翅目 Strepsiptera	23	15	65.22
螳螂目 Mantodea	164	121	73.78	长翅目 Mecoptera	227	220	96.92
蛩蠊目 Grylloblattodea	2	2	100.00	双翅目 Diptera	15 404	9 749	63.29
革翅目 Dermaptera	264	136	51.52	蚤目 Siphonaptera	558	350	62.72

（续表）

类 群	总种类数量	特有种数量	特有种比例（%）	类 群	总种类数量	特有种数量	特有种比例（%）
直翅目 Orthoptera	2 716	2 111	77.72	毛翅目 Trichoptera	927	747	80.58
螩目 Phasmatodea	343	311	90.67	鳞翅目 Lepidoptera	17 786	5 706	32.08
纺足目 Embioptera	6	2	33.33	膜翅目 Hymenoptera	12 517	7 533	60.18
缺翅目 Zoraptera	3	3	100.00	合计	93 661	52 691	56.26

表5-5 世界几个重要国家或地区生物特有性的比较

国家或地区	蜘蛛目		舞虻总科		蝗亚目		夜蛾科	
	特有种数量	占当地比例（%）	特有种数量	占当地比例（%）	特有属数量	占当地比例（%）	特有属数量	占当地比例（%）
中国	2 919	74.30	1 228	84.10	109	41.40	77	15.20
美国	2 164	63.50	1 233	65.00	53	36.30	172	32.60
亚马孙地区	2 342	71.30	300	72.60	80	31.50	87	23.60
澳大利亚	2 880	89.60	454	94.60	160	81.60	136	36.20
南非地区	2 047	87.40	356	75.90	150	43.10	17	4.30
墨西哥	1 149	58.20	101	30.80	29	21.50	50	15.90
印度尼西亚	1 441	78.40	255	70.10	75	38.80	80	15.50
印度	1 452	80.60	130	59.50	71	37.80	65	11.30
欧洲	2 232	78.30	1 686	80.40	19	17.40	69	20.70

注：本表中亚马孙地区包括巴西和玻利维亚，南非地区包括安哥拉、赞比亚、马拉维、莫桑比克、津巴布韦、博茨瓦纳、莱索托、南非以及圣赫勒拿岛。

第五节　山地是昆虫多样性的依托和标志
Segment 5　Mountainous regions are the marks of insect biodiversity

由于平原和高原是人类聚居与活动的主要场所，自然植被已近完全消失，代之以农作物或牧草，昆虫群落简单且多变。因此，山地和丘陵成为昆虫家族栖息、繁衍、分化与发展的主要基地，成为昆虫多样性的依托和标志。

在28省区的176个地理小区中，69个山地小区平均2 352±2 674种，28个丘陵小区平均1 469±1 400种，38个平原小区平均1 194±703种，41个高原、荒漠小区平均857±676种。

在所划分的全国64个基础地理单元中，也显示出同样趋势，山地单元平均4 823±4 045种，丘陵单元平均3 234±1 985种，平原单元平均2 439±1 233种，高原、荒漠单元平均2 183±1 106种。

经过以上聚类分析，中国昆虫集中产地是：中国东南部的浙闽台山地，包括浙江山区、福建丘陵、台湾地区 3 个地理单元；中国西南部的横断山地，包括甘孜山区、丽江山区、墨脱地区 3 个地理单元。二者之间，有两条通道连接：南部由云贵高原、武陵山地、南岭山区相连；北部由秦巴山区、伏牛山区、大别山区相连。两条连接通道之间是一片广阔的昆虫多样性的"盆地"。

第六节　典型的点状分布
Segment 6　Typical point distribution

和高等动物、有花植物相比，昆虫的分布狭窄得多，可谓典型的点状分布。分布广泛的种类很少。在 72 032 种有省下分布记录的种类，只在 1 个地理单元分布的有 42 459 种，占 58.9%，分布在 2 个单元的有 10 024 种，占 13.9%，分布在 40 个单元以上的只有 165 种，占 0.2%。平均每种的分布域为 3.09 个单元（图 5-3）。

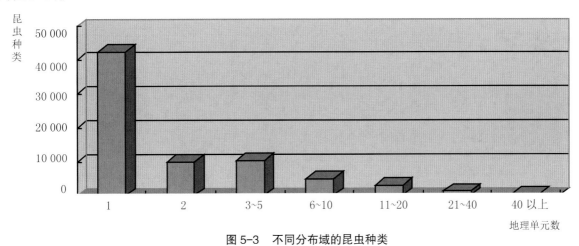

图 5-3　不同分布域的昆虫种类

点状分布的生物种类不能够用内插法等定性方法进行生物地理研究的，因此至今没有世界昆虫地理区划方案问世。

昆虫单个种类的点状分布，并不影响昆虫种类"群体"——昆虫区系分布的连续性，如天山山区单元的 1 367 种昆虫，在相邻的准噶尔盆地有 613 种共有种类，到秦岭山地有 194 种，到台湾有 95 种，到海南还有 51 种；同样，长白山单元有 3 744 种昆虫，在相邻的东北平原有 1 708 种共有种类，到伏牛山地还有 1 029 种，到青藏高原仍有 234 种；位于中部的秦岭山地有昆虫 5 030 种，分别到阿尔泰山、三江地区、青藏高原、台湾，共有种类分别为 112、379、214、1 305 种。这种由近及远逐渐减弱的连续性和过渡性，是用定量分析方法进行地理区划研究的基础。

第二章
中国昆虫分布的
多元相似性聚类分析

Chapter 2　MSCA for insect distribution in China

第一节　中国昆虫种级水平的 MSCA 结果
Segment 1　The MSCA result of insect species level in China

　　按表 5-1 提供的各基础地理单元的昆虫种类分布状况，进行 MSCA 分析，64 个地理单元在相似性水平为 0.140 时，聚为 9 个大单元群，这 9 个大单元群的构成和第四编最后的 9 个单元群完全相同，因此固定其 A~I 的编号。同时在相似性水平为 0.190 时，每个大单元群又分别分为 2~3 个小单元群，共计 20 个小单元群，分别以 a、b、c、…、t 编号。这些编号在以后的分析中保持不变，以便于比较。检查这些大单元群和小单元群的组成单元，都是在地理上相邻，在生态条件上相对一致，虽处于边界的个别地理单元有待商榷以更臻于完美外，目前条件下这已符合地理学、生态学和数理统计的要求。全部地理单元的总相似性系数为 0.039，平均每种分布域为 3.09 单元（图 5-4）。

　　A 大单元群由 a、b 2 个小单元群组成，包括 01~06 地理单元。a 小单元群 01~04 地理单元聚成，包括天山山区及其以北地区，相似性系数为 0.202；b 小单元群由 05、06 地理单元聚成，包括塔里木盆地及东疆荒漠地带，相似性系数为 0.240；这 6 个地理单元以 0.184 的相似性水平聚为 A 大单元群。

　　B 大单元群由 c、d 2 个小单元群组成，包括 07~12、16~18 地理单元。c 小单元群由 07、08、10、11、12 共 5 个地理单元聚成，包括呼伦贝尔草原和大兴安岭及其以东的平原及山地丘陵地区，相似性系数为 0.239；d 小单元群由 09、16、17、18 地理单元聚成，分别为锡林郭勒高原、鄂尔多斯、贺兰山区及阿拉善高原，包括内蒙古大兴安岭以西的草原、河套平原、高原荒漠地带、陕西北部长城以北的荒漠以

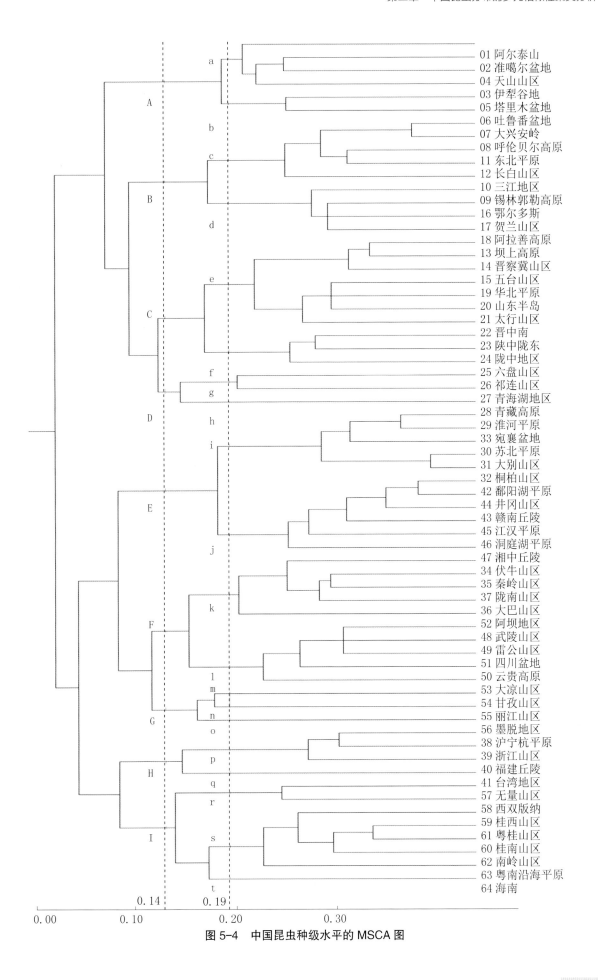

图 5-4　中国昆虫种级水平的 MSCA 图

及甘肃的河西走廊，相似性系数为 0.262。这 9 个地理单元以 0.172 的相似性水平聚成 B 大单元群。

　　C 大单元群由 e、f 2 个小单元群组成，包括 13~15、19~25 地理单元。e 小单元群由 13~15、19~22 共 7 个地理单元聚成，包括河北、山东、山西、豫北平原以及内蒙古、辽冀晋交接的山地和高原，相似性系数为 0.212；f 小单元群由 23~25 共 3 个地理单元，包括黄土高原及六盘山区，相似性系数为 0.243。这 10 个地理单元以 0.169 的相似性水平聚成 C 大单元群。

　　D 大单元群由 g、h 2 个小单元群组成，包括 26~28 地理单元，前 2 个地理单元以 0.197 的相似性水平聚为 g 小单元群，包括祁连山区及青海湖地区；28 地理单元即青藏高原单独以小单元群水平和前者以 0.148 的相似性水平聚为 D 大单元群。

　　E 大单元群由 i、j 2 个小单元群共 11 个地理单元组成。i 小单元群包括 29~33 地理单元，涉及黄淮平原、苏北平原、大别山区、桐柏山区及宛襄盆地，相似性系数为 0.270；j 小单元群包括 42~47 地理单元，主要是湖北、江西、湖南的平原及低山丘陵地区，相似性系数为 0.241。这 11 个地理单元以 0.180 的相似性水平聚为 E 大单元群。

　　F 大单元群由 k、l 2 个小单元群共 10 个地理单元组成，k 小单元群包括 34~37 及 52 地理单元，主要是秦岭山脉、大巴山脉及阿坝地区，相似性系数为 0.198；l 小单元群包括 48~51 及 53 地理单元，涉及武陵山区、云贵高原、四川盆地及川云交界处的大凉山区，相似性系数为 0.219。这 10 个地理单元以 0.155 的相似性水平聚为 F 大单元群。

　　G 大单元群由 54~56 共 3 个地理单元组成，主要是横断山脉南北两段及墨脱地区。3 个地理单元相互之间的相似性系数比较松散，各自以 m、n、o 小单元群水平聚为 G 大单元群，三者的相似性系数为 0.162。

　　H 大单元群由 p、q 2 个小单元群共 4 个地理单元组成，p 小单元群是 38~40 单元，即沪宁杭平原和浙、闽山区丘陵，q 小单元群只有 41 单元，即台湾地区。这 4 个地理单元以相似性系数为 0.149 水平聚为 H 大单元群。

　　I 大单元群由 r、s、t 共 3 个小单元群 8 个地理单元组成。r 小单元群由 57、58 单元组成，为云南南部的热带、亚热带雨林地区；s 小单元群由 59~63 单元聚成，为广西、广东的浅山、丘陵、平原及南岭山区；t 小单元群只有 64 单元，为海南及南海诸岛。这 8 个地理单元的相似性系数为 0.143。

　　64 个基础地理单元的总相似性系数为 0.039，总相异性系数为 0.961，我们可以进一步分析、比较各地理单元在相似性和相异性中的贡献率（表 5-6）。相似性贡献率的大小和单元的共有种类的多少有直接关系，而相异性贡献率除和单元的独有种类有关外，还和共有种类中所缺少的种类有关。相似性贡献率大的地理单元有武陵山区、福建丘陵、台湾地区、浙江山区、海南、大巴山区、桂南山区、南岭山区、云贵高原、秦岭山区、伏牛山区等；而相异性贡献率大的前 10 个地理单元有台湾地区、海南、福建丘陵、墨脱地区、西双版纳、浙江山区、甘孜山区、武陵山区、丽江山区、青藏高原、伏牛山区、云贵高原等。

表 5-6　中国昆虫基础地理单元的相似性和相异性的贡献率

地理单元	种类数 Si	独有种类 Ti	共有种类 Hi	相似性贡献率 CSI（%）	相异性 $nTi+H-Hi$	相异性贡献率 CD（%）
01 阿尔泰山	561	70	491	0.27	33 563	0.76
02 准噶尔盆地	1 786	521	1 265	0.70	61 653	1.39
03 伊犁谷地	592	111	481	0.27	36 197	0.82
04 天山山区	1 367	277	1 090	0.60	46 212	1.04
05 塔里木盆地	852	148	704	0.39	38 342	0.87
06 吐鲁番盆地	490	33	457	0.25	33 341	0.75

（续表）

地理单元	种类数 Si	独有种类 Ti	共有种类 Hi	相似性贡献率 CSI（%）	相异性 nTi+H−Hi	相异性贡献率 CD（%）
07 大兴安岭	2 274	263	2 011	1.12	44 305	1.00
08 呼伦贝尔高原	1 483	141	1 342	0.74	37 256	0.84
09 锡林郭勒高原	1 768	111	1 657	0.92	35 021	0.79
10 三江地区	1 169	187	982	0.54	40 560	0.92
11 东北平原	3 796	345	3 451	1.91	48 203	1.09
12 长白山区	3 744	703	3 041	1.69	71 525	1.61
13 坝上高原	2 255	160	2 095	1.16	37 719	0.85
14 晋察冀山区	2 391	146	2 245	1.25	36 673	0.83
15 五台山区	2 169	241	1 928	1.07	43 070	0.97
16 鄂尔多斯	2 589	276	2 313	1.28	44 925	1.01
17 贺兰山区	1 667	169	1 498	0.83	38 892	0.88
18 阿拉善高原	2 308	344	1 964	1.09	49 626	1.12
19 华北平原	3 563	331	3 232	1.79	47 526	1.07
20 山东半岛	2 034	125	1 909	1.06	35 665	0.81
21 太行山区	2 501	108	2 393	1.33	34 094	0.77
22 晋中南	1 851	156	1 695	0.94	37 863	0.85
23 陕中陇东	2 819	170	2 649	1.47	37 805	0.85
24 陇中地区	2 055	170	1 885	1.05	38 569	0.87
25 六盘山区	3 148	515	2 633	1.46	59 901	1.35
26 祁连山区	1 031	137	894	0.50	37 448	0.85
27 青海湖地区	1 711	212	1 499	0.83	41 643	0.94
28 青藏高原	1 910	705	1 205	0.67	73 489	1.66
29 淮河平原	3 009	96	2 913	1.62	32 805	0.74
30 苏北平原	804	19	785	0.44	30 005	0.68
31 大别山区	3 197	133	3 064	1.70	35 022	0.79
32 桐柏山区	1 744	33	1 711	0.95	29 975	0.68
33 宛襄盆地	1 483	11	1 472	0.82	28 806	0.65
34 伏牛山区	5 125	751	4 374	2.43	73 264	1.65
35 秦岭山区	5 030	604	4 426	2.43	63 804	1.44
36 大巴山区	5 780	679	5 101	2.83	67 929	1.53
37 陇南山区	3 809	308	3 505	1.94	45 785	1.03
38 沪宁杭平原	4 004	307	3 697	2.05	45 525	1.03
39 浙江山区	9 010	1 774	7 236	4.01	135 874	3.07
40 福建丘陵	10 320	2 363	7 957	4.41	172 849	3.90
41 台湾地区	20 352	12 912	7 440	4.13	848 502	19.15

（续表）

地理单元	种类数 Si	独有种类 Ti	共有种类 Hi	相似性贡献率 CSI（%）	相异性 $nTi+H-Hi$	相异性贡献率 CD（%）
42 鄱阳湖平原	3 256	154	3 099	1.72	36 523	0.82
43 赣南丘陵	2 008	67	1 941	1.08	31 921	0.72
44 井冈山区	4 545	271	4 274	2.37	42 644	0.96
45 江汉平原	2 527	156	2 371	1.31	37 187	0.84
46 洞庭湖平原	1 394	34	1 360	0.75	30 390	0.69
47 湘中丘陵	1 838	70	1 768	0.98	32 286	0.73
48 武陵山区	9 435	1 308	8 127	4.51	105 159	2.37
49 雷公山区	3 636	293	3 343	1.85	44 983	1.02
50 云贵高原	5 339	854	4 585	2.54	73 245	1.65
51 四川盆地	3 772	302	3 470	1.92	45 432	1.03
52 阿坝地区	2 215	350	1 865	1.03	50 109	1.13
53 大凉山区	2 256	210	2 046	1.13	40 968	0.92
54 甘孜山区	5 657	1 533	4 124	1.29	123 562	2.79
55 丽江山区	4 853	1 111	3 742	2.08	96 936	2.19
56 墨脱地区	4 835	1 802	3 033	1.68	141 869	3.20
57 无量山区	3 942	820	3 122	1.73	78 932	1.78
58 西双版纳	5 633	1 781	3 852	2.14	139 706	1.15
59 桂西山区	1 795	148	1 647	0.91	37 399	0.84
60 桂南山区	5 414	696	4 718	2.62	69 400	1.57
61 粤桂山区	3 525	359	3 166	1.74	47 467	1.09
62 南岭山区	5 226	560	4 666	2.56	57 726	1.32
63 粤南沿海平原	2 194	290	1 904	1.03	43 799	1.00
64 海南	7 914	2 522	5 392	2.95	182 931	4.19
Σ	222 795	42 458	180 317	100.00	4 429 731	100.00
总种类	72 032	42 458	29 574	SI 0.039		D 0.961

第二节　中国昆虫属级水平的 MSCA 结果
Segment 2　The MSCA result of insect genus level in China

按表 5-1 提供的 17 018 属在各地理单元的分布情况，进行 MSCA 分析，得到聚类图（图 5-5）。图中，各个大单元群和小单元群的结构组成及聚类关系与种级水平完全相同，区分 9 个大单元群的相似性水平为 0.285，区分 20 个小单元群的相似性水平不能一致，南方各单元群较为密切，北方较为松散。64 个地

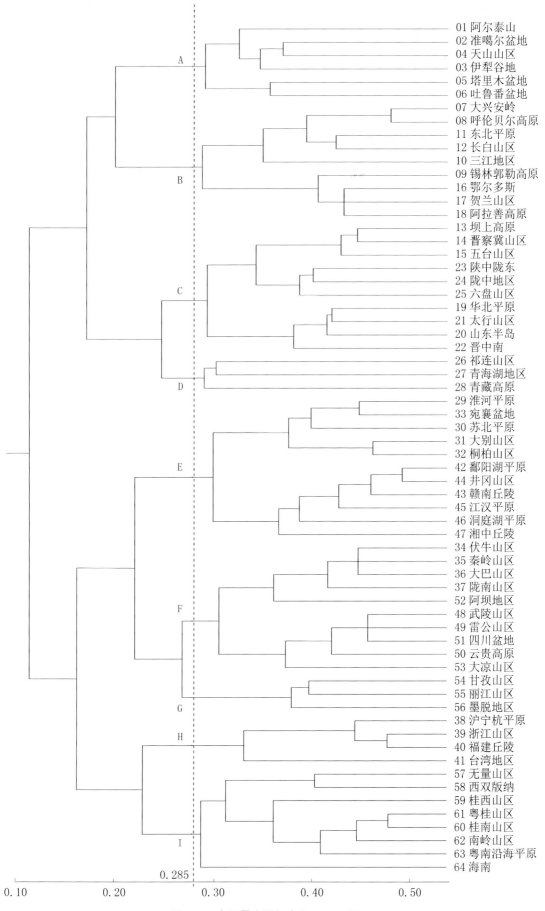

图 5-5 中国昆虫属级水平 MSCA 图

理单元的总相似性系数为 0.115。

第三节　中国昆虫科级水平的 MSCA 结果
Segment 3　The MSCA result of insect family level in China

对 823 个科在 64 个地理单元的分布进行 MSCA 分析，得到聚类图（图 5-6）。相似性系数为 0.51 时，各个大单元群及其组成依然相同，聚类关系没有变化，20 个小单元群大都明显存在，只是相似性水平更参差不齐，而且在 D、G 大单元群中，已没有原来小单元群的出现。全部地理单元的总相似性系数为 0.347。

比较种、属、科 3 个阶元的聚类结果，分类阶元越高，相似性系数越大，聚类关系越不清晰，获得的信息量越少。所以在国家级的层面上，生物地理的分析应以种级阶元的分析为主，辅以属级水平的分析，科级阶元的分析似无必要。

第四节　不同区系成分的 MSCA 结果
Segment 4　The MSCA results of insect fauna elements

各个基础地理单元的昆虫区系成分见表 5-1。有 27 个地理单元以古北成分为主，东亚成分次之，有 8 个地理单元以东洋成分为主，东亚成分次之，其余 30 个地理单元都是以东亚成分占优势地位。本节将对不同区系成分进行 MSCA 分析。

一、东洋成分

中国昆虫的东洋成分是来源于东洋界以及其他热带地区的种类，但绝对以东洋界为主。而且东洋界昆虫能够扩散到中国的种类比例不多，其他热带地区的种类能够扩散来的种类更少。

东洋成分在全国分布的特点是，从南向北逐渐扩散，由于有生存温度的限制，每一道自然屏障，对它的生存都构成威胁，因此衰减速度很快，而且向西北的扩散更困难于向东北的扩散（表 3-1、图 5-7）。

中国东洋种类共 15 510 种（表 5-1），占中国昆虫种类的 16.56%。在海南，东洋种类居优势地位；到广东、广西，东洋种类已和东亚种类基本相等；越过南岭，东洋成分的优势地位让位于东亚成分；越过长江，东洋成分退居次要地位；能够越过燕山到达东北或者到达西北的东洋种类有 869 种，占全国东洋种类的 5.60%。将各省区的东洋种类数相加之和，除以东洋总种类数，得到东洋成分的分布域为 4.18 省区·种。除以省区数，得到平均每省区有 2 253 ± 1 965 种。

根据东洋成分昆虫在各地理单元的分布，由于西北及青藏高原的几个地理单元种类很少、相似性很低，难以和其他单元共同进行分析，对其余 55 个地理单元进行 MSCA 分析得到聚类图（图 5-8）。和图 5-4 全国种级水平聚类图相比，南方 5 个大单元群和 12 个小单元群在 0.200 和 0.240 的相似性水平上分别存在，

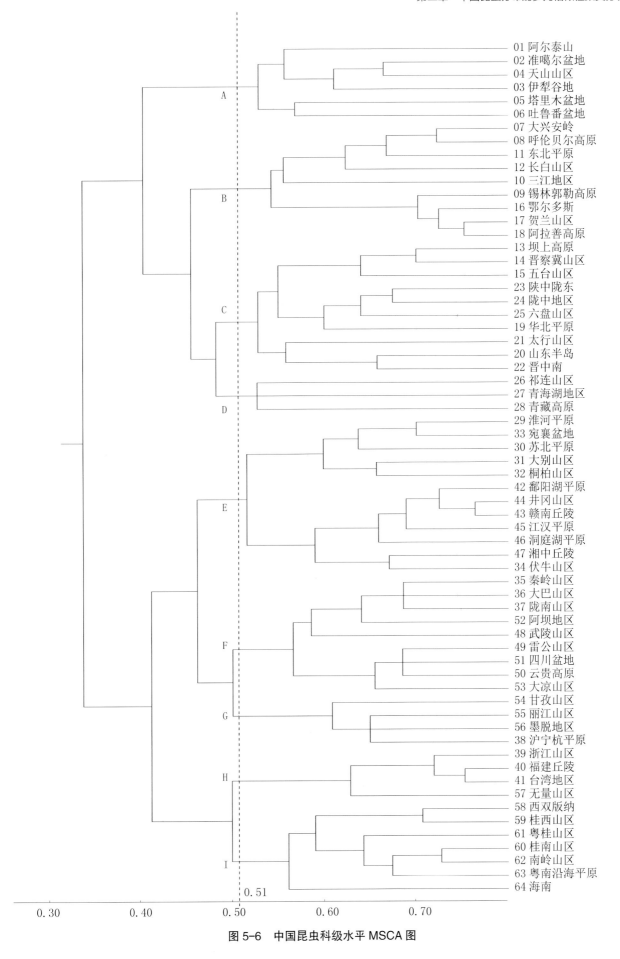

01 阿尔泰山
02 准噶尔盆地
04 天山山区
03 伊犁谷地
05 塔里木盆地
06 吐鲁番盆地
07 大兴安岭
08 呼伦贝尔高原
11 东北平原
12 长白山区
10 三江地区
09 锡林郭勒高原
16 鄂尔多斯
17 贺兰山区
18 阿拉善高原
13 坝上高原
14 晋察冀山区
15 五台山区
23 陕中陇东
24 陇中地区
25 六盘山区
19 华北平原
21 太行山区
20 山东半岛
22 晋中南
26 祁连山区
27 青海湖地区
28 青藏高原
29 淮河平原
33 宛襄盆地
30 苏北平原
31 大别山区
32 桐柏山区
42 鄱阳湖平原
44 井冈山区
43 赣南丘陵
45 江汉平原
46 洞庭湖平原
47 湘中丘陵
34 伏牛山区
35 秦岭山区
36 大巴山区
37 陇南山区
52 阿坝地区
48 武陵山区
49 雷公山区
51 四川盆地
50 云贵高原
53 大凉山区
54 甘孜山区
55 丽江山区
56 墨脱地区
38 沪宁杭平原
39 浙江山区
40 福建丘陵
41 台湾地区
57 无量山区
58 西双版纳
59 桂西山区
61 粤桂山区
60 桂南山区
62 南岭山区
63 粤南沿海平原
64 海南

0.51

0.30　　　　0.40　　　　0.50　　　　0.60　　　　0.70

图 5-6　中国昆虫科级水平 MSCA 图

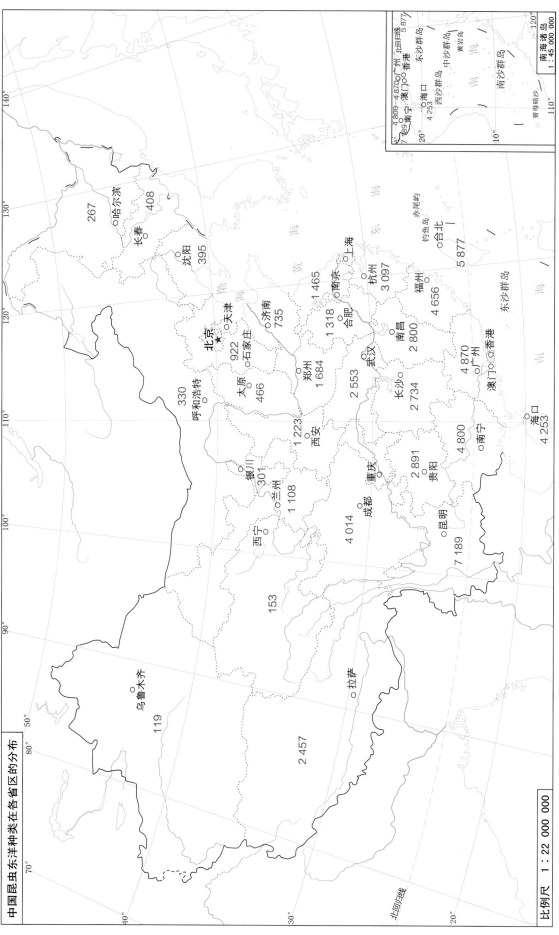

图 5-7　中国昆虫东洋种类在各省区的分布

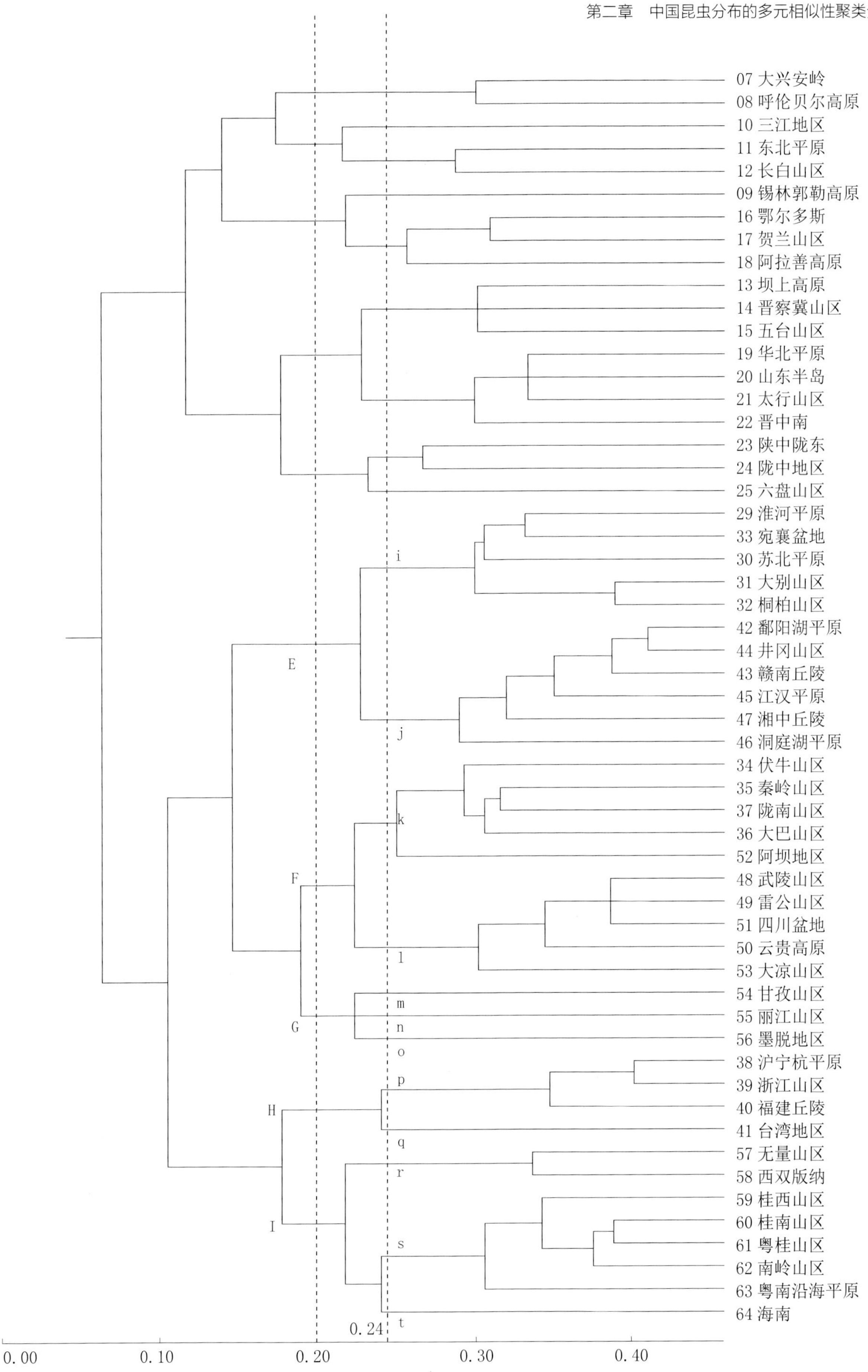

图 5-8 中国昆虫东洋种类的 MSCA 图

各单元群的构成单元及聚类顺序没有变化，相似性水平明显提高；北方2个大单元群虽然存在，地理单元构成及聚类顺序也无变化，但相似性水平降低。这种改变是由于东洋成分的分布特征所致。总相似性系数为0.064，每种分布域4.52个地理单元。

二、古北成分

中国昆虫的古北成分是来源于古北界和新北界的种类。古北界和新北界有时统称全北界，但实际上这两界的共有种类很少，远远没有新北界与新热带界、古北界与东洋界关系密切，因此中国的古北成分主要来自古北界。

古北成分在全国分布的特点是，从东北和西北开始，向南逐渐扩散，由于没有生存温度的限制，扩散的能力高于东洋成分向北扩散的能力。

古北种类共12 335种（表5-1），占中国昆虫种类的13.17%。古北种类在新疆、内蒙古、青海、黑龙江、吉林、辽宁都居优势地位，在河北、山西、山东、宁夏，古北种类和东亚种类基本相等，在陕西、甘肃、河南，古北种类让位于东亚种类而居第二位，再向南则退居次要地位，到海南比广布种类还要少。能够越过南岭的古北种类有1 237种，占全国古北种类的10.03%。古北种类分布域为每种4.24省区，平均每省区1 814±1 094种（表3-1、图5-9）。

根据古北种类在各地理单元的分布进行MSCA分析，得到聚类图（图5-10）。和图5-4相比，没有东洋成分那么大的变化。在0.190的相似性水平上，8个大单元群及其单元构成基本没有变化，只是I大单元群由于种类较少，相似性较低；H大单元群离开I大单元群而和E大单元群关系密切，聚类在一起；在0.240的相似性水平上，14个小单元群存在，只有G大单元群的m、n小单元群、H大单元群的p、q小单元群，由于关系密切，提前相聚，没有区分开来，而a、s小单元群的相似性水平低于标准线；各个小单元群的组成及其聚类顺序大多没有变化，只是52单元阿坝地区、53单元大凉山区分别从k、l小单元群移到m小单元群，由于该单元的地理位置处于两个小单元群之间，来回移动的现象在以后的分析中还会出现。64个单元的总相似性系数为0.075，每种分布域为5.15单元。

三、广布成分

广布成分是一个相对概念，在世界昆虫区系中，凡是分布在2个或2个以上动物界的种类都可称为广布种类。在中国昆虫区系中，由于主要涉及古北和东洋两界，所以广布成分只考虑跨古北、东洋两界的种类，全北界种类计入古北界，东洋＋其他热带地区的种类计入东洋界，因为它们很少，只有几十种。

广布成分在全国分布的特点是，分布广，各地差别很小。

广布种类共1 261种（表5-1），占全国昆虫种类的1.35%。在海南、新疆、内蒙古、宁夏、黑龙江等省区比古北种类或东洋种类稍多外，大部分省区都是最少的区系成分。以福建、台湾、浙江、四川、云南最多，平均每省区有544±332种（表3-1、图5-11）。分布域为12.18省区·种，其分布的广泛性远远高于其他种类。

依据1 261种昆虫在64个地理单元的分布资料，想得到较好的聚类结果，似乎有些奢望。但MSCA分析结果令人感到意外（图5-12）。和图5-4、图5-8、图5-10相比，其异同是：

1. 整体相似性水平提高，总相似性系数为0.203，是图5-4的5.2倍，是图5-8、图5-10的3.2倍和2.7倍。这是由于广布成分分布比较广泛的原因所致。

2. 9个大单元群依然存在，只是在0.320的相似性水平上，能够区分出A、B、C、E、H 5个大单元

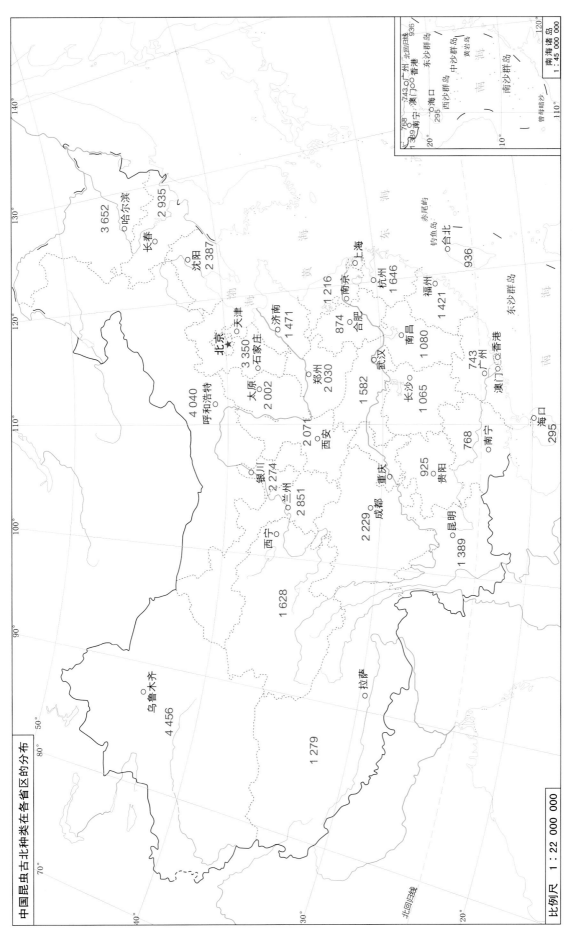

中国昆虫古北种类在各省区的分布

图 5-9　中国昆虫古北种类在各省区的分布

比例尺　1 : 22 000 000

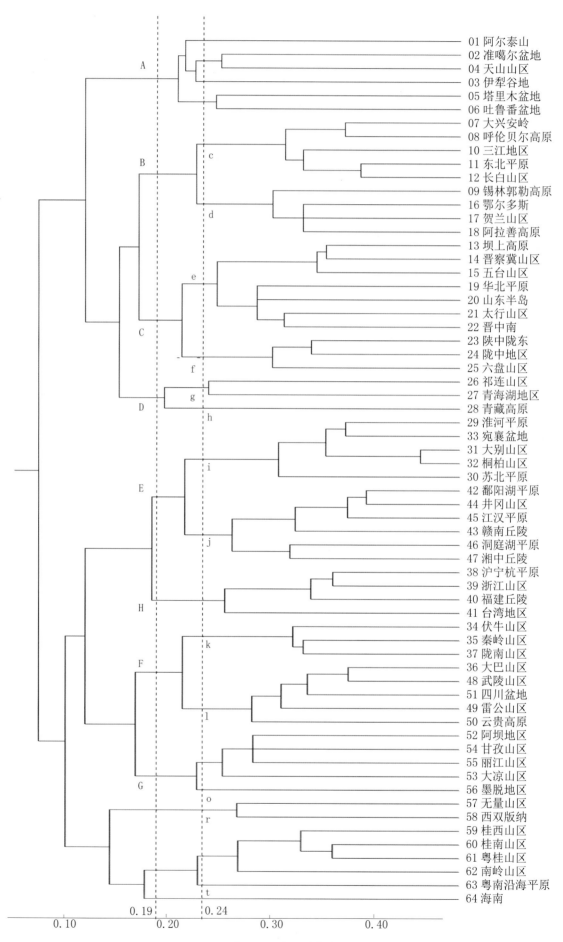

图 5-10　中国昆虫古北种类的 MSCA 图

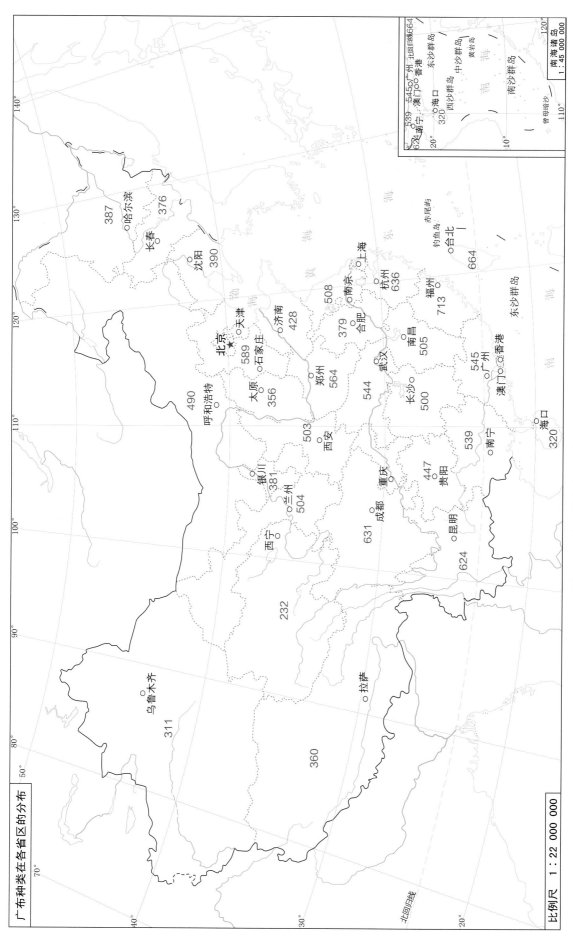

图 5-11 中国昆虫广布种类在各省区的分布

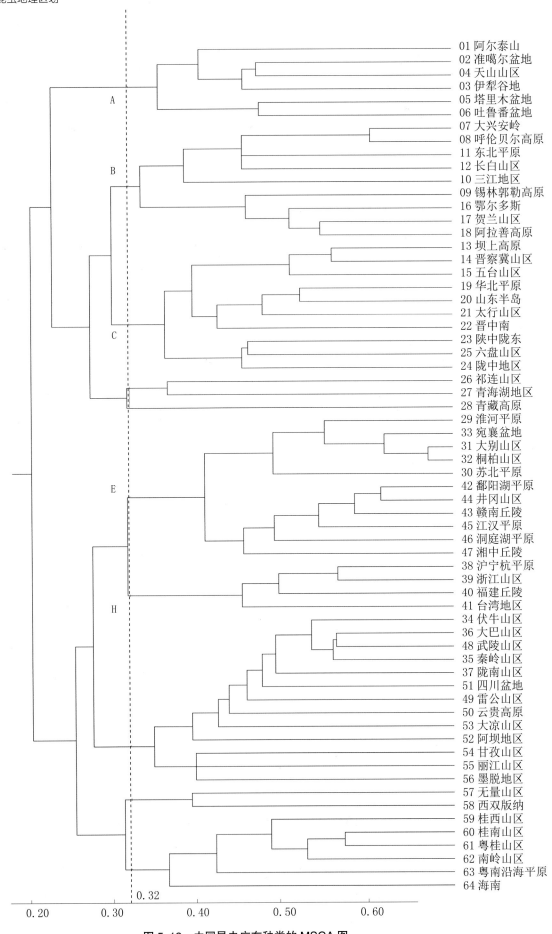

图 5-12 中国昆虫广布种类的 MSCA 图

群，F 和 G 大单元群由于相似性较高，提前聚在一起，显示出广布成分分布在中国中部地区较为丰富。D 大单元群和 I 大单元群的形成稍微在聚类的水平线下。

3. 各大单元群的构成单元和图 5-4 相比，没有变化。

4. 图 5-4 中的 20 个小单元群，在本图中大都存在，只是相似性水平互不接近，难以用一个相似性水平线来区分。在 F 大单元群内，由于 36、48 单元首先聚类成为核心，没有形成 2 个小单元群；在 G 大单元群内，由于 3 个单元并列，且相似性较高，也没有形成 3 个小单元群。

5. 各个小单元群的构成单元与聚类顺序，与图 5-4 大体一致。

6. 和图 5-4 的差别，不比图 5-8、图 5-10 与图 5-4 的差别显著。

7. 分布域为每种 13.18 单元，比图 5-4、图 5-8、图 5-10 都成倍扩大。

四、东亚成分

把东亚成分仅限定为分布在中国、朝鲜半岛、日本的种类，实际上，它也应该有一些"涉外"种类，如刚刚跨过国境分布到俄罗斯阿穆尔、乌苏里江东部，越南北部，尼泊尔，印度大吉岭、阿萨姆、喜马偕尔邦、锡金邦，克什米尔地区而不涉及更远地区的种类都应属于东亚种类。由于初次具体讨论东亚成分，本研究严格限定于中、朝、日种类作为东亚成分。

东亚成分在全国分布的特点是，中国特有种在中部及中部偏南地区多，向四周逐渐减少；中日种类东部较多，向西逐渐减少。

东亚种类共 62 181 种（表 5-1），占全国昆虫种类的 66.39%。除 7 个省区居第二位，6 个省区和东洋种类或古北种类基本相等外，超过半数省区都居优势地位（表 3-1、图 5-13）。以台湾、四川、云南、福建、浙江最多。

将 62 181 种东亚种类在 64 个地理单元的分布进行 MSCA 分析，得到聚类图（图 5-14）。

总相似性系数为 0.022，低于其他各区系成分。在相似性系数为 0.070 时，可以区分出和其他分析相同的 7 个大单元群，只有 F、G 大单元群提前于相似性系数为 0.084 时聚在一起；在相似性系数为 0.120 时，可以区分出 18 个小单元群，只有 b 小单元群没有聚合，m、n 小单元群提前于 0.133 处聚合。各个单元群的构成与图 5-4 完全一致。分布域为每种 2.08 单元。

为了更具体地分析讨论东亚成分的分布特点，我们分别对中国特有种和中日种类进行 MSCA 分析。

中国特有种共 52 691 种，占全国种类的 56.26%。以台湾、云南、四川、福建、浙江最多（表 3-1、图 5-15），平均每省区有 3 134±2 365 种，分布域 1.76 省区·种，远小于古北种类和东洋种类。

将 52 691 个中国特有种在 64 个地理单元的分布资料进行 MSCA 分析，得到聚类图（图 5-16）。和图 5-4 以及图 5-8、图 5-10、图 5-12 相比，其异同有：

1. 整体相似性水平最低，总相似性系数为 0.016，是图 5-4 的 41.0%。是图 5-8、图 5-10、图 5-13 的 25.0%、21.3%、7.9%。这是由于中国特有种分布狭窄所致。

2. 9 个大单元群都明显存在，在 0.06 的相似性水平上能够区分出 7 个，只有 F、G 大单元群由于相似性较大，在相似性系数为 0.068 时先聚为一体。显示出中国特有种在我国西南山区的分布集中性。

3. 20 个小单元群也大都明显存在，而且在 0.100 的相似性水平上能区分出 16 个，只有 b 小单元群没有聚合，c 小单元群低于水平线聚合，而 m、n 小单元群提前于相似性系数 0.128 时聚合。

4. 各大单元群、各小单元群的构成单元基本没有变化，只有 52 单元从 k 小单元群移到 m 小单元群，其余小单元群内单元构成及其聚类顺序保持稳定。

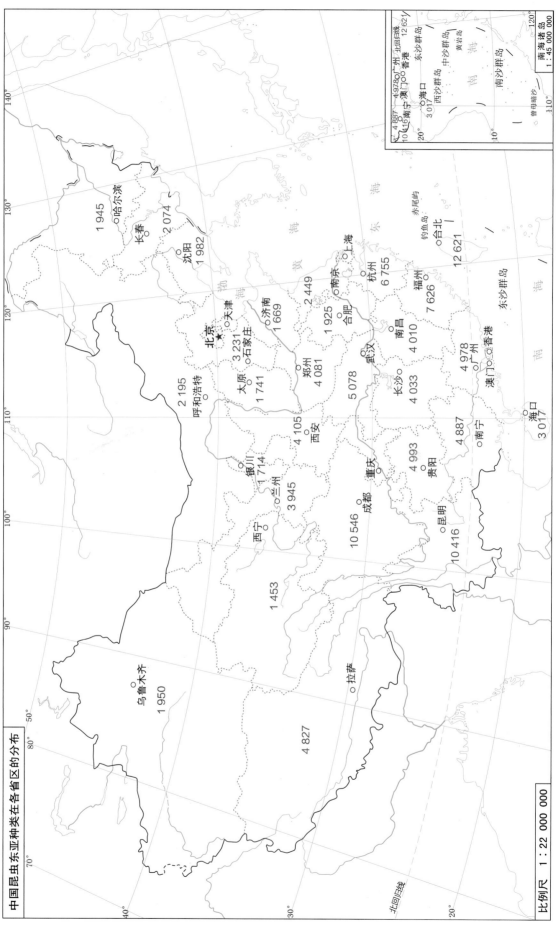

图 5-13 中国昆虫东亚种类在各省区的分布

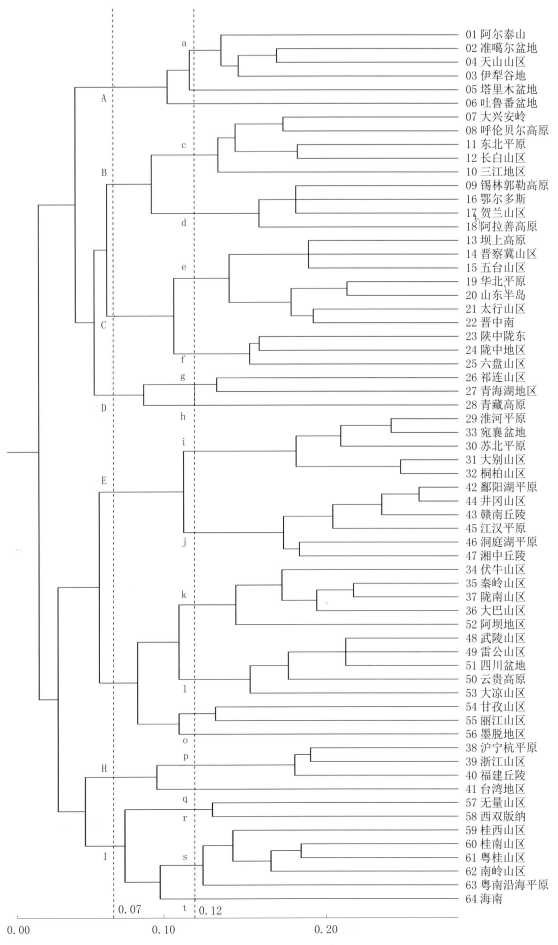

图 5-14　中国昆虫东亚种类的 MSCA 图

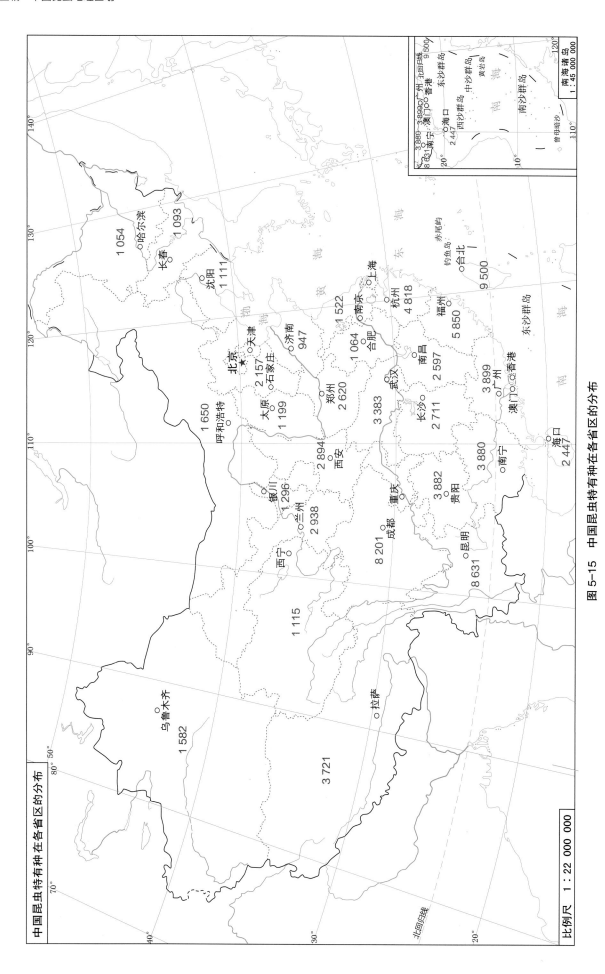

图 5-15　中国昆虫特有种在各省区的分布

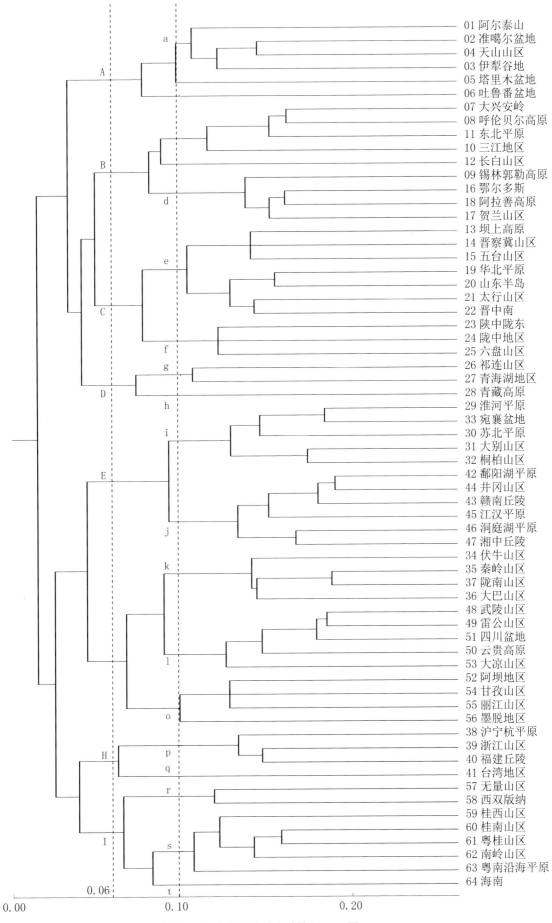

图 5-16　中国昆虫特有种的 MSCA 图

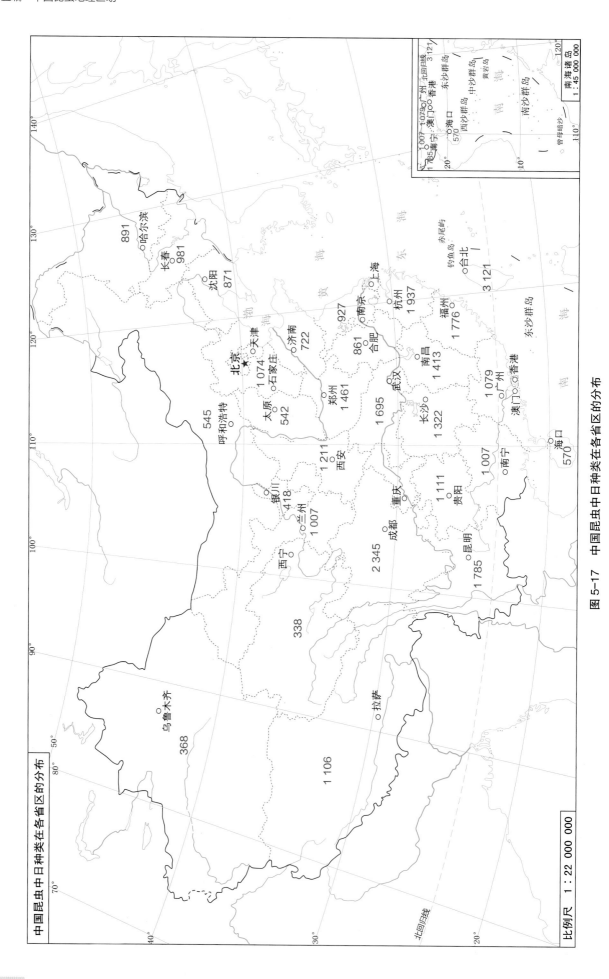

图 5-17 中国昆虫中日种类在各省区的分布

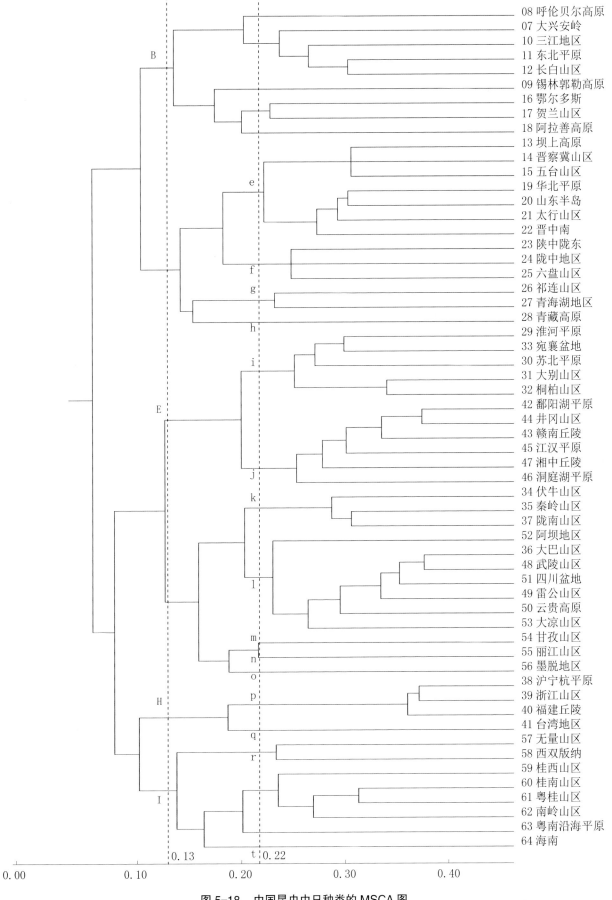

图 5-18 中国昆虫中日种类的 MSCA 图

5. 图 5-16 比上述 3 种区系成分都更为接近图 5-4，这是由于中国特有种远远多于其他种类所致，即中国昆虫分布特征较多地反映出特有种的特征。

6. 分布域为每种 1.77 个单元，比各图都低。

中日种类共有 9 490 种，占全国种类的 10.13%，接近古北种类，而远远多于广布种类。各省区中，以台湾、四川、浙江、云南、福建、湖北、河南等最多（图 5-17）。如果按占本省昆虫比例比较，依次是安徽、河南、湖北、吉林、辽宁、山东、江西、江苏、浙江、湖南、台湾、山西、黑龙江、福建等，几乎囊括了东部所有省份。各省区平均 1 160±628 种，分布域为 3.52 省区·种。

根据中日种类在 64 个地理单元的分布，除 01~06 单元种类特少外，对剩余的 58 个单元进行 MSCA 分析，得到聚类图（图 5-18），和图 5-4 等相比，其异同点有：

1. 各大单元群和小单元群都明显存在，其组成及聚类顺序也无变化。

2. 各大单元群的聚类水平难以一致，在 0.130 相似性水平上，B、E、H、I 4 个大单元群可以区分开，C 和 D、F 和 G 大单元群将提前聚合。

3. 18 个小单元群在 0.220 相似性水平上大都能够区分，仅有 c、d、s 小单元群不能够聚合。

4. 总相似性系数为 0.054，接近古北成分和东洋成分，显著高于中国特有种。分布域为 3.82 单元·种，低于古北成分和东洋成分，高于中国特有种。

第五节　不同行业昆虫的 MSCA 结果
Segment 5　The MSCA results of the insect for every industry

昆虫种类繁多，取食对象、生活方式各不相同，和人类的关系也各不相同，有的昆虫和人类的经济活动有关，有的昆虫和人类的健康有关，更多的昆虫与人类似乎无直接关系，但在自然环境中发挥着不可替代的作用。本节将选择 125 科和农林业关系密切的昆虫，共计 34 508 种，选择 45 科共计 6 628 种作为医学卫生昆虫，其余 52 525 种作为环境类昆虫（表 5-7），分别对它们在各地理单元的分布（表 5-8）进行 MSCA 分析。这种划分方法尽管粗放，但更精细的方法目前还难以做到。

表 5-7　供分析的中国行业昆虫类群和种类

目　名	总种数	农林类			医学卫生类			环境类		
		科数	属数	种数	科数	属数	种数	科数	属数	种数
原尾目	185							9	39	185
弹尾目	337							15	91	337
双尾目	44							6	24	44
石蛃目	24							1	6	24
衣鱼目	9							2	8	9
蜉蝣目	262							14	65	262
蜻蜓目	781							19	172	781
襀翅目	447							10	80	447
蜚蠊目	366				6	82	366			
等翅目	532	4	46	532						

（续表）

目　名	总种数	农林类			医学卫生类			环境类		
		科数	属数	种数	科数	属数	种数	科数	属数	种数
螳螂目	164							9	54	164
蛩蠊目	2							1	2	2
革翅目	264							8	61	264
直翅目	2 716	10	303	1 383				30	261	1 333
螆目	343							5	66	343
纺足目	6							1	2	6
缺翅目	2							1	1	2
蜻目	1 648							27	177	1 648
食毛目	906				6	124	906			
虱目	97				11	22	97			
缨翅目	570	4	164	570						
半翅目	11 973	42	1 971	7 636	1	1	2	84	930	4 332
广翅目	106							2	13	106
蛇蛉目	14							2	6	14
脉翅目	768							14	148	768
鞘翅目	23 643	27	2 005	12 299				127	1 905	11 344
捻翅目	23							6	9	23
长翅目	227							3	5	227
双翅目	15 404	5	281	1 155	11	318	4 689	83	1 421	9 560
蚤目	568				10	85	568			
毛翅目	927							26	142	927
鳞翅目	17 786	13	1 979	8 981				81	1 869	8 805
膜翅目	12 517	4	282	1 949				82	1 897	10 568
合计	93 661	110	6 931	34 508	45	632	6 628	668	9 454	92 525

表 5-8 中国昆虫基础地理单元的行业昆虫种类及删减分布地后的种类

单　元	农林类	医学卫生类	环境类	分布地删减 10%	分布地删减 20%
01 阿尔泰山	179	78	304	499	435
02 准噶尔盆地	834	256	696	1 603	1 426
03 伊犁谷地	317	132	243	537	482
04 天山山区	457	225	685	1 247	1 109
05 塔里木盆地	299	179	374	769	690
06 吐鲁番盆地	248	64	178	441	383
07 大兴安岭	964	335	975	2 038	1 822
08 呼伦贝尔高原	598	201	684	1 341	1 201
09 锡林郭勒高原	484	201	624	1 575	1 400
10 三江地区	392	262	515	1 065	947
11 东北平原	1 551	394	1 851	3 416	2 992

（续表）

单　　元	农林类	医学卫生类	环境类	分布地删减10%	分布地删减20%
12 长白山区	1 348	470	1 926	3 363	2 972
13 坝上高原	1 041	302	912	2 029	1 827
14 晋察冀山区	959	365	1 067	2 155	1 920
15 五台山区	948	207	1 014	1 934	1 709
16 鄂尔多斯	1 162	358	1 069	2 315	2 040
17 贺兰山区	788	135	744	1 500	1 342
18 阿拉善高原	1 063	318	927	2 068	1 857
19 华北平原	1 484	312	1 767	3 219	2 848
20 山东半岛	1 106	102	826	1 843	1 626
21 太行山区	1 200	196	1 105	2 252	1 959
22 晋中南	721	217	913	1 674	1 479
23 陕中陇东	1 339	225	1 255	2 570	2 294
24 陇中地区	1 108	97	850	1 874	1 684
25 六盘山区	1 205	345	1 598	2 861	2 512
26 祁连山区	396	121	514	924	818
27 青海湖地区	839	207	665	1 545	1 372
28 青藏高原	655	457	793	1 704	1 571
29 淮河平原	1 456	215	1 339	2 727	2 431
30 苏北平原	362	29	413	721	642
31 大别山区	1 535	221	1 441	2 887	2 543
32 桐柏山区	900	191	653	1 570	1 391
33 宛襄盆地	710	138	635	1 334	1 187
34 伏牛山区	2 433	167	2 525	4 615	4 131
35 秦岭山区	1 969	247	2 814	4 544	4 055
36 大巴山区	2 381	370	3 029	5 181	4 637
37 陇南山区	1 755	239	1 815	3 424	3 050
38 沪宁杭平原	1 788	157	2 059	3 585	3 179
39 浙江山区	3 647	312	5 051	8 180	7 277
40 福建丘陵	4 373	595	5 352	9 287	8 256
41 台湾地区	7 997	965	11 390	18 294	16 248
42 鄱阳湖平原	1 646	79	1531	2 935	2 619
43 赣南丘陵	1 072	48	888	1 821	1 610
44 井冈山区	2 174	191	2 180	4 091	3 658
45 江汉平原	1 061	241	1 225	2 287	2 039
46 洞庭湖平原	706	43	645	1 244	1 089
47 湘中丘陵	953	27	858	1 646	1 462
48 武陵山区	4 139	472	4 844	8 506	7 583
49 雷公山区	1 619	261	1 756	3 283	2 933

（续表）

单　元	农林类	医学卫生类	环境类	分布地删减 10%	分布地删减 20%
50 云贵高原	2 700	370	2 269	4 813	4 300
51 四川盆地	1 594	334	1 844	3 379	2 992
52 阿坝地区	861	236	1 118	1 992	1 762
53 大凉山区	932	194	1 130	2 023	1 759
54 甘孜山区	2 175	736	2 746	5 124	4 561
55 丽江山区	2 113	401	2 339	4 384	3 889
56 墨脱地区	1 966	480	2 389	4 367	3 885
57 无量山区	1 672	175	2 095	3 560	3 199
58 西双版纳	2 376	333	3 024	5 024	4 461
59 桂西山区	637	130	1 028	1 641	1 474
60 桂南山区	2 202	393	2 819	4 872	4 327
61 粤桂山区	1 408	164	1 953	3 191	2 818
62 南岭山区	2 232	201	2 793	4 709	4 152
63 粤南沿海平原	819	243	1 132	1 982	1 754
64 海南	3 331	733	3 850	7 124	6 316
全国	34 508	6 628	52 525	67 702	63 374

一、农林业昆虫

34 508 种农林业昆虫聚类图见图 5-19，64 个地理单元在 0.140 的相似性系数水平上，聚类为 9 个大单元群，其单元组成及聚类顺序与图 5-4 完全一致。在 0.210 的相似性水平上，共有 17 个小单元群可以区分，并且组成单元和顺序也与图 5-4 相同，只有 a、b 小单元群的组成单元没有分开，g 小单元群相似性偏低，聚类在水平线下。全部地理单元的总相似性系数为 0.047。平均每种分布域为 3.53 单元。

二、医学卫生昆虫

医学卫生昆虫共 6 628 种，包括蚊类、蝇类、虻类、蠓类、蚋类、虱类、蚤类、臭虫、蜚蠊以及取食鸟类羽毛的食毛目昆虫。对 64 个单元的此类昆虫进行 MSCA 分析，得到聚类图（图 5-20）。9 个大单元群和 20 个小单元群全部形成，而且其组成单元聚类顺序基本没有改变，只是 E 大单元群内的 i、j 小单元群之间的组成有些移动。在 0.120 的相似性水平上，B、C 两个大单元群提前于 0.149 处聚合。在 0.230 的相似性水平上，有 16 个小单元群得到区分，g、k、l、r 小单元群相似性水平偏低于聚合的水平线下。64个单元的总相似性系数为 0.042，平均每种分布域为 3.26 个单元。

这是一个令人意想不到的结果，因为这类昆虫和人类有着密切的关系，似应与高等动物的分布有着更多的相似之处，但却和植食性昆虫没有多大差异。这种情况在第四编虱目和蚤目的分析中已见端倪，现在医学卫生昆虫分布的整体分析依然如此，值得深思。

三、环境类昆虫

环境类昆虫的特点是种类更多，且公众关注度更低，分布资料更缺，它们能否反映出昆虫分布的一

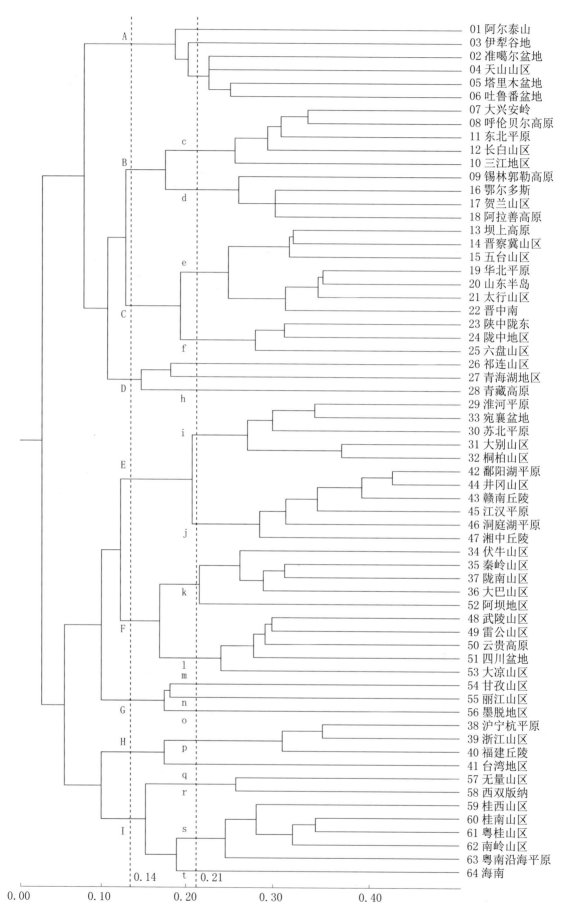

5-19　中国农林业昆虫的 MSCA 图

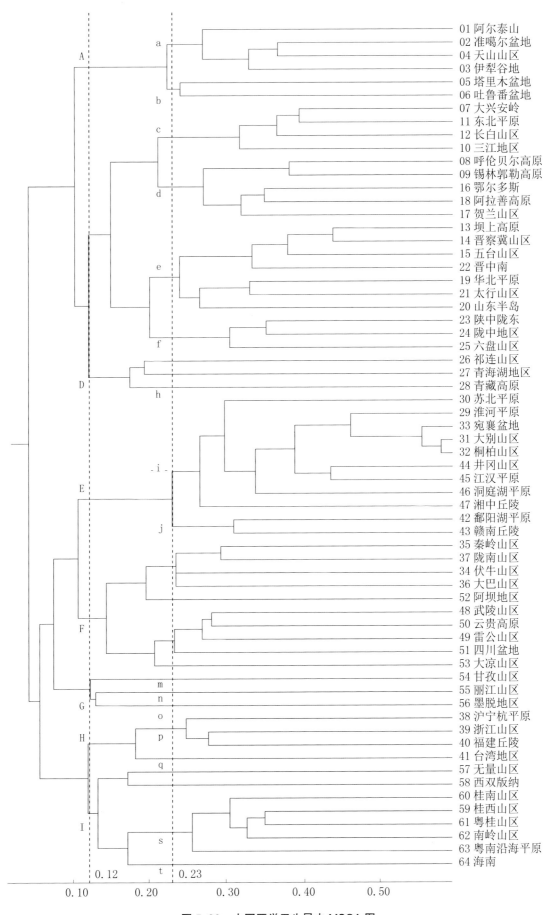

图 5-20　中国医学卫生昆虫 MSCA 图

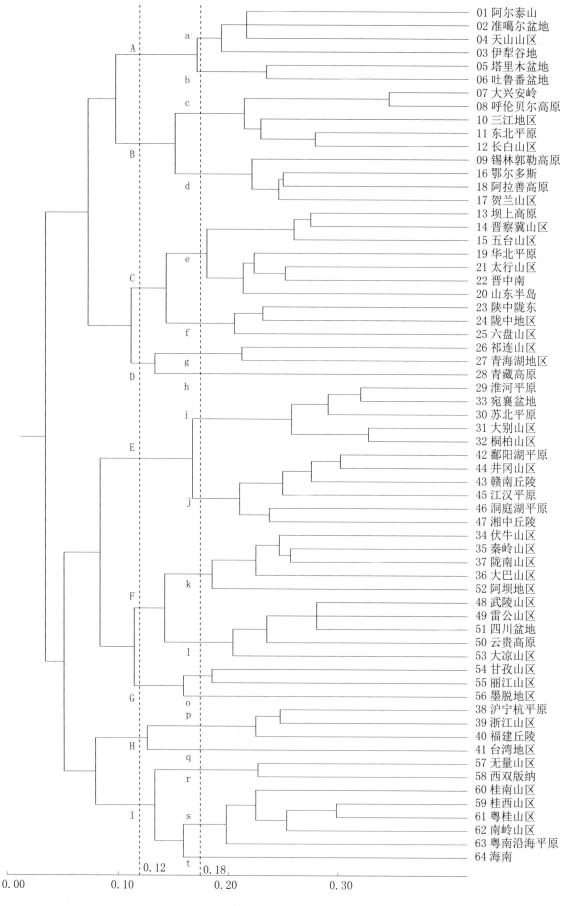

图 5-21　中国环境类昆虫的 MSCA 图

般规律呢？对 52 525 种环境类昆虫在各地理单元的分布进行 MSCA 分析,得到聚类图（图 5-21）。在 0.12 的相似性水平上 64 个地理单元聚为 9 个大单元群,各大单元群的构成单元与图 5-4 完全相同,甚至各单元的聚类顺序也基本相同;20 个小单元群也明显存在,只是在 0.180 的相似性水平上,54、55 单元,即 m、n 小单元群稍微提前于 0.18 处聚合,总相似性系数为 0.034,平均每种分布域为 2.77 单元,均比图 5-4 稍低。

第六节　删减分布地点对 MSCA 结果的影响
Segment 6　The MSCA result of cutting back the distribution information

数据库中 93 661 种昆虫在 64 个地理单元中共有 222 795 个分布记录。我们可以尝试从中删减部分分布记录,以表示在分布资料收集不完全状态下的 MSCA 结果。这种删减不是随意的,既要保证在海量数据的处理中不出差错,又要保证删除的信息均匀,不会导致集中于某些种类或某些地理单元上。

一、删减 10% 的分布记录

打开数据库,在 01 地理单元,将任一个分布记录选中。单击"筛选",得到分布于 01 地理单元的 561 种昆虫。在"编号"栏,寻找编号尾数为 1 的任一种类,将其尾号为"1"的种类选中,再次"筛选",得到 62 种昆虫。将这些昆虫在 01 地理单元内的信息删除。单击"漏斗"键解除筛选,恢复数据库的打开状态。再将 02 地理单元做同样处理,删减尾号为"2"的种类分布信息。依次类推处理。64 个单元处理完毕,共剩余 200 688 个分布记录,为原来记录的 90.07%（表 5-9）。

对其进行 MSCA 处理的结果为图 5-22。在相似性水平为 0.130 时,仍为 9 个大单元群,但原来 B、C 2 个大单元群的小单元群组成发生互换,即东北平原和华北平原组为一群,内蒙古高原和黄土高原组为一群,不违背地理学逻辑和生态学逻辑。其余各大单元群均未有任何变动。在相似性水平为 0.180 时,19 个小单元群正常清晰区分,仅 g 小单元群的两个单元在稍低的 0.168 处聚合。总相似性系数为 0.037,比原来的 0.039 降低 5.13%,平均分布域为 2.96 单元,也比原来降低 4.21%。

二、删减 20% 的分布记录

采用同样的方法,在上次删减的基础上,再次删减 10%。即在各单元删去种类尾号为"单元尾号 +5"的种类分布记录。64 个单元处理完毕,共剩余 178 306 个分布记录,为原来记录的 80.03%。

对其进行 MSCA 处理的结果为图 5-23。在相似性水平为 0.120 时,有 A、E~I 共 6 个大单元群与整体相同,而 B、C、D 大单元群的组成单元发生移动,13、14、15 单元从 C 大单元群移动到 B 大单元群,26、27 单元从 D 大单元群移动到 C 大单元群,这些移动没有违背地理学逻辑和生态学逻辑。在相似性水平为 0.160 时,c、h~t 小单元群的组成及聚类顺序没有变化,a、b、d~g 小单元群发生不同程度的减少、扩大、拆散等改变。总相似性系数 0.035,平均分布域为 2.81 单元,比整体分别降低 10.26% 和 9.06%。

显然,减少分布信息,使聚类的整体参数呈现有规律的降低,相似性水平线也逐渐下降,但受影响较大的是分布信息较为薄弱的北方各地,南方的相似性关系没有发生变化。

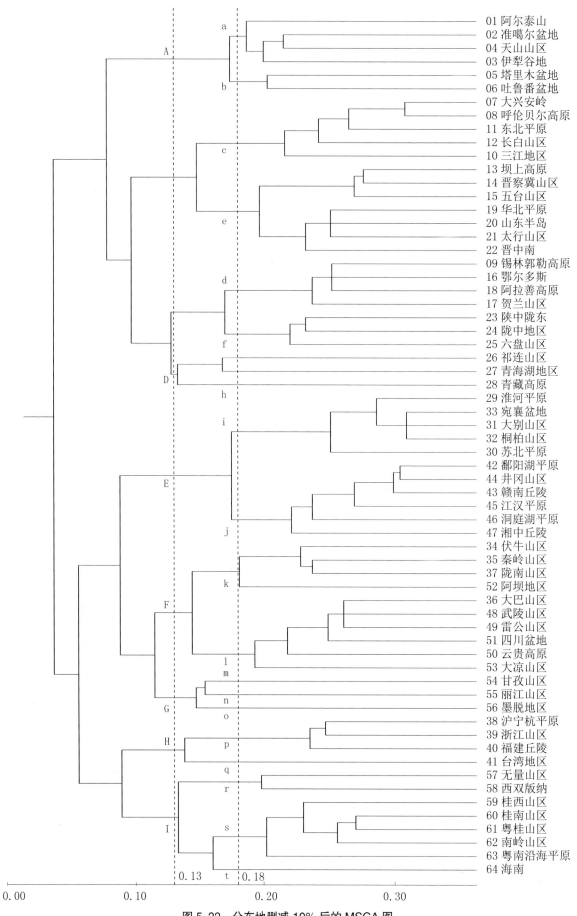

01 阿尔泰山
02 准噶尔盆地
04 天山山区
03 伊犁谷地
05 塔里木盆地
06 吐鲁番盆地
07 大兴安岭
08 呼伦贝尔高原
11 东北平原
12 长白山区
10 三江地区
13 坝上高原
14 晋察冀山区
15 五台山区
19 华北平原
20 山东半岛
21 太行山区
22 晋中南
09 锡林郭勒高原
16 鄂尔多斯
18 阿拉善高原
17 贺兰山区
23 陕中陇东
24 陇中地区
25 六盘山区
26 祁连山区
27 青海湖地区
28 青藏高原
29 淮河平原
33 宛襄盆地
31 大别山区
32 桐柏山区
30 苏北平原
42 鄱阳湖平原
44 井冈山区
43 赣南丘陵
45 江汉平原
46 洞庭湖平原
47 湘中丘陵
34 伏牛山区
35 秦岭山区
37 陇南山区
52 阿坝地区
36 大巴山区
48 武陵山区
49 雷公山区
51 四川盆地
50 云贵高原
53 大凉山区
54 甘孜山区
55 丽江山区
56 墨脱地区
38 沪宁杭平原
39 浙江山区
40 福建丘陵
41 台湾地区
57 无量山区
58 西双版纳
59 桂西山区
60 桂南山区
61 粤桂山区
62 南岭山区
63 粤南沿海平原
64 海南

0.13　　0.18

0.00　　　　　0.10　　　　　　　　0.20　　　　　0.30

图 5-22　分布地删减 10% 后的 MSCA 图

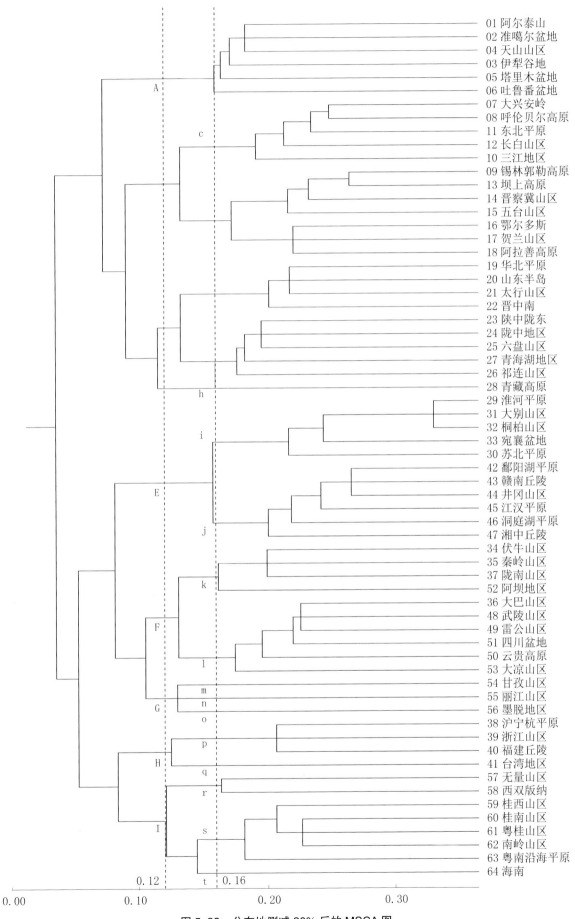

图 5-23　分布地删减 20% 后的 MSCA 图

第七节　种类的删减对 MSCA 结果的影响
Segment 7　The MSCA result of cutting back the insect species

目前的昆虫分布状态是昆虫分类学和区系调查的结果，我们无法恢复到某一历史节点的分布状态，但可以尝试删减一些昆虫种类，再对其进行 MSCA 分析，以探讨昆虫区系资料收集不完全状态下的相似性关系。删减的方法有二，一是删去分布地点少的种类：①删去 1 个地理单元分布的种类，即各单元的独有种类；②再删去 2 个地理单元分布的种类；③再删去 3~5 个地理单元分布的种类。得到 3 个种数不同的子数据库（表 5-10），分别进行 MSCA 分析。二是进行种类的 1/10 抽样，在建立数据库时，每种昆虫都有一个固定不变的顺序号码，将 0~9 共 10 个阿拉伯数字做成纸团，随机抽取 3 个，分别是 5、8、3。在打开的数据表上，将昆虫的顺序号码的个位数字，依次把 5、8、3 选中，筛选出 3 个大约 1/10 种类的子数据库（表 5-9），对其进行 MSCA 分析，和图 5-4 比较。

表 5-9　删减后的中国昆虫种类在基础地理单元的分布

单　　元	删减①	删减②	删减③	尾数 5 抽样	尾数 8 抽样	尾数 3 抽样
01 阿尔泰山	491	421	282	49	43	59
02 准噶尔盆地	1 265	899	568	185	153	179
03 伊犁谷地	481	409	257	67	55	55
04 天山山区	1 091	879	524	148	129	138
05 塔里木盆地	705	556	309	83	77	82
06 吐鲁番盆地	457	386	235	52	38	45
07 大兴安岭	2 015	1 800	1 235	222	194	225
08 呼伦贝尔高原	1 344	1 226	841	140	142	140
09 锡林郭勒高原	1 611	1 470	1 135	137	139	108
10 三江地区	983	855	619	118	118	102
11 东北平原	3 455	3 140	2 278	384	354	367
12 长白山区	3 041	2 646	1 955	391	372	345
13 坝上高原	2 098	1 963	1 640	234	202	226
14 晋察冀山区	2 249	2 102	1 675	243	237	220
15 五台山区	1 928	1 767	1 445	235	199	217
16 鄂尔多斯	2 332	2 126	1 640	255	255	231
17 贺兰山区	1 498	1 391	1 124	173	174	146
18 阿拉善高原	1 971	1 770	1 336	222	240	211
19 华北平原	3 232	2 966	2 442	364	347	355
20 山东半岛	1 909	1 827	1 558	217	202	206
21 太行山区	2 393	2 272	1 952	251	248	240
22 晋中南	1 695	1 608	1 336	190	193	184
23 陕中陇东	2 649	2 506	2 132	275	276	249

（续表）

单　元	删减①	删减②	删减③	尾数 5 抽样	尾数 8 抽样	尾数 3 抽样
24 陇中地区	1 885	1 770	1 444	204	195	215
25 六盘山区	2 633	2 243	1 656	287	306	318
26 祁连山区	895	815	632	110	95	87
27 青海湖地区	1 499	1 351	1 063	169	182	179
28 青藏高原	1 206	958	595	199	206	193
29 淮河平原	2 913	2 813	2 510	278	297	310
30 苏北平原	785	761	727	79	79	72
31 大别山区	3 064	2 918	2 583	303	326	346
32 桐柏山区	1 711	1 669	1 538	160	173	179
33 宛襄盆地	1 472	1 451	1 363	130	147	149
34 伏牛山区	4 374	3 933	3 082	508	496	491
35 秦岭山区	4 426	3 984	3 099	486	493	519
36 大巴山区	5 101	4 674	3 648	580	568	621
37 陇南山区	3 505	3 213	2 558	378	387	388
38 沪宁杭平原	3 697	3 435	2 825	402	419	406
39 浙江山区	7 236	6 282	4 728	944	939	883
40 福建丘陵	7 957	6 685	4 229	1 031	1 039	1 027
41 台湾地区	7 440	5 513	3 472	2 035	2 037	2 068
42 鄱阳湖平原	3 099	2 956	2 556	309	326	336
43 赣南丘陵	1 941	1 875	1 691	186	211	187
44 井冈山区	4 274	4 049	3 385	445	479	463
45 江汉平原	2 371	2 254	2 015	240	259	282
46 洞庭湖平原	1 360	1 327	1 169	123	144	138
47 湘中丘陵	1 768	1 702	1 469	163	219	184
48 武陵山区	8 147	7 212	5 164	971	949	923
49 雷公山区	3 343	3 069	2 433	398	355	357
50 云贵高原	4 585	4 111	3 075	513	579	546
51 四川盆地	3 470	3 259	2 766	369	388	379
52 阿坝地区	1 865	1 600	1 104	224	229	220
53 大凉山区	2 046	1 884	1 454	184	264	233
54 甘孜山区	4 124	3 413	2 251	571	554	581
55 丽江山区	3 742	3 079	1 951	469	475	484
56 墨脱地区	3 033	2 501	1 715	463	469	513
57 无量山区	3 122	2 594	1 789	379	424	389
58 西双版纳	3 852	3 024	1 804	561	609	563
59 桂西山区	1 647	1 563	1 317	167	201	190
60 桂南山区	4 718	4 211	3 020	545	562	535
61 粤桂山区	3 166	2 914	2 270	367	368	357
62 南岭山区	4 666	4 310	3 400	539	497	545
63 粤南沿海平原	1 904	1 695	1 303	211	228	212

（续表）

单 元	删减①	删减②	删减③	尾数 5 抽样	尾数 8 抽样	尾数 3 抽样
64 海南	5 392	4 110	2 557	734	835	788
全国	29 573	19 549	9 337	9 373	9 337	9 357

一、删减只有 1 个单元分布的种类

昆虫每一个分布域层次区系组成的比例不同（表 5-10），如东亚种类主要存在于分布域较低的层次，到较高层次比例变得最低。而广布种类比较稳定，较低层次所占比例最低，到高级层次比例变得最高。因此，逐步删减较低分布域的种类，可能对东亚种类的影响最大，从而引起聚类关系的一定变化。在以往的聚类分析中，有人认为这些独有种类不起作用而故意舍弃，这里将准确衡量这些种类的作用。

表 5-10 删减不同分布域层次后昆虫区系成分比例的变化

删减层次	种类数	东洋种类		广布种类		古北种类		东亚种类		成分不明种类
		种类数	占 %	种类数	占 %	种类数	占 %	种类数	占 %	
不删减	93 661	15 510	16.6	1 261	1.3	12 335	13.2	62 181	66.4	2 374
删去 0 单元分布	72 032	13 110	14.0	1 136	1.6	9 178	12.7	46 971	65.2	1 637
再删 1 个单元分布	29 573	7 692	26.0	946	3.2	6 009	20.3	14 441	48.8	485
再删 2 个单元分布	19 549	5 622	28.8	825	4.2	4 460	22.8	8 363	42.8	279
再删 3~5 个单元分布	9 337	3 089	33.1	653	7.0	2 403	25.7	3 165	33.9	27
再删 6~10 个单元分布	4 371	1 527	34.9	479	11.0	1 213	27.8	1 149	26.3	3
再删 11~20 个单元分布	1 358	430	31.7	276	20.3	426	31.4	224	16.5	1
再删 21~40 个单元分布	165	40	24.2	59	35.8	55	33.3	11	6.7	0

表 5-10 中，0 单元分布的种类是没有省下分布记录，从而不能在地理单元中显示分布信息的种类，共有 21 629 种，在 MSCA 分析时不起作用，图 5-4 实际是删去这些种类的结果。分布域只有 1 个单元的种类是各单元的独有种类，在 42 459 种独有种类中，东亚种类占 76.6%，删去以后，东亚种类的比例立即降到 50% 以下。对删后的 29 573 种昆虫进行 MSCA 分析（图 5-24），在 0.190 的相似性水平上，有 A、B、E、F 4 个大单元群没有变化，C、D、I 等 3 个大单元群的结构被拆散，G 大单元群增添新内容，H 大单元群虽然结构没变，但相似性大幅度提高。在 0.250 的水平下，有 11 个小单元群得到区分，其余各被拆散、增大或变小。总相似性系数为 0.095，比删减前的 0.039 提高 1.4 倍。平均分布域为 6.10 个单元，比原来 3.09 增大近 1 倍。

二、再删减 2 个单元分布的种类

分布域为 2 个单元的种类有 10 024 种，删去这些后，剩余 19 549 种。MSCA 分析结果见图 5-25。只有 A、B 2 个大单元群保持完好外，其余各大单元群均被拆散、重组。在 0.275 的相似性水平上，有 11 个小单元群得到区分，其余被拆散、移动或重组，如海南以很高的相似性水平聚在华东大单元群内。总相似性系数为 0.128，为图 5-4 的 3.3 倍，平均分布域为 8.19 单元，为图 5-4 的 2.7 倍。

三、再删减 3~5 个单元分布的种类

分布域为 3~5 个单元的种类有 10 212 种，删去这些后，剩余 9 337 种，仅为总数据库种类的 1/10。

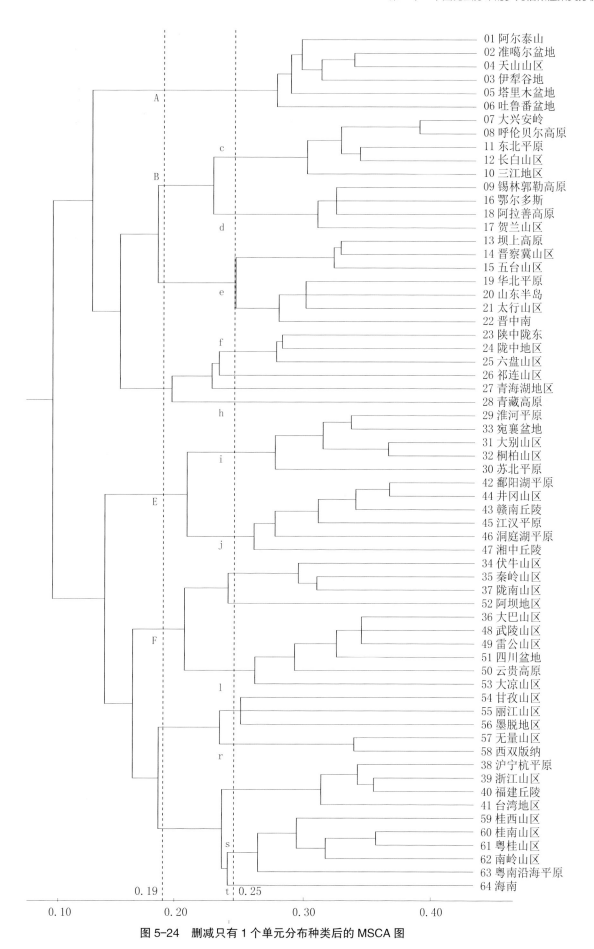

图 5-24 删减只有 1 个单元分布种类后的 MSCA 图

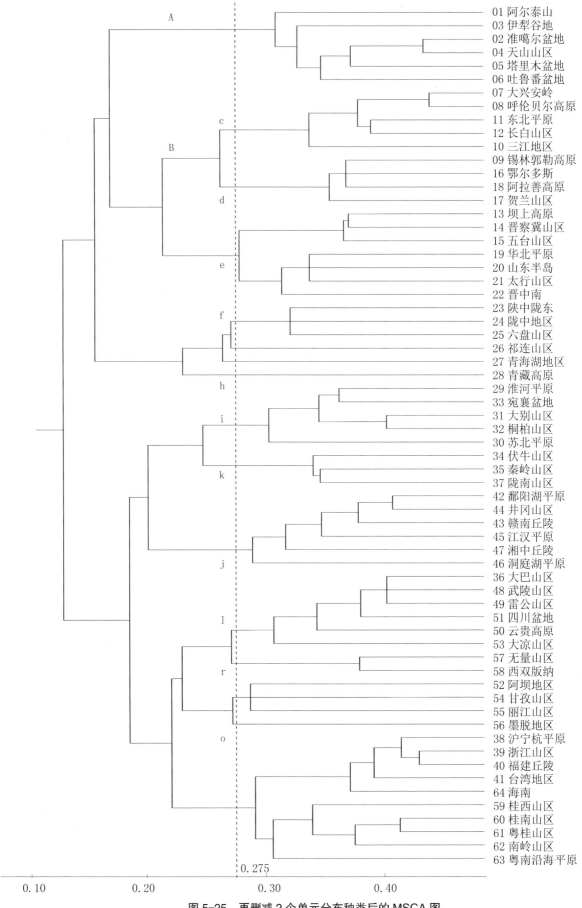

图 5-25　再删减 2 个单元分布种类后的 MSCA 图

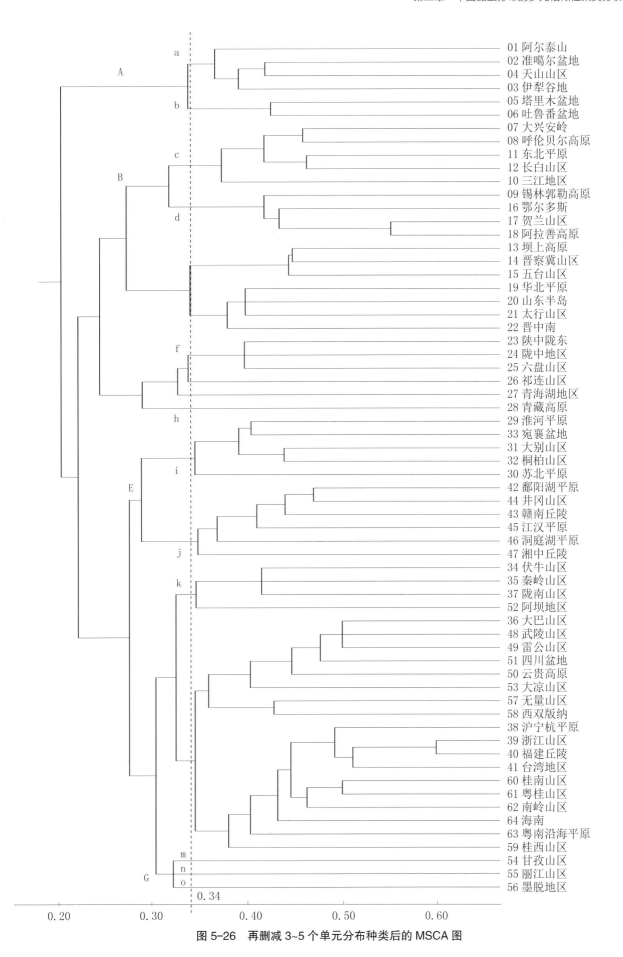

图 5-26　再删减 3~5 个单元分布种类后的 MSCA 图

对这些种类的分析结果见图 5-26，能够看到完整的 A、B、E、G 大单元群，但没有统一的相似性水平线。在 0.340 的相似性水平上，有 12 个小单元群能够区分，而云贵高原、华东、华南共 18 个单元聚在一起。青藏地区的 3 个单元分别和黄土高原聚在一起。总相似性系数达到 0.203，平均分布域达到 13.02 个单元，平均每单元有 1 900 种的分布记录。

四、尾数 5 的抽样

用种类编号尾数 5 的标记抽样共抽得 9 373 种昆虫，MSCA 图（图 5-27）显示，在 0.130 的相似性水平上，共有 9 个大单元群，各大单元群的单元组成和图 5-4 完全相同，聚类顺序基本相同；　在 0.200 的相似性水平上，有 19 个小单元群形成，仅 g 小单元群没有形成，其聚类水平稍微低于水平线。总相似性系数为 0.039，每种分布域 3.09 单元，和图 5-4 出奇地相同。

五、尾数 8 的抽样

用种类编号尾数 8 的标记抽样，共抽得 9 337 种昆虫，MSCA 图（图 5-28）显示，在 0.130 的相似性水平上，共有 9 个大单元群，各大单元群的单元组成和图 5-4 完全相同，聚类顺序大体相同；　在 0.190 的相似性水平上，绝大多数小单元群明显存在，仅 b 小单元群没有形成，a、g 小单元群由于相似性系数较低，分别到 0.186、0.174 处才聚合而成。总相似性系数为 0.039，每种分布域 3.09 单元，也和图 5-4 完全相同。

六、尾数 3 的抽样

用种类编号尾数 3 标记抽样，共获得 9 357 种昆虫，MSCA 图（图 5-29）显示，在 0.130 的相似性水平上，共有 9 个大单元群，各大群的单元组成和图 5-4 完全相同，聚类顺序大体相同；　在 0.190 的相似性水平上，有 19 个小单元群形成，仅 g 小单元群在 0.182 处聚类。总相似性系数为 0.039，每种分布域 3.08 单元。

3 次分布狭窄种类的删减，对整体聚类关系的影响比上述第二至第六节都大。虽然随着种类的删减，相似性水平和分布域都在增大，但各单元间、各单元群间的差异越来越小，特异性逐渐削减。因此在生物地理学研究中，有意或无意地排除某些有分布特征种类的做法是不足取的。

通过 3 次 1/10 种类的随机抽样，MSCA 分析结果和图 5-4 出乎意料地接近，不仅大单元群完全一致，20 个小单元群大部分与图 5-4 一致，个别单元群只是相似性系数稍有差异，提前或延后聚类，只有一例 b 小单元群没有形成。大小单元群的水平线都和整体相同或相近，3 次抽样的总相似性系数都是 0.039，和整体完全相同，分布域也相同或极为接近。这说明合理的抽样方法是能够得到代表整体聚类关系结果的。

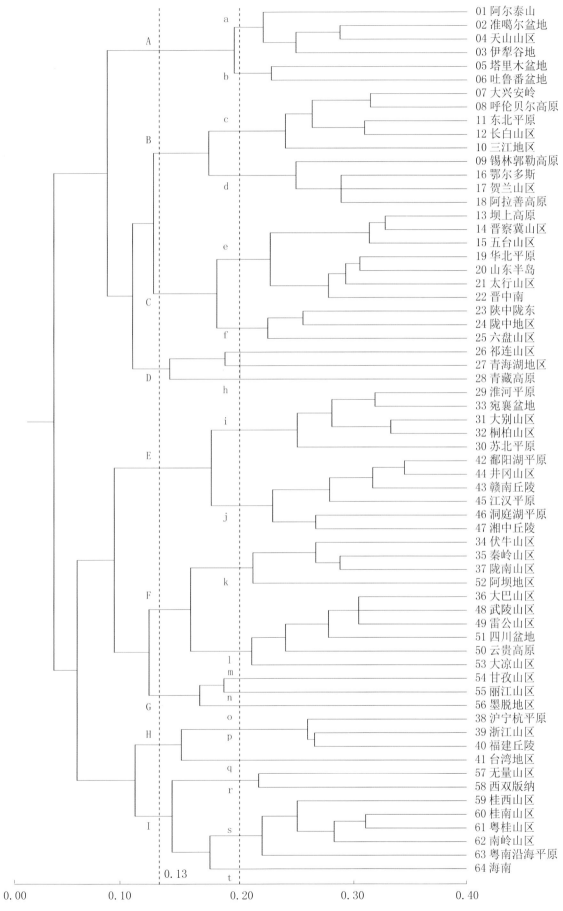

图 5-27　种类尾数 5 的抽样后的 MSCA 图

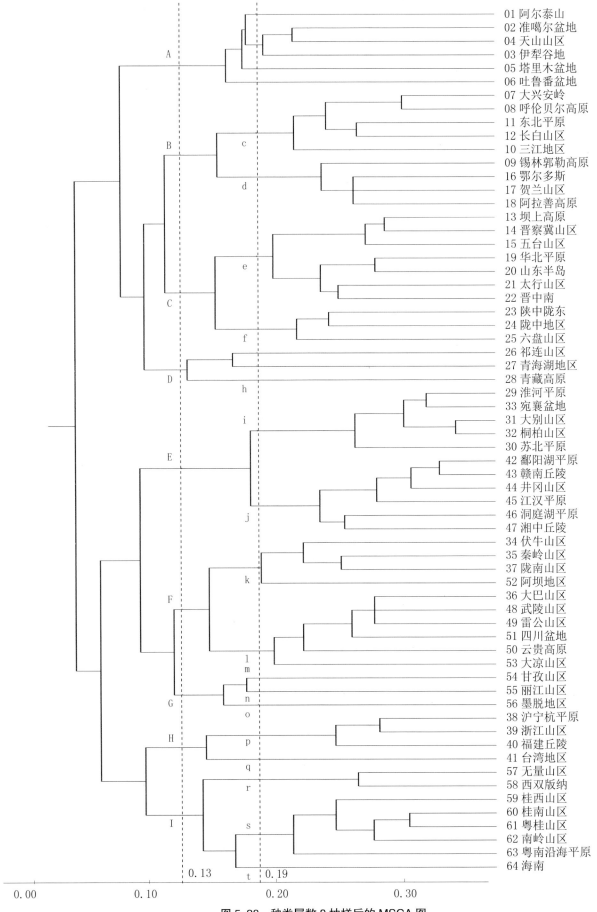

图 5-28　种类尾数 8 抽样后的 MSCA 图

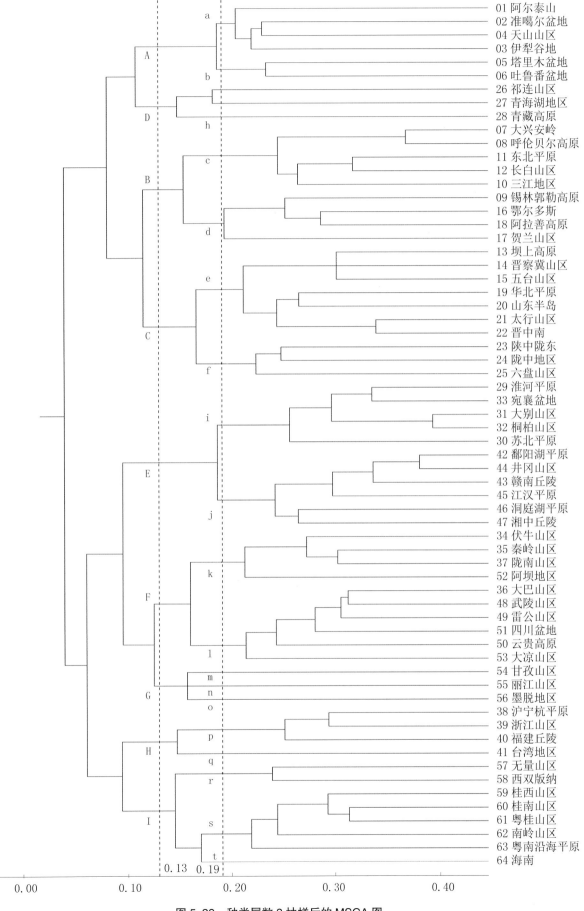

图 5-29 种类尾数 3 抽样后的 MSCA 图

第三章
中国昆虫的
主要分布型

Chapter 3　The main distribution patterns of insect in China

　　严格说来，没有任何两个物种的分布区域是完全相同的，但有可能，一些物种由于受环境条件的影响相近、空间扩散能力相近，其分布区域也趋于相近，以至在一定的基础地理单元划分下，形成相同的分布格局，即成为一种"分布型"，它体现出这些种类在分布区域上的亲缘关系。

　　分布型（distribution pattern）是生物地理学在定性研究中的重要内容，是地理区划的依据和标志。往往以大量的篇幅或主要篇幅来对分布型进行分析和概括。但由于对分布型的剖析没有一定的标准和程式，所依据的基础地理区域也互不相同，因此不同学者之间的结论很难进行横向比较。

　　本书在对各基础地理单元的定量分析中，各个单元之间形成的不同分布类型以及它们的作用，已在分析中得以充分体现，因此本章只将分布型的统计结果及主要分布型予以介绍。

第一节　基于小单元群的昆虫分布型
Segment 1　The insect distribution patterns according to small unit groups

　　在本编第二章进行的多项 MSCA 分析中，由 64 个基础地理单元组成的 20 个小单元群是比较稳定的。这里基于 20 个小单元群分布型的数量及其所含物种数作如下统计。

将数据表拷一个备份，打开备份，将表名命名为"中国昆虫20个小单元群"，将64个地理单元的数据根据"中国昆虫种级水平的MSCA结果"（本编第二章第一节）合并成20个小单元群的数据：如01~04地理单元组成a小单元群，将01~04单元列选中，单击倒序排列，显示出4个单元共有的2 890种，把这些种类的分布信息都合并到01单元列，把01单元列的"01"改为"a"（即a小单元群的代号），把02~04单元列删除；同样方法把06地理单元的数据合并到05单元列，把06单元列删除，同时把05单元列的"05"改为"b"（即b小单元群的代号）；依此类推，直到20个小单元群合并完成。建立查询表，依次双击20个小单元群号，最后双击编号，并将其"分组"改为计数，排序项单击倒序，点击运行，即出现图5-28。它统计出各种分布型的种类数，并从多到少排列。将a列选中并按倒序排列，得到a小单元群所参与的分布型。20列点击完毕，得到表5-11。

从表5-11可见，20个小单元群，从单区型到全区型，共有5 451种分布型。并且主要集中于较狭窄的分布型中。单区型分布共有20种，全部具备，并且集中了43 207种昆虫，占参与分析种类的62.8%；2区型分布共有171种，涉及10 659种昆虫；3~9区型分布共有4 324种，涉及14 623种昆虫；10~19区型分布理论应有616 662种形式，实际只有935种，只涉及1 541种昆虫；全区型分布只有1种，仅涉及2

表5-11 20个小单元群的分布型统计

单元群	单区型		2区型		3~9区型		10~19区型		全区型		合计	
	型数	昆虫种数	型数	昆虫种数	型数	昆虫种数	型数	昆虫种数	型数	昆虫种数	型数	昆虫种数
a	1	1 206	17	545	446	835	222	252	1	2	687	2 890
b	1	195	11	324	202	451	97	110	1	2	312	1 082
c	1	2 168	19	585	1 293	2 967	640	1 015	1	2	1 954	7 137
d	1	1 058	17	738	1 067	2 392	563	839	1	2	1 640	5 020
e	1	1 467	19	1 140	1 717	4 309	805	1 316	1	2	2 543	8 234
f	1	894	19	803	1 356	2 898	679	1 066	1	2	2 056	5 663
g	1	364	18	251	739	1 171	373	506	1	2	1 032	2 291
h	1	704	15	295	407	709	178	200	1	2	602	1 910
i	1	310	15	389	1 315	3 330	790	1 374	1	2	2 122	5 405
j	1	818	19	937	1 518	4 724	793	1 390	1	2	2 331	7 871
k	1	2 968	19	2 132	2 433	6 833	901	1 507	1	2	3 355	13 442
l	1	3 230	17	2 035	2 197	7 743	863	1 459	1	2	3 079	14 469
m	1	1 533	17	685	1 149	3 661	502	776	1	2	1 670	5 657
n	1	1 111	16	776	1 027	2 257	479	707	1	2	1 524	4 853
o	1	1 802	16	532	974	1 862	435	637	1	2	1 427	1 835
p	1	4 793	18	2 465	2 118	7 405	854	1 453	1	2	2 993	16 118
q	1	12 912	17	2 152	1 310	4 275	547	1 011	1	2	1 877	20 352
r	1	2 839	18	1 208	987	3 035	398	670	1	2	1 405	7 754
s	1	2 316	16	1 510	1 509	5 519	680	1 236	1	2	2 207	10 583
t	1	2 522	17	1 416	927	3 250	389	724	1	2	1 335	7 914
全国	20	43 207	171	10 659	4 324	14 623	935	1 541	1	2	5 451	72 032

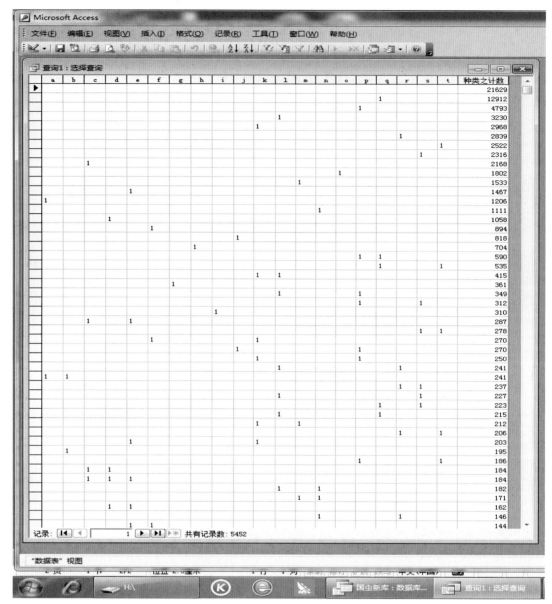

图 5-30　基于小单元群分布型的数据库查询页面

种昆虫。

每个分布型的昆虫种类多少不一（图 5-30），种类超过 100 种以上的分布型共 63 个，共包括 53 925 种昆虫，占总种类的 74.9%。这些分布型是：

单区型：全部的 20 种单区类型，种类最少的为 195 种，种类最多的为 12 912 种；

2 区型：共 35 种，单元群号及其种类数是，p＋q（590），q＋t（535），k＋l（435），l＋p（349），p＋s（312），c＋e（287），s＋t（278），f＋k（270），j＋p（270），k＋p（250），a＋b（241），l＋r（241），r＋s（237），l＋s（227），q＋s（223），l＋q（215），k＋m（212），r＋t（206），e＋k（203），p＋t（186），c＋d（184），l＋n（182），m＋n（171），d＋e（162），n＋r（146），e＋f（144），j＋l（126），l＋m（124），k＋q（113），d＋k（110），j＋q（109），d＋f（107），n＋o（105），p＋r（105），q＋r（103）；

3 区型：共 8 种，单元群号及其种类是，c＋d＋e（184），k＋l＋p（135），l＋p＋s（130），j＋o＋s（114），l＋n＋r（109），l＋p＋q（106），p＋q＋s（101），q＋s＋t（101）。

以上这些重要的分布型的组成单元群，大都是相邻或相近的地域，可以说明，生物区系的变化是逐步过渡的，任何一条区域划分的边界线的两侧都有不少相同或不同的种类，随时随地都可以找出这条线划在这里或划在那里的许多理由，也可以找出许多否定的理由，关键是对生物类群总体的相似性程度的把握。

第二节 基于大单元群的昆虫分布型
Segment 2 The insect distribution patterns according to great unit groups

同样方法，把上节的小单元群数据表制成 9 个大单元群表，并得到图 5-31 和表 5-12。

表 5-12 9 个大单元群的分布型统计

单元群	单区型 型数	单区型 昆虫种数	2 区型 型数	2 区型 昆虫种数	3~5 区型 型数	3~5 区型 昆虫种数	6~8 区型 型数	6~8 区型 昆虫种数	全区型 型数	全区型 昆虫种数	合计 型数	合计 昆虫种数
A	1	1 642	8	541	75	703	41	310	1	91	126	3 287
B	1	3 410	8	1 896	116	5 892	58	1 665	1	91	184	9 954
C	1	2 505	8	2 328	121	4 148	61	1 976	1	91	192	11 048
D	1	1 097	8	656	98	1 199	44	701	1	91	152	3 744
E	1	1 169	8	1 431	98	5 472	52	1 914	1	91	160	10 077
F	1	6 613	8	4 731	125	8 450	57	2 032	1	91	192	21 927
G	1	4 834	8	2 208	103	3 610	47	1 361	1	91	160	12 104
H	1	18 295	8	4 657	119	7 068	52	1 899	1	91	181	32 010
I	1	8 490	8	1 914	92	5 878	48	1 624	1	91	150	19 997
全国	9	48 055	36	10 181	236	11 657	73	2 068	1	91	355	72 032

9 个大单元群之间的分布型，理论上应为 511 种，实际上有 355 种。其中单区型 9 种，集中了大部分昆虫种类，2 区型应有 36 种，全部具备，共有昆虫 10 181 种，这两类分布型的昆虫种类已占参与分析昆虫种类的 80.8%；3~5 区型应有 336 种，实际有 236 种，涉及昆虫 11 657 种；6~8 区型应有 129 种，实际有 73 种，涉及昆虫 2 068 种；全区型包括昆虫 91 种。

355 个分布型中，昆虫种类超过 200 种的主要分布型有 36 个，涉及昆虫 64 478 种，占参与分析昆虫种类的 89.5%。这些主要分布型是：

单区型：全部的 9 种分布型，包括昆虫种类从 1 097 种到 18 295 种；

2 区型：共 13 种，涉及昆虫 9 634 种，HI（2 164）、FH（1 288）、FG（1 127）、BC（998）、FI（932）、CF（713）、EH（622）、GI（511）、EF（382）、AB（252）、EI（228）、CH（213）、BF（204）；

3 区型：共 6 种，涉及昆虫 2 912 种，FHI（901）、EFH（540）、FGI（496）、EHI（466）、BCF（271）、FGH（238）；

4 区型：共 3 种，涉及昆虫 1 674 种，EFHI（1 059）、FGHI（405）、CEFH（210）；

多区型：共 5 种，涉及昆虫 2 203 种，EFGHI（722）、CEFHI（396）、BCEFHI（376）、BCEFGHI

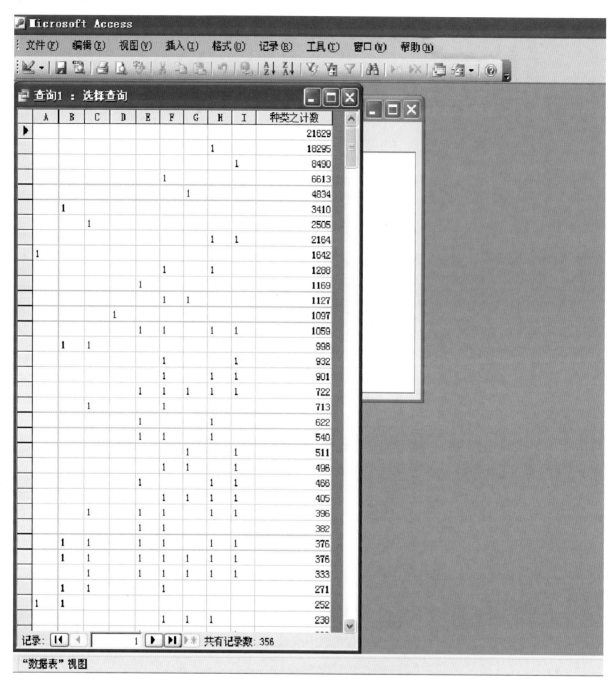

图 5-31　9 个大单元群分布型的数据库查询页面

（376），CEFGHI（333）。

同样可以看出，含有昆虫种类多的分布型的组成大都是相邻或相近的单元群，这说明，昆虫种类"个体"的点状分布并不影响昆虫整体的连续分布、过渡特征的表达。

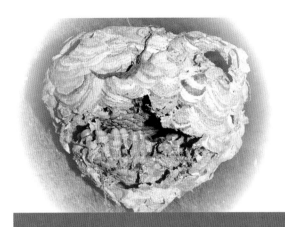

第四章
中国昆虫的
分区及区域分异

Chapter 4　The division of insect regions and their difference in China

第一节　中国昆虫地理区的划分
Segment 1　The division of insect regions in China

在本编第三章对全国昆虫基础地理单元 MSCA 分析基础上，又对各种组成方式反复测试对比，证明20 个小单元群和 9 个大单元群是稳定的，也是符合地理学逻辑、生态学逻辑、生物学逻辑的，已经符合作为地理分区的基本条件，而且大体的地理范围与高等动物地理区划和植物地理区划有不少相似之处。因此，笔者拟把中国昆虫地理分布划分为 9 个昆虫区和 20 个昆虫亚区（表 5-13）。各区和亚区的命名参照动物地理区划的比较简单、明晰的命名方法，昆虫区以方位性为主，亚区以代表性地名为主，专业性体现在区和亚区前面加上"昆虫"二字，以区别于高等动物和植物。中国昆虫地理区划图见图 5-32，这是用定量研究方法所产生的第一幅昆虫地理区划图。

在图 5-32 中，中国昆虫地理区划分为：A、西北昆虫区：a. 北疆昆虫亚区，b. 南疆昆虫亚区；B、东北昆虫区：c. 关东昆虫亚区，d. 内蒙古昆虫亚区；C、华北昆虫区：e. 冀晋鲁昆虫亚区，f. 黄土高原昆虫亚区；D、青藏昆虫区：g. 青海湖昆虫亚区，h. 羌塘昆虫亚区；E、江淮昆虫区：i. 黄淮昆虫亚区，j. 长江中游昆虫亚区；F、华中昆虫区：k. 秦巴昆虫亚区，l. 云贵高原昆虫亚区；G、西南昆虫区：m. 甘孜昆虫亚区，n. 丽江昆虫亚区，o. 墨脱昆虫亚区；H、华东昆虫区：p. 浙闽昆虫亚区，q. 台湾昆虫亚区；I、华南昆虫区：r. 滇南昆虫亚区，s. 粤桂昆虫亚区，t. 海南昆虫亚区。

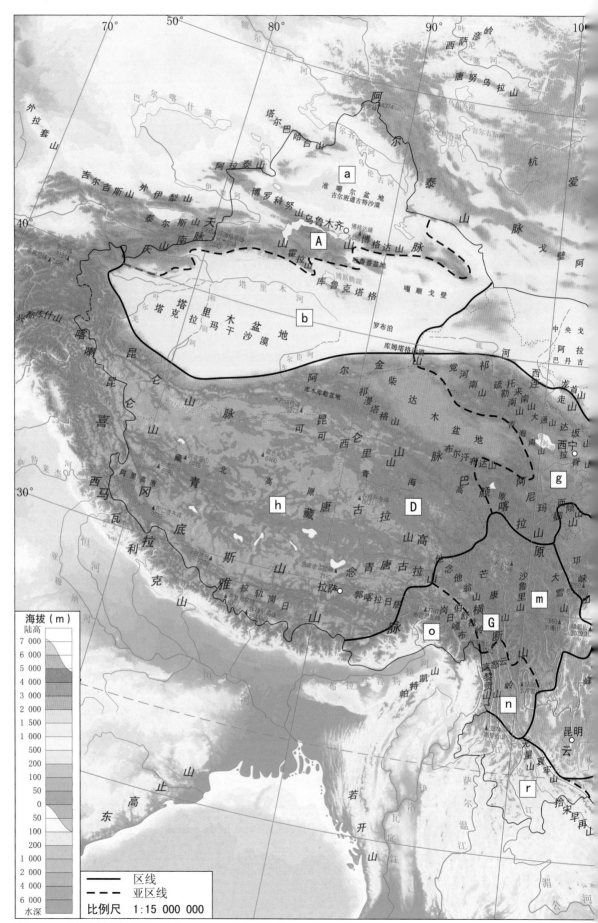

图 5-32　中国昆虫地理区划图（图 A~I，a~t 代表的中国地理区划名称见 P529）

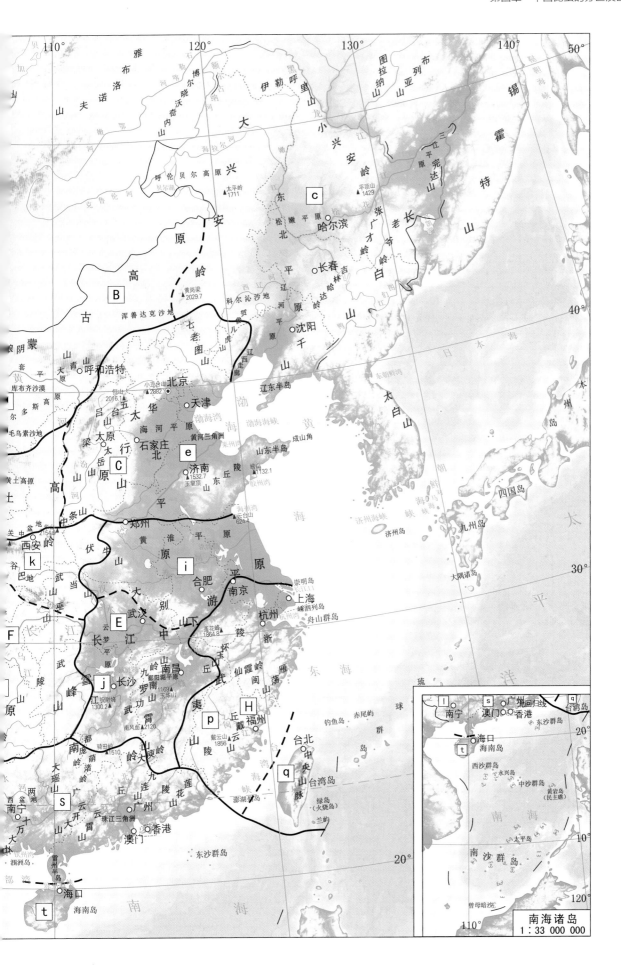

　　基于相同的相似性水平划分的昆虫分布区和亚区，都有自己的昆虫区系组成特点，由于广布种类和区系成分不明种类很少，所占比例有限，且变化不大，在以后的区域分异讨论中，不再提起这些种类。

表 5-13　各区、亚区昆虫的区系性质

区划阶元	总种类数	东洋种类	所占比例（%）	古北种类	所占比例（%）	东亚种类	所占比例（%）	广布种类	所占比例（%）	成分不明种类	所占比例（%）
A、西北昆虫区	3 287	19	0.58	2 244	68.27	871	26.50	123	3.74	30	0.91
a. 北疆昆虫亚区	2 890	17	0.59	2 040	70.59	695	24.05	110	3.81	28	0.97
b. 南疆昆虫亚区	1 082	3	0.28	750	69.32	263	24.31	61	5.64	5	0.46
B、东北昆虫区	9 954	546	5.49	4 467	44.88	3 569	35.85	540	5.42	823	8.27
c. 关东昆虫亚区	7 137	407	5.70	3 366	47.16	2 454	34.38	389	5.45	521	7.30
d. 内蒙古昆虫亚区	5 029	262	5.21	2 466	49.04	1 496	29.75	407	8.09	398	7.91
C、华北昆虫区	11 048	1 169	10.58	4 058	36.73	4 953	44.83	625	5.66	243	2.20
e. 冀晋鲁昆虫亚区	8 234	934	11.34	3 161	38.39	3 375	40.99	551	6.69	213	2.59
f. 黄土高原昆虫亚区	5 663	514	9.08	2 312	40.83	2 390	42.20	410	7.24	37	0.65
D、青藏昆虫区	3 744	177	4.73	1 653	44.15	1 685	45.01	189	5.05	40	1.07
g. 青海湖昆虫亚区	2 291	127	5.54	1 088	47.49	902	39.37	148	6.46	26	1.13
h. 羌塘昆虫亚区	1 910	65	3.40	837	43.82	902	47.23	90	4.71	16	0.84
E、江淮昆虫区	10 077	2 880	28.58	1 681	16.68	4 767	47.31	606	6.01	145	1.44
i. 黄淮昆虫亚区	5 405	1 432	26.49	1 252	23.16	2 205	40.80	474	8.77	42	0.78
j. 长江中游昆虫亚区	7 871	2 517	31.98	1 061	13.48	3 670	46.63	521	6.62	107	1.36
F、华中昆虫区	21 927	4 786	21.83	3 082	14.06	13 195	60.18	719	3.28	145	0.66
k. 秦巴昆虫亚区	13 442	2 416	17.97	2 668	19.85	7 685	57.17	597	4.44	76	0.57
l. 云贵高原昆虫亚区	14 469	4 185	28.92	1 479	10.22	8 155	56.36	573	3.96	71	0.49
G、西南昆虫区	12 104	3 103	25.64	1 189	9.82	7 405	61.18	379	3.13	28	0.23
m. 甘孜昆虫亚区	5 657	1 056	18.67	737	13.03	3 661	64.72	192	3.39	11	0.19
n. 丽江昆虫亚区	4 853	1 414	29.14	512	10.55	2 683	55.29	226	4.66	18	0.37
o. 墨脱昆虫亚区	4 835	1 802	37.27	428	8.85	2 370	49.02	221	4.57	4	0.08
H、华东昆虫区	32 010	7 934	24.79	2 314	7.23	20 502	64.05	885	2.76	375	1.17
p. 浙闽昆虫亚区	16 118	4 250	26.37	1 781	11.05	9 322	57.84	641	3.98	124	0.77
q. 台湾昆虫亚区	20 352	5 877	28.88	936	4.60	12 621	62.01	664	3.26	254	1.25
I、华南昆虫区	19 997	7 826	39.14	1 011	5.06	10 430	52.16	637	3.19	93	0.47
r. 滇南昆虫亚区	7 754	3 522	45.42	228	2.94	3 791	48.89	186	2.40	27	0.35
s. 粤桂昆虫亚区	10 583	4 210	39.78	694	6.56	5 135	48.52	504	4.76	40	0.38
t. 海南昆虫亚区	7 914	4 253	53.74	295	3.73	3 017	38.12	320	4.04	29	0.37
全国	93 661	15 510	16.56	12 335	13.17	62 181	66.39	1 261	1.35	2 374	2.53

第二节　西北昆虫区
Segment 2　Northwest insect region

　　西北昆虫区，由 01~06 基础地理单元组成，地理范围仅涉及新疆维吾尔自治区。相当于高等动物地理区划中的蒙新区的西半部，基本相当于植物地理区划中的阿尔泰地区、天山地区、准噶尔地区、喀什噶尔地区的西半部。

　　本区地处大陆腹地，居于中国地势的第二阶梯，阿尔泰山、准噶尔盆地、天山、塔里木盆地相间排列，海拔悬殊。盆地为温带大陆性气候，山区为高原高山气候，降水量极少，全国最干旱地区，绝大部分在 100 mm 以下。植被为温带荒漠类型。

　　全区共有昆虫 211 科 1 363 属 3 287 种，其中古北种类 2 244 种，占 68.27%，东亚种类 871 种，占 26.50%，东洋种类几乎绝迹。在东亚种类中，除 119 种为中日种类外，其余 752 种为中国特有种，其中本区特有种 535 种，占 71.14%，占全区总种类的 16.28%。本区昆虫区系总的特征是区系贫乏，北多南少，特有性突出，多中亚、荒漠类型，和哈萨克斯坦等中亚地区关系密切，区系调查有待深入。

　　和本区相邻的是青藏昆虫区和东北昆虫区。和它们的区别是，本区古北种类居绝对优势，占 2/3 以上，且多为中亚类型，东亚种类仅占 1/4；东北昆虫区古北种类虽然也占优势地位，但占不到 1/2，且为西伯利亚类型，东亚种类已达 1/3 以上；青藏昆虫区东亚种类已超过古北种类。

　　本区由两个昆虫亚区组成：

　　a. 北疆昆虫亚区：该亚区由 01~04 共 4 个地理单元组成，包括阿尔泰山、天山、准噶尔盆地、伊犁谷地，有温带大陆性气候和高原高山气候，有草原、荒漠和森林植被。共有昆虫 198 科 1 242 属 2 890 种，其中古北种类占 70.59%，东亚种类占 24.05%；有中国特有种 583 种，其中亚区特有种 381 种，主要产自天山地区。

　　b. 南疆昆虫亚区：该亚区由 05、06 共 2 个地理单元组成，包括塔里木盆地、吐鲁番盆地、哈密盆地。地势低平，降水量极少，植被简单。共有昆虫 142 科 559 属 1 082 种，是全国昆虫种类最少的亚区，其中古北种类占 69.32%，东亚种类 24.31%；有中国特有种 253 种，其中亚区特有种 109 种。

　　为什么两个亚区的古北种类都超过 69%，全区的古北种类却低于 69%，而两个亚区的东亚种类都不超过 25%，全区的东亚种类却超过 26% 呢？这既不是统计错误，也不是研究人员打字时的"手下误"，这是两种区系成分的分布域不同所致，古北种类分布域较大，两亚区之间的共有种类比例较多，而东亚种类分布较窄，两亚区之间共有种类比例较少。这种现象以后还会多次出现。

　　本区昆虫区系贫乏，除和自然条件有关外，可能和区系调查深度也不无关系。从发表的昆虫区系资料看，多是北疆地区，对南疆的关注较少。这造成了和相邻的阿拉善地区、河西走廊昆虫区系的较大差异，18 地理单元阿拉善高原有昆虫 2 308 种，比南疆亚区种类多 1 倍以上，按其自然条件和本区接近，归入本区似乎理所当然，但由于区系相差较大而聚类于东北昆虫区。只有待全区，尤其是南疆的昆虫区系有了进一步发展后，才有可能把其"吸引"过来。

第三节　东北昆虫区
Segment 3　Northeast insect region

东北昆虫区，由 07~12、16~18 共 9 个基础地理单元组成，地理范围包括大兴安岭、小兴安岭、长白山区、东北平原、三江平原、内蒙古高原的大部分地区以及陕西、宁夏、甘肃的北部荒漠地带。基本相当于高等动物地理区划的东北区及蒙新区的东半部，基本相当于植物地理区划的东北地区、大兴安岭地区、东北平原森林草原亚地区、内蒙古东部草原亚地区和西南蒙古亚地区。

东北昆虫区地势西高东低，跨二级阶梯和三级阶梯，整体较为平坦，起伏不大，大都在海拔 1 500 m 以下，超过海拔 1 700 m 的山峰很少，只有大兴安岭南部主峰黄岗梁和长白山主峰望天鹅海拔刚刚超过 2 000 m。大兴安岭及其以东属温带季风气候，以西为温带大陆性气候，年降水量从东部的 1 100 mm 到西部的 100 mm，气温南高北低，1 月份平均气温从 -30 ~ -10℃。植被类型包括寒温带针叶林区域、温带针叶落叶阔叶混交林区域、温带草原和荒漠草原区域。

全区共有昆虫 420 科 3 797 属 9 954 种，其中古北种类 4 467 种，占 44.88%，东亚种类 3 569 种，占 35.85%，东洋种类极其微弱，仅 546 种，占 5.49%，占中国东洋种类的 3.52%，表明东洋种类很难扩散到本地区。在东亚种类中，有中日种类 1 151 种，中国特有种 2 418 种，其中本区特有种 1 314 种，占 54.34%，占本区总种类的 13.20%。本区总的特征是昆虫区系不甚丰富，古北种类占绝对优势，且和蒙古、西伯利亚关系密切，东洋种类极其微弱。

和东北昆虫区相邻的是西北、青藏、华北昆虫区，和西北、青藏昆虫区的区别已于前述，和华北昆虫区的区别是，东北昆虫区以古北种类为主，东亚种类次之，华北昆虫区的东亚种类已经超过古北种类的比例。

东北昆虫区由两个昆虫亚区组成：

c. 关东昆虫亚区：该亚区由 07~08、10~12 共 5 个基础地理单元组成，包括呼伦贝尔高原、大兴安岭、长白山及其之间的广袤的平原丘陵地区，植被以针叶、阔叶、落叶混交林和农田为主，季风气候，较湿润。昆虫区系较丰富，共有 385 科 3 020 属 7 137 种，其中古北种类占 47.16%，东亚种类 34.38%，有中国特有种 1 472 种，其中亚区特有种 630 种，大部分分布于长白山。

本亚区中长白山单元的归属值得进一步讨论。在植物地理区划中，长白山区、三江平原、小兴安岭组成东北地区，有植物 116 科 575 属 1 776 种，有中国特有种 243 种，其中地区特有种 124 种，和乌苏里地区、朝鲜半岛、日本关系密切，一同归属东亚植物区。而对昆虫来说，长白山区 264 科 1 820 属 3 744 种，古北种类占 47.80%，东亚种类占 38.90%，有中国特有种 743 种，其中本单元特有种 376 种。和本区的其他 8 个单元相比，昆虫种类最丰富，古北种类比例最低，东亚种类最高，和日本共有种类最多，特有种最多，是诸单元中东亚色彩最浓的单元。但和相邻的乌苏里等地相比，昆虫区系尚嫌薄弱，目前状态下，由于东亚种类还未占优势地位，还必须留在东北昆虫区。如果对长白山区，连同小兴安岭、三江平原，进行较深入的昆虫区系调查，有望会和俄罗斯乌苏里、朝鲜北部一起组成属于东亚的长白山地区，或者再连同日本、韩国、俄罗斯库页岛等组成环日本海地区，不过这已超出本书讨论范围，且是非常有待时日的事情。

d. 内蒙古昆虫亚区：该亚区由 09、16~18 共 4 个基础地理单元组成，包括大兴安岭以西的内蒙古高原、河套地区，以及包括陕北、宁北、甘北在内的荒漠、戈壁地区，以荒漠、草原植被为主，大陆性气候，干旱。昆虫区系较贫乏，但较西北昆虫区丰富。共有 25 目 331 科 2 257 属 5 029 种，其中古北种类占 49.04%，东亚种类占 29.75%，有中国特有种 1 148 种，其中亚区特有种 455 种，大部分在鄂尔多斯。

第四节　华北昆虫区
Segment 4　North-China insect region

华北昆虫区，由 13~15、19~25 共 10 个基础地理单元组成，地理范围包括华北平原、山东半岛、黄土高原以及冀北山地、晋北山区、内蒙古乌兰察布盟南部的山地及高原等，涉及京、津、冀、鲁、晋全境，河南黄河以北，陕西秦岭以北、长城以南，甘肃中部，宁夏南部，内蒙古的东南部。基本相当于高等动物地理区划中的华北区的黄河以北地区；相当于植物地理区划中的华北地区（除去辽东半岛）。

华北昆虫区地势西高东低，跨第二阶梯和第三阶梯，东部平原海拔 100 m 以下，西部高原地区海拔 1 000~2 000 m，五台山主峰北台顶海拔 3 061 m，全区最高，其次六盘山主峰米缸山海拔 2 942 m，小五台山海拔 2 882 m，关帝山海拔 2 830 m，马鬃山海拔 2 583 m。东部为温带季风气候，西部为温带大陆性气候，年降水量 700~50 mm，由东向西逐步减少，1 月份平均气温从东部 -5℃到西部 -10℃左右。植被类型东部为暖温带落叶阔叶林和农田，西部为温带草原。

全区共有昆虫 446 科 4 357 属 11 048 种，其中东洋种类 1 169 种，占 10.58%，占中国东洋种类的 7.54%，表明这里基本上是东洋种类向北扩散的边缘，古北种类 4 058 种，占 36.73%，东亚种类 4 953 种，占 44.83%，比例已超过古北种类；有中国特有种 3 611 种，其中本区特有种 1 550 种，占 42.92%，占本区总种类的 14.03%，特有性比东北区略有增强。本区总的特征是昆虫区系较为丰富，东亚种类首居主导地位，东洋种类扩散北界。

本区除北部和东北区相邻外，南部和西部还和江淮昆虫区、华中昆虫区、青藏昆虫区相邻，本区和江淮、华中昆虫区的区别在于后 2 区的东亚种类进一步增强，东洋种类已经超过古北种类；本区和青藏昆虫区的区系成分构成比例虽然最为相似，但后者区系贫乏，昆虫的高寒类型最为突出。

华北昆虫区由冀晋鲁昆虫亚区和黄土高原昆虫亚区组成，2 亚区以晋陕之间的南北段黄河为界：

e. 冀晋鲁昆虫亚区：该亚区由 13~15、19~22 共 7 个基础地理单元组成，包括北京、天津、河北、山东、山西全境及内蒙古东南部山区、河南北部平原。季风气候，植被以暖温带阔叶落叶林和农田为主。共有昆虫 32 目 417 科 3 625 属 8 234 种，古北种类占 38.39%，东亚种类占 40.99%；有中国特有种 2 295 种，其中亚区特有种 907 种，主要分布于五台山区和华北平原，它们区系较为丰富的原因可能与区位优势有关，这里地处首都北京周围，技术力量雄厚，调查较为深入。

f. 黄土高原昆虫亚区：该亚区由 23~25 共 3 个基础地理单元组成，包括陕西中部、甘肃中部、宁夏南部等地区，季风和大陆性气候，草原和荒漠植被。共有昆虫 350 科 2 677 属 5 663 种，古北种类占 40.83%，东亚种类占 42.20%，有中国特有种 1 763 种，其中亚区特有种 581 种，主要分布于六盘山区。

　　本亚区地处中国大陆的地理中心，不仅和东邻的华北昆虫亚区有着密切的关系，而且和南邻的秦巴昆虫亚区、西邻的青海湖昆虫亚区、北邻的内蒙古昆虫亚区也有着较高的相似性。待将来中国昆虫区系资料进一步完善、昆虫分类学进一步发展后，有可能以此为中心形成一个新的昆虫分布区。

第五节　青藏昆虫区
Segment 5　Qing-Zang insect region

　　青藏昆虫区，由 26~28 共 3 个基础地理单元组成，包括青海全境、西藏绝大部分（除去东南部）、新疆南部山区、甘肃的祁连山区、甘南藏族自治州大部分地区（除去迭部）。是全国陆地面积最大，海拔最高的昆虫。基本相当于高等动物地理区划中的青藏区加柴达木盆地，相当于植物地理区划中的青藏高原亚地区、柴达木盆地亚地区、藏东南亚地区的一部分。

　　全区以高原为主，地势为第一阶梯，海拔普遍在 3 000~5 000 m，南部沿国境线和西北部大都在 6 000 m 以上，几乎囊括了国内海拔 7 000 m 以上的高峰。全区为高原高山气候，1 月份平均气温 −20~ −5℃，7 月份平均气温 8~18℃，全年降水量 50~500 mm。植被类型为青藏高原高寒植被。

　　全区有昆虫 275 科 1 650 属 3 744 种，是全国昆虫种类最少的昆虫区之一，其中古北种类 1 653 种，占 44.15%，东亚种类 1 685 种，占 45.01%；有中国特有种 1 390 种，其中本区特有种 756 种，占 54.39%，占本区总种类的 20.19%，特有性比前几个昆虫区都高。本区总的特征是昆虫区系贫乏，高寒类型独特，特有性突出，区系调查有待加强。

　　和本区相邻的昆虫区除华北昆虫区、东北昆虫区、西北昆虫区外，还有华中昆虫区、西南昆虫区。本区和华中昆虫区、西南昆虫区的区别是后二者都是以东亚种类居优势地位，东洋种类居第二位，本区则是东亚种类稍微超过古北种类，古北种类居第二位，东洋种类微弱。

　　青藏昆虫区由青海湖昆虫亚区和羌塘昆虫亚区组成：

　　g. 青海湖昆虫亚区：该亚区由 26、27 共 2 个基础地理单元组成，地理范围包括祁连山区、青海湖周围的高原山区和甘肃西南部的高原地区。高原高山气候，高原高山植被。共有昆虫 242 科 1 275 属 2 291 种，古北种类占 47.49%，东亚种类占 39.37%，有中国特有种 704 种，其中亚区特有种 273 种。

　　h. 羌塘昆虫亚区：该亚区仅 1 个基础地理单元，包括青海大部分地区、新疆南部山区、西藏几乎全部（除去东南部），是陆地面积最大的亚区。气候与植被类型比青海湖昆虫亚区更为典型。有昆虫 180 科 827 属 1 910 种，古北种类占 43.82%，东亚种类占 47.23%，有中国特有种 777 种，其中亚区特有种 465 种。虽昆虫区系贫乏，但特有性相当突出。

　　值得讨论的是柴达木盆地的归属，在高等动物和植物地理区划中，柴达木盆地都属于西北昆虫区或中亚荒漠昆虫亚区。但由于该盆地海拔较高，昆虫区系贫乏，和西北联系很弱，目前只能和周围地区一起归入羌塘亚区。

第六节 江淮昆虫区
Segment 6 Jiang-Huai insect region

江淮昆虫区，由 29~33、42~47 共 11 个基础地理单元组成，包括黄淮平原、桐柏-大别山区、宛襄盆地、云梦平原、井冈山区、鄱阳湖平原以及赣南、湘中丘陵，地理范围涉及河南东部黄河以南，安徽长江以北，江苏长江以北，湖北中、东部，湖南中、东、北部，江西大部分地区（除去东部和福建交接的武夷山区以及西南部的南岭山区）。相当于高等动物地理区划中的华中区的东部平原丘陵亚区（去掉浙闽山区，加上黄淮平原）。基本相当于植物地理区划中的华东地区（去掉浙南山区亚地区）。

江淮昆虫区地势平坦，处于中国第三阶梯，是全国最平坦、平均海拔最低的昆虫区，全区没有超过 2 000 m 的山峰。温带季风和亚热带季风气候，降水量适中，热量充足，是全国重要农业生产基地。植被以亚热带常绿阔叶林和农田为主，北部为暖温带阔叶落叶林。

江淮昆虫区共有昆虫 485 科 4 838 属 10 077 种。东亚种类有 4 767 种，占 47.31%，东洋种类 2 880 种，占 28.58%，古北种类 1 681 种，占 16.68%；有中国特有种 3 073 种，其中本区特有种 756 种，占 24.60%，占本区总种类的 7.50%。本区昆虫的基本特点是人为干预剧烈，区系较为简单，特有性最低，共有性最高，是东西南北四方区系互相交融的过渡性地区。

江淮昆虫区的四邻有华北昆虫区、华南昆虫区、华东昆虫区、华中昆虫区。和华南昆虫区的区别是后者的东洋种类比例最高，和华东、华中昆虫区的区别是后二者昆虫区系丰富，而且东亚种类比例显著高于本区。

本区由黄淮昆虫亚区和长江中游昆虫亚区组成，二者以桐柏-大别山南麓为界：

i. 黄淮昆虫亚区：该亚区由 29~33 共 5 个地理单元组成，东临黄海，西接伏牛山，北到黄河，南邻江汉平原和长江下游平原。本亚区内，实现了暖温带到亚热带的过渡，实现了落叶阔叶林到常绿阔叶林的过渡，也实现了由古北种类居次要地位到东洋种类居次要地位的过渡。本亚区共有昆虫 384 科 2 808 属 5 405 种，其中东洋种类占 26.49%，古北种类占 23.16%，东亚种类占 40.80%；有中国特有种 1 200 种，其中亚区特有种 185 种。

j. 长江中游昆虫亚区：该亚区由 42~47 共 6 个地理单元组成，是一个四周环山的平原浅丘地区，东有天目山、武夷山，西接大巴山、武陵山，南抵南岭，北到桐柏-伏牛山。亚热带季风气候，亚热带常绿阔叶林植被。有昆虫 448 科 3 766 属 7 871 种，其中东洋种类占 31.98%，古北种类占 13.48%，东亚种类占 46.63%；有中国特有种 2 357 种，其中亚区特有种 552 种。

本区内的淮河干流在中国综合自然区划中，是暖温带和北亚热带的分界线，在高等动物地理区划中，是华北区和华中区的分界线。但在昆虫分布地理上，显示不出淮河的分隔阻碍作用，本研究中曾以淮河为界将黄淮平原划为两个地理单元，在几乎所有 MSCA 分析中，保持最高的相似性，最先聚合在一起。因此，笔者认为，在平原地区，划分地理单元应着重考虑河流流域的完整性，在山区应以河流为界，保持山系的完整性。

第七节 华中昆虫区
Segment 7 Centre-China insect region

华中昆虫区，由 34~37、48~53 共 10 个地理单元组成，包括秦岭山脉、大巴山、神农架、四川盆地、阿坝地区、武陵山区、云贵高原等，地理范围为河南、湖北、湖南的西部，陕西南部，甘肃东南部，四川中东部，重庆、贵州全境，云南中、东北部。基本相当于高等动物地理区划中的华中区的西部山区高原亚区，只是西边界的南段更向西移动一些；和植物地理区划中的华中区相比，东边界和西边界南部都更偏西一些。

本区以山区、高原为主，位居中国地势的第二阶梯，地貌复杂；亚热带季风气候，1 月份平均气温均在 0℃ 以上，全年降水量均在 800~1 600 mm，植被类型为亚热带常绿阔叶林和农田。

全区共有昆虫 584 科 6 872 属 21 927 种，其中东洋种类 4 786 种，占 21.83%，古北种类 3 082 种，占 14.06%，东亚种类 13 195 种，占 60.18%；有中国特有种 10 579 种，其中本区特有种 5 245 种，占 49.58%，占全区种类的 23.92%。本区总的特征是昆虫区系丰富，东亚种类和特有种突出，是全国昆虫重要集中产地之一。

本区四周相邻的是华北昆虫区、江淮昆虫区、华南昆虫区、西南昆虫区、青藏昆虫区，和华南昆虫区的区别是后者的东洋种类比例最高，东亚种类比例比本区低；和西南昆虫区的区别在于后者的东洋种类更为增强，古北种类更为减弱，而东亚种类几乎相等。

本区由秦巴昆虫亚区和云贵高原昆虫亚区组成，两亚区分界线在大巴山南麓、四川盆地北沿：

k. 秦巴昆虫亚区：该亚区由 34~37、52 共 5 个地理单元组成，包括秦岭山区、大巴山区、汉中盆地、阿坝地区，地理范围涉及河南西部伏牛山区、陕西南部山区、甘肃陇南山区、四川阿坝地区及北部山区、重庆北部山区、湖北西北部山区。亚热带气候和亚热带植被的北部边沿。共有昆虫 518 科 4 983 属 13 442 种，东洋种类占 17.97%，古北种类占 19.85%，东亚种类占 57.17%；有中国特有种 5 818 种，其中亚区特有种 2 358 种，主要集中于伏牛山区和神农架山区。

l. 云贵高原昆虫亚区：该亚区由 48~51、53 共 5 个地理单元组成，包括四川盆地、武陵山区、云贵高原等，地理范围涉及四川中、东南部，重庆南部，湖北西南部、湖南西部，贵州全境，云南中、东北部。是亚热带季风气候和亚热带常绿阔叶林植被区域的主体部分。共有昆虫 512 科 5 399 属 14 469 种，东洋种类占 28.92%，古北种类占 10.22%，东亚种类占 56.36%；有中国特有种 6 375 种，其中亚区特有种 2 597 种，主要集中于武陵山区和云贵高原。

华中昆虫区值得讨论的问题是 52、53 地理单元的归属，52 单元阿坝地区和 53 单元大凉山区都位于本区和西南昆虫区的中间，生态环境条件也都近似，关键在于相似性的大小程度，西南昆虫区由于参与分析的昆虫区系相对简单，在聚类中的核心力相对减弱，两单元较多倾向于华中昆虫区。四川、云南两省都有 7 000 多种昆虫没有省下分布记录，待区系资料系统整理后，可能会回到西南昆虫区，但目前归于华中区也不违背地理学逻辑。

第八节 西南昆虫区
Segment 8 Southwest insect region

西南昆虫区，由 54~56 共 3 个地理单元组成，包括四川西部、云南西北部、西藏东部的横断山脉的高山峡谷和西藏东南部的中、低山区，是全国地势最为复杂的昆虫区。比高等动物地理区划中的西南区稍小，基本相当于植物地理区划中的横断山脉地区和东喜马拉雅地区。

本区位于中国地势的第一阶梯的东南部边沿，海拔高低悬殊，高山峡谷南北纵向排列，利于南北环境特征的交流与并存；大部分为高原高山气候，也有亚热带季风气候；年降水量多在 800 mm 以下，也有局部地区达到 3 000 mm 以上；大部分为高原高寒植被，也有亚热带常绿阔叶林区域，局部还有热带雨林地区。

复杂的环境条件必然孕育出丰富的生物区系，因此，这里一直是世人关注的重点地区，是世界公认的生物多样性丰富的热点。从早期外国人近似掠夺的采集，到新中国成立后的国家有组织的科学考察，这里确实不负众望地展现了它的生物世界的繁荣面貌。到本研究时统计，云南昆虫记录已有 19 707 种，四川有 17 487 种，是仅次于台湾，大陆上昆虫区系最丰富的两个省份。但由于各种原因，这些昆虫中，相当多的种类没有省下分布记录，因此不能参与 MSCA 分析。参与分析的种类全区共有 410 科 4 096 属 12 104 种，其中东洋种类 3 103 种，占 25.64%，古北种类 1 189 种，占 9.82%，东亚种类 7 405 种，占 61.18%；有中国特有种 6 222 种，其中本区特有种 3 740 种，占 60.11%，占全区种类的 30.90%。本区总的特征是昆虫区系非常丰富，东亚种类占绝对优势，特有性突出，分化强烈，是中国昆虫区系乃至世界昆虫区系的热点地区，区系资料的整理总结有待深入开展。

和本区相邻的昆虫区有青藏昆虫区、华中昆虫区、华南昆虫区，和青藏、华中昆虫区的区别已于前述，和华南昆虫区的区别在于后者东洋种类比例全国最高，东亚种类比例比前者显著低。

西南昆虫区由于昆虫特有性突出，单元之间相似性较低，在全国亚区的水平线上，3 个单元各自成为一个亚区：甘孜昆虫亚区、丽江昆虫亚区和墨脱昆虫亚区：

m. 甘孜昆虫亚区：该亚区包括四川西部山区和西藏东部高山峡谷地区，为高原高山气候和高原高寒植被。参与分析的昆虫有 288 科 2 385 属 5 657 种，东洋种类占 18.67%，古北种类占 13.03%，东亚种类占 64.72%；有中国特有种 3 101 种，其中亚区特有种 1 373 种。

n. 丽江昆虫亚区：该亚区是云南西北部山区，属亚热带季风气候和亚热带常绿阔叶林植被，参与分析的昆虫有 296 科 2 267 属 4 853 种，东洋种类占 29.14%，古北种类占 10.55%，东亚种类占 55.29%；有中国特有种 2 237 种，其中亚区特有种 934 种。

o. 墨脱昆虫亚区：该亚区仅墨脱地区一个地理单元，包括林芝地区、山南地区东南部。高原高山气候和高寒植被，南部局部地区气温较高，降水量较大，为亚热带或热带气候。有昆虫 327 科 2 275 属 4 835 种，东洋种类占 37.27%，古北种类占 8.85%，东亚种类占 49.02%；有中国特有种 1 825 种，其中亚区特有种 1 194 种。

西南昆虫区是中国昆虫多样性的宝库，遗憾的是本研究没有发挥出我们预期的作用。客观原因可能是早期国外学者在发表中国昆虫种类时，对采集地点的记录过分随意，有的十分笼统，有的又具体得令人无法捉摸，给我们留下了大量的无法确定产地的种类。郑乐怡在整理半翅目昆虫时，曾根据采集者的日记，考证出一些疑难的地名，为我们树立了榜样。主观原因可能是我们很少有人愿意做这些"不产生经济效益"的基础研究工作和基础资料的整理工作，至今没有见到一部关于四川的昆虫名录，云南虽有一部《云南森林昆虫》，但已年代久远，所记载昆虫种类有限，远远不足以反映当今的昆虫区系状况。我们期待着这种状况的好转。

第九节　华东昆虫区
Segment 9　East-China insect region

华东昆虫区，由 38~41 共 4 个地理单元组成，即沪宁杭平原、浙江山区、福建丘陵以及台湾地区，地理范围包括安徽、江苏的江南部分，浙江全境，江西的东北和东部山区，福建、台湾全境。相当于高等动物地理区划中的华中区的最东部分和华南区的最东部分，也相当于植物地理区划中的华东地区的大部分及台湾地区。

华东昆虫区虽处于中国地势的第三阶梯，但以中、低山及丘陵为主，平原有限。台湾玉山海拔 3 952 m，武夷山主峰海拔 2 157 m，其余山峰海拔都在 2 000 m 以下。亚热带季风气候，仅台湾南端为热带季风气候，年降水量多在 1 500 mm 以上，台湾火烧寮曾有 8 408 mm 的最高纪录。亚热带常绿阔叶林植被类型，在台湾南端为热带雨林植被。

华东昆虫区共有昆虫 701 科 9 917 属 32 010 种，是全国昆虫区系最丰富的地区，连同近来在台湾发现的缺翅虫，目前该区仅没有蛩蠊目的分布。科数占全国的 85.20%，属数占全国的 58.30%，种数占 34.18%。东洋种类有 7 934 种，占 24.79%，古北种类 2 314 种，占 7.23%，东亚种类 20 502 种，占 64.05%，是东亚种类最突出的地区。全区有中国特有种 16 090 种，其中本区特有种 12 173 种，占 75.66%，占全区种类的 38.03%，是全国昆虫特有性最突出的地区。本区总的特征是昆虫区系极其丰富，调查研究及资料收集整理最为深入，地方特有性最高，是东亚昆虫区系的重要代表性地区之一。

和本区相邻的有江淮昆虫区、华南昆虫区，与江淮昆虫区的区别已于前述，与华南昆虫区的区别是后者东洋种类所占比例高于前者，东亚种类所占比例低于前者。

华东昆虫区由浙闽昆虫亚区和台湾昆虫亚区组成：

p. 浙闽昆虫亚区：该亚区由 38~40 共 3 个地理单元组成，北抵长江，西以黄山、天目山、武夷山与江淮昆虫区相邻，南到闽粤边界，东至台湾海峡。典型亚热带气候和植被。共有昆虫 565 科 5 969 属 16 118 种，东洋种类占 26.37%，古北种类占 11.05%，东亚种类占 57.84%；有中国特有种 7 281 种，其中亚区特有种 3 785 种。

q. 台湾昆虫亚区：该亚区仅是单独的 41 地理单元，包括台湾本岛及澎湖列岛、绿岛、兰屿、钓鱼岛等。大部分为亚热带气候和植被，仅南端为热带季风气候和热带雨林植被。有昆虫 618 科 7 656 属 20 352 种，其中东洋种类占 28.88%，古北种类占 4.60%，东亚种类占 62.01%；有中国特有种 9 500 种，其中亚区特有种 8 163 种，占 85.93%，占亚区总种类的 40.11%。

华东昆虫区值得讨论的问题是台湾地区的归属问题，是划入东洋界（古热带区）或古北界（泛北极区），还是划入华南区或中部地区？

在世界动物地理区划中，华莱士（1876）将台湾划入东洋界，在世界植物地理区划中，吴鲁夫（1944，中译本 1964）、塔赫他间（1986）均将台湾归入泛北极区。

在中国动物地理区划中，张荣祖一直将台湾划入华南区（1979，1999，2004，2011），在中国植物地理区划中，吴征镒认为应归属于古热带区（1979，1998，2011），而李惠林（1953）、张宏达（1995）则归入泛北极区。

学者们都以自己的渊博知识列举众多实例证明自己的主张，但似乎都没有进行定量的比较，实际上哪怕是最简单的二元相似性比较也可以看出不同归属的差异，如果用多元相似性比较，差异会更加明显。高等动物和维管植物的材料都是完整而又详细，找到答案没有多大难度。

台湾昆虫亚区的 20 352 种昆虫中，除 254 种成分不明种类和 664 种广布种类外，有产自西伯利亚的典型的古北种类 936 种，有与日本共有种类 3 121 种，有产自东南亚、菲律宾，甚至印度尼西亚的东洋种类 5 877 种，但更有 9 500 种中国特有种。台湾作为一个地理单元，和相邻的浙江山区、福建丘陵、南岭山区、粤南沿海平原、海南 5 个地理单元的二元相似性系数分别是 0.108、0.126、0.088、0.045、0.109；台湾作为一个昆虫亚区，和浙闽昆虫亚区、粤桂昆虫亚区的二元比较结果是 0.139、0.123，与它们的组成单元的多元比较结果是 0.149、0.099。由此看来，台湾划入华东昆虫区是合理的，黄晓磊等（2004）的研究也证实了台湾蚜虫与福建的密切关系。

第十节　华南昆虫区
Segment 10　South-China insect region

华南昆虫区，由 57~64 共 8 个地理单元组成，包括云南南部，湖南南部、江西西南部的南岭山区及其以南的广西、广东、海南全境。其北界比高等动物地理区划中的华南区偏南，比植物地理区划的相关地区的北界偏北。

全区地势西高东低、北高南低，跨中国地势的第二、三级阶梯，沿北界的山峰从西部的海拔 3 300m 到东部的海拔 1 500m。气候从北部的亚热带季风气候到南部的热带季风气候；植被由北部的亚热带常绿阔叶林到南部的热带雨林。

华南昆虫区共有昆虫 556 科 6 793 属 19 997 种，其中东洋种类 7 826 种，占 39.14%，古北种类 1 011 种，占 5.06%，东亚种类 10 430 种，占 52.16%。有中国特有种 8 854 种，其中本区特有种 5 552 种，占 62.71%，占全区种类的 27.76%，本区总的特征是昆虫区系丰富，东洋种类比例全国各区中最高，特有性突出，区系资料的整理有待完善。

虽然全区统计，东洋种类比例低于东亚种类比例，但构成本区的 8 个地理单元中，除南岭山区外，都是东洋种类占优势。而本区以外的 56 个地理单元中，只有赣南丘陵单元的东洋种类比例高于东亚种类。因此本区和其他各区的区别就在于它的热带性质。

本区由滇南昆虫亚区、粤桂昆虫亚区、海南昆虫亚区组成：

　　r. 滇南昆虫亚区：该亚区由 57、58 地理单元构成，包括西双版纳、保山市腾冲、德宏市瑞丽及文山壮族苗族自治州的南部。地势北高南低，热带季风气候，热带雨林植被。有昆虫 366 科 3 331 属 7 754 种，东洋种类占 45.42%，东亚种类占 488.9%；有中国特有种 3 383 种，其中亚区特有种 2 028 种。

　　s. 粤桂昆虫亚区：该亚区由 59~63 共 5 个地理单元组成，包括南岭山区及其以南的丘陵平原。地势北高南低，亚热带和热带季风气候，亚热带常绿阔叶林和热带雨林植被。有昆虫 467 科 4 445 属 10 583 种，东洋种类占 39.78%，东亚种类占 48.52%。有中国特有种 4 134 种，其中亚区特有种 1 822 种。

　　t. 海南昆虫亚区：该亚区仅是单独的 64 地理单元海南地区。包括海南岛及南海诸岛。地势中央高，周围低，热带季风气候，热带雨林植被。有昆虫 427 科 3 860 属 7 914 种，东洋种类占 53.74%，东亚种类占 38.12%。有中国特有种 2 447 种，其中亚区特有种 1 395 种。

　　华南昆虫区值得讨论的问题是南岭山区的归属，是目前状态合理，还是归入江淮昆虫区合理？问题的根源在于广东的昆虫记录。本研究中，广东昆虫统计记录共 33 目 525 科 4 879 属 11 195 种，但有省下具体分布记录的只有 3 882 种，而且分布极不均匀，于是只得把原计划的 6 个小区改为 3 个小区，南岭山区 1 986 种，广东平原 2 194 种，粤西山区 454 种。在全国基础地理单元划分时，南岭山区单元中广东是主体部分，5 226 种昆虫中只包括广东 1 937 种，粤桂山区单元中广东面积占 1/3，3 525 种昆虫中只包括广东 454 种,这和广东昆虫大省的地位及应该发挥的作用不相适应。如果有一个比较系统的昆虫分布资料，广东的聚类核心作用会得到提高，南岭山区单元就可能归入江淮昆虫区。粤桂昆虫亚区的北界进一步南移。由剩余的 7 个地理单元组成的华南昆虫区的东洋种类比例将达到 50% 以上，成为真正的东洋界组成部分。不过南岭处于江淮区和华南区的中间，归于何处都不违背地理学逻辑。

第五章
中国昆虫在世界地理区划中的位置

Chapter 5　The position of Chinese insects in gographical division of the World

　　运用 MSCA 分析方法，已经在本编第二章、第四章明确了国内昆虫区级、亚区级的划分。我们似乎有理由根据聚类图中大单元群以上的聚类关系来确定区划中的更高层级。例如，我们可以把北方 4 区划为古北界，中南部 5 区划为东洋界；或者把中部 3 区划为东亚亚界，南方 2 区划为东洋界。这不是都不违背统计学逻辑和地理学逻辑吗？

　　但问题可能没有那么简单，因为区和亚区是国内的昆虫地理区划，完全用国内的分析材料是可以完成的，而界和亚界是世界级的地理区划，仅用国内材料难以说明我们在世界区系中的地位和作用，必须把包括中国材料在内的全世界昆虫区系进行分析，得到界和亚界的划分以后，才能看到我国昆虫区系在世界级区划中的正确地位。

　　然而，昆虫的世界地理区划并没有开展，等待其正式完成不是指日可待的事情。如其借用世界高等动物区划或世界植物区划，还不如参考我们已进行过的一些世界类群的 MSCA 结果。本章将选择世界昆虫的部分材料进行 MSCA，以求看到一些比较稳定的结果。

第一节　供分析的世界昆虫类群
Segment 1　Insect groups for MSCA in the World

共收集内颚纲 Entognatha 和昆虫纲 Insecta 的所有 34 个目级阶元，其中 29 个中小型目为全部种类，半翅目、鞘翅目、双翅目、鳞翅目、膜翅目 5 个大目选择部分科或亚科的种类，共计 496 科 32 883 属 347 380 种（不包括化石种类和种下阶元），约占全世界总种类的 1/3。各类群的科属种数量及分布资料来源见表 5-14。

表 5-14　供分析的世界昆虫类群

类　　群	科数	属数	种数	资料来源
1. 原尾目 Protura	7	72	736	Szetycki，2007
2. 弹尾目 Collembola	34	685	8 481	Janssens，2014
3. 双尾目 Diplura	10	133	1 212	Graening, et al.，2014
4. 石蛃目 Microcoryphia	2	72	520	GBIF，2011
5. 衣鱼目 Zygentoma	7	134	598	GBIF，2011
6. 蜉蝣目 Ephemeroptera	29	442	3 348	Barber-James, et al.，2013
7. 蜻蜓目 Odonata	39	656	5 960	Schorn，2013
8. 襀翅目 Plecoptera	14	234	1 707	Schlitz，1973
9. 蜚蠊目 Blattodea	8	490	4 428	Beccdloni，2014
10. 等翅目 Isoptera	9	284	2 932	Krishna, et al.，2013
11. 螳螂目 Mantodea	16	428	2 437	Otte, et al.，2014
12. 螳䗛目 Mantophasmatodea	2	10	16	Eades，2014
13. 蛩蠊目 Grylloblattodea	1	5	28	Eades，2014
14. 革翅目 Dermaptera	11	207	1 888	Deem，2014
15. 直翅目 Orthoptera	30	4 440	24 112	Yin，1996; Eadea, et al.，2014
16. 䗛目 Phasmatodea	13	465	3 071	Brock, et al.，2014
17. 纺足目 Embioptera	13	89	399	Maehr, et al.，2014
18. 缺翅目 Zoraptera	1	1	39	Hubbard，1990
19. 啮目 Psocoptera	43	482	5 942	Johnson, et al.，2014
20. 食毛目 Mallophaga	9	179	1 830	Pickering，2014
21. 虱目 Anoplura	15	49	534	Durden, et al.，1994
22. 缨翅目 Thysanoptera	9	782	6 033	Lehtinen, et al.，2014
23. 广翅目 Megaloptera	2	31	325	Oswald，2014
24. 蛇蛉目 Raphidioptera	2	32	226	Oswald，2014
25. 脉翅目 Neuroptera	17	596	5 668	Oswald，2014
26. 捻翅目 Strepsiptera	10	35	302	Kathirithamby，2003

（续表）

类 群	科数	属数	种数	资料来源
27. 长翅目 Mecoptera	9	36	662	CAS，2005
28. 蚤目 Siphonaptera	18	241	2 099	Vashehonok，*et al.* 2013
29. 毛翅目 Trichoptera	46	649	14 189	Morse，*et al.*，2011
30. 半翅目 Hemiptera：				
叶蝉科 Cicadellidae	1	1 119	9 673	McKamey，2000
粉虱科 Aleyrodidae	1	162	1 542	Evans，2007
臭虫科 Cimicidae	1	22	74	Usinger，1966
盲蝽科 Miridae	1	1 502	11 091	Schun，2013
缘蝽总科 Coreoidea	5	528	3 048	Webb，*et al.*，2014
其他小科	2	19	132	Todd，1961；Haeds，*et al.*，2014
31. 鞘翅目 Coleoptera：				
龙虱科 Dytiscidae	1	293	4 201	Nilsson，2013
隐翅虫科（部分）Staphylinidae	1	714	17 973	Herman，2001
沟胫天牛科 Lamiidae	1	2 892	20 742	Roguet，2014
象甲总科 Curculionoidea	18	5 371	63 000	Alonso-Zarazaga，1999
其他小科	3	412	4 974	Iwan，2002；Staines，2012
32. 双翅目 Diptera：				
瘿蚊科 Cecidomyiidae	1	728	5 813	Gagne，2010
蚊科 Culicidae	1	134	2 975	Knight，*et al.*，1977
蠓科 Ceratopogonidae	1	158	6 321	Borkent，2014
蚋科 Simuliidae	1	159	2 134	Adler，*et al.*，2014
白蛉科 Phlebotomidae	1	60	869	Spring，2013
蜂虻科 Bombyliidae	1	239	4 498	Evenhuis，*et al.*，2003
舞虻总科 Empidoidea	2	405	11 862	Yang，*et al.*，2006：2007
其他小科	8	189	1 760	Rohacek，*et al.*，2001
33. 鳞翅目 Lepidoptera：				
蓑蛾科 Psychidae	1	234	1 272	Sobczyk，2011
细蛾科 Gracilariidae	1	98	1 806	Prins，*et al.*，2005
卷蛾科 Tortricidae	1	992	8 477	Brown，2005
天蛾科 Sphingidae	1	202	1 492	Kitching，*et al.*，2000
夜蛾科 Noctuidae	1	3 331	26 495	Poole，1989
凤蝶科 Papilionidae	1	39	672	Pelham，2012
34. 膜翅目 Hymenoptera：				
蚁科 Formicidae	1	306	12 413	Bolton，1995
蜜蜂总科 Apoidea	7	480	19 063	Ascher，*et al.*，2014
泥蜂总科 Sphecoidea	3	108	2 282	Ascher，*et al.*，2014
其他小科	2	28	435	Noort，*et al.*，2010
合计	496	32 883	346 811	

（续表）

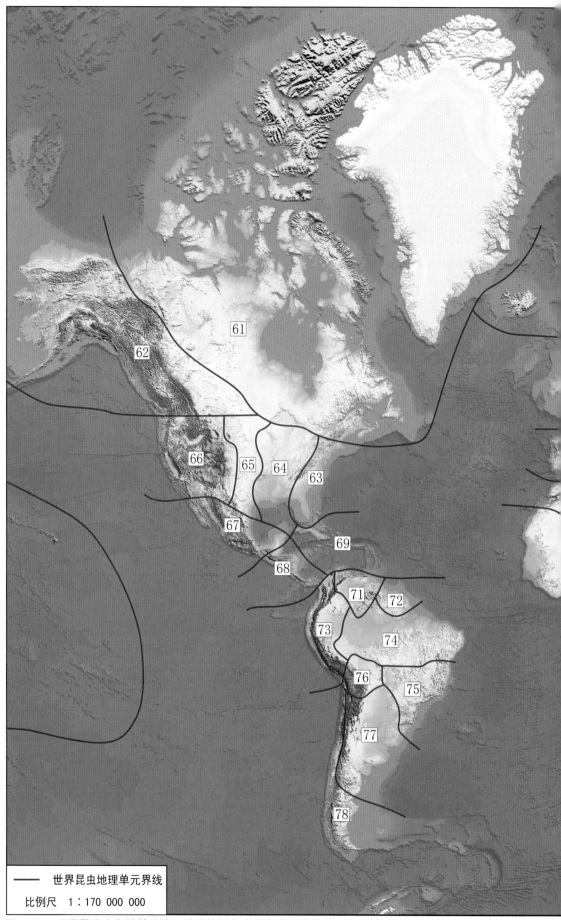

世界昆虫地理单元界线

比例尺　1：170 000 000

图 5-33　世界昆虫分布的基础地理单元的划分（图中单元代号 01~64 见表 5-15）

由于昆虫个体小，扩散能力弱，分布地域远比高等动物和植物狭窄，使用种级阶元进行分析，虽然精确度高，但分布狭窄，难以显示出单元或单元群之间的共有性； 使用科级阶元进行分析，虽然科数少，计算方便，但分布广泛，难以显示出单元或单元群之间的差异性。权衡分布资料的利用效率和计算结果的清晰性，本研究以属级阶元作为分析的基础生物单元（basic biological units，BBU），共计 32 883 属。

第二节　世界基础地理单元的划分
Segment 2　Division of BGU in the World

根据生态条件和昆虫分布资料的详略程度，确定基础地理单元（basic geographical units，BGU）的数量。划分越细，精确度越高，越需要细致的分布资料来匹配； 如果分布资料较为笼统，就难以把地理单元划分太细。本研究根据各类群提供的分布信息，将全球陆地（除南极洲）划分为 67 个 BGU（图 5-33，表 5-15），作为区系分析和地理区划的基础。其中以平原为主的地理单元 21 个，以丘陵为主的地理单元 11 个，以山地为主的地理单元 12 个，以高原为主的地理单元 11 个，以荒漠为主的地理单元 5 个，还有 7 个为岛屿型地理单元。地处热带的地理单元 27 个，地处温带的有 34 个，地域跨入寒带的有 6 个。

表 5-15　世界昆虫分布的地理单元及其地理范围

地理单元	地理范围
01 北欧	挪威，瑞典，芬兰，丹麦，冰岛
02 西欧	英国，爱尔兰，荷兰，比利时，法国中北部
03 中欧	德国，匈牙利，奥地利，捷克，斯洛伐克，波兰，瑞士
04 地中海北岸	南欧阿尔卑斯山区、巴尔干半岛、亚平宁半岛，伊比利亚半岛，亚速尔群岛
05 东欧	爱沙尼亚，拉脱维亚，立陶宛，白俄罗斯，乌克兰，摩尔多瓦
06 俄罗斯欧洲部分	俄罗斯鄂毕河以西部分
11 地中海东岸	塞浦路斯，以色列，约旦，黎巴嫩，巴勒斯坦，叙利亚，土耳其，亚美尼亚，阿塞拜疆，格鲁吉亚
12 阿拉伯沙漠	沙特阿拉伯，伊拉克，科威特，阿拉伯联合酋长国，卡塔尔，巴林
13 阿拉伯半岛南端	也门，阿曼，索科特拉岛
14 伊朗高原	伊朗，阿富汗，巴基斯坦
15 中亚地区	哈萨克斯坦，乌兹别克斯坦，土库曼斯坦
16 西西伯利亚平原	俄罗斯西伯利亚西部平原地区
17 东西伯利亚高原	俄罗斯西伯利亚东部山地、高原
18 乌苏里地区	俄罗斯西伯利亚东南部以及萨哈林岛
19 蒙古高原	蒙古
20 帕米尔高原	吉尔吉斯斯坦，塔吉克斯坦，克什米尔地区，中国新疆喀什地区
21 中国东北	中国黑龙江、吉林、辽宁、内蒙古、宁夏中北部

（续表）

地理单元	地理范围
22 中国西北	中国新疆（除去南部边界的山地与高原）
23 中国青藏	中国青海、西藏（除去东部高山峡谷和东南部墨脱地区）
24 中国西南	四川西部、云南西北部、西藏东部和东南部
25 中国南部	中国广东、海南、广西和云南南部
26 中国中东部	中国东部和中部大部分省份
27 中国台湾	中国台湾本岛及周边岛屿
28 朝鲜半岛	朝鲜，韩国
29 日本	日本
31 喜马拉雅地区	尼泊尔，不丹，印度的喜马偕尔邦、旁遮普邦、阿萨姆邦、锡金邦
32 印度半岛	印度，孟加拉，斯里兰卡，马尔代夫
33 缅甸地区	缅甸，印度的安达曼群岛、尼科巴群岛
34 中南半岛	泰国，老挝，柬埔寨，越南
35 菲律宾	菲律宾
36 印度尼西亚地区	马来西亚，新加坡，文莱，东帝汶，印度尼西亚（除去新几内亚岛）
37 新几内亚	新几内亚岛，巴布亚新几内亚
38 太平洋岛屿	斐济，新喀里多尼亚，密克罗尼西亚，美拉尼西亚，波利尼西亚，夏威夷群岛
41 北非	埃及，利比亚，突尼斯，阿尔及利亚，摩洛哥，以及马德拉群岛、加那利群岛
42 西非	尼日利亚，尼日尔，加纳，马里，几内亚，利比里亚，塞拉利昂，毛里塔尼亚，西撒哈拉等
43 中非	喀麦隆，乍得，中非共和国
44 刚果河流域	扎伊尔，刚果，加蓬，赤道几内亚，圣多美和普林西比，以及阿森松岛
45 东北非	埃塞俄比亚，苏丹，索马里，吉布提，厄立特里亚
46 东非	坦桑尼亚，肯尼亚，布隆迪，乌干达，卢旺达
47 中南非	安哥拉，赞比亚，马拉维，莫桑比克，津巴布韦，博茨瓦纳，纳米比亚，以及圣赫勒拿岛
48 南非	南非，莱索托，斯威士兰
49 马达加斯加地区	马达加斯加，毛里求斯，留尼汪，舌塞尔
51 西澳大利亚	澳大利亚西部地区
52 北澳大利亚	澳大利亚北部地区
53 南澳大利亚	澳大利亚南部地区
54 昆士兰	昆士兰州
55 新南威尔士	新南威尔士州、首都直辖区，以及豪勋爵岛
56 维多利亚	维多利亚州
57 塔斯马尼亚	塔斯马尼亚州
58 新西兰	新西兰及周边岛屿
61 加拿大东部	加拿大东部平原丘陵
62 加拿大西部	加拿大西部山地，美国阿拉斯加州

（续表）

地理单元	地理范围
63 美国东部山区	美国东部阿巴拉契亚山脉及沿海平原
64 美国中部平原	美国五大湖区及密西西比河
65 美国中部丘陵	美国介于中部平原和西部山地之间的丘陵地带
66 美国西部山区	美国西部落基山脉
67 墨西哥	墨西哥
68 中美地区	伯利兹，危地马拉，洪都拉斯，圣萨尔瓦多，尼加拉瓜，哥斯达黎加，巴拿马
69 加勒比海岛屿	古巴，多米尼加，海地，牙买加，波多黎各，巴巴多斯，巴哈马等
71 奥里诺科河流域	委内瑞拉
72 圭亚那高原	圭亚那，苏里南，法属圭亚那
73 安第斯山北段	哥伦比亚，厄瓜多尔，秘鲁，以及科隆群岛
74 亚马孙平原	巴西北部平原地区
75 巴西高原	巴西南部高原地区
76 玻利维亚	玻利维亚
77 南美温带草原	阿根廷中北部，巴拉圭，乌拉圭
78 安第斯山南段	智利，阿根廷南端，以及福克兰群岛

第三节　世界昆虫分布特征
Segment 3　Insect distribution characters

用微软 Access 构建数据库，将各个 BGU 作为各列，将昆虫属作为各行。将一个属内每种昆虫分布的行政区域记录转化为 BGU 记录并汇总为该属分布，录入数据库中，有分布记"1"，无分布不记，这些基础分布记录（basic distributional records, BDR）将是定量分析的基础材料，它是各个地理单元 BBU 的总和。各 BGU 的 BBU 见表 5-16。

这个数据库的基本参数是：

基础地理单元（BGU）：67 个；

基础生物单元（BBU）：32 883 个；

基础分布记录（BDR）：100 823 个；

平均丰富度 BDR/BGU：1 505 属/单元；

平均分布域 BDR/BBU：3.07 单元/属。

这些参数可以为数据库的应用做出基本判断。

1. **各分类阶元物种的组成**：本研究供分析的昆虫类群，无论是每科的属数、种数，或每属的种数，都呈显著的右偏分布，大部分科拥有很少的属和种，而拥有较多的属和种的科很少。在 496 科中，365 科的属数在 100 属以下，有 120 科拥有 100~500 属，拥有 501~1 000 属的科仅有 6 科，1 000 属以上的大科

表 5-16 各基础地理单元的昆虫属数

地理单元	属数	地理单元	属数	地理单元	属数
01 北欧	1 353	28 朝鲜半岛	970	55 新南威尔士	1 096
02 西欧	1 383	29 日本	2 566	56 维多利亚	616
03 中欧	1 914	31 喜马拉雅地区	1 870	57 塔斯马尼亚	638
04 地中海北岸	2 613	32 印度半岛	3 489	58 新西兰	1 027
05 东欧	1 025	33 缅甸地区	1 270	61 加拿大东部	1 362
06 俄罗斯欧洲部分	1 412	34 中南半岛	2 373	62 加拿大西部	1 330
11 地中海东岸	2 186	35 菲律宾	1 960	63 美国东部山区	2 428
12 阿拉伯沙漠	744	36 印度尼西亚地区	4 358	64 美国中部平原	1 572
13 阿拉伯半岛南端	496	37 新几内亚	2 307	65 美国中部丘陵	1 416
14 伊朗高原	1 647	38 太平洋岛屿	1 907	66 美国西部山区	2 888
15 中亚地区	1 517	41 北非	2 072	67 墨西哥	3 238
16 西西伯利亚平原	752	42 西非	2 435	68 中美地区	3 298
17 东西伯利亚高原	1 385	43 中非	1 640	69 加勒比海岛屿	1 797
18 乌苏里地区	1 032	44 刚果河流域	2 312	71 奥里诺科河流域	1 727
19 蒙古高原	788	45 东北非	1 192	72 圭亚那高原	1 748
20 帕米尔高原	914	46 东非	2 613	73 安第斯山北段	3 420
21 中国东北	1 254	47 中南非	1 669	74 亚马孙平原	3 774
22 中国西北	859	48 南非	2 790	75 巴西高原	2 392
23 中国青藏	1 052	49 马达加斯加地区	2 356	76 玻利维亚	1 600
24 中国西南	1 887	51 西澳大利亚	1 610	77 南美温带草原	2 314
25 中国南部	2 224	52 北澳大利亚	784	78 安第斯山南段	1 232
26 中国中东部	2 783	53 南澳大利亚	664	合计（属·单元）	100 823
27 中国台湾	2 107	54 昆士兰	1 632	总属数	32 883

只有叶蝉科 Cicadellidae（1 119 属）、盲蝽科 Miridae（1 502 属）、沟胫天牛科 Lamiidae（2 892 属）、夜蛾科 Noctuidae（3 331 属）和象甲科 Curculionidae（4 108 属）。拥有 100 种以下的科有 231 个，100~1 000 种的科有 115 个，1 001~10 000 种的科有 144 个，而 10 000 种以上的大科只有盲蝽科 Miridae、隐翅虫科 Staphylinidae、沟胫天牛科 Lamiidae、象甲科 Curculionidae、夜蛾科 Noctuidae、蚁科 Formicidae 6 科。在 32 883 属中，只含 1 种的单种属有 10 276 个，含有 2~10 种的有 12 310 属，含有 11~500 种的有 10 271 属，501~1 000 种的有 19 属，而 1 000 种以上的大属只有 7 属。

2. 生物丰富度的地理差异：世界各地的物种丰富度明显受纬度和疆域面积的影响，热带的昆虫显著丰富于温带和寒带，疆域辽阔地区丰富于狭窄地区，岛屿丰富于同面积的大陆。各洲依次是亚洲（11 708 属）、非洲（8 324 属）、南美洲（7 216 属）、北美洲（7 094 属）、大洋洲（6 280 属）和欧洲（3 528 属）。丰富度高的国家有中国（4 773 属）、巴西（4 491 属）、印度尼西亚（4 359 属）、美国（4 225 属）、印度（4 142 属）、澳大利亚（3 499 属）、墨西哥（3 239 属）、南非（2 795 属）。非洲的马达加斯加及其附近岛屿面积 78.5 万 km²，有昆虫 2 356 属，菲律宾所有岛屿面积 29.97 万 km²，有昆虫 1 960 属，加勒比海岛屿面积 23.5 万 km²，有昆虫 1 792 属，太平洋岛屿面积 20.8 万 km²，有昆虫 1 907 属，斯里兰卡面积 6.5 万 km²，有昆虫 1 297 属，中国台湾面积 3.6 万 km²，有昆虫 2 107 属。

3. 属级阶元分布域的特征：基于 BGU 的属级阶元分布域有 2 个特征：一是分布域狭窄，局限于 1 个 BGU 内的有 13 233 属，占据 2~5 个 BGU 的有 10 871 属，占据 6~10 个 BGU 的有 3 299 属，而能够分布于所有地理单元的只有 7 属； 二是各个属所分布的 BGU 多呈聚集状态，这种聚集特征正是形成地域差异从而能够进行地理区划的基础。

第四节　多元相似性聚类分析
Segment 4　Multivariate similarity clustering analysis

一、多元相似性聚类分析

对数据库进行 MSCA 的结果是图 5-34。这是一个清晰的梯形结构聚类图，67 个 BGU 在相似性水平为 0.290 时，聚为 20 个小单元群，又在 0.200 时聚为 8 个大单元群，组成这些单元群的各个 BGU 都相邻相连，具有相对一致的生态环境，形成一个个相对独立的地理分布区。

二、地理分布区的划分

世界昆虫地理分布区的划分采用界（kingdom）和亚界（subkingdom）两个层次，直接采用聚类图形成的大小单元群作为界和亚界是简单而且合适的。

世界昆虫分布区划分为八大单元群,即八 "界"：**西古北界（A）**,包括欧洲亚界（a）、地中海亚界（b）、中亚亚界（c）； **东古北界（B）**,包 括 西伯利亚亚界（d）、日本亚界（e）、中国亚界（f）； **东洋界（C）**,南亚亚界（g）、印度尼西亚亚界（h）、太平洋亚界（i）； **非洲界（D）**,包 括 中非亚界（j）、南非亚界（k）、马达加斯加亚界（l）； **澳大利亚界（E）**,包 括 西澳大利亚亚界（m）、东澳大利亚亚界（n）； **新西兰界（F）**,. 新西兰亚界（o）； **新北界（G）**,包 括 北美亚界（p）、中美亚界（q）； **新热带界（H）**,包 括 亚马孙亚界（r）、阿根廷亚界（s）、智利亚界（t）（图 5-35）。

A 大单元群：由 01~06、11~15、20、22、41 共 14 个地理单元组成,地理范围包括欧洲平原、地中海沿岸、中亚地区和北非等,相当于华莱士动物地理区划中的古北区的西半部,命名为西古北界（West Palaearctic kingdom）,分为欧洲亚界（European subkingdom）、地中海亚界（Mediterranean subkingdom）和中亚亚界（Centre Asian subkingdom）。本界有昆虫 5 389 属,其中本界特有属 1 922 属,占 35.67%。和其他界相比,生物丰富度及特有性均偏低。中国西北单元聚在中亚亚界内。

B 大单元群：由 16~19、21、23~24、26~29、31 共 12 个地理单元组成,地理范围包括西伯利亚、东亚等,相当于华莱士的古北区的东半部,称作东古北界（east palaearctic kingdom）,以鄂毕河为界与西古北界相邻,本界分为西伯利亚亚界（Siberian subkingdom）、日本亚界（Japanese subkingdom）和中国亚界（Chinese subkingdom）。有昆虫 6 109 属,其中特有属 1 328 属,占 21.74%。丰富度中等,特有性最低。昆虫区系相似性和东洋界、西古北界均较高,和新北界中等。中国东北单元聚在西伯利亚亚界内,中国除东北、西北、华南以外的所有地区以及相邻的喜马拉雅地区聚成中国亚界。

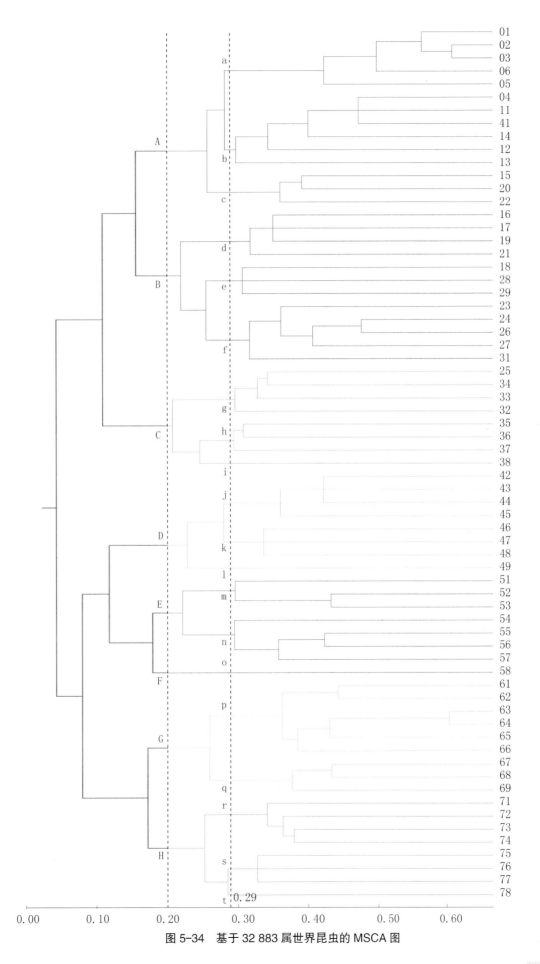

图 5-34　基于 32 883 属世界昆虫的 MSCA 图

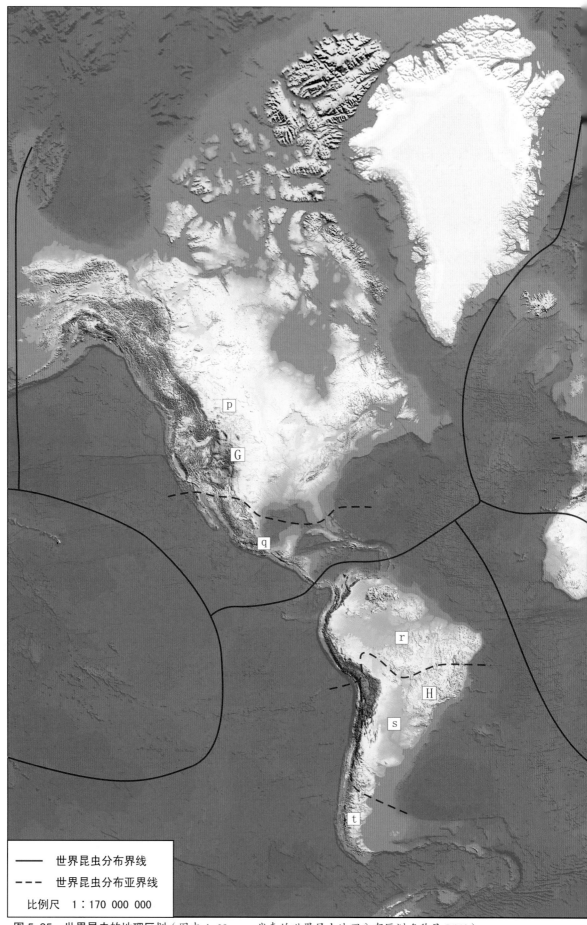

图 5-35 世界昆虫的地理区划（图中 A~H，a~t 代表的世界昆虫地理分布区划名称见 P552）

世界昆虫分布界线

世界昆虫分布亚界线

比例尺 1∶170 000 000

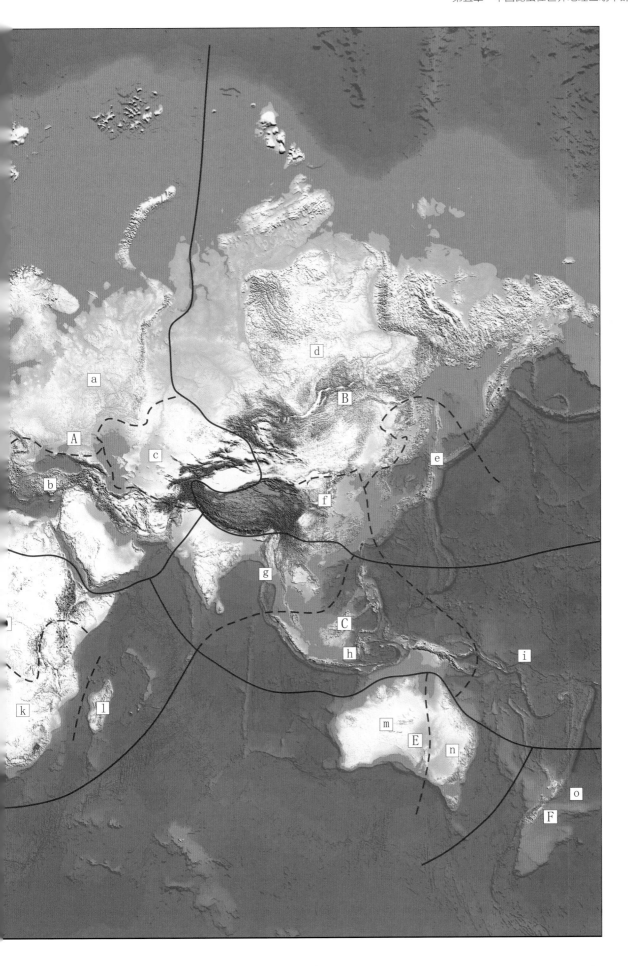

C 大单元群：由 25、32~38 共 8 个地理单元组成，地理范围包括中国南部、南亚、东南亚、太平洋岛屿等，相当于华莱士的东洋界加上澳洲区的新几内亚岛、太平洋岛屿，依旧称为东洋界（oriental kingdom），分为南亚亚界（South Asian subkingdom）、印度尼西亚亚界（Indonesian subkingdom）和太平洋亚界（Pacific subkingdom）。有昆虫 9 131 属，其中特有属 4 434 属，占 48.56%，丰富度最高，特有性中等。区系相似性和东古北界密切，和西古北界、非洲界、澳洲界的关系相等。中国南部单元聚在南亚亚界内。

D 大单元群：由 42~49 共 8 个地理单元组成，地理范围包括除去北非的非洲大陆及马达加斯加地区，和华莱士的非洲区基本相同，依旧称为非洲界（Afrotropical kingdom），分为中非亚界（Centre African subkingdom）、南非亚界（Southern African subkingdom）和马达加斯加亚界（Madagascan subkingdom）。有昆虫 7 285 属，其中特有属 4 645 属，占 63.75%，物种丰富，特有性最高。

E 大单元群：由 51~57 共 7 个地理单元组成，地理范围包括澳大利亚大陆及塔斯马尼亚岛，仅相当于华莱士澳洲界的主体部分，称作澳大利亚界（Australian kingdom），分为东澳大利亚亚界（Eastern Australian subkingdom）和西澳大利亚亚界（Western Australian subkingdom）。有昆虫 3 499 属，其中特有属 1 777 属，占 50.79%。物种丰富度很低，但特有性突出。

F 大单元群：仅有 58 新西兰地理单元，在华莱士区划中属于澳洲区，在等距划分的原则下单独设为新西兰界（New Zealander kingdom）新西兰亚界（New Zealander subkingdom）。有昆虫 1 026 属，其中特有属 465 属，占 45.32%。和各界相比，面积最小，物种数量最少，但物种丰富度最高，和各界的相似性距离都比较远。

G 大单元群：由 61~69 共 9 个单元群组成，地理范围包括北美和中美地区，相当于华莱士的新北区加上中美地区，即完整的北美洲，依旧称为新北界（nearctic kingdom），分为北美亚界（North American subkingdom）和中美亚界（Centre American subkingdom）。有昆虫 7 094 属，其中特有属 2 779 属，占 39.12%，丰富度突出，特有性较低。本界和南美关系远远密切于和欧亚大陆的关系。

H 大单元群：由 71~78 共 8 个地理单元组成，地理范围包括南美洲地区，比华莱士的新热带区少了中美地区，即完整的南美洲，依旧称为新热带界（neotropical kingdom），分为亚马孙亚界（Amazonian subkingdom）、阿根廷亚界（Argentine subkingdom）和智利亚界（Chilean subkingdom）。有昆虫 7 216 属，其中特有属 3 882 属，占 53.80%，丰富度和特有性均较高。

这个聚类分析结果具有很大程度的稳定性和代表性，无论从更低等的生物类群，或更高等的生物类群都得到了证明。全面讨论分析这个区划方案，已超出本书的范围，能够明确中国昆虫在世界分布格局中的聚类归属是专辟此章的目的。

第六章
中国昆虫
地理区划系统

Chapter 6　The system of insect geographical division in China

第一节　地理区划系统的命名

Segment 1　Name the system of insect geographical division

根据本编第二、第五章的定量分析，可确立中国昆虫地理区划系统，其确立原则是：

1. 命名系统要层次分明，且尽量减少层次。世界层面以界（kingdom）、亚界（subkingdom）命名。国内层面以区（region）、亚区（subregion）命名。省下则以小区（microregion）命名。

2. 地理区域的划分不宜过于笼统简单，更不宜过于复杂烦琐，地理区域的名称要简单明确，不要过于专业拗口，使学界专家能够接受和赞同，使业界人士能够明晰，便于记忆和应用，使业外人士能够理解和借鉴。

3. 留有能够修改完善，又不致大动的余地。

根据以上确立原则，我们将中国昆虫地理区划系统方案拟定为3界4亚界9区20亚区（表5-17）。

表5-17　中国昆虫区系地理区划系统方案

界	亚界	中国昆虫区	中国昆虫亚区	昆虫区系特征
西古北界	中亚亚界	A 西北昆虫区	a 北疆亚区	中亚种类占绝对优势，荒漠山地昆虫兼有
			b 南疆亚区	中亚种类占绝对优势，荒漠草地昆虫为主

（续表）

界	亚界	中国昆虫区	中国昆虫亚区	昆虫区系特征
东古北界	西伯利亚亚界	B 东北昆虫区	c 关东亚区	西伯利亚种类为主，东亚种类1/3
			d 内蒙古亚区	西伯利亚种类占一半以上，东亚种类1/5
	中国亚界	C 华北昆虫区	e 冀晋鲁亚区	东亚种类稍高于古北种类，二者几近相等
			f 黄土高原亚区	古北种类稍高于东亚种类，二者几近相等
		D 青藏昆虫区	g 青海湖亚区	古北种类稍多于东亚种类
			h 羌塘亚区	高寒地方种类为主，古北种类居次
		E 江淮昆虫区	i 黄淮亚区	东亚种类为主，古北东洋种类几近相等
			j 长江中游亚区	东亚种类为主，东洋种类近1/3
		F 华中昆虫区	k 秦巴亚区	东亚种类为主，古北东洋种类几近相等
			l 云贵高原亚区	东亚种类为主，东洋种类近1/3
		G 西南昆虫区	m 甘孜亚区	东亚种类60%以上，东洋种类1/5以上
			n 丽江亚区	东亚种类55%以上，东洋种类不足30%
			o 墨脱亚区	东亚种类50%，东洋种类1/3以上
		H 华东昆虫区	p 浙闽亚区	东亚种类近60%，东洋种类1/4
			q 台湾亚区	东亚种类60%以上，东洋种类近30%
东洋界	南亚亚界	I 华南昆虫区	r 滇南亚区	东洋种类和东亚种类几近相等
			s 粤桂亚区	东洋种类稍低于东亚种类
			t 海南亚区	东洋种类居绝对优势

第二节　中亚亚界
Segment 2　Centre Asian subkingdom

中亚亚界，位于亚洲中部，隶属于古北界。地理范围至少包括中国的西北、哈萨克斯坦、乌兹别克斯坦、土库曼斯坦，可能还要包括其他地区在内，要看数量分析的结果，不在本书讨论内容之列。

中亚亚界不在华莱士的动物区划系统，华莱士把这一区域归入西伯利亚亚界，显然中亚的地形地貌、气候条件、生物区系和西伯利亚有着较大的差异。吴征镒（2011）把中亚地区和地中海地区的植物合称为地中海界。但无论中亚地区的归属如何，其独特性是毋庸置疑的。

中亚亚界处于欧亚大陆中心，是唯一不邻海洋的昆虫亚界，典型的内陆性气候，降水量极少，植被以荒漠型为主。因此，本亚界昆虫区系的特点是：昆虫多样性相对较低；昆虫区系成分比较简单，外来种类很少；以耐干旱的荒漠类型昆虫为主。

中亚亚界在周边的欧洲平原、地中海、西伯利亚、中国等几个昆虫亚界中，将和地中海关系密切，而归入西古北界。

中国属于中亚亚界的只有西北昆虫区，阿拉善、河西走廊、鄂尔多斯等地能够划进本亚界的可能性尚较渺茫。

第三节 西伯利亚亚界
Segment 3 Siberian subkingdom

西伯利亚亚界，位于亚洲北部。地理范围北邻北冰洋，东邻太平洋，隔白令海峡与北美相望，西以鄂毕河为界与西古北界为邻，南以阿尔泰山、燕山与中国的西北昆虫区、华北昆虫区相连，包括俄罗斯的东西伯利亚高原、山地（除去东南部的萨哈林岛和锡霍特山脉）、西西伯利亚平原、蒙古国、中国的东北昆虫区。

本亚界地处温带、寒温带和寒带，比中亚亚界湿润、寒冷。植被简单，以针叶林为主。因此，本亚界昆虫区系特点是：昆虫多样性较低；昆虫区系成分简单；以森林、草地昆虫类型为主，也有少量荒漠昆虫和东亚昆虫。

在和本亚界相邻的中亚亚界、中国亚界、日本亚界、北美的西部地区中，都有一定的区系联系，但以和东亚联系最密切，和北美联系最少。进而古北界和新北界的联系也很少。因此，全北界（holarctic realm）存在的理由是很微弱的。

中国属于西伯利亚亚界的只有东北昆虫区。长白山地区在本亚界的地位，在第五章东北昆虫区中已经讨论，此处不再赘述。

第四节 中国亚界
Segment 4 Chinese subkingdom

中国亚界位于欧亚大陆的东部，东邻太平洋，西邻中亚亚界，北接西伯利亚亚界，南抵东洋界的北界。包括中国的华北昆虫区、江淮昆虫区、华东昆虫区、华中昆虫区、西南昆虫区、青藏昆虫区，喜马拉雅山的国外部分，如尼泊尔，不丹，印度的阿萨姆、喜马偕尔邦、锡金邦等地。

本亚界从热带的北缘到寒温带的南缘，从海拔 8 000 m 的高山到接近海平面的湿地，从 8 000 mm 降水的湿润山地到 250 mm 的荒漠，从亚热带季风气候到高山高原高寒气候，从亚热带常绿阔叶林到高山高原荒漠草甸，自然条件的复杂程度为世界任何地区所不及。因此，本亚界的昆虫区系特点是：昆虫多样性极其丰富；昆虫区系成分最为复杂；特有类群特别突出。

和本亚界相邻的有西伯利亚亚界、中亚亚界、日本亚界和包括华南昆虫区在内的东洋界，按相似性聚类顺序，首先和日本亚界、西伯利亚亚界相聚，成为东古北界，再和包括中亚亚界在内的西古北界相聚，成为原来的古北界，再和包括华南昆虫区的东洋界相聚，继而和非洲界、澳洲界相聚。

本研究中，设立中国亚界的理由是：

（1）特殊的地质构造历史，如华北板块、华南板块、西藏板块、东南亚板块相继和西伯利亚板块融合以及后来印度板块的加入，特殊的气候历史，如历次生物毁灭、冰川侵袭，孕育了令人瞩目的昆虫生物多样性。以 1/20 的陆地面积拥有 1/10 以上的昆虫种类，在亚界级的水平上实是个中翘楚。

（2）除青藏高原外，其余地区均处于亚热带或温带季风控制之下，不仅直接影响昆虫群体的发育进化和昆虫食物——植物的分布，其高空气流的周期性运动更是昆虫远距离扩散的运载媒介，使其成为东洋种类和古北种类相互交融的过渡地带，成为举世少有的区系成分最为复杂的地区。

（3）青藏高原是一个非常特殊的地区，海拔最高，气候最寒，昆虫区系贫乏简单，分化特殊，地方特有性突出。但目前无论其质其量，都难以达到亚界级的水平，放入中国亚界较为妥当。

（4）虽然目前尚未确定中国亚界昆虫的起源中心，但中国亚界有自己的昆虫分化中心已是举世公认的不争事实，分化中心孕育出了大量的中国特有昆虫类群和特有种，这些特有类群是中国亚界区别于其他亚界的标志，是设立中国亚界的基础。

（5）不仅要看到中国地区和其他地区的区别，也要衡量中国地区和其他地区的联系。世界昆虫已是近 100 万种的举世无双的生物群体，全面分析尚需年月，从已有的分析结果看，中国地区首先和日本亚界、西伯利亚亚界相聚，再和西古北亚界相聚，然后陆续和东洋界、非洲界、澳洲界相聚、最后和西半球相聚。在同一相似性水平下，中国地区作为一个亚界，是当之无愧的，但距离"界"的一级区划单位，距离尚远。

第五节　南亚亚界
Segment 5　South Asian subkingdom

南亚亚界，隶属东洋界，包括华南、印度半岛、中南半岛及其附近岛屿，地理范围涉及印度、斯里兰卡、缅甸、泰国、越南、柬埔寨、老挝以及中国南部的广东、广西、海南、云南南部。本亚界北接中国亚界，西邻地中海亚界，东、南与印度尼西亚亚界隔海相望。

南亚亚界大部分地区地处北回归线以南，地势低平，热带气候，热带雨林植被。因此，本亚界昆虫区系特点是：昆虫多样性丰富，但区系成分相对简单，在相邻的亚界中，和印度尼西亚亚界关系密切。

中国属于本亚界的只有华南昆虫区。华莱士把福建、浙江、台湾等都划入本亚界是不合适的，它们的东洋种类不占优势。

第六节　东古北界和东洋界在中国的分界线

Segment 6　The boundary of East-Palaearctic and Oriental kingdom in China

随着中国亚界的设立，关于古北界与东洋界在中国境内的边界问题已经迎刃而解。但由于这一问题困扰世人日久，而且张荣祖在 2011 年版《中国动物地理》总结出 3 个存在问题中首要的两个问题都是这个分界线问题。因此有必要仅就昆虫做一说明。

华莱士在世界动物地理区划中，中国跨东洋和古北两个界，分界线大约自喜马拉雅山东端向东北方向到达横断山北段，折向东南抵达北回归线附近东行，在南岭东端再折向东北，到杭州湾后向东（图 1-3）。当张荣祖依据高等动物，特别是哺乳动物的分布提出中国动物地理区划意见把秦岭-伏牛山-淮河一线作为两界的分界后，在昆虫上未经审慎分析证实而全盘接受下来。于是人们顺理成章地把伏牛山南坡发现的新种作为东洋种类，北坡发现的新种作为古北种类，于是南北坡都有的新种就是广布种类。这显然太过牵强。这种方法把仅分布在中国、朝鲜、韩国、日本的东亚类型分别消化掉在古北、东洋、广布种类中，不仅"屏蔽"掉了东亚种类的特征和价值，而且也干扰了古北、东洋、广布种的分布规律的揭示，使得"东洋不洋，古北不北，广布不广"。

昆虫的发生演化历史比哺乳动物至少早 1.5 亿年，经历过比哺乳动物多得多的历史事件和生存选择。中国昆虫物种丰富，实际上既不能归因于"地跨古北、东洋两界"，又不能归因于"宽阔的过渡带"，而是由于中国有其特殊的昆虫物种起源、发生、分化、扩散中心，它孕育了中国大量的特有昆虫物种。如笔者统计，世界 27 000 多种夜蛾中，东洋种类 6 000 种，分布到中国的只有 900 多种，不足 1/6，近 2 000 种古北种类，分布到中国的不到 700 种，占 1/3 强。中国虽然地跨古北、东洋两界，但不是典型的古北界和典型的东洋界，扩散到中国的 1 600 种古北、东洋种类占不到中国夜蛾 3 751 种的 45%，还有 1 900 多种是"土生土长"的东亚种类。越是地方的，越是世界的。世人感兴趣的正是这些地方特有种。它的起源与演化进程、扩散方式与途径、分布格局等对世人都具有极大吸引力。完美地破解它的密码是中国昆虫学人的职责与荣幸。

仔细分析古北种类和东洋种类比例的变化，可以看出，在华北区的北侧，约 40°N 一线，西伯利亚种类和东亚种类相等，在秦岭-伏牛山-淮河一带，即 33°N 线，西伯利亚种类和东洋种类相等，在南岭附近，即 25°N 线，东亚种类和东洋种类相等。在 25°~40°N，东亚种类均具优势。这样，问题就集中在如何对待东亚种类上，是正视它的存在，还是把它融化掉？若不承认东亚种类的整体性和独立性，秦淮一线是当之无愧的分界线；若把东亚种类作为一个整体，且作为东洋种类的亚种类，分界线就北移至 40°N 燕山一线，显然不能为世人接受；若将其归为古北种类，两界的分界线即大体在 25°N 南岭一线，具体位置即是由缅甸北部从中国云南泸水县附近进入，向东南方向到达北回归线，以后在北回归线和 25°N 线之间，蜿蜒东行，在广东东端北回归线处离开大陆海岸，在台湾以南向东逸出国境。比华莱士的分界线偏南。

这条线的合理之处在于：

1. 承认并确立了东亚种类的整体性和独立性，使其存在于应有地位，不仅丰富了古北种类的区系内容，而且纯洁了东洋种类的热带区系性质。

2. 这条线基本是亚热带常绿阔叶林的南沿，保证了东亚昆虫种类存在的物质基础——常绿阔叶林和温带落叶阔叶林地带的完整性。

3. 这条线和高等动物区划的分界线相差较大，和植物地理区划的分界线较近，这至少说明这样的事实：昆虫是变温动物，和植物一样，受外界环境条件的影响比哺乳动物大；昆虫绝大多数以植物为食，其分布受植物分布的影响比受哺乳动物的影响大得多。

4. MSCA定量地证实了这条线的具体位置，这条线以南的华南昆虫区和东洋界各单元聚为东洋昆虫界，线以北各单元相继聚为东古北昆虫界。

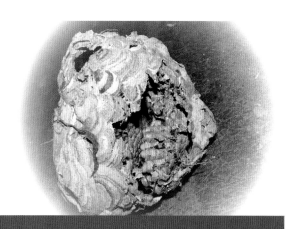

第七章
总结与讨论

Chapter 7
Summary and discussion

至此，我们用了近 10 年时间，从研究定量方法开始，并用这种定量分析方法在世界上首次对中国这个区域如此辽阔的、昆虫区系结构如此复杂的、分布数据如此海量的研究对象进行了分析，首次提出了基于定量关系的中国昆虫地理区划方案和与世界昆虫地理衔接的地理区划系统。

一、首次报告了相似性通用公式 SGF 的创建与推导过程

相似性概念由 Lorentz 于 1858 年首先提出，到 1901 年 Jaccard 提出了两个地区间的相似性系数的计算公式，使得相似性由概念进入数学表达阶段，这是一次飞跃。在由二元相似性向多元相似性发展的过程中，人们走了 100 多年的弯路，"合并降阶"对分析结果引发的畸变将相似性应用拖入泥潭。SGF 的创建将会终结这一伪方法对生物地理学发展的羁绊，对于相似性的理论和应用以及生物地理学的发展等，将具有里程碑的意义。

二、MSCA 是简便、快捷、准确、严密的新方法

我们依据 SGF 而建立的 MSCA 方法，虽已先后进行过不等规模的、不同地域的、不同生物类群、不同学科的计算和验证，但本研究所进行的无疑是最大规模的检验，充分显示出简便、快捷、准确、严密的特点。

说其简便，主要是废除数据合并的环节，任何数量的地区之间的相似性系数都可以直接计算，不再需要经过 $n-2$ 次合并，和重复的二元相似性系数的计算，使令人厌倦的烦琐过程变得轻松愉悦。

说其快捷，一是体现在数据库创建时，省去了"0"的录入，如果现在要把"0"全部补录进去，用最快速度，例如每分钟补录 100 个"0"，需要两年才能完成。二是废除合并环节，时间可以数倍节省，如本编第二章所进行的 19 项次的全国 64 单元的 MSCA 分析，任何一项，手工计算不超过 2 个工作日，我们设计的软件更是仅需 4h。

说其准确，主要体现在避免了传统方法对聚类结果的扭曲，可以得到符合统计学、地理学、生态学、生物学逻辑的科学结果，特别是超过 10 个地理单元的分析项目。

说其严密，是指分析结果的唯一性，如果分析结果有不符合地理学或生态学逻辑的地方，可以通过调整地理单元的设置来解决。这种调整，只能得到符合科学逻辑的结果，不会完全达到心目中的主观愿望。

正确的方法是科学结果的基本前提，以前正因为方法的缺乏，才形成了"这些 19 世纪的阐释到 20 世纪末都几乎不变地沿用"（Cox，2005）的局面。

可以预计，MSCA 的可靠性、实用性将会终结以"合并降阶"为特征的旧方法对学科发展的制约，它的先进性和科学性将能从整体上推动生物地理学由定性研究阶段迈入定量研究阶段。

三、聚类分析结果是对中国昆虫分布状况的整体扫描和分析

中国昆虫区系研究，需要大量的昆虫种类资料。本研究充分利用了 20 世纪 40 年代以来的数百部昆虫学专著和数千篇研究报告等，最终汇集了 17 018 属 93 661 种昆虫的分布资料并进行分析，无疑是一个十分浩瀚的工程。虽然工作启动前，我们对风险和结果具有充足的心理准备和乐观预期，但最后结果显然超出了我们的预期。

得到这个结果，可能与我们坚持"全员参与，适度设区，摒弃合并，等距划分"等几个环节有关，要求所研究生物类群的全体成员参与，可以保证结论的真实性，虽然合理地抽样可以代表整体，但没有整体的结果予以检验，怎么确定抽样的合理性呢，不可能设想，随意拿来一部分昆虫种类，特别是有意剔除带有某些分布特征的种类，就能够得到既符合统计学逻辑，又符合地理学、生物学逻辑的能代表整个类群的结果来。

基础地理单元的设立是定量分析的重要环节，掌握生物信息与单元设置的平衡是分析成功的关键。增多单元，一般能够提高聚类的精细度，但必须有相应的分布资料来支撑；撤并单元一般能够提高相似度，精细度会受损下降，但能避免资料缺乏的尴尬。每人都可以根据自己的材料，尝试设立自己的 BGU。设置合理与否，以能否得到尽量精细的聚类结果来衡量。本研究的 64 个单元不是最理想的设置，更不是唯一的设置，在东部，再撤并一些单元或拆分一些单元，都不会影响聚类结果，而西部没有这种宽容度。如青海、西藏两省区的总相似性系数为 0.096、0.060，为各省区中最低，它们的小区之间的昆虫种类及其相似性程度，与其他省区相比，更多地表现出考察、调查深度、频度差异，而较少体现自然条件的差异。如青海黄河源头小区虽地处高原，但与青海湖小区、湖东小区的相似性系数为 0.156，而和其他高原小区的为 0.092，和前者划为一个单元，精细度可能受损，但提高相似度能使整体分析得以实现；再如羌塘单元，是由 11 个小区逐渐连接扩大而成，否则，它们将会在各单元群形成之后，成为无法处理的地理碎片，使得精细度与相似度俱行丧失。因此本研究设置的 64 个单元在东、西部的粗细差异，实际是对生物资料和自然条件协调的结果。原本和谐统一的自然与生物的关系，出现如此必须妥协的局面，就在于人们对生物的探索认知程度，解决的办法就是进一步加强对西部地区的昆虫区系调查，增多各小区之间的共有种类。这就是定性和定量的区别所在，相对而言，定性分析是生态条件优先于生物条件，先尝试划定区域，再用生物数量去描述；定量分析是生物条件优先于生态条件，先考量生物的相似性关系，再划定区域。

9 区 20 亚区的中国国内昆虫地理区划意见仅是一个由定量方法得到的初步方案，只有通过广泛讨论修改得到普遍认可才具有实际意义。从目前材料看，这样的区级以下的区划结构是比较稳定的，因为我们在上述分析的同时，又从不同层面、不同角度进行分析：一是分别进行了属、科级水平的 MSCA 分析；二是又对 19 目昆虫分别进行分析；三是还对与农林业有密切关系的农林昆虫、与人畜禽卫生有关的医学卫生昆虫、与生态环境有关的环境昆虫进行分析；四是把分布记录随机舍弃 10%、20% 进行分析；五是把昆虫种类依次舍弃 1 单元分布种类、2 单元分布种类、3~5 单元分布种类进行分析；六是把种类分 3 次按 10% 的规模随机抽样进行分析。共 30 多项次的全国种类分析结果，都不同程度表现出大、小单元群的稳定性，相当多的分析项次的类群组成、聚类关系与上述整体结果完全相同，特别是 3 次 10% 种类抽样，分析种类只有 9 300 多种，MSCA 结果和整体相比，不仅类群组成、聚类关系相同，总相似性系数和整体结果都是 0.039，划分大、小单元群的水平线以及平均种类分布域也相同或相近。

因此，目前的分析结果是能够反映中国昆虫整体的基本状况的。

四、昆虫地理区划方案充分展现和阐释了中国昆虫最本质特征

1. 中国亚界的设立是对中国昆虫主体种类的关注与肯定

中国的生物多样性为世人瞩目，根本原因是由于中国有一个特殊的物种分化中心和良好的扩散通道，由横断山向东和东北扩散，孕育成丰富的中国特有种，向西扩散，分化成为特殊的高寒种类（魏美才，1997），它们作为主体种类，覆盖了中国大部分地区。

马世骏早在 1959 年就提出，中国-喜马拉雅是分布最广的区系成分，并在地理区划中，考虑要把这一种类作为一个独立的整体予以安排。这个观点为不少学者接受，但一直未受到广泛的重视。

本研究基于中国种类的特殊性和独立性，把华北、华东、江淮、华中、西南、青藏昆虫区连同喜马拉雅地区设立为中国亚界，实现了马世骏半个世纪前的愿望。这样将会有利于对这个特殊群体的认识和理解，加强对它的关注和探讨。它的起源和演化进程、扩散方式和途径、分布格局与机制、影响因素等，对世人都具有强大吸引力，对它的阐释应是中国昆虫学人的职责。

2. 界定了西北、东北及华南昆虫区的地理范围与区划地位，是对昆虫区系过渡性的描述

西北昆虫区以中亚种类居优势地位，东北昆虫区以西伯利亚种类居优势地位，华南昆虫区虽然东洋种类不及东亚种类多，但在 8 个地理单元中，有 7 个都是以东洋种类居优势地位。而在其余 6 个昆虫区，华北、青藏昆虫区以古北种类居第二位的身份与东北、西北昆虫区聚在一起，江淮、华中、西南、华东昆虫区则以东洋种类居第二位的身份与华南昆虫区聚在一起，只有在世界昆虫的 MSCA 中，6 个昆虫区才会以中国亚界的身份聚在一起，这足以展现中国昆虫区系的过渡性质。

3. 三界四亚界的区划系统充分证明中国昆虫区系结构的复杂性

世界植物地理区划把全球北方地区作为泛北极界（图 1-1），是和植物实际分布不符合的（图 1-5 下）。世界哺乳动物地理区划把北方区域设为古北界和新北界，古北界仍是面积最大的动物地理界。古北界东、西两部分的差异，在动植物的定性分析中是难以觉察到的，而昆虫进化的 3 亿年中，有 1.5 亿年由鄂毕河把东、西两部分隔离，这种隔离必将为昆虫的分布产生差异，其差异程度已大于新西兰与澳大利亚之间的差异，更大于南北美洲之间的差异。如果南北美洲要分设新北界和新热带界，新西兰必须独立设界，古北地区更必须先分为东、西两界。这样，中国就形成 3 界 4 亚界 9 区 20 亚区的区划系统。

中国 3 界 4 亚界的区划结构，是世界上任何国家和地区所不能比拟的。它是中国昆虫区系复杂程度的真实反映。区系结构的复杂性就意味着昆虫种类的多样性。我们虽不能肯定地说中国一定是世界上昆

虫物种最丰富的国家，但至少说明我们目前昆虫区系研究现状还有相当大的发展空间，我们必须有一个与之匹配的认知水平、支撑环境和队伍结构，才能无愧于我们这个伟大的国家。

4. 基于定量关系对中国昆虫地理的几个热点问题做了恰当解释和澄清

中国昆虫区系中一个争论持久的热点问题是古北、东洋两界在中国的走向。学者们在 25°~40°N 展开了 100 多年的争论。其实，问题的症结仍然是对东亚种类，尤其是中国特有种的认可与否。2009 年我们曾用 20 000 多种昆虫分布资料，用数理统计的方法，计算出分界线的理论值是北纬 25°。本研究用聚类分析的结果再次证明分界线在北回归线和 25°N 之间以及台湾以南。这条线和植物界的泛北极区、古热带区的分界线相似，这标志着昆虫和植物之间存在巨大的生存依赖和协同进化。

青藏高原生物王国的神秘早已为世人瞩目，王保海等提出把西藏高原作为独立的昆虫界。本研究根据西藏自治区近 9 000 种和青藏昆虫区近 4 000 种的昆虫材料分析，虽然具有无可比拟的特殊性，但其定量关系只支持作为中国亚界下的青藏昆虫区，距离亚界级水平尚远。吴征镒也把青藏地区放在东亚区域之中。

岛屿效应是生物地理的重要内容，我国岛屿有 5 000 多个。但大多是近海类型岛屿，昆虫区系与大陆有深厚的历史渊源，但也已表现出分化的独特性，台湾 20 352 种昆虫中有大陆没有分布的独有种类 12 912 种，占 63.4%，海南 7 914 种昆虫中，独有种类 2 522 种，占 31.9%，均高于大陆各个单元。我们将台湾、海南分别作为两个地理单元进行 MSCA 分析，它们的特异性已得到充分展现。中国的其他近海岛屿以及远海岛屿由于还没有开展充分调查，材料单薄，只能并入相应单元。

台湾是我国昆虫种类最丰富的省份之一，官方公布 2010 年种类已达 20 750 种，本研究汇集 20 352 种，在 64 个地理单元中，其相似性贡献率居第三位，相异性贡献率居第一位。中国高等动物区划将其划入东洋界，中国植物区划将其划入古热带区。但在世界植物区划中，没有把台湾归入古热带区，国内也有学者论述台湾和大陆昆虫区系的历史渊源。我们曾对多个类群进行分析，认为台湾和华南各省昆虫区系距离较远，不宜划入华南区，本研究根据聚类结果，将其和福建、浙江等地划为华东昆虫区，隶属东亚亚界。

阿拉善地区及河西走廊，在中国动植物地理区划中都和新疆划在一起。但在昆虫区系定量分析中，和西北的联系非常微弱，而归入东北昆虫区。如果将来长白山区由于东亚种类增强而离开东北区，阿拉善地区在东北区的位置更为牢固。希望在于新疆，尤其是南疆地区的昆虫区系能够进一步深入开展，增强和阿拉善的联系，提高相似性。但这在短期内是不会改变的。

五、三个区划方案的比较

植物、动物、昆虫是生物科学领域的三大生物群体，吴征镒、张荣祖已对植物地理、动物地理倾毕生精力获得巨大成就，本研究只是用定量方法对昆虫地理开始探讨的起步尝试，没有资格望其项背。

研究中的初步体会是，昆虫的分布地理虽多采用动物地理的命名方法，但实质可能更接近于植物地理，这可能与昆虫对植物的生存依赖性更强有关。如中国亚界的设立，东洋界在中国的地理范围，东北地区和西北地区分属于两个界等。但令人深思不解的是，对 97 种虱目昆虫、568 种蚤目昆虫、6 628 种医学卫生昆虫的分析结果没有趋近高等动物区划，也和昆虫的整体分析结果相同或相近，个中缘由有待以后继续探讨。

昆虫聚类结果与动、植物显著不同的是江淮昆虫区、华东昆虫区的设立与台湾对华东区的归属，这可能是在定性分析中，较多地关注优势种、代表种、标志种、建群种的分布状态，而定量研究则更重视种类的相似性程度。如江淮昆虫区主要是平原和浅山丘陵，重要农业区，昆虫区系简单，特有性低，参与分析的种类不足 10 000 种，昆虫多样性显著低于华东、华南、华中昆虫区，只有定量分析才能度量出差异程度；华东昆虫区是我国昆虫多样性的突出高地，参与分析的种类有 31 000 多种，其特有性及相异性都居全国首位，台湾和华东的关系密切于华南，已于前述。实际上如果对高等动物、植物的分布进行定量分析，估计台湾也会和福建、浙江一带关系密切而不应划入华南区。

六、区系调查薄弱，分布资料零散，或将成为下一个制约因素

无须讳言，昆虫区系调查工作专业性强，又须长期坚持，很少有人能长年默默无闻地从事调查、采集、保藏等基础性、积累性的工作。目前尚有 1/3 以上省份没有系统的昆虫名录，广东有 11 000 多种昆虫，但具体分布资料没有系统整理，原计划分为 6 个小区，只得改为 3 个。全国 93 661 种昆虫中，有 4 094 种没有省级的分布记录，有 17 535 种没有省下的分布记录，这 21 629 种不能参与地理单元的分析中。在参与分析的 72 032 种昆虫中，有 42 459 种在 64 个单元中只有 1 个单元的分布记录，又有 10 024 种只有 2 个单元的记录，分布最广超过 40 个单元的只有 165 种，平均每种昆虫的分布域仅有 3.09 个单元；昆虫区系调查在各省区、各类群、各地域之间也存在显著差异。这些都会在定量分析中程度不同地留下印迹，为人们留下些许遗憾。

因此进一步深入开展昆虫区系调查和已有资料的系统整理尤有必要，例如：

1. 昆虫区系分布资料的整理

全国各省区中，尚有新疆、黑龙江、吉林、辽宁、山东、山西、陕西、江苏、四川、广东没有全省的系统名录及其分布资料。

2. 深入的昆虫区系调查

青海的昆虫绝不止目前的 3 500 多种，山东、山西、安徽等省的昆虫绝不止现在的 4 000 多种，吉林、辽宁、江苏也不止目前的 5 000 多种。开展昆虫区系调查，地方上完全可以承担更多的责任，近 10 多年来。河南、贵州、宁夏等省区有关单位邀请全国各地昆虫学家进行科学考察，效果已经显现。目前许多自然保护区都有自然资源调查的活动计划，昆虫区系工作者应该充分利用这一契机，帮助他们组织好专业调查队伍，整理好专业考察资料。

3. 重点地区的昆虫考察

长白山地区、青藏高原、南疆地区等应由国家有关单位组织或与地方联合，组织全国昆虫分类学家进行深入地考察活动。

以上，等等，我们都将翘首企盼。如若实现，将会使区划结构进一步完善或者局部调整，如长白山单元可能脱离东北昆虫区，南岭山区单元可能会脱离华南昆虫区，西南区的地理范围可能会扩大等。

参考文献

References

第一编　Part I

彩万志，花保祯，宋敦伦，等，译 . 2009. 昆虫学概论 . 北京：中国农业大学出版社 .

陈学新 . 1997. 昆虫生物地理学 . 北京：中国林业出版社 .

丁岩钦 . 1994. 昆虫数学生态学 . 北京：科学出版社 .

方三阳 . 1993. 中国森林害虫生态地理分布 . 哈尔滨：东北林业大学出版社 .

郭郛，李约瑟，成庆泰 . 1999. 中国古代动物学史 . 北京：科学出版社 .

黄晓凤 . 2012. 中国地理地图集 . 北京：中国地图出版社 .

李炳元 . 1987. 青藏高原的范围 . 地理研究，6（3）：57-63.

刘慎谔 . 1934. 中国北部和西部植物地理概论 . 国立北平研究院植物研究所丛刊，2（9）：423-451.

刘慎谔 . 1936. 中国南部及西南部植物地理概要 . 北京生物学杂志，1（1）：21-27.

柳支英 . 1986. 中国动物志 昆虫纲 蚤目 . 北京：科学出版社 .

马世骏 . 1959. 中国昆虫生态地理概述 . 北京：科学出版社 .

任东，史宗冈，高太平，等 . 2012. 中国东北中生代昆虫化石珍品 . 北京：科学出版社 .

申效诚 . 2008. 学习昆虫地理学的点滴感悟 // 申效诚，张润志，任应党 . 昆虫分类与分布 . 北京：中国农业科学技术出版社 .
　　576-583.

塔赫他间 . 1988. 世界植物区划 . 北京：科学出版社 .

王思明，周尧 . 1995. 中国近代昆虫学史 . 西安：陕西科学技术出版社 .

魏美才，聂海燕 . 1997. 叶蜂总科昆虫生物地理研究 I – IV . 昆虫分类学报，19（增刊）： 127-157.

武吉华，张绅，江源，等 . 2004. 植物地理学 . 北京：高等教育出版社 .

吴征镒，王荷生 . 1983. 中国自然地理，植物地理 . 上册 . 北京：科学出版社 .

吴征镒，孙航，周新昆，等 . 2011. 中国种子植物区系地理 . 北京：科学出版社 .

杨惟义 . 1937. 中国昆虫之分布 . 科学，21（3）： 205-216.

杨星科 . 1997. 长江三峡库区昆虫 . 重庆：重庆出版社 .

杨星科 . 2005. 秦岭西段及甘南地区昆虫 . 北京：科学出版社 .

杨星科，赵建铭 . 2000. 中国昆虫分类研究三十年 . 昆虫知识，37（1）： 1-11.

易传辉，欧晓红 . 2002. 我国昆虫生物地理学研究进展 // 李典谟，等 . 昆虫学创新与发展 . 北京：中国科学技术出版社 . 543-
　　545.

应俊生，陈梦玲 . 2011. 中国植物地理 . 上海：上海科学技术出版社 .

张家诚 . 1991. 中国气候概论 . 北京：气象出版社 .

张荣祖 . 1997. 中国哺乳动物分布 . 北京：中国林业出版社 .

张荣祖 . 2011. 中国动物地理 . 北京：科学出版社 .

张镱锂 . 1998. 植物区系地理研究中的重要参数——相似性系数 . 地理研究，17（4）：429-434.

章士美，赵泳祥 . 1996. 中国农林昆虫地理分布 . 北京：中国农业出版社 .

中国科学院《中国自然地理》编辑委员会 . 1980. 中国自然地理·地貌 . 北京：科学出版社 .

中国科学院《中国自然地理》编辑委员会 . 1984. 中国自然地理·气候 . 北京：科学出版社 .

中国科学院《中国自然地理》编辑委员会 . 1982. 中国自然地理·植物地理（上）. 北京：科学出版社 .

中国科学院《中国自然地理》编辑委员会 . 1988. 中国自然地理·植物地理（下）. 北京：科学出版社 .

中国科学院自然区划工作委员会 . 1959. 中国动物地理区划与中国昆虫地理区划 . 北京：科学出版社 .

中国农业科学院植物保护研究所 . 1996. 中国农作物病虫害 . 北京：中国农业出版社 .

周尧 . 1980. 中国昆虫学史 . 杨凌：昆虫分类学报社 .

邹树文 . 1981. 中国昆虫学史 . 北京：科学出版社 .

邹钟琳 . 1937. 中国飞蝗之分布与气候地理的关系以及发生地之环境 . 中央农业实验所研究报告：第 8 号 .

COX C B. 2001. The biogeographic regions reconsidered. J. Biogeography，28：511-523.

COX C B, MOORE P D. 2005. Biogeography：An ecological and evolutionary approach (Seventh edition). Blackwell Publishing Ltd //
赵铁桥，译 . 2007. 生物地理学：生态和进化的途径（7 版）. 北京：高等教育出版社 .

DARLINGTON P. 1957. Zoogeography：The geographical distribution of animals. John Wiley & Sons，New York.

FANG J Y，WANG Z H, TANG Z Y. 2009. Atlas of woody plants in China. Higher Education Press，Beijing, China.

GOOD R. 1974. The geography of the flowering plants，4th edn. Longman，London.

GROOMBRIDGE B. 1992. Global Biodiversity：Status of the Earth's Living Resources. London：Chapman & Hall.

HUA L Z. 2000-2006. List of Chinese insects. Vol. Ⅰ - Ⅳ. Sun Yat-sen university press，Guangzhou，China.

JACCARD P. 1901. Distribution de la flore alpine dans le bassin des Dranses et dans quelques régions voisines. Bull. Soc. Vaud. Sci.
Nat.，37：241-272.

PATTERSON C. 1981. Methods of paleobiogeography. In Nelson G.，Rosen D. E. eds. Vicariance Biogeography: A Critique. Columbia University Press，London，446-489.

PLATNICK N I. 2012. The World spider catalog, Versiong 12.5. American Museum of Natural History.

ROSEN B R. 1988. From fossils to earth history：applied historical biogeography. In Myers A. A. Giller P. S. eds. Analytical Biogeography. Chapman & Hall，London. 437-481.

SCLATER P L. 1858. On the general geographical distribution of the members of the Class Aves. J. Proc. Linn. Soc. Zool.，2：130-145.

TAKHTAJAN A. 1986. Floristic regions of the World. University of California Press，Berkeley，CA. (An English Translation of the original Russian book published in 1978.)

WALLACE A R. 1876. The geographical distribution of animals. Macmillan，London.

Wu C F. 1935-1941. Catalogus insectorum Sinensium. Fan Memor. Inst. Biol.，Peiping，China.

第二编　Part Ⅱ

卜文俊，郑乐怡 . 2001. 中国动物志 昆虫纲 第二十四卷 半翅目 毛唇花蝽科 细角花蝽科 花蝽科 . 北京：科学出版社 .

蔡邦华，陈宁生 . 1964. 中国经济昆虫志 第八册 等翅目 白蚁 . 北京：科学出版社 .

蔡荣权 . 1979. 中国经济昆虫志 第十六册 鳞翅目 舟蛾科 . 北京：科学出版社 .

蔡振声，史先鹏，徐培河 . 1994. 青海经济昆虫志 . 西宁：青海人民出版社 .

陈斌，李廷景，何正波 . 2010. 重庆市昆虫 . 北京：科学出版社 .

陈常铭，宋慧英．1995.湖南省农业昆虫地理区划．湖南农学院学报，21（3）：272–279.

陈方洁．1983.中国雪盾蚧族．成都：四川科学技术出版社．

陈汉彬，许荣满．1992.贵州虻类志．贵阳：贵州科技出版社．

陈汉斌，安继尧．2003.中国黑蝇．北京：科学出版社．

陈家骅，伍志山．1994.中国反颚茧蜂族（膜翅目：茧蜂科：反颚茧蜂亚科）．北京：中国农业出版社．

陈家骅，杨建全．2006.中国动物志 昆虫纲 第四十六卷 膜翅目 茧蜂科（四）．北京：科学出版社．

陈明，罗进仓．2007.甘肃农林经济昆虫名录．北京：中国农业出版社．

陈树椿，何允恒．2008.中国螳目昆虫．北京：中国林业出版社．

陈世骧．1993.横断山区昆虫 第一、二册．北京：科学出版社．

陈世骧，等．1959.中国经济昆虫志 第一册 鞘翅目 天牛科．北京：科学出版社．

陈世骧，等．1986.中国动物志 昆虫纲 第二卷 鞘翅目 铁甲科．北京：科学出版社．

陈学新．1997.昆虫生物地理学．北京：中国林业出版社．

陈学新，何俊华，马云．2004.中国动物志 昆虫纲 第三十七卷 膜翅目 茧蜂科（二）．北京：科学出版社．

陈一心．1985.中国经济昆虫志 第三十二册 鳞翅目 夜蛾科（四）．北京：科学出版社．

陈一心．1999.中国动物志 昆虫纲 第十六卷 鳞翅目 夜蛾科．北京：科学出版社．

陈一心．2004.中国动物志 昆虫纲 第三十五卷 革翅目．北京：科学出版社．

陈宜瑜，陈毅锋，刘焕章．1996.青藏高原动物地理区的地位和东部界线问题．水生生物学报，20（2）：97–103.

崔俊芝，白明，吴鸿，等．2007，2009.中国昆虫模式标本名录 第一、二卷．北京：中国林业出版社．

丁锦华．2006.中国动物志 昆虫纲 第四十五卷 同翅目 飞虱科．北京：科学出版社．

丁岩钦．1994.昆虫数学生态学．北京：科学出版社．

范迪．1993.山东林木昆虫志．北京：中国林业出版社．

范滋德，等．1988.中国经济昆虫志 第三十七册 双翅目 花蝇科．北京：科学出版社．

范滋德，等．1997.中国动物志 昆虫纲 第六卷 双翅目 丽蝇科．北京：科学出版社．

范滋德，邓耀华．2008.中国动物志 昆虫纲 第四十九卷 双翅目 蝇科（一）．北京：科学出版社．

方承莱．1985.中国经济昆虫志 第三十三册 鳞翅目 灯蛾科．北京：科学出版社．

方承莱．2000.中国动物志 昆虫纲 第十九卷 鳞翅目 灯蛾科．北京：科学出版社．

方三阳．1993.中国森林害虫生态地理分布．哈尔滨：东北林业大学出版社．

方志刚，吴鸿．2001.浙江昆虫名录．北京：中国林业出版社．

葛钟麟．1966.中国经济昆虫志 第十册 同翅目 叶蝉科．北京：科学出版社．

葛钟麟，等．1984.中国经济昆虫志 第二十七册 同翅目 飞虱科．北京：科学出版社．

郭振中，伍律，金大雄．1987–1989.贵州农林昆虫 第1、2、3卷．贵阳：贵州人民出版社．

韩红香，薛大勇．2011.中国动物志 昆虫纲 第五十四卷 鳞翅目 尺蛾科 尺蛾亚科．北京：科学出版社．

韩运发．1997.中国经济昆虫志 第五十五册 缨翅目．北京：科学出版社．

何俊华，陈学新，马云．1996.中国经济昆虫志 第五十一册 膜翅目 姬蜂科．北京：科学出版社．

何俊华，陈学新，马云．2000.中国动物志 昆虫纲 第十八卷 膜翅目 茧蜂科（一）．北京：科学出版社．

何俊华，等．2004.浙江蜂类志．北京：科学出版社．

何俊华，许再福．2002.中国动物志 昆虫纲 第二十九卷 膜翅目 螯蜂科．北京：科学出版社．

黄邦侃．1999–2003.福建昆虫志 第1–8卷．福州：福建科学技术出版社．

黄春梅．1993.龙栖山动物．北京：中国农业出版社．

黄大卫．1993.中国经济昆虫志 第四十一册 膜翅目 金小蜂科．北京：科学出版社．

黄大卫，肖晖．2005.中国动物志 昆虫纲 第四十二卷 膜翅目 金小蜂科．北京：科学出版社．

黄复生．1987.云南森林昆虫．昆明：云南科技出版社．

黄复生．1993.西南武陵山地区昆虫．北京：科学出版社．

黄复生．1996.喀喇昆仑山 – 昆仑山地区昆虫．北京：科学出版社．

黄复生 . 2000. 中国动物志 昆虫纲 第十七卷 等翅目 . 北京：科学出版社 .

黄复生 . 2002. 海南森林昆虫 . 北京：科学出版社 .

黄建 . 1994. 中国蚜小蜂科分类（膜翅目：小蜂总科）. 重庆：重庆出版社 .

黄晓磊，冯磊，乔格侠 . 2004. 台湾与大陆蚜虫区系的相似性分析和历史渊源 . 动物分类学报，29（2）：194–201.

黄晓磊，乔格侠 . 2010. 生物地理学的新认识及其方法在生物多样性保护在的应用 . 动物分类学报，35（1）：158–164.

黄远达 . 2001. 中国白蚁学概论 . 武汉：湖北科学技术出版社 .

霍科科，任国栋，郑哲民 . 2007. 秦巴山区蚜蝇区系分类 . 北京：中国农业科学技术出版社 .

江世宏，王书永 . 1999. 中国经济叩甲图志 . 北京：中国农业出版社 .

蒋书楠，陈力 . 2001. 中国动物志 昆虫纲 第二十一卷 鞘翅目 天牛科 花天牛亚科 . 北京：科学出版社 .

蒋书楠，蒲富基，华立中 . 1985. 中国经济昆虫志 第三十五册 鞘翅目 天牛科（三）. 北京：科学出版社 .

金大雄，李贵真 . 1992. 贵州吸虱类蚤类志 . 贵阳：贵州科技出版社，28–131，193–370.

金道超，李子忠 . 2005. 习水景观昆虫 . 贵阳：贵州科学技术出版社，82–521.

金道超，李子忠 . 2006. 赤水桫椤景观昆虫 . 贵阳：贵州科技出版社 .

雷朝亮，周志伯 . 1998. 湖北省昆虫名录 . 武汉：湖北科学技术出版社 .

李法圣 . 2002. 中国蝎目志 . 北京：科学出版社 .

李法圣 . 2011. 中国木虱志 . 北京：科学出版社 .

李鸿昌，夏凯龄 . 2005. 中国动物志 昆虫纲 第四十三卷 直翅目 蝗总科 斑腿蝗科 . 北京：科学出版社 .

李后魂 . 2002. 中国麦蛾（一）. 天津：南开大学出版社 .

李后魂，任应党 . 2009. 河南昆虫志 鳞翅目 螟蛾总科 . 北京：科学出版社 .

李后魂，王淑霞 . 2009. 河北动物志 鳞翅目 小蛾类 . 北京：中国农业科学技术出版社 4（4）：9–13.

李建军，薛增召，李修炼 . 2002. 陕西农业昆虫地理区划 . 西安联合大学学报 .

李力 . 2003. 陕西负泥虫分类的初步研究 . 陕西师范大学学报，31（4）：71–76.

李铁生 . 1978. 中国经济昆虫志 第十三册 双翅目 蠓科 . 北京：科学出版社 .

李铁生 . 1985. 中国经济昆虫志 第三十册 膜翅目 胡蜂总科 . 北京：科学出版社 .

李铁生 . 1988. 中国经济昆虫志 第三十八册 双翅目 蠓科（二）. 北京：科学出版社 .

李兴鹏，李成德，宋丽文，等 . 2008. 黑龙江省肖叶甲科种类及地理分布 . 动物性研究，29（4）：438–446.

李子忠，陈祥盛 . 1999. 中国隐脉叶蝉 . 贵阳：贵州科技出版社 .

李子忠，金道超 . 2002. 茂兰景观昆虫 . 贵阳：贵州科技出版社 .

李子忠，金道超 . 2006. 梵净山景观昆虫 . 贵阳：贵州科技出版社 .

李子忠，汪廉敏 . 1992. 贵州农林昆虫志 第4卷 . 贵阳：贵州科技出版社 .

李子忠，汪廉敏 . 1996. 中国横脊叶蝉 . 贵阳：贵州科技出版社 .

李子忠，杨茂发，金道超 . 2007. 雷公山景观昆虫 . 贵阳：贵州科技出版社 .

梁铭球，郑哲民 . 1998. 中国动物志 昆虫纲 第十二卷 直翅目 蚱总科 . 北京：科学出版社 .

廖定熹，等 . 1987. 中国经济昆虫志 第三十四册 膜翅目 小蜂总科（一）. 北京：科学出版社 .

林乃铨 . 1994. 中国赤眼蜂分类（膜翅目：小蜂总科）. 福州：福建科学技术出版社 .

刘崇乐 . 1963. 中国经济昆虫志 第五册 鞘翅目 瓢虫科 . 北京：科学出版社 .

刘巨元，张生芳，刘永平 . 1997. 内蒙古仓库昆虫 . 北京：中国农业出版社 .

刘银忠，赵建铭 . 1998. 山西省寄蝇志 . 北京：科学出版社 .

刘友樵，白九维 . 1977. 中国经济昆虫志 第十一册 鳞翅目 卷蛾科（一）. 北京：科学出版社 .

刘友樵，李广武 . 2002. 中国动物志 昆虫纲 第二十七卷 鳞翅目 卷蛾科 . 北京：科学出版社 .

刘友樵，武春生 . 2006. 中国动物志 昆虫纲 第四十七卷 鳞翅目 枯叶蛾科 . 北京：科学出版社 .

柳支英，等 . 1986. 中国动物志 昆虫纲 第一卷 蚤目 . 北京：科学出版社 .

陆宝麟，等 . 1997. 中国动物志 昆虫纲 第八、九卷 双翅目 蚊科（上、下卷）. 北京：科学出版社 .

陆宝麟，吴厚永 . 2003. 中国重要医学昆虫分类与鉴别 . 郑州：河南科学技术出版社 .

卢秀新 . 1990. 泰山蝶蛾志 . 济南：山东科学技术出版社 .

马文珍 . 1995. 中国经济昆虫志 第四十六册 鞘翅目 花金龟科 斑金龟科 弯腿金龟科 . 北京：科学出版社 .

马世骏 . 1959. 中国昆虫生态地理概述 . 北京：科学出版社 .

马晓静，申效诚 . 2008. 河南伏牛山南北坡昆虫区系的差异 // 申效诚，张润志，任应党，昆虫分布与分类 . 北京：中国农业
科技书出版社，310–314.

马耀，李鸿昌，康乐 . 1991. 内蒙古草地昆虫 . 西安：天则出版社 .

马忠余，薛万琦，冯炎 . 2002. 中国动物志 昆虫纲 第二十六卷 双翅目 蝇科科（二）. 北京：科学出版社 .

孟庆繁，高文韬 . 2008. 长白山访花昆虫 . 北京：中国林业出版社 .

孟绪武 . 2003. 安徽省昆虫名录 . 合肥：中国科学技术大学出版社 .

能乃扎布 . 1999. 内蒙古昆虫 . 呼和浩特：内蒙古人民出版社 .

潘朝晖，韩辉林，李成德 . 2008. 辽宁省舟蛾科昆虫区系分析 . 东北林业大学学报，36（3）：63–67.

庞虹，任顺祥，曾涛，等 . 2004. 中国瓢虫物种多样性及其利用 . 广州：广东科技出版社 .

庞雄飞，毛金龙 . 1979. 中国经济昆虫志 第十四册 鞘翅目 瓢虫科（二）. 北京：科学出版社 .

彭建文，刘友樵 . 1992. 湖南森林昆虫图鉴 . 长沙：湖南科学技术出版社 .

蒲富基 . 1980. 中国经济昆虫志 第十九册 鞘翅目 天牛科 . 北京：科学出版社 .

祁诚进 . 1999. 山东天牛志 . 济南：山东科学技术出版社 .

钱金泉，马德新，范滋德，等 . 1998,1999. 新疆蝇类研究 Ⅰ–Ⅳ . 地方病通报 . 13(2)：74–77，14(1)：50–53.

乔格侠，张广学，姜立云，等 . 2009. 河北动物志 蚜虫类 . 石家庄：河北科学技术出版社 .

乔格侠，张广学，钟铁森 . 2005. 中国动物志 昆虫纲 第四十一卷 同翅目 斑蚜科 . 北京：科学出版社 .

任炳忠，李典忠，杨彦龙，等 . 2001. 吉林省农林天敌昆虫区系及多样性的研究 I. 吉林农业大学学报，23（4）：28–36.

任国栋 . 2010. 六盘山无脊椎动物 . 保定：河北大学出版社 .

任国栋，巴义彬 . 2010. 中国土壤拟步甲志 第二卷 鳖甲类 . 北京：科学出版社 .

任国栋，杨秀娟 . 2006. 中国土壤拟步甲志 第一卷 土甲类 . 北京：高等教育出版社 .

任国栋，于有志 . 1999. 中国荒漠半荒漠的拟步甲科昆虫 . 保定：河北大学出版社 .

任树芝 . 1998. 中国动物志 昆虫纲 第十三卷 半翅目 姬蝽科 . 北京：科学出版社 .

任应党，申效诚 . 2008. 河南省大鳞翅类昆虫分布格局 // 申效诚，张润志，任应党 . 昆虫分布与分类 . 北京：中国农业科技
书出版社，326–336.

任应党，申效诚，孙浩，等 . 2011. 河南昆虫、蜘蛛、蜱螨的区系成分和分布地理研究 . 华北农学报，26（1）：204–209.

邵广昭，彭镜毅，吴文哲 . 2010. 台湾 2010 物种名录 . 台北：农业委员会林务局 .

申效诚 . 1993. 河南昆虫名录 . 北京：中国农业科学技术出版社 .

申效诚 . 2008e. 学习昆虫地理学的点滴感悟 // 申效诚，张润志，任应党 . 昆虫分类与分布 . 北京：中国农业科学技术出版社，
576–583.

申效诚，邓桂芬 . 1999a. 河南昆虫分类区系研究 第 3 卷 鸡公山区昆虫 . 北京：中国农业科学技术出版社 .

申效诚，刘玉霞，任应党 . 2002a. 新中国半世纪来发现昆虫新种简况 // 李典谟，康乐，吴钜文，等 . 昆虫学创新与发展 . 北京：
中国科学技术出版社，99–103.

申效诚，鲁传涛 . 2008c. 河南昆虫分类区系研究 第 6 卷 宝天曼自然保护区昆虫 . 北京：中国农业科学技术出版社 .

申效诚，裴海潮 . 1999b. 河南昆虫分类区系研究 第 4 卷 伏牛山南坡及大别山区昆虫 . 北京：中国农业科学技术出版社 .

申效诚，任应党，王爱萍，等 . 2010a. 河南昆虫、蜘蛛、蜱螨地理分布的多元相似性聚类分析 . 生态学报，30（16）：4 416–
4 426.

申效诚，时振亚 . 1994. 河南昆虫分类区系研究 第 1 卷 . 北京：中国农业科学技术出版社 .

申效诚，时振亚 . 1998. 河南昆虫分类区系研究 第 2 卷 伏牛山区昆虫 北京：中国农业科学技术出版社 .

申效诚，孙浩，马晓静 . 2010b. 中国 40 000 种昆虫蜘蛛区系的多元相似性聚类分析 . Journal of Life Sciences，4（2）：35–
40.

申效诚，孙浩，赵华东 . 2007a. 中国夜蛾科昆虫的物种多样性及分布格局 . 昆虫学报，50（7）：709–719.

申效诚，孙浩，赵华东 . 2008a. 昆虫区系多元相似性分析方法 . 生态学报，28（2）：849–854.

申效诚，王爱萍 . 2008b. 昆虫区系多元相似性的简便计算方法及其贡献率 . 河南农业科学，（7）：67–69.

申效诚，王爱萍，张书杰 . 2008d. 夜蛾科昆虫区系研究 Ⅱ . 中国各省区夜蛾的分布及相似性分析 . 华北农学报，23（5）：151–156.

申效诚，张书杰 . 2007b. 中国夜蛾总科昆虫区系相似性分析 . 科学研究月刊，（12）：10–12.

申效诚，张书杰，任应党 . 2007c. 昆虫区系的多元相似性比较 // 李典谟，吴春生，伍一军，等 . 昆虫学研究动态 . 北京：中国农业科技书出版社，131–137.

申效诚，张书杰，任应党 . 2009a. 基于昆虫区系的中国东部古北东洋两界的分界 . Journal of Agricultural Science and Technology，3（11）：38–42.

申效诚，张书杰，任应党 . 2009b. 中国昆虫区系成分构成及其分布特点 . Journal of Life Sciences，3（7）：19–25.

申效诚，赵永谦 . 2002b. 河南昆虫分类区系研究 第 5 卷 太行山及桐柏山区昆虫 . 北京：中国农业科学技术出版社 .

盛茂领，申效诚 . 2008. 中国各省区姬蜂科昆虫的分布及多元相似性聚类分析 // 申效诚，张润志，任应党，昆虫分布与分类 . 北京：中国农业科技书出版社，389–393.

盛茂领，孙淑萍 . 2009. 河南昆虫志 膜翅目 姬蜂科 . 北京：科学出版社 .

盛茂领，孙淑萍 . 2010. 中国林木蛀虫天敌姬蜂 . 北京：科学出版社 .

孙浩，任应党 . 2008. 河南蜘蛛的两种相似性聚类分析方法比较 // 申效诚，张润志，任应党 . 昆虫分类与分布 . 北京：中国农业科学技术出版社，490–494.

塔赫他间 . 1988. 世界植物区系区划（中译本）. 北京：科学出版社 .

唐觉 . 1995. 中国经济昆虫志 第四十七册 膜翅目 蚁科（一）. 北京：科学出版社 .

汤祊德 . 1992. 中国粉蚧科 . 北京：中国农业科技出版社 .

汤玉清 . 1990. 中国细颚姬蜂属志 . 重庆：重庆出版社 .

谭娟杰，王书永，周红章 . 2005. 中国动物志 昆虫纲 第四十卷 鞘翅目 肖叶甲科 肖叶甲亚科 . 北京：科学出版社 .

谭娟杰，虞佩玉 . 1980. 中国经济昆虫志 第十八册 鞘翅目 叶甲总科（一）. 北京：科学出版社 .

田立新，等 . 1996. 中国经济昆虫志 第四十九册 毛翅目（一）. 北京：科学出版社 .

王保海，袁维红，王成明，等 . 1992. 西藏昆虫区系及其演化 . 郑州：河南科学技术出版社 .

王保海，黄复生，覃荣，等 . 2006. 西藏昆虫分化 . 郑州：河南科学技术出版社 .

王大洲，白顺江，刘建智 . 2000. 河北省昆虫蜱螨名录 . 北京：中国林业出版社 .

王建义，武三安，唐桦，等 . 2009. 宁夏蚧虫及其天敌 . 北京：科学出版社 .

王俊潮，申效诚 . 2008. 河南食蚜蝇区系特征及相似性分析 // 申效诚，张润志，任应党，昆虫分布与分类 . 北京：中国农业科技书出版社，327–353.

王敏，范骁凌 . 2002. 中国灰蝶志 . 郑州：河南科学技术出版社 .

王平远 . 1980. 中国经济昆虫志 第二十一册 鳞翅目 螟蛾科 . 北京：科学出版社 .

王希蒙，任国栋，刘荣光 . 1992. 宁夏昆虫名录 . 西安：陕西师范大学出版社 .

王新谱，杨贵军 . 2010. 宁夏贺兰山昆虫 . 银川：宁夏人民出版社 .

王治国 . 1998. 河南昆虫志 鳞翅目 蝶类 . 郑州：河南科学技术出版社 .

王治国 . 2007. 河南蜻蜓志 蜻蜓目 . 郑州：河南科学技术出版社 .

王治国，张秀江 . 2007. 河南直翅类昆虫志 螳螂目 䗛螂目 等翅目 直翅目 蜚蠊目 革翅目 . 郑州：河南科学技术出版社 .

王直诚 . 1999. 东北蝶类志 . 长春：吉林科学技术出版社 .

王直诚 . 2003. 东北天牛志 . 长春：吉林科学技术出版社 .

王子清 . 1982. 中国经济昆虫志 第二十四册 同翅目 粉蚧科 . 北京：科学出版社 .

王子清 . 1994. 中国经济昆虫志 第四十三册 同翅目 蚧总科 . 北京：科学出版社 .

王子清 . 2001. 中国动物志 昆虫纲 第二十二卷 同翅目 蚧总科 粉蚧科 绒蚧科 蜡蚧科 链蚧科 盘蚧科 壶蚧科 . 北京：科学出版社 .

王遵明 . 1983. 中国经济昆虫志 第二十六册 双翅目 虻科 . 北京：科学出版社 .

王遵明.1994.中国经济昆虫志 第四十五册 双翅目 虻科（二）.北京：科学出版社.

魏美才，聂海燕.1997.叶蜂总科昆虫生物地理研究Ⅰ–Ⅳ.昆虫分类学报，19（增刊）：127–157.

武春生.1997.中国动物志 昆虫纲 第七卷 鳞翅目 祝蛾科.北京：科学出版社.

武春生.2001.中国动物志 昆虫纲 第二十五卷 鳞翅目 凤蝶科.北京：科学出版社.

武春生，方承莱.2003.中国动物志 昆虫纲 第三十一卷 鳞翅目 舟蛾科.北京：科学出版社.

武春生，方承莱.2010.河南昆虫志 鳞翅目 刺蛾科 枯叶蛾科 舟蛾科 灯蛾科 毒蛾科 鹿蛾科.北京：科学出版社.

吴鸿.1995.华东百山祖昆虫.北京：中国林业出版社.

吴鸿.1998.龙王山昆虫.北京：中国林业出版社.

吴鸿，潘承文.2001.天目山昆虫.北京：科学出版社.

吴厚永，等.2007.中国动物志 昆虫纲 蚤目（第二版）.北京：科学出版社.

吴坚，王长禄.1995.中国蚂蚁.北京：中国林业出版社.

吴燕如.1965.中国经济昆虫志 第九册 膜翅目 蜜蜂总科.北京：科学出版社.

吴燕如.1996.中国经济昆虫志 第五十二册 膜翅目 泥蜂科.北京：科学出版社.

吴燕如.2000.中国动物志 昆虫纲 第二十卷 膜翅目 准蜂科 蜜蜂科.北京：科学出版社.

吴燕如.2006.中国动物志 昆虫纲 第四十四卷 膜翅目 切叶蜂科.北京：科学出版社.

吴征镒，王荷生.1983,1985.中国自然地理–植物地理（上），（下）.北京：科学出版社.

夏立照，夏玲玲.2000.安徽省蝇类初步名录.华东昆虫学报，9（1）：15–19.

夏凯龄，等.1994.中国动物志 昆虫纲 第四卷 直翅目 蝗总科 癞蝗科 瘤锥蝗科 锥头蝗科.北京：科学出版社.

徐克学.1994.数量分类学.北京：科学出版社.

徐志宏，黄建.2004.中国介壳虫寄生蜂志.上海：上海科学技术出版社.

薛大勇，朱弘复.1999.中国动物志 昆虫纲 第十五卷 鳞翅目 尺蛾科 花尺蛾科.北京：科学出版社.

薛万琦，赵建铭.1996.中国蝇类.沈阳：辽宁科学技术出版社.

萧采瑜，等.1977.中国蝽类昆虫鉴定手册 第一卷.北京：科学出版社.

萧采瑜，任树芝，郑乐怡，等.1981.中国蝽类昆虫鉴定手册 第二卷.北京：科学出版社.

杨定.2009.河北动物志 双翅目.北京：中国农业科学技术出版社.

杨定，刘星月.2010.中国动物志 昆虫纲 第五十一卷 广翅目.北京：科学出版社.

杨定，王梦卿，朱雅君，等.2010.河南昆虫志 双翅目 舞虻总科.北京：科学出版社.

杨定，杨集昆.2004.中国动物志 昆虫纲 第三十四卷 双翅目 舞虻总科 舞虻科 螳舞虻亚科 驼舞虻亚科.北京：科学出版社.

杨茂发，金道超.2005.贵州大沙河昆虫.贵阳：贵州人民出版社.

杨平澜.1982.中国蚧虫分类概要.上海：上海科学技术出版社.

杨惟义.1962.中国经济昆虫志 第二册 半翅目 蝽科.北京：科学出版社.

杨星科.1997.长江三峡库区昆虫（上、下）.重庆：重庆出版社.

杨星科.2004.广西十万大山地区昆虫.北京：中国林业出版社.

杨星科.2004.西藏雅鲁藏布大峡谷昆虫.北京：中国科学技术出版社.

杨星科.2005.秦岭西段及甘南地区昆虫.北京：科学出版社.

杨星科，赵建铭.2000.中国昆虫分类研究50年.昆虫知识，37（1）：1–11.

杨星科，杨集昆，李文柱.2005.中国动物志 昆虫纲 第三十九卷 脉翅目 草蛉科.北京：科学出版社.

杨忠岐.1996.中国小蠹虫寄生蜂.北京：科学出版社.

伊伯仁，康芝仙，路红，等.1994.吉林农业昆虫地理区划.吉林农业大学学报.16（4）：24–28.

易传辉，欧晓红.2002.我国昆虫生物地理学研究进展//李典谟，康乐，吴钜文，等.昆虫学创新与发展.北京：中国科学技术出版社，543–545.

尹文英，等.1992.中国亚热带土壤动物.北京：科学出版社.

尹文英.1999.中国动物志 节肢动物门 原尾纲.北京：科学出版社.

印象初.1984.青藏高原的蝗虫.北京：科学出版社.

印象初，夏凯龄 . 2003. 中国动物志 昆虫纲 第三十二卷 直翅目 蝗总科 槌角蝗科 剑角蝗科 . 北京：科学出版社 .

殷惠芬，黄复生，李兆麟 . 1984. 中国经济昆虫志 第二十九册 鞘翅目 小蠹科 . 北京：科学出版社 .

尤大寿，等 . 1995. 中国经济昆虫志 第四十八册 蜉蝣目 . 北京：科学出版社 .

虞国跃 . 2004. 中国昆虫物种多样性 // 李典谟，伍一军，吴春生，等 . 2001. 当代昆虫学研究 . 中国农业科学技术出版社，
177–179.

虞佩玉，等 . 1996. 中国经济昆虫志 第五十四册 鞘翅目 叶甲总科（二）. 北京：科学出版社 .

虞蔚岩，李朝晖，宋东杰，等 . 2008. 南京紫金山地区蜻蜓目昆虫区系及多样性 . 南京林业大学学报，32（4）：139–142.

虞以新 . 2006. 中国蠓科昆虫 . 北京：军事医学科学出版社 .

袁锋，周尧 . 2002. 中国动物志 昆虫纲 第二十八卷 同翅目 角蝉总科 . 北京：科学出版社 .

张广学 . 1999. 西北农林蚜虫志 . 北京：中国环境科学出版社 .

张广学，乔格侠，钟铁森，等 . 1999. 中国动物志 昆虫纲 第十四卷 同翅目 矿蚜科 瘿绵蚜科 . 北京：科学出版社 .

张广学，钟铁森 . 1983. 中国经济昆虫志 第二十五册 同翅目 蚜虫类（一）. 北京：科学出版社 .

张汉鹄 . 1995. 安徽农林昆虫地理区划探析 . 华东昆虫学报，4（1）：13–18.

张继祖 . 1993. 福建农业昆虫地理区划 . 福建农学院学报，21（4）：439–444.

张荣祖 . 2011. 中国动物地理 . 北京：科学出版社，1–330.

张雅林 . 1990. 中国叶蝉分类研究（同翅目：叶蝉科）. 西安：天则出版社 .

张雅林 . 1994. 中国离脉叶蝉分类 . 郑州：河南科学技术出版社 .

张镱锂 . 1998. 植物区系地理研究中的重要参数 —— 相似性系数 . 地理研究，17（4）：429–434.

张永强，尤其儆，蒲天胜，等 . 1992. 广西昆虫名录 . 南宁：广西科学技术出版社 .

张芝利 . 1984. 中国经济昆虫志 第二十八册 鞘翅目 金龟总科幼虫 . 北京：科学出版社 .

章士美 . 1994. 江西昆虫名录 . 南昌：江西科学技术出版社 .

章士美 . 1996. 昆虫地理学概论 . 南昌：江西科学技术出版社 .

章士美，赵泳祥 . 1996. 中国农林昆虫地理分布 . 北京：中国农业出版社 .

章士美，等 . 1985. 中国经济昆虫志 第三十一册 半翅目（一）. 北京：科学出版社 .

章士美，等 . 1995. 中国经济昆虫志 第五十册 半翅目（二）. 北京：科学出版社 .

赵华东，申效诚 . 2008. 中国灯蛾科昆虫的生物地理学研究 // 申效诚，张润志，任应党，昆虫分布与分类 . 北京：中国农业
科技书出版社，381–388.

赵建铭，梁恩义，史永善，等 . 2001. 中国动物志 昆虫纲 第二十三卷 双翅目 寄蝇科（一）. 北京：科学出版社 .

赵修复 . 1982. 福建省昆虫名录 . 福州：福建科学技术出版社 .

赵修复 . 1990. 中国春蜓分类（蜻蜓目：春蜓科）. 福州：福建科学技术出版社 .

赵养昌 . 1963. 中国经济昆虫志 第四册 鞘翅目 拟步行虫科 . 北京：科学出版社 .

赵养昌，陈元清 . 1980. 中国经济昆虫志 第二十册 鞘翅目 象虫科 . 北京：科学出版社 .

赵养昌，李鸿兴，高锦亚 . 1982. 中国仓库害虫区系调查 . 北京：农业出版社 .

赵忠苓 . 1978. 中国经济昆虫志 第十二册 鳞翅目 毒蛾科 . 北京：科学出版社 .

赵忠苓 . 1994. 中国经济昆虫志 第四十二册 鳞翅目 毒蛾科（二）. 北京：科学出版社 .

赵忠苓 . 2003. 中国动物志 昆虫纲 第三十卷 鳞翅目 毒蛾科 . 北京：科学出版社 .

赵忠苓 . 2004. 中国动物志 昆虫纲 第三十六卷 鳞翅目 波纹蛾科 . 北京：科学出版社 .

郑乐怡，吕楠，刘国卿，等 . 2004. 中国动物志 昆虫纲 第三十三卷 半翅目 盲蝽科 盲蝽亚科 . 北京：科学出版社 .

郑哲民 . 2005. 中国西部蚱总科志 . 北京：科学出版社 .

郑哲民，夏凯龄 . 1998. 中国动物志 昆虫纲 第十卷 直翅目 蝗总科 斑翅蝗科 网翅蝗科 . 北京：科学出版社 .

郑哲民，谢令德 . 1999. 青海省海东地区蝗虫的调查 . 武夷科学，15：48–53.

中国科学院青藏高原综合科学考察队 . 1982. 西藏昆虫 . 北京：科学出版社 .

中国科学院登山科学考察队编著 . 1988. 西藏南迦巴瓦峰地区昆虫 . 北京：科学出版社 .

周尧 . 1994. 中国蝶类志 . 郑州：河南科学技术出版社 .

周尧，雷仲仁，姚渭 . 1997. 中国蝉科志（同翅目：叶总蝉）. 香港：香港天则出版社 .

周尧，等 . 1985. 中国经济昆虫志 第三十六册 同翅目 蜡蝉总科 . 北京：科学出版社 .

朱弘复，陈一心 . 1963. 中国经济昆虫志 第三册 鳞翅目 夜蛾科（一）. 北京：科学出版社 .

朱弘复，方承莱，王林瑶 . 1963. 中国经济昆虫志 第七册 鳞翅目 夜蛾科（三）. 北京：科学出版社 .

朱弘复，王林瑶 . 1980. 中国经济昆虫志 第二十二册 鳞翅目 天蛾科 . 北京：科学出版社 .

朱弘复，王林瑶 . 1991. 中国动物志 昆虫纲 第三卷 鳞翅目 圆钩蛾科 钩蛾科 . 北京：科学出版社 .

朱弘复，王林瑶 . 1996. 中国动物志 昆虫纲 第五卷 鳞翅目 蚕蛾科 大蚕蛾科 网蛾科 . 北京：科学出版社 .

朱弘复，王林瑶，韩红香 . 2004. 中国动物志 昆虫纲 第三十八卷 鳞翅目 蝙蝠蛾科 蛱蛾科科 . 北京：科学出版社 .

朱弘复，等 . 1964. 中国经济昆虫志 第六册 鳞翅目 夜蛾科（二）. 北京：科学出版社 .

朱弘复，等 . 1997. 中国动物志 昆虫纲 第十一卷 鳞翅目 天蛾科 . 北京：科学出版社 .

BARTHLOTT W, LAUER W, PLACKE A. 1996. Global distribution of species diversity in vascular plants：Towards a world map of phytodiversity. Erdkunde. 50：17–327.

HSIEN T S, LIANG A, YANG J. 2009. The genus *Jembra* Metcalf and Horton from Taiwan with descriptions of two new species and the nymph of *J.taiwana* sp. nov. (Hemiptera：Cercopoidea，Aphrophoridae) Zootaxa，1979：29–40.

HUA L Z. 2000. List of Chinese insects. Vol. Ⅰ . Sun Yat-sen university press. Guang Zhou.

HUA L Z. 2002. List of Chinese insects. Vol. Ⅱ . Sun Yat-sen university press.

HUA L Z. 2005. List of Chinese insects. Vol. Ⅲ . Sun Yat-sen university press.

HUA L Z. 2006. List of Chinese insects. Vol. Ⅳ . Sun Yat-sen university press.

JACCARD P. 1901. Distribution de la flore alpine dans le bassin des Dranses et dans quelques régions voisines. Bull. Soc. Vaud. Sci. Nat., 37：241–272.

MCNEELY J A, Miller K R，Reid W，et al. 1990. Conserving the World's biological diversity, IUCN, Gland, Switzerland.

MYERS N. 1998. Global biodiversity priorities and expanded conservation policies//MACE G M，et al.（Eds.）Conservation in a Changing World. Cambridge Univ. Press, Cambridge, 273–285.

WANG M, YANG D. 2008. Species of *Chrysotus* Meigen in Palaearctic China (Diptera：Dolichopodidae). Entomologica Fennica, 19：232–240.

WANG S X , Li H H. 2004. A study on the Genus *Promalactis* from China：Description of Fifteen New Species（Lepidoptra：Oecophoridae）. Oriental Insect, 38：1–25.

WANG S X. 2006. Oecophoridae of China（Insecta：Lepidoptera）. Science Press, Beijing, 10–243.

WU C F. 1935–1941. Catalogus insectorum Sinensium. Fan Memor. Inst. Biol., Peiping, China.

第三编　Part Ⅲ

01 新疆

陈水田，等 . 1993. 新疆天牛图志 . 乌鲁木齐：新疆科技卫生出版社 .

陈永林，等 . 1981. 新疆蝗虫的研究，蝗虫的分布 . 昆虫学报，24（1）：7-27，（2）：166-173.

谷景和，等 . 1991. 新疆东昆仑-阿尔金山的动物区系与动物地理区划 . 新疆动物研究，（2）：30-40.

郝峥嵘，黄人鑫 . 1995. 新疆等节姚科七新种记述 . 动物分类学报，24（1）：68-80.

胡红英，黄人鑫，范兆田，等 . 2006. 新疆叶甲区系及地理分布的初步研究 . 动物分类学报，31（1）：69-74.

黄春梅 . 1982. 新疆束颈蝗属及其新种 . 昆虫学报，25（3）：296-302.

黄复生 . 1996. 喀喇昆仑山-昆仑山地区昆虫 . 北京：科学出版社 .

黄人鑫 . 1987. 东昆仑-阿尔金山昆虫的分布与地理区划 . 新疆大学学报，4（3）：70-76.

黄人鑫，等 .1995.新疆芫菁科的区系组成及药用价值 .昆虫学报，38（1）：61-66.

黄人鑫，等 .1999.新疆金龟甲的区系组成及食性 .昆虫学报，42（1）：70-77.

黄人鑫，等 .2000.新疆蝴蝶 .乌鲁木齐：新疆科技卫生出版社 .

黄人鑫，等 .2000.新疆方喙象亚科的区系组成及经济意义 .昆虫学报，43（1）：64-71.

黄人鑫，等 .2004.阿尔泰山两河源头保护区的昆虫区系 .新疆大学学报，21（4）：399-406.

黄人鑫，等 .2005.新疆荒漠昆虫区系及其形成与演变 .乌鲁木齐：新疆科学技术出版社 .

黄小英，张建华，王伟 .2005.新疆毛翅目昆虫的研究 .石河子大学学报，23（4）：468-472.

刘芳政，张茂新，赵莉 .1999.新疆天然草地昆虫名录（一）.新疆农业大学学报，22（3）：249-258.

刘芳政，赵莉，张茂新，等 .2000.新疆天然草地昆虫名录（二）.新疆农业大学学报，23（1）：88-94.

刘举鹏 .1995.新疆蝗总科区系研究 .昆虫分类学报，17（1）：117-126.

吕学农，段晓东，王文广，等 .1998.阿勒泰山蝴蝶种类调查及其垂直分布的研究 .生物多样性，7(1)： 8-14.

马德新，钱金泉，范滋德，等 .1998.新疆蝇类研究Ⅲ .丽蝇科和麻蝇科 .地方病通报 .13(4)：33-37.

马德新，钱金泉，范滋德，等 .1999.新疆蝇类研究Ⅳ .粪蝇科 寄蝇科 胃蝇科 狂蝇科 皮蝇科 虱蝇科 食蚜蝇科 .地方病通报 .
  14(1)： 50-53.

马合木提，马德新，安继尧 .2003.新疆绳蚋属二新种（双翅目：蚋科）.寄生虫与医学昆虫学报，10（2）：113-117.

孟玲，李保平 .2002.新疆天蛾科昆虫区系组成 .新疆大学学报，19（2）：234-238.

钱金泉，马德新，范滋德，等 .1998.新疆蝇类研究Ⅰ .花蝇科 .地方病通报 .13（2）：74-77.

钱金泉，马德新，范滋德，等 .1998.新疆蝇类研究Ⅱ .蝇科 .地方病通报 .13（3）： 86-89.

乔永民，廉振民，胡玉琴 .2001.新疆巴里坤南山蝗虫垂直格局研究 .陕西师范大学学报，29（1）：71-74.

全仁哲，赵志英，刘强 .2003.奎屯及邻近地区半翅目种类的区系分析 .兵团教育学院学报，13（3）： 48-51.

王伟，张建华，朱江艳 .2007.新疆北部地区毛翅目昆虫群落研究 .石河子大学学报，25（4）：421-425.

吴卫，李晓梅，郭宏 .2004.乌鲁木齐及附近地区蚁科区系的初步调查 .干旱区研究，21（2）：179-182.

徐太树，马德新，虞以新，等 .1998.昆仑山北坡医学昆虫调查 .医学动物防制，14（3）：32-38.

杨海峰 .1988.中国农林昆虫地理区划：新疆农林昆虫地理区划 // 北京：中国农业出版社，291-340.

杨惟义，汪广 .1964.新疆昆虫考察报告 .北京：科学出版社 .

姚振祥，芮宝玲，张才德，等 .2000.乌鲁木齐蝇类名录及分布 .医学动物防制，16（1）：15-22.

于心，叶瑞玉，谢杏初 .1990.新疆蚤目志 .乌鲁木齐：新疆人民出版社 .

张茂新，凌冰，庞雄飞，等 .2002.新疆北部叶甲科昆虫的区系组成及经济意义 .武夷科学，18：33-37.

赵莉，刘芳政，张筱刚，等 .新疆金塔斯自然保护区昆虫资源考察初报 // 李典谟 .走向 21 世纪的中国昆虫学 .北京：中国
  科学技术出版社，118-120.

赵莉，刘芳政，张茂新，等 .2000.新疆天然草地昆虫名录（三）.新疆农业大学学报，23（3）：78-82.

郑哲民 .2005.中国西部蚱总科志 .北京：科学出版社 .

郑哲民，董佳佳，许升全 .2010.新疆小翅类蝗虫一新属一新种（直翅目：斑翅蝗科）.昆虫分类学报，32（4）：251-254.

郑哲民，杨亮，张陵，等 .2006.新疆地区拟埃蝗属一新种（直翅目：剑角蝗科）.四川动物，25（4）：690-691.

郑哲民，张陵，杨亮，等 .2006.新疆北部地区蝗虫三新种记述（直翅目：斑翅蝗科）.动物分类学报，31（2）：355-359.

郑哲民，张陵，杨亮，等 .2006.新疆斑翅蝗科一新属及二新种记述（直翅目：蝗总科）.动物分类学报，31（3）：572-576.

郑哲民，张陵，杨亮，等 .2006.中国新疆地区蚱属 2 新种（直翅目：蚱科）.华中农业大学学报，25（5）：498-500.

郑哲民，赵玲，董佳佳 .2011.新疆蝗虫一新属新种（直翅目，蝗总科）.动物分类学报，36（3）：746-748.

中国科学院登山考察队 . 1985. 天山托木尔峰地区的生物 . 乌鲁木齐：新疆人民出版社 .

朱江艳，张建华，王伟 . 2007. 新疆襀翅目二新纪录科记述（襀翅目：绿襀科、网襀科）. 石河子大学学报，25（3）：273-275.

BU Y, YIN W Y. 2007. The Protura from Xinjiang, northwest China. Zootaxa, 1437：29–46.

WANG Y F , ZHENG Z M, NIU Y. 2007. A new genus and a new species of Arcypteridae (Orthoptera：Acridoidea) from Xinjiang Uigur Autonomous Region of China. Acta Zootaxonomica Sinica, 31（3）：569–571.

XUE W Q，CUI Y S. 2001. Five new species of *Coenosia* (Diptera：Muscidae) in Xinjiang, China. Entomologia Sinica，8（2）：102–110.

ZHAO L, JIA F L, TURSUN D, et al. 2009. Aquatic beetle species and their distributiongs in Xinjiang, China. Journal of Forestry Research, 20（1）：83–86.

02 内蒙古

白守宁，闫春丽 . 2007. 大青沟自然保护区蝶类调查 . 中国森林病虫，26（1）：43-44.

方海涛，李俊兰，陈志斐 . 2005. 内蒙古包头地区昆虫天敌初探 . 阴山学刊，19（2）：39-42.

郭砺，刘新民，刘永江 . 2000. 内蒙古典型草原土壤动物优势类群鞘翅目昆虫研究 . 内蒙古大学学报，31（2）：190-193.

郭元朝，能乃扎布 . 内蒙古食粪金龟子种类的初步研究 // 李典谟 . 走向 21 世纪的中国昆虫学 . 北京：中国科学技术出版社，69-70.

李后魂，李志强，尤平 . 2003. 内蒙古和天津怪麦蛾属昆虫（鳞翅目：麦蛾科）. 动物分类学报，28（4）：767-772.

李俊兰，能乃扎布 . 2004. 内蒙古长蝽科昆虫新种新纪录记述（半翅目：长蝽科）. 昆虫分类学报，26（3）：166-170.

刘巨元，张生芳，刘永平 . 1997. 内蒙古仓库昆虫 . 北京：中国农业出版社 .

刘永江，薛祥，王淑海，等 . 1998. 内蒙古瓢虫的种类及其分布 . 内蒙古教育学院学报，（4）：4-7.

马耀，李鸿昌，康乐 . 1991. 内蒙古草地昆虫 . 西安：天则出版社 .

孟焕文，伊卫东，李莉，等 . 2001. 内蒙古蝶类资源调查 . 内蒙古科技与经济，（4）：42-45.

能乃扎布 . 1999. 内蒙古昆虫 . 呼和浩特：内蒙古人民出版社 .

沈向阳 . 2003. 内蒙古贺兰山地区步甲科昆虫初录 . 呼伦贝尔学院学报，11（2）：48-51.

史丽，郝俊义，墨红艳 . 2008. 内蒙古金龟甲总科部分种类记述 . 内蒙古农业科技，（3）：31-32.

田睿林，能乃扎布 . 1998. 内蒙古合垫盲蝽属 *Orthotylis* Fieber 昆虫的初步研究 . 内蒙古师范大学学报，27（2）：123-128.

田兆丰 . 2000. 内蒙古地区蚊科地理分布的调查研究 . 中华卫生杀虫药械，15（4）：306-308.

田兆丰，巴根，奥福田，等 . 1999. 内蒙古的丽蝇科和麻蝇科 . 内蒙古预防医学，24（2）：51-55.

乌宁，刘永江 . 1999. 呼伦贝尔地区瓢虫科昆虫调查 . 内蒙古教育学院学报，12（3）：17-19.

杨秀峰，王建军，刘俊，等 . 2008. 内蒙古主要蚤类宿主及其寄生蚤地区分布 . 中国媒介生物学及控制杂志，19（4）：345-347.

郑哲民 . 1999. 内蒙古西部地区蝗虫的新属和新种（直翅目：蝗总科）. 昆虫分类学报，21（1）：9-16.

郑哲民 . 2005. 中国西部蚱总科志 . 北京：科学出版社 .

CAO C Q, YIN X C. 2008. A new genus and new species of grasshopper from Inner Mongolia Autonomous Region of China（Orthoptera：Pamphagidae, Pamphaginae）. Acta Zootaxonomica Sinica, 33（2）：272–274.

03 宁夏

陈百芳，白学礼，王直存 . 1994. 宁夏蚤类及区系分布调查 . 中国媒介生物学与控制杂志，5（5）：368-373.

戴金霞 . 2009. 宁夏金龟子昆虫的区系组成和分布特征 . 安徽农业科学, 37（6）: 2589-2591.

房丽君, 张雅林 . 2010. 宁夏六盘山地区蝶类区系研究 . 动物分类学报, 35（1）: 220-226.

李剑, 任国栋, 于有志 . 1999. 宁夏草原昆虫区系分析及生态地理分布特点 . 河北大学学报, 19（4）: 410-415.

马永林, 辛明, 宋伶英, 等 . 2008. 宁夏蚁科昆虫种类及分布调查 . 农业科学研究, 29（1）: 35-38.

秦长育 . 1991. 宁夏啮齿动物区系及动物地理区划 . 兽类学报, 11（2）: 143-151.

任国栋 . 2010. 六盘山无脊椎动物 . 保定 : 河北大学出版社, 66-469.

任国栋, 朱晓梅 . 1997. 宁夏拟步甲的区系组成和分布特征 . 西北农业学报, 6（2）: 76-81.

尚占环, 辛明, 姚爱兴, 等 . 2006. 宁夏香山荒漠草原区的昆虫多样性 . 昆虫天敌, 28（1）: 1-7.

施少杰, 王寿昆 . 1996. 宁夏啮齿动物分布的种间关联和聚类图分析 . 中国媒介生物学与控制杂志, 7（3）: 180-182.

王继飞, 杨贵军, 王新谱, 等 . 2009. 宁夏贺兰山蚂蚁及其生态分布研究 . 安徽农业科学, 37（23）: 11 032-11 034.

王建国, 袁静琴, 张家训, 等 . 2003. 宁夏蚊类的研究与区系结构分析 . 中国媒介生物学与控制杂志, 14（2）: 105-107.

王建国, 张家训 . 1998. 宁夏虻科研究与区系结构分析 . 中国媒介生物学与控制杂志, 9（2）: 106-109.

王建国, 张家训, 王磊 . 2001. 宁夏蝇类研究与区系结构分析 . 中国媒介生物学与控制杂志, 12（4）: 259-267.

王建义, 唐桦, 王希蒙, 等 . 2009. 宁夏蚧类及其天敌昆虫的系统调查与研究 . 宁夏农林科技,（1）: 11-21.

王建义, 武三安, 唐桦, 等 . 2009. 宁夏蚧虫及其天敌 . 北京 : 科学出版社 .

王希蒙, 任国栋, 刘荣光 . 1992. 宁夏昆虫名录 . 西安 : 陕西师范大学出版社 .

王新谱, 贾彦霞, 杨贵军, 等 . 2009. 宁夏贺兰山保护区半翅目昆虫物种多样性研究 . 江西农业大学学报, 31（6）: 1 044-1 048.

王新谱, 李后魂 . 2006. 宁夏卷蛾亚科（鳞翅目 : 卷蛾科）昆虫名录 . 农业科学研究, 50-55.

王新谱, 任国栋, 姜红, 等 . 2002. 宁夏琵甲属昆虫的区系组成（鞘翅目 : 拟步甲科）. 宁夏农学院学报, 1（3）: 54-57.

王新谱, 杨贵军 . 2010. 宁夏贺兰山昆虫 . 银川 : 宁夏人民出版社 .

王嫣, 杨明, 陈汉彬 . 2008. 宁夏回族自治区吸血蚋类调查研究 . 贵州科学, 26（4）: 59-61.

武三安 . 2009. 宁夏粉蚧科昆虫研究 . 昆虫分类学报, 31（1）: 12-28.

许升全, 张大治, 郑哲民 . 2004. 宁夏蝗虫地理分布的聚类图分析 . 陕西师范大学学报, 32（2）: 71-73.

许升全, 郑哲民, 李后魂 . 2004. 宁夏蝗虫地理分布格局的聚类图分析 . 动物学研究, 25（2）: 96-104.

闫立民, 白学礼, 夏清, 等 . 2008. 宁夏六盘山自然保护区蚤类群落垂直分布格局与区系研究 . 寄生虫与医学昆虫学报, 15（1）: 38-44.

杨彩霞, 高立原 . 2000. 宁夏固沙植物柠条昆虫资源的调查 . 中国沙漠, 20（4）: 461-463.

张显理, 邵月芬, 张大治 . 1999. 宁夏哺乳动物地理分布的聚类图分析 . 宁夏大学学报, 20（3）: 283-288.

张显理, 于有志 . 1995. 宁夏哺乳动物区系与地理区划研究 . 兽类学报, 15（2）: 128-136.

张显理, 于有志 . 2002. 宁夏回族自治区爬行动物区系与地理区划 . 四川动物, 21（3）: 149-151.

郑哲民 . 2005. 中国西部蚱总科志 . 北京 : 科学出版社 .

郑哲民, 万立生 . 1992. 宁夏蝗虫 . 西安 : 陕西师范大学出版社 .

BU Y, YIN W Y. 2010. The Protura from Liupan Mountain, northwest China. Acta Zootaxonomica Sinica, 35（2）: 278-286.

POTAPOV M B, BU Y, HUANG C W, et al. 2010. Generic switch-over during ontogenesis in *Dimorphacanthella* gen.n.（Collembola : Isotomidae）with barcodig evidence. ZooKeys, 73 : 13-23.

ZHENG F K, LI Y J. 2010. New species and records of the subgenus *Oxyporus* of the genus *Oxyporus* from Sichuan and Ningxia, China (Coleoptera : Staphylinidae, Oxyporinae). Acta Zootaxonomica Sinica, 35（2）: 300-309.

04 青海

蔡振声，史先鹏，徐培河 . 1994. 青海经济昆虫志 . 西宁：青海人民出版社 .

陈振宁，刘长海，曾阳，等 . 2000. 青海玉树地区蝶类及其区系分析 . 四川动物，19（4）：229-232.

马玉龙，温小军，陈汉彬 . 2008. 青海省吸血蚋类区系调查研究初报（双翅目：蚋科）. 贵州师范大学学报，26（2）：5-8.

徐振国 . 1997. 青海小蛾类图鉴 . 北京：中国农业科学技术出版社 .

薛万琦，王明福，佟艳丰 . 2003. 青海省阳蝇属四新种（双翅目：蝇科）. 昆虫分类学报，28（4）：754-758.

严林 . 2000. 青海蝙蝠蛾科一新属二新种记述（鳞翅目）. 青海大学学报，18（5）：1-6.

印象初 . 1984. 青藏高原的蝗虫 . 北京：科学出版社 .

曾阳，陈振宁 . 2000. 青海祁连地区蝶类及其区系分析 . 黄冈师范学院学报，20（6）：49-52.

郑谊，陈红舰，杨锡正，等 . 2003. 青海省吸虱名录初报 . 昆虫分类学报，25（4）：292-294.

郑哲民 . 2005. 中国西部蚱总科志 . 北京：科学出版社 .

郑哲民，陈振宁 . 2001. 青海省蝗虫四新种（直翅目：蝗总科）. 昆虫分类学报，23（2）：79-86.

郑哲民，谢令德 . 1999. 青海省海东地区蝗虫的调查 . 武夷科学，15：48-53.

郑哲民，谢令德 . 2000. 青海省雏蝗属三新种（直翅目：网翅蝗科）. 昆虫分类学报，22（3）：175-181.

BU Y, YIN W Y. 2007. Two new species of the fenus *Hesperentomon* Price,1960 from Qinghai province, northweat China (Protura：Hesperentomidae). Acta Zootaxonomica Sinica, 32(3)：508-514.

BU Y, YIN W Y. 2008. Occurrence of *Nosekiella* Rusek, 1974 and *Nienna* Szeptycki 1988 (Protura： Nipponentomidae：rrucoentominae) in China. Ann. Soc. Entomol. Fr. (n.s.) 44(2)：201-207.

05 西藏

蔡理芸，詹心如，吴文贞 . 1997. 青藏高原蚤目志 . 西安：陕西科学技术出版社 .

陈一心，王保海，林大武 . 1991. 西藏夜蛾志 . 郑州：河南科学技术出版社 .

邓成玉，张有植，薛群力，等 . 2010. 西藏蚋类名录和地理分布及其区系分析 . 中华卫生杀虫药械，16（2）：133-138.

冯炎，许荣满 . 2008. 中国西藏地区蝇科五新种 . 寄生虫与医学昆虫学报，15（1）：45-50.

黄复生，宋志顺，姜胜巧，等 . 2006. 西藏东南部边缘地区昆虫多样性的特点 . 西南农业学报，19（2）：314-322.

梁爱萍 . 2003. 西藏南部及其邻近地区沫蝉总科昆虫的动物地理学研究 . 动物分类学报，28（4）：589-598.

刘国平，虞以新，王春梅 . 2000. 西藏的吸血蠓（双翅目：蠓科）. 医学动物防制，16（9）：489-492.

王保海，黄复生，覃荣，等 . 2006. 西藏昆虫分化 . 郑州：河南科学技术出版社 .

王保海，袁维红，王成明，等 . 1992. 西藏昆虫区系及其演化 . 郑州：河南科学技术出版社 .

薛大勇，韩红香，侯玉明 . 2002. 西藏尺蛾科昆虫的订正与增补 . 李典谟，等 . 昆虫学创新与发展 . 北京：中国科学技术出版社，17-33.

薛群力，邓波，丁浩平，等 . 2009. 西藏地区蚊虫种类和分布及其与疾病的关系 . 中华卫生杀虫药械，15（6）：508-509.

杨茂发，李子忠 . 2004. 西藏条大叶蝉属三新种（同翅目：叶蝉科，大叶蝉亚科）. 动物分类学报，29（4）：756-760.

杨星科 . 2004. 西藏雅鲁藏布大峡谷昆虫 . 北京：中国科学技术出版社 .

印象初 . 1984. 青藏高原的蝗虫 . 北京：科学出版社 .

张有植，邓成玉，薛群力，等 . 2003. 西藏南部边境地区的吸血蠓及亚东库蠓雄性描述 . 中国媒介生物学及控制杂志，14（3）：196-199.

郑哲民 . 2005. 中国西部蚱总科志 . 北京：科学出版社 .

郑哲民，李恺，王群．2004．西藏直翅目一新属及二新种记述．动物分类学报，29（1）：110-114.

郑哲民，石福明．2009．西藏东南部蝗虫的调查．陕西师范大学学报，37（5）：67-73.

中国科学院登山科学考察队．1988．西藏南迦巴瓦峰地区昆虫．北京：科学出版社．

中国科学院青藏高原综合科学考察队．1982．西藏昆虫．北京：科学出版社．

TONG Y F, XUE W Q, WANG M F. 2004. Three new species of *Limnophora* R.-D. (Diptera：Muscidae) from Tibet, China. Acta Zootaxonomica Sinica, 29（3）：578-581.

YANG X J, REN G D. 2010. Three new species of *Cteniopinus* Seidlitz（Coleoptera：Tenebrionidae, Alleculinae）from Xizang, China. Acta Zootaxonomica Sinica, 35（1）：57-62.

06 黑龙江

范学铭，全永太，倪功海，等．1998．玉泉北山的蝗科昆虫．哈尔滨师范大学自然科学学报，14（3）：83-88.

丰千秋，沈明目．2009．黑龙江省树蜂科名录初报．林业科技情报，41（1）：19-20.

富英群，白阳森，李永久．2009．黑龙江省2个边境贸易口岸蚊类本底调查．中国国境卫生检疫杂志，32（6）：469-471.

何继龙．1993．黑龙江优食蚜蝇属三新种（双翅目：食蚜蝇科）．动物分类学报，18（1）：87-92.

黄凤梅，罗志文，裴海英．2008．大兴安岭北极村蝶类资源调查．佳木斯大学学报，26（5）：711-714.

金光权，于洪春，徐洁，等．2009．中俄边境绥芬河口岸蛾类种类调查．东北农业大学学报，40（2）：19-23.

李兴鹏，李成德，宋丽文，等。2008．黑龙江省肖叶甲科种类及地理分布．动物学研究，29（4）：438-446.

梁艺洪，焦东江，姚再庆，等．2008．齐齐哈尔航空口岸媒介生物本底调查报告．中国国境卫生检疫杂志，31（2）：117-119.

刘德江，申健，张雨奇，等．2009．黑龙江省佳木斯地区舟蛾科昆虫名录．河北林业科技，（5）：34-36.

刘国平，李东力，陈春田．2002．黑龙江省的虻类．医学动物防制，18（7）：349-352.

刘国平，全理华，徐政府，等．1998．我国东北边境地区虻类调查．中国媒介生物学及控制杂志，9（6）：444-446.

刘国平，王春梅，金斗星，等．2001．黑龙江省中俄边境地区吸血蠓的区系和生态研究．中国媒介生物学及控制杂志，12（3）：205-208.

刘国平，邢安辉，任清明，等．2009．黑龙江流域重要吸血双翅目昆虫种类分布调查．中华卫生杀虫药械，15（6）：471-473.

龙莎．2008．黑龙江省帽儿山地区访花昆虫种类及其多样性研究．东北林业大学硕士论文，47-67.

罗志文，张雨奇，李世震．2004．佳木斯地区鳞翅目蝶类资源调查初报．佳木斯大学学报，22（3）：404-409.

欧阳玖，陈启杰，陈凤虎．1998．黑龙江省蜻蜓目昆虫调查初报．哈尔滨师范大学自然科学学报，14（6）：89-93.

裴海英，王丽君，于洪春，等．2005．黑龙江省蛱蝶科名录．东北农业大学学报，36（1）：45-48.

裴海英，于洪春，谭贵忠，等．2000．哈尔滨市黑光灯下蛾类种类调查．东北农业大学学报，31（4）：346-351.

任炳忠，等．2001．东北地区危害农林业的鞘翅目昆虫多样性的研究（Ⅰ、Ⅱ）．松辽学刊，（1,3）：20-24，13-17.

任炳忠，等．2002．东北地区危害农林业的鞘翅目昆虫多样性的研究（Ⅲ、Ⅳ）．吉林农业大学学报，24（2,3）：26-30，46-49.

王春梅，刘国平．1999．黑龙江省的吸血蠓类及 一新种描述．中国媒介生物学及控制杂志，10（5）：325-329.

王春梅，刘国平，安继尧．1999．东北边境地区蚋的调查．医学动物防制，15（9）：451-452.

王峰，刘国平，任清明，等．2006．我国东北三省的蚊虫种类调查．中国媒介生物学及控制杂志，17（6）：476-480.

王丽君，裴海英．2004．黑龙江省帽儿山地区蝶类补遗研究．东北农业大学学报，35（6）：685-687.

王直诚．1999．东北蝶类志．长春：吉林科学技术出版社．

王直诚 . 2003. 东北天牛志 . 长春：吉林科学技术出版社 .

薛万琦，崔昌元 . 2003. 黑龙江阳蝇属四新种（双翅目：蝇科）. 昆虫学报，46（1）：76-79.

张春田，赵宝刚，高欣，等 . 1992. 中国东北地区食蚜蝇科的初步研究 . 沈阳师范学院学报，10（1）：68-76.

张潇男，李成德 . 2007. 帽儿山地区的食蚜蝇亚科区系 . 东北林业大学学报，35（3）：90-91.

07 吉林

陈玉宝，侯广忠，孟庆礼，等 . 2002. 长白山尺蛾区系及垂直分布研究 . 北华大学学报，8（1）：73-79.

董百丽，王淼，姜萍，等 . 2008. 长白山北坡水甲虫多样性与环境因子的关系 . 北京林业大学学报，30（1）：74-78.

杜秀娟 . 2006. 长白山北坡访花昆虫群落动态初步研究 . 东北师范大学硕士论文 .

杜秀娟，任炳忠，吴艳光，等 . 2006. 长白山北坡访花昆虫研究 . 吉林农业大学学报，28（4）：373-375.

高文韬，孟庆繁，张彦焯，等 . 2006. 长白山天蛾科昆虫区系特点及地理分布 . 昆虫知识，43（5）：695-699.

高文韬，孟庆繁，郑兴波，等 . 2005. 长白山北坡访花天牛区系研究 . 昆虫知识，42（6）：691-695.

高文韬，孙万才，王旭东，等 . 1994. 吉林省天牛科昆虫区系初析 . 吉林林学院学报，10（1）：25-33，48.

郝锡联，任炳忠，穆永光 . 2003. 吉林省大豆害虫种类与分布（Ⅰ）. 吉林师范大学学报，（4）：34-36.

侯彬，林逢春 . 1994. 长白山低山林区夜蛾科昆虫区系调查 . 辽宁林业科技，（6）：38-41.

侯继华，周道玮，姜世成 . 2002. 吉林西部草原地区蚂蚁种类及分布 . 生态学报，22（10）：1781-1787.

贾玉珍，赵秀海，孟庆繁，等 . 2009. 长白山舟蛾种类及区系初步研究 . 浙江林业科技，29（4）：78-82.

金大勇，吕龙石，韩辉林，等 . 2000. 长白山区蝶类名录 . 延边大学农学学报，22（2）：137-147.

具诚，高纬，王魁颐 . 1997. 吉林省生物种类与分布 . 长春：东北师范大学出版社 .

李法圣，袁荣才 . 1994. 长白山区柳线角木虱 4 新种 . 莱阳农学院学报，11（2）：126-132.

李法圣，袁荣才，朱范勤 . 1995. 长白山区的木虱 . 吉林农业科学，（3）：60-64.

凌丽菲，张秀荣 . 1991. 吉林省鞘翅目昆虫种类及分布的调查 . 吉林农业大学学报，13（2）：8-16.

刘国平，李东力，王继群，等 . 2004. 我国东北三省吸血蠓的区系分析 . 中国媒介生物学及控制杂志，15（1）：40-42.

刘国平，武春光，王兴亚 . 2006. 吉林省吸血蠓类名录及一新种描述 . 中国媒介生物学及控制杂志，17（4）：318-321.

孟庆繁，高文韬 . 2008. 长白山访花昆虫 . 北京：中国林业出版社 .

潘怡欧，张艳，史树森 . 2004. 吉林省舟蛾科名录 . 吉林农业大学学报，26（5）：503-506.

任炳忠，李典忠，杨彦龙，等 . 2001. 吉林省农林天敌昆虫区系及多样性的研究 Ⅰ . 吉林农业大学学报，23（4）：28-36.

任炳忠，李典忠，孙晓玲，等 . 2002. 吉林省农林天敌昆虫区系及多样性的研究 Ⅱ . 吉林农业大学学报，24（1）：28-39.

任炳忠，等 . 2001. 东北地区危害农林业的鞘翅目昆虫多样性的研究（Ⅰ、Ⅱ）. 松辽学刊，（1，3）：20-24，13-17.

任炳忠，等 . 2002. 东北地区危害农林业的鞘翅目昆虫多样性的研究（Ⅲ、Ⅳ）. 吉林农业大学学报，24（2，3）：26-30，46-49.

孙素平，吴克有，陈方，等 . 1998. 长白山林区昆虫调查名录（一）尺蛾科 . 森林病虫通讯，（3）：28-31.

孙晓玲 . 2003. 长白山地区蝗虫群落结构及生态适应特性的研究 . 东北师范大学硕士论文 .

王峰，刘国平，任清明，等 . 2006. 我国东北三省的蚊虫种类调查 . 中国媒介生物学及控制杂志，17（6）：476-480.

王红宇，郝锡联，赵卓，等 . 2004. 吉林省大豆害虫种类与分布（Ⅱ）. 吉林师范大学学报，（3）：19-21，48.

王世彰 . 2003. 中国弹尾目二十五新纪录种 . 中南林学院学报，23（1）：64-67.

王直诚 . 1999. 东北蝶类志 . 长春：吉林科学技术出版社 .

王直诚 . 2003. 东北天牛志 . 长春：吉林科学技术出版社 .

王志明，皮忠庆，侯彬 . 2007. 吉林省墨天牛属昆虫种类记述 . 吉林农业大学学报，29（1）：41-43.

吴克有，孙素平，陈方，等 .1999. 长白山林区昆虫调查名录（二）夜蛾科 . 森林病虫通讯，（3，4）：34-36，32-37.

席景会，陈玉江，张秀荣 .2000. 吉林省天蛾科昆虫名录 . 吉林农业大学学报，22（2）：38-40.

席景会，潘洪玉，陈玉江，等 .2002. 吉林省尺蛾科昆虫名录 . 吉林农业大学学报，24（5）：53-57.

席景会，张秀荣，史树森，等 .1997. 吉林省半翅目昆虫名录 . 吉林农业大学学报，19（2）28-34.

徐伟，路红，袁海滨，等 .1999. 长春郊区螟蛾科昆虫种类初步调查 . 吉林农业大学学报，21（3）：23-25.

闫明真，邓志刚，杨晓光，等 .1998. 吉林省的叶甲科昆虫（Ⅰ、Ⅱ）. 吉林林业科技，（3,4）：46-49，52-55.

杨彦龙，任炳忠 .2003. 吉林省农林天敌昆虫区系及多样性的研究Ⅲ. 长春师范学院学报，22（2）：69-74.

叶青山，李民飞 .1994. 长白山吸血蠓的垂直分布 . 中国寄生虫学与寄生虫病杂志，12（4）：312.

伊伯仁，康芝仙，路红，等 .1994. 吉林农业昆虫地理区划 . 吉林农业大学学报，16（4）：24-28.

于力 .1997. 长白山原石蛾属六种幼虫记述 . 昆虫学报，40（3）：300-302.

于力 .1998. 长白山区小蜉科稚虫新纪录种、亚种检索 . 昆虫学报，41（3）：435-437.

张春田，赵宝刚，高欣，等 .1992. 中国东北地区食蚜蝇科的初步研究 . 沈阳师范学院学报，10（1）：68-76.

张富满，王凤香，文贵柱，等 .1994. 长白山区飞虱名录 . 吉林农业科学，（3）：58-61.

张彦焯 .2005. 长白山地区灯下昆虫群落多样性研究 . 河北农业大学硕士论文 .

赵卓，郝锡联，任炳忠 .2001. 四平转山湖水库地区 [昆虫] 物种区系初步调查研究 . 松辽学刊，（3）：31-33.

郑一平，张凤岭，郝锡联 .1992. 吉林东部山区蜻类初探 . 松辽学刊，（3）：46-50.

周繇 .2003. 长白山蝴蝶种类、分布及数量的调查 . 东北林业大学学报，31（1）：64-68.

BU Y, SHRUBOVYCH J, YIN W Y. 2011. Two new species of genus *Hesperentomon* Price, 1960（Pritura：Hesperentomidae）from northern China. Zootaxa，2885：55-64.

08 辽宁

敖虎，王柏凤，王明福 .2007. 辽宁省丽蝇科区系研究（双翅目：环裂亚目）. 沈阳师范大学学报，25（3）：368-371.

常亮，朱玉，薛万琦 .2005. 辽宁省棘蝇属种类分布（双翅目：蝇科）. 医学动物防制，21（3）：189-191.

高欣，张春田 .2004. 老秃顶子自然保护区食蚜蝇科昆虫调查 . 辽宁林业科技，（1）：21-22.

高欣，张春田 .2006, 辽宁食蚜蝇科昆虫名录（双翅目：食蚜蝇科）. 四川动物，25（1）：114-115，127.

潘朝晖，韩辉林，李成德 .2008. 辽宁省舟蛾科昆虫区系分析 . 东北林业大学学报，36（3）：63-67.

任炳忠，姜兆文，高毅 .1993. 辽宁省蝗虫的地理分布及区系特点 . 国土与自然资源研究，（3）：60-63.

任炳忠，等 .2001. 东北地区危害农林业的鞘翅目昆虫多样性的研究（Ⅰ、Ⅱ）. 松辽学刊，（1,3）：20-24，13-17.

任炳忠，等 .2002. 东北地区危害农林业的鞘翅目昆虫多样性的研究（Ⅲ、Ⅳ）. 吉林农业大学学报，24（2，3）：26-30，46-49.

王春梅，孙春燕，刘国平 .2001. 辽宁省的吸血蠓 . 医学动物防制，17（10）：508-511.

王峰，刘国平，任清明，等 .2006. 我国东北三省的蚊虫种类调查 . 中国媒介生物学及控制杂志，17（6）：476-480.

王直诚 .1999. 东北蝶类志 . 长春：吉林科学技术出版社 .

王直诚 .2003. 东北天牛志 . 长春：吉林科学技术出版社 .

张春田，赵宝刚，高欣，等 .1992. 中国东北地区食蚜蝇科的初步研究 . 沈阳师范学院学报，10（1）：68-76.

张辉，高纯，盛茂领 .2008. 辽宁的角姬蜂属种类（膜翅目：姬蜂科）及一中国新纪录 . 辽宁林业科技，（2）：1-7.

BU Y，XIE R D. 2006. *Neobaculentulus heterotarsus* sp.n. from Liaoning, China（Protura：Berberentulidae）. Zootaxa, 1188：63-68.

BU Y，XIE R D. 2007. A new species of *Proturan* from Northeast，China（Protura：Acerentomidae）. Acta Zootaxonomica Sinica，32（1）：56-60.

ZHANG C T, ZHAO Z, WANG Q. 2011. New species and new records of Tachinidae from Liaoning Laotudingzi National Nature Reserve of China（Insecta：Diptera）. Acta Zootaxonomica Sinica, 36（1）： 63-73.

09 河北

安继尧，阎丙申，严格 . 2003. 河北蚋科昆虫名录 . 医学动物防制，19（7）：433.

李后魂，王淑霞 . 2009. 河北动物志 鳞翅目 小蛾类 . 北京：中国农业科学技术出版社 .

李后魂，胡冰冰，梁之聘，等 . 2009. 八仙山蝴蝶 . 北京：科学出版社 .

李庆奎 . 2009. 天津八仙山自然保护区生物多样性考察 . 天津：天津科学技术出版社 .

李新江，张道川，张悦，等 . 2003. 河北蝗虫区系研究 . 河北大学学报，23（2）：175-179.

刘国卿，卜文俊 . 2009. 河北动物志 半翅目 异翅亚目 . 北京：中国农业科学技术出版社 .

罗天宏，于晓东，周红章 . 2002. 东灵山区阎甲物种多样性研究 . 生物多样性，10（2）：143-148.

毛金龙 . 1991. 河北蔬菜害虫天敌图志 . 北京：农业出版社 .

乔格侠，张广学，姜立云，等 . 2009. 河北动物志 蚜虫类 . 石家庄：河北科学技术出版社 .

任国栋，郭书彬，甄卉，等 . 2007. 河北小五台山景观昆虫研究 II：蛾类名录 . 河北大学学报，27（3）：304-312.

任国栋，杨培，王君 . 2005. 河北小五台山景观昆虫研究 I：蝶类 . 河北大学学报，25（1）：67-74.

师鉴，王苏梅，张国立，等 . 2005. 河北省麻蝇科种属及其分布 . 医学动物防制，21（11）：783-786.

师鉴，赵勇，王苏梅，等 . 2006. 河北省丽蝇科种属及其分布 . 医学动物防制，22（11）：832-835.

师鉴，赵勇，王苏梅，等 . 2006. 河北省齿股蝇属区系分析 . 中国媒介生物学及控制杂志，17（4）：322-323.

师鉴，赵勇，王苏梅，等 . 2006. 河北省溜蝇属区系研究 . 医学动物防制，22（12）：870-872.

师鉴，赵勇，王苏梅，等 . 2008. 河北省池蝇属昆虫区系分析 . 中华卫生杀虫药械，14（1）：45-46.

田明义，赵丹阳 . 2006. 河北省小五台山自然保护区步甲属昆虫（鞘翅目：步甲科）. 华南农业大学学报，27（1）：44-46.

王大洲，白顺江，刘建智 . 2000. 河北省昆虫蜱螨名录 . 北京：中国林业出版社 .

王彦军，郭维立，宋振州 . 2009. 河北省青崖寨自然保护区昆虫多样性调查 . 河北林业科技，（4）：26-27.

吴杰，安建东，姚建，等 . 2009. 河北省熊蜂属区系调查（膜翅目：蜜蜂科）. 动物分类学报，34（1）：87-97.

杨定 . 2009. 河北动物志 双翅目 . 北京：中国农业科学技术出版社 .

10 山西

安建东，姚建，黄家兴，等 . 2008. 山西省熊蜂属区系调查 . 动物分类学报，33（1）：80-88.

曹天文，李连昌 . 1992. 关帝山尺蛾调查初报 . 山西农业大学学报，12（专辑）：101-103.

曹天文，李友莲 . 1992. 山西蝴蝶名录 . 山西农业大学学报，12（专辑）：98-100.

曹天文，王瑞 . 2007. 山西省天牛科名录 . 山西农业大学学报，27（4）：344-347.

曹天文，王瑞，董晋明，等 . 2004. 山西蝶类分布与多样性保护的建议 // 李典谟 . 当代昆虫学研究 . 北京：中国农业科学技术出版社，704-715.

曹天文，王瑞，李长安 . 2007. 山西省半翅目天敌昆虫的调查 . 山西农业科学，35（8）：22-25.

曹天文，王天录，樊智敏，等 . 2007. 中条山混沟原始森林鳞翅目昆虫考察报告 III . 山西农业科学，35（12）：48-50.

曹天文，王天录，刘炜杰，等 . 2007. 中条山混沟原始森林鳞翅目昆虫考察报告 I . 山西农业科学，35（7）：51-55.

曹天文，宣善滨，王石会，等 . 2009. 管涔山汾源鳞翅目昆虫考察报告 II . 山西农业科学，37（7）：51-54.

程璟侠，王明福，霍素梅，等 . 2003. 山西省花蝇亚科名录 . 医学动物防制，19（5）：291-292.

范仁俊 . 1999. 山西叶甲 . 北京：中国林业出版社 .

范仁俊，韩鹏杰，王强，等.1999.中条山区蝶类考察报告.昆虫知识，36（4）：207-209.

郭森.1997.山西五台山小蛾类的研究.山西大学学报，20（3）：333-338.

韩培义，曹天文.2008.汾河源头尺蛾科昆虫考察初报.山西农业科学，36（12）：79-81.

郝赤，刘志萍，李会仙.2003.山西省隐翅虫 Staphylinidae 名录.山西农业大学学报，23（3）：224-226.

冀卫荣，胡俊杰，李友莲.2008.山西庞泉沟自然保护区步甲物种组成及多样性格局.昆虫学报，51（9）：953-959.

冀卫荣，刘贤谦，师光禄.1999,山西省瓢虫名录.山西农业科学，27（4）：60-62.

李长安，曹天文，王瑞.2007.山西省的网蝽、盲蝽和缘蝽（半翅目）.山西农业科学，35（8）：29-32.

李幕琰，武玉晓，王明福.2010.山西省庞泉沟自然保护区有瓣蝇类物种多样性初探.中国媒介生物学及控制杂志，21（6）：542-545.

李青森，王瑞，卞沼琪.1997.山西天蛾昆虫及区系分析.山西大学学报，20（2）：215-220.

李友莲，庞震.1992.山西蚜总科名录.山西农业大学学报，12（专辑）：35-40.

廉国盛，张春林，陈汉彬.2009.山西省蚋相调查初报.贵阳医学院学报，34（1）：9-11，15.

刘瑞祥，侯沁文，谢映平.2006.晋东南地区蚧虫区系调查.长治学院学报，23（5）：13-16.

刘银忠，赵建铭.1998.山西省寄蝇志.北京：科学出版社.

芦荣胜，常岩林，秦邦才，等.2002.山西蝗虫名录.山西师范大学学报，16（1）：58-62.

史光中，梁黄英，赵庆贺，等.1991.山楂害虫.太原：山西科学技术出版社.

宋寅德.1995.山西象虫调查初报.山西农业大学学报，15（3）：322-324.

孙晨，王明福.2011.山西省芦芽山自然保护区有瓣蝇类物种多样性.中国媒介生物学及控制杂志，22（1）：19-21.

王菊平，郝晓鹏，张吉，等.2008.管涔山汾河源头鳞翅目昆虫考察报告 I 山西农业科学，36（12）：69-71.

王明福，王荣荣，薛万琦.2006.山西省麻蝇科区系研究.中国媒介生物学及控制杂志，17（1）：26-30.

王明福，薛万琦，武玉晓.2004.山西省丽蝇科区系研究.中国媒介生物学及控制杂志，15（4）：276-280.

王瑞，曹天文，王立忠.2003.山西花椒昆虫群落结构及区划研究.山西大学学报，26（4）：343-348.

王瑞，曹天文，张治家.2007.山西省蝽总科昆虫调查.山西农业科学，35（7）：58-61.

王瑞，曹天文，周运宁.2007.山西省昆虫种类多样性研究.山西农业大学学报，27（4）：341-343.

王瑞，曹天文，周运宁.2005.山西省尺蛾科新纪录属和种.山西农业科学，33（2）：52-54.

王焘，李长安.1978.山西夜蛾科的经济种类小志.山西大学学报，（2）：96-103.

王天录，曹天文，尉文龙，等.2007.中条山混沟原始森林鳞翅目昆虫考察报告 II.山西农业科学，35（11）：44-46.

王勇，程晓兰，王明福.2009.山西省恒山地区有瓣蝇类分类区系研究.中国媒介生物学及控制杂志，20（5）：397-401.

王志超，郝赤.2007.山西省大眼隐翅虫属 Stenus 的研究初报.山西农业大学学报，27（3）：273-275.

王志超，侯毅，李晓红，等.2007.山西省突眼隐翅虫属 Stenus 名录.山西农业大学学报，27（4）：354-355.

魏明峰.2007.中条山蚜虫种类资源初步研究.山西农业大学学报，27（4）：351-353.

杨友兰，白素芬，王红武.1999.山西省食蚜蝇名录.山西农业大学学报，19（3）：191-194.

张宽，李颜.2006.庞泉沟自然保护区蝶类的多样性.科技情报开发与经济，16（5）：117-119.

张志勇，曹天文，王光善，等.1991.庞泉沟自然保护区蝶类区系的研究.山西农业大学学报，11（1）：39-46.

朱慧倩.1979.山西省蜻蜓调查初报.山西大学学报，（3-4）：56-66.

11 山东

董慈祥，赵平厚，杨勤敏，等.2003.菏泽市蝗虫调查初报.华东昆虫学报，12（1）：10-13.

范迪.1993.山东林木昆虫志.北京：中国林业出版社.

顾耘，顾松东.1995.山东省农业昆虫的地理区划.1995.山东农业科学，27（3）：23-27.

林育真，等.山东动物地理区划.1995，山东林业科技，25（1）：33-36.

卢秀新.1990.泰山蝶蛾志.济南：山东科学技术出版社.

祁诚进.1999.山东天牛志.济南：山东科学技术出版社.

薛健.2000.山东省吸血蠓种类及部分种类生态记述.医学动物防制，16（3）：161-164.

12 陕西

曹志丹.1981.陕西经济昆虫志 贮粮昆虫.西安：陕西科学技术出版社.

董奇彪，庞保平，杨定.2008.陕西省尖翅蝇属二新种记述（双翅目：尖翅蝇科）.动物分类学报，33（2）：401-405.

霍科科.1999.佛坪自然保护区蛾类名录初报.汉中师范学院学报，17（2）：57-60.

霍科科，任国栋，郑哲民.2007.秦巴山区蚜蝇区系分类.北京：中国农业科学技术出版社.

霍科科，张宏杰，郑哲民.2004.中国木蚜蝇族三新种记述（双翅目：食蚜蝇科，木蚜蝇族）.动物分类学报，29（4）：
797-802.

霍科科，郑哲民.2004.陕西省长角蚜蝇属三新种记述（双翅目：食蚜蝇科）.动物分类学报，29（1）：166-171.

李建军，薛增召，李修炼.2002.陕西农业昆虫地理区划.西安联合大学学报，4（4）：9-13.

李力.2003.陕西负泥虫分类的初步研究.陕西师范大学学报，31（4）：71-76.

刘长海，薛安永，崔春，等.2006.陕西延安市区蝶类多样性研究.四川动物，25(3)：554-556.

沈茂才.2010.中国秦岭生物多样性的研究与保护.北京：科学出版社.

石淑珍，刘增加，宫占威，等.2009.陕西省蠓类调查.中华卫生杀虫药械，15（1）：43-46.

宋鸣涛，2002.陕西省爬行动物区系及地理区划.四川动物，22（3）：146-148.

王廷正，1990.陕西省啮齿动物区系与区划.兽类学报，10（2）：128-136.

王志存，李刚，马丽滨，等.2008.陕西省龙池自然保护区蚂蚁种类初步调查.榆林学院学报，18（2）：16-17.

杨星科.2005.秦岭西段及甘南地区昆虫.北京：科学出版社.

西北农学院植物保护系.1978.陕西省经济昆虫志 鳞翅目 蝶类.西安：陕西人民出版社.

许涛清，张春光.1996，陕西省淡水鱼类分布区划.地理研究，15（3）：97-102.

阴环，许升全，廉振民.2003.陕西省动物地理区划研究进展.陕西师范大学学报（自然科学版）31（增2）：64-68.

张大治，张志高.2006.陕西蜻蜓目昆虫资源概述.农业科学研究，27（1）：45-50.

张宏杰，杨祖德，霍科科，等.2009.陕西蜻蜓目昆虫资源.安徽农业科学，27（24）：11565-11567.

郑哲民.2005.中国西部蚱总科志.北京：科学出版社.

郑作新，钱燕文，关贯勋，等.1962.秦岭、大巴山地区的鸟类区系调查研究，动物学报，14（3）：361-380.

BU Y，SHRUBOVYCH J，YIN W Y. 2011. Two new species of genus *Hesperentomon* Price, 1960 (Pritura：Hesperentomidae)
from northern China. Zootaxa，2885：55-64.

BU Y，YIN W Y. 2010. Two new species of the genus *Kenyentulus* Tuxen, 1981 from Shaanxi province, northwest China（Protura：
Berberentulidae）. Acta Zoologica Cracoviensta, 53B（1-2）：65-71.

BU Y，YIN W Y. 2011. A new species of the genus *Neanisentomon*（Protura：Eosentomata, Eosentomidae）from Shaanxi, China. Acta
Zootaxonomica Sinica，36（1）：29-32.

NIU G Y, XIAO W, WEI M C. 2012. Seven new species and a key to species of *Siobla*（Hymenoptera：Tenthredinidae）from Shaanxi, China. Entomotaxonomia，34（2）：399-422.

13 甘肃

曹秀文.2006.甘肃省白龙江林区金龟总科昆虫区系研究.西北农林科技大学学报，34（6）：63-68.

柴长宏.2006.麦积山风景区蝗虫多样性研究.甘肃林业科技，31（3）：14-16.

陈明，罗进仓.2007.甘肃农林经济昆虫名录.北京：中国农业出版社.

陈明，罗进仓，刘波.2008.甘肃凤蝶种类及其区系研究.草业科学，17（5）：124-129.

陈生邦，管立人，李凡，等.2003.甘肃省的白蛉区系.中国寄生虫学与寄生虫病杂志，21（5）：314-315.

关甫国，马继英，杜正贵，等.2002.甘肃西部蝶类区系研究.甘肃科学学报，14（2）：19-23.

姜双林.2000.甘肃省东部盲蝽科昆虫记述.甘肃农业大学学报，35（4）：402-405.

姜双林.2006.陇东子午岭林区步甲昆虫的区系研究.甘肃科学学报，18（2）：49-51.

姜双林，王根旺.2001.陇东子午岭林区天蛾科昆虫区系研究.甘肃农业大学学报，36（2）：159-162.

姜双林，张希彪.2001.陇东子午岭林区尺蛾科昆虫区系研究.甘肃科学学报，13（2）：47-50.

姜迎海，张春林，陈汉彬.2008.甘肃省蚋类的区系初步调查研究.贵阳医学院学报，33（3）：237-239.

蒋志成，景作兰，汪有奎.2006.祁连山自然保护区膜翅目昆虫及其种类.西北林学院学报，21（6）：139-144.

李国太，阎峻，王芸，等.2008.甘肃省蟑螂种群组成与区系调查研究.中华卫生杀虫药械，14（3）：197-199.

李兆华，李亚哲.1990.甘肃蚜蝇科图志.北京：中国展望出版社.

刘艳梅，杨航宇，张海林.2008.麦积山风景区的甘肃蛾类新纪录.甘肃林业科技，33（4）：45-46.

刘月英，罗进仓，张升，等.2008.甘肃省蝶类新纪录.甘肃林业科技，33（1）：27-29.

刘月英，罗进仓，魏玉红，等.2009.甘肃省蝶类新纪录.甘肃林业科技，34（1）：10-13.

刘月英，罗进仓，魏玉红，等.2008.甘肃省陇南林区粉蝶科昆虫调查.植物保护，34（6）：106-109.

刘增加.1999.甘肃瘤虻属种类分布与分类研究（双翅目：虻科）.中国媒介生物学及控制杂志，10（6）：434-438.

刘增加.1999.甘肃省斑虻属、黄虻属和麻虻属（双翅目：虻科）.医学动物防制，15（3）：117-121.

刘增加，刘博玉.2001.甘肃省虻科区系与地理区划.医学动物防制，17（1）：204-211.

刘增加，石淑珍，施耀勇，等.2009.陇南地震灾区蝇类调查研究.中华卫生杀虫药械，15（4）：302-305.

倪自银，孙小霞，汪有奎，等.2005.祁连山自然保护区鞘翅目昆虫调查初报.中国森林病虫，24（6）：25-28.

任珊珊，乔格侠，张广学.2003.甘肃省蚜虫物种多样性研究.动物分类学报，28（2）：221-227.

盛殿军，汪有奎，王零，等.2006.祁连山自然保护区半翅目昆虫调查初报.甘肃林业科技，31（3）：22-24.

王洪建，徐红霞，王香枝，等.2009.甘肃南部襀翅目昆虫研究初报.甘肃林业科技，34（1）：6-9.

王洪建，杨星科.2006.甘肃省叶甲科昆虫志.兰州：甘肃科学技术出版社.

谢宗平，倪永清，李志忠，等.2009.祁连山北坡及河西走廊蝶类垂直分布及群落多样性研究.草业学报，18（4）：195-201.

徐世建，邸华，汪有奎，等.2006.祁连山自然保护区同翅目昆虫种类及生态特征调查.甘肃林业科技，31（3）：17-21.

杨星科.2005.秦岭西段及甘南地区昆虫.北京：科学出版社.

杨镇，张超，马正学.2009.甘肃白水江自然保护区的天蛾群落特征及其区系分析.天水师范学院学报，29（5）：13-15.

姚崇勇，1995，甘肃两栖动物地理区划.四川动物，14（增刊）：159-164.

姚崇勇，2004，甘肃爬行动物区系与地理区划.四川动物，23（3）：217-221.

张如力.2003.甘肃省蝶类新纪录.草业科学，12（3）：70-72.

张星利，杨沛，王德君.2001.甘肃省莲花山自然保护区的蛾类昆虫.甘肃农业大学学报，36（4）：413-420.

郑哲民 . 2005. 中国西部蚱总科志 . 北京：科学出版社 .

XUE W Q. 2002. Three new species of the fenus *Delia* (Diptera：Anthomyidae) from Gans Province，China. Entomologia Sinica，9（1）：73-78.

ZHANG Y Z, DING L, HUANG H R，et al. 2007. Eulophidae fauna (Hymenoptera：Chalcidoidea) from south Gansu and Qinling mountains areas, China. Acta Zootaxonomica Sinica，32（1）：6-16.

14 河南

陈浩利，张尚仁 . 1987. 济源太行山蚊类调查报告 . 媒介生物学与防治，（1）：125-126.

陈浩利，等 . 1995. 河南太行山蝇类采集简报 . 河南预防医学杂志，6（1）：46-47.

陈浩利，等 . 2000. 河南伊蚊一新种（双翅目：蚊科）. 动物分类学报，25（3）：341-344.

丁文山 . 1964. 河南省昆虫区划（草案）. 河南农学院学报，（1）：31-47.

傅荣恕，等 . 1999. 河南伏牛山自然保护区原尾虫群落结构的研究 . 动物学研究，20（5）：352-354.

葛凤翔，等 . 1987. 嵩山农村鼠体吸虱的调查研究 . 中国鼠类防治杂志，3（2）：80-81.

葛凤翔，李书建 . 1985. 河南省花蝇科二新种 . 动物学研究，6（3）：232-242.

葛凤翔，王守振，王乃儒，等 . 1992. 河南室内蜚蠊种类及分布的调查报告 . 中国媒介生物学及控制杂志，3（6）：363-364.

郭振超 . 2006. 河南省鸡公山及伏牛山蚂蚁分类和区系研究 . 广西师范大学硕士论文 .

花保祯，周尧 . 1997. 河南省伏牛山蝎蛉记述 . 昆虫分类学报，19(4)：273-278.

李峰，等 . 1998. 河南南阳蚋科昆虫的调查 . 医学动物防制，14（4）：33-34.

李后魂，任应党 . 2009. 河南昆虫志 鳞翅目 螟蛾总科 . 北京：科学出版社 .

李书建，虞以新 . 1997. 河南省阿蠓属新纪录及一新种（双翅目：蠓科）. 中国媒介生物学及控制杂志，8（2）：123-124.

李书建，等 . 1999. 河南省泉蝇属 3 新种描述（双翅目：花蝇科）. 中国媒介生物学及控制杂志，10（4）：8-12.

李淑萍，王玉玲 . 2005. 中国河南省盲蚁属一新种记述（膜翅目：蚁科）. 昆虫分类学报，27（2）：157-160.

刘宪伟，等 . 1998. 河南省螽斯类初步调查 . 河南科学，16（1）：66-76.

刘春龙，虞以新 . 1997. 河南省鸡公山库蠓调查及其一新种（双翅目：蠓科）. 中国媒介生物学及控制杂志，8（2）：119-120.

刘维忠 . 1984. 河南省畜禽寄生原虫、蜘蛛、昆虫名录 . 河南农学院学报，（1）：91-105.

卢宝泉 . 1989. 河南鸡公山蝗虫区系调查 . 河南农业大学学报，23（2）：179-181.

卢宝泉 . 1990. 河南鸡公山地区陆生半翅目昆虫区系研究 . 河南农业大学学报，24（1）：92-97.

路纪琪，等 . 2012. 河南蜢齿动物区系与生态 . 郑州：郑州大学出版社 .

马晓静，申效诚 . 2008. 河南伏牛山南北坡昆虫区系的差异 // 申效诚，张润志，任应党 . 昆虫分布与分类 . 北京：中国农业科技书出版社，310-314.

宁长申，等 . 1991. 河南省兔鼠猫犬寄生虫名录 . 河南农业大学学报，25（1）：80-87.

秦伟春，田会刚，杨定 . 2008. 河南喜舞虻属二新种 . 动物分类学报，33（4）：796-798.

任应党，申效诚 . 2008. 河南省大鳞翅类昆虫分布格局 // 申效诚，张润志，任应党 . 昆虫分布与分类 . 北京：中国农业科技书出版社，326-336.

任应党，申效诚，孙浩，等 . 2011. 河南昆虫、蜘蛛、蜱螨的区系成分和分布地理研究 . 华北农学报，26（1）：204-209.

申效诚 . 1981. 许昌烟田昆虫群落组成及种群关系研究 . 河南农学院学报，15（4）：85-104.

申效诚 . 1998. 河南省昆虫种类的估计及区系调查的建议 // 中国科学技术文库 生物学卷 . 北京：科学文献出版社 .

申效诚，任应党，刘玉霞 . 2001. 河南省夜蛾科昆虫种类及区系比较研究 . 华北农学报，16（专辑）：1-5.

申效诚 . 1993. 河南昆虫名录 . 北京：中国农业科学技术出版社 .

申效诚，邓桂芬 . 1999. 河南昆虫分类区系研究 第 3 卷 鸡公山区昆虫 . 北京：中国农业科学技术出版社 .

申效诚，鲁传涛 . 2008. 河南昆虫分类区系研究 第 6 卷 宝天曼自然保护区昆虫 . 北京：中国农业科学技术出版社 .

申效诚，裴海潮 . 1999. 河南昆虫分类区系研究 第 4 卷 伏牛山南坡及大别山区昆虫 . 北京：中国农业科学技术出版社 .

申效诚，任应党，王爱萍，等 . 2010. 河南昆虫、蜘蛛、蜱螨地理分布的多元相似性聚类图分析 . 生态学报，30（16）：4 416-4 426.

申效诚，时振亚 . 1994. 河南昆虫分类区系研究 第 1 卷 . 北京：中国农业科学技术出版社 .

申效诚，时振亚 . 1998. 河南昆虫分类区系研究 第 2 卷 伏牛山区昆虫 . 北京：中国农业科学技术出版社 .

申效诚，赵永谦 . 2002. 河南昆虫分类区系研究 第 5 卷 太行山及桐柏山区昆虫 . 北京：中国农业科学技术出版社 .

申效诚，任应党 . 2014. 河南昆虫志 区系与分布 . 北京：科学出版社 .

盛茂领，等 . 2002. 河南省伏牛山嘎姬蜂族二新种记述（膜翅目：姬蜂科）. 昆虫分类学报，27（4）：798-801.

盛茂领，等 . 2002. 河南角姬蜂属二新种（膜翅目：姬蜂科）. 昆虫学报，45（Suppl.）：96-98.

盛茂领，孙淑萍 . 2009. 河南昆虫志 膜翅目 姬蜂科 . 北京：科学出版社 .

史明珠，等 . 2001. 河南太行山区蚊虫调查报告 . 河南预防医学杂志，12（4）：226-227.

时子明 . 1983. 河南自然条件与自然资源 . 郑州：河南科学技术出版社 .

时振亚 . 1981. 许昌附近果园昆虫群落组成调查报告 . 河南农学院学报，15（4）：105-121.

时振亚 . 1986. 河南中部地区蚧虫寄生蜂的种类和生物学简记 . 昆虫天敌，8（1）：1-4.

孙浩，任应党 . 2008. 河南蜘蛛的两种相似性聚类图分析方法比较 // 申效诚，张润志，任应党 . 昆虫分类与分布 . 北京：中国农业科学技术出版社，490-494.

孙淑萍，盛茂领 . 2007. 河南省锤举腹蜂属研究（膜翅目：举腹蜂科）. 动物分类学报，32(1)：216-220.

苏寿祇，屈孟卿 . 1956. 河南开封及信阳鸡公山蚊类调查报告 . 昆虫学报，6(2)：219-225.

王俊潮，申效诚 . 2008. 河南食蚜蝇区系特征及相似性分析 // 申效诚，张润志，任应党 . 昆虫分布与分类 . 北京：中国农业科技书出版社，327-353.

王心丽，杨集昆 . 2002. 河南省蝶角蛉一新种（脉翅目：蝶角蛉科）. 动物分类学报，27（3）：562-564.

王裕文，夏数龄 . 1992. 河南异距蝗属一新种 . 昆虫分类学报，14（1）：8-10.

王治国 . 1998. 河南昆虫志 鳞翅目 蝶类 . 郑州：河南科学技术出版社 .

王治国 . 2007. 河南蜻蜓志 蜻蜓目 . 郑州：河南科学技术出版社 .

王治国，张秀江 . 2007. 河南直翅类昆虫志 螳螂目 蜚蠊目 等翅目 直翅目 蝌目 革翅目 . 郑州：河南科学技术出版社 .

王治国，等 . 1984. 河南省蜚类调查及新种记述 . 河南科学院学报，（1）：67-83.

王治国，等 . 1990. 河南蜻蜓目昆虫调查 . 河南科学，8（3，4）：78-94.

吴鸿，杨集昆 . 1997. 河南白云山菌蚊四新种 . 昆虫分类学报，19（4）：297-302.

武春生，方承莱 . 2010. 河南昆虫志 鳞翅目 刺蛾科 枯叶蛾科 舟蛾科 灯蛾科 毒蛾科 鹿蛾科 . 北京：科学出版社 .

肖晖，黄大卫 . 2000. 河南伏牛山区金小蜂调查及一新种描述 . 动物分类学报，25（3）：330-336.

杨定，王梦卿，朱雅君，等 . 2010. 河南昆虫志 双翅目 舞虻总科 . 北京：科学出版社 .

杨有乾 . 1985. 河南省森林昆虫区划初探 . 河南农业大学学报，19（2）：139-148.

杨有乾 . 1988. 河南森林昆虫志 . 郑州：河南科学技术出版社 .

杨有乾，等 . 1994. 河南省农业昆虫地理区划初探 . 华北农学报，9（2）：88-93.

杨忠歧，等．1997.伏牛山小蜂科二新种．昆虫分类学报，19（4）：308-312.

杨莲芳，等．1997.伏牛山毛翅目昆虫七新种．昆虫分类学报，19（4）：279-288.

杨集昆，等．1997.河南省伏牛山毛蚊科三新种（双翅目：长角亚目）．昆虫分类学报，19（4）：303-307.

于思勤．1993.河南农业昆虫志．北京：中国农业科技出版社．

张雅林，等．1997.河南伏牛山缘脊叶蝉亚科种类记述．昆虫分类学报，19（4）：235-245.

周长发，归鸿，等．1997.河南省蜉蝣新种记述．昆虫分类学报，19（4）：268-272.

祝长青，朱东明，尹新明．1999.河南昆虫志 鞘翅目（一）．郑州：河南科学技术出版社．

BIDZILYA O，LI H H. 2009. A review of the genus *Athrips* Billberg (Lepidoptera：Gelechiidae) in China. Deutsche Entomologische Zeitschrift，56(2)：323-333.

BIDZILYA O，LI H H. 2010. Review of the genus *Agnippe*（Lepidoptera：Gelechiidae）in the Palaearctic region. European Journal of Entomology，107：247-265.

BUDASHKIN Y I，LI H H. 2009. Study on Chinese Acrolepiidae and Choreutidae（Insecta：Lepidoptera）. SHILAP Revta. Lepid.，37（146）：179-189.

DU X C，LI H H. 2008. Review of the genus *Neoanalthes* Yamanaka & Kirpichnikova from China（Lepidoptera：Crambidae，Spilome linae），with description of five new species. Deutsche Entomologische Zeitschrift，55（2）：291-301.

FAN X M，LI H H. 2008. The genus *Issikiopteryx* (Lepidoptera：Lecithoceridae)：Checklist and descriptions of new species. Zootaxa，1725：53-60.

FAN X M，LI H H. 2008. Seven new species and a checklist of the genus *Thecobathra* Meyrick from China (Lepidoptera：Yponomeutidae). Zootaxa，1821：13-24.

HAO S L,LI H H. 2008. The genus *Pselnophorus* Wallengren from Mainland China：with description of a new species (Lepidoptera：Pterophoridae). Zootaxa, 1755：61-67.

HAO S L，KENDRICK R C，LI H H. 2008. MicroLepidoptera of Hong Kong：Checklist of Pterophoridae，with description of one new species（Insecta：Lepidoptera）. Zootaxa，1821：37-48.

JIN Q，WANG S X. 2009. *Euhyponomeuta* new to China, with description of a new species（Lepidoptera：Yponomeutidae）. Orientalis Insects，43：271-273.

KHALAIM A I，SHENG M. 2009. Review of Tersilochinae (Hymenoptera：Ichneumonidae) of China，with descriptions of four new species. ZooKeys，14：67-81.

LI W H, YANG D. 2007. New species of the genus *Mesonemoura*（Plecoptera：Nemouridae）from China. Aquatic Insects 29（3）：173-180.

LI W H，YANG D. 2007. Two new species of *Nemoura*（Plecoptera：Nemouridae）from Henan, China. Zootaxa 1511：65-68.

LI W H，WANG Y B，YANG D. 2010. Synopsis of the genus *Paraleuctra*（Plecoptera：Leuctridae）from China. Zootaxa 2 350：46-52.

LIU G Q，WANG H J. 2001. Genus *Cheilocapsus* Kirkaldy of Mainland China（Hemiptera：Miridae，Mirinae）Reichenbachia，37：61-65.

LIU X Y，YANG D. 2005. Notes on the genus *Neochauliodes* Weele（Megaloptera：Corydalidae）from Henan，China. Entomological Science，8：293-300.

SAIGUSA H，YANG D. 2002. Empididae（Diptera）from Funiu mountains，Henan, China（Ⅰ）. Studia Dipterologica，9（2）：519-543.

SHENG M L. 2006. A new genus and species of Poemeniini（PHymenoptera：Ichneumonidae）from China. Proc. Entomol. Soc. Wash.

108（3）：651-654.

SHENG M L，et al. 2008. Species of subgenus *Xorides* Latreille（Hymenoptera：Ichneumonidae）parasitizing wiidbores in palearctic part of China. Entomologica Fennica，19：86-93.

TRÄNKNER A, LI H H，MATTHIAS N. 2009. On the systematics of *Anania* Hübner，1823（Pyraloidea：Crambidae，Pyraustinae）. Nota lepid. 32（1）：63 – 80.

WANG M Q, YANG D，GROOTAERT P. 2007. Notes on the *Neurigona* Rondani（Diptera：Dolichopodidae）from China mainland. Zootaxa, 1 388：25-43.

WANG M Q，YANG D. 2008. Species of *Chrysotus* Meigen in Palaearctic China（Diptera：Dolichopodidae）. Entomologica Fennica 19: 232-240.

WANG S X，LI H H. 2005. The genus *Irepacma* (Lepidoptera：Oecophoridae) from China, checklist, key to the species and descriptions of new species. Acta Zoologica Academiae Scientiarum Hungaricae，51（2）：125-133.

WANG X P，LI H H, 2007. Review of the fenus *Synochoneura* Obraztsov, with the description of a new species from China（Lepidoptera：Tortricidae）. Zootaxa，1547：51-57.

WEI M C，NIU G Y. 2007. Two new species of *Selandrinae* from China（Hymenoptera：Tenthredinidae）. Acta Zootaxonomica Sinica，32（4）：775-777.

XIAO Y L，LI H H. 2009. *Eudarcia*（Lepidoptera：Tineidae）from China, with descriptions of two new specis. Oriental Insecta，43：307-313.

XIAO YL，LI H H. 2010. Taxonomic study of the genus *Nemapogon* Schrank from China（Lepidoptera：Tineidae）. Zootaxa，2401：41-51.

YAO G，YANG D，EVENHUIS N. 2009. Four new species and a new record species of *Villa* Lioy，1864 from China (Diptera：Bombyliidae). Zootaxa 2055：49-60.

YU H L，LI H H. 2006. A study on the genus *Phaecasiophora* Grote (Lepidoptera：Tortricidae，Olethreutinae) from the Mainland of China，with descriptions of five new species. Entomologica Fennica，17：34-45

YUAN X Q，ZHANG Y L，YUAN F. 2010. Checklist of the skipper genus *Pelopidas* (Lepidoptera：Hesperiidae) from China with description of a new species. Entomotaxonomia，32（3）：201-208.

ZHANG A H，LI H H，WANG S X. 2005. Study on the genus *Rhopobota* Lederer from China (Lepidoptera：Tortricidae，Olethreutinae). Entomologica Fennica ,16：273-286.

ZHANG A H，LI H H. 2006. A new genus and four new species of Eucosmini (Lepidoptera：Tortricidae，Olethreutinae) from China. Oriental Insects，40：145-152.

ZHANG D D，LI H H, WANG S X. 2004. Areview of *Ecpyrrhorrhoe* Hübner (LrpiDiptera：Crambidae：Pyraustinae) from China, with descriptions of new species. Orienral Insects，38：315-325.

ZHANG J H, YANG D. 2006. Review of the species of the genus *Ochthera* from China (Diptera：Ephydridae). Zootaxa. 1 206：1-22.

ZHANG X, WANG S X. 2006. A study of the genus *Semnostola* Diakonoff from China with the decription of a new species（Lepidoptera：Tortricidae：Olethreutinae). Zootaxa, 1283：37-45.

ZHANG X, LI H H. 2007. A study on *Neoanathamna* Kawabe（Lepidoptera：Tortricidae，Olethreutinae）from China. Oriental Insecta, 41：293-330.

ZHANG X，LI H H. 2008. Review of the Chinese species of *Eupoecilia* Stephens（Lepidoptera：Tortricidae，Cochylini）. Zootaxa, 1 692：55-68.

ZHANG Z W，LI H H. 2010. The genus *Pancalia* Stephens（Lepidoptera：Cosmopterigidae）of China，with description of a new species. Entomologica Fennica，20：268-274.

ZHEN H，LI H H. 2009. A review of *Pseudohypatopa* Sinev（Lepidoptera：Coleophoridae，Blastobasinae，Holcocerini），with description of two new species. Entomologica Fennica，19：241-247.

15 安徽

蔡茹，李朝品，安继尧，等. 2006. 淮河沿岸医学昆虫调查（双翅目：蚊科）. 中国媒介生物学及控制，17（5）：369.

曹万友. 2001. 黄山地区蝶类初步调查. 华东昆虫学报，10（1）：20-22.

曹万友. 2006. 黄山地区天牛科昆虫调查研究. 黄山学院学报，8（3）：64-65.

范洁，韩德民，方杰，等. 2008. 安徽鹞落坪蝶类区系研究. 生物学杂志，25（5）：13-16.

孟绪武. 2003. 安徽省昆虫名录. 合肥：中国科学技术大学出版社.

欧永跃，诸立新. 2008. 安徽省蝶类资源和可持续利用. 野生动物杂志，29（1）：32-39.

宋福春，李朝品. 2006. 安徽淮南八公山蠓科昆虫初次报道. 医学动物防制，22（11）：795-796.

王翠莲. 2007. 皖南山区蝴蝶资源调查研究. 安徽农业大学学报，34（3）：446-450.

吴世君. 2011. 安徽省盾蚧科一新属一新种记述（半翅目：蚧总科）. 昆虫分类学报，33（4）：241-244.

夏立照，夏玲玲. 2000. 安徽省蝇类初步名录. 华东昆虫学报，9（1）：15-19.

徐亚君，吴边. 2009. 黄山地区蜻蜓目调查初报. 黄山学院学报，11（3）：59-61.

张汉鹄. 1995. 安徽农林昆虫地理区划探析. 华东昆虫学报，4（1）：13-18.

张淑，韩德民，方杰，等. 2008. 鹞落坪自然保护区蜻类昆虫区系与多样性. 昆虫知识，45（5）：799-805.

周佳森，王翠莲，邹承先，等. 2004. 安徽黄山、牯牛降自然保护区螟蛾科昆虫名录 // 李典谟. 当代昆虫学研究. 北京：中国农业科学技术出版社，102-105.

16 江苏

诸立新. 2005. 安徽天堂寨自然保护区蝶类名录. 四川动物，24（1）：47-49.

诸立新，王灏. 2002. 安徽清凉峰自然保护区蝶类区系结构及垂直分布. 南京农业大学学报，25（2）：115-118.

丁梁斌，胡长效. 2009. 徐州泉山自然保护区昆虫群落研究. 江西农业学报，21（9）：62-67.

郭建波，杜予州，韩振冲，等. 2005. 江苏沿江地区出口农产品仓储甲虫种类调查及检疫重要性分析. 华东昆虫学报，14（2）：173-178.

胡春林，潘以楼. 2009. 江苏蝴蝶资源调查. 金陵科技学院学报，25（2，3）：82-90，64-76.

居峰，王鹏善，刘曙雯，等. 2010. 紫金山蝶类区系种类变化及分析. 安徽农业科学，38（3）：1279-1284.

李朝辉，陈建秀，黄诚，等. 2004. 江苏省蝶类名录及分布研究. 南京林业大学学报，28（4）：73-78.

李朝辉，陈建秀，张艳秋，等. 2003. 江苏徐州相山山地蝶类生态分布及区系研究. 四川动物，22（4）：222-224.

卢祥云，韩曜平. 1999. 江苏省仓贮害虫的种类及分布（一）鞘翅目. 四川动物，18（4）：168-170.

卢祥云，韩曜平，孙月琴. 1999. 江苏省仓贮害虫的种类及分布（二）非鞘翅目. 常熟高专学报，13（4）：81-83.

路亚北. 2003. 江苏常州地区农林甲虫调查初报. 四川动物，22（4）：218-221.

路亚北. 2004. 江苏常州宜溧低山丘陵地区天敌昆虫调查初报. 四川动物，23（2）：117-119.

虞蔚岩，李朝晖，宋东杰，等. 2008. 南京紫金山地区蜻蜓目昆虫区系及多样性. 南京林业大学学报，32（4）：139-142.

虞蔚岩，李朝晖，宋东杰，等. 2008. 南京老山地区蜻蜓目昆虫区系分心及多样性研究. 四川动物，27（1）：322-326.

17 湖北

陈晓，刘亦仁，杨振琼，等.2005.湖北地区蚊类区系研究.中国寄生虫病防治杂志，18（4）：290-292.

黄复生.1993.西南武陵山地区昆虫.北京：科学出版社.

江世宏.1993.华中农业大学昆虫标本馆藏昆虫标本名录.北京：北京农业大学出版社.

雷朝亮，周志伯.1998.湖北省昆虫名录.武汉：湖北科学技术出版社.

李汉军.1998.湖北省医学昆虫名录.医学动物防制，14（5）：39-42.

李建，杨振琼，刘亦仁.1998.湖北蚊类分布及地理区划研究.中国媒介生物学及控制杂志，9（1）：17-24.

刘亦仁，杨振琼，王莉莉.2003.湖北地区已知虻类及区系分析.寄生虫与医学昆虫学报，10（1）：48-51.

罗洪斌，杨明，陈汉彬.2005.湖北省吸血蚋类分类研究初报（双翅目：蚋科）.贵州科学，23（3）：31-35.

王维，沈作奎，赵玉宏.2009.湖北蚁科昆虫分类研究.武汉：中国地质大学出版社.

向闯，刘芳遏，王国秀.2006.大贵寺国家森林公园蝶类资源调查研究.湖北林业科技，（3）：21-24.

谢广林，王文凯.2006.后河自然保护区直翅目昆虫初步研究.长江大学学报，3（1）：110-112.

杨星科.1997.长江三峡库区昆虫（上、下）.重庆：重庆出版社.

查玉平，骆启桂，黄大钱，等.2004.后河自然保护区蝶类名录及区系的初步研究.华中师范大学学报，38（2）：215-219.

查玉平，骆启桂，黄大钱，等.2004.湖北省五峰后河自然保护区蛾类昆虫调查初报.华中师范大学学报，38（4）：479-485.

张爱华，陈世桥，刘亦仁.2008.湖北荆州市区蝇类区系研究.海南医学，19（1）：112-113.

张建民，张长青，蔡立君.2004.荆州城区蓟马分类的初步研究.湖北农学院学报，24（4）：258-260.

郑哲民，李恺，魏朝明.2002.神农架地区蚱科三新种记述（直翅目：蚱总科）.昆虫学报，45（5）：644-647.

钟玉林，郑坚，郑哲民.2001.湖北大别山蝗虫区系研究.华中师范大学学报，35（4）：459-463.

钟玉林，徐红，雷桂兰，等.2002.湖北蝗虫研究 I. 蚱总科和蜢总科.华中师范大学学报，36（4）：508-511.

LI Z，CUI W N，YANG D. 2010. Five new species of *Hilara* from Shennongjia，Hubei（Diptera：Empididae），Acta Zootaxonomica Sinica，35（4）：745-749.

LIU Q F，LI Z，YANG D. 2010. Six new species of *Hilara*（Diptera：Empididae）from Shennongjia，Hubei. Entomotaxonomia，32（Suppl.）：61-70.

LIU Q F，LI Z，YANG D. 2010. New species of *Hilara*（Diptera：Empididae）from Hubei，China，Entomotaxonomia，32（3）：195-200.

LIU X Y，LI Z，YANG D. 2010. New species of subgenus *Coptophlebia* from Shennongjia, Hubei（Diptera：Empididae）. Acta Zootaxonomica Sinica，35（4）：736-741.

ZHONG Y L，ZHENG Z M. 2004. A new genus and three new species of Cantantopidae（Orthoptera）from Hubei province，China. Acta Zootaxonomica Sinica，29（1）：96-100.

18 浙江

方志刚，吴鸿.2001.浙江昆虫名录.北京：中国林业出版社.

何俊华，等.2004.浙江蜂类志.北京：科学出版社.

潘志崇，张永靖，谢志浩，等.2002.宁波天童森林公园蝶类资源及区系组成.动物学杂志，37（5）：49-53.

佘德松.2002.浙江省天牛科昆虫名录补遗.浙江林业科技，22（4）：13-17.

宋晓钢.2002.浙江等翅目昆虫考察.浙江林学院学报，19（3）：288-291.

童雪松.1993.浙江蝶类志.杭州：浙江科学技术出版社.

吴鸿.1995.华东百山祖昆虫.北京：中国林业出版社.

吴鸿.1998.龙王山昆虫.北京：中国林业出版社.

吴鸿，方志刚.1995.浙江古田山昆虫区系研究.浙江林学院学报，12（1）：63-72.

吴鸿，潘承文.2001.天目山昆虫.北京：科学出版社.

薛新春.2006.宁波镇海口岸蝇类调查研究.中华卫生杀虫药械，12（5）：379-380.

余建平，余晓霞.2000.浙江古田山自然保护区昆虫名录补遗.浙江林学院学报，17（3）：262-265.

ZHU C D, HUANG D W. 2001. A taxonomic study on Eulophidae from Zhejiang, China. Acta Zootaxonomica Sinica，26（4）： 533-
547.

19 福建

黄邦侃.1999-2003.福建昆虫志 第1-8卷.福州：福建科学技术出版社.

黄春梅.1993.龙栖山动物.北京：中国农业出版社.

黄复生，吴传声，陈瑞英，等.2004.福建白蚁种类及其新纪录.华东昆虫学报，13（2）：115-116.

林涛，林乃铨.2011.武夷山自然保护区天蛾科昆虫多样性的初步研究.昆虫分类学报，33（4）：303-311.

汪家社，宋士美.2003.武夷山自然保护区螟蛾科昆虫志.北京：中国科学技术出版社.

汪家社，杨星科.1998.武夷山保护区叶甲科昆虫志.北京：中国林业出版社.

徐保海.2001.福建省医学昆虫调查Ⅰ.双翅目：蚊科.医学动物防制，17（4）：184-189.

徐保海.2001.福建省医学昆虫调查Ⅲ.双翅目：粪蝇科 花蝇科 厕蝇科 丽蝇科 麻蝇科.医学动物防制，17（6）：295-302.

徐保海.2001.福建省医学昆虫调查Ⅳ.双翅目：蠓科.医学动物防制，17（6）：395-399.

徐保海.2001.福建省医学昆虫调查Ⅴ.双翅目：虻科.医学动物防制，17（7）：345-348.

张继祖.1993.福建农业昆虫地理区划.福建农学院学报，21（4）：439-444.

张建庆，高博，范建华，等.2008.福建省主要口岸辖区吸血蚋类本底调查初报.中国国境卫生检疫杂志，31（1）：34-35.

张清源，林镇基，陈华忠，等.2002.福建省潜蝇科昆虫属种检索表.华东昆虫学报，11（1）：7-10.

张翔，侯有明.2009.福建省膜翅目蚁科5新纪录属以及31新纪录种.福建农林大学学报，38（5）：479-484.

赵修复.1982.福建省昆虫名录.福州：福建科学技术出版社.

郑琼华，阎凤鸣，黄建，等.1999.福州地区粉虱种类初步调查.华东昆虫学报，8（2）：4-5.

周红章.1999.福建省肖叶甲科属种分布类型与动物地理格局.动物分类学报，24（1）：65-75.

邹明权，杨青.2004.武夷山地区水生昆虫种类调查.华东昆虫学报，13（1）：15-25..

LIU S S, REN G D, WANG J S. 2007. Three new species of the genus *Uloma* Dejean, 1821 from Wuyi Mountain in China with a new
recoed (Coleoptera, Tenebrionidae, Ulomini). Acta Zootaxonomica Sinica, 32（1）：70-75.

20 台湾

黄晓磊，冯磊，乔格侠.2004.台湾与大陆蚜虫区系的相似性分析和历史渊源.动物分类学报，29（2）：194-201.

邵广昭，彭镜毅，吴文哲.2010.台湾2010物种名录.台北：农业委员会林务局.

杨茂发，李子忠.2004.台湾窗翅叶蝉属四新种记述（同翅目：叶蝉科，大叶蝉亚科）.动物分类学报，29（3）：491-496.

HSIEN T S, LIANG A, YANG J. 2009. The genus *Jembra* Metcalf and Horton from Taiwan with descriptions of two new species and
the nymph of *J. taiwana* sp. nov. (Hemiptera: Cercopoidea : Aphrophoridae). Zootaxa, 1979: 29-40.

ZHENG Z M，LI H H, LIN L L . 2012. A new genus and a new species of Metrodoridae from Taiwan (Orthoptera). Acta Zootaxonomica Sinica，37（2）：329-330.

21 江西

陈卫新，江绍琳.2007.江西灯蛾科昆虫名录.江西植保，30（4）：158-163.

丁冬荪.2001.江西武夷山自然保护区昆虫名录//江西武夷山自然保护区科学考察集.北京：中国林业出版社.

丁冬荪.2005.江西官山自然保护区昆虫名录//江西官山自然保护区科学考察与研究.北京：中国林业出版社.

丁冬荪，邱宁芳.2005.官山自然保护区昆虫江西新纪录及地理分布.江西林业科技，（3）：6-7.

丁冬荪，诸显超.2007.庐山自然保护区螽斯昆虫记地理分布.江西林业科技，（3）：27-28.

丁冬荪，等.2002.九连山自然保护区昆虫名录//刘信中，等.江西九连山自然保护区科学考察与森林生态系统研究.北京：中国林业出版社，287-311.

方活昌，徐世龙，丁冬荪，等.2008.江西天蛾科昆虫种类记述.江西植保，31（3）：131-136.

胡华林，刘志金，廖承开，等.2009.九连山自然保护区昆虫名录增补.江西林业科技，（6）：27-30.

胡祖勤，刘良源.2008.江西粉蝶科昆虫名录.江西植保，31（3）：128-130.

康哲，张春林，陈汉彬.2006.江西省吸血蚋类（双翅目：蚋科）分类研究.贵州科学，24（4）：27-30.

冷科明，杨连芳，王建国，等.2000.江西省毛翅目昆虫名录.江西植保，23（1）：5-9.

盛茂领,孙淑萍.2011.江西发现差齿姬蜂属三新种(膜翅目：姬蜂科,柄卵姬蜂亚科)并附中国已知种检索表.动物分类学报，36（4）：961-969.

王建国，林毓鉴，胡雪艳.2008.江西灰尺蛾亚科昆虫名录.江西植保，31（1）：43-48.

熊件妹，林毓鉴.2008.江西圆钩蛾、钩蛾科昆虫名录.江西植保，31（1）：141-142.

章士美.1962.江西昆虫地理区的研究.昆虫学报，11（1）：103-104.

章士美.1994.江西昆虫名录.南昌：江西科学技术出版社.

詹进伟，李新军.2007.江西省蝉科昆虫考察记述.江西植保，30（3）：164-165.

郑哲民，石福明.2009.江西省蚱总科五新种记述（直翅目）.动物分类学报，34（3）：572-577.

钟志鸿，周淑琴.2003.安远三百山自然保护区膜翅目昆虫调查.江西植保，26（1）：21-22.

朱培尧.1997.江西省昆虫纲新纪录种.江西植保，（3）：10-16，（4）：13-20.

22 湖南

毕光辉，张春林，陈汉彬.2003.湖南省蚋类调查研究初报（双翅目：蚋科）.贵阳医学院学报，28（4）：290-291.

陈常铭，宋慧英.1995.湖南省农业昆虫地理区划.湖南农学院学报，21（3）：272-279.

傅鹏，郑哲民，黄建华.1998.湖南八面山自然保护区蚱类初步调查.湖南农业大学学报，24（2）：129-133.

谷志荣，王帮树，李密，等.2009.八大公山自然保护区尺蛾科昆虫资源.现代农业科学，16（10:）：59-62.

黄复生.1993.西南武陵山地区昆虫.北京：科学出版社.

李密，周红春，谭济才，等.2000.壶瓶山自然保护区天蛾科昆虫资源.湖南农业大学学报，35（4）：412-414.

彭建文，刘友樵.1992.湖南森林昆虫图鉴.长沙：湖南科学技术出版社.

肖能文，谭济才，侯柏华，等.2004.湖南省茶树害虫地理区划分析.动物分类学报，29（1）：17-26.

游兰韶，陈良昌，杨红旗，等.2000.湖南省茧蜂记述.湖南农业大学学报，26（5）：394-400.

张佑祥，张良军，刘志霄，等.2000.湖南德夯风景区蝶类资源调查及区系分析.安徽农业科学，37（23）：11 029-11 031.

赵亚平，鲁少平.2008.2004年张家界空港口岸蝇类调查报告.口岸卫生控制，13（3）：41-43.

郑哲民，谢令德.2008.湖南省莽山地区蝗虫的调查.商丘师范学院学报，24（6）：1-5.

周琼，曾柏平，刘雨芳，等.1999.南岳自然保护区的蝶类.湘潭师范学院学报，20（6）：95-100.

CHEN H B，ZHANG C L，BI G H. 2004. Descriptions of three new species of *Simulium* (subg. *Nevermannia*) from Hunan province, China (Diptera：Simuliidae). Acta Zootaxonomica Sinica，29（2）：365-371.

23 贵州

曹玲珍，杨茂发.2005.贵州蜻蜓目昆虫区系分析.贵州农业科学，33（2）：7-10.

陈汉彬，许荣满.1992.贵州虻类志.贵阳：贵州科技出版社.

陈禄仕，何玉性，陈建国，等.2003.贵州地区嗜尸蝇类调查.中国法医学杂志，18（5）：269-272.

戴仁怀，李子忠.2002.贵州沫蝉总科昆虫区系分析.贵州大学学报，21（1）：26-31.

成新跃，杨集昆.1993.贵州迷蚜蝇亚科新种与新纪录（双翅目：食蚜蝇科）.昆虫分类学报，15（4）：327-332.

郭振中，伍律，金大雄.1987-1989.贵州农林昆虫志 第1、2、3卷.贵阳：贵州人民出版社.

韩宝瑜，戴轩.2009.贵州东部地区茶园寄生蜂及其寄主种类的记述.安徽农业大学学报，36（3）：344-346.

黄复生.1993.西南武陵山地区昆虫.北京：科学出版社.

金大雄，李贵真.1992.贵州吸虱类蚤类志.贵阳：贵州科技出版社.

金道超，李子忠.2005.习水景观昆虫.贵阳：贵州科技出版社.

金道超，李子忠.2006.赤水桫椤景观昆虫.贵阳：贵州科技出版社.

李斌，杨茂发.2009.贵州木虱科昆虫名录及区系分析.贵州农业科学，37（7）：81-82.

李红荣，陈祥盛.2009.贵州飞虱科昆虫物种多样性及地理分布格局.山地农业生物学报，28（6）：485-491.

李子忠，金道超.2002.茂兰景观昆虫.贵阳：贵州科技出版社.

李子忠，金道超.2006.梵净山景观昆虫.贵阳：贵州科技出版社.

李子忠，汪廉敏.1992.贵州农林昆虫志 第4卷.贵阳：贵州科技出版社.

李子忠，杨茂发，金道超.2007.雷公山景观昆虫.贵阳：贵州科技出版社.

杨定，杨集昆.1998.贵州姬蜂虻属研究.贵州科学，16（1）：36-39.

杨茂发，金道超.2005.贵州大沙河昆虫.贵阳：贵州人民出版社.

袁成明，郅军锐，李景柱，等.2008.贵州省蔬菜蓟马种类调查研究.中国植保导刊，28（7）：8-10.

袁继林，赵萍，彩万志.2006.雷公山保护区猎蝽科种类调查.贵州林业科技，34（4）：53-56,18.

张春林，陈汉彬.2004.贵阳地区蚋类区系分类研究初报（双翅目：蚋科）.贵阳医学院学报，29（6）：475-476.

张春林，温小军，陈汉彬.1999.贵州蚋类调查研究初报（双翅目：蚋科）.贵州科学，17（3）：231-235.

张雁泉，高景梅.2009.贵州茂兰自然保护区猎蝽昆虫种类调查.贵州林业科技，37（2）：35-38.

郑哲民.2005.中国西部蚱总科志.北京：科学出版社.

郑哲民，石福明.2003，2004.茂兰自然保护区蚱总科昆虫的初步调查.陕西师范大学学报，30（2）：92-93；31（1）：80-82.

CHEN H B，XIU J F，ZHANG C L. 2012. A survey of blackflies with three new species from Kuankuoshui，Guizhou，China（Diptera：Simuliidae）. Acta Zootaxonomica Sinica，37（2）：382-388.

CUI W N，LI Z，YANG D. 2009. New species of *Allognosta* from Guizhou（Diptera：Stratiomyidae）. Acta Zootaxonomica Sinica，34（4）：795-797.

DAI R H，LI Z Z，CHEN X X. 2006. One new genus and species of Euscelinae（Hemiptera：Cicadellidae）from Guizhou, China. Acta

Zootaxonomica Sinica，31（3）：592−594.

WEI L M. 2011. A taxonomic study of the genus *Myospila* Rondani（Diptera：Muscidae）frpm Guizhou, China, descriptions of five new species belonging to the *M. lauta* group. Acta Zootaxonomica Sinica，36（2）：301−314.

WEI L M. 2012. A taxonomic study of the genus *Myospila* Rondani（Diptera：Muscidae）from Guizhou, China and descriptions of eight new species belonging to the newly defined *M. trochanterata* group. Acta Zootaxonomica Sinica，37（2）：397−416.

ZHOU Z X，WEI L M,，LUO Q H. 2012. Three new species of the gemus *Dolichocoxys* Townsend（Diptera: Tachinidae）from Guizhou, China. Entomotaxonomia，34（2）：329−339.

24 四川

陈斌，李廷景，何正波 . 2010. 重庆市昆虫 . 北京：科学出版社 .

陈世骧 . 1993. 横断山区昆虫 第一、二册 . 北京：科学出版社 .

冯炎 . 2000. 中国四川蝇科八新种 . 四川动物，19（1）：3−7.

冯炎 . 2002. 中国四川棘蝇属一新种团及四新种（双翅目：蝇科）. 华东昆虫学报，11（1）：1−6.

冯炎 . 2003. 中国四川丽蝇族四新种（双翅目：丽蝇科）. 寄生虫与医学昆虫学报，10（3）：163−169.

冯炎 . 2004. 中国四川棘蝇属五新种（双翅目：蝇科）. 华东昆虫学报，13（2）：6−12.

冯炎 . 2004. 中国四川丽蝇族五新种记述（双翅目：丽蝇科，丽蝇亚科）. 动物分类学报，29（4）：803−808.

冯炎 . 2007. 中国四川妙蝇属 Myospila 的分类研究（双翅目：蝇科：圆蝇亚科）. 华东昆虫学报，16（4）：241−245.

冯炎，高玲 . 2008. 四川省芦山地区有瓣蝇类初步调查研究 . 中国媒介生物学及控制杂志，19（4）：312−316.

冯炎，薛万琦 . 2006. 中国四川厕蝇属六新种（双翅目：厕蝇科）. 动物分类学报，31（1）：215−223.

何建邶，廖骏，李观翠，等 . 2008. 成都市蝇类种群调查 . 医学动物防制，24（9）684−685.

何文进，刘文萍，曹发君，等 . 1998. 四川攀枝花地区蝶类记录 . 西南农业大学学报，20（6）：601−613.

和秋菊，易传辉，庄辉，等 . 2007. 四川茂县土地岭大熊猫走廊带昆虫考察初报 . 四川林业科技，28（5）：80−84.

侯晓晖，杨明，陈汉彬 . 2006. 四川省西北部吸血蚋类调查研究初报（双翅目：蚋科）. 贵州科学，24（4）：31−33,17.

侯勇，郑欢，郑发科 . 2008. 四川省南充市郊蛾类初步调查 . 四川动物，27（2）：245−247.

黄复生 . 1993. 西南武陵山地区昆虫 . 北京：科学出版社 .

黄顺，张春林，陈汉彬 . 2004. 四川省吸血蚋类分类研究初报（双翅目：蚋科）. 贵阳医学院学报，29（6）：477−480.

霍科科，任国栋，郑哲民 . 2007. 秦巴山区蚜蝇区系分类 . 北京：中国农业科学技术出版社 .

季恒青，冯绍全，何亚明，等 . 2009. 重庆市蚊虫种类及其地理分布调查分析 . 医学动物防制，25（8）：568−571.

李传仁，卜文俊 . 2001. 金佛山蜡类昆虫小记 . 湖北农学院学报，21（2）：123−125.

李国锋，郑发科，王慧 . 2005. 南充市郊瓢虫科昆虫的初步研究 . 西华师范大学学报，26（2）：145−148.

李树恒 . 2002. 重庆蝶类区系与地理区划的探讨 . 西南农业大学学报，24（6）：542−545.

李树恒，谢嗣光 . 2003. 重庆地区蝗虫区系组成的初步研究 . 四川动物，22（3）：133−136.

李竹，陈力，穆海亮 . 2009. 重庆缙云山自然保护区天牛区系研究 . 西南师范大学学报，34（5）：102−106.

刘晶，郑发科，张利峰 . 2006. 四川省竹巴龙自然保护区昆虫资源初步调查 . 昆虫天敌，28（3）：120−125.

刘文萍 . 2001. 重庆市蝶类调查报告（Ⅰ）. 西南农业大学学报，23（6）：489−493.

刘文萍 . 2002. 重庆市蝶类调查报告（Ⅱ）. 西南农业大学学报，24（4）：293−295.

穆海亮，陈力，李竹 . 2009. 重庆四面山自然保护区天牛区系研究 . 西南师范大学学报，34（5）：97−101.

苏绍科，刘文萍，苏俊，等 . 2006. 四川省芦山县蛾类调查 . 西南农业大学学报，28（6）：981−985.

谭速进，魏翰均，刘丹碧．2009. 成都地区居室庭院蚂蚁种类调查. 四川动物，28（6）：870-873.

王洪武，明建华，冯翔宇．2008. 重庆铁路口岸蝇类本底调查报告. 中国国境卫生检疫杂志，31（5）：324-326.

王文凯，蒋书楠．1998. 四川星天牛属一新种（鞘翅目：天牛科，沟胫天牛亚科）. 西南农业大学学报，20（4）：334-336.

王一丁．1998. 四川省和重庆市寄蝇科种类检索表. 四川师范大学学报，21（1，2）：87-93，205-210.

谢嗣光，李树恒．2007. 四川省喇叭河自然保护区蝶类垂直分布及多样性研究. 西南大学学报，29（2）：111-117.

徐艳，石福明，杜喜翠．2004. 四川和重庆地区蝗虫调查. 西南农业学报，17（3）：340-344.

杨茂发，李子忠．2002. 四川条大叶蝉属二新种（同翅目：大叶蝉科）. 昆虫学报，45（增）：40-42.

杨星科．1997. 长江三峡库区昆虫（上、下）. 重庆：重庆出版社.

郑哲民．2005. 中国西部蚱总科志. 北京：科学出版社.

郑哲民．2005. 中国四川省小车蝗属1新种（蝗总科：斑翅蝗科）. 华中农业大学学报，24（3）：236-239.

郑哲民，黄原，周志军．2008. 横断山区蝗虫的新属和新种（直翅目：蝗总科）. 动物分类学报，33（2）：363-367.

郑哲民，黄原，周志军．2008. 中国四川省牧草蝗属1新种记述（蝗总科：斑翅蝗科）. 华中农业大学学报，27（6）：715-717.

CAI R，AN J Y，LI C P. 2008. A new species of the subgenus *Simulium* from Sichuan, China (Diptera：Simulidae). Acta Parasitol. Med. Entomol. Sin.，15（2）：100-102.

ZHENG F K, LI Y J. 2010. New species and records of the subgenus *Oxyporus* of the genus *Oxyporus* from Sichuan and Ningxia, China (Coleoptera：Staphylinidae，Oxyporinae). Acta Zootaxonomica Sinica，35（2）：300-309.

ZHENG F K，SONG D Y．2010. Four new species of the subgenus *Pseudoxyporus* of the genus *Oxyporus* from Sichuan，China (Coleoptera：Staphylinidae，Oxtporinae). Acta Zootaxonomica Sinica, 35（1）：74-80.

ZHENG F K ，WANG Z J，LIU Z P. 2008. Three new species of the subgenus *Distichalius* of the genus *Quedius* from Sichuan，China (Coleoptera：Staphylinidae, Staphylininae). Acta Zootaxonomica Sinica，33（4）：667-673.

25 云南

陈明勇．2001. 云南省西双版纳州蝴蝶资源调查报告. 吉林农业大学学报，23（3）：50-57.

陈世骧．1993. 横断山区昆虫 第一、二册. 北京：科学出版社.

陈彦林，陈又清，李巧，等．2009. 云南紫胶虫栖境蝽类昆虫多样性. 生态学杂志，28（7）：1351-1355.

陈友，罗长维，徐正会，等．2007. 哀牢山西坡蚂蚁物种及优势种的研究. 中南林业科技大学学报，27（6）：92-96.

成新跃，黄春梅．1997. 云南西双版纳热带雨林地区的食蚜蝇（双翅目：食蚜蝇科）. 动物分类学报，22（4）：421-429.

董大志，大卫·卡凡诺，李恒．2002. 云南怒江峡谷的蝴蝶资源. 西南农业大学学报，24（4）：289-292.

董奇彪，杨定．2012. 云南尖翅蝇属三新种及中国异新纪录种记述（双翅目：尖翅蝇科）. 动物分类学报，37（4）：818-823.

董学书，蔡福昌，周红宁，等．2004. 云南省边境口岸蚊类调查. 中国媒介生物学及控制杂志，15（2）：142-145.

董学书，周红宁，龚正达，等．2005. 云南省蚊类的地理区划. 中国媒介生物学及控制杂志，16（1）：34-36.

龚正达，段兴德，冯锡光，等．1999. 大理苍山洱海自然保护区山地蚤类区系与生态的研究. 动物学研究，20（6）：451-456.

龚正达，吴厚永，段兴德，等．2001. 云南横断山区蚤类物种多样性的地理分布取食与重要环境因素的关系. 生物多样性，9（4）：319-328.

郭萧，徐正会，杨俊伍，等．2007. 滇西北云岭东坡蚂蚁物种多样性研究. 林业科学研究，20（5）：660-667.

和秋菊，易传辉，任毅华，等．2007. 昆明市园林植物昆虫调查名录. 四川林业科技，28（4）：108-112.

黄复生．1987. 云南森林昆虫. 昆明：云南科技出版社.

黄晓磊，任珊珊，乔格侠 . 2005. 横断山区蚜虫区系的组成和特点 . 动物分类学报，30（1）：14-21.

李巧，陈又清，陈祯，等 . 2006. 云南元谋干热河谷直翅目昆虫多样性初步研究 . 浙江林学院学报，23（3）：316-322.

李巧，陈又清，郭萧，等 . 2007. 云南元谋干热河谷不同生境地表蚂蚁多样性 . 福建林学院学报，27（3）：272-277.

李巧，陈又清，周兴银，等 . 2008. 云南元谋干热河谷捕食性昆虫多样性 . 林业科学，44（10）：82-87.

李巧，高泰平，周兴银，等 . 2008. 云南元谋干热河谷新银合欢林昆虫群落初探 . 中南林业科技大学学报，28（2）：109-112.

李四全，张菊仙，龚正达，等 . 2008. 云南省怒江州居民区蚊类的组成及分布 . 中国媒介生物学及控制杂志，19（3）：184-188.

李文亮，李强，杨定 . 2008. 云南同脉缟蝇属一新种及一新纪录种记述（双翅目：缟蝇科）. 动物分类学报，33（2）：406-409.

李璋鸿，李四全，杨一青，等 . 2005. 高黎贡山东坡怒江段蚤类调查 . 医学动物防制，21（8）：582-585.

李子忠，宋月华，宋琼章 . 2007. 云南带叶蝉属四新种记述（半翅目：叶蝉科，殃叶蝉亚科）. 动物分类学报，32（3）：680-685.

梁铭球，陈又清，李巧，等 . 2009. 云南枝背蚱科一新属一新种（直翅目：蚱总科）. 昆虫分类学报，31（4）：255-258.

毛本勇，杨自忠，白雪梅，等 . 2009. 苍山洱海自然保护区蝴蝶及其分布格局 . 大理学院学报，8（8）：49-58.

梅象信，徐正会，张继玲，等 . 2006. 昆明西山森林公园东坡蚂蚁物种多样性研究 . 林业科学研究，19（2）：170-176.

孟艳芬，郭宪国 . 2008. 云南省吸虱昆虫区系及物种多样性 . 昆虫知识，45（4）：636-641.

孟艳芬，郭宪国，门兴元，等 . 2008. 云南省十七县市兽类吸虱昆虫区系调查 . 寄生虫与医学昆虫学报，15（2）：89-95.

钱周兴，周文豹 . 2001. 云南长翅目 3 新种（长翅目：蝎蛉科）. 浙江林学院学报，18（3）：297-300.

沈登荣，张宏瑞，李正跃，等 . 2009. 云南食用菌眼蕈蚊分类及优势种分析 . 昆虫学报，52（8）：934-940.

宋劲忻，杨春清，欧晓红 . 2003. 高黎贡山自然保护区珍稀保护昆虫报道 . 西南林学院学报，23（4）：51-53.

王云珍 . 2001. 云南短翅蚱科一新属新种（直翅目：蚱总科）. 西南农业大学学报，23（2）：147-148.

韦仕珍，郑哲民 . 2005. 滇桂蝗虫新属和新种（直翅目：蝗总科）. 动物分类学报，30（2）：368-373.

解宝琦，曾静凡 . 2000. 云南蚤类志 . 昆明：云南科技出版社 .

许荣满，郭天宇 . 2005. 云南麻虻属新纪录（双翅目：虻科）. 寄生虫与医学昆虫学报，12（1）：25-30.

许荣满，郭天宇 . 2005. 云南虻科四新种（双翅目）. 寄生虫与医学昆虫学报，12（3）：171-176.

许荣满，孙毅 . 2005. 云南虻科三新种（双翅目）. 寄生虫与医学昆虫学报，12（4）：225-230.

徐正会 . 1999. 西双版纳热带雨林蚁科昆虫区系分析 . 动物学研究，20（5）：379-384.

徐正会，杨比伦，胡刚 . 1999. 西双版纳片断山地雨林蚁科昆虫群落研究 . 动物学研究，20（4）：288-293.

徐正会，曾光，柳大勇，等 . 1999. 西双版纳地区不同植被亚型蚁科昆虫群落研究 . 动物学研究，20（2）：118-125.

徐中志，和加卫，杨少华，等 . 2009. 云南玉龙雪山自然保护区蝴蝶去洗结构及垂直分布 . 西南农业学报，22（3）：847-856.

薛万琦，宋文惠，郑立军 . 2005. 云南省秽蝇属三新种（双翅目：蝇科）. 医学动物防制，21（2）：118-121.

杨大荣，徐磊，彭艳琼，等 . 2004. 云南省榕小蜂和榕树的物种组成及多样性 . 生物多样性，12（6）：611-617.

杨国辉，毛本勇，徐吉山，等 . 2008. 苍山自然保护区蜻蜓调查初报 . 大理学院学报，7（2）：9-11.

杨茂发，孟泽红 . 2010. 云南窗翅叶蝉属三新种（半翅目：叶蝉科，大叶蝉亚科）. 昆虫分类学报，32（1）：18-24.

杨茂发，孟泽红，李子忠 . 2010. 云南窗翅叶蝉属五新种记述（半翅目：叶蝉科，大叶蝉亚科）. 动物分类学报，35（4）：892-901.

杨忠文，徐正会，郭萧，等 . 2009. 云南大理苍山及邻近地区蚂蚁的物种多样性 . 西南林学院学报，29（6）：47-52.

岳仁苹，龚正达，张丽云，等 . 2009. 云南省大理州高原湖泊湿地蚊类多样性的研究 . 中国媒介生物学及控制杂志，20（4）：

284-287.

臧颖惠，边长玲，连宏宇，等 . 2009. 云南玉溪市 4 个重要高原湖泊湿地蚊类多样性的研究 . 中国病原生物学杂志，4（8）：598-600.

张崇俊，杨建设，周兆志 . 2004. 昭通市常见蝇种名录及分布调查 . 医学动物防制，20（7）：417-422.

张继玲，徐正会，赵翔宇，等 . 2009. 滇西北怒山西坡蚂蚁群落研究 . 西南林学院学报，29（3）：49-56.

张晓宁，欧晓红 . 2010. 云南食植瓢虫亚科部分种类区系研究（鞘翅目：瓢虫科）. 昆虫分类学报，32（增）：53-60.

赵丽芳，陈鹏，李巧 . 2008. 云南 6 种热带珍贵阔叶树主要害虫调查 . 西南林学院学报，28（3）：30-35.

郑哲民 . 2005. 中国西部蚱总科志 . 北京：科学出版社 .

郑哲民 . 2006. 云南省蚱总科四新种（直翅目）. 动物分类学报，31（2）：363-368.

郑哲民，黄原，周志军 . 2008. 横断山区蝗虫的新属和新种（直翅目：蝗总科）. 动物分类学报，33（2）：363-367.

郑哲民，毛本勇 . 2002. 滇西北地区蚱总科的调查 . 陕西师范大学学报，30（1）：89-98.

郑哲民，毛本勇，徐吉山 . 2010. 云南省西南部蚱科的新种（直翅目）. 动物分类学报，35（4）：883-891.

郑哲民，聂晓萌 . 2005. 中国滇西蚱科 3 新种记述（直翅目：蚱总科）. 华中农业大学学报，24（6）：580-584.

郑哲民，欧晓红 . 2004. 滇西横断山地区台蚱属三新种（直翅目：蚱科）. 动物分类学报，29（1）：105-109.

郑哲民，欧晓红 . 2004. 云南省蚱属四新种记述（直翅目：蚱科）. 动物分类学报，29（4）：725-729.

郑哲民，欧晓红 . 2005. 云南省庭蚱属 Hedotettix Bolivar 的新种记述（直翅目：蚱科）. 陕西师范大学学报，33（2）：80-83.

郑哲民，欧晓红 . 2009. 云南省蚱总科四新种记述（直翅目）. 昆虫分类学报，31（4）：247-254.

郑哲民，欧晓红 . 2010. 滇西北玉龙雪山地区蚱总科昆虫及四新种（直翅目）. 昆虫分类学报，32(1)：1-12.

郑哲民，欧晓红 . 2011. 云南省西部地区蚱总科四新种记述（直翅目）. 昆虫分类学报，33（3）：168-175.

郑哲民，谢令德 . 2000. 西双版纳地区蚱总科新种记述 . 陕西师范大学学报，28（3）：90-95.

REN G D，LIU S S. 2004. Six new species of the genus *Uloma* From Gaoligong Mountain in China（Coleoptera：Tenebrionidae）. Acta Zootaxonomica Sinica，29（2）：296-304.

WEI L M. 2010. Descriptions of three new species of the genus *Hypopygiopsis* Townsend from Yunnan，China（Diptera：Calliphoridae）. Acta Zootaxonomica Sinica，35（4）：760-769.

ZHANG N N，JI Q Y，CHEN J H. 2011. Three new species and one new record of genus *Bactrocera* Macquart (Diptera：Tephritidae) from Yunnan，China. Acta Zootaxonomica Sinica，36（3）：598-603.

26 广东

安继尧，郝宝善，严格 . 1998. 广东蚋属二新种记述 . 昆虫学报，41（2）：187-193.

陈振耀，梁铬球，贾凤龙，等 . 2001. 广东南岭自然保护区大东山管理站昆虫资源调查 // 李典谟 . 走向 21 世纪的中国昆虫学 . 北京：中国科学技术出版社，851-855.

陈振耀，梁铬球，贾凤龙，等 . 2001. 广东南岭自然保护区大东山捕食性昆虫及其食性分析 . 昆虫天敌，23（1）：6-21.

陈振耀，梁铬球，贾凤龙，等 . 2001. 广东南岭自然保护区大东山昆虫名录（Ⅰ）. 生态科学，20（1）：109-114.

陈振耀，梁铬球，贾凤龙，等 . 2001. 广东南岭自然保护区大东山昆虫名录（Ⅱ）. 生态科学，20（4）：42-47.

陈振耀，梁铬球，贾凤龙，等 . 2002. 广东南岭自然保护区大东山昆虫名录（Ⅲ）. 昆虫天敌，24（2）：70-76.

陈振耀，梁铬球，贾凤龙，等 . 2002. 广东南岭自然保护区大东山昆虫名录（Ⅳ）. 昆虫天敌，24（3）：111-117.

陈振耀，梁铬球，贾凤龙，等 . 2002. 广东南岭自然保护区大东山昆虫名录（Ⅴ）. 昆虫天敌，24（4）：159-169.

陈振耀，陈志明 . 2008. 广东南岭自然保护区大东山昆虫名录（Ⅵ）. 环境昆虫学报，30（2）：188-191.

陈振耀，等.1994.广东农林昆虫地理区划梗概.昆虫天敌，16（2）：56-66.

邓声文，钟象景.2008.广东象头山自然保护区昆虫种类及群落组成研究.广东林业科技，24（4）：30-36.

邓晓峰，耿群涛，黄光斗，等.2001.深圳地区蝶类区系分析.热带农业科学，21（2）：8-20.

郝宝善，虞以新.2001.广东珠海毛蠓二新种的描述.中国媒介生物学及控制杂志，12（1）：12-13.

李文亮，张魁艳，杨定.2007.广东柄驼舞虻属新种记述（双翅目：舞虻科）.动物分类学报，32（2）：482-485.

刘桂林，庞虹，周昌清，等.2003.东莞莲花山自然保护区蝴蝶资源的研究.昆虫天敌，25（1）：10-15.

刘桂林，庞虹，周昌清，等.2005.东莞莲花山自然保护区昆虫资源的初步研究.昆虫天敌，27（1）：1-9.

刘桂林，庞虹，周昌清，等.2005.广东鹤山南亚热带丘陵人工林昆虫资源的研究（Ⅰ，Ⅱ）.昆虫天敌，25（2，3）：49-56，97-106.

贾凤龙，吴苑玲，文东平，等.2005.深圳市笔架山公园昆虫资源.中山大学学报，44（Sup.）：41-47.

欧剑锋，黄鸿，刘桂清，等.2009.广东省珠海地区蜻蜓目昆虫物种多样性调查.环境昆虫学报，31（4）：356-360.

秦耀亮.1979.广东蜻齿动物的地理分布与区划及其防治.动物学杂志，14（4）：30-34.

孙虹，柯明剑，李书香，等.2007.珠海地区蠓科昆虫调查报告.中国国境卫生检疫杂志，30（4）：232-233.

王春梅，郝宝善，郑学礼.2003.广东省吸血蠓的种类与分布.热带医学杂志，3（3）：327-329.

伍有声，董祖林，刘东明，等.2000.华南植物园蝶类名录.广东林业科技，16（3）：41-47.

肖汉洪，徐锦海，李方满.2002.广东肇庆地区蝶类调查初报.热带农业科学，22(3)：23-31.

徐家雄，林明生，陈瑞屏，等.2008.粤港地区红树林害虫种类调查.广东林业科技，24（2）：46-49.

徐剑，邵佩贞，等.2002.广东大陆翼手目动物区系与地理区划.中山大学学报，41（3）：77-80.

虞以新，梁美谊，陈家龙，等.2007.香港铗蠓三新种（双翅目：蠓科）.动物分类学报，32（2）：486-489.

曾建芳，彭镜垣，徐云庆，等.2009.盐田港医学昆虫监测技术报告.中国国境卫生检疫杂志，32（增）：22-27.

张兵兰，庞虹，贾凤龙，等.2003.广东大雾岭自然保护区蜻蜓调查初报.昆虫天敌，25（3）：55-58.

张丹丹，庞虹，刘桂林，等.2005.广东鹤山、东莞莲花山小蛾类.昆虫天敌，27（3）：107-111.

张玮，周善义.2006.梧桐山蚂蚁分类研究.惠州学院学报，26（6）：47-50.

张韶华，梁焯南，冯南贵，等.2000.深圳市麻蝇种类调查.中国媒介生物学及控制杂志，11（4）：4.

郑立军，靳桂敏，黄文志.2007.广东南岭自然保护区蝶类季节变化的研究初报.野生动物杂志，28（5）：33-35.

郑哲民，李后魂.2012.香港地区直翅目二新种.动物分类学报，37（2）：325-328.

郑哲民，梁铬球.2000.广东省尖顶蚱属一新种.华东昆虫学报，9（2）：20-22.

LI H H，ZHEN H，KENDRICK R C. 2010. Microlepidoptera of Hong Kong：Taxonomic study on the genus *Dichomeris* Hubner, 1 818, with descriptions of three new species（Lepidoptera：Gelechiidae）. SHILAP Revta. Lepid.，38（149）：67-89.

LI M W，ZHANG J R，LIANG Z H，et al. 2008. Prelininary report of survey of Ceratopogonidae on Lautau island，Hong Kong （Diptera：Ceratopogonidae）. Acta Zootaxonomica Sinica，33（4）：706-708.

27 广西

陈树椿，何允恒.1999.广西螳目3新种记述.广西科学院学报，15（2）：84-86.

邓维安.2003.广西宜州市蝗虫名录.河池师专学报，23（2）：97-98.

邓维安，郑哲民.2005.广西河池地区刺翼蚱科、短翼蚱科、蚱科昆虫的分类研究（直翅目：蚱总科）.广西师范学院学报，22（2）：65-69.

邓维安，郑哲民.2006.广西南部地区蚱科三新种记述（直翅目：蚱总科）.昆虫分类学报，28（2）：111-117.

邓维安，郑哲民，韦仕珍．2006.广西羊角蚱属三新种加护（直翅目：刺翼蚱科）.昆虫分类学报，28（4）：254-257.

黄国华，湛安明，王敏．2003.广西布柳河自然保护区的蝶类资源.昆虫天敌，25（2）：75-82.

黄建华，周善义．2003.广西猫儿山天牛科昆虫多样性研究.广西师范大学学报，21（3）：82-86.

黄建华，周善义．2005.广西星天牛属记述.广西师范大学学报，23（3）：78-81.

黄建华，周善义，王绍能．2002.广西猫儿山自然保护区天牛科昆虫名录.广西师范大学学报，20（3）：64-68.

黄宁廷，魏美才．2008.广西十万大山叶蜂名录附记一中国新纪录种.中南林业科技大学学报，28（2）：129-132.

蒋得斌，李光平，罗远周，等．2004.广西猫儿山自然保护区蝴蝶名录.广西植保，17（4）：3-4.

蒋国芳．1999.广西蝗虫研究 Ⅱ.蝗虫地理区划.广西科学，6（1）：59-62.

蒋国芳，范仁俊，杨星科．1998.广西草蛉区系研究.昆虫分类学报，20（4）：267-272.

梁铭球，蒋国芳．2004.广西田林县蚱总科四新种记述（直翅目）.动物分类学报，29（1）：115-120.

刘艳霞，牛耕耘，魏美才．2012.中国广西平背叶蜂亚科三新种（膜翅目：叶蜂科）.动物分类学报，37（2）：357-362.

陆温，韦绥概，覃爱枝，等．2000.广西山口红树林自然保护区蝶类资源考察报告.广西科学，7（2）：150-153.

王书永，葛斯琴，杨星科，等．2002.广西叶甲亚科昆虫种类加护（鞘翅目：叶甲科）.昆虫分类学报，24（2）：116-124.

魏美才，黄宁廷．2002.广西十万大山蕨叶蜂四新种（膜翅目：蕨叶蜂科）.中南林学院学报，22（4）：18-21.

魏美才，黄宁廷，肖伟．2003.广西十万大山叶蜂四新种（膜翅目：叶蜂总科）.中南林学院学报，23（4）：10-13.

韦仕珍，郑哲民．2005.滇桂蝗虫新属和新种（直翅目：蝗总科）.动物分类学报，30（2）：368-373.

贤振华，等．1996.广西农业昆虫地理区划探讨.西南农业学报，15（2）：79-85

肖海龙，黄建华，周善义．2004.广西猫儿山自然保护区蝗虫生物多样性初步研究.广西科学，11（2）：157-160.

杨星科．2004.广西十万大山地区昆虫.北京：中国林业出版社.

张建庆，张春林，陈汉彬．2005.广西壮族自治区吸血蚋类分类研究（双翅目：蚋科）.贵州科学，23（3）：35-38.

张永强，尤其儆，蒲天胜，等．1992.广西昆虫名录.南宁：广西科学技术出版社.

张玉霞，等．2000.广西两栖动物.桂林：广西师范大学出版社.

郑哲民．2002.广西那坡地区蚱总科三新种（直翅目：蚱总科）.动物学研究，23（4）：315-318.

郑哲民．2003.广西大瑶山地区蚱总科六新种记述（直翅目）.动物分类学报，28（1）：88-94.

郑哲民．2005.中国西部蚱总科志.北京：科学出版社.

郑哲民，邓维安．2004.广西北部地区蚱总科七新种记述（直翅目）.昆虫分类学报，26（2）：91-103.

郑哲民，邓维安．2004.广西金城江地区蚱科六新种（直翅目：蚱科）.陕西师范大学学报，32（4）：77-83.

郑哲民，蒋国芳．2000.广西短翼蚱科的新属和新种.动物分类学报，25（4）：402-405.

郑哲民，蒋国芳．2000.广西蚱科四新种记述（直翅目：蚱总科）.动物学研究，21（2）：144-148.

郑哲民，蒋国芳．2002.广西蚱总科三新种（直翅目）.昆虫学报，45（增刊）：9-12.

郑哲民，蒋国芳．2006.广西左江地区蚱总科四新种记述（直翅目）.动物分类学报，31（1）：141-145.

郑哲民，石福明，罗桂虎．2003.广西红水河地区蚱总科的新种（直翅目）.华中农业大学学报，22（5）：436-441.

郑哲民，韦仕珍．2000.广西河池地区蝗虫调查.广西科学，7（2）：147-149.

周善义．2001.广西蚂蚁.桂林：广西师范大学出版社.

LIU S S, REN G D. 2007. Taxonomic study of the genus *Uloma* Dejean from Guangxi in China (Coleoptera：Tenebrionidae, Ulomini). Acta Zootaxonomica Sinica，32（3）：530-538.

WANG J J, ZHU Y J, YANG D. 2012. New specie of *Amblypsilopus* and *Condylostylus* from Guangxi, China (Diptera：Dolichopodidae). Acta Zootaxonomica Sinica，37（2）：374-377.

ZHOU S Y，ZHENG Z M. 1999. Taxonomic study of the ant genus *Pjeidole* Westwood from Guangxi, with descriptions of three new species (Hymenoptera： Formicidae). Acta Zootaxonomica Sinica, 24（1）：83-88.

ZHU C D，HUANG D W. 2002. Ataxonomic study on Eulophidae from Guangxi, China (Hymenoptera：Chalcidoidea). Acta Zootaxonomica Sinica，27（3）：583-607.

28 海南

顾茂彬，陈佩珍．1997.海南岛蝴蝶．北京：中国林业出版社．

胡婷玉，胡好远，肖晖，等．2010.海南长尾小蜂科分类学研究（膜翅目）.昆虫分类学报，32（增）：95-109.

黄复生．2002.海南森林昆虫．北京：科学出版社．

霍科科，任国栋．2008.中国海南管蚜蝇族一新属一新种记述（食蚜蝇科，管蚜蝇族）.动物分类学报，33（3）：626-629.

王思政，王方晓，宣立峰．2000.中国海南省蜡蝉总科区系研究.华北农学报，15（增）：157-161.

魏美才，牛耕耘．2008.海南叶蜂补充记录附记中国蔡氏叶蜂属一新种（膜翅目：叶蜂总科）.昆虫分类学报，30（4）：287-292.

肖晖，黄大卫．2000.中国海南省金小蜂分类研究（膜翅目：小蜂总科）.昆虫分类学报，22（2）：140-149.

杨茂发，倪俊强，孟泽洪，等．2009.海南大叶蝉亚科昆虫种类纪要（半翅目：叶蝉科）.山地农业生物学报，28（6）：475-484.

杨茂发，李子忠．1998.海南大叶蝉科三新种（同翅目：叶蝉总科）.动物学研究，19（4）：318-322.

曾庆波，李意德，陈步峰，等．1995.海南岛尖峰岭地区生物物种名录.北京：中国林业出版社．

HUA B Z，CHOU I. 1998. Panorpidae (Mecoptera) in Hainan island. Entomotaxonomia, 20（2）： 133-139.

LIN M G，WANG X J，ZENG L . 2011. Three new species of the genus *Bactrocera* Macquart（Diptera：Tephritidae, Dacinae）from Hainan, China. *Acta* Zootaxonomica Sinica, 36（4）：896-900.

LIN M G，YANG Z J, WANG X J, et al. 2006. A taxonomic study of the subfamily Dacinae (Diptera：Tephritidae) from Hainan, China. Acta Entomologica Sinica，49（2）：310-314.

YAN X，BU Y，YIN W Y. 2008. A new species of *Anicentomon* from Hainan，southern China (Protura：Eosentomidae). Zootaxa, 1 727：39-43.

第四编　Part Ⅳ

巴义彬，任国栋．2012.中国宽漠甲属分类研究（鞘翅目，拟步甲科）.动物分类学报，37（4）：767-772.

卜文俊，郑乐怡．2001.中国动物志 昆虫纲 第二十四卷 半翅目 毛唇花蝽科 细角花蝽科 花蝽科.北京：科学出版社．

蔡平，陆庆光．1998.叶蝉科四新种（同翅目：叶蝉科）.林业科学，34（6）：55-62.

蔡平，申效诚．1997.横脊叶蝉亚科四新种（同翅目：叶蝉科）.昆虫分类学报，19（4）：246-252.

蔡平，沈雪林．2010.中国长突叶蝉属三新种记述（半翅目：叶蝉科，叶蝉亚科）.昆虫分类学报，32（增）：13-19.

蔡邦华，陈宁生．1964.中国经济昆虫志 第八册 等翅目 白蚁.北京：科学出版社．

蔡荣权．1979.中国经济昆虫志 第十六册 鳞翅目 舟蛾科.北京：科学出版社．

彩万志，等．1997.中国猎蝽属分类检索表及五新种记述.昆虫分类学报，19（4）：253-267.

常有德，贺达汉．2001.中国西北地区铺道蚁属分类研究（膜翅目：蚁科，切叶蚁亚科）.宁夏农学院学报，22（1）：1-7.

常有德，贺达汉．2001.中国西北地区细胸蚁属分类研究（膜翅目：蚁科，切叶蚁亚科）.宁夏农学院学报，22（2）：1-4, 41.

常有德，贺达汉．2002.中国西北地区蚁属分类研究兼9新种和4新纪录种记述（膜翅目：蚁科，蚁亚科）.动物学研究，23（1）：49-60.

岑业文，等．2002.中国沟顶叶蝉亚科四新种（同翅目：叶蝉科）．动物分类学报，27（1）：116-122.

陈方洁．1983.中国雪盾蚧族．成都：四川科学技术出版社．

陈刚，梁亮，杨定．2010.中国水虻科四新种（双翅目）．昆虫分类学报，32（2）：129-135.

陈刚，张婷婷，杨定．2010.中国寡毛水虻属四新种（双翅目：水虻科）．动物分类学报，35（1）：202-205.

陈汉斌，安继尧．2003.中国黑蝇．北京：科学出版社．

陈家骅，伍志山．1994.中国反颚茧蜂族（膜翅目：茧蜂科，反颚茧蜂亚科）．北京：中国农业出版社．

陈家骅，杨建全．2006.中国动物志 昆虫纲 第四十六卷 膜翅目 茧蜂科（四）．北京：科学出版社．

陈明利，黄宁廷，钟义海．2005.钩瓣叶蜂 3 新种（膜翅目：叶蜂科）．中南林学院学报．25（2）：85-87.

陈启宗．1984.我国常见贮粮昆虫的分布调查．郑州粮食学院学报，5（4）：5-10.

陈世骧，等．1959.中国经济昆虫志 第一册 鞘翅目 天牛科．北京：科学出版社．

陈世骧，等．1986.中国动物志 昆虫纲 第二卷 鞘翅目 铁甲科．北京：科学出版社．

陈树椿，何允恒．2008.中国螳目昆虫．北京：中国林业出版社．

陈树椿，张培毅．2008.云南高黎贡山螳目昆虫五新种及污色无翅刺螳雄性的发现（螳目：异螳科，螳科）．昆虫分类学报，30（4）：245-254.

陈祥盛，梁爱萍．2005.中国长突飞虱亚科分类研究及一新种记述（同翅目：蜡蝉总科，飞虱科）．动物分类学报，30（2）：123-129.

陈祥盛，梁爱萍．2005.偏角飞虱属分类研究（同翅目：蜡蝉总科，飞虱科）．动物分类学报，30（2）：374-378.

陈学新，何俊华，马云．2004.中国动物志 昆虫纲 第三十七卷 膜翅目 茧蜂科（二）．北京：科学出版社．

陈一心．1985.中国经济昆虫志 第三十二册 鳞翅目 夜蛾科（四）．北京：科学出版社．

陈一心．1999.中国动物志 昆虫纲 第十六卷 鳞翅目 夜蛾科．北京：科学出版社．

陈一心．2004.中国动物志 昆虫纲 第三十五卷 革翅目．北京：科学出版社．

成新跃，黄春梅，段峰，等．1998.中国缩颜蚜蝇族种类记述及地理分布（双翅目：食蚜蝇科）．动物分类学报，23（4）：414-427.

程霞英，李子忠．2005.中国扁叶蝉亚科一新属三新种（同翅目：叶蝉科）．动物分类学报，30（2）：379-383.

池宇，郝晶，张春田．2010.中国北方地区茸毛寄蝇亚属分类研究（双翅目：寄蝇科）．沈阳师范大学学报，28（1）：86-89.

崔俊芝，白明，吴鸿，等．2007，2009.中国昆虫模式标本名录 第一、二卷．北京：中国林业出版社．

戴仁怀，李子忠，陈学新．2004.二室叶蝉属中国种类纪要（同翅目：叶蝉科，殃叶蝉亚科）．动物分类学报，29（4）：749-755.

戴武，张雅林．2004.中国掌叶蝉属利叶蝉属分类研究（同翅目：叶蝉科，角顶叶蝉亚科）．动物分类学报，29（4）：742-748.

邓合黎，李爱民，吴立伟．2009.横断山南部边缘地区蝴蝶种系分布．宜宾学院学报，9（12）：90-95.

丁锦华．2006.中国动物志 昆虫纲 第四十五卷 同翅目 飞虱科．北京：科学出版社．

杜艳丽，李后魂，王淑霞．2001.中国夜斑螟属 *Nyctegretis* Zeller 的研究．南开大学学报 34（4）：98-102.

范滋德．1992.中国常见蝇类检索表．北京：科学出版社．

范滋德，等．1988.中国经济昆虫志 第三十七册 双翅目 花蝇科．北京：科学出版社．

范滋德，等．1997.中国动物志 昆虫纲 第六卷 双翅目 丽蝇科．北京：科学出版社．

范滋德，邓耀华．2008.中国动物志 昆虫纲 第四十九卷 双翅目 蝇科（一）．北京：科学出版社．

方承莱．1985.中国经济昆虫志 第三十三册 鳞翅目 灯蛾科．北京：科学出版社．

方承莱．2000.中国动物志 昆虫纲 第十九卷 鳞翅目 灯蛾科．北京：科学出版社．

房雅君，张雅林．2007.中国尾蛱蝶属分类研究并记一新种（鳞翅目，蛱蝶科）．动物分类学报，32（2）：468-472.

冯纪年，等．1998.中国小头蓟马属二新种．昆虫分类学报，20（4）：257-260.

冯纪年，杨晓娜，张桂玲．2007.中国领针蓟马分类研究（缨翅目：蓟马科）．动物分类学报，32（2）：451-454.

冯平章，等．1997.中国蟑螂种类及防治．北京：中国科学技术出版社．

冯炎 . 2005. 中国圆蝇亚科妙蝇属四新种（双翅目：蝇科）. 寄生虫与医学昆虫学报，12（4）：216-221.

冯炎 . 2009. 中国毛膝蝇属研究并记四新种（双翅目：蝇科）. 动物分类学报，34（3）：624-629.

冯炎，薛万琦 . 2000. 中国丽蝇科三新种（双翅目：丽蝇科）. 沈阳师范学院学报，18（1）：50-55.

冯炎，叶宗茂 . 2007. 中国阳蝇属四新种（双翅目：蝇科）. 动物分类学报，32（4）：969-973.

葛钟麟 . 1966. 中国经济昆虫志 第十册 同翅目 叶蝉科 . 北京：科学出版社 .

葛钟麟，等 . 1984. 中国经济昆虫志 第二十七册 同翅目 飞虱科 . 北京：科学出版社 .

郭良珍，梁爱萍，丁锦华，等 . 2004. 叉飞虱属（同翅目：飞虱科）分类研究 . 动物分类学报，29（4）：736-741.

龚正达，吴厚永 . 2004. 中国古蚤属分类研究（蚤目：栉眼蚤科）. 动物分类学报，29（4）：809-819.

韩红香，薛大勇 . 2011. 中国动物志 昆虫纲 第五十四卷 鳞翅目 尺蛾科 尺蛾亚科 . 北京：科学出版社 .

韩运发 . 1997. 中国经济昆虫志 第五十五册 缨翅目 . 北京：科学出版社 .

郝淑莲 . 2008. 中国羽蛾科新纪录种记述（鳞翅目：羽蛾科）. 四川动物，27（5）：815-817.

何继龙，储西平，孙兴全，等 . 1996. 中国食蚜蝇亚科昆虫的区系分析（双翅目：食蚜蝇科）. 上海农学院学报，14（1）：1-9.

何继龙，李清西，孙兴全 . 1998. 中国优食蚜蝇属的研究及二新种记述（双翅目：食蚜蝇科）. 昆虫学报，41（3）：291-299.

何俊华，陈学新，马云 . 1996. 中国经济昆虫志 第五十一册 膜翅目 姬蜂科 . 北京：科学出版社 .

何俊华，陈学新，马云 . 2000. 中国动物志 昆虫纲 第十八卷 膜翅目 茧蜂科（一）. 北京：科学出版社 .

何俊华，许再福 . 2010. 光胸细蜂属四新种记述（膜翅目：细蜂科）. 昆虫分类学报，32（3）：219-230.

何俊华，许再福 . 2011. 中国中沟细蜂属种类记述（膜翅目：细蜂科）. 昆虫分类学报，33（1）：41-52.

何俊华，许再福 . 2011. 中国短细蜂属种类记述（膜翅目：细蜂科）. 昆虫分类学报，33（2）：132-142.

何俊华，许再福 . 2002. 中国动物志 昆虫纲 第二十九卷 膜翅目 螯蜂科 . 北京：科学出版社 .

何俊华，等 . 1991. 中国水稻害虫天敌名录 . 北京：科学出版社 .

何俊华，等 . 1992. 中国稻作害虫名录 . 北京：农业出版社 .

胡琪，郑乐怡 . 2001. 中国大陆摩盲蝽亚族种类记述（半翅目：盲蝽科，单室盲蝽亚科）. 动物分类学报，26（4）：414-430.

黄春梅 . 1991. 中国束颈蝗属 Sphingonotus Fieber 的地理分布 . 系统进化动物学论文集 . 北京：科学出版社 .

黄春梅等 . 1999. 我国及其邻近地区斑腿蝗科区系及其起源研究 . 昆虫学报，42（2）：184-198.

黄春梅，成新跃 . 1995. 中国缺伪蚜蝇属 Graptomyza 的研究（双翅目：食蚜蝇科）. 昆虫分类学报，17（增）：91-99.

黄大卫 . 1993. 中国经济昆虫志 第四十一册 膜翅目 金小蜂科 . 北京：科学出版社 .

黄大卫，肖晖 . 2005. 中国动物志 昆虫纲 第四十二卷 膜翅目 金小蜂科 . 北京：科学出版社 .

黄复生 . 2000. 中国动物志 昆虫纲 第十七卷 等翅目 . 北京：科学出版社 .

黄建 . 1994. 中国蚜小蜂科分类 (膜翅目：小蜂总科). 重庆：重庆出版社 .

黄蓬英，花保祯，申效诚 . 2004. 蝎蛉属 Panorpa 一新种记述（长翅目：蝎蛉科）. 昆虫分类学报，26（1）：29-31.

黄远达 . 2001. 中国白蚁学概论 . 武汉：湖北科学技术出版社 .

霍科科，任国栋 . 2006. 河北大学博物馆馆藏食蚜蝇亚科分类研究（双翅目：食蚜蝇科，食蚜蝇亚科）. 动物分类学报，31（3）：653-666.

霍科科，郑哲民，张宏杰 . 2003. 中国毛食蚜蝇属 Dasysyrphus Enderlein 的种类及分布（双翅目：食蚜蝇科）. 陕西师范大学学报，31（增）：80-84.

贾凤龙，王佳，王继芬，等 . 2010. 中国真龙虱属 Cybister Curtis 分类研究（鞘翅目：龙虱科，龙虱亚科）. 昆虫分类学报，32（4）：255-263.

江世宏 . 1993. 华中农业大学昆虫标本馆藏昆虫标本名录 . 北京：北京农业大学出版社 .

江世宏，王书永 . 1999. 中国经济叩甲图志 . 北京：中国农业出版社 .

蒋国芳，郑哲民 . 1998. 广西蝗虫 . 桂林：广西师范大学出版社 .

蒋书楠，陈力 . 2001. 中国动物志 昆虫纲 第二十一卷 鞘翅目 天牛科 花天牛亚科 . 北京：科学出版社 .

蒋书楠，蒲富基，华立中 . 1985. 中国经济昆虫志 第三十五册 鞘翅目 天牛科（三）. 北京：科学出版社 .

金大雄 . 1999. 中国吸虱的分类和检索 . 北京：科学出版社 .

冷科明，杨连芳 . 2004. 中国沼石蛾科五新种记述（毛翅目）. 动物分类学报，29（3）：516-522.

李传仁，郑乐怡 . 2006. 中国 Galeatus 属群记述（半翅目：网蝽科）. 动物分类学报 31（2）：378-387.

李法圣 . 2002. 中国螠目志 . 北京：科学出版社 .

李法圣 . 2011. 中国木虱志 . 北京：科学出版社 .

李鸿昌，夏凯龄 . 2005. 中国动物志 昆虫纲 第四十三卷 直翅目 蝗总科 斑腿蝗科 . 北京：科学出版社 .

李后魂 . 2002. 中国麦蛾（一）. 天津：南开大学出版社 .

李后魂 . 2004. 弧蛀果蛾属研究及三新种记述（鳞翅目：粪蛾总科，蛀果蛾科）. 昆虫学报，47（1）：86-92.

李后魂，王玉荣，董建臻，2001. 中国果蛀蛾科分类学整理及新种记述 . 动物分类学报，26（1）：61-73.

李后魂，王淑霞 . 2002. 中国模尖蛾属研究及二新种记述 . 昆虫学报，45（2）：230-233.

李后魂，范喜梅 . 2007. 腹巢蛾属研究及二新种记述 . 动物分类学报，32（3）：556-560.

李后魂，肖云丽 . 2009. 中国太宇谷蛾属分类研究（鳞翅目：谷蛾科）. 动物分类学报，34（2）：224-233.

李清西 . 1995. 中国墨管蚜蝇属种类及新种记述（双翅目：食蚜蝇科）. 昆虫分类学报，17（2）：119-124.

李清西 . 1995. 中国条眼管蚜蝇属种类记述 . 八一农学院学报，18（3）：21-24.

李清西，何继龙 . 1992. 中国黄条管蚜蝇属种类记述（双翅目：食蚜蝇科）. 上海农学院学报，10（2）：141-149.

李铁生 . 1978. 中国经济昆虫志 第十三册 双翅目 蠓科 . 北京：科学出版社 .

李铁生 . 1985. 中国经济昆虫志 第三十册 膜翅目 胡蜂总科 . 北京：科学出版社 .

李铁生 . 1988. 中国经济昆虫志 第三十八册 双翅目 蠓科（二）. 北京：科学出版社 .

李廷景，李强，彩万志 . 快足小唇泥蜂属一新种和八个中国新纪录种（膜翅目：方头泥蜂科）. 昆虫分类学报，29（2）：140-146.

李卫春，李后魂 . 2007. 中国双带草螟属研究及一新种记述 . 动物分类学报，32（3）：564-567.

李晓明，刘国卿 . 2007. 中国杂盲蝽属二新种记述（半翅目：盲蝽科，叶盲蝽亚科）. 动物分类学报，32（3）：674-679.

李志红，等 . 1995. 中国虱螠属四新种 . 北京农业大学学报，21（2）：215-222.

李子忠，陈祥盛 . 1999. 中国隐脉叶蝉 . 贵阳：贵州科技出版社 .

李子忠，戴仁怀 . 2004. 带叶蝉属六新种记述（同翅目：叶蝉科，殃叶蝉亚科）. 动物分类学报，29（2）：281-287.

李子忠，汪廉敏 . 1996. 中国横脊叶蝉 . 贵阳：贵州科技出版社 .

李子忠，汪廉敏 . 2004，菱纹叶蝉属中国种类纪要（同翅目：叶蝉科，殃叶蝉亚科）. 动物分类学报，29（3）：486-490.

李子忠，汪廉敏，梁爱萍 . 2005. 中国带叶蝉属四新种记述（同翅目：叶蝉科，殃叶蝉亚科）. 动物分类学报，30（1）：130-134.

李子忠，徐翩，梁爱萍 . 2005. 广头叶蝉属六新种记述（半翅目：叶蝉科，广头叶蝉亚科）. 动物分类学报，30（3）：577-583.

李子忠，张斌 . 2005. 中国拟菱纹叶蝉属分类研究（半翅目：叶蝉科，殃叶蝉亚科）. 动物分类学报，30（4）：794-797.

李子忠，张斌 . 2006. 中国小头叶蝉属三新种记述（半翅目：叶蝉科）. 动物分类学报，31（1）：155-159.

梁铬球，郑哲民 . 1998. 中国动物志 昆虫纲 第十二卷 直翅目 蚱总科 . 北京：科学出版社 .

廖定熹，等 . 1987. 中国经济昆虫志 第三十四册 膜翅目 小蜂总科（一）. 北京：科学出版社 .

林乃铨 . 1994. 中国赤眼蜂分类（膜翅目：小蜂总科）. 福州：福建科学技术出版社 .

刘崇乐 . 1963. 中国经济昆虫志 第五册 鞘翅目 瓢虫科 . 北京：科学出版社 .

刘国卿，丁丹 . 2008. 板同蝽属新种及剪同蝽在中国分布记述（半翅目：同蝽科）. 动物分类学报，33（4）：768-774.

刘国卿，许静杨，张旭 . 2011. 中国盲蝽科新种及新纪录（半翅目：异翅亚目，盲蝽科）. 昆虫分类学报，33（1）：1-11.

刘家宇，张春田，葛振萍，等 . 2006. 卷蛾寄蝇族（双翅目：寄蝇科）分类研究 . 沈阳师范大学学报，24（3）：334-339.

刘家宇，李后魂 . 2010. 中国裸斑螟属分类研究（鳞翅目：螟蛾科，斑螟亚科）. 动物分类学报，35（3）：619-626.

刘永琴，侯大斌，李忠诚 . 1998. 中国弹尾目种目录 . 西南农业大学学报，20（2）：125-131.

刘友樵，白九维 . 1977. 中国经济昆虫志 第十一册 鳞翅目 卷蛾科（一）. 北京：科学出版社 .

刘友樵，李广武 . 2002. 中国动物志 昆虫纲 第二十七卷 鳞翅目 卷蛾科 . 北京：科学出版社 .

刘友樵，武春生．2006．中国动物志 昆虫纲 第四十七卷 鳞翅目 枯叶蛾科．北京：科学出版社．

刘宪伟．2000．中国蛩螽族三新属七新种（直翅目：螽斯总科，蛩螽科）．动物学研究，21（3）：218-226．

刘宪伟，张鼎杰．2007．中国草螽属的研究及两新种记述（直翅目：草螽科）．动物分类学报，32（2）：438-444．

刘宪伟，周敏．2011．中国玛蠊属三新种记述（蜚蠊目：姬蠊科）．动物分类学报，36（4）：936-942．

刘宪伟，周顺．2007．中国异饰肛螽属的修订（直翅目：螽斯总科，蛩螽科）．动物分类学报，32（1）：190-195．

刘宪伟，周顺，毕文烜．2008．中国异饰肛螽属四新种记述（直翅目：螽斯总科，蛩螽科）．动物分类学报，33（4）：761-767．

柳支英，等．1986．中国动物志 昆虫纲 第一卷 蚤目．北京：科学出版社．

罗庆怀，游兰韶，肖治术．2004．中国小腹茧蜂亚科（膜翅目：茧蜂科）一新属新种记述．动物分类学报，29（2）：339-341．

陆宝麟，等．1997．中国动物志 昆虫纲 第八、九卷 双翅目 蚊科（上、下卷）．北京：科学出版社．

陆宝麟，吴厚永．2003．中国重要医学昆虫分类与鉴别．郑州：河南科学技术出版社．

吕渊，武三安．2011．中国竹类粉蚧一新属一新种（半翅目：蚧总科，粉蚧科）．动物分类学报，36（2）：395-399．

马方舟，李强．2011．中国蛛蜂科十新纪录种．昆虫分类学报，33（1）：74-76．

马继盛，等．2008．中国烟草昆虫．北京：科学出版社．

马文珍．1995．中国经济昆虫志 第四十六册 鞘翅目 花金龟科 斑金龟科 弯腿金龟科．北京：科学出版社．

马忠余，薛万琦，冯炎．2002．中国动物志 昆虫纲 第二十六卷 双翅目 蝇科（二）．北京：科学出版社．

毛本勇，徐吉山．2004．中国蝗属三新种及雪山雏蝗雄性记述（直翅目：网翅蝗科）．动物分类学报，29（3）：468-473．

孟泽红，杨茂发．2008．中国窗翅叶蝉属三新种（半翅目：叶蝉科，大叶蝉亚科）．动物分类学报，33（4）：780-784．

聂海燕，魏美才．1999．中国叶蜂总科新纪录种．昆虫分类学报，21（2）：143-145．

聂海燕，魏美才．2004．中国狭腹叶蜂属系统分类研究（膜翅目：叶蜂科）．动物分类学报，29（2）：330-338．

牛耕耘，魏美才．2009．中国平背叶蜂亚科（膜翅目：叶蜂科）三新种．动物分类学报，34（1）：161-165．

牛耕耘，魏美才．2009．中国真片叶蜂属（膜翅目：叶蜂科）四新种．动物分类学报，34（3）：596-603．

牛耕耘，魏美才．2010．中国侧跗叶蜂属（膜翅目：叶蜂科）五新种．动物分类学报，35（4）：911-921．

牛耕耘，薛俊哲，魏美才．2012．中国大基叶蜂亚科三新种（膜翅目：叶蜂科）．动物分类学报，37（3）：589-595．

牛瑶，郑哲民．2005．中国云南佛蝗亚科一新属一新种（直翅目：剑角蝗科）．动物分类学报，30（4）：762-764．

庞雄飞，毛金龙．1979．中国经济昆虫志 第十四册 鞘翅目 瓢虫科（二）．北京：科学出版社．

蒲富基．1980．中国经济昆虫志 第十九册 鞘翅目 天牛科．北京：科学出版社．

钱薇萍，冯炎．2005．中国阳蝇属三新种（双翅目：蝇科）．中国媒介生物学及控制杂志，16（4）：258-260．

乔格侠，张广学．2004．中国叶蚜亚科分类学研究（同翅目：蚜科）．动物分类学报，29（1）：130-134．

乔格侠，张广学，钟铁森．2005．中国动物志 昆虫纲 第四十一卷 同翅目 斑蚜科．北京：科学出版社．

瞿逢伊，钱国正．1989．蚊科的区系分布及其演变的初步探讨．动物分类学报，14（4）：468-474．

冉红凡，梁爱萍，江国妹．2005．扁足瓢蜡蝉属分类研究（半翅目：蜡蝉总科，瓢蜡蝉科）．动物分类学报，30（3）：570-576．

任国栋，巴义彬．2010．中国土壤拟步甲志 第二卷 鳖甲类．北京：科学出版社．

任国栋，王新谱．2001．中国琵甲属八新种（鞘翅目：拟步甲科）．昆虫分类学报，23（1）：15-27．

任国栋，吴琦琦．2007．中国毒甲属分类研究（鞘翅目：拟步甲科，毒甲族）．动物分类学报，32（3）：689-699．

任国栋，杨秀娟．2006．中国土壤拟步甲志 第一卷 土甲类．北京：高等教育出版社．

任国栋，于有志．1999．中国荒漠半荒漠的拟步甲科昆虫．保定：河北大学出版社．

任树芝．1998．中国动物志 昆虫纲 第十三卷 半翅目 姬蝽科．北京：科学出版社．

任树芝．2000．我国南方地区龟蝽新属新种记述．武夷科学，16：32-39．

申效诚，孙浩，赵华东．2006．夜蛾科昆虫区系研究：Ⅰ．世界夜蛾的种类和产地//李典谟．全国生物多样性保护与外来物种入侵学术研讨会论文集．北京：中国农业科学技术出版社，263-272．

申效诚，孙浩，赵华东．2007.中国夜蛾科昆虫的物种多样性及分布格局的研究．昆虫学报，50（7）：709-719.

沈兆鹏．1995.书虱的种类生物学特性及防治．粮食储藏，24（4）：11-14.

盛茂领．2008.中国特姬蜂属种类记述（膜翅目：姬蜂科）．动物分类学报，33（1）：164-169.

盛茂领，等．2001.中国隼姬蜂属一新种（膜翅目：姬蜂科）．动物分类学报，26（1）：78-80.

盛茂领，等．2002.中国的克里姬蜂及一新种记述（膜翅目：姬蜂科）．昆虫学报，45 (Sup.)：93-95.

盛茂领，等．2004.中国兜姬蜂属分类研究（膜翅目：姬蜂科）．动物分类学报，29（4）：769-773.

盛茂领，郑华．2005.中国隐姬蜂属（膜翅目：姬蜂科）研究．动物分类学报，30（2）：415-418.

盛茂领，申效诚．2008.中国各省区姬蜂科昆虫的分布及多元相似性聚类分析//申效诚，张润志，任应党．昆虫分布与分类．北京：中国农业科技书出版社，389-393.

盛茂领，孙淑萍．2007.中国的耕姬蜂属（膜翅目：姬蜂科）及一新种．动物分类学报，32（4）：962-965.

盛茂领，孙淑萍．2007.中国发现侵姬峰属（膜翅目：姬蜂科）及一新种．动物分类学报，32（4）：959-961.

盛茂领，孙淑萍．2008.棘蹍姬蜂属在中国首次发现并记述一新种．动物分类学报，33（3）：619-622.

盛茂领，孙淑萍．2010.中国林木蛀虫天敌姬蜂．北京：科学出版社．

石福明，常岩林．2004.中国斜缘螽属研究及两新种记述（直翅目：露螽科）．动物分类学报，29（3）：464-467.

石福明，欧晓红．2005.中国吟螽属研究及一新种记述（直翅目：蛩螽科）．动物分类学报，30（2）：358-362.

石明旺，彩万志．1997.中国斯猎蝽属小汇．昆虫分类学报，19（3）：196-208.

时振亚．1987.中国跳小蜂科二新纪录种．昆虫分类学报，9（3）：118.

时振亚．1987.中国跳小蜂二新纪录种．昆虫分类学报，9（3）：188.

时振亚．1988.中国纹翅跳小蜂属一新种．动物分类学报，13（3）：188.

时振亚．1988.中国长孔姬蜂属一新种记述．昆虫分类学报，10（3，4）215-218.

宋月华，李子忠．2005.中国斑叶蝉族名录（同翅目：叶蝉科，小叶蝉亚科）．山地农业生物学报，24（4）：352-355.

孙桂华，杨春旺，王文凯，等．2003.天津自然博物馆天牛科昆虫名录．天津农学院学报，10（1）:20-25；（3）:34-38；（4）:25-31.

孙淑萍，盛茂领．2008.拟新祕姬蜂属一新种．动物分类学报，33（4）：790-792.

孙元，佟艳丰，薛万琦．2003.中国溜芒蝇属初步研究（双翅目：蝇科）．沈阳师范大学学报，21（2）：139-142.

唐觉．1995.中国经济昆虫志 第四十七册 膜翅目 蚁科（一）．北京：科学出版社．

汤祊德．1991.中国蚧科．太原：山西高校联合出版社．

汤祊德．1992.中国粉蚧科．北京：中国农业科技出版社．

汤玉清．1990.中国细颚姬蜂属志．重庆：重庆出版社．

谭娟杰，王书永，周红章．2005.中国动物志 昆虫纲 第四十卷 鞘翅目 肖叶甲科 肖叶甲亚科．北京：科学出版社．

谭娟杰，虞佩玉．1980.中国经济昆虫志 第十八册 鞘翅目 叶甲总科（一）．北京：科学出版社．

田立新，等．1996.中国经济昆虫志 第四十九册 毛翅目（一）．北京：科学出版社．

万霞，白明，崔俊芝，等．2010.中国锹甲科六新纪录种．动物分类学报，35（1）：247-250.

王柏凤，王明福，薛万琦，等．2006.我国东北区厕蝇科区系研究（双翅目）．医学动物防制，22（8）：554-557.

王敏，范骁凌．2002.中国灰蝶志．郑州：河南科学技术出版社．

王明福，薛万琦，曹秀芬．2004.我国黄土高原亚区厕蝇科研究（双翅目）．中国媒介生物学及控制杂志，15（1）：33-35.

王平远．1980.中国经济昆虫志 第二十一册 鳞翅目 螟蛾科．北京：科学出版社．

王世彰．2003.中国弹尾目二十五新纪录种．中南林学院学报，23（1）：64-67.

王书永，崔俊芝，李文柱，等．2010.寡毛跳甲属中国种类（鞘翅目：叶甲科，跳甲亚科）记述．动物分类学报，35（1）：190-201.

王书永，李文柱．2007.球须跳甲属的中国种类（鞘翅目：叶甲科，跳甲亚科）．动物分类学报，32（2）：462-464.

王书永，李文柱，崔俊芝，等．2009.凹唇跳甲属的中国种类（鞘翅目：叶甲科，跳甲亚科）．动物分类学报，34（4）：898-904.

王淑霞，等 . 2001. 中国带织蛾科九新种和二新记录种 . 动物分类学报，26（3）：266-277.

王天齐 . 1993. 中国螳螂目分类概要 . 上海：上海科学技术文学出版社 .

王文凯，郑乐怡 . 2002. 南开大学馆藏天牛总科昆虫名录 . 天津农学院学报，9（2）：1-8.

王义平，时敏，何俊华，等 . 2008. 中国深沟茧蜂族分类研究及二新种记述（膜翅目：茧蜂科，茧蜂亚科）. 昆虫分类学报，
　　30（3）：181-195.

王治国，等 . 2007. 中国蜻蜓名录 . 河南科学，25（2）：219-238.

王子清 . 1982. 中国经济昆虫志 第二十四册 同翅目 粉蚧科 . 北京：科学出版社 .

王子清 . 1994. 中国经济昆虫志 第四十三册 同翅目 蚧总科 . 北京：科学出版社 .

王子清 . 2001. 中国动物志 昆虫纲 第二十二卷 同翅目 蚧总科 粉蚧科 绒蚧科 蜡蚧科 链蚧科 盘蚧科壶蚧科 . 北京：科学出版
　　社 .

王遵明 . 1983. 中国经济昆虫志 第二十六册 双翅目 虻科 . 北京：科学出版社 .

王遵明 . 1994. 中国经济昆虫志 第四十五册 双翅目 虻科（二）. 北京：科学出版社 .

汪兴鉴，等 . 2004. 中国肘角广口蝇属二新种记述 . 动物分类学报，29（3）：582-585.

魏重生，蔡平 . 1998. 广头叶蝉属二新种 . 昆虫分类学报，20（2）：119-122.

魏濂艨 . 2012. 小异长足虻属额宽率的进化意义及一新属五新种记述（双翅目：长足虻科，异长足虻亚科）. 动物分类学报，
　　37（3）：611-622.

魏美才 . 1997. 中国茎蜂科分类研究Ⅳ . 昆虫分类学报，19（2）：145-152.

魏美才 . 1998. 中国等节叶蜂族一新属二新种（膜翅目：蔺叶蜂科）. 中南林学院学报，18（4）：65-68.

魏美才 . 1999. 中国宽距叶蜂属分类研究（膜翅目：蔺叶蜂科）. 动物分类学报，24（4）：417-428.

魏美才，聂海燕 . 1998. 中国蕨叶蜂亚科两新属新种（膜翅目：叶蜂亚目，蕨叶蜂科）. 中南林学院学报，18（1）：10-13.

魏美才，聂海燕 . 1998. 中国蕨叶蜂亚科一新属四新种（膜翅目：叶蜂科）. 华东昆虫学报，7（2）：1-6.

魏美才，聂海燕 . 1998. 中国弓脉叶蜂亚科两新属新种（膜翅目：叶蜂亚目，蕨叶蜂科）. 中南林学院学报，18（4）：8-11.

魏美才，牛耕耘 . 2009. 中国叶蜂属二新种（膜翅目：叶蜂科）. 动物分类学报，34（2）：241-247.

魏忠民，武春生 . 2005. 中国斑粉蝶属分类研究（鳞翅目：粉蝶科）. 昆虫学报，48（1）：107-118.

魏忠民，武春生 . 2008. 中国扁刺蛾属分类研究（鳞翅目：刺蛾科）. 动物分类学报，33（2）：385-390.

文军，魏美才 . 1998. 中国近脉三节叶蜂属分类研究附记二新种（膜翅目：三节叶蜂科）. 广西农业大学学报，17（1）：57-
　　60.

文军，魏美才，聂海燕 . 1998. 中国脊颜三节叶蜂属分类研究附记九新种（膜翅目：三节叶蜂科）. 广西农业大学学报，17（1）：
　　61-70.

武春生 . 1997. 中国动物志 昆虫纲 第七卷 鳞翅目 祝蛾科 . 北京：科学出版社 .

武春生 . 2001. 中国动物志 昆虫纲 第二十五卷 鳞翅目 凤蝶科 . 北京：科学出版社 .

武春生，方承莱 . 2003. 中国动物志 昆虫纲 第三十一卷 鳞翅目 舟蛾科 . 北京：科学出版社 .

武春生，方承莱 . 2009. 中国眉刺蛾属分类研究 . 昆虫学报，52（5）：561-566.

武春生，方承莱 . 2009. 中国绿刺蛾属的新种和新纪录种（鳞翅目：刺蛾科）. 动物分类学报，34（4）： 917-921.

武三安 . 2010. 粉蚧科一新属一新种（半翅目：蚧总科）. 动物分类学报，35（4）：902-904.

武三安，刘锦 . 2009. 中国隙毡蚧属一新种（半翅目：毡蚧科）. 动物分类学报，34（2）：221-223.

武星煜，辛恒，李泽建，等 . 2012. 中国钩瓣叶蜂属三新种（膜翅目：叶蜂科）. 动物分类学报，37（4）：801-809.

吴厚永，等 . 2007. 中国动物志 昆虫纲 蚤目（第二版）. 北京：科学出版社 .

吴坚，王长禄 . 1995. 中国蚂蚁 . 北京：中国林业出版社 .

吴燕如 . 1965. 中国经济昆虫志 第九册 膜翅目 蜜蜂总科 . 北京：科学出版社 .

吴燕如 . 1996. 中国经济昆虫志 第五十二册 膜翅目 泥蜂科 . 北京：科学出版社 .

吴燕如 . 2000. 中国动物志 昆虫纲 第二十卷 膜翅目 准蜂科 蜜蜂科 . 北京：科学出版社 .

吴燕如 . 2006. 中国动物志 昆虫纲 第四十四卷 膜翅目 切叶蜂科 . 北京：科学出版社 .

夏凯龄，等.1994.中国动物志 昆虫纲 第四卷 直翅目 蝗总科 癞蝗科 瘤锥蝗科 锥头蝗科.北京：科学出版社.

肖晖，黄大卫.2001.中国棍角金小蜂属研究（膜翅目：金小蜂科）.动物分类学报，26（3）：342-245.

肖炜，刘艳霞，魏美才.2012.中国蕨叶蜂亚科三新种（膜翅目：叶蜂科）.动物分类学报，37（3）：577-583.

肖云丽，李后魂.2009.中国连宇谷蛾属一新种记述（鳞翅目：谷蛾科）.动物分类学报，34（2）：234-236.

萧采瑜，等.1977.中国蝽类昆虫鉴定手册 第一卷.北京：科学出版社.

萧采瑜，任树芝，郑乐怡，等.1981.中国蝽类昆虫鉴定手册 第二卷.北京：科学出版社.

萧刚柔.2000.中国扁叶蜂订正名录（膜翅目：扁叶蜂科）.森林病虫通讯，（6）：3-5.

萧刚柔.2002.中国扁叶蜂.北京：中国林业出版社.

徐公天，等.2007.中国园林害虫.北京：中国林业出版社.

徐志宏，黄建.2004.中国介壳虫寄生蜂志.上海：上海科学技术出版社.

许荣满，徐保海，孙毅.2008.中国虻属四新种（双翅目：虻科）.寄生虫与医学昆虫学报，15（1）：51-54.

许再福，何俊华.2010.中国肿腿细蜂属五新种记述（膜翅目：细蜂科）.昆虫分类学报，32（2）：81-92.

薛大勇，朱弘复.1999.中国动物志 昆虫纲 第十五卷 鳞翅目 尺蛾科 花尺蛾科.北京：科学出版社.

薛万琦，赵建铭.1996.中国蝇类.沈阳：辽宁科学技术出版社.

薛银根，等.1990.中国小石蛾科七新种记述.河南农业大学学报，24（1）：124-129.

薛银根，等.1991.中国小石蛾科六新纪录种.河南农业大学学报，25（1）：19-23.

杨定，刘星月.2010.中国动物志 昆虫纲 第五十一卷 广翅目.北京：科学出版社.

杨定，杨集昆.2004.中国动物志 昆虫纲 第三十四卷 双翅目 舞虻总科 舞虻科 螳舞虻亚科 驼舞虻亚科.北京：科学出版社.

杨茂发，李子忠.2000.中国边大叶蝉属的分类研究（同翅目：大叶蝉科）.昆虫学报，43（4）：403-412.

杨茂发，孟泽洪，李子忠.2011.条大叶蝉属三新种记述（半翅目：叶蝉科，大叶蝉亚科）.动物分类学报，36（3）：765-771.

杨平澜.1982.中国蚧虫分类概要.上海：上海科学技术出版社.

杨惟义.1962.中国经济昆虫志 第二册 半翅目 蝽科.北京：科学出版社.

杨星科，杨集昆，李文柱.2005.中国动物志 昆虫纲 第三十九卷 脉翅目 草蛉科.北京：科学出版社.

杨玉霞，任国栋.2007.中国毛胫豆芫青组分类研究.动物分类学报 32（3）：711-715.

杨莲芳，薛银根.1992.中国小石蛾科六新种记述.昆虫分类学报，14（1）：26-32.

杨忠岐.1996.中国小蠹虫寄生蜂.北京：科学出版社.

姚艳霞，杨忠岐，赵文霞.2009.中国寄生于林木食叶害虫的短角平腹小蜂属（膜翅目：旋小蜂科）四新种记述.动物分类学报，34（1）：155-160.

尹文英，等.1992.中国亚热带土壤动物.北京：科学出版社.

尹文英.1999.中国动物志 节肢动物门 原尾纲.北京：科学出版社.

印象初，夏凯龄.2003.中国动物志 昆虫纲 第三十二卷 直翅目 蝗总科 槌角蝗科 剑角蝗科.北京：科学出版社.

殷海生，等.1995.中国蟋蟀总科和蝼蛄总科分类概要.上海：上海科学技术文献出版社.

殷蕙芬，黄复生，李兆麟.1984.中国经济昆虫志 第二十九册 鞘翅目 小蠹科.北京：科学出版社.

尤大寿，等.1995.中国经济昆虫志 第四十八册 蜉蝣目.北京：科学出版社.

虞佩玉，等.1996.中国经济昆虫志 第五十四册 鞘翅目 叶甲总科（二）.北京：科学出版社.

虞以新.2006.中国蠓科昆虫.北京：军事医学科学出版社.

袁锋，周尧.2002.中国动物志 昆虫纲 第二十八卷 同翅目 角蝉总科.北京：科学出版社.

袁红银，杨连芳.2008.中国裸齿角石蛾属五新种（毛翅目：齿角石蛾科）.动物分类学报，33（3）：608-614.

袁红银，杨连芳.2010.中国裸齿角石蛾属四新种（毛翅目：齿角石蛾科）.动物分类学报，35（3）：613-618.

袁红银，杨连芳，孙长海.2008.中国裸齿角石蛾属三新种（毛翅目：齿角石蛾科）.动物分类学报，33（2）：380-384.

张春田，赵宝刚，高欣，等.1998.中国东北地区食蚜蝇科的初步研究.沈阳师范学院学报，16（2）：54-59.

张广学.1999.西北农林蚜虫志.北京：中国环境科学出版社.

张广学，乔格侠，钟铁森，等 .1999. 中国动物志 昆虫纲 第十四卷 同翅目 矿蚜科 瘿绵蚜科 . 北京：科学出版社 .

张广学，钟铁森 .1983. 中国经济昆虫志 第二十五册 同翅目 蚜虫类（一）. 北京：科学出版社 .

张少冰，魏美才 .2008. 中国三节叶蜂属三新种（膜翅目：三节叶蜂科）. 动物分类学报，33（1）：170-175.

张秀荣，郝蕙玲 .1999. 水蜡蛾中国属及其地理分布 . 中国农业大学学报，4（5）：37-43.

张续，王淑霞 .2007. 原小卷蛾属分类研究 . 动物分类学报，32（3）：561-563.

张雅林 .1990. 中国叶蝉分类研究（同翅目：叶蝉科）. 西安：天则出版社 .

张雅林 .1994. 中国离脉叶蝉分类 . 郑州：河南科学技术出版社 .

张雅林，房丽君，周尧 .2008. 中国绢斑蝶属分类研究（鳞翅目：蛱蝶科，斑蝶亚科）. 动物分类学报，33（1）：157-163.

张雅林，秦道正 .2004. 中国新纪录属——兜小叶蝉属并记三新种（同翅目：叶蝉科，小叶蝉亚科，小绿叶蝉族）. 动物分类学报，29（2）：276-280.

张雅林，秦道正 .2005. 中国新纪录属——芜小叶蝉属分类研究（半翅目：叶蝉科，小叶蝉亚科）. 动物分类学报，30（1）：114-122.

张泽华，苏红田，杨集昆 .2003. 狭溪泥甲属四新种（鞘翅目：泥甲总科，溪泥甲科）. 中国农业大学学报，8（1）：106-108.

张芝利 .1984. 中国经济昆虫志 第二十八册 鞘翅目 金龟总科幼虫 . 北京：科学出版社 .

张志伟，李后魂 .2009. 拓尖蛾属在中国首次报道及一新种记述（鳞翅目：尖蛾科）. 动物分类学报，34（1）：46-48.

章士美，赵泳祥 .1996. 中国农林昆虫地理分布 . 北京：中国农业出版社 .

章士美，等 .1985. 中国经济昆虫志 第三十一册 半翅目（一）. 北京：科学出版社 .

章士美，等 .1995. 中国经济昆虫志 第五十册 半翅目（二）. 北京：科学出版社 .

赵华东，申效诚 .2008. 中国灯蛾科昆虫的生物地理学研究 // 申效诚，张润志，任应党 . 昆虫分布与分类 . 北京：中国农业科技书出版社，381-388.

赵建铭，梁恩义 .2002. 中国寄蝇科狭颊寄蝇属研究 . 动物分类学报，27（4）：807-848.

赵建铭，梁恩义，史永善，等 .2001. 中国动物志 昆虫纲 第二十三卷 双翅目 寄蝇科（一）. 北京：科学出版社 .

赵敬钊 .1995. 中国棉虫天敌 . 武汉：武汉出版社 .

赵修复 .1990. 中国春蜓分类（蜻蜓目：春蜓科）. 福州：福建科学技术出版社 .

赵养昌 .1963. 中国经济昆虫志 第四册 鞘翅目 拟步行虫科 . 北京：科学出版社 .

赵养昌，陈元清 .1980. 中国经济昆虫志 第二十册 鞘翅目 象虫科 . 北京：科学出版社 .

赵养昌，李鸿兴，高锦亚 .1982. 中国仓库害虫区系调查 . 北京：农业出版社 .

赵忠苓 .1978. 中国经济昆虫志 第十二册 鳞翅目 毒蛾科 . 北京：科学出版社 .

赵忠苓 .1994. 中国经济昆虫志 第四十二册 鳞翅目 毒蛾科（二）. 北京：科学出版社 .

赵忠苓 .2003. 中国动物志 昆虫纲 第三十卷 鳞翅目 毒蛾科 . 北京：科学出版社 .

赵忠苓 .2004. 中国动物志 昆虫纲 第三十六卷 鳞翅目 波纹蛾科 . 北京：科学出版社 .

郑发科 .1992. 隐翅虫形态分类学纲要 . 成都：四川大学出版社 .

郑发科，李文建，张莹生，等 .1991. 世界隐翅虫分类研究进展 . 四川师范学院学报，12（4）：339-361.

郑乐怡，吕楠，刘国卿，等 .2004. 中国动物志 昆虫纲 第三十三卷 半翅目 盲蝽科 盲蝽亚科 . 北京：科学出版社 .

郑乐怡，马成俊 .2004. 点盾盲蝽属中国种类记述（半翅目：盲蝽科，齿爪盲蝽亚科）. 动物分类学报，29（3）：474-485.

郑立军 .2005. 中国溜秽蝇属研究初报 . 医学动物防制，21（8）：549-550.

郑立军，薛万琦，佟艳丰 .2004. 中国秽蝇属 5 新种（双翅目：蝇科）. 东北林业大学学报，32（3）：48-51.

郑哲民 .2003. 中国蝗虫的分类学研究 . 陕西师范大学学报，31（增）：46-58.

郑哲民 .2005. 中国西部蚱总科志 . 北京：科学出版社 .

郑哲民 .2005. 中国蟾蚱属分类研究（直翅目：蚱总科，短翼蚱科）. 动物分类学报，30（3）：555-559.

郑哲民 .2009. 中国台蚱属的研究（直翅目：蚱科）. 动物分类学报，34（1）：130-126.

郑哲民，蒋国芳 .2002. 我国斑腿蝗科四新种记述（直翅目：蝗总科）. 陕西师范大学学报，30（3）：90-95.

郑哲民，孟江红，陈振宁 . 2009. 中国雏蝗属的分类研究及二新种记述（直翅目：网翅蝗科）. 商丘师范学院学报，25（9）：8-20.

郑哲民，欧晓红 . 2010. 中国玛蚱属研究及三新种记述（直翅目：蚱总科，短翅蚱科）. 动物分类学报，35（3）：597-602.

郑哲民，任国栋 . 2007. 河北大学博物馆馆藏蝗总科的新属和新种（直翅目）. 动物分类学报，32（3）：664-670.

郑哲民，石福明 . 2002. 渝桂地区蚱总科三新种记述（直翅目）. 陕西师范大学学报，30（2）：82-86.

郑哲民，石福明 . 2010. 中国东北地区跃度蝗属三新种（直翅目：网翅蝗科）. 昆虫分类学报，32（3）：161-170.

郑哲民，石福明，毛少利 . 2010. 中国蚱总科 8 新种记述（直翅目）. 陕西师范大学学报，38（2）：63-72.

郑哲民，夏凯龄 . 1998. 中国动物志 昆虫纲 第十卷 直翅目 蝗总科 斑翅蝗科 网翅蝗科 . 北京：科学出版社 .

钟花，杨连芳，J.C. Morse. 2008. 中国缺叉多距石蛾属六新种（毛翅目：多距石蛾科）. 动物分类学报，33（3）：600-607.

周蕾，孙长海，杨连芳 . 2009. 中国小石蛾属四新种记述（毛翅目：小石蛾科）. 动物分类学报，34（4）：905-911.

周尧 . 1982、1985、1986. 中国盾蚧志 第一、二、三卷 . 西安：陕西科学技术出版社 .

周尧 . 1994. 中国蝶类志 . 郑州：河南科学技术出版社 .

周尧，雷仲仁，姚渭 . 1997. 中国蝉科志（同翅目：叶总蝉）. 香港：香港天则出版社 .

周尧，等 . 1985. 中国经济昆虫志 第三十六册 同翅目 蜡蝉总科 . 北京：科学出版社 .

朱弘复，陈一心 . 1963. 中国经济昆虫志 第三册 鳞翅目 夜蛾科（一）. 北京：科学出版社 .

朱弘复，方承莱，王林瑶 . 1963. 中国经济昆虫志 第七册 鳞翅目 夜蛾科（三）. 北京：科学出版社 .

朱弘复，王林瑶 . 1980. 中国经济昆虫志 第二十二册 鳞翅目 天蛾科 . 北京：科学出版社 .

朱弘复，王林瑶 . 1991. 中国动物志 昆虫纲 第三卷 鳞翅目 圆钩蛾科 钩蛾科 . 北京：科学出版社 .

朱弘复，王林瑶 . 1996. 中国动物志 昆虫纲 第五卷 鳞翅目 蚕蛾科 大蚕蛾科 网蛾科 . 北京：科学出版社 .

朱弘复，王林瑶，韩红香 . 2004. 中国动物志 昆虫纲 第三十八卷 鳞翅目 蝙蝠蛾科 蛱蛾科科 . 北京：科学出版社 .

朱弘复，等 . 1964. 中国经济昆虫志 第六册 鳞翅目 夜蛾科（二）. 北京：科学出版社 .

朱弘复，等 . 1997. 中国动物志 昆虫纲 第十一卷 鳞翅目 天蛾科 . 北京：科学出版社 .

BAI H Y, LI H H. 2009. Review of *Spulerina* (Lepidoptera：Gracillariidae) from China，with description of three new species. Oriental Insects，43：33-44.

BAI H Y，LI H H，KENDRICK R C. 2009. Microlepidoptera of Hong Kong：Checklist of Gracillariidae (Lepidoptera：Gracillarioidea). SHILAP Revta. Lepid.，37（148）： 495-500.

BARTHLOTT W，et al. 1996. Global distribution of species diversity in vascular plants: Towards a world map of phytodiversity. Erdkunde 50：317-327.

BIDZILYA O，LI H H. 2009. A review of the genus *Athrips* Billberg (Lepidoptera：Gelechiidae) in China. Deutsche Entomologische Zeitschrift，56（2）：323-333.

BIDZILYA O，LI H H. 2010. Review of the genus *Agnippe* (Lepidoptera：Gelechiidae) in the Palaearctic region. European Journal of Entomology，107：247-265.

BUDASHKIN Y I, LI H H. 2009. Study on Chinese Acrolepiidae and Choreutidae (Insecta：Lepidoptera). SHILAP Revta. Lepid.，37（146）：179-189.

CHEN F Q，YANG C，XUE D Y. 2012. A taxonomic study of the genus *Acontia* Ochsenheimer (Lepidoptera：Noctuidae，Acontiinae) from China. Entomotaxonomia，34（2）：275-283.

CHEN H W，TODA M J，GAO J J. 2005. The *Phortica*（s. str.）*foliiseta* species-complex（Diptera：Drosophilidae）from China and its adjacent countries. Acta Zootaxonomica Sinica，30（2）：419-429.

CHEN Y，XIAO H，HUANG D W. 2004. One new genus and one newly recorded genus of Eurttomidae（Hymenoptera：Chalcidoidea）from China，with a description of one new species. Acta Zootaxonomica Sinica，29（3）：527-530.

CHENG X Y. 2003. A revision of the genus *Milesia* Latreilla（Diptera：Syrphidae）from China. Entomotaxonomia，25（4）：271-280.

CUI W N，LI Z，YANG D. 2010. Five new species of *Beris*（Diptera：Stratiomyidae）from China. Entomotaxonomia，32（4）：

277–283.

CUI W N, ZHANG T T, YANG D. 2009. Four new species of *Nemotelus* from China（Diptera：Stratiomyidae）. Acta Zootaxonomica Sinica，34（4）：790−794.

DAI R H，LI Z Z，CHEN X X. 2006. A new genus and species of Euscelinae（Hemiptera：Cicadellidae）from China. Acta Zootaxonomica Sinica，31（2）：398−400.

DAI R H，LI Z Z，CHEN X X. 2008. Three new species of the genus *Macrosteles* from China（Hemiptera：Cicadellidae，Euscelinae）. Acta Zootaxonomica Sinica，33（1）：23−26.

DAI W，ZHANG Y L. 2005. Chinese species of *Hengchunia* Vilbaste（Hemiptera：Cicadellidae. Deltocephalinae）. Acta Zootaxonomica Sinica，30（3）：567−569.

DONG H，YANG D，HAYASHI T. 2006. Review of the species of *Poecilosomella* Duda（Diptera：Sphaeroceridae）from continental China. Annalis Zoologica，56（4）：643−655.

DONG K Z, CUI J Z，YANG X K. 2004. Three new species of *Dichochrysa* from China（Neuroptera：Chrysopidae）. Acta Zootaxonomica Sinica，29（1）：135–138.

DU J，WANG X H. 2010. Three new species of *Bryophaenocladius* Thienemann, from Oriental China，with inconspicuous inferior volsella（Diptera：Chironomidae）. Acta Zootaxonomica Sinica，35（4）：750−755.

DU X C，LI H H. 2008. A review of *Tylostega* Meyrick from Mainland China（Lepidoptera：Crambidae：Spilomelinae），with descriptionsof four new species. Zootaxa，1681：51−61.

DU X C，LI H H. 2008. Review of the genus *Neoanalthes* Yamanaka & Kirpichnikova from China（Lepidoptera：Crambidae，Spilomelinae），with description of five new species. Deutsche Entomologische Zeitschrift，55（2）：291−301.

DU Y L，LI H H，WANG S X. 2002. A taxonomic study on the genus *Assara* Walker from China（Lepidoptera：Pyralidae，Phycitinae). Acta Zootaxonomica Sinica，27（1）：8−19.

H H, WANG S X. 2002. The genus *Sacculocornutia* Roesler from China（Lepidoptera：Phycitinae）. *Animal Science*，135–139，Xi'an：Shaanxi Normal University Press.

DU Y L, LI H H, WANG S X. 2002. A taxonomic study on genus *Ceroprepes* Zeller，1867 from China（Lepidoptera：Pyralidae：Phycitinae）. SHILAP Revta. Lepid.，30（118）：113−118.

FAN X L，WANG M. 2004. Nites on the genus *Lobocla* Moore with description of a new species（Lepidoptera： Hesperiidae）. Acta Zootaxonomica Sinica，29（3）： 523−526.

FAN X M，LI H H. 2008. The genus *Issikiopteryx*（Lepidoptera：Lecithoceridae）：Checklist and descriptions of new species. Zootaxa，1725：53−60.

FAN X M，JIN Q，LI H H. 2008. Seven new species and a checklist of the genus *Thecobathra* Meyrick from China（Lepidoptera：Yponomeutidae）. Zootaxa，1821： 13−24.

FAN Z H，XING X，SUN XI，et al. 2012. New records of Pentatomidae（Hemiptera：Heteroptera）from China.Ntomotaxonomia，34（2）：181–191.

FENG J N，GUO F Z，DUAN B S. 2006. A new species of the genus *Oidanothrips* Moulton from China (Thysannoptera：Phlaeothripidae). Acta Zootaxonomica Sinica，31（1）：165−167.

HAO S L，LI H H, WU C S. 2005. A review of the genus *Fuscoptilia A*renberger（Lepidoptera：Pterophoridae）. Entomotaxonomia，27（1）：43–49.

HAO S L, LI H H，WU C S. 2005. A study on the genus *Gillmeria* Tutt from China，with description of three new species（Lepidoptera：Pterophoridae). Acta Zootaxonomica Sinica，30（1）：135−144.

HAO S L，LI H H. 2008. The genus *Pselnophorus* Wallengren from Mainland China, with description of a new species（Lepidoptera：Pterophoridae）. Zootaxa，1755：61–67.

HAO S L，KENDRICK R C，LI H H. 2008. Microlepidoptera of Hong Kong：Checklist of Pterophoridae, with description of one new species（Insecta：Lepidoptera）. Zootaxa，1821：37−48.

HE J H，XU Z F. 2007. A new genus of Proctotrupinae（Hymanoptera：Proctotrupidae）. Entomotaxonomia，29（2）：152−156.

HEPPNER J B，H I. 1992. Lepidoptera of Taiwan. Vol. 1. Part 2：Checklist，Scientific Publishers Inc. Gainesville，USA.

HUA L Z. 2000−2006. List of Chinese Insects. Vol. Ⅰ−Ⅳ. Guangzhou：Zhongshan（Sun Yat−sen）University Press.

HUANG B，XU Z H，WANG Y Y，et al. 2012. Eight species of *Pachyneuron* Walker（Hymenoptera：Pteromalidae）from China，with descriptions of two new species. Entomotaxonomia，34（3）：556−566.

HUANG M，ZHANG Y L. 2012. Notes on the *quercus* group in the leafhopper genus *Typhlocyba* Germar（Hemiptera：Cicadellidae：Typhlocybinae）from China with descriptions of three new species. Entomotaxonomia，34（2）：201−206.

HUANG P Y，HUA B Z. 2005. Four new species of the Chinese *Bittacus* Latreille（Mecoptera：Bittacidae）. Acta Zootaxonomica Sinica，30（2）：393−398.

HUANG W J，REN G D. 2009. The Chinese species of the genus *Platydema* Laporte *et* Brulle（Coleoptera：Tenebrionidae（with description of a new species. *Acta Zootaxonomica Sinica*，34（3）：428−434.

HUO K K, PAN Z H，2012. Note on the genus *Citrogramma* Vockeroth from China（Diptera：Syrphidae）. Acta Zootaxonomica Sinica, 37（3）：623−631.

HUO K K，REN G D. 2006. Taxonomic studies on Milesiinae from the museum of Hebei university（Diptera：Syrphidae）. Acta Zootaxonomica Sinica，31（4）：883−897.

HUO K K，ZHENG Z M. 2005. A new genus and two new species of Syrphidae from China（Diptera：Syrphidae）. Acta Zootaxonomica Sinica，30（3）：631−635.

JACCARD P. 1901. Distribution de la flore alpine dans le Bassin des Dranses et dams quelque region vasines, Bull. 37：241−272.

JIA F L，WEN X Z. 2007. Spercheidae, A family new to China, with redescription to *Spercheus emarginatus*（Schaller）（Coleoptera：Hydrophiloidea）. Acta Zootaxonomica Sinica，32（3）：553−555.

JIA S B，WANG L Y，CHEN J X. 2012. Natural distribution, diffusion and geographical origin of the genus *Homidia* Borner，1906（Collembola：Entomobryidae）. Entomotaxonomia，34（2）：109−116.

JIANG Y X，BU W J. 2004. Six new species of the genus *Rhipidoxylomyia* from China（Diptera：Cecidomyiidae）. Acta Zootaxonomica Sinica，29（2）：357−364.

JIN Q，WANG S X. 2008. Taxonomic revision of the genus *Metanonieuta* Meyrick（Lepidoptera：Yponomeutidae, Yponomeutinae）. Acta Zootaxonomica Sinica，33（1）：49−56.

JIN Q，WANG S X，LI H H. 2008. Catalogue of the family Sesiidae in China（Lepidoptera：Sesiidae）. SHILAP Revta. Lepid.，36（144）：507−526.

JIN Q，WANG S X. 2009. *Euhyponomeuta* new to China，with description of a new species（Lepidoptera：Yponomeutidae）. Orientalis Insects，43：271−273.

KHALAIM A I，SHENG M L. 2009. Review of Tersilochinae（Hymenoptera：Ichneumonidae）of China, with descriptions of four new species. ZooKeys，14：67−81.

KONG F Q，LIU W，WANG X H. 2011. *Mesosmittia* Brundin from China（Diptera：Chironomidae）. Acta Zootaxonomica Sinica，36（4）：890−895.

LI C R，et al. 2000. Descriptions of two new species of *Elasmucha* Stal（Hemiptera：Acanthosomatidae）from China. Systematic and faunistic research on Chinese insect*s*. 96−101.

LI H H. 2004. Six new species of the genus *Coleophora* Hübner from China（Lepidoptera：Coleophoridae）. Acta Zootaxonomica Sinica，29（2）：314−323.

LI H H，FAN X M. 2007. Study on the genus *Swammerdamia* Hubner（Lepidoptera：Yponomeutidae）from China，with descriptions of two new species. Acta Zootaxonomica Sinica，32（3）：556−560.

LI H H，WANG S X. 2002. Five new species and one new record of the genus *Stathmopoda* Herrich− Schaffer from China（Lepidoptera：

Oecophoridae，Stathmopodinae）. Acta Zootaxonomica Sinica，27（2）：330-337.

LI H H，WANG S X. 2002. Firet record of the genus *Hieromantis* Meyrick from China，with a description of one new species（Lepidoptera：Oecophoridae，Stathmopodinae）. Acta Entomologica Sinica，45（4）：503- 506.

LI H H, WANG S X. 2004. A study of *Macrobathra* Meyrick from China（Lepidoptera：Cosmopterigidae）. Acta Zootaxonomica Sinica，29（1）：147-152.

LI H H，XIAO Y L. 2009. Taxonomic study on the genus *Gerontha* Walker（Lepidoptera：Tinedae）from China，with descriptions od four new species. Acta Zootaxonomica Sinica，34（2）：224-233.

LI H H，YOU P ，WANG S X. 2003. A systematic study of the genus *Eoophyla* Swinhoe in China, with descriptions of two new species（Lepidoptera：Crambidae, Nymphulinae）. Acta Zootaxonomica Sinica，28（2）：295-301.

LI H H, ZHEN H, KENDRICK R C，et al. 2010. Microlepidoptera of Hong Kong：Taxonomic study on the genus *Dichomeris* Hubner, 1818, with descriptions of three new species（Lrpidoptera：Gelechiidae). SHILAP Revta. Lepid.，38（149）：67-89.

LI H H，ZHENG Z M. 1998. A systematic study on the genus *Dendrophilia* Ponomarenko, 1993 from China (Lepidoptera：Gelechiidae）. SHILAP Revta. Lepid., 26（102）：101-111.

LI H H，ZHENG Z M. 1998. Notes on *Hypatima* and *Homoshelas*（Lepidoptera：Gelechidae）from the mainland of China，with descriptions of new species. Entomotaxonomis，20（2）：143-149.

LI J，BU W J. 2002. A study on the genus *Conarete* Pritchard from China（Diptera：Cecidomyiidae）. Acta Entomologica Sinica，45（2）：221-225.

LI W C，LI H H. 2007. A stuty of genus *Miyakea* Marumo（Lepidoptera：Crambidae，Crambinae）from China, with description of one new species. Acta Zootaxonomica Sinica, 32（3）：564-567.

LI W C，LI H H. 2008. Two new species of *Roxita* Bleszynski（Lepidoptera：Crambidae，Crambinae）from China. Entomological News，119（5）：477-482.

LI W H，YANG D. 2007. New species of the genus *Mesonemoura*（Plecoptera：Nemouridae）from China. Aquatic Insects 29（3）：173-180.

LI W H，YANG D. 2007. Two new species of *Nemoura*（Plecoptera： Nemouridae）from Henan，China. Zootaxa 1 511：65-68.

LI W H，WANG Y B, YANG D. 2010. Synopsis of the genus *Paraleuctra*（Plecoptera：Leuctridae）from China. Zootaxa 2350：46-52.

LI, X M，LI H H，WANG S X. 2002. Catalogue of Crambinae of China（Lepidoptera：Pyraloidea，Pyralidae）. SHILAP Revta.Lepid, 30（117）：49-70.

LI X M，LIU G Q. 2010. New species，Synonymies，and combinations of tribe Phylini from China（Heteroptera：Miridae）. Acta Zootaxonomica Sinica，35（4）：719-724.

LI Y，LI Z，YANG D. 2011. Five new species of *Actina* from China（Diptera, Stratiomyidae）. Acta Zootaxonomica Sinica，36（1）：52-55.

LI Z D，LI H H，WANG S X. 2002. A systematic study on the genus *Deltophora* Janse from China（Lepidoptera：Gelechiidae）. Acta Zootaxonomica Sinica，27（1）：129-135.

LI Z,CUI W N,ZHANG T T,et al. 2009. New species of Beridinae（Diptera：Stratiomyidae）from China. Entomotaxonomia 31（3）：161-171.

LI Z，LIU Q F，YANG D. 2011. Six new Species of *Allignosta*（Diptera：Stratiomyidae）from China. Entomotaxonomia，33（1）：23-31.

LI Z，ZHANG T T，YANG D. 2009. Eleven new species of Beridinae（Diptera：Stratiomyidae）from China. Entomotaxonomia，31（3）：206-220.

LI Z，ZHANG T T，YANG D. 2011. Four new species of *Allognosta* from China（Diptera：Stratiomyidae）. Acta Zootaxonomica Sinica，36（2）：273-277.

LI Z Z，SONG Y H. 2008. A new genus and species of Euscelinae（Hemiptera：Cucadellidae）from China. Acta Zootaxonomica

Sinica，33（1）：27−28.

LIANG G Q，JIA F L. 2012. A cataloque of the species in the Oriental genus *Systolederus* Bolivar，1887（Orthoptera：Tetrigoidea：Metrodoridae）with description of a new species from Jinggangshan，China. Entomotaxonomia，34（2）：141−146.

LIANG H B，YU P Y. 2004. On Chinese species of the genus *Mastax* Fischer von Waldheim（Coleoptera：Carabidae）. Acta Zootaxonomica Sinica，29（1）：139−141.

LIN M Y，LIU Y，BI W X. 2010. Newly recorded species of Disteniidae（Coleoptera）from China，with a cataloque of Chinese Disteniidae. Entomotaxonomia，32（2）：116−128.

LIU G Q，WANG H J. 2001. Genus *Cheilocapsus* Kirkaldy of Mainland China（Hemiptera：Miridae，Mirinae）. Reichenbachia，37：61−65.

LIU X Y，YANG D，et al . 2005. Phylogenetic review of the Chinese species *Acanthacorydalis*（Megaloptera：Corydalidae）. Zoologica Scripta，34，373−387.

LIU X Y，YANG D. 2006. The genus *Sialis* Latreille，1802（Megaloptera：Sialidae）in Palaearctic China，with dscription of a new species. Entomological Fennica，17：394−399.

LU R F，ZHANG W X. 2004. Descriptions of three new species of the genus *Microdrosophila* Malloch（Diptera：Drosophilidae）from China. Acta Zootaxonomica Sinica，29（3）：572−577.

LUO Y Q，SHENG M L. 2010. The species of *Rhimphoctona*（*Xylophylax*）（Hymenoptera：Ichneumonidae：Campopleginae）parasitizing woodborers in China. Journal of Insect Science 10（4）：1−9.

LU J M，LI H H. 2007. A systematic study of the genus *Matsumuraesea* Issiki from China（Lepidoptera：Tortricidae，Olethreutinae）. Zootaxa，1606：59−68.

MALICKY H. 2000. Some new caddisflies from Sabah，Nepal，India and China. Braueria，27：32−39.

MAO B Y，REN G D，QU X H. 2010. A new recorded genus and three new species of grasshoppers from China（Orthoptera：Catantopidae）. Acta Zootaxonomica Sinica，35（1）：38−45.

MENG L，REN G D. 2005. A systematis study of the genus *Myatis* Bates from China and adjacent areas（Coleoptera：Tenebrionidae）. Acta Zootaxonomica Sinica，30（1）：104−110.

NIE H Y，WEI M C. 2004. On the sawfly genus *Indostegia* Malaise and descriptions of four new species（Hymenoptera：Tenthredinidae，Allantinae）. Acta Zootaxonomica Sinica，29（2）：342−347.

NIU G Y，WEI M C. 2008. Three new species of the genus *Tenthredo* Linnaeus（Hymenoptera：Tenthredinidae）from China. Acta Zootaxonomica Sinica，33（3）：514−519.

POOLE，R W. 1989. Lepidopterorum Catalogus（New Series）Fas. 118 Noctuidae. New York.

QI F，ZHANG T T，YANG D. 2011. Three new species of Beridinae from China（Diptera：Stratiomyidae）. Acta Zootaxonomica Sinica，36（2）：278−281.

QIN D Z. 2005. A new genus and a new species of Delphucini（Hemiptera：Fulgoroides，Delphacidae）from China. Acta Zootaxonomica Sinica，30（4）：791−793.

QIN D Z. 2006. Synopsis of two genera of Delphacidae，With descriptions of three new species from China（Hemiptera：Fulgoroidea）. Acta Zootaxonomica Sinica，31（2）：392−397.

REN G D，YUAN C X. 2005. Taxonomic study of the arboreal darkling beetles of the genus *Ainu* Lewis，1894 from China（Coleoptera：Tenebrionidae）. Acta Zootaxonomica Sinica，30（P1）：98−103.

REN Y D，LI H H. 2006. A taxonomic review of the fenus *Etielloides* Shibuya（Lepidoptera：Pyralidae：Phycitinae）from China，with description of a new species. Oriental Insects，40：135—144.

Saigusa H，Yang D. 2002. Empididae（Diptera）from Funiu mountains，Henan, China（I）. Studia Dipterologica，9（2）：519−543.

SHENG M L. 2000. The *Lissonota*（Hymenoptera：Ichneumonidae）from North China. Entomologie，70：189− 197.

SHENG M L. 2002. The Genus *Dolichomitus* Smith（Hymenoptera：Ichneumonidae）from North China. Linzer Biol. Beitr：34（1）：

475–483.

SHENG M L. 2006. A new genus and species of Poemeniini（Hymenoptera：Ichneumonidae）from China. Proc. Entomol. Soc. Wash，108（3）：651–654.

SHENG M L，WU L Z，et al. 1999. A new species of the genus *Diaparsis*（Hymenoptera：Ichneumonidae）parasitizing *Lemadecempunctata* with a new record from China. Scientia Silvae Sinicae，35：66–68.

SHENG M L，et al. 2001. Two new species of family Ichneumonidae（Hymenoptera）. Entomologia Sinica，8（1）：25–29.

SHENG M L，et al. 2004. Subgenus *Moerophora* Forster of genus *Xorides* Latreille from north China（Hymenoptera：Ichneumonidae，Xoridinae）. Linzer Biol. Beitr. 36/2，1 055–1 059.

SHENG M L，et al. 2001. Ichneumonidae parasitizing saeflies from China（Hymenoptera）. Entomofauna，22（21）：413–420.

SHENG M L，et al. 2001. *Picardiella* Lichtenstein（Hymenoptera：Ichneumonidae）from China. Linzer Biol. Beitr. 33/2，1 195–1 198.

SHENG M L，et al. 2008. Species of subgenus *Xorides* Latreille (Hymenoptera：Ichneumonidae) parasitizing woodbores in palaearctic part of China. Entomologica Fennica，19：86–93.

SHI A M, REN G D. 2007. Taxonomic study on the genus *Ascelosodis* Redtenbacher（Coleoptera：Tenebrionidae). Acta Zootaxonomica Sinica，32（3）：539–546.

SHI F M，WANG J F，FU P. 2005. A review of the genus *Conanalus* Tinkham（Orthoptera：Tettigonioidea）from China. Acta Zootaxonomica Sinica，30（1）：84–86.

SHI L，LI W L，YANG D. 2012. Note on seventeen species from China of the genus *Sapromyza*，with description of two new species（Diptera：Lauxaniidae）. Acta Zootaxonomica Sinica，37（1）：185–198.

SONG Z S，LIANG A P. 2012. *Dictyotenguna choui*，a new genus and species of Dictyopharinae（Hemiptera：Fulgoromorpha，Dictyopharidae）from China. Entomotaxonomia，34（2）：207–214.

TRÄNKNER A，LI H H，MATTHIAS N. 2009. On the systematics of *Anania* Hübner，1823（Pyraloidea：Crambidae，Pyraustinae）. Nota Lepid. 32（1）：63–80.

WAN X，YANG X K，WANG X L. 2004. Study on the genus *Dendroleon* from China（Neuroptera：Myrmeleontidae）. Acta Zootaxonomica Sinica，29（3）：497–508.

WANG M，YANG D. 2008. Species of *Chrysotus* Meigen in Palaearctic China（Diptera：Dolichopodidae）. Entomologica Fennica，19：232–240.

WANG M Q，YANG D，GROOTAERT P. 2007. Notes on the *Neurigona* Rondani（Diptera：Dolichopodidae) from China mainland. Zootaxa，1388：25–43.

WANG M Q，YANG D. 2008. Species of *Chrysotus* Meigen in Palaearctic China（Diptera：Dolichopodidae）. Entomologica Fennica，19：232–240.

WANG S S，LI H H. 2005. A taxonomic study on *Endotricha* Zeller（Lepidoptera：Pyralidae，Pyralinae）in China. Insect Science，12：297–305.

WANG S X. 2004. Four new species of *Ripeacta* from China（Lepidoptera，Oecophoridae）. Acta Zootaxonomica Sinica，29（2）：324–329.

WANG S X，LI H H，ZHENG Z M. 2000. A study on the genus *Promalactis* Meyrick（Lepidoptera：Oecophoridae) from China: five new species and two new record species. Entomologia Sinica，7（4）：289–298.

WANG S X，ZHENG Z M. 2000. Two new Oecophorid moths from China（Lepidoptera：Oecophoridae). Acta Zootaxonomica Sinica，25（4）：431–433.

WANG S X，LI H H. 2002. A systematic study of the genus *Depressaria* Haworth，1811 from China（Lepidoptera：Depressariidae）. Acta Scientiarum Naturalium Universitatis Nankaiensis，35（3）：93–101.

WANG S X. 2002. A study of *Cryptolechia* Zeller（Lepidoptera：Oecophoridae）in China（1），with descriptions of fifteen new species. Entomologia Sinica，9（3）：195–213.

WANG S X，LI H H. 2003. A systematic study of the genus *Ripeacma*（Lepidoptera：Oecophoridae）from China. Acta Entomologica Sinica，46（1）：68–75.

WANG S X，LI H H. 2004. A study on the genus *Promalactis* from China：Description of fifteen new species (Lepidoptra：Oecophoridae）. Oriental Insect，38：1–25.

WANG S X. 2004. A systematic study of *Autosticha* Meyrick from China, with description of twenty–three new species (Lepidoptera：Autostichidae）. Acta Zootaxonomica Sinica，29（1）：38–62.

WANG S X，LI H H. 2004. A systematic study of *Eonympha* Meyrick in the World（Lepidoptera：Oecophoridae). Acta Entomologica Sinica，47（1）：93–98.

WANG S X，LI H H. 2005. The genus *Irepacma*（Lepidoptera：Oecophoridae）from China, checklist, key to the species and descriptions of new species. Acta Zoologica Academiae Scientiarum Hungaricae，51（2）：125–133.

WANG S X. 2006. Oecophoridae of China（Insecta：Lepidoptera）. Beijing：Science Press.

WANG S X. 2006. The genus *Pedioxestis*（Lepidoptera：Oecophoridae）from China，with descriptions of three new species. Zootaxa，1 330：51–58.

WANG S X. 2006. The *Cryptolechia* Zeller（Lepidoptera：Oecophoridae）of China（Ⅲ）checklist and descriptions of new species. Zootaxa，1195：1–28.

WANG S X，LI H H, 2006. Review of the genus *Periacma* Meyrick（Lepidoptera：Oecophoridae）from China, with descriptions of four new species, Journal of Natural History，40（41–43）：2 371–2 393.

WANG S X，JIN Q. 2007. A new species and newly reported female of the genus *Promalactis* Meyrick（Lepidoptera：Oecophoridae）from China. Entomotaxonomia，29（4）：287–289.

WANG S X，SUN Y L. 2008. Two new species of *Oedematopoda* Zeller（Lepidoptera：Oecophoridae，Stathmopodinae）from China. Entomotaxonomia，30（1）：36–38.

WANG S X，KENDRICK R C. STERILING P. 2009. Microlepidoptera of Hong Kong：Oecophoridae: the genus *Promalactis* Meyrick. Zootaxa，2 239：31–44.

WANG X J，LIU G Q. 2012. Checklist of Tessaratomidae（Hemiptera：Pentatomoidea）from China. Entomotaxonomia，34（2）：167–175.

WANG X H，et al. 1998. *Qiniella*, a new orthoclad genus from China (Diptera：Chironomaidae）. Hydrobiologia. 362：103–106.

WANG X J. 1996. The fruit flies（Diptera：Tephritidae）of the east asian region. Acta Zootaxonomica Sinica，21（Suppl.）：1–338.

WANG X J，CHEN X L. 2004. Descriptions of two new species of the genus *Loxoneura* Macquart（Diptera：Platystomatidae）from China. Acta Zootaxonomica Sinica，29（3）：582–585.

WANG X P，LI H H，WANG S X. 2003. Astudy in the genus *Homonopsis* from China（Lepidoptera：Tortricidae: Tortricinae）. Acta Zoologica cracoviensia，46（4）：339–345.

WANG X P，LI H H. 2007. Review of the fenus *Synochoneura* Obraztsov，with the description of a new species from China（Lepidoptera：Tortricidae）. Zootaxa，1 547：51–57.

WEI M C. 2003. Review of the sawfly genus *Filixungulia* Wei and a description of a new species（Hymenoptera：Tenthredinidae，Allantinae）. Acta Zootaxonomica Sinica，28（4）：729–732.

WEI M C，NIE H Y. 2004. On the sawfly genus *Jinia* with description of a new species（Hymenoptera：Tenthredinidae, Allantinae）. Acta Zootaxonomica Sinica，29（4）：781–785.

WEI M C，NIE H Y. 2005. A new genus of Allantini from China（Hymenoptera：Tenthredinidae，Allantinae）. Acta Zootaxonomica Sinica，30（1）：166–169.

WEI M C，NIE H Y. 2007. Two new genera of *Cephidae*（Hymenoptera）from Eastern Asia. Acta Zootaxonomica Sinica，32（1）：109–113.

WEI M C，NIU G Y. 2007. Two new species of Selandrinae from China（Hymenoptera：Tenthredinidae）. Acta Zootaxonomica Sinica,

32（4）：775–777.

WU C F. 1935–1941. Catalogus insectorum Sinensium. Fan Memor. Inst. Biol.，Peiping, China.

Wu C S. 2011. Six new species and Twelve newly recorded species of Limacodidae from China（Lepidoptera：Zygaenoidea）. Acta Zootaxonimica Sinica，36（2）：249–256.

WU C S，FANG C L. 2008. A review of the genus *Aphendala* Walker in China（Lepidoptera：Limacodidae）. Acta Zootaxonomica Sinica，33（4）：691–695.

WU D H，YIN W Y. 2011. New genus *Liaoxientulus*（Protura：Acerentomidae）from Northeast China. Acta Zootaxonomica Sinica，36（4）：854–860.

WU H, XU H C，YU X X. 2004. New species of the genus *Exechia* Winnertz from China（Diptera：Mycetophilidae). Acta Zootaxo-nomica Sinica，29（4）：790–793.

WU H，XU H C，YU X X. 2004. Four new species of the genus *Brevicornu* Marshall from China（Diptera：Mycetophilidae). Acta Zootaxonomica Sinica，29（3）：533–536.

WU H, ZHENG L Y，XU H C. 2001. Three new species of the genus *Mycomya* in China（Diptera：Mycetophilidae). Acta Zootaxo. Sinica，26（4）：569–572.

WU J，ZHOU H Z. 2005. Taxonomy of the genus *Thoracochirus*（Coleoptera：Staphylinidae，Osoriinae）from China. Acta Zootaxo-nomica Sinica，30（3）：590–597.

WU Y R. 2004. Ten new species of the tribe Osmiini from China（Apoidea：Megachilidae，Osmiini）. Acta Zootaxonomica Sinica，29（3）：531–537.

WU Y R. 2004. Nine new species of the tribe Anthidiini from China（Apoidea：Megachilidae，Anthidiini). Acta Zootaxonomica Sinica，29（3）：541–548.

WU Y R. 2004. The first record of the genus *Anthidiellum* Cockereli,1904 from China with descriptions of three new species (Apoidea：Megachilidae，Anthidiini）. Acta Zootaxonomica Sinica，29（4）：774–777.

WU Y R. 2005. A study on the genus *Megachile* Latreille from China with desriptions of fourteen new species（Apoidea：Megachilidae). Acta Zootaxonomica Sinica，30（1）：155–165.

XIAO H，HUANG D W. 2001. A revision of genus *Rhaphitelus* Walker from China（Hymenoptera：Pteromalidae). Acta Zootaxonomica Sinica，26（3）：342–345.

XIAO Y L，LI H H. 2006. A review of the genus *Monopis* Hübner from China（Lepidoptera：Tineidae，Tineinae). Deutsche Entomolo-gische Zeitschrift，53（2）：193–212.

XIAO Y L，LI H H. 2008. New tineid genus and species（Lepidoptera: Tineidae）from China. Entomotaxonomia，30（1）：31–35.

XIAO Y L，LI H H. 2009. *Eudarcia*（Lepidoptera：Tineidae）from China, with descriptions of two new specis. Oriental Insecta，43：307−313.

XIAO Y L，LI H H. 2009. New tineid genus *Maculisclerotica* gen. nov. and three new species from China（Lepidoptera：Tineidae, Meessiinae). Acta Zootaxonomica Sinica，34（4）：769–776.

XIAO Y L，LI H H. 2010. Taxonomic study of the genus *Nemapogon* Schrank from China（Lepidoptera：Tineidae）. Zootaxa，2 401：41–51.

XU Z，HE J，OLML M. 1996. Description of new specius of Dryinidae from China（Hymanoptera：Dryinidae）. *Frustula Entomologica*（Nuova Serie），22：1–22.

XU Z F, HE J H, MA Y. 2003. Taxonomic notes on Chinese members of the genus *Holepyris* Kieffer（Hymenoptera：Bethylidae）. Acta Zootaxonomica Sinics，28（2）：323–332.

XU Z H，CHAI Z Q. 2004. Systematic study on the ant genus *Tetraponera* F. Smith（Hymenoptera：Formicidae）from China. Acta Zootaxonomica Sinica，29（1）：63–76.

XU Z H，ZHOU X G. 2004. Systematic study on the ant genus *Pyremica* Goger（Hymenoptera：Formicidae）of China. Acta Zootaxonomica Sinica，29（3）：440–450.

XU Z H. 2002. Revision of the genus *Microteryx* Thomson of China（Hymenoptera：Encyrtidae）. Zoologische Mededeligen Leiden, 76(17)：27. xii. : 211–270.

XU Z H，CHEN J H，HUANG J. 2005. Notes on two genera of encyrtids newly recorded from China with descriptions of three new species（Hymenoptera：Encyrtidae）. Acta Zootaxonomica Sinica，30（3）：609–612.

XUE H J，YANG X K. 2010. Species cataloque of *Pyrrhalta* Joannis（Coleoptera：Chrysomelidae，Galerucinae）of the World. Entomotaxonomia，32（Suppl.）：119–136.

YANG D. 1996. Six new species of Dolichopodinae from China（Diptera：Dolichopodidae）. Entomologie，66：85–89.

YANG D. 1999. New and little known species of Dolichopodidae from China（Ⅳ）. Entomologie，69：197–214.

YANG D, PATRICK G. 1999. New and little known species of Dolichopodidae from China（Ⅴ）. Entomologie，69: 215–232.

YANG D，ZHU Y J. 2012. Five new species of *Chrysosoma*（Diptera：Dolichopodidae）with a key to species from China. Entomotaxonomia，34（1）：61–70.

YANG D，et al. 1997. The Rhagionidae of China（Diptera）. South Pacific Study，17（2）：113–262.

YANG D，et al. 2006. World catalog of Dolichopodidae（Insecta：Diptera）. China Agricultural University Press，Beijing.

YANG D，et al. 2007. World catalog of Empididae（Insecta：Diptera）. China Agricultural University Press，Beijing.

YANG J Q，CHEN J H, LIU J J. 2008. A new genus and a new species of Braconinae（Hymenoptera：Braconidae）from China. Acta Zootaxonomica Sinica，33（1）：61–64.

YANG X J，REN G D. 2004. A new species and twelve new recordsof the tribe Opatrini in China（Coleoptera：Tenebrionidae）. Acta Zootaxonomica Sinica，29（2）：305–309.

YANG Y X，G M，YANG X K. 2012. A little–known beetle family in China, Prionoceridae Lacordaire，1857（Coleoptera: Cleroidea）. Entomotaxonomia，34（2）：378–390.

YAO G，YANG D，EVENHUIS N. 2009. Four new species and a new record species of *Villa* Lioy, 1864 from China（Diptera：Bombyliidae）. Zootaxa，2 055：49–60.

YIN X C，et al. 1996. A synonymic catalogue of grasshoppers and their allies of the World. China Forestry Publishing House，Beijing.

YOU P，LI H H, CHEN K L. 2002. Catalogue of the Nymphulinae and Musotiminae of China（Lepidoptera: Crambidae）. Fauna of China，4：37–64.

YOU P，LI H H，WANG S X. 2003. A study oh the genus *Nymphicula* Snellen，1880（Lepidoptera：Crambidae，Nymphulinae）from China，with description of one new species. Entomotaxonomia，26（1）：67–72.

YOU P，WANG S X, LI H H. 2003. Genus *Paracymoriza* Warren from China（Lepidoptera：Crambidae，Nymphulinae）. Aquatic Insects，5（3）：211–217.

YU H L, LI H H. 2001. A Taxonomic study on the genus *Thhecobathra* Meyrick，1922 from China. SHILAP Revta. Lepid.，29（114）：115–120.

YU H L，LI H H. 2002. Two new species of *Niphonympha* Meyrick from China（Lepidoptera：Yponomeutidae）. Reichinbachia Mus. Tierkde.Dresden，34（45）：375–380。

YU H L，LI H H. 2004. Three new species of *Prays* Hubner，1825 from China（Lepidoptera：Yponomeutidae）. SHILAP Revta. Lepid.，32（125）：13–18.

YU H L，LI H H. 2006.A study on the genus *Phaecasiophora* Grote（Lepidoptera：Tortricidae，Olethreutinae）from the Mainland of China，with descriptions of five new species. Entomologica Fennica，17：34–45.

YU H L，LI H H. 2006. A review of the genus *Pseudohedya* Falkovitch from China, with description of two new species（Lepidoptera：Tortricidae：Plethreutinae）. Acta Entomologica Sinica，49（4）：664–670.

YU S S，CUI W N, YANG D. 2009. Three new species of *Actina*（Diptera：Stratiomyidae）from China. Entomotaxonomia，31（4）：296–300.

YU X X，WU H. 2012. Four new species in the gemus *Leia* Meigen（Diptera：Mycetophilidae）from China. Entomotaxonomia，34（2）：301–306.

YU X X，WU H，CHEN X X. 2008. Three new species of *Rondaniella* Johannsen（Diptera：Mycetophilidae）from China. Entomotaxonomia，30（1）：45–49.

YUAN C X，REN G D. 2005. Study of the arboreal beetles of the genus *Strongylium* From China（Coleoptera：Tenebrionidae）. Acta Zootaxonomica Sinica，30（2）：399–406.

YUAN F, YUAN X Q，WANG Z Q. 2007. Checklist of the genus *Halpe*（Lepidoptera：Hesperiidae）from China with description of a new spwcies. Acta Zootaxonomica Sinica，32（2）：308–311.

YUAN G X，ZHANG L，WANG S X. 2008. Review of the genus *Acria* Meyrick（Lepidoptera：Elachistidae) from China. Acta Zootaxonomica Sinica，33（4）：685–690.

ZHANG A H，LI H H. 2004. A taxonomic study on the genus *Rhopalovalva* Kuznetzov，1964 from China（Lepidoptera：Tortricidae，Olethreutine). Nota Lepidopterologica，27（2/3）：239 –243.

ZHANG A H, LI H H. 2004. Taxonomic study on the genus *Antichlidas*（Lepidoptera：Tortricidae：Olethreutinae），with description of a new species. Entomotaxonomia，26（3）：193–196.

ZHANG A H，LI H H. 2004. A systematic study on *Gibberifera* Obraztsov，1946 from China（Lepidoptera：Tortricidae：Olethreutinae). SHILAP Revista Lepid，32（128）：289–295.

ZHANG A H，LI H H. 2005. A taxonomic study on the genus *Eucoenogenes*（Lepidoptera：Tortricidae，Olethreutinae）from China. Entomotaxonomia，27（2）：125–130.

ZHANG A H, LI H H. 2005. Catalogue of Rucosmini from China（Lepidoptera：Tortricidae）. SHILAP Revista Lepid.，33（131）：265–298.

ZHANG A H, LI H H. 2005. A Systematic study on the genus *Pseudacroclita* Oku（Lepidoptera：Tortricidae，Olethreutinae）. Acta Entomologica Sinica，48（3）：396–400.

ZHANG A H，LI H H，WANG S X. 2005. Study on the genus *Rhopobota* Lederer from China（Lepidoptera：Tortricidae，Olethreutinae）. Entomologica Fennica，16：273–286.

ZHANG A H, LI H H. 2006. A new genus and four new species of Eucosmini（Lepidoptera：Tortricidae: Olethreutinae) from China. Oriental Insects，40：145–152.

ZHANG C T，ZHOU Y Y. 2011. Two new species and three new records of *Campylocheta* from China（Diptera：Tachinidae）. Acta Zootaxonomica Sinica，36（2）：285–292.

ZHANG D D，LI H H. 2005. A taxonomic study on *Palpita* Hubner from China（Lepidoptera：Crambidae，Pyraustinae，Spilomelini). Acta Zootaxonomica Sinica，30（1）：144–149.

ZHANG D D，LI H H. 2010. A new genus and new species of Pyraustinae（Lepidoptera：Crambidae）. Acta Zootaxonomica Sinica，35（2）：319–323.

ZHANG D D, LI H H, WANG S X. 2002. A study on the genus *Paranomis*，with description of one new species (Lepidoptera：Crambidae，Pyraudtinae）. *Animal Science*，131–134，Xi'an：Shaanxi Normal University.

ZHANG D D，LI H H，WANG S X. 2004. Areview of *Ecpyrrhorrhoe* Hübner（Lrpidoptera：Crambidae，Pyraustinae) from China，with descriptions of new species. Orienral Insects，38：315–325.

ZHANG J H, YANG D. 2005. Review of the subgenus *Scatella* Rpbineau−Desvoidy，1830 from China（Diptera：Ephydridae）. Zootaxa，931：1–11.

ZHANG J H，YANG D. 2006. Review of the species of the genus *Ochthera* from China (Diptera: Ephydridae）. Zootaxa，1 206：1–22.

ZHANG L L，YANG D. 2005. A study on the phylogeny of Dolichopodinae from the Palaearctic and Oriental Realms，with descriptions of three new genera（Diptera：Dolichopodidae）. Acta Zootaxonomica Sinica，30（1）：180–190.

ZHANG T T，LI Z，YANG D. 2009. New species of *Allognosta* from China（Diptera：Stratiomyidae）. Acta Zootaxonomica Sinica，

34（4）：784–789.

ZHANG T T，LI Z，ZHOU X，et al. 2009. Three new species of *Oplodontha* from （Diptera：Stratiomyidae）. Acta Zootaxonomica Sinica，34（2）：257–260.

ZHANG X，WANG S X. 2006. Systematic study of the genus *Kennelia* Rebel from China （Lepidoptera：Tortreicidae，Olethreutinae）. Acta Zootaxonomica Sinica，31（3）：613–616.

ZHANG X，WANG S X. 2006. A study of the genus *Semnostola* Diakonoff from China with the decription of a new species（Lepidoptera：Tortricidae，Olethreutinae). Zootaxa，1 283：37–45.

ZHANG X，WANG S X. 2007. A study of the genus *Sillybiphora* Kuznetsov （Lepidoptera：Tortricidae, Olethreutinae）. Acta Zootexonomica Sinica，32（3）：561–563.

ZHANG X，LI H H. 2007. A study on *Neoanathamna* Kawabe （Lepidoptera：Tortricidae，Olethreutinae）from China. Oriental Insecta，41：293–330.

ZHANG X，LI H H. 2008. Review of the Chinese species of *Eupoecilia* Stephens （Lepidoptera：Tortricidae，Cochylini）. Zootaxa，1 692：55–68.

ZHANG X，LI H H，et al. 2008. Review of the genus *Ancylis* Hubner rom China （Lepidopters：Tortricidae，Olethreucinae）. Journal of Natural History，42（27–28）：1 805–1 839.

ZHANG Y L，WEI C. 2002. A systematic study on the genus *Placidus* Distant（Homoptera：Cicadellidae). Entomologia Sinica，9（1）：63–72.

ZHANG Y Z，HUANG D W. 2005. A new genus and a New species of Encyrtidae （Hymenoptera：chalcidoidea）from China. Acta Zootaxonomica Sinica，30（1）：150–154.

ZHANG Y，CHE Y L. 2009. Checklist of *Gergithus* Stål (Hemiptera：Issidae，Hemisphaeriinae）with descriptions of two new species from China. Entomotaxonomia，31（3）：181–187.

ZHANG Z W，LI H H. 2009. Taxonomic study of the genus *Ashibusa* Matsumura （Lepidoptera：Cosmopterigidae），with description of six new species in China. Deutsche Entomologische Zeitschrift，56（2）：335–343.

ZHANG Z W，LI H H. 2010. The genus *Pancalia* Stephens （Lepidoptera：Cosmopterigidae）of China, with description of a new species. Entomologica Fennica，20：268–274.

ZHEN H，LI H H. 2009. A review of *Pseudohypatopa* Sinev （Lepidoptera：Coleophoridae: Blastobasinae: Holcocerini），with description of two new species. Entomologica Fennica，19：241–247.

ZHENG F K，LI Y J, LIU K. 2010. Six new species of the genus *Oxyporus* Fabricius from China （Coleoptera：Staphylinidae, Oxyporinae）. Acta Zootaxonomica Sinica，35（2）：290–299.

ZHENG F K，XIAO F，LI J. 2007. Three new species of the subgemera *Microsaurus* and *Raphirus* of the genus *Quedius* from China （Coleoptera：Staphylinidae，Staphylininae）. Acta Zootaxonomica Sinica，32（2）：301–307.

ZHENG F K，ZHENG X J. 2006. Three new species of the genus *Quedius* （Coleoptera：Staphylinidae, Staphylininae) from China. Acta Zootaxonomica Sinica，31（1）：173–179.

ZHONG H，YANG L F，MORSE J C. 2006. Six new Species of the genus *Polyplectropus* （Trichoptera：Polycentropodidae） from China. Acta Zootaxonomica Sinica，31（4）：859–866.

ZHOU C F，ZHENG L Y. 2004. A preliminary study on the genus *Caenis* （Ephemeroptera：Caenidae）from Chinese mainland，with description of a new species. Entomotaxonomia，26（1）：1–7.

ZHOU D，LI Y，YANG D. 2010. A new genus and species of Empididae from China （Diptera：Empidoidea）. Acta Zootaxonomica Sinica，35（3）：478–480.

ZHU Y J，YANG D, MASUNAGA K . 2006. A new species of *Hydrophorus* (Diptera：Dolichopodidae), with a key to species from China. Entomological News. 117（2）：253–256.

第五编　Part V

白义，许升全，邓素芳 .2006.陕西蝗虫地理分布的聚类分析 .动物分类学报，31（1）：18-24.

陈汉彬 .中国蚋类区系分布和地理区划 .动物分类学报，27（3）：624-630.

陈学新 .1997.昆虫生物地理学 .北京：中国林业出版社 .1-89.

陈宜瑜，陈毅锋，刘焕章 .1994.青藏高原动物地理区的地位和东部界线问题 .水生生物学报，1996.20(2)：97-103.

丁岩钦 .昆虫数学生态学 .北京：科学出版社 .

黄俊浩，张润志 .2006.中国龟象亚科分布概况（鞘翅目：象虫科）.动物分类学报，31（1）：75-80.

黄晓磊，冯磊，乔格侠 .2004.台湾与大陆蚜虫区系的相似性分析和历史渊源 .动物分类学报，29（2）194-201.

黄晓磊，乔格侠 .2010.生物地理学的新认识及其方法在生物多样性保护的应用 .动物分类学报，35（1）：158-164.

李红荣，杨琳，陈祥盛 .2010.危害竹子的飞虱类昆虫区系及生物地理学初探 .动物分类学报，35（4）：806-818.

梁爱萍 .2003.西藏南部及其邻近地区沫蝉总科（半翅目）昆虫的动物地理学研究 .动物分类学报，28（4）：589-598.

梁旻雯，魏美才 .2006.中国花蜢类昆虫动物地理学研究 .中南林学院学报，26（2）：87-89.

刘殿峰，张志轩，蒋国芳，等 .2009.中国蝗科部分昆虫的分子生物地理学分析 .科学通报，54（6）：756-764.

刘征，黄晓磊，姜立云，等 .2009.中国蚜虫类昆虫物种多样性与分布特点（半翅目：蚜总科）.动物分类学报，34（2）：277-291.

马世骏 .1959.中国昆虫生态地理概述 .北京：科学出版社 .

马晓静，申效诚 .2008.河南伏牛山南北坡昆虫区系的差异 // 申效诚，张润志，任应党，昆虫分布与分类 .北京：中国农业科技书出版社，310-314.

乔格侠，屈延华，张广学，等 .2003.中国侧棘斑蚜属（半翅目：蚜科，角斑蚜亚科）地理分布格局研究 .动物分类学报，28（2）：210-220.

乔格侠，徐晓群，屈延华，等 .2003.中国斑蚜科物种多样性及地理分布格局 .动物分类学报，28（3）：416-427.

任国栋，于有志，侯文君 .1999.中国荒漠半荒漠地区拟步甲的组成和分布特点 .河北大学学报，19（2）：176-183.

申效诚 .2008.学习昆虫地理学的点滴感悟 // 申效诚，张润志，任应党 .昆虫分类与分布 .北京：中国农业科学技术出版社 .576-583.

申效诚，孙浩，马晓静 .2010.中国 40 000 种昆虫蜘蛛区系的多元相似性聚类分析 .Journal of Life Sciences，4（2）：35-40.

申效诚，孙浩，赵华东 .2008.昆虫区系多元相似性分析方法 .生态学报，28（2）：849-854.

申效诚，王爱萍 .2008.昆虫区系多元相似性的简便计算方法及其贡献率 .河南农业科学，（7）：67-69.

申效诚，王爱萍，张书杰 .2008.夜蛾科昆虫区系研究 Ⅱ .中国各省区夜蛾的分布及相似性分析 .华北农学报，23（5）：151-156.

申效诚，张书杰 .2007.中国夜蛾总科昆虫区系相似性分析 .科学研究月刊，（12）：10-12.

申效诚，张书杰，任应党 .2007.昆虫区系的多元相似性比较 // 李典谟，吴春生，伍一军，等，昆虫学研究动态 .北京：中国农业科学技术出版社，131-137.

申效诚，张书杰，任应党 .2009.基于昆虫区系的中国东部古北东洋两界的分界 .Journal of Agricultural Science and Technology，3（11）：38-42.

申效诚，张书杰，任应党 .2009. 中国昆虫区系成分构成及其分布特点 . Journal of Life Sciences, 3（7）: 19-25.

盛茂领，申效诚 .2008. 中国各省区姬蜂科昆虫的分布及多元相似性聚类分析 // 申效诚，张润志，任应党，昆虫分布与分类 . 北京：中国农业科学技术出版社，389-393.

王静，李明，魏辅文，等 .2001. 分子系统地理学及其应用 . 动物分类学报，26（4）: 431-439.

王明福，王荣荣，薛万琦 .2006. 青藏高原蝇科昆虫生物地理初探 . 动物分类学报，31（3）: 490-500.

王义平，吴鸿，卜文俊，等 .2003. 小花蝽属地理分布的研究（半翅目：花蝽科）. 浙江林学院学报，20（4）: 389-393.

魏美才，聂海燕 .1997. 叶蜂总科昆虫生物地理研究 I-IV. 昆虫分类学报，19（增刊）: 127-157.

许升全 .2005. 中国斑腿蝗科特有种的分布及特有分布区划分 . 动物学报，51（4）: 624-629.

颜忠诚，虞以新 .1998. 吸血蠓群落的地理分布 . 动物学研究，19（2）: 175-176.

杨星科，王书永，高明媛 .1999. 中国高山萤叶甲区系研究 . 动物分类学报，24（4）: 402-416.

袁忠林，沈林，尚素琴，等 .2006. 缘脊叶蝉亚科生物地理学研究（同翅目：叶蝉科）. 动物分类学报，31（1）: 1-10.

章士美，赵泳祥 .1996. 中国农林昆虫地理分布 . 北京：中国农业出版社 .

张荣祖 .1997. 中国哺乳动物分布 . 北京：中国林业出版社 .

张荣祖 .2011. 中国动物地理 . 北京：科学出版社，1-263.

张润志，任立 .2000. 喜马象属（鞘翅目：象虫科）及其生物地理学意义 // 李典谟 . 走向 21 世纪的中国昆虫学 . 北京：中国科学技术出版社，42-43.

张镱锂 .1998. 植物区系地理研究中的重要参数——相似性系数 . 地理研究，17（4）: 429-434.

中国科学院自然区划工作委员会 .1959. 中国动物地理区划与中国昆虫地理区划 . 北京：科学出版社 .

周红章 .1999. 福建省肖叶甲科属种分布类型与动物地理格局 . 动物分类学报，24（1）: 65-75.

BOLTON B. 1995. A new general cataloque of the ants of the World. Harward University Press，Cambridge.

COX C B, MOORE P D. 2007. Biogeography : An ecological and evolutionary approach (Seventh edition). Blackwell Publishing Ltd // 赵铁桥，译 . 2005. 生物地理学：生态和进化的途径 .7 版 . 北京：高等教育出版社 .

DARLINGTON P. 1957.Zoogeography : The geographical distribution of animals. New York. John Wiley & Sons.

JACCARD P. 1901. Distribution de la flore alpine dans le bassin des Dranses et dans quelques régions voisines. Bull. Soc. Vaud. Sci. Nat., 37 : 241-272.

HOFFMANN R S. 2001.The southern boundary of the Palaearctic realm in China and adjacent countries. Acta Zoologica Sinica, 47(2): 121-131.

PENNY G，PETER C. 2002. Overview of Entomology// 彩万志，花保祯，宋敦伦，等，译 . 昆虫学概论 . 北京：中国农业大学出版社 .2009.

WALLACE A R. 1876.The geographical distribution of animals. Macmillan, London.

WANG S L, XIE H，CHEN P，et al. 2009. Diversity and biogeography of mayflies in northeast Asia (Insecta : Ephemeroptera). Acta Zootaxonomica Sinica, 34（2）: 193-198.

WILLIAMS P H. 1996. Mapping variations in the strength and breadth of biogrographic transition zones using species turnover. Proceedings of the Royal society of London，263 : 579-588.

索引

Index

中文名称索引
Chinese name index

M

R

S

拉丁学名（英文名称）索引
The Latin name(English name)index

Q

R

122，130，133，139，145，151，
157，166，172，178，183，189，
195，201，207，214，217，223，
229，235，241，247，253，260，
281，298，479，544

附录

Appendix

附录 1　中国昆虫科级阶元在各昆虫亚区的分布
Appendix 1　The distribution of insect families in sub-regions of China

目 编号	目 名称	科 编号	科 名称	属数	种数	a	b	c	d	e	f	g	h	i	j	k	l	m	n	o	p	q	r	s	t
01	原尾目	0101	夕蚖科	2	14	1**		1	1	1	1	1	1	1	1		1	1	1	1		1		1	
		0102	始蚖科	4	10			1		1	1		1	1	1	1	1	1		1	1	1			
		0103	蘖蚖科	9	52	1		1		1					1	1	1	1	1	1	1	1	1	1	1
		0104	蚖科	7	10			1		1	1			1		1	1	1			1				
		0105	日本蚖科	8	11	1		1	1		1	1	1		1		1								
		0106	富蚖科	1	1						1							1			1				1
		0107	华蚖科	1	1								1	1							1		1	1	
		0108	古蚖科	6	83	1		1	1	1	1		1	1	1	1	1	1	1	1	1	1	1	1	1
		0109	旭蚖科	1	3											1			1	1		1			
02	弹尾目	0201	原姚科	1	1											1					1	1			
		0202	棘姚科	6	27					1		1				1	1				1	1			
		0203	球角姚科	6	19				1	1	1					1	1				1	1	1		
		0204	拟亚姚科	5	15			1			1					1					1	1			
		0205	疣姚科	7	32			1								1	1	1			1	1		1	1
		0206	等节姚科	24	64	1		1		1		1				1	1	1		1	1	1			1
		0207	长角姚科	16	86			1		1	1				1	1	1	1			1	1			1
		0208	长角长姚科	1	1																				
		0209	鳞姚科	2	41					1			1	1	1	1	1		1	1	1				
		0210	短角姚科	2	2												1								
		0211	圆姚科	14	39	1			1	1	1				1	1	1				1	1			
		0212	地姚科	1	2				1									1							
		0213	驼姚科	2	4																1				
		0214	短吻姚科	2	2				1																
		0215	龟纹姚科	1	1				1																
03	双尾目	0301	康虮科	9	18	1	1									1	1	1		1	1	1	1	1	
		0302	原虮科	1	1																				
		0303	八孔虮科	1	1																		1		
		0304	副虮科	1	5						1	1				1	1				1		1	1	
		0305	铗虮科	11	18						1					1	1	1	1		1			1	1
		0306	异铗虮科	1	1																				
04	石蛃目	0401	石蛃科	6	19					1	1					1			1	1					
05	衣鱼目	0501	土衣鱼科	4	4														1						
		0502	衣鱼科	4	5			1	1	1	1				1	1	1	1			1	1			
06	蜉蝣目	0601	细裳蜉科	9	21				1		1								1	1					1
		0602	多脉蜉科	3	6										1										1
		0603	河花蜉科	6	17			1						1	1	1			1	1					
		0604	蜉蝣科	2	33			1							1	1	1		1	1					1
		0605	新蜉科	1	2												1								
		0606	小蜉科	12	46			1	1	1	1			1	1	1	1		1	1		1			
		0607	细蜉科	3	8			1	1	1						1	1			1		1			
		0608	扁蜉科	14	74			1								1	1		1	1	1		1	1	
		0609	等蜉科	1	6										1	1	1		1	1					1
		0610	短丝蜉科	1	5			1								1	1		1	1					
		0611	四节蜉科	9	37											1	1		1	1		1			1
		0612	褶缘蜉科	2	5										1		1		1						
		0613	巨跗蜉科	1	1																				
		0614	寡脉蜉科	1	1																				

*昆虫亚区（全国共计20个）：a.北疆昆虫亚区；b.南疆昆虫亚区；c.关东昆虫亚区；d.内蒙古昆虫亚区；e.冀晋鲁昆虫亚区；f.黄土高原昆虫亚区；g.青海湖昆虫亚区；h.羌塘昆虫亚区；i.黄淮昆虫亚区；j.长江中游昆虫亚区；k.秦巴昆虫亚区；l.云贵高原昆虫亚区；m.甘孜昆虫亚区；n.丽江昆虫亚区；o.墨脱昆虫亚区；p.浙闽昆虫亚区；q.台湾昆虫亚区；r.滇南昆虫亚区；s.粤桂昆虫亚区；t.海南昆虫亚区。

**各科昆虫的分布：1为有分布，空格为无分布。

目编号	目名称	科编号	科名称	属数	种数	a	b	c	d	e	f	g	h	i	j	k	l	m	n	o	p	q	r	s	t
07	蜻蜓目	0701	蜓科	15	71	1		1	1	1	1	1	1	1	1	1	1	1		1	1	1	1	1	1
		0702	春蜓科	37	191	1		1	1	1	1			1	1	1	1	1	1	1	1	1	1	1	1
		0703	大蜓科	5	18			1	1	1	1				1	1	1	1		1	1	1	1	1	
		0704	裂唇蜓科	4	18					1					1	1	1				1	1	1		1
		0705	伪蜻科	6	25			1	1	1	1				1	1	1			1		1	1		1
		0706	大蜻科	1	20				1		1					1	1			1		1	1	1	1
		0707	蜻科	36	125	1		1	1	1	1	1	1	1	1	1	1	1		1	1	1	1	1	1
		0708	丽蟌科	2	3																				
		0709	色蟌科	9	42	1		1	1	1	1				1	1				1		1	1		1
		0710	犀蟌科	5	27												1			1	1		1	1	1
		0711	溪蟌科	8	32				1	1					1	1	1			1	1		1	1	1
		0712	综蟌科	2	13										1	1	1	1	1	1		1	1		1
		0713	丝蟌科	5	26	1		1	1		1		1	1	1	1		1		1	1	1		1	1
		0714	原蟌科	2	10										1	1					1	1		1	1
		0715	山蟌科	8	9				1						1	1	1	1	1		1		1		1
		0716	蟌科	15	95	1		1	1	1	1	1	1	1	1	1	1	1		1	1	1	1	1	1
		0717	扇蟌科	6	33				1	1					1	1	1	1		1	1	1	1		1
		0718	扁蟌科	3	8													1							1
		0719	伪丝蟌科	3	14										1	1	1				1	1		1	1
08	襀翅目	0801	黑襀科	4	9			1																	
		0802	卷襀科	4	30			1		1	1	1				1	1	1			1	1	1	1	1
		0803	叉襀科	8	93	1		1		1	1	1			1	1	1	1	1		1	1	1		
		0804	带襀科	6	7	1		1																	
		0805	大襀科	2	3			1																	
		0806	扁襀科	4	8											1	1	1			1	1	1		
		0807	刺襀科	3	9									1		1				1			1		
		0808	襀科	45	268	1		1		1	1		1	1	1	1	1	1		1	1	1	1	1	1
		0809	绿襀科	2	10			1			1					1									
		0810	网襀科	2	21	1		1		1	1	1				1									
09	蜚蠊目	0901	蜚蠊科	15	61		1	1	1						1	1	1	1		1	1	1	1	1	1
		0902	光蠊科	7	43										1	1	1	1		1	1	1	1		
		0903	姬蠊科	36	178		1	1	1						1	1	1	1		1	1	1	1	1	
		0904	蟑蠊科	1	1																				
		0905	地鳖蠊科	9	24				1	1	1	1	1		1	1	1	1		1	1	1	1	1	
		0906	硕蠊科	14	59										1		1	1		1	1	1	1		1
10	等翅目	1001	草白蚁科	1	1										1	1	1	1		1	1	1	1	1	1
		1002	木白蚁科	5	69										1	1	1	1	1	1	1	1	1	1	1
		1003	鼻白蚁科	7	220			1		1	1				1	1	1	1		1	1	1	1	1	1
		1004	白蚁科	32	242										1	1	1	1		1	1	1	1	1	1
		1005	原白蚁科	1	1																			1	
11	螳螂目	1101	怪足螳科	1	4											1				1					1
		1102	花螳科	11	47										1	1	1	1	1	1	1	1	1	1	1
		1103	锥头螳科	2	3											1									
		1104	叶背螳科	1	2																				
		1105	扁尾螳科	2	2																				1
		1106	长颈螳科	1	11											1	1		1		1		1		1
		1107	细足螳科	1	1																				1
		1108	螳科	32	89			1	1	1	1				1	1	1	1	1	1	1	1	1	1	1
		1109	乳螳科	3	5															1					1
12	蛩蠊目	1201	蛩蠊科	2	2	1		1																	
13	革翅目	1301	大尾螋科	4	13			1							1		1	1	1	1	1	1	1	1	1
		1302	丝尾螋科	4	36										1	1	1	1	1	1	1	1	1	1	1
		1303	肥螋科	8	38					1					1	1	1	1	1	1	1	1	1	1	1
		1304	螺螋科	3	10			1	1	1	1			1									1	1	1
		1305	臀螋科	1	2																				1

（续表）

目 编号	目 名称	科 编号	科 名称	属数	种数	a	b	c	d	e	f	g	h	i	j	k	l	m	n	o	p	q	r	s	t
13	革翅目	1306	苔螋科	8	15										1		1			1		1		1	1
		1307	垫跗螋科	8	18					1					1		1	1		1	1	1	1	1	1
		1308	球螋科	25	132	1	1	1	1	1	1	1	1	1	1	1	1	1	1	1	1	1	1	1	1
14	直翅目	1401	蠹斯科	143	545	1		1	1	1	1	1			1	1	1	1	1	1	1	1	1	1	1
		1402	蝼蛄科	8	8	1		1	1	1	1	1	1	1	1	1	1			1	1			1	1
		1403	蚁蟋科	1	3															1					
		1404	蛉蟋科	11	50			1	1	1	1	1			1	1	1		1	1	1		1	1	1
		1405	蟋蟀科	24	104	1		1	1	1	1	1	1		1	1	1	1	1	1	1	1	1	1	1
		1406	咭蟋科	19	47					1				1	1	1	1		1	1	1		1	1	1
		1407	貌蟋科	4	9									1	1							1	1	1	
		1408	扩胸蟋科	1	1																				
		1409	癞蟋科	5	11									1					1	1	1		1	1	
		1410	蛛蟋科	1	3												1	1		1	1		1	1	
		1411	树蟋科	1	8			1	1	1					1	1			1	1	1		1	1	1
		1412	癞蝗科	13	52	1	1	1	1	1	1	1			1		1	1		1					
		1413	瘤锥蝗科	9	24	1	1			1		1					1	1	1	1		1	1	1	1
		1414	锥头蝗科	2	20	1	1	1	1	1	1	1	1	1	1	1	1	1	1	1	1	1	1	1	1
		1415	斑腿蝗科	114	490	1	1	1	1	1	1	1	1	1	1	1	1	1	1	1	1	1	1	1	1
		1416	斑翅蝗科	43	176	1	1	1	1	1	1	1	1	1	1	1	1	1	1	1	1	1	1	1	1
		1417	网翅蝗科	57	367	1	1	1	1	1	1	1	1	1	1	1	1	1	1	1	1	1	1	1	1
		1418	槌角蝗科	11	43	1	1	1	1	1	1	1			1		1								
		1419	剑角蝗科	30	120	1	1	1	1	1	1	1	1		1	1	1	1	1	1	1	1	1	1	1
		1420	沟股蚱科	2	5												1		1	1	1		1	1	1
		1421	三棱角蚱科	1	1												1				1				
		1422	扁角蚱科	2	11												1		1		1				
		1423	枝背蚱科	8	34										1	1	1	1		1	1	1	1	1	1
		1424	刺翼蚱科	13	83										1	1	1	1	1	1	1	1	1	1	1
		1425	短翼蚱科	16	150										1	1	1	1	1	1	1	1	1	1	1
		1426	蚱科	17	328	1	1	1	1	1	1	1			1	1	1	1	1	1	1	1	1	1	1
		1427	蚤蝼科	2	7				1	1					1	1	1		1	1			1	1	
		1428	蟋科	7	13	1	1		1		1	1	1		1										
		1429	脊蟋科	6	10										1	1						1	1	1	1
		1430	枕蟋科	1	13										1	1	1		1						
15	螳目	1501	异螳科	42	175	1				1				1	1	1	1	1	1	1	1	1	1	1	1
		1502	螳科	18	151			1		1	1			1	1	1	1	1	1	1	1	1	1	1	1
		1503	杆螳科	3	4																	1		1	1
		1504	拟螳科	2	2															1				1	1
		1505	叶螳科	1	10												1		1	1			1	1	1
16	纺足目	1601	等尾丝蚁科	2	6																	1	1	1	1
17	缺翅目	1701	缺翅虫科	1	2														1						
18	蛃目	1801	无鳞蛃科	2	2																			1	1
		1802	窃蛃科	3	3			1	1	1	1			1	1	1	1		1						
		1803	全鳞蛃科	3	3												1				1				
		1804	圆蛃科	1	1																1				
		1805	跳蛃科	3	12												1						1	1	1
		1806	虮蛃科	2	29			1	1	1	1		1	1	1	1			1				1	1	1
		1807	厚蛃科	2	5												1						1	1	1
		1808	粉蛃科	1	1																				
		1809	重蛃科	14	69					1	1				1	1			1				1	1	
		1810	斧蛃科	1	8																			1	1
		1811	上蛃科	12	27					1				1						1	1	1	1	1	1
		1812	亚蛃科	1	1					1															
		1813	单蛃科	15	362			1			1	1		1	1	1	1	1	1	1	1	1	1	1	1
		1814	狭蛃科	4	166			1	1	1	1		1	1	1	1	1	1	1	1	1	1	1	1	1
		1815	双蛃科	7	109			1		1		1			1	1	1	1	1	1	1	1	1	1	1

目编号	目名称	科编号	科名称	属数	种数	a	b	c	d	e	f	g	h	i	j	k	l	m	n	o	p	q	r	s	t
18	蝎目	1816	离蝎科	2	21										1	1	1	1	1		1	1			
		1817	半蝎科	3	22											1	1				1	1	1	1	1
		1818	外蝎科	5	60			1		1	1					1	1	1			1	1	1	1	1
		1819	沼蝎科	2	3							1									1				
		1820	美蝎科	3	15											1	1			1	1		1	1	
		1821	古蝎科	1	2																		1	1	
		1822	叉蝎科	18	115					1	1					1	1	1	1	1	1	1	1	1	1
		1823	围蝎科	11	184			1		1	1	1				1	1	1			1	1	1	1	1
		1824	羚蝎科	5	20			1	1	1	1	1								1	1		1	1	
		1825	鼠蝎科	6	24											1	1				1	1	1	1	1
		1826	蝎科	44	355	1		1	1	1	1	1	1	1	1	1	1	1			1	1	1	1	1
		1827	分蝎科	7	32	1		1	1	1	1	1				1	1				1	1		1	
19	食毛目	1901	短角鸟虱科	36	288			1	1	1		1				1					1				1
		1902	水鸟虱科	1	5											1					1				
		1903	鸟虱科	1	11											1					1				1
		1904	长角鸟虱科	79	561			1	1	1		1	1			1		1			1				1
		1905	兽鸟虱科	6	40			1	1	1				1							1				
		1906	象虱科	1	1																				
20	虱目	2001	恩兰虱科	3	10				1		1					1		1			1				
		2002	血虱科	1	7			1	1	1	1	1			1	1	1		1	1	1	1			
		2003	拟血虱科	3	6											1		1		1	1	1			
		2004	甲胁虱科	1	23				1		1	1	1			1	1	1		1	1				1
		2005	颚虱科	2	9			1	1	1			1	1		1				1	1				
		2006	欣奇虱科	1	1											1									
		2007	猴虱科	1	3											1									
		2008	虱科	1	1			1	1	1	1	1								1	1				
		2009	多板虱科	7	34	1	1	1	1			1	1	1	1	1	1	1	1	1		1	1	1	1
		2010	阴虱科	1	1			1	1	1					1	1	1	1		1					
		2011	马虱科	1	2		1						1												
21	缨翅目	2101	纹蓟马科	6	22	1		1	1	1	1		1			1	1				1	1	1	1	1
		2102	蓟马科	80	288	1		1	1	1	1	1	1	1	1	1	1	1			1	1	1	1	1
		2103	大腿蓟马科	1	3																1				
		2104	管蓟马科	77	257	1		1	1	1	1	1	1	1	1	1	1	1			1	1	1	1	1
22	半翅目	22001	蜡蝉科	23	53			1		1	1				1	1	1	1			1	1	1	1	1
		22002	广翅蜡蝉科	8	36					1	1				1	1	1	1			1	1	1	1	1
		22003	蛾蜡蝉科	20	52										1	1	1	1			1	1	1	1	1
		22004	飞虱科	174	443	1	1	1	1	1	1	1	1	1	1	1	1	1			1	1	1	1	1
		22005	菱蜡蝉科	19	94			1	1	1	1				1	1	1				1	1	1	1	1
		22006	粒脉蜡蝉科	7	26			1							1	1	1				1	1	1	1	1
		22007	象蜡蝉科	12	43			1	1	1	1				1	1	1				1	1	1	1	1
		22008	蚁蜡蝉科	2	4											1									
		22009	阉蜡蝉科	1	7																1		1	1	1
		22010	颖蜡蝉科	21	76			1						1		1	1	1			1	1	1	1	1
		22011	扁蜡蝉科	23	39										1	1	1	1			1	1	1	1	1
		22012	袖蜡蝉科	40	141						1				1	1					1	1	1	1	1
		22013	娜蜡蝉科	6	8											1									
		22014	瓢蜡蝉科	43	157			1				1			1	1					1	1	1	1	1
		22015	璐蜡蝉科	10	13											1							1	1	
		22016	颜蜡蝉科	7	16								1			1									1
		22017	蝉科	80	340	1	1	1	1	1	1	1	1	1		1	1				1	1	1	1	1
		22018	沫蝉科	57	194			1			1				1	1					1	1	1	1	1
		22019	尖胸沫蝉科	32	162			1	1	1	1	1			1	1					1	1	1	1	1
		22020	棘沫蝉科	5	21											1	1						1	1	1
		22021	叶蝉科	351	1 989	1	1	1	1	1	1	1	1	1	1	1	1	1	1	1	1	1	1	1	1
		22022	犁胸蝉科	2	2												1		1						

目 编号	目 名称	科 编号	科 名称	属数	种数	a	b	c	d	e	f	g	h	i	j	k	l	m	n	o	p	q	r	s	t
		22023	角蝉科	41	283			1	1	1	1	1	1	1	1	1	1	1	1	1	1	1	1	1	1
		22024	球蚜科	6	17			1	1	1	1	1		1		1	1	1	1		1	1			
		22025	根瘤蚜科	4	5				1	1		1		1		1					1				
		22026	瘿绵蚜科	36	156	1	1	1	1	1	1	1	1	1	1	1	1	1	1	1	1	1	1	1	1
		22027	矿蚜科	1	4				1		1					1	1	1	1						
		22028	扁蚜科	27	70				1	1		1		1		1	1	1	1	1	1	1	1	1	1
		22029	平翅绵蚜科	1	1				1	1	1		1		1										
		22030	群蚜科	3	10					1						1	1			1	1	1			
		22031	毛管蚜科	5	50					1	1							1	1	1	1	1	1	1	
		22032	短痣蚜科	3	11					1					1	1	1			1	1	1	1	1	
		22033	大蚜科	14	100	1	1	1	1	1	1	1	1	1	1	1	1	1	1	1	1	1	1		
		22034	斑蚜科	49	146	1	1	1	1	1	1	1	1	1	1	1	1	1	1	1	1	1	1	1	
		22035	毛蚜科	10	50	1	1	1	1	1	1	1	1			1			1	1	1				
		22036	蚜科	137	550	1	1	1	1	1	1	1	1	1	1	1	1	1	1	1	1	1	1	1	1
		22037	粉虱科	34	186			1	1	1	1	1		1	1	1	1			1	1	1	1	1	
		22038	绵蚧科	9	22		1	1	1	1			1	1		1	1	1		1	1	1			
		22039	珠蚧科	5	21	1		1	1	1		1				1	1	1	1		1	1			
		22040	旌蚧科	5	11			1	1	1	1			1		1	1		1	1	1				
		22041	粉蚧科	87	311	1	1	1	1	1	1	1	1	1	1	1	1	1	1	1	1	1	1	1	1
		22042	绒蚧科	15	69			1	1	1	1	1			1	1	1	1	1	1	1	1	1	1	
		22043	红蚧科	3	18					1						1	1	1	1	1	1	1	1		
		22044	链蚧科	10	115				1	1	1					1	1	1	1	1	1	1	1	1	
		22045	壶蚧科	2	12					1						1		1		1	1	1			
		22046	战蚧科	2	3									1											
		22047	胶蚧科	5	9											1		1	1	1	1	1	1	1	
		22048	仁蚧科	2	8				1							1		1	1	1	1				
		22049	盘蚧科	5	17					1						1		1	1	1	1				
22	半翅目	22050	蜡蚧科	43	132			1	1	1	1	1	1	1	1	1	1		1	1	1	1	1	1	1
		22051	壳蚧科	1	1																				1
		22052	蜂蚧科	1	1						1														
		22053	盾蚧科	100	70			1	1	1	1	1	1	1	1	1	1	1	1	1	1	1	1	1	1
		22054	半木虱科	2	3															1	1		1		
		22055	小头木虱科	2	11															1	1	1	1	1	
		22056	扁木虱科	1	8			1								1	1			1		1	1		
		22057	斑木虱科	12	76	1	1	1	1	1	1	1	1			1	1		1	1	1	1		1	1
		22058	叶木虱科	18	32	1	1	1	1	1	1		1			1	1	1		1		1	1	1	
		22059	丽木虱科	4	21			1	1	1	1					1	1			1	1		1		
		22060	盾木虱科	4	7			1		1		1				1	1			1	1		1		
		22061	幽木虱科	11	64			1	1	1	1	1			1	1				1	1	1	1		
		22062	木虱科	15	435	1	1	1	1	1	1	1	1	1	1	1	1	1	1	1	1	1	1	1	1
		22063	花木虱科	1	2															1	1		1	1	
		22064	同木虱科	1	21											1	1			1	1	1	1	1	
		22065	圆木虱科	1	1															1					
		22066	痣木虱科	2	11											1	1			1	1	1	1	1	
		22067	瘿木虱科	1	4															1	1	1			
		22068	裂木虱科	4	10			1		1	1			1	1	1				1	1		1	1	
		22069	裂个木虱科	1	1													1	1		1				
		22070	翅木虱科	1	1																1			1	
		22071	新个木虱科	2	5												1	1			1	1	1		
		22072	个木虱科	31	291	1	1	1	1	1	1	1	1	1		1	1	1	1	1	1	1	1	1	1
		22073	奇蜡科	4	7											1		1	1	1	1	1	1		1
		22074	枘蜡科	1	5					1							1			1	1				
		22075	鞭蜡科	2	3																		1		
		22076	毛角蜡科	5	5																1		1		
		22077	水蜡科	1	5			1	1	1						1				1					

目 编号	目 名称	科 编号	科 名称	属数	种数	a	b	c	d	e	f	g	h	i	j	k	l	m	n	o	p	q	r	s	t
22	半翅目	22078	膜蝽科	3	10					1											1				
		22079	尺蝽科	1	10									1	1						1	1		1	1
		22080	宽蝽科	9	15				1					1	1	1	1				1	1		1	1
		22081	黾蝽科	17	62				1	1	1	1	1	1	1	1	1				1	1		1	1
		22082	负蝽科	4	8				1	1	1			1	1	1	1				1	1		1	1
		22083	蝎蝽科	5	19				1	1	1	1		1	1	1	1				1	1		1	1
		22084	蟾蝽科	2	4											1					1				
		22085	蜍蝽科	1	1				1						1						1		1		
		22086	划蝽科	12	67				1	1	1	1		1	1	1	1				1	1		1	1
		22087	潜蝽科	2	3				1	1											1		1		
		22088	盖蝽科	1	10											1					1		1	1	1
		22089	仰蝽科	4	25				1	1	1	1		1	1	1	1				1	1		1	1
		22090	固蝽科	1	3				1	1	1										1	1			1
		22091	蚤蝽科	2	4																1				
		22092	跳蝽科	13	46				1	1	1	1	1			1		1		1	1	1			1
		22093	细蝽科	3	3											1									1
		22094	猎蝽科	115	400	1			1	1	1	1	1	1	1	1	1	1	1	1	1	1	1	1	1
		22095	瘤蝽科	8	48				1	1	1	1	1	1	1	1	1	1	1	1	1	1	1	1	
		22096	捷蝽科	1	5																			1	1
		22097	盲蝽科	214	869	1	1	1	1	1	1	1	1	1	1	1	1	1	1	1	1	1	1	1	1
		22098	树蝽科	5	14				1						1	1	1				1	1		1	1
		22099	网蝽科	58	208	1	1	1	1	1	1	1	1	1	1	1	1	1	1	1	1	1	1	1	1
		22100	姬蝽科	17	95	1	1	1	1	1	1	1	1	1	1	1	1	1	1	1	1	1	1	1	1
		22101	毛唇花蝽科	1	1																		1		
		22102	细角花蝽科	1	4				1	1	1			1	1	1					1	1			
		22103	花蝽科	19	98	1	1	1	1	1	1	1	1	1	1	1	1	1	1	1	1	1	1	1	1
		22104	臭虫科	1	2				1	1	1	1		1	1	1	1				1			1	1
		22105	寄蝽科	2	2																1				1
		22106	扁蝽科	19	120	1			1	1	1	1	1	1	1	1	1	1	1	1	1	1	1	1	1
		22107	跷蝽科	11	26				1	1	1	1		1	1	1	1				1	1		1	1
		22108	束蝽科	2	7										1	1	1				1	1		1	1
		22109	长蝽科	132	409	1	1	1	1	1	1	1	1	1	1	1	1	1	1	1	1	1	1	1	1
		22110	束长蝽科	1	20				1					1	1	1	1	1	1	1	1	1	1	1	1
		22111	皮蝽科	1	16	1	1	1	1	1						1	1								1
		22112	红蝽科	16	42	1		1	1	1	1			1	1	1	1	1	1	1	1	1	1	1	1
		22113	大红蝽科	3	10				1	1				1	1	1	1	1	1	1	1	1	1	1	1
		22114	蛛缘蝽科	14	38	1		1	1	1	1	1		1	1	1	1	1	1	1	1	1	1	1	1
		22115	缘蝽科	66	226	1	1	1	1	1	1	1	1	1	1	1	1	1	1	1	1	1	1	1	1
		22116	姬缘蝽科	11	38	1	1	1	1	1	1	1	1	1	1	1	1	1	1	1	1	1	1	1	1
		22117	狭蝽科	1	5	1		1	1	1		1					1								
		22118	异蝽科	6	135			1	1	1	1	1	1	1	1	1	1	1	1	1	1	1	1	1	1
		22119	同蝽科	10	118	1		1	1	1	1	1	1	1	1	1	1	1	1	1	1	1	1	1	1
		22120	土蝽科	17	51	1		1	1					1	1	1	1	1	1	1	1	1	1	1	1
		22121	龟蝽科	13	107			1		1	1	1	1	1	1	1	1	1	1	1	1	1	1	1	1
		22122	盾蝽科	18	76	1	1	1	1	1	1	1	1	1	1	1	1	1	1	1	1	1	1	1	1
		22123	兜蝽科	4	19				1		1			1	1	1	1	1	1	1	1	1	1	1	1
		22124	荔蝽科	14	41			1		1				1	1	1	1	1	1	1	1	1	1	1	1
		22125	蝽科	178	525	1	1	1	1	1	1	1	1	1	1	1	1	1	1	1	1	1	1	1	1
		22126	黑蝽科	1	1																		1		
		22127	蟁蝽科	1	3																		1		
23	广翅目	2301	泥蛉科	3	10			1				1		1	1		1	1	1	1	1	1	1	1	1
		2302	齿蛉科	10	96			1		1	1	1		1	1	1	1	1	1	1	1	1	1	1	1
24	蛇蛉目	2401	蛇蛉科	4	7				1	1	1				1						1				
		2402	盲蛇蛉科	2	7			1	1						1				1						
25	脉翅目	2501	粉蛉科	11	62	1	1	1	1	1	1	1	1	1	1	1		1		1	1	1	1	1	1

目 编号	名称	科 编号	名称	属数	种数	a	b	c	d	e	f	g	h	i	j	k	l	m	n	o	p	q	r	s	t
		2502	山蛉科	1	4											1			1			1			
		2503	溪蛉科	12	59						1		1		1	1	1	1	1	1	1	1	1	1	1
		2504	栉角蛉科	1	19										1	1	1	1	1	1	1	1	1	1	
		2505	泽蛉科	1	4																		1	1	
		2506	鳞蛉科	4	8											1			1		1				1
		2507	螳蛉科	7	35			1	1		1	1				1	1		1	1	1	1	1	1	1
25	脉翅目	2508	水蛉科	3	7											1							1		1
		2509	褐蛉科	26	165	1	1	1	1	1	1	1	1	1	1	1	1	1	1	1	1	1	1	1	1
		2510	草蛉科	27	249	1	1	1	1	1	1	1	1	1	1	1	1	1	1	1	1	1	1	1	1
		2511	蝶蛉科	4	8														1	1		1	1	1	1
		2512	蚁蛉科	39	120	1	1	1	1	1	1	1	1	1	1	1	1	1	1	1	1	1	1	1	1
		2513	蝶角蛉科	10	30			1	1	1	1	1	1	1	1	1	1	1	1	1	1	1	1	1	1
		2514	旌蛉科	1	1											1									
		26001	水缨甲科	1	2																	1			
		26002	虎甲科	22	155	1	1	1	1	1	1	1	1	1	1	1	1	1	1	1	1	1	1	1	1
		26003	步甲科	288	2 217	1	1	1	1	1	1	1	1	1	1	1	1	1	1	1	1	1	1	1	1
		26004	条脊甲科	4	4																	1			
		26005	棒角甲科	4	18					1				1	1	1						1		1	
		26006	两栖甲科	1	1																	1			
		26007	沼梭甲科	2	25	1	1			1					1	1	1			1	1			1	1
		26008	水甲科	1	1																	1			
		26009	敩甲科	7	53	1	1								1	1	1							1	1
		26010	小粒龙虱科	3	14	1									1		1							1	1
		26011	龙虱科	48	277	1	1	1	1	1	1	1	1	1	1	1	1	1	1	1	1	1		1	1
		26012	长扁甲科	2	5																		1	1	
		26013	行步甲科	15	53												1					1			
		26014	花甲科	15	44											1						1			
		26015	沼甲科	5	17																	1			
		26016	扁腹花甲科	1	1																	1			
		26017	皮蠹科	13	90	1	1	1	1	1	1	1	1	1	1			1	1	1	1		1	1	1
		26018	平唇水龟甲科	4	30										1		1					1		1	
		26019	小花甲科	1	5																	1			
26	鞘翅目	26020	丸甲科	7	13												1					1			
		26021	缨甲科	2	3																	1			
		26022	球蕈甲科	11	23			1	1													1			
		26023	苔甲科	5	29																	1			
		26024	埋葬甲科	20	104		1	1	1	1	1	1	1	1	1	1	1	1	1	1	1	1		1	1
		26025	铠甲科	1	4														1						
		26026	隐翅甲科	207	1 485	1	1	1	1	1	1	1			1	1	1	1	1	1	1	1	1	1	1
		26027	蚁甲科	42	66						1											1			
		26028	水龟甲科	31	204	1	1	1				1	1	1	1	1			1	1		1	1	1	1
		26029	毛牙甲科	1	1			1																	
		26030	圆泥甲科	1	1																	1			
		26031	扁圆甲科	1	1																	1			
		26032	阎甲科	50	215	1	1	1	1	1	1	1	1	1	1	1	1		1	1				1	1
		26033	细阎甲科	1	4																	1			
		26034	球蕈甲科	8	34																	1			1
		26035	Colonidae	1	1																				
		26036	黄胸甲科	1	4											1	1	1		1			1		
		26037	拳甲科	2	4																	1			
		26038	拟球甲科	3	3																	1			
		26039	Phaenocephalidae	1	1																	1			
		26040	盘甲科	1	8																	1			
26	鞘翅目	26041	出尾蕈甲科	9	66					1					1	1				1		1			
		26042	黑蜣科	6	16											1	1		1	1	1	1		1	1

目编号	目名称	科编号	科名称	属数	种数	a	b	c	d	e	f	g	h	i	j	k	l	m	n	o	p	q	r	s	t
		26043	拟锹甲科	1	1																				
		26044	锹甲科	33	262			1	1	1	1			1	1	1	1	1	1	1	1	1	1	1	1
		26045	粪金龟科	10	68	1	1	1	1	1	1	1			1	1	1	1	1	1	1	1	1		1
		26046	皮金龟科	3	26	1	1	1	1	1	1		1		1	1					1		1		1	1
		26047	红金龟科	2	9	1	1		1	1						1	1	1	1	1	1	1			1
		26048	驼金龟科	2	11										1	1	1				1	1	1	1	1
		26049	蜉金龟科	16	219	1	1	1	1	1	1	1	1	1	1	1		1	1	1	1	1	1		1
		26050	金龟科	25	283	1	1	1	1	1	1	1		1	1	1	1	1	1	1	1	1	1	1	1
		26051	绒毛金龟科	3	18	1				1						1	1				1				
		26052	犀金龟科	12	41	1	1	1	1	1	1	1	1	1	1	1		1	1	1	1	1	1		1
		26053	臂金龟科	2	8											1					1	1	1	1	1
		26054	丽金龟科	29	515	1	1	1	1	1	1	1	1	1	1	1		1	1	1	1	1	1	1	1
		26055	鳃金龟科	60	490	1	1	1	1	1	1	1	1	1	1	1		1	1	1	1	1	1	1	1
		26056	花金龟科	61	339	1	1	1	1	1	1	1	1	1	1	1		1	1	1	1	1	1	1	1
		26057	斑金龟科	6	48	1		1		1	1			1	1	1		1	1	1	1	1	1		1
		26058	胖金龟科	10	51											1	1	1	1	1	1	1	1	1	1
		26059	沙金龟科	1	1																				
		26060	绢金龟科	26	204	1	1	1	1	1	1	1			1	1	1				1	1		1	1
		26061	热萤科	1	1																		1		
		26062	叩萤科	1	1								1												
		26063	扁泥甲科	7	11											1	1		1	1					
		26064	长泥甲科	1	7					1					1				1						
		26065	泽甲科	1	1														1						
		26066	溪泥甲科	5	66				1					1		1	1		1	1				1	1
		26067	泥甲科	2	10														1						
		26068	吉丁甲科	62	779	1	1	1	1	1	1	1	1	1	1	1	1	1	1	1	1	1	1	1	1
26	鞘翅目	26069	叩甲科	134	614	1	1	1	1	1	1	1	1	1	1	1		1		1		1	1	1	1
		26070	地叩甲科	1	2														1						
		26071	隐唇叩甲科	15	25									1					1						1
		26072	粗叩甲科	2	3														1						
		26073	羽角甲科	3	7														1						
		26074	扇角甲科	2	7														1						
		26075	萤科	15	115				1						1	1	1	1					1	1	1
		26076	红萤科	32	127			1		1						1	1		1	1				1	1
		26077	花萤科	40	531			1	1	1	1	1			1	1	1	1	1	1				1	1
		26078	拟花萤科	10	27														1						1
		26079	细花萤科	3	23			1							1	1	1		1	1	1			1	1
		26080	囊花萤科	9	70			1										1	1						
		26081	光萤科	1	8														1						
		26082	稚萤科	2	8														1						
		26083	隐跗郭公虫科	2	4			1	1	1	1				1	1	1		1	1					
		26084	方胸甲科	2	4														1						
		26085	窃蠹科	18	37			1	1	1	1	1	1		1	1	1		1	1				1	1
		26086	蛛甲科	2	18			1	1	1	1	1	1		1	1	1	1	1	1		1	1	1	1
		26087	长蠹科	12	28			1	1	1	1	1			1	1	1		1	1					1
		26088	粉蠹科	3	7			1	1	1	1	1			1	1			1	1		1	1		
		26089	筒蠹科	3	7											1			1						
		26090	复变甲科	1	1														1						
		26091	鳃须筒蠹科	1	4														1						
		26092	谷盗科	8	9			1	1	1	1				1	1	1		1	1				1	1
		26093	郭公虫科	36	124			1	1	1	1	1	1	1	1	1	1		1	1				1	1
		26094	露尾甲科	35	123	1		1	1	1	1	1			1	1	1		1	1				1	1
		26095	扁甲科	5	7														1						
		26096	锯谷盗科	13	31			1	1	1	1				1	1	1						1		
		26097	隐食甲科	9	26			1	1	1					1	1	1		1	1			1		

目 编号	目 名称	科 编号	科 名称	属数	种数	a	b	c	d	e	f	g	h	i	j	k	l	m	n	o	p	q	r	s	t
		26098	毛蕈甲科	1	5																	1			
		26099	拟叩甲科	23	102									1	1	1	1	1			1	1	1	1	1
		26100	大蕈甲科	25	99									1	1	1	1				1	1	1	1	1
		26101	姬花甲科	6	14				1		1											1			
		26102	皮坚甲科	4	6																1	1			
		26103	瓢虫科	101	840	1	1	1	1	1	1	1	1	1	1	1	1	1	1	1	1	1	1	1	1
		26104	伪瓢虫科	31	91									1	1	1	1	1		1		1	1	1	1
		26105	薪甲科	9	36			1	1	1	1			1	1	1	1					1			
		26106	蜡斑甲科	2	26									1	1	1						1			
		26107	方头甲科	1	16			1	1	1				1	1	1				1				1	1
		26108	小扁甲科	2	9			1	1	1	1			1		1				1		1			
		26109	扁谷盗科	2	11			1	1	1	1			1	1	1		1	1	1	1	1	1	1	1
		26110	捕蕈虫科	5	6										1							1			
		26111	Mycetacidae	1	3																	1			
		26112	小蕈甲科	1	8			1	1	1	1			1	1	1						1	1	1	
		26113	坚甲科	13	16					1				1	1	1						1			
		26114	邻坚甲科	1	3									1	1	1	1			1				1	
		26115	扁薪甲科	1	4			1	1	1	1			1	1	1	1			1				1	
		26116	Mychothenidae	1	1																				
		26117	拟步甲科	292	1 448	1	1	1	1	1	1	1	1	1	1	1	1	1	1	1	1	1	1	1	1
		26118	树皮甲科	1	1																	1			
		26119	长颈甲科	1	1			1																	
		26120	拟天牛科	19	66			1			1				1	1			1		1				1
		26121	缩腿甲科	1	4																	1			
		26122	长朽木甲科	13	17																	1			
		26123	三栉牛科	2	4										1					1	1		1		
		26124	大花蚤科	8	27								1		1	1	1			1	1		1	1	
26	鞘翅目	26125	花蚤科	28	170				1	1	1	1	1		1	1	1			1	1		1	1	
		26126	蚁形甲科	7	56				1	1		1		1	1					1					
		26127	赤翅甲科	6	21										1	1				1				1	
		26128	芫菁科	23	197	1	1	1	1	1	1	1	1	1	1	1	1	1		1	1	1	1	1	1
		26129	Inopelidae	1	2																	1			
		26130	细树皮甲科	1	1																	1			
		26131	斑蕈甲科	1	1																	1			
		26132	细颈甲科	6	12																	1			
		26133	Xylophilidae	3	8																	1			
		26134	Scraptiidae	2	3																	1			
		26135	朽木甲科	17	154			1	1		1			1	1	1	1	1		1	1		1	1	1
		26136	伪叶甲科	26	178				1	1				1	1	1	1	1		1	1		1	1	1
		26137	距甲科	6	56			1	1	1	1	1	1		1	1				1	1		1	1	1
		26138	木蕈甲科	4	17									1	1	1	1			1	1				
		26139	天牛科	540	2 829	1	1	1	1	1	1	1	1	1	1	1	1	1	1	1	1	1	1	1	1
		26140	负泥虫科	13	184	1	1	1	1	1	1	1	1	1	1	1	1	1	1	1	1	1	1	1	1
		26141	豆象科	18	83	1	1	1	1	1	1	1	1	1	1	1	1	1	1	1	1	1	1	1	1
		26142	叶甲科	267	2 063	1	1	1	1	1	1	1	1	1	1	1	1	1	1	1	1	1	1	1	1
		26143	肖叶甲科	78	946	1	1	1	1	1	1	1	1	1	1	1	1	1	1	1	1	1	1	1	1
		26144	铁甲科	59	485	1	1	1	1	1	1	1	1	1	1	1	1	1	1	1	1	1	1	1	1
		26145	瘦天牛科	7	28			1						1	1				1	1	1		1	1	1
		26146	三锥象科	34	69										1	1	1			1	1		1	1	
		26147	长角象科	53	120									1	1	1	1			1	1		1	1	1
		26148	卷象科	30	317			1	1	1	1			1	1	1	1	1		1	1		1	1	1
		26149	象甲科	384	1 559	1	1	1	1	1	1	1	1	1	1	1	1	1	1	1	1	1	1	1	1
		26150	梨象科	7	49	1								1	1										
		26151	长小蠹科	5	48									1		1		1			1	1	1	1	
		26152	小蠹科	59	352	1	1	1	1	1	1	1	1	1	1	1	1	1	1	1	1	1	1	1	1

目编号	目名称	科编号	科名称	属数	种数	a	b	c	d	e	f	g	h	i	j	k	l	m	n	o	p	q	r	s	t
26	鞘翅目	26153	毛象科	1	1																1				
		26154	蚁象科	1	1									1	1		1				1	1		1	1
27	捻翅目	2701	原蝙科	1	1																				
		2702	蟷蝙科	1	1																				
		2703	跗蝙科	1	1									1	1	1					1			1	
		2704	蜂蝙科	1	1																				
		2705	栉蝙科	2	12				1	1				1	1	1		1			1		1	1	1
		2706	胡蜂蝙科	3	7															1	1	1			
28	长翅目	2801	蝎蛉科	3	194			1		1	1			1	1	1	1	1	1		1		1	1	
		2802	蚊蝎蛉科	1	31						1				1	1	1				1				
		2803	拟蝎蛉科	1	2			1									1								
29	双翅目	2901	毫大蚊科	2	12																1	1			
		2902	大蚊科	92	1 132			1	1	1	1	1			1	1	1	1	1		1	1	1	1	1
		2903	网蚊科	4	7																1	1			
		2904	蛾蠓科	14	73	1	1	1	1	1	1	1		1	1	1					1	1		1	1
		2905	细蚊科	2	9																1				
		2906	蚊科	18	374	1	1	1	1	1	1		1	1	1		1	1		1	1		1	1	1
		2907	幽蚊科	1	1																				
		2908	奇蚋科	1	2												1								
		2909	摇蚊科	115	477	1	1	1	1	1	1	1	1	1	1	1	1	1	1		1	1	1	1	1
		2910	蚋科	8	276	1		1	1	1	1	1	1	1	1	1	1	1	1		1	1	1	1	1
		2911	蠓科	37	1 052	1	1	1	1	1	1	1	1	1	1	1	1	1	1		1	1	1	1	1
		2912	粗脉蚊科	1	1																1				
		2913	极蚊科	1	1												1								
		2914	殊蠓科	3	5									1							1	1			
		2915	粪蚊科	2	4									1											
		2916	瘿蚊科	61	124			1	1	1	1	1			1	1	1	1		1	1	1	1	1	1
		2917	眼蕈蚊科	21	244			1	1	1		1	1	1	1	1	1	1		1	1	1			
		2918	菌蚊科	37	301			1	1	1	1	1			1	1	1	1			1	1	1	1	
		2919	毛蚊科	7	145			1	1	1	1	1			1	1	1	1	1	1	1	1	1	1	1
		2920	褶蚊科	1	4																1				
		2921	拟网蚊科	1	1																				
		2922	扁角蚊科	2	13																1	1			
		2923	虻科	20	586	1	1	1	1	1	1	1	1	1	1	1	1	1	1		1	1	1	1	1
		2924	伪鹬虻科	2	2												1				1				
		2925	鹬虻科	8	88					1	1				1	1	1				1		1	1	1
		2926	木虻科	4	17										1	1					1	1			1
		2927	水虻科	55	278			1	1	1	1	1					1		1		1	1	1	1	1
		2928	臭虻科	5	7						1					1	1				1	1			
		2929	食木虻科	1	2																1				
		2930	穴虻科	2	8						1	1					1			1				1	
		2931	小头虻科	9	22				1												1	1			
		2932	网翅虻科	5	13					1											1	1			
		2933	剑虻科	12	30		1	1	1	1							1		1		1	1			1
		2934	窗虻科	2	5				1	1					1	1					1				1
		2935	蜂虻科	27	164				1	1	1	1	1	1	1	1	1	1						1	1
		2936	拟食虫虻科	1	1																1				
		2937	食虫虻科	82	484	1		1	1	1	1	1	1	1	1	1	1	1	1		1	1	1	1	1
		2938	舞虻科	47	470			1		1	1	1	1	1	1	1	1	1	1		1	1	1	1	1
		2939	长足虻科	73	1 087	1	1	1	1	1	1	1	1	1	1	1	1	1	1		1	1	1	1	1
		2940	张翅菌蚊科	1	1																1				
		2941	尖翅蝇科	3	21	1					1						1			1	1	1			
		2942	蚤蝇科	28	154	1		1	1	1	1			1	1	1	1	1			1	1	1	1	1
		2943	扁足蝇科	4	7																1				
		2944	蛰蝇科	2	2																1				

目 编号	目 名称	科 编号	科 名称	属数	种数	a	b	c	d	e	f	g	h	i	j	k	l	m	n	o	p	q	r	s	t
		2945	头蝇科	11	94			1	1	1	1		1	1	1	1				1	1	1		1	1
		2946	食蚜蝇科	118	888	1	1	1	1	1	1	1	1	1	1	1	1	1	1	1	1	1	1	1	1
		2947	尖尾蝇科	5	7																		1		1
		2948	缟蝇科	16	131			1		1	1				1	1	1	1			1	1	1	1	1
		2949	斑腹蝇科	4	18				1	1			1	1						1	1				
		2950	蜂虻蝇科	1	1																				
		2951	甲蝇科	3	44											1	1		1	1	1	1	1	1	
		2952	禾蝇科	2	5					1	1					1	1			1					
		2953	果蝇科	41	617			1	1	1			1	1	1	1	1		1	1	1	1	1	1	1
		2954	细果蝇科	2	2															1					
		2955	滨蝇科	6	12															1					
		2956	水蝇科	31	86	1		1	1	1	1	1			1	1	1			1	1			1	1
		2957	刺股蝇科	3	8											1		1		1	1	1	1	1	
		2958	茎蝇科	7	52				1	1	1	1				1	1	1	1	1	1	1	1	1	
		2959	圆目蝇科	1	9															1	1	1			
		2960	粪蝇科	8	38	1	1					1	1	1	1	1	1	1	1	1	1	1	1	1	1
		2961	花蝇科	50	664	1	1	1	1	1	1	1	1	1	1	1	1	1	1	1	1	1	1	1	1
		2962	厕蝇科	5	115	1	1	1	1	1	1	1	1	1	1	1	1	1	1	1	1	1	1	1	1
		2963	蝇科	67	1 487	1	1	1	1	1	1	1	1	1	1	1	1	1	1	1	1	1	1	1	1
		2964	胃蝇科	1	7	1	1	1	1	1			1	1											
		2965	狂蝇科	6	12	1	1	1	1	1	1														
		2966	皮蝇科	5	19	1		1	1	1	1	1					1		1	1					
		2967	丽蝇科	53	302	1	1	1	1	1	1	1	1	1	1	1	1	1	1	1	1	1	1	1	1
		2968	麻蝇科	98	440	1	1	1	1	1	1	1	1	1	1	1	1	1	1	1	1	1	1	1	1
		2969	短角寄蝇科	2	2															1					
		2970	寄蝇科	278	1 157	1	1	1	1	1	1	1	1	1	1	1	1	1	1	1	1	1	1	1	1
		2971	虱蝇科	12	26	1	1		1		1		1	1						1	1			1	
29	双翅目	2972	蛛蝇科	6	11															1	1				
		2973	蝠蝇科	2	2															1	1				
		2974	瘦足蝇科	8	14			1									1		1	1		1		1	1
		2975	瘦腹蝇科	1	1															1					
		2976	指角蝇科	3	3															1					
		2977	突眼蝇科	8	18											1			1		1	1	1	1	1
		2978	沼蝇科	10	29			1		1						1	1			1	1			1	1
		2979	拙蝇科	1	1											1	1			1	1				
		2980	鼓翅蝇科	9	41														1			1	1		
		2981	彩眼蝇科	1	1															1					
		2982	日蝇科	11	22			1			1									1					
		2983	寡脉蝇科	2	17	1	1	1	1	1						1	1			1	1	1		1	
		2984	小粪蝇科	16	32			1	1	1	1					1	1			1	1		1		
		2985	腐木蝇科	4	4															1					
		2986	潜蝇科	20	160	1		1	1	1	1	1		1	1	1	1	1		1	1	1	1	1	1
		2987	隐芒蝇科	1	12						1					1	1			1		1	1		
		2988	秆蝇科	68	225			1	1	1	1	1		1	1	1	1		1	1	1	1	1	1	1
		2989	眼蝇科	16	73			1	1	1			1			1	1			1	1			1	
		2990	岸蝇科	3	4															1					
		2991	叶蝇科	5	12												1			1					
		2992	酪蝇科	1	2															1			1		
		2993	蚬蝇科	10	44						1						1			1	1	1		1	
		2994	实蝇科	125	594	1	1	1	1	1	1	1	1	1	1	1	1	1	1	1	1	1	1	1	1
		2995	斑蝇科	10	34				1	1			1							1					
		2996	小金蝇科	2	15				1	1															
		2997	扁口蝇科	16	52				1							1	1	1	1	1	1	1	1	1	1
		2998	奇蝇科	1	1																1			1	
		2999	卡密蝇科	1	1																				1

（续表）

目编号	目名称	科编号	科名称	属数	种数	a	b	c	d	e	f	g	h	i	j	k	l	m	n	o	p	q	r	s	t
30	蚤目	3001	蚤科	9	24	1	1	1	1	1	1		1	1	1	1	1	1	1	1	1	1	1	1	1
		3002	蠕形蚤科	3	28	1	1	1	1	1	1	1	1				1		1	1	1				
		3003	切唇蚤科	1	1	1			1		1		1												
		3004	多毛蚤科	1	13	1			1	1	1	1	1				1	1		1				1	1
		3005	臀蚤科	3	10											1		1	1	1				1	1	1
		3006	栉眼蚤科	14	177	1	1	1	1	1	1		1	1	1	1	1	1	1	1	1	1	1	1	1
		3007	柳氏蚤科	1	2																1				
		3008	蝠蚤科	8	29	1	1	1	1	1	1	1			1	1		1		1	1	1		1	
		3009	细蚤科	20	148	1	1	1	1	1	1	1	1		1	1	1	1	1	1	1	1	1	1	1
		3010	角叶蚤科	25	135	1	1	1	1	1	1	1	1		1	1	1	1	1	1	1	1	1	1	1
31	毛翅目	3101	原石蛾科	5	89			1					1	1	1	1	1	1	1	1	1	1	1	1	1
		3102	螯石蛾科	1	2											1				1					
		3103	舌石蛾科	3	23									1	1				1	1					1
		3104	小石蛾科	7	56			1		1						1	1	1	1	1	1	1	1	1	
		3105	等翅石蛾科	10	48									1		1	1	1	1	1		1	1	1	
		3106	角石蛾科	2	55									1	1	1	1	1	1	1		1	1	1	1
		3107	纹石蛾科	16	173			1			1		1			1	1	1	1	1	1	1		1	1
		3108	多距石蛾科	8	37									1	1	1	1	1	1	1		1			
		3109	畸距石蛾科	1	3									1											
		3110	径石蛾科	1	16									1	1		1			1	1				
		3111	剑石蛾科	1	1															1		1			
		3112	蝶石蛾科	5	23									1	1	1		1	1	1		1			
		3113	弓石蛾科	2	22				1							1	1	1	1	1		1			
		3114	石蛾科	11	32				1		1				1		1	1	1		1				
		3115	拟石蛾科	1	2															1					
		3116	细翅石蛾科	4	6									1	1	1									
		3117	枝石蛾科	3	12												1		1		1	1		1	1
		3118	齿角石蛾科	2	31										1	1		1		1		1		1	1
		3119	瘤石蛾科	2	22								1			1	1			1	1				
		3120	沼石蛾科	24	106				1	1	1	1	1	1		1	1	1	1	1	1	1			
		3121	鳞石蛾科	9	29											1	1	1	1	1		1		1	
		3122	短石蛾科	2	4																				
		3123	毛石蛾科	5	7														1		1		1		
		3124	长角石蛾科	15	125	1			1				1		1	1	1	1	1		1	1		1	1
		3125	乌石蛾科	1	1																1				
		3126	幻沼石蛾科	1	2				1																
32	鳞翅目	3201	小翅蛾科	2	13										1						1	1			
		3202	毛顶蛾科	1	2				1		1														
		3203	扇鳞蛾科	1	1													1							
		3204	蛉蛾科	1	5					1					1	1					1				
		3205	蝙蝠蛾科	11	121	1		1		1	1	1	1	1	1	1	1	1	1	1	1	1	1	1	1
		3206	原蝠蛾科	1	2																1				
		3207	长角蛾科	4	34					1	1	1			1	1	1			1	1				
		3208	微蛾科	2	2					1															
		3209	冠潜蛾科	2	3									1			1				1			1	
		3210	茎潜蛾科	1	1																1				
		3211	谷蛾科	74	138			1	1	1	1	1			1	1	1	1		1	1	1	1	1	1
		3212	绵蛾科	1	1																1				
		3213	蕈蛾科	26	58			1	1	1					1	1	1	1		1	1	1	1	1	1
		3214	细蛾科	25	96			1	1	1	1	1			1	1	1	1	1		1	1	1	1	1
		3215	印麦蛾科	2	4																1				
		3216	颊蛾科	1	4									1		1									
		3217	举肢蛾科	7	11						1	1			1	1				1	1			1	1
		3218	银蛾科	1	14			1	1	1	1	1						1							
		3219	梯翅蛾科	1	1																1				1

目		科		属数	种数	昆虫亚区																		
编号	名　称	编号	名　称			a	b	c	d	e	f	g	h	i	j	k	l	m	n	o	p	q	r	s	t
32	鳞翅目	3220	邻菜蛾科	3	9			1						1		1					1				
		3221	潜蛾科	4	12			1	1	1	1	1		1	1	1	1				1	1		1	
		3222	叶潜蛾科	1	7			1	1	1	1			1	1	1	1				1	1		1	
		3223	菜蛾科	4	15	1		1	1	1	1	1	1	1	1	1	1	1		1	1	1		1	1
		3224	辉蛾科	2	12					1	1			1			1				1	1		1	1
		3225	翼蛾科	2	6																				
		3226	遮颜蛾科	3	6											1					1				
		3227	草蛾科	1	44				1	1	1			1	1	1	1	1	1	1	1	1	1	1	1
		3228	巢蛾科	27	95			1	1	1	1	1		1	1	1	1	1	1	1	1	1	1	1	1
		3229	雕蛾科	15	91			1	1	1	1	1		1	1	1					1	1		1	1
		3230	木蠹蛾科	13	52	1	1	1	1	1	1	1	1	1	1	1	1	1			1	1		1	
		3231	豹蠹蛾科	4	27		1	1	1	1	1			1	1	1	1		1	1	1	1	1	1	1
		3232	拟木蠹蛾科	2	3																	1			1
		3233	宽蛾科	5	38	1		1	1	1	1			1	1	1			1	1	1			1	
		3234	木蛾科	13	44					1	1			1	1	1					1				1
		3235	织蛾科	40	291	1		1	1	1	1	1		1	1	1	1	1	1	1	1	1	1	1	1
		3236	祝蛾科	49	228				1		1			1	1	1	1	1	1	1	1	1	1	1	1
		3237	绢蛾科	3	7				1	1	1			1							1				
		3238	尖蛾科	24	65			1	1	1	1			1	1	1	1	1			1	1	1	1	1
		3239	椰蛾科	1	1																1				
		3240	列蛾科	1	47			1		1	1			1	1	1	1	1			1	1	1	1	1
		3241	麦蛾科	84	392	1	1	1	1	1	1	1	1	1	1	1	1				1	1	1	1	1
		3242	鞘蛾科	5	88	1		1	1	1	1			1	1	1	1				1	1	1	1	1
		3243	卷蛾科	229	1 170	1		1	1	1	1	1	1	1	1	1	1				1	1	1	1	1
		3244	透翅蛾科	35	113	1		1	1	1	1	1	1	1	1	1	1				1	1	1	1	1
		3245	短透蛾科	2	2																1				
		3246	斑蛾科	67	283			1	1	1	1			1	1	1	1	1	1	1	1	1	1	1	1
		3247	刺蛾科	71	263			1	1	1	1			1	1	1	1	1	1	1	1	1	1	1	1
		3248	寄蛾科	2	3																1	1			
		3249	伊蛾科	4	18								1								1	1			1
		3250	蛀果蛾科	8	29				1	1	1			1	1	1	1		1		1				
		3251	粪蛾科	2	2																1				
		3252	邻蛾科	2	2																1				
		3253	羽蛾科	49	190	1	1	1	1	1	1	1		1	1	1	1	1	1	1	1	1	1	1	1
		3254	网蛾科	20	127			1		1	1	1		1	1	1	1	1	1	1	1	1	1	1	1
		3255	驼蛾科	1	4							1		1	1	1					1	1			
		3256	螟蛾科	515	2 180	1	1	1	1	1	1	1	1	1	1	1	1	1	1	1	1	1	1	1	1
		3257	缺僵木蠹蛾科	1	1																1				
		3258	缨翅蛾科	1	1																		1		
		3259	锚纹蛾科	6	6						1					1	1	1	1	1	1	1	1		
		3260	凤蛾科	1	5			1		1	1			1	1	1	1	1			1	1	1	1	1
		3261	燕蛾科	6	12					1	1			1	1	1	1				1	1	1	1	1
		3262	蛱蛾科	12	48			1		1		1									1	1	1	1	1
		3263	尺蛾科	511	2 383	1	1	1	1	1	1	1	1	1	1	1	1	1	1	1	1	1	1	1	1
		3264	波纹蛾科	28	113		1	1	1	1	1			1	1	1	1	1	1	1	1	1	1	1	1
		3265	圆钩蛾科	2	9									1	1	1					1	1	1	1	1
		3266	钩蛾科	35	209			1	1	1	1			1	1	1	1	1	1	1	1	1	1	1	1
		3267	带蛾科	13	48					1	1			1	1	1	1	1	1	1	1	1	1	1	1
		3268	蚬蛾科	1	1							1			1	1									1
		3269	桦蛾科	2	2			1		1				1											
		3270	蚕蛾科	11	35			1	1	1	1			1	1	1	1	1	1	1	1	1	1	1	1
		3271	枯叶蛾科	39	190	1	1	1	1	1	1			1	1	1	1	1	1	1	1	1	1	1	1
		3272	箩纹蛾科	4	18			1	1	1	1			1	1	1	1				1	1	1	1	1
		3273	大蚕蛾科	17	89	1		1	1	1	1			1	1	1	1	1	1	1	1	1	1	1	1
		3274	天蛾科	64	211	1	1	1	1	1	1	1	1	1	1	1	1	1	1	1	1	1	1	1	1

目 编号	目 名称	科 编号	科 名称	属数	种数	a	b	c	d	e	f	g	h	i	j	k	l	m	n	o	p	q	r	s	t
32	鳞翅目	3275	舟蛾科	138	528	1	1	1	1	1	1	1	1	1	1	1	1	1	1	1	1	1	1	1	1
		3276	毒蛾科	39	418	1	1	1	1	1	1	1	1	1	1	1	1	1	1	1	1	1	1	1	1
		3277	灯蛾科	66	224	1	1	1	1	1	1	1	1	1	1	1	1	1	1	1	1	1	1	1	1
		3278	苔蛾科	84	460	1		1	1	1	1	1	1	1		1	1	1	1	1	1	1	1	1	1
		3279	瘤蛾科	14	73					1	1					1	1							1	1
		3280	鹿蛾科	8	101	1		1	1	1	1	1				1	1	1	1	1	1	1	1	1	1
		3281	虎蛾科	12	46			1								1	1	1	1	1	1	1	1	1	1
		3282	夜蛾科	797	3 645	1	1	1	1	1	1	1	1	1	1	1	1	1	1	1	1	1	1	1	1
		3283	弄蝶科	79	392	1		1	1	1	1	1	1	1	1	1	1	1	1	1	1	1	1	1	1
		3284	凤蝶科	20	123	1	1	1	1	1	1	1	1	1	1	1	1	1	1	1	1	1	1	1	1
		3285	绢蝶科	2	46	1	1	1	1	1	1	1	1	1		1	1	1	1	1	1				
		3286	粉蝶科	27	176	1	1	1	1	1	1	1	1	1	1	1	1	1	1	1	1	1	1	1	1
		3287	灰蝶科	158	690	1	1	1	1	1	1	1	1	1	1	1	1	1	1	1	1	1	1	1	1
		3288	蚬蝶科	7	34			1	1			1				1	1				1	1		1	1
		3289	喙蝶科	1	3			1		1	1					1					1	1		1	1
		3290	蛱蝶科	95	454	1	1	1	1	1	1	1	1	1	1	1	1	1	1	1	1	1	1	1	1
		3291	眼蝶科	54	456	1	1	1	1	1	1	1	1	1	1	1	1	1	1	1	1	1	1	1	1
		3292	环蝶科	8	22											1	1	1	1	1	1	1	1	1	1
		3293	斑蝶科	6	34				1		1		1			1					1	1	1	1	1
		3294	珍蝶科	1	2				1					1	1	1	1		1			1	1	1	1
33	膜翅目	3301	长节叶蜂科	2	5																1	1			
		3302	扁蜂科	7	67	1		1	1	1	1	1		1								1			
		3303	广背蜂科	1	5			1								1									
		3304	茴蜂科	2	7									1	1	1	1					1			
		3305	三节叶蜂科	16	183			1	1	1	1	1		1	1	1	1	1	1	1	1	1	1	1	1
		3306	锤角叶蜂科	11	52			1		1	1	1		1	1	1	1	1	1	1	1			1	1
		3307	松叶蜂科	7	35			1	1	1	1			1	1	1	1				1	1		1	1
		3308	叶蜂科	249	1 717	1	1	1	1	1	1	1	1	1	1	1	1	1	1	1	1	1	1	1	1
		3309	筒腹叶蜂科	1	1																				
		3310	树蜂科	6	51	1		1	1	1	1	1		1	1	1	1		1	1	1	1			
		3311	项蜂科	14	27			1													1	1			
		3312	茎蜂科	16	48			1	1	1	1	1		1	1	1	1		1	1	1	1			
		3313	尾蜂科	1	1																1				
		3314	钩腹蜂科	10	18										1	1	1				1	1			
		3315	巨蜂科	1	1																		1		
		3316	旗腹蜂科	4	14										1	1	1				1	1	1	1	
		3317	举腹蜂科	2	10									1		1					1	1			
		3318	褶翅蜂科	1	8									1							1	1			
		3319	姬蜂科	468	2 020	1	1	1	1	1	1	1	1	1	1	1	1	1	1	1	1	1	1	1	1
		3320	茧蜂科	253	1 669	1	1	1	1	1	1	1	1	1	1	1	1	1	1	1	1	1	1	1	1
		3321	蚜茧蜂科	20	111			1	1	1	1			1	1	1	1	1			1	1		1	1
		3322	冠蜂科	5	17											1					1	1	1		
		3323	枝跗瘿蜂科	2	5			1			1				1	1					1	1			
		3324	光翅瘿蜂科	1	3			1													1				
		3325	环腹瘿蜂科	1	1																				
		3326	匙胸瘿蜂科	11	29																	1			
		3327	瘿蜂科	23	44				1		1			1	1	1					1	1		1	
		3328	长背瘿蜂科	1	1																1				
		3329	摺翅小蜂科	1	7						1				1	1	1				1	1		1	
		3330	小蜂科	25	124			1	1	1	1			1	1	1				1	1	1	1	1	1
		3331	广肩小蜂科	13	58	1		1	1	1	1	1		1	1	1				1	1			1	1
		3332	长尾小蜂科	14	68		1	1	1	1	1	1	1	1	1	1				1	1	1		1	1
		3333	榕小蜂科	5	10											1					1				1
		3334	刻腹小蜂科	1	1				1												1				
		3335	蚁小蜂科	2	2																				

附录

（续表）

目编号	目名称	科编号	科名称	属数	种数	a	b	c	d	e	f	g	h	i	j	k	l	m	n	o	p	q	r	s	t
		3336	巨胸小蜂科	6	11	1			1	1		1			1	1	1				1				
		3337	金小蜂科	121	401	1	1	1	1	1	1	1	1	1	1	1	1	1	1	1	1	1	1	1	1
		3338	旋小蜂科	11	56			1	1	1	1	1			1	1	1					1	1	1	1
		3339	跳小蜂科	149	491	1		1	1	1	1			1	1	1	1	1	1	1		1	1	1	1
		3340	棒小蜂科	3	6		1										1		1						
		3341	蚜小蜂科	22	225			1	1	1	1				1	1	1					1	1	1	1
		3342	姬小蜂科	57	289	1	1	1	1	1	1	1	1		1	1	1	1				1	1	1	1
		3343	长痣小蜂科	1	1						1					1	1								
		3344	扁股小蜂科	1	12										1	1	1	1		1	1			1	1
		3345	四节金小蜂科	2	2					1															
		3346	赤眼蜂科	44	174	1	1	1	1	1	1				1	1	1				1	1		1	1
		3347	缨小蜂科	17	94	1	1	1							1	1	1			1	1	1		1	1
		3348	柄腹翅小蜂科	3	4												1				1	1		1	
		3349	柄腹细蜂科	1	2										1				1						
		3350	离颚细蜂科	1	1																				
		3351	细蜂科	18	81	1		1		1					1	1	1	1				1	1	1	1
		3352	窄腹细蜂科	2	13					1					1		1	1				1	1		
		3353	锤角细蜂科	7	7						1	1		1			1						1	1	1
		3354	缘腹细蜂科	7	64				1	1	1			1	1	1	1	1				1	1	1	1
		3355	广腹细蜂科	2	3										1	1	1		1				1		
		3356	大痣细蜂科	1	2										1				1	1					
		3357	分盾细蜂科	3	3						1				1	1	1		1	1					
		3358	短节蜂科	1	1																			1	
		3359	螯蜂科	21	210	1		1		1	1	1			1	1	1	1	1			1	1	1	1
		3360	梨头蜂科	1	3												1						1	1	
33	膜翅目	3361	肿腿蜂科	14	39				1	1	1				1	1	1	1				1	1	1	
		3362	青蜂科	13	102				1	1	1	1	1		1	1	1	1				1	1	1	1
		3363	尖胸青蜂科	1	5																	1			
		3364	蚁蜂科	33	168	1		1	1	1							1	1							1
		3365	钩土蜂科	7	101				1	1	1			1	1	1	1			1	1	1	1	1	1
		3366	寡毛土蜂科	2	2																				
		3367	土蜂科	7	77	1		1	1	1	1	1			1	1	1	1	1	1	1	1	1	1	1
		3368	蚁科	127	949	1	1	1	1	1	1	1	1	1	1	1	1	1	1	1	1	1	1	1	1
		3369	蛛蜂科	51	185			1	1	1	1	1	1		1	1	1	1				1	1	1	1
		3370	蜾蠃蜂科	36	223			1	1	1	1	1	1	1	1	1	1	1	1	1	1	1	1	1	1
		3371	胡蜂科	9	87	1		1	1	1	1	1	1		1	1	1	1	1	1	1	1	1	1	1
		3372	异腹胡蜂科	1	2						1				1	1	1		1						
		3373	铃腹胡蜂科	1	13										1	1	1	1		1					
		3374	长腹胡蜂科	1	1																			1	
		3375	狭腹胡蜂科	6	7												1		1			1	1	1	
		3376	马蜂科	1	31	1		1	1	1	1	1	1		1	1	1	1			1	1	1	1	1
		3377	切叶蜂科	24	331	1	1	1	1	1	1	1	1	1	1	1	1	1	1	1	1	1	1	1	1
		3378	分舌蜂科	4	26							1				1	1	1							
		3379	隧蜂科	12	241	1	1	1	1	1	1	1	1		1	1	1	1	1	1	1	1	1	1	1
		3380	蜜蜂科	45	541	1	1	1	1	1	1	1	1		1	1	1	1	1	1	1	1	1	1	1
		3381	地蜂科	4	95	1		1	1	1		1			1	1	1					1	1	1	1
		3382	准蜂科	4	56	1		1	1			1			1	1	1					1	1		
		3383	泥蜂科	13	111	1	1	1	1	1	1	1	1		1	1	1	1	1	1	1	1	1	1	1
		3384	长背泥蜂科	3	37												1		1			1	1	1	1
		3385	方头泥蜂科	62	510	1	1	1	1	1	1	1	1		1	1	1	1	1	1	1	1	1	1	1
		3386	修复细蜂科	1	1						1														

附录 2　中国昆虫属级阶元在各昆虫亚区的分布
Appendix 2　The distribution of insect genera in sub-regions of China

目*	科	属	种数	a	b	c	d	e	f	g	h	i	j	k	l	m	n	o	p	q	r	s	t
01	0101 夕蚖科	*Hesperentomon*	13	1***		1	1	1	1	1	1	1		1	1	1	1				1		
01	0101 夕蚖科	*Huhentomon*	1															1					
01	0102 始蚖科	*Condeellum*	3														1		1				
01	0102 始蚖科	*Neocondeellum*	5			1		1				1	1	1	1	1			1				
01	0102 始蚖科	*Paracondeellum*	1												1						1		
01	0102 始蚖科	*Proturentomon*	1			1		1	1														
01	0103 欂蚖科	*Baculentulus*	9			1		1	1					1	1	1	1		1	1	1	1	1
01	0103 欂蚖科	*Berberentulus*	1																	1			
01	0103 欂蚖科	*Gracilentulus*	4	1								1		1		1			1				
01	0103 欂蚖科	*Kenyentulus*	30			1	1					1		1	1	1	1		1	1	1	1	1
01	0103 欂蚖科	*Madagascaridia*	1									1	1	1	1	1			1				
01	0103 欂蚖科	*Neobaculentulus*	4			1						1	1	1			1						
01	0103 欂蚖科	*Notentulus*	1												1								
01	0103 欂蚖科	*Polyadenum*	1														1						
01	0103 欂蚖科	*zangentulus*	1															1					
01	0104 蚖科	*Filientomon*	2			1		1			1			1			1						
01	0104 蚖科	*Huashanentulus*	2				1							1	1	1							
01	0104 蚖科	*Liaoxientulus*	1		1																		
01	0104 蚖科	*Orinentomon*	1		1																		
01	0104 蚖科	*Tuxrnrntulus*	2		1																		
01	0104 蚖科	*yamatentomon*	1		1																		
01	0104 蚖科	*Yichunentulus*	1		1																		
01	0105 日本蚖科	*Alaskaentomon*	1									1											
01	0105 日本蚖科	*Callientomon*	1		1																		
01	0105 日本蚖科	*Imadateiella*	2		1																		
01	0105 日本蚖科	*Nanshanentulus*	1	1																			
01	0105 日本蚖科	*Nienna*	1				1																
01	0105 日本蚖科	*Nipponentomon*	2		1																		
01	0105 日本蚖科	*Nosekiella*	1						1	1													
01	0105 日本蚖科	*Verrucoentomon*	2	1						1													
01	0106 富蚖科	*Fujientomon*	1					1							1		1						1
01	0107 华蚖科	*Sinentomon*	1								1	1		1			1			1	1		
01	0108 古蚖科	*Anisentomon*	5									1	1	1	1		1				1	1	
01	0108 古蚖科	*Eosentomon*	51	1		1		1		1	1	1	1	1	1	1	1	1	1	1	1	1	1
01	0108 古蚖科	*Neanisentomon*	4											1			1						
01	0108 古蚖科	*Paranisentomon*	4								1	1	1				1						
01	0108 古蚖科	*Pseudanisentomon*	17					1			1	1	1	1	1	1	1				1	1	1
01	0108 古蚖科	*Zhonguohentomon*	2			1								1	1		1						
01	0109 旭蚖科	*Antelientomon*	3									1						1	1				
02	0201 原蚖科	*Podura*	1									1							1	1			
02	0202 棘蚖科	*Allonychiurus*	1		1																		
02	0202 棘蚖科	*Dimorphaphorura*	1		1																		
02	0202 棘蚖科	*Oligaphorura*	1		1																		
02	0202 棘科	*Onychiura*	21		1		1					1	1						1	1		1	

　*目：01 原尾目；02 弹尾目；03 双尾目；04 石蛃目；05 衣鱼目；06 蜉蝣目；07 蜻蜓目；08 襀翅目；09 蜚蠊目；10 等翅目；11 螳螂目；12 蛩蠊目；13 革翅目；14 直翅目；15 䗛目；16 纺足目；17 缺翅目；18 蜡目；19 食毛目；20 虱目；21 缨翅目；22 半翅目；23 广翅目；24 蛇蛉目；25 脉翅目；26 鞘翅目；27 捻翅目；28 长翅目；29 双翅目；30 蚤目；31 毛翅目；32 鳞翅目；33 膜翅目。

　**昆虫亚区：a 北疆昆虫亚区；b 南疆昆虫亚区；c 关东昆虫亚区；d 内蒙古昆虫亚区；e 黄晋鲁昆虫亚区；f 黄土高原昆虫亚区；g 青海湖昆虫亚区；h 羌塘昆虫亚区；i 黄淮昆虫亚区；j 长江中游昆虫亚区；k 秦巴昆虫亚区；l 云贵高原昆虫亚区；m 甘孜昆虫亚区；n 丽江昆虫亚区；o 墨脱昆虫亚区；p 浙闽昆虫亚区；q 台湾昆虫亚区；r 滇南昆虫亚区；s 粤桂昆虫亚区；t 海南昆虫亚区。

　***各科昆虫的分布：1 为有分布，空格为无分布。

（续表）

目	科	属	种数	a	b	c	d	e	f	g	h	i	j	k	l	m	n	o	p	q	r	s	t
02	0202 棘跳科	*Pseudonychiurus*	1																1				
02	0202 棘跳科	*Thalassaphorura*	1			1																	
02	0202 棘跳科	*Tullbergia*	1											1	1								
02	0203 球角跳科	*Ceratophysella*	6			1	1	1						1					1	1		1	
02	0203 球角跳科	*Chinogastrura*	1															1					
02	0203 球角跳科	*Hypogastrura*	7						1					1						1			
02	0203 球角跳科	*Oneopodura*	1															1					
02	0203 球角跳科	*Willemia*	2											1				1					
02	0203 球角跳科	*Xenylla*	2																				
02	0204 拟亚跳科	*Friesea*	6															1					
02	0204 拟亚跳科	*Micranurida*	1											1									
02	0204 拟亚跳科	*Paranura*	2																	1			
02	0204 拟亚跳科	*Pseudachorudina*	1																				
02	0204 拟亚跳科	*Pseudachorutes*	5			1		1															
02	0205 瘤跳科	*Caputanurina*	1			1																	
02	0205 瘤跳科	*Crossodonthina*	8															1	1		1	1	
02	0205 瘤跳科	*Lobella*	3			1								1									
02	0205 瘤跳科	*Marulina*	3			1																	
02	0205 瘤跳科	*Neanura*	9									1	1					1					
02	0205 瘤跳科	*Vitronura*	7												1			1					
02	0205 瘤跳科	*Womersleya*	1																				
02	0206 等节跳科	*Acanthisotoma*	1													1							
02	0206 等节跳科	*Anurophorus*	1	1																			
02	0206 等节跳科	*Axelsonia*	1													1							
02	0206 等节跳科	*Coloburella*	1															1					
02	0206 等节跳科	*Cryptopygus*	2	1														1					
02	0206 等节跳科	*Desoria*	8	1										1				1					
02	0206 等节跳科	*Dimorphacanthella*	2					1										1					
02	0206 等节跳科	*Folsomia*	12					1						1	1								
02	0206 等节跳科	*Folsomides*	4	1					1					1	1			1					
02	0206 等节跳科	*Folsomina*	2											1	1								1
02	0206 等节跳科	*Granisotoma*	1													1							
02	0206 等节跳科	*Isotoma*	5			1								1	1								
02	0206 等节跳科	*Isotomiella*	1						1					1	1								
02	0206 等节跳科	*Isotomodella*	1						1														
02	0206 等节跳科	*Isotomodes*	2																				1
02	0206 等节跳科	*Isotomurus*	6																1	1			1
02	0206 等节跳科	*Microstoma*	1																				
02	0206 等节跳科	*Paranurophorus*	1																				
02	0206 等节跳科	*Parisotoma*	2						1						1								
02	0206 等节跳科	*Proisotoma*	4	1														1					
02	0206 等节跳科	*Pseudanuriphorua*	1															1					
02	0206 等节跳科	*Tetracanthura*	1															1					
02	0206 等节跳科	*Tuvia*	2					1										1					
02	0206 等节跳科	*Vertagopus*	2				1	1															
02	0207 长角跳科	*Acanthurella*	1																1				
02	0207 长角跳科	*Ascocrytus*	1																1				
02	0207 长角跳科	*Callyntrura*	7																1		1		
02	0207 长角跳科	*Cremastocephalus*	1																				
02	0207 长角跳科	*Dicranocentrus*	1																1				
02	0207 长角跳科	*Drepanura*	1																				
02	0207 长角跳科	*Entomobrya*	13			1																1	
02	0207 长角跳科	*Entomobryoides*	1			1																	
02	0207 长角跳科	*Heteromurus*	1										1										
02	0207 长角跳科	*Homidia*	33				1						1	1	1	1			1	1			

目	科	属	种数	a	b	c	d	e	f	g	h	i	j	k	l	m	n	o	p	q	r	s	t
02	0207 长角蚖科	*Lepidocyrtus*	4																1				
02	0207 长角蚖科	*Pseudosinella*	1																				
02	0207 长角蚖科	*Salina*	7																1		1		
02	0207 长角蚖科	*Seira*	2																1				
02	0207 长角蚖科	*Sinella*	9					1						1	1				1	1			
02	0207 长角蚖科	*Willowsia*	4																1		1		
02	0208 长角长蚖科	*Orchesellides*	1														1						
02	0209 鳞蚖科	*Monodontocerus*	2														1						
02	0209 鳞蚖科	*Tomocerus*	39			1		1		1	1			1	1	1		1	1	1			
02	0210 短角蚖科	*Megalothorax*	1					1															
02	0210 短角蚖科	*Neelides*	1					1						1									
02	0211 圆蚖科	*Arrhopalites*	3											1									
02	0211 圆蚖科	*Bourletiella*	4	1									1										
02	0211 圆蚖科	*Dicyrtoma*	2																1		1		
02	0211 圆蚖科	*Heterosminthurus*	1																				
02	0211 圆蚖科	*Lipothrix*	1																1				
02	0211 圆蚖科	*Papirinus*	1																				
02	0211 圆蚖科	*Papirioides*	1																1				
02	0211 圆蚖科	*Ptenothrix*	12						1										1	1		1	
02	0211 圆蚖科	*Sminthurides*	2																				
02	0211 圆蚖科	*Sminthurinus*	6			1	1	1				1	1	1					1			1	
02	0211 圆蚖科	*Sphaeridia*	2						1					1									
02	0211 圆蚖科	*Sphyrotheca*	2																1				
02	0211 圆蚖科	*Temeritae*	1																				
02	0211 圆蚖科	*Yosiides*	1														1						
02	0212 地蚖科	*Oncopodura*	2				1										1						
02	0213 驼蚖科	*Cyohoderus*	3																1				
02	0213 驼蚖科	*Cyphodetopsis*	1																1				
02	0214 短吻蚖科	*Brachystomella*	1																				
02	0214 短吻蚖科	*Odontella*	1				1																
02	0215 龟纹蚖科	*Anurida*	1				1																
03	0301 康虮科	*Anisuracampa*	1												1								
03	0301 康虮科	*Campodea*	3												1		1						
03	0301 康虮科	*Cestocampa*	1			1																	
03	0301 康虮科	*Leniwytsmania*	1											1	1								
03	0301 康虮科	*Lepidocampa*	3											1	1				1	1		1	
03	0301 康虮科	*Metriocampa*	4	1										1			1						
03	0301 康虮科	*Pluciocampa*	1																				
03	0301 康虮科	*Pseudibanocampa*	1																		1	1	
03	0301 康虮科	*Sinocampa*	3												1		1						
03	0302 原虮科	*Symphylurinus*	1																				
03	0303 八孔虮科	*Octostigma*	1																		1		
03	0304 副虮科	*Parajapyx*	5					1	1					1	1		1				1	1	
03	0305 铗虮科	*Atlasjapyx*	1													1							
03	0305 铗虮科	*Burmajapyx*	1											1									
03	0305 铗虮科	*Choujapyx*	1																		1		
03	0305 铗虮科	*Deutojapyx*	1												1								
03	0305 铗虮科	*Gigajapyx*	1																		1		
03	0305 铗虮科	*Hainanjapyx*	2																				1
03	0305 铗虮科	*Indjapyx*	1																				
03	0305 铗虮科	*japyx*	1																				
03	0305 铗虮科	*occasjapyx*	7				1						1	1	1		1				1		
03	0305 铗虮科	*shaanxijapyx*	1																				
03	0305 铗虮科	*Teljapyx*	1																				
03	0306 异虮科	*Heterojapyx*	1																				

（续表）

目	科	属	种数	a	b	c	d	e	f	g	h	i	j	k	l	m	n	o	p	q	r	s	t
04	0401 石蛃科	*Allopsontus*	1																				
04	0401 石蛃科	*Haslandichilus*	2					1										1					
04	0401 石蛃科	*Metemachilis*	1																				
04	0401 石蛃科	*Pedetontinus*	8				1								1			1					
04	0401 石蛃科	*Pedetontus*	10																1	1			1
04	0401 石蛃科	*Praemachilis*	2																				
05	0501 土衣鱼科	*Gastratheellus*	1																				
05	0501 土衣鱼科	*Lepidospora*	1															1					
05	0501 土衣鱼科	*Proatelura*	1																				
05	0501 土衣鱼科	*Protrinemura*	1																				
05	0502 衣鱼科	*Acrotelsella*	1																				
05	0502 衣鱼科	*Ctenolepisma*	2			1	1	1	1			1	1	1	1			1	1			1	
05	0502 衣鱼科	*Lepisma*	1										1	1	1			1				1	
05	0502 衣鱼科	*Thermobia*	1																				
06	0601 细裳蜉科	*Choroterpes*	7			1									1			1	1				1
06	0601 细裳蜉科	*Choroterpides*	1																				1
06	0601 细裳蜉科	*Cryptopenella*	1																				
06	0601 细裳蜉科	*Habrophleboides*	2												1			1					
06	0601 细裳蜉科	*Indialis*	1																				1
06	0601 细裳蜉科	*Isca*	1																				
06	0601 细裳蜉科	*Leptophlebia*	4																				
06	0601 细裳蜉科	*Paraleptophlebia*	3					1							1		1		1	1			
06	0601 细裳蜉科	*Thraulus*	1															1					1
06	0602 多脉蜉科	*Chromarcys*	1																				
06	0602 多脉蜉科	*Epheron*	3																				1
06	0602 多脉蜉科	*Polymitarcys*	2										1										
06	0603 河花蜉科	*Neopotamanthodes*	2										1										
06	0603 河花蜉科	*Neopotamanthus*	2									1		1									
06	0603 河花蜉科	*Potamanthodes*	7									1	1	1	1			1	1				
06	0603 河花蜉科	*Potamanthus*	3			1									1								
06	0603 河花蜉科	*Rhoenanthopsis*	2																				
06	0603 河花蜉科	*Rhoenanthus*	1														1						
06	0604 蜉蝣科	*Eatonigenia*	1																				1
06	0604 蜉蝣科	*Ephemera*	32			1							1	1	1			1	1				1
06	0605 新蜉科	*Potamanthellus*	2															1					
06	0606 小蜉科	*Cincticostella*	4			1									1								
06	0606 小蜉科	*Cloeon*	1																				1
06	0606 小蜉科	*Drunella*	5			1								1	1								
06	0606 小蜉科	*Ephacerella*	1																				
06	0606 小蜉科	*Ephemerella*	21			1	1	1	1						1			1		1			
06	0606 小蜉科	*Ephemerellina*	2										1			1							
06	0606 小蜉科	*Erleya*	1																				
06	0606 小蜉科	*Serratella*	4			1									1			1					
06	0606 小蜉科	*Teloganodes*	2																				
06	0606 小蜉科	*Torleya*	3												1								1
06	0606 小蜉科	*Uracanthella*	1			1									1								
06	0606 小蜉科	*Vietnamella*	1								1				1			1					
06	0607 细蜉科	*brachycerus*	1																				
06	0607 细蜉科	*Caenis*	6			1	1	1						1	1			1		1			
06	0607 细蜉科	*Ordella*	1																				
06	0608 扁蜉科	*Afronurus*	6														1						
06	0608 扁蜉科	*Anepeorus*	1																				
06	0608 扁蜉科	*Cinygma*	3														1						
06	0608 扁蜉科	*Cinygmina*	8			1								1	1			1					1
06	0608 扁蜉科	*Cinygmula*	3			1											1						

目	科	属	种数	a	b	c	d	e	f	g	h	i	j	k	l	m	n	o	p	q	r	s	t
06	0608 扁蜉科	*Compsoneuria*	1																				
06	0608 扁蜉科	*Ecdyonurus*	14			1													1	1			
06	0608 扁蜉科	*Epeorus*	13			1								1	1			1	1	1		1	
06	0608 扁蜉科	*Heptagenia*	12			1								1	1				1				1
06	0608 扁蜉科	*Iron*	3												1								
06	0608 扁蜉科	*Nixe*	1												1							1	
06	0608 扁蜉科	*Rhithrogena*	6											1					1	1			
06	0608 扁蜉科	*Rhithrogeniella*	1																1				
06	0608 扁蜉科	*Thalerosphyrus*	2												1								
06	0609 等蜉科	*Isonychia*	6									1		1	1				1	1			1
06	0610 短丝蜉科	*Siphluriscus*	5			1									1								
06	0611 四节蜉科	*Acentrella*	1																	1			
06	0611 四节蜉科	*Baetis*	14												1				1	1			1
06	0611 四节蜉科	*Centroptella*	3											1									1
06	0611 四节蜉科	*Centroptilum*	2																1				
06	0611 四节蜉科	*Cleon*	8									1	1						1				
06	0611 四节蜉科	*Dactylobaetis*	1																1				
06	0611 四节蜉科	*Neobastiella*	1																	1			
06	0611 四节蜉科	*Procleom*	1																	1			
06	0611 四节蜉科	*Pseudocleon*	6									1	1						1	1			
06	0612 褶缘蜉科	*Anagenesis*	2								1												
06	0612 褶缘蜉科	*Paegniodes*	3												1				1				
06	0613 巨蚵蜉科	*Acanthametropus*	1																				
06	0614 寡脉蜉科	*Oligoneuriella*	1																				
07	0701 蜓科	*Aeschna*	13	1		1	1		1		1		1	1	1				1	1			
07	0701 蜓科	*Aeschnophlebia*	3																1				
07	0701 蜓科	*Anaciaeschna*	2																	1		1	
07	0701 蜓科	*Anax*	7			1	1	1	1	1	1	1	1	1	1			1	1	1	1	1	1
07	0701 蜓科	*Boveria*	1																				
07	0701 蜓科	*Cephalaeschna*	10						1				1	1					1				
07	0701 蜓科	*Fynacanthaeschna*	1																				
07	0701 蜓科	*Gynacantha*	8									1	1	1	1		1		1	1	1	1	1
07	0701 蜓科	*Hemianax*	1																				
07	0701 蜓科	*Periaeschna*	3										1		1		1		1		1		
07	0701 蜓科	*Petaliaeschna*	2																1				
07	0701 蜓科	*Planaeschna*	9					1	1				1	1					1	1		1	1
07	0701 蜓科	*Polycanthagyna*	3									1		1	1				1	1			
07	0701 蜓科	*Sarasaeschna*	7																1	1			
07	0701 蜓科	*Tetracanthagyna*	1																				1
07	0702 春蜓科	*Amphigomphus*	1																1		1		
07	0702 春蜓科	*Anisogomphus*	8			1	1						1	1	1		1		1	1	1		1
07	0702 春蜓科	*Asiagomphus*	13	1				1	1				1	1	1		1	1	1			1	1
07	0702 春蜓科	*Burmagomphus*	11					1					1	1	1				1	1	1	1	
07	0702 春蜓科	*Davidius*	15			1		1				1	1	1	1	1	1		1		1		
07	0702 春蜓科	*Eogomphus*	1												1								
07	0702 春蜓科	*Fukienogomphus*	2										1						1		1		
07	0702 春蜓科	*Gastrogomphus*	1							1		1	1	1									
07	0702 春蜓科	*Gomphidia*	4			1		1	1			1	1	1	1				1	1	1	1	1
07	0702 春蜓科	*Gomphus*	1			1																	
07	0702 春蜓科	*Heliogomphus*	2																1	1		1	
07	0702 春蜓科	*Ictinogomphus*	2					1				1	1	1	1		1		1	1		1	1
07	0702 春蜓科	*Labrogomphus*	1										1						1				
07	0702 春蜓科	*Lameligomphus*	13					1				1		1	1	1	1	1	1	1		1	1
07	0702 春蜓科	*Leptogomphus*	8															1	1			1	1
07	0702 春蜓科	*Macrogomphus*	2																			1	

目	科	属	种数	a	b	c	d	e	f	g	h	i	j	k	l	m	n	o	p	q	r	s	t
07	0702 春蜓科	*Megalogomphus*	2										1						1				1
07	0702 春蜓科	*Melligomphus*	4												1				1		1		
07	0702 春蜓科	*Merogomphus*	5									1			1	1			1	1	1	1	
07	0702 春蜓科	*Nepogomphus*	2												1		1		1				
07	0702 春蜓科	*Nihonogomphus*	17			1						1	1		1				1			1	1
07	0702 春蜓科	*Nychogomphus*	5																		1	1	1
07	0702 春蜓科	*Onychogomphus*	1																				
07	0702 春蜓科	*Ophiogomphus*	5			1	1	1	1	1			1						1			1	1
07	0702 春蜓科	*Orientogomphus*	1																1				
07	0702 春蜓科	*Paragomphus*	4												1							1	1
07	0702 春蜓科	*Perissogomphus*	1														1						
07	0702 春蜓科	*Phaenandrogomphus*	5																		1		1
07	0702 春蜓科	*Platygomphus*	1																				
07	0702 春蜓科	*Scalmogomphus*	4												1	1	1		1				
07	0702 春蜓科	*Shaogonphus*	3			1												1					
07	0702 春蜓科	*Sieboldius*	6			1		1											1	1		1	
07	0702 春蜓科	*Sinictinogomphus*	1			1		1			1	1	1	1					1	1		1	
07	0702 春蜓科	*Sinogomphus*	9				1					1		1	1	1		1	1	1			
07	0702 春蜓科	*Stylogomphus*	5											1			1	1	1			1	
07	0702 春蜓科	*Stylurus*	16			1	1	1	1				1	1	1	1			1	1		1	
07	0702 春蜓科	*Trigomphus*	9			1						1	1	1	1				1			1	
07	0703 大蜓科	*Allogaster*	1													1	1						
07	0703 大蜓科	*Anotogaster*	9				1	1	1			1	1	1	1	1	1	1	1	1	1	1	1
07	0703 大蜓科	*Cordulegaster*	5				1						1										
07	0703 大蜓科	*Epophthalmia*	1			1	1	1	1			1	1	1	1		1		1	1		1	1
07	0703 大蜓科	*Neallogaster*	2					1					1										
07	0704 裂唇蜓科	*Aurorachlorus*	1																				1
07	0704 裂唇蜓科	*Chlorogomphus*	11				1					1	1	1	1				1	1	1		
07	0704 裂唇蜓科	*Chloropetalis*	2										1										
07	0704 裂唇蜓科	*Sinorogomphus*	4																1				1
07	0705 伪蜻科	*Cordulia*	1			1																	
07	0705 伪蜻科	*Epitheca*	2			1					1	1	1						1				
07	0705 伪蜻科	*Hemicordulia*	1															1					
07	0705 伪蜻科	*Idionyx*	7																1				1
07	0705 伪蜻科	*Macromidia*	4					1						1					1				1
07	0705 伪蜻科	*Somatochlora*	10			1	1		1					1			1		1				
07	0706 大蜻科	*Macromia*	20			1		1						1	1		1		1	1	1		1
07	0707 蜻科	*Acisoma*	1								1	1	1				1	1	1			1	1
07	0707 蜻科	*Agrionoptera*	1																1				
07	0707 蜻科	*Brachydiplax*	3									1	1						1		1		
07	0707 蜻科	*Brachythemis*	1									1	1	1	1		1		1			1	1
07	0707 蜻科	*Cratilla*	1																1				1
07	0707 蜻科	*Crocothemis*	2			1	1	1	1			1	1	1	1	1	1	1	1	1	1	1	1
07	0707 蜻科	*Deielia*	1			1	1	1	1			1	1	1	1								
07	0707 蜻科	*Diplacodes*	2										1					1	1	1	1	1	1
07	0707 蜻科	*Hydrobasileus*	1											1	1				1				1
07	0707 蜻科	*Hylaeothemis*	1																		1		
07	0707 蜻科	*Lathrecista*	1																1				
07	0707 蜻科	*Leucorrhina*	2			1																	
07	0707 蜻科	*Leucorrhinia*	1																				
07	0707 蜻科	*Libellula*	7	1		1	1	1	1	1	1	1	1	1	1		1	1	1				
07	0707 蜻科	*Lyriothemia*	6			1		1	1			1	1	1	1		1		1	1		1	1
07	0707 蜻科	*Macrodiplax*	1																1				
07	0707 蜻科	*Nannodiplan*	1										1										
07	0707 蜻科	*Nannophya*	1										1						1	1		1	

目	科	属	种数	a	b	c	d	e	f	g	h	i	j	k	l	m	n	o	p	q	r	s	t
07	0707 蜻科	*Nannophyopsis*	1										1						1	1			1
07	0707 蜻科	*Neurothemia*	8									1		1		1			1	1	1	1	1
07	0707 蜻科	*Onychothemis*	2																	1			
07	0707 蜻科	*Orthetrum*	19	1		1	1	1	1			1	1	1	1	1	1	1	1	1	1	1	1
07	0707 蜻科	*palpopleura*	1									1	1	1	1	1	1	1			1	1	1
07	0707 蜻科	*Pantala*	1			1	1	1				1	1	1	1	1	1	1	1		1	1	1
07	0707 蜻科	*Potamarcha*	3			1														1		1	1
07	0707 蜻科	*Pseudothemis*	1			1	1					1	1	1					1	1		1	1
07	0707 蜻科	*Rhodothemis*	2																				
07	0707 蜻科	*Rhyothemis*	5			1	1					1	1		1				1	1	1	1	1
07	0707 蜻科	*Sympetrum*	33	1		1	1	1	1	1	1	1	1	1	1	1	1	1	1	1	1	1	
07	0707 蜻科	*Tetrathemis*	1																				
07	0707 蜻科	*Tholemis*	1										1								1	1	1
07	0707 蜻科	*Tramea*	5					1															1
07	0707 蜻科	*Trithemis*	4									1	1	1	1	1	1	1					
07	0707 蜻科	*Urothemis*	1																		1	1	1
07	0707 蜻科	*Zygonyx*	2																		1	1	1
07	0707 蜻科	*Zyxomma*	1																		1		
07	0708 丽蟌科	*Devadatta*	2																				
07	0708 丽蟌科	*Thaumatoneura*	1																				
07	0709 色蟌科	*Agrion*	2			1	1					1					1						
07	0709 色蟌科	*Archineura*	1											1	1						1		
07	0709 色蟌科	*Calopteryx*	11	1		1	1	1	1			1	1	1	1				1	1	1		1
07	0709 色蟌科	*Echo*	2														1						
07	0709 色蟌科	*Matrona*	3			1						1	1	1	1		1		1	1	1	1	1
07	0709 色蟌科	*Mnais*	12			1	1					1	1	1	1		1		1	1	1	1	1
07	0709 色蟌科	*Neurobasis*	2												1				1		1	1	1
07	0709 色蟌科	*Psolodesmus*	1														1						
07	0709 色蟌科	*Vestalis*	8									1			1				1	1	1	1	1
07	0710 犀蟌科	*Aristocypha*	6											1		1	1						1
07	0710 犀蟌科	*Heliocypha*	6												1								
07	0710 犀蟌科	*Indocypha*	3												1								
07	0710 犀蟌科	*Libellago*	1																				
07	0710 犀蟌科	*Rhinocypha*	11												1				1	1	1	1	1
07	0711 溪蟌科	*Allophaea*	1																		1	1	1
07	0711 溪蟌科	*Anisopleura*	8									1	1	1		1					1	1	
07	0711 溪蟌科	*Bayadera*	10				1					1	1	1		1					1	1	
07	0711 溪蟌科	*Caliphaea*	3				1							1	1								
07	0711 溪蟌科	*Dysphaea*	2																				
07	0711 溪蟌科	*Euphaea*	5																		1	1	1
07	0711 溪蟌科	*Micromerus*	1																		1		1
07	0711 溪蟌科	*Philoganga*	2									1	1	1		1						1	1
07	0712 综蟌科	*Megalestes*	9				1					1	1	1	1	1	1		1				
07	0712 综蟌科	*Sinolestes*	4									1	1	1					1	1		1	
07	0713 丝蟌科	*Ceylonolestes*	2				1					1	1										
07	0713 丝蟌科	*Indolestes*	9									1	1	1			1						
07	0713 丝蟌科	*Lestes*	12			1	1		1			1	1	1			1	1				1	
07	0713 丝蟌科	*Oroplestes*	1																				
07	0713 丝蟌科	*Sympycna*	2	1		1	1		1		1				1	1							
07	0714 原蟌科	*Elattoneura*	1																				
07	0714 原蟌科	*prodasineura*	9									1	1						1	1		1	1
07	0715 山蟌科	*Ariomorpha*	1																				
07	0715 山蟌科	*Burmargiolestes*	1																				1
07	0715 山蟌科	*calilestes*	1																				
07	0715 山蟌科	*Mesopodagrion*	1				1				1		1	1	1	1			1		1		

目	科	属	种数	昆虫亚区																			
				a	b	c	d	e	f	g	h	i	j	k	l	m	n	o	p	q	r	s	t
07	0715 山蟌科	*Philosina*	2												1			1					1
07	0715 山蟌科	*Podolestes*	1																				1
07	0715 山蟌科	*Priscagrion*	1												1								
07	0715 山蟌科	*Rhinagrion*	1																				1
07	0716 蟌科	*Aciagrion*	6			1	1						1	1	1		1	1	1	1		1	1
07	0716 蟌科	*Agriocnemis*	11					1					1	1	1			1	1			1	1
07	0716 蟌科	*Archibasis*	1																				
07	0716 蟌科	*Cercion*	8			1	1	1	1			1	1	1	1			1	1			1	1
07	0716 蟌科	*Ceriagrion*	15				1					1	1	1	1	1	1	1	1	1	1	1	1
07	0716 蟌科	*Coenagrion*	18			1	1		1				1		1			1	1				
07	0716 蟌科	*Enallagma*	6	1		1	1	1	1	1	1		1	1				1					
07	0716 蟌科	*Erythromma*	2			1		1															
07	0716 蟌科	*Ischnura*	12			1	1		1	1	1	1	1		1	1		1	1	1	1	1	1
07	0716 蟌科	*Mortonagrion*	2										1	1									1
07	0716 蟌科	*Nehalennia*	1																				
07	0716 蟌科	*Neoerythromma*	1																				
07	0716 蟌科	*Onychargia*	1																				
07	0716 蟌科	*Pseudagrion*	9						1				1					1	1			1	1
07	0716 蟌科	*Pyrrhosoma*	2													1	1						
07	0717 扇蟌科	*Calicnemia*	5										1	1		1	1	1			1		
07	0717 扇蟌科	*Coeliccia*	11					1				1	1	1		1		1	1			1	1
07	0717 扇蟌科	*Copera*	7						1	1		1	1	1								1	1
07	0717 扇蟌科	*Indocnemis*	3										1					1			1		
07	0717 扇蟌科	*Platycnemia*	4						1	1		1	1	1				1					1
07	0717 扇蟌科	*Sinocnemis*	4						1					1	1								
07	0718 扁蟌科	*Drepanosticta*	4													1							1
07	0718 扁蟌科	*Protosticta*	2																				
07	0718 扁蟌科	*Sinosticta*	2																				1
07	0719 伪丝蟌科	*Lestomima*	1																				
07	0719 伪丝蟌科	*Pseudolestes*	1																				1
07	0719 伪丝蟌科	*Rhipidolestes*	12									1	1	1	1			1	1		1		
08	0801 黑渍科	*Capnia*	5			1																	
08	0801 黑渍科	*Capniella*	1			1																	
08	0801 黑渍科	*Eucapnopsis*	1			1																	
08	0801 黑渍科	*Isocapnia*	2			1																	
08	0802 卷渍科	*Leuctra*	6			1		1		1								1		1			
08	0802 卷渍科	*Paraleuctra*	3						1					1	1		1						
08	0802 卷渍科	*Perlomyia*	1																				
08	0802 卷渍科	*Rhopalopsole*	20						1					1	1	1		1	1	1	1	1	1
08	0803 叉渍科	*Amphinemoura*	3														1						
08	0803 叉渍科	*Amphinemura*	13	1		1			1					1	1		1	1					
08	0803 叉渍科	*Illisonemoura*	1											1									
08	0803 叉渍科	*Indonemoura*	4									1	1	1			1						
08	0803 叉渍科	*Mesonemoura*	1											1									
08	0803 叉渍科	*Nemoura*	65			1		1	1	1			1	1	1	1	1		1	1	1		
08	0803 叉渍科	*Podmosta*	1			1																	
08	0803 叉渍科	*Protonemoura*	5						1										1	1			
08	0804 带渍科	*Haploperla*	2	1		1																	
08	0804 带渍科	*Paraperla*	1			1																	
08	0804 带渍科	*Rhabdiopteryx*	1																				
08	0804 带渍科	*Suwallia*	1			1																	
08	0804 带渍科	*Taenionema*	1			1																	
08	0804 带渍科	*Taeniopteryx*	1			1																	
08	0805 大渍科	*Allonarcys*	1			1																	
08	0805 大渍科	*Pteronarcya*	2																				

目	科	属	种数	a	b	c	d	e	f	g	h	i	j	k	l	m	n	o	p	q	r	s	t
08	0806 扁襀科	*Cryptoperla*	1											1	1			1					
08	0806 扁襀科	*Microperla*	1											1									
08	0806 扁襀科	*Neopertoperla*	1																	1			
08	0806 扁襀科	*Peltoperla*	5											1		1				1			
08	0807 刺襀科	*Cerconychia*	4																				
08	0807 刺襀科	*Styloperla*	5										1		1			1			1		
08	0808 襀科	*Acroneuria*	12											1	1	1		1					
08	0808 襀科	*Adelungia*	1															1					
08	0808 襀科	*Agnetina*	14	1		1							1					1		1	1	1	
08	0808 襀科	*Arcynopteryx*	1			1																	
08	0808 襀科	*Atoperta*	2																				
08	0808 襀科	*Brahamana*	1											1	1					1			
08	0808 襀科	*Chinoperla*	1																	1			
08	0808 襀科	*Chloroperla*	2																				
08	0808 襀科	*Claassenia*	9											1	1			1	1		1		
08	0808 襀科	*Curtontus*	1			1																	
08	0808 襀科	*Diura*	2			1																	
08	0808 襀科	*Filcneria*	3			1																	
08	0808 襀科	*furcaperla*	1															1			1		
08	0808 襀科	*Gibosia*	2																	1			
08	0808 襀科	*Kamimuria*	57			1			1			1		1	1			1	1		1	1	
08	0808 襀科	*Kiotina*	8									1	1	1	1	1					1	1	
08	0808 襀科	*Marthamca*	2																				
08	0808 襀科	*Megarcys*	1			1																	
08	0808 襀科	*Mesoperlina*	2																				
08	0808 襀科	*Neoperla*	56			1		1			1	1	1	1	1		1	1	1	1	1	1	1
08	0808 襀科	*Neoperlops*	1																		1		1
08	0808 襀科	*Neophasganophora*	1																				
08	0808 襀科	*Nogiperla*	5													1			1				
08	0808 襀科	*Ochthopetina*	4										1					1			1	1	1
08	0808 襀科	*Oodeia*	1																				
08	0808 襀科	*Oyamia*	2									1											
08	0808 襀科	*Paragnetina*	20			1							1		1	1		1	1		1	1	
08	0808 襀科	*Perla*	3															1					
08	0808 襀科	*Perlesta*	2						1					1				1					
08	0808 襀科	*Perlodes*	3																				
08	0808 襀科	*Phasganophora*	4			1																	
08	0808 襀科	*Pictetiella*	1			1																	
08	0808 襀科	*Protarcys*	2																				
08	0808 襀科	*Schistoperla*	1																1				
08	0808 襀科	*simpliperla*	1																	1			
08	0808 襀科	*Sinacroneuria*	1															1					
08	0808 襀科	*Sinoperla*	2															1					1
08	0808 襀科	*Skobeleva*	4																				
08	0808 襀科	*Skwala*	1			1																	
08	0808 襀科	*Stavsolus*	1			1																	
08	0808 襀科	*Styloperta*	1															1					
08	0808 襀科	*Tetropina*	2																			1	
08	0808 襀科	*Togoperla*	7									1	1		1			1				1	
08	0808 襀科	*Tyloperla*	5											1						1			
08	0808 襀科	*Tylopyge*	5																	1	1		
08	0809 绿襀科	*Alloperla*	6			1			1					1									
08	0809 绿襀科	*Sweltsa*	2						1					1									
08	0810 网襀科	*Isoperla*	16	1		1																	
08	0810 网襀科	*Perlodinella*	5			1		1	1	1													

（续表）

目	科	属	种数	a	b	c	d	e	f	g	h	i	j	k	l	m	n	o	p	q	r	s	t
09	0901 蜚蠊科	*Blatta*	3									1	1	1	1				1			1	1
09	0901 蜚蠊科	*Cartoblatta*	1																				
09	0901 蜚蠊科	*Dorylaea*	1															1					
09	0901 蜚蠊科	*Ellipsidium*	1																				
09	0901 蜚蠊科	*Glomeriblatta*	4															1	1		1		
09	0901 蜚蠊科	*Hebardina*	4													1	1	1	1	1			
09	0901 蜚蠊科	*Homalosilpha*	7																1			1	1
09	0901 蜚蠊科	*Melanozosteria*	2																1				1
09	0901 蜚蠊科	*Methana*	1																1				
09	0901 蜚蠊科	*Mimosilpha*	1																				
09	0901 蜚蠊科	*Neoloboptera*	2							1		1											
09	0901 蜚蠊科	*Neostylopyga*	1										1	1				1	1			1	1
09	0901 蜚蠊科	*Periplaneta*	31			1	1	1			1	1	1	1				1	1			1	1
09	0901 蜚蠊科	*Pseudophoraspis*	1																1				
09	0901 蜚蠊科	*Scabinopsis*	1																				
09	0902 光蠊科	*Anisolampra*	1																				
09	0902 光蠊科	*Calolamprodes*	1																				
09	0902 光蠊科	*Compsolampra*	1																				
09	0902 光蠊科	*Epilampra*	8															1	1				
09	0902 光蠊科	*Opisthoplatis*	2															1	1		1		
09	0902 光蠊科	*Rhabdoblatta*	25								1	1	1	1	1		1	1	1		1		
09	0902 光蠊科	*Stictolampra*	5									1					1						
09	0903 姬蠊科	*Allacta*	3																				
09	0903 姬蠊科	*Anaplecta*	6															1	1				1
09	0903 姬蠊科	*Anaplectella*	5												1			1	1				
09	0903 姬蠊科	*Asiablatta*	1											1				1	1				
09	0903 姬蠊科	*Astyloblatta*	1															1					
09	0903 姬蠊科	*Balta*	5															1	1				1
09	0903 姬蠊科	*Blattella*	13			1	1	1			1	1	1	1	1		1	1	1			1	1
09	0903 姬蠊科	*Chorisoserrata*	2																		1	1	1
09	0903 姬蠊科	*Discalida*	1			1		1				1			1								
09	0903 姬蠊科	*Disymploce*	1																				
09	0903 姬蠊科	*Episymploce*	24									1	1		1			1	1			1	1
09	0903 姬蠊科	*Hemithyrsocera*	9									1	1	1				1	1	1		1	1
09	0903 姬蠊科	*Ischnoptera*	3															1					
09	0903 姬蠊科	*Jacobsonica*	5												1							1	1
09	0903 姬蠊科	*Liosilphoides*	1															1					
09	0903 姬蠊科	*Lobopterella*	1															1					
09	0903 姬蠊科	*Luparia*	3															1					1
09	0903 姬蠊科	*Malaccina*	1														1						1
09	0903 姬蠊科	*Margattea*	17										1		1			1	1	1			1
09	0903 姬蠊科	*Mopserina*	1																				
09	0903 姬蠊科	*Onychostylus*	6															1					
09	0903 姬蠊科	*Parasymploce*	2																				
09	0903 姬蠊科	*Phyllodromia*	6																1				1
09	0903 姬蠊科	*Pseudothyrsocera*	1														1						
09	0903 姬蠊科	*Scalida*	7										1		1	1		1	1			1	1
09	0903 姬蠊科	*Shelfordina*	1														1						
09	0903 姬蠊科	*Sigmella*	1															1	1				
09	0903 姬蠊科	*Sigmoidella*	1																				
09	0903 姬蠊科	*Sinablatta*	1																				
09	0903 姬蠊科	*Sorineuchora*	2												1			1	1				
09	0903 姬蠊科	*Sundabaltta*	1																				
09	0903 姬蠊科	*Supella*	2							1									1				
09	0903 姬蠊科	*Symploce*	35									1			1		1	1	1	1	1		

目	科	属	种数	昆虫亚区																			
				a	b	c	d	e	f	g	h	i	j	k	l	m	n	o	p	q	r	s	t
09	0903 姫蠊科	*Symplocodes*	5												1	1				1			
09	0903 姫蠊科	*Theganopteryx*	3																1				
09	0903 姫蠊科	*Theganosilpha*	1																1				
09	0904 蜚蠊科	*Nocticola*	1																				
09	0905 地鳖蠊科	*Blepharodera*	1																				
09	0905 地鳖蠊科	*Corydia*	1																			1	
09	0905 地鳖蠊科	*Ctenoneura*	4																				
09	0905 地鳖蠊科	*Eucorydia*	5			1									1		1	1	1	1		1	
09	0905 地鳖蠊科	*Eupolyphaga*	8			1		1		1	1	1	1	1	1	1	1	1				1	
09	0905 地鳖蠊科	*Heterogamia*	1																				
09	0905 地鳖蠊科	*Holocompsa*	1																1				
09	0905 地鳖蠊科	*Polyphaga*	2				1		1		1		1										
09	0905 地鳖蠊科	*Pseudoholocampsa*	1																1				
09	0906 硕蠊科	*Chorisoneura*	9												1			1	1				
09	0906 硕蠊科	*Cryptocercus*	2										1										
09	0906 硕蠊科	*Diploptera*	1																1				
09	0906 硕蠊科	*Glomerexis*	1															1					
09	0906 硕蠊科	*Leucophaea*	1																				
09	0906 硕蠊科	*miopanesthia*	1																				
09	0906 硕蠊科	*Nauphoeta*	1																				
09	0906 硕蠊科	*Panesthia*	16										1		1		1	1	1			1	1
09	0906 硕蠊科	*Paranauphoeta*	3																				
09	0906 硕蠊科	*Perisphaeria*	1																				
09	0906 硕蠊科	*Pseudoglomeris*	4																1				
09	0906 硕蠊科	*Pycnoscelus*	2															1	1			1	1
09	0906 硕蠊科	*Salganea*	7																1				1
09	0906 硕蠊科	*Trichoblatta*	10															1	1				
10	1001 草白蚁科	*Hodotermes*	1									1	1	1				1	1	1	1	1	1
10	1002 木白蚁科	*Cryptotermes*	9												1				1	1	1	1	1
10	1002 木白蚁科	*Glyptotermes*	39									1	1	1	1	1		1	1	1	1	1	1
10	1002 木白蚁科	*Incisitermes*	1																				
10	1002 木白蚁科	*Kalotermes*	1																1				
10	1002 木白蚁科	*Neotermes*	19												1				1	1	1	1	
10	1003 鼻白蚁科	*Coptotermes*	39									1	1	1	1			1	1	1	1	1	1
10	1003 鼻白蚁科	*Parrhinotermes*	2														1		1				
10	1003 鼻白蚁科	*Prorhinotermes*	4																1	1			1
10	1003 鼻白蚁科	*Reticulitermes*	129		1		1	1				1	1	1	1			1	1	1	1	1	1
10	1003 鼻白蚁科	*Schedorhinotermes*	6																		1	1	
10	1003 鼻白蚁科	*Stylotermes*	34												1	1			1	1	1	1	
10	1003 鼻白蚁科	*Tsaitermes*	6								1								1		1		
10	1004 白蚁科	*Ahmaditermes*	16									1			1		1	1			1	1	1
10	1004 白蚁科	*Ancistrotermes*	6												1						1	1	
10	1004 白蚁科	*Arcotermes*	1									1						1					
10	1004 白蚁科	*Cucurbitermes*	3									1			1			1				1	
10	1004 白蚁科	*Dicuspiditermes*	1																			1	
10	1004 白蚁科	*Euhamitermes*	13												1						1	1	1
10	1004 白蚁科	*Globitermes*	5																		1		
10	1004 白蚁科	*Havilanditermes*	2												1			1			1	1	
10	1004 白蚁科	*Hospitalitermes*	4																		1		
10	1004 白蚁科	*Hypotermes*	5																		1		
10	1004 白蚁科	*Indotermes*	2																		1		1
10	1004 白蚁科	*Macrotermes*	26									1	1	1	1			1	1		1	1	
10	1004 白蚁科	*Malaysiocapritermes*	3															1			1	1	
10	1004 白蚁科	*microcerotermes*	7																		1	1	
10	1004 白蚁科	*Microtermes*	3																		1		

附录

（续表）

目	科	属	种数	昆虫亚区																			
				a	b	c	d	e	f	g	h	i	j	k	l	m	n	o	p	q	r	s	t
10	1004 白蚁科	*Mirocapritermes*	2												1						1		
10	1004 白蚁科	*Mironasutitermes*	11								1		1	1			1						
10	1004 白蚁科	*Nasopilotermes*	1							1													
10	1004 白蚁科	*Nasutitermes*	38										1		1		1	1	1	1	1	1	1
10	1004 白蚁科	*Odontotermes*	30									1	1	1	1		1	1	1	1	1	1	1
10	1004 白蚁科	*Parahypotermes*	4																		1	1	
10	1004 白蚁科	*Periaciculitermes*	1																		1		
10	1004 白蚁科	*Peribulibitermes*	3																		1	1	
10	1004 白蚁科	*Pericapritermes*	12									1	1		1		1	1		1	1	1	1
10	1004 白蚁科	*Pilotermes*	1							1													
10	1004 白蚁科	*Pseudocapritermes*	7										1		1		1				1	1	1
10	1004 白蚁科	*Sinocapritermes*	16								1	1		1		1			1	1	1	1	1
10	1004 白蚁科	*Sinonasutitermes*	11									1		1		1				1		1	
10	1004 白蚁科	*Sinotermes*	3																		1		1
10	1004 白蚁科	*Speculitermes*	1																		1		
10	1004 白蚁科	*Termes*	1																		1		
10	1004 白蚁科	*Xiaitermes*	2														1						
10	1005 原白蚁科	*Hodotermosis*	1																			1	
11	1101 怪足螳科	*Amorphoscelis*	4												1		1						1
11	1102 花螳科	*Acromantis*	5											1	1			1	1		1		1
11	1102 花螳科	*Ambivia*	1																				
11	1102 花螳科	*Anaxarcha*	9										1	1		1						1	1
11	1102 花螳科	*ceratomantis*	1															1					
11	1102 花螳科	*Creobroter*	9								1	1	1		1	1						1	1
11	1102 花螳科	*Hestiasula*	6											1			1	1			1	1	1
11	1102 花螳科	*Hymenopus*	1															1					
11	1102 花螳科	*Nemotha*	1																				
11	1102 花螳科	*Odontomantis*	12									1	1		1		1	1					1
11	1102 花螳科	*Phyllothelys*	1																1				
11	1102 花螳科	*Thropropus*	1														1						
11	1103 锥头螳科	*Empusa*	2											1									
11	1103 锥头螳科	*Gongulus*	1																				
11	1104 叶背螳科	*Rhombodera*	2																				
11	1105 扁尾螳科	*Paratoxodera*	1																				
11	1105 扁尾螳科	*Toxomantis*	1																				1
11	1106 长颈螳科	*Kishinoyeum*	11											1	1		1		1		1		1
11	1107 细足螳科	*Ceratohaania*	1																				1
11	1108 螳科	*Amantis*	6												1		1	1	1				
11	1108 螳科	*Bolivaria*	1																				
11	1108 螳科	*Caliris*	2																				
11	1108 螳科	*Deiphobe*	2																				
11	1108 螳科	*Eomantis*	2											1							1		1
11	1108 螳科	*Epitenodera*	1												1								
11	1108 螳科	*Gonypeta*	2																1				1
11	1108 螳科	*Hierodula*	15			1	1	1	1			1	1	1	1	1		1	1	1	1	1	1
11	1108 螳科	*Hierodulella*	1																		1		
11	1108 螳科	*Humberitiella*	3																		1		1
11	1108 螳科	*Iridoptera*	1																1				
11	1108 螳科	*Iris*	2			1								1									
11	1108 螳科	*Leptomantella*	5												1		1	1					1
11	1108 螳科	*Mantis*	1			1	1	1	1			1	1	1	1		1	1	1	1	1	1	1
11	1108 螳科	*Mesopteryx*	1																				
11	1108 螳科	*Montamantis*	1														1						
11	1108 螳科	*Nanomantis*	1																				
11	1108 螳科	*Ormomantis*	1																				

目	科	属	种数	昆虫亚区																			
				a	b	c	d	e	f	g	h	i	j	k	l	m	n	o	p	q	r	s	t
11	1108 螳科	*Palaeothepsis*	3												1		1						
11	1108 螳科	*Parablepharis*	1																		1		
11	1108 螳科	*Pseudogousa*	1										1										1
11	1108 螳科	*Rhombodern*	1												1								
11	1108 螳科	*Sceptuchus*	2												1			1					
11	1108 螳科	*Schizocephala*	1																				
11	1108 螳科	*Sinomantis*	2															1					1
11	1108 螳科	*Sinomiopteryx*	4											1		1		1			1		
11	1108 螳科	*Spilomantis*	1												1			1			1		1
11	1108 螳科	*Stalitia*	11				1					1	1	1	1		1	1	1		1	1	
11	1108 螳科	*Tenodera*	11		1	1	1	1				1	1	1	1	1	1	1	1		1	1	1
11	1108 螳科	*Tricondylomamus*	1																				
11	1108 螳科	*Tripidomantis*	1																				1
11	1108 螳科	*Xanthomantis*	1																				1
11	1109 乳螳科	*Humbertiella*	3																				1
11	1109 乳螳科	*Mintis*	1															1					
11	1109 乳螳科	*Theopomula*	1																				1
12	1201 蛩蠊科	*Galloisiana*	1			1																	
12	1201 蛩蠊科	*Grylloblattella*	1	1																			
13	1301 大尾螋科	*Challia*	1			1							1	1				1					
13	1301 大尾螋科	*Cranopygia*	8																		1	1	1
13	1301 大尾螋科	*Echinosoma*	3													1	1		1	1	1		
13	1301 大尾螋科	*Parapsalis*	1																1	1			
13	1302 丝尾螋科	*Diplatys*	15									1	1	1		1	1	1	1		1	1	1
13	1302 丝尾螋科	*Haplodiplatys*	17										1	1	1	1	1	1			1	1	1
13	1302 丝尾螋科	*Nannopygia*	3															1				1	1
13	1302 丝尾螋科	*Paradiplatys*	1																				1
13	1303 肥螋科	*Aborolabis*	2														1						
13	1303 肥螋科	*Anisolabis*	13									1	1	1	1	1	1			1	1	1	
13	1303 肥螋科	*Brachylabis*	1																				1
13	1303 肥螋科	*Carcinophora*	1																1				
13	1303 肥螋科	*Euborellia*	9				1					1	1	1	1		1	1	1	1			
13	1303 肥螋科	*Gonolabis*	10				1						1		1	1	1	1	1	1	1	1	1
13	1303 肥螋科	*Placolabis*	1														1						
13	1303 肥螋科	*Platylabia*	1															1					1
13	1304 蠼螋科	*Forcipula*	6									1			1		1	1			1		1
13	1304 蠼螋科	*Labidura*	2		1	1	1	1				1	1	1	1	1		1			1		
13	1304 蠼螋科	*Nala*	2										1	1	1			1		1			
13	1305 扁螋科	*Apachyus*	2														1	1					1
13	1306 苔螋科	*Apovostox*	1																				
13	1306 苔螋科	*Auchenomus*	2																			1	1
13	1306 苔螋科	*Chaetospania*	4												1		1		1			1	1
13	1306 苔螋科	*Homotages*	1														1						
13	1306 苔螋科	*Irdex*	3									1										1	
13	1306 苔螋科	*Marava*	1																				
13	1306 苔螋科	*Paralabella*	1																				
13	1306 苔螋科	*Spongovostox*	2															1		1			
13	1307 垫跗螋科	*Adiathella*	1																		1	1	
13	1307 垫跗螋科	*Adiathetus*	1														1					1	
13	1307 垫跗螋科	*Chelisoches*	2												1						1	1	1
13	1307 垫跗螋科	*Exypnus*	1															1					
13	1307 垫跗螋科	*Hamaxas*	3														1					1	1
13	1307 垫跗螋科	*Proreus*	6				1								1			1	1		1	1	
13	1307 垫跗螋科	*Schizoproreus*	3											1		1	1					1	
13	1307 垫跗螋科	*Solenosoma*	1																			1	

目	科	属	种数	昆虫亚区																			
				a	b	c	d	e	f	g	h	i	j	k	l	m	n	o	p	q	r	s	t
13	1308 球螋科	*Allodahlia*	8											1	1	1	1	1	1	1	1	1	1
13	1308 球螋科	*Anechura*	17	1			1	1	1		1		1	1	1	1	1	1	1	1		1	
13	1308 球螋科	*Apterygida*	1															1				
13	1308 球螋科	*Chaeotocosmia*	1															1		1		
13	1308 球螋科	*Chelidura*	6							1	1			1		1						
13	1308 球螋科	*Cordax*	1												1							
13	1308 球螋科	*Cosmiella*	3											1			1		1			
13	1308 球螋科	*Cosmiola*	1																1			
13	1308 球螋科	*Elaunon*	1										1				1					
13	1308 球螋科	*Eparchus*	6										1					1	1	1	1	1	1
13	1308 球螋科	*Eudohrnia*	3										1	1	1	1	1					1
13	1308 球螋科	*Eumegalura*	1							1				1								
13	1308 球螋科	*Forficula*	42				1	1	1			1	1	1	1	1	1	1	1	1	1	1	1
13	1308 球螋科	*Guanchia*	3												1	1	1		1			
13	1308 球螋科	*Hypurgus*	1																			
13	1308 球螋科	*Liparura*	2														1					
13	1308 球螋科	*Mesasiobia*	1	1	1	1																
13	1308 球螋科	*Obelura*	1																			
13	1308 球螋科	*Opisthocosmia*	1											1								
13	1308 球螋科	*Oreasiobia*	5	1							1			1	1		1					
13	1308 球螋科	*Paratimomenus*	4											1			1	1	1			
13	1308 球螋科	*Pterygida*	5											1					1	1		
13	1308 球螋科	*Sinolabia*	1														1					
13	1308 球螋科	*Sondax*	1																			
13	1308 球螋科	*Timomenus*	16									1	1	1		1	1	1	1	1	1	1	1
14	1401 螽斯科	*Aancystroger*	1																			
14	1401 螽斯科	*Acosmetura*	12										1	1	1		1		1			
14	1401 螽斯科	*Aenerota*	3								1								1			
14	1401 螽斯科	*Agraecia*	1														1					
14	1401 螽斯科	*Alloducetia*	1											1								
14	1401 螽斯科	*Allotteratura*	1																			
14	1401 螽斯科	*Anelytra*	3																	1		1
14	1401 螽斯科	*Aniplophilus*	2																			
14	1401 螽斯科	*Anisotima*	5											1	1		1		1			
14	1401 螽斯科	*Apotrechus*	3											1	1							
14	1401 螽斯科	*Atlanticus*	18			1		1	1			1	1	1			1			1		
14	1401 螽斯科	*Banza*	1														1					
14	1401 螽斯科	*Baryprostha*	1																			1
14	1401 螽斯科	*Bergiola*	1																			
14	1401 螽斯科	*Bienkoxenus*	2																			
14	1401 螽斯科	*Borneogryllacris*	3										1							1		
14	1401 螽斯科	*Bulbistridulous*	3											1	1		1		1			
14	1401 螽斯科	*Callimenellus*	2										1				1			1	1	
14	1401 螽斯科	*Cecidophogula*	1																1			
14	1401 螽斯科	*Chizuella*	1																			
14	1401 螽斯科	*Chloracris*	2																1			
14	1401 螽斯科	*Conanalus*	4								1			1	1		1					
14	1401 螽斯科	*Conocephalus*	21		1	1	1	1				1	1	1	1		1		1	1	1	1
14	1401 螽斯科	*Cosmetura*	1														1					
14	1401 螽斯科	*Cyrtopsis*	3												1				1			
14	1401 螽斯科	*Daflorita*	2												1					1		
14	1401 螽斯科	*Damalacantha*	2	1																		
14	1401 螽斯科	*Decma*	2											1						1		
14	1401 螽斯科	*Dectius*	3	1		1																
14	1401 螽斯科	*Deflorita*	4										1		1	1		1	1		1	

目	科	属	种数	a	b	c	d	e	f	g	h	i	j	k	l	m	n	o	p	q	r	s	t
14	1401 螽斯科	*Deracantha*	4			1	1	1						1									
14	1401 螽斯科	*Deracanthella*	2			1	1	1															
14	1401 螽斯科	*Deracanthoides*	2	1																			
14	1401 螽斯科	*Diaphanogryllacris*	1																			1	
14	1401 螽斯科	*Diestrammena*	7			1	1		1			1	1						1	1		1	
14	1401 螽斯科	*Ducetia*	9			1						1	1	1	1		1		1	1	1	1	
14	1401 螽斯科	*Ebneria*	1																				
14	1401 螽斯科	*Ectadia*	2																		1		
14	1401 螽斯科	*Elimaea*	23				1					1	1	1	1	1			1	1		1	1
14	1401 螽斯科	*Eoxizicus*	11											1					1			1	1
14	1401 螽斯科	*Eremus*	2																			1	
14	1401 螽斯科	*Euconocephalus*	10									1	1		1				1	1		1	1
14	1401 螽斯科	*Eugryllacris*	4																1			1	
14	1401 螽斯科	*Eulithoxenus*	1																				
14	1401 螽斯科	*Euxiphidiopsis*	1																				1
14	1401 螽斯科	*Gampsocleis*	13			1	1	1	1			1	1	1	1				1	1		1	
14	1401 螽斯科	*Glyphonotus*	1																				
14	1401 螽斯科	*Gregoryella*	1																				
14	1401 螽斯科	*Gryllacris*	2										1										
14	1401 螽斯科	*Gymnaeta*	1																				
14	1401 螽斯科	*Haplogryllacris*	1																				
14	1401 螽斯科	*Hemielimaea*	3									1	1	1	1				1	1		1	1
14	1401 螽斯科	*Hemigyrus*	1																			1	
14	1401 螽斯科	*Hexacentrus*	6				1	1				1	1		1				1	1		1	
14	1401 螽斯科	*Holochlora*	9			1		1				1	1		1				1	1	1	1	
14	1401 螽斯科	*Homorocoryphus*	4	1								1							1			1	
14	1401 螽斯科	*Hyphinomos*	2																				
14	1401 螽斯科	*Isopsera*	10									1	1	1	1	1			1	1		1	1
14	1401 螽斯科	*Kansua*	1																				
14	1401 螽斯科	*Khaoyainana*	1												1							1	
14	1401 螽斯科	*Kuwayamaea*	3				1					1	1		1							1	
14	1401 螽斯科	*Kuzicus*	2									1	1		1							1	
14	1401 螽斯科	*Leptodera*	1																				
14	1401 螽斯科	*Leptoteratura*	6											1	1				1			1	
14	1401 螽斯科	*Letana*	6					1				1	1	1	1		1	1				1	
14	1401 螽斯科	*Lipotactes*	2												1								
14	1401 螽斯科	*Lucera*	1																				
14	1401 螽斯科	*Mecopoda*	2					1				1	1		1				1	1			
14	1401 螽斯科	*Melaneremus*	3																				
14	1401 螽斯科	*Metriogryllacris*	8									1	1									1	
14	1401 螽斯科	*Metrioptera*	12			1		1	1			1		1									
14	1401 螽斯科	*mirollia*	9									1	1	1	1				1	1	1	1	1
14	1401 螽斯科	*Mongolodectes*	2				1																
14	1401 螽斯科	*Mongolodecticus*	1																				
14	1401 螽斯科	*Mortoniella*	1												1								
14	1401 螽斯科	*Natricia*	1																				
14	1401 螽斯科	*Neanias*	2					1											1				
14	1401 螽斯科	*Neogampsocleis*	1																				
14	1401 螽斯科	*Neophysis*	1																1				
14	1401 螽斯科	*Neoxizicus*	1																		1		
14	1401 螽斯科	*Nippacistroger*	2																				
14	1401 螽斯科	*Nipponomeconema*	1											1									
14	1401 螽斯科	*Onomarchus*	2												1							1	
14	1401 螽斯科	*Orchelimum*	1																				
14	1401 螽斯科	*Orophyllus*	1												1				1				

附录

（续表）

目	科	属	种数	昆虫亚区																			
				a	b	c	d	e	f	g	h	i	j	k	l	m	n	o	p	q	r	s	t
14	1401 螽斯科	*Palaeoagraecia*	1																			1	
14	1401 螽斯科	*Paracosmetura*	1																			1	
14	1401 螽斯科	*Paramorsimus*	1																				
14	1401 螽斯科	*Paranerota*	2																			1	
14	1401 螽斯科	*Parapsyra*	2										1		1							1	
14	1401 螽斯科	*Paratlanticus*	2			1																	
14	1401 螽斯科	*Phaneroptera*	8			1		1	1			1	1	1	1			1	1				
14	1401 螽斯科	*Phasgonura*	2																				
14	1401 螽斯科	*Phaulula*	2															1					
14	1401 螽斯科	*Phlugiolopsis*	6									1		1	1			1			1	1	1
14	1401 螽斯科	*Phryganogryllacris*	6				1					1		1				1	1				1
14	1401 螽斯科	*Phyllomimus*	7									1		1	1			1	1	1	1		
14	1401 螽斯科	*Phyllophyllus*	2															1					
14	1401 螽斯科	*Phyllozelus*	1													1							
14	1401 螽斯科	*Platycleis*	3			1	1																
14	1401 螽斯科	*Poecilopsyra*	1																	1			
14	1401 螽斯科	*Prosogogryllacris*	3													1							
14	1401 螽斯科	*Pseudokuzicus*	2											1									
14	1401 螽斯科	*Pseudophyllus*	1																				
14	1401 螽斯科	*Pseudopsyra*	1																				
14	1401 螽斯科	*Pseudorhynchus*	9				1					1		1	1			1	1		1		
14	1401 螽斯科	*Pteranabropsis*	2																		1		
14	1401 螽斯科	*pyrgocorypha*	7										1	1	1			1	1	1	1	1	1
14	1401 螽斯科	*Rhaphidophora*	4											1					1		1		
14	1401 螽斯科	*Rhomboptera*	1											1									
14	1401 螽斯科	*Rudicollaris*	3									1	1	1	1			1	1		1		1
14	1401 螽斯科	*Ruspolia*	3			1		1				1	1	1	1			1	1		1		
14	1401 螽斯科	*Saga*	1												1								
14	1401 螽斯科	*Salomona*	1															1					
14	1401 螽斯科	*Sanna*	1																				
14	1401 螽斯科	*Sathrophyllia*	2																		1		
14	1401 螽斯科	*Shennongia*	1							1													
14	1401 螽斯科	*Shirakisotima*	4								1			1	1								
14	1401 螽斯科	*Sinochloara*	1												1								1
14	1401 螽斯科	*Sinochlora*	6									1	1	1	1			1	1			1	1
14	1401 螽斯科	*Sinocyrtaspis*	4										1		1			1			1		
14	1401 螽斯科	*Subibulbis*	1											1									
14	1401 螽斯科	*Subria*	1																				
14	1401 螽斯科	*Sympaestria*	3																				1
14	1401 螽斯科	*Tachycines*	13				1	1				1		1	1			1					
14	1401 螽斯科	*Tapiena*	7										1	1		1					1	1	
14	1401 螽斯科	*Tegra*	2									1	1	1				1	1		1		
14	1401 螽斯科	*Tegrolcinis*	1																	1			
14	1401 螽斯科	*Tetratura*	2										1	1		1							
14	1401 螽斯科	*Tettigonia*	6									1	1	1	1			1	1				
14	1401 螽斯科	*Tettigoniopsis*	1												1								
14	1401 螽斯科	*Thaumaspis*	2							1													
14	1401 螽斯科	*Togona*	2										1	1	1						1	1	
14	1401 螽斯科	*Tomomima*	1																				
14	1401 螽斯科	*Trachyzulpha*	2															1					
14	1401 螽斯科	*Typhoptera*	1																				
14	1401 螽斯科	*Uvarovina*	3			1									1								
14	1401 螽斯科	*Xantia*	1															1					
14	1401 螽斯科	*Xestophrys*	2																		1		
14	1401 螽斯科	*Xiphidiopsis*	64				1					1	1	1	1			1	1	1	1	1	1

目	科	属	种数	a	b	c	d	e	f	g	h	i	j	k	l	m	n	o	p	q	r	s	t
14	1401 螽斯科	*Xizicus*	1																			1	
14	1401 螽斯科	*Zichya*	8			1	1			1													
14	1401 螽斯科	*Zulpha*	1																			1	
14	1402 蝼蛄科	*Gryllotalpa*	8	1		1	1	1	1	1	1	1	1	1	1	1			1	1			1	1
14	1403 蚁蟋科	*Myrmecophilus*	3															1					
14	1404 蛉蟋科	*Amusurgus*	3									1						1					
14	1404 蛉蟋科	*Anaxipha*	6												1				1	1	1	1	1
14	1404 蛉蟋科	*Dianemobius*	9			1	1	1				1	1	1	1		1	1	1			1	1
14	1404 蛉蟋科	*Homoeoxipha*	4												1				1	1	1	1	1
14	1404 蛉蟋科	*Lissotrachelus*	1																				
14	1404 蛉蟋科	*Marinemobius*	1																				1
14	1404 蛉蟋科	*Metioche*	6										1	1	1				1	1			1
14	1404 蛉蟋科	*Metiochodes*	1																				
14	1404 蛉蟋科	*Paratrigonidium*	6									1	1		1		1	1	1				
14	1404 蛉蟋科	*Pteronemobius*	11			1	1	1	1	1		1	1	1	1		1		1	1			1	1
14	1404 蛉蟋科	*Trigonidium*	2				1							1	1		1		1	1			1	1
14	1405 蟋蟀科	*Acanthoplistus*	3									1							1	1	1		1
14	1405 蟋蟀科	*Beybienkoana*	3																1	1	1		
14	1405 蟋蟀科	*Cacoplistes*	1																			1	
14	1405 蟋蟀科	*Callogryllus*	1												1		1						
14	1405 蟋蟀科	*Capillogryllus*	2																			1	
14	1405 蟋蟀科	*Cophogryllus*	1																				
14	1405 蟋蟀科	*Goniogryllus*	18									1	1	1	1	1	1						
14	1405 蟋蟀科	*Gryllodes*	3				1					1	1	1	1				1	1		1	1
14	1405 蟋蟀科	*Gryllopsis*	1															1					
14	1405 蟋蟀科	*Gryllus*	5				1					1	1	1	1		1	1	1			1	1
14	1405 蟋蟀科	*Gymnogryllus*	3																		1	1	
14	1405 蟋蟀科	*Loxoblemmus*	16	1			1	1	1			1	1	1	1		1		1	1		1	1
14	1405 蟋蟀科	*Melanogryllus*	1																				
14	1405 蟋蟀科	*Mitius*	3									1	1					1					
14	1405 蟋蟀科	*Modicogryllus*	5				1											1	1			1	
14	1405 蟋蟀科	*Nigrogryllus*	1																				
14	1405 蟋蟀科	*Phonarellus*	3										1						1			1	1
14	1405 蟋蟀科	*Plebeiogryllus*	2																1			1	
14	1405 蟋蟀科	*Qingryllus*	1									1											
14	1405 蟋蟀科	*Tarbinskiellus*	2										1	1	1			1	1	1	1		1
14	1405 蟋蟀科	*Tartarogryllus*	3			1	1					1	1	1	1							1	
14	1405 蟋蟀科	*Teleogryllus*	10			1	1	1	1	1		1	1	1	1		1	1	1	1	1	1	1
14	1405 蟋蟀科	*Turanogryllus*	3				1					1	1	1								1	1
14	1405 蟋蟀科	*Velarifictorus*	13			1	1					1	1	1	1		1	1	1	1	1	1	1
14	1406 蛣蟋科	*Aphonoides*	4															1					
14	1406 蛣蟋科	*Caediodactylus*	1															1					
14	1406 蛣蟋科	*Calyptotrypus*	1											1	1								
14	1406 蛣蟋科	*Euscyrtus*	7											1	1				1	1		1	1
14	1406 蛣蟋科	*Gorochovius*	1																			1	
14	1406 蛣蟋科	*Itara*	1																			1	1
14	1406 蛣蟋科	*Lebinthus*	1															1					
14	1406 蛣蟋科	*Madasumma*	1																				
14	1406 蛣蟋科	*Mnesibulus*	2												1			1					1
14	1406 蛣蟋科	*Munda*	1															1					
14	1406 蛣蟋科	*Patiscus*	5									1			1			1	1	1	1	1	1
14	1406 蛣蟋科	*Phaloria*	3															1			1	1	1
14	1406 蛣蟋科	*Phyllotrella*	1																				1
14	1406 蛣蟋科	*Pseudomadasumma*	1																1				
14	1406 蛣蟋科	*Sonotrella*	2																	1			

目	科	属	种数	a	b	c	d	e	f	g	h	i	j	k	l	m	n	o	p	q	r	s	t
14	1406 蛉蟋科	*Trelleora*	1																				
14	1406 蛉蟋科	*Truljalia*	8			1						1	1	1	1			1	1				1	1
14	1406 蛉蟋科	*Xenogryllus*	3									1	1						1	1		1		
14	1406 蛉蟋科	*Zvenella*	3																			1		1
14	1407 貌蟋科	*Eulandrevus*	4												1				1		1			
14	1407 貌蟋科	*Landreva*	1																1					
14	1407 貌蟋科	*Parapentacentrus*	2										1					1	1		1			
14	1407 貌蟋科	*Pentacentrus*	2																1					
14	1408 扩胸蟋科	*Cachoplistus*	1																					
14	1409 癞蟋科	*Arachnocephalus*	1																1					
14	1409 癞蟋科	*Ectatoderus*	1																1					
14	1409 癞蟋科	*Micrornebius*	1																					1
14	1409 癞蟋科	*Ornebius*	5																1	1		1		
14	1409 癞蟋科	*Sclerogryllus*	3										1		1			1	1				1	1
14	1410 蛛蟋科	*Homoeogryllus*	3											1	1			1	1				1	1
14	1411 树蟋科	*Oecanthus*	8			1	1	1				1	1	1	1			1	1	1	1	1	1	1
14	1412 癞蝗科	*Asiotmethis*	5	1	1																			
14	1412 癞蝗科	*Beybienkia*	3	1																				
14	1412 癞蝗科	*Eoeotmethis*	1						1															
14	1412 癞蝗科	*Eotmethis*	9				1	1	1	1														
14	1412 癞蝗科	*Filchnerella*	18				1		1	1														
14	1412 癞蝗科	*Haplotropis*	2			1	1	1	1				1		1	1			1					
14	1412 癞蝗科	*Kanotmethis*	1							1														
14	1412 癞蝗科	*Mongolotmethis*	1				1																	
14	1412 癞蝗科	*Pseudotmethis*	4				1		1	1														
14	1412 癞蝗科	*Rhinotmethis*	3				1		1															
14	1412 癞蝗科	*Sinohaplotropis*	1			1																		
14	1412 癞蝗科	*Sinotmethis*	3				1			1														
14	1412 癞蝗科	*Thrinchus*	1	1																				
14	1413 瘤锥蝗科	*Aularches*	1									1			1			1				1	1	1
14	1413 瘤锥蝗科	*Chrotogomus*	2	1	1			1																
14	1413 瘤锥蝗科	*Mekongiana*	1												1	1								
14	1413 瘤锥蝗科	*Mekongiella*	6												1		1							
14	1413 瘤锥蝗科	*Paramekongiella*	1													1								
14	1413 瘤锥蝗科	*Phymateus*	1												1									
14	1413 瘤锥蝗科	*Pseudomorphacris*	1																			1		
14	1413 瘤锥蝗科	*Tagasta*	8												1			1		1	1	1		
14	1413 瘤锥蝗科	*Yunnanites*	3												1			1		1				
14	1414 锥头蝗科	*Atractomorpha*	19			1	1	1	1	1		1	1	1	1	1	1	1	1	1	1	1	1	1
14	1414 锥头蝗科	*Pyrgomorpha*	1	1	1		1	1		1														
14	1415 斑腿蝗科	*Alulacris*	1												1									
14	1415 斑腿蝗科	*Alulacroides*	1	1																				
14	1415 斑腿蝗科	*Anapodisma*	2			1																		
14	1415 斑腿蝗科	*Anepipodisma*	1												1	1								
14	1415 斑腿蝗科	*Apalacris*	10									1	1	1	1	1		1	1			1	1	
14	1415 斑腿蝗科	*Armatacris*	1																					
14	1415 斑腿蝗科	*Aserratus*	1														1							
14	1415 斑腿蝗科	*Assamacris*	2														1							
14	1415 斑腿蝗科	*Bannacris*	1																		1			
14	1415 斑腿蝗科	*Calliptemus*	5	1	1	1	1	1	1	1	1	1	1	1	1			1				1		
14	1415 斑腿蝗科	*Caryanda*	69										1	1	1	1	1	1	1			1	1	
14	1415 斑腿蝗科	*Caryandoides*	1																			1		
14	1415 斑腿蝗科	*Catantops*	4					1				1	1	1	1	1		1	1			1	1	
14	1415 斑腿蝗科	*Chondracris*	1						1			1	1	1	1		1	1	1	1	1	1	1	
14	1415 斑腿蝗科	*Choroedocus*	3												1		1	1				1	1	

目	科	属	种数	a	b	c	d	e	f	g	h	i	j	k	l	m	n	o	p	q	r	s	t
14	1415 斑腿蝗科	*Conophyma*	7	1	1																		
14	1415 斑腿蝗科	*Conophymacris*	9												1	1	1			1			
14	1415 斑腿蝗科	*Conophymella*	1												1								
14	1415 斑腿蝗科	*Conophymopsis*	2	1	1					1													
14	1415 斑腿蝗科	*Coptacra*	8														1			1	1	1	
14	1415 斑腿蝗科	*Curvipennis*	1														1						
14	1415 斑腿蝗科	*Cyrtacanthacris*	1												1				1			1	1
14	1415 斑腿蝗科	*Derycorys*	2	1	1		1			1													
14	1415 斑腿蝗科	*Dimeracris*	1																			1	
14	1415 斑腿蝗科	*Ecphanthacris*	1												1				1			1	1
14	1415 斑腿蝗科	*Ecphymacris*	1												1		1		1			1	
14	1415 斑腿蝗科	*Eirenephilus*	3				1	1															
14	1415 斑腿蝗科	*Emeiacris*	3												1	1							
14	1415 斑腿蝗科	*Eokingdonella*	9								1						1						
14	1415 斑腿蝗科	*Eozubovskia*	3				1																
14	1415 斑腿蝗科	*Epistaurus*	2												1					1	1	1	1
14	1415 斑腿蝗科	*Eucoptacra*	5										1		1	1		1	1	1	1	1	
14	1415 斑腿蝗科	*Eyprepocnemis*	4									1	1		1				1	1	1	1	
14	1415 斑腿蝗科	*Fer*	7																1		1	1	
14	1415 斑腿蝗科	*Fruhstorferiola*	12						1			1	1	1	1	1			1			1	
14	1415 斑腿蝗科	*Genimen*	4																			1	
14	1415 斑腿蝗科	*Genimenoides*	1																			1	
14	1415 斑腿蝗科	*Gerenia*	1																			1	
14	1415 斑腿蝗科	*Gesonula*	2										1		1				1	1	1	1	1
14	1415 斑腿蝗科	*Gibbitergum*	1											1									
14	1415 斑腿蝗科	*Guizhouacris*	1																				
14	1415 斑腿蝗科	*Habrocnemis*	1													1							
14	1415 斑腿蝗科	*Heteracris*	1	1	1																		
14	1415 斑腿蝗科	*Hieroglyppus*	4					1				1	1	1	1				1	1	1	1	
14	1415 斑腿蝗科	*Indopodisma*	1														1						
14	1415 斑腿蝗科	*Kingdonella*	17							1	1					1							
14	1415 斑腿蝗科	*Lemba*	6										1	1								1	
14	1415 斑腿蝗科	*Liaoacria*	1			1																	
14	1415 斑腿蝗科	*Liaopodisma*	1			1																	
14	1415 斑腿蝗科	*Longchuanacris*	11																		1	1	
14	1415 斑腿蝗科	*Longgenacris*	2																			1	
14	1415 斑腿蝗科	*Longzhouacris*	9																		1	1	1
14	1415 斑腿蝗科	*Melanoplus*	1	1				1															
14	1415 斑腿蝗科	*Melliacris*	1														1						
14	1415 斑腿蝗科	*Meltripata*	1																			1	
14	1415 斑腿蝗科	*Menglacris*	2																			1	
14	1415 斑腿蝗科	*Miramella*	3				1																
14	1415 斑腿蝗科	*Niitakacris*	2																	1			
14	1415 斑腿蝗科	*Odonacris*	2												1				1				
14	1415 斑腿蝗科	*Ognevia*	2	1		1	1	1															
14	1415 斑腿蝗科	*Oxya*	23			1	1	1	1	1		1	1	1	1	1	1	1	1	1	1	1	1
14	1415 斑腿蝗科	*Oxyina*	1																	1		1	
14	1415 斑腿蝗科	*Oxyoides*	3										1		1							1	
14	1415 斑腿蝗科	*Oxyrrhepes*	3										1		1		1		1	1	1	1	
14	1415 斑腿蝗科	*Oxytauchira*	5																			1	
14	1415 斑腿蝗科	*pachyacris*	1												1		1		1		1	1	
14	1415 斑腿蝗科	*Parapodisma*	2														1						
14	1415 斑腿蝗科	*Paratoacris*	2																			1	
14	1415 斑腿蝗科	*Paratonkinacris*	5										1									1	
14	1415 斑腿蝗科	*Patanga*	6				1	1	1			1	1	1	1	1	1	1	1	1	1	1	

目	科	属	种数	昆虫亚区																			
				a	b	c	d	e	f	g	h	i	j	k	l	m	n	o	p	q	r	s	t
14	1415 斑腿蝗科	*Pedopodisma*	17											1	1	1		1					
14	1415 斑腿蝗科	*Peripolus*	1														1						
14	1415 斑腿蝗科	*Platycercacris*	1												1								
14	1415 斑腿蝗科	*Podisma*	2	1		1																	
14	1415 斑腿蝗科	*Podismodes*	1									1											
14	1415 斑腿蝗科	*Podismorpha*	1						1														
14	1415 斑腿蝗科	*Primnoa*	9			1																	
14	1415 斑腿蝗科	*Promesosternus*	2														1						
14	1415 斑腿蝗科	*Pseudoptygonotus*	7												1		1			1			
14	1415 斑腿蝗科	*Pseudoxya*	1										1		1			1			1		
14	1415 斑腿蝗科	*Pxuoides*	2																				
14	1415 斑腿蝗科	*Pyramisternum*	1									1						1					
14	1415 斑腿蝗科	*Qinlingacris*	4								1												
14	1415 斑腿蝗科	*Qinshuiacris*	1													1							
14	1415 斑腿蝗科	*Quilta*	3									1	1		1			1			1	1	
14	1415 斑腿蝗科	*Ranacris*	1																			1	
14	1415 斑腿蝗科	*Rectimargipodisma*	1														1						
14	1415 斑腿蝗科	*Rhinopodisma*	2														1						
14	1415 斑腿蝗科	*Rhopaloceracris*	1																				
14	1415 斑腿蝗科	*Schistocerca*	1														1						
14	1415 斑腿蝗科	*Shennongipodisma*	1											1									
14	1415 斑腿蝗科	*Shirakiacris*	4			1		1		1		1	1	1	1		1	1			1		
14	1415 斑腿蝗科	*Sinacris*	4											1							1	1	1
14	1415 斑腿蝗科	*Sinopodisma*	28									1	1	1		1		1	1		1		
14	1415 斑腿蝗科	*Sinopodismoides*	2			1																	
14	1415 斑腿蝗科	*Sinstauchira*	10																		1	1	1
14	1415 斑腿蝗科	*Spathosternum*	1									1		1	1	1	1	1			1	1	
14	1415 斑腿蝗科	*Squaroplatacris*	3	1																			
14	1415 斑腿蝗科	*Stenocatantops*	6									1	1	1	1	1	1	1	1	1	1	1	1
14	1415 斑腿蝗科	*Stolzia*	2																				1
14	1415 斑腿蝗科	*Tauchira*	1																		1		
14	1415 斑腿蝗科	*Tectiacris*	1															1					
14	1415 斑腿蝗科	*Toacris*	3																		1		
14	1415 斑腿蝗科	*Tonkinacris*	4												1	1					1		
14	1415 斑腿蝗科	*Traulia*	18									1	1	1	1		1	1		1	1	1	1
14	1415 斑腿蝗科	*Traulitonkinacris*	2																			1	1
14	1415 斑腿蝗科	*Tristria*	3											1		1					1	1	1
14	1415 斑腿蝗科	*Tylotropidius*	3											1							1	1	
14	1415 斑腿蝗科	*Xenocatantops*	8				1		1			1	1	1	1	1	1	1	1	1	1	1	1
14	1415 斑腿蝗科	*Xiangelilacris*	1													1							
14	1415 斑腿蝗科	*Yinia*	1																				
14	1415 斑腿蝗科	*Yunnanacris*	2												1		1						
14	1415 斑腿蝗科	*Yupodisma*	2			1					1												
14	1415 斑腿蝗科	*Zubovskia*	6			1																	
14	1416 斑翅蝗科	*Acrotylus*	2	1													1						
14	1416 斑翅蝗科	*Aiolopus*	5	1	1	1	1	1	1			1	1	1	1	1	1	1	1	1	1	1	1
14	1416 斑翅蝗科	*Angaracris*	9			1	1	1	1	1	1												
14	1416 斑翅蝗科	*Angaracrisoides*	1						1														
14	1416 斑翅蝗科	*Atrichotmethis*	1						1														
14	1416 斑翅蝗科	*Aurilobulus*	1							1													
14	1416 斑翅蝗科	*Bryodema*	26	1	1		1	1	1	1	1		1	1		1							
14	1416 斑翅蝗科	*Bryodemella*	9	1		1	1	1	1	1			1		1		1						
14	1416 斑翅蝗科	*Carinacris*	1												1	1							
14	1416 斑翅蝗科	*Celes*	3	1		1	1	1	1			1		1									
14	1416 斑翅蝗科	*Compsorhipis*	5	1	1		1	1	1	1													

目	科	属	种数	a	b	c	d	e	f	g	h	i	j	k	l	m	n	o	p	q	r	s	t
14	1416 斑翅蝗科	*Cyanicaudata*	1								1												
14	1416 斑翅蝗科	*Epacromius*	3	1	1	1	1	1	1	1	1	1	1	1	1			1		1			
14	1416 斑翅蝗科	*Eremoscopus*	1			1																	
14	1416 斑翅蝗科	*Flatovertex*	3	1											1								
14	1416 斑翅蝗科	*Gastrimargus*	4			1		1					1	1	1	1	1	1	1		1	1	1
14	1416 斑翅蝗科	*Helioscirtus*	1	1	1		1																
14	1416 斑翅蝗科	*Heteropternis*	6					1					1	1	1	1	1	1	1	1	1	1	1
14	1416 斑翅蝗科	*Hilethera*	2	1	1																		
14	1416 斑翅蝗科	*Hyalorrhipis*	1	1																			
14	1416 斑翅蝗科	*Kinshaties*	1												1								
14	1416 斑翅蝗科	*Leptopternis*	2	1	1		1			1													
14	1416 斑翅蝗科	*Locusta*	3	1	1	1	1	1	1	1	1	1	1	1	1	1	1	1	1	1	1	1	1
14	1416 斑翅蝗科	*Longipternis*	1																1				
14	1416 斑翅蝗科	*Longipternisoides*	1	1																			
14	1416 斑翅蝗科	*Mecostethus*	5	1		1	1		1		1			1		1							
14	1416 斑翅蝗科	*Melaniacris*	1																				
14	1416 斑翅蝗科	*Mioscirtus*	1	1	1																		
14	1416 斑翅蝗科	*Ochyracris*	1												1								
14	1416 斑翅蝗科	*Oedaleus*	9	1	1	1	1	1	1	1	1		1	1	1	1	1		1	1		1	1
14	1416 斑翅蝗科	*Oedipoda*	2	1	1																		
14	1416 斑翅蝗科	*Parahilethera*	1													1							
14	1416 斑翅蝗科	*Parapleurodes*	1																				
14	1416 斑翅蝗科	*Parapleurus*	2	1			1	1					1			1					1		
14	1416 斑翅蝗科	*Psophus*	1																				
14	1416 斑翅蝗科	*Pternoscirta*	4										1	1	1	1		1	1	1	1	1	1
14	1416 斑翅蝗科	*Ptetica*	1	1																			
14	1416 斑翅蝗科	*Pyrgodera*	1	1																			
14	1416 斑翅蝗科	*Scintharista*	1																	1			
14	1416 斑翅蝗科	*Sphingonotus*	51	1	1	1	1	1	1	1	1	1	1		1	1	1	1	1		1		
14	1416 斑翅蝗科	*Tibetacris*	1												1	1							
14	1416 斑翅蝗科	*Trilophidia*	1			1	1	1	1	1		1	1	1	1	1	1	1	1		1		
14	1416 斑翅蝗科	*Uvaroviola*	1								1	1											
14	1417 网翅蝗科	*Albonemacris*	2													1							
14	1417 网翅蝗科	*Amplicubitacris*	1															1					
14	1417 网翅蝗科	*Anaptygus*	6								1					1	1						
14	1417 网翅蝗科	*Arcyptera*	3	1		1	1	1	1			1	1	1	1								
14	1417 网翅蝗科	*Asonus*	6								1	1				1							
14	1417 网翅蝗科	*Asulconotoides*	1													1							
14	1417 网翅蝗科	*Asulconotus*	3								1	1			1								
14	1417 网翅蝗科	*Atympanum*	5																				
14	1417 网翅蝗科	*Aulacobothrus*	5			1		1					1	1	1	1		1				1	1
14	1417 网翅蝗科	*Bidentacris*	7								1				1						1		
14	1417 网翅蝗科	*Ceracris*	8								1		1	1	1	1	1	1	1		1	1	1
14	1417 网翅蝗科	*Ceracrisoides*	4								1		1		1					1			
14	1417 网翅蝗科	*Chorthippus*	122	1	1	1	1	1	1	1	1	1	1	1	1	1	1	1	1		1		
14	1417 网翅蝗科	*Dnopherula*	4			1		1					1		1			1			1	1	
14	1417 网翅蝗科	*Dociostaurus*	4	1	1																		
14	1417 网翅蝗科	*Dysanema*	2															1					
14	1417 网翅蝗科	*Eclipophleps*	3	1					1		1												
14	1417 网翅蝗科	*Epacromiacris*	2												1				1	1		1	
14	1417 网翅蝗科	*Eremippus*	16	1	1	1	1		1	1	1												
14	1417 网翅蝗科	*Eremitusacris*	1	1																			
14	1417 网翅蝗科	*Euchorthippus*	22	1		1	1	1	1	1	1				1			1					
14	1417 网翅蝗科	*Formosacris*	1																	1		1	
14	1417 网翅蝗科	*Hebetacris*	1								1												

附录

（续表）

目	科	属	种数	a	b	c	d	e	f	g	h	i	j	k	l	m	n	o	p	q	r	s	t
14	1417 网翅蝗科	*Helanacris*	1				1																
14	1417 网翅蝗科	*Hypernephia*	2								1												
14	1417 网翅蝗科	*Kangacris*	2			1									1								
14	1417 网翅蝗科	*Kangacrisoides*	1	1																			
14	1417 网翅蝗科	*Leuconemacris*	9												1								
14	1417 网翅蝗科	*Macrokangacris*	1												1								
14	1417 网翅蝗科	*Nivisacris*	1														1						
14	1417 网翅蝗科	*Notostaurus*	1	1	1																		
14	1417 网翅蝗科	*Oknosacris*	1								1							1					
14	1417 网翅蝗科	*Omocestus*	20	1	1	1	1	1	1	1	1	1	1		1		1	1	1				
14	1417 网翅蝗科	*Oreoptygonotus*	4							1	1												
14	1417 网翅蝗科	*Pararcyptera*	1	1		1	1	1	1			1	1	1									
14	1417 网翅蝗科	*Parvibothrus*	1															1					
14	1417 网翅蝗科	*Pezohippus*	1				1																
14	1417 网翅蝗科	*Podismomorpha*	1							1													
14	1417 网翅蝗科	*Podismopsis*	23	1		1									1								
14	1417 网翅蝗科	*Pseudoasonus*	4								1				1								
14	1417 网翅蝗科	*Ptygonotus*	11						1	1	1		1	1	1								
14	1417 网翅蝗科	*Pusillarolium*	1				1																
14	1417 网翅蝗科	*Quadriverticis*	1				1																
14	1417 网翅蝗科	*Ramburiella*	3	1																			
14	1417 网翅蝗科	*Rammeacris*	1									1	1	1	1			1			1	1	
14	1417 网翅蝗科	*Ruganotus*	1								1												
14	1417 网翅蝗科	*Saxetophilus*	3								1			1									
14	1417 网翅蝗科	*Squamopenna*	2						1	1													
14	1417 网翅蝗科	*Stauroderus*	1	1	1																		
14	1417 网翅蝗科	*Stenobothroides*	1	1																			
14	1417 网翅蝗科	*Stenobothrus*	8	1			1																
14	1417 网翅蝗科	*Stristernum*	1								1												
14	1417 网翅蝗科	*Transtympanacris*	4					1							1								
14	1417 网翅蝗科	*Xenoderus*	1																				
14	1417 网翅蝗科	*Xinjiangacris*	2	1																			
14	1417 网翅蝗科	*Yiacris*	1											1									
14	1418 槌角蝗科	*Aeropedelloides*	3								1				1								
14	1418 槌角蝗科	*Aeropedellus*	17	1		1	1		1	1	1				1								
14	1418 槌角蝗科	*Aeropus*	3	1	1	1	1	1	1	1				1	1								
14	1418 槌角蝗科	*Dasihippus*	2			1	1	1	1														
14	1418 槌角蝗科	*Egnatioides*	2	1	1																		
14	1418 槌角蝗科	*Egnatius*	1	1	1																		
14	1418 槌角蝗科	*Gomphoceroides*	3	1			1			1													
14	1418 槌角蝗科	*Gomphocerus*	2	1											1								
14	1418 槌角蝗科	*Mesasippus*	2	1	1																		
14	1418 槌角蝗科	*Myrmeleotettix*	6	1	1	1	1	1	1	1				1									
14	1418 槌角蝗科	*Orinhippus*	2							1													
14	1419 剑角蝗科	*Acrida*	15	1		1	1	1	1	1		1	1	1	1	1	1	1	1	1	1	1	1
14	1419 剑角蝗科	*Calephorus*	1																		1	1	1
14	1419 剑角蝗科	*Carinulaenotus*	1														1						
14	1419 剑角蝗科	*Carsula*	4																		1		
14	1419 剑角蝗科	*Chlorophlaeoba*	5																		1	1	1
14	1419 剑角蝗科	*Chrysacris*	14			1		1					1		1	1							
14	1419 剑角蝗科	*Chrysochraon*	1	1	1	1																	
14	1419 剑角蝗科	*Chrysochroides*	2			1																	
14	1419 剑角蝗科	*Confusacris*	8	1		1	1			1													
14	1419 剑角蝗科	*Dianacris*	1														1						
14	1419 剑角蝗科	*Duroniella*	2			1					1												

698 Appendix

目	科	属	种数	a	b	c	d	e	f	g	h	i	j	k	l	m	n	o	p	q	r	s	t
14	1419 剑角蝗科	Eoscyllina	5			1									1			1				1	1
14	1419 剑角蝗科	Euthystira	4	1		1	1		1														
14	1419 剑角蝗科	Euthystiroides	1			1																	
14	1419 剑角蝗科	Foveolatacris	3								1												
14	1419 剑角蝗科	gelastorhinus	5									1	1		1			1	1		1		
14	1419 剑角蝗科	Gonista	6				1					1	1	1	1			1	1	1	1		
14	1419 剑角蝗科	Leptacris	3												1			1				1	1
14	1419 剑角蝗科	Mongolotettix	5			1	1	1	1			1	1	1	1								
14	1419 剑角蝗科	Paragonista	2												1			1				1	1
14	1419 剑角蝗科	Phkaeobida	3																				1
14	1419 剑角蝗科	Phlaeoba	10									1	1	1	1	1	1	1	1	1	1	1	1
14	1419 剑角蝗科	Phonogaster	1												1							1	
14	1419 剑角蝗科	Pseudoeoscyllina	7	1		1	1			1												1	
14	1419 剑角蝗科	Pusillarolium	1			1																	
14	1419 剑角蝗科	serrifermosa	1														1						
14	1419 剑角蝗科	Sikkimiana	2														1				1		
14	1419 剑角蝗科	Sinophlaeoba	4												1					1			
14	1419 剑角蝗科	Truxalis	2																			1	1
14	1419 剑角蝗科	Xenacanthippus	1																				1
14	1420 沟股蚱科	Cassitettix	1														1						
14	1420 沟股蚱科	Saussurella	4												1		1		1		1	1	
14	1421 三棱角蚱科	Tripetalocera	1												1							1	
14	1422 扁角蚱科	Flatocerus	9												1						1	1	1
14	1422 扁角蚱科	Phaesticus	2													1							
14	1423 枝背蚱科	Aspiditettix	1																	1			
14	1423 枝背蚱科	Austrohancockia	14										1		1			1	1		1		
14	1423 枝背蚱科	Deltonotus	1																				1
14	1423 枝背蚱科	Gibbotettix	8												1	1					1	1	
14	1423 枝背蚱科	Pseudepitettix	5																		1	1	
14	1423 枝背蚱科	Pseudogignotettix	2												1	1					1		
14	1423 枝背蚱科	Tuberfemurus	3											1	1						1		
14	1423 枝背蚱科	yunnantettix	1																		1		
14	1424 刺翼蚱科	Bidentatettix	1																		1		
14	1424 刺翼蚱科	Criotettix	21									1	1	1	1	1	1		1	1	1	1	1
14	1424 刺翼蚱科	Cyphotettix	1																		1		
14	1424 刺翼蚱科	Eucriotettix	14									1	1	1	1	1	1	1	1		1	1	t
14	1424 刺翼蚱科	Eufalconoides	2												1								
14	1424 刺翼蚱科	Falconius	4																		1	1	1
14	1424 刺翼蚱科	Hebarditettix	3																1		1	1	
14	1424 刺翼蚱科	Loxilobus	3														1				1	1	
14	1424 刺翼蚱科	Paracriotettix	1																		1		
14	1424 刺翼蚱科	Paragavialitium	9												1	1			1		1	1	1
14	1424 刺翼蚱科	Scelimena	7												1	1			1		1	1	
14	1424 刺翼蚱科	Thoradonta	12												1	1	1		1		1	1	
14	1424 刺翼蚱科	Zhengitettix	5												1						1	1	
14	1425 短翼蚱科	Bolivaritettix	52									1	1	1	1	1		1	1	1	1	1	1
14	1425 短翼蚱科	Calyptraeus	1																		1		
14	1425 短翼蚱科	Cotysoides	2												1		1				1	1	
14	1425 短翼蚱科	Hyboella	10												1		1			1	1	1	1
14	1425 短翼蚱科	Macromotettix	14									1								1	1	1	
14	1425 短翼蚱科	Macromotettixoides	7									1			1	1			1		1	1	
14	1425 短翼蚱科	Macrotettix	1												1								
14	1425 短翼蚱科	Mazarredia	26									1			1		1	1			1	1	
14	1425 短翼蚱科	Miriatroides	1																			1	
14	1425 短翼蚱科	orthotettixoides	1																		1		

目	科	属	种数	昆虫亚区																			
				a	b	c	d	e	f	g	h	i	j	k	l	m	n	o	p	q	r	s	t
14	1425 短翼蚱科	*Paramphinotus*	1																		1		
14	1425 短翼蚱科	*Pseudomacrotettix*	1														1						
14	1425 短翼蚱科	*Rhopalotettix*	6																		1		1	1
14	1425 短翼蚱科	*Systolederus*	13									1		1	1	1	1	1			1	1	
14	1425 短翼蚱科	*Xistra*	9										1		1		1				1	1	
14	1425 短翼蚱科	*Xistrella*	4												1		1	1			1		
14	1426 蚱科	*Aalatettix*	3												1						1		
14	1426 蚱科	*Alulatettix*	11								1	1	1	1		1						1	
14	1426 蚱科	*Bannatettix*	9										1			1	1	1			1	1	
14	1426 蚱科	*Clinotettix*	3			1	1																
14	1426 蚱科	*Coptotettix*	22										1	1		1	1	1	1	1	1		
14	1426 蚱科	*Ergatettix*	12					1	1			1	1	1	1	1	1	1	1	1	1		
14	1426 蚱科	*Euparatettix*	59									1	1	1	1		1	1	1	1	1	1	1
14	1426 蚱科	*Euparatettixoides*	4													1					1		
14	1426 蚱科	*Exothotettix*	2														1				1		
14	1426 蚱科	*Formosatettix*	44			1	1		1			1	1	1	1	1	1	1			1	1	
14	1426 蚱科	*Formosatettixoides*	7										1		1		1				1		
14	1426 蚱科	*Hedotettix*	14									1	1	1	1	1	1	1			1	1	1
14	1426 蚱科	*Mishtshenkotettix*	2									1									1		
14	1426 蚱科	*Paratettix*	7			1	1	1				1	1		1		1	1	1		1		
14	1426 蚱科	*Teredorus*	22									1	1		1	1	1				1	1	
14	1426 蚱科	*Tetrix*	104	1	1	1	1	1	1	1		1	1	1	1	1	1	1	1	1	1	1	1
14	1426 蚱科	*Xiaitettix*	3												1						1	1	
14	1427 蚤蝼科	*Tridactylus*	5															1					1
14	1427 蚤蝼科	*Xya*	2			1	1			1	1	1	1				1	1		1			
14	1428 蜢科	*Angulomastax*	1																				
14	1428 蜢科	*Gomphomastax*	1																				
14	1428 蜢科	*Myrmeleomastax*	1							1													
14	1428 蜢科	*Pentaspinula*	1							1													
14	1428 蜢科	*Phytomastax*	3	1	1					1													
14	1428 蜢科	*Ptygomastax*	5				1		1	1	1			1									
14	1428 蜢科	*Sinomastax*	1							1													
14	1429 脊蜢科	*Bennia*	4															1					
14	1429 脊蜢科	*Butania*	1																				
14	1429 脊蜢科	*China*	1								1	1				1							
14	1429 脊蜢科	*Erianthella*	1										1					1					
14	1429 脊蜢科	*Erianthus*	2										1					1			1		
14	1429 脊蜢科	*Erucius*	1																				
14	1430 枕蜢科	*Pielomastax*	13									1	1	1	1		1						
15	1501 异蟏科	*Acanthophasma*	1												1								
15	1501 异蟏科	*Arthminotus*	1														1						
15	1501 异蟏科	*Aruanoidea*	5																		1	1	1
15	1501 异蟏科	*Asceles*	6												1			1			1	1	1
15	1501 异蟏科	*Calvisia*	1														1						
15	1501 异蟏科	*Carausius*	6										1	1	1	1							
15	1501 异蟏科	*Cnipsomorpha*	4												1		1				1		
15	1501 异蟏科	*Dianphasma*	1														1						
15	1501 异蟏科	*Dixippus*	12					1										1	1			1	1
15	1501 异蟏科	*Gongylopus*	1																				
15	1501 异蟏科	*Hemisosibia*	1																				1
15	1501 异蟏科	*Lonchodes*	5					1					1		1			1	1		1		
15	1501 异蟏科	*Macellina*	2					1					1		1	1		1				1	1
15	1501 异蟏科	*Marmessoidea*	2											1	1		1						1
15	1501 异蟏科	*Megalophasma*	1														1						
15	1501 异蟏科	*Menexenus*	1																				

目	科	属	种数	昆虫亚区 a	b	c	d	e	f	g	h	i	j	k	l	m	n	o	p	q	r	s	t
15	1501 异䗛科	*Micadina*	12								1	1	1	1					1	1		1	
15	1501 异䗛科	*Necroscia*	3																			1	
15	1501 异䗛科	*Neohirasea*	2																			1	
15	1501 异䗛科	*Neososibia*	3												1							1	
15	1501 异䗛科	*Oxyartes*	4																		1	1	
15	1501 异䗛科	*Pachymorpha*	2														1			1			
15	1501 异䗛科	*Paracentema*	1															1				1	
15	1501 异䗛科	*Paragongylopus*	1																			1	
15	1501 异䗛科	*Paramenexenus*	3												1							1	1
15	1501 异䗛科	*Paramyronides*	6												1		1	1				1	1
15	1501 异䗛科	*Parapachymorpha*	1																	1			
15	1501 异䗛科	*Paraprosceles*	1																			1	
15	1501 异䗛科	*Parasinophasma*	4									1			1	1			1			1	1
15	1501 异䗛科	*Parasipyloidea*	2												1	1				1			
15	1501 异䗛科	*Parastheneboea*	1												1								
15	1501 异䗛科	*Phraortes*	27				1					1	1		1				1	1		1	
15	1501 异䗛科	*Prosceles*	2																			1	1
15	1501 异䗛科	*Pseudocentema*	1																				1
15	1501 异䗛科	*Qiongphasma*	1																				1
15	1501 异䗛科	*Ramulus*	3	1													1			1			
15	1501 异䗛科	*Sinophasma*	22									1	1	1	1				1	1		1	1
15	1501 异䗛科	*Sipyloidea*	10									1		1	1	1			1	1		1	1
15	1501 异䗛科	*Sosibia*	8															1			1	1	1
15	1501 异䗛科	*Spiniphasma*	1																			1	
15	1501 异䗛科	*Trachythorax*	4										1	1	1				1	1		1	1
15	1501 异䗛科	*Zangphasma*	1														1						
15	1502 䗛科	*Acrophylla*	1												1								
15	1502 䗛科	*Baculum*	89		1		1	1				1		1	1	1	1	1	1	1	1	1	1
15	1502 䗛科	*Clitarchus*	1														1						
15	1502 䗛科	*Entoria*	23												1				1	1		1	1
15	1502 䗛科	*Interphasma*	12									1	1	1	1							1	1
15	1502 䗛科	*Leiophasma*	1														1						
15	1502 䗛科	*Megacrania*	1																1				
15	1502 䗛科	*Mesentoria*	5												1		1						
15	1502 䗛科	*Parabaculum*	1										1										
15	1502 䗛科	*Paraclitumnus*	5				1					1					1		1		1		
15	1502 䗛科	*Paraentoria*	2										1		1								
15	1502 䗛科	*Paraleiophasma*	1																			1	
15	1502 䗛科	*Pharnacia*	2																		1	1	1
15	1502 䗛科	*Phasmotaenia*	1																1				
15	1502 䗛科	*Phobaeticus*	1												1								
15	1502 䗛科	*Phryganistria*	2																			1	
15	1502 䗛科	*Prosentoria*	1																			1	
15	1502 䗛科	*Rhamphophasma*	2												1		1						
15	1503 杆䗛科	*Bacillus*	1																				
15	1503 杆䗛科	*Hoploclonia*	1																1				
15	1503 杆䗛科	*Pylaemenes*	2																			1	1
15	1504 拟䗛科	*Leurophasma*	1														1						
15	1504 拟䗛科	*Nanhuaphasma*	1																			1	1
15	1505 叶䗛科	*Phyllium*	10												1		1	1			1	1	1
16	1601 等尾丝蚁科	*Aposthonia*	3															1				1	1
16	1601 等尾丝蚁科	*Oligotoma*	3															1	1				1
17	1701 缺翅虫科	*Zorotypus*	2														1						
18	1801 无鳞蜡科	*Illepidopsocus*	1																		1		
18	1801 无鳞蜡科	*Pseudothylacus*	1																			1	

目	科	属	种数	昆虫亚区																			
				a	b	c	d	e	f	g	h	i	j	k	l	m	n	o	p	q	r	s	t
18	1802 窃啮科	*Helminotrogia*	1														1						
18	1802 窃啮科	*Phlebotrogia*	1														1						
18	1802 窃啮科	*Trogium*	1			1	1	1	1			1	1	1	1								
18	1803 全鳞啮科	*Lepium*	1															1					
18	1803 全鳞啮科	*Lepolepis*	1															1					
18	1803 全鳞啮科	*Neolepipsocus*	1											1									
18	1804 圆啮科	*Psoquilla*	1															1					
18	1805 跳啮科	*Pseudopsyllipsocus*	1																				1
18	1805 跳啮科	*Psocathropos*	8																		1	1	1
18	1805 跳啮科	*Psyllipsocus*	3											1								1	
18	1806 虱啮科	*Embidopsocus*	4																				1
18	1806 虱啮科	*Liposcelis*	25			1	1	1	1		1	1	1	1	1		1				1	1	
18	1807 厚啮科	*Antilopsocus*	1															1					
18	1807 厚啮科	*Tapinella*	4											1							1	1	1
18	1808 粉啮科	*Coleotroctellus*	1																				
18	1809 重啮科	*Amphientomum*	1														1						
18	1809 重啮科	*Ancylentomus*	5					1					1	1							1		
18	1809 重啮科	*Antivulgaris*	1																				1
18	1809 重啮科	*Biocellientomia*	2																		1	1	
18	1809 重啮科	*Compressionis*	1																				
18	1809 重啮科	*Cornutientomus*	2											1							1		
18	1809 重啮科	*Diamphipsocus*	10										1				1				1		1
18	1809 重啮科	*Neuroseopsis*	2														1				1		
18	1809 重啮科	*Obeliscus*	1														1						
18	1809 重啮科	*Paramphientomum*	4											1			1				1		
18	1809 重啮科	*Seopsis*	13				1						1	1			1				1		
18	1809 重啮科	*Stimulopalpus*	25					1					1	1	1		1				1	1	1
18	1809 重啮科	*Yunientomia*	1														1						
18	1810 斧啮科	*Auroropsocus*	8																		1	1	
18	1811 上啮科	*Bertkauia*	1																				
18	1811 上啮科	*Cubitiglabrus*	3														1				1		
18	1811 上啮科	*Dichoepipsocus*	2																				1
18	1811 上啮科	*Dimidistriata*	1														1						
18	1811 上啮科	*Epipsocopsis*	2																		1		1
18	1811 上啮科	*Epipsocus*	7				1							1						1	1	1	1
18	1811 上啮科	*Heteroepipsocus*	3														1				1		
18	1811 上啮科	*Hinduipsocus*	1																		1		
18	1811 上啮科	*Liratepsocus*	1																		1		
18	1811 上啮科	*Metepipsocus*	1					1															
18	1811 上啮科	*spordoepipsocus*	4														1				1		
18	1811 上啮科	*Valvepipsocus*	1																				1
18	1812 亚啮科	*Asiopsocus*	1				1																
18	1813 单啮科	*Amphicaecilius*	4											1	1						1	1	
18	1813 单啮科	*Anoculaticaecilius*	1									1	1										
18	1813 单啮科	*Bivalvicaecilia*	2										1										
18	1813 单啮科	*Caecilius*	233		1		1	1	1		1	1	1	1	1	1	1	1	1	1	1	1	1
18	1813 单啮科	*Coryphosmils*	1															1					
18	1813 单啮科	*Disialacaecilis*	1					1															
18	1813 单啮科	*Dypsocus*	19														1				1	1	1
18	1813 单啮科	*Enderleinella*	35										1	1	1		1				1		1
18	1813 单啮科	*Isophanes*	9											1							1	1	
18	1813 单啮科	*Kodamaius*	31										1				1	1	1	1	1		
18	1813 单啮科	*Neocaecilius*	3			1															1	1	
18	1813 单啮科	*Paracaecilius*	17			1		1					1	1			1	1			1	1	
18	1813 单啮科	*Parvialacaecilia*	1					1															

目	科	属	种数	a	b	c	d	e	f	g	h	i	j	k	l	m	n	o	p	q	r	s	t
18	1813 单啮科	*Phymocaecilius*	5												1			1				1	1
18	1814 狭啮科	*Cubipilis*	32		1		1	1	1					1	1			1				1	1	
18	1814 狭啮科	*Graphopsocus*	19		1		1	1					1	1	1			1	1					
18	1814 狭啮科	*Malostenopsocus*	8														1	1				1	1	1
18	1814 狭啮科	*Stenopsocus*	107		1	1	1	1					1	1	1	1		1	1	1	1	1	1	
18	1815 双啮科	*Amphipsocus*	48										1	1	1		1	1	1	1	1	1	1	
18	1815 双啮科	*Complaniamphus*	5															1				1	1	
18	1815 双啮科	*Kolbea*	4			1												1						
18	1815 双啮科	*Pseudoklobea*	5							1				1				1					1	
18	1815 双啮科	*Siniamphipsocus*	21		1		1							1	1	1		1					1	
18	1815 双啮科	*Taeniostigma*	24										1		1		1	1	1	1	1	1	1	1
18	1815 双啮科	*Tagalopsocus*	2																					
18	1816 离啮科	*Dasydemella*	13										1	1	1	1	1							
18	1816 离啮科	*Matsumuraiella*	8											1	1			1	1					
18	1817 半啮科	*Cyclohemipsocus*	1																		1			
18	1817 半啮科	*Hemipsocus*	3																		1			1
18	1817 半啮科	*Metahemipsocus*	18											1	1			1				1	1	
18	1818 外啮科	*Ectianoculus*	1															1						
18	1818 外啮科	*Ectipulaceus*	14											1	1		1				1	1	1	
18	1818 外啮科	*Ectopsocopsis*	23		1		1	1					1	1	1			1	1				1	
18	1818 外啮科	*Ectopsocus*	18											1	1		1	1	1				1	
18	1818 外啮科	*Ectotrichus*	4												1							1	1	
18	1819 沼啮科	*Metelipsocus*	1							1														
18	1819 沼啮科	*Pseudopsocus*	2															1						
18	1820 美啮科	*Aaronielle*	8												1			1				1	1	
18	1820 美啮科	*Haplophallus*	4															1				1	1	
18	1820 美啮科	*Philotarsus*	3										1				1							
18	1821 古啮科	*Archipsocus*	2																		1	1		
18	1822 叉啮科	*Allocaecilius*	5													1		1					1	
18	1822 叉啮科	*Calocaecilius*	1													1								
18	1822 叉啮科	*Chorocaecilius*	1																					
18	1822 叉啮科	*Heterocarcilius*	17					1					1	1				1				1	1	
18	1822 叉啮科	*Kerocaecilius*	15						1					1	1		1	1				1		
18	1822 叉啮科	*Lobocaecilius*	3																			1		
18	1822 叉啮科	*Mepleres*	13													1					1	1	1	1
18	1822 叉啮科	*Mesocaecilius*	7											1	1						1	1	1	
18	1822 叉啮科	*Ophiodophelma*	5															1	1		1			
18	1822 叉啮科	*Orbocaecilius*	15											1	1	1		1				1	1	1
18	1822 叉啮科	*phallocaecilius*	2															1				1		
18	1822 叉啮科	*Phyllocaecilius*	1																					1
18	1822 叉啮科	*Platyocarcilius*	1																			1		
18	1822 叉啮科	*Pseudocaecilius*	17					1						1	1	1	1		1	1	1	1	1	1
18	1822 叉啮科	*Scytopsocopsis*	3											1										
18	1822 叉啮科	*Sinelipsocus*	2						1					1										
18	1822 叉啮科	*Thelocarcilius*	2																			1		
18	1822 叉啮科	*Trichocaecilius*	5											1				1					1	
18	1823 围啮科	*bicuspidatus*	3																			1		
18	1823 围啮科	*Campanulatus*	3					1														1		
18	1823 围啮科	*Coniperipsocus*	7										1	1	1	1							1	1
18	1823 围啮科	*Cycloperipsocus*	3																			1		
18	1823 围啮科	*Diplopsocus*	31						1					1	1			1					1	1
18	1823 围啮科	*Orbiperipsocus*	1																			1		
18	1823 围啮科	*Pericupsocus*	2			1											1							
18	1823 围啮科	*Peripsocus*	121		1		1	1	1				1	1	1	1		1	1	1	1	1	1	1
18	1823 围啮科	*Periterminalis*	5				1							1	1								1	

目	科	属	种数	a	b	c	d	e	f	g	h	i	j	k	l	m	n	o	p	q	r	s	t
18	1823 围啮科	*Properipsocus*	3												1			1					
18	1823 围啮科	*Turriperipsocus*	5										1		1	1					1		
18	1824 羚啮科	*Acmomesopsocus*	1														1						
18	1824 羚啮科	*Aphanomesopsocus*	3				1	1															
18	1824 羚啮科	*Conomesopsocus*	1																		1		
18	1824 羚啮科	*Mesopsocus*	14			1	1	1	1	1							1						
18	1824 羚啮科	*Oegomesopsicus*	1																			1	
18	1825 鼠啮科	*Gyromyus*	2																			1	
18	1825 鼠啮科	*Lichenomima*	14										1	1				1	1			1	1
18	1825 鼠啮科	*Lophomyus*	1																				1
18	1825 鼠啮科	*Lophopterygella*	2															1					
18	1825 鼠啮科	*Myopsocus*	1																		1		
18	1825 鼠啮科	*Polygonomyus*	3																		1		1
18	1826 啮科	*Amphigerontia*	10			1	1	1		1	1			1				1					
18	1826 啮科	*Atrichadenotecnum*	1												1								
18	1826 啮科	*Atylatopsocus*	1																				
18	1826 啮科	*Blaste*	8											1			1	1			1		
18	1826 啮科	*Cephalopsocus*	1					1															
18	1826 啮科	*Ceratostigma*	2															1			1		
18	1826 啮科	*Chilopsocus*	1													1							
18	1826 啮科	*Clematoscenea*	1															1					
18	1826 啮科	*Clematostigma*	2											1							1		
18	1826 啮科	*Conothoracalis*	9										1	1				1			1	1	
18	1826 啮科	*Cryptopsocus*	1																				1
18	1826 啮科	*Cyclotus*	3										1		1			1					
18	1826 啮科	*Disopsocus*	1	1																			
18	1826 啮科	*Epiblaste*	2																		1		
18	1826 啮科	*Hyalopsocus*	1											1									
18	1826 啮科	*Hybopsocus*	1					1															
18	1826 啮科	*Lativalbae*	1																				
18	1826 啮科	*Loensia*	23				1						1	1			1	1			1		
18	1826 啮科	*Longivalvus*	6										1	1				1			1		
18	1826 啮科	*Lubricus*	1																		1		
18	1826 啮科	*Mecampsis*	10			1			1				1	1		1		1			1		
18	1826 啮科	*Metagerontia*	1																				1
18	1826 啮科	*Metylophorus*	26			1		1	1	1			1	1	1		1	1	1	1	1	1	
18	1826 啮科	*Neoblaste*	12			1		1			1	1					1				1		
18	1826 啮科	*Oreopsocus*	3					1															
18	1826 啮科	*Pentablaste*	16			1		1	1	1			1	1			1				1		
18	1826 啮科	*Pogonopsocus*	1																		1		
18	1826 啮科	*Porpsococerastis*	1											1									
18	1826 啮科	*Pscomesites*	1											1									
18	1826 啮科	*Pseudoclematus*	1											1									
18	1826 啮科	*Pseudoptycta*	1													1							
18	1826 啮科	*Psocidus*	10			1													1			1	1
18	1826 啮科	*Psococerastis*	85			1		1					1	1	1	1		1	1	1	1	1	1
18	1826 啮科	*Psocodus*	1													1							
18	1826 啮科	*Psocomesites*	6			1											1				1		
18	1826 啮科	*Psocus*	6											1				1	1				
18	1826 啮科	*Ptycta*	7													1	1				1		
18	1826 啮科	*Sacopsocus*	1																				1
18	1826 啮科	*Sciadionopsocus*	1											1									
18	1826 啮科	*Sigmatoneura*	12											1			1				1		1
18	1826 啮科	*Stylatopsocus*	2														1				1		
18	1826 啮科	*Symbiopsocus*	9										1	1	1						1	1	

目	科	属	种数	a	b	c	d	e	f	g	h	i	j	k	l	m	n	o	p	q	r	s	t
18	1826 啮科	*Trichadenopsocus*	31				1	1	1					1	1			1	1		1	1	
18	1826 啮科	*Trichadenotecnum*	33			1	1		1	1				1	1	1		1	1	1	1	1	
18	1827 分啮科	*Ceratolachesillus*	1				1	1	1					1									
18	1827 分啮科	*Cyclolachesillus*	1				1																
18	1827 分啮科	*Dicrolachesillus*	7			1		1						1									
18	1827 分啮科	*Homoeolachesilla*	2								1												
18	1827 分啮科	*Lachesilla*	6	1			1							1			1						
18	1827 分啮科	*Zangilachesilla*	1														1						
18	1827 分啮科	*Zonolachesillus*	14								1			1	1			1	1		1		
19	1901 短角鸟虱科	*Actomithophilus*	27																1				1
19	1901 短角鸟虱科	*Amyrsidea*	10																1				
19	1901 短角鸟虱科	*Andeiphilus*	1																				1
19	1901 短角鸟虱科	*Austromenopon*	25								1								1				1
19	1901 短角鸟虱科	*Bonomiella*	3																1				1
19	1901 短角鸟虱科	*Bucerocolpocephalum*	1																				
19	1901 短角鸟虱科	*Chapinia*	1																				
19	1901 短角鸟虱科	*Ciconiphilus*	7																1				
19	1901 短角鸟虱科	*Colpocephalum*	41																1				1
19	1901 短角鸟虱科	*Comatomenopon*	3																1				1
19	1901 短角鸟虱科	*Ctenigogus*	1																				
19	1901 短角鸟虱科	*Dennyus*	3																				
19	1901 短角鸟虱科	*Eidmanniella*	2																				
19	1901 短角鸟虱科	*Eucolpocephalum*	1																1				
19	1901 短角鸟虱科	*Eureum*	2																				1
19	1901 短角鸟虱科	*Fregatiella*	1																1				
19	1901 短角鸟虱科	*Gruimenopon*	2																				1
19	1901 短角鸟虱科	*Heleonomus*	5																				
19	1901 短角鸟虱科	*Hohorstiella*	4																				
19	1901 短角鸟虱科	*Holomenopon*	6																1				1
19	1901 短角鸟虱科	*Kelerimenopon*	2																				1
19	1901 短角鸟虱科	*Kurodaia*	8																1				1
19	1901 短角鸟虱科	*Larithophilus*	4																				
19	1901 短角鸟虱科	*Mahaerilaemus*	1																				
19	1901 短角鸟虱科	*Menacanthus*	36			1	1	1						1					1				1
19	1901 短角鸟虱科	*Menopon*	7			1	1	1	1														1
19	1901 短角鸟虱科	*Meromenopon*	2																				
19	1901 短角鸟虱科	*Myrsidea*	46								1								1				1
19	1901 短角鸟虱科	*Naubates*	1																1				
19	1901 短角鸟虱科	*Nosopon*	3																				
19	1901 短角鸟虱科	*Piagetiella*	1																				
19	1901 短角鸟虱科	*Plegadiphilus*	2																1				
19	1901 短角鸟虱科	*Procellariphaga*	4																1				
19	1901 短角鸟虱科	*Pseudomenopon*	10																1				1
19	1901 短角鸟虱科	*Somaphantus*	1																				
19	1901 短角鸟虱科	*Trinoton*	14			1	1	1			1			1					1				1
19	1902 水鸟虱科	*Laemobotrion*	5											1					1				
19	1903 鸟虱科	*Ricinus*	11											1					1				1
19	1904 长角鸟虱科	*Acidoproctus*	3																				1
19	1904 长角鸟虱科	*Aegyptiecus*	3																				
19	1904 长角鸟虱科	*Alcedoecus*	7																1				1
19	1904 长角鸟虱科	*Anaticola*	14			1	1	1						1					1				1
19	1904 长角鸟虱科	*Anatoecus*	13																1				
19	1904 长角鸟虱科	*Ancistrona*	1																				
19	1904 长角鸟虱科	*Anousceps*	1																1				
19	1904 长角鸟虱科	*Aquanirmus*	6																				

（续表）

目	科	属	种数	昆虫亚区																			
				a	b	c	d	e	f	g	h	i	j	k	l	m	n	o	p	q	r	s	t
19	1904 长角鸟虱科	*Ardricola*	18																	1			
19	1904 长角鸟虱科	*Ardriphagus*	1																				
19	1904 长角鸟虱科	*Auricotes*	3																	1			1
19	1904 长角鸟虱科	*Bruelia*	28																				1
19	1904 长角鸟虱科	*Bucerocophorus*	1																				
19	1904 长角鸟虱科	*Buceronirmus*	1																				
19	1904 长角鸟虱科	*Campanulotes*	5																	1			
19	1904 长角鸟虱科	*Capraiella*	3																				
19	1904 长角鸟虱科	*Carduiceps*	5																	1			1
19	1904 长角鸟虱科	*Chadraceps*	1																				
19	1904 长角鸟虱科	*Chelopistes*	2																				
19	1904 长角鸟虱科	*Cirrophthirius*	1																				
19	1904 长角鸟虱科	*Cistallatris*	1																				
19	1904 长角鸟虱科	*Colocephalum*	1																				
19	1904 长角鸟虱科	*Coloceras*	12																	1			
19	1904 长角鸟虱科	*Columbicola*	15			1	1	1		1										1			1
19	1904 长角鸟虱科	*Craspedonirmus*	2																				
19	1904 长角鸟虱科	*Craspedorrhynchus*	12																	1			1
19	1904 长角鸟虱科	*Cuclotogaster*	11			1	1	1												1			1
19	1904 长角鸟虱科	*Ibidoecus*	6																	1			
19	1904 长角鸟虱科	*Incidifrons*	2																	1			
19	1904 长角鸟虱科	*Lagopoecus*	13					1							1		1			1			
19	1904 长角鸟虱科	*Lipeurua*	9				1		1			1		1						1			1
19	1904 长角鸟虱科	*Lunaceps*	11																	1			1
19	1904 长角鸟虱科	*Mulcticola*	2																				1
19	1904 长角鸟虱科	*Neophilopterus*	2																	1			1
19	1904 长角鸟虱科	*Neopsittaconirmus*	2																				
19	1904 长角鸟虱科	*Nirmus*	1																				
19	1904 长角鸟虱科	*Nitzschiella*	3																	1			1
19	1904 长角鸟虱科	*Ornithobius*	4			1	1	1															
19	1904 长角鸟虱科	*Osculonirmus*	1																				
19	1904 长角鸟虱科	*Otidoecus*	2																				
19	1904 长角鸟虱科	*Oxylipeurus*	18																	1			1
19	1904 长角鸟虱科	*Paroncophorus*	1																				
19	1904 长角鸟虱科	*Parricola*	1																				
19	1904 长角鸟虱科	*Pectinopygus*	11																	1			1
19	1904 长角鸟虱科	*Penenirmus*	13																	1			1
19	1904 长角鸟虱科	*Periipetasma*	1																				
19	1904 长角鸟虱科	*Perineus*	2																	1			
19	1904 长角鸟虱科	*Peurinirmus*	1																				
19	1904 长角鸟虱科	*Philopterus*	23																	1			1
19	1904 长角鸟虱科	*Psittaconirmus*	1																				
19	1904 长角鸟虱科	*Quadraceps*	39																	1			1
19	1904 长角鸟虱科	*Rallicola*	12																	1			1
19	1904 长角鸟虱科	*Rhynonirmus*	3																	1			1
19	1904 长角鸟虱科	*Rostrinirmus*	2																				
19	1904 长角鸟虱科	*Saemundssonia*	38								1									1			1
19	1904 长角鸟虱科	*Scolopaceps*	3																				1
19	1904 长角鸟虱科	*Strigiphilus*	19																	1			1
19	1904 长角鸟虱科	*Sturnidoecus*	12																	1			1
19	1904 长角鸟虱科	*Syrrhaptoecus*	4																				
19	1904 长角鸟虱科	*Timmermanniceps*	1																	1			
19	1904 长角鸟虱科	*Turnicola*	3																	1			1
19	1904 长角鸟虱科	*Turturicola*	2																				
19	1904 长角鸟虱科	*Upupicola*	1																				

目	科	属	种数	昆虫亚区																			
				a	b	c	d	e	f	g	h	i	j	k	l	m	n	o	p	q	r	s	t
19	1905 兽鸟虱科	*Bovicola*	15			1	1	1				1		1									
19	1905 兽鸟虱科	*Damalinia*	5																1				
19	1905 兽鸟虱科	*Felicola*	7			1	1	1											1				
19	1905 兽鸟虱科	*Lutridia*	1																1				
19	1905 兽鸟虱科	*Trichodectes*	8			1	1	1					1										
19	1905 兽鸟虱科	*Wemeckiella*	4			1	1	1			1												
19	1906 象虱科	*Haematomyzus*	1																				
20	2001 恩兰虱科	*Atopophthirus*	1												1								
20	2001 恩兰虱科	*Enderleinellus*	8				1		1						1		1		1				
20	2001 恩兰虱科	*Phthirunculus*	1												1				1				
20	2002 血虱科	*Haematopinus*	7			1	1	1	1	1		1	1	1	1		1	1	1	1			
20	2003 拟血虱科	*Ancistroplax*	3												1		1			1	1		
20	2003 拟血虱科	*Schizophthirus*	1																				
20	2003 拟血虱科	*Typhlomyophthirus*	2												1			1					
20	2004 甲胁虱科	*Hoplopleura*	23			1			1	1	1		1	1	1	1			1	1	1		1
20	2005 颚虱科	*Linognathus*	7			1	1	1		1	1	1	1	1	1			1					
20	2005 颚虱科	*Solenopotes*	2										1	1					1				
20	2006 欣奇虱科	*Mirophthirus*	1												1								
20	2007 猴虱科	*Pedicinus*	3												1								
20	2008 虱科	*Pediculus*	1			1	1	1	1	1	1	1	1	1	1			1	1				
20	2009 多板虱科	*Eulinognathus*	6		1		1		1	1	1												
20	2009 多板虱科	*Haemodipsus*	2																				
20	2009 多板虱科	*Linognathoides*	2							1	1												
20	2009 多板虱科	*Neohaematopinus*	7												1		1		1				1
20	2009 多板虱科	*Paradoxophthirus*	1												1								
20	2009 多板虱科	*Polyplax*	15	1		1	1		1	1	1	1	1	1	1		1	1		1	1	1	1
20	2009 多板虱科	*Sathrax*	1														1			1			
20	2010 阴虱科	*Pthirus*	1			1	1	1			1	1	1				1						
20	2011 马虱科	*Ratemia*	2		1					1													
21	2101 纹蓟马科	*Aeolothrips*	14	1		1	1	1	1		1	1	1	1		1	1			1			
21	2101 纹蓟马科	*Coleothrips*	1										1					1			1		
21	2101 纹蓟马科	*Franclinothrips*	3												1				1				
21	2101 纹蓟马科	*Melanothrips*	2												1								
21	2101 纹蓟马科	*Mymarothrips*	1															1		1			
21	2101 纹蓟马科	*Rhipidothrips*	1				1																
21	2102 蓟马科	*Anaphothrips*	4			1	1	1		1	1		1	1	1			1	1	1			1
21	2102 蓟马科	*Anascirtothrips*	1																				1
21	2102 蓟马科	*Anisopilothrips*	1																1				
21	2102 蓟马科	*Apterothrips*	2				1																
21	2102 蓟马科	*Aptinothrips*	2				1		1	1	1			1			1						
21	2102 蓟马科	*Ascirtothrips*	2				1				1												
21	2102 蓟马科	*Astrothrips*	4												1			1	1				1
21	2102 蓟马科	*Ayyaris*	1												1			1	1				1
21	2102 蓟马科	*bathrips*	2															1	1				1
21	2102 蓟马科	*Bilacothrips*	2																1				
21	2102 蓟马科	*bolacidothrips*	1												1								
21	2102 蓟马科	*Bregmatothrips*	1																				
21	2102 蓟马科	*Caliothrips*	4				1												1	1	1		1
21	2102 蓟马科	*Ceratothripoides*	2												1								
21	2102 蓟马科	*Ceratothrips*	2			1	1																
21	2102 蓟马科	*Chaetanaphothrips*	3															1	1				1
21	2102 蓟马科	*Chirothrips*	7			1	1	1				1	1					1	1				
21	2102 蓟马科	*Copidothrips*	1																1				
21	2102 蓟马科	*Craspedothrips*	1																1				1
21	2102 蓟马科	*Ctenothrips*	8												1				1	1			
21	2102 蓟马科	*Danothrips*	2																			1	1

目	科	属	种数	a	b	c	d	e	f	g	h	i	j	k	l	m	n	o	p	q	r	s	t
21	2102 蓟马科	*Dendrothripoides*	2																1	1	1		1
21	2102 蓟马科	*Dendrothrips*	6			1						1	1	1	1				1	1		1	1
21	2102 蓟马科	*Dichrimothrips*	2																1				
21	2102 蓟马科	*Dorcadothrips*	1									1							1				
21	2102 蓟马科	*Echinothrips*	1					1															
21	2102 蓟马科	*Elixothrips*	1																1				1
21	2102 蓟马科	*Ernothrips*	2									1	1	1	1				1				1
21	2102 蓟马科	*Exothrips*	1																				
21	2102 蓟马科	*Frankliniella*	10			1	1	1	1			1	1	1	1	1		1	1	1	1	1	1	1
21	2102 蓟马科	*Fulmekiola*	1									1	1	1					1	1		1	1
21	2102 蓟马科	*Graminotjrips*	2																			1	1
21	2102 蓟马科	*Heliothrips*	14									1		1	1				1	1		1	1
21	2102 蓟马科	*Hengduanothrips*	1														1						
21	2102 蓟马科	*Holacothrips*	1																1				
21	2102 蓟马科	*Homochaetothrips*	1																1				
21	2102 蓟马科	*Hydatothrips*	12						1				1		1	1	1		1	1		1	1
21	2102 蓟马科	*Javathrips*	1																		1		
21	2102 蓟马科	*Kazinothrips*	2														1						
21	2102 蓟马科	*Lefroyithrips*	1										1	1	1				1	1	1		
21	2102 蓟马科	*Limothrips*	2					1															
21	2102 蓟马科	*Megaleurothripa*	9			1	1		1		1	1	1	1	1	1		1	1	1	1	1	1
21	2102 蓟马科	*Megalurothrips*	3						1						1								
21	2102 蓟马科	*Microcephalothrips*	4						1			1	1	1	1				1	1			1
21	2102 蓟马科	*Monilothrips*	1												1				1				
21	2102 蓟马科	*Mycterothrips*	7				1					1			1				1	1		1	1
21	2102 蓟马科	*Neiphysopus*	1									1	1										
21	2102 蓟马科	*Neohydatothrips*	5						1						1		1						1
21	2102 蓟马科	*Odontothrips*	9				1	1	1			1			1		1		1				
21	2102 蓟马科	*Oxythrips*	2			1	1																
21	2102 蓟马科	*Panchaetothrips*	1																				1
21	2102 蓟马科	*Parabaliothrips*	4																				
21	2102 蓟马科	*Perisothrips*	1																		1		1
21	2102 蓟马科	*Pezothrips*	1																				
21	2102 蓟马科	*Phibalothrips*	1												1				1	1	1		1
21	2102 蓟马科	*Plesiothrips*	1																1				
21	2102 蓟马科	*Projectothrips*	2																1				1
21	2102 蓟马科	*Pseudodendrothrips*	5					1				1	1						1	1	1	1	1
21	2102 蓟马科	*Pseudoxythrips*	1					1															
21	2102 蓟马科	*Psilothrips*	2				1		1														
21	2102 蓟马科	*Rhamphothrips*	1																				1
21	2102 蓟马科	*Rhipiphorothrips*	3																	1	1	1	1
21	2102 蓟马科	*Rhypalandrothrips*	1																				1
21	2102 蓟马科	*Salpingothrips*	1																		1		1
21	2102 蓟马科	*Sciothrips*	1																				1
21	2102 蓟马科	*Scirtothrips*	7					1				1	1	1	1	1			1	1	1	1	1
21	2102 蓟马科	*Scolothrips*	7			1	1	1				1	1	1	1				1	1	1	1	1
21	2102 蓟马科	*Selenothrips*	1									1	1		1				1	1			1
21	2102 蓟马科	*Sericothrips*	3				1										1	1	1				
21	2102 蓟马科	*Stenchaetothrips*	14				1		1			1	1	1	1				1	1	1	1	1
21	2102 蓟马科	*Sussericothrips*	1				1					1			1								
21	2102 蓟马科	*Taeniothrips*	20				1		1		1		1	1	1	1	1	1	1			1	1
21	2102 蓟马科	*Tenothrips*	1					1															
21	2102 蓟马科	*Thrips*	40	1		1	1	1	1	1	1	1	1	1	1	1	1	1	1	1	1	1	1
21	2102 蓟马科	*Trichromothrips*	1														1						
21	2102 蓟马科	*Tusothrips*	3												1							1	1
21	2102 蓟马科	*Vulgatothrips*	1												1								

目	科	属	种数	a	b	c	d	e	f	g	h	i	j	k	l	m	n	o	p	q	r	s	t
21	2102 蓟马科	*Yehiella*	1															1					
21	2102 蓟马科	*Yoshinothrips*	3													1							
21	2102 蓟马科	*Zaniothrips*	1																				
21	2103 大腿蓟马科	*Merothrips*	3															1					
21	2104 管蓟马科	*Acanthothrips*	1				1																
21	2104 管蓟马科	*Aleurodothrips*	1									1						1	1				1
21	2104 管蓟马科	*Allothrips*	1																				1
21	2104 管蓟马科	*Androthrips*	2											1				1	1		1		1
21	2104 管蓟马科	*Antillothrips*	3															1					1
21	2104 管蓟马科	*Apelaunothrips*	8											1				1	1				1
21	2104 管蓟马科	*Apterygothrips*	3												1								1
21	2104 管蓟马科	*Azaleothrips*	3											1				1					
21	2104 管蓟马科	*Bactrothrips*	1								1		1				1	1	1	1			
21	2104 管蓟马科	*Baenothrips*	4															1	1		1		
21	2104 管蓟马科	*Bamboosiella*	4															1	1	1	1		1
21	2104 管蓟马科	*Bradythrips*	1																1				
21	2104 管蓟马科	*Cephalothripa*	2				1									1							
21	2104 管蓟马科	*Compsothrips*	2				1																
21	2104 管蓟马科	*Coxothrips*	2															1		1			
21	2104 管蓟马科	*Cruptothrips*	1																1				
21	2104 管蓟马科	*Deplorothrips*	2																1				
21	2104 管蓟马科	*Dinothrips*	3														1	1		1			1
21	2104 管蓟马科	*Dolichothrips*	2						1						1				1				
21	2104 管蓟马科	*Ecacanthothrips*	2									1							1		1		1
21	2104 管蓟马科	*Elaphrothrips*	6									1						1	1	1			
21	2104 管蓟马科	*Ethirothrips*	3						1										1				1
21	2104 管蓟马科	*Eugynothrips*	1																1				
21	2104 管蓟马科	*Eurhynchothrips*	1						1														
21	2104 管蓟马科	*Gastrothrips*	5				1	1	1					1				1	1		1		1
21	2104 管蓟马科	*Gigantothrips*	2															1			1		1
21	2104 管蓟马科	*Gynaikothrips*	7				1						1	1	1			1	1	1	1		1
21	2104 管蓟马科	*Habrothrips*	1																1				
21	2104 管蓟马科	*Haplothrips*	33	1		1	1	1	1	1	1	1	1	1	1		1	1	1	1	1	1	
21	2104 管蓟马科	*Heliothripoides*	1																1				
21	2104 管蓟马科	*Holothrips*	5						1									1	1				
21	2104 管蓟马科	*Holurothrips*	1																1				1
21	2104 管蓟马科	*Hoplandrothrips*	7						1					1	1			1	1				
21	2104 管蓟马科	*Hoplothrips*	9									1	1	1		1		1	1				1
21	2104 管蓟马科	*Horistothrips*	1																				
21	2104 管蓟马科	*Karnyothrips*	2									1	1	1				1					1
21	2104 管蓟马科	*Kentronothrips*	1																1				
21	2104 管蓟马科	*Kleothrips*	1																1				
21	2104 管蓟马科	*Lecuenia*	1																		1		
21	2104 管蓟马科	*Leeuwenia*	6															1	1				1
21	2104 管蓟马科	*Liophlaeothrips*	1																				
21	2104 管蓟马科	*Liothrips*	32			1		1			1	1	1	1		1	1	1				1	1
21	2104 管蓟马科	*Litotetothrips*	3															1					1
21	2104 管蓟马科	*Machatithrips*	3															1					1
21	2104 管蓟马科	*Manothrips*	1														1						
21	2104 管蓟马科	*Medogothrips*	1													1							
21	2104 管蓟马科	*Megalothrips*	1											1									
21	2104 管蓟马科	*Megathrips*	2									1		1									
21	2104 管蓟马科	*Meiothrips*	2															1					
21	2104 管蓟马科	*Mesothrips*	5															1	1		1		1
21	2104 管蓟马科	*Mwcynothrips*	3															1					
21	2104 管蓟马科	*Mystrothrips*	2																			1	

（续表）

目	科	属	种数	昆虫亚区																			
---	---	---	---	a	b	c	d	e	f	g	h	i	j	k	l	m	n	o	p	q	r	s	t
21	2104 管蓟马科	*Neoheegeria*	2																	1			1
21	2104 管蓟马科	*Neosmerinthothrips*	1																	1			
21	2104 管蓟马科	*Nesothrips*	4								1		1		1					1	1	1		
21	2104 管蓟马科	*Oidanothrips*	4										1							1			
21	2104 管蓟马科	*Okajimathrips*	1																	1			
21	2104 管蓟马科	*Ophthalmothrips*	4										1	1	1					1	1			1
21	2104 管蓟马科	*Phloeothrips*	1																	1			
21	2104 管蓟马科	*Phylladothrips*	2																	1			
21	2104 管蓟马科	*Plectrothrips*	3											1						1			
21	2104 管蓟马科	*Podothrips*	2																	1			1
21	2104 管蓟马科	*Praepodothrips*	2																1		1		
21	2104 管蓟马科	*Preerilla*	1																	1			
21	2104 管蓟马科	*Psalidothrips*	6																	1		1	1
21	2104 管蓟马科	*Pygmaeothrips*	1																	1			
21	2104 管蓟马科	*Rhaebothrips*	1							1										1			
21	2104 管蓟马科	*Rhynchothrips*	4			1		1												1			
21	2104 管蓟马科	*Sophiothrips*	2																	1			
21	2104 管蓟马科	*Stephanothrips*	4												1					1	1	1	1
21	2104 管蓟马科	*Stigmothrips*	2												1						1		
21	2104 管蓟马科	*Strepterothrips*	1																	1			
21	2104 管蓟马科	*Streptothrips*	1																			1	
21	2104 管蓟马科	*Terthrothrips*	4												1		1			1			
21	2104 管蓟马科	*Varshneiya*	1																	1			
21	2104 管蓟马科	*Veerbahuthrips*	1												1								
21	2104 管蓟马科	*Xylaplothrips*	4						1											1	1		1
22	22001 蜡蝉科	*Acraephila*	1																	1			
22	22001 蜡蝉科	*Aphaena*	4				1														1		1
22	22001 蜡蝉科	*Devandana*	1																	1			
22	22001 蜡蝉科	*Ducoptera*	1																				1
22	22001 蜡蝉科	*Durium*	1																				
22	22001 蜡蝉科	*Electryone*	2																				
22	22001 蜡蝉科	*Fulgora*	4									1	1		1					1	1		1	1
22	22001 蜡蝉科	*Guentheria*	1																	1			
22	22001 蜡蝉科	*Herpis*	1																	1			
22	22001 蜡蝉科	*kallidasa*	2																				
22	22001 蜡蝉科	*Laternaria*	6																	1		1	1
22	22001 蜡蝉科	*Limois*	5			1		1					1	1		1				1			
22	22001 蜡蝉科	*Lycorma*	4					1	1			1	1	1	1	1				1	1		1
22	22001 蜡蝉科	*Lystra*	1																				
22	22001 蜡蝉科	*Neoleathous*	2																				
22	22001 蜡蝉科	*Nicertoides*	1																	1			
22	22001 蜡蝉科	*Paranisia*	3																	1			
22	22001 蜡蝉科	*Penthicodes*	5										1	1						1		1	1	1
22	22001 蜡蝉科	*Polydictya*	1																				
22	22001 蜡蝉科	*Prolepta*	1																				
22	22001 蜡蝉科	*Pyrops*	1													1							
22	22001 蜡蝉科	*Saiva*	3																	1		1	
22	22001 蜡蝉科	*Zanna*	2													1		1				1	1
22	22002 广翅蜡蝉科	*Byllis*	1																				
22	22002 广翅蜡蝉科	*Euricania*	4				1					1	1	1	1		1	1	1		1		
22	22002 广翅蜡蝉科	*Gaetulia*	1																		1	1	
22	22002 广翅蜡蝉科	*Orosanga*	1																	1			
22	22002 广翅蜡蝉科	*Pochazia*	10					1				1	1	1	1					1	1		1	1
22	22002 广翅蜡蝉科	*Ricania*	16				1					1	1	1	1	1				1	1	1	1	1
22	22002 广翅蜡蝉科	*Ricanoides*	1										1								1		1	1
22	22002 广翅蜡蝉科	*Ricanula*	2				1					1	1	1						1	1		1	1

目	科	属	种数	昆虫亚区																			
				a	b	c	d	e	f	g	h	i	j	k	l	m	n	o	p	q	r	s	t
22	22003 蛾蜡蝉科	*Atracis*	6																1				1
22	22003 蛾蜡蝉科	*Bythopsyrna*	2																	1			
22	22003 蛾蜡蝉科	*Cerynia*	4									1		1						1	1		
22	22003 蛾蜡蝉科	*Cryptoflata*	1									1		1					1		1		1
22	22003 蛾蜡蝉科	*Exoma*	2														1						
22	22003 蛾蜡蝉科	*Flata*	1																				
22	22003 蛾蜡蝉科	*Geisha*	4									1	1	1	1			1	1			1	1
22	22003 蛾蜡蝉科	*Gomeda*	1																	1			
22	22003 蛾蜡蝉科	*Hilavrita*	1												1								
22	22003 蛾蜡蝉科	*Lawana*	3											1			1			1	1		1
22	22003 蛾蜡蝉科	*Melicharia*	1												1								
22	22003 蛾蜡蝉科	*Microflata*	2																				1
22	22003 蛾蜡蝉科	*Mimophantia*	2															1					1
22	22003 蛾蜡蝉科	*Neosalurnis*	4									1	1				1			1	1	1	1
22	22003 蛾蜡蝉科	*Ormenis*	1																				
22	22003 蛾蜡蝉科	*Phromnia*	4											1			1		1				
22	22003 蛾蜡蝉科	*Phylliana*	2															1					
22	22003 蛾蜡蝉科	*Phyllyphanta*	2															1					1
22	22003 蛾蜡蝉科	*Salunis*	5									1	1	1	1			1	1	1	1	1	1
22	22003 蛾蜡蝉科	*Seliza*	4										1					1	1				
22	22004 飞虱科	*Altekon*	5											1			1					1	1
22	22004 飞虱科	*Aoyuanus*	1											1								1	
22	22004 飞虱科	*Arcifrons*	1																	1			
22	22004 飞虱科	*Arcofasciella*	1																	1	1	1	
22	22004 飞虱科	*Arcofascies*	5											1			1	1	1				1
22	22004 飞虱科	*Bambusiphaga*	18				1					1	1	1			1	1	1		1		1
22	22004 飞虱科	*Belocera*	6																1	1			1
22	22004 飞虱科	*Calisuspensus*	1											1									
22	22004 飞虱科	*Calligypona*	1			1	1		1														
22	22004 飞虱科	*Carinodelphax*	2																	1		1	
22	22004 飞虱科	*Carinofrons*	1																				
22	22004 飞虱科	*Cemopsis*	1														1						
22	22004 飞虱科	*Cemus*	10			1							1	1	1	1		1	1	1	1	1	1
22	22004 飞虱科	*Changeondelphax*	2			1	1		1														
22	22004 飞虱科	*Chilodelphax*	1														1						
22	22004 飞虱科	*Chloriona*	5	1		1	1		1	1		1		1			1						
22	22004 飞虱科	*Conocraera*	2												1								1
22	22004 飞虱科	*Coracodelphax*	1										1				1						
22	22004 飞虱科	*Coronacella*	1																	1	1		
22	22004 飞虱科	*Criomorphus*	2			1			1														
22	22004 飞虱科	*Delphacinoides*	1				1																
22	22004 飞虱科	*Delphacodes*	4		1		1			1			1				1						
22	22004 飞虱科	*Delphax*	3			1	1		1	1							1						
22	22004 飞虱科	*Dianus*	1																		1		
22	22004 飞虱科	*Dicranotropis*	3														1						
22	22004 飞虱科	*Dingiana*	1																				1
22	22004 飞虱科	*Diodelphax*	1														1						
22	22004 飞虱科	*Ditropsis*	1			1																	
22	22004 飞虱科	*Ecdelphax*	4										1		1			1	1			1	1
22	22004 飞虱科	*Elachodelphax*	2		1	1			1														
22	22004 飞虱科	*Eoeurysa*	2												1		1		1	1	1	1	1
22	22004 飞虱科	*Epeurysa*	11										1	1	1			1	1	1	1	1	1
22	22004 飞虱科	*Eshanus*	1													1							
22	22004 飞虱科	*Euconomelus*	1			1			1														
22	22004 飞虱科	*Euidella*	1												1			1					
22	22004 飞虱科	*Euidellana*	2																			1	

目	科	属	种数	昆虫亚区 a	b	c	d	e	f	g	h	i	j	k	l	m	n	o	p	q	r	s	t
22	22004 飞虱科	*Euides*	1			1		1											1				
22	22004 飞虱科	*Euidopsis*	1																1				
22	22004 飞虱科	*Eunucheuma*	1																1				
22	22004 飞虱科	*Eurybregma*	1						1														
22	22004 飞虱科	*Eurysula*	1			1																	
22	22004 飞虱科	*Falcotoya*	5		1		1	1							1				1	1	1		
22	22004 飞虱科	*Fangdelphax*	1														1						
22	22004 飞虱科	*Formodelphax*	3																1				
22	22004 飞虱科	*Ganus*	1									1											
22	22004 飞虱科	*Garaga*	7			1		1	1			1	1						1	1		1	
22	22004 飞虱科	*Glabrinotum*	1	1																			
22	22004 飞虱科	*Gravesteiniella*	1	1			1		1														
22	22004 飞虱科	*Gufacies*	1															1					
22	22004 飞虱科	*Guidelphax*	1											1									
22	22004 飞虱科	*Hadeodelphax*	1																1				
22	22004 飞虱科	*Hagamiodes*	2											1						1	1		
22	22004 飞虱科	*Harmalia*	12			1		1				1	1	1	1				1	1	1	1	1
22	22004 飞虱科	*Herbalima*	1			1		1	1														
22	22004 飞虱科	*Himeunka*	2									1	1		1				1		1	1	
22	22004 飞虱科	*Hirozunka*	1																1				
22	22004 飞虱科	*Horcoma*	2																	1	1	1	1
22	22004 飞虱科	*Idiobregma*	1			1																	
22	22004 飞虱科	*Indozuriel*	1																1				
22	22004 飞虱科	*Ishiharodelphax*	2																1	1			
22	22004 飞虱科	*Jamiphax*	1																1				
22	22004 飞虱科	*Javesella*	5		1	1	1		1	1					1								
22	22004 飞虱科	*Jinlinus*	1																1				
22	22004 飞虱科	*Kakuna*	2																1	1			
22	22004 飞虱科	*Kartalia*	1				1						1						1				
22	22004 飞虱科	*Kelisia*	3			1		1	1														
22	22004 飞虱科	*Kusnezoviella*	2			1	1	1	1	1					1								
22	22004 飞虱科	*Laodelphax*	1	1		1	1	1	1	1		1	1	1	1	1		1	1	1		1	
22	22004 飞虱科	*Laoterthrona*	3						1				1				1						
22	22004 飞虱科	*Latistria*	4																1	1	1	1	1
22	22004 飞虱科	*Liburnia*	1																1				
22	22004 飞虱科	*Lisogata*	1											1			1						
22	22004 飞虱科	*Longtania*	1											1									
22	22004 飞虱科	*Luda*	1																		1		
22	22004 飞虱科	*Malaxa*	5												1					1	1	1	
22	22004 飞虱科	*Malxella*	1												1						1	1	1
22	22004 飞虱科	*Maosogata*	1														1						
22	22004 飞虱科	*Matutinus*	1																	1			1
22	22004 飞虱科	*Megadelphax*	4			1	1	1	1														
22	22004 飞虱科	*Megamelus*	1			1																	
22	22004 飞虱科	*Mengdelphax*	1			1																	
22	22004 飞虱科	*Mestus*	1																1				
22	22004 飞虱科	*Metadelphax*	2			1	1	1	1			1	1	1	1		1		1	1		1	1
22	22004 飞虱科	*Metroma*	1	1			1			1													
22	22004 飞虱科	*Miranus*	5												1		1			1			
22	22004 飞虱科	*Monospinodelphax*	1										1		1				1	1		1	
22	22004 飞虱科	*Muellerienella*	1			1			1				1				1						
22	22004 飞虱科	*Muirodelphax*	3			1			1				1				1						
22	22004 飞虱科	*Nemetor*	1																				1
22	22004 飞虱科	*Neobelocera*	5									1		1		1			1		1		
22	22004 飞虱科	*Neoconon*	1																1				
22	22004 飞虱科	*Neodicranotropis*	2												1					1	1		

目	科	属	种数	a	b	c	d	e	f	g	h	i	j	k	l	m	n	o	p	q	r	s	t
22	22004 飞虱科	*Neometopina*	1												1				1				
22	22004 飞虱科	*Neoterthrona*	3																	1	1		1
22	22004 飞虱科	*Neunkanodes*	1												1		1		1				
22	22004 飞虱科	*Neuterthron*	3												1	1		1					
22	22004 飞虱科	*Nilaparvata*	5			1	1	1	1			1	1	1		1	1	1	1	1	1	1	1
22	22004 飞虱科	*Niphisa*	1			1																	
22	22004 飞虱科	*Numata*	3										1			1		1		1	1	1	1
22	22004 飞虱科	*Nycheuma*	2																1		1		
22	22004 飞虱科	*Onidodelphax*	1												1				1	1			
22	22004 飞虱科	*Opiconsiva*	4			1									1				1		1		1
22	22004 飞虱科	*Orientoya*	1												1				1				
22	22004 飞虱科	*Palego*	3																				1
22	22004 飞虱科	*Paracocon*	1															1					
22	22004 飞虱科	*Paraconon*	3																		1	1	
22	22004 飞虱科	*Paracorbulo*	1																				
22	22004 飞虱科	*Paradelphacodes*	4			1	1	1	1				1		1								
22	22004 飞虱科	*Paraliburnia*	1			1																	
22	22004 飞虱科	*Paramestus*	2	1		1	1	1	1	1													
22	22004 飞虱科	*Paranecotopia*	1							1													
22	22004 飞虱科	*Paratoya*	1																			1	
22	22004 飞虱科	*Pastiroma*	2			1																	
22	22004 飞虱科	*Peliades*	2											1			1	1		1			
22	22004 飞虱科	*Peregrinus*	1									1	1		1				1			1	1
22	22004 飞虱科	*Perkinsiella*	9									1	1	1		1		1	1	1	1		
22	22004 飞虱科	*Phacalastor*	1																				
22	22004 飞虱科	*Phyllodimus*	4																1				1
22	22004 飞虱科	*Platycorpus*	1																				1
22	22004 飞虱科	*Platypareia*	1												1								
22	22004 飞虱科	*Platytibia*	1																				1
22	22004 飞虱科	*Preterkelisia*	2				1						1		1				1	1			
22	22004 飞虱科	*Prodelphax*	1																1				
22	22004 飞虱科	*Pseudaraeopus*	1										1					1					
22	22004 飞虱科	*Pseudosogata*	1																				1
22	22004 飞虱科	*Punana*	1												1								
22	22004 飞虱科	*Pundlouya*	1																1				
22	22004 飞虱科	*Purohita*	8												1				1	1	1	1	1
22	22004 飞虱科	*Qianlia*	1																			1	
22	22004 飞虱科	*Rectivertex*	1						1														
22	22004 飞虱科	*Rhombotoya*	1														1		1				
22	22004 飞虱科	*Ribautodelphax*	7	1	1	1	1	1	1	1	1												
22	22004 飞虱科	*Saccharosydne*	1			1						1	1	1	1			1	1		1		
22	22004 飞虱科	*Sardia*	1												1				1	1	1	1	1
22	22004 飞虱科	*Shadelphax*	1	1		1	1		1	1													
22	22004 飞虱科	*Shijidelphax*	1																			1	
22	22004 飞虱科	*Sinolacme*	4										1						1				
22	22004 飞虱科	*Sinoperkiniella*	1																1		1		
22	22004 飞虱科	*Smicrotatodelphax*	1																1				
22	22004 飞虱科	*Sogata*	9										1		1	1			1	1			1
22	22004 飞虱科	*Sogatella*	7			1	1	1	1	1		1	1	1	1	1	1	1	1	1	1	1	1
22	22004 飞虱科	*Sogatellana*	5										1						1	1			1
22	22004 飞虱科	*Specinervures*	4										1	1					1	1			
22	22004 飞虱科	*Spinaprocessus*	1															1					
22	22004 飞虱科	*Stenocranus*	29			1	1	1	1	1		1	1	1	1				1	1	1	1	
22	22004 飞虱科	*Stiromella*	1			1			1														
22	22004 飞虱科	*Stiropis*	1		1	1	1	1	1	1													
22	22004 飞虱科	*Struebingianella*	2			1																	

目	科	属	种数	a	b	c	d	e	f	g	h	i	j	k	l	m	n	o	p	q	r	s	t
22	22004 飞虱科	*Sulculus*	2												1	1				1			
22	22004 飞虱科	*Syndelphax*	1																1		1		
22	22004 飞虱科	*Tagosodes*	3																1	1	1	1	
22	22004 飞虱科	*Tarophagus*	2																1				
22	22004 飞虱科	*Terauchiana*	2			1		1				1	1				1						
22	22004 飞虱科	*Terthron*	1			1		1				1	1	1	1	1	1			1	1		1	
22	22004 飞虱科	*Terthronella*	1			1																	
22	22004 飞虱科	*Thymalops*	2																1				1
22	22004 飞虱科	*Toya*	3									1	1		1				1	1	1	1	1
22	22004 飞虱科	*Toyoides*	2									1		1	1				1	1		1	
22	22004 飞虱科	*Trichodelphax*	1			1																	
22	22004 飞虱科	*Tropidocephala*	25									1	1	1	1		1		1	1	1	1	1
22	22004 飞虱科	*Tsaurus*	1																1				
22	22004 飞虱科	*Ugyops*	3																1				1
22	22004 飞虱科	*Ulanar*	1																1	1			
22	22004 飞虱科	*Unkanodella*	1					1				1		1									
22	22004 飞虱科	*Unkanodes*	2			1	1	1	1	1		1	1	1	1		1	1	1	1			
22	22004 飞虱科	*Veo*	1												1								
22	22004 飞虱科	*Wuyia*	1														1						
22	22004 飞虱科	*Xinchloriona*	1																				1
22	22004 飞虱科	*Yalia*	1																				
22	22004 飞虱科	*Yangsinolacme*	1																1				
22	22004 飞虱科	*Yanunka*	2																1	1			
22	22004 飞虱科	*Yichunus*	1									1											
22	22004 飞虱科	*Zhuanggella*	1																			1	
22	22004 飞虱科	*Zhudelphax*	1																				1
22	22005 菱蜡蝉科	*Andes*	8				1				1	1	1						1	1		1	1
22	22005 菱蜡蝉科	*Barma*	1																1				
22	22005 菱蜡蝉科	*Benna*	1																1				
22	22005 菱蜡蝉科	*Betacixius*	13											1					1			1	1
22	22005 菱蜡蝉科	*Borysthenes*	6								1	1	1						1	1		1	1
22	22005 菱蜡蝉科	*Brixia*	2																1				
22	22005 菱蜡蝉科	*Brixioides*	1																1				
22	22005 菱蜡蝉科	*Cixius*	20																1				1
22	22005 菱蜡蝉科	*Euryphlepsia*	1																1				
22	22005 菱蜡蝉科	*Kirbyana*	3																1				1
22	22005 菱蜡蝉科	*Kuvera*	5									1							1				
22	22005 菱蜡蝉科	*Macrocixius*	1																1				
22	22005 菱蜡蝉科	*Mnemosyne*	1																1				
22	22005 菱蜡蝉科	*Mundopa*	1																1				
22	22005 菱蜡蝉科	*Myndus*	1																1				
22	22005 菱蜡蝉科	*Numicia*	1																				
22	22005 菱蜡蝉科	*Oliarus*	25				1	1	1			1	1	1	1	1	1	1	1	1		1	1
22	22005 菱蜡蝉科	*Pentastiridius*	1																1				
22	22005 菱蜡蝉科	*Reptalus*	2			1						1		1	1			1					
22	22006 粒脉蜡蝉科	*Anigrus*	5									1							1				
22	22006 粒脉蜡蝉科	*Eponisia*	4																1				
22	22006 粒脉蜡蝉科	*Eponisiella*	2									1							1				
22	22006 粒脉蜡蝉科	*Kermesia*	3			1																1	1
22	22006 粒脉蜡蝉科	*Metanigrus*	1																1				
22	22006 粒脉蜡蝉科	*Nisia*	9									1	1	1					1	1		1	1
22	22006 粒脉蜡蝉科	*Suva*	2															1					
22	22007 象蜡蝉科	*Canithus*	1																1				
22	22007 象蜡蝉科	*Dichoptera*	2																1				1
22	22007 象蜡蝉科	*Dictyophara*	21			1	1	1	1			1	1	1					1	1	1	1	1
22	22007 象蜡蝉科	*Dictyopharina*	3											1								1	1

目	科	属	种数	a	b	c	d	e	f	g	h	i	j	k	l	m	n	o	p	q	r	s	t
22	22007 象蜡蝉科	*Dictyotenguna*	1																1			1	
22	22007 象蜡蝉科	*Indrival*	1									1	1									1	
22	22007 象蜡蝉科	*Orthopagus*	4				1					1	1	1	1				1	1			1	1
22	22007 象蜡蝉科	*Saigona*	5			1							1	1	1				1	1			1	
22	22007 象蜡蝉科	*Sinodictya*	1																					
22	22007 象蜡蝉科	*Tenguna*	1																1				
22	22007 象蜡蝉科	*Thanatodictya*	2												1				1				
22	22007 象蜡蝉科	*Togaphora*	1																				
22	22008 蚁蜡蝉科	*Egropa*	1									1											
22	22008 蚁蜡蝉科	*Tettigometra*	3									1											
22	22009 阉蜡蝉科	*kinnara*	7														1		1		1	1	
22	22010 颖蜡蝉科	*Acus*	1																1				
22	22010 颖蜡蝉科	*Akotropis*	3																1				1
22	22010 颖蜡蝉科	*Betatropis*	2																1				
22	22010 颖蜡蝉科	*Caristianus*	7											1	1							1	
22	22010 颖蜡蝉科	*Catonidia*	9			1						1		1	1	1		1				1	
22	22010 颖蜡蝉科	*Deferunda*	6																1			1	1
22	22010 颖蜡蝉科	*Endeferunda*	1																1				
22	22010 颖蜡蝉科	*Ganachilla*	1																				
22	22010 颖蜡蝉科	*Haicixidia*	1																				1
22	22010 颖蜡蝉科	*Hamaba*	4																1	1			
22	22010 颖蜡蝉科	*Kosalya*	2																1				
22	22010 颖蜡蝉科	*Mabuira*	1																1				
22	22010 颖蜡蝉科	*Magadha*	17										1					1	1		1		
22	22010 颖蜡蝉科	*Phenelia*	1																1				
22	22010 颖蜡蝉科	*Planusfrons*	1																1				
22	22010 颖蜡蝉科	*Plectoderoides*	4																1				1
22	22010 颖蜡蝉科	*Rhotala*	5												1				1		1		
22	22010 颖蜡蝉科	*Semibetatropis*	7																1				
22	22010 颖蜡蝉科	*Tangina*	1																				1
22	22010 颖蜡蝉科	*Usana*	1																1				
22	22010 颖蜡蝉科	*Zathauma*	1																				
22	22011 扁蜡蝉科	*Barunoides*	1									1			1								
22	22011 扁蜡蝉科	*Catullia*	2									1			1				1	1		1	
22	22011 扁蜡蝉科	*Catullioides*	1												1				1				
22	22011 扁蜡蝉科	*Cixiopsis*	1											1			1	1					
22	22011 扁蜡蝉科	*Epora*	2																1			1	1
22	22011 扁蜡蝉科	*Isporisa*	1														1						
22	22011 扁蜡蝉科	*Kallitaxila*	2																1				
22	22011 扁蜡蝉科	*Lanshu*	1																1				
22	22011 扁蜡蝉科	*Leptotambinia*	1																1				
22	22011 扁蜡蝉科	*Mesepora*	1																1				1
22	22011 扁蜡蝉科	*Neommatissus*	3																1				
22	22011 扁蜡蝉科	*Olontheus*	1																				
22	22011 扁蜡蝉科	*Ommatissus*	3																1				
22	22011 扁蜡蝉科	*Ossa*	1																1				
22	22011 扁蜡蝉科	*Ossoides*	1									1			1		1	1			1		
22	22011 扁蜡蝉科	*Pandanda*	1												1			1					
22	22011 扁蜡蝉科	*Platypora*	1												1								
22	22011 扁蜡蝉科	*Sogana*	3																1				
22	22011 扁蜡蝉科	*Tambinia*	6									1	1		1				1	1	1	1	1
22	22011 扁蜡蝉科	*Tauropola*	1																				
22	22011 扁蜡蝉科	*Trichoduchus*	1																				
22	22011 扁蜡蝉科	*Trypetomorpha*	3											1					1				
22	22011 扁蜡蝉科	*Zema*	1													1							1
22	22012 袖蜡蝉科	*Alara*	2																1				

目	科	属	种数	a	b	c	d	e	f	g	h	i	j	k	l	m	n	o	p	q	r	s	t
22	22012 袖蜡蝉科	*Basilocephalus*	1																1				
22	22012 袖蜡蝉科	*Cedusa*	5																1				
22	22012 袖蜡蝉科	*Dichotropis*	1																				
22	22012 袖蜡蝉科	*Diostrombus*	1					1					1	1	1			1	1				
22	22012 袖蜡蝉科	*Drona*	1																1				
22	22012 袖蜡蝉科	*Epotiocerus*	6									1				1			1	1	1	1	
22	22012 袖蜡蝉科	*Formodanga*	1																1				
22	22012 袖蜡蝉科	*Formolevu*	2																1				
22	22012 袖蜡蝉科	*Goneokara*	1																1				
22	22012 袖蜡蝉科	*Helcita*	1																1				
22	22012 袖蜡蝉科	*Kaha*	2																1				
22	22012 袖蜡蝉科	*Kamendaka*	8																1				
22	22012 袖蜡蝉科	*Lamenia*	5																1				
22	22012 袖蜡蝉科	*Levu*	2																1				
22	22012 袖蜡蝉科	*Losbanosia*	1							1	1								1				
22	22012 袖蜡蝉科	*Malenia*	5																1				
22	22012 袖蜡蝉科	*Megatropis*	1												1				1				
22	22012 袖蜡蝉科	*Mula*	1																1				
22	22012 袖蜡蝉科	*Mysidioides*	5										1						1				
22	22012 袖蜡蝉科	*Neoproutista*	1																1				
22	22012 袖蜡蝉科	*Nesokaha*	2																1				
22	22012 袖蜡蝉科	*Pamendanga*	2																1				
22	22012 袖蜡蝉科	*Parapamendanga*	2																1				
22	22012 袖蜡蝉科	*Parapeggia*	1																1				
22	22012 袖蜡蝉科	*Platocera*	1																1				
22	22012 袖蜡蝉科	*Proutista*	2																1				1
22	22012 袖蜡蝉科	*Rhotallella*	1																		1		
22	22012 袖蜡蝉科	*Rhotana*	9										1	1		1			1		1	1	
22	22012 袖蜡蝉科	*Saccharodite*	6																1				
22	22012 袖蜡蝉科	*Shirakiana*	1																1				
22	22012 袖蜡蝉科	*Shizuka*	2																1				
22	22012 袖蜡蝉科	*Sikaiana*	1																1				
22	22012 袖蜡蝉科	*Sumangala*	2																1				
22	22012 袖蜡蝉科	*Swezeyia*	1																1				
22	22012 袖蜡蝉科	*Vekunta*	27											1		1			1	1			1
22	22012 袖蜡蝉科	*Vinata*	2																	1			
22	22012 袖蜡蝉科	*Vivaha*	2																				1
22	22012 袖蜡蝉科	*Zeugma*	2																1				
22	22012 袖蜡蝉科	*Zoraida*	22											1	1		1	1					
22	22013 娜蜡蝉科	*Indogaetulia*	1														1				1	1	
22	22013 娜蜡蝉科	*Mindura*	2																1				1
22	22013 娜蜡蝉科	*Nogodina*	1																1				
22	22013 娜蜡蝉科	*Paravarcia*	1																				1
22	22013 娜蜡蝉科	*Pisacha*	2												1				1			1	1
22	22013 娜蜡蝉科	*Sassula*	1																		1		
22	22014 瓢蜡蝉科	*Aphelonema*	2			1													1				
22	22014 瓢蜡蝉科	*Augilodes*	2																		1		
22	22014 瓢蜡蝉科	*Caliscelia*	1																				
22	22014 瓢蜡蝉科	*Clipeopsilus*	1																				
22	22014 瓢蜡蝉科	*Conocaliscelia*	2																		1	1	
22	22014 瓢蜡蝉科	*Delhina*	1														1						
22	22014 瓢蜡蝉科	*Duriopsilla*	1												1								1
22	22014 瓢蜡蝉科	*Duriopsis*	1																				
22	22014 瓢蜡蝉科	*Ecapeloptrerum*	1																1				
22	22014 瓢蜡蝉科	*Epyhemisphaerius*	1																1				
22	22014 瓢蜡蝉科	*Euhemisphaerius*	4																1				

目	科	属	种数	a	b	c	d	e	f	g	h	i	j	k	l	m	n	o	p	q	r	s	t
22	22014 瓢蜡蝉科	*Eusarima*	28																1				
22	22014 瓢蜡蝉科	*Eusudasina*	1																1				
22	22014 瓢蜡蝉科	*Fortunia*	2												1				1				
22	22014 瓢蜡蝉科	*Gergithoides*	3												1				1		1		1
22	22014 瓢蜡蝉科	*Gergithus*	39									1	1	1			1	1	1				1
22	22014 瓢蜡蝉科	*Hemisphaerius*	11														1	1	1				1
22	22014 瓢蜡蝉科	*Hilda*	1																				
22	22014 瓢蜡蝉科	*Hysterpterum*	1																				
22	22014 瓢蜡蝉科	*Kodaianella*	1																				1
22	22014 瓢蜡蝉科	*Macrodaruma*	1																			1	
22	22014 瓢蜡蝉科	*Mongoliana*	6												1		1				1	1	
22	22014 瓢蜡蝉科	*Nacmusius*	1																				
22	22014 瓢蜡蝉科	*Nenasa*	1																1				
22	22014 瓢蜡蝉科	*Neodurium*	6										1	1					1		1		1
22	22014 瓢蜡蝉科	*Neokodaiana*	1																1				
22	22014 瓢蜡蝉科	*Neosarima*	2																1				
22	22014 瓢蜡蝉科	*Nilalohita*	1																				1
22	22014 瓢蜡蝉科	*Okissus*	1																1				
22	22014 瓢蜡蝉科	*Ommatidiotus*	2																				
22	22014 瓢蜡蝉科	*Parahiracia*	1																1				
22	22014 瓢蜡蝉科	*Parasarima*	2										1						1		1		
22	22014 瓢蜡蝉科	*Paravindilis*	1																1				
22	22014 瓢蜡蝉科	*Pterilia*	2																1				
22	22014 瓢蜡蝉科	*Sarima*	7																1				
22	22014 瓢蜡蝉科	*Sarimudes*	1																1				
22	22014 瓢蜡蝉科	*Sinesarima*	3																1				
22	22014 瓢蜡蝉科	*Sivaloka*	1						1			1	1	1	1								
22	22014 瓢蜡蝉科	*Symplanella*	2																		1		1
22	22014 瓢蜡蝉科	*Tetrica*	2																				1
22	22014 瓢蜡蝉科	*Tetricodes*	1												1								
22	22014 瓢蜡蝉科	*Thebena*	4													1			1				1
22	22014 瓢蜡蝉科	*Tonga*	4																1				1
22	22015 璐蜡蝉科	*Acothrura*	2																		1		
22	22015 璐蜡蝉科	*Bisma*	1																				
22	22015 璐蜡蝉科	*Boresinia*	2										1										
22	22015 璐蜡蝉科	*Elasmoscelis*	1																1				
22	22015 璐蜡蝉科	*Lacusa*	2																		1		
22	22015 璐蜡蝉科	*Lophops*	1																1				
22	22015 璐蜡蝉科	*Paracorethrura*	1																				
22	22015 璐蜡蝉科	*Pyrila*	1																				
22	22015 璐蜡蝉科	*Ridesa*	1																1				
22	22015 璐蜡蝉科	*Serida*	1																				
22	22016 颜蜡蝉科	*Ancyra*	1																				1
22	22016 颜蜡蝉科	*Eurybrachys*	1																				
22	22016 颜蜡蝉科	*Frutis*	2																				
22	22016 颜蜡蝉科	*Loxocephala*	8							1		1		1	1	1			1				
22	22016 颜蜡蝉科	*Nesiana*	1																				
22	22016 颜蜡蝉科	*Nesis*	1																				
22	22016 颜蜡蝉科	*Thessitus*	2																				
22	22017 蝉科	*Abroma*	2																		1		
22	22017 蝉科	*Afzeliada*	1																		1		
22	22017 蝉科	*Ambragaeana*	2																		1		1
22	22017 蝉科	*Angamiana*	1																			1	
22	22017 蝉科	*Aola*	1																1				
22	22017 蝉科	*Balinta*	3																		1	1	1
22	22017 蝉科	*Becquartina*	2											1					1				

（续表）

目	科	属	种数	a	b	c	d	e	f	g	h	i	j	k	l	m	n	o	p	q	r	s	t
22	22017 蝉科	*Callogaeana*	6												1						1	1	
22	22017 蝉科	*Chremistica*	7										1		1	1	1		1	1	1	1	1
22	22017 蝉科	*Cicada*	1																				
22	22017 蝉科	*Cicadatra*	2																				
22	22017 蝉科	*Cicadetta*	13	1		1	1	1	1			1		1			1						
22	22017 蝉科	*Cosmopsaltria*	2																	1			
22	22017 蝉科	*Cryptotympana*	13			1		1	1			1	1	1	1	1			1	1	1	1	1
22	22017 蝉科	*Curvicicada*	2	1																			
22	22017 蝉科	*Dundubia*	7																	1	1	1	1
22	22017 蝉科	*Elachysoma*	1																1				
22	22017 蝉科	*Euterpnosia*	14									1		1			1		1	1	1	1	1
22	22017 蝉科	*Formotosena*	2								1							1	1				
22	22017 蝉科	*Gaeana*	6										1	1	1	1	1	1			1	1	
22	22017 蝉科	*Graptopsaltria*	3									1	1	1	1	1	1		1		1		
22	22017 蝉科	*Graptotettix*	1													1	1		1				
22	22017 蝉科	*Gudaba*	2												1						1		1
22	22017 蝉科	*Hainanosemia*	1																				1
22	22017 蝉科	*Haphsa*	3																		1		
22	22017 蝉科	*Hea*	3										1	1		1		1		1	1		
22	22017 蝉科	*Huechys*	5									1	1	1	1	1		1	1	1	1	1	1
22	22017 蝉科	*Hyalessa*	1																				
22	22017 蝉科	*Inthaxara*	2													1	1		1				
22	22017 蝉科	*Karenia*	3									1	1										
22	22017 蝉科	*Katoa*	6										1			1			1	1			
22	22017 蝉科	*Khimbia*	1																			1	
22	22017 蝉科	*Leptopsalta*	10			1	1	1	1	1	1			1	1		1	1	1		1		
22	22017 蝉科	*Leptopsaltria*	3																	1			
22	22017 蝉科	*Leptosemia*	3									1	1	1		1			1	1		1	
22	22017 蝉科	*Linguacicada*	1	1			1																
22	22017 蝉科	*Lycurgus*	2							1								1					
22	22017 蝉科	*Lyristes*	14					1					1	1	1	1	1		1		1		
22	22017 蝉科	*Macrosemia*	4										1	1				1	1		1		
22	22017 蝉科	*Mata*	1														1						
22	22017 蝉科	*Maua*	4											1					1		1		
22	22017 蝉科	*Meimuna*	21				1	1				1	1	1		1		1	1	1	1	1	1
22	22017 蝉科	*Melampasata*	1							1													
22	22017 蝉科	*Melampsalta*	6															1					
22	22017 蝉科	*Mogannia*	13				1	1				1	1	1	1	1	1	1	1	1	1	1	1
22	22017 蝉科	*Nelcyndana*	1																1				
22	22017 蝉科	*Neotanna*	8									1				1				1	1	1	
22	22017 蝉科	*Nipponosemia*	4														1			1	1		
22	22017 蝉科	*Oncotympana*	5			1		1	1			1	1	1	1			1	1		1	1	1
22	22017 蝉科	*Paratalainga*	6											1					1		1	1	1
22	22017 蝉科	*Platylomia*	13										1	1		1	1	1		1	1	1	1
22	22017 蝉科	*Platypleura*	8				1	1				1	1	1	1	1		1	1	1	1	1	1
22	22017 蝉科	*Polyneura*	6									1	1	1	1	1	1			1	1		
22	22017 蝉科	*Pomponia*	6	1								1	1	1	1	1	1	1	1	1	1	1	1
22	22017 蝉科	*Proretinata*	3										1			1				1			
22	22017 蝉科	*Psalmocharias*	1	1	1		1																
22	22017 蝉科	*Purana*	6										1					1		1	1		
22	22017 蝉科	*Pycna*	2					1					1	1	1		1			1	1	1	1
22	22017 蝉科	*Quintilia*	2																				1
22	22017 蝉科	*Rustia*	1																		1		
22	22017 蝉科	*Salvazana*	1																		1		
22	22017 蝉科	*Scieroptera*	5										1		1	1			1	1	1	1	1
22	22017 蝉科	*Scolopita*	4										1		1				1				

目	科	属	种数	昆虫亚区																			
				a	b	c	d	e	f	g	h	i	j	k	l	m	n	o	p	q	r	s	t
22	22017 蝉科	*Semia*	2																			1	
22	22017 蝉科	*Sinopsaltria*	1																				
22	22017 蝉科	*Sinosemia*	1																				1
22	22017 蝉科	*Spilomistica*	1																				
22	22017 蝉科	*Subpsaltria*	1			1								1									
22	22017 蝉科	*Suisha*	2					1						1	1			1	1		1		
22	22017 蝉科	*Sulphogaeana*	3											1						1			
22	22017 蝉科	*Taipinga*	1																		1		
22	22017 蝉科	*Taiwanosemia*	1															1					
22	22017 蝉科	*Talainga*	3									1		1	1			1		1	1		
22	22017 蝉科	*Tanna*	15									1	1	1	1		1	1	1		1	1	
22	22017 蝉科	*Taona*	2										1	1	1								
22	22017 蝉科	*Terpnosia*	13				1					1	1	1	1			1			1	1	
22	22017 蝉科	*Tibecen*	1													1							
22	22017 蝉科	*Tibeta*	4									1			1			1	1				
22	22017 蝉科	*Tibicen*	2										1		1	1		1					
22	22017 蝉科	*Tosena*	3													1					1	1	
22	22018 沫蝉科	*Abidama*	11									1	1	1	1	1	1	1			1	1	
22	22018 沫蝉科	*Aphromachaerota*	1																				
22	22018 沫蝉科	*Ariptyelus*	3											1	1			1		1			
22	22018 沫蝉科	*Aufidus*	1																				
22	22018 沫蝉科	*Awafukia*	1		1																		
22	22018 沫蝉科	*Awaphora*	1															1					
22	22018 沫蝉科	*Baibarana*	2													1	1	1					
22	22018 沫蝉科	*Callitettix*	3									1	1	1	1			1			1	1	1
22	22018 沫蝉科	*Caloscarta*	4															1					
22	22018 沫蝉科	*Cercopis*	7															1					1
22	22018 沫蝉科	*Commachaerota*	2																				1
22	22018 沫蝉科	*Cosmoscarta*	45									1	1	1	1	1	1	1	1		1	1	1
22	22018 沫蝉科	*Ectemnonotum*	1																				
22	22018 沫蝉科	*Eoscarta*	12									1	1	1	1	1	1	1	1		1	1	
22	22018 沫蝉科	*Eoscartoides*	1															1					
22	22018 沫蝉科	*Eoscartopsis*	2											1	1			1					
22	22018 沫蝉科	*Eusounama*	1																				
22	22018 沫蝉科	*Formophora*	3															1					
22	22018 沫蝉科	*Gallicana*	1																				1
22	22018 沫蝉科	*Gynopygoplax*	1																	1			
22	22018 沫蝉科	*Hindola*	3															1					
22	22018 沫蝉科	*Horiscarta*	2															1					
22	22018 沫蝉科	*Hosophora*	2															1					
22	22018 沫蝉科	*Kanoscarta*	7									1	1	1	1	1	1						
22	22018 沫蝉科	*Kanozata*	4														1	1					1
22	22018 沫蝉科	*Kuscarta*	1															1					
22	22018 沫蝉科	*Leptatapsis*	3													1				1			
22	22018 沫蝉科	*Machaeropsis*	1															1					
22	22018 沫蝉科	*Macrofukia*	1															1					
22	22018 沫蝉科	*Miphora*	1															1					
22	22018 沫蝉科	*Nagaclovia*	2															1					
22	22018 沫蝉科	*Nagafukia*	1															1					
22	22018 沫蝉科	*Nokophora*	1															1					
22	22018 沫蝉科	*Obiphora*	4						1			1						1	1				
22	22018 沫蝉科	*Paphnutius*	8										1	1	1	1	1	1		1			
22	22018 沫蝉科	*Paracercopis*	4										1	1				1				1	
22	22018 沫蝉科	*Parastenaulophrys*	1										1		1								
22	22018 沫蝉科	*Petaphora*	1			1						1	1					1					
22	22018 沫蝉科	*Philaronia*	1																				

目	科	属	种数	a	b	c	d	e	f	g	h	i	j	k	l	m	n	o	p	q	r	s	t
22	22018 沫蝉科	*Phymatostetha*	16										1	1	1	1	1	1	1		1	1	1
22	22018 沫蝉科	*Rhinaulax*	1																	1			
22	22018 沫蝉科	*Seiphora*	1																				
22	22018 沫蝉科	*Simeliria*	1																				
22	22018 沫蝉科	*Sounama*	1														1					1	
22	22018 沫蝉科	*Stenaulophrys*	3													1	1		1				
22	22018 沫蝉科	*Suracarta*	1																				
22	22018 沫蝉科	*Tamaphora*	4																				
22	22018 沫蝉科	*Tanuphis*	1																				
22	22018 沫蝉科	*Telaphora*	1																				
22	22018 沫蝉科	*Telogmometopius*	3													1							
22	22018 沫蝉科	*Thoodzata*	1																	1			
22	22018 沫蝉科	*Todascarta*	2																	1			
22	22018 沫蝉科	*Tomaspis*	1																				
22	22018 沫蝉科	*Tonkaephora*	3																				
22	22018 沫蝉科	*Toroptyelus*	1																	1			
22	22018 沫蝉科	*Tukaphora*	1																				
22	22018 沫蝉科	*Yunnana*	1																				
22	22019 尖胸沫蝉科	*Aphilaenus*	2							1													
22	22019 尖胸沫蝉科	*Aphrophora*	43			1	1	1	1	1		1	1	1	1	1	1		1	1		1	1
22	22019 尖胸沫蝉科	*Aphropsis*	2						1				1	1	1	1							
22	22019 尖胸沫蝉科	*Asichaerota*	1																	1			
22	22019 尖胸沫蝉科	*Atuphora*	1		1					1			1			1							
22	22019 尖胸沫蝉科	*Choua*	1																		1		
22	22019 尖胸沫蝉科	*Clovia*	11									1	1	1	1	1	1	1	1	1	1	1	1
22	22019 尖胸沫蝉科	*Dophora*	1													1							
22	22019 尖胸沫蝉科	*Euclovia*	2																				
22	22019 尖胸沫蝉科	*Jembra*	1											1		1							
22	22019 尖胸沫蝉科	*Jembrana*	14										1	1	1	1	1		1				
22	22019 尖胸沫蝉科	*Jembroides*	4																	1			
22	22019 尖胸沫蝉科	*Jembrophora*	1																	1			
22	22019 尖胸沫蝉科	*Jembropsis*	1																	1			
22	22019 尖胸沫蝉科	*Lepyronia*	4			1	1	1					1	1	1	1	1		1				
22	22019 尖胸沫蝉科	*Lepyropsis*	1																				
22	22019 尖胸沫蝉科	*Megafukia*	2																	1			
22	22019 尖胸沫蝉科	*Mesoptyelus*	8						1					1	1	1							
22	22019 尖胸沫蝉科	*Mimoptyelus*	1																	1			
22	22019 尖胸沫蝉科	*Neophilaenus*	2			1	1		1					1	1								
22	22019 尖胸沫蝉科	*Parahindola*	1																				
22	22019 尖胸沫蝉科	*Peophilus*	2											1					1	1	1		1
22	22019 尖胸沫蝉科	*Peuceptyelus*	9								1				1				1	1	1		1
22	22019 尖胸沫蝉科	*Philaenus*	3			1	1							1						1			
22	22019 尖胸沫蝉科	*Philagra*	19										1	1	1	1	1	1	1	1	1	1	1
22	22019 尖胸沫蝉科	*Ptyelinellus*	1																	1			
22	22019 尖胸沫蝉科	*Ptyelus*	2																		1		
22	22019 尖胸沫蝉科	*Qinophora*	1											1									
22	22019 尖胸沫蝉科	*Sabphora*	3											1		1				1			
22	22019 尖胸沫蝉科	*Sinophora*	13								1			1		1	1	1					
22	22019 尖胸沫蝉科	*Trigophora*	3													1							
22	22019 尖胸沫蝉科	*Yeziphora*	2											1			1	1			1		
22	22020 棘沫蝉科	*ahindoloides*	5																	1	1		
22	22020 棘沫蝉科	*Machaerota*	11											1	1					1	1	1	
22	22020 棘沫蝉科	*Makiptyelus*	2																	1			
22	22020 棘沫蝉科	*Neosigmasoma*	1																		1		
22	22020 棘沫蝉科	*Taihorina*	2																	1			
22	22021 叶蝉科	*Abrus*	8										1	1	1					1			1

目	科	属	种数	a	b	c	d	e	f	g	h	i	j	k	l	m	n	o	p	q	r	s	t
22	22021 叶蝉科	*Acia*	4																1				1
22	22021 叶蝉科	*Acocephalus*	1																				
22	22021 叶蝉科	*Aconura*	5								1	1	1	1				1	1				
22	22021 叶蝉科	*Aequoreus*	2																1				
22	22021 叶蝉科	*Agallia*	9				1					1		1	1			1	1				
22	22021 叶蝉科	*Aganonalis*	1												1			1					1
22	22021 叶蝉科	*Agnesiella*	2						1					1	1								
22	22021 叶蝉科	*Aguriahana*	19									1	1	1	1	1	1		1		1		1
22	22021 叶蝉科	*Albicostella*	1															1					
22	22021 叶蝉科	*Alebra*	3												1			1					
22	22021 叶蝉科	*Alebroides*	19						1			1	1	1	1			1	1		1		
22	22021 叶蝉科	*Alnetoidia*	2											1	1								
22	22021 叶蝉科	*Alobaldis*	1												1								
22	22021 叶蝉科	*Amimenus*	1												1								
22	22021 叶蝉科	*Amrasca*	3			1	1	1	1	1	1	1		1	1			1	1		1	1	
22	22021 叶蝉科	*Amritodus*	3											1	1			1					
22	22021 叶蝉科	*Anatkina*	28										1		1		1	1	1		1	1	1
22	22021 叶蝉科	*Angustella*	7												1			1		1			
22	22021 叶蝉科	*Anidiocerus*	5											1	1			1					
22	22021 叶蝉科	*Anufrievia*	3															1					
22	22021 叶蝉科	*Apheliona*	2						1					1									1
22	22021 叶蝉科	*Aphrodes*	5		1			1	1					1	1	1							
22	22021 叶蝉科	*Arboridia*	2															1	1				1
22	22021 叶蝉科	*Arenoledra*	6												1		1	1	1				
22	22021 叶蝉科	*Aspidia*	1																		1		
22	22021 叶蝉科	*Assiringia*	1														1						
22	22021 叶蝉科	*Athysanopsis*	1			1	1	1	1			1		1	1			1					
22	22021 叶蝉科	*Atkinsoniella*	52										1	1	1	1	1	1	1		1	1	1
22	22021 叶蝉科	*Austroasca*	2									1											
22	22021 叶蝉科	*Baaora*	1			1																	
22	22021 叶蝉科	*Balala*	6									1	1	1		1			1		1		
22	22021 叶蝉科	*Balclutha*	32		1	1			1	1	1	1	1	1	1			1			1	1	1
22	22021 叶蝉科	*Balocerus*	2																				1
22	22021 叶蝉科	*Balocha*	1															1					
22	22021 叶蝉科	*Bambusana*	4											1	1								
22	22021 叶蝉科	*Batracomorphus*	30	1				1						1	1		1		1		1	1	1
22	22021 叶蝉科	*Bhandara*	1																				
22	22021 叶蝉科	*Bharagonelia*	1																				
22	22021 叶蝉科	*Bhatia*	5						1			1	1		1			1			1	1	1
22	22021 叶蝉科	*Bothrogonia*	39					1			1	1	1	1	1	1	1	1	1		1	1	1
22	22021 叶蝉科	*Boundarus*	1											1									
22	22021 叶蝉科	*Bumizana*	2												1								
22	22021 叶蝉科	*Bundera*	13											1	1	1	1	1	1				
22	22021 叶蝉科	*Busonia*	2																		1		
22	22021 叶蝉科	*Bythoscopus*	3						1			1						1	1		1		
22	22021 叶蝉科	*Calodia*	22										1	1	1		1	1	1		1	1	1
22	22021 叶蝉科	*Carinata*	22										1	1	1	1	1		1			1	1
22	22021 叶蝉科	*Carvaka*	1															1					
22	22021 叶蝉科	*Chlorita*	4															1					
22	22021 叶蝉科	*Chouious*	1																				1
22	22021 叶蝉科	*Choulima*	1																				
22	22021 叶蝉科	*Chudania*	15						1			1		1	1	1	1	1	1		1	1	
22	22021 叶蝉科	*Chunra*	1																				1
22	22021 叶蝉科	*Cicadella*	8	1		1	1	1		1	1		1		1		1	1	1		1	1	1
22	22021 叶蝉科	*Cicadilina*	1																1				
22	22021 叶蝉科	*Cicadula*	4				1								1				1			1	1

（续表）

目	科	属	种数	a	b	c	d	e	f	g	h	i	j	k	l	m	n	o	p	q	r	s	t
22	22021 叶蝉科	*Circulifer*	1		1																		
22	22021 叶蝉科	*Clavena*	1																				
22	22021 叶蝉科	*Coelidia*	4										1	1	1	1	1			1	1	1	1
22	22021 叶蝉科	*Cofana*	7										1	1	1		1			1	1	1	1
22	22021 叶蝉科	*Concaveplana*	7										1	1	1					1	1		
22	22021 叶蝉科	*Confucius*	6											1							1		1	1
22	22021 叶蝉科	*Convexana*	4											1	1				1			1	
22	22021 叶蝉科	*Convexfronta*	1												1								
22	22021 叶蝉科	*Cunedda*	2																				
22	22021 叶蝉科	*Cyrta*	10												1				1		1		
22	22021 叶蝉科	*Deltocephalus*	14	1			1		1	1			1	1	1		1		1		1		
22	22021 叶蝉科	*Destinoides*	1														1						1
22	22021 叶蝉科	*Dicraneura*	3																				
22	22021 叶蝉科	*Didymotettix*	1							1													
22	22021 叶蝉科	*Digitalia*	1											1		1							
22	22021 叶蝉科	*Diomma*	2																1				
22	22021 叶蝉科	*Doratulina*	5												1				1				
22	22021 叶蝉科	*Drabescoides*	4									1		1	1				1	1		1	1
22	22021 叶蝉科	*Drabescus*	27			1		1	1			1	1	1	1	1	1	1		1	1	1	1
22	22021 叶蝉科	*Dryadomorpha*	1										1	1	1		1						
22	22021 叶蝉科	*Dryodurgades*	3									1		1	1			1					
22	22021 叶蝉科	*Duanjina*	1													1							
22	22021 叶蝉科	*Dussana*	1																				1
22	22021 叶蝉科	*Dusuna*	3														1				1		
22	22021 叶蝉科	*Dworakowskaia*	1																				1
22	22021 叶蝉科	*Edwardsiana*	1			1																	
22	22021 叶蝉科	*Elbelus*	4					1					1	1	1				1			1	1
22	22021 叶蝉科	*Eleazara*	1																1				
22	22021 叶蝉科	*Empoasca*	36				1	1	1	1			1	1	1	1		1	1	1	1	1	1
22	22021 叶蝉科	*Epiclinata*	1												1								
22	22021 叶蝉科	*Epitettix*	1																1				
22	22021 叶蝉科	*Erragonalis*	2												1				1		1		
22	22021 叶蝉科	*Eupteryx*	8											1	1				1				
22	22021 叶蝉科	*Eurhadina*	29											1	1				1		1	1	
22	22021 叶蝉科	*Euscelis*	1																				
22	22021 叶蝉科	*Eutettix*	3				1	1					1		1				1	1		1	
22	22021 叶蝉科	*Evacanthus*	52				1	1	1	1	1	1	1	1	1	1	1	1	1	1		1	1
22	22021 叶蝉科	*Exitianus*	15			1	1	1	1	1	1	1	1	1	1		1	1	1	1	1	1	1
22	22021 叶蝉科	*Extensus*	4												1					1		1	
22	22021 叶蝉科	*Farynara*	2											1									
22	22021 叶蝉科	*Fistulatus*	4					1						1		1			1				
22	22021 叶蝉科	*Flatfronta*	1												1								
22	22021 叶蝉科	*Flexocerus*	4												1								
22	22021 叶蝉科	*Funkionia*	2																		1	1	
22	22021 叶蝉科	*Futasujimus*	3							1				1	1				1				
22	22021 叶蝉科	*Gessius*	3											1	1		1			1			
22	22021 叶蝉科	*Glossocratus*	6												1						1	1	
22	22021 叶蝉科	*Goniagnathus*	5				1		1			1		1					1	1	1	1	1
22	22021 叶蝉科	*Graminella*	1																		1		1
22	22021 叶蝉科	*Gununga*	1												1							1	
22	22021 叶蝉科	*Gunungidia*	11												1						1		1	1
22	22021 叶蝉科	*Gurawa*	1											1	1								
22	22021 叶蝉科	*Handianus*	4			1		1	1				1	1	1								
22	22021 叶蝉科	*Haranga*	4											1	1							1	1
22	22021 叶蝉科	*Hatigoria*	1																		1		
22	22021 叶蝉科	*Hecalus*	18			1	1	1	1	1		1	1	1	1		1	1	1	1	1		

目	科	属	种数	a	b	c	d	e	f	g	h	i	j	k	l	m	n	o	p	q	r	s	t
22	22021 叶蝉科	*Helionides*	1																				
22	22021 叶蝉科	*Hengchunia*	3																1	1			1
22	22021 叶蝉科	*Henschia*	1																1				
22	22021 叶蝉科	*Hiscerus*	1																1				1
22	22021 叶蝉科	*Hishimonoides*	9			1		1				1	1	1	1				1	1	1		
22	22021 叶蝉科	*Hishimonus*	18					1				1	1	1	1				1	1	1	1	1
22	22021 叶蝉科	*Hitigoria*	1																				
22	22021 叶蝉科	*Homa*	1																	1			
22	22021 叶蝉科	*Hylica*	1												1								
22	22021 叶蝉科	*Iassus*	34			1	1	1	1			1	1	1	1	1	1	1	1	1	1	1	1
22	22021 叶蝉科	*Idioceroides*	1																1				
22	22021 叶蝉科	*Idiocerus*	21	1	1	1	1	1	1	1	1		1		1	1			1		1		
22	22021 叶蝉科	*Idioscopus*	6												1					1	1	1	1
22	22021 叶蝉科	*Igerna*	1																				
22	22021 叶蝉科	*Inemadara*	1			1	1					1	1	1	1			1					
22	22021 叶蝉科	*Irinura*	1																	1			
22	22021 叶蝉科	*Ishidaella*	1			1			1				1	1	1					1		1	1
22	22021 叶蝉科	*Ishiharella*	4										1	1	1								
22	22021 叶蝉科	*Jacobiasca*	2																	1			
22	22021 叶蝉科	*Jamitettix*	1																	1			
22	22021 叶蝉科	*Japanagallia*	4												1			1					
22	22021 叶蝉科	*Japananus*	2										1	1									
22	22021 叶蝉科	*Jassargus*	2														1	1					
22	22021 叶蝉科	*Javadikra*	1																				1
22	22021 叶蝉科	*Jilijapa*	1																				
22	22021 叶蝉科	*Kalasha*	3																			1	1
22	22021 叶蝉科	*Kana*	1																	1			
22	22021 叶蝉科	*kashitettix*	1										1		1								
22	22021 叶蝉科	*Kolla*	19			1		1	1			1	1	1	1	1	1	1	1	1	1	1	1
22	22021 叶蝉科	*Krisna*	8			1		1					1	1	1				1		1		
22	22021 叶蝉科	*Kuataochia*	2																	1			
22	22021 叶蝉科	*Kunasia*	1																	1			
22	22021 叶蝉科	*Kuohledra*	3				1	1											1	1			
22	22021 叶蝉科	*Kuohzygia*	1																			1	
22	22021 叶蝉科	*Kutara*	10									1	1	1	1		1		1			1	1
22	22021 叶蝉科	*Kyboasca*	1						1							1		1					
22	22021 叶蝉科	*Labururs*	1						1					1									
22	22021 叶蝉科	*Lampridius*	1												1								
22	22021 叶蝉科	*Lamprotettix*	1														1						
22	22021 叶蝉科	*Laticorona*	2												1				1				
22	22021 叶蝉科	*Ledeira*	1												1								
22	22021 叶蝉科	*Ledeopsis*	1												1								
22	22021 叶蝉科	*Ledra*	22			1	1	1	1			1	1	1	1		1	1	1	1	1	1	
22	22021 叶蝉科	*Ledropsis*	9									1								1			1
22	22021 叶蝉科	*Limassolla*	19					1				1	1	1					1	1	1	1	1
22	22021 叶蝉科	*Limotettix*	2				1		1	1		1	1	1							1		
22	22021 叶蝉科	*Liocratus*	6					1				1		1					1				
22	22021 叶蝉科	*Litura*	1																				
22	22021 叶蝉科	*Lodiana*	49					1				1	1	1	1	1	1	1	1	1	1	1	1
22	22021 叶蝉科	*Longicauda*	1																			1	
22	22021 叶蝉科	*Longicornus*	1												1	1	1					1	
22	22021 叶蝉科	*Macropsis*	27	1		1		1	1			1		1	1	1	1				1		
22	22021 叶蝉科	*Macrosteles*	18	1		1	1	1	1	1	1	1		1			1	1		1	1	1	
22	22021 叶蝉科	*Matsumurella*	7			1		1															
22	22021 叶蝉科	*Matsumurina*	1												1					1			
22	22021 叶蝉科	*Matuta*	1																	1			

目	科	属	种数	a	b	c	d	e	f	g	h	i	j	k	l	m	n	o	p	q	r	s	t
22	22021 叶蝉科	*Megalopsius*	1		1		1			1													
22	22021 叶蝉科	*Melichariella*	1																	1			
22	22021 叶蝉科	*Mellia*	1																				
22	22021 叶蝉科	*Mesoparopia*	2																	1			
22	22021 叶蝉科	*Mesotettix*	2																	1			
22	22021 叶蝉科	*Metalimnus*	1																	1			
22	22021 叶蝉科	*Michalowakyia*	1																				
22	22021 叶蝉科	*Midoria*	8												1			1	1				
22	22021 叶蝉科	*Mileewa*	40			1						1	1	1	1	1			1	1	1	1	1
22	22021 叶蝉科	*Mimotettix*	3					1				1		1	1					1	1	1	
22	22021 叶蝉科	*Miscana*	1																		1		
22	22021 叶蝉科	*Mocuellus*	1														1						
22	22021 叶蝉科	*Mohunia*	5												1				1				
22	22021 叶蝉科	*Moonia*	16												1	1				1	1		1
22	22021 叶蝉科	*Motschulskyia*	2										1	1	1			1	1				1
22	22021 叶蝉科	*Mukaria*	8												1	1		1	1	1	1		
22	22021 叶蝉科	*Nacolus*	5					1				1	1	1	1			1	1	1	1		
22	22021 叶蝉科	*Nakaharanus*	2					1						1	1		1						
22	22021 叶蝉科	*Namsangia*	5														1		1				
22	22021 叶蝉科	*Nanatka*	9												1		1	1					
22	22021 叶蝉科	*Nandidrug*	1												1								
22	22021 叶蝉科	*Naratettix*	3												1						1	1	
22	22021 叶蝉科	*Neodartus*	2												1		1						
22	22021 叶蝉科	*Neotituria*	1																				
22	22021 叶蝉科	*Nephotettix*	4			1	1	1	1			1	1	1				1	1	1	1	1	1
22	22021 叶蝉科	*Nesophrosyne*	1																				
22	22021 叶蝉科	*Nesopteryx*	2																	1			
22	22021 叶蝉科	*Neurotettix*	3						1											1		1	
22	22021 叶蝉科	*Nikkotettix*	4											1	1	1		1					
22	22021 叶蝉科	*Nirvana*	5						1					1	1		1		1	1	1	1	1
22	22021 叶蝉科	*Nisitrana*	1																				
22	22021 叶蝉科	*Noava*	1				1				1		1										
22	22021 叶蝉科	*Odioscopus*	2												1								
22	22021 叶蝉科	*Omanellinus*	1																		1		
22	22021 叶蝉科	*Omaniella*	2					1							1								
22	22021 叶蝉科	*Omyia*	1																				1
22	22021 叶蝉科	*Oncopsis*	19	1				1	1	1			1		1	1	1	1	1	1			
22	22021 叶蝉科	*Oniella*	8				1	1	1			1	1	1	1		1						
22	22021 叶蝉科	oniroxis	2																				
22	22021 叶蝉科	*Onukia*	12												1	1		1	1	1			
22	22021 叶蝉科	*Onukiades*	3										1		1				1		1		
22	22021 叶蝉科	*Onukiana*	1														1						
22	22021 叶蝉科	*Onukigallia*	1												1								
22	22021 叶蝉科	*Opamata*	2																			1	1
22	22021 叶蝉科	ophiola	2									1		1									
22	22021 叶蝉科	*Ophiuchus*	1												1								
22	22021 叶蝉科	*Opsius*	3	1	1		1	1	1														
22	22021 叶蝉科	*Orientus*	1											1									
22	22021 叶蝉科	*Orosius*	1				1	1	1			1	1	1									
22	22021 叶蝉科	*Pachyledra*	1																				1
22	22021 叶蝉科	*Paivanana*	2												1								
22	22021 叶蝉科	*Paluda*	1							1													
22	22021 叶蝉科	*Parabolocratus*	4			1			1						1		1		1				
22	22021 叶蝉科	*Parabolopona*	7										1		1				1	1		1	
22	22021 叶蝉科	*Parabolotettix*	3																	1			
22	22021 叶蝉科	*Paraconfucius*	1												1				1				

目	科	属	种数	a	b	c	d	e	f	g	h	i	j	k	l	m	n	o	p	q	r	s	t
22	22021 叶蝉科	*Paracyba*	1									1	1										
22	22021 叶蝉科	*Paradrabescus*	2											1		1	1				1		
22	22021 叶蝉科	*Parafagocyba*	2												1			1					
22	22021 叶蝉科	*Parakrisna*	1															1					
22	22021 叶蝉科	*Paralaevicephalus*	2											1	1			1			1		
22	22021 叶蝉科	*paralellus*	1																		1		
22	22021 叶蝉科	*Paralimnus*	1																1				
22	22021 叶蝉科	*Paramacrosteles*	1												1								
22	22021 叶蝉科	*Paramesodes*	2					1					1	1				1	1				
22	22021 叶蝉科	*Paramesus*	1										1	1	1				1	1	1	1	1
22	22021 叶蝉科	*Paramidoria*	2															1					
22	22021 叶蝉科	*Paraonukia*	2															1					
22	22021 叶蝉科	*Parapetalocephala*	2															1					
22	22021 叶蝉科	*Parathaia*	5										1	1	1			1					
22	22021 叶蝉科	*Paratkina*	2												1								1
22	22021 叶蝉科	*Parazyginella*	1																			1	
22	22021 叶蝉科	*Parocerus*	1											1									
22	22021 叶蝉科	*Pedionis*	2														1				1		
22	22021 叶蝉科	*Pediopsis*	8															1					
22	22021 叶蝉科	*Pediopsoides*	2															1					
22	22021 叶蝉科	*Penthimia*	27			1	1		1		1		1	1	1	1		1	1	1	1	1	
22	22021 叶蝉科	*Petalocephala*	43										1	1	1	1		1	1	1	1	1	1
22	22021 叶蝉科	*Petalocephaloides*	1																				
22	22021 叶蝉科	*Phlepsius*	2									1						1					
22	22021 叶蝉科	*Phlogotettix*	5									1	1	1	1			1	1	1	1	1	
22	22021 叶蝉科	*Phlogothamnus*	2									1											1
22	22021 叶蝉科	*Piela*	1																				
22	22021 叶蝉科	*Pinumius*	1																				
22	22021 叶蝉科	*Placidellus*	1															1					
22	22021 叶蝉科	*Placidus*	12											1	1	1	1		1	1	1	1	
22	22021 叶蝉科	*Planaphodes*	1																				
22	22021 叶蝉科	*Platycophala*	8												1	1	1	1					
22	22021 叶蝉科	*Platymetopius*	4			1												1					
22	22021 叶蝉科	*Platyretus*	1										1		1							1	
22	22021 叶蝉科	*Platytettix*	1															1					
22	22021 叶蝉科	*Polyamia*	2											1									1
22	22021 叶蝉科	*populicerus*	2				1	1	1					1									
22	22021 叶蝉科	*Processus*	2												1								
22	22021 叶蝉科	*Protensus*	2											1									
22	22021 叶蝉科	*Psammotettix*	7	1	1			1	1	1	1	1	1	1	1	1		1	1	1			
22	22021 叶蝉科	*Pseudonirvana*	2													1	1						
22	22021 叶蝉科	*Pseudothaia*	1																				1
22	22021 叶蝉科	*Pygotettix*	2															1					
22	22021 叶蝉科	*Pythamus*	3												1								1
22	22021 叶蝉科	*Recilia*	5									1	1	1	1				1	1		1	1
22	22021 叶蝉科	*Reticulum*	1					1							1								
22	22021 叶蝉科	*Reticuluma*	3												1		1						
22	22021 叶蝉科	*Rhytidodus*	4			1		1	1														
22	22021 叶蝉科	*Risefronta*	1													1							
22	22021 叶蝉科	*Riseveinus*	1										1	1				1					
22	22021 叶蝉科	*Rotundata*	1													1							
22	22021 叶蝉科	*Roxasellana*	1															1			1		
22	22021 叶蝉科	*Sabima*	1												1								
22	22021 叶蝉科	*Sabimamorpha*	1															1					
22	22021 叶蝉科	*Sacapome*	1															1					
22	22021 叶蝉科	*Salka*	3															1					

| 目 | 科 | 属 | 种数 | \multicolumn{20}{c}{昆虫亚区} |
				a	b	c	d	e	f	g	h	i	j	k	l	m	n	o	p	q	r	s	t
22	22021 叶蝉科	*Scaphoidella*	2												1			1					1
22	22021 叶蝉科	*Scaphoideus*	67			1	1	1	1	1		1	1	1	1	1	1		1	1	1	1	1
22	22021 叶蝉科	*Scaphotettix*	7											1	1					1	1	1	1
22	22021 叶蝉科	*Scleroracus*	1	1																			
22	22021 叶蝉科	*Seasogonia*	3												1			1			1		
22	22021 叶蝉科	*Selenocephalus*	3														1	1					
22	22021 叶蝉科	*Seleroracus*	1																				
22	22021 叶蝉科	*Seriana*	1																	1			
22	22021 叶蝉科	*Serridonus*	1																	1			
22	22021 叶蝉科	*Shaddai*	3					1							1	1		1					
22	22021 叶蝉科	*Signoretia*	4												1			1					1
22	22021 叶蝉科	*Singapora*	5											1	1					1	1		
22	22021 叶蝉科	*Sonronius*	1						1														
22	22021 叶蝉科	*Sophonia*	33									1	1	1	1	1		1	1	1	1	1	1
22	22021 叶蝉科	*Sorhoanus*	6	1						1					1	1		1					
22	22021 叶蝉科	*Sphinctogonia*	2												1								1
22	22021 叶蝉科	*Stenatliina*	2																			1	1
22	22021 叶蝉科	*Stenometopius*	2												1			1					
22	22021 叶蝉科	*Stenotortor*	2												1								
22	22021 叶蝉科	*Stragaria*	1												1	1			1	1			
22	22021 叶蝉科	*Striatanus*	3												1		1		1				
22	22021 叶蝉科	*Stroggylocephalus*	2							1								1					1
22	22021 叶蝉科	*Styphalus*	1															1					
22	22021 叶蝉科	*Subulatus*	2													1			1				
22	22021 叶蝉科	*Sudra*	2											1	1	1							
22	22021 叶蝉科	*Sujittettix*	1												1								
22	22021 叶蝉科	*Taharana*	25									1			1		1		1	1	1	1	1
22	22021 叶蝉科	*Tamaricella*	1		1		1		1														
22	22021 叶蝉科	*Taperus*	6											1	1		1		1				
22	22021 叶蝉科	*Tartessus*	3															1					
22	22021 叶蝉科	*Tautocerus*	5			1	1							1	1		1						
22	22021 叶蝉科	*Tautoneura*	1																				
22	22021 叶蝉科	*Tettigella*	6												1					1			1
22	22021 叶蝉科	*tettigoniella*	5															1				1	1
22	22021 叶蝉科	*Thagria*	50											1	1	1		1	1	1	1	1	1
22	22021 叶蝉科	*Thaia*	8									1	1	1		1	1	1	1	1	1	1	1
22	22021 叶蝉科	*Thailocyba*	4												1			1					
22	22021 叶蝉科	*Thamnotettix*	11					1		1		1						1					
22	22021 叶蝉科	*Thampoa*	11			1									1						1		
22	22021 叶蝉科	*Thlasia*	5															1					
22	22021 叶蝉科	*Thomsonia*	2			1	1	1					1		1			1			1		
22	22021 叶蝉科	*Tituria*	28									1	1	1	1		1	1	1	1			1
22	22021 叶蝉科	*Togacephalus*	5								1							1					
22	22021 叶蝉科	*Togaricrania*	2						1														
22	22021 叶蝉科	*Tremulicerus*	6			1		1			1			1									
22	22021 叶蝉科	*Trocnadella*	6											1	1	1	1		1				
22	22021 叶蝉科	*Typhlocyba*	14						1				1	1	1		1	1	1		1		
22	22021 叶蝉科	*Udugama*	1															1					
22	22021 叶蝉科	*Ujna*	1												1								
22	22021 叶蝉科	*Usharia*	9																		1	1	1
22	22021 叶蝉科	*Uzeldia*	1																				
22	22021 叶蝉科	*Uzeldikra*	1																				1
22	22021 叶蝉科	*Vangama*	3												1						1		
22	22021 叶蝉科	*Vatra*	1												1								
22	22021 叶蝉科	*Velu*	3											1							1		
22	22021 叶蝉科	*Viridomarus*	3																				1

目	科	属	种数	a	b	c	d	e	f	g	h	i	j	k	l	m	n	o	p	q	r	s	t
22	22021 叶蝉科	*Waigara*	1																			1	1
22	22021 叶蝉科	*Warodia*	3											1	1				1				
22	22021 叶蝉科	*Wolfella*	1												1						1	1	
22	22021 叶蝉科	*Wutingia*	1																				
22	22021 叶蝉科	*Xestocephalus*	15				1					1	1	1	1				1	1	1		
22	22021 叶蝉科	*yamatoterrix*	1															1					
22	22021 叶蝉科	*Yangisunda*	5												1						1		
22	22021 叶蝉科	*Yanocephalus*	1									1		1	1				1	1			
22	22021 叶蝉科	*Yasumatsuus*	1														1						
22	22021 叶蝉科	*Yisiona*	2												1	1	1						
22	22021 叶蝉科	*Zorka*	1																				
22	22021 叶蝉科	*Zyczacella*	1																				
22	22021 叶蝉科	*Zygina*	39			1	1	1	1			1	1	1	1		1	1	1	1	1	1	1
22	22021 叶蝉科	*Zyginella*	7			1	1	1					1	1	1		1				1		1
22	22021 叶蝉科	*Zyginoides*	1																		1		1
22	22022 犁胸蝉科	*Darthula*	2												1		1						
22	22023 角蝉科	*Amphilobocentrus*	1														1						
22	22023 角蝉科	*Anchon*	4									1	1		1		1				1	1	1
22	22023 角蝉科	*Antialcidas*	8											1	1		1				1	1	1
22	22023 角蝉科	*Arcuatocornum*	3										1				1						
22	22023 角蝉科	*Camelocentrus*	1														1						
22	22023 角蝉科	*Centrochares*	2														1						
22	22023 角蝉科	*Centrotoscelus*	19				1					1	1	1	1		1	1	1		1	1	1
22	22023 角蝉科	*Centrotus*	1		1																		
22	22023 角蝉科	*Centrotypus*	8												1		1	1			1	1	
22	22023 角蝉科	*Choucentrus*	2														1				1		
22	22023 角蝉科	*Ebhul*	4												1		1				1		
22	22023 角蝉科	*Elaphiceps*	3									1			1				1	1	1		1
22	22023 角蝉科	*Erecticornia*	4				1							1									
22	22023 角蝉科	*Funkhouserella*	2																				1
22	22023 角蝉科	*Gargara*	8			1	1	1	1			1	1	1	1						1	1	1
22	22023 角蝉科	*Hemicentrus*	7																		1		
22	22023 角蝉科	*Hypsauchenia*	3				1					1	1	1	1	1	1	1	1		1		
22	22023 角蝉科	*Hypsolyrium*	7									1	1	1	1		1	1					
22	22023 角蝉科	*Indicopleustes*	4																		1	1	1
22	22023 角蝉科	*Jingkara*	1									1	1	1	1		1						
22	22023 角蝉科	*Kotogargara*	9							1					1		1		1		1	1	1
22	22023 角蝉科	*Leptobelus*	6											1	1		1		1		1	1	1
22	22023 角蝉科	*Leptocentrus*	9										1		1		1		1		1	1	1
22	22023 角蝉科	*Lobocentrus*	1																		1		
22	22023 角蝉科	*Machaerotypus*	9			1			1					1	1	1			1	1			
22	22023 角蝉科	*Maurya*	10			1		1	1					1	1	1			1	1		1	
22	22023 角蝉科	*Megalocentrus*	2																		1	1	
22	22023 角蝉科	*Nilautama*	2																		1		1
22	22023 角蝉科	*Nondenticentrus*	21			1		1					1	1	1	1	1	1				1	
22	22023 角蝉科	*Oxyrhachis*	1																		1		
22	22023 角蝉科	*Pantaleon*	6					1				1	1	1	1				1	1	1	1	1
22	22023 角蝉科	*Sinocentrus*	1																		1		
22	22023 角蝉科	*Sinodemanga*	1														1						
22	22023 角蝉科	*Sipylus*	3																		1	1	1
22	22023 角蝉科	*Telingana*	2											1		1	1	1					
22	22023 角蝉科	*Terentius*	3																		1		
22	22023 角蝉科	*Thelicentrus*	1														1						
22	22023 角蝉科	*Tribulocentrus*	1										1										
22	22023 角蝉科	*Tricentrus*	100			1	1	1				1	1	1	1	1	1	1	1	1	1	1	1
22	22023 角蝉科	*Truncatocornum*	2											1	1						1		

（续表）

目	科	属	种数	a	b	c	d	e	f	g	h	i	j	k	l	m	n	o	p	q	r	s	t
22	22023 角蝉科	*Zigzagicentrus*	1																		1		
22	22024 球蚜科	*Adelges*	2			1	1	1	1					1	1	1	1						
22	22024 球蚜科	*Aphrastasia*	2																	1			
22	22024 球蚜科	*Cholodehovaskya*	1																				
22	22024 球蚜科	*Gilletteella*	1														1						
22	22024 球蚜科	*Pineus*	9				1						1		1	1	1	1		1			
22	22024 球蚜科	*Sacchiphantes*	2					1		1					1								
22	22025 根瘤蚜科	*Aphanostigma*	1				1	1		1		1			1					1			
22	22025 根瘤蚜科	*Phylloxera*	1																				
22	22025 根瘤蚜科	*Phylloxerina*	2			1																	
22	22025 根瘤蚜科	*Viteus*	1				1	1												1			
22	22026 瘿绵蚜科	*Aphidounguis*	2				1	1	1									1					
22	22026 瘿绵蚜科	*Aplonervoides*	1												1								
22	22026 瘿绵蚜科	*Aploneura*	2	1											1	1							
22	22026 瘿绵蚜科	*Asiphonella*	1					1															
22	22026 瘿绵蚜科	*Baizongia*	4					1									1						
22	22026 瘿绵蚜科	*Ceratopemphigus*	1																			1	
22	22026 瘿绵蚜科	*Chaetogeoica*	3					1									1		1				
22	22026 瘿绵蚜科	*Colopha*	3											1				1					
22	22026 瘿绵蚜科	*Colophina*	3					1										1					
22	22026 瘿绵蚜科	*Dimelaphis*	1												1								
22	22026 瘿绵蚜科	*Diprociphilus*	1					1															
22	22026 瘿绵蚜科	*Epipemphigus*	4					1			1			1		1	1						
22	22026 瘿绵蚜科	*Eriosoma*	15	1		1	1	1	1		1	1		1	1			1	1				
22	22026 瘿绵蚜科	*Floraphis*	2											1	1								
22	22026 瘿绵蚜科	*Forda*	6	1		1		1						1	1	1	1		1				
22	22026 瘿绵蚜科	*Formosaphis*	1																1		1		
22	22026 瘿绵蚜科	*Geoica*	5	1			1	1		1	1								1				
22	22026 瘿绵蚜科	*Ghraesia*	1														1						
22	22026 瘿绵蚜科	*Kaburagia*	1									1	1	1									
22	22026 瘿绵蚜科	*Kaltenbachiella*	4					1					1						1				
22	22026 瘿绵蚜科	*Meitanaphis*	3												1								
22	22026 瘿绵蚜科	*Mimeuria*	1												1								
22	22026 瘿绵蚜科	*Namaforda*	1												1		1						
22	22026 瘿绵蚜科	*Nurudea*	3												1			1	1		1		
22	22026 瘿绵蚜科	*Pachypappa*	7			1		1							1		1	1					
22	22026 瘿绵蚜科	*Pachypappella*	1					1															
22	22026 瘿绵蚜科	*Paracletus*	1					1															
22	22026 瘿绵蚜科	*Pemphigus*	29	1	1	1	1	1	1	1	1	1	1		1	1	1	1	1	1			
22	22026 瘿绵蚜科	*Prociphilus*	12	1		1		1					1		1	1	1	1	1	1			
22	22026 瘿绵蚜科	*Schizoneurella*	1												1								
22	22026 瘿绵蚜科	*Schlechtendalia*	2								1	1	1	1				1	1		1		
22	22026 瘿绵蚜科	*Siciforda*	1																				1
22	22026 瘿绵蚜科	*Siciunguis*	2				1	1															
22	22026 瘿绵蚜科	*Smynthurodes*	1	1			1					1		1			1						
22	22026 瘿绵蚜科	*Tetraneura*	20	1	1	1	1	1	1	1		1	1	1	1			1	1		1		
22	22026 瘿绵蚜科	*Thecabius*	10	1		1		1	1					1	1	1	1	1					
22	22027 圹蚜科	*Mindarus*	4			1		1							1	1	1	1					
22	22028 扁蚜科	*Aleurodaphis*	3				1								1			1	1		1		
22	22028 扁蚜科	*Aleyrodaphis*	1											1									
22	22028 扁蚜科	*Allothoracaphis*	1																	1			
22	22028 扁蚜科	*Astegopteryx*	14												1					1	1	1	1
22	22028 扁蚜科	*Cerataphis*	4																	1			
22	22028 扁蚜科	*Ceratocallis*	1												1								
22	22028 扁蚜科	*Ceratoglyphina*	4												1			1	1		1		
22	22028 扁蚜科	*Ceratovacuna*	5				1	1					1	1	1				1	1	1	1	1

目	科	属	种数	a	b	c	d	e	f	g	h	i	j	k	l	m	n	o	p	q	r	s	t
22	22028 扁蚜科	*Chaetoregma*	1												1				1				
22	22028 扁蚜科	*Cornaphis*	1												1								
22	22028 扁蚜科	*Demaphis*	2																1				
22	22028 扁蚜科	*Doraphis*	1				1								1	1	1						
22	22028 扁蚜科	*Glyphinaphis*	1																1	1			1
22	22028 扁蚜科	*Hamamelistes*	1																				
22	22028 扁蚜科	*Lithoaphis*	1																	1			
22	22028 扁蚜科	*Metanipponaphis*	3												1				1	1			
22	22028 扁蚜科	*Neothoracaphis*	7									1			1				1	1			
22	22028 扁蚜科	*Nipponaphis*	2																1	1			
22	22028 扁蚜科	*Parathoracaphis*	2																	1			
22	22028 扁蚜科	*Pseudoregma*	5							1		1			1		1	1	1	1	1	1	1
22	22028 扁蚜科	*Quernaphis*	2												1					1			
22	22028 扁蚜科	*Rappardiella*	1															1					
22	22028 扁蚜科	*Reticulaphis*	1																	1			
22	22028 扁蚜科	*Schizoneuraphis*	1																	1			
22	22028 扁蚜科	*Sinonipponaphis*	1																	1			
22	22028 扁蚜科	*Tuberaphis*	3																	1			
22	22028 扁蚜科	*Xenothoraphis*	1																	1			
22	22029 平翅绵蚜科	*Phloeomyzus*	1			1	1	1				1		1									
22	22030 群蚜科	*Glyphina*	2															1					
22	22030 群蚜科	*Kurisakia*	5					1						1	1				1	1	1		
22	22030 群蚜科	*Shoutedenia*	3												1				1	1	1		
22	22031 毛管蚜科	*Anomalosiphum*	2																	1			
22	22031 毛管蚜科	*Eutrichosiphum*	17												1		1	1	1	1	1		
22	22031 毛管蚜科	*Greenidea*	21					1	1						1		1		1	1	1	1	
22	22031 毛管蚜科	*Mollitrichosiphum*	8												1		1	1	1				
22	22031 毛管蚜科	*Schoutedenia*	2																1			1	1
22	22032 短痣蚜科	*Aiceona*	5										1		1		1		1	1	1	1	1
22	22032 短痣蚜科	*Anoecia*	5					1						1	1				1	1			1
22	22032 短痣蚜科	*Krikoanoecia*	1										1										
22	22033 大蚜科	*Cinara*	44	1	1	1	1	1	1	1	1	1	1	1	1	1	1	1	1	1	1	1	
22	22033 大蚜科	*Eulachnus*	16			1	1	1	1	1			1	1	1	1		1	1		1		
22	22033 大蚜科	*Lachnus*	9			1	1	1				1	1	1	1		1		1	1	1	1	
22	22033 大蚜科	*Longistigma*	2												1		1	1	1	1			
22	22033 大蚜科	*Maculolachnus*	1	1											1								
22	22033 大蚜科	*Neotrama*	2												1								
22	22033 大蚜科	*Nippolachnus*	4										1						1	1			
22	22033 大蚜科	*Protrama*	2						1	1													
22	22033 大蚜科	*Pyrolachnus*	3											1	1	1			1				
22	22033 大蚜科	*Schizolachnus*	3	1		1		1					1		1		1				1		
22	22033 大蚜科	*Sinolachnus*	3															1		1			
22	22033 大蚜科	*Stomaphis*	9			1	1	1							1				1	1			
22	22033 大蚜科	*Trama*	1											1									
22	22033 大蚜科	*Tuberolachnus*	1			1	1	1	1	1	1	1	1	1	1		1	1	1	1		1	
22	22034 斑蚜科	*Betacallis*	6			1								1	1	1					1		
22	22034 斑蚜科	*Betulaphis*	3						1	1	1												
22	22034 斑蚜科	*Callaphis*	3			1		1										1	1				
22	22034 斑蚜科	*Callipterinella*	2			1		1		1													
22	22034 斑蚜科	*Chromaphis*	2		1			1							1			1					
22	22034 斑蚜科	*Chromocallis*	4	1			1	1	1	1		1						1		1			
22	22034 斑蚜科	*Chuansicallis*	1										1		1				1		1		
22	22034 斑蚜科	*Chucallis*	1					1						1	1				1	1	1		
22	22034 斑蚜科	*Clethrobius*	2					1							1								
22	22034 斑蚜科	*Cranaphis*	1								1								1				
22	22034 斑蚜科	*Dasyaphis*	2			1							1		1				1	1		1	

附录

（续表）

目	科	属	种数	昆虫亚区																			
				a	b	c	d	e	f	g	h	i	j	k	l	m	n	o	p	q	r	s	t
22	22034 斑蚜科	*Diphyllaphis*	1			1	1	1	1						1								
22	22034 斑蚜科	*Eucallipterus*	1					1															
22	22034 斑蚜科	*Euceraphis*	2			1		1	1					1				1		1			
22	22034 斑蚜科	*Foeniaphis*	1					1															
22	22034 斑蚜科	*Iziphya*	1			1																	
22	22034 斑蚜科	*Machilaphis*	1												1					1	1		
22	22034 斑蚜科	*Macropodaphis*	2				1			1													
22	22034 斑蚜科	*Mesocallis*	3				1	1							1								
22	22034 斑蚜科	*Monaphis*	1			1		1															
22	22034 斑蚜科	*Myzocallis*	3			1																	
22	22034 斑蚜科	*Neobetulaphis*	3				1	1															
22	22034 斑蚜科	*Neochromaphis*	1			1		1					1										
22	22034 斑蚜科	*Neocranaphis*	1												1				1				
22	22034 斑蚜科	*Neophyllaphis*	4			1	1						1		1				1	1		1	1
22	22034 斑蚜科	*Nevskyella*	4			1		1										1					
22	22034 斑蚜科	*Panaphis*	1													1	1						
22	22034 斑蚜科	*Paratinocallis*	1			1		1	1						1								
22	22034 斑蚜科	*Phyllaphis*	1											1									
22	22034 斑蚜科	*Phyllaphoides*	1											1	1				1	1			
22	22034 斑蚜科	*Pseudochromaphis*	1			1		1										1					
22	22034 斑蚜科	*Pterocallis*	1			1																	
22	22034 斑蚜科	*Recticallis*	2					1										1					
22	22034 斑蚜科	*Saltusaphis*	1			1																	
22	22034 斑蚜科	*Shivaphis*	5			1		1					1		1			1		1	1	1	1
22	22034 斑蚜科	*Sinochaitophorus*	1			1		1		1		1		1									
22	22034 斑蚜科	*Subsaltusaphis*	2					1										1					
22	22034 斑蚜科	*Symydobius*	5			1		1															
22	22034 斑蚜科	*Taiwanaphis*	1																1			1	1
22	22034 斑蚜科	*Takecallis*	5				1	1	1		1	1	1		1				1	1		1	
22	22034 斑蚜科	*Taoia*	2												1		1						
22	22034 斑蚜科	*Thelazacallis*	1												1								
22	22034 斑蚜科	*Therioaphis*	5	1	1	1	1	1	1				1		1	1		1		1			
22	22034 斑蚜科	*Thripsaphis*	4			1		1									1						
22	22034 斑蚜科	*Tiliaphis*	2			1		1															
22	22034 斑蚜科	*Tinocallis*	17	1	1	1	1	1	1	1	1		1	1	1				1	1		1	
22	22034 斑蚜科	*Tuberculatus*	25	1		1		1	1			1	1	1	1				1	1		1	
22	22034 斑蚜科	*Wanyucallis*	1					1															
22	22034 斑蚜科	*Yamatocallis*	4			1									1				1	1			
22	22035 毛蚜科	*Atheroides*	2	1		1																	
22	22035 毛蚜科	*Chaetosiphella*	1					1	1														
22	22035 毛蚜科	*Chaitogenaphorus*	1										1										
22	22035 毛蚜科	*Chaitophorus*	31	1	1		1	1	1	1	1	1	1	1	1		1		1	1		1	
22	22035 毛蚜科	*Laingia*	1	1		1																	
22	22035 毛蚜科	*Lambersaphis*	1	1																			
22	22035 毛蚜科	*Parachaitophorus*	1																		1		
22	22035 毛蚜科	*Periphyllus*	7				1				1								1	1			
22	22035 毛蚜科	*Sipha*	4	1		1		1															
22	22035 毛蚜科	*Trichaitophorus*	1																		1		
22	22036 蚜科	*Acutosiphon*	1											1									
22	22036 蚜科	*Acyrthosiphon*	17	1	1		1	1	1	1	1	1		1	1	1	1	1	1	1		1	1
22	22036 蚜科	*Akkaia*	4					1												1			
22	22036 蚜科	*Akkaiopsis*	1							1													
22	22036 蚜科	*Allocotaphis*	1										1										
22	22036 蚜科	*Amphicercidus*	4				1	1	1				1			1		1		1			
22	22036 蚜科	*Anaulacorthum*	1											1									
22	22036 蚜科	*Antimacrosiphon*	1																			1	

目	科	属	种数	a	b	c	d	e	f	g	h	i	j	k	l	m	n	o	p	q	r	s	t
22	22036 蚜科	*Anuraphis*	1																				
22	22036 蚜科	*Aphis*	63	1	1	1	1	1	1	1	1	1	1	1	1	1	1		1	1	1	1	1
22	22036 蚜科	*Aspidaphis*	1				1																
22	22036 蚜科	*Aspidophorodon*	1				1	1						1									
22	22036 蚜科	*Aulacophoroides*	2				1					1							1	1			
22	22036 蚜科	*Aulacorthum*	14			1	1	1				1	1	1		1			1	1	1	1		1
22	22036 蚜科	*Brachycaudus*	10	1	1		1	1	1					1	1		1	1	1	1		1	
22	22036 蚜科	*Brachycolus*	2				1	1															
22	22036 蚜科	*Brachysiphoniella*	3												1				1				
22	22036 蚜科	*Brachysiphum*	1			1																	
22	22036 蚜科	*Brachyunguis*	4	1	1						1												
22	22036 蚜科	*Brevicoryne*	1	1		1	1	1	1	1		1	1	1	1	1	1		1	1		1	
22	22036 蚜科	*Capitophorus*	12	1			1	1	1	1	1	1		1	1				1	1			1
22	22036 蚜科	*Cavariella*	14	1	1		1	1	1	1	1	1	1	1	1	1	1		1	1	1	1	1
22	22036 蚜科	*Ceruraphis*	1						1					1									
22	22036 蚜科	*Cervaphis*	3			1		1					1		1				1			1	1
22	22036 蚜科	*Chaetosiphon*	3					1											1				
22	22036 蚜科	*Chitinosiphon*	1											1									
22	22036 蚜科	*Chusiphuneula*	1						1														
22	22036 蚜科	*Coloradon*	5			1	1	1	1					1	1		1		1				
22	22036 蚜科	*Cryptaphis*	1												1								
22	22036 蚜科	*Cryptomyzus*	3					1				1							1	1			
22	22036 蚜科	*Cryptosiphum*	3	1				1							1		1		1	1			
22	22036 蚜科	*Cyrtomophorodon*	1					1															
22	22036 蚜科	*Delphiniobium*	3					1		1						1							
22	22036 蚜科	*Diuraphis*	8	1	1	1	1	1	1	1	1	1											
22	22036 蚜科	*Dysaphis*	11	1			1	1	1				1		1		1		1				
22	22036 蚜科	*Elatobium*	2	1													1						
22	22036 蚜科	*Ephedraphis*	1			1																	
22	22036 蚜科	*Ericaphis*	1																1				
22	22036 蚜科	*Ericolophium*	2														1		1				
22	22036 蚜科	*Evallocotaphis*	1																1				
22	22036 蚜科	*Ferusaphis*	1						1														
22	22036 蚜科	*Hayhurstia*	1	1	1		1	1		1		1		1	1				1				
22	22036 蚜科	*Himalayaphis*	1						1														
22	22036 蚜科	*Hyadaphis*	1					1															
22	22036 蚜科	*Hyalopterus*	2	1	1		1	1				1	1		1							1	
22	22036 蚜科	*Hydaphias*	1					1															
22	22036 蚜科	*Hyperomyzus*	6					1	1					1	1		1		1	1		1	
22	22036 蚜科	*Hysteroneura*	1												1				1			1	
22	22036 蚜科	*Illinoia*	1																1				
22	22036 蚜科	*Impatientinum*	3						1										1				
22	22036 蚜科	*Indomegoura*	4					1	1						1				1	1			
22	22036 蚜科	*Indomyzus*	1						1														
22	22036 蚜科	*Ipuka*	1																		1		
22	22036 蚜科	*Kaochiao*	1												1								
22	22036 蚜科	*Kaochiaoja*	1																	1			
22	22036 蚜科	*Karamicrosiphum*	1				1																
22	22036 蚜科	*Linaphis*	3			1	1	1															
22	22036 蚜科	*Liosomaphis*	6	1					1	1				1	1		1						
22	22036 蚜科	*Lipaphis*	3	1	1		1	1	1	1	1	1	1	1	1		1	1	1			1	
22	22036 蚜科	*Longicaudinus*	1																1				
22	22036 蚜科	*Longicaudus*	1			1	1	1	1		1			1									
22	22036 蚜科	*Machiatiella*	1																				
22	22036 蚜科	*Macromyzus*	2																1				
22	22036 蚜科	*Macrosiphoniella*	38	1		1	1	1	1	1	1		1	1	1	1	1	1	1	1	1	1	1

目	科	属	种数	a	b	c	d	e	f	g	h	i	j	k	l	m	n	o	p	q	r	s	t
22	22036 蚜科	*Macrosiphum*	12	1	1	1	1	1	1	1	1	1	1	1	1	1	1		1	1	1	1	1
22	22036 蚜科	*Margituberculatus*	1													1							
22	22036 蚜科	*Matsumuraja*	4					1							1		1	1					
22	22036 蚜科	*Megoura*	4				1	1	1						1								
22	22036 蚜科	*Meguroleucon*	1																1				
22	22036 蚜科	*Melanaphis*	11				1					1		1	1	1			1	1		1	1
22	22036 蚜科	*Metopolophium*	8	1	1		1	1	1	1	1	1		1	1	1	1	1					
22	22036 蚜科	*Microaphis*	1																1				
22	22036 蚜科	*Microlophium*	2	1			1	1	1						1		1		1				
22	22036 蚜科	*Micromyzella*	1																			1	
22	22036 蚜科	*Micromyzodium*	4							1	1	1			1	1	1	1					
22	22036 蚜科	*Micromyzus*	5					1							1	1							
22	22036 蚜科	*Myzakkaia*	1																1				
22	22036 蚜科	*Myzaphis*	3	1			1	1							1		1		1				
22	22036 蚜科	*Myzosiphum*	1														1						
22	22036 蚜科	*Myzus*	19	1	1	1	1	1	1	1	1	1	1	1	1	1		1	1	1	1		1	1
22	22036 蚜科	*Neoacyrthosiphon*	6	1					1						1		1						
22	22036 蚜科	*Neomegouropsis*	1	1																			
22	22036 蚜科	*Neopterocoma*	1			1																	
22	22036 蚜科	*Neorhopalomyzus*	2												1		1		1				
22	22036 蚜科	*Neotoxoptera*	5				1	1							1		1	1					
22	22036 蚜科	*Netubusaphis*	1	1																			
22	22036 蚜科	*Obtusicauda*	1								1												
22	22036 蚜科	*Ovatomyzus*	1																		1		
22	22036 蚜科	*Ovatus*	1	1				1			1			1	1		1		1	1			
22	22036 蚜科	*Paraphorodon*	1				1		1						1				1				1
22	22036 蚜科	*Pentalonia*	1																1		1		
22	22036 蚜科	*Phorodon*	5	1			1	1	1	1					1	1			1	1			
22	22036 蚜科	*Piceaphis*	1	1																			
22	22036 蚜科	*Pleotrichophorus*	5					1	1						1	1			1	1			
22	22036 蚜科	*Pleotriphorus*	2																				
22	22036 蚜科	*Plocamaphis*	3								1	1			1	1		1					
22	22036 蚜科	*Polygonaphis*	1				1																
22	22036 蚜科	*Protaphis*	1																1				
22	22036 蚜科	*Pseudotoxoptera*	1															1					
22	22036 蚜科	*Pterocomma*	16	1	1		1	1	1	1	1				1	1		1	1				
22	22036 蚜科	*Radicisiphum*	1												1								
22	22036 蚜科	*Rhadisectaphis*	1														1						
22	22036 蚜科	*Rhodobium*	1	1			1	1							1	1					1	1	
22	22036 蚜科	*Rhopalosiphoninum*	7						1						1				1	1			
22	22036 蚜科	*Rhopalosiphum*	8	1	1	1	1	1	1	1		1	1	1	1		1		1	1			1	1
22	22036 蚜科	*Sappaphis*	8				1	1							1	1		1					
22	22036 蚜科	*Schizaphis*	10	1	1	1	1	1	1	1		1	1	1				1	1			1	
22	22036 蚜科	*Semiaphis*	3	1			1	1		1		1	1	1	1		1	1					
22	22036 蚜科	*Shinjia*	1												1				1				
22	22036 蚜科	*Sinomegoura*	5								1	1			1			1	1		1		
22	22036 蚜科	*Sinosiphoniella*	1																				
22	22036 蚜科	*Siphonatrophia*	1	1																			
22	22036 蚜科	*Sitobion*	8			1		1							1	1		1	1	1			
22	22036 蚜科	*Sninjia*	1												1				1				
22	22036 蚜科	*Sorbaphis*	1												1								
22	22036 蚜科	*Sportaphis*	1							1													
22	22036 蚜科	*Surcaudaphis*	1						1														
22	22036 蚜科	*Swirskiaphis*	1						1														
22	22036 蚜科	*Szelegiewicziella*	1																				
22	22036 蚜科	*Taiwanomyzus*	1																1				

目	科	属	种数	a	b	c	d	e	f	g	h	i	j	k	l	m	n	o	p	q	r	s	t
22	22036 蚜科	*Tenuilongiaphis*	1				1		1					1									
22	22036 蚜科	*Thalictrophorus*	1				1																
22	22036 蚜科	*Titanosiphon*	2	1															1				
22	22036 蚜科	*Toxoptera*	4				1				1	1	1	1	1	1	1	1	1	1	1	1	1
22	22036 蚜科	*Tricaudatus*	1						1										1				
22	22036 蚜科	*Trichosiphonaphis*	9													1		1	1				
22	22036 蚜科	*Tubaphis*	1																				
22	22036 蚜科	*Tuberocephalus*	10				1	1	1		1	1	1		1		1	1		1			
22	22036 蚜科	*Tumoranuraphis*	1						1														
22	22036 蚜科	*Unisitobion*	3			1			1	1				1									
22	22036 蚜科	*Uroleucon*	22	1			1	1	1	1		1	1	1		1		1	1		1	1	
22	22036 蚜科	*Utamphorophora*	1																1				
22	22036 蚜科	*Vesiculaphis*	2													1			1				
22	22036 蚜科	*Wahlgreniella*	1											1					1				
22	22036 蚜科	*Weibanaphis*	1		1																		
22	22036 蚜科	*Xerophylaphis*	1																				
22	22037 粉虱科	*Acanthaleyrodes*	1																1	1			
22	22037 粉虱科	*Aleurocanthus*	9								1	1	1	1					1	1		1	
22	22037 粉虱科	*Aleurocybotus*	2																1	1			
22	22037 粉虱科	*Aleurodes*	4																1	1			1
22	22037 粉虱科	*Aleurodiscus*	2																	1			
22	22037 粉虱科	*Aleurolobus*	18				1					1	1						1	1			
22	22037 粉虱科	*Aleuroplatus*	3																1	1			
22	22037 粉虱科	*Aleuroputeus*	1																				
22	22037 粉虱科	*Aleurothrixus*	2																1	1			
22	22037 粉虱科	*Aleurotrachelus*	20									1	1						1	1		1	
22	22037 粉虱科	*Aleurotuberculatus*	26										1						1	1		1	
22	22037 粉虱科	*Apodemisia*	2																	1			
22	22037 粉虱科	*Asialeurodes*	2																	1			1
22	22037 粉虱科	*Asterobemisia*	1																1	1			
22	22037 粉虱科	*Bemisia*	7				1							1					1	1		1	1
22	22037 粉虱科	*Dialeurodes*	27				1				1	1	1	1					1	1		1	
22	22037 粉虱科	*Dialeuropora*	9																1	1			1
22	22037 粉虱科	*Mixaleyrodes*	1																	1			
22	22037 粉虱科	*Neomaskellia*	2										1							1			1
22	22037 粉虱科	*Odontoaleyrodes*	2																	1			
22	22037 粉虱科	*Parabemisia*	2									1	1										
22	22037 粉虱科	*Pealius*	11																1	1			
22	22037 粉虱科	*Pentaleyrodes*	4																1	1			
22	22037 粉虱科	*Pseudaleurodes*	1																	1			
22	22037 粉虱科	*Rhachisphora*	7																1	1			
22	22037 粉虱科	*Rusostigma*	2																	1			
22	22037 粉虱科	*Setaleyrodes*	2																	1			
22	22037 粉虱科	*Singhiella*	1																				
22	22037 粉虱科	*Singhius*	1																1	1			
22	22037 粉虱科	*Siphonaleyrodes*	1																	1			
22	22037 粉虱科	*Taiwanaleyrodes*	4																1	1			
22	22037 粉虱科	*Tetraleurodes*	3																	1			
22	22037 粉虱科	*Trialeurodes*	3			1	1	1	1	1		1	1	1	1				1	1		1	
22	22037 粉虱科	*Tuberaleyrodes*	3																	1			
22	22038 硕蚧科	*Drosicha*	7		1	1	1	1			1	1	1	1	1		1	1	1	1	1	1	1
22	22038 硕蚧科	*Icerya*	5			1	1				1	1	1	1	1	1	1	1	1	1	1	1	1
22	22038 硕蚧科	*Kuwania*	4													1		1	1	1	1		
22	22038 硕蚧科	*Lecaniodrosicha*	1																				
22	22038 硕蚧科	*Misracoccus*	1																				
22	22038 硕蚧科	*Sishania*	1																				

目	科	属	种数	a	b	c	d	e	f	g	h	i	j	k	l	m	n	o	p	q	r	s	t
22	22038 硕蚧科	*Steatococcus*	1																				
22	22038 硕蚧科	*Steingelia*	1																				
22	22038 硕蚧科	*Villigera*	1																				
22	22039 珠蚧科	*Matsucoccus*	8			1	1	1			1	1	1	1			1	1	1			1	1	
22	22039 珠蚧科	*Neogreenia*	3				1																
22	22039 珠蚧科	*Neomargarodes*	4		1		1	1			1		1										
22	22039 珠蚧科	*Porphyrophora*	5	1			1	1	1														
22	22039 珠蚧科	*Promargarodes*	1									1					1						
22	22040 旌蚧科	*Newsteadia*	3																		1		
22	22040 旌蚧科	*Nipponorthezia*	1																		1		
22	22040 旌蚧科	*Orthezia*	4			1	1	1	1		1		1	1		1	1				1		
22	22040 旌蚧科	*Ortheziola*	2																		1		
22	22040 旌蚧科	*Xenococcus*	1																				
22	22041 粉蚧科	*Allococcus*	2				1	1															
22	22041 粉蚧科	*Allotrionymus*	4				1						1		1			1		1			
22	22041 粉蚧科	*Amonostherium*	1												1								
22	22041 粉蚧科	*Anaparaputo*	1									1		1			1		1				
22	22041 粉蚧科	*Antonina*	7			1	1	1			1	1	1	1		1	1	1	1	1	1		
22	22041 粉蚧科	*Atrococcus*	5			1	1	1	1														
22	22041 粉蚧科	*Balanococcus*	3				1						1										
22	22041 粉蚧科	*Brevrnnia*	1																		1		
22	22041 粉蚧科	*Cannococcus*	3												1						1		
22	22041 粉蚧科	*Caulococcus*	7			1	1																
22	22041 粉蚧科	*Ceroputo*	2				1																
22	22041 粉蚧科	*Chaetococcus*	3				1	1				1	1		1		1	1	1	1	1	1	1
22	22041 粉蚧科	*Chnaurococcus*	2			1	1		1														
22	22041 粉蚧科	*Chorizococcus*	5				1		1														
22	22041 粉蚧科	*Coccidohystrix*	1																				
22	22041 粉蚧科	*Coccura*	3			1	1	1															
22	22041 粉蚧科	*Coleococcus*	1																		1		
22	22041 粉蚧科	*Crisicoccus*	9			1	1	1					1	1	1		1	1	1	1		1	
22	22041 粉蚧科	*Drymococcus*	1										1					1					
22	22041 粉蚧科	*Dysmicoccus*	10			1	1	1	1			1	1	1	1		1	1	1	1	1		
22	22041 粉蚧科	*Eumymococcus*	1														1	1		1			
22	22041 粉蚧科	*Euripersia*	9			1	1																
22	22041 粉蚧科	*Ferrisia*	1										1		1			1	1	1	1		
22	22041 粉蚧科	*Ferrisicoccus*	1																		1		
22	22041 粉蚧科	*Fonscolombia*	2				1		1														
22	22041 粉蚧科	*Formicococcus*	7						1				1	1	1			1	1		1		
22	22041 粉蚧科	*Geococcus*	4														1	1					
22	22041 粉蚧科	*Glycycnyza*	2				1		1														
22	22041 粉蚧科	*Heliococcus*	17			1	1	1	1			1		1			1	1					1
22	22041 粉蚧科	*Heterococcus*	3												1	1		1					
22	22041 粉蚧科	*Heteroheliococcus*	1			1																	
22	22041 粉蚧科	*Humococcus*	2				1	1															
22	22041 粉蚧科	*Idiococcus*	1															1					
22	22041 粉蚧科	*Indococcus*	1																				
22	22041 粉蚧科	*Kaicoccus*	1															1					
22	22041 粉蚧科	*Kermicoides*	1																				
22	22041 粉蚧科	*Kiritshenkella*	9							1							1			1			
22	22041 粉蚧科	*Lachnodiopsis*	1																		1		
22	22041 粉蚧科	*Liucoccus*	1																		1		
22	22041 粉蚧科	*Lomatococcus*	1																		1		
22	22041 粉蚧科	*Longicoccus*	5			1	1																
22	22041 粉蚧科	*Maconellicoccus*	2														1	1		1	1	1	
22	22041 粉蚧科	*Macrocerococcus*	1																				

目	科	属	种数	昆虫亚区																			
				a	b	c	d	e	f	g	h	i	j	k	l	m	n	o	p	q	r	s	t
22	22041 粉蚧科	*Metadenopsis*	1				1																
22	22041 粉蚧科	*Metadenopus*	1			1			1														
22	22041 粉蚧科	*Mirococcopsis*	6			1		1	1														
22	22041 粉蚧科	*Mirococcus*	5				1				1												
22	22041 粉蚧科	*Miscanthicoccus*	1																1	1			
22	22041 粉蚧科	*Mizococcus*	1																	1			
22	22041 粉蚧科	*Mongococcus*	2				1																
22	22041 粉蚧科	*Naiacoccus*	1				1																
22	22041 粉蚧科	*Neoripersia*	2																	1			
22	22041 粉蚧科	*Neotrinymus*	1				1																
22	22041 粉蚧科	*Neotrionymus*	3				1		1					1									
22	22041 粉蚧科	*Nesticoccus*	2									1	1	1	1			1					
22	22041 粉蚧科	*Nipaecoccus*	4				1							1		1		1	1	1	1	1	1
22	22041 粉蚧科	*Oracella*	1																		1		
22	22041 粉蚧科	*Palmicultor*	1																				1
22	22041 粉蚧科	*Paraporisaccus*	1												1								
22	22041 粉蚧科	*Paraputo*	5																		1		
22	22041 粉蚧科	*Paraserrolecanium*	1											1									
22	22041 粉蚧科	*Pedronia*	2											1			1			1			
22	22041 粉蚧科	*Peliococcus*	5			1	1	1															
22	22041 粉蚧科	*Phenacoccus*	30	1		1	1	1	1	1		1		1	1		1	1	1	1		1	
22	22041 粉蚧科	*Pilococcus*	1																1				
22	22041 粉蚧科	*Planicoccoides*	1																1				
22	22041 粉蚧科	*Planilongicoccus*	1															1					
22	22041 粉蚧科	*Planococcoides*	4																1				1
22	22041 粉蚧科	*Planococcus*	11				1	1				1	1	1	1		1	1	1	1	1	1	
22	22041 粉蚧科	*Pseudantonina*	1																				
22	22041 粉蚧科	*Pseudococcus*	10		1	1	1	1	1			1	1	1	1		1	1		1			
22	22041 粉蚧科	*Pseudorhodania*	2								1			1	1	1		1					
22	22041 粉蚧科	*Puto*	4			1									1			1	1				
22	22041 粉蚧科	*Rastrococcus*	5															1	1		1		
22	22041 粉蚧科	*Rhizoecus*	2																	1			
22	22041 粉蚧科	*Ripersiella*	8			1							1					1	1	1			
22	22041 粉蚧科	*Saccharicoccus*	3			1						1	1	1	1		1	1	1	1	1	1	1
22	22041 粉蚧科	*Serrolecanium*	3											1				1					
22	22041 粉蚧科	*Sinococcus*	1				1																
22	22041 粉蚧科	*Spilococcus*	3				1		1														
22	22041 粉蚧科	*Spinococcus*	2				1							1		1							
22	22041 粉蚧科	*Stachycoccus*	1															1		1			
22	22041 粉蚧科	*Stipacoccus*	1				1																
22	22041 粉蚧科	*Tangicoccus*	1															1					
22	22041 粉蚧科	*Tridiscus*	1				1																
22	22041 粉蚧科	*Trionymus*	24			1	1					1		1	1			1	1				
22	22041 粉蚧科	*Tylococcus*	1															1					
22	22042 绒蚧科	*Aculeococcus*	1																	1			
22	22042 绒蚧科	*Cryptococcus*	1																				
22	22042 绒蚧科	*Eriococcus*	39			1	1	1	1	1		1	1	1	1		1	1	1	1	1	1	
22	22042 绒蚧科	*Fulbrightia*	1																				
22	22042 绒蚧科	*Gossupariella*	1																				
22	22042 绒蚧科	*Gossyparia*	2			1		1															
22	22042 绒蚧科	*Greenisca*	1			1	1																
22	22042 绒蚧科	*Kaweskia*	2																				
22	22042 绒蚧科	*Kuwanina*	1											1									
22	22042 绒蚧科	*Neokaweckia*	1			1																	
22	22042 绒蚧科	*Nidularia*	2										1	1									
22	22042 绒蚧科	*Physeriococcus*	1											1						1			

（续表）

目	科	属	种数	a	b	c	d	e	f	g	h	i	j	k	l	m	n	o	p	q	r	s	t
22	22042 绒蚧科	*Proteriococcus*	2																1		1		
22	22042 绒蚧科	*Rhizococcus*	14			1	1	1	1				1	1			1						1
22	22043 红蚧科	*Kermes*	16				1					1	1	1	1		1	1	1	1	1	1	
22	22043 红蚧科	*Kermococcus*	1				1																
22	22043 红蚧科	*Reynvaania*	1										1										
22	22044 链蚧科	*Asterodiaspis*	12				1						1	1		1	1	1	1	1			
22	22044 链蚧科	*Asterolecanium*	37				1					1	1		1			1	1				1
22	22044 链蚧科	*Bambusaspis*	47			1	1	1				1	1	1	1			1	1	1	1		
22	22044 链蚧科	*Elagatis*	1																				1
22	22044 链蚧科	*Hsuia*	2											1	1								
22	22044 链蚧科	*Liuaspis*	1														1						
22	22044 链蚧科	*Neoasterodiaspis*	8										1				1	1					
22	22044 链蚧科	*Pauroaspis*	3									1		1			1	1		1			
22	22044 链蚧科	*Planchonia*	3														1	1					
22	22044 链蚧科	*Russellaspis*	1														1	1					
22	22045 壶蚧科	*Asterococcus*	6									1		1		1	1						
22	22045 壶蚧科	*Cerococcus*	6					1											1				
22	22046 战蚧科	*Phoenicococcus*	1									1											
22	22046 战蚧科	*Thysanococcus*	2																				
22	22047 胶蚧科	*Kerria*	4											1		1	1	1	1	1	1	1	
22	22047 胶蚧科	*Laccifer*	1											1		1				1			
22	22047 胶蚧科	*Metatachardina*	1													1							
22	22047 胶蚧科	*Paratachardina*	2										1		1		1	1	1		1		
22	22047 胶蚧科	*Tachardis*	1																				
22	22048 仁蚧科	*Aclerda*	6											1			1	1	1				
22	22048 仁蚧科	*Nipponaclerda*	2				1										1	1					
22	22049 盘蚧科	*Cosmococcus*	3														1	1					
22	22049 盘蚧科	*Crescoccus*	1											1		1							
22	22049 盘蚧科	*Lecanodiaspis*	7					1												1			
22	22049 盘蚧科	*Pseudopulvinaria*	1																				
22	22049 盘蚧科	*Psoraleococcus*	5														1	1	1				
22	22050 蜡蚧科	*Acanthopulvinaris*	1								1												
22	22050 蜡蚧科	*Alecanium*	1																				
22	22050 蜡蚧科	*Ceroplastes*	7			1	1	1				1	1	1	1		1	1	1	1	1	1	
22	22050 蜡蚧科	*Ceroplastodes*	2														1		1			1	1
22	22050 蜡蚧科	*Chloropulvinaris*	6				1					1	1	1	1		1	1	1	1	1	1	
22	22050 蜡蚧科	*Coccus*	17			1	1	1	1			1	1	1	1		1	1	1	1	1	1	1
22	22050 蜡蚧科	*Dicyphococcus*	2																				
22	22050 蜡蚧科	*Didesmococcus*	2			1	1	1	1	1	1	1	1	1			1			1			
22	22050 蜡蚧科	*Ericerus*	1				1					1	1	1	1		1	1	1		1		
22	22050 蜡蚧科	*Eriopeltis*	6				1		1	1													
22	22050 蜡蚧科	*Eucalymnatus*	1									1			1		1	1	1	1			
22	22050 蜡蚧科	*Eulecanium*	17	1	1	1	1	1	1	1		1		1	1								
22	22050 蜡蚧科	*Euphilippia*	1																				
22	22050 蜡蚧科	*Eupulvinaria*	1									1							1				
22	22050 蜡蚧科	*Inglisia*	1																1				
22	22050 蜡蚧科	*Kilifia*	5																				1
22	22050 蜡蚧科	*Kunminaspis*	1																				
22	22050 蜡蚧科	*Lecanopsis*	3			1											1	1					
22	22050 蜡蚧科	*Luzulaspis*	2			1																	
22	22050 蜡蚧科	*Maacoccus*	2																1				
22	22050 蜡蚧科	*Macropulvinaris*	1																1		1		
22	22050 蜡蚧科	*Mallococcus*	2										1										
22	22050 蜡蚧科	*Megalocryptes*	1																				
22	22050 蜡蚧科	*Metaceronema*	1									1	1		1		1	1		1			
22	22050 蜡蚧科	*Mitrococcus*	1																				

目	科	属	种数	a	b	c	d	e	f	g	h	i	j	k	l	m	n	o	p	q	r	s	t
22	22050 蜡蚧科	*Neoplatylecanium*	1																1				
22	22050 蜡蚧科	*Neosaissetia*	1																1				
22	22050 蜡蚧科	*Paracardiococcus*	1																1				
22	22050 蜡蚧科	*Paralecanium*	6																1				1
22	22050 蜡蚧科	*Parasaissetia*	2			1	1					1	1								1		
22	22050 蜡蚧科	*Parthenolecanium*	3		1	1	1	1	1			1	1	1	1		1		1		1		
22	22050 蜡蚧科	*Physokermes*	3				1																
22	22050 蜡蚧科	*Protopulvinaria*	3										1						1	1			1
22	22050 蜡蚧科	*Pulvinaria*	10		1	1	1	1	1		1	1		1				1	1	1	1		
22	22050 蜡蚧科	*Rhodococcus*	3		1	1	1		1			1											
22	22050 蜡蚧科	*Saccharipulvinaria*	2																1	1			
22	22050 蜡蚧科	*Saccharolecanium*	1																1				
22	22050 蜡蚧科	*Saissetia*	5			1	1	1				1	1		1			1	1	1	1	1	
22	22050 蜡蚧科	*Scythia*	1			1		1	1														
22	22050 蜡蚧科	*Sphaerolecanium*	1			1	1	1	1			1		1					1				
22	22050 蜡蚧科	*Stotzia*	1																				
22	22050 蜡蚧科	*Takahashia*	2			1						1	1						1				
22	22050 蜡蚧科	*Vinsonia*	1																1				
22	22051 壳蚧科	*Conchaspis*	1																				1
22	22052 蜂蚧科	*Beesonia*	1				1																
22	22053 盾蚧科	*Abgrallaspis*	4			1						1	1		1			1	1	1	1	1	
22	22053 盾蚧科	*Acanthomytilus*	8												1								
22	22053 盾蚧科	*Achionaspis*	2																1				1
22	22053 盾蚧科	*Adiscodiaspis*	1																1				
22	22053 盾蚧科	*Adiscofiorinia*	1																1				
22	22053 盾蚧科	*Afiorinia*	1																1				
22	22053 盾蚧科	*Andaspis*	15												1			1	1	1	1	1	1
22	22053 盾蚧科	*Aonidia*	1																1				
22	22053 盾蚧科	*Aonidiella*	11			1	1	1	1			1	1	1	1	1	1	1	1		1	1	
22	22053 盾蚧科	*Aonidomytilus*	1																1				1
22	22053 盾蚧科	*Aspidiella*	2																				
22	22053 盾蚧科	*Aspidiotus*	13			1	1	1				1	1		1		1	1	1		1		
22	22053 盾蚧科	*Aulacaspis*	41		1	1	1	1		1	1	1	1	1	1		1	1	1		1		
22	22053 盾蚧科	*Bigymnaspis*	1																				
22	22053 盾蚧科	*Cameronaspis*	1												1								
22	22053 盾蚧科	*Chionaspis*	51			1	1	1	1		1	1	1	1	1	1		1	1	1	1	1	1
22	22053 盾蚧科	*Chlidaspis*	1																				
22	22053 盾蚧科	*Chortinaspis*	3																1				
22	22053 盾蚧科	*Chrysomphalus*	5			1	1					1	1	1	1			1	1		1		
22	22053 盾蚧科	*Circodiaspis*	1			1																	
22	22053 盾蚧科	*Clavaspis*	1																1				
22	22053 盾蚧科	*Cornimytilus*	5															1					
22	22053 盾蚧科	*Cornuaspis*	1			1		1				1			1				1		1		
22	22053 盾蚧科	*Crassaspidiotus*	1																1				
22	22053 盾蚧科	*Decoraspis*	1																1				
22	22053 盾蚧科	*Diaonidia*	1																1				
22	22053 盾蚧科	*Diaspidiotus*	6			1												1					
22	22053 盾蚧科	*Diaspis*	3			1	1					1	1		1			1	1			1	1
22	22053 盾蚧科	*Ductofronsaspis*	4															1		1			
22	22053 盾蚧科	*Duplachionaspis*	9										1					1	1	1			
22	22053 盾蚧科	*Duplaspidiotus*	1																	1			
22	22053 盾蚧科	*Dynaspidiotus*	3												1		1	1	1	1	1		
22	22053 盾蚧科	*Ephedraspis*	1																				
22	22053 盾蚧科	*Epifiorinia*	1																1				
22	22053 盾蚧科	*Eucornuaspis*	1									1	1						1				1
22	22053 盾蚧科	*Fiorinia*	34			1	1					1	1	1	1		1		1	1	1	1	

（续表）

目	科	属	种数	a	b	c	d	e	f	g	h	i	j	k	l	m	n	o	p	q	r	s	t
22	22053 盾蚧科	*Formosaspis*	7										1	1		1		1	1		1		
22	22053 盾蚧科	*Froggatiella*	3																				1
22	22053 盾蚧科	*Genaparlatoria*	1																				
22	22053 盾蚧科	*Greenaspis*	5										1	1	1			1	1		1		
22	22053 盾蚧科	*Greeniella*	2																1				
22	22053 盾蚧科	*Guizhouaspis*	1									1											
22	22053 盾蚧科	*Gymnaspis*	2																1				
22	22053 盾蚧科	*Hemiberlesia*	7				1					1		1				1	1	1	1		
22	22053 盾蚧科	*Howardia*	1															1	1				
22	22053 盾蚧科	*Ichthyaspis*	1																1				
22	22053 盾蚧科	*Insulaspis*	2				1												1				
22	22053 盾蚧科	*Ischnafiorinia*	2								1							1	1				
22	22053 盾蚧科	*Kuwanaspis*	22									1	1	1	1	1	1					1	
22	22053 盾蚧科	*Lepidosaphes*	40			1	1	1	1	1	1	1	1	1		1	1	1	1	1	1	1	1
22	22053 盾蚧科	*Leucaspis*	4																1				
22	22053 盾蚧科	*Lindiingaspis*	2																1		1		
22	22053 盾蚧科	*Lopholeucaspis*	5					1	1			1	1	1			1	1	1		1	1	
22	22053 盾蚧科	*Mammilla*	1								1												
22	22053 盾蚧科	*Maniaspis*	1																1				
22	22053 盾蚧科	*Megacanthaspis*	4												1	1			1	1		1	1
22	22053 盾蚧科	*Melanaspis*	1																				
22	22053 盾蚧科	*Metaspidiotus*	3									1	1					1	1				
22	22053 盾蚧科	*Mixaspis*	1																1				
22	22053 盾蚧科	*Morganella*	1				1																
22	22053 盾蚧科	*Mycetaspis*	1																				
22	22053 盾蚧科	*Mytilaspis*	2				1		1			1	1										
22	22053 盾蚧科	*Namuaspis*	1																				
22	22053 盾蚧科	*Neoparlatoria*	8									1						1	1	1			
22	22053 盾蚧科	*Neopinnaspis*	2																1				
22	22053 盾蚧科	*Neoquernaspis*	9														1			1	1		1
22	22053 盾蚧科	*Nikkoaspis*	5									1		1				1	1	1			
22	22053 盾蚧科	*Octaspidiotus*	5				1		1													1	
22	22053 盾蚧科	*Odonaspis*	9		1	1	1				1	1	1					1	1			1	1
22	22053 盾蚧科	*Pallulaspis*	1			1																	
22	22053 盾蚧科	*Parainsolaspis*	3															1	1				
22	22053 盾蚧科	*paralepidosaphes*	4			1					1	1	1			1	1						
22	22053 盾蚧科	*Parlagena*	1				1				1	1						1					
22	22053 盾蚧科	*Parlatoreopsis*	3				1	1			1							1					
22	22053 盾蚧科	*Parlatoria*	35	1			1	1			1	1	1	1		1	1	1	1	1	1	1	1
22	22053 盾蚧科	*Pinnaspis*	19				1	1			1	1	1	1		1	1	1	1	1	1	1	1
22	22053 盾蚧科	*Poliaspoides*	1																1				
22	22053 盾蚧科	*Protancepaspis*	1																				
22	22053 盾蚧科	*Protodiaspis*	1			1																	
22	22053 盾蚧科	*Pseudaonidia*	3				1	1			1	1		1	1	1		1	1				
22	22053 盾蚧科	*Pseudaulacaspis*	32	1		1	1			1	1	1	1		1	1	1				1	1	
22	22053 盾蚧科	*Pygalataspis*	1															1	1				
22	22053 盾蚧科	*Quadraspidiotus*	10	1	1	1	1	1	1	1	1	1		1	1			1		1			
22	22053 盾蚧科	*Remetaspidiotus*	1																				
22	22053 盾蚧科	*Rhizaspidiotus*	3						1														
22	22053 盾蚧科	*Rugaspidiotus*	1																				1
22	22053 盾蚧科	*Rutherfordia*	3																1				
22	22053 盾蚧科	*Selenaspidus*	2																1				
22	22053 盾蚧科	*Selenomphalus*	1																1				
22	22053 盾蚧科	*Semelaspidus*	1																1				
22	22053 盾蚧科	*Semichionaspis*	2														1						
22	22053 盾蚧科	*Serrataspis*	2																				

目	科	属	种数	a	b	c	d	e	f	g	h	i	j	k	l	m	n	o	p	q	r	s	t
22	22053 盾蚧科	*Shansiaspis*	3			1	1	1	1														
22	22053 盾蚧科	*Silvestraspis*	1																	1			
22	22053 盾蚧科	*Sinoquernaspis*	1																				
22	22053 盾蚧科	*Sishanaspis*	1																				
22	22053 盾蚧科	*Smilacicola*	1																	1			
22	22053 盾蚧科	*Taiwanaspidiotus*	2																	1			
22	22053 盾蚧科	*Takagia*	1																				
22	22053 盾蚧科	*Takahashiella*	1									1						1	1				
22	22053 盾蚧科	*Tegmelanaspis*	1																				
22	22053 盾蚧科	*Temnaspidiotus*	8																1	1			1
22	22053 盾蚧科	*Thysanaspis*	2																	1			
22	22053 盾蚧科	*Thysanofiorinia*	2																1	1			
22	22053 盾蚧科	*Tsugaspidiotus*	1																				
22	22053 盾蚧科	*Unachionaspis*	2									1	1	1	1			1					
22	22053 盾蚧科	*Unaspis*	10			1	1	1	1			1	1	1	1		1	1	1	1	1	1	
22	22053 盾蚧科	*Ungulaspis*	2																	1			
22	22053 盾蚧科	*Yuanaspis*	1												1							1	
22	22053 盾蚧科	*Yunnanaspis*	1																		1		
22	22054 半木虱科	*Hemipteripsylla*	2															1	1	1			
22	22054 半木虱科	*Togepsylla*	1															1	1			1	
22	22055 小头木虱科	*Paurocephala*	8															1	1	1		1	1
22	22055 小头木虱科	*Pseudophacopteron*	3															1	1	1		1	1
22	22056 扁木虱科	*Livia*	8			1								1	1			1			1	1	
22	22057 斑木虱科	*Aphalara*	7			1	1	1	1	1					1			1	1	1		1	
22	22057 斑木虱科	*Brachystetha*	5				1								1								
22	22057 斑木虱科	*Caillardia*	3	1		1	1																
22	22057 斑木虱科	*Coelocara*	1															1					
22	22057 斑木虱科	*Colposcenia*	12	1	1			1	1						1								
22	22057 斑木虱科	*Craspedolepta*	31	1		1	1	1	1	1					1	1		1	1				
22	22057 斑木虱科	*Crastina*	7	1					1	1	1				1			1					
22	22057 斑木虱科	*Eumetoecus*	2	1																			
22	22057 斑木虱科	*Eustigmatia*	2	1			1																
22	22057 斑木虱科	*Microphyllura*	1																				1
22	22057 斑木虱科	*Rhodochlanis*	4	1	1			1	1														
22	22057 斑木虱科	*Xenaphalara*	1	1																			
22	22058 叶木虱科	*Agonoscena*	6	1				1	1						1								
22	22058 叶木虱科	*Bharatiana*	1											1	1	1					1		
22	22058 叶木虱科	*Brachyphyllura*	1															1					
22	22058 叶木虱科	*Camarotoscena*	4	1					1						1								
22	22058 叶木虱科	*Crytophyllura*	1																		1		
22	22058 叶木虱科	*Diceraopsylla*	1															1					
22	22058 叶木虱科	*Eremophylloides*	1		1						1												
22	22058 叶木虱科	*Euphyllura*	4													1		1		1			
22	22058 叶木虱科	*Homalocephala*	3	1	1													1	1	1		1	1
22	22058 叶木虱科	*Leprostictopsylla*	1											1									
22	22058 叶木虱科	*Ligustrinia*	1				1			1													
22	22058 叶木虱科	*Neophyllura*	1																			1	
22	22058 叶木虱科	*Pachypsyloides*	1		1		1				1												
22	22058 叶木虱科	*Paraphyllura*	1																	1			
22	22058 叶木虱科	*Rhusaphalara*	1															1					
22	22058 叶木虱科	*Sinuonemopsylla*	1																			1	
22	22058 叶木虱科	*Syntomoza*	1																	1			
22	22058 叶木虱科	*Syringilla*	2			1		1															
22	22059 丽木虱科	*Calophya*	17			1	1	1	1					1	1		1	1	1	1	1	1	
22	22059 丽木虱科	*Metapsylla*	2																			1	1
22	22059 丽木虱科	*Microceropsylla*	1																	1	1		1

目	科	属	种数	a	b	c	d	e	f	g	h	i	j	k	l	m	n	o	p	q	r	s	t
22	22059 丽木虱科	*Symphorosus*	1																				1
22	22060 盾木虱科	*Blastopsylla*	1																			1	
22	22060 盾木虱科	*Celtisaspis*	4			1		1	1				1	1				1			1		
22	22060 盾木虱科	*Ctenarytaina*	1																1				
22	22060 盾木虱科	*Synpsylla*	1																1				
22	22061 幽木虱科	*Colophorina*	7			1		1	1				1	1	1		1			1			
22	22061 幽木虱科	*Cornopsylla*	3											1			1			1			
22	22061 幽木虱科	*Diaphorina*	7				1						1	1	1			1	1	1	1	1	1
22	22061 幽木虱科	*Epiacizzia*	15						1					1	1		1		1	1	1	1	1
22	22061 幽木虱科	*Epipsylla*	15																	1	1	1	1
22	22061 幽木虱科	*Euphaleropsis*	11			1		1	1					1			1		1		1		
22	22061 幽木虱科	*Euryopsylla*	1																1				
22	22061 幽木虱科	*Mecistoneura*	1				1		1														
22	22061 幽木虱科	*Peregrinivena*	1											1									
22	22061 幽木虱科	*Trisetipsylla*	1																	1			
22	22061 幽木虱科	*Yangus*	2																	1	1		
22	22062 木虱科	*Acizzia*	6												1			1		1	1	1	1
22	22062 木虱科	*Anomoneura*	1			1		1	1		1	1	1	1			1						
22	22062 木虱科	*Auchmerina*	4																	1	1	1	
22	22062 木虱科	*Cacopsylla*	313	1	1	1	1	1	1	1	1	1		1	1	1	1	1	1	1	1	1	1
22	22062 木虱科	*Cyamophila*	40	1	1	1	1	1	1	1	1	1		1	1	1	1	1	1	1		1	1
22	22062 木虱科	*Cyamophiliopsis*	3			1																	
22	22062 木虱科	*Cylindropsylla*	2														1		1				
22	22062 木虱科	*Edentatipsylla*	21			1	1							1	1	1		1	1			1	1
22	22062 木虱科	*Gelonopsylla*	1				1																
22	22062 木虱科	*Heteropsylla*	1											1			1	1				1	1
22	22062 木虱科	*Neoacizzia*	13					1	1			1	1	1	1	1		1	1			1	1
22	22062 木虱科	*Psylla*	27			1	1	1	1	1				1	1		1	1	1		1		
22	22062 木虱科	*Pugionipsylla*	2																			1	1
22	22062 木虱科	*Tridentipsylla*	1															1					1
22	22063 花木虱科	*Phacopteron*	2															1	1			1	1
22	22064 同木虱科	*Caenohomotoma*	21											1	1			1	1	1	1	1	1
22	22065 圆木虱科	*Synaphalara*	1															1					
22	22066 痣木虱科	*Dynopsylla*	2																	1	1	1	1
22	22066 痣木虱科	*Macrohomotoma*	9											1	1			1	1	1	1	1	1
22	22067 瘿木虱科	*Cecidopsylla*	4																	1	1	1	
22	22068 裂木虱科	*Carsidara*	2			1		1	1			1	1	1	1			1			1		
22	22068 裂木虱科	*Mesohomotoma*	1																	1		1	1
22	22068 裂木虱科	*Tenaphalara*	5												1			1	1			1	1
22	22068 裂木虱科	*Tyora*	2																	1		1	1
22	22069 裂个木虱科	*Carsitria*	1													1	1		1				
22	22070 翅木虱科	*Leptynoptera*	1																1				1
22	22071 新个木虱科	*Neotrioza*	2																	1	1		
22	22071 新个木虱科	*Pauropsylla*	3											1	1							1	1
22	22072 个木虱科	*Asiotrioza*	1																				1
22	22072 个木虱科	*Bactericera*	72	1	1	1	1	1	1	1	1	1		1	1	1		1	1	1	1	1	
22	22072 个木虱科	*Baeoalitriozus*	1															1					
22	22072 个木虱科	*Berchemitrioza*	2													1							
22	22072 个木虱科	*Ceropsylla*	3											1			1	1					
22	22072 个木虱科	*chouitrioza*	1													1							
22	22072 个木虱科	*Coniotrioza*	2											1	1								
22	22072 个木虱科	*Dilichtrioza*	2																	1			1
22	22072 个木虱科	*Egeirotrioza*	2	1	1																		
22	22072 个木虱科	*Epitrioza*	10					1	1					1			1	1	1				
22	22072 个木虱科	*Eryngiofaga*	1					1															
22	22072 个木虱科	*Eustenopsylla*	1																	1			

目	科	属	种数	a	b	c	d	e	f	g	h	i	j	k	l	m	n	o	p	q	r	s	t
22	22072 个木虱科	*Evegeirotrioza*	2	1																			
22	22072 个木虱科	*Furcitrioza*	1														1						
22	22072 个木虱科	*Genotriozus*	3																			1	
22	22072 个木虱科	*Heterotrioza*	6			1	1	1	1					1	1			1	1		1		
22	22072 个木虱科	*Hippophaetrioza*	8				1	1	1	1							1						
22	22072 个木虱科	*Homotrioza*	10										1		1	1			1	1	1	1	
22	22072 个木虱科	*Leptotrioza*	1																1				
22	22072 个木虱科	*Metatriozidus*	58	1	1	1	1	1	1	1	1		1	1	1		1	1	1	1	1	1	1
22	22072 个木虱科	*Neorhinopsylla*	10			1		1						1	1		1	1	1				
22	22072 个木虱科	*Parastenopsylla*	4												1								
22	22072 个木虱科	*Petalolyma*	8												1							1	
22	22072 个木虱科	*Phylloplecta*	5				1			1							1		1	1	1	1	
22	22072 个木虱科	*Stenopsylla*	8										1						1	1		1	
22	22072 个木虱科	*Torulus*	1																1				
22	22072 个木虱科	*Trachotrioza*	2					1							1								
22	22072 个木虱科	*Trichochermes*	6			1		1	1	1				1					1				
22	22072 个木虱科	*Trioza*	5	1	1	1	1	1	1		1			1	1			1			1	1	
22	22072 个木虱科	*Triozopsis*	54	1		1	1	1	1					1	1	1	1		1	1	1	1	1
22	22072 个木虱科	*Trisetrioza*	1																				
22	22073 奇蝽科	*Henschiella*	1																1				
22	22073 奇蝽科	*Hoplitocoris*	1											1		1		1		1		1	
22	22073 奇蝽科	*Oncylocotis*	1													1		1					
22	22073 奇蝽科	*Stenopirates*	4											1		1	1	1					
22	22074 栉蝽科	*Ceratocombus*	5				1								1			1	1				
22	22075 鞭蝽科	*Cryptostemma*	1																			1	
22	22075 鞭蝽科	*Hyposelosoma*	2																				
22	22076 毛角蝽科	*Dundonannus*	1																			1	
22	22076 毛角蝽科	*Hypselosoma*	1															1					
22	22076 毛角蝽科	*Kokeshia*	1															1					
22	22076 毛角蝽科	*Pachyplagia*	1																			1	
22	22076 毛角蝽科	*Sculptocoris*	1																			1	
22	22077 水蝽科	*Mesovelia*	5			1	1	1					1						1				
22	22078 膜蝽科	*Hebrus*	5				1												1				
22	22078 膜蝽科	*Hyrcanus*	1																				
22	22078 膜蝽科	*Timasius*	4																1				
22	22079 尺蝽科	*Hydrometra*	10									1	1						1	1		1	1
22	22080 宽蝽科	*Angilia*	1																				
22	22080 宽蝽科	*Angilovelia*	1																				
22	22080 宽蝽科	*Halovelia*	1																1				
22	22080 宽蝽科	*Microvelia*	6				1					1	1	1	1				1	1		1	1
22	22080 宽蝽科	*Pseudovelia*	1															1					
22	22080 宽蝽科	*Rhagovelia*	2																1				
22	22080 宽蝽科	*Strongilovelia*	1																1				
22	22080 宽蝽科	*Velia*	1																				
22	22080 宽蝽科	*Xiphovelia*	1																1				
22	22081 黾蝽科	*Amemboa*	2																1				
22	22081 黾蝽科	*Aquarius*	3			1	1	1	1	1			1	1	1	1			1	1		1	1
22	22081 黾蝽科	*Asclepios*	2																1				
22	22081 黾蝽科	*Cylindrostethus*	1																				1
22	22081 黾蝽科	*Eotrechus*	2																				
22	22081 黾蝽科	*Gerris*	20			1	1	1	1				1		1				1	1			1
22	22081 黾蝽科	*Gigantometra*	1																				1
22	22081 黾蝽科	*Halobates*	6																1	1			
22	22081 黾蝽科	*Limnoporus*	5			1																	
22	22081 黾蝽科	*Metrocoris*	4										1		1				1	1			
22	22081 黾蝽科	*Neogerris*	1																				1

目	科	属	种数	昆虫亚区 a	b	c	d	e	f	g	h	i	j	k	l	m	n	o	p	q	r	s	t
22	22081 黾蝽科	*Onychotrechus*	1																				
22	22081 黾蝽科	*Potamometra*	4											1									
22	22081 黾蝽科	*Ptilomera*	2																				1
22	22081 黾蝽科	*Rhagadotarsus*	1										1	1					1				
22	22081 黾蝽科	*Rhyacobates*	4																1				
22	22081 黾蝽科	*Tenagogonus*	3																1				
22	22082 负蝽科	*Apposus*	1				1																
22	22082 负蝽科	*Diplonychus*	5				1				1	1	1	1					1	1		1	1
22	22082 负蝽科	*Kirkaldyia*	1			1	1	1			1	1	1	1					1	1		1	1
22	22082 负蝽科	*Lethocerus*	1										1						1	1		1	1
22	22083 蝎蝽科	*Cercotmetus*	1																				
22	22083 蝎蝽科	*Laccoptrephes*	9				1				1	1	1	1					1	1		1	1
22	22083 蝎蝽科	*Nepa*	2			1	1	1			1			1							1		
22	22083 蝎蝽科	*Ranatra*	6			1	1	1	1		1	1	1	1					1	1		1	
22	22083 蝎蝽科	*Telematotrephes*	1																				
22	22084 蟾蝽科	*Mononyx*	1																				
22	22084 蟾蝽科	*Nerthra*	3												1				1				
22	22085 蜍蝽科	*Ochterus*	1				1						1						1		1		
22	22086 划蝽科	*Arctocoris*	2																				
22	22086 划蝽科	*Argaptocorixa*	1																	1		1	
22	22086 划蝽科	*Articorixa*	1										1				1					1	
22	22086 划蝽科	*Callicorixa*	6				1																
22	22086 划蝽科	*Corixa*	3				1																
22	22086 划蝽科	*Cymatia*	3				1	1						1	1								
22	22086 划蝽科	*Hesperocorixa*	7				1						1	1	1				1		1		
22	22086 划蝽科	*Micronecta*	20				1					1	1		1				1	1		1	1
22	22086 划蝽科	*Paracorixa*	2				1																
22	22086 划蝽科	*Sigara*	20		1	1	1	1			1	1	1	1					1	1		1	
22	22086 划蝽科	*Trichocorisa*	1																				
22	22086 划蝽科	*Xenocorixa*	1				1							1					1	1		1	
22	22087 潜蝽科	*Gestroiella*	1																			1	
22	22087 潜蝽科	*Ilyocoris*	2				1	1									1						
22	22088 盖蝽科	*Aphelocheirus*	10												1				1		1	1	1
22	22089 仰蝽科	*Anisops*	9				1					1	1						1	1		1	1
22	22089 仰蝽科	*Enithares*	4			1	1					1	1						1	1		1	1
22	22089 仰蝽科	*Notonecta*	11			1	1	1	1		1	1	1	1					1	1		1	1
22	22089 仰蝽科	*Nychia*	1																				
22	22090 固蝽科	*Paraplea*	3			1	1	1											1	1			1
22	22091 蚤蝽科	*Esakiella*	2																				
22	22091 蚤蝽科	*Helotrephes*	2																1				
22	22092 跳蝽科	*Acanthia*	2																				
22	22092 跳蝽科	*Calacanthia*	4						1						1		1						
22	22092 跳蝽科	*Chartoscirta*	1			1																	
22	22092 跳蝽科	*Chiloxanthus*	4			1		1		1					1								
22	22092 跳蝽科	*Halosalda*	1																				
22	22092 跳蝽科	*Macrosaldula*	4				1		1														
22	22092 跳蝽科	*Micracanthia*	3			1	1		1											1			1
22	22092 跳蝽科	*Pentacora*	1																	1			
22	22092 跳蝽科	*Pizostethus*	1																				
22	22092 跳蝽科	*Salda*	4			1	1		1														
22	22092 跳蝽科	*Saldoida*	1																	1			
22	22092 跳蝽科	*Saldula*	18			1	1	1	1	1	1			1		1			1	1			1
22	22092 跳蝽科	*Teloleuca*	2																				
22	22093 细蝽科	*Leptopus*	1												1								
22	22093 细蝽科	*Patapius*	1																				
22	22093 细蝽科	*Valleriola*	1																				1

（续表）

目	科	属	种数	a	b	c	d	e	f	g	h	i	j	k	l	m	n	o	p	q	r	s	t
22	22094 猎蝽科	*Acanthaspis*	11			1	1	1	1			1	1	1	1				1	1	1	1	1
22	22094 猎蝽科	*Ademula*	2																		1		1
22	22094 猎蝽科	*Agriosphodrus*	1						1			1	1	1	1			1			1		
22	22094 猎蝽科	*Allaeocranum*	1										1										1
22	22094 猎蝽科	*Amphilobus*	1																				
22	22094 猎蝽科	*Amulius*	1																				1
22	22094 猎蝽科	*Androclus*	1																		1		
22	22094 猎蝽科	*Apechtia*	1																		1		1
22	22094 猎蝽科	*Apocaucus*	1													1					1		
22	22094 猎蝽科	*Arbelopsis*	1																1				
22	22094 猎蝽科	*Astinus*	1																		1		
22	22094 猎蝽科	*Aulacogenia*	1																		1		
22	22094 猎蝽科	*Bannania*	1																		1		
22	22094 猎蝽科	*Bayerus*	1																		1		
22	22094 猎蝽科	*Biasticus*	5										1		1		1	1	1	1	1	1	1
22	22094 猎蝽科	*Brachytonus*	3												1						1	1	
22	22094 猎蝽科	*Canthesancus*	5										1		1			1			1		
22	22094 猎蝽科	*Caunus*	1					1					1		1	1		1					
22	22094 猎蝽科	*Choucoris*	1												1								
22	22094 猎蝽科	*Coranus*	16	1		1	1	1	1	1			1		1	1	1	1	1		1	1	1
22	22094 猎蝽科	*Cosmolestes*	4				1					1	1					1			1	1	1
22	22094 猎蝽科	*Cydnocoris*	9									1	1	1	1	1		1	1	1	1	1	1
22	22094 猎蝽科	*Diaditus*	1																			1	
22	22094 猎蝽科	*Durganda*	2																		1		1
22	22094 猎蝽科	*Durgandana*	1																		1		
22	22094 猎蝽科	*Ectomocoris*	15										1	1	1	1	1		1	1	1	1	1
22	22094 猎蝽科	*Ectrychotes*	12				1		1	1			1	1	1				1	1	1	1	1
22	22094 猎蝽科	*Emesopsis*	3																		1		1
22	22094 猎蝽科	*Empicoris*	5				1		1				1	1				1				1	1
22	22094 猎蝽科	*Endochiella*	2																		1		1
22	22094 猎蝽科	*Endochopsis*	4												1						1	1	
22	22094 猎蝽科	*Endochus*	6										1		1			1	1		1	1	
22	22094 猎蝽科	*Epidaucus*	1										1		1	1							
22	22094 猎蝽科	*Epidaus*	7				1		1				1	1	1	1			1	1	1	1	1
22	22094 猎蝽科	*Euagoras*	2												1							1	
22	22094 猎蝽科	*Euagoropsis*	1																				
22	22094 猎蝽科	*Gardena*	7					1												1	1	1	1
22	22094 猎蝽科	*Gomesius*	1																1				
22	22094 猎蝽科	*Haematoloecha*	9				1	1					1	1	1	1			1		1	1	
22	22094 猎蝽科	*Harpactor*	14	1		1	1	1	1	1	1	1	1	1	1	1		1	1		1	1	1
22	22094 猎蝽科	*Henricohahnia*	6										1	1	1			1			1	1	
22	22094 猎蝽科	*Hoffmannocoris*	1										1								1		1
22	22094 猎蝽科	*Holoptilus*	3																		1		
22	22094 猎蝽科	*Homalosphodrus*	1												1								
22	22094 猎蝽科	*Inara*	1																		1		
22	22094 猎蝽科	*ischnobaenella*	2																				1
22	22094 猎蝽科	*Isyndus*	8			1		1	1			1	1	1	1	1	1	1	1		1	1	1
22	22094 猎蝽科	*Karenocoris*	2																		1		
22	22094 猎蝽科	*Keliocoris*	1													1							
22	22094 猎蝽科	*Labidocoris*	3				1	1			1	1	1					1					
22	22094 猎蝽科	*Lanca*	1																		1		
22	22094 猎蝽科	*Lestomerus*	4									1	1	1					1	1	1	1	
22	22094 猎蝽科	*Lingnania*	1												1	1					1		
22	22094 猎蝽科	*Liroctinus*	1																				
22	22094 猎蝽科	*Lisarda*	4										1			1		1			1	1	1
22	22094 猎蝽科	*Macracanthopsis*	2									1	1	1			1				1	1	1

目	科	属	种数	昆虫亚区																			
				a	b	c	d	e	f	g	h	i	j	k	l	m	n	o	p	q	r	s	t
22	22094 猎蝽科	*Maldonadocoris*	1												1								
22	22094 猎蝽科	*Mendis*	5																		1		1
22	22094 猎蝽科	*Myiophanes*	1			1		1				1	1			1							
22	22094 猎蝽科	*Narsetes*	2														1		1				
22	22094 猎蝽科	*Neocentrocnemis*	3																	1			1
22	22094 猎蝽科	*Neostaccia*	1				1								1								
22	22094 猎蝽科	*Neothodelmus*	1										1		1			1			1	1	1
22	22094 猎蝽科	*Neozirta*	2				1			1			1		1								
22	22094 猎蝽科	*Oncocephalus*	14	1		1	1	1	1			1	1	1	1		1	1	1	1	1	1	1
22	22094 猎蝽科	*Onychomesa*	1															1					
22	22094 猎蝽科	*Opinus*	2																	1			
22	22094 猎蝽科	*Opistoplatys*	6				1					1	1	1	1			1			1	1	1
22	22094 猎蝽科	*Panthous*	2														1			1			
22	22094 猎蝽科	*Parascadra*	2														1						1
22	22094 猎蝽科	*Parendochus*	1										1								1	1	1
22	22094 猎蝽科	*Pasira*	1																		1		
22	22094 猎蝽科	*Pasiropsis*	2																		1		
22	22094 猎蝽科	*Peirates*	9	1		1		1	1			1	1	1	1	1		1	1	1	1	1	1
22	22094 猎蝽科	*Petalochirus*	2																		1	1	
22	22094 猎蝽科	*Phalantus*	1									1	1								1	1	
22	22094 猎蝽科	*Physorhynchus*	1														1						
22	22094 猎蝽科	*Ploiaria*	2																			1	1
22	22094 猎蝽科	*Polididus*	1									1	1		1			1	1		1	1	1
22	22094 猎蝽科	*Polytoxus*	8										1					1			1	1	1
22	22094 猎蝽科	*Psophis*	1										1					1			1		
22	22094 猎蝽科	*Ptilocerus*	1															1					
22	22094 猎蝽科	*Pygolampis*	8			1		1	1			1	1	1	1	1		1	1	1	1		
22	22094 猎蝽科	*Reduvius*	17				1	1	1	1		1	1	1	1	1		1	1	1	1		
22	22094 猎蝽科	*Rhysostethus*	1												1								
22	22094 猎蝽科	*Rihirbus*	2										1		1			1			1	1	
22	22094 猎蝽科	*Sastrapada*	7									1	1		1			1			1	1	1
22	22094 猎蝽科	*Scadra*	5									1	1		1	1					1	1	1
22	22094 猎蝽科	*Schidium*	2														1	1			1		
22	22094 猎蝽科	*Scipinia*	2									1	1	1	1			1	1		1	1	
22	22094 猎蝽科	*Sclomina*	2										1		1			1	1		1		
22	22094 猎蝽科	*Serendiba*	2										1		1							1	1
22	22094 猎蝽科	*Serendus*	2										1		1	1					1		
22	22094 猎蝽科	*Sirthenea*	4				1		1			1	1	1	1		1	1	1	1	1	1	1
22	22094 猎蝽科	*Sphedanolestes*	14			1		1	1			1	1	1	1	1	1	1	1		1	1	1
22	22094 猎蝽科	*Staccia*	1				1					1	1	1	1			1			1	1	
22	22094 猎蝽科	*Stachyotropha*	1																				
22	22094 猎蝽科	*Sycanus*	11										1		1	1		1			1	1	1
22	22094 猎蝽科	*Tamaonia*	3														1			1	1		
22	22094 猎蝽科	*Tapeinus*	2										1				1	1			1	1	
22	22094 猎蝽科	*Tapirocoris*	3									1	1	1	1			1					
22	22094 猎蝽科	*Thodelmus*	1									1	1		1			1			1	1	1
22	22094 猎蝽科	*Tiarodes*	2										1							1		1	
22	22094 猎蝽科	*Triatoma*	2														1	1			1	1	
22	22094 猎蝽科	*Tribelocephala*	2				1														1	1	
22	22094 猎蝽科	*Tridemula*	1																			1	
22	22094 猎蝽科	*Vachiria*	3	1		1	1	1															
22	22094 猎蝽科	*Valentia*	3		1					1												1	1
22	22094 猎蝽科	*Velinus*	6									1	1	1	1							1	1
22	22094 猎蝽科	*Velitra*	6																	1	1	1	1
22	22094 猎蝽科	*Vesbius*	3										1					1			1	1	1
22	22094 猎蝽科	*Vilius*	1															1		1			

目	科	属	种数	a	b	c	d	e	f	g	h	i	j	k	l	m	n	o	p	q	r	s	t
22	22094 猎蝽科	*Villanovanus*	1										1		1			1			1	1	1
22	22094 猎蝽科	*Yangicoris*	1												1								
22	22094 猎蝽科	*Yolinus*	3				1					1	1		1	1			1			1	1	
22	22095 瘤蝽科	*Amblythyreus*	14												1	1	1	1	1	1	1	1	
22	22095 瘤蝽科	*Carcinochelis*	1																			1	
22	22095 瘤蝽科	*Carcinocoris*	1																			1	
22	22095 瘤蝽科	*Chelocoris*	7										1	1	1	1			1			1		
22	22095 瘤蝽科	*Cnizocoris*	16				1	1	1	1				1	1	1	1	1	1	1	1		1	
22	22095 瘤蝽科	*Duirocoris*	1																	1			
22	22095 瘤蝽科	*Glossopelta*	6					1					1		1	1	1				1	1	1	
22	22095 瘤蝽科	*Phymata*	2			1		1	1					1										
22	22096 捷蝽科	*Scotomedes*	5																			1	1	
22	22097 盲蝽科	*Abibalus*	1																				
22	22097 盲蝽科	*Acomocera*	2																1			1	
22	22097 盲蝽科	*Acrorrhinium*	1																				
22	22097 盲蝽科	*Acrotelus*	2						1					1									
22	22097 盲蝽科	*Adelphocoris*	32	1	1	1	1	1	1	1	1	1	1	1	1	1	1	1	1	1		1	1
22	22097 盲蝽科	*Agnocoris*	1	1			1		1														
22	22097 盲蝽科	*Agraptocoris*	1																				
22	22097 盲蝽科	*Allodapus*	2																1				
22	22097 盲蝽科	*Alloeotomus*	7			1	1							1			1						
22	22097 盲蝽科	*Allorhinocoris*	4	1				1	1					1		1							
22	22097 盲蝽科	*Angerianus*	1												1			1					
22	22097 盲蝽科	*Apilophorus*	1																			1	
22	22097 盲蝽科	*Apolygopsis*	6									1	1	1	1			1			1	1	1
22	22097 盲蝽科	*Apolygus*	30			1	1	1	1	1		1	1	1	1	1	1	1	1	1	1	1	1
22	22097 盲蝽科	*Arbolygus*	14			1		1	1					1	1	1	1	1	1	1	1	1	1
22	22097 盲蝽科	*Aretas*	1										1										
22	22097 盲蝽科	*Argenis*	1																		1	1	1
22	22097 盲蝽科	*Atomophora*	3				1																
22	22097 盲蝽科	*Atomoscelis*	4			1	1	1															
22	22097 盲蝽科	*Auchenocrepis*	1				1																
22	22097 盲蝽科	*Bertsa*	2											1			1	1	1	1	1	1	1
22	22097 盲蝽科	*Blepharidopterus*	2			1								1									
22	22097 盲蝽科	*Bothynotus*	1					1															
22	22097 盲蝽科	*Brachycoleus*	1	1																			
22	22097 盲蝽科	*Bryocoris*	16											1	1	1	1	1	1	1	1		
22	22097 盲蝽科	*Calocoris*	3						1				1										
22	22097 盲蝽科	*Camptotylus*	1				1	1															
22	22097 盲蝽科	*Campylomma*	7			1	1	1				1	1	1				1	1			1	1
22	22097 盲蝽科	*Campylotropis*	1				1																
22	22097 盲蝽科	*Capsodes*	1	1	1	1	1	1	1					1									
22	22097 盲蝽科	*Capsus*	4			1	1			1													
22	22097 盲蝽科	*Castanopsides*	8			1			1					1	1						1	1	
22	22097 盲蝽科	*Cephalocapsidea*	2																1				
22	22097 盲蝽科	*Charagochilus*	7	1		1			1	1			1	1	1	1	1	1	1		1	1	1
22	22097 盲蝽科	*Cheilocapsidea*	2																1				
22	22097 盲蝽科	*Cheilocapsus*	5						1					1	1	1	1		1	1		1	
22	22097 盲蝽科	*Chilocrates*	3						1		1			1	1	1					1	1	
22	22097 盲蝽科	*Chlamydatus*	4			1	1	1	1														
22	22097 盲蝽科	*Chrysorrhanis*	1																				1
22	22097 盲蝽科	*Cimicicapsus*	1				1																
22	22097 盲蝽科	*Cimidaeorus*	2																1				
22	22097 盲蝽科	*Cleolomiris*	1																				
22	22097 盲蝽科	*Closterotomus*	1						1														
22	22097 盲蝽科	*Compsidolon*	6			1	1	1						1	1		1	1					

（续表）

目	科	属	种数	昆虫亚区																				
				a	b	c	d	e	f	g	h	i	j	k	l	m	n	o	p	q	r	s	t
22	22097 盲蝽科	*Coridromius*	2															1	1		1	1	
22	22097 盲蝽科	*Creontiades*	4				1				1	1	1	1				1	1	1	1	1	
22	22097 盲蝽科	*Criocoris*	4			1	1											1					
22	22097 盲蝽科	*Cyllecoris*	4			1	1	1	1														
22	22097 盲蝽科	*Cyphodema*	1												1								
22	22097 盲蝽科	*Cyphodemidea*	1			1		1	1						1	1	1						
22	22097 盲蝽科	*Cyrtopeltis*	2				1					1	1	1	1			1	1		1	1	
22	22097 盲蝽科	*Cyrtorrhinus*	6			1	1	1	1			1	1	1	1			1	1		1	1	
22	22097 盲蝽科	*Dacota*	1			1																	
22	22097 盲蝽科	*Decomia*	2												1						1	1	
22	22097 盲蝽科	*Deraeocoris*	47	1		1	1	1	1	1	1	1	1	1	1	1	1	1	1		1	1	1
22	22097 盲蝽科	*Dichrooscytus*	2				1			1													
22	22097 盲蝽科	*Dicychus*	4															1					
22	22097 盲蝽科	*Dimia*	1												1								
22	22097 盲蝽科	*Dioclerus*	1																		1	1	
22	22097 盲蝽科	*Dolichomiris*	5					1		1		1	1	1	1	1	1	1	1	1	1	1	
22	22097 盲蝽科	*Dryophilocornis*	3												1								
22	22097 盲蝽科	*Ectenellus*	1																				
22	22097 盲蝽科	*Ectmeoptera*	1				1							1	1								
22	22097 盲蝽科	*Ectmetopterus*	2				1						1	1	1		1						
22	22097 盲蝽科	*Elthemidea*	2											1	1								
22	22097 盲蝽科	*Engytatus*	2															1					
22	22097 盲蝽科	*Eolygus*	1															1					
22	22097 盲蝽科	*Eosthenarus*	1															1					
22	22097 盲蝽科	*Erimiris*	1											1		1							
22	22097 盲蝽科	*Ernestinus*	2												1			1			1	1	
22	22097 盲蝽科	*Eucharicoris*	1																				
22	22097 盲蝽科	*Eumecotarsus*	2	1						1	1												
22	22097 盲蝽科	*Eupachypeltis*	3															1					1
22	22097 盲蝽科	*Europicoris*	1				1																
22	22097 盲蝽科	*Europiella*	3				1	1							1		1		1				
22	22097 盲蝽科	*Eurycolpus*	1			1	1	1															
22	22097 盲蝽科	*Eurystylomorpha*	1															1					
22	22097 盲蝽科	*Eurystylopsis*	4					1					1	1	1		1			1	1	
22	22097 盲蝽科	*Eurystylus*	5			1		1			1	1	1	1	1			1	1		1	1	
22	22097 盲蝽科	*Eustylopsis*	1																				
22	22097 盲蝽科	*Excentricus*	2			1	1	1															
22	22097 盲蝽科	*Felisacus*	5												1			1	1		1	1	
22	22097 盲蝽科	*Fingulus*	5												1		1		1		1		1
22	22097 盲蝽科	*Fulgintius*	1																				
22	22097 盲蝽科	*Fulvius*	1															1					
22	22097 盲蝽科	*Globiceps*	1			1	1	1															
22	22097 盲蝽科	*Guisardinus*	1																		1		
22	22097 盲蝽科	*Guisardus*	1																		1		1
22	22097 盲蝽科	*Hallodapus*	4															1					1
22	22097 盲蝽科	*Halticidea*	1						1														
22	22097 盲蝽科	*Halticiellus*	1															1					
22	22097 盲蝽科	*Halticus*	7				1	1			1	1		1	1			1	1			1	1
22	22097 盲蝽科	*Harpedona*	2																		1	1	1
22	22097 盲蝽科	*Hekista*	1																			1	
22	22097 盲蝽科	*Helopeltis*	5														1		1		1	1	
22	22097 盲蝽科	*Heterolygus*	11				1								1		1	1	1				
22	22097 盲蝽科	*Heteropantilius*	3												1						1		
22	22097 盲蝽科	*Hyalopeplinus*	1																		1		
22	22097 盲蝽科	*Hyalopeplus*	4														1	1	1	1	1	1	1
22	22097 盲蝽科	*Hyoidea*	2			1																	

目	科	属	种数	昆虫亚区																			
				a	b	c	d	e	f	g	h	i	j	k	l	m	n	o	p	q	r	s	t
22	22097 盲蝽科	*Hypseloecus*	3			1		1									1						1
22	22097 盲蝽科	*Isabel*	2										1	1	1			1	1		1		
22	22097 盲蝽科	*Itacorides*	1															1					
22	22097 盲蝽科	*Ix*	1																				
22	22097 盲蝽科	*Labops*	3			1																	
22	22097 盲蝽科	*Lasiomiris*	3												1	1		1	1	1	1	1	
22	22097 盲蝽科	*Leptopterna*	4			1	1		1														
22	22097 盲蝽科	*Leucodellus*	1																				
22	22097 盲蝽科	*Liistonotus*	2						1					1	1	1	1			1			
22	22097 盲蝽科	*Liocoridea*	2										1	1			1						
22	22097 盲蝽科	*Loristes*	1			1																	
22	22097 盲蝽科	*Lygidea*	1			1																	
22	22097 盲蝽科	*Lygocorides*	2											1							1		
22	22097 盲蝽科	*Lygocoris*	20			1		1	1	1				1	1	1	1	1	1	1	1	1	
22	22097 盲蝽科	*Lygus*	34	1	1	1	1	1	1	1	1	1	1	1	1	1	1	1	1		1		
22	22097 盲蝽科	*Macrolonius*	1															1		1			
22	22097 盲蝽科	*Macrolygus*	2											1			1						
22	22097 盲蝽科	*Macrotylus*	2			1	1	1															
22	22097 盲蝽科	*Malatasta*	1															1					
22	22097 盲蝽科	*Mansoniella*	13										1	1	1	1		1	1	1	1	1	1
22	22097 盲蝽科	*Marshalliella*	1															1					
22	22097 盲蝽科	*Maurodactylus*	1				1																
22	22097 盲蝽科	*Mecistoscollis*	1																	1	1		
22	22097 盲蝽科	*Mecomma*	5				1							1		1							
22	22097 盲蝽科	*Megacoelum*	6						1					1	1			1	1	1	1	1	
22	22097 盲蝽科	*Melanotrichus*	1																				
22	22097 盲蝽科	*Mermitelocerus*	1			1		1						1									
22	22097 盲蝽科	*Metasequoiamiris*	3											1	1						1		
22	22097 盲蝽科	*Michailocoris*	1												1								
22	22097 盲蝽科	*Miris*	1																				
22	22097 盲蝽科	*Monalocoris*	5			1							1	1	1	1	1		1	1	1	1	
22	22097 盲蝽科	*Monosynamma*	1																				
22	22097 盲蝽科	*Myrmecophyes*	1			1																	
22	22097 盲蝽科	*Myrmecoris*	1			1	1																
22	22097 盲蝽科	*Mystilus*	1																		1	1	1
22	22097 盲蝽科	*Nasocoris*	1				1																
22	22097 盲蝽科	*Neolygus*	37	1		1		1	1				1	1	1	1	1	1	1	1	1	1	
22	22097 盲蝽科	*Nicostratus*	1																				1
22	22097 盲蝽科	*Notostira*	3	1		1	1	1						1			1						
22	22097 盲蝽科	*Oncotylus*	1																				
22	22097 盲蝽科	*Onomaus*	3										1	1	1						1		
22	22097 盲蝽科	*Orientomiris*	10										1	1	1	1			1		1	1	
22	22097 盲蝽科	*Orthocephalus*	2			1		1	1					1	1								
22	22097 盲蝽科	*Ortholylus*	2				1																
22	22097 盲蝽科	*Orthops*	7	1	1	1	1	1						1	1	1	1				1	1	
22	22097 盲蝽科	*Orthotylus*	17			1	1	1	1					1					1				
22	22097 盲蝽科	*Pachypeltis*	4											1	1					1	1	1	1
22	22097 盲蝽科	*Pantilius*	2						1					1		1							
22	22097 盲蝽科	*Paracyphodema*	1								1			1	1		1						
22	22097 盲蝽科	*Paramiridius*	1															1					
22	22097 盲蝽科	*paranix*	1																		1		
22	22097 盲蝽科	*parapachypeltis*	1																			1	
22	22097 盲蝽科	*Parapantilius*	2						1				1	1	1					1			
22	22097 盲蝽科	*Peltidolygus*	1															1				1	
22	22097 盲蝽科	*Peritropis*	1															1					
22	22097 盲蝽科	*Phaeochiton*	2			1	1																

目	科	属	种数	昆虫亚区																				
				a	b	c	d	e	f	g	h	i	j	k	l	m	n	o	p	q	r	s	t
22	22097 盲蝽科	*Philostephanus*	1																				
22	22097 盲蝽科	*Phoenicocoris*	1							1													
22	22097 盲蝽科	*Phylus*	2											1		1							
22	22097 盲蝽科	*Phyticoridea*	1												1								
22	22097 盲蝽科	*Phytocoris*	39		1	1	1	1	1			1	1	1	1	1	1	1	1		1		
22	22097 盲蝽科	*Pilophorus*	20			1	1	1	1	1					1		1			1	1	1		1
22	22097 盲蝽科	*Pinalitus*	7			1	1	1		1				1	1		1				1		
22	22097 盲蝽科	*Plagiognathus*	19			1	1	1	1	1			1	1	1								1
22	22097 盲蝽科	*Plesiodema*	1		1																		
22	22097 盲蝽科	*Polymerus*	10	1		1	1	1	1			1		1	1	1		1					
22	22097 盲蝽科	*Poppiocapsidea*	1																	1			
22	22097 盲蝽科	*Proboscidocoris*	3										1	1		1	1	1	1	1	1	1	1
22	22097 盲蝽科	*Prodromopsis*	1																	1			
22	22097 盲蝽科	*Prodromus*	2											1				1				1	1
22	22097 盲蝽科	*Prolygus*	5																	1	1	1	1
22	22097 盲蝽科	*Psallus*	22			1	1	1	1				1										
22	22097 盲蝽科	*Pseudodoniella*	1																	1			
22	22097 盲蝽科	*Pseudoloxops*	2				1																1
22	22097 盲蝽科	*Pycnofurius*	1																1				
22	22097 盲蝽科	*Ragwelellus*	1																		1	1	1
22	22097 盲蝽科	*Reuteriola*	1																				
22	22097 盲蝽科	*Reuterista*	1		1																		
22	22097 盲蝽科	*Rhabdomiris*	2					1	1														
22	22097 盲蝽科	*Rhopaliseschatus*	1																				
22	22097 盲蝽科	*Rubrocuneocoris*	1												1								
22	22097 盲蝽科	*Sabactiopus*	1											1	1					1	1	1	1
22	22097 盲蝽科	*Sacculifer*	1				1																
22	22097 盲蝽科	*Salicarus*	1					1															
22	22097 盲蝽科	*Salignus*	2					1	1					1		1	1	1					
22	22097 盲蝽科	*Scirtellus*	4					1															
22	22097 盲蝽科	*Sejanus*	1																				
22	22097 盲蝽科	*Sinevia*	1												1			1					
22	22097 盲蝽科	*Solenoxyphus*	1					1															
22	22097 盲蝽科	*Stenodema*	30	1	1	1	1	1	1	1	1	1	1	1	1	1	1	1	1		1		
22	22097 盲蝽科	*Stenotus*	6			1		1					1		1		1		1	1	1		
22	22097 盲蝽科	*Stethoconus*	2								1			1	1						1		
22	22097 盲蝽科	*Sthenaropsis*	1				1		1														
22	22097 盲蝽科	*Sthenarus*	4																				
22	22097 盲蝽科	*Strictotergum*	1																		1		
22	22097 盲蝽科	*Strongylocoris*	2			1		1															
22	22097 盲蝽科	*Tailorilygus*	2										1	1	1	1	1	1	1	1	1	1	
22	22097 盲蝽科	*Taiwaniella*	1																	1			
22	22097 盲蝽科	*Taylorilygus*	1											1			1						
22	22097 盲蝽科	*Tenodema*	1																		1	1	
22	22097 盲蝽科	*Teratocoris*	2			1				1	1												
22	22097 盲蝽科	*Termatophylum*	2										1	1	1		1						
22	22097 盲蝽科	*Tinginotopsis*	1																	1			
22	22097 盲蝽科	*Tinginotum*	4						1					1	1					1	1	1	1
22	22097 盲蝽科	*Tolongia*	1																	1	1	1	
22	22097 盲蝽科	*Trigonotylus*	11	1	1	1	1	1	1	1		1	1	1	1	1	1		1	1	1	1	1
22	22097 盲蝽科	*Tuponia*	10				1	1	1		1												
22	22097 盲蝽科	*Turnebiella*	1																	1			
22	22097 盲蝽科	*Tyraquellus*	1																	1			
22	22097 盲蝽科	*Tytthus*	1																	1			
22	22097 盲蝽科	*Ulmocyllus*	1				1		1														
22	22097 盲蝽科	*Wygomiris*	3																			1	1

目	科	属	种数	a	b	c	d	e	f	g	h	i	j	k	l	m	n	o	p	q	r	s	t
22	22097 盲蝽科	*Zanchius*	10				1							1				1		1	1		1
22	22097 盲蝽科	*Zonodoropsis*	2																1				
22	22098 树蝽科	*Isometopus*	9				1							1	1				1		1	1	1
22	22098 树蝽科	*Letaba*	1													1							
22	22098 树蝽科	*Myiomma*	1											1									
22	22098 树蝽科	*Paraletaba*	2										1	1								1	
22	22098 树蝽科	*Sophianus*	1																			1	
22	22099 网蝽科	*Abdastartus*	1																1				
22	22099 网蝽科	*Acalypta*	3			1		1										1					
22	22099 网蝽科	*Aconchus*	1															1			1	1	
22	22099 网蝽科	*Aeipeplus*	1																		1		
22	22099 网蝽科	*Agramma*	10			1	1	1		1				1		1			1	1	1		1
22	22099 网蝽科	*Ammianus*	3																		1	1	1
22	22099 网蝽科	*Aphelotingis*	1																		1	1	
22	22099 网蝽科	*Baeochila*	3																		1	1	1
22	22099 网蝽科	*Belenus*	2																		1	1	1
22	22099 网蝽科	*Campylosteira*	1																				
22	22099 网蝽科	*Cantacader*	5				1					1	1	1	1				1	1	1	1	1
22	22099 网蝽科	*Catoplatus*	1																				
22	22099 网蝽科	*Cochlochila*	3				1			1					1		1		1				
22	22099 网蝽科	*Collinutius*	2							1					1		1						
22	22099 网蝽科	*Compseuta*	1															1					1
22	22099 网蝽科	*Copium*	1									1	1	1	1				1	1		1	
22	22099 网蝽科	*Corythucha*	2				1				1	1	1	1				1					
22	22099 网蝽科	*Cromerus*	1																				
22	22099 网蝽科	*Cysteochila*	12				1			1				1	1	1	1		1	1	1	1	1
22	22099 网蝽科	*Derephysia*	3			1	1	1		1	1			1									
22	22099 网蝽科	*Diconocoris*	1																		1		
22	22099 网蝽科	*Dictyla*	13	1		1	1	1		1	1			1	1	1				1	1		
22	22099 网蝽科	*Dictyonota*	5			1	1	1						1									
22	22099 网蝽科	*Dulinus*	1										1		1							1	1
22	22099 网蝽科	*Elasmothopis*	1			1		1															
22	22099 网蝽科	*Eteoneus*	3				1					1	1	1	1				1	1	1	1	1
22	22099 网蝽科	*Galeatus*	7	1	1	1	1	1	1	1	1		1	1	1	1	1	1		1	1		1
22	22099 网蝽科	*habrochila*	1																				
22	22099 网蝽科	*Haedus*	1																			1	
22	22099 网蝽科	*Hegesidemus*	1				1	1				1	1	1					1	1			
22	22099 网蝽科	*Hurchila*	2																				1
22	22099 网蝽科	*Ildefonsus*	3												1				1		1		
22	22099 网蝽科	*Jingicoris*	1																				
22	22099 网蝽科	*Lasiacantha*	5			1	1												1	1			
22	22099 网蝽科	*Leptoypha*	2			1	1	1						1		1		1				1	
22	22099 网蝽科	*Lepturga*	2															1		1			
22	22099 网蝽科	*Malala*	1																		1		
22	22099 网蝽科	*Monanthia*	1							1													
22	22099 网蝽科	*Monostira*	1		1		1																
22	22099 网蝽科	*Nobarnus*	1																				
22	22099 网蝽科	*Ogygotingis*	1																				
22	22099 网蝽科	*Oncochila*	1			1	1																
22	22099 网蝽科	*Oncophysa*	1																				
22	22099 网蝽科	*Paracopium*	1																1				
22	22099 网蝽科	*Penottus*	3													1			1				1
22	22099 网蝽科	*Perissonemia*	4													1					1		1
22	22099 网蝽科	*Perrisonemia*	1																1				
22	22099 网蝽科	*Phatnoma*	3																		1	1	1
22	22099 网蝽科	*Physatocheila*	9			1	1		1					1		1			1	1		1	

（续表）

目	科	属	种数	a	b	c	d	e	f	g	h	i	j	k	l	m	n	o	p	q	r	s	t
22	22099 网蝽科	*Serenthia*	1																	1			
22	22099 网蝽科	*Sphaerista*	2			1		1	1														
22	22099 网蝽科	*Stephanitis*	32			1	1	1	1	1		1	1	1	1	1			1	1	1	1	1
22	22099 网蝽科	*Tanytingis*	1																1				
22	22099 网蝽科	*Tingis*	27			1	1	1	1	1			1	1	1	1			1	1		1	
22	22099 网蝽科	*Trachypeplus*	6												1						1	1	
22	22099 网蝽科	*Uhlerites*	3				1				1		1		1				1	1			
22	22099 网蝽科	*Ulonemia*	1																1			1	1
22	22099 网蝽科	*Xenotingis*	1																1				
22	22100 姬蝽科	*Alloeorhynchus*	5																1	1	1	1	1
22	22100 姬蝽科	*Aptus*	1																				
22	22100 姬蝽科	*Arbela*	6				1								1	1			1	1	1	1	
22	22100 姬蝽科	*Aspilaspis*	1	1			1	1															
22	22100 姬蝽科	*Gorpis*	11			1		1	1				1	1	1	1		1			1	1	1
22	22100 姬蝽科	*Halonabis*	2	1	1		1	1															
22	22100 姬蝽科	*Himacerus*	9			1	1	1	1	1		1		1	1	1	1	1			1	1	1
22	22100 姬蝽科	*Himcerus*	1														1						
22	22100 姬蝽科	*Nabicula*	7	1	1	1	1	1	1	1					1		1		1				
22	22100 姬蝽科	*Nabis*	27	1	1	1	1	1	1	1	1	1	1	1	1	1	1	1	1	1	1	1	1
22	22100 姬蝽科	*Philobatus*	1	1	1																		
22	22100 姬蝽科	*Phorticus*	5																		1	1	
22	22100 姬蝽科	*Prostemma*	5					1		1		1		1					1	1		1	
22	22100 姬蝽科	*Reuteronabis*	1													1	1						
22	22100 姬蝽科	*Rhamphocoris*	4												1				1	1			1
22	22100 姬蝽科	*Stalia*	1			1		1															
22	22100 姬蝽科	*Stenonabis*	8									1		1					1	1	1	1	1
22	22101 毛唇花蝽科	*Lasiochilus*	1																	1			
22	22102 细角花蝽科	*Lyctocoris*	4			1	1	1				1	1	1	1				1	1		1	1
22	22103 花蝽科	*Acompocoris*	1			1																	
22	22103 花蝽科	*Almeida*	1																		1		1
22	22103 花蝽科	*Amphiareus*	3				1	1				1	1	1					1	1		1	1
22	22103 花蝽科	*Anthocoris*	39	1	1	1	1	1	1	1	1	1		1	1	1	1	1		1	1		
22	22103 花蝽科	*Bilia*	4											1	1	1		1					1
22	22103 花蝽科	*Blaptostethoides*	1																		1	1	1
22	22103 花蝽科	*Cardiastethus*	4				1						1	1					1	1			1
22	22103 花蝽科	*Dufouriellus*	1				1										1						
22	22103 花蝽科	*Ectemnus*	1																				
22	22103 花蝽科	*Elatophilus*	2			1												1					
22	22103 花蝽科	*Lippomanus*	1																				1
22	22103 花蝽科	*Montandoniola*	1														1	1	1			1	1
22	22103 花蝽科	*Orius*	17	1	1	1	1	1	1	1	1		1	1	1	1	1	1	1		1	1	1
22	22103 花蝽科	*Physopleurella*	1											1		1			1	1			
22	22103 花蝽科	*Scoloposcelis*	3			1				1					1		1		1	1			
22	22103 花蝽科	*Temnostethus*	1			1	1																
22	22103 花蝽科	*Tetraphleps*	7	1		1	1	1							1	1	1						
22	22103 花蝽科	*Wollastoniella*	3												1	1						1	
22	22103 花蝽科	*Xylocoris*	7			1	1	1				1	1	1					1	1	1	1	1
22	22104 臭虫科	*Cimex*	2			1	1	1	1			1	1	1			1					1	1
22	22105 寄蝽科	*Eoctenes*	1																				1
22	22105 寄蝽科	*Polyctenes*	1														1						
22	22106 扁蝽科	*Aneurus*	14									1			1	1			1	1	1	1	1
22	22106 扁蝽科	*Aradus*	20	1		1	1	1	1	1		1	1	1		1	1	1	1				1
22	22106 扁蝽科	*Arbanatus*	5												1			1			1	1	1
22	22106 扁蝽科	*Arictus*	2																		1	1	1
22	22106 扁蝽科	*Artabanus*	4														1						1
22	22106 扁蝽科	*Brachyrhynchus*	3								1						1	1	1				1

目	科	属	种数	a	b	c	d	e	f	g	h	i	j	k	l	m	n	o	p	q	r	s	t
22	22106 扁蝽科	*Bracinas*	1															1					
22	22106 扁蝽科	*Carventus*	3																	1			1
22	22106 扁蝽科	*Chiastoplonia*	2													1			1				
22	22106 扁蝽科	*Daulocoris*	5																1	1	1	1	1
22	22106 扁蝽科	*Dimorphacantha*	2																		1		
22	22106 扁蝽科	*Dolichothyreus*	1																				1
22	22106 扁蝽科	*Mezira*	22		1							1	1	1	1		1	1	1	1	1	1	1	1
22	22106 扁蝽科	*Neuroctenus*	18		1	1	1	1					1	1	1	1	1	1	1	1	1	1	1
22	22106 扁蝽科	*Odontonotus*	4																1	1	1		1
22	22106 扁蝽科	*Pseudoartabanus*	2																1				
22	22106 扁蝽科	*Usingerida*	6											1			1		1				
22	22106 扁蝽科	*Wuiessa*	5											1				1			1	1	1
22	22106 扁蝽科	*Yangiella*	1										1					1					
22	22107 跷蝽科	*Berytinus*	3			1		1	1														
22	22107 跷蝽科	*Capyella*	2															1			1	1	1
22	22107 跷蝽科	*Gampsocoris*	2				1					1	1	1	1	1				1	1	1	1	1
22	22107 跷蝽科	*Metacanthus*	5				1																
22	22107 跷蝽科	*Metatropis*	6				1	1				1	1	1	1	1	1				1	1	
22	22107 跷蝽科	*Neides*	2			1	1						1	1	1								
22	22107 跷蝽科	*Paraberytus*	1																		1		
22	22107 跷蝽科	*Parayemma*	1																		1		
22	22107 跷蝽科	*Pneustocerus*	1												1								
22	22107 跷蝽科	*Yemma*	2				1					1	1	1	1	1		1	1		1		1
22	22107 跷蝽科	*Yemmalysus*	1										1		1						1	1	1
22	22108 束蝽科	*Phaenacantha*	6									1			1				1	1	1	1	1
22	22108 束蝽科	*Symphylax*	1																		1		
22	22109 长蝽科	*Acanthocrompus*	1																				1
22	22109 长蝽科	*Acompus*	1			1																	
22	22109 长蝽科	*Aethalotus*	3										1	1					1			1	1	1
22	22109 长蝽科	*Aphanus*	1																				
22	22109 长蝽科	*Appolonius*	1																		1		
22	22109 长蝽科	*Aradacrates*	1																		1		
22	22109 长蝽科	*Arocatus*	5				1	1					1	1	1				1	1	1		1
22	22109 长蝽科	*Artemidorus*	1																		1	1	
22	22109 长蝽科	*Artheneis*	1	1		1	1	1			1												
22	22109 长蝽科	*Aspilocoryphus*	2												1	1	1	1					1
22	22109 长蝽科	*Auchenodes*	1						1														
22	22109 长蝽科	*Baeocoris*	1																		1		
22	22109 长蝽科	*Bianchiella*	1					1				1											
22	22109 长蝽科	*Blissus*	2												1				1			1	
22	22109 长蝽科	*Botocudo*	6					1					1		1	1	1		1	1	1		
22	22109 长蝽科	*bryanellocoris*	1									1			1	1	1		1	1			
22	22109 长蝽科	*Caenocoris*	4												1						1	1	1
22	22109 长蝽科	*Camptotelus*	2								1				1		1		1				
22	22109 长蝽科	*Camtotelus*	1			1																	
22	22109 长蝽科	*Caridops*	5									1	1	1	1	1			1		1	1	
22	22109 长蝽科	*Cavelerius*	2									1							1	1	1		
22	22109 长蝽科	*Chauliops*	4				1					1	1	1	1	1	1		1	1	1	1	1
22	22109 长蝽科	*Cymoninus*	3																1	1	1	1	
22	22109 长蝽科	*Cymus*	7			1								1					1	1	1	1	1
22	22109 长蝽科	*Dieuches*	12									1	1	1	1	1	1		1	1	1	1	1
22	22109 长蝽科	*Dimorphopterus*	13			1	1	1				1	1		1	1	1		1	1	1	1	1
22	22109 长蝽科	*Diniella*	5									1	1	1	1				1	1	1	1	1
22	22109 长蝽科	*Dinomachus*	2																		1	1	1
22	22109 长蝽科	*Diomphalus*	2	1							1												
22	22109 长蝽科	*Drymus*	5			1	1	1						1		1	1	1					

目	科	属	种数	a	b	c	d	e	f	g	h	i	j	k	l	m	n	o	p	q	r	s	t
22	22109 长蝽科	*Elasmolomus*	2												1					1	1	1	1
22	22109 长蝽科	*Embletis*	8	1		1	1	1			1			1		1							
22	22109 长蝽科	*Emphanisis*	6						1					1	1	1	1						
22	22109 长蝽科	*Engistus*	1				1																
22	22109 长蝽科	*Entisherus*	3											1	1	1		1			1	1	
22	22109 长蝽科	*Equatoburosa*	1																				
22	22109 长蝽科	*Eremocoris*	2					1						1	1	1	1						
22	22109 长蝽科	*Eucosmetus*	7									1		1	1		1	1	1	1	1	1	1
22	22109 长蝽科	*Gastrodes*	6	1				1						1	1	1			1			1	
22	22109 长蝽科	*Geocoris*	26	1	1	1	1	1	1		1	1	1	1	1	1	1	1	1	1	1	1	1
22	22109 长蝽科	*Graptostethus*	3												1						1	1	1
22	22109 长蝽科	*Harmostica*	2																				1
22	22109 长蝽科	*Henestaris*	1	1		1	1	1															
22	22109 长蝽科	*Heterogaster*	5	1		1	1					1	1	1	1		1						
22	22109 长蝽科	*Hexatrichocoris*	1													1							
22	22109 长蝽科	*Holcocranum*	1				1																
22	22109 长蝽科	*Horridipamera*	3				1					1	1		1	1		1	1	1	1	1	1
22	22109 长蝽科	*Humilocoris*	1																				
22	22109 长蝽科	*Hyalocoris*	2	1			1																
22	22109 长蝽科	*Hypogeocoris*	1			1	1																
22	22109 长蝽科	*Iphicrates*	4															1	1		1	1	
22	22109 长蝽科	*Ischnocoris*	2	1				1															
22	22109 长蝽科	*Ischnodemus*	4			1							1		1			1	1	1	1	1	
22	22109 长蝽科	*Jakowleffia*	1	1	1	1	1	1															
22	22109 长蝽科	*Kanigera*	2										1			1		1					
22	22109 长蝽科	*Kleidocerys*	1	1		1	1	1					1										
22	22109 长蝽科	*Lamprodema*	3	1	1	1	1			1													
22	22109 长蝽科	*Lamproplax*	1																1				
22	22109 长蝽科	*Leptodemus*	1				1																
22	22109 长蝽科	*Lethaeaster*	1																			1	
22	22109 长蝽科	*Lethaeastroides*	2																		1	1	
22	22109 长蝽科	*Ligyrocoris*	1			1	1	1							1								
22	22109 长蝽科	*Lygaeosoma*	7	1					1											1			
22	22109 长蝽科	*Lygaeus*	15	1	1	1	1	1	1	1	1	1	1	1	1	1	1	1	1	1			1
22	22109 长蝽科	*Macropes*	16									1	1	1	1		1	1		1	1	1	1
22	22109 长蝽科	*Megalonotus*	1			1	1																
22	22109 长蝽科	*Melanocoryphus*	2																				
22	22109 长蝽科	*Metochus*	5									1	1	1	1				1	1	1	1	1
22	22109 长蝽科	*Metopoplax*	1	1																			
22	22109 长蝽科	*Microplax*	1	1			1																
22	22109 长蝽科	*Mizaldus*	1																		1	1	
22	22109 长蝽科	*Narbo*	1																		1		
22	22109 长蝽科	*naudarensia*	1																				
22	22109 长蝽科	*Neolethaeus*	4					1					1	1	1	1		1	1		1	1	1
22	22109 长蝽科	*Nerthus*	1									1	1	1				1	1		1	1	
22	22109 长蝽科	*Ninomimus*	1									1	1	1	1	1		1			1		
22	22109 长蝽科	*Ninus*	1															1			1	1	1
22	22109 长蝽科	*Nysius*	12			1	1	1	1	1	1	1	1	1	1	1	1	1	1		1	1	
22	22109 长蝽科	*Oncopeltus*	2																		1	1	1
22	22109 长蝽科	*Opistholeptus*	1												1							1	1
22	22109 长蝽科	*Orieotrechus*	1																		1		
22	22109 长蝽科	*Orsillus*	1																				
22	22109 长蝽科	*Orthaea*	1																				
22	22109 长蝽科	*Ortholomus*	2	1		1	1	1															
22	22109 长蝽科	*Oxycarenus*	9	1			1	1			1	1	1	1	1	1		1		1	1	1	1
22	22109 长蝽科	*pachybrachius*	4			1							1	1						1	1	1	1

目	科	属	种数	a	b	c	d	e	f	g	h	i	j	k	l	m	n	o	p	q	r	s	t
22	22109 长蝽科	*Pachycephalus*	1																				
22	22109 长蝽科	*Pachygrontha*	9			1						1	1	1	1	1	1	1	1	1	1	1	1
22	22109 长蝽科	*Pachyphlegyas*	1																	1			1
22	22109 长蝽科	*Pamerana*	2												1	1			1	1			
22	22109 长蝽科	*Pamerarma*	3					1				1	1						1	1	1	1	1
22	22109 长蝽科	*Panaorus*	3										1										
22	22109 长蝽科	*Paradieuches*	1									1		1	1	1			1		1		
22	22109 长蝽科	*Paraeucosmetus*	6											1	1	1		1	1	1	1	1	1
22	22109 长蝽科	*Parahyginus*	1															1					
22	22109 长蝽科	*Paranysius*	1																				
22	22109 长蝽科	*Paraparomius*	1															1					
22	22109 长蝽科	*Paraporta*	1									1	1		1			1			1		
22	22109 长蝽科	*Paromius*	4										1	1	1	1	1		1	1	1	1	1
22	22109 长蝽科	*Peritrechus*	2	1		1	1																
22	22109 长蝽科	*Pionosomus*	1			1																	
22	22109 长蝽科	*Pirkimerus*	2									1	1	1	1			1					
22	22109 长蝽科	*Plinthisus*	7			1	1	1							1	1					1	1	
22	22109 长蝽科	*Poeantius*	2													1					1	1	1
22	22109 长蝽科	*Potamiaea*	1														1				1	1	
22	22109 长蝽科	*Primierus*	3									1			1	1	1	1			1		
22	22109 长蝽科	*Prosomoeus*	3												1	1			1	1	1	1	
22	22109 长蝽科	*Pseudopachybrachius*	1												1				1	1	1	1	
22	22109 长蝽科	*Pterotmetus*	1			1		1															
22	22109 长蝽科	*Pylorgus*	7										1	1	1		1	1			1	1	1
22	22109 长蝽科	*Raglius*	1			1																	
22	22109 长蝽科	*Reclada*	1																		1		
22	22109 长蝽科	*Rhyparochromus*	9	1		1	1	1	1	1			1	1	1	1					1	1	1
22	22109 长蝽科	*Rhyparothesus*	2												1						1		1
22	22109 长蝽科	*Scolopostethus*	5				1	1					1	1		1	1	1			1		
22	22109 长蝽科	*Siniasinensis*	1																		1		
22	22109 长蝽科	*Sinorsillus*	1										1	1	1	1			1			1	
22	22109 长蝽科	*Sphragisticus*	1	1		1		1															
22	22109 长蝽科	*Spilocoryphus*	1																				
22	22109 长蝽科	*Spilostechus*	2										1	1	1	1			1	1	1	1	1
22	22109 长蝽科	*Stenophyella*	1															1					1
22	22109 长蝽科	*Stigmatonotum*	3			1							1	1	1	1	1	1			1	1	
22	22109 长蝽科	*Stygnocoris*	2	1		1																	
22	22109 长蝽科	*Thebanus*	1																		1		
22	22109 长蝽科	*Thunbergia*	1												1				1				
22	22109 长蝽科	*Togo*	1																				
22	22109 长蝽科	*Trapezonotus*	4	1				1							1	1	1						
22	22109 长蝽科	*Trichodrymus*	2												1	1	1						
22	22109 长蝽科	*Tropidothorax*	6				1	1			1	1	1	1			1	1	1	1	1	1	1
22	22109 长蝽科	*Usilanus*	2																		1		1
22	22109 长蝽科	*Vertomannus*	5										1	1	1	1		1			1		
22	22110 束长蝽科	*Malcus*	20				1						1	1	1	1	1	1	1	1	1	1	1
22	22111 皮蝽科	*Piesma*	16	1	1	1	1	1	1					1	1								1
22	22112 红蝽科	*Antilochus*	3											1			1		1	1	1	1	1
22	22112 红蝽科	*Armatillus*	1																		1		
22	22112 红蝽科	*Ascopus*	2																		1		
22	22112 红蝽科	*Dermatinus*	1																				
22	22112 红蝽科	*Dindymus*	5											1	1	1			1	1	1	1	1
22	22112 红蝽科	*Dysdercus*	8									1	1	1	1		1	1	1	1	1	1	1
22	22112 红蝽科	*Ectatops*	2																		1	1	1
22	22112 红蝽科	*Euryophthalmus*	1																				

目	科	属	种数	a	b	c	d	e	f	g	h	i	j	k	l	m	n	o	p	q	r	s	t
22	22112 红蝽科	*Euscopus*	3											1	1	1			1	1	1	1	
22	22112 红蝽科	*Leptophthalmus*	1															1					
22	22112 红蝽科	*Melamphanus*	2														1			1			
22	22112 红蝽科	*Odontopus*	1																	1			
22	22112 红蝽科	*Pyrrhocoris*	7	1		1	1	1	1	1		1	1	1	1	1	1		1			1	
22	22112 红蝽科	*Pyrrhopeplus*	3									1	1	1	1	1	1		1		1	1	
22	22112 红蝽科	*Scanthius*	1															1					
22	22112 红蝽科	*Scantius*	1																				
22	22113 大红蝽科	*Iphita*	2																		1		1
22	22113 大红蝽科	*Macroceroea*	1														1				1		1
22	22113 大红蝽科	*Physopelta*	7				1	1				1	1	1	1	1	1	1	1	1	1	1	1
22	22114 蛛缘蝽科	*Acestra*	2												1						1	1	1
22	22114 蛛缘蝽科	*Alydus*	3	1		1	1	1	1	1			1			1	1	1					
22	22114 蛛缘蝽科	*Anacestra*	2										1	1	1			1					1
22	22114 蛛缘蝽科	*Camptopus*	2	1							1												
22	22114 蛛缘蝽科	*Daclera*	1										1							1	1	1	1
22	22114 蛛缘蝽科	*Distachys*	1										1		1					1	1	1	
22	22114 蛛缘蝽科	*Grypocephalus*	1										1							1	1		
22	22114 蛛缘蝽科	*Leptocorisa*	8				1	1				1	1	1	1			1	1	1	1	1	1
22	22114 蛛缘蝽科	*Marcius*	7										1							1	1	1	1
22	22114 蛛缘蝽科	*Megalotomus*	4	1		1	1	1		1			1			1							
22	22114 蛛缘蝽科	*Miriperus*	1										1										
22	22114 蛛缘蝽科	*Mutusca*	1										1						1			1	1
22	22114 蛛缘蝽科	*Paramarcius*	1									1	1			1							
22	22114 蛛缘蝽科	*Riptortus*	4			1		1	1	1		1	1	1	1	1	1	1	1	1	1	1	1
22	22115 缘蝽科	*Acanthocoris*	3				1					1	1	1	1	1	1	1	1	1	1	1	1
22	22115 缘蝽科	*Anhomoeus*	1									1									1	1	
22	22115 缘蝽科	*Anoplocnemis*	4			1		1				1	1	1	1	1	1	1	1	1	1	1	1
22	22115 缘蝽科	*Arenocoris*	1																				
22	22115 缘蝽科	*Aurelianus*	1																				
22	22115 缘蝽科	*Austrocoris*	1																				
22	22115 缘蝽科	*Barbaranus*	1																				
22	22115 缘蝽科	*Bloetecoris*	1																				
22	22115 缘蝽科	*Centrocoris*	2	1	1	1	1																
22	22115 缘蝽科	*Chariesterus*	1																			1	
22	22115 缘蝽科	*Chinadasynus*	1																	1			
22	22115 缘蝽科	*Clavigralla*	5									1			1				1	1	1	1	1
22	22115 缘蝽科	*Clavigralloides*	2										1	1	1		1	1					
22	22115 缘蝽科	*Cletomorpha*	3												1						1	1	1
22	22115 缘蝽科	*Cletus*	8			1		1				1	1	1	1	1	1	1	1	1	1	1	1
22	22115 缘蝽科	*Cloresmus*	4											1			1	1	1		1	1	1
22	22115 缘蝽科	*Colpura*	1																				
22	22115 缘蝽科	*Cordyscelis*	1												1		1			1			
22	22115 缘蝽科	*Coreus*	3	1		1		1	1			1			1	1	1		1				
22	22115 缘蝽科	*Coriomeris*	5	1	1	1	1	1	1	1	1	1	1	1	1		1						
22	22115 缘蝽科	*Dalader*	4				1						1		1		1		1	1	1	1	
22	22115 缘蝽科	*Dasynopsis*	2												1						1	1	
22	22115 缘蝽科	*Dasynus*	2																			1	
22	22115 缘蝽科	*Derepteryx*	4			1				1		1	1	1	1	1	1	1		1	1		
22	22115 缘蝽科	*Elasmonia*	1																				
22	22115 缘蝽科	*Enoplops*	2		1	1	1																
22	22115 缘蝽科	*Eohydara*	1												1					1			
22	22115 缘蝽科	*Fabrictilis*	1																		1		
22	22115 缘蝽科	*Fracastorius*	1												1					1			
22	22115 缘蝽科	*Gonocerus*	4									1	1	1	1	1	1		1		1	1	
22	22115 缘蝽科	*Haploprocta*	2	1			1																

目	科	属	种数	a	b	c	d	e	f	g	h	i	j	k	l	m	n	o	p	q	r	s	t
22	22115 缘蝽科	*Helcomeria*	1														1				1	1	
22	22115 缘蝽科	*Homoeocerus*	37			1		1				1	1	1	1	1	1	1	1	1	1	1	1
22	22115 缘蝽科	*Hoplolomia*	1																				
22	22115 缘蝽科	*Hydarella*	2												1						1		
22	22115 缘蝽科	*Hydaropsis*	1																		1		
22	22115 缘蝽科	*Hygia*	27				1					1	1	1	1	1	1	1	1	1	1	1	1
22	22115 缘蝽科	*Leptoglossus*	1																	1	1		1
22	22115 缘蝽科	*Manocoreus*	6									1	1		1	1	1	1	1		1	1	
22	22115 缘蝽科	*Mecocnemis*	1												1						1		1
22	22115 缘蝽科	*Mictiopsis*	1												1								
22	22115 缘蝽科	*Mictis*	7									1	1	1	1		1				1	1	
22	22115 缘蝽科	*Molipteryx*	1										1										
22	22115 缘蝽科	*Mygdomia*	1																			1	
22	22115 缘蝽科	*Myla*	2												1						1		
22	22115 缘蝽科	*Notobitiella*	1														1				1		
22	22115 缘蝽科	*Notobitus*	6									1	1	1	1	1	1	1			1	1	1
22	22115 缘蝽科	*Notopteryx*	4										1		1						1	1	1
22	22115 缘蝽科	*Ochrochira*	11				1	1				1	1	1	1	1	1	1			1	1	1
22	22115 缘蝽科	*Paradasynus*	4										1						1	1	1	1	1
22	22115 缘蝽科	*Paramictis*	1												1		1				1	1	
22	22115 缘蝽科	*Pendulinus*	2																1				
22	22115 缘蝽科	*Petillocoris*	1																		1		
22	22115 缘蝽科	*Petillopsis*	2												1		1				1		
22	22115 缘蝽科	*Physomerus*	1										1	1	1						1	1	1
22	22115 缘蝽科	*Plinachtus*	4				1	1				1	1	1	1		1				1	1	1
22	22115 缘蝽科	*Prionolomia*	4									1	1	1	1		1						
22	22115 缘蝽科	*Pseudomictis*	4						1				1				1				1	1	1
22	22115 缘蝽科	*Psilocoris*	1																		1		
22	22115 缘蝽科	*Pterygomia*	7									1	1	1	1	1	1				1	1	1
22	22115 缘蝽科	*Rhamnomina*	1									1	1	1	1	1	1				1	1	1
22	22115 缘蝽科	*Sinodasynus*	3												1	1			1	1	1	1	1
22	22115 缘蝽科	*Sinotagus*	2												1	1	1						
22	22115 缘蝽科	*Spathocera*	1			1	1																
22	22115 缘蝽科	*Trematocoris*	3										1					1	1		1		
22	22115 缘蝽科	*Ulmicola*	1			1																	
22	22116 姬缘蝽科	*Aeschyntelus*	9	1		1	1	1	1			1	1	1	1	1	1	1					
22	22116 姬缘蝽科	*Agraphorus*	3			1															1		
22	22116 姬缘蝽科	*Brachyrenus*	1	1	1	1	1	1	1	1				1									
22	22116 姬缘蝽科	*Chrorosoma*	2	1		1	1	1						1									
22	22116 姬缘蝽科	*Corizus*	4	1		1	1	1	1	1	1			1	1	1							
22	22116 姬缘蝽科	*Leptoceraea*	1	1	1																		
22	22116 姬缘蝽科	*Liorhyssus*	1	1		1						1	1	1	1	1					1	1	1
22	22116 姬缘蝽科	*Maccevethus*	1	1																			
22	22116 姬缘蝽科	*Myrmus*	4			1	1	1															
22	22116 姬缘蝽科	*Serinetha*	4															1			1	1	1
22	22116 姬缘蝽科	*Stictopleurus*	8	1	1	1	1	1	1		1	1	1	1	1	1	1	1	1		1		
22	22117 狭蝽科	*Dicranocephalus*	5	1		1	1	1		1				1		1							
22	22118 异蝽科	*Bannacoris*	1																		1	1	
22	22118 异蝽科	*Tessaromerus*	5				1	1						1	1	1	1						
22	22118 异蝽科	*Urochela*	38			1	1	1	1	1		1		1	1	1	1	1	1		1	1	1
22	22118 异蝽科	*Urochelus*	1																1		1		
22	22118 异蝽科	*Urolabida*	41				1					1		1	1	1	1				1	1	1
22	22118 异蝽科	*Urostylis*	49			1		1		1		1		1	1	1	1	1	1	1	1	1	1
22	22119 同蝽科	*Acanthosoma*	30	1		1	1		1	1	1	1	1	1	1	1	1	1			1	1	1
22	22119 同蝽科	*Anaxandra*	12									1	1	1	1	1	1	1	1	1	1	1	1
22	22119 同蝽科	*Cyphostethus*	2				1								1		1				1		

目	科	属	种数	a	b	c	d	e	f	g	h	i	j	k	l	m	n	o	p	q	r	s	t
22	22119 同蝽科	*Dichobothrium*	1									1	1		1		1	1	1		1	1	
22	22119 同蝽科	*Elasmostethus*	8			1	1	1	1				1	1	1		1		1	1	1		
22	22119 同蝽科	*Elasmucha*	37			1	1	1	1	1		1	1	1	1	1	1	1	1		1	1	1
22	22119 同蝽科	*Lindbergicoris*	7						1					1		1		1					
22	22119 同蝽科	*Microreterus*	2																			1	1
22	22119 同蝽科	*Platacantha*	10				1	1	1		1		1	1	1	1	1		1				
22	22119 同蝽科	*Sastragala*	9				1	1				1	1	1	1	1	1	1	1	1	1	1	1
22	22120 土蝽科	*Adomerus*	5		1	1	1	1	1		1		1	1			1						
22	22120 土蝽科	*Adrisa*	3				1				1	1	1	1	1		1	1	1	1	1		
22	22120 土蝽科	*Aethus*	8			1	1	1				1	1	1		1	1	1	1	1	1	1	
22	22120 土蝽科	*Byrsinus*	2							1													
22	22120 土蝽科	*Chilocoris*	4										1	1	1		1	1	1		1		
22	22120 土蝽科	*Crocistethus*	1													1							
22	22120 土蝽科	*Cydnus*	3				1														1		
22	22120 土蝽科	*Fromundus*	1					1						1									
22	22120 土蝽科	*Garsauria*	1																				1
22	22120 土蝽科	*Geotomus*	7				1	1				1	1	1	1		1	1	1	1	1	1	1
22	22120 土蝽科	*Lactistes*	2				1					1		1	1			1					
22	22120 土蝽科	*Macroscytus*	5					1	1			1	1	1	1	1		1	1	1	1		1
22	22120 土蝽科	*Neostibaropus*	1														1						
22	22120 土蝽科	*Peltoxys*	2																		1		
22	22120 土蝽科	*Sehirus*	3	1		1	1	1		1		1	1	1		1							
22	22120 土蝽科	*Shansia*	1					1															
22	22120 土蝽科	*Stibaropus*	2			1	1	1	1			1		1			1						
22	22121 龟蝽科	*Aponsila*	2											1	1		1	1				1	1
22	22121 龟蝽科	*Brachyplatys*	9									1	1	1	1		1	1	1	1		1	
22	22121 龟蝽科	*Calacta*	1														1				1		
22	22121 龟蝽科	*Coptosoma*	57			1		1	1	1		1	1	1	1	1	1	1	1	1	1	1	1
22	22121 龟蝽科	*Megacopta*	26				1	1				1	1	1	1	1	1	1	1	1	1	1	1
22	22121 龟蝽科	*Neotiarocoris*	1												1								
22	22121 龟蝽科	*Oncylaspis*	1																				
22	22121 龟蝽科	*Paracopta*	4										1		1			1			1	1	
22	22121 龟蝽科	*Phyllomegacopta*	2														1						1
22	22121 龟蝽科	*Ponsilasia*	2												1					1	1	1	
22	22121 龟蝽科	*Tarichea*	1										1	1	1			1			1		
22	22121 龟蝽科	*Tiarocoris*	1															1					
22	22122 盾蝽科	*Brachyaulax*	1										1		1		1	1	1	1			
22	22122 盾蝽科	*Calliphara*	3														1	1	1				
22	22122 盾蝽科	*Calliscyta*	1																				1
22	22122 盾蝽科	*Cantao*	1									1	1		1		1	1	1	1	1	1	
22	22122 盾蝽科	*Chrysocoris*	16						1			1	1	1	1	1	1	1	1	1	1	1	1
22	22122 盾蝽科	*Cosmocoris*	1																				
22	22122 盾蝽科	*Eurygaster*	4	1		1	1	1	1		1	1	1	1	1		1						
22	22122 盾蝽科	*Hotea*	1									1	1		1		1	1					
22	22122 盾蝽科	*Hyperoncus*	2									1	1	1	1	1	1	1	1	1	1	1	1
22	22122 盾蝽科	*Irochrotus*	4	1	1	1	1	1	1	1			1		1	1							
22	22122 盾蝽科	*Lamprocoris*	3									1	1	1	1	1	1	1	1	1	1	1	
22	22122 盾蝽科	*Odontoscelis*	1				1	1															
22	22122 盾蝽科	*Phimodera*	13			1	1	1		1													
22	22122 盾蝽科	*Poecilocoris*	16			1		1				1	1	1	1	1	1	1	1	1	1	1	
22	22122 盾蝽科	*Scutellera*	3									1			1		1						
22	22122 盾蝽科	*Solenostedium*	3										1				1	1	1	1	1	1	1
22	22122 盾蝽科	*Tectocoris*	1																				
22	22122 盾蝽科	*Tetrathria*	2														1				1	1	1
22	22123 兜蝽科	*Aspongopus*	8							1		1	1	1	1	1	1	1	1	1	1	1	1
22	22123 兜蝽科	*Cyclopelta*	4				1	1				1	1	1	1	1		1	1	1	1	1	1

目	科	属	种数	a	b	c	d	e	f	g	h	i	j	k	l	m	n	o	p	q	r	s	t
22	22123 兜蝽科	*Eumenotes*	1												1					1	1		1
22	22123 兜蝽科	*Megymenum*	6				1					1	1	1	1	1	1	1	1	1	1	1	1
22	22124 荔蝽科	*Asiarcha*	2												1			1		1	1		
22	22124 荔蝽科	*Carpona*	2									1	1		1			1		1	1		
22	22124 荔蝽科	*Dalcantha*	1												1		1			1	1		
22	22124 荔蝽科	*Embolosterna*	1																			1	
22	22124 荔蝽科	*Eurostus*	6			1		1				1	1	1	1	1	1	1	1	1	1	1	1
22	22124 荔蝽科	*Eusthenes*	12									1	1	1	1	1	1	1	1	1	1	1	1
22	22124 荔蝽科	*Eustheniomorpha*	1										1					1				1	1
22	22124 荔蝽科	*Mattiphus*	5									1	1	1	1			1		1	1		
22	22124 荔蝽科	*Mesolea*	1																				
22	22124 荔蝽科	*Neosalica*	1																				
22	22124 荔蝽科	*Origanaus*	1														1						
22	22124 荔蝽科	*Pycanum*	3												1			1		1	1		
22	22124 荔蝽科	*Tessaratoma*	4												1			1	1	1	1	1	1
22	22124 荔蝽科	*Vitruvius*	1															1				1	1
22	22125 蝽科	*Acesines*	3																		1		
22	22125 蝽科	*Acicazira*	1										1		1						1		
22	22125 蝽科	*Acrocoricellus*	2				1	1															
22	22125 蝽科	*Aednus*	2										1		1			1	1				
22	22125 蝽科	*Aelia*	6	1	1	1	1	1	1	1	1		1	1	1			1	1				
22	22125 蝽科	*Aeliomorpha*	1												1	1							
22	22125 蝽科	*Aenaria*	4									1	1	1	1			1	1			1	1
22	22125 蝽科	*Aeschrocoris*	4									1	1		1			1	1	1	1	1	1
22	22125 蝽科	*Agaeus*	3																		1		1
22	22125 蝽科	*Agathocles*	2															1			1		
22	22125 蝽科	*Agonoscelis*	2												1		1	1	1	1	1	1	
22	22125 蝽科	*Alcimocoris*	4									1	1	1	1			1				1	1
22	22125 蝽科	*Amaseneides*	1															1					
22	22125 蝽科	*Ambiorix*	1																				
22	22125 蝽科	*Amblycara*	1																				
22	22125 蝽科	*Amyntor*	1									1	1	1	1						1	1	
22	22125 蝽科	*Amyotea*	2										1		1		1	1	1		1	1	1
22	22125 蝽科	*Anaca*	3										1					1		1	1	1	
22	22125 蝽科	*Andrallus*	1									1	1		1			1	1	1			
22	22125 蝽科	*Antestia*	4								1				1			1			1	1	1
22	22125 蝽科	*Antestiopsis*	1																				
22	22125 蝽科	*Antheminia*	7	1		1	1	1	1						1								
22	22125 蝽科	*Apines*	1										1										
22	22125 蝽科	*Arma*	7	1		1	1	1	1	1		1	1	1	1	1	1			1		1	1
22	22125 蝽科	*Asaroticus*	2																				
22	22125 蝽科	*Aspidestrophus*	2																				1
22	22125 蝽科	*Atelides*	1																		1		
22	22125 蝽科	*Audinetia*	1														1						
22	22125 蝽科	*Axiagastus*	2											1				1	1			1	
22	22125 蝽科	*Bagrada*	5	1										1	1								
22	22125 蝽科	*Bathycoelia*	2													1						1	
22	22125 蝽科	*Belopis*	1																		1	1	
22	22125 蝽科	*Blachia*	1																		1	1	
22	22125 蝽科	*Brachycerocoris*	1									1	1	1	1			1				1	
22	22125 蝽科	*Brachycoris*	1										1									1	
22	22125 蝽科	*Brachymna*	4									1	1	1	1	1		1				1	
22	22125 蝽科	*Brachynema*	2	1			1	1	1	1	1		1										
22	22125 蝽科	*Breddiniella*	1																		1		
22	22125 蝽科	*Cahara*	1														1						
22	22125 蝽科	*Cantheconidea*	8									1	1	1	1		1	1	1	1	1	1	1

附录

（续表）

目	科	属	种数	昆虫亚区																			
				a	b	c	d	e	f	g	h	i	j	k	l	m	n	o	p	q	r	s	t
22	22125 蝽科	*Capnoda*	2																				
22	22125 蝽科	*Cappaea*	2					1					1	1		1		1	1	1	1	1	1
22	22125 蝽科	*Carbula*	14			1		1	1	1		1	1	1	1	1	1	1	1	1	1	1	1
22	22125 蝽科	*Carpocoris*	5	1		1	1	1	1	1	1	1		1				1		1			
22	22125 蝽科	*Catacanthus*	2								1		1							1			1
22	22125 蝽科	*Caystrus*	3									1				1	1	1	1	1	1	1	1
22	22125 蝽科	*Cazira*	15						1		1	1	1	1	1	1	1	1		1		1	1
22	22125 蝽科	*Cecyrina*	1									1		1	1	1	1				1		
22	22125 蝽科	*Cellobius*	1				1																
22	22125 蝽科	*Cervocoris*	1													1							
22	22125 蝽科	*Cinxia*	1																			1	1
22	22125 蝽科	*Codophila*	3	1																			
22	22125 蝽科	*Coleotichus*	1																1				
22	22125 蝽科	*Collobius*	1																				
22	22125 蝽科	*Compastes*	2													1		1		1			
22	22125 蝽科	*Cratonotus*	1																				
22	22125 蝽科	*Cresphontes*	1																			1	1
22	22125 蝽科	*Cressona*	3												1							1	1
22	22125 蝽科	*Critheus*	1												1				1			1	1
22	22125 蝽科	*Cuspicona*	1																		1		
22	22125 蝽科	*Dabessus*	2																				1
22	22125 蝽科	*Dalpada*	15			1			1	1		1	1	1	1	1	1	1	1	1	1	1	1
22	22125 蝽科	*Dendrites*	1																				
22	22125 蝽科	*Desertomenida*	2				1																
22	22125 蝽科	*Dinorhynchus*	2			1	1	1						1									
22	22125 蝽科	*Diplorhinus*	2									1	1		1			1				1	1
22	22125 蝽科	*Dolycoris*	4	1		1	1	1	1	1		1	1	1	1	1	1	1	1	1	1	1	1
22	22125 蝽科	*Dorpius*	2													1							
22	22125 蝽科	*Drinostia*	3										1		1		1				1		
22	22125 蝽科	*Drinostria*	1																				
22	22125 蝽科	*Dunnius*	3												1				1				
22	22125 蝽科	*Dybowskyia*	1			1						1	1	1	1		1				1		
22	22125 蝽科	*Dymantis*	1																				
22	22125 蝽科	*Dymantiscus*	3							1							1						
22	22125 蝽科	*Eocanthecona*	2					1					1	1		1							
22	22125 蝽科	*Erthesina*	3			1	1	1	1			1	1	1		1	1		1	1	1	1	1
22	22125 蝽科	*Eupaleopada*	1														1						
22	22125 蝽科	*Euryaspis*	2					1	1			1	1	1			1			1			
22	22125 蝽科	*Eurydema*	17	1	1	1	1	1	1	1	1	1	1	1	1	1	1	1	1			1	1
22	22125 蝽科	*Exithemus*	1									1	1		1	1		1			1		
22	22125 蝽科	*Eysarcoris*	5				1																
22	22125 蝽科	*Femalius*	1																				
22	22125 蝽科	*Glaucias*	4									1	1	1	1		1	1	1	1	1	1	1
22	22125 蝽科	*Glypsus*	1																				
22	22125 蝽科	*Gonopsimorpha*	3										1	1			1						
22	22125 蝽科	*Gonopsis*	6					1				1	1	1	1	1	1	1	1			1	1
22	22125 蝽科	*Graphosoma*	3	1		1	1	1	1	1		1	1	1	1		1	1			1	1	
22	22125 蝽科	*halyabbas*	1												1				1			1	1
22	22125 蝽科	*Halyomorpha*	1			1			1	1		1	1	1	1	1	1	1	1	1	1	1	1
22	22125 蝽科	*Halys*	2																				
22	22125 蝽科	*Hermolaus*	1																			1	
22	22125 蝽科	*Hippota*	1									1	1	1			1	1			1		
22	22125 蝽科	*Holcostethus*	5	1		1	1	1	1					1									
22	22125 蝽科	*Homalogonia*	8			1		1	1			1	1	1	1	1	1	1			1	1	1
22	22125 蝽科	*Hoplistodera*	7					1				1	1	1	1	1	1	1			1	1	1
22	22125 蝽科	*Inixia*	1																				1

目	科	属	种数	a	b	c	d	e	f	g	h	i	j	k	l	m	n	o	p	q	r	s	t
22	22125 蝽科	*Iphiarusa*	2									1	1		1	1	1		1			1	
22	22125 蝽科	*Jalla*	2	1		1	1	1	1	1	1				1	1	1						
22	22125 蝽科	*Lakhonia*	1												1								
22	22125 蝽科	*Laprius*	2									1	1	1	1		1		1		1	1	1
22	22125 蝽科	*Lelia*	2			1	1	1	1			1	1	1	1		1	1	1				
22	22125 蝽科	*Leprosoma*	1																				
22	22125 蝽科	*Liicornis*	1														1						
22	22125 蝽科	*Martinina*	2					1					1	1		1	1						
22	22125 蝽科	*Massocephalus*	1																				
22	22125 蝽科	*Masthletinus*	1				1		1														
22	22125 蝽科	*Mecidea*	1												1								
22	22125 蝽科	*Megarrhamphus*	7									1	1	1	1		1	1	1	1	1	1	1
22	22125 蝽科	*Melanodema*	1																				
22	22125 蝽科	*Melanophara*	1											1			1					1	1
22	22125 蝽科	*Menida*	23			1	1	1	1	1		1	1	1	1	1	1	1	1	1	1	1	1
22	22125 蝽科	*Metonymia*	2				1					1	1	1	1				1	1	1	1	1
22	22125 蝽科	*Mimula*	1																				
22	22125 蝽科	*Neoglypsus*	1																				
22	22125 蝽科	*Neojurtina*	1										1	1					1		1	1	1
22	22125 蝽科	*Neottiglossa*	2	1		1		1						1									
22	22125 蝽科	*Nevisanus*	1														1						
22	22125 蝽科	*Nezara*	3						1	1		1	1	1	1	1							
22	22125 蝽科	*Niphe*	2				1					1	1	1	1		1	1				1	1
22	22125 蝽科	*Ochrophara*	1																1				
22	22125 蝽科	*Ochyrostylus*	1				1																
22	22125 蝽科	*Oebocoris*	1														1			1			
22	22125 蝽科	*Okeanos*	1			1			1				1	1	1	1	1						
22	22125 蝽科	*Oncinoproctus*	1																1				
22	22125 蝽科	*Ouscha*	1																				
22	22125 蝽科	*Palomena*	10			1	1	1	1	1	1	1	1	1	1	1	1	1	1	1	1		
22	22125 蝽科	*Paracritheus*	1																		1		
22	22125 蝽科	*Paralcimocoris*	1														1						
22	22125 蝽科	*Parastrachia*	2				1					1	1	1	1	1		1		1	1		
22	22125 蝽科	*paterculus*	7									1	1	1	1	1	1	1	1				
22	22125 蝽科	*Pentatoma*	32			1	1	1	1	1		1	1	1	1	1	1	1	1	1			
22	22125 蝽科	*Peribalus*	1																				
22	22125 蝽科	*Phacocoris*	1																				
22	22125 蝽科	*Picromerus*	6			1	1	1	1			1	1	1	1	1	1	1	1	1	1	1	1
22	22125 蝽科	*Piezodorus*	2	1								1	1	1	1		1	1				1	1
22	22125 蝽科	*Pintheus*	2			1			1			1	1	1	1	1	1	1					
22	22125 蝽科	*Pitedia*	1			1	1																
22	22125 蝽科	*Placosternum*	5				1					1	1	1	1		1	1		1			
22	22125 蝽科	*Plautia*	7				1	1				1	1	1	1	1	1	1	1	1	1	1	1
22	22125 蝽科	*Praetextatus*	1											1	1			1					1
22	22125 蝽科	*Priassus*	3									1	1	1	1	1	1	1		1	1		
22	22125 蝽科	*Prionaca*	6									1	1	1		1	1						
22	22125 蝽科	*Putonia*	1																				
22	22125 蝽科	*Pyrrhomenida*	1																				
22	22125 蝽科	*Rhacognathus*	3				1		1														
22	22125 蝽科	*Rhaphigaster*	5	1	1			1		1	1		1	1			1						
22	22125 蝽科	*Rhynchocoris*	3										1		1				1	1	1	1	1
22	22125 蝽科	*Rolstoniellus*	1																			1	1
22	22125 蝽科	*Rubiconia*	2			1	1	1	1			1	1	1	1			1				1	
22	22125 蝽科	*Sabaeus*	1																				
22	22125 蝽科	*Salvianus*	2													1		1				1	
22	22125 蝽科	*Saontarana*	1																				

目	科	属	种数	昆虫亚区																			
				a	b	c	d	e	f	g	h	i	j	k	l	m	n	o	p	q	r	s	t
22	22125 蝽科	*Sarju*	2											1	1	1	1	1					
22	22125 蝽科	*Sciocoris*	11	1	1	1	1	1	1			1			1		1	1		1	1		1
22	22125 蝽科	*Scotinophara*	9					1			1	1	1	1		1	1	1			1	1	
22	22125 蝽科	*Sepontia*	2								1	1	1			1	1				1	1	
22	22125 蝽科	*Sinometis*	2								1			1								1	
22	22125 蝽科	*Stenozygum*	1												1		1				1	1	1
22	22125 蝽科	*Sternodontus*	2			1	1																
22	22125 蝽科	*Stollia*	11		1	1	1	1	1	1		1	1	1	1	1	1	1	1	1	1	1	1
22	22125 蝽科	*Storthecoris*	1									1		1							1		
22	22125 蝽科	*Strachia*	1					1													1		1
22	22125 蝽科	*Tachengia*	3											1	1	1	1	1			1	1	
22	22125 蝽科	*Tarisa*	3				1																
22	22125 蝽科	*Teressa*	1																				
22	22125 蝽科	*Tetroda*	3																				
22	22125 蝽科	*Tholagmus*	1																				
22	22125 蝽科	*Tibetocoris*	3													1	1						
22	22125 蝽科	*Tmetopis*	1																				
22	22125 蝽科	*Tolumnia*	4				1					1	1	1	1	1	1	1	1	1	1	1	1
22	22125 蝽科	*Troilus*	2			1		1	1			1	1	1	1	1		1					
22	22125 蝽科	*Udonga*	2					1			1	1	1	1			1	1	1	1			
22	22125 蝽科	*Valescus*	2											1	1			1					
22	22125 蝽科	*Ventocoris*	1																				
22	22125 蝽科	*Vitellus*	1												1						1	1	
22	22125 蝽科	*Xiongia*	1																				
22	22125 蝽科	*Zicrona*	1			1	1	1	1	1	1	1	1	1	1	1	1		1	1	1	1	1
22	22125 蝽科	*Zouicoris*	1																				
22	22126 黑蝽科	*Galgupha*	1															1					
22	22127 蟹蝽科	*Termatiphylum*	3															1					
23	2301 泥蛉科	*Indosialis*	1																		1		
23	2301 泥蛉科	*Nipponosialis*	1																		1		1
23	2301 泥蛉科	*Sialis*	8			1			1			1	1		1		1						1
23	2302 齿蛉科	*Acanthacorydalis*	6				1	1			1	1	1	1	1		1			1	1		
23	2302 齿蛉科	*Anachauliodes*	2											1		1		1					
23	2302 齿蛉科	*Ctenochauliodes*	12									1	1	1	1		1			1	1	1	1
23	2302 齿蛉科	*Neochauliodes*	25			1		1	1	1		1	1	1	1		1		1	1	1	1	1
23	2302 齿蛉科	*Neoneuromus*	5					1				1	1	1			1			1	1		
23	2302 齿蛉科	*Neurhermes*	2												1							1	1
23	2302 齿蛉科	*Nevromus*	1																			1	
23	2302 齿蛉科	*parachauliodes*	1														1						
23	2302 齿蛉科	*Protohermes*	38			1		1	1			1	1	1	1	1	1	1	1	1	1	1	1
23	2302 齿蛉科	*Sinochauliodes*	4												1		1				1		
24	2401 蛇蛉科	*Agulla*	1				1						1										
24	2401 蛇蛉科	*Mongoloraphia*	1															1					
24	2401 蛇蛉科	*Raphidia*	4				1											1					
24	2401 蛇蛉科	*Xanthostigma*	1				1																
24	2402 盲蛇蛉科	*Inocellia*	6			1	1						1					1					
24	2402 盲蛇蛉科	*Siniocellia*	1															1					
25	2501 粉蛉科	*Aleuropteryx*	1					1															
25	2501 粉蛉科	*Coniocompsa*	9												1					1	1	1	1
25	2501 粉蛉科	*Coniopteryx*	29			1	1	1	1					1	1		1			1	1		1
25	2501 粉蛉科	*Conwentzia*	4				1	1			1			1	1		1				1	1	
25	2501 粉蛉科	*Cryptoscenea*	1												1		1					1	1
25	2501 粉蛉科	*Helicoconis*	1				1	1	1					1									
25	2501 粉蛉科	*Hemisemidalis*	1		1																		
25	2501 粉蛉科	*Heteroconis*	2											1				1					
25	2501 粉蛉科	*Semidalis*	11			1		1				1	1	1		1			1	1	1	1	1

目	科	属	种数	a	b	c	d	e	f	g	h	i	j	k	l	m	n	o	p	q	r	s	t
25	2501 粉蛉科	*Spiloconis*	2										1		1				1				
25	2501 粉蛉科	*Thecosemidalis*	1	1	1																		
25	2502 山蛉科	*Rapisma*	4											1			1		1				
25	2503 溪蛉科	*Centrolysmus*	1																				
25	2503 溪蛉科	*Dictyosmylus*	1																				
25	2503 溪蛉科	*Epicanthaclisis*	1																				
25	2503 溪蛉科	*Heterosmylus*	8											1			1	1	1	1			
25	2503 溪蛉科	*Lysmus*	5											1	1				1	1			
25	2503 溪蛉科	*Osmylus*	12											1					1	1			
25	2503 溪蛉科	*Parosmylus*	4					1		1							1		1				
25	2503 溪蛉科	*Plethosmylus*	4											1					1	1			
25	2503 溪蛉科	*Sinomylus*	1														1						
25	2503 溪蛉科	*Spilomylus*	5											1		1			1	1	1		
25	2503 溪蛉科	*Thaumatosmylus*	4																1	1			1
25	2503 溪蛉科	*Thyridosmylus*	13											1			1	1	1			1	1
25	2504 栉角蛉科	*Dilar*	19										1		1	1	1	1	1	1	1		1
25	2505 泽蛉科	*Nipponeurorthus*	4																1	1			
25	2506 鳞蛉科	*Acroberosa*	1										1						1				
25	2506 鳞蛉科	*Berotha*	3																1				1
25	2506 鳞蛉科	*Berothela*	2																		1		1
25	2506 鳞蛉科	*Isoscelipteron*	2																1				
25	2507 螳蛉科	*Austroclimaciella*	6										1						1	1	1		1
25	2507 螳蛉科	*Euclimacia*	2																1				
25	2507 螳蛉科	*Eumantispa*	3			1							1	1		1	1	1	1		1		
25	2507 螳蛉科	*Mantispa*	6			1	1		1	1			1	1	1		1	1	1	1			
25	2507 螳蛉科	*Mantispila*	5																1				
25	2507 螳蛉科	*Orientispa*	9																1				
25	2507 螳蛉科	*Sagittalata*	3											1					1				
25	2507 螳蛉科	*Tuberonotha*	1																1		1	1	1
25	2508 水蛉科	*Sisyra*	5										1							1			1
25	2508 水蛉科	*Sisyrina*	1																				1
25	2508 水蛉科	*Sisyrura*	1																				
25	2509 褐蛉科	*Allemerobius*	1											1	1	1							
25	2509 褐蛉科	*Annadalia*	2																	1			
25	2509 褐蛉科	*Boriomyia*	1																				
25	2509 褐蛉科	*Drepanacra*	3											1					1	1			
25	2509 褐蛉科	*Eumicromus*	3																1				
25	2509 褐蛉科	*Hemerobius*	30			1	1	1	1		1	1	1	1	1	1	1	1	1	1	1		
25	2509 褐蛉科	*Idiomicromus*	3														1		1				
25	2509 褐蛉科	*Kimminsia*	13		1	1	1	1	1	1	1			1	1	1	1						
25	2509 褐蛉科	*Kulinga*	1																				
25	2509 褐蛉科	*Megalomus*	6											1	1		1	1	1	1			
25	2509 褐蛉科	*Menus*	1																				
25	2509 褐蛉科	*Mesobemerobius*	1																1				
25	2509 褐蛉科	*Micromus*	16			1	1	1	1					1	1				1	1	1	1	1
25	2509 褐蛉科	*Neuronema*	23		1			1	1				1	1	1	1	1	1	1				
25	2509 褐蛉科	*Notiobiella*	10											1	1				1	1			1
25	2509 褐蛉科	*Noues*	1																1				
25	2509 褐蛉科	*Paramicromus*	2														1						
25	2509 褐蛉科	*Psectra*	3																1	1	1		
25	2509 褐蛉科	*Pseudomicromus*	2																1				
25	2509 褐蛉科	*Semihemerobius*	1																1	1			
25	2509 褐蛉科	*Sineuronema*	14											1		1	1	1					
25	2509 褐蛉科	*Spilomicromus*	1																1				
25	2509 褐蛉科	*Sympherobius*	9		1		1	1				1							1		1		
25	2509 褐蛉科	*Sympherochrysa*	1																				

（续表）

目	科	属	种数	a	b	c	d	e	f	g	h	i	j	k	l	m	n	o	p	q	r	s	t
25	2509 褐蛉科	*Weismaelius*	15	1	1		1	1															
25	2509 褐蛉科	*Zacobiella*	2																	1	1		1
25	2510 草蛉科	*Ankylopteryx*	10										1		1		1	1	1	1	1	1	1
25	2510 草蛉科	*Brinckochrysa*	5										1		1							1	1
25	2510 草蛉科	*Chrysocerca*	2												1			1	1	1		1	1
25	2510 草蛉科	*Chrysopa*	35	1	1	1	1	1	1	1	1	1	1	1	1	1	1	1	1	1	1	1	1
25	2510 草蛉科	*Chrysoperla*	15	1	1	1	1	1	1	1	1	1	1	1	1		1	1	1			1	1
25	2510 草蛉科	*Chrysopidia*	13										1	1		1	1	1				1	1	1
25	2510 草蛉科	*Cunctochrysa*	4		1	1	1	1				1	1	1	1	1	1	1		1			
25	2510 草蛉科	*Dichochrysa*	61		1	1	1					1	1	1	1	1	1	1	1	1	1	1	1
25	2510 草蛉科	*Evanochrysa*	1																				
25	2510 草蛉科	*Glenochrysa*	2															1	1			1	
25	2510 草蛉科	*Himalochrysa*	1													1							
25	2510 草蛉科	*Italochrysa*	32					1					1	1	1	1	1	1	1	1	1	1	1
25	2510 草蛉科	*Mallada*	11									1	1	1	1			1	1			1	1
25	2510 草蛉科	*Nacaura*	1															1	1				1
25	2510 草蛉科	*Nineta*	5			1			1				1	1			1						
25	2510 草蛉科	*Nothochrysa*	1						1					1									
25	2510 草蛉科	*Odontochrysa*	1																			1	1
25	2510 草蛉科	*Plesiochrysa*	5																1				1
25	2510 草蛉科	*Retipenna*	13											1	1	1		1	1	1	1		
25	2510 草蛉科	*Semachrysa*	6						1									1		1	1	1	1
25	2510 草蛉科	*Signochrysa*	1																1				1
25	2510 草蛉科	*Sinochrysa*	1										1	1									
25	2510 草蛉科	*Suarius*	12			1	1		1		1	1	1	1				1				1	1
25	2510 草蛉科	*Tibetichrysa*	1													1							
25	2510 草蛉科	*Tumeochrysa*	8				1								1		1		1				
25	2510 草蛉科	*Xanthochrysa*	1																				1
25	2510 草蛉科	*Yunchrysopa*	1																		1		
25	2511 蝶蛉科	*Balmes*	5											1	1	1		1	1	1	1		
25	2511 蝶蛉科	*Nepal*	1																1				
25	2511 蝶蛉科	*Orientichopsis*	1											1				1	1				
25	2511 蝶蛉科	*phlebiomus*	1																1				
25	2512 蚁蛉科	*Acanthaclisis*	2		1		1																
25	2512 蚁蛉科	*Asialeon*	1											1									
25	2512 蚁蛉科	*Balaga*	1																				
25	2512 蚁蛉科	*Botuleon*	3											1				1		1			
25	2512 蚁蛉科	*Centroclisis*	1																			1	1
25	2512 蚁蛉科	*Creoleon*	4	1			1											1		1			
25	2512 蚁蛉科	*Cueta*	1																1				
25	2512 蚁蛉科	*Cymatala*	1																1				
25	2512 蚁蛉科	*Dendroleon*	19			1	1	1	1			1	1	1	1		1	1	1	1	1	1	1
25	2512 蚁蛉科	*Deutoleon*	1			1	1	1	1														
25	2512 蚁蛉科	*Distoleon*	11					1					1	1	1	1	1	1		1	1		
25	2512 蚁蛉科	*Epacanthaclisis*	4										1	1	1	1	1						
25	2512 蚁蛉科	*Euroleon*	8		1	1	1	1	1			1	1	1				1					1
25	2512 蚁蛉科	*Exiliunguleon*	1															1					
25	2512 蚁蛉科	*Feinerus*	2																				
25	2512 蚁蛉科	*Flenuroides*	1																				
25	2512 蚁蛉科	*Formicaleo*	3																1				
25	2512 蚁蛉科	*Gatzara*	1											1	1								
25	2512 蚁蛉科	*Glenuroides*	3				1	1				1	1	1				1	1		1		
25	2512 蚁蛉科	*Glenurus*	3											1		1		1			1		
25	2512 蚁蛉科	*Grocus*	2																				
25	2512 蚁蛉科	*Hagenomyia*	6			1							1					1	1	1			
25	2512 蚁蛉科	*Heoclisis*	3			1	1	1				1	1	1	1			1					1

（续表）

目	科	属	种数	a	b	c	d	e	f	g	h	i	j	k	l	m	n	o	p	q	r	s	t
25	2512 蚁蛉科	*Hyloleon*	1										1										
25	2512 蚁蛉科	*Indoleon*	1																				1
25	2512 蚁蛉科	*Indophanea*	1																				
25	2512 蚁蛉科	*Layahima*	1																				
25	2512 蚁蛉科	*Macronemurus*	2			1	1										1						
25	2512 蚁蛉科	*Mesonemurus*	2	1			1				1			1									
25	2512 蚁蛉科	*Myrmecaelurus*	9			1	1	1									1						1
25	2512 蚁蛉科	*Myrmeleon*	10			1	1	1				1		1	1	1	1	1	1	1	1	1	1
25	2512 蚁蛉科	*Neboda*	2																				
25	2512 蚁蛉科	*Neuroleon*	1			1	1																
25	2512 蚁蛉科	*Palpares*	1																		1		
25	2512 蚁蛉科	*Pseudoformicaleo*	2										1	1							1	1	1
25	2512 蚁蛉科	*Stiphorneura*	1																		1		1
25	2512 蚁蛉科	*Tahulus*	1																				
25	2512 蚁蛉科	*Teula*	1																				
25	2512 蚁蛉科	*Yunleon*	2											1		1	1						
25	2513 蝶角蛉科	*Acheron*	2										1	1	1					1	1	1	1
25	2513 蝶角蛉科	*Ascalaphus*	1			1	1	1	1	1				1									
25	2513 蝶角蛉科	*Helicomitus*	1										1					1					
25	2513 蝶角蛉科	*Hybris*	5			1	1	1				1	1	1	1					1	1	1	1
25	2513 蝶角蛉科	*Idricerus*	4								1						1				1		
25	2513 蝶角蛉科	*Nicerus*	1																				
25	2513 蝶角蛉科	*Protacheron*	2																				1
25	2513 蝶角蛉科	*Protidricerus*	5										1		1	1	1	1	1				
25	2513 蝶角蛉科	*Suhpalacsa*	3										1	1				1					
25	2513 蝶角蛉科	*Suphalomitus*	6										1		1					1	1	1	
25	2514 旌蛉科	*Nemopistha*	1														1						
26	26001 水缨甲科	*Hydroscapha*	2															1					
26	26002 虎甲科	*Abroscelis*	3																	1	1		1
26	26002 虎甲科	*Callytron*	5				1													1	1		
26	26002 虎甲科	*Calochroa*	6																	1	1	1	1
26	26002 虎甲科	*Cephalota*	1			1	1	1				1											
26	26002 虎甲科	*Chaetodera*	2			1	1	1		1		1	1	1			1			1			
26	26002 虎甲科	*Cicindela*	34	1	1	1	1	1	1	1	1	1	1	1	1	1	1	1	1	1	1	1	1
26	26002 虎甲科	*Collyris*	5				1					1	1	1		1		1			1	1	
26	26002 虎甲科	*Cosmodela*	5									1					1						1
26	26002 虎甲科	*Cylindera*	29	1	1	1	1	1	1	1	1		1	1	1	1	1	1	1	1		1	1
26	26002 虎甲科	*Hypaetha*	1																				
26	26002 虎甲科	*Lophyra*	2											1				1			1	1	1
26	26002 虎甲科	*Lophyridia*	8	1	1	1	1	1	1	1			1	1	1			1	1	1	1	1	1
26	26002 虎甲科	*Myriochile*	4			1	1	1	1	1			1	1	1		1			1	1	1	
26	26002 虎甲科	*Neocollyris*	21										1	1	1	1	1	1	1	1	1	1	1
26	26002 虎甲科	*Odontochila*	4												1		1	1	1				1
26	26002 虎甲科	*Pronyssa*	1																				
26	26002 虎甲科	*Pronyssiformis*	1																				
26	26002 虎甲科	*Prothyma*	5																		1		1
26	26002 虎甲科	*Rhytidophaena*	1																		1		
26	26002 虎甲科	*Taiwanocollyris*	1															1					
26	26002 虎甲科	*Therates*	11										1	1		1	1	1	1		1		
26	26002 虎甲科	*Tricondyla*	5										1		1		1	1	1	1		1	1
26	26003 步甲科	*Abacetus*	5																1				
26	26003 步甲科	*Abax*	1																				
26	26003 步甲科	*Acalathus*	2																				
26	26003 步甲科	*Achaetocephala*	1																1				
26	26003 步甲科	*Acoptolabrus*	1																1				
26	26003 步甲科	*Actedium*	1																				

目	科	属	种数	昆虫亚区																		
				a	b	c	d	e	f	g	h	i	j	k	l	m	n	o	p	q	r	s	t
26	26003 步甲科	*Acupalpus*	8									1	1	1	1				1	1		1	
26	26003 步甲科	*Aephnidius*	1																1				
26	26003 步甲科	*Agastus*	1														1						
26	26003 步甲科	*Agonopsis*	1																				
26	26003 步甲科	*Agonum*	37			1	1	1		1	1	1	1	1	1	1			1	1	1	1	
26	26003 步甲科	*Allocota*	1										1										
26	26003 步甲科	*Amara*	119			1		1			1	1	1	1					1	1			
26	26003 步甲科	*Amaroschesis*	8																				
26	26003 步甲科	*Amathitis*	1																				
26	26003 步甲科	*Amblystomus*	3								1	1		1					1	1			
26	26003 步甲科	*Amphimenes*	1																1				
26	26003 步甲科	*Anatrichis*	1																				
26	26003 步甲科	*Anchista*	1								1								1				1
26	26003 步甲科	*Anchomenus*	5																				
26	26003 步甲科	*Andrewesius*	3					1															
26	26003 步甲科	*Anisodactylus*	8	1		1	1	1	1			1	1	1			1						
26	26003 步甲科	*Anomotarus*	1																1				
26	26003 步甲科	*Anoplogenius*	3			1			1		1	1	1	1					1		1		
26	26003 步甲科	*Antisphodrus*	1																				
26	26003 步甲科	*Aparupa*	1																				
26	26003 步甲科	*Apenetretus*	1																				
26	26003 步甲科	*Apotomopterus*	12																1				
26	26003 步甲科	*Apotomus*	2																				1
26	26003 步甲科	*Apristus*	2																1				1
26	26003 步甲科	*Archaeste*	5																				
26	26003 步甲科	*Archicolliuris*	1										1										
26	26003 步甲科	*Archileistobrius*	3																				
26	26003 步甲科	*Aristochroa*	8												1	1							
26	26003 步甲科	*Aristochroides*	1						1				1										
26	26003 步甲科	*Aristolebia*	1																				
26	26003 步甲科	*Armatocillenus*	2																1				
26	26003 步甲科	*Asaphidion*	5					1											1				
26	26003 步甲科	*Aurisma*	1																				
26	26003 步甲科	*Badister*	2					1			1	1	1	1					1	1		1	
26	26003 步甲科	*Beckeria*	1																				
26	26003 步甲科	*Bembidion*	88	1		1	1	1	1		1	1	1						1	1		1	
26	26003 步甲科	*Bothriopterus*	1																				
26	26003 步甲科	*Bothynoptera*	1										1						1				
26	26003 步甲科	*Brachychila*	1																1	1			1
26	26003 步甲科	*Brachynus*	22	1							1	1	1	1	1				1	1	1	1	
26	26003 步甲科	*Bradycellus*	12										1	1	1				1				
26	26003 步甲科	*Bradytus*	1																				
26	26003 步甲科	*Broscosoma*	7																1				
26	26003 步甲科	*Broscus*	6			1											1		1		1		
26	26003 步甲科	*Caelostomus*	1											1									
26	26003 步甲科	*Calathus*	23						1										1				
26	26003 步甲科	*Calleida*	7			1					1	1	1			1	1	1	1	1	1	1	1
26	26003 步甲科	*Callipara*	1																				
26	26003 步甲科	*Callisthenes*	4				1	1															
26	26003 步甲科	*Callistoides*	1				1				1	1	1						1				
26	26003 步甲科	*Callistomimus*	8								1	1							1				1
26	26003 步甲科	*Calosoma*	24	1		1	1	1	1		1	1	1	1	1	1	1	1	1	1	1	1	
26	26003 步甲科	*Carabus*	317			1	1	1	1	1		1	1	1	1	1	1	1	1			1	1
26	26003 步甲科	*Casnoidea*	3										1	1	1		1		1	1	1	1	
26	26003 步甲科	*Catascopus*	9												1			1	1	1	1	1	
26	26003 步甲科	*Cathaiaphaenops*	3										1										

目	科	属	种数	a	b	c	d	e	f	g	h	i	j	k	l	m	n	o	p	q	r	s	t
26	26003 步甲科	*Charmosta*	1					1				1											
26	26003 步甲科	*Chlaenius*	84			1	1	1	1	1	1	1	1	1	1	1	1	1	1	1	1	1	1
26	26003 步甲科	*Chydaeus*	11																1				1
26	26003 步甲科	*Clivina*	16				1					1	1	1	1				1	1		1	1
26	26003 步甲科	*Colfax*	1																1		1		
26	26003 步甲科	*Colliuris*	8									1		1					1	1	1	1	
26	26003 步甲科	*Colpodes*	75											1					1		1		
26	26003 步甲科	*Colpoides*	1																				
26	26003 步甲科	*Coptodera*	13											1		1	1	1	1				
26	26003 步甲科	*Coptolabrus*	30											1					1		1		
26	26003 步甲科	*Corsyra*	1				1																
26	26003 步甲科	*Craspedonotus*	1									1	1	1					1	1		1	
26	26003 步甲科	*Craspedophorus*	7											1					1	1	1	1	
26	26003 步甲科	*Crepidactyla*	1																1				
26	26003 步甲科	*Crissoglossa*	3																1				
26	26003 步甲科	*Curtonotus*	9		1	1	1	1				1	1	1	1				1				
26	26003 步甲科	*Cychropsis*	1																				
26	26003 步甲科	*Cychrus*	23				1	1						1									
26	26003 步甲科	*Cyclosomus*	1																				
26	26003 步甲科	*Cymindis*	21	1		1	1	1	1		1	1		1					1	1			
26	26003 步甲科	*Cymindoidea*	1															1					
26	26003 步甲科	*Damaster*	8																1				
26	26003 步甲科	*Daptus*	2				1																
26	26003 步甲科	*Deltomerus*	2																				
26	26003 步甲科	*Demetrias*	2												1								
26	26003 步甲科	*Dendrocellus*	1												1				1				1
26	26003 步甲科	*Desera*	5										1		1		1	1	1	1	1		1
26	26003 步甲科	*Diachila*	1																				
26	26003 步甲科	*Dianella*	1																1				
26	26003 步甲科	*Dichirotrichus*	1				1																
26	26003 步甲科	*Dicranoncus*	4									1	1	1			1	1	1			1	1
26	26003 步甲科	*Dioryche*	3																1				
26	26003 步甲科	*Diplocheilus*	6				1					1	1	1					1		1		
26	26003 步甲科	*Diplous*	7											1									
26	26003 步甲科	*Dischissus*	9									1	1	1		1	1		1	1	1	1	1
26	26003 步甲科	*Dischoptera*	1																				
26	26003 步甲科	*Distichus*	1																				
26	26003 步甲科	*Dolichoctis*	3												1		1	1				1	
26	26003 步甲科	*Dolichus*	9		1	1	1	1	1			1	1	1	1	1	1		1	1		1	
26	26003 步甲科	*Drimostoma*	1																1				
26	26003 步甲科	*Dromius*	5											1	1				1				1
26	26003 步甲科	*Drypta*	7									1	1	1	1				1	1	1	1	1
26	26003 步甲科	*Duvalius*	1																				
26	26003 步甲科	*Dyschirius*	30									1	1	1					1				
26	26003 步甲科	*Dyscolus*	1																				
26	26003 步甲科	*Egadroma*	1															1					
26	26003 步甲科	*Elaphrus*	11					1															
26	26003 步甲科	*Eobroscus*	2					1											1				
26	26003 步甲科	*Epomis*	1			1						1	1	1					1		1		
26	26003 步甲科	*Eucalathus*	7																				
26	26003 步甲科	*Eucarabus*	2																				
26	26003 步甲科	*Eucolliuris*	2												1				1				
26	26003 步甲科	*Euplynes*	2															1	1				
26	26003 步甲科	*Eurythrorax*	1																				
26	26003 步甲科	*Euschizomerus*	2															1				1	1
26	26003 步甲科	*Feronia*	8																				

目	科	属	种数	昆虫亚区																			
				a	b	c	d	e	f	g	h	i	j	k	l	m	n	o	p	q	r	s	t
26	26003 步甲科	*Flexagonia*	1																				
26	26003 步甲科	*Formosiella*	1																1				
26	26003 步甲科	*Galerita*	4																1	1			
26	26003 步甲科	*Galeritula*	1										1						1		1	1	
26	26003 步甲科	*Gnathaphanus*	3																				
26	26003 步甲科	*Haploderus*	2																				
26	26003 步甲科	*Harpaliscus*	2											1								1	1
26	26003 步甲科	*Harpalus*	119	1	1	1	1	1	1	1	1		1	1	1	1	1	1	1	1	1	1	1
26	26003 步甲科	*Helluodes*	1																1				
26	26003 步甲科	*Hemibarabus*	1																				
26	26003 步甲科	*Heteroglossa*	1										1						1	1			
26	26003 步甲科	*Hexagonis*	8										1				1	1	1				1
26	26003 步甲科	*Holcoderus*	1																1				
26	26003 步甲科	*Hololius*	2															1	1		1		
26	26003 步甲科	*Holosoma*	2																				
26	26003 步甲科	*Homalosoma*	1																1				
26	26003 步甲科	*Hyparpalus*	1																1		1		
26	26003 步甲科	*Iridessus*	3										1		1				1				
26	26003 步甲科	*Isiocarabus*	4																				
26	26003 步甲科	*Itamus*	2																		1		
26	26003 步甲科	*Kanoldia*	6																				
26	26003 步甲科	*Kareya*	1																				
26	26003 步甲科	*Kazabellus*	1																1				
26	26003 步甲科	*Lachnocrepis*	2									1	1	1							1		
26	26003 步甲科	*Lachnoderma*	2									1		1					1				
26	26003 步甲科	*Lachnolebia*	2				1			1	1	1	1			1							
26	26003 步甲科	*Lachnothorax*	1													1							
26	26003 步甲科	*Laemostenus*	4																				
26	26003 步甲科	*Lebia*	38			1		1					1	1			1	1	1			1	1
26	26003 步甲科	*Lebidia*	3					1					1	1	1			1	1			1	1
26	26003 步甲科	*Lebidromius*	9											1			1	1	1		1		
26	26003 步甲科	*Leiocnemis*	1																				
26	26003 步甲科	*Leistus*	13										1		1				1				
26	26003 步甲科	*Lesticus*	6					1				1	1	1	1			1	1		1		
26	26003 步甲科	*Libotrechus*	1												1								
26	26003 步甲科	*Licinus*	1																				
26	26003 步甲科	*Lioholus*	1																				
26	26003 步甲科	*Lionedya*	1																				
26	26003 步甲科	*Lioptera*	1										1	1								1	1
26	26003 步甲科	*Lissopogonus*	1																		1		
26	26003 步甲科	*Lithochalenius*	1																1				
26	26003 步甲科	*Loricera*	3																				
26	26003 步甲科	*Lymnastis*	1																1				
26	26003 步甲科	*Macrochilus*	5											1		1			1	1	1	1	1	1
26	26003 步甲科	*Martyr*	2				1																
26	26003 步甲科	*Mastax*	8					1						1		1			1	1			
26	26003 步甲科	*Mecodema*	1																		1		
26	26003 步甲科	*Metabletus*	1																				
26	26003 步甲科	*Microcosmus*	1					1				1	1	1	1				1	1	1	1	
26	26003 步甲科	*Microlestes*	3																1				
26	26003 步甲科	*Minimaphaenops*	1											1									
26	26003 步甲科	*Miscelus*	1														1		1				
26	26003 步甲科	*Mnuphorus*	1																				
26	26003 步甲科	*Morimotoidius*	4															1	1				
26	26003 步甲科	*Morion*	2											1							1		1
26	26003 步甲科	*Morphodactyla*	1																				

目	科	属	种数	a	b	c	d	e	f	g	h	i	j	k	l	m	n	o	p	q	r	s	t
26	26003 步甲科	*Myas*	2																1				
26	26003 步甲科	*Nebria*	42			1	1	1	1	1		1	1	1	1	1		1	1				
26	26003 步甲科	*Neohaptoderus*	3																				
26	26003 步甲科	*Nirmala*	1														1						
26	26003 步甲科	*Notiophilus*	4					1															
26	26003 步甲科	*Odacantha*	2																				1
26	26003 步甲科	*Omaceus*	3																				
26	26003 步甲科	*Omophron*	4			1	1	1				1	1	1	1			1	1	1			
26	26003 步甲科	*Onycholabis*	2				1						1	1	1		1		1		1		
26	26003 步甲科	*Oodes*	4									1					1						
26	26003 步甲科	*Oodinotrechus*	1												1								
26	26003 步甲科	*Oosoma*	1																				
26	26003 步甲科	*Ophionea*	3												1				1		1		
26	26003 步甲科	*Ophonomimus*	1																				
26	26003 步甲科	*Ophonus*	10			1						1		1				1	1				
26	26003 步甲科	*Orinocarabus*	1																				
26	26003 步甲科	*Ornithocephala*	2																				
26	26003 步甲科	*Orthogonius*	3												1			1	1	1	1		
26	26003 步甲科	*Orthotrichus*	1																				
26	26003 步甲科	*Oxycentrus*	4												1				1				
26	26003 步甲科	*Panagaeus*	3				1					1	1	1					1				
26	26003 步甲科	*Parabroscus*	1																1				
26	26003 步甲科	*Paradolichus*	1																				
26	26003 步甲科	*Paraholodius*	1																				
26	26003 步甲科	*Paranchomemus*	1																				
26	26003 步甲科	*Parapisthius*	1												1	1							
26	26003 步甲科	*Paratachus*	3																1				1
26	26003 步甲科	*Parcalathus*	2																1				
26	26003 步甲科	*Parena*	13				1						1	1	1		1	1	1	1	1		
26	26003 步甲科	*Paropisthius*	1												1								
26	26003 步甲科	*Patrobus*	6					1				1	1	1				1	1				
26	26003 步甲科	*Penetretus*	3																				
26	26003 步甲科	*Pentagonica*	8										1	1	1			1	1			1	1
26	26003 步甲科	*Pericalus*	2														1		1				
26	26003 步甲科	*Perigona*	3												1				1		1		
26	26003 步甲科	*Peripristus*	1												1		1						1
26	26003 步甲科	*Peronomerus*	4				1					1	1	1					1		1		
26	26003 步甲科	*Peryphus*	1																				
26	26003 步甲科	*Pheropsophus*	17			1		1	1			1	1	1		1		1	1	1	1	1	1
26	26003 步甲科	*Physodera*	5												1				1	1			
26	26003 步甲科	*Planetes*	4									1	1				1	1	1	1			
26	26003 步甲科	*Platidus*	1																				
26	26003 步甲科	*Platymetopus*	5				1					1	1		1			1	1	1			
26	26003 步甲科	*Platynus*	7										1	1	1			1	1		1		
26	26003 步甲科	*Platysma*	5																				1
26	26003 步甲科	*Poecilus*	3																				
26	26003 步甲科	*Pogonus*	9			1													1				
26	26003 步甲科	*Pohystichus*	1				1																
26	26003 步甲科	*Pristodactyla*	4																				
26	26003 步甲科	*Pristomachaerus*	3																				
26	26003 步甲科	*Pristonychus*	1																				
26	26003 步甲科	*Pristosia*	2																				
26	26003 步甲科	*Pseudadelosis*	2																				
26	26003 步甲科	*Pseudoclivina*	1																		1	1	1
26	26003 步甲科	*Pseudognathaphanus*	1																1			1	1
26	26003 步甲科	*Pseudomenarus*	1																1				

目	科	属	种数	昆虫亚区																			
				a	b	c	d	e	f	g	h	i	j	k	l	m	n	o	p	q	r	s	t
26	26003 步甲科	*Pseudophonus*	1																				
26	26003 步甲科	*Pseudotaphoxenus*	11			1	1	1	1														
26	26003 步甲科	*Pseudozaena*	1																	1			
26	26003 步甲科	*Pterostichus*	117			1	1	1	1	1		1	1	1	1	1	1		1	1			
26	26003 步甲科	*Rachycellus*	3																	1			
26	26003 步甲科	*Rembus*	6																	1			
26	26003 步甲科	*Risophilus*	5															1		1			
26	26003 步甲科	*Rugiluclivina*	1																		1		
26	26003 步甲科	*Rupa*	1																	1			
26	26003 步甲科	*Scalidion*	2									1		1					1	1	1	1	
26	26003 步甲科	*Scarites*	19			1	1	1	1	1		1	1	1	1				1	1	1	1	
26	26003 步甲科	*Setophionea*	1												1				1	1	1	1	
26	26003 步甲科	*Shuaphaenops*	1												1								
26	26003 步甲科	*Sinaphaenops*	3												1								
26	26003 步甲科	*Singilis*	1																				
26	26003 步甲科	*Sinurus*	1												1								
26	26003 步甲科	*Sofota*	3																	1		1	
26	26003 步甲科	*Somotrichus*	2																	1			1
26	26003 步甲科	*Sphodropsis*	5																				
26	26003 步甲科	*Stenolophus*	16			1		1					1	1	1	1			1	1		1	1
26	26003 步甲科	*Steropanus*	1																				
26	26003 步甲科	*Steropus*	2																				
26	26003 步甲科	*Stevensius*	2																				
26	26003 步甲科	*Stimis*	1													1							
26	26003 步甲科	*Stobeus*	1																				
26	26003 步甲科	*Stomis*	16						1	1			1	1	1	1							
26	26003 步甲科	*Stomonaxus*	1																	1			
26	26003 步甲科	*Styphromerus*	2															1		1			
26	26003 步甲科	*Syntomus*	2																	1			
26	26003 步甲科	*Synuchus*	34					1							1					1			
26	26003 步甲科	*Tachylopha*	1																	1			
26	26003 步甲科	*Tachys*	37										1	1	1	1			1	1		1	
26	26003 步甲科	*Tachyta*	2																	1			
26	26003 步甲科	*Tachyura*	9																	1			
26	26003 步甲科	*Taicona*	1																	1			
26	26003 步甲科	*Taiwanotrechus*	1																	1			
26	26003 步甲科	*Takasagonum*	1																	1			
26	26003 步甲科	*Taphoxenus*	30		1	1	1																1
26	26003 步甲科	*Tasmanorites*	1																	1			
26	26003 步甲科	*Tenuistilus*	1																	1			
26	26003 步甲科	*Teradaia*	1																	1			
26	26003 步甲科	*Tetragonoderus*	1															1					
26	26003 步甲科	*Thyreopterus*	1																				
26	26003 步甲科	*Tinoderus*	1			1																	
26	26003 步甲科	*Trechiotes*	1												1								
26	26003 步甲科	*Trephionus*	1									1	1										
26	26003 步甲科	*Trichinus*	1																				
26	26003 步甲科	*Trichisia*	5																		1	1	
26	26003 步甲科	*Trichocellus*	6																				
26	26003 步甲科	*Trichotichnus*	51										1		1				1	1			
26	26003 步甲科	*Trigonognatha*	12						1				1	1	1	1			1				
26	26003 步甲科	*Trigonotoma*	6										1	1	1			1	1	1	1		1
26	26003 步甲科	*Tritrichis*	1																				
26	26003 步甲科	*Uenoensis*	1												1								
26	26003 步甲科	*Xenodus*	1																				
26	26003 步甲科	*Zabrus*	4						1														

目	科	属	种数	a	b	c	d	e	f	g	h	i	j	k	l	m	n	o	p	q	r	s	t
26	26003 步甲科	*Zoocarabus*	1																				
26	26003 步甲科	*Zuphium*	2																1				
26	26004 条脊甲科	*Arrowina*	1																1				
26	26004 条脊甲科	*Omoglymmius*	1																1				
26	26004 条脊甲科	*Rhyzodiastes*	1																1				
26	26004 条脊甲科	*Yamatosa*	1																1				
26	26005 棒角甲科	*Eustra*	3																1				
26	26005 棒角甲科	*Paussus*	9																1				
26	26005 棒角甲科	*Platyrhopalus*	5				1					1	1	1	1				1		1		
26	26005 棒角甲科	*Protopaussus*	1																				
26	26006 两栖甲科	*Amphizoa*	1																				
26	26007 沼梭甲科	*Haliplus*	18		1							1							1			1	1
26	26007 沼梭甲科	*Peltodytes*	7	1				1				1	1	1					1			1	1
26	26008 水甲科	*Hydrobia*	1																				
26	26009 豉甲科	*Aulonogyrus*	1	1		1																	
26	26009 豉甲科	*Dineutus*	7									1	1	1	1			1	1			1	1
26	26009 豉甲科	*Gyrinus*	14	1	1							1		1	1			1	1			1	
26	26009 豉甲科	*Metagyrinus*	1																				
26	26009 豉甲科	*Orectochilus*	28	1														1	1			1	1
26	26009 豉甲科	*Paragyrinus*	1														1						
26	26009 豉甲科	*Porrorhynchus*	1																				
26	26010 小粒龙虱科	*Canthydrus*	8									1		1					1			1	1
26	26010 小粒龙虱科	*Neohydrocoptus*	2																1				1
26	26010 小粒龙虱科	*Noterus*	4			1													1				1
26	26011 龙虱科	*Acilius*	2																				1
26	26011 龙虱科	*Agabus*	39	1	1	1			1		1		1	1	1				1	1			
26	26011 龙虱科	*Allopachria*	1												1						1		
26	26011 龙虱科	*Bidessus*	6				1																1
26	26011 龙虱科	*Clypeodytes*	2																				1
26	26011 龙虱科	*Coelambus*	2				1	1															
26	26011 龙虱科	*Colymbetes*	5	1	1																		
26	26011 龙虱科	*Colymbinectes*	1																				
26	26011 龙虱科	*Copelatus*	9																1			1	1
26	26011 龙虱科	*Cybister*	17	1			1	1	1			1	1	1	1	1		1	1	1		1	1
26	26011 龙虱科	*Cymatopterus*	1																				
26	26011 龙虱科	*Dytiscus*	8				1																
26	26011 龙虱科	*Erectes*	1				1	1	1	1		1	1	1	1	1		1	1			1	
26	26011 龙虱科	*Gaurodytes*	3			1	1					1	1										
26	26011 龙虱科	*Graphoderes*	3			1							1										
26	26011 龙虱科	*Herophydrus*	3		1														1				1
26	26011 龙虱科	*Hybius*	2			1																	
26	26011 龙虱科	*Hydaticus*	15	1	1	1	1	1				1	1	1	1	1		1	1			1	1
26	26011 龙虱科	*Hydrocoptus*	2																				1
26	26011 龙虱科	*Hydroglyphus*	12	1	1										1			1	1			1	1
26	26011 龙虱科	*Hydronebrius*	1														1						
26	26011 龙虱科	*Hydroporus*	11	1	1	1					1												
26	26011 龙虱科	*Hydrovatus*	10									1			1			1	1			1	1
26	26011 龙虱科	*Hygrotus*	15	1	1																		
26	26011 龙虱科	*Hyphiporus*	2															1	1				1
26	26011 龙虱科	*Hyphydrus*	9				1	1				1	1	1	1	1						1	1
26	26011 龙虱科	*Ilybius*	8		1			1	1			1	1	1	1				1				
26	26011 龙虱科	*Lacconectus*	3																1				1
26	26011 龙虱科	*Laccophilus*	24	1	1	1						1	1	1	1	1						1	1
26	26011 龙虱科	*Laccoporus*	2																				
26	26011 龙虱科	*Leiodytes*	3																1				1
26	26011 龙虱科	*Liodessus*	1																1				

目	科	属	种数	昆虫亚区																			
				a	b	c	d	e	f	g	h	i	j	k	l	m	n	o	p	q	r	s	t
26	26011 龙虱科	*Microdytes*	2																	1			
26	26011 龙虱科	*Nebrioporus*	8	1	1							1											
26	26011 龙虱科	*Neonectes*	2																	1			
26	26011 龙虱科	*Neptosternus*	1																				
26	26011 龙虱科	*Nipponhydrus*	1																				
26	26011 龙虱科	*Oreodytes*	2																				
26	26011 龙虱科	*Platambus*	10				1						1	1	1	1	1		1	1		1	
26	26011 龙虱科	*Platynectes*	5																1	1		1	
26	26011 龙虱科	*Potamonectes*	1							1													
26	26011 龙虱科	*Pseuduvaus*	1																	1			
26	26011 龙虱科	*Rhantaticus*	1																1	1		1	1
26	26011 龙虱科	*Rhantus*	14	1	1	1			1	1	1	1	1	1	1	1	1		1	1		1	
26	26011 龙虱科	*Sandracottus*	3											1								1	1
26	26011 龙虱科	*Scarodytes*	1																				
26	26011 龙虱科	*Stictotarsus*	1																				
26	26011 龙虱科	*Uvarus*	1															1					
26	26012 长扁甲科	*Cupes*	3																	1			
26	26012 长扁甲科	*Tenomerga*	2																1	1			
26	26013 行步甲科	*Agonotrechus*	2											1						1			
26	26013 行步甲科	*Bhutanotrechus*	1																				
26	26013 行步甲科	*Epaphiopsis*	12																	1			
26	26013 行步甲科	*Epaphius*	3																				
26	26013 行步甲科	*Kozlovites*	2																				
26	26013 行步甲科	*Lasiotrechus*	2																				
26	26013 行步甲科	*Mazuzonoblemus*	2																	1			
26	26013 行步甲科	*Neoblemus*	1																				
26	26013 行步甲科	*Parepaphius*	3																				
26	26013 行步甲科	*Perileptus*	3																	1			
26	26013 行步甲科	*Pseudopaphius*	2																				
26	26013 行步甲科	*Tienmutrechus*	1																				
26	26013 行步甲科	*Trechiama*	3																	1			
26	26013 行步甲科	*Trechoblemus*	2																				
26	26013 行步甲科	*Trechus*	14																				
26	26014 花甲科	*Cinnabarium*	1																				
26	26014 花甲科	*Dascillus*	13																	1			
26	26014 花甲科	*Deupeus*	1																				
26	26014 花甲科	*Epilichas*	6																	1			
26	26014 花甲科	*Eucteis*	1																				
26	26014 花甲科	*Eulichas*	1																				
26	26014 花甲科	*Grammeubria*	1																				
26	26014 花甲科	*Haematoides*	1																				
26	26014 花甲科	*Homoeogenus*	1																				
26	26014 花甲科	*Macroeubia*	1																				
26	26014 花甲科	*Paralichas*	9											1						1			
26	26014 花甲科	*Pseudolichas*	5																				
26	26014 花甲科	*Sinocaulus*	2																				
26	26014 花甲科	*Therius*	1																				
26	26015 沼甲科	*Cyphon*	3																	1			
26	26015 沼甲科	*Elodes*	2																				
26	26015 沼甲科	*Hydrpcyphon*	1																				
26	26015 沼甲科	*Ptilodactyla*	5																	1			
26	26015 沼甲科	*Scirtes*	6																	1			
26	26016 扁腹花甲科	*Tohlezhus*	1																	1			
26	26017 皮蠹科	*Aethriostoma*	1																				
26	26017 皮蠹科	*Anthrenus*	11			1	1	1	1				1	1	1	1			1	1		1	
26	26017 皮蠹科	*Attagenus*	21			1	1	1	1	1	1		1	1	1	1		1	1	1	1	1	1

目	科	属	种数	昆虫亚区																			
				a	b	c	d	e	f	g	h	i	j	k	l	m	n	o	p	q	r	s	t
26	26017 皮蠹科	*Dermestes*	20	1	1	1	1	1	1	1	1	1	1	1	1		1	1	1			1	1
26	26017 皮蠹科	*Evorinea*	2																1				
26	26017 皮蠹科	*Megatoma*	3			1	1	1															
26	26017 皮蠹科	*Orphiloides*	1																1				
26	26017 皮蠹科	*Orphinus*	5														1			1	1		
26	26017 皮蠹科	*Phratonoma*	1																				
26	26017 皮蠹科	*Thaumaglossa*	7									1	1	1	1		1		1	1	1	1	1
26	26017 皮蠹科	*Thylodrias*	1			1	1	1				1	1	1	1								
26	26017 皮蠹科	*Trinodes*	5									1			1				1				
26	26017 皮蠹科	*Trogoderma*	12	1		1	1	1	1			1	1				1		1			1	
26	26018 平唇水龟甲科	*Hydraena*	10									1			1				1		1		
26	26018 平唇水龟甲科	*Laeliaena*	1										1										
26	26018 平唇水龟甲科	*Limnebius*	4									1											
26	26018 平唇水龟甲科	*Ochthebius*	15									1			1				1		1		
26	26019 小花甲科	*Byturus*	5																1				
26	26020 丸甲科	*Byrrhinus*	1																1				
26	26020 丸甲科	*Byrrhus*	4										1						1				
26	26020 丸甲科	*Cephalobyrrhus*	1																1				
26	26020 丸甲科	*Chelonarium*	2																1				
26	26020 丸甲科	*Cytilus*	2																1				
26	26020 丸甲科	*Limnichus*	1																				
26	26020 丸甲科	*Simplocaris*	2																				
26	26021 缨甲科	*Acrotrichis*	2																1				
26	26021 缨甲科	*Mikado*	1																1				
26	26022 球蕈甲科	*Afroagathidium*	1																1				
26	26022 球蕈甲科	*Agathidium*	7																1				
26	26022 球蕈甲科	*Amphicyllis*	1			1																	
26	26022 球蕈甲科	*Anistoma*	1			1																	
26	26022 球蕈甲科	*Colenis*	1																1				
26	26022 球蕈甲科	*Cyrtusa*	1																				
26	26022 球蕈甲科	*Leiodes*	7			1													1				
26	26022 球蕈甲科	*Liodopria*	1																1				
26	26022 球蕈甲科	*Pseudocolenis*	1																				
26	26022 球蕈甲科	*Pseudoloides*	1																				
26	26022 球蕈甲科	*Zeadolopus*	1																				
26	26023 苔甲科	*Euconnus*	11																1				
26	26023 苔甲科	*Euthia*	3																1				
26	26023 苔甲科	*Horaeomorphus*	2																1				
26	26023 苔甲科	*Scydaenus*	11																1				
26	26023 苔甲科	*Stenichus*	2																1				
26	26024 埋葬甲科	*Apteroloma*	4												1								
26	26024 埋葬甲科	*Blitophaga*	6			1																	
26	26024 埋葬甲科	*Brachyloma*	1																				
26	26024 埋葬甲科	*Calosilpha*	2									1	1	1			1	1					
26	26024 埋葬甲科	*Dendroxena*	1																				
26	26024 埋葬甲科	*Diamesus*	2											1					1			1	1
26	26024 埋葬甲科	*Eusilpha*	9										1	1	1	1			1				1
26	26024 埋葬甲科	*Isosilpha*	1																				
26	26024 埋葬甲科	*Klapperichianellia*	1																				
26	26024 埋葬甲科	*Necrodes*	3			1	1	1	1			1	1	1	1	1	1		1	1		1	
26	26024 埋葬甲科	*Nicrophorus*	31			1	1	1	1	1		1	1	1	1	1	1		1	1		1	1
26	26024 埋葬甲科	*Oiceoptoma*	3																1				
26	26024 埋葬甲科	*Phosphuga*	1			1																	
26	26024 埋葬甲科	*Pteroloma*	1																				
26	26024 埋葬甲科	*Pteronecrodes*	1											1					1				
26	26024 埋葬甲科	*Ptomascopus*	2			1	1	1	1	1		1	1	1					1				

目	科	属	种数	昆虫亚区																			
				a	b	c	d	e	f	g	h	i	j	k	l	m	n	o	p	q	r	s	t
26	26024 埋葬甲科	*Rybinskiella*	2																				
26	26024 埋葬甲科	*Silpha*	21		1	1		1		1	1			1					1	1			1
26	26024 埋葬甲科	*Thanatophilus*	11			1	1		1	1	1			1			1		1				
26	26024 埋葬甲科	*Xylodrepa*	1																				
26	26025 铠甲科	*Micropelpus*	4															1					
26	26026 隐翅甲科	*Achenium*	3																				
26	26026 隐翅甲科	*Acrostica*	1																				
26	26026 隐翅甲科	*Acylophorus*	1																1				
26	26026 隐翅甲科	*Agelosus*	3																1				
26	26026 隐翅甲科	*Aleochara*	19																1				1
26	26026 隐翅甲科	*Algon*	3																1				
26	26026 隐翅甲科	*Amichrotus*	1																1				
26	26026 隐翅甲科	*Amphichroum*	1																				
26	26026 隐翅甲科	*Anomognathus*	1																1				
26	26026 隐翅甲科	*Anotylus*	26												1				1				
26	26026 隐翅甲科	*Apagonus*	1																1				
26	26026 隐翅甲科	*Apecholinus*	1																				
26	26026 隐翅甲科	*Aploderus*	1																				
26	26026 隐翅甲科	*Apostenolinus*	1											1									
26	26026 隐翅甲科	*Ascialinus*	1																				
26	26026 隐翅甲科	*Astenus*	20									1	1				1		1				
26	26026 隐翅甲科	*Astilaris*	1																1				
26	26026 隐翅甲科	*Atheta*	40																1				1
26	26026 隐翅甲科	*Atrecus*	1																				
26	26026 隐翅甲科	*Belonuchus*	1																1				
26	26026 隐翅甲科	*Bisnius*	10						1														
26	26026 隐翅甲科	*Bledius*	32			1	1	1							1				1				
26	26026 隐翅甲科	*Blepharrhymenus*	1																				
26	26026 隐翅甲科	*Bolitobius*	4										1	1									
26	26026 隐翅甲科	*Bolitochara*	8																1				
26	26026 隐翅甲科	*Bolitogyrus*	3																1				
26	26026 隐翅甲科	*Boreaphilus*	1																				
26	26026 隐翅甲科	*Borolinus*	2																1				
26	26026 隐翅甲科	*Brachida*	1																1				
26	26026 隐翅甲科	*Bryoporus*	2																				
26	26026 隐翅甲科	*Bryothinusa*	5																				
26	26026 隐翅甲科	*Caccopotus*	3																				
26	26026 隐翅甲科	*Cafius*	4																1				1
26	26026 隐翅甲科	*Caloboreaphilus*	1																				
26	26026 隐翅甲科	*Calodera*	2																1				
26	26026 隐翅甲科	*Cardiola*	1																				
26	26026 隐翅甲科	*Carpelimus*	10											1					1				
26	26026 隐翅甲科	*Carphacis*	1																				
26	26026 隐翅甲科	*Charichirus*	1																1				
26	26026 隐翅甲科	*Cilea*	2													1			1				
26	26026 隐翅甲科	*Coenonica*	2																1				
26	26026 隐翅甲科	*Coprophilus*	7	1											1	1			1				
26	26026 隐翅甲科	*Coproporus*	16													1			1				1
26	26026 隐翅甲科	*Craspedomerus*	2												1								
26	26026 隐翅甲科	*Creophilus*	1	1		1	1	1	1	1		1	1	1	1			1	1		1		
26	26026 隐翅甲科	*Cryptobium*	7																1	1			1
26	26026 隐翅甲科	*Cyrtothorax*	2												1			1					
26	26026 隐翅甲科	*Deleaster*	2																1				
26	26026 隐翅甲科	*Derops*	3											1	1								
26	26026 隐翅甲科	*Dianops*	3											1	1								
26	26026 隐翅甲科	*Dianous*	98					1	1					1	1	1	1	1	1	1		1	1

目	科	属	种数	昆虫亚区 a	b	c	d	e	f	g	h	i	j	k	l	m	n	o	p	q	r	s	t
26	26026 隐翅甲科	*Dibelonestus*	2																	1			
26	26026 隐翅甲科	*Diestota*	1																				
26	26026 隐翅甲科	*Dinopteroloma*	2																	1			
26	26026 隐翅甲科	*Dinothenarus*	3																				
26	26026 隐翅甲科	*Diochus*	3																	1			
26	26026 隐翅甲科	*Dolicaon*	4																	1			
26	26026 隐翅甲科	*Drusilla*	1																	1			
26	26026 隐翅甲科	*Echiaster*	1																	1			
26	26026 隐翅甲科	*Edaphus*	12																	1			
26	26026 隐翅甲科	*Eleusis*	5															1		1			
26	26026 隐翅甲科	*Erichsonius*	5												1	1		1		1			
26	26026 隐翅甲科	*Euaesthetus*	3																				
26	26026 隐翅甲科	*Eucibdelus*	7																	1			
26	26026 隐翅甲科	*Eulissus*	2																				
26	26026 隐翅甲科	*Eupiestus*	4															1		1			1
26	26026 隐翅甲科	*Eurygalea*	1																				
26	26026 隐翅甲科	*Eusphalerum*	4																	1			
26	26026 隐翅甲科	*Exacrotona*	1																				
26	26026 隐翅甲科	*Falagria*	11									1		1						1			1
26	26026 隐翅甲科	*Gabrius*	12				1	1							1					1			
26	26026 隐翅甲科	*Gabronthus*	3																	1			
26	26026 隐翅甲科	*Geodromicus*	7																				
26	26026 隐翅甲科	*Gnypeta*	1																	1			
26	26026 隐翅甲科	*Gyrohypnus*	1										1										
26	26026 隐翅甲科	*Gyrophaena*	5																				
26	26026 隐翅甲科	*Hesperopalpus*	1																	1			
26	26026 隐翅甲科	*Hesperosoma*	1																	1			
26	26026 隐翅甲科	*Hesperus*	4																	1			
26	26026 隐翅甲科	*Heterothops*	2			1	1																
26	26026 隐翅甲科	*Holosus*	2														1						
26	26026 隐翅甲科	*Holotrochus*	2												1								
26	26026 隐翅甲科	*Homalota*	3																	1			
26	26026 隐翅甲科	*Hoplandria*	4																	1			
26	26026 隐翅甲科	*Hybridolinus*	1												1								
26	26026 隐翅甲科	*Hypnogyra*	2																				
26	26026 隐翅甲科	*Indoquedius*	5											1	1	1				1			
26	26026 隐翅甲科	*Indoscitalinus*	2																		1		
26	26026 隐翅甲科	*Ischnosoma*	10				1							1	1					1		1	
26	26026 隐翅甲科	*Ishnopoda*	46																	1			
26	26026 隐翅甲科	*Isocheilus*	1																	1			
26	26026 隐翅甲科	*Lathrobium*	15										1	1	1			1		1			
26	26026 隐翅甲科	*Lepidophallus*	7						1					1	1			1					
26	26026 隐翅甲科	*Leptacinus*	7								1									1			
26	26026 隐翅甲科	*Leptochirus*	2																	1			
26	26026 隐翅甲科	*Lesteva*	2															1					
26	26026 隐翅甲科	*Leucocraspedium*	6																	1			
26	26026 隐翅甲科	*Lispinus*	8															1		1			
26	26026 隐翅甲科	*Lithocharis*	5									1								1			1
26	26026 隐翅甲科	*Liusus*	2									1			1								
26	26026 隐翅甲科	*Lobrathium*	7										1	1	1								
26	26026 隐翅甲科	*Lomechusa*	2																				
26	26026 隐翅甲科	*Lordoithon*	8				1													1			
26	26026 隐翅甲科	*Medon*	19				1							1						1			1
26	26026 隐翅甲科	*Megalimus*	1																				
26	26026 隐翅甲科	*Megalopaederus*	4																	1			
26	26026 隐翅甲科	*Mimogonus*	1																	1			

目	科	属	种数	昆虫亚区																			
				a	b	c	d	e	f	g	h	i	j	k	l	m	n	o	p	q	r	s	t
26	26026 隐翅甲科	*Miobdelus*	1																				
26	26026 隐翅甲科	*Mitomorphus*	2																1				
26	26026 隐翅甲科	*Mycetoporus*	3																1				
26	26026 隐翅甲科	*Myllaena*	1																1				
26	26026 隐翅甲科	*Myrmecocephalus*	3																1				
26	26026 隐翅甲科	*Myrmecopora*	1																				1
26	26026 隐翅甲科	*Nacaeus*	2																1				
26	26026 隐翅甲科	*Naddia*	3																1				
26	26026 隐翅甲科	*Nazeris*	11									1	1	1			1		1				
26	26026 隐翅甲科	*Neobisnius*	6									1	1				1		1				
26	26026 隐翅甲科	*Neodecusa*	1																1				
26	26026 隐翅甲科	*Neolosus*	5																1				
26	26026 隐翅甲科	*Neosilusa*	1																				
26	26026 隐翅甲科	*Neosorius*	1																1				
26	26026 隐翅甲科	*Nepalinus*	1																				
26	26026 隐翅甲科	*Nitidotachinus*	3											1					1				
26	26026 隐翅甲科	*Nudobius*	5											1					1				
26	26026 隐翅甲科	*Ochthephilus*	10																1				1
26	26026 隐翅甲科	*Octavius*	1																1				
26	26026 隐翅甲科	*Ocypus*	17																1				
26	26026 隐翅甲科	*Oedichirus*	1																				
26	26026 隐翅甲科	*Oligota*	1																1				
26	26026 隐翅甲科	*Olophrum*	4																				
26	26026 隐翅甲科	*Omalium*	2							1													
26	26026 隐翅甲科	*Omoplandria*	1																1				
26	26026 隐翅甲科	*Ontholestes*	10																				
26	26026 隐翅甲科	*Osorius*	10												1				1	1			1
26	26026 隐翅甲科	*Othius*	10													1			1				
26	26026 隐翅甲科	*Oxypoda*	2																				
26	26026 隐翅甲科	*Oxyporus*	47			1	1							1	1	1	1		1	1	1		
26	26026 隐翅甲科	*Oxytelopsis*	4																1				
26	26026 隐翅甲科	*Oxytelus*	13				1						1	1	1		1		1				1
26	26026 隐翅甲科	*Pachycorynus*	2																1				
26	26026 隐翅甲科	*Paederua*	28			1	1	1	1		1	1	1	1			1		1			1	1
26	26026 隐翅甲科	*Palaminus*	3																1				
26	26026 隐翅甲科	*Pammegu*	1																1				
26	26026 隐翅甲科	*Paradictyon*	1																				
26	26026 隐翅甲科	*Paragonus*	1																1				
26	26026 隐翅甲科	*Paralispinus*	1																1				
26	26026 隐翅甲科	*Paraphloeostiba*	1																1				
26	26026 隐翅甲科	*Peitawopsis*	1											1									
26	26026 隐翅甲科	*Pelioptera*	1																1				
26	26026 隐翅甲科	*Phacophilus*	1																1				
26	26026 隐翅甲科	*Philonthus*	92			1	1	1			1	1	1	1			1	1	1		1	1	
26	26026 隐翅甲科	*Philorinum*	1																1				
26	26026 隐翅甲科	*Phloeodroma*	1																1				
26	26026 隐翅甲科	*Phucobius*	3																1				
26	26026 隐翅甲科	*Phyrosus*	1																1				
26	26026 隐翅甲科	*Phytolinus*	1																1				
26	26026 隐翅甲科	*Piestoneus*	1																1				
26	26026 隐翅甲科	*Pinophilus*	9																1				1
26	26026 隐翅甲科	*Placusa*	1																1				
26	26026 隐翅甲科	*Plagiusa*	2																1				
26	26026 隐翅甲科	*Platydracus*	21																1				
26	26026 隐翅甲科	*Platyprosopus*	1																1				
26	26026 隐翅甲科	*Platystethus*	10		1									1	1	1			1				

目	科	属	种数	昆虫亚区																			
				a	b	c	d	e	f	g	h	i	j	k	l	m	n	o	p	q	r	s	t
26	26026 隐翅甲科	*Priochirus*	14										1	1					1	1	1			1
26	26026 隐翅甲科	*Pseudoplandria*	2																1				
26	26026 隐翅甲科	*Pthius*	5										1		1								
26	26026 隐翅甲科	*Quedius*	55						1					1	1		1						
26	26026 隐翅甲科	*Rabigus*	3																				
26	26026 隐翅甲科	*Rhyncocheilus*	3																				
26	26026 隐翅甲科	*Rugilus*	5				1												1				
26	26026 隐翅甲科	*Schistogenia*	3																1				1
26	26026 隐翅甲科	*Scopaeus*	6									1							1				
26	26026 隐翅甲科	*Sepedophilus*	11																1				
26	26026 隐翅甲科	*Siagonium*	2																1				
26	26026 隐翅甲科	*Silusa*	1																				
26	26026 隐翅甲科	*Sinophilus*	1																				
26	26026 隐翅甲科	*Staphylinus*	10									1											
26	26026 隐翅甲科	*Stenaesthetus*	1																1				
26	26026 隐翅甲科	*Stenus*	218		1		1	1			1	1	1	1	1	1			1	1	1	1	1
26	26026 隐翅甲科	*Stictocarinius*	1																				
26	26026 隐翅甲科	*Stictolinus*	1																				
26	26026 隐翅甲科	*Stilicoderus*	2																1				
26	26026 隐翅甲科	*Stilicopsis*	2																1				
26	26026 隐翅甲科	*Stilicus*	5														1	1					
26	26026 隐翅甲科	*Sunius*	2																1				
26	26026 隐翅甲科	*Tachinus*	40		1		1	1					1	1	1		1		1				
26	26026 隐翅甲科	*Tachyporus*	14														1						
26	26026 隐翅甲科	*Tachyusida*	1																1				
26	26026 隐翅甲科	*Tasgius*	1		1		1																
26	26026 隐翅甲科	*Tetrapleurus*	3																1				
26	26026 隐翅甲科	*Thamiaraea*	1																				
26	26026 隐翅甲科	*Thinobius*	1																				
26	26026 隐翅甲科	*Thinocharis*	2																				1
26	26026 隐翅甲科	*Thoracochirus*	5																1	1			
26	26026 隐翅甲科	*Thoracophorus*	1																1				
26	26026 隐翅甲科	*Thoracostrongylus*	2																1				
26	26026 隐翅甲科	*Thyreocephalus*	3																1				1
26	26026 隐翅甲科	*Tinodromus*	2																				
26	26026 隐翅甲科	*Tinotus*	1																				
26	26026 隐翅甲科	*Tolmerinus*	1																				
26	26026 隐翅甲科	*Trichocosmetes*	1									1											
26	26026 隐翅甲科	*Trichophya*	4										1		1				1				
26	26026 隐翅甲科	*Trigonodemus*	2																				
26	26026 隐翅甲科	*Tympanophorus*	1																1				
26	26026 隐翅甲科	*Velleius*	4											1					1				
26	26026 隐翅甲科	*Xantholinus*	12			1													1				
26	26026 隐翅甲科	*Zyras*	14																1				1
26	26027 蚁甲科	*Ambrosiger*	1																1				
26	26027 蚁甲科	*Anaclasiger*	1																1				
26	26027 蚁甲科	*Apaharina*	1																1				
26	26027 蚁甲科	*Arnylium*	3																1				
26	26027 蚁甲科	*Arthromelodes*	1																				
26	26027 蚁甲科	*Atenisodus*	1															1					
26	26027 蚁甲科	*Batraxis*	3																1				
26	26027 蚁甲科	*Batribolbus*	1																1				
26	26027 蚁甲科	*Batridcenodes*	1																1				
26	26027 蚁甲科	*Batrisceniola*	1																1				
26	26027 蚁甲科	*Batrisialla*	1																1				
26	26027 蚁甲科	*Batrisocenus*	6																1				1

目	科	属	种数	昆虫亚区																			
				a	b	c	d	e	f	g	h	i	j	k	l	m	n	o	p	q	r	s	t
26	26027 蚁甲科	*Batrisodes*	2																1				
26	26027 蚁甲科	*Batrisus*	1																				
26	26027 蚁甲科	*Bryaxis*	2																				
26	26027 蚁甲科	*Buobellenden*	1						1														
26	26027 蚁甲科	*Centrophthalmus*	2																1				
26	26027 蚁甲科	*Cratna*	1																1				
26	26027 蚁甲科	*Ctenisophos*	1																1				
26	26027 蚁甲科	*Diaugis*	1																1				
26	26027 蚁甲科	*Dicentrus*	1																				
26	26027 蚁甲科	*Durbos*	1																1				
26	26027 蚁甲科	*Eulasinus*	1																				
26	26027 蚁甲科	*Euplectomorphus*	1																1				
26	26027 蚁甲科	*Harmophorus*	3																1				
26	26027 蚁甲科	*Hirashimanymus*	2																1				
26	26027 蚁甲科	*Lasinus*	1																				
26	26027 蚁甲科	*Machulkaia*	1																				
26	26027 蚁甲科	*Megabatrus*	1																				
26	26027 蚁甲科	*Nipponobythus*	6																				
26	26027 蚁甲科	*Paracyathiger*	1																				
26	26027 蚁甲科	*Physomerinus*	1																1				
26	26027 蚁甲科	*Poroderus*	1																				
26	26027 蚁甲科	*Prosthecarthron*	1																				
26	26027 蚁甲科	*Reichenbachia*	3																1				
26	26027 蚁甲科	*Sathytes*	1																1				
26	26027 蚁甲科	*Subulipalpus*	1																				
26	26027 蚁甲科	*Tmesiphoromimus*	1																				
26	26027 蚁甲科	*Triartiger*	1																1				
26	26027 蚁甲科	*Trimiomicrus*	2																1				1
26	26027 蚁甲科	*Trissemus*	2																1				
26	26027 蚁甲科	*Tychus*	1																				
26	26028 水龟甲科	*Agraphydrus*	3												1				1				
26	26028 水龟甲科	*Amphiops*	5										1						1	1	1	1	1
26	26028 水龟甲科	*Anacaena*	13	1									1		1	1					1	1	
26	26028 水龟甲科	*Berosus*	15	1	1								1		1	1			1	1	1	1	1
26	26028 水龟甲科	*Cercyon*	12										1								1	1	
26	26028 水龟甲科	*Coelostoma*	8												1			1	1	1	1	1	1
26	26028 水龟甲科	*Cryptoleurum*	3																1				
26	26028 水龟甲科	*Cyclonotum*	1																				
26	26028 水龟甲科	*Dactylosternum*	4																1	1		1	
26	26028 水龟甲科	*Enochrus*	18	1	1								1	1	1				1				1
26	26028 水龟甲科	*Globaria*	1																				
26	26028 水龟甲科	*Helochares*	14	1									1		1		1	1	1		1	1	
26	26028 水龟甲科	*Helophorus*	26	1	1					1					1				1	1			
26	26028 水龟甲科	*Hydrobimorpha*	1																1			1	1
26	26028 水龟甲科	*Hydrobius*	1		1	1																	
26	26028 水龟甲科	*Hydrocassis*	6																1				
26	26028 水龟甲科	*Hydrochara*	3	1		1	1								1				1				
26	26028 水龟甲科	*Hydrochus*	4										1		1				1	1		1	1
26	26028 水龟甲科	*Hydrophilus*	8	1		1	1				1	1	1	1					1	1		1	1
26	26028 水龟甲科	*Laccobius*	25	1	1					1					1				1	1		1	
26	26028 水龟甲科	*Neohydrophilus*	1																				
26	26028 水龟甲科	*Oosternum*	2																	1			
26	26028 水龟甲科	*Pachysternum*	2																				
26	26028 水龟甲科	*Paracymus*	6	1	1										1				1			1	1
26	26028 水龟甲科	*Parcillum*	2																				
26	26028 水龟甲科	*Pelthydrus*	2																				

目	科	属	种数	a	b	c	d	e	f	g	h	i	j	k	l	m	n	o	p	q	r	s	t
26	26028 水龟甲科	*Peratogonus*	1																1				
26	26028 水龟甲科	*Psalitrus*	1																1				
26	26028 水龟甲科	*Regimbartia*	1															1	1			1	1
26	26028 水龟甲科	*Sphaeridium*	12													1		1	1			1	1
26	26028 水龟甲科	*Sternolophus*	3			1						1	1	1	1			1	1			1	1
26	26029 毛牙甲科	*Spercheus*	1			1																	
26	26030 圆泥甲科	*Georyssus*	1																1				
26	26031 扁圆甲科	*Sphaerites*	1																				
26	26032 阎甲科	*Abracus*	1																1				
26	26032 阎甲科	*Acritus*	4																1				
26	26032 阎甲科	*Anaglymma*	1																1				
26	26032 阎甲科	*Anpleus*	1																1				
26	26032 阎甲科	*Apobletes*	3																1				
26	26032 阎甲科	*Asiater*	1																1				
26	26032 阎甲科	*Atholus*	6			1	1	1						1					1			1	1
26	26032 阎甲科	*Bacanius*	2																1				
26	26032 阎甲科	*Carcinops*	5			1	1	1	1			1	1	1				1	1			1	
26	26032 阎甲科	*Chalcionellus*	3	1		1																	
26	26032 阎甲科	*Chetabraeus*	1																1				
26	26032 阎甲科	*Cylister*	2																1				
26	26032 阎甲科	*Cypturus*	1																1				
26	26032 阎甲科	*Dendrophilus*	1			1	1	1	1			1	1	1				1	1			1	
26	26032 阎甲科	*Eblisia*	5																1				
26	26032 阎甲科	*Epiechinus*	1																1				
26	26032 阎甲科	*Epierus*	1																1				
26	26032 阎甲科	*Eucurtiopsis*	1																1				
26	26032 阎甲科	*Eudiplister*	5																				
26	26032 阎甲科	*Eulomalus*	2																1				
26	26032 阎甲科	*Gnathoncus*	6				1					1							1				
26	26032 阎甲科	*Hister*	24					1		1		1	1	1					1			1	1
26	26032 阎甲科	*Hololepta*	7			1													1				
26	26032 阎甲科	*Hypocacculus*	3	1																			
26	26032 阎甲科	*Hypocaccus*	5			1																	
26	26032 阎甲科	*Margarinotus*	19			1		1						1					1			1	1
26	26032 阎甲科	*Mendelitus*	1																				
26	26032 阎甲科	*Merohister*	1			1	1	1															
26	26032 阎甲科	*Microlomalus*	1																1				
26	26032 阎甲科	*Neosantalus*	1																				
26	26032 阎甲科	*Nicotikis*	1																				
26	26032 阎甲科	*Notodoma*	3																1				
26	26032 阎甲科	*Onthophilus*	4				1												1				1
26	26032 阎甲科	*Pachylister*	3																1		1		
26	26032 阎甲科	*Pachylomalus*	1																1				
26	26032 阎甲科	*Pactotinus*	2																1				
26	26032 阎甲科	*Parepierus*	1																1				
26	26032 阎甲科	*Paromalus*	1																1				
26	26032 阎甲科	*Pholioxenus*	1																				
26	26032 阎甲科	*Plaesius*	1																1				
26	26032 阎甲科	*Platylomalus*	5																1				
26	26032 阎甲科	*Platysoma*	26																1				
26	26032 阎甲科	*Reichardtiolus*	1																				
26	26032 阎甲科	*Saprinus*	39	1	1	1	1	1		1	1			1					1			1	1
26	26032 阎甲科	*Silinus*	1																				
26	26032 阎甲科	*Sternaulax*	1																1				
26	26032 阎甲科	*Teretriosoma*	1																1				
26	26032 阎甲科	*Tribalus*	4																1				

目	科	属	种数	a	b	c	d	e	f	g	h	i	j	k	l	m	n	o	p	q	r	s	t
26	26032 阎甲科	*Tripeticus*	3																1				
26	26032 阎甲科	*Zabromorphus*	1																1				
26	26033 细阎甲科	*Niponius*	4																1				
26	26034 球蕈甲科	*Catopodes*	2																				
26	26034 球蕈甲科	*Catops*	18																1				1
26	26034 球蕈甲科	*Choleva*	2																				
26	26034 球蕈甲科	*Mesocatops*	2																1				
26	26034 球蕈甲科	*Micronemadus*	1																1				
26	26034 球蕈甲科	*Prionochaeta*	2																1				
26	26034 球蕈甲科	*Ptomophaginus*	3																1				
26	26034 球蕈甲科	*Sciodrepoides*	4																				
26	26035 Colonidae	*Colon*	1																				
26	26036 黄胸甲科	*Thorictodes*	4						1	1	1			1				1					
26	26037 拳甲科	*Acalyptomwrus*	1																1				
26	26037 拳甲科	*Clambus*	3																1				
26	26038 拟球甲科	*Anisomeristes*	1																1				
26	26038 拟球甲科	*Arthrolips*	1																				
26	26038 拟球甲科	*Sericoderus*	1																1				
26	26039 Phaenocephalidae	*Phaenocephalus*	1																1				
26	26040 盘甲科	*Aphanocephalus*	8																1				
26	26041 出尾蕈甲科	*Ascaphium*	2																1				
26	26041 出尾蕈甲科	*Bacocera*	3																1				
26	26041 出尾蕈甲科	*Cyparium*	3					1											1				
26	26041 出尾蕈甲科	*Diatelum*	1																1				
26	26041 出尾蕈甲科	*Episcaphium*	1																1				
26	26041 出尾蕈甲科	*Psrudobironium*	2																1				
26	26041 出尾蕈甲科	*Scaphidium*	33										1	1			1		1				
26	26041 出尾蕈甲科	*Scaphosoma*	19																1				
26	26041 出尾蕈甲科	*Scaphoxium*	2																1				
26	26042 黑蜣科	*Aceraius*	2											1		1	1	1				1	1
26	26042 黑蜣科	*Ceracupes*	4													1	1		1			1	1
26	26042 黑蜣科	*Cylindrocaulus*	1																				
26	26042 黑蜣科	*Leptaulax*	4										1	1		1	1	1				1	1
26	26042 黑蜣科	*Macrolinus*	3													1							
26	26042 黑蜣科	*Ophrygonius*	2													1	1				1		
26	26043 拟锹甲科	*Sinodendrom*	1																				
26	26044 锹甲科	*Aegus*	17										1	1		1	1	1				1	1
26	26044 锹甲科	*Aesalus*	3											1					1				
26	26044 锹甲科	*Ceruchus*	2										1	1		1			1				
26	26044 锹甲科	*Cladognathus*	1																				
26	26044 锹甲科	*Cyclommatus*	8										1	1		1		1	1	1			1
26	26044 锹甲科	*Dorcus*	32			1	1	1			1		1	1	1	1	1	1	1	1	1	1	1
26	26044 锹甲科	*Eligmodonthus*	1																				
26	26044 锹甲科	*Eurytrachelus*	10									1	1	1			1	1				1	1
26	26044 锹甲科	*Figulus*	10										1	1		1	1	1					
26	26044 锹甲科	*Gnaphaloryx*	3											1					1				
26	26044 锹甲科	*Gometopus*	1											1									
26	26044 锹甲科	*Hemisodoecus*	1											1									
26	26044 锹甲科	*Hemisodoreus*	15													1		1		1		1	1
26	26044 锹甲科	*Hexarthrius*	2														1	1					
26	26044 锹甲科	*Hexataenius*	2																1				
26	26044 锹甲科	*Lucanida*	1															1					1
26	26044 锹甲科	*Lucanus*	40			1		1					1	1	1	1	1	1	1	1	1	1	1
26	26044 锹甲科	*Macrodorcas*	9			1							1	1		1	1		1	1	1	1	1
26	26044 锹甲科	*Metallactulus*	1																1				
26	26044 锹甲科	*Metopodontus*	3																1				1

目	科	属	种数	a	b	c	d	e	f	g	h	i	j	k	l	m	n	o	p	q	r	s	t
26	26044 锹甲科	*Neolucanus*	29										1		1		1	1	1	1	1	1	1
26	26044 锹甲科	*Nigidionus*	1									1	1		1		1	1			1	1	
26	26044 锹甲科	*Nigidius*	5												1					1	1		
26	26044 锹甲科	*Nipponodorcus*	2			1								1				1					
26	26044 锹甲科	*Odontolabis*	6									1	1		1		1	1	1	1		1	1
26	26044 锹甲科	*Platycerus*	6											1		1							
26	26044 锹甲科	*Prismognathus*	9			1								1	1	1	1	1	1	1		1	1
26	26044 锹甲科	*Prosopocoilus*	28				1						1	1	1		1	1	1	1	1	1	1
26	26044 锹甲科	*Psalidoremus*	2																				
26	26044 锹甲科	*Pseudolucanus*	2														1						
26	26044 锹甲科	*Pseudorhaetus*	1																	1			
26	26044 锹甲科	*Rhaetulus*	4																	1			
26	26044 锹甲科	*Rhaetus*	1														1						
26	26044 锹甲科	*Serrognathus*	4			1		1				1	1	1		1		1	1	1	1	1	1
26	26045 粪金龟科	*Bolboceras*	4																	1			
26	26045 粪金龟科	*Bolbocerosoma*	4			1									1			1	1				
26	26045 粪金龟科	*Bolbochromus*	1																				
26	26045 粪金龟科	*Bolbotrypes*	1			1	1	1				1	1	1				1					
26	26045 粪金龟科	*Ceratophyus*	4	1		1	1	1				1		1									
26	26045 粪金龟科	*Cymnopleurus*	1																				
26	26045 粪金龟科	*Enoplotrupes*	8											1	1	1	1	1	1	1			
26	26045 粪金龟科	*Geotrupes*	35			1	1	1	1			1		1	1	1	1	1	1				1
26	26045 粪金龟科	*Kolbeus*	1									1	1			1		1	1				
26	26045 粪金龟科	*Lethrus*	9	1	1		1	1	1														
26	26046 皮金龟科	*Glaresis*	3	1	1																		
26	26046 皮金龟科	*Trox*	22	1		1	1	1	1		1		1	1			1		1		1	1	
26	26046 皮金龟科	*Xizangia*	1														1						
26	26047 红金龟科	*Codocera*	1																				
26	26047 红金龟科	*Ochodaeus*	8	1	1		1	1						1	1	1	1	1	1	1			1
26	26048 驼金龟科	*Celaennochrous*	1																				
26	26048 驼金龟科	*Phaeochrous*	10										1	1	1		1	1	1	1	1	1	1
26	26049 蜉金龟科	*Alaenius*	1																				
26	26049 蜉金龟科	*Aphodius*	175	1	1	1	1	1	1	1	1	1	1									1	1
26	26049 蜉金龟科	*Ataenius*	2															1					
26	26049 蜉金龟科	*Caelius*	1															1					
26	26049 蜉金龟科	*Cnemisus*	2				1																
26	26049 蜉金龟科	*Dialytes*	1																	1			
26	26049 蜉金龟科	*Heptaulacus*	3																				
26	26049 蜉金龟科	*Oxyomus*	2																	1			
26	26049 蜉金龟科	*Plagiogonus*	1																				
26	26049 蜉金龟科	*Pleurophorus*	2	1																1			
26	26049 蜉金龟科	*Psammobius*	12	1	1		1					1								1			
26	26049 蜉金龟科	*Rhyparus*	6																1	1			
26	26049 蜉金龟科	*Rhyssemus*	4			1	1													1			
26	26049 蜉金龟科	*Saprosites*	4																1	1			
26	26049 蜉金龟科	*Sybacodes*	1																				
26	26049 蜉金龟科	*Turanella*	1	1																			
26	26050 金龟科	*Caccobius*	19			1	1	1					1	1		1		1	1			1	1
26	26050 金龟科	*Cassolus*	3															1	1				
26	26050 金龟科	*Catharsius*	4			1	1	1	1			1	1	1		1	1	1	1	1	1	1	1
26	26050 金龟科	*Chironitis*	2	1			1																
26	26050 金龟科	*Copris*	33	1		1	1	1	1	1	1		1		1	1	1	1	1		1	1	1
26	26050 金龟科	*Drepanocerus*	4											1	1	1	1		1			1	1
26	26050 金龟科	*Euoniticellus*	1	1	1	1																	
26	26050 金龟科	*Gymnopleurus*	14	1	1		1	1	1			1	1	1	1	1	1	1	1	1	1	1	1
26	26050 金龟科	*Heliocopris*	2																	1	1		1

目	科	属	种数	\multicolumn{20}{c}{昆虫亚区}

目	科	属	种数	a	b	c	d	e	f	g	h	i	j	k	l	m	n	o	p	q	r	s	t
26	26050 金龟科	*Liatongus*	14				1	1					1	1		1	1	1	1	1	1	1	1
26	26050 金龟科	*Matashia*	1																1				
26	26050 金龟科	*Oniticellus*	6		1												1	1	1		1	1	
26	26050 金龟科	*Onitis*	7	1			1			1	1	1	1	1	1		1	1	1		1	1	1
26	26050 金龟科	*Onthophagus*	146	1	1	1	1	1	1	1	1		1		1	1	1	1	1	1	1	1	1
26	26050 金龟科	*Onychothecus*	2																		1		1
26	26050 金龟科	*Panellus*	3																1				
26	26050 金龟科	*Panelus*	1													1							
26	26050 金龟科	*Parachorius*	2																1				
26	26050 金龟科	*Paragymnopleurus*	1																1				
26	26050 金龟科	*Paraphytus*	1																1				
26	26050 金龟科	*Pollaplonyx*	2																1				
26	26050 金龟科	*Scarabaeus*	3	1	1	1	1	1	1	1	1		1	1	1								
26	26050 金龟科	*Sinodrepanus*	2																				
26	26050 金龟科	*Sisyphus*	7				1	1			1			1		1	1	1	1				
26	26050 金龟科	*Synapsis*	3	1			1	1					1	1	1		1				1		
26	26051 绒毛金龟科	*Anthypna*	8																1				
26	26051 绒毛金龟科	*Glaphyrus*	1	1																			
26	26051 绒毛金龟科	*Toxocerus*	9				1							1	1				1				
26	26052 犀金龟科	*Alissonotum*	5												1			1	1	1	1		
26	26052 犀金龟科	*Allomyrina*	2				1	1			1	1	1	1	1		1	1			1	1	
26	26052 犀金龟科	*Eophileurus*	3				1	1			1	1	1	1	1		1						1
26	26052 犀金龟科	*Eupatortus*	4													1	1			1	1		
26	26052 犀金龟科	*Heteronychus*	3												1					1	1		
26	26052 犀金龟科	*Microryctes*	2																		1		1
26	26052 犀金龟科	*Oryctes*	4	1	1					1	1								1				
26	26052 犀金龟科	*Papuana*	1																				
26	26052 犀金龟科	*Pentodon*	12	1	1	1	1	1	1	1	1	1		1				1			1		
26	26052 犀金龟科	*Trichogomphus*	3										1		1			1	1		1	1	1
26	26052 犀金龟科	*Trypoxylus*	1																1				
26	26052 犀金龟科	*Xylotrupes*	1										1			1	1		1		1	1	1
26	26053 臂金龟科	*Cheirotonus*	7												1		1			1	1	1	1
26	26053 臂金龟科	*Propomacrus*	1												1								
26	26054 丽金龟科	*Adoretosoma*	9								1	1	1	1	1	1	1		1				1
26	26054 丽金龟科	*Adoretus*	26	1	1		1		1	1	1	1			1	1	1	1	1	1	1	1	1
26	26054 丽金龟科	*Animala*	1																				
26	26054 丽金龟科	*Anisoplia*	3	1	1																		
26	26054 丽金龟科	*Anomala*	218	1		1	1	1	1	1			1	1	1	1	1	1	1	1	1	1	1
26	26054 丽金龟科	*Aprosterna*	1																				
26	26054 丽金龟科	*Blitopertha*	8			1		1	1	1		1		1			1	1	1				
26	26054 丽金龟科	*Callistethus*	10				1	1			1	1	1	1	1	1	1	1	1				
26	26054 丽金龟科	*Callistopopillia*	5								1		1	1	1	1					1	1	
26	26054 丽金龟科	*Chaetadoretus*	3																1				
26	26054 丽金龟科	*Cyriopertha*	1			1	1	1	1														
26	26054 丽金龟科	*Dactylopopilia*	1																				
26	26054 丽金龟科	*Fruhstorferia*	2																1				
26	26054 丽金龟科	*Glenopopillia*	2																			1	1
26	26054 丽金龟科	*Ischnopopillia*	21							1			1	1	1	1	1		1				
26	26054 丽金龟科	*Kibakoganea*	1																1				
26	26054 丽金龟科	*Melanopopillia*	3														1					1	1
26	26054 丽金龟科	*Mimela*	75			1	1	1	1	1	1		1	1	1	1	1	1	1	1	1	1	1
26	26054 丽金龟科	*Paramimela*	1																				
26	26054 丽金龟科	*Parastasia*	5																		1		
26	26054 丽金龟科	*Phyllopertha*	29			1	1	1	1	1	1	1	1	1	1	1	1	1	1	1	1		1
26	26054 丽金龟科	*Popillia*	78			1	1	1	1	1	1	1	1	1	1	1	1	1	1	1	1	1	1
26	26054 丽金龟科	*Proagopertha*	1			1	1	1	1	1		1	1	1	1			1					

目	科	属	种数	a	b	c	d	e	f	g	h	i	j	k	l	m	n	o	p	q	r	s	t
26	26054 丽金龟科	*Pseudodoretus*	1	1	1																		
26	26054 丽金龟科	*Pseudosinghala*	2												1		1	1	1		1		
26	26054 丽金龟科	*Rhombonyx*	1	1																			
26	26054 丽金龟科	*Spilopopillia*	3										1				1	1	1				
26	26054 丽金龟科	*Spinanomala*	3																		1		1
26	26054 丽金龟科	*Strigoderma*	1																				
26	26055 鳃金龟科	*Amphicoma*	1										1										
26	26055 鳃金龟科	*Amphimalon*	1	1	1	1	1	1	1	1	1	1		1									
26	26055 鳃金龟科	*Apogonia*	17			1		1	1			1	1	1	1		1	1	1	1	1	1	1
26	26055 鳃金龟科	*Archeohomalopia*	2																				
26	26055 鳃金龟科	*Asactopholis*	1												1					1			
26	26055 鳃金龟科	*Brachyllus*	1																				
26	26055 鳃金龟科	*Brahmina*	30			1	1	1	1	1	1	1	1	1	1		1	1					
26	26055 鳃金龟科	*Chioneosoma*	4	1	1		1		1	1	1												
26	26055 鳃金龟科	*Coniotrocus*	1																				
26	26055 鳃金龟科	*Cyphochilus*	11				1						1	1	1		1	1	1	1	1	1	1
26	26055 鳃金龟科	*Cyphonotus*	1	1																			
26	26055 鳃金龟科	*Dasylepida*	1																1				
26	26055 鳃金龟科	*Dichelomorpha*	2																1				
26	26055 鳃金龟科	*Diphycerus*	5			1	1	1					1		1	1		1					
26	26055 鳃金龟科	*Ectinohoplia*	27			1		1	1				1	1	1	1	1		1	1		1	1
26	26055 鳃金龟科	*Exolontha*	8									1	1	1	1	1		1				1	1
26	26055 鳃金龟科	*Granida*	1									1						1					
26	26055 鳃金龟科	*Hecatomnus*	1												1			1					
26	26055 鳃金龟科	*Heptophylla*	7			1							1	1	1	1		1	1	1			
26	26055 鳃金龟科	*Hexatenius*	1											1	1								
26	26055 鳃金龟科	*Hilyotrogus*	10				1	1					1		1	1	1	1					
26	26055 鳃金龟科	*Holochelus*	1	1																			
26	26055 鳃金龟科	*Holotrichia*	90			1	1	1	1	1		1	1	1	1		1	1	1	1	1	1	1
26	26055 鳃金龟科	*Homaloplia*	3																				
26	26055 鳃金龟科	*Hoplia*	71	1	1	1	1	1	1	1	1	1	1	1	1	1	1	1		1		1	1
26	26055 鳃金龟科	*Hoplosternus*	16			1	1	1	1	1		1	1	1	1		1	1	1				
26	26055 鳃金龟科	*Hyperius*	4																				
26	26055 鳃金龟科	*Hypochrus*	1												1								
26	26055 鳃金龟科	*Lachnota*	1			1																	
26	26055 鳃金龟科	*Lasiopsis*	7			1			1										1				
26	26055 鳃金龟科	*Lasiotrops*	1																				
26	26055 鳃金龟科	*Lepidiota*	9				1											1		1	1	1	1
26	26055 鳃金龟科	*Leucopholis*	2																				
26	26055 鳃金龟科	*Liogenys*	4																				
26	26055 鳃金龟科	*Malaisius*	5										1		1		1		1			1	1
26	26055 鳃金龟科	*Megistophylla*	2										1										
26	26055 鳃金龟科	*Melichrus*	1											1									
26	26055 鳃金龟科	*Melolontha*	23		1	1	1	1	1	1		1	1	1			1	1			1		
26	26055 鳃金龟科	*Metabolus*	20			1	1	1	1			1	1	1			1	1	1				
26	26055 鳃金龟科	*Microtrichia*	5															1	1				1
26	26055 鳃金龟科	*Miridiba*	3			1	1	1	1			1		1				1					
26	26055 鳃金龟科	*Onychosophrops*	1															1					
26	26055 鳃金龟科	*Parexolontha*	3												1			1			1		
26	26055 鳃金龟科	*Pectinichelus*	1																				
26	26055 鳃金龟科	*Photyna*	2																				
26	26055 鳃金龟科	*Polyphylla*	20	1	1	1	1	1	1			1	1	1	1		1	1	1		1	1	1
26	26055 鳃金龟科	*Pseudohoplia*	4															1					
26	26055 鳃金龟科	*Pseudolontha*	1																				
26	26055 鳃金龟科	*Rhizotrogus*	8	1				1							1								
26	26055 鳃金龟科	*Schizonycha*	3																				1

目	科	属	种数	a	b	c	d	e	f	g	h	i	j	k	l	m	n	o	p	q	r	s	t
26	26055 鳃金龟科	*Schonherria*	3																	1			
26	26055 鳃金龟科	*Sinochelus*	3																				
26	26055 鳃金龟科	*Sophrops*	20				1							1	1	1	1	1		1	1		1	
26	26055 鳃金龟科	*Stenosophrops*	5																	1			
26	26055 鳃金龟科	*Taiwanotrichia*	1																	1			
26	26055 鳃金龟科	*Tanyproctus*	4					1			1	1		1	1								
26	26055 鳃金龟科	*Toxospathius*	3		1							1		1	1	1	1	1					
26	26055 鳃金龟科	*Trematodes*	3			1	1	1	1			1			1					1			
26	26055 鳃金龟科	*Xanthotrogus*	1		1																		
26	26055 鳃金龟科	*Xenoceraspis*	2															1					
26	26056 花金龟科	*Agestrata*	1																	1		1	
26	26056 花金龟科	*Anomalocera*	3												1					1			
26	26056 花金龟科	*Anthracophora*	3																	1	1	1	
26	26056 花金龟科	*Atropinota*	1											1									
26	26056 花金龟科	*Bietia*	2																				
26	26056 花金龟科	*Bompodes*	1																				
26	26056 花金龟科	*Bonsiella*	1												1						1		
26	26056 花金龟科	*Callynomes*	7																	1			
26	26056 花金龟科	*Calopotosia*	2																	1			
26	26056 花金龟科	*Campsiura*	8					1						1	1	1	1	1	1	1	1	1	1	1
26	26056 花金龟科	*Cetonia*	14	1		1	1	1	1			1			1					1		1	
26	26056 花金龟科	*Chloresthia*	1																				
26	26056 花金龟科	*Clerota*	4																				1
26	26056 花金龟科	*Clinteria*	5										1		1		1	1		1			
26	26056 花金龟科	*Clinterocera*	7				1	1			1		1	1	1	1		1		1			
26	26056 花金龟科	*Coelodera*	8										1		1			1		1	1	1	1
26	26056 花金龟科	*Coenochilus*	2										1										
26	26056 花金龟科	*Cosmiomorpha*	10							1			1	1	1	1	1	1		1	1	1	1
26	26056 花金龟科	*Cymophorus*	1						1											1			1
26	26056 花金龟科	*Diceros*	1																				
26	26056 花金龟科	*Dicranicephalophus*	10				1		1		1		1	1	1	1		1	1	1	1		
26	26056 花金龟科	*Dicranobia*	2				1				1		1	1	1	1							
26	26056 花金龟科	*Endrpdia*	2											1									
26	26056 花金龟科	*Epicometis*	2	1	1																		
26	26056 花金龟科	*Eucetonia*	1																				
26	26056 花金龟科	*Euchloropus*	1																	1			
26	26056 花金龟科	*Euselates*	10											1	1		1	1	1			1	1
26	26056 花金龟科	*Gametis*	2																	1			
26	26056 花金龟科	*Glycosia*	4											1	1		1			1			
26	26056 花金龟科	*Glycyphana*	16			1		1				1	1	1	1	1	1	1	1	1		1	
26	26056 花金龟科	*Goliathopsis*	3											1	1								
26	26056 花金龟科	*Heterorrhina*	11														1			1			
26	26056 花金龟科	*Ingrisma*	8												1						1	1	
26	26056 花金龟科	*Iumnos*	1																				1
26	26056 花金龟科	*Ixorida*	1																		1		1
26	26056 花金龟科	*Macromata*	1																				1
26	26056 花金龟科	*Macronota*	26												1					1			1
26	26056 花金龟科	*Meroloba*	1																				1
26	26056 花金龟科	*Moseriana*	5											1	1							1	
26	26056 花金龟科	*Mycteristes*	2											1	1						1		
26	26056 花金龟科	*Neophaedimus*	2								1			1	1		1						
26	26056 花金龟科	*Oleuronota*	1													1							
26	26056 花金龟科	*Oxycetonia*	7			1	1	1	1				1	1	1	1	1	1	1	1	1	1	1
26	26056 花金龟科	*Oxythyrea*	1	1																			
26	26056 花金龟科	*Pachmoda*	1																				
26	26056 花金龟科	*Parapilinurgus*	2										1	1	1				1	1			

目	科	属	种数	a	b	c	d	e	f	g	h	i	j	k	l	m	n	o	p	q	r	s	t
26	26056 花金龟科	*Platysodes*	1																1				
26	26056 花金龟科	*Pleuronota*	9											1	1			1	1	1	1	1	
26	26056 花金龟科	*Poecilophilides*	2			1		1	1			1	1	1					1	1	1	1	
26	26056 花金龟科	*Potosia*	25	1		1	1	1	1	1	1	1	1	1	1	1	1	1	1	1	1	1	
26	26056 花金龟科	*Prigenis*	1																				
26	26056 花金龟科	*Protaetia*	28	1				1				1	1		1	1		1	1	1	1	1	1
26	26056 花金龟科	*Pseudagenius*	1																				
26	26056 花金龟科	*Pseudodiceros*	1																		1		
26	26056 花金龟科	*Pyropotosia*	1																1				
26	26056 花金龟科	*Rhomborrhina*	39			1		1					1	1	1	1		1		1	1	1	1
26	26056 花金龟科	*Stenonota*	1																				
26	26056 花金龟科	*Taeniodera*	8															1	1	1	1	1	1
26	26056 花金龟科	*Thaumastopeus*	3													1					1	1	1
26	26056 花金龟科	*Trigonophorus*	13						1			1	1	1	1		1		1	1			
26	26056 花金龟科	*Tropinota*	1																				
26	26057 斑金龟科	*Gnorimus*	9			1		1							1			1	1				1
26	26057 斑金龟科	*Lasiotrichius*	1			1	1	1	1			1	1	1	1		1	1	1				
26	26057 斑金龟科	*Osmoderma*	3			1																	
26	26057 斑金龟科	*Paratrichus*	16										1	1	1	1	1					1	1
26	26057 斑金龟科	*Pseudogenius*	1										1										
26	26057 斑金龟科	*Trichius*	18	1		1		1	1				1	1		1	1	1				1	1
26	26058 胖金龟科	*Charitovalgus*	2																1				
26	26058 胖金龟科	*Chromovalgus*	2																1				
26	26058 胖金龟科	*Dasyvalgoides*	4																				
26	26058 胖金龟科	*Dasyvalgus*	19										1	1	1		1	1	1	1	1	1	1
26	26058 胖金龟科	*Excisivalgus*	2																				
26	26058 胖金龟科	*Hybovalgus*	11												1	1	1		1	1	1	1	
26	26058 胖金龟科	*Ligyrus*	1																				
26	26058 胖金龟科	*Neovalgus*	2																1				
26	26058 胖金龟科	*Oreoderus*	4									1			1					1			
26	26058 胖金龟科	*Valgus*	4												1								
26	26059 沙金龟科	*Psammoporus*	1																				
26	26060 绢金龟科	*Amaladera*	3			1																	
26	26060 绢金龟科	*Amiserica*	3																1				
26	26060 绢金龟科	*Anomalophylla*	5		1														1				
26	26060 绢金龟科	*Aserica*	1																				1
26	26060 绢金龟科	*Autoserica*	39			1						1			1			1	1			1	1
26	26060 绢金龟科	*Gastromaladera*	2																1				
26	26060 绢金龟科	*Gastroserica*	7												1			1	1				
26	26060 绢金龟科	*Hoplomaladera*	1																1				
26	26060 绢金龟科	*Lasioserica*	5															1	1				
26	26060 绢金龟科	*Maladera*	44	1	1	1	1	1	1	1		1	1	1				1	1			1	1
26	26060 绢金龟科	*Microserica*	11															1	1				1
26	26060 绢金龟科	*Neoserica*	5											1				1	1				
26	26060 绢金龟科	*Nipponoserica*	2																1				
26	26060 绢金龟科	*Ophthalmoserica*	5			1		1	1				1	1									
26	26060 绢金龟科	*Pachyserica*	7																1				
26	26060 绢金龟科	*Paramaladera*	8																1				
26	26060 绢金龟科	*Paraserica*	1																1				
26	26060 绢金龟科	*Pseudosericania*	1																1				
26	26060 绢金龟科	*Psseudomaladera*	1																1				
26	26060 绢金龟科	*Selaserica*	3																1				
26	26060 绢金龟科	*Serica*	33	1	1	1	1	1	1	1		1	1	1				1	1			1	1
26	26060 绢金龟科	*Sericania*	6				1							1									
26	26060 绢金龟科	*Taiwanoserica*	3																1				
26	26060 绢金龟科	*Trichomaladera*	2																1				

目	科	属	种数	a	b	c	d	e	f	g	h	i	j	k	l	m	n	o	p	q	r	s	t
26	26060 绢金龟科	*Trichoserica*	5					1	1	1				1	1			1					
26	26060 绢金龟科	*Trochaloschema*	1	1																			
26	26061 热萤科	*Acanthocnemus*	1																		1		
26	26062 叩萤科	*Plastocerus*	1									1											
26	26063 扁泥甲科	*Cophaestheus*	1																				
26	26063 扁泥甲科	*Eubrianax*	3										1					1					
26	26063 扁泥甲科	*Metacopsephanus*	1																				
26	26063 扁泥甲科	*Micrpeubrianax*	1																				
26	26063 扁泥甲科	*Psephenoides*	3															1					
26	26063 扁泥甲科	*Schinostethus*	1																				
26	26063 扁泥甲科	*Sinopsephenoides*	1												1			1					
26	26064 长泥甲科	*Heterocerus*	7						1				1					1					
26	26065 泽甲科	*Pelochares*	1															1					
26	26066 溪泥甲科	*Freyiella*	2																				1
26	26066 溪泥甲科	*Grouvelinus*	3																				
26	26066 溪泥甲科	*Leptelmis*	7					1										1	1		1		1
26	26066 溪泥甲科	*Pseudamophilus*	1															1					
26	26066 溪泥甲科	*Stenelmis*	53					1				1		1		1		1	1		1		1
26	26067 泥甲科	*Cladophyllus*	2																				
26	26067 泥甲科	*Helichus*	8															1					
26	26068 吉丁甲科	*Acmaeodera*	7	1	1													1	1				
26	26068 吉丁甲科	*Acmaeoderella*	1				1																
26	26068 吉丁甲科	*Agrilus*	169	1		1	1	1	1	1	1		1	1	1	1		1	1	1	1	1	1
26	26068 吉丁甲科	*Ancylocheira*	5	1		1																	
26	26068 吉丁甲科	*Anthaxia*	39	1		1	1											1	1				
26	26068 吉丁甲科	*Aphanisticus*	12															1	1				
26	26068 吉丁甲科	*Belionota*	2															1					1
26	26068 吉丁甲科	*Buprestis*	13			1							1	1	1			1	1				1
26	26068 吉丁甲科	*Callichora*	1															1					
26	26068 吉丁甲科	*Cantonius*	5												1								
26	26068 吉丁甲科	*Capnodis*	3	1	1																		
26	26068 吉丁甲科	*Capnotis*	1		1																		
26	26068 吉丁甲科	*Castalia*	2															1					1
26	26068 吉丁甲科	*Catoxantha*	8										1					1	1	1	1		1
26	26068 吉丁甲科	*Chalcophora*	3								1	1	1	1				1	1	1	1		1
26	26068 吉丁甲科	*Chrisodema*	5															1					
26	26068 吉丁甲科	*Chrysobothris*	34		1	1	1	1	1	1	1	1	1	1	1		1	1	1		1		
26	26068 吉丁甲科	*Coomaniella*	6															1	1				
26	26068 吉丁甲科	*Coraebina*	1																				
26	26068 吉丁甲科	*Coraegrilus*	1																				
26	26068 吉丁甲科	*Coroebus*	129					1	1			1	1	1	1	1	1	1	1	1	1	1	1
26	26068 吉丁甲科	*Cratomerella*	1																				
26	26068 吉丁甲科	*Cratomerus*	2	1																			
26	26068 吉丁甲科	*Cryptodactylus*	3																				
26	26068 吉丁甲科	*Cylindromorphus*	3	1		1												1					
26	26068 吉丁甲科	*Cyphosoma*	1	1																			
26	26068 吉丁甲科	*Dicerca*	9			1							1	1									
26	26068 吉丁甲科	*Endelus*	12																1	1	1		
26	26068 吉丁甲科	*Eurythyrea*	1																				
26	26068 吉丁甲科	*Habroloma*	26	1									1	1	1			1	1	1			1
26	26068 吉丁甲科	*Iridotaenia*	1															1					
26	26068 吉丁甲科	*Julodis*	1	1																			
26	26068 吉丁甲科	*Lampetis*	1			1																	
26	26068 吉丁甲科	*Lamprocheila*	1										1					1			1		
26	26068 吉丁甲科	*Megaloxantha*	2												1								
26	26068 吉丁甲科	*Melanophila*	4	1		1	1						1	1	1		1						

目	科	属	种数	a	b	c	d	e	f	g	h	i	j	k	l	m	n	o	p	q	r	s	t
26	26068 吉丁甲科	*Meliboeus*	3	1			1																
26	26068 吉丁甲科	*Metasambus*	2															1					
26	26068 吉丁甲科	*Nalanda*	34										1	1					1	1		1	
26	26068 吉丁甲科	*Nipponobuprestis*	3										1										
26	26068 吉丁甲科	*Ovalisia*	24		1	1	1					1	1	1					1	1		1	1
26	26068 吉丁甲科	*Pachychelus*	1																				
26	26068 吉丁甲科	*Paracylindromorphos*	9		1	1							1						1	1	1		
26	26068 吉丁甲科	*Paratrachys*	5																1		1		
26	26068 吉丁甲科	*Phaenops*	1			1					1												
26	26068 吉丁甲科	*Philanthaxia*	2																1				
26	26068 吉丁甲科	*Philoctanus*	2																		1		
26	26068 吉丁甲科	*Poecilonota*	5			1	1	1					1										
26	26068 吉丁甲科	*Polycesta*	1																				
26	26068 吉丁甲科	*Polyctesis*	5										1		1				1	1	1		
26	26068 吉丁甲科	*Psiloptera*	1																		1		
26	26068 吉丁甲科	*Ptosima*	4								1	1	1						1	1	1	1	1
26	26068 吉丁甲科	*Pusilloderes*	1																				
26	26068 吉丁甲科	*Sambus*	14										1	1	1				1	1			
26	26068 吉丁甲科	*Scintillatrix*	10			1	1	1	1	1		1	1	1					1		1		
26	26068 吉丁甲科	*Sinokele*	1																				1
26	26068 吉丁甲科	*Sphenoptera*	70	1	1	1	1	1					1	1							1		
26	26068 吉丁甲科	*Stemocera*	2																1				
26	26068 吉丁甲科	*Tonkinula*	1																		1		
26	26068 吉丁甲科	*Touzalina*	1																				
26	26068 吉丁甲科	*Toxoscelus*	5			1							1	1					1	1			1
26	26068 吉丁甲科	*Trachys*	57										1	1	1		1		1	1	1	1	1
26	26069 叩甲科	*Actenicerus*	10										1	1	1				1	1			
26	26069 叩甲科	*Adelocera*	7																1	1			
26	26069 叩甲科	*Adrastus*	1											1									
26	26069 叩甲科	*Aeoloderma*	4						1		1	1	1						1	1		1	1
26	26069 叩甲科	*Agonischius*	8																				
26	26069 叩甲科	*Agriotes*	24	1	1	1	1	1	1	1	1	1	1	1	1				1	1		1	1
26	26069 叩甲科	*Agrypuus*	53			1	1		1				1	1	1				1	1		1	1
26	26069 叩甲科	*Akitsu*	2																1	1		1	
26	26069 叩甲科	*Alaus*	5								1				1		1				1		1
26	26069 叩甲科	*Ampedus*	19			1	1								1				1				
26	26069 叩甲科	*Anathesis*	1																1				1
26	26069 叩甲科	*Anchastus*	2																1				
26	26069 叩甲科	*Anostinus*	1																				
26	26069 叩甲科	*Anthracalaus*	1										1		1				1		1		
26	26069 叩甲科	*Aphanobius*	3										1						1	1		1	
26	26069 叩甲科	*Aphotistus*	3												1								
26	26069 叩甲科	*Archontas*	1												1		1						
26	26069 叩甲科	*Arhagus*	1																				1
26	26069 叩甲科	*Arrhaphes*	1																1				
26	26069 叩甲科	*Athous*	6																1				1
26	26069 叩甲科	*Athousius*	2					1						1									
26	26069 叩甲科	*Babadrasterius*	2																1				1
26	26069 叩甲科	*Baliseus*	1																				
26	26069 叩甲科	*Balninelsonius*	1																				
26	26069 叩甲科	*Camepenthes*	2																1				
26	26069 叩甲科	*Campsosternus*	17										1	1	1		1		1	1		1	1
26	26069 叩甲科	*Canoderus*	6																				1
26	26069 叩甲科	*Canoxanthus*	2																1				
26	26069 叩甲科	*Cardiohypnus*	1																1				
26	26069 叩甲科	*Cardiophorus*	17			1							1	1					1	1			

目	科	属	种数	昆虫亚区																			
				a	b	c	d	e	f	g	h	i	j	k	l	m	n	o	p	q	r	s	t
26	26069 叩甲科	*Cardiotarsus*	7																1	1		1	
26	26069 叩甲科	*Ceroleptus*	2																1				
26	26069 叩甲科	*Chatanayus*	1																	1			
26	26069 叩甲科	*Chiagosnius*	12										1	1	1				1	1		1	1
26	26069 叩甲科	*Cidnoups*	1										1										
26	26069 叩甲科	*Corymbites*	1																				
26	26069 叩甲科	*Corymbitoides*	3										1	1	1				1	1			
26	26069 叩甲科	*Cremnostellus*	1																	1			
26	26069 叩甲科	*Cryptalaus*	5										1	1	1				1	1		1	1
26	26069 叩甲科	*Cryptohypnus*	2																				
26	26069 叩甲科	*Csikia*	2																	1			
26	26069 叩甲科	*Ctenoplus*	2																				
26	26069 叩甲科	*Dalopius*	1																				
26	26069 叩甲科	*Danosoma*	1																				
26	26069 叩甲科	*Denticollis*	6											1	1				1		1		
26	26069 叩甲科	*Denticolloides*	1																				
26	26069 叩甲科	*Diacanrhous*	1			1																	
26	26069 叩甲科	*Dicronychus*	4																				1
26	26069 叩甲科	*Dima*	2																	1			
26	26069 叩甲科	*Drasterius*	1																				
26	26069 叩甲科	*Ectamenogonus*	2																	1			
26	26069 叩甲科	*Ectinus*	7									1		1	1				1	1			
26	26069 叩甲科	*Elater*	10			1						1	1	1	1				1	1	1		
26	26069 叩甲科	*Eurichus*	1																		1		
26	26069 叩甲科	*Gambrinus*	1																				
26	26069 叩甲科	*Gamepenthes*	1																	1			
26	26069 叩甲科	*Glyphonyx*	9											1						1			
26	26069 叩甲科	*Gnathodicrus*	3												1			1					
26	26069 叩甲科	*Gonoxanthus*	1																	1			
26	26069 叩甲科	*Harminius*	3			1	1																
26	26069 叩甲科	*Hayekpenthes*	1																	1			
26	26069 叩甲科	*Hemicrepidius*	7											1	1				1	1			
26	26069 叩甲科	*Hemiops*	6										1		1				1	1		1	1
26	26069 叩甲科	*Heteroderes*	6										1		1					1		1	1
26	26069 叩甲科	*Homotechnes*	2											1	1								
26	26069 叩甲科	*Hypnoides*	17																	1			
26	26069 叩甲科	*Hypoganomorphus*	1			1																	
26	26069 叩甲科	*Hypolithus*	2																				
26	26069 叩甲科	*Lacon*	29			1	1		1						1					1		1	1
26	26069 叩甲科	*Lanelater*	6											1						1		1	1
26	26069 叩甲科	*Limonius*	7																				
26	26069 叩甲科	*Ludigenus*	1																				1
26	26069 叩甲科	*Ludioschema*	2									1	1	1					1	1		1	
26	26069 叩甲科	*Megapenthes*	10							1	1			1	1					1			
26	26069 叩甲科	*Melanotus*	49	1		1	1	1	1	1		1	1	1	1				1	1		1	1
26	26069 叩甲科	*Melanoxanthus*	8																1	1			1
26	26069 叩甲科	*Melanthoides*	1																				
26	26069 叩甲科	*Meristhus*	1												1				1	1		1	
26	26069 叩甲科	*Metriaulacus*	2																	1			
26	26069 叩甲科	*Mulsanteus*	1																	1			
26	26069 叩甲科	*Neodiploconus*	4																	1			
26	26069 叩甲科	*Neopristilophus*	1																				
26	26069 叩甲科	*Neotrichophurus*	1																				
26	26069 叩甲科	*Oedostethus*	1																	1			
26	26069 叩甲科	*Orthostethus*	1																	1			
26	26069 叩甲科	*Oxynopterus*	1																				

目	科	属	种数	昆虫亚区																		
				a	b	c	d	e	f	g	h	i	j	k	l	m	n	o	p	q	r	s	t
26	26069 叩甲科	*Pachyderes*	1																				
26	26069 叩甲科	*Parabetarmon*	1																	1			
26	26069 叩甲科	*Paracadiophorus*	7											1	1				1	1			
26	26069 叩甲科	*Paracalais*	4																	1			1
26	26069 叩甲科	*Paracardiophorus*	1													1							
26	26069 叩甲科	*Paradima*	1																	1			
26	26069 叩甲科	*Parallelostethus*	2			1														1			
26	26069 叩甲科	*Paranomus*	1																				
26	26069 叩甲科	*Parapenia*	2																	1		1	
26	26069 叩甲科	*Parapenthes*	1																				
26	26069 叩甲科	*Parasilesis*	1											1					1	1			
26	26069 叩甲科	*Parathous*	1											1	1					1			
26	26069 叩甲科	*Pectocera*	6									1	1	1					1	1		1	1
26	26069 叩甲科	*Pengamethes*	1																	1			
26	26069 叩甲科	*Penia*	2											1	1					1			
26	26069 叩甲科	*Penthelates*	1																	1			
26	26069 叩甲科	*Phorocardius*	3											1						1			1
26	26069 叩甲科	*Platynychus*	10				1					1	1	1	1					1			
26	26069 叩甲科	*Plectrosternus*	1																	1			
26	26069 叩甲科	*Pleonomus*	2			1	1	1	1	1		1		1	1		1			1			
26	26069 叩甲科	*Ploracardius*	1																	1			
26	26069 叩甲科	*Priopus*	13									1	1	1					1	1		1	1
26	26069 叩甲科	*Procraerus*	5																1	1		1	
26	26069 叩甲科	*Prodrasterius*	2																	1			1
26	26069 叩甲科	*Prosternon*	4																				
26	26069 叩甲科	*Pseudonostirus*	2																				
26	26069 叩甲科	*Pseudopristilophus*	1																	1			
26	26069 叩甲科	*Quasimus*	9											1					1	1			
26	26069 叩甲科	*Rismethus*	1																				
26	26069 叩甲科	*Rostricephalus*	1																				
26	26069 叩甲科	*Ryukyucardiophorus*	1																	1			
26	26069 叩甲科	*Scelisus*	1																	1			
26	26069 叩甲科	*Selatosomus*	17	1		1	1		1	1				1	1					1			
26	26069 叩甲科	*Senodonia*	2																1			1	
26	26069 叩甲科	*Sephilus*	1																	1			
26	26069 叩甲科	*Shirozulus*	1																	1			
26	26069 叩甲科	*Silesis*	9									1	1	1					1	1		1	1
26	26069 叩甲科	*Simodactylus*	1																	1			
26	26069 叩甲科	*Stenagostus*	1											1									
26	26069 叩甲科	*Szombathya*	1																	1			
26	26069 叩甲科	*Taiwanathous*	1																	1			
26	26069 叩甲科	*Tetralobus*	1									1		1					1			1	1
26	26069 叩甲科	*Tetrigus*	3					1				1	1	1					1	1		1	
26	26069 叩甲科	*Toxognathous*	2																				
26	26069 叩甲科	*Vuilletus*	3																1	1			
26	26069 叩甲科	*Xanthopenthes*	6											1	1				1	1		1	
26	26069 叩甲科	*Yukoana*	2																	1			
26	26069 叩甲科	*Zorochrus*	7											1						1			
26	26070 地叩甲科	*Cebriorphipis*	2																	1			
26	26071 隐唇叩甲科	*Balistica*	1																	1			
26	26071 隐唇叩甲科	*Dirhagus*	3																	1			
26	26071 隐唇叩甲科	*Dirrhagofarsus*	1									1								1			
26	26071 隐唇叩甲科	*Dromacolus*	2																	1			
26	26071 隐唇叩甲科	*Farsus*	1																	1			
26	26071 隐唇叩甲科	*Fornax*	3																	1			
26	26071 隐唇叩甲科	*Hodocerus*	1																	1			

目	科	属	种数	a	b	c	d	e	f	g	h	i	j	k	l	m	n	o	p	q	r	s	t
26	26071 隐唇叩甲科	*Hylis*	1																				
26	26071 隐唇叩甲科	*Isorhipis*	1																			1	
26	26071 隐唇叩甲科	*Melasia*	2																1				
26	26071 隐唇叩甲科	*Metopodontis*	1																			1	
26	26071 隐唇叩甲科	*Nematodes*	1																1				
26	26071 隐唇叩甲科	*Pterotarsus*	4																1				
26	26071 隐唇叩甲科	*Raapia*	1																1				
26	26071 隐唇叩甲科	*Scython*	2																1				
26	26072 粗叩甲科	*Drapetes*	1																1				
26	26072 粗叩甲科	*Throscus*	2																				
26	26073 羽角甲科	*Ennometes*	1																1				
26	26073 羽角甲科	*Sandalus*	5																1				
26	26073 羽角甲科	*Simianellus*	1																1				
26	26074 扇角甲科	*Callirrhipis*	5																1				
26	26074 扇角甲科	*Horatocera*	2																1				
26	26075 萤科	*Curtos*	6																1				
26	26075 萤科	*Cyphonocerus*	2																1				
26	26075 萤科	*Diaphanes*	10																1				
26	26075 萤科	*Drilaster*	9																1				
26	26075 萤科	*Lamprigera*	3																1				
26	26075 萤科	*Lampyris*	4									1											
26	26075 萤科	*Lucidina*	7										1		1		1	1					
26	26075 萤科	*Lucidotopsis*	2																				
26	26075 萤科	*Luciola*	30			1							1		1		1	1			1		1
26	26075 萤科	*Lychnuris*	27											1	1		1	1					
26	26075 萤科	*Ototreta*	4																				
26	26075 萤科	*Pristolycus*	3																1				
26	26075 萤科	*Pseudoligomerus*	1																				
26	26075 萤科	*Stenocladius*	2																1				
26	26075 萤科	*Vesta*	5																1				
26	26076 红萤科	*Aplatopterus*	1																				
26	26076 红萤科	*Bulenides*	1																1				
26	26076 红萤科	*Calochromus*	12											1	1				1				
26	26076 红萤科	*Cautires*	6											1			1	1					
26	26076 红萤科	*Cladophorus*	5																1				
26	26076 红萤科	*Conderis*	2																1				
26	26076 红萤科	*Dictyopterus*	4			1													1				
26	26076 红萤科	*Dihammatus*	1																1				
26	26076 红萤科	*Dilophotes*	1																1				
26	26076 红萤科	*Ditoneces*	11																1				
26	26076 红萤科	*Eudictyopterus*	1																				
26	26076 红萤科	*Libnetes*	1																1				
26	26076 红萤科	*Lipernus*	2											1	1								
26	26076 红萤科	*Lopheros*	1																				
26	26076 红萤科	*Lycistinus*	4			1									1								
26	26076 红萤科	*Lycus*	8												1				1		1	1	
26	26076 红萤科	*Lypernes*	2																				
26	26076 红萤科	*Lyponia*	12											1	1				1				
26	26076 红萤科	*Macrolycus*	12			1		1											1				
26	26076 红萤科	*Mesolycus*	1																				
26	26076 红萤科	*Metaneus*	1																1				
26	26076 红萤科	*Micriditoneces*	4																1				
26	26076 红萤科	*Parapyropterus*	1																1				
26	26076 红萤科	*Plateros*	19													1			1				
26	26076 红萤科	*Platycis*	3												1				1				
26	26076 红萤科	*Ponyalis*	1																1				

目	科	属	种数	a	b	c	d	e	f	g	h	i	j	k	l	m	n	o	p	q	r	s	t
26	26076 红萤科	*Procautires*	1																1				
26	26076 红萤科	*Propyropterus*	2																1				
26	26076 红萤科	*Pseudoconderis*	1																				
26	26076 红萤科	*Pyropterus*	1																				
26	26076 红萤科	*Taphes*	1																				
26	26076 红萤科	*Xylobanus*	4			1													1				
26	26077 花萤科	*Absidia*	1																				
26	26077 花萤科	*Anolisus*	1																				
26	26077 花萤科	*Athemellus*	15																1				
26	26077 花萤科	*Athemus*	26					1					1	1	1			1	1				
26	26077 花萤科	*Bisadia*	1																1				
26	26077 花萤科	*Cantharis*	96		1	1	1	1					1					1	1				1
26	26077 花萤科	*Carphurus*	2																1				
26	26077 花萤科	*Cerallus*	1																				
26	26077 花萤科	*Cyrebion*	1																				
26	26077 花萤科	*Dasytiscus*	1																				
26	26077 花萤科	*Eulobonyx*	1																				
26	26077 花萤科	*Falsopodabrus*	1																				
26	26077 花萤科	*Habronychus*	6																1				
26	26077 花萤科	*Haplous*	2																				
26	26077 花萤科	*Hedybiottalus*	2																1				
26	26077 花萤科	*Kandyosilis*	8																1				
26	26077 花萤科	*Lycocerus*	25				1		1										1				
26	26077 花萤科	*Lycostomus*	17			1				1				1	1			1	1			1	1
26	26077 花萤科	*Macrisilis*	3																1				1
26	26077 花萤科	*Malachiomimus*	1																				
26	26077 花萤科	*Malchinomorphus*	1																				
26	26077 花萤科	*Malthinellus*	1																				
26	26077 花萤科	*Malthinus*	21																1				
26	26077 花萤科	*Malthodes*	18																1				
26	26077 花萤科	*Malthypus*	1																1				
26	26077 花萤科	*Microichthyurus*	4																1				
26	26077 花萤科	*Micropodabrus*	23															1	1				
26	26077 花萤科	*Pacificanthia*	1			1																	
26	26077 花萤科	*Podabrinus*	13															1	1				1
26	26077 花萤科	*Podabrus*	32			1	1	1										1	1				
26	26077 花萤科	*Podistra*	3			1																	
26	26077 花萤科	*Polemius*	1																				
26	26077 花萤科	*Porostoma*	1																				
26	26077 花萤科	*Prothemus*	21			1	1	1					1	1	1			1	1				
26	26077 花萤科	*Pyrocoelia*	18										1	1	1			1	1			1	
26	26077 花萤科	*Rhagonycha*	21			1			1				1					1	1				
26	26077 花萤科	*Silis*	10																1				
26	26077 花萤科	*Stenothemus*	8															1	1				
26	26077 花萤科	*Telephorus*	18			1							1										
26	26077 花萤科	*Themus*	88			1			1				1	1	1			1	1			1	
26	26077 花萤科	*Thypherus*	16										1						1				
26	26078 拟花萤科	*Carphuroides*	1																1				
26	26078 拟花萤科	*Condylops*	3																1				
26	26078 拟花萤科	*Dasytes*	2																1				
26	26078 拟花萤科	*Hepehaeus*	2																1				
26	26078 拟花萤科	*Ichthyurus*	13																1				1
26	26078 拟花萤科	*Julistus*	1																1				
26	26078 拟花萤科	*Macrolipus*	1																1				
26	26078 拟花萤科	*Telocarphurus*	1																1				
26	26078 拟花萤科	*Trichoceble*	2																1				

（续表）

目	科	属	种数	昆虫亚区																			
				a	b	c	d	e	f	g	h	i	j	k	l	m	n	o	p	q	r	s	t
26	26078 拟花萤科	*Tripherus*	1																1				
26	26079 细花萤科	*Idgia*	20			1						1	1		1			1	1		1	1
26	26079 细花萤科	*Lobonyx*	1										1			1						
26	26079 细花萤科	*Prionocerus*	2											1				1			1	1
26	26080 囊花萤科	*Anthocomus*	2																			
26	26080 囊花萤科	*Apalochrus*	2																			
26	26080 囊花萤科	*Attalus*	11												1				1			
26	26080 囊花萤科	*Charopus*	1																			
26	26080 囊花萤科	*Ebaeus*	11																1			
26	26080 囊花萤科	*Laius*	19																1			
26	26080 囊花萤科	*Lobatomixis*	2																			
26	26080 囊花萤科	*Malachius*	21			1													1			
26	26080 囊花萤科	*Myrmecophasma*	1																			
26	26081 光萤科	*Rhagophthalmus*	8																			
26	26082 稚萤科	*Drilosilis*	2																1			
26	26082 稚萤科	*Laemoglyptus*	6																1			
26	26083 隐跗郭公虫科	*Necrobia*	3			1	1	1	1			1	1	1				1	1		1	
26	26083 隐跗郭公虫科	*Opetiopalus*	1																			
26	26084 方胸甲科	*Elacatis*	1																1			
26	26084 方胸甲科	*Othnius*	3																1			
26	26085 窃蠹科	*Anobium*	1																			
26	26085 窃蠹科	*Clada*	5																1			
26	26085 窃蠹科	*Dorcatoma*	1																1			
26	26085 窃蠹科	*Ernobius*	1																			
26	26085 窃蠹科	*Falsogastrallus*	2										1		1				1		1	
26	26085 窃蠹科	*Gastrallus*	2																1			
26	26085 窃蠹科	*Hedobia*	4																			
26	26085 窃蠹科	*Lasioderma*	1			1	1	1	1			1	1	1	1			1	1		1	
26	26085 窃蠹科	*Mesothes*	3																			
26	26085 窃蠹科	*Nicobium*	1								1								1			
26	26085 窃蠹科	*Oligomerus*	1																			
26	26085 窃蠹科	*Pseudomesothes*	1																			
26	26085 窃蠹科	*Ptilineurus*	2			1	1	1	1			1	1	1	1			1	1		1	
26	26085 窃蠹科	*Ptilinus*	2			1	1	1	1	1									1			
26	26085 窃蠹科	*Stegobium*	1			1	1	1	1	1		1	1	1	1			1	1			1	1
26	26085 窃蠹科	*Theca*	2																1			
26	26085 窃蠹科	*Trachelonbrachya*	1																			
26	26085 窃蠹科	*Xyletinus*	6												1							
26	26086 蛛甲科	*Gibbium*	2			1	1	1	1			1	1	1				1	1	1	1	1	1
26	26086 蛛甲科	*Mezium*	2				1	1	1				1									
26	26086 蛛甲科	*Niptus*	1				1		1					1								
26	26086 蛛甲科	*Pseudeurostus*	1			1	1	1	1			1	1	1				1			1	
26	26086 蛛甲科	*Ptinus*	12			1	1	1	1	1		1	1	1		1		1	1	1	1	
26	26087 长蠹科	*Bostrichopsis*	3			1	1					1	1	1				1	1	1	1	
26	26087 长蠹科	*Calophgus*	1											1								
26	26087 长蠹科	*Dinoderus*	6			1		1	1			1	1	1	1			1	1	1	1	1	1
26	26087 长蠹科	*Heterobostrychus*	2				1					1	1	1	1			1	1	1	1	1	1
26	26087 长蠹科	*Licenophanes*	1															1	1	1		
26	26087 长蠹科	*Parabostrychus*	1															1	1			
26	26087 长蠹科	*Prostephanus*	1																			
26	26087 长蠹科	*Rhizopertha*	1			1	1	1	1			1	1	1	1			1	1		1	
26	26087 长蠹科	*Sinoxylon*	6				1					1		1				1	1	1	1	1	1
26	26087 长蠹科	*Xylodectes*	1																		1	
26	26087 长蠹科	*Xylopsocus*	2											1					1			1
26	26087 长蠹科	*Xylothrips*	3											1		1			1	1		1
26	26088 粉蠹科	*Lyctoxylon*	2									1	1		1			1			1	1

目	科	属	种数	昆虫亚区																			
				a	b	c	d	e	f	g	h	i	j	k	l	m	n	o	p	q	r	s	t
26	26088 粉蠹科	*Lyctus*	4			1	1	1	1	1		1	1	1	1				1	1	1	1	
26	26088 粉蠹科	*Minthea*	1					1				1	1						1	1	1	1	
26	26089 筒蠹科	*Hylecoetus*	3																1				
26	26089 筒蠹科	*Lymexylon*	2																1				
26	26089 筒蠹科	*Tscthyrus*	2										1										
26	26090 复变甲科	*Micromanthus*	1																				
26	26091 鳃须筒蠹科	*Atractocerus*	4																1				
26	26092 谷盗科	*Alindria*	1																				
26	26092 谷盗科	*Latolaeva*	1																1				
26	26092 谷盗科	*Leperina*	2			1													1				
26	26092 谷盗科	*Lophocateres*	1				1					1		1					1	1		1	
26	26092 谷盗科	*Syntelia*	1																				
26	26092 谷盗科	*Tenebrioides*	1			1	1	1	1			1	1	1	1				1	1		1	1
26	26092 谷盗科	*Thymalus*	1																				
26	26092 谷盗科	*Xenoglens*	1																				
26	26093 郭公虫科	*Allochotes*	4																1				
26	26093 郭公虫科	*Anthicoclerus*	1																1				
26	26093 郭公虫科	*Astigmus*	1																				
26	26093 郭公虫科	*Callimerus*	15																1		1	1	
26	26093 郭公虫科	*Cladiscus*	8																1				
26	26093 郭公虫科	*Clerus*	5												1								
26	26093 郭公虫科	*Corynetes*	1																1				
26	26093 郭公虫科	*Cylidrus*	1																1				
26	26093 郭公虫科	*Dasycetocterus*	1																1				
26	26093 郭公虫科	*Denada*	1																				
26	26093 郭公虫科	*Ekisius*	1																				
26	26093 郭公虫科	*Enoplium*	1																				1
26	26093 郭公虫科	*Gastrocentrum*	2																1				
26	26093 郭公虫科	*Korynetes*	1									1											
26	26093 郭公虫科	*Lyctosoma*	1																				
26	26093 郭公虫科	*Neoclerus*	2			1	1	1											1				
26	26093 郭公虫科	*Neohydnus*	8																1		1		
26	26093 郭公虫科	*Opetiopalpus*	2			1																	
26	26093 郭公虫科	*Opilo*	11									1							1				
26	26093 郭公虫科	*Orthrius*	9									1		1					1				
26	26093 郭公虫科	*Pelonium*	3																1				
26	26093 郭公虫科	*Pmmadius*	2																1				
26	26093 郭公虫科	*Pseudocleropes*	2																				
26	26093 郭公虫科	*Rhytidoclerus*	1																				
26	26093 郭公虫科	*Sinobaenus*	3																			1	
26	26093 郭公虫科	*Stenocallimerus*	4												1				1		1		
26	26093 郭公虫科	*Stigmatium*	5												1				1	1	1		
26	26093 郭公虫科	*Tarsostenus*	1									1							1		1		
26	26093 郭公虫科	*Teneroides*	1																1				
26	26093 郭公虫科	*Tenerus*	6																1				
26	26093 郭公虫科	*Thanasimus*	5			1	1		1	1	1	1			1								
26	26093 郭公虫科	*Thaneroclerus*	2			1	1		1			1		1							1		
26	26093 郭公虫科	*Tillus*	2																1				1
26	26093 郭公虫科	*Tiloidea*	1				1					1	1						1	1			
26	26093 郭公虫科	*Trichodes*	6			1	1	1	1	1		1	1	1					1		1		
26	26093 郭公虫科	*Xenorthrius*	4																1				
26	26094 露尾甲科	*Aethina*	6																1				
26	26094 露尾甲科	*Amphicrossus*	5																1				
26	26094 露尾甲科	*Amystrops*	2																				
26	26094 露尾甲科	*Brachypeplus*	2																1				
26	26094 露尾甲科	*Cardiophilus*	6			1	1	1	1			1	1	1	1				1	1		1	

目	科	属	种数	昆虫亚区																			
				a	b	c	d	e	f	g	h	i	j	k	l	m	n	o	p	q	r	s	t
26	26094 露尾甲科	*Carpophilus*	14		1	1	1	1				1	1	1	1				1	1		1	
26	26094 露尾甲科	*Cryptarcha*	2																1				
26	26094 露尾甲科	*Cychramus*	1			1																	
26	26094 露尾甲科	*Cyllodes*	4																1				
26	26094 露尾甲科	*Epuraea*	12																1				
26	26094 露尾甲科	*Glischrochilus*	7			1	1												1				
26	26094 露尾甲科	*Haptoncurina*	2																1				
26	26094 露尾甲科	*Heptoncus*	2									1	1						1	1		1	
26	26094 露尾甲科	*Iphidia*	3																1				
26	26094 露尾甲科	*Ithyphenes*	1																1				
26	26094 露尾甲科	*Lasiodactylus*	4																1				
26	26094 露尾甲科	*Librodon*	1									1	1	1	1				1	1			
26	26094 露尾甲科	*Megauchenia*	2																1				
26	26094 露尾甲科	*Meligethes*	22	1		1	1												1				1
26	26094 露尾甲科	*Neopallodes*	2																1				
26	26094 露尾甲科	*Nitidula*	3			1	1	1				1		1									
26	26094 露尾甲科	*Omosita*	2			1	1	1				1		1	1			1					
26	26094 露尾甲科	*Parabrachypterus*	1																1				
26	26094 露尾甲科	*Parametopia*	2																1				
26	26094 露尾甲科	*Pocadius*	3																1				
26	26094 露尾甲科	*Pria*	1																1				
26	26094 露尾甲科	*Prometopia*	1																1				
26	26094 露尾甲科	*Rhizophagus*	1																				
26	26094 露尾甲科	*Sinonitidulina*	1																				
26	26094 露尾甲科	*Soronia*	1																				
26	26094 露尾甲科	*Stelidota*	1																1				
26	26094 露尾甲科	*Tricanus*	1																1				
26	26094 露尾甲科	*Trimenus*	2																1				
26	26094 露尾甲科	*Urophorus*	2								1								1				
26	26094 露尾甲科	*Xenostringylus*	1																				
26	26095 扁甲科	*Cucujus*	3																1				
26	26095 扁甲科	*Notolaemus*	1																1				
26	26095 扁甲科	*Placonotus*	1																1				
26	26095 扁甲科	*Uleiota*	1																1				
26	26095 扁甲科	*Xylolestes*	1																1				
26	26096 锯谷盗科	*Ahasverus*	1			1	1	1	1			1	1	1	1			1	1		1		
26	26096 锯谷盗科	*Airaphilus*	2																				
26	26096 锯谷盗科	*Cathartus*	1								1												
26	26096 锯谷盗科	*Cryptomorpha*	2																				
26	26096 锯谷盗科	*Monaus*	3									1	1						1		1		
26	26096 锯谷盗科	*Nausibius*	1																				
26	26096 锯谷盗科	*Oryzaephilus*	3			1	1	1	1			1	1	1	1			1	1		1		
26	26096 锯谷盗科	*Protosivanus*	1																1				
26	26096 锯谷盗科	*Psammoecus*	3												1				1				
26	26096 锯谷盗科	*Pseudonausibius*	1																				
26	26096 锯谷盗科	*Silvanoprus*	5			1		1				1		1					1		1		
26	26096 锯谷盗科	*Silvanopsis*	1																1				
26	26096 锯谷盗科	*Silvanus*	7			1	1					1	1	1				1	1		1		
26	26097 隐食甲科	*Antherophagus*	1																				
26	26097 隐食甲科	*Atomaria*	3			1	1	1				1		1				1	1		1		
26	26097 隐食甲科	*Cryptophagus*	13			1	1	1				1	1	1	1			1					
26	26097 隐食甲科	*Glisonotha*	1																1				
26	26097 隐食甲科	*Henoticus*	2																				
26	26097 隐食甲科	*Loberus*	1																1				
26	26097 隐食甲科	*Micrambe*	3			1		1															
26	26097 隐食甲科	*Pteryngium*	1																				

目	科	属	种数	a	b	c	d	e	f	g	h	i	j	k	l	m	n	o	p	q	r	s	t
26	26097 隐食甲科	*Toramus*	1																1				
26	26098 毛蕈甲科	*Biphyllus*	5																1				
26	26099 拟叩甲科	*Anadastus*	30									1	1	1	1				1	1	1	1	1
26	26099 拟叩甲科	*Caenolanguria*	10										1	1					1	1		1	
26	26099 拟叩甲科	*Callilanguria*	1																1				
26	26099 拟叩甲科	*Cryptophilus*	7									1	1	1	1				1			1	1
26	26099 拟叩甲科	*Doubledaya*	10												1		1	1					
26	26099 拟叩甲科	*Epilanguria*	1																1				
26	26099 拟叩甲科	*Languria*	1																				
26	26099 拟叩甲科	*Macromelea*	1																1				
26	26099 拟叩甲科	*Megalanguria*	5												1				1			1	1
26	26099 拟叩甲科	*Microlanguris*	1																1				1
26	26099 拟叩甲科	*Neanadastus*	1													1							
26	26099 拟叩甲科	*Neocladoxena*	1																1				
26	26099 拟叩甲科	*Neolanguris*	1																				
26	26099 拟叩甲科	*Pachylanguria*	7										1		1				1	1			1
26	26099 拟叩甲科	*Paederlanguria*	3																1				
26	26099 拟叩甲科	*Pantheropterus*	1																				
26	26099 拟叩甲科	*Paracladoxena*	1																1				
26	26099 拟叩甲科	*Pentelanguria*	2																1				
26	26099 拟叩甲科	*Perilanguria*	1																1				
26	26099 拟叩甲科	*Pharaxonotha*	2																				
26	26099 拟叩甲科	*Sinolanguria*	2															1					
26	26099 拟叩甲科	*Tetralanguria*	12									1	1	1	1				1	1		1	
26	26099 拟叩甲科	*Tetralanguroides*	1																1				
26	26100 大蕈甲科	*Amblyopus*	6															1	1				
26	26100 大蕈甲科	*Aulacochilus*	9																1				1
26	26100 大蕈甲科	*Bolbomorphus*	1																				
26	26100 大蕈甲科	*Coptengis*	1																1				
26	26100 大蕈甲科	*Cyrtomorphus*	6																1				
26	26100 大蕈甲科	*Cyrtotriplax*	1																1				
26	26100 大蕈甲科	*Dacne*	3										1	1					1				
26	26100 大蕈甲科	*Dactylotritoma*	3											1					1				
26	26100 大蕈甲科	*Encaustes*	3																1				
26	26100 大蕈甲科	*Episcapha*	14										1	1					1			1	1
26	26100 大蕈甲科	*Episcaphula*	3																1				
26	26100 大蕈甲科	*Hybosoma*	1																1				
26	26100 大蕈甲科	*Megalodacne*	8								1	1							1	1	1		1
26	26100 大蕈甲科	*Melichius*	1																				1
26	26100 大蕈甲科	*Micrenaustes*	2																1				
26	26100 大蕈甲科	*Microsternus*	1																1				
26	26100 大蕈甲科	*Neotriplax*	3																1				
26	26100 大蕈甲科	*Petaloscelis*	1												1				1				
26	26100 大蕈甲科	*Rhodotritoma*	2																1				
26	26100 大蕈甲科	*Spondotriplax*	3												1				1				
26	26100 大蕈甲科	*Tetratritoma*	1																1				
26	26100 大蕈甲科	*Trichulus*	1																1				
26	26100 大蕈甲科	*Triplatoma*	2																1				
26	26100 大蕈甲科	*Triplax*	10																1				
26	26100 大蕈甲科	*Tritoma*	13										1	1					1				
26	26101 姬花甲科	*Heterolitus*	3																1				
26	26101 姬花甲科	*Heterostilbus*	1																1				
26	26101 姬花甲科	*Litochrus*	1																				
26	26101 姬花甲科	*Olibrus*	3																1				
26	26101 姬花甲科	*Phalacrus*	5			1		1											1				
26	26101 姬花甲科	*Stilbus*	1																1				

（续表）

目	科	属	种数	a	b	c	d	e	f	g	h	i	j	k	l	m	n	o	p	q	r	s	t
26	26102 皮坚甲科	*Cerylon*	3																1				
26	26102 皮坚甲科	*Euxestus*	1																	1			
26	26102 皮坚甲科	*Philothermus*	1																	1			
26	26102 皮坚甲科	*Pseudocerylon*	1																	1			
26	26103 瓢虫科	*Aaages*	1												1								
26	26103 瓢虫科	*Adalia*	5	1		1	1	1	1	1	1	1	1	1	1	1	1	1	1	1			
26	26103 瓢虫科	*Afidenta*	2							1	1	1			1	1	1	1	1			1	1
26	26103 瓢虫科	*Afidentula*	5											1	1		1	1				1	1
26	26103 瓢虫科	*Afissula*	17									1	1	1	1	1	1	1		1	1	1	1
26	26103 瓢虫科	*Aiolocaria*	2			1	1	1	1	1			1	1	1	1	1	1	1				
26	26103 瓢虫科	*Alloneda*	4												1		1	1	1	1	1	1	1
26	26103 瓢虫科	*Amida*	8											1	1	1		1		1			
26	26103 瓢虫科	*Anatis*	1	1		1		1				1					1						
26	26103 瓢虫科	*Anisosticta*	3	1		1	1	1	1	1		1	1	1			1						
26	26103 瓢虫科	*Arawana*	1										1		1								
26	26103 瓢虫科	*Asemiadalia*	4					1					1		1		1						
26	26103 瓢虫科	*Aspidimerus*	7			1		1					1	1					1	1	1	1	
26	26103 瓢虫科	*Axinoscymnus*	5																1				1
26	26103 瓢虫科	*Ballida*	1																				
26	26103 瓢虫科	*Bothrocalvia*	4			1		1				1	1	1	1				1	1			
26	26103 瓢虫科	*Brumoides*	4																1	1	1	1	1
26	26103 瓢虫科	*Brumus*	4	1																			
26	26103 瓢虫科	*Bulaea*	2	1			1																
26	26103 瓢虫科	*Callicaria*	1										1	1			1	1					
26	26103 瓢虫科	*Calvia*	12			1		1	1			1	1	1	1	1	1	1	1	1	1	1	1
26	26103 瓢虫科	*Catana*	2																1				1
26	26103 瓢虫科	*Catanella*	1																1				
26	26103 瓢虫科	*Chilocorus*	17	1	1	1	1	1	1	1	1	1	1	1	1	1	1	1	1	1	1	1	1
26	26103 瓢虫科	*Clitostethus*	6										1										1
26	26103 瓢虫科	*Coccidula*	2	1	1								1										
26	26103 瓢虫科	*Coccinella*	22	1	1	1	1	1	1	1	1	1	1	1	1	1	1	1	1	1	1	1	1
26	26103 瓢虫科	*Coccinula*	4	1	1	1	1	1	1	1		1		1			1						
26	26103 瓢虫科	*Coelophora*	5										1				1		1				
26	26103 瓢虫科	*Cpleophora*	2																1				1
26	26103 瓢虫科	*Cryptogonus*	32									1	1	1	1	1	1	1	1	1	1	1	1
26	26103 瓢虫科	*Cryptolaemus*	1			1									1			1	1				
26	26103 瓢虫科	*Delphastus*	2																				
26	26103 瓢虫科	*Diomus*	5					1							1			1	1				1
26	26103 瓢虫科	*Eoadalia*	1																				
26	26103 瓢虫科	*Epilachna*	117			1	1	1	1		1	1	1	1	1	1	1	1	1	1	1	1	1
26	26103 瓢虫科	*Epiverta*	1										1	1	1	1							
26	26103 瓢虫科	*Exochomus*	3	1	1	1	1	1	1	1	1		1	1	1	1	1		1		1		
26	26103 瓢虫科	*Halyzia*	5					1	1	1			1	1	1	1	1	1	1	1	1	1	
26	26103 瓢虫科	*Harmonia*	15	1		1	1	1	1	1	1	1	1	1	1	1	1	1	1	1	1	1	1
26	26103 瓢虫科	*Henosepilachna*	25			1	1	1	1		1	1	1	1	1	1	1	1	1	1	1	1	1
26	26103 瓢虫科	*Hikonasukuna*	1																1				
26	26103 瓢虫科	*Hippocamia*	1			1																	
26	26103 瓢虫科	*Hippodamia*	8	1	1	1	1	1	1	1	1	1	1	1	1	1	1	1			1		
26	26103 瓢虫科	*Horniolus*	3										1	1					1				
26	26103 瓢虫科	*Hyperaspis*	7			1	1	1	1				1	1					1		1		
26	26103 瓢虫科	*Illeis*	7				1						1	1	1	1	1	1	1	1	1	1	1
26	26103 瓢虫科	*Jauravia*	3																		1	1	1
26	26103 瓢虫科	*Keiscymnus*	3																1				1
26	26103 瓢虫科	*Lemnia*	18			1	1	1	1	1		1	1	1	1	1		1	1	1	1	1	1
26	26103 瓢虫科	*Lithophilus*	3																				
26	26103 瓢虫科	*Macroilleis*	1				1	1				1		1	1		1	1	1			1	1

目	科	属	种数	a	b	c	d	e	f	g	h	i	j	k	l	m	n	o	p	q	r	s	t
26	26103 瓢虫科	*Macronaemia*	3							1		1			1		1						
26	26103 瓢虫科	*Megalocaria*	3									1	1	1			1	1	1	1	1		
26	26103 瓢虫科	*Menochilus*	1			1	1	1				1	1	1	1	1	1		1	1	1	1	1
26	26103 瓢虫科	*Micraspis*	6									1	1	1	1	1			1	1	1	1	1
26	26103 瓢虫科	*Microserangium*	1																1				
26	26103 瓢虫科	*Nedina*	1																				
26	26103 瓢虫科	*Nephus*	24			1	1	1	1			1			1				1	1		1	1
26	26103 瓢虫科	*Nesolotis*	2																1				
26	26103 瓢虫科	*Nicraspis*	1																				
26	26103 瓢虫科	*Novius*	1																				
26	26103 瓢虫科	*Oenopia*	25	1	1	1	1	1	1	1	1	1	1	1	1	1	1	1	1	1	1	1	1
26	26103 瓢虫科	*Ortalia*	5												1		1	1		1	1	1	
26	26103 瓢虫科	*Oxynychua*	1																				
26	26103 瓢虫科	*Palaeoneda*	1																				
26	26103 瓢虫科	*Pania*	3										1	1	1	1	1	1		1	1	1	
26	26103 瓢虫科	*Parippodamia*	1																				
26	26103 瓢虫科	*Phaenochilus*	1												1						1		1
26	26103 瓢虫科	*Pharoscymnus*	2																1	1		1	1
26	26103 瓢虫科	*Phrynocaria*	4			1							1	1		1			1				1
26	26103 瓢虫科	*Phymatosternus*	1												1				1	1			1
26	26103 瓢虫科	*Platynaspis*	14			1						1			1		1		1	1	1	1	1
26	26103 瓢虫科	*Plotina*	2																1		1		
26	26103 瓢虫科	*Propylea*	4	1		1	1	1	1	1	1	1	1	1	1	1	1	1	1	1	1		
26	26103 瓢虫科	*Pseodaspidimerus*	1																				1
26	26103 瓢虫科	*Pseudoscymnus*	34			1						1		1	1		1		1	1		1	1
26	26103 瓢虫科	*Psyllobora*	1	1		1	1	1	1			1		1									
26	26103 瓢虫科	*Pullus*	3																1				
26	26103 瓢虫科	*Rhizobius*	1																1				
26	26103 瓢虫科	*Rodolia*	18			1			1		1				1	1			1	1	1	1	1
26	26103 瓢虫科	*Scotoscymnus*	1																1				
26	26103 瓢虫科	*Scymnus*	164	1		1	1	1	1	1		1	1	1	1	1	1	1	1	1	1	1	1
26	26103 瓢虫科	*Semiadalia*	1													1							
26	26103 瓢虫科	*Senonycha*	1																				
26	26103 瓢虫科	*Serangium*	4									1	1	1	1				1	1		1	
26	26103 瓢虫科	*Shirozuella*	7											1					1				
26	26103 瓢虫科	*Singhikalia*	3												1				1				
26	26103 瓢虫科	*Sospita*	5			1		1	1			1	1			1							
26	26103 瓢虫科	*Sphaeroplotina*	1																				1
26	26103 瓢虫科	*Spiladelpha*	1																				
26	26103 瓢虫科	*Stethorus*	31	1	1	1	1	1	1	1		1	1	1	1		1		1	1	1	1	1
26	26103 瓢虫科	*Sticholotis*	12									1			1				1	1		1	
26	26103 瓢虫科	*Subcoccinella*	1																				
26	26103 瓢虫科	*Sukunahikona*	2																1				
26	26103 瓢虫科	*Sumnius*	5									1		1		1	1		1		1		
26	26103 瓢虫科	*Synonycha*	2										1				1	1	1		1		
26	26103 瓢虫科	*Telsimia*	9			1		1				1	1	1					1	1		1	1
26	26103 瓢虫科	*Tytthaspis*	1				1																
26	26103 瓢虫科	*Vibidia*	6			1		1	1	1		1	1	1	1	1	1		1			1	
26	26103 瓢虫科	*Xanthadalia*	3													1	1	1					
26	26104 伪瓢虫科	*Amphisternus*	1																			1	
26	26104 伪瓢虫科	*Ancylopus*	5									1	1							1		1	
26	26104 伪瓢虫科	*Atrichonota*	1																1				
26	26104 伪瓢虫科	*Beccaria*	1																1				
26	26104 伪瓢虫科	*Bolomorphus*	8																				
26	26104 伪瓢虫科	*Brachytrycherus*	2																1				
26	26104 伪瓢虫科	*Bystodes*	1																1				

目	科	属	种数	昆虫亚区																			
				a	b	c	d	e	f	g	h	i	j	k	l	m	n	o	p	q	r	s	t
26	26104 伪瓢虫科	*Caenomychus*	1																				
26	26104 伪瓢虫科	*Comdria*	2																1				
26	26104 伪瓢虫科	*Cymbachus*	5																1				
26	26104 伪瓢虫科	*Danae*	2																1				
26	26104 伪瓢虫科	*Dexialis*	1																1				
26	26104 伪瓢虫科	*Ectomychus*	1																1				
26	26104 伪瓢虫科	*Encymon*	2																1				
26	26104 伪瓢虫科	*Endomychus*	7																1				
26	26104 伪瓢虫科	*Engonius*	4																				
26	26104 伪瓢虫科	*Eucteanus*	1																1				
26	26104 伪瓢虫科	*Eumorphus*	11									1	1			1			1		1	1	
26	26104 伪瓢虫科	*Indalmus*	5																1				
26	26104 伪瓢虫科	*Lycoperdina*	2																1				
26	26104 伪瓢虫科	*Milichius*	2																1				
26	26104 伪瓢虫科	*Mycetina*	8																1				
26	26104 伪瓢虫科	*Parimdalmus*	1											1									
26	26104 伪瓢虫科	*Pedanus*	1																1				
26	26104 伪瓢虫科	*Phaeonychus*	2																1				
26	26104 伪瓢虫科	*Saula*	4																1				
26	26104 伪瓢虫科	*Sinocymbachus*	2																1				
26	26104 伪瓢虫科	*Stenotarsoides*	1																1				
26	26104 伪瓢虫科	*Stenotarsus*	5																1				
26	26104 伪瓢虫科	*Strohecheria*	1																		1		
26	26104 伪瓢虫科	*Trochoides*	1																1				
26	26105 薪甲科	*Adistemia*	1											1									
26	26105 薪甲科	*Cartodere*	6			1	1	1	1			1	1	1			1			1			
26	26105 薪甲科	*Corticaria*	12									1	1				1	1		1			
26	26105 薪甲科	*Enicmus*	1			1		1			1		1										
26	26105 薪甲科	*Lathridius*	5			1	1	1	1			1	1	1			1			1			
26	26105 薪甲科	*Melanophthalma*	4																1				
26	26105 薪甲科	*Microgramme*	5			1	1	1				1	1	1			1			1			
26	26105 薪甲科	*Migneauxia*	1			1	1	1	1			1	1	1			1			1			
26	26105 薪甲科	*Stephostethus*	1																				
26	26106 蜡斑甲科	*Helota*	24									1	1	1			1						
26	26106 蜡斑甲科	*Neohelota*	2																1				
26	26107 方头甲科	*Cybocephalus*	16			1	1	1				1	1	1			1					1	1
26	26108 小扁甲科	*Mimemodes*	3																1	1			
26	26108 小扁甲科	*Monotoma*	6			1	1	1	1			1			1		1						
26	26109 扁谷盗科	*Cryptolestes*	6			1	1	1	1			1	1	1			1		1	1	1	1	1
26	26109 扁谷盗科	*Laemophloeus*	5																1				
26	26110 捕蠹虫科	*Ancistria*	2																1				
26	26110 捕蠹虫科	*Aulonosoma*	1																1				
26	26110 捕蠹虫科	*Hectarthrum*	1																1				
26	26110 捕蠹虫科	*Laemotmetus*	1										1										
26	26110 捕蠹虫科	*Pasandra*	1																1				
26	26111 Mycetacidae	*Asymbius*	3																1				
26	26112 小蕈甲科	*Litargus*	1																1				
26	26112 小蕈甲科	*Mycetophagus*	4			1	1	1	1										1		1		
26	26112 小蕈甲科	*Typhaea*	3			1	1	1	1			1	1	1						1		1	1
26	26113 坚甲科	*Asosylus*	1																1				
26	26113 坚甲科	*Bitoma*	1																1				
26	26113 坚甲科	*Bothrideres*	3																1				
26	26113 坚甲科	*Colobicus*	1								1								1				
26	26113 坚甲科	*Dastarcus*	1			1	1	1	1			1	1	1						1		1	
26	26113 坚甲科	*Erotylathris*	1																1				
26	26113 坚甲科	*Gempylodes*	1																1				

目	科	属	种数	昆虫亚区																			
				a	b	c	d	e	f	g	h	i	j	k	l	m	n	o	p	q	r	s	t
26	26113 坚甲科	*Metopiestes*	1																1				
26	26113 坚甲科	*Microvonus*	1																1				
26	26113 坚甲科	*Neotrichus*	1																1				
26	26113 坚甲科	*Penthelispa*	1																1				
26	26113 坚甲科	*Pseudoborhtides*	1																1				
26	26113 坚甲科	*Trachypholis*	2																1				
26	26114 邻坚甲科	*Murmidius*	3			1						1	1	1	1				1		1		
26	26115 扁薪甲科	*Holoparamecus*	4			1	1	1	1			1	1	1	1				1		1		
26	26116 Mychothenidae	*Idiophyes*	1																				
26	26117 拟步甲科	*Ablapsis*	1																				
26	26117 拟步甲科	*Acanthoblaps*	1																				
26	26117 拟步甲科	*Acleron*	1																1				1
26	26117 拟步甲科	*Adavius*	1																1				
26	26117 拟步甲科	*Addia*	5																1				
26	26117 拟步甲科	*Adesmia*	7	1	1					1													
26	26117 拟步甲科	*Agnaptoria*	5	1										1		1		1					
26	26117 拟步甲科	*Agroblaps*	2																				
26	26117 拟步甲科	*Ainu*	4												1		1		1		1		
26	26117 拟步甲科	*Alophus*	1																				
26	26117 拟步甲科	*Alphitobius*	3			1	1	1	1			1	1	1	1				1	1		1	
26	26117 拟步甲科	*Alphitophagus*	1			1	1	1	1			1	1	1					1			1	
26	26117 拟步甲科	*Amarygmus*	12																1	1			
26	26117 拟步甲科	*Ammobius*	1																1				
26	26117 拟步甲科	*Anacycus*	3																				1
26	26117 拟步甲科	*Anaedus*	3									1		1									
26	26117 拟步甲科	*Anatolica*	49	1	1	1	1	1	1	1	1	1		1									
26	26117 拟步甲科	*Anatrum*	2		1		1																
26	26117 拟步甲科	*Andocamaria*	1																1				
26	26117 拟步甲科	*Androsus*	3																1				
26	26117 拟步甲科	*Anedus*	1																				
26	26117 拟步甲科	*Anemia*	4	1	1		1												1				
26	26117 拟步甲科	*Anobriomaia*	1																1				
26	26117 拟步甲科	*Anthracias*	1																				1
26	26117 拟步甲科	*Apatopsis*	1			1																	
26	26117 拟步甲科	*Aphitophagus*	2																1				1
26	26117 拟步甲科	*Aptereucyrtus*	2																1				
26	26117 拟步甲科	*Ariarathus*	1																1				
26	26117 拟步甲科	*Artactes*	2																1				
26	26117 拟步甲科	*Ascelosodis*	17								1												
26	26117 拟步甲科	*Asidoblaps*	6										1										
26	26117 拟步甲科	*Augolesthus*	2																1	1			
26	26117 拟步甲科	*Azaralius*	1																1				
26	26117 拟步甲科	*Basanopsis*	1																1				
26	26117 拟步甲科	*Basanus*	3										1					1	1				
26	26117 拟步甲科	*Belopus*	4	1			1																
26	26117 拟步甲科	*Bioramix*	17	1	1		1		1		1												
26	26117 拟步甲科	*Blapimorpha*	2																				
26	26117 拟步甲科	*Blaps*	66	1	1	1	1	1	1	1	1	1	1	1	1	1	1		1	1	1		
26	26117 拟步甲科	*Blaptyscelis*	2																				
26	26117 拟步甲科	*Blindus*	6			1		1				1		1		1							
26	26117 拟步甲科	*Boletoxenus*	1																1				
26	26117 拟步甲科	*Bolitotrogus*	1																1				
26	26117 拟步甲科	*Bradymerus*	4																1	1			
26	26117 拟步甲科	*Branchus*	1																				
26	26117 拟步甲科	*Byrsax*	3																1				
26	26117 拟步甲科	*Cabirutus*	2	1	1																		

目	科	属	种数	昆虫亚区																			
				a	b	c	d	e	f	g	h	i	j	k	l	m	n	o	p	q	r	s	t
26	26117 拟步甲科	*Caedius*	8					1		1		1							1	1		1	1
26	26117 拟步甲科	*Camaria*	5																1				
26	26117 拟步甲科	*Campsiomorpha*	6											1				1	1		1	1	
26	26117 拟步甲科	*Catapiestus*	1													1		1					
26	26117 拟步甲科	*Catomus*	3				1								1								
26	26117 拟步甲科	*Centrorus*	1																				
26	26117 拟步甲科	*Ceropria*	18											1		1	1	1			1	1	1
26	26117 拟步甲科	*Chariotheca*	1																				
26	26117 拟步甲科	*Cheirodes*	5				1																
26	26117 拟步甲科	*Cleomis*	1																1				
26	26117 拟步甲科	*Cnemandrosus*	1																1				
26	26117 拟步甲科	*Cneocnemis*	1																1				
26	26117 拟步甲科	*Coelocnemodes*	3																				
26	26117 拟步甲科	*Coelopalorus*	2						1			1		1				1	1	1	1	1	
26	26117 拟步甲科	*Colasia*	1																				
26	26117 拟步甲科	*Colposcelis*	13	1	1		1		1	1													
26	26117 拟步甲科	*Colposphena*	1	1																			
26	26117 拟步甲科	*Colpotinus*	1											1									
26	26117 拟步甲科	*Colpotus*	1																				
26	26117 拟步甲科	*Coropes*	1													1							
26	26117 拟步甲科	*Corticeus*	1																				
26	26117 拟步甲科	*Cossyphus*	2																	1	1		
26	26117 拟步甲科	*Crossocelis*	1																1				
26	26117 拟步甲科	*Cryphaeus*	20						1		1	1							1				1
26	26117 拟步甲科	*Crypsis*	6													1	1						1
26	26117 拟步甲科	*Crypticoides*	1																				
26	26117 拟步甲科	*Crypticus*	13	1	1	1	1		1	1	1		1	1									
26	26117 拟步甲科	*Ctlindronotus*	1																				
26	26117 拟步甲科	*Curimosphena*	1																				1
26	26117 拟步甲科	*Curticeus*	1													1							
26	26117 拟步甲科	*Cyphogenia*	5	1	1		1		1	1	1												
26	26117 拟步甲科	*Cyphostethe*	3		1			1															
26	26117 拟步甲科	*Cyriogeton*	8																1				
26	26117 拟步甲科	*Dalorus*	1																				
26	26117 拟步甲科	*Decraeosis*	1																1				
26	26117 拟步甲科	*Derispia*	24																1				1
26	26117 拟步甲科	*Derispiola*	1																				
26	26117 拟步甲科	*Derosphaerus*	13																1				
26	26117 拟步甲科	*Diaclina*	2																1				
26	26117 拟步甲科	*Diaperis*	3								1		1					1	1				
26	26117 拟步甲科	*Dichillus*	2					1															
26	26117 拟步甲科	*Dicraeosis*	10																1		1		
26	26117 拟步甲科	*Diesia*	1	1																			
26	26117 拟步甲科	*Dila*	1													1							
26	26117 拟步甲科	*Diphyrrhynchus*	2																1				
26	26117 拟步甲科	*Dolamera*	1	1																			
26	26117 拟步甲科	*Doliema*	4																1				
26	26117 拟步甲科	*Dordanea*	1																				
26	26117 拟步甲科	*Earophanta*	2	1	1																		
26	26117 拟步甲科	*Easanus*	1																1				
26	26117 拟步甲科	*Elixota*	6															1	1				
26	26117 拟步甲科	*Emypsara*	1																				
26	26117 拟步甲科	*Encyalesthus*	8												1				1				
26	26117 拟步甲科	*Eocyphogenia*	1				1	1	1			1											
26	26117 拟步甲科	*Epiphaleria*	1																1				
26	26117 拟步甲科	*Epitrichia*	5	1	1		1																

目	科	属	种数	a	b	c	d	e	f	g	h	i	j	k	l	m	n	o	p	q	r	s	t
				昆虫亚区																			
26	26117 拟步甲科	*Eucrossoscelis*	1												1								
26	26117 拟步甲科	*Eucyrtus*	7																				
26	26117 拟步甲科	*Euhemicera*	1																1	1			
26	26117 拟步甲科	*Eumolpamarygmus*	1																	1			
26	26117 拟步甲科	*Eumolpocyriogeton*	1																	1			
26	26117 拟步甲科	*Eumylada*	5				1		1	1													
26	26117 拟步甲科	*Euryhelops*	1																				
26	26117 拟步甲科	*Eutochia*	2																	1			1
26	26117 拟步甲科	*Falsocamaria*	5												1			1				1	1
26	26117 拟步甲科	*Falsocosmonota*	1																				1
26	26117 拟步甲科	*Falsoxanthalia*	1																				
26	26117 拟步甲科	*Foochounus*	2																	1			1
26	26117 拟步甲科	*Freudeia*	1								1												
26	26117 拟步甲科	*Gauromaia*	7																	1			
26	26117 拟步甲科	*Gnaptorina*	8					1	1					1						1			
26	26117 拟步甲科	*Gnathocerus*	3				1					1		1					1	1	1	1	
26	26117 拟步甲科	*Gnesis*	3																	1			
26	26117 拟步甲科	*Gonocephalum*	57	1	1	1	1	1	1	1		1	1	1	1	1	1	1	1	1	1	1	1
26	26117 拟步甲科	*Habrochiton*	2		1																		
26	26117 拟步甲科	*Helops*	2																				
26	26117 拟步甲科	*Hemicera*	18																				
26	26117 拟步甲科	*Heterotarsus*	12				1						1	1	1				1	1		1	
26	26117 拟步甲科	*Hexarhopalus*	1																				
26	26117 拟步甲科	*Himatismus*	1																				
26	26117 拟步甲科	*Homopsis*	1																				
26	26117 拟步甲科	*Hoplobrachium*	1																				
26	26117 拟步甲科	*Hypophloeus*	7																	1	1		
26	26117 拟步甲科	*Hypsosoma*	3			1	1	1	1						1								
26	26117 拟步甲科	*Idiesa*	3	1																			
26	26117 拟步甲科	*Idisia*	1			1																	
26	26117 拟步甲科	*Induchillus*	1								1												
26	26117 拟步甲科	*Ioreius*	1																	1			
26	26117 拟步甲科	*Ischnodactylus*	5																	1			1
26	26117 拟步甲科	*Itagonia*	13				1	1	1	1	1					1		1					
26	26117 拟步甲科	*Javamorygmus*	1																	1			1
26	26117 拟步甲科	*Jintaium*	1				1		1														
26	26117 拟步甲科	*Lachnogyia*	1	1																			
26	26117 拟步甲科	*Lamperos*	1																	1			
26	26117 拟步甲科	*Lanhsia*	1																	1			
26	26117 拟步甲科	*Lasiostola*	1	1																			
26	26117 拟步甲科	*Latheticus*	1				1	1	1			1	1	1						1		1	
26	26117 拟步甲科	*Leichenum*	1																1	1			
26	26117 拟步甲科	*Leiochrinus*	4																	1			1
26	26117 拟步甲科	*Leiochrodes*	12																	1			1
26	26117 拟步甲科	*Leprocaulus*	2																				
26	26117 拟步甲科	*Leptocolena*	1																				
26	26117 拟步甲科	*Leptodes*	7	1	1		1	1	1	1	1												
26	26117 拟步甲科	*Luprops*	9			1		1				1	1		1				1	1	1	1	1
26	26117 拟步甲科	*Lyphia*	1																	1			
26	26117 拟步甲科	*Mantichorula*	3		1		1		1														
26	26117 拟步甲科	*Melanesthes*	38	1	1	1	1	1	1	1	1												
26	26117 拟步甲科	*Melanimon*	1	1	1																		
26	26117 拟步甲科	*Melaxumia*	1				1	1							1								
26	26117 拟步甲科	*Menephilus*	5																	1	1		
26	26117 拟步甲科	*Mesomorphus*	7			1	1	1				1	1	1	1				1	1	1	1	
26	26117 拟步甲科	*Metaclisa*	3																	1			

（续表）

目	科	属	种数	昆虫亚区																			
				a	b	c	d	e	f	g	h	i	j	k	l	m	n	o	p	q	r	s	t
26	26117 拟步甲科	*Microbasanus*	1																				
26	26117 拟步甲科	*Microcameria*	1															1					
26	26117 拟步甲科	*Microcrypticus*	3				1					1	1	1	1				1	1		1	1
26	26117 拟步甲科	*Microdera*	30	1	1		1		1	1	1												
26	26117 拟步甲科	*Micropedinus*	2																	1			
26	26117 拟步甲科	*Microtelopsis*	1																				
26	26117 拟步甲科	*Miladina*	1																				
26	26117 拟步甲科	*Misolampidius*	2																	1			
26	26117 拟步甲科	*Misolampromorphus*	2																				1
26	26117 拟步甲科	*Mocrodera*	3		1		1		1														
26	26117 拟步甲科	*Monatrum*	5	1	1	1	1			1													
26	26117 拟步甲科	*Morphostenophanes*	2																				
26	26117 拟步甲科	*Myatis*	7		1					1	1												
26	26117 拟步甲科	*Myladina*	2				1																
26	26117 拟步甲科	*Nalepa*	1																				
26	26117 拟步甲科	*Nantichorula*	1																				
26	26117 拟步甲科	*Neatus*	2											1			1						
26	26117 拟步甲科	*Necrobioides*	2																	1			
26	26117 拟步甲科	*Neoblaps*	1												1								
26	26117 拟步甲科	*Neogria*	1																				1
26	26117 拟步甲科	*Neoplamius*	2																	1			
26	26117 拟步甲科	*Nesocaedius*	2																	1			
26	26117 拟步甲科	*Netuschilia*	1	1	1		1	1	1														
26	26117 拟步甲科	*Nyctobates*	2																				
26	26117 拟步甲科	*Obriomaia*	2																	1			
26	26117 拟步甲科	*Ocnera*	2	1	1																		
26	26117 拟步甲科	*Oedemutes*	4																	1			
26	26117 拟步甲科	*Oodescelis*	19	1	1		1		1		1			1									
26	26117 拟步甲科	*Oogeton*	1																	1			
26	26117 拟步甲科	*Opatroides*	3																	1			
26	26117 拟步甲科	*Opatrum*	3	1	1	1	1	1	1	1	1		1	1	1					1		1	
26	26117 拟步甲科	*Ophthalmaia*	1																	1			
26	26117 拟步甲科	*Palembus*	1																	1		1	1
26	26117 拟步甲科	*Palorus*	9			1	1	1	1				1	1	1	1			1	1	1	1	1
26	26117 拟步甲科	*Paramisolampidius*	6																	1			
26	26117 拟步甲科	*Paranemia*	1		1																		
26	26117 拟步甲科	*Pedinus*	5	1									1		1					1			
26	26117 拟步甲科	*Pemplema*	1																	1			
26	26117 拟步甲科	*Pentaphyllus*	3																	1			
26	26117 拟步甲科	*Penthicinus*	1	1	1																		
26	26117 拟步甲科	*Penthicoides*	1																	1			
26	26117 拟步甲科	*Penthicus*	29	1	1		1	1	1	1	1												
26	26117 拟步甲科	*Phaedis*	4																	1			
26	26117 拟步甲科	*Phaleria*	1																				
26	26117 拟步甲科	*Phaleromela*	1																				
26	26117 拟步甲科	*Phallopsis*	1																				
26	26117 拟步甲科	*Phelopatrum*	1																	1			
26	26117 拟步甲科	*Philhammus*	1																				
26	26117 拟步甲科	*Phthora*	1																	1			
26	26117 拟步甲科	*Phtora*	2		1		1																
26	26117 拟步甲科	*Pigeus*	1																				
26	26117 拟步甲科	*Pimplema*	1																	1			
26	26117 拟步甲科	*Plamius*	4															1	1				
26	26117 拟步甲科	*Planibates*	1															1					
26	26117 拟步甲科	*Platinotus*	1																	1			
26	26117 拟步甲科	*Platyblaps*	2																	1			

目	科	属	种数	昆虫亚区																			
				a	b	c	d	e	f	g	h	i	j	k	l	m	n	o	p	q	r	s	t
26	26117 拟步甲科	*Platybolium*	1																				
26	26117 拟步甲科	*Platycrepis*	2																	1			
26	26117 拟步甲科	*Platydema*	30								1	1		1						1	1	1	1	1
26	26117 拟步甲科	*Platydendarus*	1																				
26	26117 拟步甲科	*Platynoscelis*	16								1			1		1							
26	26117 拟步甲科	*Platynotus*	2																	1			
26	26117 拟步甲科	*Platyope*	14	1	1	1	1	1															
26	26117 拟步甲科	*Platyscelis*	23	1	1	1	1	1	1	1	1									1			
26	26117 拟步甲科	*Plesiophthalmus*	39				1						1	1	1	1	1			1	1		1	1
26	26117 拟步甲科	*Podhomala*	1	1																			
26	26117 拟步甲科	*Promethis*	50				1						1	1	1	1				1	1	1	1	1
26	26117 拟步甲科	*Promorphostenophanes*	1																				
26	26117 拟步甲科	*Prosodes*	17	1	1			1	1														
26	26117 拟步甲科	*Przewalskia*	1			1					1												
26	26117 拟步甲科	*Psammestus*	1	1	1																		
26	26117 拟步甲科	*Pseudabax*	1																	1			
26	26117 拟步甲科	*Pseudethas*	1																				
26	26117 拟步甲科	*Pseudoblaps*	2																	1			
26	26117 拟步甲科	*Pseudomorpha*	1																	1			
26	26117 拟步甲科	*Pseudoogeton*	4																	1			
26	26117 拟步甲科	*Pseus*	1																				
26	26117 拟步甲科	*Psilolaena*	1																				
26	26117 拟步甲科	*Psrudonautes*	1																	1			
26	26117 拟步甲科	*Psydus*	1																	1			
26	26117 拟步甲科	*Pterocoma*	23	1	1		1		1	1	1												
26	26117 拟步甲科	*Reichardtiella*	1																				
26	26117 拟步甲科	*Rhopalobates*	1														1						
26	26117 拟步甲科	*Sarathropus*	1	1																			
26	26117 拟步甲科	*Scaogidema*	4																	1			
26	26117 拟步甲科	*Scleropatroides*	1				1																
26	26117 拟步甲科	*Scleropatrum*	8	1			1		1	1	1												
26	26117 拟步甲科	*Sclerum*	1												1							1	
26	26117 拟步甲科	*Scotaeus*	2																	1			1
26	26117 拟步甲科	*Scythis*	16	1	1		1	1	1														
26	26117 拟步甲科	*Scytodonta*	2			1	1																
26	26117 拟步甲科	*Scytosoma*	10				1	1	1	1	1												
26	26117 拟步甲科	*Seleropatrum*	1																				
26	26117 拟步甲科	*Sinoecia*	1				1																
26	26117 拟步甲科	*Sivacrypticus*	1																	1			
26	26117 拟步甲科	*Soibla*	4																				
26	26117 拟步甲科	*Solskia*	4		1						1												
26	26117 拟步甲科	*Sphenaria*	2		1																		
26	26117 拟步甲科	*Spiloscapha*	1																	1			
26	26117 拟步甲科	*Steneucyrtus*	1																				1
26	26117 拟步甲科	*Stenophanes*	1												1								
26	26117 拟步甲科	*Stenosida*	1																				1
26	26117 拟步甲科	*Sternoplax*	17	1	1		1		1	1	1												
26	26117 拟步甲科	*Stethotrypes*	1																				
26	26117 拟步甲科	*Strongylium*	65										1		1	1				1	1		1	
26	26117 拟步甲科	*Syachis*	4								1												
26	26117 拟步甲科	*Tagonoides*	1																				
26	26117 拟步甲科	*Taichius*	2																1				
26	26117 拟步甲科	*Taiwanomenephilus*	1																		1		
26	26117 拟步甲科	*Taiwanotagalus*	1																		1		
26	26117 拟步甲科	*Tamena*	1	1	1	1	1		1		1												
26	26117 拟步甲科	*Tarpela*	5																	1			

目	科	属	种数	昆虫亚区																			
				a	b	c	d	e	f	g	h	i	j	k	l	m	n	o	p	q	r	s	t
26	26117 拟步甲科	*Tenebrio*	2	1		1	1	1	1			1	1	1	1				1	1		1	
26	26117 拟步甲科	*Tentranosis*	1																				
26	26117 拟步甲科	*Tentyria*	5	1			1																
26	26117 拟步甲科	*Tetragonomenes*	1																1				
26	26117 拟步甲科	*Tetranillus*	1							1													
26	26117 拟步甲科	*Tetraphyllus*	2																1				
26	26117 拟步甲科	*Tgona*	1	1																			
26	26117 拟步甲科	*Thaumatoblaps*	1	1																			
26	26117 拟步甲科	*Tocicum*	17											1	1		1		1	1	1	1	1
26	26117 拟步甲科	*Tonkinius*	1																				
26	26117 拟步甲科	*Trachyscelis*	1																1				
26	26117 拟步甲科	*Tribolium*	4	1	1	1	1	1	1	1		1	1	1	1		1		1	1	1	1	1
26	26117 拟步甲科	*Trichosphaena*	6	1			1																
26	26117 拟步甲科	*Trigonocnera*	1		1		1	1															
26	26117 拟步甲科	*Trigonopoda*	2																	1	1		
26	26117 拟步甲科	*Trigonoscelis*	4	1	1		1																
26	26117 拟步甲科	*Trinebrio*	1											1									
26	26117 拟步甲科	*Uloma*	35												1		1	1	1	1	1	1	1
26	26117 拟步甲科	*Zabroideus*	1																				
26	26117 拟步甲科	*Zioilus*	1																	1			
26	26118 树皮甲科	*Lissodema*	1																	1			
26	26119 长颈甲科	*Cephaloon*	1			1																	
26	26120 拟天牛科	*Anacosessina*	1																1				
26	26120 拟天牛科	*Anoucodes*	1																				
26	26120 拟天牛科	*Asclera*	12															1	1			1	
26	26120 拟天牛科	*Chrysanthia*	2										1										
26	26120 拟天牛科	*Copidita*	1																				
26	26120 拟天牛科	*Ditylus*	1			1																	
26	26120 拟天牛科	*Eobia*	8																1				1
26	26120 拟天牛科	*Ganglbaueria*	1																				
26	26120 拟天牛科	*Homomorpha*	1																				
26	26120 拟天牛科	*Nacerda*	4										1				1	1					
26	26120 拟天牛科	*Oedemera*	11						1										1				
26	26120 拟天牛科	*Patiala*	1																1				
26	26120 拟天牛科	*Peronocnemis*	1																				
26	26120 拟天牛科	*Probosca*	2																				
26	26120 拟天牛科	*Pseudolycus*	1																				
26	26120 拟天牛科	*Schistopselaphus*	1																1				
26	26120 拟天牛科	*Sessinia*	2																				
26	26120 拟天牛科	*Sparedropsis*	2																				1
26	26120 拟天牛科	*Xanthochroa*	13										1						1				
26	26121 缩腿甲科	*Monomma*	4																1				
26	26122 长朽木甲科	*Bonzicomorpha*	1																				
26	26122 长朽木甲科	*Bonzicus*	1																1				
26	26122 长朽木甲科	*Cuphosis*	1																1				
26	26122 长朽木甲科	*Dircaea*	1																				
26	26122 长朽木甲科	*Eustrophinus*	1																				
26	26122 长朽木甲科	*Hallomenus*	1																				
26	26122 长朽木甲科	*Hotostrophus*	1																1				
26	26122 长朽木甲科	*Ivania*	1																1				
26	26122 长朽木甲科	*Melandrya*	2																				
26	26122 长朽木甲科	*Orchesia*	1																				
26	26122 长朽木甲科	*Osphya*	2																1				
26	26122 长朽木甲科	*Penthe*	2																1				
26	26122 长朽木甲科	*Synstrophus*	2																1				
26	26123 三栉牛科	*Autocrates*	1																				

目	科	属	种数	a	b	c	d	e	f	g	h	i	j	k	l	m	n	o	p	q	r	s	t
26	26123 三栉牛科	*Trictenotoma*	3										1		1				1	1		1	
26	26124 大花蚤科	*Macrosiagon*	13			1							1	1	1				1	1		1	1
26	26124 大花蚤科	*Metoechus*	1																1				
26	26124 大花蚤科	*Micropelecotoides*	1																1				
26	26124 大花蚤科	*Nephmites*	1																1				
26	26124 大花蚤科	*Pelecotmoides*	2																1				1
26	26124 大花蚤科	*Rhipidius*	2																1				
26	26124 大花蚤科	*Rhipiphorus*	6																1				1
26	26124 大花蚤科	*Trigonodera*	1																1				
26	26125 花蚤科	*Anaspis*	6																				
26	26125 花蚤科	*Calycina*	2																1				
26	26125 花蚤科	*Cyrtanaspis*	2																1				
26	26125 花蚤科	*Ermischiella*	1																				
26	26125 花蚤科	*Falsomordellina*	2																1				
26	26125 花蚤科	*Falsomordellistena*	20													1			1	1			1
26	26125 花蚤科	*Glipa*	23									1	1	1					1	1		1	1
26	26125 花蚤科	*Glipidiomorpha*	3																				
26	26125 花蚤科	*Glipostena*	1																				
26	26125 花蚤科	*Glipostenoda*	19																1	1			
26	26125 花蚤科	*Higehananomia*	1																1				
26	26125 花蚤科	*Hoshihananomia*	12													1			1	1		1	1
26	26125 花蚤科	*Klapperichimoedo*	2														1						
26	26125 花蚤科	*Macrotomoxia*	1																1				
26	26125 花蚤科	*Moedellina*	15																1				
26	26125 花蚤科	*Mordella*	23				1												1	1			
26	26125 花蚤科	*Mordellaria*	2																1				
26	26125 花蚤科	*Mordellina*	2															1					
26	26125 花蚤科	*Mordellistena*	15			1	1	1	1	1				1	1				1	1			1
26	26125 花蚤科	*Mordellistenoda*	2															1					
26	26125 花蚤科	*Mordellochroa*	2																1				
26	26125 花蚤科	*Pseudotolida*	4											1					1	1			
26	26125 花蚤科	*Stenalia*	1				1																
26	26125 花蚤科	*Stenomordella*	1											1									1
26	26125 花蚤科	*Tolidostena*	3																1	1			
26	26125 花蚤科	*Tomoxia*	2																1				
26	26125 花蚤科	*Varrimorda*	2			1									1				1		1		
26	26125 花蚤科	*Yadubananomia*	1															1					
26	26126 蚁形甲科	*Anthelephala*	1																1				
26	26126 蚁形甲科	*Anthicus*	33			1					1	1	1						1				
26	26126 蚁形甲科	*Formicomus*	7								1	1							1	1			
26	26126 蚁形甲科	*Leptaleus*	1																1				
26	26126 蚁形甲科	*Mecynotarsus*	5																1				
26	26126 蚁形甲科	*Notoxus*	7			1	1			1													
26	26127 赤翅甲科	*Eupyrochroa*	2											1					1	1			1
26	26127 赤翅甲科	*Hemidendroides*																					
26	26127 赤翅甲科	*Phyllocladus*	2											1									
26	26127 赤翅甲科	*Pseudodenddroides*	1																1				
26	26127 赤翅甲科	*Pseudopyrochroa*	14											1					1				
26	26127 赤翅甲科	*Pyrochroa*	1											1									
26	26128 芫菁科	*Apalus*	7																				
26	26128 芫菁科	*Cerocoma*	1	1																			
26	26128 芫菁科	*Cissites*	3																1				
26	26128 芫菁科	*Ctenopus*	2		1																		
26	26128 芫菁科	*Denierella*	2											1		1		1	1			1	1
26	26128 芫菁科	*Epicauta*	35	1	1	1	1	1	1	1	1		1	1	1	1	1	1	1	1	1	1	1
26	26128 芫菁科	*Euzonita*	2	1		1	1	1															

（续表）

目	科	属	种数	a	b	c	d	e	f	g	h	i	j	k	l	m	n	o	p	q	r	s	t
26	26128 芫菁科	*Glasunovia*	1																				
26	26128 芫菁科	*Horia*	1																				
26	26128 芫菁科	*Hycleus*	20	1	1	1	1	1	1	1	1		1	1	1	1	1	1	1	1	1	1	1
26	26128 芫菁科	*Lytta*	27	1	1	1	1	1	1	1	1	1	1	1		1	1	1	1	1			
26	26128 芫菁科	*Megatrachelus*	2																				
26	26128 芫菁科	*Meloe*	26	1	1	1	1	1	1	1	1		1	1	1	1	1	1	1	1			
26	26128 芫菁科	*Mylabris*	42	1	1	1	1	1	1	1	1	1	1	1	1	1		1		1	1	1	1
26	26128 芫菁科	*Oreomeloe*	1							1													
26	26128 芫菁科	*Pseudabris*	1																				
26	26128 芫菁科	*Pseudoabsibia*	1				1																
26	26128 芫菁科	*Rhampholyssa*	1	1																			
26	26128 芫菁科	*Schroetteria*	1																				
26	26128 芫菁科	*Stenodera*	1										1										
26	26128 芫菁科	*Zonitis*	14		1										1		1	1	1				
26	26128 芫菁科	*Zonitomorpha*	2																				
26	26128 芫菁科	*Zonitoschema*	4													1							
26	26129 Inopelidae	*Inopeplus*	2																		1		
26	26130 细树皮甲科	*Hemipelpus*	1																		1		
26	26131 斑蕈甲科	*Pisenus*	1																		1		
26	26132 细颈甲科	*Eurygenius*	1																				
26	26132 细颈甲科	*Hypsogenia*	1																				
26	26132 细颈甲科	*Ishalia*	1																		1		
26	26132 细颈甲科	*Macratria*	6																		1		
26	26132 细颈甲科	*Pesilus*	2																				
26	26132 细颈甲科	*Stereopalpus*	1																				
26	26133 Xylophilidae	*Aderus*	3																		1		
26	26133 Xylophilidae	*Hylophilus*	4																		1		
26	26133 Xylophilidae	*Syzeton*	1																		1		
26	26134 Scraptiidae	*Canifa*	1																		1		
26	26134 岭科 Scraptiidae	*Scraptia*	2																				
26	26135 朽木甲科	*Allecula*	24											1				1	1				
26	26135 朽木甲科	*Alleculodes*	2																				
26	26135 朽木甲科	*Bolbotetha*	1														1						
26	26135 朽木甲科	*Borboresthes*	28								1			1				1	1			1	1
26	26135 朽木甲科	*Charideates*	2																				
26	26135 朽木甲科	*Cistela*	5																				
26	26135 朽木甲科	*Cistelina*	9											1				1	1		1		
26	26135 朽木甲科	*Cistelomorpha*	15															1	1				
26	26135 朽木甲科	*Cistelopsis*	3																				1
26	26135 朽木甲科	*Cteniopinus*	42		1	1		1		1	1	1	1	1	1	1	1	1		1			
26	26135 朽木甲科	*Hymenalia*	5															1					
26	26135 朽木甲科	*Hymenorus*	1				1																
26	26135 朽木甲科	*Isomira*	9															1					
26	26135 朽木甲科	*Myctochara*	1																				
26	26135 朽木甲科	*Netopha*	1															1					
26	26135 朽木甲科	*Pseudocistela*	4																				
26	26135 朽木甲科	*Steneryx*	2				1																
26	26136 伪叶甲科	*Anisostira*	6											1	1			1	1				
26	26136 伪叶甲科	*Arthromacra*	10															1	1				
26	26136 伪叶甲科	*Aulonogris*	5													1	1						1
26	26136 伪叶甲科	*Bothynogria*	3												1			1	1				
26	26136 伪叶甲科	*Casnonidea*	5															1	1				1
26	26136 伪叶甲科	*Cerogria*	32											1	1	1		1		1			
26	26136 伪叶甲科	*Chlorophila*	15											1				1	1				
26	26136 伪叶甲科	*Donaciolagria*	1															1					
26	26136 伪叶甲科	*Exostira*	2												1			1	1				

目	科	属	种数	a	b	c	d	e	f	g	h	i	j	k	l	m	n	o	p	q	r	s	t
26	26136 伪叶甲科	*Heterogria*	4											1									
26	26136 伪叶甲科	*Hosohamundama*	3																	1			
26	26136 伪叶甲科	*Laena*	16											1	1		1						1
26	26136 伪叶甲科	*Lagria*	36			1	1					1	1	1	1					1	1		1	1
26	26136 伪叶甲科	*Lagriocera*	2																	1			
26	26136 伪叶甲科	*Lagriodema*	1																				
26	26136 伪叶甲科	*Lagriodes*	1															1					
26	26136 伪叶甲科	*Lagriogonia*	1											1									
26	26136 伪叶甲科	*Macrolagria*	3											1				1					
26	26136 伪叶甲科	*Malaiseum*	1																				
26	26136 伪叶甲科	*Odontocera*	2										1										
26	26136 伪叶甲科	*Schevodera*	2																				
26	26136 伪叶甲科	*Sora*	21															1	1				1
26	26136 伪叶甲科	*Strongylagria*	1																				
26	26136 伪叶甲科	*Taiwanolagria*	1																	1			
26	26136 伪叶甲科	*Trachelolagria*	1																				
26	26136 伪叶甲科	*Xenocera*	3									1		1				1	1		1		
26	26137 距甲科	*Clytraxeloma*	1																				
26	26137 距甲科	*Colobaspis*	5																1				
26	26137 距甲科	*Pedrillia*	4			1						1	1	1						1			
26	26137 距甲科	*Poecilomorpha*	6			1		1						1	1	1		1		1			
26	26137 距甲科	*Temnaspis*	20				1					1	1	1	1	1	1	1	1	1	1	1	1
26	26137 距甲科	*Zeugophora*	20		1	1	1	1	1	1	1			1		1	1	1	1	1			
26	26138 木蕈甲科	*Cia*	11									1	1	1	1			1	1				
26	26138 木蕈甲科	*Ennearthron*	2																				
26	26138 木蕈甲科	*Nipponocis*	2															1					
26	26138 木蕈甲科	*Octotemnus*	2															1					
26	26139 天牛科	*Abryna*	3																	1	1		1
26	26139 天牛科	*Acalolepta*	39			1						1	1	1		1		1	1	1	1	1	1
26	26139 天牛科	*Acanthocinus*	8	1		1	1	1	1			1	1	1		1	1	1		1			
26	26139 天牛科	*Acanthoderes*	1			1																	
26	26139 天牛科	*Acanthoptera*	5										1			1	1						
26	26139 天牛科	*Acmaeopidonia*	1															1					
26	26139 天牛科	*Acmaeops*	8	1		1	1							1									
26	26139 天牛科	*Aconodes*	1															1					
26	26139 天牛科	*Acrocyrtidus*	6												1								1
26	26139 天牛科	*Aegolipton*	3			1								1						1	1	1	1
26	26139 天牛科	*Aeolesthes*	10				1	1				1	1	1		1		1	1	1	1		1
26	26139 天牛科	*Aesopida*	1																				1
26	26139 天牛科	*Aethalodes*	1				1						1	1				1	1		1		
26	26139 天牛科	*Agapanthia*	10	1		1	1	1	1			1	1	1	1			1					
26	26139 天牛科	*Agelasta*	11			1								1				1	1		1		
26	26139 天牛科	*Agniomorpha*	1												1								
26	26139 天牛科	*Allotraeus*	10												1				1	1	1	1	1
26	26139 天牛科	*Alosterna*	2			1																	
26	26139 天牛科	*Amamiclytus*	2																	1			
26	26139 天牛科	*Amarysius*	2			1		1		1				1									
26	26139 天牛科	*Anaespogonius*	3																	1			
26	26139 天牛科	*Anaesthetis*	3			1										1							
26	26139 天牛科	*Anaesthetobrium*	3			1							1					1	1				
26	26139 天牛科	*Anagelasta*	2															1					
26	26139 天牛科	*Anaglyptus*	14			1		1				1	1	1				1	1		1	1	
26	26139 天牛科	*Anastathes*	4									1	1	1				1		1	1		1
26	26139 天牛科	*Anastrangalia*	5			1		1	1							1		1					
26	26139 天牛科	*Annamanum*	9			1						1	1	1		1		1			1	1	1
26	26139 天牛科	*Anomophysis*	4											1						1			1

目	科	属	种数	昆虫亚区																			
				a	b	c	d	e	f	g	h	i	j	k	l	m	n	o	p	q	r	s	t
26	26139 天牛科	*Anoplodera*	23	1		1		1	1			1	1	1	1		1		1				
26	26139 天牛科	*Anoploderomorpha*	7			1						1		1					1	1	1		1
26	26139 天牛科	*Anoplophora*	29			1	1	1	1	1		1	1	1	1	1	1	1	1	1	1	1	1
26	26139 天牛科	*Anubis*	3												1				1	1			1
26	26139 天牛科	*Apatophysis*	10	1	1	1		1									1						
26	26139 天牛科	*Aphrodisium*	22			1		1				1	1	1					1	1	1	1	1
26	26139 天牛科	*Apomecyna*	8			1						1	1	1		1	1	1	1	1	1	1	1
26	26139 天牛科	*Apriona*	8			1	1	1	1			1	1	1		1	1	1	1	1	1	1	1
26	26139 天牛科	*Arctolamia*	5											1						1	1		
26	26139 天牛科	*Arhopaloscelis*	1																				
26	26139 天牛科	*Arhopalus*	12			1	1	1		1		1	1	1	1	1	1	1	1	1	1	1	
26	26139 天牛科	*Aristobia*	5				1					1	1	1	1	1		1	1	1	1	1	
26	26139 天牛科	*Aromia*	3			1	1	1				1	1	1	1		1				1	1	
26	26139 天牛科	*Aromiella*	1																				
26	26139 天牛科	*Artimpaza*	8						1											1	1		1
26	26139 天牛科	*Asaperda*	6			1									1			1	1		1		
26	26139 天牛科	*Asaperdina*	1																				1
26	26139 天牛科	*Asemum*	4			1	1	1	1	1		1	1	1	1		1	1	1	1	1		
26	26139 天牛科	*Aserixia*	1																				
26	26139 天牛科	*Asias*	8	1		1	1	1	1			1	1	1	1		1			1			
26	26139 天牛科	*Astathes*	10			1		1				1	1	1	1	1	1	1	1	1	1	1	1
26	26139 天牛科	*Athylia*	7																	1			1
26	26139 天牛科	*Atimia*	3			1	1	1											1				
26	26139 天牛科	*Atimura*	4																	1	1		1
26	26139 天牛科	*Aulaconotus*	7									1	1	1	1				1			1	
26	26139 天牛科	*Bacchisa*	18			1	1	1	1	1		1	1	1	1	1	1		1	1	1	1	1
26	26139 天牛科	*Bandar*	1			1						1	1	1	1	1			1				
26	26139 天牛科	*Batocera*	10			1			1			1	1	1		1	1	1	1	1	1	1	1
26	26139 天牛科	*Blepephaeus*	11									1	1	1		1	1	1	1	1	1	1	1
26	26139 天牛科	*Brachysybra*	2			1				1									1				
26	26139 天牛科	*Brachyta*	1			1																	
26	26139 天牛科	*Brototyche*	1																				
26	26139 天牛科	*Bumetopia*	4			1													1				
26	26139 天牛科	*Bunothorax*	1												1				1				
26	26139 天牛科	*Cacia*	12				1			1			1	1	1	1	1	1	1	1	1	1	1
26	26139 天牛科	*Cagosima*	1																1				
26	26139 天牛科	*Callidiellum*	1						1														
26	26139 天牛科	*Callidium*	10			1	1	1		1		1	1	1				1	1	1	1		
26	26139 天牛科	*Callipogon*	1			1	1			1													
26	26139 天牛科	*Calloides*	3				1						1	1	1						1		
26	26139 天牛科	*Callomecyna*	1											1			1						
26	26139 天牛科	*Calloplophora*	1																		1		
26	26139 天牛科	*Callundine*	1																				
26	26139 天牛科	*Calothyrza*	1																				
26	26139 天牛科	*Capnolymma*	1																				
26	26139 天牛科	*Caraphia*	2																				1
26	26139 天牛科	*Casiphia*	2											1									
26	26139 天牛科	*Casiphioprionus*	1											1									
26	26139 天牛科	*Cataphrodisium*	5									1		1		1			1	1	1	1	
26	26139 天牛科	*Celosterna*	1																1				
26	26139 天牛科	*Cereopsius*	1																1				
26	26139 天牛科	*Ceresium*	17			1		1				1	1	1	1	1		1	1	1	1	1	1
26	26139 天牛科	*Cervoglenea*	1																1				
26	26139 天牛科	*Chelidonium*	16			1	1			1		1	1	1		1		1	1	1	1	1	1
26	26139 天牛科	*Chinobrium*	1																1				
26	26139 天牛科	*Chloridolum*	33			1		1				1	1	1	1			1	1	1	1	1	1

目	科	属	种数	a	b	c	d	e	f	g	h	i	j	k	l	m	n	o	p	q	r	s	t
26	26139 天牛科	*Chlorophorus*	63	1	1	1	1	1	1	1	1	1	1	1	1	1	1	1	1	1	1	1	1
26	26139 天牛科	*Choeromorpha*	1																		1		
26	26139 天牛科	*Cleomenes*	10				1							1	1		1		1	1	1		
26	26139 天牛科	*Cleonaria*	1															1					
26	26139 天牛科	*Cleptometopus*	7										1				1	1					1
26	26139 天牛科	*Cleroclytus*	2	1																			
26	26139 天牛科	*Clyterus*	1															1					
26	26139 天牛科	*Clytobius*	1				1																
26	26139 天牛科	*Clytocera*	1															1					
26	26139 天牛科	*Clytosaurus*	1																				1
26	26139 天牛科	*Clytosemia*	1															1					
26	26139 天牛科	*Clytus*	17			1		1					1	1	1			1	1				
26	26139 天牛科	*Coptops*	11										1		1	1	1	1	1	1	1	1	1
26	26139 天牛科	*Corennys*	6				1						1		1	1	1	1	1				1
26	26139 天牛科	*Cortodera*	1																				
26	26139 天牛科	*Corymbia*	4			1		1					1	1	1			1					
26	26139 天牛科	*Coscinesthes*	3			1						1	1	1	1	1	1						
26	26139 天牛科	*Cremnosterna*	1																		1		
26	26139 天牛科	*Cribragapanthia*	1												1						1		
26	26139 天牛科	*Cyanagapanthia*	2												1						1		
26	26139 天牛科	*Cylindilla*	6					1							1			1	1				
26	26139 天牛科	*Cylindrecamptus*	1																		1		
26	26139 天牛科	*Cyrtoclytus*	9				1											1	1				
26	26139 天牛科	*Cyrtogrammus*	1																			1	
26	26139 天牛科	*Demonax*	54									1	1	1	1		1		1	1	1	1	1
26	26139 天牛科	*Dere*	5		1		1		1		1	1	1	1	1	1		1	1	1	1	1	1
26	26139 天牛科	*Derolus*	3				1											1					1
26	26139 天牛科	*Desisa*	6									1	1		1			1	1				1
26	26139 天牛科	*Dialeges*	2															1	1				1
26	26139 天牛科	*Diastocera*	1												1						1	1	
26	26139 天牛科	*Diboma*	6				1						1		1			1	1				1
26	26139 天牛科	*Dicelosternus*	1				1							1	1			1	1		1		1
26	26139 天牛科	*Dihammus*	1										1										
26	26139 天牛科	*Dinoptera*	1				1																
26	26139 天牛科	*Dokhtouroffia*	1																				
26	26139 天牛科	*Doliops*	1															1					
26	26139 天牛科	*Dolophrades*	3															1					
26	26139 天牛科	*Dorcadion*	26	1		1																	
26	26139 天牛科	*Dorysthenes*	18			1	1	1	1	1		1	1	1	1		1	1	1	1	1	1	1
26	26139 天牛科	*Driopea*	1																				
26	26139 天牛科	*Dymasius*	3															1					
26	26139 天牛科	*Dymorphocosmisoma*	1																				
26	26139 天牛科	*Dystomorphus*	3				1		1	1				1				1					
26	26139 天牛科	*Echinovelleda*	2									1			1								
26	26139 天牛科	*Echthistatodes*	1																				
26	26139 天牛科	*Egesina*	3			1												1					
26	26139 天牛科	*Embrikatrandia*	3				1					1	1	1	1			1	1			1	1
26	26139 天牛科	*Emeileptura*	1													1							
26	26139 天牛科	*Emphiesmenus*	1													1							
26	26139 天牛科	*Emtelopes*	1																				
26	26139 天牛科	*Encyclops*	4													1					1		1
26	26139 天牛科	*Eodorcadion*	47	1	1	1	1	1	1	1				1	1							1	
26	26139 天牛科	*Eoporis*	4															1					
26	26139 天牛科	*Epania*	6																				
26	26139 天牛科	*Epepeotes*	5												1				1		1	1	
26	26139 天牛科	*Ephies*	5															1					1

附录

（续表）

目	科	属	种数	昆虫亚区																			
				a	b	c	d	e	f	g	h	i	j	k	l	m	n	o	p	q	r	s	t
26	26139 天牛科	*Epiclytus*	6			1									1				1	1			
26	26139 天牛科	*Epipedocera*	10												1		1		1	1	1	1	
26	26139 天牛科	*Eryssamena*	11			1			1										1	1			
26	26139 天牛科	*Erythresthes*	1									1		1					1				
26	26139 天牛科	*Erythrus*	13					1				1	1	1	1		1		1	1	1	1	
26	26139 天牛科	*Estigmenida*	1																		1		
26	26139 天牛科	*Eucomatocera*	2														1		1	1	1		
26	26139 天牛科	*Eumecocera*	4			1							1	1					1				
26	26139 天牛科	*Eunidia*	2										1	1									1
26	26139 天牛科	*Eunidiopsis*	1																				
26	26139 天牛科	*Eupromus*	2										1		1				1	1	1	1	
26	26139 天牛科	*Euryarthrum*	1																1				
26	26139 天牛科	*Euryclytosemia*	1																1				
26	26139 天牛科	*Euryphagus*	2										1								1	1	
26	26139 天牛科	*Eurypoda*	3								1	1							1	1	1	1	1
26	26139 天牛科	*Euseboides*	1																1				1
26	26139 天牛科	*Eustrangalis*	3									1	1						1				
26	26139 天牛科	*Eutaenia*	2										1		1				1	1	1	1	
26	26139 天牛科	*Eutetrapha*	14			1		1	1				1	1	1		1	1	1		1		
26	26139 天牛科	*Evodinus*	6	1		1		1		1				1									
26	26139 天牛科	*Exocentrus*	40			1		1				1	1	1			1	1			1	1	
26	26139 天牛科	*Falsanoplistes*	1																				
26	26139 天牛科	*Falsocylindrepomus*	1																		1		
26	26139 天牛科	*Falsomassicus*	1																				
26	26139 天牛科	*Falsomesosella*	9																1		1	1	
26	26139 天牛科	*Falsoropica*	1																				
26	26139 天牛科	*Falsotrachystola*	1																				
26	26139 天牛科	*Falsoxoanodera*	1														1						
26	26139 天牛科	*Falsozorilispe*	1																				
26	26139 天牛科	*Flabelloprionus*	1																				
26	26139 天牛科	*Formosopyrrhona*	4																1				1
26	26139 天牛科	*Formosotoxotus*	1																1				
26	26139 天牛科	*Gaurotes*	20			1		1	1	1		1		1		1	1	1	1				
26	26139 天牛科	*Gaurotina*	5			1		1	1					1							1		
26	26139 天牛科	*Gelonaetha*	1																1				
26	26139 天牛科	*Gibbohammus*	1																				1
26	26139 天牛科	*Gibbomesosella*	1																				
26	26139 天牛科	*Glaphyra*	14			1									1				1				
26	26139 天牛科	*Glenea*	71					1	1			1	1	1	1	1	1	1	1	1	1	1	1
26	26139 天牛科	*Glenida*	2										1		1				1	1		1	1
26	26139 天牛科	*Gnatholea*	3												1				1		1	1	1
26	26139 天牛科	*Gnathostrangalia*	3												1						1		
26	26139 天牛科	*Gracilia*	1					1						1									
26	26139 天牛科	*Grammographus*	7									1		1					1	1			
26	26139 天牛科	*Grammoptera*	9			1				1						1			1				
26	26139 天牛科	*Graphidesa*	2																1				
26	26139 天牛科	*Guerryus*	1																				
26	26139 天牛科	*Hainanhammus*	1																				1
26	26139 天牛科	*Halme*	4															1	1				
26	26139 天牛科	*Hayashiclytus*	1			1																	
26	26139 天牛科	*Hesperophanes*	1	1																			
26	26139 天牛科	*Heteroglenea*	1																1				
26	26139 天牛科	*Heterophilus*	3								1						1						
26	26139 天牛科	*Hippocephala*	4											1					1		1		
26	26139 天牛科	*Hirtaeschopalaea*	2					1						1					1	1			
26	26139 天牛科	*Hoplocerambyx*	2																1			1	1

目	科	属	种数	a	b	c	d	e	f	g	h	i	j	k	l	m	n	o	p	q	r	s	t
26	26139 天牛科	*Hyagnis*	1																				
26	26139 天牛科	*Hyllisia*	7																1	1	1		
26	26139 天牛科	*Hylotrupes*	1																				
26	26139 天牛科	*Hypocacia*	1																	1			
26	26139 天牛科	*Hypoeschrus*	2																	1		1	1
26	26139 天牛科	*Ibidionidum*	2											1		1					1		1
26	26139 天牛科	*Idiostrangalia*	11									1	1						1	1			
26	26139 天牛科	*Imantocera*	1											1			1				1	1	
26	26139 天牛科	*Ipothalia*	3											1			1	1			1		
26	26139 天牛科	*Iproca*	2																1				1
26	26139 天牛科	*Ischnorhabda*	1																				
26	26139 天牛科	*Ischnostrangalis*	4											1		1							
26	26139 天牛科	*Ithocritus*	1														1						
26	26139 天牛科	*Japonopsimus*	1																	1			
26	26139 天牛科	*Jezohammus*	1														1						
26	26139 天牛科	*Judolia*	5	1		1		1															
26	26139 天牛科	*Judolidia*	1			1																	
26	26139 天牛科	*Kanekoa*	2												1				1				
26	26139 天牛科	*Katarinia*	1										1										
26	26139 天牛科	*Kuatuniana*	1														1						
26	26139 天牛科	*Kunbir*	8												1			1	1				1
26	26139 天牛科	*Kurarua*	3																	1			
26	26139 天牛科	*Lachnopterus*	2																	1			
26	26139 天牛科	*Lamia*	1	1		1	1	1												1			
26	26139 天牛科	*Lamiodorcadion*	1																				
26	26139 天牛科	*Lamiomimus*	2			1		1	1			1	1	1	1			1			1		
26	26139 天牛科	*Leiopus*	4			1								1					1				
26	26139 天牛科	*Lemula*	14			1			1						1			1	1				
26	26139 天牛科	*Leptepania*	5											1					1				
26	26139 天牛科	*Leptomesosa*	1												1								
26	26139 天牛科	*Leptosalpinia*	1										1		1								
26	26139 天牛科	*Leptostrangalia*	2											1					1				
26	26139 天牛科	*Leptoxenus*	3										1						1	1			
26	26139 天牛科	*Leptura*	28		1	1	1	1	1		1	1	1	1	1	1	1	1	1	1	1	1	1
26	26139 天牛科	*Lepturalia*	1	1																			
26	26139 天牛科	*Lepturobosca*	1	1		1																	
26	26139 天牛科	*Linda*	17				1	1				1	1	1	1	1	1	1	1	1	1	1	
26	26139 天牛科	*Loesse*	1													1							
26	26139 天牛科	*Longipalpus*	2																	1			
26	26139 天牛科	*Lychrosis*	2												1			1		1			
26	26139 天牛科	*Macrocamptus*	1																			1	1
26	26139 天牛科	*Macrochenus*	4										1		1		1	1			1	1	1
26	26139 天牛科	*Macroleptura*	3			1															1	1	1
26	26139 天牛科	*Macropidonia*	2			1																	
26	26139 天牛科	*Macropraonetha*	1																			1	
26	26139 天牛科	*Macrorhabdium*	1			1																	
26	26139 天牛科	*Malloderma*	1																				
26	26139 天牛科	*Mandibularia*	3										1						1	1	1	1	1
26	26139 天牛科	*Mantitheus*	3			1	1	1				1		1					1		1		
26	26139 天牛科	*Margites*	3			1		1				1	1		1	1			1		1		
26	26139 天牛科	*Marmylaris*	1																1				
26	26139 天牛科	*Massicus*	2			1		1	1			1	1		1				1	1	1	1	1
26	26139 天牛科	*Mecynippus*	2																				
26	26139 天牛科	*Megasemum*	1			1				1									1				
26	26139 天牛科	*Megopis*	17			1	1	1	1			1	1	1	1		1		1	1	1	1	1
26	26139 天牛科	*Menesia*	5			1	1	1						1		1			1				

附录

（续表）

目	科	属	种数	a	b	c	d	e	f	g	h	i	j	k	l	m	n	o	p	q	r	s	t
26	26139 天牛科	*Merionoeda*	13												1		1	1	1	1	1		
26	26139 天牛科	*Mesechthistatus*	2										1					1		1			
26	26139 天牛科	*Mesocacia*	3																		1	1	1
26	26139 天牛科	*Mesoereis*	3															1					
26	26139 天牛科	*Mesosa*	32	1		1	1	1	1	1		1	1	1	1		1		1	1		1	1
26	26139 天牛科	*Mesosella*	2										1		1					1			
26	26139 天牛科	*Metalloleptera*	3															1		1			
26	26139 天牛科	*Metastrangalis*	5								1	1	1	1			1	1		1			
26	26139 天牛科	*Metopoplectus*	1															1					
26	26139 天牛科	*Miaenia*	8											1				1					
26	26139 天牛科	*Microdebilissa*	8														1			1	1		
26	26139 天牛科	*Microlamia*	5															1	1				
26	26139 天牛科	*Microlenecamptus*	4				1						1		1	1		1		1	1	1	
26	26139 天牛科	*Microlera*	2															1					
26	26139 天牛科	*Microleroides*	1																				
26	26139 天牛科	*Microleropsis*	1														1						
26	26139 天牛科	*Microxylorhiza*	1															1					
26	26139 天牛科	*Mimatimura*	1														1						1
26	26139 天牛科	*Mimectatina*	6															1					
26	26139 天牛科	*Mimocagosima*	1																				
26	26139 天牛科	*Mimocoelosterna*	1																				1
26	26139 天牛科	*Mimocratotragus*	1																	1			
26	26139 天牛科	*Mimognosa*	1																				
26	26139 天牛科	*Mimoplocia*	1															1					
26	26139 天牛科	*Mimopothyne*	1																				
26	26139 天牛科	*Mimorsidis*	2															1	1				
26	26139 天牛科	*Mimostrangalia*	10			1									1			1	1			1	1
26	26139 天牛科	*Mimosybra*	1																				
26	26139 天牛科	*Mimothestus*	2											1						1			
26	26139 天牛科	*Mimoxenoleoides*	1																				
26	26139 天牛科	*Mimozotale*	1																				
26	26139 天牛科	*Mispila*	4													1					1	1	
26	26139 天牛科	*Moechohecyra*	1																				
26	26139 天牛科	*Moechotypa*	11			1		1	1			1	1	1	1		1	1		1	1	1	1
26	26139 天牛科	*Molorchoepania*	1															1					
26	26139 天牛科	*Molorchus*	15			1	1	1		1				1	1	1		1					
26	26139 天牛科	*Momisis*	2																			1	1
26	26139 天牛科	*Monochamus*	32	1		1	1	1	1	1		1	1	1	1	1	1	1	1	1	1	1	1
26	26139 天牛科	*Morimospasma*	4					1	1				1	1			1						
26	26139 天牛科	*Morimus*	2													1							
26	26139 天牛科	*Munamizoa*	1			1																	
26	26139 天牛科	*Mutatocoptops*	2															1					
26	26139 天牛科	*Mycerinopsis*	1															1			1	1	1
26	26139 天牛科	*Mycuts*	1				1	1															
26	26139 天牛科	*Myrmexocentrus*	1															1					
26	26139 天牛科	*Nadezhdiella*	2				1				1	1	1	1			1	1			1		1
26	26139 天牛科	*Nanohammus*	4																	1	1		
26	26139 天牛科	*Nanostrangalia*	7						1					1			1		1	1	1		
26	26139 天牛科	*Nathrius*	1																				
26	26139 天牛科	*Neacanista*	2															1					1
26	26139 天牛科	*Necydalis*	25			1	1	1		1				1		1		1		1		1	1
26	26139 天牛科	*Nedine*	1												1								
26	26139 天牛科	*Nemophas*	3																				
26	26139 天牛科	*Neocerambyx*	3				1			1				1			1			1			1
26	26139 天牛科	*Neodihammus*	1																				1
26	26139 天牛科	*Neoeryssanema*	1															1					

目	科	属	种数	昆虫亚区 a	b	c	d	e	f	g	h	i	j	k	l	m	n	o	p	q	r	s	t
26	26139 天牛科	*Neorhamnusium*	2																1				
26	26139 天牛科	*Neoserixia*	4																1				
26	26139 天牛科	*Neosybra*	4												1				1				
26	26139 天牛科	*Neotrachystola*	2											1									
26	26139 天牛科	*Neoxantha*	1									1	1		1			1			1		
26	26139 天牛科	*Neoxenicotela*	1															1					
26	26139 天牛科	*Nida*	1												1				1	1			
26	26139 天牛科	*Niijimaia*	1																				
26	26139 天牛科	*Nipholophia*	1																1				
26	26139 天牛科	*Niphona*	17				1					1	1	1		1		1	1	1	1	1	1
26	26139 天牛科	*Nisibistum*	1																				
26	26139 天牛科	*Nivellia*	2		1		1	1	1		1		1										
26	26139 天牛科	*Nivelliamorpha*	1			1		1															
26	26139 天牛科	*Nortia*	4											1				1	1				1
26	26139 天牛科	*Nothopeus*	3															1	1				1
26	26139 天牛科	*Notomulciber*	3															1	1				
26	26139 天牛科	*Nupserha*	33		1		1	1				1	1	1	1	1	1		1	1	1	1	1
26	26139 天牛科	*Nyctimenius*	2																1				1
26	26139 天牛科	*Nysina*	1																			1	
26	26139 天牛科	*Oberea*	59		1	1	1	1				1	1			1	1	1	1	1	1	1	1
26	26139 天牛科	*Obereopsis*	8										1					1					
26	26139 天牛科	*Obrium*	14		1		1						1					1	1	1	1	1	
26	26139 天牛科	*Oedecnema*	1		1		1										1						
26	26139 天牛科	*Oemospila*	1																				
26	26139 天牛科	*Ohbayashia*	1																1				
26	26139 天牛科	*Olenecamptus*	14		1		1	1				1	1	1			1	1	1	1	1	1	
26	26139 天牛科	*Oplatocera*	5									1						1	1				
26	26139 天牛科	*Ostedes*	7															1	1		1	1	
26	26139 天牛科	*Oupyrrhidium*	1		1		1					1											
26	26139 天牛科	*Oxymirus*	1																				
26	26139 天牛科	*Pablephaeus*	2																1				
26	26139 天牛科	*Pachydissus*	2																				
26	26139 天牛科	*Pachylocerus*	1												1				1	1	1	1	
26	26139 天牛科	*Pachypidonia*	1																1				
26	26139 天牛科	*Pachyta*	5	1		1	1	1	1	1	1			1									
26	26139 天牛科	*Pachyteria*	4																1	1	1		
26	26139 天牛科	*Pachytodes*	1	1																			
26	26139 天牛科	*Palaeocallidium*	1																				
26	26139 天牛科	*Palausybra*	1																1				
26	26139 天牛科	*Palimna*	6											1		1		1	1	1	1	1	
26	26139 天牛科	*Palimnodes*	1														1						
26	26139 天牛科	*Parabunothorax*	1												1								
26	26139 天牛科	*Paracanthocinus*	1															1					
26	26139 天牛科	*Parachydaeopsis*	1											1									
26	26139 天牛科	*Paraclytus*	1																1				
26	26139 天牛科	*Paraglenea*	5		1		1	1				1	1	1	1	1		1	1	1	1	1	1
26	26139 天牛科	*Paragnia*	1											1		1							
26	26139 天牛科	*Parahyllisia*	1																				1
26	26139 天牛科	*Paraleprodera*	6				1					1	1	1			1	1	1	1	1		
26	26139 天牛科	*Paramelanauster*	1																				
26	26139 天牛科	*Paramenesia*	2									1		1	1				1				
26	26139 天牛科	*Paramesosella*	1																				
26	26139 天牛科	*Paranaesthetis*	1																				
26	26139 天牛科	*Paranamera*	1				1							1									
26	26139 天牛科	*Paranaspia*	3																1				
26	26139 天牛科	*Parandra*	2																1				

（续表）

目	科	属	种数	a	b	c	d	e	f	g	h	i	j	k	l	m	n	o	p	q	r	s	t
26	26139 天牛科	*Paraneosybra*	1																	1			
26	26139 天牛科	*Paraniphona*	1																				
26	26139 天牛科	*Parapolytrechus*	1																				1
26	26139 天牛科	*Parapolytretus*	1																1				
26	26139 天牛科	*Parasalpinia*	1																1				
26	26139 天牛科	*Parastenostola*	1																				
26	26139 天牛科	*Parastrangalis*	18						1	1		1	1	1	1	1	1		1	1	1	1	
26	26139 天牛科	*Parechistatus*	2									1		1	1								
26	26139 天牛科	*Parepepeotes*	3												1		1						
26	26139 天牛科	*Pareutaenia*	1																				
26	26139 天牛科	*Pareutetrapha*	4														1		1	1			
26	26139 天牛科	*Parhaplothrix*	1																			1	
26	26139 天牛科	*Parorsidis*	1																				1
26	26139 天牛科	*Paruraecha*	3																1				
26	26139 天牛科	*Pedostrangalia*	4											1		1			1				
26	26139 天牛科	*Peithona*	1																1	1		1	
26	26139 天牛科	*Penthides*	2																1	1			
26	26139 天牛科	*Perihammus*	3			1							1		1	1			1		1	1	
26	26139 天牛科	*Perissus*	25			1		1	1			1		1					1	1			1
26	26139 天牛科	*Pharsalia*	5				1				1		1			1	1	1			1		1
26	26139 天牛科	*Phelipara*	1																				
26	26139 天牛科	*Philus*	3			1		1				1	1	1					1	1			1
26	26139 天牛科	*Phymatodes*	16			1	1	1					1	1	1				1	1			1
26	26139 天牛科	*Phyodexia*	1																		1	1	1
26	26139 天牛科	*Phytoecia*	23			1	1	1	1			1	1	1	1	1	1		1	1		1	
26	26139 天牛科	*Pidonia*	63			1			1				1		1	1			1	1			
26	26139 天牛科	*Plagionotus*	5	1		1	1	1	1			1				1							
26	26139 天牛科	*Plaxomicrus*	5										1	1	1		1		1		1		
26	26139 天牛科	*Plectrura*	1																				
26	26139 天牛科	*Plocaederus*	5	1									1		1				1	1	1		1
26	26139 天牛科	*Pogonocherus*	5			1			1										1				
26	26139 天牛科	*Polytretus*	1														1						
26	26139 天牛科	*Polyzonus*	13			1	1	1	1	1		1	1	1					1	1	1	1	1
26	26139 天牛科	*Pothyne*	23										1		1		1		1	1	1	1	1
26	26139 天牛科	*Praolia*	3																1				
26	26139 天牛科	*Prionus*	19	1	1	1			1			1	1		1		1		1	1			
26	26139 天牛科	*Priotyrranus*	1			1		1				1	1	1					1	1	1	1	
26	26139 天牛科	*Proatimia*	1																				
26	26139 天牛科	*Procleomenes*	2																1				1
26	26139 天牛科	*Pronocera*	1			1																	
26	26139 天牛科	*Prosemanotus*	1																				
26	26139 天牛科	*Prosoplus*	2																				
26	26139 天牛科	*Prosopocera*	1																				
26	26139 天牛科	*Prothema*	6									1			1				1	1			
26	26139 天牛科	*Psacothea*	4			1		1				1	1	1	1				1	1	1	1	1
26	26139 天牛科	*Psephactus*	1																1				
26	26139 天牛科	*Pseudagapanthia*	1																				
26	26139 天牛科	*Pseudallosterna*	11			1									1				1	1			
26	26139 天牛科	*Pseudanaesthetis*	6			1		1				1	1	1					1	1			1
26	26139 天牛科	*Pseudechthistatus*	3													1	1			1			
26	26139 天牛科	*Pseudiphra*	1																1				
26	26139 天牛科	*Pseudipocregyes*	2																		1		
26	26139 天牛科	*Pseudocalamobius*	11			1		1				1	1	1					1				1
26	26139 天牛科	*Pseudocallidium*	2																1				
26	26139 天牛科	*Pseudoechthistatus*	2													1	1						
26	26139 天牛科	*Pseudohyllisia*	1																			1	

目	科	属	种数	昆虫亚区 a	b	c	d	e	f	g	h	i	j	k	l	m	n	o	p	q	r	s	t
26	26139 天牛科	*Pseudomacrochenus*	3											1		1			1				1
26	26139 天牛科	*Pseudomiccolania*	1																				
26	26139 天牛科	*Pseudonemophas*	1												1				1		1	1	
26	26139 天牛科	*Pseudoparmena*	1																				
26	26139 天牛科	*Pseudopsacothea*	1												1							1	1
26	26139 天牛科	*Pseudorsidis*	1																				
26	26139 天牛科	*Pseudosieversia*	3			1						1											
26	26139 天牛科	*Pseudoterinaea*	1															1					1
26	26139 天牛科	*Pseudotrachystola*	1															1					
26	26139 天牛科	*Pseudovadonia*	1	1																			
26	26139 天牛科	*Pseuduraecha*	2															1		1			
26	26139 天牛科	*Pterolamia*	1																				1
26	26139 天牛科	*Pterolophia*	89			1	1	1	1			1	1	1	1			1	1	1	1	1	1
26	26139 天牛科	*Pulonia*	1																				
26	26139 天牛科	*Purpuricenus*	13			1		1	1			1	1	1	1	1		1	1	1	1	1	1
26	26139 天牛科	*Pygostrangalia*	8									1			1			1	1		1		
26	26139 天牛科	*Pyrestes*	8			1						1	1	1	1			1	1		1		
26	26139 天牛科	*Pyrocalymma*	2												1		1						
26	26139 天牛科	*Pyrrhona*	1																1				
26	26139 天牛科	*Rhagium*	6	1		1				1					1				1				
26	26139 天牛科	*Rhaphipodus*	3																		1	1	1
26	26139 天牛科	*Rhaphuma*	46			1		1						1				1	1		1	1	1
26	26139 天牛科	*Rhodopina*	7									1	1						1				
26	26139 天牛科	*Rhondia*	7						1				1	1	1				1				
26	26139 天牛科	*Rhopaloscelis*	2			1													1				
26	26139 天牛科	*Rhytidodera*	3									1	1	1				1	1	1		1	1
26	26139 天牛科	*Robustanoplodera*	4													1			1				
26	26139 天牛科	*Rondibilis*	7										1	1				1	1				1
26	26139 天牛科	*Rondonia*	1																1				
26	26139 天牛科	*Ropalopus*	4																				
26	26139 天牛科	*Ropica*	12			1	1	1				1	1	1				1	1	1		1	
26	26139 天牛科	*Rosalia*	12			1		1						1	1	1	1	1		1	1	1	1
26	26139 天牛科	*Rufohammus*	1																				
26	26139 天牛科	*Sachalinobia*	1			1																	
26	26139 天牛科	*Salpinia*	1																		1		1
26	26139 天牛科	*Saperda*	20	1		1	1	1	1	1		1	1	1				1	1				
26	26139 天牛科	*Saperdoglenea*	1									1											
26	26139 天牛科	*Sarmydus*	3										1		1			1	1	1	1	1	1
26	26139 天牛科	*Schwarzerium*	1															1					
26	26139 天牛科	*Sclethrus*	1																		1	1	1
26	26139 天牛科	*Semanotus*	5			1	1	1	1	1	1	1	1	1	1			1	1				
26	26139 天牛科	*Serixia*	13																		1	1	1
26	26139 天牛科	*Similonedine*	1															1			1		
26	26139 天牛科	*Similosodus*	3															1	1				
26	26139 天牛科	*Sinodorcadion*	1																				
26	26139 天牛科	*Sinomimovelleda*	1													1							
26	26139 天牛科	*Sinostrangalis*	5									1	1	1	1			1	1		1		
26	26139 天牛科	*Sivana*	1			1																	
26	26139 天牛科	*Sophronica*	5			1									1			1	1		1		
26	26139 天牛科	*Sphigmothorax*	2																				
26	26139 天牛科	*Spinimegopis*	1												1								
26	26139 天牛科	*Spinoberea*	1																				
26	26139 天牛科	*Spondylis*	1						1			1	1	1	1	1						1	1
26	26139 天牛科	*Stegenagapanthia*	1																			1	1
26	26139 天牛科	*Stemacanista*	1																				
26	26139 天牛科	*Stenhomalus*	11			1		1	1			1		1	1			1		1	1		1

目	科	属	种数	a	b	c	d	e	f	g	h	i	j	k	l	m	n	o	p	q	r	s	t
																							昆虫亚区
26	26139 天牛科	*Stenocorus*	11	1		1		1	1			1		1				1					
26	26139 天牛科	*Stenodryas*	6												1					1	1		
26	26139 天牛科	*Stenopterus*	2																				
26	26139 天牛科	*Stenostola*	3											1									
26	26139 天牛科	*Stenurella*	2	1																			
26	26139 天牛科	*Stenygrium*	1			1		1	1			1	1	1	1	1		1	1	1	1		
26	26139 天牛科	*Sternohammus*	1																	1			
26	26139 天牛科	*Sthenias*	10									1		1				1	1	1	1		
26	26139 天牛科	*Stibara*	2																	1			
26	26139 天牛科	*Stictoleptura*	1			1												1			1		
26	26139 天牛科	*Strangalia*	12			1		1				1	1	1	1			1			1	1	
26	26139 天牛科	*Strangaliella*	4															1					
26	26139 天牛科	*Strangalomorpha*	6			1									1			1	1				
26	26139 天牛科	*Stratiocera*	1																				
26	26139 天牛科	*Stromatium*	1			1		1				1		1				1	1	1	1	1	1
26	26139 天牛科	*Sybra*	23			1						1						1	1				1
26	26139 天牛科	*Sybrocentrura*	1																		1		
26	26139 天牛科	*Taiwanajinga*	1															1					
26	26139 天牛科	*Taiwanocarilia*	1															1					
26	26139 天牛科	*Tenebricephalon*	2																				
26	26139 天牛科	*Teratoclytus*	2			1												1					
26	26139 天牛科	*Terinaea*	1															1				1	1
26	26139 天牛科	*Tetraglenes*	2												1			1		1			1
26	26139 天牛科	*Tetraommatus*	2															1					
26	26139 天牛科	*Tetropium*	6	1		1	1	1	1	1	1	1			1		1	1	1				
26	26139 天牛科	*Tetrops*	4	1		1																	
26	26139 天牛科	*Thermistis*	4									1	1	1				1			1	1	1
26	26139 天牛科	*Thermonotus*	1																		1	1	
26	26139 天牛科	*Thrangalia*	1												1								
26	26139 天牛科	*Thranius*	8					1						1		1	1	1	1		1	1	1
26	26139 天牛科	*ThyestilLa*	3			1	1	1	1			1	1	1	1			1	1				
26	26139 天牛科	*Thylactus*	7									1	1	1				1			1	1	1
26	26139 天牛科	*Tinkhamia*	2																				
26	26139 天牛科	*Tomentaromia*	1																				
26	26139 天牛科	*Toxotinus*	1															1					
26	26139 天牛科	*Trachylophus*	2									1		1				1	1			1	1
26	26139 天牛科	*Trachystolodes*	1									1		1				1				1	1
26	26139 天牛科	*Trichocoscinesthes*	1																				
26	26139 天牛科	*Trichoferus*	5	1	1	1	1	1	1	1		1	1	1	1	1		1	1	1			
26	26139 天牛科	*Trichognoma*	1																				
26	26139 天牛科	*Trichohammus*	1																				
26	26139 天牛科	*Trichorondonia*	1																				
26	26139 天牛科	*Trirachys*	1					1				1	1	1	1			1	1		1		
26	26139 天牛科	*Trypogeus*	2															1					
26	26139 天牛科	*Turanium*	3	1	1																		
26	26139 天牛科	*Turcmenigena*	1	1																			
26	26139 天牛科	*Turnaia*	1						1														
26	26139 天牛科	*Ulochaetes*	1														1						
26	26139 天牛科	*Uraecha*	9			1		1	1			1	1	1	1			1	1		1		
26	26139 天牛科	*Xenohammus*	5												1			1	1			1	1
26	26139 天牛科	*Xenolea*	2									1	1	1					1		1	1	1
26	26139 天牛科	*Xenoleptura*	1																				
26	26139 天牛科	*Xoanodera*	2												1			1			1	1	1
26	26139 天牛科	*Xylariopsis*	5			1									1			1					
26	26139 天牛科	*Xylorhiza*	2									1	1					1		1	1	1	1
26	26139 天牛科	*Xylotrechus*	61	1		1	1	1	1	1		1	1	1	1	1	1	1	1	1	1	1	1

目	科	属	种数	a	b	c	d	e	f	g	h	i	j	k	l	m	n	o	p	q	r	s	t
26	26139 天牛科	*Xystrocera*	3			1		1				1	1	1	1		1		1	1	1	1	1
26	26139 天牛科	*Yimnashana*	3														1						
26	26139 天牛科	*Yimnashaniana*	1																				1
26	26139 天牛科	*Zatrephus*	1																				
26	26139 天牛科	*Zegriades*	3									1	1	1			1	1		1			
26	26139 天牛科	*Zonopterus*	1																1	1			
26	26139 天牛科	*Zoodes*	3												1		1		1	1			1
26	26140 负泥虫科	*Crioceris*	10	1		1	1	1	1			1			1				1	1			
26	26140 负泥虫科	*Donacia*	28	1		1	1	1				1	1	1	1	1			1	1	1	1	1
26	26140 负泥虫科	*Haemonia*	1																				
26	26140 负泥虫科	*Lema*	58	1	1	1	1	1	1	1	1	1	1	1	1	1	1	1	1	1	1	1	1
26	26140 负泥虫科	*Lilioceris*	53			1		1				1	1	1	1	1	1	1	1	1	1	1	1
26	26140 负泥虫科	*Macroplea*	2			1									1								
26	26140 负泥虫科	*Mecoprosopus*	1									1							1	1		1	
26	26140 负泥虫科	*Ortholema*	3												1				1	1		1	1
26	26140 负泥虫科	*Oulema*	10	1		1	1	1	1			1	1	1					1	1		1	1
26	26140 负泥虫科	*Plateumaris*	3			1									1								
26	26140 负泥虫科	*Prodonacia*	2																		1		
26	26140 负泥虫科	*Sagra*	11									1	1	1	1	1	1		1		1	1	1
26	26140 负泥虫科	*Sominella*	2			1							1	1	1				1				
26	26141 豆象科	*Acanthoscelides*	3	1		1	1	1	1			1	1	1									
26	26141 豆象科	*Arundinarius*	1																				
26	26141 豆象科	*Bruchidius*	15	1		1	1	1				1	1	1					1	1	1		
26	26141 豆象科	*Bruchus*	24	1		1	1		1			1	1	1					1	1		1	
26	26141 豆象科	*Callobruchus*	4			1	1	1	1	1		1	1	1	1				1	1	1	1	1
26	26141 豆象科	*Caryedon*	2																1				
26	26141 豆象科	*Caryopemen*	1																				
26	26141 豆象科	*Eusperomophagus*	1																				
26	26141 豆象科	*Horridobruchus*	1																				
26	26141 豆象科	*Kytorhinus*	8	1		1	1	1	1						1								
26	26141 豆象科	*Megabruchidius*	1																	1			
26	26141 豆象科	*Pachymerus*	2																	1			
26	26141 豆象科	*Pseudopachymerus*	2																				
26	26141 豆象科	*Rhaebus*	3	1	1		1		1														
26	26141 豆象科	*Spermophagus*	12	1											1					1	1		
26	26141 豆象科	*Sulcatobruchus*	1																1				
26	26141 豆象科	*Sulcobruchus*	1															1					
26	26141 豆象科	*Zabrotes*	1																				
26	26142 叶甲科	*Acrocrypta*	5													1	1				1	1	1
26	26142 叶甲科	*Acroxena*	1																	1			
26	26142 叶甲科	*Aetheomorpha*	7																	1	1		
26	26142 叶甲科	*Agasicles*	1										1		1							1	
26	26142 叶甲科	*Agasta*	1																		1		1
26	26142 叶甲科	*Agelasa*	1			1								1									
26	26142 叶甲科	*Agelastica*	2	1		1	1	1	1		1				1								
26	26142 叶甲科	*Agetocera*	14									1	1	1	1	1	1	1	1	1	1	1	1
26	26142 叶甲科	*Agrosteella*	1														1						
26	26142 叶甲科	*Agrosteomela*	2											1	1	1			1	1	1	1	
26	26142 叶甲科	*Altica*	33	1	1	1	1	1	1	1		1	1		1	1	1	1	1	1	1	1	1
26	26142 叶甲科	*Ambrostoma*	8			1	1	1	1	1		1	1	1	1				1		1	1	
26	26142 叶甲科	*Anadimonia*	2												1						1		1
26	26142 叶甲科	*Antipha*	1																				
26	26142 叶甲科	*Aphthona*	41	1	1	1	1	1	1			1	1	1	1	1	1	1	1			1	1
26	26142 叶甲科	*Aphthonella*	2																		1		
26	26142 叶甲科	*Aphthonoides*	8											1	1			1	1	1		1	1
26	26142 叶甲科	*Aphthonomorpha*	1											1	1				1	1		1	

目	科	属	种数	昆虫亚区																			
				a	b	c	d	e	f	g	h	i	j	k	l	m	n	o	p	q	r	s	t
26	26142 叶甲科	*Aplosonyx*	10											1	1		1	1	1		1	1	1
26	26142 叶甲科	*Apophylia*	17			1	1	1	1	1		1	1	1	1	1	1	1	1		1	1	
26	26142 叶甲科	*Apterogaleruca*	2															1					
26	26142 叶甲科	*Apteromicrus*	1											1									
26	26142 叶甲科	*Argopistes*	6								1	1	1				1		1				
26	26142 叶甲科	*Argopus*	16	1		1	1	1	1			1	1	1	1	1	1	1			1		
26	26142 叶甲科	*Arthrotidea*	5						1			1	1	1	1	1	1			1	1		
26	26142 叶甲科	*Arthrotus*	24								1	1	1	1	1	1	1	1	1	1	1		1
26	26142 叶甲科	*Asiorestia*	14	1		1		1			1		1	1			1						
26	26142 叶甲科	*Asiparopsis*	1																				
26	26142 叶甲科	*Atrachya*	18			1	1	1	1			1	1	1	1			1	1		1		
26	26142 叶甲科	*Atysa*	3									1	1				1	1			1	1	
26	26142 叶甲科	*Aulacophora*	21			1	1	1	1	1		1	1	1	1	1	1	1	1	1	1	1	1
26	26142 叶甲科	*Batophila*	10									1	1	1	1	1		1	1				
26	26142 叶甲科	*Bhamoina*	2													1	1				1	1	
26	26142 叶甲科	*Brachyphora*	1									1	1			1							
26	26142 叶甲科	*Calomicrus*	16										1				1	1	1		1	1	
26	26142 叶甲科	*Calyptorrhina*	1																				
26	26142 叶甲科	*Capula*	3												1								
26	26142 叶甲科	*Cassena*	3											1			1	1		1			
26	26142 叶甲科	*Cercyonops*	1																				
26	26142 叶甲科	*Cerophysa*	2															1					
26	26142 叶甲科	*Cerophysella*	1																				1
26	26142 叶甲科	*Chaetocnema*	38	1	1	1	1	1	1			1	1	1		1	1	1	1	1	1	1	
26	26142 叶甲科	*Chalcoides*	1																				
26	26142 叶甲科	*Chilodoristes*	3															1					1
26	26142 叶甲科	*Chrysolina*	33	1	1	1	1	1	1	1	1	1	1	1	1	1	1	1	1	1		1	
26	26142 叶甲科	*Chrysomela*	11	1		1	1	1	1	1		1	1	1	1	1	1	1	1	1	1		
26	26142 叶甲科	*Clavicomaltica*	1															1					
26	26142 叶甲科	*Clerotilia*	7										1				1	1					
26	26142 叶甲科	*Clitea*	6					1				1	1	1			1	1					
26	26142 叶甲科	*Clitenella*	3				1					1	1	1			1						
26	26142 叶甲科	*Cneorane*	23			1			1	1		1	1	1	1	1	1	1	1	1	1	1	1
26	26142 叶甲科	*Cneoranidea*	7						1			1	1	1	1		1	1		1			
26	26142 叶甲科	*Colaphellus*	5	1		1	1	1	1			1	1	1			1			1			
26	26142 叶甲科	*Colpodesis*	1																				1
26	26142 叶甲科	*Crepidodera*	6				1	1	1	1			1	1		1							
26	26142 叶甲科	*Crepidomorpha*	1																				
26	26142 叶甲科	*Crepidosoma*	2																				
26	26142 叶甲科	*Crosita*	11	1																			
26	26142 叶甲科	*Cystocnemis*	1																				
26	26142 叶甲科	*Demarchus*	1														1						
26	26142 叶甲科	*Dercetes*	1																1				
26	26142 叶甲科	*Dercetina*	17									1	1	1		1	1	1	1	1	1	1	1
26	26142 叶甲科	*Dercetisoma*	1										1	1									
26	26142 叶甲科	*Dibolia*	5					1					1		1								
26	26142 叶甲科	*Diorhabda*	5	1	1	1	1	1	1	1	1	1		1									
26	26142 叶甲科	*Doryida*	3																				
26	26142 叶甲科	*Doryidomorpha*	4														1						
26	26142 叶甲科	*Doryscus*	4											1		1				1	1		
26	26142 叶甲科	*Doryxenoides*	2											1									1
26	26142 叶甲科	*Emathea*	1											1									
26	26142 叶甲科	*Entomoscelis*	5	1	1		1	1	1	1		1		1								1	
26	26142 叶甲科	*Epitrix*	2	1	1		1	1	1					1									
26	26142 叶甲科	*Erganoides*	8											1	1	1		1	1			1	1
26	26142 叶甲科	*Eucerotoma*	2																	1			

目	科	属	种数	a	b	c	d	e	f	g	h	i	j	k	l	m	n	o	p	q	r	s	t
26	26142 叶甲科	*Eudolia*	1															1					
26	26142 叶甲科	*Euliroetis*	7									1	1	1	1			1	1		1		
26	26142 叶甲科	*Euluperus*	4																				
26	26142 叶甲科	*Euphitrea*	19				1						1	1	1	1	1	1	1	1	1	1	1
26	26142 叶甲科	*Eutrea*	1																				
26	26142 叶甲科	*Exosoma*	11	1		1	1	1	1				1	1	1			1	1		1		
26	26142 叶甲科	*Fleutiauxia*	10			1		1	1			1	1	1	1			1			1		1
26	26142 叶甲科	*Furusawaia*	1																1				
26	26142 叶甲科	*Galeruca*	24	1	1	1	1	1	1	1	1	1	1	1	1			1			1		
26	26142 叶甲科	*Galerucella*	5		1	1	1					1	1		1		1	1	1		1	1	1
26	26142 叶甲科	*Gallerucida*	60		1		1	1	1			1	1	1	1	1	1	1	1	1	1	1	1
26	26142 叶甲科	*Gastrolina*	4		1		1	1				1	1	1	1	1		1			1	1	
26	26142 叶甲科	*Gastrolinoides*	2			1	1							1					1				
26	26142 叶甲科	*Gastrophysa*	5	1		1	1	1	1			1	1	1	1			1			1		
26	26142 叶甲科	*Geinella*	14							1					1		1						
26	26142 叶甲科	*Geinula*	6												1								
26	26142 叶甲科	*Glaucosphaera*	2															1			1	1	
26	26142 叶甲科	*Gonioctena*	29			1		1	1	1			1	1		1	1	1	1	1		1	1
26	26142 叶甲科	*Griva*	3										1										
26	26142 叶甲科	*Haemaltica*	2											1							1		
26	26142 叶甲科	*Haemodoryida*	1																				
26	26142 叶甲科	*Haplomela*	1									1			1				1	1	1		
26	26142 叶甲科	*Haplosomoides*	14				1	1					1	1	1	1	1	1	1	1	1	1	1
26	26142 叶甲科	*Hemipyxis*	43			1		1	1			1	1	1	1	1	1	1	1	1	1	1	1
26	26142 叶甲科	*Hespera*	52			1						1	1	1	1	1	1	1	1	1	1	1	1
26	26142 叶甲科	*Hesperomorpha*	6									1	1	1	1	1							
26	26142 叶甲科	*Himaplosonyx*	1													1							
26	26142 叶甲科	*Hirtigaleruca*	1																1				
26	26142 叶甲科	*Hoplasoma*	5									1	1		1			1	1	1	1	1	1
26	26142 叶甲科	*Hoplasomedia*	1													1							
26	26142 叶甲科	*Hoplosaenidea*	13												1			1	1				1
26	26142 叶甲科	*Humba*	1									1	1	1	1	1	1	1					
26	26142 叶甲科	*Hyphaenis*	1												1		1						
26	26142 叶甲科	*Hyphasis*	9												1		1	1			1	1	
26	26142 叶甲科	*Issikia*	2												1		1	1					
26	26142 叶甲科	*Jacobyana*	1																			1	
26	26142 叶甲科	*Japonitata*	23									1	1	1	1	1	1			1	1		
26	26142 叶甲科	*Laboissierea*	1										1										1
26	26142 叶甲科	*Lactica*	3									1	1	1	1						1	1	
26	26142 叶甲科	*Lanka*	7														1		1	1			1
26	26142 叶甲科	*Laotzeus*	3									1											
26	26142 叶甲科	*Laphris*	7								1	1	1					1	1	1		1	
26	26142 叶甲科	*Leptartha*	4																1				
26	26142 叶甲科	*Leptodibolia*	1																				
26	26142 叶甲科	*Lesneana*	1																				
26	26142 叶甲科	*Letzuella*	2																				
26	26142 叶甲科	*Linaeidea*	7		1		1	1				1	1	1	1	1	1	1	1		1		
26	26142 叶甲科	*Lipromela*	2																1			1	1
26	26142 叶甲科	*Lipromima*	1												1		1						
26	26142 叶甲科	*Lipromorpha*	11										1			1	1	1	1	1	1		1
26	26142 叶甲科	*Liprus*	4									1	1	1					1	1			
26	26142 叶甲科	*Liroetis*	21			1		1	1			1	1	1	1	1	1	1			1		
26	26142 叶甲科	*Lochmaeata*	3			1		1	1				1					1					
26	26142 叶甲科	*Longitarsus*	77	1	1	1		1		1	1		1	1	1	1	1	1	1	1	1	1	
26	26142 叶甲科	*Luperomorpha*	30		1	1	1	1				1	1	1	1	1	1	1	1	1	1	1	1
26	26142 叶甲科	*Luperus*	18	1		1			1				1						1				

附录

（续表）

目	科	属	种数	a	b	c	d	e	f	g	h	i	j	k	l	m	n	o	p	q	r	s	t
26	26142 叶甲科	*Lypnea*	1																		1		
26	26142 叶甲科	*Macrima*	8					1					1	1	1	1	1		1				
26	26142 叶甲科	*Malasoma*	1																				
26	26142 叶甲科	*Manobia*	10												1		1	1	1		1		
26	26142 叶甲科	*Manobidia*	4												1			1	1				1
26	26142 叶甲科	*Mantura*	3															1		1			
26	26142 叶甲科	*Medythia*	4			1	1	1	1			1	1	1	1			1	1		1	1	
26	26142 叶甲科	*Meishana*	1												1								
26	26142 叶甲科	*Mellipora*	1															1					
26	26142 叶甲科	*Menipus*	2																			1	1
26	26142 叶甲科	*Meristata*	8													1	1		1				
26	26142 叶甲科	*Meristoides*	4										1	1	1	1			1	1			
26	26142 叶甲科	*Micrepitrix*	1														1						
26	26142 叶甲科	*Micrespera*	1													1							
26	26142 叶甲科	*Micrima*	2																				
26	26142 叶甲科	*Microcrepis*	1																				
26	26142 叶甲科	*Miltina*	1														1			1	1		
26	26142 叶甲科	*Mimastra*	16					1				1	1	1	1	1	1	1	1	1	1	1	1
26	26142 叶甲科	*Mimastracella*	6																	1	1		1
26	26142 叶甲科	*Minota*	2												1		1						
26	26142 叶甲科	*Monolepta*	73	1		1	1	1	1	1		1	1	1	1	1	1	1	1	1	1	1	1
26	26142 叶甲科	*Morphosphaera*	13										1	1	1		1	1	1	1	1	1	1
26	26142 叶甲科	*Munina*	2																	1			
26	26142 叶甲科	*Neorthaea*	3																				
26	26142 叶甲科	*Nepalogaleruca*	3							1					1								
26	26142 叶甲科	*Nisotra*	3	1										1	1	1	1	1		1			
26	26142 叶甲科	*Nonarthra*	11						1	1			1	1	1	1	1	1	1		1	1	
26	26142 叶甲科	*Novofoudrasia*	1											1									1
26	26142 叶甲科	*Nycriphantus*	1	1																			
26	26142 叶甲科	*Ochrisia*	1																				
26	26142 叶甲科	*Ogloblinia*	2																	1	1		
26	26142 叶甲科	*Oides*	17					1	1			1	1	1		1	1	1	1	1	1	1	1
26	26142 叶甲科	*Omeiana*	1											1									
26	26142 叶甲科	*Omeisphaera*	2								1			1		1							
26	26142 叶甲科	*Ophrida*	4						1	1		1	1	1	1	1		1		1	1	1	
26	26142 叶甲科	*Orcomela*	1																				
26	26142 叶甲科	*Oreina*	59	1				1					1	1	1		1		1	1		1	
26	26142 叶甲科	*Oreomela*	37	1						1					1								
26	26142 叶甲科	*Orhespera*	3													1							
26	26142 叶甲科	*Orthaltica*	2																	1			1
26	26142 叶甲科	*Orthocrepis*	6																	1			1
26	26142 叶甲科	*Pachnephorus*	9		1	1	1	1	1						1				1	1		1	
26	26142 叶甲科	*Paleosepharia*	25			1		1					1	1	1		1	1	1	1	1	1	1
26	26142 叶甲科	*Pallasiola*	1	1	1	1	1	1	1	1	1			1		1							
26	26142 叶甲科	*Paracrothinium*	3												1	1							
26	26142 叶甲科	*Paraenidea*	4																				1
26	26142 叶甲科	*Paragetocera*	9							1				1	1		1		1	1	1		
26	26142 叶甲科	*Paraluperodes*	1					1		1			1								1		
26	26142 叶甲科	*Parambrostoma*	3																				
26	26142 叶甲科	*Paranapicaba*	1																	1			
26	26142 叶甲科	*Paraplotes*	3																	1	1		
26	26142 叶甲科	*Parargopus*	1											1									
26	26142 叶甲科	*Paraspitiella*	2														1						
26	26142 叶甲科	*Parathrylea*	3												1					1	1		
26	26142 叶甲科	*Paraulaca*	1																	1			
26	26142 叶甲科	*Parexosoma*	2														1						

目	科	属	种数	a	b	c	d	e	f	g	h	i	j	k	l	m	n	o	p	q	r	s	t
26	26142 叶甲科	*Paridea*	54					1	1			1	1	1	1	1	1	1	1	1	1	1	1
26	26142 叶甲科	*Paropsides*	6			1		1	1			1	1	1			1	1	1			1	
26	26142 叶甲科	*Pentamesa*	13								1			1	1	1	1	1			1		
26	26142 叶甲科	*Periclitena*	4											1	1				1	1	1	1	1
26	26142 叶甲科	*Phaedon*	20	1	1			1	1		1	1	1	1		1	1		1	1	1	1	1
26	26142 叶甲科	*Philopona*	2			1							1					1	1			1	1
26	26142 叶甲科	*Phola*	1									1	1	1				1	1			1	1
26	26142 叶甲科	*Phratora*	28			1	1	1	1				1	1	1	1	1		1				
26	26142 叶甲科	*Phygasia*	10			1		1				1	1	1	1	1			1	1	1	1	1
26	26142 叶甲科	*Phyllobrotica*	7			1	1	1	1										1				
26	26142 叶甲科	*Phyllocharis*	1																				
26	26142 叶甲科	*Phyllotreta*	25	1	1	1	1	1	1	1	1	1	1	1	1	1	1		1	1	1	1	1
26	26142 叶甲科	*Plagiodera*	8	1		1	1	1	1	1		1	1	1	1	1					1	1	
26	26142 叶甲科	*Platyxantha*	1																				
26	26142 叶甲科	*Podagricomela*	10			1	1					1	1	1	1	1			1	1	1	1	
26	26142 叶甲科	*Podontia*	4					1				1	1	1	1	1			1	1	1	1	1
26	26142 叶甲科	*Potaninia*	4									1	1	1	1		1			1			
26	26142 叶甲科	*Prasocuris*	2																				
26	26142 叶甲科	*Priobolia*	1													1							
26	26142 叶甲科	*Proegmena*	5						1					1	1	1			1	1			
26	26142 叶甲科	*Pseudadimonia*	9													1					1	1	
26	26142 叶甲科	*Pseudespera*	5											1	1	1	1						
26	26142 叶甲科	*Pseudocophora*	6											1	1		1	1			1	1	1
26	26142 叶甲科	*Pseudodera*	4								1	1		1					1	1	1	1	
26	26142 叶甲科	*Pseudoides*	2												1								
26	26142 叶甲科	*Pseudoliprus*	3											1		1				1			
26	26142 叶甲科	*Pseudoliroetis*	5													1				1			
26	26142 叶甲科	*Pseudosepharia*	4											1	1	1	1						
26	26142 叶甲科	*Pseudwspera*	2																				
26	26142 叶甲科	*Psylliodes*	28	1	1	1	1	1	1	1	1	1	1	1	1	1	1	1	1	1	1	1	
26	26142 叶甲科	*Pyrrhalta*	54	1		1	1	1	1	1	1	1	1	1	1	1	1		1	1	1	1	1
26	26142 叶甲科	*Salaminia*	1																				
26	26142 叶甲科	*Sangariola*	4									1	1	1			1	1					
26	26142 叶甲科	*Sastracella*	1												1								
26	26142 叶甲科	*Sastroides*	4											1			1	1			1	1	
26	26142 叶甲科	*Scheklingia*	5												1				1				
26	26142 叶甲科	*Semenowia*	2																				
26	26142 叶甲科	*Sermyloides*	19											1	1		1		1		1	1	1
26	26142 叶甲科	*Shaira*	5													1	1		1				
26	26142 叶甲科	*Shairella*	1																1				
26	26142 叶甲科	*Shensia*	1						1														
26	26142 叶甲科	*Siemssenius*	2										1	1	1			1					
26	26142 叶甲科	*Sinaltica*	1																				
26	26142 叶甲科	*Sinocrepis*	3													1			1				
26	26142 叶甲科	*Sinoluperus*	2																				1
26	26142 叶甲科	*Solephyma*	5																				1
26	26142 叶甲科	*Sphaeroderma*	42						1					1	1	1	1	1	1	1	1	1	1
26	26142 叶甲科	*Sphenoraia*	12											1	1	1	1		1		1	1	1
26	26142 叶甲科	*Spitiella*	1														1						
26	26142 叶甲科	*Stenoluperus*	17											1	1	1	1	1	1	1	1		
26	26142 叶甲科	*Stenoplatys*	3												1								
26	26142 叶甲科	*Strobiderus*	3											1	1		1		1				
26	26142 叶甲科	*Swargia*	1																				
26	26142 叶甲科	*Synerga*	1																				
26	26142 叶甲科	*Syneta*	7			1		1															1
26	26142 叶甲科	*Syrmyloides*	2															1					

（续表）

目	科	属	种数	a	b	c	d	e	f	g	h	i	j	k	l	m	n	o	p	q	r	s	t
26	26142 叶甲科	*Taiwanaenidea*	2																	1			
26	26142 叶甲科	*Taiwanohespera*	1																	1			
26	26142 叶甲科	*Taiwanolepta*	1																	1			
26	26142 叶甲科	*Taizonia*	6												1				1	1			
26	26142 叶甲科	*Taumacera*	6										1	1					1	1		1	1
26	26142 叶甲科	*Tebalia*	1																				
26	26142 叶甲科	*Theone*	2	1	1										1								
26	26142 叶甲科	*Theopea*	6										1	1					1	1		1	1
26	26142 叶甲科	*Throscoryssa*	1																				
26	26142 叶甲科	*Trachyaphthona*	17											1	1	1	1	1		1	1	1		
26	26142 叶甲科	*Triaplatarthris*	4												1					1	1		
26	26142 叶甲科	*Trichobalya*	1																				1
26	26142 叶甲科	*Trichomimastra*	6						1						1	1	1		1			1	1
26	26142 叶甲科	*Tuomuria*	1	1																			
26	26142 叶甲科	*Xenomela*	1																				
26	26142 叶甲科	*Xingeina*	3												1		1						
26	26142 叶甲科	*Xuthea*	5												1	1		1	1		1	1	
26	26142 叶甲科	*Yunaspes*	2														1		1				
26	26142 叶甲科	*Yunohespera*	1														1						
26	26142 叶甲科	*Yunomela*	1																1				
26	26142 叶甲科	*Yunotrichia*	1														1		1				
26	26142 叶甲科	*Zangaltica*	1														1						
26	26142 叶甲科	*Zangastra*	5						1								1						
26	26142 叶甲科	*Zangia*	5												1	1	1						
26	26142 叶甲科	*Zizona*	1														1						
26	26143 肖叶甲科	*Abiromorphus*	1			1		1			1	1	1										
26	26143 肖叶甲科	*Abirus*	3				1				1	1							1	1	1	1	
26	26143 肖叶甲科	*Acrothinium*	5				1					1	1	1					1	1	1	1	1
26	26143 肖叶甲科	*Adiscus*	45										1	1	1	1	1	1	1	1	1	1	1
26	26143 肖叶甲科	*Andosia*	1	1																			
26	26143 肖叶甲科	*Aoria*	18										1	1	1	1	1	1	1	1	1	1	1
26	26143 肖叶甲科	*Aphilenia*	1		1																		
26	26143 肖叶甲科	*Aspidolopha*	8				1							1	1		1			1	1	1	
26	26143 肖叶甲科	*Aulexis*	16											1	1	1		1			1	1	
26	26143 肖叶甲科	*Basilepta*	81		1	1		1				1	1		1	1	1	1	1	1	1	1	1
26	26143 肖叶甲科	*Bedelia*	2		1				1														
26	26143 肖叶甲科	*Bromius*	1	1		1		1				1	1	1	1						1		
26	26143 肖叶甲科	*Callipta*	1																				
26	26143 肖叶甲科	*Callisina*	3											1		1			1				
26	26143 肖叶甲科	*Chalcolema*	10				1							1	1			1	1	1			
26	26143 肖叶甲科	*Chlamisus*	67										1	1	1	1	1	1	1	1	1	1	1
26	26143 肖叶甲科	*Chloropterus*	3	1	1																		
26	26143 肖叶甲科	*Chrysochares*	5	1	1	1	1	1	1	1	1		1	1	1			1		1			
26	26143 肖叶甲科	*Chrysochus*	5				1											1		1			
26	26143 肖叶甲科	*Chrysolampra*	8									1	1		1			1	1		1	1	
26	26143 肖叶甲科	*Chrysonopa*	2														1						
26	26143 肖叶甲科	*Chrysopida*	1															1					
26	26143 肖叶甲科	*Cleoporus*	4			1		1					1	1	1	1			1	1	1	1	1
26	26143 肖叶甲科	*Cleorina*	10										1		1	1	1	1		1	1	1	
26	26143 肖叶甲科	*Clisithenella*	2														1				1		
26	26143 肖叶甲科	*Clytra*	11	1	1	1	1	1	1	1	1		1	1	1		1					1	1
26	26143 肖叶甲科	*Clytrasoma*	3				1												1	1		1	
26	26143 肖叶甲科	*Coenobius*	19														1	1					1
26	26143 肖叶甲科	*Colaspidea*	1														1						
26	26143 肖叶甲科	*Colaspoides*	20				1						1	1	1	1		1	1	1	1	1	1
26	26143 肖叶甲科	*Colasposoma*	14	1		1	1	1	1	1	1		1	1	1	1	1	1	1	1	1	1	1

目	科	属	种数	a	b	c	d	e	f	g	h	i	j	k	l	m	n	o	p	q	r	s	t
26	26143 肖叶甲科	*Coptocephala*	13	1	1	1	1	1	1	1		1	1	1	1	1				1			
26	26143 肖叶甲科	*Cryptocephalus*	210	1	1	1	1	1	1	1	1	1	1	1	1	1	1	1	1	1	1	1	1
26	26143 肖叶甲科	*Demotina*	23										1	1	1	1		1	1			1	1
26	26143 肖叶甲科	*Dermorphytis*	2														1			1			
26	26143 肖叶甲科	*Diachua*	1																	1			
26	26143 肖叶甲科	*Diapromorpha*	2												1		1					1	1
26	26143 肖叶甲科	*Enneoria*	1												1						1		
26	26143 肖叶甲科	*Falsodioryctus*	1																				
26	26143 肖叶甲科	*Heteraspis*	1																	1			
26	26143 肖叶甲科	*Heterotrichus*	1																		1		
26	26143 肖叶甲科	*Hyperaxis*	6												1	1		1	1			1	1
26	26143 肖叶甲科	*Iphimoides*	1																			1	
26	26143 肖叶甲科	*Ischyromus*	3																				
26	26143 肖叶甲科	*Labidostomis*	12	1		1	1	1	1	1		1	1	1								1	
26	26143 肖叶甲科	*Lypesthes*	13										1	1	1		1		1	1		1	1
26	26143 肖叶甲科	*Macrocoma*	3												1								
26	26143 肖叶甲科	*Malegia*	3												1								
26	26143 肖叶甲科	*Melixanthus*	24										1		1	1	1	1	1	1	1	1	1
26	26143 肖叶甲科	*Merilia*	1												1								
26	26143 肖叶甲科	*Metachroma*	1																	1			1
26	26143 肖叶甲科	*Miochira*	2												1	1		1					
26	26143 肖叶甲科	*Mireditha*	7				1		1	1			1		1								
26	26143 肖叶甲科	*Nodina*	17					1					1	1	1	1	1	1	1			1	1
26	26143 肖叶甲科	*Olorus*	1												1		1			1			
26	26143 肖叶甲科	*Oomorphoides*	18										1	1	1			1	1			1	1
26	26143 肖叶甲科	*Pachybrachys*	16	1	1	1	1	1	1	1	1	1	1	1	1		1		1				
26	26143 肖叶甲科	*Pagria*	1			1		1				1	1	1	1	1	1	1		1			
26	26143 肖叶甲科	*Parascela*	3									1	1		1	1	1	1		1		1	
26	26143 肖叶甲科	*Parheminodes*	1															1					1
26	26143 肖叶甲科	*Parnops*	4	1	1	1	1	1	1	1		1											
26	26143 肖叶甲科	*Physauchenia*	2									1	1	1	1		1			1			
26	26143 肖叶甲科	*Physosmaragdina*	1										1	1			1						
26	26143 肖叶甲科	*Platycorynus*	40									1	1	1	1	1	1	1	1	1	1	1	1
26	26143 肖叶甲科	*Podagricella*	1																				
26	26143 肖叶甲科	*Pseudaoria*	4											1		1	1						
26	26143 肖叶甲科	*Pseudometaxis*	5											1	1	1					1	1	1
26	26143 肖叶甲科	*Rhyparida*	3															1					
26	26143 肖叶甲科	*Scelodonta*	5			1						1	1		1			1	1			1	1
26	26143 肖叶甲科	*Serrinotus*	2												1	1							
26	26143 肖叶甲科	*Smaragdina*	52	1		1	1	1	1			1	1	1	1	1	1	1	1	1	1	1	1
26	26143 肖叶甲科	*Stylosomus*	6	1	1																		
26	26143 肖叶甲科	*Thelyterotarsus*	4	1																			
26	26143 肖叶甲科	*Tituboea*	1															1					
26	26143 肖叶甲科	*Trichochrysea*	25					1						1	1	1		1		1	1	1	1
26	26143 肖叶甲科	*Trichotheca*	18												1	1		1		1			
26	26143 肖叶甲科	*Tricliona*	3												1			1					
26	26143 肖叶甲科	*Xanthonia*	11							1	1			1	1	1	1		1			1	
26	26144 铁甲科	*Acmenychus*	1	1	1																		
26	26144 铁甲科	*Agoniella*	1															1					
26	26144 铁甲科	*Agonita*	24											1	1	1			1	1	1	1	1
26	26144 铁甲科	*Alledoya*	1				1						1	1	1			1	1				
26	26144 铁甲科	*Anisodera*	4																			1	1
26	26144 铁甲科	*Asamangulia*	2											1					1	1	1	1	1
26	26144 铁甲科	*Aspidomorpha*	10			1		1											1	1	1	1	1
26	26144 铁甲科	*Basiprionota*	17			1	1			1		1	1	1	1				1	1	1	1	1
26	26144 铁甲科	*Botryonopa*	1															1					

附录

（续表）

目	科	属	种数	a	b	c	d	e	f	g	h	i	j	k	l	m	n	o	p	q	r	s	t
26	26144 铁甲科	*Brontispa*	1																	1		1	
26	26144 铁甲科	*Callispa*	37				1						1		1	1	1		1		1	1	1
26	26144 铁甲科	*Cassida*	40	1	1	1	1	1	1	1	1	1	1	1	1	1	1	1			1	1	1
26	26144 铁甲科	*Cassidispa*	4				1	1							1		1	1	1		1		
26	26144 铁甲科	*Chaeridiona*	3												1		1		1				
26	26144 铁甲科	*Chiridopsis*	5											1							1	1	1
26	26144 铁甲科	*Chiridula*	1	1	1																		
26	26144 铁甲科	*Craspedonta*	1																		1		1
26	26144 铁甲科	*Cyrtonocassis*	1																				
26	26144 铁甲科	*Dactylispa*	100			1		1	1	1			1	1	1	1	1	1	1	1	1	1	1
26	26144 铁甲科	*Dianaspis*	1																		1		
26	26144 铁甲科	*Dicladispa*	3				1				1	1	1								1	1	1
26	26144 铁甲科	*Downesia*	20																1		1	1	
26	26144 铁甲科	*Epistictina*	1												1						1	1	
26	26144 铁甲科	*Eremocassis*	1	1																			
26	26144 铁甲科	*Estigmana*	1																		1	1	
26	26144 铁甲科	*Glyphocassia*	3									1	1	1			1				1	1	
26	26144 铁甲科	*Gonophora*	18												1						1		1
26	26144 铁甲科	*Hispa*	3	1	1			1						1							1	1	1
26	26144 铁甲科	*Hispellinus*	5			1		1				1	1								1	1	1
26	26144 铁甲科	*Ischyronota*	4	1	1																		
26	26144 铁甲科	*Javeta*	2																				1
26	26144 铁甲科	*Klitispa*	2																		1	1	
26	26144 铁甲科	*Laccoptera*	5							1	1	1	1	1	1	1	1				1		1
26	26144 铁甲科	*Lasiochila*	13											1		1	1	1			1	1	
26	26144 铁甲科	*Leptispa*	13					1				1						1			1	1	1
26	26144 铁甲科	*Macromonycha*	1	1	1																		
26	26144 铁甲科	*Megapyga*	1																				1
26	26144 铁甲科	*Metriona*	2														1						
26	26144 铁甲科	*Micrispa*	1																		1		
26	26144 铁甲科	*Monohispa*	1																		1	1	
26	26144 铁甲科	*Neodownesia*	1																				
26	26144 铁甲科	*Nilgiraspis*	1																				
26	26144 铁甲科	*Notosacantha*	15										1		1		1	1	1		1	1	1
26	26144 铁甲科	*Octodota*	1														1						
26	26144 铁甲科	*Oncocephala*	6																		1	1	1	1
26	26144 铁甲科	*Pistosia*	4															1	1				
26	26144 铁甲科	*Platypria*	11									1	1	1	1	1			1		1	1	1
26	26144 铁甲科	*Prionispa*	4															1			1		
26	26144 铁甲科	*Prioptera*	1														1						
26	26144 铁甲科	*Promecotheca*	1																				
26	26144 铁甲科	*Rhadinosa*	6	1		1	1						1	1	1	1	1	1			1	1	
26	26144 铁甲科	*Rhoptrispa*	3					1													1	1	
26	26144 铁甲科	*Sinagonia*	3																1			1	1
26	26144 铁甲科	*Sindia*	1											1							1		
26	26144 铁甲科	*Sindiola*	3											1			1				1	1	1
26	26144 铁甲科	*Sinispa*	2																			1	1
26	26144 铁甲科	*Taiwania*	61				1						1	1	1	1	1	1	1	1	1	1	1
26	26144 铁甲科	*Thlaspida*	5			1							1	1	1	1		1	1	1	1	1	1
26	26144 铁甲科	*Thlaspidosoma*	1																1				
26	26145 瘦天牛科	*Cyrtonops*	3												1		1		1				
26	26145 瘦天牛科	*Distenia*	17			1				1	1	1	1	1	1		1	1	1				
26	26145 瘦天牛科	*Dynamostes*	1													1			1				
26	26145 瘦天牛科	*Melegena*	1													1						1	
26	26145 瘦天牛科	*Nericonia*	1																				
26	26145 瘦天牛科	*Noemia*	3																		1	1	1

目	科	属	种数	| a	b	c	d	e	f	g	h	i	j	k	l	m	n	o	p	q	r	s	t
				昆虫亚区																			
26	26145 瘦天牛科	*Typodryas*	2																				1
26	26146 三锥象科	*Agriorrhynchus*	2																				
26	26146 三锥象科	*Allseometrus*	1																	1			
26	26146 三锥象科	*Ananesiotes*	1																	1			
26	26146 三锥象科	*Asaphepterum*	1																	1			
26	26146 三锥象科	*Baryrrhynchus*	14									1	1	1	1	1	1		1	1	1	1	1
26	26146 三锥象科	*Caenorychodes*	1																	1			
26	26146 三锥象科	*Callipareius*	2																	1			
26	26146 三锥象科	*Calodromus*	2																	1			
26	26146 三锥象科	*Carinopisthus*	1																	1			
26	26146 三锥象科	*Cediocera*	1																				1
26	26146 三锥象科	*Cerobates*	7																	1			
26	26146 三锥象科	*Chelorhinus*	1																	1			
26	26146 三锥象科	*Chenorhychodes*	2																	1			
26	26146 三锥象科	*Cyphagopus*	2																	1		1	
26	26146 三锥象科	*Desmodophorus*	1																	1			
26	26146 三锥象科	*Dictyotopterus*	1																	1			
26	26146 三锥象科	*Diurus*	1																	1			
26	26146 三锥象科	*Eterocemus*	1														1						
26	26146 三锥象科	*Eupsalis*	1																				
26	26146 三锥象科	*Higonius*	2																	1			
26	26146 三锥象科	*Hoplopisthius*	1																	1			
26	26146 三锥象科	*Hormocercus*	1																	1		1	
26	26146 三锥象科	*Hypomiolispa*	1																	1			
26	26146 三锥象科	*Isomorphus*	2																	1			
26	26146 三锥象科	*Jonthocerus*	4																	1			
26	26146 三锥象科	*Leptamorcephalus*	1																	1			
26	26146 三锥象科	*Miolispa*	3																	1			
26	26146 三锥象科	*Opisthenoplus*	1																	1			
26	26146 三锥象科	*Orychodes*	1																				
26	26146 三锥象科	*Prophthalmus*	3																	1			1
26	26146 三锥象科	*Pseudorychodes*	3									1								1			
26	26146 三锥象科	*Rterozemus*	1																				
26	26146 三锥象科	*Trachelizus*	1																	1	1		
26	26146 三锥象科	*Ypselginia*	1																	1			
26	26147 长角象科	*Androceras*	1												1								
26	26147 长角象科	*Apatenia*	3																	1			
26	26147 长角象科	*Aphaulimia*	1																	1			
26	26147 长角象科	*Apolects*	1																	1			
26	26147 长角象科	*Araecerus*	2			1	1	1				1	1	1	1			1	1		1		
26	26147 长角象科	*Asemorhinus*	2																	1			
26	26147 长角象科	*Atinellia*	5																	1			
26	26147 长角象科	*Autotropis*	2																	1			
26	26147 长角象科	*Basitropis*	2																	1			
26	26147 长角象科	*Caccorhinus*	1																	1			
26	26147 长角象科	*Caenophloeobius*	1																	1			
26	26147 长角象科	*Cedus*	4																	1			
26	26147 长角象科	*Chogagus*	3																				
26	26147 长角象科	*Dendrotrogus*	3																	1			
26	26147 长角象科	*Derisemias*	1																	1			
26	26147 长角象科	*Deropygus*	1																	1			
26	26147 长角象科	*Directarius*	1																	1			
26	26147 长角象科	*Eucorynus*	1																	1			
26	26147 长角象科	*Euparius*	1																	1			
26	26147 长角象科	*Exechesops*	2																				
26	26147 长角象科	*Exillis*	2																	1			

目	科	属	种数	昆虫亚区																			
---	---	---	---	a	b	c	d	e	f	g	h	i	j	k	l	m	n	o	p	q	r	s	t
26	26147 长角象科	*Habrissus*	1																1				
26	26147 长角象科	*Illis*	1																1				
26	26147 长角象科	*Litocerus*	12																1				
26	26147 长角象科	*Mauia*	1																				
26	26147 长角象科	*Mecanthribus*	1																1				
26	26147 长角象科	*Mecocerus*	1																1				
26	26147 长角象科	*Melanopsacus*	1																1				
26	26147 长角象科	*Misthosima*	1																				
26	26147 长角象科	*Nerthomma*	1																1				
26	26147 长角象科	*Nessiara*	1																1				
26	26147 长角象科	*Nessiodocus*	3																1				
26	26147 长角象科	*Oxyderes*	1																1				
26	26147 长角象科	*Paraphloeobius*	2																1				
26	26147 长角象科	*Peribathys*	1																1				
26	26147 长角象科	*Phaulimia*	4																1				
26	26147 长角象科	*Physoptera*	1																1				
26	26147 长角象科	*Plintheria*	1																1				
26	26147 长角象科	*Rawasia*	1															1	1				
26	26147 长角象科	*Rhaphitropis*	5																1				
26	26147 长角象科	*Sintor*	2															1	1				
26	26147 长角象科	*Sphinctotropis*	2																				
26	26147 长角象科	*Stenothis*	2																1				
26	26147 长角象科	*Stiboderes*	2																1				
26	26147 长角象科	*Xanthoderopygus*	2																1				
26	26147 长角象科	*Xylinada*	4																1				
26	26147 长角象科	*Zygaenodes*	2																1				
26	26147 长角象科	*Acorynus*	6																				
26	26147 长角象科	*Anthribus*	3										1		1	1							
26	26147 长角象科	*Gibber*	2												1				1				
26	26147 长角象科	*Mecotropis*	3												1				1				
26	26147 长角象科	*Phloeobius*	3																1				
26	26147 长角象科	*Tropideres*	7			1													1				
26	26148 卷象科	*Chokkirius*	1																1				
26	26148 卷象科	*Depasophilus*	7														1						
26	26148 卷象科	*Taiwanobyctiscus*	2																1				
26	26148 卷象科	*Aspidobictiscus*	1				1							1	1			1	1		1		
26	26148 卷象科	*Paracentrocorynus*	1				1				1	1	1										
26	26148 卷象科	*Aderorhinus*	3																1				
26	26148 卷象科	*Apoderus*	51		1		1	1			1	1	1	1		1		1	1	1	1	1	1
26	26148 卷象科	*Attelabus*	7			1								1	1			1	1				1
26	26148 卷象科	*Auletobius*	15		1													1	1				
26	26148 卷象科	*Byctiscus*	26		1	1	1	1	1		1	1	1	1				1	1	1			
26	26148 卷象科	*Centrocorynus*	8																1				1
26	26148 卷象科	*Cycnotrachelus*	7												1			1	1	1			
26	26148 卷象科	*Deporaus*	18												1			1	1	1	1		
26	26148 卷象科	*Eugnamptus*	19															1	1				
26	26148 卷象科	*Euops*	8									1	1	1				1	1				
26	26148 卷象科	*Euscelophilus*	6										1	1	1	1		1			1		
26	26148 卷象科	*Henicolabus*	6			1								1	1			1	1		1		
26	26148 卷象科	*Himatolabus*	4							1						1	1		1				
26	26148 卷象科	*Hoplapoderus*	5											1					1				1
26	26148 卷象科	*Involvulus*	23			1									1			1					
26	26148 卷象科	*Isolabus*	4											1	1			1					
26	26148 卷象科	*Lamprolabus*	3											1		1		1	1		1		
26	26148 卷象科	*Mechoris*	2								1	1		1		1		1		1			
26	26148 卷象科	*Paracycnotrachelus*	8										1	1	1			1	1	1	1	1	

目	科	属	种数	a	b	c	d	e	f	g	h	i	j	k	l	m	n	o	p	q	r	s	t
26	26148 卷象科	*Paramecolabus*	4																1	1	1		1
26	26148 卷象科	*Paratrachelophorus*	4			1		1					1		1				1	1		1	
26	26148 卷象科	*Paroplapoderus*	19			1		1				1	1	1	1		1		1	1	1	1	1
26	26148 卷象科	*Phymatapoderus*	4			1							1	1	1				1	1	1		
26	26148 卷象科	*Rhynchites*	46				1	1	1	1		1	1	1	1		1		1	1		1	
26	26148 卷象科	*Tomapoderus*	5			1		1	1				1							1			
26	26149 象甲科	*Abaris*	1																1				
26	26149 象甲科	*Acalles*	1																				1
26	26149 象甲科	*Achlaenomus*	1																				
26	26149 象甲科	*Acicnemus*	12																	1			
26	26149 象甲科	*Aclees*	6									1	1	1			1		1	1	1	1	
26	26149 象甲科	*Acryptorrhynchus*	3																1	1			
26	26149 象甲科	*Acythopeus*	8																1				
26	26149 象甲科	*Adapanetus*	1																1				
26	26149 象甲科	*Adorytomus*	1																1				
26	26149 象甲科	*Adosomus*	7	1		1	1	1	1				1										
26	26149 象甲科	*Aechmura*	1																1				
26	26149 象甲科	*Aedemus*	1																1				
26	26149 象甲科	*Agasterocerus*	1																1				
26	26149 象甲科	*Alcides*	4	1	1															1			
26	26149 象甲科	*Alcidodes*	22			1						1	1	1	1		1		1	1	1	1	
26	26149 象甲科	*Aminyops*	1																				
26	26149 象甲科	*Amystax*	1																				
26	26149 象甲科	*Anathymus*	1																	1			
26	26149 象甲科	*Anius*	1																1				
26	26149 象甲科	*Anosimus*	1				1												1				
26	26149 象甲科	*Anthonomus*	10		1		1					1		1					1	1			
26	26149 象甲科	*Antidonus*	1																				
26	26149 象甲科	*Antinia*	1																1				
26	26149 象甲科	*Aoromius*	1	1																			
26	26149 象甲科	*Apeltarius*	1																				
26	26149 象甲科	*Apiophorus*	1																1				
26	26149 象甲科	*Aplotes*	2																1				1
26	26149 象甲科	*Arrhines*	2									1		1		1					1	1	1
26	26149 象甲科	*Asporus*	1																				
26	26149 象甲科	*Astycus*	2																				
26	26149 象甲科	*Atactogaster*	2									1		1		1	1		1		1	1	
26	26149 象甲科	*Athesapeuta*	3																1				
26	26149 象甲科	*Aubeonymus*	1	1																			
26	26149 象甲科	*Auletinus*	2																	1			
26	26149 象甲科	*Autonopis*	1																	1			
26	26149 象甲科	*Bagous*	6																1				
26	26149 象甲科	*Balaninus*	30				1													1			
26	26149 象甲科	*Balanobius*	4																1				
26	26149 象甲科	*Baris*	22	1	1	1					1	1	1	1	1				1	1			
26	26149 象甲科	*Barisoma*	1																				
26	26149 象甲科	*Blosyrus*	8																	1	1	1	
26	26149 象甲科	*Boragosirocalus*	1																				
26	26149 象甲科	*Bothynoderes*	10	1	1	1	1	1	1	1	1	1	1		1								
26	26149 象甲科	*Brachychaenus*	1																1				
26	26149 象甲科	*Brachyderes*	1																				
26	26149 象甲科	*Calandra*	2																	1			
26	26149 象甲科	*Callirhopalus*	12			1	1	1	1			1	1	1	1				1			1	
26	26149 象甲科	*Calomycterus*	5									1	1	1	1				1	1			
26	26149 象甲科	*Camptorhinus*	2																	1			
26	26149 象甲科	*Canoixus*	1																1				

目	科	属	种数	昆虫亚区 a	b	c	d	e	f	g	h	i	j	k	l	m	n	o	p	q	r	s	t
26	26149 象甲科	*Carcilis*	3																1	1			
26	26149 象甲科	*Catagmatus*	1																1				
26	26149 象甲科	*Catapionus*	11	1		1													1				
26	26149 象甲科	*Caulophilus*	2								1												
26	26149 象甲科	*Centrinoplesius*	1																1				
26	26149 象甲科	*Centrinopsis*	1																1				
26	26149 象甲科	*Cercidocerus*	1																	1			
26	26149 象甲科	*Ceuthorhynchidius*	1																				
26	26149 象甲科	*Ceuthorhynchoides*	1																				
26	26149 象甲科	*Ceuthorrhynchus*	7	1															1				
26	26149 象甲科	*Chaleponotus*	1																				
26	26149 象甲科	*Cherorhinus*	1																				
26	26149 象甲科	*Chirozetes*	2																1				
26	26149 象甲科	*Chloebius*	8	1	1		1		1		1												
26	26149 象甲科	*Chlorophanus*	14	1	1	1	1	1	1	1	1	1	1	1	1	1	1		1	1			1
26	26149 象甲科	*Chonostropheus*	2																				
26	26149 象甲科	*Chromoderus*	3	1	1	1	1	1	1						1							1	
26	26149 象甲科	*Chromonotus*	5	1	1																		
26	26149 象甲科	*Cionus*	3																1		1		1
26	26149 象甲科	*Cleonus*	28	1	1	1	1	1	1				1		1								
26	26149 象甲科	*Cneothinus*	1																1				
26	26149 象甲科	*Coccotorus*	1					1			1				1								
26	26149 象甲科	*Coeliodes*	1																1				
26	26149 象甲科	*Coenorrhinus*	3																1				
26	26149 象甲科	*Colobodellus*	1																1				
26	26149 象甲科	*Colobodes*	4															1	1				
26	26149 象甲科	*Comorrhynchus*	1				1																
26	26149 象甲科	*Coniatus*	3		1																		
26	26149 象甲科	*Conorhynchus*	7	1	1						1												
26	26149 象甲科	*Corigetes*	1	1	1																		
26	26149 象甲科	*Corigetus*	9			1													1				1
26	26149 象甲科	*Corimalia*	4	1			1																
26	26149 象甲科	*Cosmopolites*	1																1	1	1	1	1
26	26149 象甲科	*Cossonus*	2																1				
26	26149 象甲科	*Cotasteromimus*	1																1				
26	26149 象甲科	*Craponius*	1															1					
26	26149 象甲科	*Cryphopus*	1																				
26	26149 象甲科	*Cryptoderma*	3								1	1	1	1					1	1		1	
26	26149 象甲科	*Cryptorhynchidius*	1																				
26	26149 象甲科	*Cryptothynchus*	4	1	1	1		1				1		1									
26	26149 象甲科	*Cryptotrachelus*	2																1				
26	26149 象甲科	*Curculio*	47			1		1	1			1	1	1	1				1	1		1	1
26	26149 象甲科	*Cyphicerus*	13										1	1					1				
26	26149 象甲科	*Cyphocleonus*	3	1	1																		
26	26149 象甲科	*Cyrtepistomus*	1																1				
26	26149 象甲科	*Cyrtodema*	1																			1	
26	26149 象甲科	*Cyrtotrachelus*	5									1	1	1					1	1	1	1	
26	26149 象甲科	*Dactylotus*	20			1			1	1				1									
26	26149 象甲科	*Darumazo*	1																1				
26	26149 象甲科	*Dematodes*	3																				
26	26149 象甲科	*Demimaea*	7									1	1	1					1	1			
26	26149 象甲科	*Deotragus*	1																				
26	26149 象甲科	*Deracanthus*	19	1	1		1		1	1	1												
26	26149 象甲科	*Derelobus*	1																				
26	26149 象甲科	*Derelomus*	4																1				
26	26149 象甲科	*Dereodus*	1																				

目	科	属	种数	a	b	c	d	e	f	g	h	i	j	k	l	m	n	o	p	q	r	s	t
26	26149 象甲科	*Deretiosus*	4																1	1			
26	26149 象甲科	*Dermatoxenus*	5									1	1	1		1			1	1	1	1	1
26	26149 象甲科	*Dicranognathus*	1																				
26	26149 象甲科	*Diglossothox*	5	1		1	1	1															
26	26149 象甲科	*Dinorrhopala*	2										1										
26	26149 象甲科	*Diocalandra*	2																1	1			
26	26149 象甲科	*Dismidophorus*	6									1			1				1		1	1	
26	26149 象甲科	*Dorymarus*	1																				
26	26149 象甲科	*Dorytomus*	12	1							1		1										
26	26149 象甲科	*Drepanoderes*	3											1							1		
26	26149 象甲科	*Drepanoscelus*	1														1						
26	26149 象甲科	*Dryophthoroides*	2														1						
26	26149 象甲科	*Dysceroides*	1																	1			
26	26149 象甲科	*Dyscerus*	7					1					1	1	1				1	1	1	1	
26	26149 象甲科	*Dyscheres*	1																				1
26	26149 象甲科	*Echinocnemus*	3					1			1	1	1	1		1	1	1				1	1
26	26149 象甲科	*Ectatorhinus*	2	1				1			1	1	1	1		1	1	1			1	1	
26	26149 象甲科	*Egiona*	2														1						
26	26149 象甲科	*Enaptorrhinus*	6			1		1				1	1	1			1						
26	26149 象甲科	*Entaeus*	2														1						
26	26149 象甲科	*Epexochus*	1	1	1																		
26	26149 象甲科	*Epirhynchites*	1																				
26	26149 象甲科	*Episomoides*	1										1							1			1
26	26149 象甲科	*Episomus*	19					1				1	1	1	1				1	1	1	1	1
26	26149 象甲科	*Eremochorus*	1	1																			
26	26149 象甲科	*Ergania*	1											1		1					1	1	
26	26149 象甲科	*Esamus*	1														1						
26	26149 象甲科	*Euaptorrhinus*	1																				
26	26149 象甲科	*Eucryprorrhynchus*	2			1	1	1	1			1		1	1				1				
26	26149 象甲科	*Eugnathus*	4					1				1	1	1	1				1	1			
26	26149 象甲科	*Eumycterus*	1														1						
26	26149 象甲科	*Eumyllocerus*	5			1		1							1				1				
26	26149 象甲科	*Euryommatus*	1																				
26	26149 象甲科	*Eurysternus*	1	1																			
26	26149 象甲科	*Eusomidius*	3																				
26	26149 象甲科	*Eusomus*	1	1																			
26	26149 象甲科	*Eusynnada*	2																1				
26	26149 象甲科	*Euthycus*	2																	1			
26	26149 象甲科	*Euthyrhinus*	1																	1			
26	26149 象甲科	*Exochyromera*	1																				
26	26149 象甲科	*Galloisia*	1															1					
26	26149 象甲科	*Gasterocercus*	3																1	1	1	1	
26	26149 象甲科	*Gasteroclisus*	4										1	1	1	1	1	1	1	1	1	1	
26	26149 象甲科	*Geotragus*	1													1							
26	26149 象甲科	*Geranorrhinus*	3	1	1																		
26	26149 象甲科	*Gronops*	3				1																
26	26149 象甲科	*Gymnetron*	1																				
26	26149 象甲科	*Hackeria*	1																				
26	26149 象甲科	*Hadronomus*	1															1					
26	26149 象甲科	*Hesychobius*	1																	1			
26	26149 象甲科	*Heteromias*	1																				
26	26149 象甲科	*Heteroptochus*	4																				
26	26149 象甲科	*Heurippa*	1																	1			
26	26149 象甲科	*Hexarthrum*	1																				
26	26149 象甲科	*Heydinis*	1			1	1	1	1														
26	26149 象甲科	*Holocoryinosoma*	1																				

目	科	属	种数	昆虫亚区																			
				a	b	c	d	e	f	g	h	i	j	k	l	m	n	o	p	q	r	s	t
26	26149 象甲科	*Holotixus*	1																				
26	26149 象甲科	*Homacalyptus*	1																1				
26	26149 象甲科	*Homorosoma*	6					1			1								1				
26	26149 象甲科	*Hydronomus*	1																				
26	26149 象甲科	*Hylobitelus*	1									1											
26	26149 象甲科	*Hylobius*	16			1	1	1	1	1			1	1	1	1	1	1		1	1	1	
26	26149 象甲科	*Hypera*	11	1		1	1	1											1			1	
26	26149 象甲科	*Hyperomias*	27							1	1				1	1	1						
26	26149 象甲科	*Hyperstylus*	5																1				
26	26149 象甲科	*Hypodepoderaus*	2																				
26	26149 象甲科	*Hypomeces*	3				1	1					1	1	1	1		1	1	1	1	1	1
26	26149 象甲科	*Hyposipalus*	2			1		1					1	1	1			1	1	1	1	1	1
26	26149 象甲科	*Ileomus*	1																				
26	26149 象甲科	*Imachra*	1																1				
26	26149 象甲科	*Isomerus*	1	1																			
26	26149 象甲科	*Ixalma*	7																1	1			
26	26149 象甲科	*Kasakhstania*	1	1																			
26	26149 象甲科	*Laemosaccidius*	1																				
26	26149 象甲科	*Laemosaccodes*	2																1				
26	26149 象甲科	*Lagenolobus*	1				1																
26	26149 象甲科	*Laogenia*	1																		1		
26	26149 象甲科	*Larinodontes*	3																		1		
26	26149 象甲科	*Larinomesius*	2																				
26	26149 象甲科	*Larinus*	8	1		1	1	1	1				1	1	1	1			1	1			
26	26149 象甲科	*Lechrioderus*	1																				
26	26149 象甲科	*Lepidotychius*	1	1																			
26	26149 象甲科	*Lepropus*	6									1	1	1							1	1	1
26	26149 象甲科	*Leptapoderus*	1																				
26	26149 象甲科	*Leptomias*	112	1		1	1				1			1	1	1	1						
26	26149 象甲科	*Lepyrus*	7			1		1	1			1	1	1		1							
26	26149 象甲科	*Leucomigus*	1	1	1																		
26	26149 象甲科	*Limnobaris*	1	1																			
26	26149 象甲科	*Limobius*	1	1																			
26	26149 象甲科	*Liocleonus*	1	1	1		1																
26	26149 象甲科	*Lissorhoptrus*	1				1												1	1			
26	26149 象甲科	*Listroderes*	2																1				
26	26149 象甲科	*Lixus*	48	1	1	1	1	1	1				1	1	1	1	1		1	1	1	1	1
26	26149 象甲科	*Lobotrachelus*	5																1				
26	26149 象甲科	*Lystrus*	1																1				
26	26149 象甲科	*Macrochirus*	1																				
26	26149 象甲科	*Macrocorynus*	13			1		1	1				1	1	1				1	1	1	1	1
26	26149 象甲科	*Macrotarrhus*	15																				
26	26149 象甲科	*Magdalis*	2				1																
26	26149 象甲科	*Mecaspis*	2	1																			
26	26149 象甲科	*Mechistocerus*	6																1	1			
26	26149 象甲科	*Mecopomorphus*	1																	1			
26	26149 象甲科	*Mecopus*	4																	1			
26	26149 象甲科	*Mecyslobus*	1																	1			
26	26149 象甲科	*Mecysmoderes*	11																1	1			
26	26149 象甲科	*Mecysolobus*	6																	1			
26	26149 象甲科	*Megamecus*	2	1	1																		
26	26149 象甲科	*Menecleonus*	3	1	1																		
26	26149 象甲科	*Mesagroicus*	3			1	1	1	1														
26	26149 象甲科	*Meslcidodes*	1																		1		1
26	26149 象甲科	*Mesochirozetes*	1																		1		
26	26149 象甲科	*Metadonus*	1	1																			

目	科	属	种数	昆虫亚区																			
				a	b	c	d	e	f	g	h	i	j	k	l	m	n	o	p	q	r	s	t
26	26149 象甲科	*Metapocyrtus*	1																1				
26	26149 象甲科	*Metatra*	2															1	1				
26	26149 象甲科	*Metialma*	9															1	1				
26	26149 象甲科	*Miarus*	3	1		1													1				
26	26149 象甲科	*Microcryptorhynchus*	1																1				
26	26149 象甲科	*Microspathe*	1																				1
26	26149 象甲科	*Microtribodes*	1																1				
26	26149 象甲科	*Mongolicleonus*	1				1																
26	26149 象甲科	*Mononychus*	3	1																			
26	26149 象甲科	*Muschanella*	1																				
26	26149 象甲科	*Myllocerinus*	5										1		1				1		1		
26	26149 象甲科	*Myllocerops*	15		1									1	1				1				
26	26149 象甲科	*Myllocerus*	27				1					1	1	1					1	1			1
26	26149 象甲科	*Myocalandra*	1																1				
26	26149 象甲科	*Nassophasis*	2															1					
26	26149 象甲科	*Nemoxenus*	2																				
26	26149 象甲科	*Neocleonus*	2																				
26	26149 象甲科	*Neodeporus*	1																1				
26	26149 象甲科	*Neomyllocerus*	1										1		1	1			1		1	1	
26	26149 象甲科	*Neoplatygaster*	1	1																			
26	26149 象甲科	*Neosirocalus*	2																1				
26	26149 象甲科	*Nesendaeus*	1																1				
26	26149 象甲科	*Niphades*	4									1	1	1	1				1				
26	26149 象甲科	*Notaris*	1																				
26	26149 象甲科	*Ochyrimera*	4																1	1			
26	26149 象甲科	*Odoiporus*	1												1		1		1	1	1		
26	26149 象甲科	*Odontomias*	2						1								1						
26	26149 象甲科	*Ommatolampus*	1																1				
26	26149 象甲科	*Omotemmus*	2																				
26	26149 象甲科	*Opseoscapha*	1															1					
26	26149 象甲科	*Orchestinus*	1																1				
26	26149 象甲科	*Orchestoides*	4															1	1				
26	26149 象甲科	*Orochlesis*	1																1				
26	26149 象甲科	*Orthosinus*	2															1					
26	26149 象甲科	*Otidognathus*	11								1	1	1	1					1			1	1
26	26149 象甲科	*Otiorhynchus*	3	1									1										
26	26149 象甲科	*Oxyphthalmus*	1																				
26	26149 象甲科	*Oxyrhynchus*	1																				
26	26149 象甲科	*Pachycerus*	2			1	1	1			1												
26	26149 象甲科	*Pachyrrhynchus*	6																1				
26	26149 象甲科	*Pachytychius*	1	1																			
26	26149 象甲科	*Paipalesomus*	2															1					
26	26149 象甲科	*Paracythopeus*	1															1					
26	26149 象甲科	*Paraleucochromus*	1																				
26	26149 象甲科	*Parallelodemas*	1																				
26	26149 象甲科	*Parapoderus*	1																				
26	26149 象甲科	*Parempleurus*	1																1				
26	26149 象甲科	*Parisomias*	1																				
26	26149 象甲科	*Paromias*	1																				
26	26149 象甲科	*Pasurius*	1																				
26	26149 象甲科	*Peranosimus*	1																				
26	26149 象甲科	*Peribleptus*	6										1	1	1	1	1	1	1		1	1	
26	26149 象甲科	*Periphemus*	1																				1
26	26149 象甲科	*Peronaspis*	1	1																			
26	26149 象甲科	*Petorcus*	1															1					
26	26149 象甲科	*Phacephorus*	6	1	1		1		1	1	1			1									

（续表）

目	科	属	种数	a	b	c	d	e	f	g	h	i	j	k	l	m	n	o	p	q	r	s	t
26	26149 象甲科	*Phaenomerus*	2																1	1			
26	26149 象甲科	*Phloeophacus*	1	1																			
26	26149 象甲科	*Phloeophagosoma*	1																				
26	26149 象甲科	*Phloeophagus*	1																				
26	26149 象甲科	*Phloeopholus*	3																1				
26	26149 象甲科	*Pholicodes*	1	1																			
26	26149 象甲科	*Pholidoforus*	1																	1			
26	26149 象甲科	*Phrixopogon*	6																				
26	26149 象甲科	*Phylaitis*	1																1	1			
26	26149 象甲科	*Phyllobius*	9	1		1	1					1		1									
26	26149 象甲科	*Phyllolytus*	2																				
26	26149 象甲科	*Phymotapodernus*	1							1													
26	26149 象甲科	*Phyrobinomorphus*	1																1				
26	26149 象甲科	*Phytobius*	4																1				
26	26149 象甲科	*Phytonomus*	10					1															
26	26149 象甲科	*Phytoscaphus*	10				1	1	1			1	1	1	1		1		1	1	1	1	1
26	26149 象甲科	*Piazomia*	39	1		1	1	1	1			1	1	1					1	1			
26	26149 象甲科	*Pissodes*	4		1	1	1		1			1	1	1			1						
26	26149 象甲科	*Platyamphus*	1																				
26	26149 象甲科	*Platymycteropsis*	10									1	1	1	1			1	1	1	1	1	1
26	26149 象甲科	*Platymycterus*	9	1									1						1	1	1	1	1
26	26149 象甲科	*Platytrachelus*	1																				
26	26149 象甲科	*Pleurocleonus*	2	1		1	1	1	1														
26	26149 象甲科	*Polydrossus*	6			1								1									
26	26149 象甲科	*Polytus*	1																1				
26	26149 象甲科	*Prodioctes*	2																1	1			
26	26149 象甲科	*Protenomus*	1																				
26	26149 象甲科	*Protocerius*	1																				
26	26149 象甲科	*Pselaphorrhynchites*	1																				
26	26149 象甲科	*Pseudalophus*	1																				
26	26149 象甲科	*Pseudocleonus*	1	1																			
26	26149 象甲科	*Pseudocneorhynchus*	7							1													
26	26149 象甲科	*Pseudocossonus*	1																1				
26	26149 象甲科	*Pseudohardronotus*	1																				
26	26149 象甲科	*Pseudopoophagus*	1																				
26	26149 象甲科	*Pseudorobitis*	1																				
26	26149 象甲科	*Pseudostenotrupis*	1																				
26	26149 象甲科	*Pseudotanymecus*	1																				
26	26149 象甲科	*Ptochus*	9																				
26	26149 象甲科	*Rhabdocnemis*	2																1				
26	26149 象甲科	*Rhadinomerus*	3																1		1		
26	26149 象甲科	*Rhadinopus*	7										1	1	1				1		1	1	
26	26149 象甲科	*Rhamphus*	4																1				
26	26149 象甲科	*Rhinodontus*	2																				
26	26149 象甲科	*Rhinoncominus*	2																1				
26	26149 象甲科	*Rhinoncus*	7	1								1							1	1			
26	26149 象甲科	*Rhynchaenus*	17			1	1	1	1			1							1	1			
26	26149 象甲科	*Rhynchophotus*	2															1			1	1	1
26	26149 象甲科	*Rhyncolus*	2							1									1				
26	26149 象甲科	*Roelofsia*	1																				
26	26149 象甲科	*Sablones*	1																				
26	26149 象甲科	*Sapalinus*	1																				
26	26149 象甲科	*Scepticus*	2																	1			
26	26149 象甲科	*Sclerolips*	1																	1			
26	26149 象甲科	*Scythropus*	1				1	1				1											
26	26149 象甲科	*Seleuca*	4																1				

目	科	属	种数	a	b	c	d	e	f	g	h	i	j	k	l	m	n	o	p	q	r	s	t
26	26149 象甲科	*Shirahoshizo*	8			1						1	1	1		1			1	1	1	1	
26	26149 象甲科	*Sibinia*	2	1																			
26	26149 象甲科	*Simulatacalles*	1																	1			
26	26149 象甲科	*Sipalinus*	2																				
26	26149 象甲科	*Sipalomimus*	1															1					
26	26149 象甲科	*Sirocalodes*	1															1					
26	26149 象甲科	*Sitona*	10	1			1	1	1	1			1		1	1			1				
26	26149 象甲科	*Sitophilus*	4			1	1	1	1	1		1	1	1	1		1	1	1		1	1	
26	26149 象甲科	*Smicronyx*	2									1						1					
26	26149 象甲科	*Sphenocorynus*	7										1					1	1				
26	26149 象甲科	*Sphincticraeropsis*	1															1					
26	26149 象甲科	*Stelorrhynoides*	1			1	1	1	1														
26	26149 象甲科	*Stenanchonus*	1																				
26	26149 象甲科	*Stenoscelis*	7					1								1		1					1
26	26149 象甲科	*Stephanocleonus*	30	1	1	1	1			1													
26	26149 象甲科	*Stephanophorus*	2	1	1																		
26	26149 象甲科	*Stereonychus*	4															1					1
26	26149 象甲科	*Sternechosmus*	1															1					
26	26149 象甲科	*Sternochetus*	3														1				1	1	
26	26149 象甲科	*Styanax*	1								1			1				1			1	1	
26	26149 象甲科	*Susomidius*	1																				
26	26149 象甲科	*Sympiezomias*	16			1	1	1	1			1	1	1	1	1		1	1	1	1	1	1
26	26149 象甲科	*Synnada*	1															1					
26	26149 象甲科	*Synolobus*	1																				
26	26149 象甲科	*Synommatus*	1															1					
26	26149 象甲科	*Synorcheles*	1															1					
26	26149 象甲科	*Tachypterellus*	1															1					
26	26149 象甲科	*Taenophthalmus*	1		1																		
26	26149 象甲科	*Tanymecus*	11	1			1	1	1	1	1	1	1	1						1	1		1
26	26149 象甲科	*Tanysphyrus*	3															1					
26	26149 象甲科	*Taurostomus*	1		1																		
26	26149 象甲科	*Temnorhinus*	4	1	1																		
26	26149 象甲科	*Tenguzo*	1																1				
26	26149 象甲科	*Tetratemmus*	1																				
26	26149 象甲科	*Therebus*	1																1				
26	26149 象甲科	*Tibetiellus*	1																				
26	26149 象甲科	*Trachyodes*	1																1				
26	26149 象甲科	*Triangulomias*	5							1						1	1						
26	26149 象甲科	*Trichalophus*	12	1	1																		
26	26149 象甲科	*Trichocleonus*	1	1																			
26	26149 象甲科	*Trichorhopalon*	1																				
26	26149 象甲科	*Trigonocolus*	8															1	1				
26	26149 象甲科	*Trimatoderus*	2																				
26	26149 象甲科	*Tryphetus*	1															1					
26	26149 象甲科	*Tychius*	5				1											1					
26	26149 象甲科	*Tydeotyrius*	1															1					
26	26149 象甲科	*Ulobaris*	2	1																			
26	26149 象甲科	*Xanthochelus*	3	1											1		1			1	1	1	
26	26149 象甲科	*Xanthoprochilus*	2																				
26	26149 象甲科	*Xenomimetes*	1															1					
26	26149 象甲科	*Xizanomias*	6								1												
26	26149 象甲科	*Xylinophorus*	7	1			1	1	1	1		1	1		1			1					
26	26149 象甲科	*Zacladus*	1																				
26	26150 梨象科	*Apion*	25		1							1	1					1	1				
26	26150 梨象科	*Aspidapion*	5																				
26	26150 梨象科	*Eutrichapion*	2																				

附录

（续表）

目	科	属	种数	a	b	c	d	e	f	g	h	i	j	k	l	m	n	o	p	q	r	s	t
26	26150 梨象科	*Nanophyes*	13																1	1			
26	26150 梨象科	*Piezotracheus*	2										1				1						
26	26150 梨象科	*Pseudopiezotracheus*	1																				
26	26150 梨象科	*Synapion*	1																				
26	26151 长小蠹科	*Caposinus*	1														1						
26	26151 长小蠹科	*Crossotarsus*	14													1					1	1	
26	26151 长小蠹科	*Diapus*	4															1					
26	26151 长小蠹科	*Platypus*	28										1		1			1	1	1	1		1
26	26151 长小蠹科	*Stenoplatypus*	1															1					
26	26152 小蠹科	*Acanthotomicus*	2													1			1				
26	26152 小蠹科	*Ambrosiodmus*	4				1					1	1	1	1	1		1	1	1	1		
26	26152 小蠹科	*Apate*	1			1						1											
26	26152 小蠹科	*Carphoborus*	3			1	1	1															
26	26152 小蠹科	*Cnestus*	2												1	1			1				
26	26152 小蠹科	*Coccotrypes*	4				1						1				1		1				
26	26152 小蠹科	*Coptoborus*	1									1	1	1	1		1	1		1			
26	26152 小蠹科	*Coptodryas*	2												1								
26	26152 小蠹科	*Cosmoderes*	1												1			1					
26	26152 小蠹科	*Craniodicticus*	1																	1			
26	26152 小蠹科	*Cryphalus*	32			1	1	1	1	1		1	1	1	1	1	1	1	1	1	1	1	
26	26152 小蠹科	*Crypturgus*	3			1										1							
26	26152 小蠹科	*Cyrtogenius*	2									1	1	1	1		1			1			
26	26152 小蠹科	*Dactylipalus*	1												1								
26	26152 小蠹科	*Dendroctonus*	3			1	1	1	1	1	1	1		1		1							
26	26152 小蠹科	*Dryocoetes*	8			1	1		1	1	1			1	1	1	1		1	1			1
26	26152 小蠹科	*Dryocoetiops*	1											1									
26	26152 小蠹科	*Eccoptogaster*	3																				
26	26152 小蠹科	*Ernoporus*	1			1																	
26	26152 小蠹科	*Euwallacea*	4										1		1	1	1	1	1	1	1		
26	26152 小蠹科	*Ficiphagus*	1																1				
26	26152 小蠹科	*Hadrodemius*	3												1		1	1	1	1			1
26	26152 小蠹科	*Hylastes*	6			1		1	1					1	1		1		1				
26	26152 小蠹科	*Hylesinus*	7			1								1	1		1		1		1		
26	26152 小蠹科	*Hylurgops*	12			1	1							1	1	1	1	1	1	1	1		
26	26152 小蠹科	*Hyorrhynchus*	5											1	1		1		1				
26	26152 小蠹科	*Hypocryphalus*	1																1				
26	26152 小蠹科	*Hypothenemus*	8				1						1		1		1		1				1
26	26152 小蠹科	*Indocryphalus*	2												1		1						
26	26152 小蠹科	*Ips*	17	1		1	1	1	1	1	1	1		1	1	1	1	1	1	1			
26	26152 小蠹科	*Megacampsomeris*	4																1				
26	26152 小蠹科	*Oriosiotes*	1																1				
26	26152 小蠹科	*Orthotomicus*	8			1		1				1	1	1	1		1	1	1	1			
26	26152 小蠹科	*Ozopemon*	2																1				
26	26152 小蠹科	*Phloeosinus*	15	1		1		1	1		1	1			1		1	1	1		1	1	
26	26152 小蠹科	*Pityogenes*	9	1		1								1	1	1	1	1	1				
26	26152 小蠹科	*Pityophthorus*	6	1		1		1		1													
26	26152 小蠹科	*Poecilips*	4																1				
26	26152 小蠹科	*Polygraphus*	18			1	1	1	1	1	1	1	1	1	1	1	1	1	1	1			1
26	26152 小蠹科	*Pseudopityophthorus*	1																				
26	26152 小蠹科	*Pseudoxylechinus*	6													1							
26	26152 小蠹科	*Scolytogenes*	2																	1	1		
26	26152 小蠹科	*Scolytoplatypus*	8											1	1		1	1	1	1	1		1
26	26152 小蠹科	*Scolytus*	29			1	1	1	1	1	1												
26	26152 小蠹科	*Sphaerotrypes*	9			1			1	1		1	1	1	1	1	1		1				
26	26152 小蠹科	*Sueus*	1												1		1		1				
26	26152 小蠹科	*Taphrorychus*	1																1				

目	科	属	种数	a	b	c	d	e	f	g	h	i	j	k	l	m	n	o	p	q	r	s	t
26	26152 小蠹科	*Terminalinus*	3												1	1	1	1	1	1			1	
26	26152 小蠹科	*Tomicus*	6		1	1	1	1				1	1	1	1	1		1	1			1	
26	26152 小蠹科	*Treptoplatypus*	1																				
26	26152 小蠹科	*Trypodendron*	4			1			1					1	1								
26	26152 小蠹科	*Trypophloeus*	1											1									
26	26152 小蠹科	*Xyleborus*	49		1		1					1	1	1	1	1	1	1	1	1	1	1	1
26	26152 小蠹科	*Xylechinus*	4		1												1		1				
26	26152 小蠹科	*Xylosandrus*	11									1	1	1	1	1	1	1	1	1			
26	26153 毛象科	*Notioxenus*	1																1				
26	26154 蚁象科	*Cylas*	1									1	1		1				1	1		1	1
27	2701 原蝙科	*Mengenilla*	1																				
27	2702 蟏蝙科	*Triozocera*	1																				
27	2703 跗蝙科	*Elenochinus*	1									1	1	1					1		1		
27	2704 蝙蝙科	*Stylops*	1																				
27	2705 栉蝙科	*Halictophagus*	10				1	1				1	1	1		1			1		1	1	1
27	2705 栉蝙科	*Tridactylophagus*	2				1							1									
27	2706 胡蜂蝙科	*Paraxenos*	3														1		1				
27	2706 胡蜂蝙科	*Vespaexenos*	2																				
27	2706 胡蜂蝙科	*Xenos*	2															1	1				
28	2801 蝎蛉科	*Leptopanora*	2																				1
28	2801 蝎蛉科	*Neopanorpa*	70									1	1	1	1		1		1	1	1	1	1
28	2801 蝎蛉科	*Panorpa*	122			1		1	1			1	1	1	1		1		1	1	1	1	1
28	2802 蚊蝎蛉科	*Bittacus*	31					1				1	1	1					1				
28	2803 拟蝎蛉科	*Panorpodes*	2			1								1									
29	2901 毫大蚊科	*Paracladura*	7															1	1				
29	2901 毫大蚊科	*Trichocera*	5															1	1				
29	2902 大蚊科	*Adelphomyia*	6																1				
29	2902 大蚊科	*Angarotipula*	3						1														
29	2902 大蚊科	*Antocha*	26																1				1
29	2902 大蚊科	*Atarba*	3																1				
29	2902 大蚊科	*Brithura*	5					1						1	1				1				
29	2902 大蚊科	*Ceratocheilus*	2																1				
29	2902 大蚊科	*Cheliotrichia*	1																1				
29	2902 大蚊科	*Cladura*	2																1				
29	2902 大蚊科	*Conosia*	1																1				1
29	2902 大蚊科	*Crypteria*	2																				
29	2902 大蚊科	*Cryptolabis*	10																1				1
29	2902 大蚊科	*Ctenophora*	6																				
29	2902 大蚊科	*Cylindrotoma*	6																				
29	2902 大蚊科	*Cyttaromyia*	1																1				
29	2902 大蚊科	*Dactylolabis*	2																				
29	2902 大蚊科	*Dacymallomyia*	4																				
29	2902 大蚊科	*Dicranomyia*	8																1				
29	2902 大蚊科	*Dicranoptycha*	9						1				1						1				
29	2902 大蚊科	*Dicranota*	17																1				
29	2902 大蚊科	*Dictenidia*	12				1							1				1	1				
29	2902 大蚊科	*Dilochopeza*	1															1	1				
29	2902 大蚊科	*Diogma*	2															1					
29	2902 大蚊科	*Dolichopeza*	22										1		1			1	1				
29	2902 大蚊科	*Elephantomyia*	5																1				1
29	2902 大蚊科	*Elliptera*	2																1				
29	2902 大蚊科	*Epiphragma*	5																1				
29	2902 大蚊科	*Eriocera*	18									1											
29	2902 大蚊科	*Erioptera*	33																1				1
29	2902 大蚊科	*Eurpamphidia*	1																1				
29	2902 大蚊科	*Francomyia*	1																				

（续表）

目	科	属	种数	昆虫亚区 a	b	c	d	e	f	g	h	i	j	k	l	m	n	o	p	q	r	s	t
29	2902 大蚊科	*Geranmomyia*	1																1				
29	2902 大蚊科	*Gonomyia*	51																1				1
29	2902 大蚊科	*Grahamomyia*	1																1				
29	2902 大蚊科	*Gymnastes*	4																1				
29	2902 大蚊科	*Helius*	18																1				
29	2902 大蚊科	*Hexatoma*	60								1								1				1
29	2902 大蚊科	*Holorusia*	18				1		1	1				1					1	1		1	
29	2902 大蚊科	*Idiocera*	1																				
29	2902 大蚊科	*Indotipula*	1																				
29	2902 大蚊科	*Libnotes*	2																1				
29	2902 大蚊科	*Limnobia*	5																1				
29	2902 大蚊科	*Limnophila*	20								1								1				
29	2902 大蚊科	*Limonia*	135												1				1				1
29	2902 大蚊科	*Limonina*	12												1				1				1
29	2902 大蚊科	*Linonialadogensis*	4																				1
29	2902 大蚊科	*Liogma*	4																1				
29	2902 大蚊科	*Lipsothrix*	4																1				
29	2902 大蚊科	*Longurio*	8								1								1	1			1
29	2902 大蚊科	*Macgregoromyia*	4													1							
29	2902 大蚊科	*Malpighia*	1																				
29	2902 大蚊科	*Molophilus*	29																1				
29	2902 大蚊科	*Neolimnophila*	10																1				
29	2902 大蚊科	*Nephrotoma*	85		1	1	1	1	1				1	1	1		1	1	1	1			
29	2902 大蚊科	*Nesopeza*	5																1				
29	2902 大蚊科	*Nipponnomyia*	2																				
29	2902 大蚊科	*Orimarga*	14																1				
29	2902 大蚊科	*Ormosia*	27																1				
29	2902 大蚊科	*Oropeza*	1																1				
29	2902 大蚊科	*Oxydiscus*	6																				
29	2902 大蚊科	*Paratropeza*	2																1				
29	2902 大蚊科	*Pedicia*	3													1							
29	2902 大蚊科	*Phalacrocera*	3																1				1
29	2902 大蚊科	*Phyllollabis*	3																				
29	2902 大蚊科	*Pilaria*	1																1				
29	2902 大蚊科	*Plocimas*	1																				
29	2902 大蚊科	*Protohelius*	2																				
29	2902 大蚊科	*Pselliophora*	22			1		1				1							1	1		1	1
29	2902 大蚊科	*Pseudolimnophila*	7																1				1
29	2902 大蚊科	*Rhabdomastrix*	3																				
29	2902 大蚊科	*Rhaphidolabis*	1																1				
29	2902 大蚊科	*Stenadonta*	1																				
29	2902 大蚊科	*Stibadocerella*	2																1				
29	2902 大蚊科	*Styringomyia*	9																1				
29	2902 大蚊科	*Taiwanina*	1																				
29	2902 大蚊科	*Takadonta*	1																				
29	2902 大蚊科	*Takashachia*	1																1				
29	2902 大蚊科	*Tanypremna*	1																				
29	2902 大蚊科	*Tanyptera*	11					1						1		1							
29	2902 大蚊科	*Tasiocera*	2																1				
29	2902 大蚊科	*Teucholabis*	3																1				
29	2902 大蚊科	*Thaumastoptera*	1																1				
29	2902 大蚊科	*Tipula*	271		1	1	1	1				1	1	1	1	1			1	1		1	
29	2902 大蚊科	*Tipulodina*	2				1			1													
29	2902 大蚊科	*Toxorhina*	1																1				
29	2902 大蚊科	*Trentepohlia*	12																1				1
29	2902 大蚊科	*Tricyphona*	1																1				

目	科	属	种数	a	b	c	d	e	f	g	h	i	j	k	l	m	n	o	p	q	r	s	t
																	昆虫亚区						
29	2902 大蚊科	*Triogma*	1																				
29	2902 大蚊科	*Troglophila*	3																	1			
29	2902 大蚊科	*Ula*	3																	1			
29	2902 大蚊科	*Xipholimnobia*	1																	1			
29	2903 网蚊科	*Blepharicera*	4															1	1				
29	2903 网蚊科	*Curupora*	1																				
29	2903 网蚊科	*Philorus*	1																				
29	2903 网蚊科	*Tianshacnella*	1																				
29	2904 蛾蠓科	*Chinus*	1																				
29	2904 蛾蠓科	*Dracomyia*	1															1					
29	2904 蛾蠓科	*Grassomyia*	1																	1			
29	2904 蛾蠓科	*Horaiella*	1																				
29	2904 蛾蠓科	*Idiophlebotomus*	1					1															
29	2904 蛾蠓科	*Pericoma*	1																	1			
29	2904 蛾蠓科	*Phlebotomus*	20	1	1	1	1	1	1		1	1	1	1	1				1	1			1
29	2904 蛾蠓科	*Psycha*	1																	1			
29	2904 蛾蠓科	*Psychoda*	15																	1			
29	2904 蛾蠓科	*Psydocha*	1			1																	
29	2904 蛾蠓科	*Sergentomyia*	26		1		1	1	1			1	1	1	1				1	1		1	1
29	2904 蛾蠓科	*Telmatoscopus*	1																	1			
29	2904 蛾蠓科	*Tinearis*	2																	1			
29	2904 蛾蠓科	*Ypsydocha*	1																	1			
29	2905 细蚊科	*Dixa*	7															1					
29	2905 细蚊科	*Dixella*	2															1					
29	2906 蚊科	*Aedes*	122	1	1	1	1	1	1		1	1	1	1	1		1	1	1	1	1	1	1
29	2906 蚊科	*Anopheles*	59			1	1	1	1		1	1	1	1	1		1	1	1	1	1	1	1
29	2906 蚊科	*Armigeres*	17				1					1	1	1	1		1	1	1	1	1	1	1
29	2906 蚊科	*Coquillettidia*	3			1					1							1					1
29	2906 蚊科	*Culex*	74			1	1	1	1		1	1	1	1	1		1	1	1	1	1	1	1
29	2906 蚊科	*Ficalbia*	2																				
29	2906 蚊科	*Heizmannia*	17												1		1		1	1	1		1
29	2906 蚊科	*Hodgesia*	1																				1
29	2906 蚊科	*Malaya*	3														1	1	1			1	1
29	2906 蚊科	*Mansonia*	3									1	1	1	1		1	1				1	1
29	2906 蚊科	*Mimomyia*	4									1			1		1	1	1			1	1
29	2906 蚊科	*Orthopodomyia*	5			1					1	1	1	1			1	1				1	
29	2906 蚊科	*Topomyia*	20											1		1			1	1	1		
29	2906 蚊科	*Toxorhynchites*	7			1						1					1	1				1	1
29	2906 蚊科	*Tripteroides*	9			1						1	1	1			1	1			1	1	1
29	2906 蚊科	*Tropteroides*	1																		1		
29	2906 蚊科	*Udaya*	1																				
29	2906 蚊科	*Uranotaenia*	26									1	1		1		1	1	1	1	1	1	1
29	2907 幽蚊科	*Chaoborus*	1																				
29	2908 奇蚋科	*Thaumalea*	2															1					
29	2909 摇蚊科	*Ablabesmyia*	4				1	1	1				1					1	1				
29	2909 摇蚊科	*Acricotopus*	2																				
29	2909 摇蚊科	*Antillocladius*	1															1					
29	2909 摇蚊科	*Apsectrotanypus*	2					1					1										
29	2909 摇蚊科	*Beckidia*	1																				
29	2909 摇蚊科	*Biwatendipes*	1					1															
29	2909 摇蚊科	*Brillia*	4							1				1	1			1					
29	2909 摇蚊科	*Bryophaenocladius*	5				1	1						1	1			1					1
29	2909 摇蚊科	*Camptocladius*	2				1													1			
29	2909 摇蚊科	*Cardiocladius*	3															1					
29	2909 摇蚊科	*Chaetocladius*	2															1					
29	2909 摇蚊科	*Chironomus*	40			1	1	1	1			1	1	1	1			1	1			1	

目	科	属	种数	昆虫亚区																			
---	---	---	---	a	b	c	d	e	f	g	h	i	j	k	l	m	n	o	p	q	r	s	t
29	2909 摇蚊科	*Cladopelma*	4				1	1	1				1						1	1			1
29	2909 摇蚊科	*Cladotanytarsus*	6				1	1							1								
29	2909 摇蚊科	*Clanotanyous*	5				1							1					1				
29	2909 摇蚊科	*Clinochironomus*	2																1				
29	2909 摇蚊科	*Clinotanypus*	1															1					
29	2909 摇蚊科	*Clunio*	2					1											1				
29	2909 摇蚊科	*Compterosmittia*	1																			1	
29	2909 摇蚊科	*Conarete*	4												1								1
29	2909 摇蚊科	*Conchapelopia*	2						1					1		1							
29	2909 摇蚊科	*Corynoneura*	4						1					1		1							
29	2909 摇蚊科	*Cricotopus*	17			1	1	1	1				1	1	1				1	1			1
29	2909 摇蚊科	*Cryptochironomus*	11				1	1	1			1	1		1				1	1			
29	2909 摇蚊科	*Cryptotendipes*	2											1									
29	2909 摇蚊科	*Demicryptochironomus*	3											1	1				1				1
29	2909 摇蚊科	*Diamesa*	5						1						1				1				
29	2909 摇蚊科	*Dicrotendipes*	7					1	1					1					1	1			1
29	2909 摇蚊科	*Diplocladius*	1					1															
29	2909 摇蚊科	*Einfeldia*	2				1	1						1		1			1	1			
29	2909 摇蚊科	*Endochironomus*	3			1		1											1				
29	2909 摇蚊科	*Epoicocladius*	1						1														
29	2909 摇蚊科	*Eulkiefferiella*	9			1								1	1	1	1		1	1			
29	2909 摇蚊科	*Euryhapsis*	1																				
29	2909 摇蚊科	*Glyptotendipes*	7			1		1	1					1		1			1				
29	2909 摇蚊科	*Harnischia*	7				1	1	1					1	1				1		1	1	
29	2909 摇蚊科	*Heleniella*	3						1						1				1				
29	2909 摇蚊科	*Heterotrissocladius*	1												1								
29	2909 摇蚊科	*Hydrobaenus*	1											1									
29	2909 摇蚊科	*Kiefferulus*	4					1						1					1	1			1
29	2909 摇蚊科	*Kloosia*	2											1					1				
29	2909 摇蚊科	*Krenosmittia*	2						1														
29	2909 摇蚊科	*Larsia*	1																				
29	2909 摇蚊科	*Limnophyes*	9					1	1					1	1				1	1			
29	2909 摇蚊科	*Macropelopia*	3																				
29	2909 摇蚊科	*Mesosmittia*	5			1		1	1					1	1		1				1		
29	2909 摇蚊科	*Metriocnemus*	2												1				1				
29	2909 摇蚊科	*Microchironomus*	2					1	1				1						1				1
29	2909 摇蚊科	*Micropsectra*	11				1	1	1	1				1	1				1	1			
29	2909 摇蚊科	*Microtendipes*	2					1							1				1				
29	2909 摇蚊科	*Monodiamesa*	1																				
29	2909 摇蚊科	*Nanocladius*	2			1			1														
29	2909 摇蚊科	*Neostempelliae*	1				1																
29	2909 摇蚊科	*Neozavrelia*	3			1			1							1							
29	2909 摇蚊科	*Nilodorum*	1											1					1	1			1
29	2909 摇蚊科	*Nilotanypus*	1						1														
29	2909 摇蚊科	*Orthocladius*	17			1		1	1	1				1	1	1	1		1				
29	2909 摇蚊科	*Pagastia*	5					1	1					1	1								1
29	2909 摇蚊科	*Parachaetocladius*	1																1				
29	2909 摇蚊科	*Parachironomus*	3					1						1					1				
29	2909 摇蚊科	*Paraclabopelma*	1						1										1				
29	2909 摇蚊科	*Paracladius*	3					1	1												1		
29	2909 摇蚊科	*Paracladopelma*	7													1							
29	2909 摇蚊科	*Parakiefferiella*	3											1						1			
29	2909 摇蚊科	*Paralimnophyes*	1																				
29	2909 摇蚊科	*Parameria*	1										1										
29	2909 摇蚊科	*Parametriocnemus*	2					1	1				1	1	1				1				
29	2909 摇蚊科	*Paraphaenocladius*	2						1										1				

目	科	属	种数	a	b	c	d	e	f	g	h	i	j	k	l	m	n	o	p	q	r	s	t
29	2909 摇蚊科	*Paratanytarsus*	6			1		1				1	1										
29	2909 摇蚊科	*Paratendipes*	9				1	1							1				1	1				
29	2909 摇蚊科	*Paratrichocladius*	5			1			1						1	1			1	1			
29	2909 摇蚊科	*Pelopia*	1																				
29	2909 摇蚊科	*Pentaneura*	4																			1		
29	2909 摇蚊科	*Phaenopsectra*	1				1																
29	2909 摇蚊科	*Polypedilum*	40				1	1				1	1	1	1				1	1	1			1
29	2909 摇蚊科	*Potthastia*	3				1							1	1				1				
29	2909 摇蚊科	*Prochironomus*	2																	1			
29	2909 摇蚊科	*Procladius*	9			1	1	1						1		1			1	1			
29	2909 摇蚊科	*Prodiamesa*	2						1														
29	2909 摇蚊科	*Propsilocerus*	3					1															
29	2909 摇蚊科	*Psectrocladius*	6				1			1													
29	2909 摇蚊科	*Pseudodiamesa*	3						1														
29	2909 摇蚊科	*Pseudorthocladius*	1													1							
29	2909 摇蚊科	*Pseudosmittia*	3																				
29	2909 摇蚊科	*Qiniella*	1										1										
29	2909 摇蚊科	*Rheocricotopus*	11			1			1			1		1	1	1			1			1	
29	2909 摇蚊科	*Rheopelopia*	1																1				
29	2909 摇蚊科	*Rheotanytarsus*	6					1	1										1				
29	2909 摇蚊科	*Robackia*	1																1				
29	2909 摇蚊科	*Shangomyia*	1																1				
29	2909 摇蚊科	*Smittia*	7			1		1	1				1	1					1	1			
29	2909 摇蚊科	*Stempellina*	1																				
29	2909 摇蚊科	*Stempellinella*	3																1				
29	2909 摇蚊科	*Stenochironomus*	13	1		1						1	1	1	1		1		1	1		1	1	
29	2909 摇蚊科	*Stictochironomus*	5	1	1	1							1							1			
29	2909 摇蚊科	*Sympothastia*	1					1	1														
29	2909 摇蚊科	*Syndiamesa*	1																				
29	2909 摇蚊科	*Synorthocladius*	1						1														
29	2909 摇蚊科	*Talasoma*	1																				
29	2909 摇蚊科	*Tanypus*	6			1	1	1				1	1	1					1				
29	2909 摇蚊科	*Tanytarsus*	15					1	1				1		1				1	1			1
29	2909 摇蚊科	*Tendipes*	5		1	1													1				
29	2909 摇蚊科	*Thalassomyia*	1																				
29	2909 摇蚊科	*Thienemanniella*	2						1														
29	2909 摇蚊科	*Thienemannimyia*	2					1															
29	2909 摇蚊科	*Thienemanniolla*	1																				
29	2909 摇蚊科	*Thienemannola*	1					1															
29	2909 摇蚊科	*Tokunagayusurika*	2										1						1				
29	2909 摇蚊科	*Tsudayusutika*	1																	1			
29	2909 摇蚊科	*Tvetenia*	3																				
29	2909 摇蚊科	*Xenochironomus*	3										1						1				1
29	2909 摇蚊科	*Xylotopus*	1																				
29	2909 摇蚊科	*Zalutschia*	1																				
29	2909 摇蚊科	*Zavrelia*	1														1						
29	2909 摇蚊科	*Zavreliella*	1										1										
29	2909 摇蚊科	*Zavrelimyia*	2					1															
29	2910 蚋科	*Byssodon*	1			1																	
29	2910 蚋科	*Metacnephia*	3								1												
29	2910 蚋科	*Prosimulium*	5			1																	
29	2910 蚋科	*Simulium*	270	1		1	1	1	1	1	1	1	1	1	1	1	1	1	1	1	1	1	1
29	2910 蚋科	*Sulcicnephia*	6			1					1												
29	2910 蚋科	*Tetisimulium*	1			1																	
29	2910 蚋科	*Twinnia*	1																				
29	2910 蚋科	*Wilhelmia*	8								1												

目	科	属	种数	a	b	c	d	e	f	g	h	i	j	k	l	m	n	o	p	q	r	s	t
29	2911 蠓科	*Agilihelea*	1										1										
29	2911 蠓科	*Allohelea*	12			1		1									1	1		1	1	1	
29	2911 蠓科	*Alloimyia*	1			1																	
29	2911 蠓科	*Alluaudomyia*	28			1		1	1			1	1	1	1		1	1		1	1	1	1
29	2911 蠓科	*Atrichopogon*	86	1		1	1	1				1	1	1	1	1		1		1	1	1	1
29	2911 蠓科	*Bezzia*	48	1		1	1					1	1		1	1	1	1		1	1	1	1
29	2911 蠓科	*Brachypogon*	29	1		1	1	1				1	1	1	1	1	1					1	
29	2911 蠓科	*Calyptopogon*	1																	1			1
29	2911 蠓科	*Ceratopogon*	1	1																			
29	2911 蠓科	*Chairopogon*	1					1															
29	2911 蠓科	*Clinohelea*	1												1								
29	2911 蠓科	*Culicoides*	316	1	1	1	1	1	1	1	1	1	1	1	1	1	1	1	1	1	1	1	1
29	2911 蠓科	*Dasyhelea*	157	1	1	1	1	1	1	1	1	1	1	1	1	1	1	1	1	1	1	1	1
29	2911 蠓科	*Downeshelea*	1																				1
29	2911 蠓科	*Forcipomyia*	154	1		1	1	1				1	1	1	1		1	1		1	1	1	1
29	2911 蠓科	*Guihelea*	1																				1
29	2911 蠓科	*Hypsimyia*	1													1							
29	2911 蠓科	*Johannsenomyia*	3															1	1				
29	2911 蠓科	*Lasiohelea*	68	1		1		1	1			1	1	1	1		1	1		1	1	1	1
29	2911 蠓科	*Leptoconops*	45	1	1		1	1	1	1	1			1	1	1	1		1	1	1	1	1
29	2911 蠓科	*Mackerrasomyia*	1																				1
29	2911 蠓科	*Mallochohelea*	3							1										1	1		
29	2911 蠓科	*Medeobezzia*	1								1		1										
29	2911 蠓科	*Monohelea*	2															1					1
29	2911 蠓科	*Nemoromyia*	1			1																	
29	2911 蠓科	*Nilobezzia*	10				1						1		1	1		1	1		1		
29	2911 蠓科	*Oxyria*	1															1					
29	2911 蠓科	*Palpomyia*	33			1	1	1		1	1			1		1		1		1	1		1
29	2911 蠓科	*Phaenobezzia*	2																1				
29	2911 蠓科	*Probezzia*	2			1											1						
29	2911 蠓科	*Pseudostilobezzia*	1																				1
29	2911 蠓科	*Serromyia*	1																				1
29	2911 蠓科	*Sinhalohelea*	2								1		1										
29	2911 蠓科	*Sphaeromias*	5			1												1					
29	2911 蠓科	*Stilobezzia*	29						1			1	1	1			1	1	1	1	1	1	1
29	2911 蠓科	*Wannohelea*	1								1												
29	2911 蠓科	*Xenohelea*	2																		1	1	
29	2912 粗脉蚊科	*Pachyneura*	1															1					
29	2913 极蚊科	*Protaxymia*	1												1								
29	2914 殊蠓科	*Mycetobia*	1																				
29	2914 殊蠓科	*Obligaster*	1															1					
29	2914 殊蠓科	*Sylvicola*	3									1						1	1				
29	2915 粪蚊科	*Coboldia*	1									1						1					
29	2915 粪蚊科	*Scatopse*	3															1					
29	2916 瘿蚊科	*Anarete*	6			1		1		1				1				1					
29	2916 瘿蚊科	*Anaretella*	2				1											1	1				
29	2916 瘿蚊科	*Aphidoletes*	2				1				1			1									
29	2916 瘿蚊科	*Aprionus*	2			1								1									
29	2916 瘿蚊科	*Asphodylia*	2													1							
29	2916 瘿蚊科	*Asteralobia*	1				1																
29	2916 瘿蚊科	*Asynapta*	1				1																
29	2916 瘿蚊科	*Bryomyia*	4			1								1							1		1
29	2916 瘿蚊科	*Campylomyza*	4																				
29	2916 瘿蚊科	*Catocha*	1																1				
29	2916 瘿蚊科	*Cecidomyia*	2														1						
29	2916 瘿蚊科	*Claspettomyia*	9			1			1			1	1	1		1				1	1	1	

目	科	属	种数	a	b	c	d	e	f	g	h	i	j	k	l	m	n	o	p	q	r	s	t
29	2916 瘿蚊科	*Clinodiplosis*	1																1				
29	2916 瘿蚊科	*Contarinia*	4			1	1	1	1		1	1	1						1			1	1
29	2916 瘿蚊科	*Coquillettomyia*	5			1		1					1	1									
29	2916 瘿蚊科	*Cordylomyia*	1										1										
29	2916 瘿蚊科	*Daphnephila*	1															1					
29	2916 瘿蚊科	*Dasyneura*	9				1				1			1					1			1	
29	2916 瘿蚊科	*Dentifibula*	2				1												1				
29	2916 瘿蚊科	*Diathronomyia*	1				1				1							1					
29	2916 瘿蚊科	*Didactylomia*	1																1				
29	2916 瘿蚊科	*Diplosis*	1									1		1									
29	2916 瘿蚊科	*Epidiplosis*	4				1							1									
29	2916 瘿蚊科	*Erosomyia*	1																			1	
29	2916 瘿蚊科	*Giardomyia*	2																1				
29	2916 瘿蚊科	*Heterogenella*	4			1								1		1							
29	2916 瘿蚊科	*Heteropeza*	1															1					
29	2916 瘿蚊科	*Holobremia*	1																		1		
29	2916 瘿蚊科	*Iteomyia*	1																				
29	2916 瘿蚊科	*Lestremia*	2				1												1				
29	2916 瘿蚊科	*Litchiomyia*	1																			1	
29	2916 瘿蚊科	*Lobodiplosis*	1																				
29	2916 瘿蚊科	*Lygocecis*	1				1			1													
29	2916 瘿蚊科	*Macrodiplosis*	1											1									
29	2916 瘿蚊科	*Macrolabis*	1											1									
29	2916 瘿蚊科	*Matetiola*	1																				
29	2916 瘿蚊科	*Mecophila*	1															1					
29	2916 瘿蚊科	*Miastor*	1																		1		
29	2916 瘿蚊科	*Micromya*	2				1																
29	2916 瘿蚊科	*Misospatha*	1																				
29	2916 瘿蚊科	*Mycophila*	1									1	1										
29	2916 瘿蚊科	*Orseolia*	1																1				
29	2916 瘿蚊科	*Pachydiplosis*	1									1										1	
29	2916 瘿蚊科	*Peromyia*	1				1																
29	2916 瘿蚊科	*Planetella*	1									1											
29	2916 瘿蚊科	*Procontarinia*	1																1				
29	2916 瘿蚊科	*Psectrosema*	1				1																
29	2916 瘿蚊科	*Pseudasphondylia*	2											1									
29	2916 瘿蚊科	*Pseudoperomyia*	2														1		1				
29	2916 瘿蚊科	*Resseliella*	3											1									
29	2916 瘿蚊科	*Rhabdophaga*	4				1	1	1	1		1		1									
29	2916 瘿蚊科	*Rhipidoxylomyia*	6									1	1	1							1		
29	2916 瘿蚊科	*Rhopalomyia*	1											1									
29	2916 瘿蚊科	*Schizobremia*	1															1					
29	2916 瘿蚊科	*Silvestrina*	1				1				1		1	1									
29	2916 瘿蚊科	*Sitodiplosis*	2			1	1	1	1		1	1	1										
29	2916 瘿蚊科	*Stenodiplosis*	1			1		1															
29	2916 瘿蚊科	*Thaumacecidomyia*	1																1				
29	2916 瘿蚊科	*Thecodiplosis*	1																1				
29	2916 瘿蚊科	*Wyatella*	1																				
29	2917 眼蕈蚊科	*Basalisciara*	2											1		1							
29	2917 眼蕈蚊科	*Bradysia*	138			1	1			1	1			1	1			1	1	1			
29	2917 眼蕈蚊科	*Camptochaeta*	1											1		1							
29	2917 眼蕈蚊科	*Corynoptera*	3											1					1				
29	2917 眼蕈蚊科	*Cosmosciara*	1												1								
29	2917 眼蕈蚊科	*Cynoptera*	1																				
29	2917 眼蕈蚊科	*Eurysciara*	1															1					
29	2917 眼蕈蚊科	*Lycoriella*	39				1					1	1	1			1	1					

目	科	属	种数	昆虫亚区																				
				a	b	c	d	e	f	g	h	i	j	k	l	m	n	o	p	q	r	s	t
29	2917 眼蕈蚊科	*Manusciara*	2																				
29	2917 眼蕈蚊科	*Pharetratula*	1					1															
29	2917 眼蕈蚊科	*Phorodonta*	7			1								1	1				1	1			
29	2917 眼蕈蚊科	*Phytosciara*	19											1	1				1				
29	2917 眼蕈蚊科	*Plastosciara*	3					1											1	1			
29	2917 眼蕈蚊科	*Pnyxia*	1																				
29	2917 眼蕈蚊科	*Qisciara*	1												1								
29	2917 眼蕈蚊科	*Scatopsciara*	5					1						1			1	1					
29	2917 眼蕈蚊科	*Sciara*	10			1		1						1	1		1	1					
29	2917 眼蕈蚊科	*Trichosia*	6											1					1				
29	2917 眼蕈蚊科	*Trichosiopsis*	1																1				
29	2917 眼蕈蚊科	*Truchosia*	1												1								
29	2917 眼蕈蚊科	*Xylosciara*	1			1																	
29	2918 菌蚊科	*Acnemia*	2																				
29	2918 菌蚊科	*Acomoptera*	1					1															
29	2918 菌蚊科	*Aglaomyia*	1																1				
29	2918 菌蚊科	*Allactoneura*	3											1	1				1	1			
29	2918 菌蚊科	*Allodia*	7												1				1			1	
29	2918 菌蚊科	*Allodiopsis*	1																1				
29	2918 菌蚊科	*Anatella*	1																1				
29	2918 菌蚊科	*Azana*	2																1				
29	2918 菌蚊科	*Boletina*	12												1				1	1	1		1
29	2918 菌蚊科	*Brevicornus*	8												1				1				
29	2918 菌蚊科	*Clastobasis*	1																				
29	2918 菌蚊科	*Coelosis*	1																				
29	2918 菌蚊科	*Cordyla*	2			1		1	1						1				1				
29	2918 菌蚊科	*Docosia*	8												1								
29	2918 菌蚊科	*Epicypta*	35												1				1			1	
29	2918 菌蚊科	*Exechia*	14			1		1						1	1				1			1	
29	2918 菌蚊科	*Exechiopsis*	4												1				1				
29	2918 菌蚊科	*Fungivora*	2																				
29	2918 菌蚊科	*Hyposciara*	1															1					
29	2918 菌蚊科	*Leia*	15			1		1	1						1				1		1	1	
29	2918 菌蚊科	*Macrorrhyncha*	1												1								
29	2918 菌蚊科	*Mycetophila*	50				1	1				1	1		1				1			1	
29	2918 菌蚊科	*Mycomya*	44					1	1	1		1		1					1			1	
29	2918 菌蚊科	*Neoempheria*	27			1		1	1			1		1	1				1			1	
29	2918 菌蚊科	*Phronia*	19						1			1		1					1				
29	2918 菌蚊科	*Pseudexechia*	1																1				
29	2918 菌蚊科	*Rondaniella*	7												1				1		1		
29	2918 菌蚊科	*Rymosia*	4					1	1										1				
29	2918 菌蚊科	*Sceptonia*	3											1					1				
29	2918 菌蚊科	*Sciophila*	15					1						1	1				1		1		
29	2918 菌蚊科	*Symmerus*	1															1					
29	2918 菌蚊科	*Trichonta*	4						1										1				
29	2918 菌蚊科	*Urytalpa*	1											1					1				
29	2918 菌蚊科	*Vecella*	1																1				
29	2918 菌蚊科	*Zygomyia*	2									1							1				
29	2919 毛蚊科	*Aldrovandiella*	1															1					
29	2919 毛蚊科	*Bibio*	69		1	1	1	1		1			1	1	1	1		1	1	1			1
29	2919 毛蚊科	*Bibiodes*	1								1												
29	2919 毛蚊科	*Culiseta*	9			1	1			1					1			1					
29	2919 毛蚊科	*Dilophus*	12			1		1						1			1			1			
29	2919 毛蚊科	*Penthetria*	19			1	1	1	1				1	1	1		1	1	1				
29	2919 毛蚊科	*Plecia*	34			1		1					1	1	1	1	1	1	1	1	1	1	1
29	2920 褶蚊科	*Ptychoptera*	4															1					

目	科	属	种数	昆虫亚区																			
				a	b	c	d	e	f	g	h	i	j	k	l	m	n	o	p	q	r	s	t
29	2921 拟网蚊科	*Deuterophlebia*	1																				
29	2922 扁角蚊科	*Macrocera*	11														1						
29	2922 扁角蚊科	*Zelmira*	2															1					
29	2923 虻科	*Atylotus*	19	1	1	1	1	1	1	1	1	1	1	1	1		1		1	1		1	1
29	2923 虻科	*Buplex*	1																				
29	2923 虻科	*Chrysops*	39	1		1	1	1	1	1	1	1	1	1	1	1	1	1	1	1	1	1	1
29	2923 虻科	*Chrysozona*	9					1													1		
29	2923 虻科	*Eremomyia*	1																				
29	2923 虻科	*Gastroxides*	1															1					
29	2923 虻科	*Gressitia*	2												1								
29	2923 虻科	*Gressittia*	1											1			1	1					
29	2923 虻科	*Haematopota*	82	1		1	1	1	1	1	1	1	1	1	1	1	1	1	1	1	1	1	1
29	2923 虻科	*Hybomitra*	128	1	1	1	1		1	1	1		1	1	1	1	1	1	1	1	1		
29	2923 虻科	*Isshikia*	3										1				1	1					1
29	2923 虻科	*Leptophylemyia*	1																				
29	2923 虻科	*Neochrysops*	1															1					
29	2923 虻科	*Pangonius*	1																				
29	2923 虻科	*Philoliche*	1																				
29	2923 虻科	*Pityocera*	1																				
29	2923 虻科	*Silvius*	9			1										1		1	1				
29	2923 虻科	*Stonemyia*	2			1												1					
29	2923 虻科	*Tabanus*	283		1	1	1	1	1	1	1	1	1	1	1	1	1	1	1	1	1	1	1
29	2923 虻科	*Thaumastomyia*	1					1															
29	2924 伪鹬虻科	*Atherix*	1									1											
29	2924 伪鹬虻科	*Suragina*	1															1					
29	2925 鹬虻科	*Arthroceras*	1																				
29	2925 鹬虻科	*Chrysopilus*	41				1	1					1	1				1	1	1	1		
29	2925 鹬虻科	*Desmomyia*	1																				
29	2925 鹬虻科	*Ptiolina*	1																1				
29	2925 鹬虻科	*Rhagina*	1																			1	
29	2925 鹬虻科	*Rhagio*	39					1					1	1	1			1	1			1	1
29	2925 鹬虻科	*Spatulina*	1																				
29	2925 鹬虻科	*Symphoromyia*	3					1															
29	2926 木虻科	*Nematoceropsis*	1																				
29	2926 木虻科	*Rachicerus*	10										1					1	1				1
29	2926 木虻科	*Rhachicerina*	1																				
29	2926 木虻科	*Xylomya*	5										1										
29	2927 水虻科	*Acanthinoides*	1															1					
29	2927 水虻科	*Actina*	17				1	1						1		1	1	1		1	1		
29	2927 水虻科	*Adoxomyia*	3																				
29	2927 水虻科	*Allognosta*	30					1						1	1		1		1		1	1	1
29	2927 水虻科	*Artemita*	1																		1		
29	2927 水虻科	*Aulana*	1															1					
29	2927 水虻科	*Beris*	24			1		1						1	1	1					1		1
29	2927 水虻科	*Campeprosopa*	1													1							
29	2927 水虻科	*Cechotismenus*	1															1					
29	2927 水虻科	*Cephalochrysa*	1															1					
29	2927 水虻科	*Chloromyia*	1																				
29	2927 水虻科	*Chorisops*	7					1						1	1			1					1
29	2927 水虻科	*Cibotogaster*	1															1					
29	2927 水虻科	*Clitellaria*	7				1	1						1				1			1		
29	2927 水虻科	*Craspedometopon*	2											1	1						1	1	
29	2927 水虻科	*Cyphimyia*	1																				
29	2927 水虻科	*Euclitellaria*	1																				
29	2927 水虻科	*Eudmeta*	2													1							1
29	2927 水虻科	*Eulalia*	8									1				1		1					

目	科	属	种数	a	b	c	d	e	f	g	h	i	j	k	l	m	n	o	p	q	r	s	t
29	2927 水虻科	*Evaza*	6											1						1	1	1	1
29	2927 水虻科	*Formosargus*	1															1					
29	2927 水虻科	*Geosargus*	5																				
29	2927 水虻科	*Gongrozus*	1															1					
29	2927 水虻科	*Hermetia*	1							1	1												
29	2927 水虻科	*Hermione*	7															1					
29	2927 水虻科	*Hexodonta*	1																				
29	2927 水虻科	*Hirtea*	2																				
29	2927 水虻科	*Hoplocantha*	1			1												1					
29	2927 水虻科	*Kolomania*	2															1					
29	2927 水虻科	*Lenomyia*	1																				
29	2927 水虻科	*Macrosargus*	1																				
29	2927 水虻科	*Microchrysa*	8					1						1	1			1	1				
29	2927 水虻科	*Negritomyia*	1															1					
29	2927 水虻科	*Nemotelus*	14	1	1	1	1	1															
29	2927 水虻科	*Nigritomyia*	2																			1	
29	2927 水虻科	*Nothomyia*	2													1						1	
29	2927 水虻科	*Odontomyia*	15			1	1	1							1		1		1		1		
29	2927 水虻科	*Oplodontha*	4						1						1			1					
29	2927 水虻科	*Oreomyia*	1															1					
29	2927 水虻科	*Oxycera*	9			1	1	1	1					1	1			1					
29	2927 水虻科	*Parastratiosphecomyia*	2														1						
29	2927 水虻科	*Pegadomyia*	1															1					
29	2927 水虻科	*Prosopochrysa*	2					1															
29	2927 水虻科	*Prostomomyia*	1															1					
29	2927 水虻科	*Pseudowallace*	2															1					
29	2927 水虻科	*Ptecticus*	12					1					1	1	1			1	1		1		
29	2927 水虻科	*Rhaphiocerina*	1																				
29	2927 水虻科	*Rosapha*	1																		1		
29	2927 水虻科	*Sargus*	14					1	1				1	1	1		1	1			1		
29	2927 水虻科	*Solva*	10					1						1	1			1	1				
29	2927 水虻科	*Stratiomyia*	25					1				1	1										
29	2927 水虻科	*Stratiomys*	4			1	1	1															
29	2927 水虻科	*Taurocera*	1														1						
29	2927 水虻科	*Tinda*	3																		1		
29	2927 水虻科	*Wallacea*	3					1										1					
29	2928 臭虻科	*Anacanthaspis*	1																				
29	2928 臭虻科	*Arthropeas*	1					1															
29	2928 臭虻科	*Coenomyia*	1														1						
29	2928 臭虻科	*Dialysis*	3									1	1				1	1					
29	2928 臭虻科	*Stratioleptis*	1																				
29	2929 食木虻科	*Erinna*	2																				
29	2930 穴虻科	*Vermiophis*	7						1	1				1			1						
29	2930 穴虻科	*Vermitigris*	1																			1	
29	2931 小头虻科	*Acrocera*	5			1																	
29	2931 小头虻科	*Cyrtus*	2															1					
29	2931 小头虻科	*Nipponocyrtus*	1															1					
29	2931 小头虻科	*Ogcodes*	4			1																	
29	2931 小头虻科	*Oncodes*	1																				
29	2931 小头虻科	*Opsebius*	1															1					
29	2931 小头虻科	*Paracrocera*	1																				
29	2931 小头虻科	*Philopota*	6											1					1	1			
29	2931 小头虻科	*Pterodontia*	1																				
29	2932 网翅虻科	*Atrisdops*	2																1	1			
29	2932 网翅虻科	*Hirmoneura*	1																				
29	2932 网翅虻科	*Nemestrinus*	5				1																

目	科	属	种数	a	b	c	d	e	f	g	h	i	j	k	l	m	n	o	p	q	r	s	t
29	2932 网翅虻科	*Nycterimyia*	4															1	1				
29	2932 网翅虻科	*Rhynchocephalus*	1																				
29	2933 剑虻科	*Acrosathe*	6					1															1
29	2933 剑虻科	*Bugulaverpa*	1																				1
29	2933 剑虻科	*Dialineura*	3											1					1				
29	2933 剑虻科	*Euphycus*	1																				
29	2933 剑虻科	*Hoplosathe*	3		1		1																
29	2933 剑虻科	*Irwinella*	1																1				
29	2933 剑虻科	*Neothereva*	1				1																
29	2933 剑虻科	*Phycus*	1																1				
29	2933 剑虻科	*Procyclotelus*	1												1								
29	2933 剑虻科	*Psilocephala*	5				1												1	1			
29	2933 剑虻科	*Tabuda*	1				1																
29	2933 剑虻科	*Thereva*	6		1	1																	
29	2934 窗虻科	*Goniophyto*	2																1				
29	2934 窗虻科	*Omphrale*	3			1	1				1	1	1									1	
29	2935 蜂虻科	*Anastoechus*	9			1	1		1	1	1		1										
29	2935 蜂虻科	*Anthax*	1				1																
29	2935 蜂虻科	*Anthrax*	10			1		1	1										1				
29	2935 蜂虻科	*Argyromoeba*	3																1				
29	2935 蜂虻科	*Bombylius*	8		1	1	1	1	1		1	1							1	1		1	
29	2935 蜂虻科	*Cephenius*	16																1				
29	2935 蜂虻科	*Conophorus*	2																				
29	2935 蜂虻科	*Cyrtosia*	1				1																
29	2935 蜂虻科	*Exoprosopa*	5						1	1													
29	2935 蜂虻科	*Geron*	3			1	1																
29	2935 蜂虻科	*Hemipenthes*	5		1	1			1	1													
29	2935 蜂虻科	*Heteralonia*	3																				
29	2935 蜂虻科	*Heterotrophus*	1																				
29	2935 蜂虻科	*Hyperalonia*	5																1		1		
29	2935 蜂虻科	*Ligyra*	2																1				
29	2935 蜂虻科	*Myhicomyia*	1																				
29	2935 蜂虻科	*Parageron*	1				1																
29	2935 蜂虻科	*Peterorossia*	2																				
29	2935 蜂虻科	*Phthiria*	1																				
29	2935 蜂虻科	*Platypygus*	1				1																
29	2935 蜂虻科	*Spongostylum*	1				1																
29	2935 蜂虻科	*Systropus*	57			1		1	1			1	1	1	1			1	1				1
29	2935 蜂虻科	*Thyridanthrax*	3			1																	
29	2935 蜂虻科	*Toxophora*	1																				
29	2935 蜂虻科	*Usia*	2								1												
29	2935 蜂虻科	*Velocia*	7																1				1
29	2935 蜂虻科	*Villa*	13		1	1	1	1	1										1		1	1	
29	2936 拟食虫虻科	*Leptomydus*	1																1				
29	2937 食虫虻科	*Acanthoppeura*	1									1											
29	2937 食虫虻科	*Aconthopleura*	1			1	1					1			1	1							
29	2937 食虫虻科	*Ammophilomima*	1																1				
29	2937 食虫虻科	*Anacinaces*	1																1				1
29	2937 食虫虻科	*Ancylorrhynchus*	2											1					1		1		
29	2937 食虫虻科	*Antipalus*	1																1				
29	2937 食虫虻科	*Antiphrission*	1									1											
29	2937 食虫虻科	*Antiphrisson*	10			1	1																
29	2937 食虫虻科	*Archilaphria*	2																				1
29	2937 食虫虻科	*Asilus*	32			1																	1
29	2937 食虫虻科	*Astochia*	10		1		1		1		1		1	1	1	1						1	1
29	2937 食虫虻科	*Bisapoclea*	2																1				

附录

（续表）

目	科	属	种数	昆虫亚区																			
				a	b	c	d	e	f	g	h	i	j	k	l	m	n	o	p	q	r	s	t
29	2937 食虫虻科	*Ceraturgus*	3					1							1		1						
29	2937 食虫虻科	*Cerdistus*	9	1			1			1	1	1		1	1	1	1		1	1			
29	2937 食虫虻科	*Choerades*	1																	1			1
29	2937 食虫虻科	*Clephydroneura*	13												1						1	1	1
29	2937 食虫虻科	*Cophinopoda*	1					1			1	1	1		1	1	1						
29	2937 食虫虻科	*Cyrtopogon*	8			1			1							1							
29	2937 食虫虻科	*Damalis*	4																	1			1
29	2937 食虫虻科	*Dasypogon*	4			1		1				1					1	1		1			
29	2937 食虫虻科	*Dioctria*	7	1		1		1				1	1				1						
29	2937 食虫虻科	*Dysmachus*	3	1											1								
29	2937 食虫虻科	*Emphysomera*	4														1						
29	2937 食虫虻科	*Epiklisis*	1														1						
29	2937 食虫虻科	*Epitriptus*	3				1																
29	2937 食虫虻科	*Erax*	1																				
29	2937 食虫虻科	*Eremisca*	3				1																
29	2937 食虫虻科	*Esatanas*	1																				
29	2937 食虫虻科	*Euscelidia*	2														1						1
29	2937 食虫虻科	*Eutolmus*	14	1		1	1	1						1	1	1	1		1	1			
29	2937 食虫虻科	*Gepsogaster*	1																				
29	2937 食虫虻科	*Goneccalypsis*	1														1						
29	2937 食虫虻科	*Gyrpoctonus*	1																				
29	2937 食虫虻科	*Heligmoneura*	2												1		1						
29	2937 食虫虻科	*Heteropogon*	1				1																
29	2937 食虫虻科	*Holopogon*	4			1	1																
29	2937 食虫虻科	*Hoplopheromerus*	3									1	1	1			1	1		1			
29	2937 食虫虻科	*Ktyr*	1			1	1																
29	2937 食虫虻科	*Lagynogaster*	10														1	1					
29	2937 食虫虻科	*Laphria*	21			1				1				1	1	1	1	1		1		1	1
29	2937 食虫虻科	*Laphystia*	1														1						
29	2937 食虫虻科	*Lasiopogon*	4						1								1						
29	2937 食虫虻科	*Leptogaster*	28	1		1	1	1						1	1		1						1
29	2937 食虫虻科	*Machimus*	10	1							1			1	1	1	1		1	1			1
29	2937 食虫虻科	*Maira*	2													1		1					
29	2937 食虫虻科	*Merodontina*	6											1	1			1			1	1	1
29	2937 食虫虻科	*Mesoleptogaster*	2														1						
29	2937 食虫虻科	*Michotamia*	1														1						1
29	2937 食虫虻科	*Microstylum*	12				1		1					1	1		1	1			1		1
29	2937 食虫虻科	*Molobratia*	4											1	1								
29	2937 食虫虻科	*Myelaphus*	2																				
29	2937 食虫虻科	*Neoitamus*	15			1		1				1	1	1	1		1	1				1	1
29	2937 食虫虻科	*Neolaparus*	2									1	1				1	1					1
29	2937 食虫虻科	*Neomochtherus*	17			1	1	1							1								
29	2937 食虫虻科	*Nusa*	4				1					1			1		1						
29	2937 食虫虻科	*Oligoschema*	1														1						
29	2937 食虫虻科	*Ommatius*	29				1				1	1			1		1		1	1		1	1
29	2937 食虫虻科	*Orophotus*	3														1						
29	2937 食虫虻科	*Pagidolaphria*	4												1		1						
29	2937 食虫虻科	*Pamponerus*	1												1								
29	2937 食虫虻科	*Paraphamarrania*	1															1					
29	2937 食虫虻科	*Philonicus*	12				1	1	1	1		1	1	1		1			1	1			1
29	2937 食虫虻科	*Pogonosoma*	4												1				1	1			
29	2937 食虫虻科	*Polysaca*	1			1																	
29	2937 食虫虻科	*Proctacanthus*	1																				
29	2937 食虫虻科	*Promachus*	27	1			1	1			1	1		1	1	1	1	1	1	1		1	1
29	2937 食虫虻科	*Protophanes*	1												1								
29	2937 食虫虻科	*Psilonyx*	5																	1	1		1

目	科	属	种数	a	b	c	d	e	f	g	h	i	j	k	l	m	n	o	p	q	r	s	t
29	2937 食虫虻科	*Saropogon*	3											1	1				1				1
29	2937 食虫虻科	*Satanas*	7	1		1	1																
29	2937 食虫虻科	*Scylaticus*	2										1							1			1
29	2937 食虫虻科	*Selidopogon*	1																				
29	2937 食虫虻科	*Sinopsilonyx*	1																				
29	2937 食虫虻科	*Stenopogon*	17	1			1	1		1	1				1		1						
29	2937 食虫虻科	*Stichopogon*	8					1			1				1			1					
29	2937 食虫虻科	*Theurgus*	1			1																	
29	2937 食虫虻科	*Tolmerus*	5				1								1				1	1			1
29	2937 食虫虻科	*Trichardis*	1																				
29	2937 食虫虻科	*Trichomachimus*	20								1			1	1	1	1			1			
29	2937 食虫虻科	*Trigonomima*	4					1												1	1		
29	2937 食虫虻科	*Trypanoides*	4																	1			
29	2937 食虫虻科	*Xenomyza*	19					1					1	1	1	1	1		1	1	1	1	1
29	2938 舞虻科	*Aclinocera*	1														1						
29	2938 舞虻科	*Alinocera*	1														1						
29	2938 舞虻科	*Anthalia*	1											1									
29	2938 舞虻科	*Bicellaria*	1																1				
29	2938 舞虻科	*Cephalodromia*	1																1				
29	2938 舞虻科	*Chelifera*	7											1			1						
29	2938 舞虻科	*Chelipoda*	21				1	1	1					1					1	1	1	1	1
29	2938 舞虻科	*Chersodromia*	1											1									
29	2938 舞虻科	*Chillcottomyia*	3												1				1		1		
29	2938 舞虻科	*Clinocera*	5					1							1				1		1		
29	2938 舞虻科	*Crossopalpus*	9		1		1	1						1	1		1			1	1		
29	2938 舞虻科	*Dolichocephala*	4											1	1						1		
29	2938 舞虻科	*Drapetis*	13											1	1					1	1		
29	2938 舞虻科	*Elaphropeza*	42											1	1		1		1	1	1	1	1
29	2938 舞虻科	*Empis*	42					1							1				1	1	1	1	
29	2938 舞虻科	*Euhybus*	1																		1		
29	2938 舞虻科	*Euthyneura*	2											1									
29	2938 舞虻科	*Harpamerus*	2																		1	1	
29	2938 舞虻科	*Hemerodromia*	25					1						1	1		1		1	1	1	1	
29	2938 舞虻科	*Hilara*	41											1	1				1	1		1	
29	2938 舞虻科	*Hilarigona*	1											1									
29	2938 舞虻科	*Hybos*	104		1		1	1	1			1		1	1	1		1	1		1	1	1
29	2938 舞虻科	*Leptopeza*	1																1				
29	2938 舞虻科	*Micrempis*	1																1				
29	2938 舞虻科	*Microphor*	1											1									
29	2938 舞虻科	*Ochtherohilara*	1														1						
29	2938 舞虻科	*Ocydromia*	1					1															
29	2938 舞虻科	*Oedalea*	2											1								1	
29	2938 舞虻科	*Oreogeton*	1											1									
29	2938 舞虻科	*Parahybos*	13												1				1	1	1		
29	2938 舞虻科	*Platyhilara*	1														1						
29	2938 舞虻科	*Platypalpus*	53				1			1				1	1		1	1	1	1	1		
29	2938 舞虻科	*Proclinopyga*	1																				
29	2938 舞虻科	*Rhamphomyia*	15						1		1			1					1	1			
29	2938 舞虻科	*Roederiodes*	2													1							
29	2938 舞虻科	*Schistostoma*	1																				
29	2938 舞虻科	*Sinodrapetis*	1																		1		
29	2938 舞虻科	*Sinohilara*	1											1									
29	2938 舞虻科	*Sinotrichopeza*	2																1				
29	2938 舞虻科	*Stilpon*	2																1		1		
29	2938 舞虻科	*Syndyas*	4					1							1					1	1		
29	2938 舞虻科	*Syneches*	26					1	1					1	1		1	1	1			1	1

目	科	属	种数	昆虫亚区																				
				a	b	c	d	e	f	g	h	i	j	k	l	m	n	o	p	q	r	s	t
29	2938 舞虻科	*Tachydromia*	5											1						1		1	
29	2938 舞虻科	*Tachypeza*	1											1									
29	2938 舞虻科	*Trichoclinocera*	4																	1			
29	2938 舞虻科	*Trichopeza*	1																			1	
29	2939 长足虻科	*Acropsilus*	8												1						1	1	
29	2939 长足虻科	*Acymatopus*	1			1																	
29	2939 长足虻科	*Ahercostomus*	1																		1		
29	2939 长足虻科	*Ahypophyllus*	1							1				1									
29	2939 长足虻科	*Alishania*	1															1					
29	2939 长足虻科	*Allohercostomus*	2											1		1	1						
29	2939 长足虻科	*Amblypsilopus*	48				1						1	1	1	1	1	1	1	1	1	1	1
29	2939 长足虻科	*Anasyntormon*	1															1					
29	2939 长足虻科	*Aphalacrosoma*	7											1	1	1							
29	2939 长足虻科	*Argyra*	9							1	1			1		1		1					
29	2939 长足虻科	*Asyndetus*	13	1	1		1	1						1	1			1	1	1	1		
29	2939 长足虻科	*Campsicnemus*	5													1		1	1	1			
29	2939 长足虻科	*Chaetogonopteron*	39											1	1			1	1	1	1	1	1
29	2939 长足虻科	*Chrysosoma*	36				1							1	1		1	1	1	1	1	1	1
29	2939 长足虻科	*Chrysotimus*	30				1	1						1		1	1	1			1		
29	2939 长足虻科	*Chrysotus*	43	1	1		1	1	1	1		1		1	1	1		1	1	1		1	
29	2939 长足虻科	*Condylostylus*	27				1				1	1		1	1	1	1	1					
29	2939 长足虻科	*Cremmus*	1												1								
29	2939 长足虻科	*Cryptophleps*	1															1					
29	2939 长足虻科	*Diaphorus*	48	1			1	1				1		1	1	1	1	1	1	1	1	1	1
29	2939 长足虻科	*Diostracus*	23				1							1	1	1		1			1		
29	2939 长足虻科	*Dolichophorus*	2				1	1															
29	2939 长足虻科	*Dolichopus*	73	1	1	1	1	1	1	1	1	1	1	1	1	1	1	1	1	1	1		
29	2939 长足虻科	*Dubius*	5											1									
29	2939 长足虻科	*Gymnopternus*	42				1	1				1	1	1		1	1	1	1	1	1		
29	2939 长足虻科	*Haplopharyngomyia*	1															1					
29	2939 长足虻科	*Hercostomoides*	1														1					1	1
29	2939 长足虻科	*Hercostomus*	247	1	1	1	1	1	1	1		1		1	1	1	1	1	1	1	1		
29	2939 长足虻科	*Hydrophorus*	9	1	1	1	1	1			1			1				1					
29	2939 长足虻科	*Hypocharassus*	2															1					
29	2939 长足虻科	*Krakatauia*	1												1			1					
29	2939 长足虻科	*Kudovicius*	1							1													
29	2939 长足虻科	*Lamprochromus*	1				1																
29	2939 长足虻科	*Liancalus*	5					1						1	1	1			1	1			
29	2939 长足虻科	*Lichtwardtia*	3																		1	1	
29	2939 长足虻科	*Medetera*	21			1	1							1		1	1	1	1	1	1	1	
29	2939 长足虻科	*Melanostolus*	2				1																
29	2939 长足虻科	*Mesorhaga*	12					1									1	1	1	1	1	1	1
29	2939 长足虻科	*Micromorphus*	3				1								1								
29	2939 长足虻科	*Nematoproctus*	2												1		1						
29	2939 长足虻科	*Neomedetera*	1																			1	
29	2939 长足虻科	*Nepalomyia*	53					1						1	1	1	1		1	1	1	1	
29	2939 长足虻科	*Neurigona*	29				1	1						1	1		1	1	1	1	1	1	
29	2939 长足虻科	*Oncopygius*	1															1					
29	2939 长足虻科	*Paraclius*	31					1					1	1	1	1			1	1	1	1	1
29	2939 长足虻科	*Parahercostomus*	4													1	1						
29	2939 长足虻科	*Paralleloneurum*	1															1					
29	2939 长足虻科	*Paramedetera*	3								1				1	1						1	
29	2939 长足虻科	*Pelastoneurus*	3																		1	1	
29	2939 长足虻科	*Peloropeodes*	1												1								
29	2939 长足虻科	*Peodes*	1																				
29	2939 长足虻科	*Phalacrosoma*	4											1	1	1			1				

目	科	属	种数	a	b	c	d	e	f	g	h	i	j	k	l	m	n	o	p	q	r	s	t
29	2939 长足虻科	*Plagiozopelma*	15												1	1			1	1	1	1	1
29	2939 长足虻科	*Pseudohercostomus*	1																		1		
29	2939 长足虻科	*Rhaphium*	21	1	1	1	1	1	1	1	1	1			1	1	1	1		1	1	1	
29	2939 长足虻科	*Scellus*	2	1	1				1														
29	2939 长足虻科	*Schoenophilus*	1																		1		
29	2939 长足虻科	*Sciapus*	5		1		1	1							1					1	1		
29	2939 长足虻科	*Scotiomyia*	2											1									
29	2939 长足虻科	*Setihercostomus*	3									1		1		1				1	1	1	
29	2939 长足虻科	*Sinosciapus*	2														1		1				
29	2939 长足虻科	*Sybistroma*	28			1	1	1						1	1	1	1	1	1		1		
29	2939 长足虻科	*Sympycnus*	13																		1		
29	2939 长足虻科	*Syntormon*	16	1				1	1	1	1												
29	2939 长足虻科	*Systenus*	1																		1		
29	2939 长足虻科	*Tachytrechus*	12			1						1	1	1	1		1			1		1	
29	2939 长足虻科	*Tersomyia*	1																		1		
29	2939 长足虻科	*Teuchophorus*	22			1						1			1	1				1	1	1	
29	2939 长足虻科	*Thambemyia*	5			1		1												1	1		
29	2939 长足虻科	*Thinophilus*	17	1		1		1							1					1	1	1	1
29	2939 长足虻科	*Thrypticus*	3	1			1														1		
29	2939 长足虻科	*Trigonocera*	4												1					1	1		1
29	2939 长足虻科	*Xanthochlorus*	3					1						1									
29	2940 张翅菌蚊科	*Diadocidia*	1														1						
29	2941 尖翅蝇科	*Homolonchoptera*	1																		1		
29	2941 尖翅蝇科	*Lonchoptera*	17	1					1					1						1	1		
29	2941 尖翅蝇科	*Spilolonchoptera*	3											1			1				1		
29	2942 蚤蝇科	*Anevrina*	2				1																1
29	2942 蚤蝇科	*Aphiochaeta*	12																1				
29	2942 蚤蝇科	*Borophaga*	1											1									
29	2942 蚤蝇科	*Chaetogodavaria*	1																			1	
29	2942 蚤蝇科	*Chaetopleurophora*	1																1				
29	2942 蚤蝇科	*Chouomyia*	2				1															1	
29	2942 蚤蝇科	*Conicera*	9			1		1	1					1		1		1		1	1	1	1
29	2942 蚤蝇科	*Ctenopleuriphora*	1																				1
29	2942 蚤蝇科	*Dicranopteron*	1																1				
29	2942 蚤蝇科	*Diploneura*	7			1		1	1									1	1		1	1	
29	2942 蚤蝇科	*Dohrniphora*	12			1		1	1									1					1
29	2942 蚤蝇科	*Godavaria*	1																				1
29	2942 蚤蝇科	*Gymnophora*	2													1							
29	2942 蚤蝇科	*Hypocera*	3													1			1				1
29	2942 蚤蝇科	*Latiborophaga*	1													1							
29	2942 蚤蝇科	*Mallochina*	1																1				
29	2942 蚤蝇科	*Megaselia*	42	1		1	1	1					1						1	1		1	1
29	2942 蚤蝇科	*Metopina*	7			1													1			1	
29	2942 蚤蝇科	*Phalacrotophora*	6											1						1	1	1	
29	2942 蚤蝇科	*Phora*	9			1		1	1					1	1	1							1
29	2942 蚤蝇科	*Puliciphora*	4			1	1									1				1	1	1	1
29	2942 蚤蝇科	*Rhopica*	1																				1
29	2942 蚤蝇科	*Spiniphora*	2																			1	
29	2942 蚤蝇科	*Stichillus*	8											1	1	1				1	1		
29	2942 蚤蝇科	*Teratophora*	1																1				
29	2942 蚤蝇科	*Triphleba*	2				1					1				1							
29	2942 蚤蝇科	*Trophithauma*	2																		1		1
29	2942 蚤蝇科	*Woodiphora*	13											1		1				1	1	1	1
29	2943 扁足蝇科	*Agathomyia*	2													1							
29	2943 扁足蝇科	*Clythia*	2													1							
29	2943 扁足蝇科	*Plesioclythia*	2													1							

（续表）

目	科	属	种数	a	b	c	d	e	f	g	h	i	j	k	l	m	n	o	p	q	r	s	t
29	2943 扁足蝇科	Plossthiochaeta	1																1				
29	2944 蟹蝇科	Pseudotermitoxenia	1																1				
29	2944 蟹蝇科	Termitoxenia	1																1				
29	2945 头蝇科	Cephalops	18			1		1	1						1			1	1				1
29	2945 头蝇科	Chalarus	3					1									1		1				
29	2945 头蝇科	Claraeola	1																1				
29	2945 头蝇科	Dorylas	5								1								1				
29	2945 头蝇科	Dorylomorpha	2				1											1	1				
29	2945 头蝇科	Eudorylas	33					1	1			1			1	1		1	1		1		
29	2945 头蝇科	Jassidophaga	7			1		1											1		1		
29	2945 头蝇科	Nephrocerus	1											1									
29	2945 头蝇科	Pipunculus	10			1						1		1									
29	2945 头蝇科	Tomosvaryella	12					1			1	1	1	1				1	1				
29	2945 头蝇科	Verrallia	2											1					1				
29	2946 食蚜蝇科	Allobaccha	7					1				1			1			1	1	1	1		
29	2946 食蚜蝇科	Allograpta	6			1		1	1			1			1							1	1
29	2946 食蚜蝇科	Asarkina	7			1		1	1		1	1	1	1		1	1	1	1	1	1	1	1
29	2946 食蚜蝇科	Asiodidea	1			1								1		1	1						
29	2946 食蚜蝇科	Azpeytia	2															1					
29	2946 食蚜蝇科	Baccha	4			1	1	1	1			1	1	1				1	1				
29	2946 食蚜蝇科	Betasyrphus	1		1	1	1	1	1		1	1	1	1	1	1	1	1	1				1
29	2946 食蚜蝇科	Blera	3												1								
29	2946 食蚜蝇科	Brachyopa	2						1						1								
29	2946 食蚜蝇科	Brachypalpoides	4												1			1	1				
29	2946 食蚜蝇科	Brachypalpus	2				1																
29	2946 食蚜蝇科	Callicera	2				1	1							1				1				
29	2946 食蚜蝇科	Ceriana	10					1							1			1	1				
29	2946 食蚜蝇科	Cerioides	1				1																
29	2946 食蚜蝇科	Chalcosyrphus	17												1	1				1	1	1	
29	2946 食蚜蝇科	Cheilosia	53			1		1	1					1	1	1	1	1	1				1
29	2946 食蚜蝇科	Chrysogaster	3			1													1				
29	2946 食蚜蝇科	Chrysotoxum	47	1		1	1	1	1	1					1	1		1	1	1		1	
29	2946 食蚜蝇科	Citrogramma	11																				
29	2946 食蚜蝇科	Criorhina	7				1												1				
29	2946 食蚜蝇科	Dasysyrphus	13	1		1	1	1	1	1	1				1			1	1				
29	2946 食蚜蝇科	Didea	3			1						1	1	1	1	1	1	1	1				
29	2946 食蚜蝇科	Dideoides	7			1		1	1						1	1		1	1	1			1
29	2946 食蚜蝇科	Dideopsis	1								1	1	1	1				1	1	1	1	1	1
29	2946 食蚜蝇科	Dissoptera	1																1				
29	2946 食蚜蝇科	Doros	1					1															
29	2946 食蚜蝇科	Endoiasimyia	2														1		1				
29	2946 食蚜蝇科	Epistrophe	29			1		1	1	1	1				1			1	1	1			
29	2946 食蚜蝇科	Episyrphus	8			1	1	1	1	1		1	1	1		1	1	1	1		1	1	1
29	2946 食蚜蝇科	Eriozona	2			1			1							1	1						
29	2946 食蚜蝇科	Eristalinus	12			1	1	1	1			1			1	1	1	1	1	1	1	1	1
29	2946 食蚜蝇科	Eristalis	30	1	1	1	1	1	1	1	1	1	1	1	1	1	1	1	1	1	1	1	1
29	2946 食蚜蝇科	Eristalodes	1																				
29	2946 食蚜蝇科	Eristalomia	1																1				
29	2946 食蚜蝇科	Eumerus	27			1	1	1							1			1	1			1	1
29	2946 食蚜蝇科	Eupeodes	27	1		1	1	1	1	1		1			1			1	1				
29	2946 食蚜蝇科	Ferdinandea	4			1		1	1					1	1		1						
29	2946 食蚜蝇科	Graptomyza	18												1			1					
29	2946 食蚜蝇科	Hammerschmidtia	1														1						
29	2946 食蚜蝇科	Helophilus	19	1		1	1	1				1			1	1		1	1	1			1
29	2946 食蚜蝇科	Heringia	1			1									1		1						
29	2946 食蚜蝇科	Ischiodon	2			1	1	1	1	1		1	1	1	1			1			1	1	1

目	科	属	种数	a	b	c	d	e	f	g	h	i	j	k	l	m	n	o	p	q	r	s	t
29	2946 食蚜蝇科	*Ischyrosyrphus*	3			1	1	1	1		1		1						1				
29	2946 食蚜蝇科	*Kertesziomyia*	1															1		1			
29	2946 食蚜蝇科	*Lamellidorsum*	2											1									
29	2946 食蚜蝇科	*Lathyrophthalmus*	9			1	1	1	1					1						1		1	1	1
29	2946 食蚜蝇科	*Lejogaster*	1				1																
29	2946 食蚜蝇科	*Leucozona*	2			1		1	1					1		1	1						
29	2946 食蚜蝇科	*Liochrysogaster*	1																				
29	2946 食蚜蝇科	*Lycastris*	2																1				1
29	2946 食蚜蝇科	*Macriprlrcocera*	1																				
29	2946 食蚜蝇科	*Macrometopia*	1																				
29	2946 食蚜蝇科	*Mallota*	23			1	1	1						1	1				1				1
29	2946 食蚜蝇科	*Matsumyia*	2											1									
29	2946 食蚜蝇科	*Megasyrphus*	2															1					
29	2946 食蚜蝇科	*Melangyna*	11			1	1	1	1	1				1		1	1	1					
29	2946 食蚜蝇科	*Melanostoma*	6			1	1	1	1	1	1	1	1	1	1	1	1	1	1	1	1	1	1
29	2946 食蚜蝇科	*Meliscaeva*	5			1		1	1					1	1		1	1	1	1		1	
29	2946 食蚜蝇科	*Memsebrius*	1								1												
29	2946 食蚜蝇科	*Merodon*	3					1						1									
29	2946 食蚜蝇科	*Mesembrius*	17				1						1						1			1	1
29	2946 食蚜蝇科	*Metasyrphus*	10			1	1	1	1	1	1	1	1	1	1	1	1	1				1	1
29	2946 食蚜蝇科	*Microdon*	22			1		1						1					1	1			1
29	2946 食蚜蝇科	*Milesia*	22									1	1	1	1				1	1	1	1	1
29	2946 食蚜蝇科	*Monoceromyia*	17					1							1		1	1	1	1	1		
29	2946 食蚜蝇科	*Myathropa*	2											1									
29	2946 食蚜蝇科	*Myolepta*	3																				
29	2946 食蚜蝇科	*Neoascia*	1					1						1									
29	2946 食蚜蝇科	*Neocnemodon*	2				1	1						1									
29	2946 食蚜蝇科	*Orthonevra*	10			1	1			1				1		1	1		1				
29	2946 食蚜蝇科	*Palumbia*	7											1	1	1	1		1				
29	2946 食蚜蝇科	*Paractophilus*	1			1	1	1							1		1						
29	2946 食蚜蝇科	*Paracyptamus*	1																1				
29	2946 食蚜蝇科	*Paragus*	19	1		1	1	1	1	1	1	1	1				1	1			1	1	1
29	2946 食蚜蝇科	*Paramesembrius*	3																1		1		
29	2946 食蚜蝇科	*Paramicrodon*	1																1				
29	2946 食蚜蝇科	*Paramixogasteroides*	1																1				
29	2946 食蚜蝇科	*Pararctophila*	2						1					1		1		1					
29	2946 食蚜蝇科	*Parasyrphus*	6			1			1	1				1		1							
29	2946 食蚜蝇科	*Phytomia*	2			1		1	1		1	1		1	1	1	1	1	1	1	1	1	1
29	2946 食蚜蝇科	*Pipiza*	17			1	1	1	1	1				1	1				1				
29	2946 食蚜蝇科	*Pipizella*	6				1	1	1	1					1								
29	2946 食蚜蝇科	*Platycheirus*	22			1	1	1	1	1				1		1	1	1	1				
29	2946 食蚜蝇科	*Plumantenna*	1																				1
29	2946 食蚜蝇科	*Portevinia*	5						1														
29	2946 食蚜蝇科	*Primocerioides*	2				1																
29	2946 食蚜蝇科	*Pseuderistalis*	1																1				
29	2946 食蚜蝇科	*Pseudomerodon*	1								1												
29	2946 食蚜蝇科	*Pseudomeromacrus*	1																				
29	2946 食蚜蝇科	*Pseudoplatychirus*	1																				
29	2946 食蚜蝇科	*Pseudovolucella*	1															1					
29	2946 食蚜蝇科	*Pterallastes*	2																				
29	2946 食蚜蝇科	*Pyrophaena*	1				1																
29	2946 食蚜蝇科	*Rhingia*	16			1		1	1					1	1	1	1	1	1	1		1	
29	2946 食蚜蝇科	*Rhinotropidia*	1				1																
29	2946 食蚜蝇科	*Rohdendorfia*	1																				
29	2946 食蚜蝇科	*Scaeva*	10			1	1	1	1	1	1	1	1	1	1	1	1	1				1	
29	2946 食蚜蝇科	*Sericomyia*	4			1													1				

目	科	属	种数	昆虫亚区																			
				a	b	c	d	e	f	g	h	i	j	k	l	m	n	o	p	q	r	s	t
29	2946 食蚜蝇科	*Spazigaste*	1																				
29	2946 食蚜蝇科	*Sphaerophoria*	25	1		1	1	1	1	1	1	1	1	1	1	1	1	1	1	1	1	1	1
29	2946 食蚜蝇科	*Sphegina*	15			1			1					1	1	1		1	1				1
29	2946 食蚜蝇科	*Spheginobaccha*	2																				1
29	2946 食蚜蝇科	*Sphiximorpha*	5				1	1						1				1			1	1	
29	2946 食蚜蝇科	*Spilomyia*	6						1					1									
29	2946 食蚜蝇科	*Stenomicrodon*	1																		1		
29	2946 食蚜蝇科	*Syritta*	3	1		1	1	1	1		1	1		1	1			1	1				
29	2946 食蚜蝇科	*Syrphus*	17			1	1	1	1	1	1			1	1	1	1	1	1	1	1	1	1
29	2946 食蚜蝇科	*Takaomyia*	2																	1	1		
29	2946 食蚜蝇科	*Temnostoma*	9			1		1						1					1				
29	2946 食蚜蝇科	*Tigridemyia*	2																				
29	2946 食蚜蝇科	*Trichopsomyia*	1																				
29	2946 食蚜蝇科	*Triglyphus*	4				1		1					1		1		1		1			
29	2946 食蚜蝇科	*Tuberculanostoma*	1																				
29	2946 食蚜蝇科	*Volucella*	31	1		1	1	1	1	1	1		1	1	1	1			1	1		1	1
29	2946 食蚜蝇科	*Xanthandrus*	3			1		1	1		1			1			1						
29	2946 食蚜蝇科	*Xanthogramma*	12			1			1					1	1	1		1	1				1
29	2946 食蚜蝇科	*Xylota*	29			1	1	1	1					1	1	1	1	1		1	1		
29	2946 食蚜蝇科	*Zelima*	1																		1		
29	2947 尖尾蝇科	*Carpolonchaea*	2																		1		
29	2947 尖尾蝇科	*Chaetolonchaea*	2																				
29	2947 尖尾蝇科	*Lamprolonchaea*	1																				1
29	2947 尖尾蝇科	*Lonchaea*	1																		1		
29	2947 尖尾蝇科	*Silba*	1																		1		
29	2948 缟蝇科	*Dioides*	1																		1		
29	2948 缟蝇科	*Homoneura*	80			1		1						1	1				1		1	1	1
29	2948 缟蝇科	*Lauxania*	7						1								1				1		
29	2948 缟蝇科	*Melinomyia*	1																		1		
29	2948 缟蝇科	*Minettia*	5						1					1							1		
29	2948 缟蝇科	*Monocera*	1																		1		
29	2948 缟蝇科	*Noectomima*	1																				
29	2948 缟蝇科	*Pachycerina*	3																		1		
29	2948 缟蝇科	*Panurgopsis*	1																		1		
29	2948 缟蝇科	*Protrigonotopus*	1																				
29	2948 缟蝇科	*Sapromyza*	24		1				1											1	1	1	1
29	2948 缟蝇科	*Sauteromyia*	1																		1		
29	2948 缟蝇科	*Sciasminettia*	1			1																	
29	2948 缟蝇科	*Steganopsis*	1																		1		
29	2948 缟蝇科	*Trigonometopus*	2			1															1		
29	2948 缟蝇科	*Turriger*	1																		1		
29	2949 斑腹蝇科	*Acrometopia*	1																				
29	2949 斑腹蝇科	*Chamaemyia*	4				1																
29	2949 斑腹蝇科	*Leucopis*	9				1	1			1									1	1		
29	2949 斑腹蝇科	*Parochthiphila*	4				1		1														
29	2950 蜂虱蝇科	*Braula*	1																				
29	2951 甲蝇科	*Celyphus*	27											1	1	1	1	1	1	1	1	1	1
29	2951 甲蝇科	*Oocelyphus*	4										1	1	1		1		1				
29	2951 甲蝇科	*Spaniocelyphus*	13											1	1				1	1	1		1
29	2952 禾蝇科	*Geomyza*	3											1	1			1					
29	2952 禾蝇科	*Opamyza*	2				1	1															
29	2953 果蝇科	*Amiota*	58				1				1			1			1		1		1		
29	2953 果蝇科	*Apanthecia*	2																				
29	2953 果蝇科	*Aseia*	4																		1		
29	2953 果蝇科	*Cacoxenus*	1								1												
29	2953 果蝇科	*Chymomyza*	13										1								1		1

目	科	属	种数	昆虫亚区																			
				a	b	c	d	e	f	g	h	i	j	k	l	m	n	o	p	q	r	s	t
29	2953 果蝇科	*Collessia*	1																				
29	2953 果蝇科	*Colocasiomyia*	2																1				
29	2953 果蝇科	*Dettopsomyia*	3										1						1				
29	2953 果蝇科	*Domomyza*	2																1				
29	2953 果蝇科	*Drepanephora*	1																1				
29	2953 果蝇科	*Drosophila*	237			1	1					1	1	1	1		1		1	1		1	1
29	2953 果蝇科	*Drosophilella*	1										1										
29	2953 果蝇科	*Gitona*	1																				
29	2953 果蝇科	*Hemisphaerisoma*	1																1				
29	2953 果蝇科	*Hirtodrosophila*	23												1				1				
29	2953 果蝇科	*Hypselothyrea*	2																1				1
29	2953 果蝇科	*Leucophenga*	42										1		1			1	1				1
29	2953 果蝇科	*Liodrosophila*	15																1				1
29	2953 果蝇科	*Lissoceohala*	3																1				
29	2953 果蝇科	*Lordiphosa*	41											1	1		1		1	1			
29	2953 果蝇科	*Meroscinis*	1																1				
29	2953 果蝇科	*Microdrosophila*	35												1	1	1		1	1		1	1
29	2953 果蝇科	*Microscinis*	1																1				
29	2953 果蝇科	*Mulgravea*	2																1				1
29	2953 果蝇科	*Mycodrosophila*	18										1		1				1				
29	2953 果蝇科	*Nesiodrosophila*	4																1				
29	2953 果蝇科	*Ohymomyza*	1										1										
29	2953 果蝇科	*Paradrosophila*	1																1				
29	2953 果蝇科	*Paraleucophenga*	3			1							1		1			1	1				
29	2953 果蝇科	*Paramycodrosophila*	1										1						1				
29	2953 果蝇科	*Paramydrosophila*	1										1										
29	2953 果蝇科	*Pararhinoleucophenga*	1																1				
29	2953 果蝇科	*Phortica*	10										1		1				1		1	1	1
29	2953 果蝇科	*Phorticella*	6																1				
29	2953 果蝇科	*Scaptodrosophila*	28					1											1				
29	2953 果蝇科	*Scaptomyza*	20					1					1					1	1				
29	2953 果蝇科	*Sphaerogastrella*	1																				
29	2953 果蝇科	*Stegana*	21		1														1	1		1	
29	2953 果蝇科	*Styloptera*	1																1				
29	2953 果蝇科	*Zaprionus*	7										1						1				
29	2954 细果蝇科	*Curtonotum*	1																				
29	2954 细果蝇科	*Thaumastophila*	1																1				
29	2955 滨蝇科	*Canace*	2																1				
29	2955 滨蝇科	*Chaetocanace*	1																1				
29	2955 滨蝇科	*Nocticanace*	2																1				
29	2955 滨蝇科	*Phaiosterna*	1																1				
29	2955 滨蝇科	*Procanace*	4																1				
29	2955 滨蝇科	*Thichocanace*	2																1				
29	2956 水蝇科	*Actocetor*	1																1				
29	2956 水蝇科	*Athyroglossa*	1					1	1					1									
29	2956 水蝇科	*Brachydeutera*	4					1	1			1		1	1				1				
29	2956 水蝇科	*Dichaeta*	1						1														
29	2956 水蝇科	*Ditrichophora*	1																1				
29	2956 水蝇科	*Donaceus*	1																1				
29	2956 水蝇科	*Ephiphasis*	1																				
29	2956 水蝇科	*Ephydra*	4				1	1				1											
29	2956 水蝇科	*Ephygrobia*	2																				
29	2956 水蝇科	*Gymnopa*	2																1				
29	2956 水蝇科	*Halmotopa*	5																				
29	2956 水蝇科	*Hecanedoides*	2																1				
29	2956 水蝇科	*Hyadina*	1																1				

目	科	属	种数	a	b	c	d	e	f	g	h	i	j	k	l	m	n	o	p	q	r	s	t
29	2956 水蝇科	*Hydrellia*	8				1	1	1	1		1	1	1					1	1		1	
29	2956 水蝇科	*Ilythea*	2					1	1				1										
29	2956 水蝇科	*Lamproscatella*	2																				
29	2956 水蝇科	*Mosillus*	1					1												1			
29	2956 水蝇科	*Napaca*	2																	1			
29	2956 水蝇科	*Notiphila*	9				1								1				1	1			
29	2956 水蝇科	*Ochthera*	3											1	1					1			
29	2956 水蝇科	*Oscinimima*	1																	1			
29	2956 水蝇科	*Paradra*	1												1								
29	2956 水蝇科	*Paralimna*	7					1												1			
29	2956 水蝇科	*Parydra*	3	1				1	1														
29	2956 水蝇科	*Pelina*	1																				
29	2956 水蝇科	*Polytrichophora*	1																				
29	2956 水蝇科	*Psilopa*	12			1	1	1	1											1			1
29	2956 水蝇科	*Rhynchopsilopa*	1																				
29	2956 水蝇科	*Scatella*	4					1	1						1					1			
29	2956 水蝇科	*Schema*	1																				
29	2956 水蝇科	*Typopsilops*	1																	1			
29	2957 刺股蝇科	*Protexara*	1											1		1		1					
29	2957 刺股蝇科	*Syrittomyia*	1																	1			
29	2957 刺股蝇科	*Texara*	6											1			1				1	1	
29	2958 茎蝇科	*Chamaepsila*	18				1	1	1	1				1			1	1			1	1	
29	2958 茎蝇科	*Chyliza*	15			1		1	1					1	1	1		1	1	1	1	1	1
29	2958 茎蝇科	*Loxocera*	9				1	1					1	1	1			1	1	1	1		
29	2958 茎蝇科	*Oxypsila*	4					1		1				1					1				
29	2958 茎蝇科	*Phytopsila*	1														1						
29	2958 茎蝇科	*Psila*	4					1							1								
29	2958 茎蝇科	*Terarista*	1														1						
29	2959 圆目蝇科	*Strongylophthalmyia*	9												1	1	1		1				
29	2960 粪蝇科	*Cordilura*	4					1							1								
29	2960 粪蝇科	*Mixocordylura*	1																				
29	2960 粪蝇科	*Monorbiseta*	2																		1	1	
29	2960 粪蝇科	*Nanna*	1					1	1	1													
29	2960 粪蝇科	*Norellia*	7											1	1		1						
29	2960 粪蝇科	*Parallelomma*	1																				
29	2960 粪蝇科	*Phrosia*	1																				
29	2960 粪蝇科	*Scathophaga*	20	1	1	1	1	1	1		1	1	1	1	1		1	1	1				
29	2960 粪蝇科	*Staegeria*	1				1																
29	2961 花蝇科	*Acklandia*	4			1		1															
29	2961 花蝇科	*Acridomyia*	1																				
29	2961 花蝇科	*Acrostilona*	2					1															
29	2961 花蝇科	*Adia*	4	1	1	1	1	1	1		1	1	1	1	1	1	1	1	1		1	1	
29	2961 花蝇科	*Alliopsis*	26			1	1	1	1	1				1			1	1					
29	2961 花蝇科	*Anthomyia*	13	1	1	1	1	1	1		1	1	1	1	1	1	1	1	1		1		
29	2961 花蝇科	*Botanophila*	108	1	1	1	1	1	1	1		1	1	1	1	1	1	1	1				
29	2961 花蝇科	*Calythea*	8	1	1	1	1	1	1		1	1	1	1	1		1	1		1		1	
29	2961 花蝇科	*Chiastocheta*	2			1																	
29	2961 花蝇科	*Chionomyia*	1				1																
29	2961 花蝇科	*Chirosia*	15	1											1	1	1	1					
29	2961 花蝇科	*Craspedochoeta*	6	1		1		1		1					1								
29	2961 花蝇科	*Delia*	96	1	1	1	1	1	1	1	1	1	1	1	1	1	1	1	1		1	1	
29	2961 花蝇科	*Egle*	12	1		1		1							1								
29	2961 花蝇科	*Emmesomyia*	11			1		1				1	1	1	1	1							1
29	2961 花蝇科	*Engyneura*	6		1				1	1					1								
29	2961 花蝇科	*Enneastigma*	2															1			1		
29	2961 花蝇科	*Eustalomyia*	4	1				1	1														

目	科	属	种数	a	b	c	d	e	f	g	h	i	j	k	l	m	n	o	p	q	r	s	t
29	2961 花蝇科	*Eutrichota*	30	1	1		1			1	1			1	1	1	1		1				
29	2961 花蝇科	*Fucellia*	4									1						1	1			1	1
29	2961 花蝇科	*Heterostylodes*	1																				
29	2961 花蝇科	*Heteroterma*	1												1								
29	2961 花蝇科	*Hydrophoria*	30	1	1	1	1	1			1	1	1	1	1	1		1	1	1			1
29	2961 花蝇科	*Hylemya*	9	1		1		1	1	1			1	1	1	1	1	1	1	1			
29	2961 花蝇科	*Hylwmya*	1																		1		
29	2961 花蝇科	*Hyporites*	1																				
29	2961 花蝇科	*Lasiomma*	10				1	1	1	1			1	1	1	1	1		1	1		1	
29	2961 花蝇科	*Leucophora*	22	1	1	1			1	1		1			1	1	1	1					
29	2961 花蝇科	*Lopesohylemya*	1																				
29	2961 花蝇科	*Meliniella*	4															1		1			
29	2961 花蝇科	*Meliniwlla*	2											1			1						
29	2961 花蝇科	*Monochrotogaster*	3							1	1												
29	2961 花蝇科	*Nupedia*	9	1		1	1	1					1	1	1	1	1						1
29	2961 花蝇科	*Paradelia*	1											1									
29	2961 花蝇科	*Parapegomyia*	1											1									
29	2961 花蝇科	*Paraprosalpia*	12	1		1			1		1	1				1			1				
29	2961 花蝇科	*Paregle*	3	1	1			1	1	1	1	1	1		1	1	1	1					
29	2961 花蝇科	*Pegohylemya*	37			1	1	1	1				1	1	1	1	1						
29	2961 花蝇科	*Pegomya*	103	1	1	1	1	1	1	1	1		1	1	1	1	1	1	1	1		1	1
29	2961 花蝇科	*Pegoplata*	7			1			1							1							
29	2961 花蝇科	*Phorbia*	32	1		1	1	1		1			1	1	1	1	1						
29	2961 花蝇科	*Pseudomyopina*	3								1												
29	2961 花蝇科	*Pseudonupedia*	2				1							1									
29	2961 花蝇科	*Shakshainia*	1																				
29	2961 花蝇科	*Sinochirosia*	1		1																		
29	2961 花蝇科	*Sinohylemya*	2	1		1																	
29	2961 花蝇科	*Sinophorbia*	1											1									
29	2961 花蝇科	*Sinoprosa*	1	1																			
29	2961 花蝇科	*Strobilomyia*	6			1		1															
29	2961 花蝇科	*Subhylemya*	2	1			1	1									1						
29	2962 厕蝇科	*Coelomyia*	1													1							
29	2962 厕蝇科	*Euryomma*	1											1				1					
29	2962 厕蝇科	*Fannia*	109	1	1	1	1	1	1	1	1	1	1	1	1	1	1	1	1	1	1	1	1
29	2962 厕蝇科	*Piezura*	3			1		1															
29	2962 厕蝇科	*Platycoenosia*	1	1																			
29	2963 蝇科	*Achanthiptera*	1				1	1	1														
29	2963 蝇科	*Acritochaeta*	5			1			1				1	1	1		1	1	1	1	1	1	1
29	2963 蝇科	*Anthocoenosia*	1		1																		
29	2963 蝇科	*Atherigona*	41	1	1	1	1	1	1				1	1	1	1	1	1	1	1	1	1	1
29	2963 蝇科	*Azelia*	7	1		1			1	1				1	1	1							
29	2963 蝇科	*Brontaea*	14	1		1	1	1	1				1	1	1	1	1	1	1			1	1
29	2963 蝇科	*Caricea*	19											1	1			1					
29	2963 蝇科	*Cephalispa*	17																	1	1	1	1
29	2963 蝇科	*Chaetolispa*	1																	1			
29	2963 蝇科	*Coenosia*	112	1	1	1	1	1	1	1		1		1	1	1	1		1	1	1	1	1
29	2963 蝇科	*Dasyphora*	11	1	1		1	1	1	1	1	1		1	1	1	1	1					
29	2963 蝇科	*Dexiopsis*	6				1									1					1		
29	2963 蝇科	*Dichaetomyia*	28				1	1					1		1		1	1				1	1
29	2963 蝇科	*Drymeia*	68	1	1	1	1	1	1	1	1			1		1	1	1					
29	2963 蝇科	*Eudasyphora*	6	1		1		1	1	1				1		1	1	1					
29	2963 蝇科	*Graphomya*	4	1		1	1	1	1				1		1	1	1	1				1	
29	2963 蝇科	*Gymnodia*	1																				
29	2963 蝇科	*Haematobia*	5	1	1	1	1	1	1				1	1	1	1			1	1	1	1	1
29	2963 蝇科	*Haematobosca*	4	1	1	1	1	1	1	1	1		1	1	1	1	1	1	1	1	1	1	1

目	科	属	种数	a	b	c	d	e	f	g	h	i	j	k	l	m	n	o	p	q	r	s	t
29	2963 蝇科	*Hebecnema*	10	1		1	1	1	1						1	1	1		1	1			
29	2963 蝇科	*Helina*	203	1	1	1	1	1	1	1	1	1			1	1	1	1	1	1	1		
29	2963 蝇科	*Heliographa*	3												1				1				
29	2963 蝇科	*Huckettomyia*	1			1																	
29	2963 蝇科	*Hydrotaea*	59	1	1	1	1	1	1	1	1	1	1	1	1			1	1	1	1	1	1
29	2963 蝇科	*Lasiopelta*	4												1		1						
29	2963 蝇科	*Liapocephala*	1												1								
29	2963 蝇科	*Limnophora*	66	1	1	1	1	1	1			1	1	1	1	1	1	1	1	1	1	1	1
29	2963 蝇科	*Limnospila*	2			1	1																
29	2963 蝇科	*Lispe*	43	1	1	1	1	1	1			1	1	1	1	1	1	1	1	1	1	1	1
29	2963 蝇科	*Lispocephala*	35	1	1	1		1							1		1	1	1	1	1		
29	2963 蝇科	*Lophosceles*	2																				
29	2963 蝇科	*Macrorchis*	1	1																			
29	2963 蝇科	*Medaea*	1																				
29	2963 蝇科	*Megophyra*	12			1							1	1	1		1						
29	2963 蝇科	*Mesembrina*	10	1	1	1	1	1	1	1	1		1	1	1	1	1						
29	2963 蝇科	*Mitroplatia*	1																		1		
29	2963 蝇科	*Morellia*	16	1	1	1	1	1	1	1	1	1	1	1	1	1	1	1	1	1	1	1	1
29	2963 蝇科	*Musca*	35	1	1	1	1	1	1	1	1	1	1	1	1	1	1	1	1	1	1	1	1
29	2963 蝇科	*Muscina*	7	1	1	1	1	1	1	1	1	1	1	1	1	1	1	1	1	1	1	1	1
29	2963 蝇科	*Mydaea*	18		1	1	1	1						1	1	1	1						
29	2963 蝇科	*Myospila*	69									1	1	1	1	1	1	1	1	1	1	1	1
29	2963 蝇科	*Neomyia*	22	1	1	1	1	1	1	1	1	1	1	1	1	1	1	1	1	1	1	1	1
29	2963 蝇科	*Nyospila*	1																				
29	2963 蝇科	*Ophyra*	10	1	1	1	1	1	1	1	1	1		1	1	1	1	1	1				
29	2963 蝇科	*Orchisia*	1			1							1				1	1			1	1	
29	2963 蝇科	*Orechisia*	1																		1		
29	2963 蝇科	*Passeromyia*	1												1				1		1		
29	2963 蝇科	*Pectiniseta*	2												1		1						
29	2963 蝇科	*Phaonia*	360	1	1	1	1	1	1	1	1	1		1	1	1	1	1	1	1	1	1	
29	2963 蝇科	*Polietes*	8	1	1	1	1	1	1	1	1	1		1	1	1	1	1	1				
29	2963 蝇科	*Potamia*	3			1		1							1								
29	2963 蝇科	*Pseudocoenosia*	3			1																	
29	2963 蝇科	*Pygophora*	18												1	1			1	1	1	1	1
29	2963 蝇科	*Pyrellia*	4	1	1	1	1	1	1	1	1	1			1		1						
29	2963 蝇科	*Rhynchomydaea*	1																				
29	2963 蝇科	*Rypellia*	6					1						1	1	1	1	1	1	1	1		
29	2963 蝇科	*Schoenomuza*	1				1																
29	2963 蝇科	*Sinopelta*	2							1													
29	2963 蝇科	*Sinophaonia*	1																				
29	2963 蝇科	*Spilogona*	36	1		1		1		1	1				1								
29	2963 蝇科	*Stomoxys*	4	1	1	1	1	1	1			1	1	1	1	1	1	1	1	1	1	1	1
29	2963 蝇科	*Syngamoptera*	7			1								1	1	1			1	1			
29	2963 蝇科	*Synthesiomyia*	1			1							1						1	1		1	
29	2963 蝇科	*Thricops*	15	1		1		1	1					1			1	1	1				
29	2963 蝇科	*Xenolispa*	1																		1		
29	2963 蝇科	*Xenotachina*	21			1							1	1	1	1	1		1	1			
29	2963 蝇科	*Xestomyia*	4		1					1	1												
29	2964 胃蝇科	*Gasterophilus*	7	1	1	1	1	1			1	1											
29	2965 狂蝇科	*Cephalopina*	1		1	1	1		1														
29	2965 狂蝇科	*Cephenemyia*	2			1																	
29	2965 狂蝇科	*Oestrus*	1	1	1	1	1	1	1	1			1										
29	2965 狂蝇科	*Pharyngomyia*	1			1																	
29	2965 狂蝇科	*Portschinskia*	4					1															
29	2965 狂蝇科	*Rhinoestrus*	3	1	1	1	1	1	1														
29	2966 皮蝇科	*Hypoderma*	6	1		1	1	1	1	1	1	1	1			1			1				

目	科	属	种数	a	b	c	d	e	f	g	h	i	j	k	l	m	n	o	p	q	r	s	t
29	2966 皮蝇科	*Oedemagena*	1			1																	
29	2966 皮蝇科	*Oestroderma*	5	1							1				1		1						
29	2966 皮蝇科	*Oestromyia*	5			1		1	1	1													
29	2966 皮蝇科	*Przhevalskiana*	2			1																	
29	2967 丽蝇科	*Achoetandrus*	2				1					1	1	1	1	1		1	1	1	1	1	1
29	2967 丽蝇科	*Aldrichina*	1			1	1	1	1	1	1	1	1	1	1	1	1	1	1	1	1	1	
29	2967 丽蝇科	*Alikangiella*	2										1		1		1	1	1	1			
29	2967 丽蝇科	*Angioneura*	1	1																			
29	2967 丽蝇科	*Arrhinidia*	1									1						1					
29	2967 丽蝇科	*Bellardia*	25	1		1	1	1	1	1	1		1	1	1	1	1	1	1	1		1	
29	2967 丽蝇科	*Bengalia*	9									1	1		1	1		1	1	1	1	1	1
29	2967 丽蝇科	*Bengallia*	1															1					
29	2967 丽蝇科	*Borbororhinia*	1																	1	1		
29	2967 丽蝇科	*Caiusa*	3													1		1					
29	2967 丽蝇科	*Calliphora*	14	1	1	1	1	1	1	1	1	1	1	1	1	1	1	1	1		1		
29	2967 丽蝇科	*Catapicephala*	4															1					1
29	2967 丽蝇科	*Ceylonomyia*	1																		1	1	1
29	2967 丽蝇科	*Chlororhinia*	1														1				1		
29	2967 丽蝇科	*Chrysomya*	6			1	1	1	1	1	1	1		1	1	1	1	1	1		1		1
29	2967 丽蝇科	*Cosmina*	4																		1		1
29	2967 丽蝇科	*Cymnadochosia*	1													1							
29	2967 丽蝇科	*Cynomya*	1	1	1	1	1	1	1	1				1									
29	2967 丽蝇科	*Cynomyiomima*	1		1	1	1	1			1	1											
29	2967 丽蝇科	*Dexopollenia*	9											1		1	1	1	1	1			
29	2967 丽蝇科	*Gymnodichosia*	4				1	1							1		1		1	1		1	
29	2967 丽蝇科	*Hemipyrellia*	2									1	1	1	1	1		1	1	1	1	1	1
29	2967 丽蝇科	*Hypocephala*	1															1					
29	2967 丽蝇科	*Hypopygiopsis*	6																		1	1	1
29	2967 丽蝇科	*Idiella*	5			1	1	1	1	1			1	1	1	1		1	1	1	1		
29	2967 丽蝇科	*Isomyia*	35									1	1		1	1		1	1	1	1	1	1
29	2967 丽蝇科	*Lucilia*	20	1	1	1	1	1	1	1	1	1	1	1	1	1	1	1	1		1		
29	2967 丽蝇科	*Melinda*	5	1		1		1	1						1			1					
29	2967 丽蝇科	*Metallea*	1																		1	1	
29	2967 丽蝇科	*Metalliopsis*	5												1		1	1		1	1	1	1
29	2967 丽蝇科	*Morinia*	1													1							
29	2967 丽蝇科	*Mufetiella*	1																				
29	2967 丽蝇科	*Nepalonesia*	6												1	1							
29	2967 丽蝇科	*Onesia*	17			1		1						1	1	1							
29	2967 丽蝇科	*Onesiomima*	1	1	1					1													
29	2967 丽蝇科	*Paradichosia*	17			1	1	1						1	1	1	1	1		1		1	
29	2967 丽蝇科	*Phormia*	1	1	1	1	1	1	1	1		1	1		1			1					
29	2967 丽蝇科	*Phormiata*	1		1						1												
29	2967 丽蝇科	*Phumosia*	2																		1		1
29	2967 丽蝇科	*Pollenia*	14	1	1	1		1	1		1		1	1		1		1					
29	2967 丽蝇科	*Polleniopsis*	24			1	1	1	1	1	1		1	1	1	1	1	1	1				1
29	2967 丽蝇科	*Pollenomyia*	3			1	1	1	1				1	1	1			1					
29	2967 丽蝇科	*Protocalliphora*	5	1	1	1	1	1	1	1	1	1	1		1	1							
29	2967 丽蝇科	*Protophormia*	4	1	1	1	1	1	1	1	1	1	1	1		1	1		1				
29	2967 丽蝇科	*Rhinia*	1									1			1			1	1			1	1
29	2967 丽蝇科	*Rhyncomya*	3												1			1	1	1	1	1	1
29	2967 丽蝇科	*Silbomyia*	3									1			1			1	1		1	1	1
29	2967 丽蝇科	*Stomorhina*	9			1	1	1	1				1	1		1	1	1	1	1	1	1	1
29	2967 丽蝇科	*Strongyloneura*	6											1		1		1			1	1	
29	2967 丽蝇科	*Tainanina*	3													1		1					
29	2967 丽蝇科	*Triceratopyga*	1			1	1	1	1	1	1		1	1	1	1		1				1	1
29	2967 丽蝇科	*Tricycleopsis*	2													1		1					

（续表）

目	科	属	种数	a	b	c	d	e	f	g	h	i	j	k	l	m	n	o	p	q	r	s	t
29	2967 丽蝇科	*Xanthotryxus*	5											1		1	1						
29	2968 麻蝇科	*Acronychia*	1				1																
29	2968 麻蝇科	*Agria*	3	1				1							1								
29	2968 麻蝇科	*Agriella*	1		1		1																
29	2968 麻蝇科	*Aleximyia*	1	1																			
29	2968 麻蝇科	*Alisarcophaga*	1																				1
29	2968 麻蝇科	*Amobia*	6	1			1	1					1	1	1		1		1				
29	2968 麻蝇科	*Angiometopa*	2				1								1								
29	2968 麻蝇科	*Apodacra*	14				1	1		1													
29	2968 麻蝇科	*Arachnidomyia*	1																				
29	2968 麻蝇科	*Asiometopa*	2							1													
29	2968 麻蝇科	*Asiometopia*	4				1	1															
29	2968 麻蝇科	*Atactocerops*	1																				
29	2968 麻蝇科	*Bellieriomima*	5											1		1			1				
29	2968 麻蝇科	*Bercaea*	1	1	1	1	1	1	1		1	1	1	1	1	1	1	1			1	1	
29	2968 麻蝇科	*Beziella*	1														1						
29	2968 麻蝇科	*Blaesoxipha*	42	1		1	1	1	1			1		1	1		1	1					
29	2968 麻蝇科	*Blaesoxiphella*	1																				
29	2968 麻蝇科	*Boettcherisea*	4			1	1	1				1	1	1	1		1	1				1	1
29	2968 麻蝇科	*Brachicoma*	3	1	1		1			1					1	1	1						
29	2968 麻蝇科	*Chylitosoma*	1																				
29	2968 麻蝇科	*Dexagria*	1												1								
29	2968 麻蝇科	*Dinemomyia*	1														1	1					
29	2968 麻蝇科	*Eremasiomyia*	1					1															
29	2968 麻蝇科	*Eumetopiella*	12	1	1		1	1	1		1	1	1	1		1							
29	2968 麻蝇科	*Fengia*	1														1						1
29	2968 麻蝇科	*Foniophyto*	2														1						
29	2968 麻蝇科	*Goniophyta*	1													1							
29	2968 麻蝇科	*Harpagophalla*	1						1					1		1						1	1
29	2968 麻蝇科	*Helicophagella*	4	1	1	1	1	1	1		1	1	1	1	1		1	1	1			1	1
29	2968 麻蝇科	*Heteronychia*	16	1	1		1	1			1		1	1	1		1		1				
29	2968 麻蝇科	*Hilarella*	2				1	1															
29	2968 麻蝇科	*Hoa*	1				1	1			1		1										
29	2968 麻蝇科	*Hoplacephala*	1														1						
29	2968 麻蝇科	*Horiisca*	1														1		1				
29	2968 麻蝇科	*Hosarcophaga*	2														1						
29	2968 麻蝇科	*Iranihindia*	1															1					
29	2968 麻蝇科	*Johnstonimyia*	1														1						
29	2968 麻蝇科	*Kanomyia*	1																				
29	2968 麻蝇科	*Kozlovea*	4				1	1	1			1		1	1	1	1						
29	2968 麻蝇科	*Kramerea*	1			1	1	1				1		1	1	1							
29	2968 麻蝇科	*Leucomyia*	3												1		1						
29	2968 麻蝇科	*Lioproctia*	5					1			1	1	1				1	1			1		
29	2968 麻蝇科	*Liosarcophaga*	1																				
29	2968 麻蝇科	*Macronychia*	6				1	1							1		1						
29	2968 麻蝇科	*Magnicauda*	1											1									
29	2968 麻蝇科	*Mehria*	3																				1
29	2968 麻蝇科	*Mesomelaena*	1				1	1															
29	2968 麻蝇科	*Metopia*	17	1	1	1	1	1	1		1	1	1	1	1	1	1	1	1	1	1		
29	2968 麻蝇科	*Metopodia*	1				1																
29	2968 麻蝇科	*Miltogramma*	18		1		1	1			1		1	1	1	1	1			1	1	1	
29	2968 麻蝇科	*Miltogrammoides*	5			1																	
29	2968 麻蝇科	*Nihonea*	1																				
29	2968 麻蝇科	*Oebalia*	2							1													
29	2968 麻蝇科	*Oophagomyia*	1																				
29	2968 麻蝇科	*Pandelleana*	2	1				1						1		1							

目	科	属	种数	a	b	c	d	e	f	g	h	i	j	k	l	m	n	o	p	q	r	s	t
29	2968 麻蝇科	*Pandelleisca*	2																1				
29	2968 麻蝇科	*Paragusia*	1																				
29	2968 麻蝇科	*Paramacronychia*	1																				
29	2968 麻蝇科	*Parasarcophaga*	48	1	1	1	1	1	1	1	1	1	1	1	1	1	1	1	1	1	1	1	1
29	2968 麻蝇科	*Phallantha*	2																1				
29	2968 麻蝇科	*Phallanthisca*	1																				
29	2968 麻蝇科	*Phallocheira*	1			1		1				1		1									
29	2968 麻蝇科	*Phallosphaera*	3			1		1	1			1	1	1	1	1		1	1		1		
29	2968 麻蝇科	*Phrosinella*	5																				
29	2968 麻蝇科	*Phylloreles*	3												1				1				
29	2968 麻蝇科	*Pierretia*	36	1		1	1	1		1	1	1	1	1	1	1	1	1	1	1	1	1	1
29	2968 麻蝇科	*Protomiltogramma*	5			1	1												1				
29	2968 麻蝇科	*Pterella*	1				1								1								
29	2968 麻蝇科	*Pterophalla*	1																				1
29	2968 麻蝇科	*Pterosarcophaga*	2													1			1				
29	2968 麻蝇科	*Ravinia*	1	1	1	1	1	1	1		1	1		1	1	1	1	1		1			
29	2968 麻蝇科	*Robineauella*	14	1			1	1	1				1	1	1	1		1					1
29	2968 麻蝇科	*Sarcophaga*	7	1		1		1							1			1					1
29	2968 麻蝇科	*Sarcophila*	4	1	1		1	1															
29	2968 麻蝇科	*Sarcorohdendorfia*	6									1	1	1	1			1	1		1	1	
29	2968 麻蝇科	*Sarcosolomonia*	6												1					1	1	1	
29	2968 麻蝇科	*Sarcotachina*	1																				
29	2968 麻蝇科	*Sarcotachinella*	1			1		1															
29	2968 麻蝇科	*Sarecurvata*	1																				
29	2968 麻蝇科	*Scopeuma*	1																				
29	2968 麻蝇科	*Seniorwhitea*	3				1	1				1	1	1	1	1	1	1	1		1	1	
29	2968 麻蝇科	*Senotainia*	19			1	1				1			1	1	1	1	1					
29	2968 麻蝇科	*Servaisia*	8	1			1	1	1														
29	2968 麻蝇科	*Sinonipponia*	4				1					1	1	1	1	1		1	1		1	1	
29	2968 麻蝇科	*Sphecapatoclea*	1																				
29	2968 麻蝇科	*Sphenometopa*	7	1							1				1								
29	2968 麻蝇科	*Synorbitomyia*	1																1				
29	2968 麻蝇科	*Takanoa*	1																			1	
29	2968 麻蝇科	*Taxigramma*	3	1	1		1	1															
29	2968 麻蝇科	*Tephromyia*	1	1																			
29	2968 麻蝇科	*Thereomyia*	1														1						
29	2968 麻蝇科	*Thysocnema*	1																				
29	2968 麻蝇科	*Tuberomembrana*	1														1						
29	2968 麻蝇科	*Varirosellea*	1																				
29	2968 麻蝇科	*Wohlfahrtia*	13	1	1	1	1	1	1		1			1		1							
29	2968 麻蝇科	*Wohlfahrtiodes*	2			1	1																
29	2968 麻蝇科	*Ziminisca*	1																				
29	2969 短角寄蝇科	*Acompomitho*	1																1				
29	2969 短角寄蝇科	*Frauenfeldia*	1																1				
29	2970 寄蝇科	*Acemyia*	3			1	1	1								1							
29	2970 寄蝇科	*Actia*	9		1		1	1				1						1			1		
29	2970 寄蝇科	*Actinochaetopteryx*	1																1				
29	2970 寄蝇科	*Admontia*	7		1		1	1						1		1	1				1		
29	2970 寄蝇科	*Allophorocera*	2				1	1															
29	2970 寄蝇科	*Alloprosopaea*	1			1																	
29	2970 寄蝇科	*Alophorophasia*	2																1				
29	2970 寄蝇科	*Alsomyia*	2				1	1											1				
29	2970 寄蝇科	*Amelibaea*	1								1												
29	2970 寄蝇科	*Anaeudora*	1											1	1								
29	2970 寄蝇科	*Aneogmena*	2																1		1		
29	2970 寄蝇科	*Anthomyiopsis*	1															1					

目	科	属	种数	a	b	c	d	e	f	g	h	i	j	k	l	m	n	o	p	q	r	s	t
29	2970 寄蝇科	*Anthracomyia*	1																				
29	2970 寄蝇科	*Aphria*	4			1	1	1	1														
29	2970 寄蝇科	*Aplomyia*	6			1		1	1					1	1	1	1		1	1	1		1
29	2970 寄蝇科	*Appendicia*	2					1			1												
29	2970 寄蝇科	*Arama*	1				1																
29	2970 寄蝇科	*Archytas*	1																				
29	2970 寄蝇科	*Argyrophylax*	1								1	1			1			1			1		
29	2970 寄蝇科	*Athrycia*	3			1	1	1		1			1		1								
29	2970 寄蝇科	*Atractocerops*	1																		1		
29	2970 寄蝇科	*Atylomyia*	3				1	1									1					1	
29	2970 寄蝇科	*Atylostoma*	2						1													1	1
29	2970 寄蝇科	*Aulacephala*	1																				
29	2970 寄蝇科	*Austrophasiopsis*	1																		1		
29	2970 寄蝇科	*Austrophorocera*	2			1		1	1			1			1		1		1	1	1		1
29	2970 寄蝇科	*Bactromyia*	2			1		1										1					
29	2970 寄蝇科	*Baumhaueria*	1			1	1								1								
29	2970 寄蝇科	*Belida*	1					1	1														
29	2970 寄蝇科	*Bessa*	2			1	1	1	1					1	1	1			1	1		1	
29	2970 寄蝇科	*Besseria*	1					1															
29	2970 寄蝇科	*Billaea*	4											1									
29	2970 寄蝇科	*Biomeigenia*	3			1		1	1							1							
29	2970 寄蝇科	*Biomyoides*	1																		1		
29	2970 寄蝇科	*Bithia*	3						1		1												
29	2970 寄蝇科	*Blepharella*	3					1									1			1	1		1
29	2970 寄蝇科	*Blepharipa*	16			1	1	1	1			1		1	1	1	1	1	1	1	1	1	1
29	2970 寄蝇科	*Blepharipoda*	1																		1		
29	2970 寄蝇科	*Blondelia*	5			1	1	1	1	1				1	1	1	1						
29	2970 寄蝇科	*Bothria*	2			1		1															
29	2970 寄蝇科	*Buquetia*	2																				
29	2970 寄蝇科	*Calozenillia*	3					1															
29	2970 寄蝇科	*Calyptromyia*	1																	1	1		
29	2970 寄蝇科	*Campylochaeta*	8			1		1	1							1		1					
29	2970 寄蝇科	*Carcelia*	94			1	1	1	1			1		1	1	1	1	1	1	1	1	1	1
29	2970 寄蝇科	*Castonionerva*	1																				
29	2970 寄蝇科	*Catagonia*	1					1													1		
29	2970 寄蝇科	*Catapariprosopa*	2																		1		
29	2970 寄蝇科	*Catharosia*	1						1														
29	2970 寄蝇科	*Cavillatrix*	1																				
29	2970 寄蝇科	*Ceracia*	2												1								
29	2970 寄蝇科	*Ceranthia*	1													1							
29	2970 寄蝇科	*Ceromasia*	1				1		1	1													
29	2970 寄蝇科	*Ceromyia*	5			1		1				1	1	1		1		1	1		1		
29	2970 寄蝇科	*Cestonionerva*	2				1																
29	2970 寄蝇科	*Cexia*	1																			1	1
29	2970 寄蝇科	*Chaetexorista*	8			1		1					1	1	1		1	1	1	1	1	1	
29	2970 寄蝇科	*Chaetogena*	6	1		1		1	1	1	1												
29	2970 寄蝇科	*Chaetomera*	1			1																	
29	2970 寄蝇科	*Chaetovoria*	1								1												
29	2970 寄蝇科	*Chrysocosmius*	7			1		1						1		1	1		1				
29	2970 寄蝇科	*Chrysomikia*	2						1						1		1						
29	2970 寄蝇科	*Clairvillia*	1						1														
29	2970 寄蝇科	*Clemelia*	1					1	1							1							
29	2970 寄蝇科	*Clytho*	1			1							1							1		1	
29	2970 寄蝇科	*Clytiomyia*	1						1														
29	2970 寄蝇科	*Cnephaotachina*	1								1												
29	2970 寄蝇科	*Compsilura*	1			1	1	1					1	1	1	1	1	1	1			1	

目	科	属	种数	a	b	c	d	e	f	g	h	i	j	k	l	m	n	o	p	q	r	s	t
29	2970 寄蝇科	*Compsiluroides*	3											1	1	1	1	1					
29	2970 寄蝇科	*Crosskeya*	3												1	1		1					
29	2970 寄蝇科	*Cylindromyia*	8			1	1	1	1					1	1			1	1				
29	2970 寄蝇科	*Cyrtophleba*	2		1	1			1														
29	2970 寄蝇科	*Demoticus*	1																				
29	2970 寄蝇科	*Dexia*	10			1	1	1	1	1	1		1	1	1	1	1	1	1	1	1	1	1
29	2970 寄蝇科	*Dexiomimops*	6				1													1	1	1	
29	2970 寄蝇科	*Dexiosoma*	2	1		1			1						1		1			1			
29	2970 寄蝇科	*Dexiotrix*	1																		1		
29	2970 寄蝇科	*Dicarca*	1			1																	
29	2970 寄蝇科	*Dinera*	8				1	1	1												1		
29	2970 寄蝇科	*Dolichocolon*	2			1				1			1	1	1		1		1	1	1		1
29	2970 寄蝇科	*Dolichocoxys*	4													1		1	1				
29	2970 寄蝇科	*Dolichopodomintho*	1						1														
29	2970 寄蝇科	*Drino*	41			1	1	1	1			1	1	1	1	1	1	1	1	1	1	1	1
29	2970 寄蝇科	*Drinomyia*	1				1								1		1						
29	2970 寄蝇科	*Echinemoraea*	1													1							
29	2970 寄蝇科	*Ectophasia*	4						1				1										
29	2970 寄蝇科	*Elfriedella*	1						1						1		1						
29	2970 寄蝇科	*Eliozeta*	1			1																	
29	2970 寄蝇科	*Elodia*	4					1															1
29	2970 寄蝇科	*Elomyia*	1						1														
29	2970 寄蝇科	*Eoacemyia*	1																			1	1
29	2970 寄蝇科	*Eocyptera*	1																1				
29	2970 寄蝇科	*Eophyllophila*	2				1							1	1	1	1		1		1		
29	2970 寄蝇科	*Epicampocera*	1				1	1						1	1								
29	2970 寄蝇科	*Eriothrix*	9	1		1	1	1			1					1							
29	2970 寄蝇科	*Ernestia*	7			1																	
29	2970 寄蝇科	*Erycia*	2				1	1															
29	2970 寄蝇科	*Erycilla*	2				1	1															
29	2970 寄蝇科	*Erynnia*	1																				
29	2970 寄蝇科	*Erythrocera*	2									1					1		1				
29	2970 寄蝇科	*Estheria*	3				1		1														
29	2970 寄蝇科	*Ethilla*	1				1																
29	2970 寄蝇科	*Eudoromyia*	1																				
29	2970 寄蝇科	*Eugymnopeza*	1				1																
29	2970 寄蝇科	*Eumea*	2				1	1									1						
29	2970 寄蝇科	*Eumeella*	1							1													
29	2970 寄蝇科	*Eurithia*	18	1		1		1	1		1			1	1	1	1	1	1		1		
29	2970 寄蝇科	*Eurysthaea*	1			1																	
29	2970 寄蝇科	*Eurythia*	1							1													
29	2970 寄蝇科	*Eutrixopsis*	1																				
29	2970 寄蝇科	*Everestiomyia*	1							1						1	1						
29	2970 寄蝇科	*Exorista*	41			1	1	1	1	1	1		1	1	1	1	1	1	1	1	1	1	1
29	2970 寄蝇科	*Fausta*	8			1			1		1					1							
29	2970 寄蝇科	*Feriola*	1																		1		
29	2970 寄蝇科	*Fischeria*	1																				
29	2970 寄蝇科	*Flavicorniculum*	4			1			1		1			1	1	1	1	1			1	1	
29	2970 寄蝇科	*Frontina*	3			1		1				1		1	1		1						
29	2970 寄蝇科	*Germaria*	4				1				1												
29	2970 寄蝇科	*Gerocyptera*	1																		1		
29	2970 寄蝇科	*Gonia*	10	1		1	1	1	1	1	1	1		1	1	1	1				1	1	
29	2970 寄蝇科	*Goniophthalmus*	1														1						
29	2970 寄蝇科	*Graphogaster*	1							1													
29	2970 寄蝇科	*Gymnochaeta*	5	1			1	1								1			1	1			
29	2970 寄蝇科	*Gymnophryxe*	4				1	1			1												

目	科	属	种数	昆虫亚区																			
				a	b	c	d	e	f	g	h	i	j	k	l	m	n	o	p	q	r	s	t
29	2970 寄蝇科	*Gymnosoma*	8				1	1	1	1			1		1	1	1		1		1		
29	2970 寄蝇科	*Halidaya*	2								1	1	1	1				1				1	
29	2970 寄蝇科	*Hamaxia*	2													1				1		1	
29	2970 寄蝇科	*Hamaxiella*	1																				
29	2970 寄蝇科	*Hebia*	2					1				1											
29	2970 寄蝇科	*Heliozeta*	1					1															
29	2970 寄蝇科	*Hermya*	6									1	1	1					1	1	1	1	1
29	2970 寄蝇科	*Homotrixa*	1															1					
29	2970 寄蝇科	*Huebneria*	1																				
29	2970 寄蝇科	*Hyalurgus*	10			1		1	1				1		1	1	1						
29	2970 寄蝇科	*Hyleorus*	2			1		1			1	1			1			1			1		
29	2970 寄蝇科	*Hypovoria*	1																				
29	2970 寄蝇科	*Hystricovoria*	1																				1
29	2970 寄蝇科	*Hystriomyia*	6					1	1		1			1		1							
29	2970 寄蝇科	*Isopexopsis*	1												1								
29	2970 寄蝇科	*Isosturmia*	8					1					1		1		1		1	1		1	1
29	2970 寄蝇科	*Istochaeta*	20					1							1	1	1	1	1	1		1	
29	2970 寄蝇科	*Janthinomyia*	2					1							1	1	1	1	1	1		1	
29	2970 寄蝇科	*Kuwanimyia*	1															1					
29	2970 寄蝇科	*Leiophora*	1			1			1						1		1						
29	2970 寄蝇科	*Leptothelaira*	3					1	1											1		1	
29	2970 寄蝇科	*Leskia*	1					1															
29	2970 寄蝇科	*Leucostoma*	2						1														
29	2970 寄蝇科	*Ligeriella*	1					1								1		1					
29	2970 寄蝇科	*Linnaemya*	41	1		1	1	1	1	1	1	1	1	1	1	1	1	1	1	1	1	1	
29	2970 寄蝇科	*Lixophaga*	6			1		1							1	1						1	
29	2970 寄蝇科	*Lophosia*	18									1		1	1			1	1			1	1
29	2970 寄蝇科	*Lydella*	3			1	1	1	1	1	1	1	1	1	1	1						1	
29	2970 寄蝇科	*Macquartia*	8			1	1	1		1						1	1					1	
29	2970 寄蝇科	*Maculosalia*	2					1		1													
29	2970 寄蝇科	*Masicera*	1															1					
29	2970 寄蝇科	*Medina*	4					1	1						1		1	1	1			1	
29	2970 寄蝇科	*Meigenia*	9	1		1	1	1	1		1				1	1	1	1	1			1	
29	2970 寄蝇科	*Metoposisyrops*	1									1		1				1					1
29	2970 寄蝇科	*Mikia*	12			1		1	1						1		1		1	1	1	1	
29	2970 寄蝇科	*Mintho*	1					1															
29	2970 寄蝇科	*Montuosa*	1							1													
29	2970 寄蝇科	*Mycteromyiella*	1				1																
29	2970 寄蝇科	*Myxexoristops*	5			1		1	1								1						
29	2970 寄蝇科	*Neaera*	3	1											1								
29	2970 寄蝇科	*Nealsomyia*	1					1				1	1				1				1		
29	2970 寄蝇科	*Nemoraea*	13			1		1	1				1	1	1	1	1	1	1	1	1	1	
29	2970 寄蝇科	*Nemorilla*	3			1	1	1	1		1			1									
29	2970 寄蝇科	*Neophryxe*	3					1				1	1						1	1	1		1
29	2970 寄蝇科	*Nilea*	3					1	1							1							1
29	2970 寄蝇科	*Nowickia*	15	1		1	1	1			1			1		1	1	1					
29	2970 寄蝇科	*Nystomyia*	1																				
29	2970 寄蝇科	*Ocytata*	1																				
29	2970 寄蝇科	*Onychogonia*	1																				
29	2970 寄蝇科	*Opesia*	1																				
29	2970 寄蝇科	*Opsomeigenia*	1																			1	
29	2970 寄蝇科	*Oswaldia*	7			1			1						1		1	1		1			
29	2970 寄蝇科	*Oxyphyllomyia*	1					1															
29	2970 寄蝇科	*Pachystylum*	1					1															
29	2970 寄蝇科	*Pales*	8			1		1	1	1			1	1	1	1		1	1	1	1	1	1

目	科	属	种数	a	b	c	d	e	f	g	h	i	j	k	l	m	n	o	p	q	r	s	t
29	2970 寄蝇科	*Palesisa*	3				1	1															
29	2970 寄蝇科	*Pantatomophaga*	1															1					
29	2970 寄蝇科	*Panzeria*	1			1																	
29	2970 寄蝇科	*Paradrino*	1												1								
29	2970 寄蝇科	*Parasetigera*	4																				
29	2970 寄蝇科	*Paratrixa*	1								1												
29	2970 寄蝇科	*Paratryphera*	4			1		1	1					1		1	1	1			1		
29	2970 寄蝇科	*Parerigone*	4						1							1	1		1				
29	2970 寄蝇科	*Parerigonesis*	2															1					
29	2970 寄蝇科	*Paropesia*	1						1									1					
29	2970 寄蝇科	*Peleteria*	33	1	1	1	1	1	1	1	1	1	1	1	1	1	1	1	1		1	1	1
29	2970 寄蝇科	*Peribaea*	8			1		1							1		1		1		1	1	1
29	2970 寄蝇科	*Pericepsia*	2												1								
29	2970 寄蝇科	*Perilophosia*	1																	1			
29	2970 寄蝇科	*Periscepsia*	6			1		1		1	1	1			1	1	1						
29	2970 寄蝇科	*Peteina*	2			1	1	1	1	1	1			1		1		1					
29	2970 寄蝇科	*Pexopsis*	17			1		1	1				1		1	1	1		1		1	1	1
29	2970 寄蝇科	*Pharocera*	3																				
29	2970 寄蝇科	*Phasia*	7					1	1									1					
29	2970 寄蝇科	*Phasiodexia*	1															1					
29	2970 寄蝇科	*Phasioormia*	2															1					1
29	2970 寄蝇科	*Phebellia*	13			1		1	1							1		1					
29	2970 寄蝇科	*Phonomyia*	1					1	1														
29	2970 寄蝇科	*Phorinia*	3			1		1	1					1	1	1		1	1		1	1	
29	2970 寄蝇科	*Phorocera*	8			1		1										1					
29	2970 寄蝇科	*Phorocerosoma*	4			1							1	1		1		1	1		1		
29	2970 寄蝇科	*Phryno*	3			1		1	1									1					
29	2970 寄蝇科	*Phryxe*	5			1		1	1			1		1	1	1	1	1		1			
29	2970 寄蝇科	*Phyllomyia*	8					1	1					1		1	1		1				
29	2970 寄蝇科	*Phytomyptera*	1																1				
29	2970 寄蝇科	*Plagiomima*	1																				
29	2970 寄蝇科	*Platychira*	1																				
29	2970 寄蝇科	*Platymyia*	6			1		1	1		1			1		1	1	1					
29	2970 寄蝇科	*Prodegeeria*	4										1	1	1	1	1	1	1		1		
29	2970 寄蝇科	*Prosena*	1			1	1	1	1			1		1		1		1	1			1	1
29	2970 寄蝇科	*Prosheliomyia*	1															1					
29	2970 寄蝇科	*Prosopea*	2				1																
29	2970 寄蝇科	*Proxystonina*	1																				
29	2970 寄蝇科	*Pseudodexia*	1																				1
29	2970 寄蝇科	*Pseudogonia*	1			1	1	1				1		1				1	1	1	1	1	
29	2970 寄蝇科	*Pseudoperichaeta*	2					1				1	1	1	1			1		1			
29	2970 寄蝇科	*Pujolina*	1																	1			
29	2970 寄蝇科	*Ramonda*	3					1								1	1						
29	2970 寄蝇科	*Redia*	1				1										1						
29	2970 寄蝇科	*Rhinaplomyia*	1														1						
29	2970 寄蝇科	*Rhinomyodes*	1																	1			
29	2970 寄蝇科	*Riederia*	1																				
29	2970 寄蝇科	*Rondania*	1								1												
29	2970 寄蝇科	*Scaphimyia*	3					1									1	1			1		
29	2970 寄蝇科	*Schineria*	1			1		1	1					1				1					
29	2970 寄蝇科	*Senometopia*	1					1	1													1	1
29	2970 寄蝇科	*Servillia*	2			1									1	1	1	1			1	1	
29	2970 寄蝇科	*Setalunula*	1										1		1			1			1	1	1
29	2970 寄蝇科	*Simoma*	1													1		1					
29	2970 寄蝇科	*Siphona*	7			1	1	1	1	1	1	1			1	1	1	1	1		1		
29	2970 寄蝇科	*Sisyropa*	4					1					1		1			1	1				

目	科	属	种数	昆虫亚区																			
				a	b	c	d	e	f	g	h	i	j	k	l	m	n	o	p	q	r	s	t
29	2970 寄蝇科	Smidtia	7			1		1			1		1					1					
29	2970 寄蝇科	Solieria	1																				
29	2970 寄蝇科	Spallazania	3			1	1	1	1	1	1				1		1						
29	2970 寄蝇科	Spiniabdomina	1				1																
29	2970 寄蝇科	Steleoneura	1																			1	
29	2970 寄蝇科	Stomina	3	1				1	1					1									
29	2970 寄蝇科	Sturmia	2										1	1		1		1	1				
29	2970 寄蝇科	Sturmiopsis	1																		1		
29	2970 寄蝇科	Suensonomtia	1																				
29	2970 寄蝇科	Sumpigasper	1											1									
29	2970 寄蝇科	Tachina	58	1		1	1	1	1	1	1		1	1	1	1	1	1	1	1	1	1	1
29	2970 寄蝇科	Takanomyia	2										1		1								
29	2970 寄蝇科	Thecocarcelia	15			1	1	1				1	1	1					1	1	1	1	1
29	2970 寄蝇科	Thelaira	9			1		1	1		1		1	1	1	1	1	1	1		1		1
29	2970 寄蝇科	Thelyconychia	3					1															
29	2970 寄蝇科	Thelymorpha	1																				
29	2970 寄蝇科	Thelymyia	1				1																
29	2970 寄蝇科	Therobia	2																				1
29	2970 寄蝇科	Tlephusa	1					1															
29	2970 寄蝇科	Torocca	1										1	1			1		1				
29	2970 寄蝇科	Tothillie	1										1		1	1							
29	2970 寄蝇科	Trichodocera	1													1							
29	2970 寄蝇科	Trichoformosonyia	1																1				
29	2970 寄蝇科	Trigonospila	3					1					1		1			1	1		1		
29	2970 寄蝇科	Tritaxys	1			1												1		1			
29	2970 寄蝇科	Trixa	5															1					
29	2970 寄蝇科	Trixomorpha	1												1						1	1	1
29	2970 寄蝇科	Uclesia	1				1																
29	2970 寄蝇科	Urodexia	1												1			1			1		
29	2970 寄蝇科	Uromedina	2																	1	1		
29	2970 寄蝇科	Vibrissina	3			1		1				1	1		1	1	1						
29	2970 寄蝇科	Voria	4			1	1	1	1		1		1	1	1	1	1		1	1			
29	2970 寄蝇科	Wagneria	1										1										
29	2970 寄蝇科	Weingaertneriella	1										1					1					
29	2970 寄蝇科	Winthemia	28			1	1	1	1	1			1	1	1	1	1	1	1		1		
29	2970 寄蝇科	Xylotachina	3				1	1															
29	2970 寄蝇科	Zaira	1			1	1	1															
29	2970 寄蝇科	Zambesa	1																	1			
29	2970 寄蝇科	Zambesomima	1						1					1									
29	2970 寄蝇科	Zenillia	5			1	1	1	1				1	1		1		1		1			
29	2970 寄蝇科	Zenilliana	2													1	1	1					
29	2970 寄蝇科	Zeuxia	1																				
29	2971 虱蝇科	Crataerina	2																				
29	2971 虱蝇科	Hippobosca	3	1	1			1		1	1							1	1				1
29	2971 虱蝇科	Icosta	3																		1		
29	2971 虱蝇科	Lipoptena	2																				
29	2971 虱蝇科	Lynchia	2																		1		
29	2971 虱蝇科	Melophagus	2	1	1		1		1		1												
29	2971 虱蝇科	Ornithocia	3																		1		
29	2971 虱蝇科	Ornithoctona	1																		1		
29	2971 虱蝇科	Ornithomya	5																	1	1		1
29	2971 虱蝇科	Ornithophila	1																				
29	2971 虱蝇科	Pseudolychia	1																				
29	2971 虱蝇科	Stenepteryx	1						1														
29	2972 蛛蝇科	Leptocyclopodia	1																				
29	2972 蛛蝇科	Listropodia	1																				

目	科	属	种数	昆虫亚区																			
				a	b	c	d	e	f	g	h	i	j	k	l	m	n	o	p	q	r	s	t
29	2972 蛛蝇科	*Nycteribia*	4															1	1				
29	2972 蛛蝇科	*Penicillidia*	3																1				
29	2972 蛛蝇科	*Phthiridium*	1																				
29	2973 蝠蝇科	*Brachytarsina*	1																1				
29	2973 蝠蝇科	*Trichobius*	1															1					
29	2974 瘦足蝇科	*Caliobata*	3													1			1		1		
29	2974 瘦足蝇科	*Compsobata*	2			1								1									
29	2974 瘦足蝇科	*Cothornobata*	1																1				
29	2974 瘦足蝇科	*Cyclosphen*	1																1				
29	2974 瘦足蝇科	*Micropeza*	2																				
29	2974 瘦足蝇科	*Mimegralla*	2																1				1
29	2974 瘦足蝇科	*Rainieria*	2			1													1	1			
29	2974 瘦足蝇科	*Systellapha*	1																1				
29	2975 瘦腹蝇科	*Trepidaria*	1																1				
29	2976 指角蝇科	*Chaetonerius*	1																1				
29	2976 指角蝇科	*Stypocladius*	1																1				
29	2976 指角蝇科	*Telostylus*	1																1				
29	2977 突眼蝇科	*Ctetodiopsis*	2																				
29	2977 突眼蝇科	*Cyrtodiopsis*	3														1				1	1	
29	2977 突眼蝇科	*Diopsis*	2											1							1		1
29	2977 突眼蝇科	*Eurydiopsis*	1											1							1		
29	2977 突眼蝇科	*Pseudodiopsis*	1									1									1		1
29	2977 突眼蝇科	*Sinodiopsis*	3															1					
29	2977 突眼蝇科	*Sphyracephala*	1																				
29	2977 突眼蝇科	*Teleopsis*	5															1	1		1		1
29	2978 沼蝇科	*Coremacera*	1					1															
29	2978 沼蝇科	*Ditaeniella*	1					1															
29	2978 沼蝇科	*Elgiva*	1			1																	
29	2978 沼蝇科	*Euthycera*	1					1						1									
29	2978 沼蝇科	*Limnia*	1																				
29	2978 沼蝇科	*Pherbellia*	4			1		1															
29	2978 沼蝇科	*Pherbina*	1					1															
29	2978 沼蝇科	*Sciomyza*	2																1				
29	2978 沼蝇科	*Sepedon*	12					1						1				1	1			1	1
29	2978 沼蝇科	*Tetanocera*	5										1	1									
29	2979 拙蝇科	*Neuroctena*	1									1		1				1	1				
29	2980 鼓翅蝇科	*Decachaetophora*	1																1				
29	2980 鼓翅蝇科	*Dicranosepsis*	7											1						1			
29	2980 鼓翅蝇科	*Meroplius*	2											1									
29	2980 鼓翅蝇科	*Nemopoda*	2																1				
29	2980 鼓翅蝇科	*Pandora*	1																				
29	2980 鼓翅蝇科	*Saltella*	2																				
29	2980 鼓翅蝇科	*Saltelliseps*	1																1				
29	2980 鼓翅蝇科	*Seepsis*	1											1									
29	2980 鼓翅蝇科	*Sepsis*	24											1					1				
29	2981 彩眼蝇科	*Chyromyia*	1																1				
29	2982 日蝇科	*Acantholeria*	1																				
29	2982 日蝇科	*Blepharoptera*	1																				
29	2982 日蝇科	*Heleomyza*	2																				
29	2982 日蝇科	*Leria*	2																				
29	2982 日蝇科	*Neoleria*	1																				
29	2982 日蝇科	*Oecothea*	1																				
29	2982 日蝇科	*Philotroctes*	1																				
29	2982 日蝇科	*Schroederella*	2																				
29	2982 日蝇科	*Scoliocentra*	2																				
29	2982 日蝇科	*Suillia*	8			1				1									1				

目	科	属	种数	a	b	c	d	e	f	g	h	i	j	k	l	m	n	o	p	q	r	s	t
29	2982 日蝇科	*Trichoscelia*	1																				
29	2983 寡脉蝇科	*Asteia*	16	1	1	1	1	1						1	1		1		1	1			1
29	2983 寡脉蝇科	*Uranucha*	1																				
29	2984 小粪蝇科	*Borborus*	2																				
29	2984 小粪蝇科	*Coproica*	1																		1		
29	2984 小粪蝇科	*Corpomyza*	3																				
29	2984 小粪蝇科	*Cypselosoma*	1																1				
29	2984 小粪蝇科	*Ischiolepta*	2						1														
29	2984 小粪蝇科	*Leptocera*	2						1										1				
29	2984 小粪蝇科	*Lotophila*	1																				
29	2984 小粪蝇科	*Opacifron*	1					1	1										1				
29	2984 小粪蝇科	*Phthitia*	4						1														
29	2984 小粪蝇科	*Poecilosomella*	4											1	1				1				
29	2984 小粪蝇科	*Pseudocollinella*	2					1	1														
29	2984 小粪蝇科	*Rachispoda*	1						1														
29	2984 小粪蝇科	*Richardsia*	1				1																
29	2984 小粪蝇科	*Spelobia*	1						1														
29	2984 小粪蝇科	*Sphaerocera*	1												1								
29	2984 小粪蝇科	*Terrilimisina*	5			1			1													1	
29	2985 腐木蝇科	*Clusiodes*	1																1				
29	2985 腐木蝇科	*Czernyola*	1																1				
29	2985 腐木蝇科	*Isochisia*	1																1				
29	2985 腐木蝇科	*Prophedelia*	1																1				
29	2986 潜蝇科	*Agromyza*	20			1	1	1	1	1		1	1	1				1	1				
29	2986 潜蝇科	*Alcrichiella*	1																1				
29	2986 潜蝇科	*Amauromyza*	3	1						1													
29	2986 潜蝇科	*Calycomyza*	3	1				1											1				
29	2986 潜蝇科	*Cerodontha*	20			1	1	1	1									1	1				
29	2986 潜蝇科	*Chromatomyia*	4				1		1	1			1	1				1	1		1		
29	2986 潜蝇科	*Hexomyza*	2																				
29	2986 潜蝇科	*Japanagromyza*	4															1	1				
29	2986 潜蝇科	*Liriomyza*	14			1	1	1	1			1		1	1			1	1				1
29	2986 潜蝇科	*Melanagromyza*	24			1						1	1					1	1				
29	2986 潜蝇科	*Napomyza*	6													1		1					
29	2986 潜蝇科	*Nemorimyza*	2													1							
29	2986 潜蝇科	*Ophiomyza*	17	1								1						1	1		1		
29	2986 潜蝇科	*Phytobia*	4																1				
29	2986 潜蝇科	*Phytoliriomyza*	1																1				
29	2986 潜蝇科	*Phytomyza*	26	1				1				1	1	1		1		1	1		1		
29	2986 潜蝇科	*Praspedomyza*	2																1				
29	2986 潜蝇科	*Pseudonapomyza*	3															1	1				
29	2986 潜蝇科	*Ptochomyza*	1																				
29	2986 潜蝇科	*Tropicomyza*	3															1	1	1			
29	2987 隐芒蝇科	*Cryptochaetum*	12					1						1	1			1		1	1		
29	2988 秆蝇科	*Anatrichus*	1															1	1				
29	2988 秆蝇科	*Anthracophagella*	2															1	1				
29	2988 秆蝇科	*Aphanotrigonum*	2																1				
29	2988 秆蝇科	*Aprometopis*	1																1				
29	2988 秆蝇科	*Aspistyla*	1																				
29	2988 秆蝇科	*Assuania*	1																1				
29	2988 秆蝇科	*Cadrema*	3															1	1				
29	2988 秆蝇科	*Cauloscinis*	1												1								
29	2988 秆蝇科	*Cavips*	1																1				
29	2988 秆蝇科	*Centorisoma*	2			1																	
29	2988 秆蝇科	*Cetema*	4			1		1	1	1													
29	2988 秆蝇科	*Chloropisca*	1																				

目	科	属	种数	a	b	c	d	e	f	g	h	i	j	k	l	m	n	o	p	q	r	s	t
29	2988 秆蝇科	*Chlorops*	19			1	1	1				1	1						1	1				1
29	2988 秆蝇科	*Chloropsina*	4						1	1									1					
29	2988 秆蝇科	*Conioscinella*	6																1					
29	2988 秆蝇科	*Cryptonerva*	1																					
29	2988 秆蝇科	*Dactylothyrea*	1																1					
29	2988 秆蝇科	*Dicraeus*	1															1						
29	2988 秆蝇科	*Discadrema*	1											1					1			1		
29	2988 秆蝇科	*Disciphus*	2																1					
29	2988 秆蝇科	*Docraeus*	1																1					
29	2988 秆蝇科	*Elachiptera*	7				1	1	1						1		1	1	1					
29	2988 秆蝇科	*Ensiferella*	1																1					
29	2988 秆蝇科	*Eurina*	2																1					
29	2988 秆蝇科	*Euryparia*	1																1					
29	2988 秆蝇科	*Eutropha*	1																1					
29	2988 秆蝇科	*Formosina*	14												1				1					
29	2988 秆蝇科	*Gampsocera*	1																					
29	2988 秆蝇科	*Gaurax*	6																1					
29	2988 秆蝇科	*Goniopsita*	2																1					
29	2988 秆蝇科	*Hapleginella*	1																					
29	2988 秆蝇科	*Lagaroceras*	1																					
29	2988 秆蝇科	*Lasiosina*	2			1																		
29	2988 秆蝇科	*Luzonia*	1																1					
29	2988 秆蝇科	*Meijerella*	1																1					
29	2988 秆蝇科	*Melanochaeta*	16					1							1			1	1	1				
29	2988 秆蝇科	*Melanum*	1																					
29	2988 秆蝇科	*Mepachymerus*	2															1	1					
29	2988 秆蝇科	*Meromyza*	18			1	1	1	1	1		1		1										
29	2988 秆蝇科	*Metopostigma*	1																1					
29	2988 秆蝇科	*Neoloxotaenia*	1																1					
29	2988 秆蝇科	*Neorhodesiella*	4															1	1		1	1		
29	2988 秆蝇科	*Oscinella*	15				1	1	1										1					
29	2988 秆蝇科	*Oscinis*	6																					1
29	2988 秆蝇科	*Pachylophus*	5															1	1					
29	2988 秆蝇科	*Parectecephala*	1																					
29	2988 秆蝇科	*Phyladelphus*	1																1					
29	2988 秆蝇科	*Platycephala*	6			1		1						1					1					
29	2988 秆蝇科	*Platycephalisca*	1			1																		
29	2988 秆蝇科	*Polyodaspis*	2															1						
29	2988 秆蝇科	*Pseudeurina*	1																					
29	2988 秆蝇科	*Pseudogaurax*	1																					
29	2988 秆蝇科	*Rhodesiella*	15			1		1							1		1	1	1		1			1
29	2988 秆蝇科	*Rurina*	1															1						
29	2988 秆蝇科	*Scoliophthalmus*	3																1					
29	2988 秆蝇科	*Semaranga*	1																1					
29	2988 秆蝇科	*Sepsidoscinis*	1															1	1					1
29	2988 秆蝇科	*Sineurina*	1																					
29	2988 秆蝇科	*Siphunculina*	3																1					
29	2988 秆蝇科	*Speccafrons*	2																1					
29	2988 秆蝇科	*Steleocerellus*	3															1	1					1
29	2988 秆蝇科	*Steleocerus*	1																1					
29	2988 秆蝇科	*Terusa*	1									1							1					
29	2988 秆蝇科	*Thaumatomyza*	7			1		1																
29	2988 秆蝇科	*Thressa*	2																1					
29	2988 秆蝇科	*Togeciphus*	1												1			1	1					
29	2988 秆蝇科	*Tricimba*	3																					
29	2988 秆蝇科	*Tropidoscinis*	1																					

目	科	属	种数	a	b	c	d	e	f	g	h	i	j	k	l	m	n	o	p	q	r	s	t
29	2989 眼蝇科	*Archiconops*	1					1															
29	2989 眼蝇科	*Conops*	14			1		1		1		1		1	1			1					
29	2989 眼蝇科	*Dalmannia*	2																				
29	2989 眼蝇科	*Leopoldius*	1					1															
29	2989 眼蝇科	*Macroconops*	1																				
29	2989 眼蝇科	*Melanosoma*	1																				
29	2989 眼蝇科	*Myopa*	10			1																	
29	2989 眼蝇科	*Neobrachyceraea*	1										1		1				1	1			
29	2989 眼蝇科	*Occemyia*	1																				
29	2989 眼蝇科	*Physocephala*	16			1	1	1		1			1	1					1	1			1
29	2989 眼蝇科	*Pleurocerinella*	1																1				
29	2989 眼蝇科	*Sicus*	3			1																	
29	2989 眼蝇科	*Siniconops*	6																1				1
29	2989 眼蝇科	*Thecophora*	7																				
29	2989 眼蝇科	*Tropidomyia*	1					1															
29	2989 眼蝇科	*Zodion*	7			1	1	1															
29	2990 岸蝇科	*Pelomyia*	1																				
29	2990 岸蝇科	*Pseudorhincnoessa*	1																1				
29	2990 岸蝇科	*Tethina*	2																1				
29	2991 真叶蝇科	*Aldrichiomyza*	1																1				
29	2991 真叶蝇科	*Desmometopa*	3																1				
29	2991 真叶蝇科	*Milichia*	1																1				
29	2991 真叶蝇科	*Milichiella*	2																1				
29	2991 真叶蝇科	*Phyllomyza*	5												1				1				
29	2992 酪蝇科	*Pionphila*	2																1		1		
29	2993 蜣蝇科	*Adapsilia*	18					1											1	1	1		
29	2993 蜣蝇科	*Apyrgota*	5																1	1	1		
29	2993 蜣蝇科	*Campilocera*	1																1				
29	2993 蜣蝇科	*Epicerella*	1																				
29	2993 蜣蝇科	*Eupyrgota*	9					1					1		1				1	1	1		
29	2993 蜣蝇科	*Geloemyia*	2																				
29	2993 蜣蝇科	*Paradapsilia*	1												1								
29	2993 蜣蝇科	*Parageloemyia*	4																	1			
29	2993 蜣蝇科	*Sinolochmostylia*	1														1						
29	2993 蜣蝇科	*Tephrilopyrgota*	2																	1			
29	2994 实蝇科	*Acanthiophilus*	1	1	1		1	1															
29	2994 实蝇科	*Acanthonevra*	11			1							1	1	1				1	1	1		1
29	2994 实蝇科	*Acidiella*	19			1	1						1	1	1	1			1	1	1		
29	2994 实蝇科	*Acidiostigma*	11										1	1	1	1	1	1	1	1	1		
29	2994 实蝇科	*Acidoxantha*	2																	1	1	1	
29	2994 实蝇科	*Acinia*	2			1		1	1														
29	2994 实蝇科	*Acroceratitis*	6																1	1	1	1	1
29	2994 实蝇科	*Acroellia*	1				1																
29	2994 实蝇科	*Acrotaeniostola*	10												1	1			1	1	1	1	1
29	2994 实蝇科	*Actinoptera*	7					1					1	1		1			1	1	1		
29	2994 实蝇科	*Adrama*	1																	1	1		
29	2994 实蝇科	*Aischrocranis*	3						1						1				1				
29	2994 实蝇科	*Anastrephoides*	2			1																	
29	2994 实蝇科	*Angelogelasinus*	1			1																	
29	2994 实蝇科	*Animoia*	18							1					1	1	1	1	1	1	1		
29	2994 实蝇科	*Anoplomus*	3																	1			1
29	2994 实蝇科	*Apiculonia*	1														1						
29	2994 实蝇科	*Asimoneura*	1																1				
29	2994 实蝇科	*Bactrocera*	61									1	1	1	1	1	1	1	1	1	1	1	1
29	2994 实蝇科	*Breviculala*	1												1				1				
29	2994 实蝇科	*Callistomyia*	1																	1	1	1	1

目	科	属	种数	a	b	c	d	e	f	g	h	i	j	k	l	m	n	o	p	q	r	s	t
29	2994 实蝇科	*Calosphenisca*	2																1				
29	2994 实蝇科	*Campiglossa*	54	1	1	1	1	1	1	1	1		1	1	1	1	1	1	1	1	1		
29	2994 实蝇科	*Carpophthoracidia*	1																			1	
29	2994 实蝇科	*Carpophthorella*	1															1					
29	2994 实蝇科	*Ceratitella*	1												1								
29	2994 实蝇科	*Chaetellipsis*	3																		1		
29	2994 实蝇科	*Chaetorellia*	1				1																
29	2994 实蝇科	*Chaetostomella*	5	1		1	1	1	1				1	1				1	1				
29	2994 实蝇科	*Chenacidiella*	2												1			1	1		1		
29	2994 实蝇科	*Chetostoma*	4														1						
29	2994 实蝇科	*Cornutrypeta*	6							1	1				1		1						
29	2994 实蝇科	*Cyaforma*	2											1		1	1						
29	2994 实蝇科	*Dacus*	14				1								1			1	1	1			1
29	2994 实蝇科	*Diarrhegma*	2																		1	1	
29	2994 实蝇科	*Dietheria*	1																		1		
29	2994 实蝇科	*Dimeringophtys*	1																		1	1	
29	2994 实蝇科	*Dioxyna*	2			1		1										1				1	1
29	2994 实蝇科	*Ectopomyia*	1																				
29	2994 实蝇科	*Elaphromyia*	4												1	1		1	1		1		
29	2994 实蝇科	*Ensina*	1	1		1		1		1	1				1			1					
29	2994 实蝇科	*Esacidia*	1												1								
29	2994 实蝇科	*Euphranta*	12			1		1							1			1	1	1	1	1	1
29	2994 实蝇科	*Felderimyia*	1															1					
29	2994 实蝇科	*Feshyia*	1															1					
29	2994 实蝇科	*Flaviludia*	1																				
29	2994 实蝇科	*Galbifascia*	1																		1		
29	2994 实蝇科	*Gastrozona*	9				1						1		1	1			1	1	1		
29	2994 实蝇科	*Hemilea*	8			1		1					1		1			1	1	1			
29	2994 实蝇科	*Hemileophila*	2			1											1						
29	2994 实蝇科	*Hendrella*	4	1		1	1	1	1	1			1										
29	2994 实蝇科	*Hexacinia*	1																		1		
29	2994 实蝇科	*Hexamela*	1																		1		
29	2994 实蝇科	*Hexaptilona*	1								1		1	1				1					
29	2994 实蝇科	*Homoeotricha*	4				1		1									1					
29	2994 实蝇科	*Hopladromyia*	1													1							
29	2994 实蝇科	*Hypenidum*	1	1																			
29	2994 实蝇科	*Ictericodes*	2	1														1					
29	2994 实蝇科	*Machaomyia*	1															1		1			
29	2994 实蝇科	*Magnimyiolia*	2											1			1						
29	2994 实蝇科	*Malaisinia*	1											1									
29	2994 实蝇科	*Maracanthomyia*	2												1		1	1					
29	2994 实蝇科	*Morinowotome*	3										1					1					
29	2994 实蝇科	*Myoleja*	2			1	1	1	1							1							
29	2994 实蝇科	*Neoceratitis*	1		1		1		1														
29	2994 实蝇科	*Nitobeia*	1															1					
29	2994 实蝇科	*Noeeta*	2																				
29	2994 实蝇科	*Oedaspis*	7				1	1					1	1		1			1	1			
29	2994 实蝇科	*Orellia*	2		1	1	1																
29	2994 实蝇科	*Orienticaelum*	2											1				1		1			
29	2994 实蝇科	*Orotava*	2				1							1				1					
29	2994 实蝇科	*Ortalotrypeta*	9						1					1	1	1	1	1					
29	2994 实蝇科	*Oxyaciura*	4	1															1	1			1
29	2994 实蝇科	*Oxyna*	12	1		1	1	1		1	1												
29	2994 实蝇科	*Oxyparna*	1		1		1			1													
29	2994 实蝇科	*Paracanthella*	1	1	1																		
29	2994 实蝇科	*Paragastrozona*	2												1			1					

目	科	属	种数	昆虫亚区																			
				a	b	c	d	e	f	g	h	i	j	k	l	m	n	o	p	q	r	s	t
29	2994 实蝇科	*Paranoeeta*	1																				
29	2994 实蝇科	*Paratephritis*	4																	1			
29	2994 实蝇科	*Paratrirhithrum*	1																	1			
29	2994 实蝇科	*Paratrypeta*	3			1											1						
29	2994 实蝇科	*Paraxarnuta*	3																		1		
29	2994 实蝇科	*Pardalaspinus*	2																		1		1
29	2994 实蝇科	*Paroxyna*	6			1	1	1						1									
29	2994 实蝇科	*Pelmatops*	2											1	1		1	1		1			
29	2994 实蝇科	*Phaeospilodes*	2																1			1	1	1
29	2994 实蝇科	*Phantasmiella*	1																1				
29	2994 实蝇科	*Philophylla*	21	1		1	1	1		1			1		1			1	1	1	1	1	1
29	2994 实蝇科	*Phorelliosoma*	1														1		1				
29	2994 实蝇科	*Placaciura*	1	1																			
29	2994 实蝇科	*Platensina*	8											1				1	1	1	1	1
29	2994 实蝇科	*Pliomelaena*	6											1	1				1	1	1	1
29	2994 实蝇科	*Poecilophea*	1																1			
29	2994 实蝇科	*Proanoplomus*	7												1			1	1	1	1
29	2994 实蝇科	*Prospheniscus*	1																1			
29	2994 实蝇科	*Pseudopelmatops*	3											1	1			1	1			
29	2994 实蝇科	*Pterochila*	1			1																
29	2994 实蝇科	*Ptilona*	3													1	1	1	1			
29	2994 实蝇科	*Rhabdochaeta*	3														1	1	1	1		
29	2994 实蝇科	*Rhagoletis*	4			1		1	1		1				1							
29	2994 实蝇科	*Rhochmopterum*	2																1				1
29	2994 实蝇科	*Rioxa*	3																1			
29	2994 实蝇科	*Scedella*	1																1				1
29	2994 实蝇科	*Sinacidia*	2			1																
29	2994 实蝇科	*Sinanoplomus*	1																			1
29	2994 实蝇科	*Sophira*	1																1			
29	2994 实蝇科	*Spathulina*	1									1						1	1			1	1
29	2994 实蝇科	*Sphaeniscus*	2									1	1	1				1	1				1
29	2994 实蝇科	*Sphenella*	2					1							1			1	1			1	1
29	2994 实蝇科	*Spilocosmia*	4															1	1			
29	2994 实蝇科	*Stemonocera*	6			1		1			1		1		1		1	1				
29	2994 实蝇科	*Taeniostola*	3																		1	1
29	2994 实蝇科	*Tephritis*	44	1	1	1	1	1		1	1			1	1	1	1		1	1	1	1
29	2994 实蝇科	*Terellia*	6	1		1		1		1				1		1						
29	2994 实蝇科	*Themara*	2																		1		1
29	2994 实蝇科	*Tritaeniopterin*	1																1			
29	2994 实蝇科	*Trupanea*	9	1	1	1	1	1			1		1	1	1			1	1				1
29	2994 实蝇科	*Trypeta*	20	1	1	1	1	1	1		1			1	1		1	1	1			
29	2994 实蝇科	*Urelliosoma*	1							1												
29	2994 实蝇科	*Urophora*	7	1		1		1	1		1					1		1				
29	2994 实蝇科	*Vidalia*	6			1								1		1	1	1	1		1	
29	2994 实蝇科	*Xanthomyia*	1					1														
29	2994 实蝇科	*Xanthorrachis*	2														1			1		
29	2994 实蝇科	*Xarnuta*	1																		1		
29	2994 实蝇科	*Xyphosia*	2	1	1	1									1						1	
29	2995 斑蝇科	*Ceroxys*	5							1												
29	2995 斑蝇科	*Herina*	3																			
29	2995 斑蝇科	*Hypochra*	2							1												
29	2995 斑蝇科	*Meckelia*	5																			
29	2995 斑蝇科	*Melieria*	10					1		1												
29	2995 斑蝇科	*Meringomera*	1																			
29	2995 斑蝇科	*Ortalis*	1																			
29	2995 斑蝇科	*Phaeosoma*	1							1												

目	科	属	种数	a	b	c	d	e	f	g	h	i	j	k	l	m	n	o	p	q	r	s	t
29	2995 斑蝇科	*Poecilotraphera*	3																1				
29	2995 斑蝇科	*Tetanops*	3				1	1															
29	2996 小金蝇科	*Chrysomyza*	1																				
29	2996 小金蝇科	*Timia*	14				1	1															
29	2997 扁口蝇科	*Elassogaster*	2																1				
29	2997 扁口蝇科	*Euprosopia*	3																1				
29	2997 扁口蝇科	*Euthyplatystoma*	4													1				1	1	1	1
29	2997 扁口蝇科	*Hypogra*	1																				
29	2997 扁口蝇科	*Icteracantha*	2																	1			
29	2997 扁口蝇科	*Lamprophtahlama*	1																				
29	2997 扁口蝇科	*Loxoneura*	9										1	1	1	1			1	1	1	1	1
29	2997 扁口蝇科	*Plagiostenopterina*	7				1												1	1	1	1	1
29	2997 扁口蝇科	*Platystoma*	4																1				
29	2997 扁口蝇科	*Prosthiochaeta*	5											1		1	1		1				
29	2997 扁口蝇科	*Pterogenia*	7																1				
29	2997 扁口蝇科	*Rhytidortalis*	1																1				
29	2997 扁口蝇科	*Rivellia*	10																1				
29	2997 扁口蝇科	*Scioptera*	1																				
29	2997 扁口蝇科	*Tropidogastrella*	1																1				
29	2997 扁口蝇科	*Xenaspis*	4																	1	1		
29	2998 奇蝇科	*Teratomyza*	1														1				1		
29	2999 卡密蝇科	*Camilla*	1																				1
30	3001 蚤科	*Archaeopsylla*	2			1	1	1															
30	3001 蚤科	*Ctenocephalides*	3	1		1	1	1			1	1	1	1	1		1	1			1	1	
30	3001 蚤科	*Echidnophaga*	5		1		1	1								1	1	1			1		
30	3001 蚤科	*Hoplopsyllus*	1			1					1					1							
30	3001 蚤科	*Pariodontis*	1									1		1									
30	3001 蚤科	*Pulex*	1	1	1	1	1	1	1	1	1	1	1	1	1						1	1	
30	3001 蚤科	*Synosternus*	1	1																			
30	3001 蚤科	*Tunga*	3													1		1		1			
30	3001 蚤科	*Xenopsylla*	7	1	1	1	1	1	1	1	1	1	1	1		1			1	1	1	1	1
30	3002 蠕形蚤科	*Chaetopsylla*	16	1	1	1	1		1	1	1			1		1	1	1					
30	3002 蠕形蚤科	*Dorcadia*	5		1	1	1	1	1	1	1												
30	3002 蠕形蚤科	*Vermipsylla*	7	1	1				1	1	1				1	1	1						
30	3003 切唇蚤科	*Coptopsylla*	1	1			1		1		1												
30	3004 多毛蚤科	*Hystrichopsylla*	13	1		1	1	1						1		1				1	1		
30	3005 臀蚤科	*Aviostivalius*	3											1		1	1	1			1	1	1
30	3005 臀蚤科	*Lentistivalius*	4												1		1	1					
30	3005 臀蚤科	*Stivalius*	3														1				1	1	1
30	3006 栉眼蚤科	*Catallagia*	4			1	1	1							1								
30	3006 栉眼蚤科	*Corrodopsylla*	1	1		1																	
30	3006 栉眼蚤科	*Ctenophthalmus*	32	1		1	1	1						1	1		1			1	1	1	
30	3006 栉眼蚤科	*Doratopsylla*	3			1			1					1	1		1				1		
30	3006 栉眼蚤科	*Genoneopsylla*	6							1	1					1	1	1					
30	3006 栉眼蚤科	*Nearctopsylla*	7			1				1	1			1									1
30	3006 栉眼蚤科	*Neopsylla*	37	1	1	1	1	1	1	1	1	1	1	1	1	1	1	1		1	1	1	
30	3006 栉眼蚤科	*Palaeopsylla*	27	1		1		1	1					1	1		1	1		1	1	1	
30	3006 栉眼蚤科	*Paraneopsylla*	5	1	1						1												
30	3006 栉眼蚤科	*Rhadinopsylla*	25	1	1	1	1	1	1	1	1			1	1	1	1			1	1		
30	3006 栉眼蚤科	*Stenischia*	12			1	1	1	1	1				1	1	1	1				1		
30	3006 栉眼蚤科	*Stenoponia*	13	1		1	1	1	1	1				1	1	1	1						
30	3006 栉眼蚤科	*Wagnerina*	4	1		1				1				1									
30	3006 栉眼蚤科	*Xenodaeria*	1														1	1					
30	3007 柳氏蚤科	*Liuopsylla*	2														1						
30	3008 蝠蚤科	*Araeopsylla*	2			1										1							
30	3008 蝠蚤科	*Ischnopsylla*	11	1	1	1	1	1	1	1				1		1		1	1	1	1	1	1

目	科	属	种数	a	b	c	d	e	f	g	h	i	j	k	l	m	n	o	p	q	r	s	t
30	3008 蝠蚤科	*Ishinopsyllus*	2																				
30	3008 蝠蚤科	*Mitchella*	3														1						
30	3008 蝠蚤科	*Myodopsylla*	1			1	1	1								1							
30	3008 蝠蚤科	*Nycteridopsylla*	5			1								1				1					
30	3008 蝠蚤科	*Thaumapsylla*	1											1		1							
30	3009 细蚤科	*Acropsylla*	1											1		1			1	1	1	1	1
30	3009 细蚤科	*Amphipsylla*	30	1	1	1	1	1	1	1	1	1		1		1	1	1					
30	3009 细蚤科	*Calceopsylla*	1						1	1	1												
30	3009 细蚤科	*Chinghaipsylla*	2				1			1													
30	3009 细蚤科	*Cratynius*	1											1		1				1			
30	3009 细蚤科	*Ctenophyllus*	5	1		1	1	1	1	1	1												
30	3009 细蚤科	*Ctenopsylla*	4																				
30	3009 细蚤科	*Frontopsylla*	24	1	1	1	1	1	1	1	1	1		1	1	1	1	1		1	1		
30	3009 细蚤科	*Geusibia*	13						1	1	1			1	1		1						
30	3009 细蚤科	*Grontopsylla*	9				1																
30	3009 细蚤科	*Leptopsylla*	7	1		1	1	1	1	1	1	1	1	1	1		1		1		1	1	
30	3009 细蚤科	*Mesopsylla*	5	1		1	1	1		1													
30	3009 细蚤科	*Minyctenopsyllus*	1						1	1				1	1								
30	3009 细蚤科	*Ophthalmopsylla*	8	1		1	1	1	1	1	1			1									
30	3009 细蚤科	*Ornithophaga*	1						1														
30	3009 细蚤科	*Paradoxopsyllus*	26	1		1	1	1	1	1	1			1	1	1	1	1		1			
30	3009 细蚤科	*Pectenoctenus*	1																				
30	3009 细蚤科	*Peromyscopsylla*	5	1		1	1		1					1	1		1	1	1			1	
30	3009 细蚤科	*Typhlomyopsyllus*	4											1	1		1						
30	3009 细蚤科	*Typhlomys*	1											1									
30	3010 角叶蚤科	*Aceratophyllus*	1																				
30	3010 角叶蚤科	*Aenigmopsylla*	1			1		1															
30	3010 角叶蚤科	*Amphalius*	4	1	1	1	1	1	1	1	1			1	1	1	1						
30	3010 角叶蚤科	*Brachutenonotus*	1																				
30	3010 角叶蚤科	*Brevictenidia*	2			1		1	1	1													
30	3010 角叶蚤科	*Callopsylla*	20	1	1		1		1	1	1			1		1	1	1					
30	3010 角叶蚤科	*Ceratophyllus*	25	1	1	1	1	1	1	1	1			1	1	1	1	1					
30	3010 角叶蚤科	*Citellophilus*	6	1		1	1	1	1	1	1			1		1							
30	3010 角叶蚤科	*Citellophyllus*	1					1															
30	3010 角叶蚤科	*Dasypsyllus*	1											1	1		1	1					
30	3010 角叶蚤科	*Diamanus*	2				1																
30	3010 角叶蚤科	*Macrostylophora*	24			1		1						1	1	1	1	1	1	1	1	1	1
30	3010 角叶蚤科	*Malaraeus*	2	1		1	1	1	1	1	1												
30	3010 角叶蚤科	*Megabothris*	6	1		1	1	1		1	1			1		1							
30	3010 角叶蚤科	*Megathoracipsylla*	1											1									
30	3010 角叶蚤科	*Monophyllus*	3																				
30	3010 角叶蚤科	*Monosyllus*	7	1		1	1	1	1	1		1	1	1	1		1	1	1			1	1
30	3010 角叶蚤科	*Nosopsyllus*	12	1	1	1	1	1	1	1		1		1		1	1	1			1	1	
30	3010 角叶蚤科	*Oropsylla*	3	1		1				1					1								
30	3010 角叶蚤科	*Paraceras*	6			1	1	1		1		1	1	1		1				1	1		
30	3010 角叶蚤科	*Rowleyella*	2													1							
30	3010 角叶蚤科	*Smitypsylla*	1													1							
30	3010 角叶蚤科	*Spuropsylla*	1											1		1				1			
30	3010 角叶蚤科	*Syngenopsyllus*	2											1		1							
30	3010 角叶蚤科	*Tarsopsylla*	1			1																	
31	3101 原石蛾科	*Himalopsyche*	19											1	1	1	1	1				1	1
31	3101 原石蛾科	*Hipoglossa*	1																				
31	3101 原石蛾科	*Pseudagapetus*	1																				
31	3101 原石蛾科	*Psilochorema*	2																		1	1	
31	3101 原石蛾科	*Rhyacophila*	66			1					1	1	1	1	1	1	1	1	1	1	1	1	1
31	3102 螯石蛾科	*Apsiochorema*	2											1			1						

目	科	属	种数	a	b	c	d	e	f	g	h	i	j	k	l	m	n	o	p	q	r	s	t
31	3103 舌石蛾科	*Agapetus*	5																1				
31	3103 舌石蛾科	*Glossosoma*	17									1	1					1	1				1
31	3103 舌石蛾科	*Lipoglossa*	1																				
31	3104 小石蛾科	*Hydroptila*	40			1		1				1	1	1	1			1	1			1	1
31	3104 小石蛾科	*Orthotrichia*	7									1	1									1	
31	3104 小石蛾科	*Oxyethira*	5				1					1	1										1
31	3104 小石蛾科	*Scelotrichia*	1																				
31	3104 小石蛾科	*Stactobia*	1																				
31	3104 小石蛾科	*Ugandatrichia*	1																				1
31	3105 等翅石蛾科	*Chimarrha*	10											1				1	1			1	
31	3105 等翅石蛾科	*Curgia*	1																	1			
31	3105 等翅石蛾科	*Doloclanes*	4												1		1			1			
31	3105 等翅石蛾科	*Dolophaliella*	1																				
31	3105 等翅石蛾科	*Dolophilodes*	13											1		1	1	1	1				
31	3105 等翅石蛾科	*Gunungiella*	1													1							
31	3105 等翅石蛾科	*Kisaura*	7									1		1		1	1				1		
31	3105 等翅石蛾科	*Philopotamus*	1																				
31	3105 等翅石蛾科	*Sortosa*	1																	1			
31	3105 等翅石蛾科	*Wormalidia*	9											1				1					
31	3106 角石蛾科	*Parastenipsyche*	1																				
31	3106 角石蛾科	*Stenopsyche*	54									1	1	1	1	1	1	1	1	1	1	1	1
31	3107 纹石蛾科	*Aethaloptera*	2									1						1					
31	3107 纹石蛾科	*Amphipsyche*	6									1						1					1
31	3107 纹石蛾科	*Cheumatopsyche*	27									1	1	1	1		1	1	1			1	1
31	3107 纹石蛾科	*Diplectrona*	10														1						
31	3107 纹石蛾科	*Herbertorossia*	1																				
31	3107 纹石蛾科	*Hydatopsyche*	5																			1	
31	3107 纹石蛾科	*Hydromanicus*	17												1		1	1	1			1	1
31	3107 纹石蛾科	*Hydropsyche*	60			1		1		1	1	1	1	1	1		1	1	1		1	1	1
31	3107 纹石蛾科	*Hydropsychodes*	5																1				
31	3107 纹石蛾科	*Macronema*	11														1	1	1				1
31	3107 纹石蛾科	*Macroptila*	1																				
31	3107 纹石蛾科	*Macrostemum*	7									1				1		1	1			1	1
31	3107 纹石蛾科	*Maesaipsyche*	1																			1	
31	3107 纹石蛾科	*Occutanpsyche*	2																				
31	3107 纹石蛾科	*Polymorphanisus*	7											1	1			1				1	1
31	3107 纹石蛾科	*Potamyia*	11										1	1	1	1							1
31	3108 多距石蛾科	*Galta*	1																				
31	3108 多距石蛾科	*Holocentropus*	1																				
31	3108 多距石蛾科	*Kyopsyche*	1									1	1										
31	3108 多距石蛾科	*Neicentropus*	1																				
31	3108 多距石蛾科	*Nyctiophylax*	2										1										
31	3108 多距石蛾科	*Plectrocnemia*	13										1	1	1		1	1	1				
31	3108 多距石蛾科	*Polycentropus*	1																				
31	3108 多距石蛾科	*Polyplectropus*	17									1	1	1	1			1	1			1	
31	3109 畸距石蛾科	*Dipseudopsis*	3									1											
31	3110 径石蛾科	*Ecnomus*	16									1	1		1			1	1				
31	3111 剑石蛾科	*Melanotrichia*	1																1		1		
31	3112 蝶石蛾科	*Kibuneopsychomyia*	1																1				
31	3112 蝶石蛾科	*Paduniella*	5									1			1								
31	3112 蝶石蛾科	*Psychomiella*	2																1	1			
31	3112 蝶石蛾科	*Psychomyia*	8									1		1			1						
31	3112 蝶石蛾科	*Tinodes*	7									1	1		1				1				
31	3113 弓石蛾科	*Arctopsyche*	14			1								1		1	1		1	1	1	1	1
31	3113 弓石蛾科	*Parapsyche*	8				1										1						
31	3114 石蛾科	*Argypnia*	7													1							

（续表）

目	科	属	种数	昆虫亚区																			
---	---	---	---	a	b	c	d	e	f	g	h	i	j	k	l	m	n	o	p	q	r	s	t
31	3114 石蛾科	*Dicosmoecus*	1																				
31	3114 石蛾科	*Eubasilissa*	9					1					1		1	1	1		1				
31	3114 石蛾科	*Holostomias*	2			1																	
31	3114 石蛾科	*Limnocentropus*	1																				
31	3114 石蛾科	*Neuronia*	3			1																	
31	3114 石蛾科	*Oligotricha*	1																				
31	3114 石蛾科	*Oopterygia*	2														1						
31	3114 石蛾科	*Phrygaenea*	4										1										
31	3114 石蛾科	*Platycentropus*	1																				
31	3114 石蛾科	*Semblis*	1																				
31	3115 拟石蛾科	*Phryganopsyche*	2															1					
31	3116 细翅石蛾科	*Marila*	1															1					
31	3116 细翅石蛾科	*Molanna*	3												1		1						
31	3116 细翅石蛾科	*Molanneria*	1																				
31	3116 细翅石蛾科	*Molannodes*	1										1										
31	3117 枝石蛾科	*Anisocentropus*	5															1				1	1
31	3117 枝石蛾科	*Ascalaphomerus*	2																1				
31	3117 枝石蛾科	*Ganomea*	5											1		1		1					1
31	3118 齿角石蛾科	*Marilia*	4												1		1		1				
31	3118 齿角石蛾科	*Psilotreta*	27										1	1		1	1		1		1	1	
31	3119 瘤石蛾科	*Goera*	18								1	1	1	1		1		1	1				
31	3119 瘤石蛾科	*Goerodes*	4										1									1	
31	3120 沼石蛾科	*Anabolia*	4											1		1							
31	3120 沼石蛾科	*Anaboliodes*	1																				
31	3120 沼石蛾科	*Apatania*	12								1			1		1		1					
31	3120 沼石蛾科	*Apatidellia*	2															1					
31	3120 沼石蛾科	*Arctoecia*	1																				
31	3120 沼石蛾科	*Astratodina*	3				1																
31	3120 沼石蛾科	*Astratus*	1																				
31	3120 沼石蛾科	*Asynarchus*	1																				
31	3120 沼石蛾科	*Evanophanes*	1																				
31	3120 沼石蛾科	*Grammotauolus*	1																				
31	3120 沼石蛾科	*Halesinus*	4														1						
31	3120 沼石蛾科	*Halesus*	1																				
31	3120 沼石蛾科	*Hydatophylax*	1																				
31	3120 沼石蛾科	*Lenarchus*	1							1						1							
31	3120 沼石蛾科	*Limnephilus*	14			1								1			1						
31	3120 沼石蛾科	*Neophylax*	3								1				1		1						
31	3120 沼石蛾科	*Nothopsyche*	6															1					
31	3120 沼石蛾科	*Philarctus*	2																				
31	3120 沼石蛾科	*Phylostenax*	1													1							
31	3120 沼石蛾科	*Pielus*	1										1										
31	3120 沼石蛾科	*Platyphylax*	4														1						
31	3120 沼石蛾科	*Pseudostenophylax*	38				1	1	1			1	1	1	1	1	1						
31	3120 沼石蛾科	*Psilopterna*	2																				
31	3120 沼石蛾科	*Stenophylax*	1												1								
31	3121 鳞石蛾科	*Crunoboides*	1																				
31	3121 鳞石蛾科	*Dinarthrum*	6										1	1			1						
31	3121 鳞石蛾科	*Eodinarthrum*	2														1	1					
31	3121 鳞石蛾科	*Eothremna*	1																				
31	3121 鳞石蛾科	*Hummelia*	1																				
31	3121 鳞石蛾科	*Hypodinnarthrum*	1																				
31	3121 鳞石蛾科	*Lepidostoma*	13										1	1	1		1				1		
31	3121 鳞石蛾科	*Mellomyia*	2																				
31	3121 鳞石蛾科	*Paraphlegopteryx*	2											1			1						
31	3122 短石蛾科	*Brachycentrus*	3																				

目	科	属	种数	a	b	c	d	e	f	g	h	i	j	k	l	m	n	o	p	q	r	s	t
31	3122 短石蛾科	*Oligoplectrodes*	1																				
31	3123 毛石蛾科	*Anacrunoecia*	1												1								
31	3123 毛石蛾科	*Dinarthrodes*	2																1				
31	3123 毛石蛾科	*Goerinella*	2																1				
31	3123 毛石蛾科	*Notidobia*	1																1				
31	3123 毛石蛾科	*Severinia*	1														1				1		
31	3124 长角石蛾科	*Adicella*	4										1						1				
31	3124 长角石蛾科	*Athripsodes*	1									1											
31	3124 长角石蛾科	*Ceraclea*	36									1	1	1	1	1			1				
31	3124 长角石蛾科	*Leptocerus*	10	1								1	1						1			1	
31	3124 长角石蛾科	*Mystacides*	6	1								1	1	1								1	
31	3124 长角石蛾科	*Notanatilica*	3																				
31	3124 长角石蛾科	*Oecetis*	17	1		1						1	1	1	1				1				
31	3124 长角石蛾科	*Oecetodella*	3										1		1				1				
31	3124 长角石蛾科	*Parasetodes*	4										1								1		
31	3124 长角石蛾科	*Setodes*	23	1		1		1				1	1		1				1				1
31	3124 长角石蛾科	*Triaenodella*	3									1	1										
31	3124 长角石蛾科	*Triaenodes*	6									1	1	1		1						1	
31	3124 长角石蛾科	*Trichosetodes*	4												1							1	1
31	3124 长角石蛾科	*Triplectides*	4										1					1					
31	3124 长角石蛾科	*Ylodes*	1	1																			
31	3125 乌石蛾科	*Uenoa*	1																1				
31	3126 幻沼石蛾科	*Apataniana*	2			1																	
32	3201 小翅蛾科	*Paleomicriudes*	6																1				
32	3201 小翅蛾科	*Paramartyria*	7									1							1	1			
32	3202 毛顶蛾科	*Eriocrania*	2			1		1															
32	3203 扇鳞蛾科	*Nematocentropus*	1													1							
32	3204 蛉蛾科	*Neopseustis*	5			1							1	1					1				
32	3205 蝙蝠蛾科	*Bipectilus*	7														1		1				
32	3205 蝙蝠蛾科	*Endoclita*	1																1				
32	3205 蝙蝠蛾科	*Forkalus*	1														1						
32	3205 蝙蝠蛾科	*Gorgopis*	1																1				
32	3205 蝙蝠蛾科	*Hepialiscus*	9											1	1								1
32	3205 蝙蝠蛾科	*Hepialus*	66	1		1		1	1	1	1	1		1	1	1	1		1				1
32	3205 蝙蝠蛾科	*Hypophassus*	1																				
32	3205 蝙蝠蛾科	*Magnificus*	2							1	1												
32	3205 蝙蝠蛾科	*Napialus*	4									1			1							1	1
32	3205 蝙蝠蛾科	*Palpifer*	3												1			1	1				
32	3205 蝙蝠蛾科	*Phassus*	26			1		1	1	1		1	1	1	1	1	1	1	1	1	1	1	1
32	3206 原蝠蛾科	*Ogygioses*	2																1				
32	3207 长角蛾科	*Adela*	6																				
32	3207 长角蛾科	*Nematopogon*	1																				
32	3207 长角蛾科	*Nemophora*	7			1	1	1					1	1					1	1			
32	3207 长角蛾科	*Nemotois*	20																1	1			
32	3208 微蛾科	*Sinopticula*	1				1																
32	3208 微蛾科	*Stigmella*	1																				
32	3209 冠潜蛾科	*Coptotriche*	1																			1	
32	3209 冠潜蛾科	*Tischeria*	2									1		1					1				
32	3210 茎潜蛾科	*Pseudopostega*	1															1					
32	3211 谷蛾科	*Aeolarch*	1										1		1							1	
32	3211 谷蛾科	*Amniodes*	1																				
32	3211 谷蛾科	*Anchinia*	1																				
32	3211 谷蛾科	*Anemapogon*	1																				
32	3211 谷蛾科	*Anthrypsiastris*	1																				
32	3211 谷蛾科	*Atabyria*	1											1					1			1	
32	3211 谷蛾科	*Ceratosticha*	1																1				

附录

（续表）

目	科		属	种数	昆虫亚区																			
					a	b	c	d	e	f	g	h	i	j	k	l	m	n	o	p	q	r	s	t
32	3211	谷蛾科	*Chelaria*	3															1					
32	3211	谷蛾科	*Chelophola*	1																				
32	3211	谷蛾科	*Cimitra*	1																1				
32	3211	谷蛾科	*Coryptilum*	2																1				
32	3211	谷蛾科	*Cosmocritis*	1																				
32	3211	谷蛾科	*Crypsithyris*	5									1		1				1					
32	3211	谷蛾科	*Ctenocompa*	2																				
32	3211	谷蛾科	*Cylichobathra*	1																				
32	3211	谷蛾科	*Cymotricha*	5																1				
32	3211	谷蛾科	*Dacryphanes*	1																1				
32	3211	谷蛾科	*Decadarchis*	2																1		1		
32	3211	谷蛾科	*Edosa*	1														1						
32	3211	谷蛾科	*Epadris*	1												1		1				1		
32	3211	谷蛾科	*Epichostis*	1																				
32	3211	谷蛾科	*Erechthias*	1																1				
32	3211	谷蛾科	*Eretomera*	1																				
32	3211	谷蛾科	*Eriocottis*	1																1				
32	3211	谷蛾科	*Eudarcia*	1				1																
32	3211	谷蛾科	*Euplocamus*	5														1	1					
32	3211	谷蛾科	*Gerontha*	10										1	1				1	1	1	1		1
32	3211	谷蛾科	*Haplotinea*	1																1				
32	3211	谷蛾科	*Hapsifera*	3				1							1									
32	3211	谷蛾科	*Harmaclona*	1																1		1		1
32	3211	谷蛾科	*Homalopsycha*	1			1	1	1	1	1	1		1	1	1								
32	3211	谷蛾科	*Hypecallia*	1																				
32	3211	谷蛾科	*Hyperoptica*	1																				
32	3211	谷蛾科	*Hyponomcuta*	2																				
32	3211	谷蛾科	*Ilygenes*	1																				
32	3211	谷蛾科	*Isostreptis*	1																				
32	3211	谷蛾科	*Machaeropteris*	1																1				
32	3211	谷蛾科	*Maculisclerotica*	3				1				1			1			1						1
32	3211	谷蛾科	*Melasina*	1																1				
32	3211	谷蛾科	*Monopis*	6			1	1				1	1	1	1		1	1	1		1			
32	3211	谷蛾科	*Morophaga*	2														1	1					
32	3211	谷蛾科	*Morophagoides*	1																1				
32	3211	谷蛾科	*Myrmecoxela*	1																				
32	3211	谷蛾科	*Narcius*	1																				
32	3211	谷蛾科	*Nemapogon*	4			1	1				1	1							1				
32	3211	谷蛾科	*Neoepiscardia*	1																				
32	3211	谷蛾科	*Nothogenes*	2																1				
32	3211	谷蛾科	*Ochsencheimeria*	1																				
32	3211	谷蛾科	*Orsodytis*	2																				
32	3211	谷蛾科	*Pachynistis*	1																1				
32	3211	谷蛾科	*Pachypsaltis*	2																1				
32	3211	谷蛾科	*Persicoptila*	1																1				
32	3211	谷蛾科	*Phaulogenes*	1																				
32	3211	谷蛾科	*Phereoeca*	1																				1
32	3211	谷蛾科	*Phrixosceles*	1																1				
32	3211	谷蛾科	*Psychoides*	1																1				
32	3211	谷蛾科	*Rhadinalis*	1																1				
32	3211	谷蛾科	*Rhodobates*	2											1									
32	3211	谷蛾科	*Sapheneutis*	1																1				
32	3211	谷蛾科	*Scardia*	3																				
32	3211	谷蛾科	*Septomorpha*	1																1				
32	3211	谷蛾科	*Spatularia*	1																1				
32	3211	谷蛾科	*Sphenaspis*	1																				

目	科	属	种数	昆虫亚区																			
				a	b	c	d	e	f	g	h	i	j	k	l	m	n	o	p	q	r	s	t
32	3211 谷蛾科	*Spilogenes*	1																				
32	3211 谷蛾科	*Stereoptila*	1																				
32	3211 谷蛾科	*Tinea*	18			1	1	1	1			1		1					1	1			1	1
32	3211 谷蛾科	*Tineola*	1			1	1	1	1														1	
32	3211 谷蛾科	*Tineovertex*	1															1					
32	3211 谷蛾科	*Tinissa*	1															1					
32	3211 谷蛾科	*Tituacia*	1																				
32	3211 谷蛾科	*Tortyra*	2															1					
32	3211 谷蛾科	*Trichophaga*	1															1					
32	3211 谷蛾科	*Unilepidotricha*	1													1							
32	3211 谷蛾科	*Zomeutis*	1															1					
32	3212 绵蛾科	*Compsoctena*	1															1					
32	3213 蓑蛾科	*Acanthopsyche*	9				1					1	1	1	1			1	1			1	1
32	3213 蓑蛾科	*Amatissa*	1											1		1					1	1	1
32	3213 蓑蛾科	*Aspina*	1																				
32	3213 蓑蛾科	*Brachycyttarus*	1																				
32	3213 蓑蛾科	*Canephora*	1															1	1				
32	3213 蓑蛾科	*Chalia*	1								1		1		1							1	1
32	3213 蓑蛾科	*Chalioides*	2				1					1	1	1	1			1				1	
32	3213 蓑蛾科	*Clania*	4				1					1	1		1			1	1			1	1
32	3213 蓑蛾科	*Cryptothelea*	1		1	1	1					1	1			1	1	1	1			1	1
32	3213 蓑蛾科	*Dappula*	1				1								1		1					1	1
32	3213 蓑蛾科	*Eosolenobia*	1															1					
32	3213 蓑蛾科	*Eumeta*	8									1			1		1	1	1		1	1	1
32	3213 蓑蛾科	*Fumea*	4															1					
32	3213 蓑蛾科	*Kotochalla*	1															1					
32	3213 蓑蛾科	*Lepidopsyche*	1														1						
32	3213 蓑蛾科	*Mahasena*	7				1					1	1		1			1	1		1		
32	3213 蓑蛾科	*Nipponopsyche*	1														1						
32	3213 蓑蛾科	*Oeceticus*	1																				
32	3213 蓑蛾科	*Pachythelia*	2															1	1				1
32	3213 蓑蛾科	*Proutia*	1												1								
32	3213 蓑蛾科	*Psyche*	3									1						1	1			1	1
32	3213 蓑蛾科	*Psychides*	2																				
32	3213 蓑蛾科	*Pterpma*	1																				
32	3213 蓑蛾科	*Rebelia*	1																				
32	3213 蓑蛾科	*Sterrhopteryx*	1																				
32	3213 蓑蛾科	*Talaeporia*	1																				
32	3214 细蛾科	*Acrocercops*	14				1					1	1			1	1	1			1		
32	3214 细蛾科	*Artifodina*	1																		1	1	
32	3214 细蛾科	*Borboryctis*	2												1		1						1
32	3214 细蛾科	*Caloptilia*	32				1	1				1	1	1	1	1		1	1	1	1	1	1
32	3214 细蛾科	*Calybites*	2				1	1					1	1	1			1	1				
32	3214 细蛾科	*Conopomorpha*	2															1	1		1		
32	3214 细蛾科	*Cuphodes*	1															1					
32	3214 细蛾科	*Deoptilia*	1															1					
32	3214 细蛾科	*Dextellia*	2														1						
32	3214 细蛾科	*Dialectica*	1																		1		
32	3214 细蛾科	*Diphtheroptila*	1																1				
32	3214 细蛾科	*Epicephala*	2																1				
32	3214 细蛾科	*Eteoryctis*	1															1	1				
32	3214 细蛾科	*Gibbovalva*	1															1					
32	3214 细蛾科	*Gracilaria*	5										1										
32	3214 细蛾科	*Liocrobyla*	1													1							
32	3214 细蛾科	*Lithocolletis*	4			1		1											1				
32	3214 细蛾科	*Micrurapteryx*	3				1								1	1							

目	科	属	种数	a	b	c	d	e	f	g	h	i	j	k	l	m	n	o	p	q	r	s	t
32	3214 细蛾科	*Parectopa*	1																				
32	3214 细蛾科	*Phodoryctis*	2																	1			
32	3214 细蛾科	*Phyllonorycter*	7			1	1	1	1			1	1	1					1	1			
32	3214 细蛾科	*Porphyosela*	1																	1			
32	3214 细蛾科	*Spulerina*	5					1				1	1	1					1	1			
32	3214 细蛾科	*Systoloneura*	1																	1			
32	3214 细蛾科	*Telamoptilla*	3																	1			
32	3215 印麦蛾科	*Agriothera*	2																	1			
32	3215 印麦蛾科	*Telethera*	2																	1			
32	3216 颊蛾科	*Bucculatrix*	4							1		1								1			
32	3217 举肢蛾科	*Atrijuglans*	1				1	1		1		1	1							1			
32	3217 举肢蛾科	*Corsocasis*	1																	1			
32	3217 举肢蛾科	*Kakivoris*	2																				
32	3217 举肢蛾科	*Lithotactis*	1																	1			
32	3217 举肢蛾科	*Odematopoda*	2										1				1				1		
32	3217 举肢蛾科	*Pancaria*	3					1	1				1										
32	3217 举肢蛾科	*Placoptila*	1																	1			1
32	3218 银蛾科	*Argyresthia*	14			1	1	1	1	1		1			1		1	1		1			
32	3219 梯翅蛾科	*Protochanda*	1																	1			1
32	3220 邻菜蛾科	*Acrolepia*	2			1																	
32	3220 邻菜蛾科	*Acrolepiopsis*	4								1		1							1			
32	3220 邻菜蛾科	*Digitivalva*	3																	1			
32	3221 潜蛾科	*Bedellia*	2																1	1			
32	3221 潜蛾科	*Leucoptera*	4			1	1	1			1	1	1	1									
32	3221 潜蛾科	*Lyonetia*	5			1	1	1	1		1		1	1					1	1		1	
32	3221 潜蛾科	*Paraleucoptera*	1																				
32	3222 叶潜蛾科	*Phyllocnistis*	7			1	1	1	1		1	1	1	1					1	1		1	
32	3223 菜蛾科	*Cerostoma*	5														1						
32	3223 菜蛾科	*Plutella*	1	1		1	1	1	1	1	1	1	1	1	1	1		1	1	1		1	1
32	3223 菜蛾科	*Tonza*	1																	1			
32	3223 菜蛾科	*Ypsolopha*	9			1	1	1	1			1	1							1			
32	3224 辉蛾科	*Opogona*	11					1	1			1			1				1	1		1	1
32	3224 辉蛾科	*Wegneria*	1																	1			
32	3225 翼蛾科	*Alucita*	3																1	1			
32	3225 翼蛾科	*Orneodes*	5																				
32	3225 翼蛾科	*Penlateucha*	1																				
32	3226 遮颜蛾科	*Blastobasis*	4												1					1			
32	3226 遮颜蛾科	*Conlogenes*	1																	1			
32	3226 遮颜蛾科	*Neoblastobasis*	1																	1			
32	3227 草蛾科	*Ethmia*	44			1	1	1	1		1	1	1	1	1	1	1	1	1	1	1	1	1
32	3228 巢蛾科	*Anthonympha*	1																	1			
32	3228 巢蛾科	*Anticrates*	3										1				1					1	1
32	3228 巢蛾科	*Arctopayche*	1																	1			
32	3228 巢蛾科	*Atteva*	4												1					1			1
32	3228 巢蛾科	*Caunaca*	1																	1			
32	3228 巢蛾科	*Cedestis*	2					1						1									
32	3228 巢蛾科	*Comocritis*	1																	1			
32	3228 巢蛾科	*Euhyponomeuta*	2					1						1									
32	3228 巢蛾科	*Euhyponomeutoides*	1																				
32	3228 巢蛾科	*Isotorinis*	1																				1
32	3228 巢蛾科	*Kessleria*	3																	1			
32	3228 巢蛾科	*Loxozyga*	1																				
32	3228 巢蛾科	*Lycophantis*	2																	1			
32	3228 巢蛾科	*Metanomeuta*	3					1					1	1	1	1			1			1	
32	3228 巢蛾科	*Niphonympha*	3					1	1					1	1		1	1					1
32	3228 巢蛾科	*Nordmaniana*	1																				

目	科	属	种数	昆虫亚区 a	b	c	d	e	f	g	h	i	j	k	l	m	n	o	p	q	r	s	t
32	3228 巢蛾科	*Ocnerostoma*	1			1	1											1					
32	3228 巢蛾科	*Prays*	4											1	1								
32	3228 巢蛾科	*Protonoma*	1																				
32	3228 巢蛾科	*Saridoscelis*	2										1					1					
32	3228 巢蛾科	*Swammerdamia*	4				1	1	1			1			1								
32	3228 巢蛾科	*Sympetalistis*	1															1					
32	3228 巢蛾科	*Teinoptila*	3					1				1		1	1			1	1	1			
32	3228 巢蛾科	*Thecobathra*	18									1	1	1	1	1	1	1	1	1	1	1	1
32	3228 巢蛾科	*Xyrosaris*	3				1	1				1			1			1					
32	3228 巢蛾科	*Yponomeuta*	25			1	1	1	1	1		1	1	1	1			1	1		1		
32	3228 巢蛾科	*Zelleria*	3																				
32	3229 雕蛾科	*Anthophila*	3			1	1	1	1	1								1					
32	3229 雕蛾科	*Brenthia*	4															1					
32	3229 雕蛾科	*Carmentina*	1															1					
32	3229 雕蛾科	*Choreutis*	17															1	1		1	1	
32	3229 雕蛾科	*Eutromula*	3																				
32	3229 雕蛾科	*Glyphipterix*	40									1	1					1	1				
32	3229 雕蛾科	*Homadaula*	2				1					1	1					1	1				
32	3229 雕蛾科	*Lamprestica*	2									1		1				1	1				
32	3229 雕蛾科	*Lepidotarphis*	1									1						1					1
32	3229 雕蛾科	*Litobrenthia*	5															1	1				
32	3229 雕蛾科	*Metapodistis*	1															1					
32	3229 雕蛾科	*Phycodes*	3															1	1		1		
32	3229 雕蛾科	*Saptha*	4															1					
32	3229 雕蛾科	*Simaethis*	3															1					
32	3229 雕蛾科	*Tebenna*	2									1						1	1				
32	3230 木蠹蛾科	*Bifiduncus*	1										1										
32	3230 木蠹蛾科	*Butaya*	1																				
32	3230 木蠹蛾科	*Catopta*	7			1	1	1						1									
32	3230 木蠹蛾科	*Cossus*	13	1		1	1	1	1	1	1	1	1	1	1			1					
32	3230 木蠹蛾科	*Dyspessa*	3																				
32	3230 木蠹蛾科	*Garuda*	1																				
32	3230 木蠹蛾科	*Holcocerus*	17	1	1	1	1	1	1	1		1	1	1	1	1		1	1	1			
32	3230 木蠹蛾科	*Isoceras*	2			1	1	1	1	1		1											
32	3230 木蠹蛾科	*Lamellocossus*	2				1							1									
32	3230 木蠹蛾科	*Panau*	1																				
32	3230 木蠹蛾科	*Parahypota*	1	1																			
32	3230 木蠹蛾科	*Sinicossus*	2											1									
32	3231 豹蠹蛾科	*Azygophleps*	2									1			1		1				1		1
32	3231 豹蠹蛾科	*Phragmataecia*	8		1	1		1				1					1	1	1				
32	3231 豹蠹蛾科	*Xyleutes*	7									1	1		1			1	1	1	1	1	
32	3231 豹蠹蛾科	*Zeuzera*	10				1	1				1	1	1	1		1	1	1	1	1	1	1
32	3232 拟木蠹蛾科	*Indarbela*	2																				
32	3232 拟木蠹蛾科	*Lepodarbela*	1															1					1
32	3233 宽蛾科	*Acria*	7				1					1	1	1				1	1		1		
32	3233 宽蛾科	*Agonopterix*	15				1	1						1	1		1	1	1				
32	3233 宽蛾科	*Anchana*	1															1					
32	3233 宽蛾科	*Depressaria*	6	1		1		1	1	1				1				1					
32	3233 宽蛾科	*Eutorna*	4				1	1							1			1	1		1		
32	3234 木蛾科	*Adeanrhea*	1																				
32	3234 木蛾科	*Aeolanthes*	14									1	1	1				1	1				1
32	3234 木蛾科	*Athripsiastis*	1										1					1					
32	3234 木蛾科	*Cynicorates*	1																			1	
32	3234 木蛾科	*Epimactis*	2															1					
32	3234 木蛾科	*Letogenes*	1															1					
32	3234 木蛾科	*Linoclistis*	2									1	1		1			1	1			1	

附录

（续表）

目	科	属	种数	昆虫亚区																			
				a	b	c	d	e	f	g	h	i	j	k	l	m	n	o	p	q	r	s	t
32	3234 木蛾科	*Metathrinca*	4									1	1	1	1				1	1		1	
32	3234 木蛾科	*Neospastis*	1																				
32	3234 木蛾科	*Odites*	14				1	1				1	1	1	1	1			1				
32	3234 木蛾科	*Ptochoryctis*	1																				
32	3234 木蛾科	*Rhizostenes*	1																	1			
32	3234 木蛾科	*Thymiatris*	1										1					1					
32	3235 织蛾科	*Aplota*	1												1								
32	3235 织蛾科	*Ashinaga*	1																	1			
32	3235 织蛾科	*Beijinga*	1				1	1							1								
32	3235 织蛾科	*Borkhausenia*	3					1	1	1					1				1				
32	3235 织蛾科	*Casmara*	3					1					1	1	1				1	1	1	1	
32	3235 织蛾科	*Cheimophila*	2			1		1			1				1								
32	3235 织蛾科	*Cryptolechia*	63					1	1			1	1	1	1	1	1		1	1	1	1	1
32	3235 织蛾科	*Deuterogonia*	4			1		1							1	1			1				
32	3235 织蛾科	*Endrosis*	2								1				1				1				
32	3235 织蛾科	*Eonympha*	4					1							1	1			1				
32	3235 织蛾科	*Epicallima*	1	1		1	1	1	1	1					1								
32	3235 织蛾科	*Epiracma*	2												1	1			1				
32	3235 织蛾科	*Erotia*	3												1	1			1			1	
32	3235 织蛾科	*Eulechria*	2												1				1				
32	3235 织蛾科	*Exaeretia*	5					1															
32	3235 织蛾科	*Formokamaga*	1																1				
32	3235 织蛾科	*Hieromantis*	2					1				1			1	1			1				
32	3235 织蛾科	*Hofmannophila*	1																1				
32	3235 织蛾科	*Irepacma*	16					1				1		1	1	1	1		1			1	1
32	3235 织蛾科	*Lamprystica*	2									1							1				
32	3235 织蛾科	*Lasiochira*	2												1	1			1				
32	3235 织蛾科	*Locheutis*	2												1				1				
32	3235 织蛾科	*Martyringa*	1			1	1	1				1	1	1			1		1	1		1	1
32	3235 织蛾科	*Oedematopoda*	3					1							1	1			1				
32	3235 织蛾科	*Pachyrhabda*	1																1				
32	3235 织蛾科	*Pedioxestis*	5					1				1			1	1			1				
32	3235 织蛾科	*Periacma*	34			1		1	1				1	1	1	1			1	1	1	1	1
32	3235 织蛾科	*Philobota*	1													1	1						
32	3235 织蛾科	*Pleurota*	2	1																			
32	3235 织蛾科	*Promalactis*	76		1		1	1	1		1	1	1	1	1	1	1	1	1		1	1	1
32	3235 织蛾科	*Pseudodoxia*	1								1	1											
32	3235 织蛾科	*Punctulata*	4												1		1						
32	3235 织蛾科	*Ripeacma*	15									1		1	1	1			1			1	1
32	3235 织蛾科	*Satrapia*	1																1				
32	3235 织蛾科	*Stathmopoda*	17				1	1				1	1	1	1		1	1	1	1	1		
32	3235 织蛾科	*Synchalara*	2																1	1			
32	3235 织蛾科	*Tonica*	1																1			1	1
32	3235 织蛾科	*Tyrolimnas*	1				1					1	1	1					1				
32	3235 织蛾科	*Variacma*	2													1		1					
32	3235 织蛾科	*Xestocasis*	1																1				
32	3236 祝蛾科	*Amaloxestis*	1																		1		
32	3236 祝蛾科	*Anamimnesis*	1															1					
32	3236 祝蛾科	*Antiochtha*	1									1											
32	3236 祝蛾科	*Athymoris*	4									1			1				1	1	1		1
32	3236 祝蛾科	*Brychergsa*	1																				
32	3236 祝蛾科	*Carodista*	3												1							1	
32	3236 祝蛾科	*Catacreagra*	1																	1			
32	3236 祝蛾科	*Coprotilia*	1								1												
32	3236 祝蛾科	*Cubitomoris*	4				1							1	1				1				
32	3236 祝蛾科	*Cynicostola*	1													1							

目	科	属	种数	a	b	c	d	e	f	g	h	i	j	k	l	m	n	o	p	q	r	s	t
32	3236 祝蛾科	*Deltoplastis*	5										1	1	1	1	1		1	1				1
32	3236 祝蛾科	*Eccedoxa*	1												1									1
32	3236 祝蛾科	*Eurodachtha*	1									1												
32	3236 祝蛾科	*Frisilia*	5										1	1	1					1				1
32	3236 祝蛾科	*Galoxestis*	4										1	1				1			1		
32	3236 祝蛾科	*Glaucolychna*	6					1					1	1	1			1						
32	3236 祝蛾科	*Halolaguna*	1												1			1						
32	3236 祝蛾科	*Hoenea*	1														1							
32	3236 祝蛾科	*Homaloxestis*	14					1					1	1			1		1	1	1	1	1	
32	3236 祝蛾科	*Kalocyrma*	3					1			1	1					1							
32	3236 祝蛾科	*Lecithocera*	64					1					1	1	1	1	1	1	1	1	1	1	1	1
32	3236 祝蛾科	*Lecitholaxa*	2					1			1	1		1	1			1	1			1	1	
32	3236 祝蛾科	*Longipenis*	1															1						
32	3236 祝蛾科	*Lysipatha*	1																		1			
32	3236 祝蛾科	*Malachoherca*	1									1	1	1										
32	3236 祝蛾科	*Merocrates*	1									1												
32	3236 祝蛾科	*Oblothrepta*	1																					1
32	3236 祝蛾科	*Opacoptera*	3											1	1									
32	3236 祝蛾科	*Philharmonia*	4											1		1		1						
32	3236 祝蛾科	*Philoptila*	4										1		1			1		1				
32	3236 祝蛾科	*Proesochtha*	1															1						
32	3236 祝蛾科	*Protolychnis*	1																		1			
32	3236 祝蛾科	*Psammoris*	1																		1	1		
32	3236 祝蛾科	*Quassitagma*	6									1	1	1				1	1	1	1			
32	3236 祝蛾科	*Recontracta*	1										1											
32	3236 祝蛾科	*Sarisophora*	7										1	1	1			1			1			
32	3236 祝蛾科	*Scythropiodes*	6				1				1	1	1					1						1
32	3236 祝蛾科	*Siderostigma*	2										1			1								
32	3236 祝蛾科	*Spatulignatha*	4										1	1	1			1						
32	3236 祝蛾科	*Synesarga*	2														1		1					
32	3236 祝蛾科	*Syntetarca*	1																					1
32	3236 祝蛾科	*Tegenocharis*	1										1											
32	3236 祝蛾科	*Thamnopalpa*	2													1		1						
32	3236 祝蛾科	*Thubana*	7										1	1				1	1		1			
32	3236 祝蛾科	*Tisis*	1										1					1		1				1
32	3236 祝蛾科	*Torodora*	39										1	1	1	1	1	1	1	1	1	1	1	1
32	3236 祝蛾科	*Toxotarca*	1																					1
32	3236 祝蛾科	*Trichoboscis*	1																					1
32	3236 祝蛾科	*Urolaguna*	1									1												
32	3237 绢蛾科	*Butalis*	1																					
32	3237 绢蛾科	*Paradoxus*	1																					
32	3237 绢蛾科	*Scythris*	5				1	1	1		1							1						
32	3238 尖蛾科	*Ashibusa*	2				1				1		1					1						
32	3238 尖蛾科	*Balionebris*	2															1						1
32	3238 尖蛾科	*Cosmopterix*	16				1					1	1	1		1		1	1		1			
32	3238 尖蛾科	*Eteobalea*	2			1	1																	
32	3238 尖蛾科	*Labdia*	4															1	1					
32	3238 尖蛾科	*Lacciferophaga*	2																					
32	3238 尖蛾科	*Limnoecia*	1															1						1
32	3238 尖蛾科	*Macrobathra*	7				1					1		1	1			1						
32	3238 尖蛾科	*Melagrypa*	1																1					
32	3238 尖蛾科	*Meleonoma*	6				1	1			1	1	1	1							1	1		
32	3238 尖蛾科	*Metagrypa*	1															1						
32	3238 尖蛾科	*Mompha*	2															1						
32	3238 尖蛾科	*Pancalia*	2				1																	
32	3238 尖蛾科	*Parametriotes*	1									1	1		1			1			1	1		

附录

（续表）

目	科	属	种数	昆虫亚区																			
				a	b	c	d	e	f	g	h	i	j	k	l	m	n	o	p	q	r	s	t
32	3238 尖蛾科	*Passalotis*	1																1				
32	3238 尖蛾科	*Periscoptila*	1																1				
32	3238 尖蛾科	*Pyroderces*	3																1		1		
32	3238 尖蛾科	*Rhodinastis*	1																1				
32	3238 尖蛾科	*Sathrobrota*	1																				
32	3238 尖蛾科	*Scaeosopha*	2																				
32	3238 尖蛾科	*Sinitinea*	1				1	1				1	1	1					1	1		1	1
32	3238 尖蛾科	*Stagmatophora*	4				1	1					1	1	1				1	1			
32	3238 尖蛾科	*Syntomauls*	1																1				
32	3238 尖蛾科	*Tolliella*	1												1								
32	3239 椰蛾科	*Zaratha*	1																1				
32	3240 列蛾科	*Autosticha*	47			1		1	1				1	1	1	1	1		1	1	1	1	1
32	3241 麦蛾科	*Acompsis*	1	1										1									
32	3241 麦蛾科	*Anacampsis*	7	1		1	1	1	1	1				1	1	1			1		1		
32	3241 麦蛾科	*Anarsia*	19	1	1		1	1	1			1	1	1	1				1	1	1	1	
32	3241 麦蛾科	*Angustialata*	1					1															
32	3241 麦蛾科	*Aproaerema*	3	1	1			1	1				1	1			1						
32	3241 麦蛾科	*Argolamprotes*	1					1						1	1								
32	3241 麦蛾科	*Aristotelia*	5	1	1			1											1				
32	3241 麦蛾科	*Aroga*	3						1						1								
32	3241 麦蛾科	*Athrips*	9	1			1	1	1		1				1								
32	3241 麦蛾科	*Augustialata*	1					1	1														
32	3241 麦蛾科	*Aulidiotis*	2														1						
32	3241 麦蛾科	*Brachmia*	9	1				1											1				
32	3241 麦蛾科	*Bryotropha*	9	1				1	1	1					1	1							
32	3241 麦蛾科	*Capidentalia*	5						1				1		1	1		1					
32	3241 麦蛾科	*Carbatina*	1					1					1										
32	3241 麦蛾科	*Carpatolechia*	1					1															
32	3241 麦蛾科	*Caryocolum*	3			1									1								
32	3241 麦蛾科	*Chelaris*	1												1								
32	3241 麦蛾科	*Chilopselaphus*	2				1		1	1													
32	3241 麦蛾科	*Chionodes*	5	1				1	1	1													
32	3241 麦蛾科	*Chorivalva*	1					1					1		1	1							
32	3241 麦蛾科	*Chrysoesthia*	2	1	1				1	1					1			1					
32	3241 麦蛾科	*Clepsimacha*	1																	1			
32	3241 麦蛾科	*Compsolechia*	1																				
32	3241 麦蛾科	*Cratinitis*	1																	1			
32	3241 麦蛾科	*Cynicorades*	1																	1			
32	3241 麦蛾科	*Dactylethrella*	4						1						1	1		1					
32	3241 麦蛾科	*Deltophora*	3					1							1								
32	3241 麦蛾科	*Dendrophilia*	12					1	1			1	1	1	1					1	1	1	
32	3241 麦蛾科	*Dichomeris*	83			1		1	1	1		1	1	1	1	1	1		1	1	1	1	1
32	3241 麦蛾科	*Ethmiopsis*	1					1	1							1							
32	3241 麦蛾科	*Eulamprotes*	1	1				1	1						1								
32	3241 麦蛾科	*Evippe*	9		1		1	1	1			1			1			1					
32	3241 麦蛾科	*Exoteleia*	1			1																	
32	3241 麦蛾科	*Faristenia*	15						1			1	1	1	1			1					
32	3241 麦蛾科	*Filatima*	2			1	1	1	1														
32	3241 麦蛾科	*Gelechia*	17	1			1	1	1	1					1								1
32	3241 麦蛾科	*Gnorimoschema*	2					1								1					1		
32	3241 麦蛾科	*Hedma*	1					1															
32	3241 麦蛾科	*Helcystogramma*	5		1			1	1			1	1		1				1			1	1
32	3241 麦蛾科	*Homoshelas*	5					1	1						1	1			1				
32	3241 麦蛾科	*Hypatima*	8					1	1				1		1				1	1	1	1	
32	3241 麦蛾科	*Idiophantis*	1																1				
32	3241 麦蛾科	*Ilseopsis*	2				1		1														

目	科	属	种数	a	b	c	d	e	f	g	h	i	j	k	l	m	n	o	p	q	r	s	t
32	3241 麦蛾科	*Klimeschiopsis*	1					1															
32	3241 麦蛾科	*Laris*	1											1									
32	3241 麦蛾科	*Mesophleps*	3				1	1					1		1	1			1				
32	3241 麦蛾科	*Metanarsia*	1				1			1													
32	3241 麦蛾科	*Metzneria*	5	1		1		1							1			1					
32	3241 麦蛾科	*Microsetia*	1																				
32	3241 麦蛾科	*Nothris*	2										1					1					
32	3241 麦蛾科	*Ornativalva*	18	1	1		1	1	1	1	1												
32	3241 麦蛾科	*Palumbina*	1																				
32	3241 麦蛾科	*Parachronistis*	1				1		1						1								
32	3241 麦蛾科	*Paralida*	1										1										
32	3241 麦蛾科	*Parastenolechia*	3																	1	1		
32	3241 麦蛾科	*Pectinophora*	1				1	1	1	1			1	1	1	1	1	1		1	1	1	1
32	3241 麦蛾科	*Pexicopia*	2	1				1					1	1	1			1					
32	3241 麦蛾科	*Phrixocrita*	1																	1			
32	3241 麦蛾科	*Phthorimaea*	4				1		1				1	1	1	1			1			1	
32	3241 麦蛾科	*Polyhymno*	3																	1			
32	3241 麦蛾科	*Protoparachronistis*	2						1						1								
32	3241 麦蛾科	*Psecadia*	1																				
32	3241 麦蛾科	*Pseudotelphusa*	3					1					1		1			1					
32	3241 麦蛾科	*Psoricoptera*	1			1		1	1	1			1	1	1								
32	3241 麦蛾科	*Ptocheuusa*	1				1																
32	3241 麦蛾科	*Recurvaria*	2						1					1	1		1		1				
32	3241 麦蛾科	*Scrobipalpa*	11	1			1	1			1							1					
32	3241 麦蛾科	*Scrobipalpula*	1						1														
32	3241 麦蛾科	*Sitotroga*	2	1	1	1	1	1	1	1	1		1	1	1	1	1	1		1	1	1	1
32	3241 麦蛾科	*Sophronia*	2							1				1									
32	3241 麦蛾科	*Stegasta*	2																		1		
32	3241 麦蛾科	*Stenolechia*	1																				
32	3241 麦蛾科	*Stochastica*	2																				
32	3241 麦蛾科	*Stomopteryx*	2											1								1	
32	3241 麦蛾科	*Syncopacma*	5				1			1													
32	3241 麦蛾科	*Tachyptilia*	1																				
32	3241 麦蛾科	*Teleiodes*	3					1		1													
32	3241 麦蛾科	*Telphusa*	13				1	1	1	1			1	1	1			1				1	1
32	3241 麦蛾科	*Thiotricha*	9			1		1	1				1	1	1			1	1				
32	3241 麦蛾科	*Thyrsostoma*	3																	1			
32	3241 麦蛾科	*Tornodoxa*	1						1				1	1	1			1					
32	3241 麦蛾科	*Tricyphistis*	1																	1			
32	3241 麦蛾科	*Xystophora*	6				1	1							1								
32	3242 鞘蛾科	*Batrachedra*	3			1				1									1				
32	3242 鞘蛾科	*Coleophora*	79	1		1	1	1	1	1				1		1		1	1	1	1		1
32	3242 鞘蛾科	*Goniodoma*	1						1														
32	3242 鞘蛾科	*Multicoloria*	4			1	1																
32	3242 鞘蛾科	*Pseudohypatopa*	1					1				1											
32	3243 卷蛾科	*Acalla*	1																				
32	3243 卷蛾科	*Acanthoclita*	2																	1			
32	3243 卷蛾科	*Acleris*	78			1	1	1	1	1			1	1	1	1			1	1	1		
32	3243 卷蛾科	*Acroclita*	8												1				1	1			
32	3243 卷蛾科	*Adoxophyes*	9			1	1	1	1				1	1	1	1		1	1	1	1	1	1
32	3243 卷蛾科	*Aethes*	18			1		1	1	1			1	1	1	1			1	1		1	
32	3243 卷蛾科	*Amphocoecia*	1																				
32	3243 卷蛾科	*Anchylopera*	1																				1
32	3243 卷蛾科	*Ancylis*	26			1	1	1					1	1	1	1					1	1	1
32	3243 卷蛾科	*Ancyroclepsis*	2																		1		
32	3243 卷蛾科	*Andrioplecta*	2				1																

目	科	属	种数	昆虫亚区																			
				a	b	c	d	e	f	g	h	i	j	k	l	m	n	o	p	q	r	s	t
32	3243 卷蛾科	*Antichlidas*	2									1		1	1								
32	3243 卷蛾科	*Apeleptera*	1																	1			
32	3243 卷蛾科	*Aphania*	2			1	1																
32	3243 卷蛾科	*Aphelia*	6			1		1	1						1								
32	3243 卷蛾科	*Apotomis*	10			1	1	1	1	1					1					1	1		
32	3243 卷蛾科	*Archilobesia*	2												1					1	1		
32	3243 卷蛾科	*Archips*	56			1	1	1	1	1		1	1	1	1	1	1	1	1	1	1	1	1
32	3243 卷蛾科	*Argyroploce*	35					1												1		1	1
32	3243 卷蛾科	*Argyrotaenia*	6					1		1			1	1	1					1	1	1	
32	3243 卷蛾科	*Askretria*	2			1																	
32	3243 卷蛾科	*Assulella*	1																				
32	3243 卷蛾科	*Asymmetrarcha*	1																	1			
32	3243 卷蛾科	*Aterpia*	4										1		1					1	1		
32	3243 卷蛾科	*Atrypsiastis*	1																				1
32	3243 卷蛾科	*Bactra*	9					1		1	1	1	1		1		1	1	1		1		
32	3243 卷蛾科	*Barnara*	1																				
32	3243 卷蛾科	*Blastesthia*	1			1																	
32	3243 卷蛾科	*Blastopetrova*	1											1									
32	3243 卷蛾科	*Cacoecia*	11			1		1							1					1			1
32	3243 卷蛾科	*Capricoria*	1			1	1																
32	3243 卷蛾科	*Capua*	13			1		1	1					1	1		1	1		1			
32	3243 卷蛾科	*Carpocaspa*	1											1	1		1						
32	3243 卷蛾科	*Catamacta*	1																	1			
32	3243 卷蛾科	*Celypha*	2			1	1	1	1	1			1		1								
32	3243 卷蛾科	*Celyphoides*	1			1		1	1	1		1			1								
32	3243 卷蛾科	*Cephalophyes*	2																	1			
32	3243 卷蛾科	*Cerace*	9								1	1			1					1	1	1	1
32	3243 卷蛾科	*Ceyptophlebia*	1																				
32	3243 卷蛾科	*Chiraps*	1																	1	1		1
32	3243 卷蛾科	*Choristoneura*	7			1	1	1	1		1		1	1						1	1		
32	3243 卷蛾科	*Cimeliomorpha*	1																				1
32	3243 卷蛾科	*Clepsis*	16			1	1	1	1		1	1	1			1		1					
32	3243 卷蛾科	*Cnephasia*	5	1			1	1	1	1													
32	3243 卷蛾科	*Cnephasitis*	2					1									1						
32	3243 卷蛾科	*Cochylidia*	6			1		1		1			1		1					1			
32	3243 卷蛾科	*Cochylis*	6													1	1						
32	3243 卷蛾科	*Coenobiodes*	1																				
32	3243 卷蛾科	*Costosa*	1																	1			
32	3243 卷蛾科	*Crocidosema*	2																	1			
32	3243 卷蛾科	*Croesia*	20			1			1				1	1			1						
32	3243 卷蛾科	*Cryptaspasma*	1																	1			
32	3243 卷蛾科	*Cryptophlebia*	4					1				1	1	1						1	1	1	
32	3243 卷蛾科	*Cydia*	22			1	1	1	1	1		1	1		1					1	1		1
32	3243 卷蛾科	*Cymolomia*	3			1		1	1														
32	3243 卷蛾科	*Cypsonoma*	1																				
32	3243 卷蛾科	*Dactylioglypha*	1																	1			
32	3243 卷蛾科	*Daemilus*	1										1							1		1	1
32	3243 卷蛾科	*Dicaticinta*	1														1						
32	3243 卷蛾科	*Dicelletis*	1											1								1	
32	3243 卷蛾科	*Dicephalarcha*	2																	1	1		
32	3243 卷蛾科	*Dicephareha*	1																	1			
32	3243 卷蛾科	*Dichelia*	1																				
32	3243 卷蛾科	*Dichrorampha*	13					1	1				1	1						1			
32	3243 卷蛾科	*Diplacalyptis*	2																	1			
32	3243 卷蛾科	*Dolopoca*	1					1															
32	3243 卷蛾科	*Dudua*	4												1					1		1	1

目	科	属	种数	a	b	c	d	e	f	g	h	i	j	k	l	m	n	o	p	q	r	s	t
32	3243 卷蛾科	*Eana*	7				1	1	1	1	1				1		1						
32	3243 卷蛾科	*Eboda*	4												1				1	1		1	1
32	3243 卷蛾科	*Ebodina*	1																		1		
32	3243 卷蛾科	*Electraglaia*	1												1								
32	3243 卷蛾科	*Enarmonodes*	3		1		1					1	1	1			1	1					1
32	3243 卷蛾科	*Endothenia*	9				1	1	1			1	1	1			1	1					
32	3243 卷蛾科	*Epiblema*	12			1	1	1	1	1		1	1	1	1		1	1	1	1			
32	3243 卷蛾科	*Epinotia*	28			1	1	1	1	1		1	1	1	1		1	1		1			
32	3243 卷蛾科	*Eucoenogenes*	6									1		1	1		1		1	1			
32	3243 卷蛾科	*Eucosma*	47			1	1	1	1	1		1	1	1	1		1	1					1
32	3243 卷蛾科	*Eucosmomorpha*	2				1																
32	3243 卷蛾科	*Eudemis*	7			1		1				1	1	1			1	1	1	1			
32	3243 卷蛾科	*Eudemopsis*	10			1		1	1			1	1	1	1	1		1	1	1	1	1	1
32	3243 卷蛾科	*Eugnosta*	5				1	1	1	1			1										
32	3243 卷蛾科	*Eulia*	2		1																		
32	3243 卷蛾科	*Eupoecilia*	7				1	1				1	1	1	1		1	1		1			
32	3243 卷蛾科	*Eurydoxa*	3														1						
32	3243 卷蛾科	*Euxanthis*	3																				1
32	3243 卷蛾科	*Evetria*	2																				
32	3243 卷蛾科	*Exartema*	2																				
32	3243 卷蛾科	*Falseuncaria*	6	1		1	1	1	1	1													
32	3243 卷蛾科	*Fulcrifera*	4				1	1	1				1	1									
32	3243 卷蛾科	*Gatesclarkeana*	2										1						1	1			1
32	3243 卷蛾科	*Geogepa*	5												1				1	1			
32	3243 卷蛾科	*Gephyroneura*	2																1				
32	3243 卷蛾科	*Gibberifera*	9				1	1	1					1	1		1	1		1			
32	3243 卷蛾科	*Gnorismoneura*	17				1	1					1	1		1	1	1	1		1		
32	3243 卷蛾科	*Grapholitha*	18			1	1	1	1	1		1	1	1	1	1		1	1		1		
32	3243 卷蛾科	*Gravitarmata*	1				1	1	1	1		1	1	1	1			1			1		
32	3243 卷蛾科	*Gypsonoma*	9			1	1	1	1	1		1	1	1				1					
32	3243 卷蛾科	*Hedya*	12			1	1	1	1			1	1	1			1	1					
32	3243 卷蛾科	*Hemimene*	1															1					
32	3243 卷蛾科	*Hendecaneura*	5												1		1		1				
32	3243 卷蛾科	*Herpystis*	1																				
32	3243 卷蛾科	*Hetereucosma*	1								1												
32	3243 卷蛾科	*Homona*	5									1	1	1	1		1	1	1	1	1	1	1
32	3243 卷蛾科	*Homonopsis*	3				1							1				1					
32	3243 卷蛾科	*Hoshinoa*	2				1	1			1	1	1	1				1					
32	3243 卷蛾科	*Hysterosia*	2				1																
32	3243 卷蛾科	*Hystrichoscelus*	1																1				
32	3243 卷蛾科	*Isodemis*	4																1				1
32	3243 卷蛾科	*Isotenes*	1												1				1				
32	3243 卷蛾科	*Kennelia*	3								1			1	1				1				
32	3243 卷蛾科	*Lasiognatha*	2																1	1	1		1
32	3243 卷蛾科	*Laspeyresia*	8		1	1	1												1				
32	3243 卷蛾科	*Lathronympha*	1																1				
32	3243 卷蛾科	*Leguminivora*	1			1	1	1	1	1		1	1	1	1			1		1			
32	3243 卷蛾科	*Leontochroma*	6							1							1	1					
32	3243 卷蛾科	*Lepteucosma*	2												1								
32	3243 卷蛾科	*Lipsotelus*	3												1								1
32	3243 卷蛾科	*Lobesia*	20			1					1		1	1	1			1				1	1
32	3243 卷蛾科	*Loboschiza*	1																1				
32	3243 卷蛾科	*Lozotaenia*	3			1	1			1													
32	3243 卷蛾科	*Lumaria*	4						1										1				
32	3243 卷蛾科	*Matsumuraeses*	4				1	1	1			1	1	1	1			1			1	1	
32	3243 卷蛾科	*Megaherpystis*	1				1					1			1	1							

目	科	属	种数	昆虫亚区																			
				a	b	c	d	e	f	g	h	i	j	k	l	m	n	o	p	q	r	s	t
32	3243 卷蛾科	*Meridemis*	3												1					1			1
32	3243 卷蛾科	*Meritastis*	1																				
32	3243 卷蛾科	*Metendothenia*	2				1	1															
32	3243 卷蛾科	*Microsphecia*	1																1				
32	3243 卷蛾科	*Monacantha*	1																				1
32	3243 卷蛾科	*Neoanathamna*	2											1									
32	3243 卷蛾科	*Neobarbara*	1							1													
32	3243 卷蛾科	*Neocalyptis*	6				1	1							1				1				
32	3243 卷蛾科	*Neopotamia*	4																1				
32	3243 卷蛾科	*Noduliferola*	1																				
32	3243 卷蛾科	*Notocelia*	6				1	1							1				1				
32	3243 卷蛾科	*Nuntiella*	3						1						1								
32	3243 卷蛾科	*Oestropa*	1										1										
32	3243 卷蛾科	*Olethreutes*	31		1	1	1	1	1		1	1	1	1		1		1	1	1			
32	3243 卷蛾科	*Orthotaenia*	2				1	1									1						
32	3243 卷蛾科	*Oxygrapha*	3																1				
32	3243 卷蛾科	*Pammene*	11				1	1		1		1		1			1						
32	3243 卷蛾科	*Pandemis*	25	1		1	1	1	1	1	1	1	1	1	1		1	1	1	1			
32	3243 卷蛾科	*Paracroesia*	1							1													
32	3243 卷蛾科	*Paramesia*	1	1																			
32	3243 卷蛾科	*Parapammene*	1																				
32	3243 卷蛾科	*Paratorna*	7										1	1					1				
32	3243 卷蛾科	*Parepisimia*	1																1				
32	3243 卷蛾科	*Pelatea*	2				1						1	1			1	1		1			
32	3243 卷蛾科	*Pelochrista*	5			1	1	1	1	1													
32	3243 卷蛾科	*Peridaedala*	1																1				
32	3243 卷蛾科	*Peronea*	7														1	1					1
32	3243 卷蛾科	*Phaecadophora*	2										1		1				1				
32	3243 卷蛾科	*Phaecasiophora*	11						1				1	1					1	1		1	1
32	3243 卷蛾科	*Phalaucantha*	1																1				
32	3243 卷蛾科	*Phalonidia*	22			1		1	1	1		1	1	1			1						
32	3243 卷蛾科	*Phaulacantha*	1																1				
32	3243 卷蛾科	*Philacantha*	1										1						1				1
32	3243 卷蛾科	*Phricanthes*	1																1				
32	3243 卷蛾科	*Phtheochroa*	1																1				
32	3243 卷蛾科	*Piercea*	1																1				
32	3243 卷蛾科	*Piniphila*	1				1		1														
32	3243 卷蛾科	*Planosticha*	1																		1		1
32	3243 卷蛾科	*Polychrosis*	2														1						
32	3243 卷蛾科	*Polylopha*	1																				
32	3243 卷蛾科	*Pristognatha*	1																				
32	3243 卷蛾科	*Propiromorpha*	1			1		1															
32	3243 卷蛾科	*Proschistis*	2																1	1			
32	3243 卷蛾科	*Pseudacroclita*	4									1			1				1				
32	3243 卷蛾科	*Pseudargyrotoza*	4				1	1						1									
32	3243 卷蛾科	*Pseudaucostma*	1			1																	
32	3243 卷蛾科	*Pseudeulia*	2														1						
32	3243 卷蛾科	*Pseudocroesia*	1																				
32	3243 卷蛾科	*Pseudohedya*	3			1		1	1					1	1							1	
32	3243 卷蛾科	*Pseudohermenias*	2				1	1															
32	3243 卷蛾科	*Pseudophiaris*	1							1													
32	3243 卷蛾科	*Pseudosciaphila*	1				1	1															
32	3243 卷蛾科	*Pseudotomoides*	1					1															
32	3243 卷蛾科	*Psilacantha*	1																1				
32	3243 卷蛾科	*Ptycholoma*	4			1		1	1					1	1				1				
32	3243 卷蛾科	*Ptycholomoides*	1			1	1	1															

目	科	属	种数	a	b	c	d	e	f	g	h	i	j	k	l	m	n	o	p	q	r	s	t
32	3243 卷蛾科	*Retinia*	8		1	1	1	1				1	1	1	1				1	1	1	1	
32	3243 卷蛾科	*Rhadinoscolops*	1									1							1	1		1	1
32	3243 卷蛾科	*Rhectogonia*	1																				1
32	3243 卷蛾科	*Rhodacra*	1															1					
32	3243 卷蛾科	*Rhodocosmaria*	1																				1
32	3243 卷蛾科	*Rhopalovalva*	4				1	1				1	1										
32	3243 卷蛾科	*Rhopobota*	8			1		1	1			1	1	1	1				1	1			
32	3243 卷蛾科	*Rhyacionia*	6			1	1	1	1			1	1	1	1	1	1		1	1		1	
32	3243 卷蛾科	*Rudisociaria*	2			1	1	1	1						1								
32	3243 卷蛾科	*Saliciphaga*	2			1		1					1	1				1					
32	3243 卷蛾科	*Schoenotenes*	1															1					
32	3243 卷蛾科	*Scoliographa*	1															1					
32	3243 卷蛾科	*Scotiophyes*	1															1					
32	3243 卷蛾科	*Semasia*	1						1														
32	3243 卷蛾科	*Semniotes*	1															1					
32	3243 卷蛾科	*Semnostola*	3				1	1						1									
32	3243 卷蛾科	*Sillybiphora*	2										1		1	1	1						
32	3243 卷蛾科	*Sisona*	1																				
32	3243 卷蛾科	*Sorolopha*	19										1		1				1	1	1	1	1
32	3243 卷蛾科	*Sparganothis*	1		1		1																
32	3243 卷蛾科	*Spatalistis*	3			1						1	1	1					1	1			
32	3243 卷蛾科	*Spilonota*	9			1	1	1	1			1	1						1	1		1	
32	3243 卷蛾科	*Statherotis*	6									1		1					1	1		1	1
32	3243 卷蛾科	*Statherotmantis*	3				1								1				1				
32	3243 卷蛾科	*Statherotoxys*	1																1				
32	3243 卷蛾科	*Stathrotmantis*	1				1																
32	3243 卷蛾科	*Stenodes*	18				1	1	1					1		1		1	1				
32	3243 卷蛾科	*Stenopteron*	1				1							1									
32	3243 卷蛾科	*Strepsicrates*	2												1				1				
32	3243 卷蛾科	*Strophedra*	1				1																
32	3243 卷蛾科	*Sycacantha*	3																				1
32	3243 卷蛾科	*Syndemis*	4		1		1	1						1	1								
32	3243 卷蛾科	*Synochoneura*	2											1	1								
32	3243 卷蛾科	*Temnarcha*	1																				1
32	3243 卷蛾科	*Temnolopha*	1															1					
32	3243 卷蛾科	*Terthreutis*	8											1	1				1	1	1		1
32	3243 卷蛾科	*Tetramoera*	1															1	1				
32	3243 卷蛾科	*Thaumatographa*	1															1					
32	3243 卷蛾科	*Theorica*	1															1					
32	3243 卷蛾科	*Thiodia*	2					1	1														
32	3243 卷蛾科	*Thysanocrepis*	1																				
32	3243 卷蛾科	*Tortrix*	12					1	1					1					1				
32	3243 卷蛾科	*Transita*	1														1						
32	3243 卷蛾科	*Trophocosta*	1												1				1		1		
32	3243 卷蛾科	*Trymalitis*	1																1				
32	3243 卷蛾科	*Tymbarcha*	1																				1
32	3243 卷蛾科	*Ukamenia*	1												1				1				
32	3243 卷蛾科	*Ulodemis*	2												1	1			1		1	1	1
32	3243 卷蛾科	*Xerocnephasia*	1					1															
32	3243 卷蛾科	*Zeiraphera*	17			1	1	1	1	1				1	1	1			1	1			
32	3244 透翅蛾科	*Aegeria*	3															1					1
32	3244 透翅蛾科	*Bembecia*	1			1																	
32	3244 透翅蛾科	*Chimaerosphecia*	1																		1		
32	3244 透翅蛾科	*Chimaesphecia*	2																				
32	3244 透翅蛾科	*Cissuvora*	2										1						1				
32	3244 透翅蛾科	*Conopia*	6			1	1	1	1	1		1		1					1	1		1	

目	科	属	种数	a	b	c	d	e	f	g	h	i	j	k	l	m	n	o	p	q	r	s	t
32	3244 透翅蛾科	*Disposphecia*	4	1						1													
32	3244 透翅蛾科	*Entrichella*	1																				
32	3244 透翅蛾科	*Heliodinesesia*	1					1															
32	3244 透翅蛾科	*Isothamnis*	1																1				
32	3244 透翅蛾科	*Kemneriella*	1														1						
32	3244 透翅蛾科	*Lactilinta*	1																				
32	3244 透翅蛾科	*Leptocimbicina*	1																				
32	3244 透翅蛾科	*Macroscelesia*	1																				
32	3244 透翅蛾科	*Melittia*	9										1						1	1			1
32	3244 透翅蛾科	*Oligophlebia*	1																				
32	3244 透翅蛾科	*Oligophlebiella*	1																1				
32	3244 透翅蛾科	*Paradoxecia*	2				1			1			1	1			1						
32	3244 透翅蛾科	*Paranthrene*	16			1	1	1	1	1		1	1	1	1				1	1		1	
32	3244 透翅蛾科	*Parathrenopsis*	1														1						
32	3244 透翅蛾科	*Pennisetia*	1														1						
32	3244 透翅蛾科	*Rectala*	1														1						
32	3244 透翅蛾科	*Scalarignathia*	1						1														
32	3244 透翅蛾科	*Scasiba*	2																1	1			
32	3244 透翅蛾科	*Sesia*	7			1	1	1	1				1										
32	3244 透翅蛾科	*Sphecia*	1								1												
32	3244 透翅蛾科	*Sphecosesia*	1											1									
32	3244 透翅蛾科	*Synanthedon*	23			1	1	1		1		1	1	1	1				1	1	1		
32	3244 透翅蛾科	*Thamnoscella*	1														1						
32	3244 透翅蛾科	*Tinthia*	3				1							1									
32	3244 透翅蛾科	*Tolaria*	1																				1
32	3244 透翅蛾科	*Trichocerota*	4																				
32	3244 透翅蛾科	*Trilochana*	1																			1	
32	3244 透翅蛾科	*Zenodoxus*	9										1		1				1	1			
32	3245 短透蛾科	*Brachodes*	1																				
32	3245 短透蛾科	*Nigilgia*	1																1				
32	3246 斑蛾科	*Acampylotes*	2																				
32	3246 斑蛾科	*Achelura*	1																1				
32	3246 斑蛾科	*Adscita*	1																				
32	3246 斑蛾科	*Agalope*	18					1					1	1	1		1	1	1				1
32	3246 斑蛾科	*Aglaina*	1																				
32	3246 斑蛾科	*Allobremeris*	1											1			1						
32	3246 斑蛾科	*Alloprocris*	4																				
32	3246 斑蛾科	*Alophogaster*	1											1									
32	3246 斑蛾科	*Amesia*	3																		1	1	1
32	3246 斑蛾科	*Amuria*	1																				
32	3246 斑蛾科	*Arbudus*	4																				1
32	3246 斑蛾科	*Artona*	22									1	1	1			1	1				1	1
32	3246 斑蛾科	*Balataca*	5																				
32	3246 斑蛾科	*Bintha*	3																				
32	3246 斑蛾科	*Cadphises*	1																				
32	3246 斑蛾科	*Campylotes*	8				1					1	1	1	1		1	1	1			1	
32	3246 斑蛾科	*Chalcosia*	16				1					1	1	1	1	1		1	1			1	1
32	3246 斑蛾科	*Chalcosiopsis*	1																				
32	3246 斑蛾科	*Chelura*	1																		1		
32	3246 斑蛾科	*Clelea*	12														1		1				
32	3246 斑蛾科	*Corma*	2																			1	1
32	3246 斑蛾科	*Cyclosia*	4													1					1	1	1
32	3246 斑蛾科	*Docleopsis*	1																				
32	3246 斑蛾科	*Elcysma*	2									1	1	1	1		1						
32	3246 斑蛾科	*Epyrgis*	1																				

目	科	属	种数	a	b	c	d	e	f	g	h	i	j	k	l	m	n	o	p	q	r	s	t
32	3246 斑蛾科	*Erasmia*	4									1			1	1			1			1	1
32	3246 斑蛾科	*Eterusia*	11									1	1	1	1	1			1	1	1	1	1
32	3246 斑蛾科	*Euphacusa*	1																1				
32	3246 斑蛾科	*Formozygaena*	1																1				
32	3246 斑蛾科	*Funeralia*	1																				
32	3246 斑蛾科	*Gynautocera*	2															1		1	1		1
32	3246 斑蛾科	*Herpa*	6												1		1						
32	3246 斑蛾科	*Heteropan*	2																1				
32	3246 斑蛾科	*Himantopterus*	1																				
32	3246 斑蛾科	*Histia*	2									1			1	1			1	1		1	1
32	3246 斑蛾科	*Homophylotis*	1																				
32	3246 斑蛾科	*Hydrusa*	1																				
32	3246 斑蛾科	*Hysteroscene*	3																1				
32	3246 斑蛾科	*Illiberis*	29		1	1	1	1	1			1	1	1					1	1		1	1
32	3246 斑蛾科	*Ino*	3																				
32	3246 斑蛾科	*Kubia*	1																1				
32	3246 斑蛾科	*Laurion*	1																				
32	3246 斑蛾科	*Milleria*	2																1				
32	3246 斑蛾科	*Morionia*	1																1				
32	3246 斑蛾科	*Phacusa*	9										1	1	1				1	1			
32	3246 斑蛾科	*Phauda*	9										1	1					1	1		1	
32	3246 斑蛾科	*Philipator*	2												1					1			
32	3246 斑蛾科	*Phlebohecta*	1																				1
32	3246 斑蛾科	*Piarosoma*	1									1	1	1	1	1			1	1		1	
32	3246 斑蛾科	*Pidorus*	11				1					1	1	1	1	1		1	1	1	1	1	1
32	3246 斑蛾科	*Pintia*	1																				
32	3246 斑蛾科	*Pollanista*	1																1				
32	3246 斑蛾科	*Procris*	4																1				
32	3246 斑蛾科	*Pryeria*	1			1		1				1					1						
32	3246 斑蛾科	*Psaphis*	1																				
32	3246 斑蛾科	*Pseudopsyche*	2																				
32	3246 斑蛾科	*Retina*	2														1						
32	3246 斑蛾科	*Rhagades*	1																				
32	3246 斑蛾科	*Rhodopsona*	4										1	1	1				1	1		1	1
32	3246 斑蛾科	*Seritapulchella*	1												1								
32	3246 斑蛾科	*Soritia*	2										1	1	1		1			1	1	1	
32	3246 斑蛾科	*Tasema*	2																				
32	3246 斑蛾科	*Theresimima*	1																				
32	3246 斑蛾科	*Thypanophora*	2											1			1					1	1
32	3246 斑蛾科	*Thyrassia*	2																				1
32	3246 斑蛾科	*Thyrina*	1																				
32	3246 斑蛾科	*Zygaena*	33					1											1				
32	3247 刺蛾科	*Altha*	3										1		1		1		1	1	1		1
32	3247 刺蛾科	*Althonarosa*	1								1								1				
32	3247 刺蛾科	*Angelus*	1																				
32	3247 刺蛾科	*Aphendala*	9										1		1		1		1	1	1	1	1
32	3247 刺蛾科	*Apoda*	1			1		1					1	1									
32	3247 刺蛾科	*Arctioblepsis*	1																1				
32	3247 刺蛾科	*Atosia*	1					1			1		1										1
32	3247 刺蛾科	*Austrapoda*	1					1															
32	3247 刺蛾科	*Belippa*	4					1					1	1	1	1		1	1	1	1	1	1
32	3247 刺蛾科	*Birthama*	1																				
32	3247 刺蛾科	*Birthamoides*	1																		1		
32	3247 刺蛾科	*Birthosea*	2			1		1				1		1	1		1						
32	3247 刺蛾科	*Bornethosea*	1																			1	
32	3247 刺蛾科	*Caissa*	3					1				1		1	1	1					1		

（续表）

目	科	属	种数	昆虫亚区																				
				a	b	c	d	e	f	g	h	i	j	k	l	m	n	o	p	q	r	s	t
32	3247 刺蛾科	*Cania*	5				1					1	1	1	1		1	1	1	1	1	1	1
32	3247 刺蛾科	*Ceratonema*	5				1		1			1	1	1			1	1	1				
32	3247 刺蛾科	*Chalcocelis*	2									1		1					1	1	1	1	1
32	3247 刺蛾科	*Chalcoscelides*	1									1	1	1			1		1	1	1		
32	3247 刺蛾科	*Cheromettia*	2														1						
32	3247 刺蛾科	*Chibiraga*	1																	1			
32	3247 刺蛾科	*Cochlidion*	2											1									
32	3247 刺蛾科	*Contheyla*	2																	1			
32	3247 刺蛾科	*Dactylorhychides*	1																	1			
32	3247 刺蛾科	*Darna*	4										1		1			1		1	1	1	1
32	3247 刺蛾科	*Demonarosa*	2				1					1	1	1		1		1	1	1	1	1	1
32	3247 刺蛾科	*Euphlyctinides*	1																	1			
32	3247 刺蛾科	*Flavinarosa*	1																	1			
32	3247 刺蛾科	*Griseothosea*	1																	1			
32	3247 刺蛾科	*Hampsonella*	2					1		1			1	1	1	1		1			1		
32	3247 刺蛾科	*Heterogenea*	5																	1			1
32	3247 刺蛾科	*Hindothosea*	1																	1			
32	3247 刺蛾科	*Hyphorma*	2									1	1	1			1		1	1	1		
32	3247 刺蛾科	*Iraga*	1					1				1	1	1			1		1	1	1		
32	3247 刺蛾科	*Iragoides*	11					1				1	1	1	1	1	1	1	1		1	1	1
32	3247 刺蛾科	*Kitanola*	2										1										
32	3247 刺蛾科	*Limacolasia*	5																	1	1		1
32	3247 刺蛾科	*Macroplectra*	2																				
32	3247 刺蛾科	*Mahanda*	2										1	1	1	1				1	1		
32	3247 刺蛾科	*Matsumurides*	1										1		1		1						
32	3247 刺蛾科	*Microleon*	1					1			1			1			1	1			1		
32	3247 刺蛾科	*Miresa*	12				1					1	1	1	1	1	1	1	1		1	1	1
32	3247 刺蛾科	*Miresina*	1				1					1	1	1			1		1				
32	3247 刺蛾科	*Monema*	2		1	1	1	1	1			1	1	1	1	1		1	1	1	1	1	1
32	3247 刺蛾科	*Nagodopsis*	1														1						
32	3247 刺蛾科	*Narosa*	20				1					1			1		1	1	1	1	1	1	1
32	3247 刺蛾科	*Narosoideus*	6		1		1					1	1	1	1	1		1	1	1	1	1	1
32	3247 刺蛾科	*Natada*	3														1						
32	3247 刺蛾科	*Neiraga*	1														1						
32	3247 刺蛾科	*Orthocraspeda*	1														1						
32	3247 刺蛾科	*Oxyplax*	5				1					1	1			1		1		1	1	1	1
32	3247 刺蛾科	*Parasa*	47		1	1	1	1				1	1	1	1	1	1	1	1	1	1	1	1
32	3247 刺蛾科	*Paraxyplax*	2												1			1					
32	3247 刺蛾科	*Phocoderma*	3										1	1			1	1		1		1	
32	3247 刺蛾科	*Phrixolepia*	4												1			1	1	1			
32	3247 刺蛾科	*Praesetora*	3												1					1	1		1
32	3247 刺蛾科	*Prapata*	2										1	1	1		1			1			
32	3247 刺蛾科	*Pseudaltha*	1														1						
32	3247 刺蛾科	*Pseudidonauton*	1																1		1	1	
32	3247 刺蛾科	*Pseudiragoides*	1												1		1						
32	3247 刺蛾科	*Rhamnopsis*	1														1						
32	3247 刺蛾科	*Rhamnosa*	5					1				1	1	1			1		1	1	1		
32	3247 刺蛾科	*Scopelodes*	6					1				1	1	1	1	1	1		1	1	1	1	1
32	3247 刺蛾科	*Setora*	5					1	1			1	1	1	1			1	1	1	1	1	
32	3247 刺蛾科	*Spatulifimbria*	2																	1		1	1
32	3247 刺蛾科	*Squamosa*	3												1		1	1		1			1
32	3247 刺蛾科	*Striogyia*	1												1			1					
32	3247 刺蛾科	*Susica*	5										1	1	1	1	1	1	1	1	1	1	1
32	3247 刺蛾科	*Tetraphleba*	1														1						
32	3247 刺蛾科	*Thosea*	19			1		1				1	1	1	1	1	1	1	1		1	1	1
32	3247 刺蛾科	*Trichogyia*	3																	1			

目	科	属	种数	a	b	c	d	e	f	g	h	i	j	k	l	m	n	o	p	q	r	s	t
32	3248 寄蛾科	*Epipomponia*	2																1				
32	3248 寄蛾科	*Fulgoraecia*	1															1					
32	3249 伊蛾科	*Alampla*	2																1				
32	3249 伊蛾科	*Birthana*	2																1				1
32	3249 伊蛾科	*Imma*	12									1						1	1				
32	3249 伊蛾科	*Moca*	2																1				
32	3250 蛀果蛾科	*Alexotypa*	2																				
32	3250 蛀果蛾科	*Archostola*	5												1			1					
32	3250 蛀果蛾科	*Carponsina*	3			1	1	1			1	1	1	1					1		1		
32	3250 蛀果蛾科	*Commatarcha*	7												1		1		1		1		
32	3250 蛀果蛾科	*Heterogymma*	1									1	1	1		1		1	1				
32	3250 蛀果蛾科	*Meridarchis*	8											1	1								
32	3250 蛀果蛾科	*Metacosmesis*	2																1				
32	3250 蛀果蛾科	*Peragrarchis*	1																				
32	3251 粪蛾科	*Aegidomorpha*	1																				
32	3251 粪蛾科	*Copromorpha*	1																1				
32	3252 邻蛾科	*Epermenia*	1																				
32	3252 邻蛾科	*Sinicaepermenia*	1																1				
32	3253 羽蛾科	*Adaina*	3						1										1				
32	3253 羽蛾科	*Agdistis*	6	1	1	1	1	1	1									1	1				
32	3253 羽蛾科	*Agdistopis*	1																1				
32	3253 羽蛾科	*Amblyptilia*	3			1								1	1			1	1				
32	3253 羽蛾科	*Asiaephorus*	1												1								
32	3253 羽蛾科	*Bipunctiphorus*	1												1								
32	3253 羽蛾科	*Buckleria*	2																1				
32	3253 羽蛾科	*Capperia*	3				1	1						1									
32	3253 羽蛾科	*Cenoloba*	1																1				
32	3253 羽蛾科	*Cnaemidophorus*	1	1				1															
32	3253 羽蛾科	*Cosmoclostis*	2																			1	1
32	3253 羽蛾科	*Crombrugghia*	5						1					1	1				1				
32	3253 羽蛾科	*Deuterocopus*	5										1						1	1	1		
32	3253 羽蛾科	*Diacrotricha*	1																1	1		1	
32	3253 羽蛾科	*Emmelina*	2				1	1	1			1		1	1				1				
32	3253 羽蛾科	*Exelastis*	1																1				
32	3253 羽蛾科	*Fuscoptilia*	4					1					1	1		1			1	1			1
32	3253 羽蛾科	*Gillmeria*	8	1		1	1	1	1	1				1									
32	3253 羽蛾科	*Gypsochares*	3											1			1				1		
32	3253 羽蛾科	*Hellinsia*	27	1		1		1	1					1	1	1	1		1				
32	3253 羽蛾科	*Hepalastis*	1																1				
32	3253 羽蛾科	*Hexadactilia*	1																1				
32	3253 羽蛾科	*Lantanophaga*	1																		1		
32	3253 羽蛾科	*Leioptilus*	1										1						1				
32	3253 羽蛾科	*Marasmarvha*	5	1		1	1																
32	3253 羽蛾科	*Megalorhipida*	2																1				
32	3253 羽蛾科	*Merrifiedia*	4	1			1																
32	3253 羽蛾科	*Nippoptilia*	5				1	1				1	1	1	1	1			1	1		1	
32	3253 羽蛾科	*Ochyrotisa*	4																1	1			1
32	3253 羽蛾科	*Oidaematopharus*	6	1		1									1				1				
32	3253 羽蛾科	*Oxyptilus*	5												1				1				
32	3253 羽蛾科	*Parafuscoptolia*	1																				
32	3253 羽蛾科	*Paraplatyptilia*	2					1															
32	3253 羽蛾科	*Platyptilia*	24	1			1	1							1		1	1	1	1	1	1	
32	3253 羽蛾科	*Procapperia*	3	1									1										
32	3253 羽蛾科	*Pselnophorus*	3											1	1	1			1				
32	3253 羽蛾科	*Pseudoxyroptila*	1																1				
32	3253 羽蛾科	*Pterophorus*	11	1	1	1									1	1					1	1	1

目	科	属	种数	a	b	c	d	e	f	g	h	i	j	k	l	m	n	o	p	q	r	s	t
32	3253 羽蛾科	*Sphenarches*	2				1				1								1	1		1	
32	3253 羽蛾科	*Stangeia*	1										1										
32	3253 羽蛾科	*Steganodactyla*	1																1			1	
32	3253 羽蛾科	*Stenodacma*	2									1	1	1					1	1		1	
32	3253 羽蛾科	*Stenodactyla*	1																1				
32	3253 羽蛾科	*Stenoptilia*	14	1		1		1	1	1				1			1	1	1				
32	3253 羽蛾科	*Stenoptilodes*	1				1						1		1				1		1	1	
32	3253 羽蛾科	*Tabularphorus*	2																				
32	3253 羽蛾科	*Tetraschalis*	2																				
32	3253 羽蛾科	*Trichoptilus*	3																1	1			1
32	3253 羽蛾科	*Xyroptila*	1																	1			
32	3254 网蛾科	*Addaea*	1																1				
32	3254 网蛾科	*Banisia*	6																1	1			1
32	3254 网蛾科	*Bombycia*	2																				
32	3254 网蛾科	*Bupalemina*	1																				
32	3254 网蛾科	*Camptochilus*	7					1				1	1	1	1	1	1		1	1	1	1	1
32	3254 网蛾科	*Dysodia*	5										1		1		1	1		1	1	1	1
32	3254 网蛾科	*Epaena*	1																				1
32	3254 网蛾科	*Glanycus*	5									1	1	1		1	1	1	1	1	1	1	1
32	3254 网蛾科	*Herdonia*	3					1				1	1	1				1		1	1	1	1
32	3254 网蛾科	*Hyperthyris*	1									1	1		1			1					
32	3254 网蛾科	*Hypolamprus*	5															1					
32	3254 网蛾科	*Microbelia*	2																				
32	3254 网蛾科	*Misalina*	1																1				
32	3254 网蛾科	*Phthina*	1																				1
32	3254 网蛾科	*Picrostomastis*	1																				
32	3254 网蛾科	*Pyrinioides*	1																				
32	3254 网蛾科	*Rhodoneura*	58			1		1	1			1	1	1	1		1	1	1	1	1	1	1
32	3254 网蛾科	*Sonagara*	1																1				
32	3254 网蛾科	*Striglina*	23			1						1	1	1	1	1		1	1	1	1	1	1
32	3254 网蛾科	*Thyris*	2				1		1				1	1				1					1
32	3255 驼蛾科	*Hyblaea*	4						1			1	1	1	1			1	1			1	1
32	3256 螟蛾科	*Acara*	1																				1
32	3256 螟蛾科	*Achroia*	1															1					
32	3256 螟蛾科	*Achyra*	2				1			1								1					
32	3256 螟蛾科	*Acrobasis*	20			1	1	1	1	1		1	1	1	1			1	1		1		
32	3256 螟蛾科	*Acropentias*	1																1	1			1
32	3256 螟蛾科	*Addyme*	1																1				1
32	3256 螟蛾科	*Adena*	1																				
32	3256 螟蛾科	*Aediodina*	1																1				
32	3256 螟蛾科	*Aetholix*	1																				1
32	3256 螟蛾科	*Agassiziella*	2																1	1			1
32	3256 螟蛾科	*Agathodes*	2									1		1		1	1	1	1		1	1	1
32	3256 螟蛾科	*Aglossa*	4			1	1	1	1	1		1	1	1				1	1				
32	3256 螟蛾科	*Agrioglypta*	1																1				
32	3256 螟蛾科	*Agriphila*	3				1		1														
32	3256 螟蛾科	*Agrotera*	8			1		1				1	1	1	1			1	1	1	1	1	1
32	3256 螟蛾科	*Algedonia*	2				1	1	1						1								
32	3256 螟蛾科	*Ambia*	5											1				1	1				
32	3256 螟蛾科	*Anabasis*	4			1		1						1	1	1	1	1			1	1	
32	3256 螟蛾科	*Anagastra*	1				1	1					1	1				1					
32	3256 螟蛾科	*Analthes*	6											1	1			1	1	1		1	1
32	3256 螟蛾科	*Anania*	6				1	1	1	1		1	1	1			1		1	1		1	1
32	3256 螟蛾科	*Anartula*	2												1				1	1			1
32	3256 螟蛾科	*Ancylodes*	2																1				
32	3256 螟蛾科	*Ancylolomia*	15	1	1	1		1				1	1	1	1			1	1	1	1	1	1

目	科	属	种数	a	b	c	d	e	f	g	h	i	j	k	l	m	n	o	p	q	r	s	t
32	3256 螟蛾科	*Ancylosis*	14	1		1	1	1	1	1	1								1				
32	3256 螟蛾科	*Anerastica*	2																1				
32	3256 螟蛾科	*Aneristis*	1			1	1			1													
32	3256 螟蛾科	*Angustalius*	1		1	1							1		1			1	1				1
32	3256 螟蛾科	*Antiercta*	1															1	1			1	1
32	3256 螟蛾科	*Antigastra*	1									1	1					1	1			1	1
32	3256 螟蛾科	*Aphomia*	3		1	1	1	1	1			1		1	1				1			1	
32	3256 螟蛾科	*Apomyelois*	2										1				1	1					
32	3256 螟蛾科	*Archernis*	1															1	1				
32	3256 螟蛾科	*Argyria*	2																1				
32	3256 螟蛾科	*Aripana*	1																1				
32	3256 螟蛾科	*Arippara*	1										1	1				1	1	1			
32	3256 螟蛾科	*Aristebulea*	1																1				
32	3256 螟蛾科	*Asclerobia*	1					1				1		1									
32	3256 螟蛾科	*Assara*	12					1	1			1		1	1				1	1			
32	3256 螟蛾科	*Ategumia*	1																1				1
32	3256 螟蛾科	*Aulacodes*	6									1	1	1	1			1	1				1
32	3256 螟蛾科	*Aurana*	2									1			1				1				
32	3256 螟蛾科	*Aurorobotys*	2																1				1
32	3256 螟蛾科	*Autocharis*	1																1				
32	3256 螟蛾科	*Auxacia*	1				1																
32	3256 螟蛾科	*Betpusa*	1																1				
32	3256 螟蛾科	*Bleszynskia*	1																				
32	3256 螟蛾科	*Bocchoris*	5		1							1	1	1	1		1	1	1	1	1	1	1
32	3256 螟蛾科	*Boeswarthia*	1											1									
32	3256 螟蛾科	*Bostra*	7															1	1			1	1
32	3256 螟蛾科	*Botyodes*	6			1	1	1	1			1	1	1	1	1	1	1	1	1	1	1	1
32	3256 螟蛾科	*Bradina*	12			1		1				1		1	1		1	1	1			1	1
32	3256 螟蛾科	*Brihaspa*	1																			1	
32	3256 螟蛾科	*Burmannia*	1																				
32	3256 螟蛾科	*Cadra*	2			1	1	1				1	1	1				1	1			1	1
32	3256 螟蛾科	*Calamochrous*	6		1	1						1	1					1	1				
32	3256 螟蛾科	*Calamotropha*	24		1	1	1						1	1	1			1	1				
32	3256 螟蛾科	*Caliguia*	2				1					1		1	1			1	1			1	1
32	3256 螟蛾科	*Callibotys*	2									1							1				
32	3256 螟蛾科	*Camptomastyx*	1				1					1		1	1						1		
32	3256 螟蛾科	*Candiope*	1																1				
32	3256 螟蛾科	*Cangetta*	3											1				1	1		1		
32	3256 螟蛾科	*Canthayia*	1																				
32	3256 螟蛾科	*Canthelea*	3																1				
32	3256 螟蛾科	*Caradjaria*	1										1	1									
32	3256 螟蛾科	*Caratarcha*	1																				
32	3256 螟蛾科	*Carminibotys*	1									1			1			1				1	1
32	3256 螟蛾科	*Catachena*	1												1			1					
32	3256 螟蛾科	*Cataclysta*	6											1	1								1
32	3256 螟蛾科	*Catagela*	2									1	1	1				1	1			1	1
32	3256 螟蛾科	*Cataprosopus*	2										1	1				1					
32	3256 螟蛾科	*Cathayia*	1																				
32	3256 螟蛾科	*Catoptria*	11			1	1	1	1	1				1	1			1					
32	3256 螟蛾科	*Ceratarcha*	1												1				1				1
32	3256 螟蛾科	*Ceroprepes*	8				1	1				1		1	1			1				1	
32	3256 螟蛾科	*Chabula*	3										1					1	1		1		
32	3256 螟蛾科	*Chalcidoptera*	1																				1
32	3256 螟蛾科	*Charema*	1											1	1							1	
32	3256 螟蛾科	*Charitonia*	3																				
32	3256 螟蛾科	*Charitoniada*	3																1				

目	科	属	种数	昆虫亚区																			
				a	b	c	d	e	f	g	h	i	j	k	l	m	n	o	p	q	r	s	t
32	3256 螟蛾科	*Chilo*	20			1	1	1	1			1	1	1	1				1	1		1	1
32	3256 螟蛾科	*Chloauges*	1																1				
32	3256 螟蛾科	*Chrysoteuchia*	25				1	1				1	1	1	1				1	1			
32	3256 螟蛾科	*Circobotys*	9				1	1				1	1	1	1							1	1
32	3256 螟蛾科	*Cirrhochrista*	6									1			1				1	1	1	1	1
32	3256 螟蛾科	*Cirtobotys*	1																				
32	3256 螟蛾科	*Classeya*	2											1		1							
32	3256 螟蛾科	*Clupeosoma*	4			1									1				1				1
32	3256 螟蛾科	*Cnaphalocricis*	6			1		1	1	1		1	1	1	1				1	1		1	1
32	3256 螟蛾科	*Cnephidia*	1																				
32	3256 螟蛾科	*Coenodomus*	1																1	1		1	1
32	3256 螟蛾科	*Cometura*	1																				
32	3256 螟蛾科	*Commotria*	4																1				
32	3256 螟蛾科	*Comorta*	1																				
32	3256 螟蛾科	*Condega*	2																1				
32	3256 螟蛾科	*Conobathra*	3						1				1	1			1				1		
32	3256 螟蛾科	*Conogethes*	6					1				1	1	1	1		1	1	1	1	1	1	1
32	3256 螟蛾科	*Coptobasis*	2																1				
32	3256 螟蛾科	*Corcyra*	3					1				1	1	1					1			1	
32	3256 螟蛾科	*Cotachena*	4					1				1	1	1	1				1	1		1	1
32	3256 螟蛾科	*Crambostenia*	1																1				
32	3256 螟蛾科	*Crambus*	35		1		1	1	1	1	1	1	1	1	1	1	1	1		1		1	
32	3256 螟蛾科	*Craneophora*	1										1			1					1		
32	3256 螟蛾科	*Cremnophila*	3					1															
32	3256 螟蛾科	*Critonia*	2																1				
32	3256 螟蛾科	*Crochiphora*	1																				
32	3256 螟蛾科	*Crocidolomia*	2																1			1	1
32	3256 螟蛾科	*Crocidophora*	16					1					1	1					1	1			1
32	3256 螟蛾科	*Crotataria*	1																				
32	3256 螟蛾科	*Crypsiptya*	1									1	1	1	1		1		1	1	1	1	1
32	3256 螟蛾科	*Cryptoblabes*	8					1				1	1	1					1	1			1
32	3256 螟蛾科	*Culladia*	8																1	1	1	1	1
32	3256 螟蛾科	*Curena*	3										1	1		1			1	1			1
32	3256 螟蛾科	*Cymoriza*	5																1				
32	3256 螟蛾科	*Cyphita*	1					1					1	1					1	1			1
32	3256 螟蛾科	*Datanoides*	1					1				1		1					1				1
32	3256 螟蛾科	*Daulia*	2											1					1	1			1
32	3256 螟蛾科	*Decticogaster*	4																1				
32	3256 螟蛾科	*Demobotys*	2									1	1	1					1			1	1
32	3256 螟蛾科	*Dentinodia*	1																				
32	3256 螟蛾科	*Diaphania*	27				1	1	1			1	1	1	1	1	1	1	1	1	1	1	1
32	3256 螟蛾科	*Diasemia*	7			1	1		1			1	1	1	1				1	1	1	1	1
32	3256 螟蛾科	*Diasemiopsis*	1																1				
32	3256 螟蛾科	*Diastictis*	1																				
32	3256 螟蛾科	*Diathrausta*	3												1				1	1			
32	3256 螟蛾科	*Diathraustodes*	2														1						1
32	3256 螟蛾科	*Diatrea*	1																1				
32	3256 螟蛾科	*Dichocrocis*	5										1						1				1
32	3256 螟蛾科	*Dictychophora*	1																				
32	3256 螟蛾科	*Didia*	3									1	1	1	1	1			1		1	1	1
32	3256 螟蛾科	*Dioryctria*	19	1		1	1	1	1	1		1	1	1	1		1		1	1	1	1	1
32	3256 螟蛾科	*Diplopseustis*	1										1	1					1	1			1
32	3256 螟蛾科	*Diptychophora*	2																				
32	3256 螟蛾科	*Discothyris*	2																1				1
32	3256 螟蛾科	*Divona*	1														1						
32	3256 螟蛾科	*Dolicharthria*	1																1				

目	科	属	种数	a	b	c	d	e	f	g	h	i	j	k	l	m	n	o	p	q	r	s	t
32	3256 螟蛾科	*Doloessa*	1																1				
32	3256 螟蛾科	*Drosophantis*	1																1				
32	3256 螟蛾科	*Dysallacta*	1																			1	1
32	3256 螟蛾科	*Ecpyrrhorhoe*	3				1	1			1						1						
32	3256 螟蛾科	*Edulicodes*	1																				
32	3256 螟蛾科	*Elethyia*	1					1					1										
32	3256 螟蛾科	*Elophila*	13			1	1	1				1	1	1	1			1	1				1
32	3256 螟蛾科	*Emmalocera*	7				1	1				1	1		1			1	1		1		
32	3256 螟蛾科	*Enarmonia*	1										1										
32	3256 螟蛾科	*Endotricha*	30			1		1	1			1	1	1	1	1		1	1	1	1	1	1
32	3256 螟蛾科	*Enisima*	1																				
32	3256 螟蛾科	*Eoophyla*	16				1							1	1	1		1	1	1	1	1	1
32	3256 螟蛾科	*Ephestia*	2			1		1				1		1	1			1					
32	3256 螟蛾科	*Epicrocis*	7																1				1
32	3256 螟蛾科	*Epidauria*	2																				
32	3256 螟蛾科	*Epilepia*	1					1					1						1				
32	3256 螟蛾科	*Epimina*	1																				
32	3256 螟蛾科	*Epipagis*	4										1	1				1		1	1	1	
32	3256 螟蛾科	*Epiparbattia*	2											1		1	1	1	1		1		
32	3256 螟蛾科	*Ercta*	3															1					
32	3256 螟蛾科	*Eristena*	5										1		1			1	1		1		
32	3256 螟蛾科	*Eromene*	2																				
32	3256 螟蛾科	*Erpis*	1																				1
32	3256 螟蛾科	*Eschata*	14										1					1	1	1	1	1	
32	3256 螟蛾科	*Ethopia*	2															1		1	1	1	
32	3256 螟蛾科	*Etiella*	9			1	1	1	1			1	1	1	1			1	1		1	1	
32	3256 螟蛾科	*Etielloides*	5										1	1				1					
32	3256 螟蛾科	*Eucarphia*	1			1	1																
32	3256 螟蛾科	*Euchromius*	7	1	1		1								1	1		1	1				
32	3256 螟蛾科	*Euclasta*	5			1	1	1	1			1						1					
32	3256 螟蛾科	*Eudonia*	4										1										
32	3256 螟蛾科	*Eugauria*	1															1					
32	3256 螟蛾科	*Euglyphis*	1															1					1
32	3256 螟蛾科	*Eugophera*	1					1															
32	3256 螟蛾科	*Eulogia*	1											1									
32	3256 螟蛾科	*Eulophipalpia*	1													1		1					
32	3256 螟蛾科	*Eumorphobotys*	2									1	1		1			1			1		
32	3256 螟蛾科	*Eurhodope*	9						1			1	1	1				1					
32	3256 螟蛾科	*Eurrhypara*	1				1																1
32	3256 螟蛾科	*Eurrhyparodes*	7			1	1	1	1	1		1	1	1	1			1	1	1	1	1	
32	3256 螟蛾科	*Eurycraspeda*	1															1					
32	3256 螟蛾科	*Eusabena*	2															1	1				1
32	3256 螟蛾科	*Eutectona*	1																	1	1	1	
32	3256 螟蛾科	*Euzophera*	12	1	1			1				1			1			1					
32	3256 螟蛾科	*Euzopherodes*	2															1	1				
32	3256 螟蛾科	*Evergestis*	9	1		1	1	1	1	1	1				1	1			1				
32	3256 螟蛾科	*Exeristis*	2																			1	
32	3256 螟蛾科	*Filodes*	2									1			1		1					1	1
32	3256 螟蛾科	*Flavocrambus*	3					1						1	1			1					
32	3256 螟蛾科	*Furcata*	1																				
32	3256 螟蛾科	*Gargela*	4					1	1			1	1		1			1					1
32	3256 螟蛾科	*Girdharia*	1																				1
32	3256 螟蛾科	*Glaucocharis*	59				1					1	1	1	1	1	1	1	1	1	1	1	1
32	3256 螟蛾科	*Glauconoe*	1															1					
32	3256 螟蛾科	*Glycythyma*	1															1	1				

附录

（续表）

目	科	属	种数	昆虫亚区																			
				a	b	c	d	e	f	g	h	i	j	k	l	m	n	o	p	q	r	s	t
32	3256 螟蛾科	*Glyphodes*	29			1	1	1	1	1		1	1	1	1		1		1	1	1	1	1
32	3256 螟蛾科	*Glyptoteles*	1				1	1	1		1		1	1									
32	3256 螟蛾科	*Goniorhynchus*	4					1				1	1	1	1	1	1	1	1	1			1
32	3256 螟蛾科	*Gregorempista*	1				1																
32	3256 螟蛾科	*Gunungia*	1												1							1	1
32	3256 螟蛾科	*Gunungodes*	1												1				1			1	1
32	3256 螟蛾科	*Gymnancycla*	6	1		1	1	1	1						1								
32	3256 螟蛾科	*Haritalodes*	1			1		1	1			1	1	1			1	1	1	1	1		
32	3256 螟蛾科	*Hedylepta*	3					1				1	1	1			1	1					
32	3256 螟蛾科	*Heliothela*	1					1				1	1	1			1					1	1
32	3256 螟蛾科	*Hellula*	2			1		1				1	1	1			1	1				1	1
32	3256 螟蛾科	*Hemiscopis*	2										1					1		1			
32	3256 螟蛾科	*Hendecasis*	2															1	1				
32	3256 螟蛾科	*Heortia*	1																			1	1
32	3256 螟蛾科	*Herculia*	24			1	1	1	1			1	1	1			1	1	1			1	1
32	3256 螟蛾科	*Herpetogramma*	18			1	1	1	1			1	1	1	1		1	1	1			1	1
32	3256 螟蛾科	*Heterocnephes*	3									1	1			1		1	1	1		1	1
32	3256 螟蛾科	*Heterocrasa*	1																			1	
32	3256 螟蛾科	*Heterographis*	3																				
32	3256 螟蛾科	*Hoeneia*	1					1															
32	3256 螟蛾科	*Hoenia*	1																				
32	3256 螟蛾科	*Homoeosoma*	10			1		1		1			1										
32	3256 螟蛾科	*Hrliothela*	1																				
32	3256 螟蛾科	*Hyalobathra*	9									1	1				1	1	1	1		1	
32	3256 螟蛾科	*Hyboloma*	2										1				1		1				
32	3256 螟蛾科	*Hydriris*	1															1					
32	3256 螟蛾科	*Hymenia*	1								1	1		1			1	1				1	1
32	3256 螟蛾科	*Hymenoptychis*	1																				1
32	3256 螟蛾科	*Hypanchyla*	1											1									1
32	3256 螟蛾科	*Hypargyria*	1															1					
32	3256 螟蛾科	*Hyperanalyta*	1															1					
32	3256 螟蛾科	*Hyphantidium*	1															1					
32	3256 螟蛾科	*Hypobopygia*	2																				
32	3256 螟蛾科	*Hyporatasa*	1							1													
32	3256 螟蛾科	*Hypsipyla*	3											1			1	1	1	1		1	1
32	3256 螟蛾科	*Hypsopygia*	7				1	1	1		1	1	1	1			1	1	1	1		1	1
32	3256 螟蛾科	*Hypsotropa*	6										1				1	1					
32	3256 螟蛾科	*Ilithyia*	8															1					
32	3256 螟蛾科	*Ischnurges*	3										1		1		1	1				1	1
32	3256 螟蛾科	*Isocnetris*	1															1		1			
32	3256 螟蛾科	*Japonichilo*	1												1								
32	3256 螟蛾科	*Jocara*	4											1	1			1	1				
32	3256 螟蛾科	*Kaurava*	1								1			1									
32	3256 螟蛾科	*Laciempista*	1																				
32	3256 螟蛾科	*Lamida*	1									1	1					1				1	1
32	3256 螟蛾科	*Lamoria*	7										1	1				1	1			1	1
32	3256 螟蛾科	*Lampridia*	1															1					
32	3256 螟蛾科	*Lamprophaia*	3															1	1				
32	3256 螟蛾科	*Lamprosema*	26					1	1			1	1	1		1	1	1	1	1		1	1
32	3256 螟蛾科	*Laodamia*	5															1					
32	3256 螟蛾科	*Leechia*	3							1				1				1	1				
32	3256 螟蛾科	*Lepidogma*	6					1						1				1	1			1	
32	3256 螟蛾科	*Lepidoneura*	1															1					
32	3256 螟蛾科	*Lepyrodes*	1															1				1	
32	3256 螟蛾科	*Leucinodella*	1															1					
32	3256 螟蛾科	*Leucinodes*	3										1	1				1	1			1	1

目	科	属	种数	a	b	c	d	e	f	g	h	i	j	k	l	m	n	o	p	q	r	s	t
32	3256 螟蛾科	*Limbobotys*	3															1				1	1
32	3256 螟蛾科	*Lista*	1			1											1						
32	3256 螟蛾科	*Locastra*	2			1				1	1	1	1		1	1	1	1	1	1			
32	3256 螟蛾科	*Longiculcita*	1								1		1	1				1					
32	3256 螟蛾科	*Longignathia*	1																				
32	3256 螟蛾科	*Loryma*	1									1			1			1	1				1
32	3256 螟蛾科	*Loxostege*	13	1		1	1	1	1	1	1	1	1	1	1		1		1				
32	3256 螟蛾科	*Luma*	2								1		1		1			1				1	1
32	3256 螟蛾科	*Lygropia*	7			1					1	1	1	1				1	1	1	1	1	1
32	3256 螟蛾科	*Mabra*	5		1	1								1	1			1				1	1
32	3256 螟蛾科	*Macalla*	24										1		1			1					
32	3256 螟蛾科	*Mampava*	1				1				1	1						1	1			1	
32	3256 螟蛾科	*Marasmia*	12				1											1	1			1	1
32	3256 螟蛾科	*Mariana*	1																				
32	3256 螟蛾科	*Maruca*	2			1	1	1	1			1	1	1	1	1		1					1
32	3256 螟蛾科	*Massepha*	4															1					1
32	3256 螟蛾科	*Mastigophorus*	1															1					
32	3256 螟蛾科	*Matgaronia*	1															1					
32	3256 螟蛾科	*Maxilaria*	1															1					
32	3256 螟蛾科	*Mecyna*	5			1	1	1	1	1		1	1	1	1		1	1	1	1			1
32	3256 螟蛾科	*Medaniaria*	1															1					
32	3256 螟蛾科	*Melanalis*	1															1					
32	3256 螟蛾科	*Melissoblaptes*	3																				
32	3256 螟蛾科	*Meroctena*	1																		1	1	1
32	3256 螟蛾科	*Merulempista*	1			1		1															
32	3256 螟蛾科	*Mesographe*	1		1		1	1				1	1										
32	3256 螟蛾科	*Mesolia*	2															1					
32	3256 螟蛾科	*Metaeuchromius*	6								1			1	1	1	1	1				1	1
32	3256 螟蛾科	*Metasia*	5											1				1	1				
32	3256 螟蛾科	*Metoeca*	1											1	1			1				1	1
32	3256 螟蛾科	*Micraglossa*	1												1								
32	3256 螟蛾科	*Microchilo*	2															1					
32	3256 螟蛾科	*Microstega*	2			1	1								1								
32	3256 螟蛾科	*Microthrix*	2															1					
32	3256 螟蛾科	*Mimetebulea*	1				1					1		1	1			1					
32	3256 螟蛾科	*Mimicia*	1										1	1	1			1					
32	3256 螟蛾科	*Miyakea*	4		1		1	1				1			1		1	1			1		
32	3256 螟蛾科	*Musotima*	4															1	1				1
32	3256 螟蛾科	*Mutuuraia*	2				1		1					1		1							
32	3256 螟蛾科	*Myelois*	6		1	1	1	1	1					1									
32	3256 螟蛾科	*Nacoleia*	1										1	1									
32	3256 螟蛾科	*Nausinoe*	3																1	1	1	1	1
32	3256 螟蛾科	*Nemphuela*	2															1					
32	3256 螟蛾科	*Neoanalthes*	2			1								1									
32	3256 螟蛾科	*Neohendecasis*	1																				
32	3256 螟蛾科	*Neopediasia*	1			1	1	1		1								1					1
32	3256 螟蛾科	*Neoschoenobia*	2																				
32	3256 螟蛾科	*Nephelobotys*	1												1			1					
32	3256 螟蛾科	*Nephopteryx*	26			1	1	1	1	1		1	1	1	1			1	1			1	1
32	3256 螟蛾科	*Nevrina*	1																		1	1	
32	3256 螟蛾科	*Niphadoses*	2			1		1				1	1					1				1	
32	3256 螟蛾科	*Noctuides*	2										1					1	1				1
32	3256 螟蛾科	*Nomis*	1																				
32	3256 螟蛾科	*Nomophila*	2			1	1	1	1	1		1	1	1	1	1	1	1	1	1		1	1
32	3256 螟蛾科	*Noorda*	3															1		1			
32	3256 螟蛾科	*Nosophora*	1				1					1	1	1				1	1	1		1	1

目	科	属	种数	昆虫亚区																			
				a	b	c	d	e	f	g	h	i	j	k	l	m	n	o	p	q	r	s	t
32	3256 螟蛾科	*Notaspis*	1																	1			
32	3256 螟蛾科	*Numonia*	1																	1			
32	3256 螟蛾科	*Nyctegretis*	3				1	1	1			1											
32	3256 螟蛾科	*Nymphicula*	7										1		1	1		1		1	1		1	
32	3256 螟蛾科	*Nymphula*	12			1	1	1				1	1	1	1					1	1		1	1
32	3256 螟蛾科	*Oligochroa*	6				1							1						1	1			1
32	3256 螟蛾科	*Omiodes*	5			1	1	1	1	1		1	1	1	1					1	1		1	
32	3256 螟蛾科	*Omphalocera*	1										1	1			1						
32	3256 螟蛾科	*Omphisa*	3																	1	1	1	1	1
32	3256 螟蛾科	*Oncocera*	2			1	1	1	1	1		1	1	1	1		1			1	1	1		
32	3256 螟蛾科	*Opsibotys*	2						1				1		1								
32	3256 螟蛾科	*Ormudzia*	1				1																
32	3256 螟蛾科	*Oronomis*	1											1			1						
32	3256 螟蛾科	*Orphnophanes*	1																				1
32	3256 螟蛾科	*Orthaga*	7						1			1	1	1		1	1	1	1	1	1	1	1
32	3256 螟蛾科	*Ortholepis*	1																				
32	3256 螟蛾科	*Orthopygia*	8			1	1	1	1	1		1	1	1	1		1			1	1		1	1
32	3256 螟蛾科	*Orthoraphis*	1																				
32	3256 螟蛾科	*Orybina*	5						1			1	1	1	1					1	1	1	1
32	3256 螟蛾科	*Ostrinia*	15	1		1	1	1	1	1		1	1	1	1					1	1		1	
32	3256 螟蛾科	*Pachynoa*	3																	1			
32	3256 螟蛾科	*Pagyda*	13									1	1	1						1	1	1	1	1
32	3256 螟蛾科	*Paliga*	4										1	1			1						
32	3256 螟蛾科	*Palpita*	21			1	1	1	1			1	1	1	1	1	1	1	1	1	1	1	1
32	3256 螟蛾科	*Paracymoriza*	14				1							1	1		1			1	1	1	1	1
32	3256 螟蛾科	*Paralispa*	1			1	1	1	1			1	1	1	1		1				1		
32	3256 螟蛾科	*Paranacoleia*	1																	1	1			1
32	3256 螟蛾科	*Paranomis*	5										1	1									
32	3256 螟蛾科	*Paraponyx*	14			1	1		1			1	1	1	1					1			1	1
32	3256 螟蛾科	*Parasclerobia*	1				1																
32	3256 螟蛾科	*Paratalanta*	3					1		1			1	1			1			1	1	1	
32	3256 螟蛾科	*Parbattia*	5									1	1	1	1	1				1			
32	3256 螟蛾科	*Pareromene*	5														1						
32	3256 螟蛾科	*Parotis*	7											1			1			1	1	1	1
32	3256 螟蛾科	*Parthenodes*	3											1			1						1
32	3256 螟蛾科	*Parudia*	1																				
32	3256 螟蛾科	*Paschlodes*	1																				
32	3256 螟蛾科	*Patagonoides*	4											1	1					1	1		
32	3256 螟蛾科	*Patissa*	3								1									1			
32	3256 螟蛾科	*Patna*	1																	1			
32	3256 螟蛾科	*Pectinigeria*	1																				
32	3256 螟蛾科	*Pediasia*	9	1		1		1			1			1	1	1							
32	3256 螟蛾科	*Pelena*	4																	1			1	1
32	3256 螟蛾科	*Pempelia*	5					1		1		1		1	1					1	1		1
32	3256 螟蛾科	*Perinephele*	1											1						1	1		1
32	3256 螟蛾科	*Perisyntrocha*	1																				1
32	3256 螟蛾科	*Petta*	1																				
32	3256 螟蛾科	*Phalangoides*	1																	1			
32	3256 螟蛾科	*Phlyctaenia*	2									1		1									
32	3256 螟蛾科	*Phlyctaenodes*	3																				
32	3256 螟蛾科	*Phlythlipta*	1											1	1								
32	3256 螟蛾科	*Phostria*	10																	1			1
32	3256 螟蛾科	*Phryganodes*	2																				
32	3256 螟蛾科	*Phycidicera*	1																	1			
32	3256 螟蛾科	*Phycita*	5																	1			

目	科	属	种数	a	b	c	d	e	f	g	h	i	j	k	l	m	n	o	p	q	r	s	t
32	3256 螟蛾科	*Phycitodes*	13			1	1	1		1		1		1	1				1				1
32	3256 螟蛾科	*Physematia*	1																1				
32	3256 螟蛾科	*Piletocera*	6				1						1				1	1	1		1	1	
32	3256 螟蛾科	*Pilocrocis*	1																				1
32	3256 螟蛾科	*Pima*	1				1	1		1	1												1
32	3256 螟蛾科	*Pionea*	27		1		1						1	1	1			1	1				1
32	3256 螟蛾科	*Platytes*	4				1	1	1	1		1	1	1	1								
32	3256 螟蛾科	*Plesmopoda*	1																				
32	3256 螟蛾科	*Pleuroptya*	18			1		1				1	1	1	1		1	1	1	1	1	1	1
32	3256 螟蛾科	*Plodia*	1		1	1	1	1	1			1	1	1	1			1			1	1	
32	3256 螟蛾科	*Polycampsis*	1																1				
32	3256 螟蛾科	*Polygrammodes*	3												1		1	1	1	1	1	1	
32	3256 螟蛾科	*Polyocha*	5				1					1							1				
32	3256 螟蛾科	*Polythlipta*	5									1	1	1	1			1	1			1	1
32	3256 螟蛾科	*Postemmalocera*	1				1					1											1
32	3256 螟蛾科	*Postsalebria*	1				1								1								
32	3256 螟蛾科	*Potamomusa*	1																				
32	3256 螟蛾科	*Potyodes*	1																				
32	3256 螟蛾科	*Poujadia*	1																				
32	3256 螟蛾科	*Pramadea*	1																1				
32	3256 螟蛾科	*Preniopogon*	1																1				
32	3256 螟蛾科	*Prionapteryx*	6																1			1	1
32	3256 螟蛾科	*Pristophorodes*	2				1																
32	3256 螟蛾科	*Prodasycnemis*	1																				
32	3256 螟蛾科	*Promacrochilo*	1																			1	1
32	3256 螟蛾科	*Pronomis*	2														1	1					
32	3256 螟蛾科	*Prooedema*	1																		1	1	1
32	3256 螟蛾科	*Propachys*	2									1	1	1	1		1	1	1				
32	3256 螟蛾科	*Prophantis*	2																1	1	1	1	1
32	3256 螟蛾科	*Prorodes*	1														1		1		1		
32	3256 螟蛾科	*Proteurrhypara*	3				1						1	1		1							
32	3256 螟蛾科	*Protonoceras*	3										1		1			1			1	1	1
32	3256 螟蛾科	*Psammotis*	3																1				
32	3256 螟蛾科	*Psara*	6									1							1				
32	3256 螟蛾科	*Pseudacrobasis*	1				1							1	1				1			1	1
32	3256 螟蛾科	*Pseudanalthes*	1																1				1
32	3256 螟蛾科	*Pseudargyria*	4				1					1	1	1			1	1				1	1
32	3256 螟蛾科	*Pseudebulea*	5				1					1	1	1			1	1				1	1
32	3256 螟蛾科	*Pseudobissetia*	1																				
32	3256 螟蛾科	*Pseudocadra*	4				1					1		1	1				1				
32	3256 螟蛾科	*Pseudocatharylla*	10		1		1					1	1	1			1	1				1	1
32	3256 螟蛾科	*Pseudoclasseya*	1													1				1			
32	3256 螟蛾科	*Pseudonoorda*	3																			1	1
32	3256 螟蛾科	*Psorosa*	1									1											
32	3256 螟蛾科	*Ptychopseustis*	1																				
32	3256 螟蛾科	*Ptyomaxia*	1																1				
32	3256 螟蛾科	*Puriella*	1																1				
32	3256 螟蛾科	*Pycnarmon*	12			1	1					1	1	1	1	1	1		1		1	1	1
32	3256 螟蛾科	*Pygospila*	4										1	1	1	1			1	1	1	1	1
32	3256 螟蛾科	*Pyla*	1				1																
32	3256 螟蛾科	*Pyradena*	1										1	1								1	
32	3256 螟蛾科	*Pyralipsa*	1																1				1
32	3256 螟蛾科	*Pyralis*	21			1	1	1		1	1		1						1		1	1	1
32	3256 螟蛾科	*Pyrausta*	96	1		1	1	1	1	1	1	1	1	1	1	1	1		1		1	1	1
32	3256 螟蛾科	*Quasipuer*	2																1				
32	3256 螟蛾科	*Ramila*	2									1					1	1			1	1	1

附录

（续表）

目	科	属	种数	昆虫亚区																			
				a	b	c	d	e	f	g	h	i	j	k	l	m	n	o	p	q	r	s	t
32	3256 螟蛾科	*Ravanoa*	1																				
32	3256 螟蛾科	*Rehimena*	5				1					1	1	1		1		1	1	1	1	1	
32	3256 螟蛾科	*Rhectothyis*	1																	1	1		
32	3256 螟蛾科	*Rhinaphe*	5																	1	1		
32	3256 螟蛾科	*Rhodophaea*	3					1			1						1						
32	3256 螟蛾科	*Rhynchopygia*	1																				
32	3256 螟蛾科	*Robada*	1																				
32	3256 螟蛾科	*Roxita*	6				1						1	1			1	1	1				
32	3256 螟蛾科	*Rufalda*	1																				
32	3256 螟蛾科	*Saborma*	1																				
32	3256 螟蛾科	*Sacada*	8									1	1	1	1		1						
32	3256 螟蛾科	*Sacculocornutia*	4					1				1		1	1								
32	3256 螟蛾科	*Salebria*	17									1		1	1		1	1			1	1	
32	3256 螟蛾科	*Salma*	2														1						
32	3256 螟蛾科	*Saluria*	4														1						
32	3256 螟蛾科	*Samaria*	1														1						
32	3256 螟蛾科	*Samecodes*	6														1	1			1	1	
32	3256 螟蛾科	*Sandrabatis*	1								1						1						
32	3256 螟蛾科	*Saraca*	1														1						
32	3256 螟蛾科	*Scenedra*	2														1						
32	3256 螟蛾科	*Schoenobius*	7			1	1	1				1					1		1				
32	3256 螟蛾科	*Sciota*	2				1	1		1		1	1				1						1
32	3256 螟蛾科	*Scirpophaga*	12			1	1	1				1	1	1	1		1	1				1	1
32	3256 螟蛾科	*Sclerobia*	1																				
32	3256 螟蛾科	*Sclerocona*	1																				1
32	3256 螟蛾科	*Scoparia*	17					1		1			1	1		1	1	1					
32	3256 螟蛾科	*Selagia*	3	1		1	1	1	1		1				1								
32	3256 螟蛾科	*Sineudonia*	1																				
32	3256 螟蛾科	*Singhaliella*	1														1						
32	3256 螟蛾科	*Sinibotys*	4									1	1	1	1		1	1				1	1
32	3256 螟蛾科	*Sinomphisa*	1			1		1	1			1	1	1	1		1					1	1
32	3256 螟蛾科	*Sitochroa*	3	1		1	1	1	1	1		1	1	1	1		1					1	1
32	3256 螟蛾科	*Spatulipalpia*	2									1		1	1								1
32	3256 螟蛾科	*Spectrobates*	1																				
32	3256 螟蛾科	*Spectrotrota*	2														1						
32	3256 螟蛾科	*Spermatophthora*	1							1													
32	3256 螟蛾科	*Spoladea*	1			1	1	1	1	1		1	1	1	1		1	1	1	1	1	1	1
32	3256 螟蛾科	*Staudingeria*	1				1																
32	3256 螟蛾科	*Stegothyris*	1									1		1			1	1	1				1
32	3256 螟蛾科	*Stemmatophora*	16					1				1	1	1	1		1	1				1	1
32	3256 螟蛾科	*Stenachroia*	1														1						
32	3256 螟蛾科	*Stenia*	5					1				1		1			1	1					1
32	3256 螟蛾科	*Stenochilo*	1																				
32	3256 螟蛾科	*Stericta*	13					1					1	1	1		1	1				1	1
32	3256 螟蛾科	*Strepsinoma*	2																	1		1	
32	3256 螟蛾科	*Sufetula*	1																				1
32	3256 螟蛾科	*Surattha*	1														1						
32	3256 螟蛾科	*Sybrida*	4			1		1					1				1	1					1
32	3256 螟蛾科	*Sylepta*	50			1		1				1	1	1	1		1	1	1			1	1
32	3256 螟蛾科	*Symmoracma*	1															1					
32	3256 螟蛾科	*Symphinia*	1															1					
32	3256 螟蛾科	*Synaphe*	1							1													
32	3256 螟蛾科	*Syngamia*	5			1							1		1			1		1	1	1	1
32	3256 螟蛾科	*Tabidia*	2					1			1		1				1						1
32	3256 螟蛾科	*Taiwanastrapometis*	1														1						
32	3256 螟蛾科	*Talanga*	1														1					1	1

目	科	属	种数	a	b	c	d	e	f	g	h	i	j	k	l	m	n	o	p	q	r	s	t
32	3256 螟蛾科	*Talis*	11	1		1	1	1		1													
32	3256 螟蛾科	*Tamraca*	1										1	1	1				1	1		1	1
32	3256 螟蛾科	*Tatobotys*	4																1	1			1
32	3256 螟蛾科	*Tegulifera*	10										1	1	1	1			1	1			1
32	3256 螟蛾科	*Teliphasa*	9				1					1	1	1	1				1	1		1	
32	3256 螟蛾科	*Tenerobotys*	1				1					1											
32	3256 螟蛾科	*Tephria*	1																1				
32	3256 螟蛾科	*Terastia*	3																1				1
32	3256 螟蛾科	*Termioptycha*	5									1	1	1	1				1	1		1	1
32	3256 螟蛾科	*Tetridia*	1															1	1				1
32	3256 螟蛾科	*Thliptoceras*	11										1	1					1	1	1	1	1
32	3256 螟蛾科	*Thysanoidma*	2																1				
32	3256 螟蛾科	*Tirathaba*	3																1				1
32	3256 螟蛾科	*Titanio*	4							1													
32	3256 螟蛾科	*Toccolosita*	1										1	1	1				1	1	1	1	
32	3256 螟蛾科	*Tokunoshima*	2																1				
32	3256 螟蛾科	*Torulisquama*	3										1	1					1				
32	3256 螟蛾科	*Toxobotya*	2																				1
32	3256 螟蛾科	*Trachonitis*	1																1				
32	3256 螟蛾科	*Trachycera*	2				1		1		1		1										
32	3256 螟蛾科	*Trebania*	4									1	1						1	1			1
32	3256 螟蛾科	*Trichophysetis*	7				1					1		1	1				1	1		1	1
32	3256 螟蛾科	*Trichotophysa*	1									1											1
32	3256 螟蛾科	*Triphassa*	1																1				
32	3256 螟蛾科	*Trisides*	1									1											
32	3256 螟蛾科	*Trissonca*	2				1																
32	3256 螟蛾科	*Tryporyza*	2									1							1	1		1	
32	3256 螟蛾科	*Tylostega*	3				1					1		1					1	1			
32	3256 螟蛾科	*Tyndis*	1																				
32	3256 螟蛾科	*Tyspanodes*	6				1					1	1	1		1			1	1		1	1
32	3256 螟蛾科	*Udea*	21		1		1	1	1			1	1	1	1		1	1	1	1			1
32	3256 螟蛾科	*Udonomeiga*	1																1				
32	3256 螟蛾科	*Uresiphita*	3											1					1	1			1
32	3256 螟蛾科	*Viasinusia*	1				1																
32	3256 螟蛾科	*Vinicia*	1									1			1				1				
32	3256 螟蛾科	*Vitessa*	1												1						1	1	1
32	3256 螟蛾科	*Vittabotys*	1																1				
32	3256 螟蛾科	*Volobilis*	3																1				1
32	3256 螟蛾科	*Witlesia*	1											1									
32	3256 螟蛾科	*Xanthocrambus*	2		1	1	1		1					1									
32	3256 螟蛾科	*Xanthopsamma*	3																1			1	1
32	3256 螟蛾科	*Xenomilia*	1												1						1	1	1
32	3257 缺僵木蠹蛾	*Ratarda*	1																1				
32	3258 缨翅蛾科	*Pterothysanus*	1																	1			
32	3259 锚纹蛾科	*Callidula*	1										1						1				
32	3259 锚纹蛾科	*Cleis*	1											1		1			1			1	
32	3259 锚纹蛾科	*Cleosiria*	1										1						1			1	
32	3259 锚纹蛾科	*Herimba*	1																1				
32	3259 锚纹蛾科	*Macrothyatia*	1					1															
32	3259 锚纹蛾科	*Pterodecta*	1										1	1			1	1	1		1	1	1
32	3260 凤蛾科	*Epicopeia*	5		1		1	1				1	1	1	1		1	1	1	1	1	1	1
32	3261 燕蛾科	*Acropteris*	2			1	1			1	1								1	1		1	1
32	3261 燕蛾科	*Lyssa*	1																				1
32	3261 燕蛾科	*Micronia*	2																	1	1	1	1
32	3261 燕蛾科	*Nyctalemon*	2													1				1	1	1	1
32	3261 燕蛾科	*Paradecetia*	3															1					

附录

（续表）

目	科	属	种数	昆虫亚区																			
				a	b	c	d	e	f	g	h	i	j	k	l	m	n	o	p	q	r	s	t
32	3261 燕蛾科	*Pseudomicronia*	2						1				1						1				
32	3262 蛱蛾科	*Auzea*	3									1		1		1					1	1	
32	3262 蛱蛾科	*Chaetoceras*	1																			1	
32	3262 蛱蛾科	*Decetia*	3																			1	
32	3262 蛱蛾科	*Dirades*	3																		1		
32	3262 蛱蛾科	*Epiplema*	22									1	1		1		1	1			1		1
32	3262 蛱蛾科	*Gathynia*	3										1							1	1		
32	3262 蛱蛾科	*Metorthocheilus*	1																	1			
32	3262 蛱蛾科	*Nossa*	4				1		1				1	1			1				1		1
32	3262 蛱蛾科	*Orudiza*	2										1				1				1	1	1
32	3262 蛱蛾科	*Parabraxas*	1										1	1			1						
32	3262 蛱蛾科	*Phazaca*	1																	1			
32	3262 蛱蛾科	*Psychostrophia*	4			1							1	1			1	1					
32	3263 尺蛾科	*Abaciscus*	3													1						1	1
32	3263 尺蛾科	*Abraxaphantes*	1												1							1	1
32	3263 尺蛾科	*Abraxas*	42		1	1	1	1	1			1	1	1	1	1	1	1	1			1	1
32	3263 尺蛾科	*Absala*	1																		1		
32	3263 尺蛾科	*Acasis*	2					1							1	1		1	1				
32	3263 尺蛾科	*Acolutha*	2										1		1			1	1		1	1	
32	3263 尺蛾科	*Acrodontis*	3								1	1	1			1							
32	3263 尺蛾科	*Actenochroma*	1																				1
32	3263 尺蛾科	*Aethalura*	3														1		1				
32	3263 尺蛾科	*Agaraeus*	2														1						
32	3263 尺蛾科	*Agathia*	15		1		1	1				1	1	1	1	1	1	1	1		1	1	1
32	3263 尺蛾科	*Agnibesa*	6										1		1	1	1		1				
32	3263 尺蛾科	*Alcis*	40		1	1	1	1	1	1	1	1	1	1	1	1	1	1	1		1		
32	3263 尺蛾科	*Alex*	1																				1
32	3263 尺蛾科	*Allocotesia*	1								1	1		1			1						
32	3263 尺蛾科	*Alloharpina*	1																				
32	3263 尺蛾科	*Amblychia*	2					1	1			1	1	1	1	1	1		1				1
32	3263 尺蛾科	*Amnesicoma*	9	1	1	1			1	1				1	1	1							
32	3263 尺蛾科	*Amoebotricha*	1														1						
32	3263 尺蛾科	*Anectropis*	2														1						
32	3263 尺蛾科	*Angerona*	2			1	1	1	1			1			1	1							
32	3263 尺蛾科	*Anisephyra*	1														1						
32	3263 尺蛾科	*Anisodes*	13												1								1
32	3263 尺蛾科	*Anonychia*	3													1	1						
32	3263 尺蛾科	*Anthyperythra*	1									1	1										
32	3263 尺蛾科	*Anthyria*	1														1						
32	3263 尺蛾科	*Anticlea*	1													1		1					
32	3263 尺蛾科	*Anticypella*	1					1					1										
32	3263 尺蛾科	*Antilycauges*	18														1						
32	3263 尺蛾科	*Antipercnia*	1														1						
32	3263 尺蛾科	*Antitrygodes*	1														1						1
32	3263 尺蛾科	*Anydrelia*	2													1	1		1		1		
32	3263 尺蛾科	*Apeira*	3				1						1	1							1		
32	3263 尺蛾科	*Apithecia*	1										1	1		1		1					
32	3263 尺蛾科	*Aplocera*	1										1										
32	3263 尺蛾科	*Aplochlora*	4														1						1
32	3263 尺蛾科	*Apocheima*	1				1	1	1	1		1											
32	3263 尺蛾科	*Apochima*	1														1						
32	3263 尺蛾科	*Apoheterolocha*	2											1	1		1		1				
32	3263 尺蛾科	*Apopetelia*	1												1					1			
32	3263 尺蛾科	*Aporandria*	1						1												1	1	
32	3263 尺蛾科	*Aracima*	1														1						
32	3263 尺蛾科	*Arbomia*	1																			1	

目	科	属	种数	a	b	c	d	e	f	g	h	i	j	k	l	m	n	o	p	q	r	s	t
32	3263 尺蛾科	*Archaeobalbis*	3												1				1				1
32	3263 尺蛾科	*Archiearis*	2			1		1															
32	3263 尺蛾科	*Argyrocosma*	1																	1	1		
32	3263 尺蛾科	*Arichanna*	43		1		1	1	1		1	1	1	1	1	1	1	1	1			1	1
32	3263 尺蛾科	*Ascotis*	1			1	1	1	1		1	1	1	1	1		1	1	1	1	1	1	1
32	3263 尺蛾科	*Aspilates*	5	1		1	1	1	1	1		1		1									
32	3263 尺蛾科	*Asthena*	8				1	1	1				1	1	1	1	1	1	1			1	
32	3263 尺蛾科	*Astrapephora*	1																				
32	3263 尺蛾科	*Atomorpha*	1				1																
32	3263 尺蛾科	*Atopophysa*	5											1	1	1	1	1		1			
32	3263 尺蛾科	*Auaxa*	3				1	1				1	1	1	1	1	1		1	1		1	
32	3263 尺蛾科	*Baptria*	1																				
32	3263 尺蛾科	*Bata*	1			1																	
32	3263 尺蛾科	*Berta*	7													1				1	1	1	1
32	3263 尺蛾科	*Biston*	24		1	1	1	1	1	1	1	1	1	1	1	1	1	1	1	1	1	1	1
32	3263 尺蛾科	*Bizia*	2		1		1	1			1	1	1	1	1			1	1			1	1
32	3263 尺蛾科	*Blepharoctenucha*	1										1	1				1					
32	3263 尺蛾科	*Boarmia*	5			1		1	1			1	1	1			1	1			1		
32	3263 尺蛾科	*Borbacha*	1															1					1
32	3263 尺蛾科	*Brabira*	4		1			1					1	1	1	1	1		1	1			
32	3263 尺蛾科	*Brephos*	1		1			1															
32	3263 尺蛾科	*Bupalus*	3			1		1	1					1									
32	3263 尺蛾科	*Buzura*	5		1		1	1			1	1	1	1	1	1		1	1	1	1	1	1
32	3263 尺蛾科	*Cabera*	4		1		1				1		1	1				1					
32	3263 尺蛾科	*Calcaritis*	1			1																	
32	3263 尺蛾科	*Calicha*	3										1	1				1	1			1	
32	3263 尺蛾科	*Callabraxas*	1																		1		
32	3263 尺蛾科	*Calleremites*	1																		1		
32	3263 尺蛾科	*Callerinnys*	3									1							1		1		
32	3263 尺蛾科	*Calletaera*	1															1					
32	3263 尺蛾科	*Calleulypa*	1			1		1	1					1	1								
32	3263 尺蛾科	*Calluga*	1															1					
32	3263 尺蛾科	*Callygris*	1															1					
32	3263 尺蛾科	*Calochalpa*	1									1											
32	3263 尺蛾科	*Calothysanis*	3			1	1	1				1		1	1			1				1	1
32	3263 尺蛾科	*Carige*	5			1			1				1	1	1	1		1	1			1	
32	3263 尺蛾科	*Caripeta*	1																				
32	3263 尺蛾科	*Cassyma*	2										1					1					1
32	3263 尺蛾科	*Cataclysme*	6		1		1	1		1			1		1	1	1		1				
32	3263 尺蛾科	*Catarhoe*	2		1		1		1														
32	3263 尺蛾科	*Catoria*	2															1					1
32	3263 尺蛾科	*Celenna*	2										1					1	1			1	1
32	3263 尺蛾科	*Celerena*	1																			1	1
32	3263 尺蛾科	*Centronaxa*	1												1								
32	3263 尺蛾科	*Chaetolopha*	1															1					
32	3263 尺蛾科	*Chariaspilates*	1				1	1					1					1					
32	3263 尺蛾科	*Chariaspitatus*	1				1																
32	3263 尺蛾科	*Chartographa*	10		1		1	1			1	1	1	1	1	1	1	1	1	1	1	1	
32	3263 尺蛾科	*Chiasmia*	7		1		1	1					1										1
32	3263 尺蛾科	*Chihuo*	2			1	1				1							1					
32	3263 尺蛾科	*Chlorissa*	10			1	1	1	1			1	1	1	1		1	1	1		1	1	1
32	3263 尺蛾科	*Chloroclystis*	13		1		1								1						1	1	1
32	3263 尺蛾科	*Chlorodontopera*	4										1	1	1			1	1	1	1	1	1
32	3263 尺蛾科	*Chloroglyphica*	1													1							
32	3263 尺蛾科	*Chloromachia*	2									1	1	1				1					
32	3263 尺蛾科	*Chlororithra*	2				1						1	1		1	1						

目	科	属	种数	a	b	c	d	e	f	g	h	i	j	k	l	m	n	o	p	q	r	s	t
32	3263 尺蛾科	*Chlorozancla*	1																		1		1
32	3263 尺蛾科	*Chorodna*	5												1		1		1		1	1	
32	3263 尺蛾科	*Chrioloba*	6										1	1	1				1		1	1	
32	3263 尺蛾科	*Chrysocraspeda*	1																1				
32	3263 尺蛾科	*Cidaria*	4	1	1		1		1	1	1		1	1		1							
32	3263 尺蛾科	*Cleora*	11			1		1	1					1		1		1	1		1	1	
32	3263 尺蛾科	*Coenolarentia*	1											1		1	1						
32	3263 尺蛾科	*Coenotephria*	6			1		1						1		1	1	1					
32	3263 尺蛾科	*Collix*	3																1				1
32	3263 尺蛾科	*Colostygia*	3	1			1	1	1	1				1		1							
32	3263 尺蛾科	*Colotois*	1		1	1	1	1							1								
32	3263 尺蛾科	*Comibaena*	28			1		1	1			1	1	1	1	1	1	1	1	1	1	1	1
32	3263 尺蛾科	*Comostola*	18					1	1			1	1	1	1	1	1	1	1	1	1	1	1
32	3263 尺蛾科	*Conchia*	1	1		1		1	1	1		1		1									
32	3263 尺蛾科	*Coremecia*	1																			1	
32	3263 尺蛾科	*Corotia*	1											1									
32	3263 尺蛾科	*Corymica*	4					1				1	1	1		1	1	1			1	1	
32	3263 尺蛾科	*Corypha*	1									1	1	1	1						1		
32	3263 尺蛾科	*Craspedioopsis*	1										1								1		
32	3263 尺蛾科	*Crypsicometa*	2											1			1	1			1		
32	3263 尺蛾科	*Cryptochorina*	4																1				
32	3263 尺蛾科	*Ctenognophos*	1										1			1							
32	3263 尺蛾科	*Culcula*	1				1	1				1	1	1	1		1	1			1	1	
32	3263 尺蛾科	*Culpinia*	1			1	1	1	1			1	1	1	1		1	1			1		
32	3263 尺蛾科	*Cusiala*	2											1			1	1					
32	3263 尺蛾科	*Cyclothea*	1																		1		1
32	3263 尺蛾科	*Cystidia*	2			1		1				1	1	1	1		1	1			1		
32	3263 尺蛾科	*Dalima*	8									1	1	1	1	1	1	1			1	1	1
32	3263 尺蛾科	*Danala*	1																1				
32	3263 尺蛾科	*Deileptenia*	4			1		1	1			1	1	1			1	1	1	1			
32	3263 尺蛾科	*Derambila*	2																1				
32	3263 尺蛾科	*Descoreba*	1																1				
32	3263 尺蛾科	*Desertobia*	2	1			1																
32	3263 尺蛾科	*Devenilia*	1																1				
32	3263 尺蛾科	*Diaprepesilla*	1			1						1		1	1						1		
32	3263 尺蛾科	*Dilophodes*	2								1			1			1	1					
32	3263 尺蛾科	*Dindica*	13				1					1	1	1	1		1	1	1		1	1	1
32	3263 尺蛾科	*Dindicodes*	9			1		1				1	1	1	1	1	1	1			1	1	1
32	3263 尺蛾科	*Diplodesma*	1			1				1						1		1	1				
32	3263 尺蛾科	*Diplurodes*	2																1				
32	3263 尺蛾科	*Discalma*	1																1				
32	3263 尺蛾科	*Dischidesia*	1																1				
32	3263 尺蛾科	*Discoglypha*	4										1	1	1				1				
32	3263 尺蛾科	*Docirava*	6													1	1	1		1	1		
32	3263 尺蛾科	*Dooabia*	4														1		1				1
32	3263 尺蛾科	*Doratoptera*	2										1				1	1					
32	3263 尺蛾科	*Duliophyle*	4						1			1	1	1	1								
32	3263 尺蛾科	*Dyschloropsis*	1					1	1														
32	3263 尺蛾科	*Dyscia*	2				1		1														
32	3263 尺蛾科	*Dysphania*	2														1		1			1	1	1
32	3263 尺蛾科	*Dysstroma*	25			1	1	1	1	1	1		1	1	1	1	1	1	1	1	1	1	
32	3263 尺蛾科	*Earophila*	1		1																		
32	3263 尺蛾科	*Ecchloropsis*	1														1	1					
32	3263 尺蛾科	*Echthrocpllix*	1																1				
32	3263 尺蛾科	*Ecliptopera*	22			1		1	1	1		1	1	1	1	1	1	1	1	1	1	1	1
32	3263 尺蛾科	*Ectephrina*	1			1		1				1											

目	科	属	种数	a	b	c	d	e	f	g	h	i	j	k	l	m	n	o	p	q	r	s	t
32	3263 尺蛾科	*Ecteropis*	2																1				
32	3263 尺蛾科	*Ectropis*	7			1		1	1			1	1	1	1			1	1		1		
32	3263 尺蛾科	*Eilicrinia*	3				1					1	1	1	1				1				1
32	3263 尺蛾科	*Eione*	1			1																	
32	3263 尺蛾科	*Electrophaes*	19			1			1	1			1	1	1	1	1	1	1	1	1	1	
32	3263 尺蛾科	*Elphos*	2																1				
32	3263 尺蛾科	*Ematurga*	1			1																	
32	3263 尺蛾科	*Emmesomia*	1																				
32	3263 尺蛾科	*Endropiodes*	3			1						1		1	1				1				
32	3263 尺蛾科	*Ennomos*	2			1	1	1	1	1				1									
32	3263 尺蛾科	*Entephria*	12	1	1				1	1					1	1	1						
32	3263 尺蛾科	*Eois*	2											1	1	1		1					1
32	3263 尺蛾科	*Ephalaenia*	1											1									
32	3263 尺蛾科	*Epholca*	1											1									
32	3263 尺蛾科	*Ephoria*	1			1		1						1									
32	3263 尺蛾科	*Epichrysodes*	1														1						
32	3263 尺蛾科	*Epicosymbia*	1									1	1	1									
32	3263 尺蛾科	*Epilobophora*	9					1	1	1				1	1		1	1			1		
32	3263 尺蛾科	*Epione*	1			1				1	1												
32	3263 尺蛾科	*Epipristis*	3					1	1			1		1							1	1	1
32	3263 尺蛾科	*Epirrhoe*	9			1	1	1	1	1				1		1	1	1					
32	3263 尺蛾科	*Epirrita*	2			1	1												1				
32	3263 尺蛾科	*Episothalma*	3												1						1		1
32	3263 尺蛾科	*Episteira*	2																			1	1
32	3263 尺蛾科	*Erannis*	5			1	1	1	1			1		1		1							
32	3263 尺蛾科	*Erebomorpha*	2				1					1	1	1	1		1	1	1	1	1		
32	3263 尺蛾科	*Erobatodes*	1									1		1					1				
32	3263 尺蛾科	*Esakiopteryx*	2			1													1				
32	3263 尺蛾科	*Eschatarchia*	1												1				1				
32	3263 尺蛾科	*Eubyjodonta*	1												1		1						
32	3263 尺蛾科	*Euchristophia*	1									1			1				1				
32	3263 尺蛾科	*Eucosmabraxas*	5						1				1	1	1	1		1	1				
32	3263 尺蛾科	*Eucrostes*	1																1				
32	3263 尺蛾科	*Eucyclodes*	15			1		1	1			1	1	1	1	1		1	1	1	1	1	1
32	3263 尺蛾科	*Eucyslodes*	1									1	1	1	1	1		1	1	1	1	1	1
32	3263 尺蛾科	*Eulithis*	11			1	1	1	1	1				1	1				1				
32	3263 尺蛾科	*Eumelea*	2												1				1			1	1
32	3263 尺蛾科	*Euphyia*	15			1		1	1			1		1	1	1	1		1				
32	3263 尺蛾科	*Eupithecia*	51			1	1	1	1	1	1	1	1	1				1	1				
32	3263 尺蛾科	*Euryobeidia*	2									1	1	1				1	1				
32	3263 尺蛾科	*Eustroma*	14			1	1	1	1			1	1	1	1	1	1	1	1		1	1	
32	3263 尺蛾科	*Eutoea*	1																				1
32	3263 尺蛾科	*Evecliptopera*	1									1	1	1	1			1	1				
32	3263 尺蛾科	*Exangerona*	1						1						1		1	1					
32	3263 尺蛾科	*Exheterolocha*	1												1								
32	3263 尺蛾科	*Exurapteryx*	2									1		1	1				1				
32	3263 尺蛾科	*Fascellinia*	4									1	1	1				1	1			1	1
32	3263 尺蛾科	*Gagitodes*	6			1		1	1	1					1	1	1		1	1			1
32	3263 尺蛾科	*Gandaritis*	9			1		1	1			1	1	1	1			1	1	1	1		
32	3263 尺蛾科	*Garaeus*	7			1		1	1						1				1				
32	3263 尺蛾科	*Gasterocome*	3											1	1				1				
32	3263 尺蛾科	*Geometra*	16			1	1	1	1	1		1	1	1	1	1	1	1	1		1		
32	3263 尺蛾科	*Gigantalcis*	1																				
32	3263 尺蛾科	*Glaucorhoe*	1			1	1	1	1														
32	3263 尺蛾科	*Gnamptoloma*	1																1		1		
32	3263 尺蛾科	*Gnamptopteryx*	1																1				1

（续表）

目	科	属	种数	a	b	c	d	e	f	g	h	i	j	k	l	m	n	o	p	q	r	s	t
32	3263 尺蛾科	*Gnophos*	10			1	1	1		1				1						1			
32	3263 尺蛾科	*Gonanticlea*	3																	1			
32	3263 尺蛾科	*Goniopteroloba*	1																		1		
32	3263 尺蛾科	*Gonodontis*	2			1			1	1				1						1			1
32	3263 尺蛾科	*Gymnoscelis*	3																	1			1
32	3263 尺蛾科	*Harutalcis*	1																			1	
32	3263 尺蛾科	*Hastina*	2					1						1		1				1			
32	3263 尺蛾科	*Hemerophila*	2			1		1	1			1	1				1						
32	3263 尺蛾科	*Hemistola*	27			1	1	1	1	1		1	1	1	1	1	1	1	1	1	1	1	1
32	3263 尺蛾科	*Hemithea*	7			1		1	1			1	1		1	1				1	1	1	1
32	3263 尺蛾科	*Herochroma*	14									1	1	1	1		1	1	1	1	1	1	1
32	3263 尺蛾科	*Heteralex*	1																	1			
32	3263 尺蛾科	*Heterarmia*	5			1							1	1						1		1	
32	3263 尺蛾科	*Heterocallia*	3																	1			
32	3263 尺蛾科	*Heterocllia*	1					1	1				1							1			
32	3263 尺蛾科	*Heterolocha*	16					1	1			1	1	1		1	1	1				1	1
32	3263 尺蛾科	*Heterophleps*	14			1	1					1	1	1	1	1				1	1	1	
32	3263 尺蛾科	*Heterostegane*	6					1				1	1	1						1		1	1
32	3263 尺蛾科	*Heterostegania*	1																	1			
32	3263 尺蛾科	*Heterothera*	2					1	1			1	1	1		1				1			
32	3263 尺蛾科	*Hipparchus*	1			1		1					1									1	
32	3263 尺蛾科	*Hirasa*	6			1						1	1	1			1	1					
32	3263 尺蛾科	*Holoterpna*	2																				
32	3263 尺蛾科	*Horisme*	13	1		1	1	1	1	1	1		1	1	1	1	1			1	1		
32	3263 尺蛾科	*Hyalinetta*	1									1	1	1			1						1
32	3263 尺蛾科	*Hydatocapnia*	3								1	1	1				1	1	1				1
32	3263 尺蛾科	*Hydrelia*	35			1		1	1				1	1	1	1	1			1	1		
32	3263 尺蛾科	*Hydriomena*	5	1	1	1		1	1	1					1	1	1						
32	3263 尺蛾科	*Hypephyra*	2								1	1	1				1						
32	3263 尺蛾科	*Hyperapeira*	2											1	1	1					1		
32	3263 尺蛾科	*Hyperythra*	2					1				1	1	1						1		1	1
32	3263 尺蛾科	*Hypochrosis*	9									1		1			1	1	1			1	1
32	3263 尺蛾科	*Hypocometa*	1																	1			
32	3263 尺蛾科	*Hypomecis*	18			1		1	1			1	1	1	1		1	1		1	1		
32	3263 尺蛾科	*Hyposidra*	4									1	1	1			1					1	1
32	3263 尺蛾科	*Hypoxystis*	2			1		1	1														
32	3263 尺蛾科	*Hysterura*	8			1			1				1			1	1	1		1	1		
32	3263 尺蛾科	*Idaea*	24			1	1	1				1	1	1			1	1					
32	3263 尺蛾科	*Idiochlora*	2																			1	1
32	3263 尺蛾科	*Idiotephria*	3					1					1				1						
32	3263 尺蛾科	*Inurois*	1			1					1		1										
32	3263 尺蛾科	*Iotaphora*	2			1		1	1			1	1	1	1	1	1	1	1	1	1	1	1
32	3263 尺蛾科	*Iridoplecta*	1																			1	1
32	3263 尺蛾科	*Jankowskia*	3			1			1			1	1	1			1	1		1			
32	3263 尺蛾科	*Jinchihuo*	1				1	1	1			1											
32	3263 尺蛾科	*Jodis*	22			1		1	1			1	1	1	1	1	1	1	1	1	1	1	1
32	3263 尺蛾科	*Krananda*	7									1	1	1			1	1		1	1		
32	3263 尺蛾科	*Kuldscha*	15	1			1		1	1	1			1	1								
32	3263 尺蛾科	*Kyrtolitha*	5	1	1						1			1		1							
32	3263 尺蛾科	*Laciniodes*	10			1		1	1			1	1	1	1	1	1	1		1	1		
32	3263 尺蛾科	*Lampropteryx*	11			1	1	1	1			1		1	1	1	1	1		1	1		
32	3263 尺蛾科	*Larerannis*	2				1	1															
32	3263 尺蛾科	*Leptomiza*	4					1	1						1			1			1		
32	3263 尺蛾科	*Leptostegna*	2			1		1	1				1	1	1		1				1		
32	3263 尺蛾科	*Ligdia*	2				1																
32	3263 尺蛾科	*Limbatochlamys*	3					1				1	1	1	1	1	1		1			1	1

目	科	属	种数	a	b	c	d	e	f	g	h	i	j	k	l	m	n	o	p	q	r	s	t
32	3263 尺蛾科	*Lipomelia*	1																1		1		1
32	3263 尺蛾科	*Lithostege*	5	1			1	1	1														
32	3263 尺蛾科	*Lobogonia*	4												1			1					
32	3263 尺蛾科	*Lobogonodes*	3										1										
32	3263 尺蛾科	*Lobophora*	2			1		1	1													1	
32	3263 尺蛾科	*Lobophorodes*	2														1	1		1			
32	3263 尺蛾科	*Lomaspilis*	2			1		1	1			1		1									
32	3263 尺蛾科	*Lomographa*	24				1	1				1	1	1	1		1		1	1		1	1
32	3263 尺蛾科	*Lophobates*	1																			1	
32	3263 尺蛾科	*Lophomachia*	1												1				1				1
32	3263 尺蛾科	*Lophophelma*	8					1					1	1	1	1		1	1	1	1	1	1
32	3263 尺蛾科	*Lotaphora*	1					1															
32	3263 尺蛾科	*Louisproutia*	1					1					1	1	1			1					
32	3263 尺蛾科	*Loxaspilates*	9											1			1	1	1	1			
32	3263 尺蛾科	*Loxotephria*	1									1	1		1				1	1		1	1
32	3263 尺蛾科	*Luxiaria*	7										1	1	1	1	1	1	1	1		1	1
32	3263 尺蛾科	*Lythria*	1	1																			
32	3263 尺蛾科	*Macrohastina*	1												1				1		1	1	
32	3263 尺蛾科	*Malacuncina*	1																				
32	3263 尺蛾科	*Maxates*	38		1		1	1				1	1	1	1	1	1	1	1	1	1	1	1
32	3263 尺蛾科	*Medasina*	24				1							1	1		1	1	1	1		1	1
32	3263 尺蛾科	*Melanthia*	5			1	1	1	1					1	1	1	1	1	1	1			
32	3263 尺蛾科	*Menophra*	8			1		1	1			1	1	1	1				1	1		1	1
32	3263 尺蛾科	*Merioblephara*	4																1				
32	3263 尺蛾科	*Mesoleuca*	5			1		1						1			1	1	1	1			
32	3263 尺蛾科	*Mesotype*	1			1																	
32	3263 尺蛾科	*Metabraxas*	4											1	1				1	1			
32	3263 尺蛾科	*Metacrocallis*	1									1											
32	3263 尺蛾科	*Metallaxis*	1																			1	
32	3263 尺蛾科	*Metallolophia*	7										1		1	1		1	1		1	1	1
32	3263 尺蛾科	*Metaterpna*	2												1		1	1	1				
32	3263 尺蛾科	*Meteima*	1																1				
32	3263 尺蛾科	*Microcalcarifera*	1													1							
32	3263 尺蛾科	*Microcalicha*	4									1	1		1				1	1			1
32	3263 尺蛾科	*Microlygris*	2												1	1							
32	3263 尺蛾科	*Micronidia*	2												1								
32	3263 尺蛾科	*Milionia*	1																1				
32	3263 尺蛾科	*Mimochroa*	1																1				
32	3263 尺蛾科	*Mixochlora*	1									1	1		1				1	1		1	1
32	3263 尺蛾科	*Mnesiloba*	2																1			1	1
32	3263 尺蛾科	*Monocerotesa*	4																1				
32	3263 尺蛾科	*Myrioblephara*	4											1								1	
32	3263 尺蛾科	*Myrteta*	4								1	1	1						1	1			
32	3263 尺蛾科	*Nadagara*	3																1				
32	3263 尺蛾科	*Napocheima*	1				1	1				1			1								
32	3263 尺蛾科	*Narraga*	1			1							1	1									
32	3263 尺蛾科	*Naxa*	3		1		1	1				1	1	1	1	1		1	1		1		
32	3263 尺蛾科	*Naxidia*	5									1	1	1	1		1		1	1			
32	3263 尺蛾科	*Neobalbis*	1																				1
32	3263 尺蛾科	*Neohipparchus*	6									1	1	1	1	1	1	1	1	1	1	1	1
32	3263 尺蛾科	*Neolythria*	1												1								
32	3263 尺蛾科	*Neromia*	1																			1	
32	3263 尺蛾科	*Neuralla*	1												1								
32	3263 尺蛾科	*Ninodes*	2				1					1	1						1	1			
32	3263 尺蛾科	*Nipponogelasma*	1				1												1	1		1	1
32	3263 尺蛾科	*Noreia*	2																				1

附录

（续表）

目	科	属	种数	a	b	c	d	e	f	g	h	i	j	k	l	m	n	o	p	q	r	s	t
32	3263 尺蛾科	*Nothocasis*	7					1															
32	3263 尺蛾科	*Nothomiza*	10										1	1	1			1	1			1	1
32	3263 尺蛾科	*Obeidia*	8										1	1			1	1		1	1	1	1
32	3263 尺蛾科	*Ochodontia*	1	1																			
32	3263 尺蛾科	*Ocoelophora*	1																	1			
32	3263 尺蛾科	*Odezia*	1			1									1			1					1
32	3263 尺蛾科	*Odontopera*	11			1	1	1	1	1	1	1	1	1	1	1	1	1	1	1	1		
32	3263 尺蛾科	*Odontorhoe*	5	1																			
32	3263 尺蛾科	*Oenospila*	2																			1	1
32	3263 尺蛾科	*Omiza*	1																			1	1
32	3263 尺蛾科	*Operophtera*	4			1		1											1				
32	3263 尺蛾科	*Ophthalmitis*	12			1		1	1			1	1	1	1	1	1		1	1	1	1	1
32	3263 尺蛾科	*Opisthograptis*	10					1					1	1	1	1	1	1	1				
32	3263 尺蛾科	*Organopoda*	1																1				1
32	3263 尺蛾科	*Ornithospila*	3												1				1		1	1	1
32	3263 尺蛾科	*Orothalassodes*	2																1			1	1
32	3263 尺蛾科	*Orthobrachia*	2																				
32	3263 尺蛾科	*Orthocabera*	2																			1	1
32	3263 尺蛾科	*Ortholitha*	1														1						
32	3263 尺蛾科	*Orthonama*	1			1	1	1	1	1		1	1	1		1	1	1	1	1	1		
32	3263 尺蛾科	*Orthoserica*	1										1										1
32	3263 尺蛾科	*Ourapteryx*	27			1	1	1	1	1	1	1	1	1	1	1		1	1		1		
32	3263 尺蛾科	*Oxymacaria*	1												1				1				1
32	3263 尺蛾科	*Ozola*	4										1		1				1				1
32	3263 尺蛾科	*Pachista*	1																				
32	3263 尺蛾科	*Pachyodes*	12										1	1	1		1		1	1	1	1	1
32	3263 尺蛾科	*Palaeomystis*	2					1	1				1	1	1		1		1				
32	3263 尺蛾科	*Palpoctenidia*	1												1		1	1	1	1			1
32	3263 尺蛾科	*Pamphlebia*	1																	1	1	1	1
32	3263 尺蛾科	*Parabapta*	5												1				1		1		
32	3263 尺蛾科	*Paradarisa*	2												1		1		1				
32	3263 尺蛾科	*Paralygris*	2											1		1			1				
32	3263 尺蛾科	*Paramaxates*	4																1	1	1	1	1
32	3263 尺蛾科	*Parapercnia*	1																1				
32	3263 尺蛾科	*Parasynegia*	3																1		1		
32	3263 尺蛾科	*Pareclipsis*	3											1	1				1	1			
32	3263 尺蛾科	*Parectropis*	3											1					1				
32	3263 尺蛾科	*Parentephria*	1														1						
32	3263 尺蛾科	*Pareulype*	3					1	1							1		1					
32	3263 尺蛾科	*Pareustroma*	7					1						1	1	1	1	1			1		
32	3263 尺蛾科	*Pelagodes*	5								1	1			1				1	1		1	1
32	3263 尺蛾科	*Pelurga*	3	1		1	1	1	1						1								
32	3263 尺蛾科	*Pennithera*	5			1																	
32	3263 尺蛾科	*Peratophyga*	4										1	1			1	1	1			1	1
32	3263 尺蛾科	*Percnia*	10				1	1		1	1	1	1	1	1	1	1	1	1			1	1
32	3263 尺蛾科	*Peristygis*	1										1		1								
32	3263 尺蛾科	*Perizoma*	26			1		1	1	1			1	1	1	1	1	1	1	1	1	1	
32	3263 尺蛾科	*Petelia*	2										1									1	1
32	3263 尺蛾科	*Petrophora*	1																1				
32	3263 尺蛾科	*Phanerothyria*	2										1		1		1						
32	3263 尺蛾科	*Phigalia*	1			1																	
32	3263 尺蛾科	*Philerema*	2					1	1				1			1		1					
32	3263 尺蛾科	*Phoenissa*	1																1				
32	3263 尺蛾科	*Phoenix*	1																			1	1
32	3263 尺蛾科	*Photoscotosia*	52	1		1	1		1	1	1			1	1	1	1	1		1	1		
32	3263 尺蛾科	*Phthonoloba*	3												1				1	1	1	1	1

目	科	属	种数	昆虫亚区 a	b	c	d	e	f	g	h	i	j	k	l	m	n	o	p	q	r	s	t
32	3263 尺蛾科	*Phthonosema*	4		1	1	1	1			1	1	1	1	1	1		1				1	
32	3263 尺蛾科	*Physetobasis*	3				1	1				1	1	1	1	1			1	1			
32	3263 尺蛾科	*Piercia*	9				1		1			1		1	1	1	1		1				
32	3263 尺蛾科	*Pingasa*	13					1			1	1	1	1	1	1	1	1	1	1	1	1	1
32	3263 尺蛾科	*Plagodis*	7			1	1		1			1	1	1	1			1	1	1			
32	3263 尺蛾科	*Planociampa*	1										1										
32	3263 尺蛾科	*Plemyria*	2			1												1					
32	3263 尺蛾科	*Plesiomorpha*	2										1					1					1
32	3263 尺蛾科	*Plutodes*	8										1		1			1	1		1	1	
32	3263 尺蛾科	*Pogonibis*	1			1																	
32	3263 尺蛾科	*Pogonopygia*	1										1	1	1			1	1		1		
32	3263 尺蛾科	*Polynesia*	2																		1		1
32	3263 尺蛾科	*Polythrena*	3			1								1	1	1							
32	3263 尺蛾科	*Pomasia*	1															1					
32	3263 尺蛾科	*Povilasia*	1	1	1					1													
32	3263 尺蛾科	*Prionodonta*	1										1								1		
32	3263 尺蛾科	*Pristotegania*	1																				
32	3263 尺蛾科	*Prituliocnemis*	1										1		1			1			1		
32	3263 尺蛾科	*Probithia*	1																				1
32	3263 尺蛾科	*Problepsis*	15			1			1		1		1	1	1		1		1	1		1	1
32	3263 尺蛾科	*Prochasma*	1														1						
32	3263 尺蛾科	*Proteostrenia*	3									1	1		1								
32	3263 尺蛾科	*Protonebula*	3										1		1	1			1	1			
32	3263 尺蛾科	*Protuliocnemis*	1																1		1	1	
32	3263 尺蛾科	*Pseudabraxas*	1										1						1				
32	3263 尺蛾科	*Pseudasthena*	1																1				
32	3263 尺蛾科	*Pseudepione*	1										1										
32	3263 尺蛾科	*Pseudepisothalma*	1																		1		
32	3263 尺蛾科	*Pseudeuchlora*	1										1		1			1			1	1	
32	3263 尺蛾科	*Pseudobaptria*	1																				
32	3263 尺蛾科	*Pseudocollix*	1																1	1	1		
32	3263 尺蛾科	*Pseudomiza*	7				1					1	1	1	1			1	1	1			
32	3263 尺蛾科	*Pseudonadagara*	1																			1	1
32	3263 尺蛾科	*Pseudopanthera*	3			1									1								
32	3263 尺蛾科	*Pseudostegania*	2			1		1							1	1			1				
32	3263 尺蛾科	*Pseudoterpna*	1																				
32	3263 尺蛾科	*Psilalcis*	2														1	1					
32	3263 尺蛾科	*Psilotagma*	1									1	1	1	1						1		
32	3263 尺蛾科	*Psyra*	4											1	1		1						
32	3263 尺蛾科	*Ptochophyle*	2															1					1
32	3263 尺蛾科	*Ptygmatophora*	1																				
32	3263 尺蛾科	*Pylargosceles*	1										1					1	1		1		
32	3263 尺蛾科	*Pyrrhorachis*	1																1				
32	3263 尺蛾科	*Racotis*	1										1		1			1	1		1		
32	3263 尺蛾科	*Ramobia*	1										1										
32	3263 尺蛾科	*Rheumaptera*	37	1	1	1	1	1	1	1	1	1		1	1	1	1	1	1	1			
32	3263 尺蛾科	*Rhinoprora*	1																1				
32	3263 尺蛾科	*Rhodometra*	1												1	1							
32	3263 尺蛾科	*Rhodostrophia*	4			1	1	1									1		1				
32	3263 尺蛾科	*Rhomborista*	2										1									1	1
32	3263 尺蛾科	*Rhynchobapta*	4										1		1			1				1	1
32	3263 尺蛾科	*Rikiosatoa*	6									1	1	1				1	1		1		
32	3263 尺蛾科	*Ruttellerona*	2																1				
32	3263 尺蛾科	*Sabaria*	3										1					1					
32	3263 尺蛾科	*Sarcinodes*	8									1	1		1	1		1	1	1	1	1	1
32	3263 尺蛾科	*Sauris*	9															1	1		1	1	1

（续表）

目	科	属	种数	昆虫亚区																			
				a	b	c	d	e	f	g	h	i	j	k	l	m	n	o	p	q	r	s	t
32	3263 尺蛾科	*Scardamia*	2			1		1					1		1					1			
32	3263 尺蛾科	*Scardostrenia*	1					1															
32	3263 尺蛾科	*Scionomia*	3			1							1	1						1			
32	3263 尺蛾科	*Scopula*	37			1	1	1	1	1	1	1	1	1	1			1	1			1	1
32	3263 尺蛾科	*Scotopteryx*	12	1	1	1	1	1	1	1	1	1		1	1	1	1	1	1		1		
32	3263 尺蛾科	*Sebastosema*	1					1															
32	3263 尺蛾科	*Selenia*	2			1	1	1				1		1					1	1			
32	3263 尺蛾科	*Seleniopsis*	2											1					1		1		
32	3263 尺蛾科	*Semiothisa*	44			1	1	1	1			1	1	1	1		1	1	1	1		1	1
32	3263 尺蛾科	*Sibatania*	1										1	1	1	1			1	1		1	
32	3263 尺蛾科	*Siona*	1			1		1															
32	3263 尺蛾科	*Sirinopteryx*	1						1					1			1	1					
32	3263 尺蛾科	*Solitanea*	1			1																	
32	3263 尺蛾科	*Somatina*	8			1	1	1	1			1	1	1	1				1	1		1	1
32	3263 尺蛾科	*Spaniocentra*	5											1		1	1		1	1	1	1	
32	3263 尺蛾科	*Sphagnodela*	1													1	1						
32	3263 尺蛾科	*Spilopera*	4			1			1					1	1				1	1		1	1
32	3263 尺蛾科	*Stamnodes*	10				1		1	1	1			1		1	1	1					
32	3263 尺蛾科	*Sterrha*	8			1	1	1	1					1					1				
32	3263 尺蛾科	*Sucra*	1				1	1															
32	3263 尺蛾科	*Synegia*	10											1	1				1	1		1	1
32	3263 尺蛾科	*Synegiodes*	5												1		1	1		1		1	
32	3263 尺蛾科	*Synopsia*	1			1	1																
32	3263 尺蛾科	*Synopsidia*	1			1																	
32	3263 尺蛾科	*Syrrhodia*	1					1															
32	3263 尺蛾科	*Syzeuxis*	5													1	1		1				
32	3263 尺蛾科	*Tanaoctenia*	2			1		1	1					1	1		1					1	1
32	3263 尺蛾科	*Tanaorhinus*	7			1						1	1	1	1	1		1	1	1	1	1	1
32	3263 尺蛾科	*Tanaotrichia*	1												1		1						
32	3263 尺蛾科	*Tasta*	2											1	1				1			1	1
32	3263 尺蛾科	*Teinoloba*	1											1	1								
32	3263 尺蛾科	*Telenomeuta*	1											1	1	1			1	1			
32	3263 尺蛾科	*Tephrina*	6			1	1	1	1	1		1			1		1						
32	3263 尺蛾科	*Thalassodes*	4			1						1	1						1			1	1
32	3263 尺蛾科	*Thalera*	5			1		1	1										1				
32	3263 尺蛾科	*Thera*	6	1				1	1					1	1	1	1						
32	3263 尺蛾科	*Thetidia*	7	1		1	1	1	1	1		1	1				1						
32	3263 尺蛾科	*Thinopteryx*	4					1				1	1	1		1	1	1				1	1
32	3263 尺蛾科	*Timandra*	9	1		1	1	1				1	1	1		1	1	1				1	1
32	3263 尺蛾科	*Timandromorpha*	3									1	1	1	1		1	1	1			1	1
32	3263 尺蛾科	*Traminda*	1																1				1
32	3263 尺蛾科	*Trichodezia*	1			1								1		1							
32	3263 尺蛾科	*Trichoplites*	6											1	1		1						
32	3263 尺蛾科	*Trichopterigia*	15					1	1					1		1	1	1	1	1	1	1	
32	3263 尺蛾科	*Trichopteryx*	12			1			1							1		1					
32	3263 尺蛾科	*Trigonoptila*	2									1		1					1	1		1	
32	3263 尺蛾科	*Triphosa*	21			1	1	1	1			1	1	1	1	1	1		1			1	
32	3263 尺蛾科	*Tristrophis*	2											1	1	1			1			1	
32	3263 尺蛾科	*Trotocraspeda*	1																1				
32	3263 尺蛾科	*Tyloptera*	1			1		1	1			1	1	1					1	1		1	
32	3263 尺蛾科	*Tympanota*	1																				1
32	3263 尺蛾科	*Venusia*	24			1			1		1				1	1	1	1	1	1	1		
32	3263 尺蛾科	*Viidaleppia*	2			1										1			1				
32	3263 尺蛾科	*Vindusara*	1														1		1				1
32	3263 尺蛾科	*Wilemanlia*	1										1										
32	3263 尺蛾科	*Xandrames*	4			1						1	1	1	1	1	1	1	1	1	1	1	1

目	科	属	种数	a	b	c	d	e	f	g	h	i	j	k	l	m	n	o	p	q	r	s	t
32	3263 尺蛾科	*Xanthabraxas*	1				1					1	1	1	1			1			1		
32	3263 尺蛾科	*Xanthorhoe*	21			1	1	1	1	1		1	1	1	1		1	1	1	1	1	1	1
32	3263 尺蛾科	*Xenoclystia*	2												1								
32	3263 尺蛾科	*Xenographia*	1														1						
32	3263 尺蛾科	*Xenoplia*	1																		1		
32	3263 尺蛾科	*Xenortholitha*	9			1	1	1	1	1		1	1	1	1	1	1	1	1	1	1	1	
32	3263 尺蛾科	*Xenozancla*	1				1						1		1								
32	3263 尺蛾科	*Xyloscia*	2																		1		1
32	3263 尺蛾科	*Yala*	1			1	1	1				1											
32	3263 尺蛾科	*Yinchie*	1				1					1											
32	3263 尺蛾科	*Zaheba*	1																			1	1
32	3263 尺蛾科	*Zamacra*	1			1	1	1				1	1	1			1						
32	3263 尺蛾科	*Zamarada*	1																		1		
32	3263 尺蛾科	*Zanclognatha*	1			1																	
32	3263 尺蛾科	*Zanclopera*	2												1				1			1	1
32	3263 尺蛾科	*Zethenia*	6										1		1			1	1				
32	3263 尺蛾科	*Zhichihuo*	1																				
32	3263 尺蛾科	*Ziridava*	1																		1		1
32	3263 尺蛾科	*Zygophyxia*	1																		1		
32	3263 尺蛾科	*Zythos*	1										1	1							1	1	1
32	3264 波纹蛾科	*Achlya*	2			1																	
32	3264 波纹蛾科	*Demopsestis*	1																		1		
32	3264 波纹蛾科	*Epipsestis*	8			1			1							1	1		1				
32	3264 波纹蛾科	*Euparyphasma*	4									1	1	1	1	1						1	
32	3264 波纹蛾科	*Gaurena*	17						1		1		1	1	1	1	1	1		1			
32	3264 波纹蛾科	*Habrosyne*	11		1	1	1	1	1	1	1	1	1	1	1	1	1	1	1	1	1	1	1
32	3264 波纹蛾科	*Horipsestis*	3									1	1	1	1			1	1				1
32	3264 波纹蛾科	*Horithyatira*	3						1					1		1	1	1					
32	3264 波纹蛾科	*Isopsestis*	1											1		1	1					1	
32	3264 波纹蛾科	*Macrothyatira*	8						1					1	1	1	1	1	1	1	1		
32	3264 波纹蛾科	*Mesopsestis*	1											1									
32	3264 波纹蛾科	*Mesothyatira*	1											1			1	1					
32	3264 波纹蛾科	*Microthyatira*	1														1	1					
32	3264 波纹蛾科	*Mimopsestis*	3				1	1	1					1	1		1					1	
32	3264 波纹蛾科	*Monothyatira*	1											1									
32	3264 波纹蛾科	*Neodaruma*	1			1																	
32	3264 波纹蛾科	*Neotogaria*	4										1		1	1		1	1				
32	3264 波纹蛾科	*Paragnorima*	2											1	1	1	1					1	
32	3264 波纹蛾科	*Parapsestis*	5			1		1	1				1	1	1	1			1	1			
32	3264 波纹蛾科	*Plusinia*	1						1				1	1	1								
32	3264 波纹蛾科	*Psidopala*	8											1	1	1	1	1		1			
32	3264 波纹蛾科	*Stenopsestis*	1										1	1	1	1	1	1	1		1	1	
32	3264 波纹蛾科	*Takapsestis*	1																		1		
32	3264 波纹蛾科	*Tethea*	14		1	1	1	1	1	1		1	1	1	1	1	1	1	1	1	1	1	1
32	3264 波纹蛾科	*Tetheella*	1			1																	
32	3264 波纹蛾科	*Thyatira*	2		1	1		1	1			1	1	1	1	1	1	1	1	1	1	1	1
32	3264 波纹蛾科	*Togaria*	1											1									
32	3264 波纹蛾科	*Wernya*	7											1	1	1	1		1	1	1		1
32	3265 圆钩蛾科	*Cyclidia*	7							1			1	1	1	1	1	1	1	1	1	1	1
32	3265 圆钩蛾科	*Mimozethes*	2											1	1				1				
32	3266 钩蛾科	*Agnidra*	15			1		1				1	1	1	1	1	1	1	1	1	1	1	1
32	3266 钩蛾科	*Albara*	3										1	1	1	1			1		1	1	1
32	3266 钩蛾科	*Amphitorna*	1																		1		
32	3266 钩蛾科	*Auzata*	8				1						1	1	1	1	1	1	1		1		
32	3266 钩蛾科	*Auzatella*	2											1		1		1			1		
32	3266 钩蛾科	*Auzatellodes*	1																		1		

（续表）

目	科	属	种数	昆虫亚区																			
				a	b	c	d	e	f	g	h	i	j	k	l	m	n	o	p	q	r	s	t
32	3266 钩蛾科	*Betalbara*	11				1					1	1	1	1	1			1	1		1	1
32	3266 钩蛾科	*Callicilix*	1									1	1	1				1					
32	3266 钩蛾科	*Callidrepana*	7				1					1	1	1	1	1			1	1		1	
32	3266 钩蛾科	*Canucha*	3									1	1					1	1	1	1	1	1
32	3266 钩蛾科	*Cilix*	5			1	1					1	1	1	1			1					
32	3266 钩蛾科	*Cyclura*	2												1				1	1		1	1
32	3266 钩蛾科	*Deroca*	6								1	1	1	1	1	1	1	1		1			
32	3266 钩蛾科	*Didymana*	3									1	1		1		1		1		1	1	1
32	3266 钩蛾科	*Dipriodonta*	1															1					
32	3266 钩蛾科	*Ditrigona*	36				1					1	1	1	1	1	1	1	1	1			1
32	3266 钩蛾科	*Drepana*	5			1		1	1			1	1	1	1	1	1	1	1	1		1	
32	3266 钩蛾科	*Leucobrepsis*	2										1					1		1			
32	3266 钩蛾科	*Macrauzata*	3								1	1			1								
32	3266 钩蛾科	*Macrocilix*	7				1					1	1	1	1	1	1	1				1	
32	3266 钩蛾科	*Microblepsis*	1															1					
32	3266 钩蛾科	*Nordstroemia*	18				1					1	1	1	1	1	1	1	1	1	1	1	1
32	3266 钩蛾科	*Oreta*	30			1		1	1	1		1	1	1	1	1	1	1	1	1	1	1	1
32	3266 钩蛾科	*Palaeodrepana*	3			1		1	1			1	1	1	1			1					
32	3266 钩蛾科	*Paralbara*	4									1	1	1	1	1	1			1	1		1
32	3266 钩蛾科	*Phalacra*	2																	1			
32	3266 钩蛾科	*Pseudalbara*	2			1						1	1			1							
32	3266 钩蛾科	*Spectroreta*	2										1					1			1	1	1
32	3266 钩蛾科	*Spica*	1			1	1	1						1	1								
32	3266 钩蛾科	*Strepsigonia*	1														1	1	1				
32	3266 钩蛾科	*Thymistadopsis*	2											1									
32	3266 钩蛾科	*Thymistida*	2																		1	1	1
32	3266 钩蛾科	*Tridrepana*	17				1					1	1	1	1	1	1	1	1	1		1	1
32	3266 钩蛾科	*Yucilix*	1				1	1		1						1							
32	3266 钩蛾科	*Zusidava*	1															1					
32	3267 带蛾科	*Apha*	10					1	1	1		1	1	1	1	1	1	1	1	1		1	
32	3267 带蛾科	*Apona*	1											1		1					1		
32	3267 带蛾科	*Eupterote*	14									1	1	1		1				1	1	1	1
32	3267 带蛾科	*Ganisa*	6									1	1	1	1	1	1	1	1	1	1	1	1
32	3267 带蛾科	*Mallarctus*	1																				
32	3267 带蛾科	*Oligoclona*	1																				1
32	3267 带蛾科	*Palirisa*	8				1					1	1	1	1	1	1	1	1	1			
32	3267 带蛾科	*Pseudojana*	2										1		1	1			1				1
32	3267 带蛾科	*Sangatissa*	1																				
32	3267 带蛾科	*Sarmalia*	1												1				1		1		
32	3267 带蛾科	*Thermojana*	1																1				
32	3267 带蛾科	*Torgata*	1																		1		
32	3268 蚬蛾科	*Lemonia*	1						1					1	1						1		
32	3269 桦蛾科	*Endromis*	1			1		1															
32	3269 桦蛾科	*Mirina*	1												1								
32	3270 蚕蛾科	*Andraca*	6					1				1	1	1		1			1	1		1	
32	3270 蚕蛾科	*Bombyx*	1			1	1	1	1			1	1	1					1	1	1	1	1
32	3270 蚕蛾科	*Gunda*	2																		1		1
32	3270 蚕蛾科	*Mustilis*	4									1	1	1	1	1	1	1		1		1	
32	3270 蚕蛾科	*Oberthuria*	2			1		1	1			1	1	1		1			1	1		1	
32	3270 蚕蛾科	*Ocinara*	9										1			1			1	1	1	1	1
32	3270 蚕蛾科	*Prismosticta*	3							1						1			1			1	
32	3270 蚕蛾科	*Pseudandraca*	1													1							
32	3270 蚕蛾科	*Rondotia*	1					1														1	1
32	3270 蚕蛾科	*Theophila*	4			1		1	1			1	1	1	1	1	1			1		1	
32	3270 蚕蛾科	*Ustilizans*	2													1							
32	3271 枯叶蛾科	*Alompra*	2											1		1							1

目	科	属	种数	a	b	c	d	e	f	g	h	i	j	k	l	m	n	o	p	q	r	s	t
32	3271 枯叶蛾科	*Amurilla*	2		1		1	1	1					1	1		1						
32	3271 枯叶蛾科	*Argonestis*	1																		1		
32	3271 枯叶蛾科	*Arguda*	8			1		1		1	1	1	1	1	1	1	1	1	1	1	1	1	1
32	3271 枯叶蛾科	*Bharetta*	2											1		1			1				
32	3271 枯叶蛾科	*Bodera*	1																		1		
32	3271 枯叶蛾科	*Cerberolebeda*	1																			1	1
32	3271 枯叶蛾科	*Cosmeptera*	5											1	1	1	1				1	1	
32	3271 枯叶蛾科	*Cosmotriche*	7			1		1	1	1				1	1	1	1	1	1	1	1		
32	3271 枯叶蛾科	*Crinocraspeda*	1										1		1	1			1				1
32	3271 枯叶蛾科	*Dendrolimus*	24	1		1	1	1	1			1	1	1	1	1	1	1	1	1	1	1	1
32	3271 枯叶蛾科	*Eteinopla*	3											1	1		1		1	1			
32	3271 枯叶蛾科	*Euthrix*	18			1		1				1	1	1	1	1	1	1	1	1	1	1	
32	3271 枯叶蛾科	*Gastropacha*	9	1		1	1	1	1	1		1	1	1	1	1	1	1	1	1	1	1	
32	3271 枯叶蛾科	*Kosala*	2														1						
32	3271 枯叶蛾科	*Kunugia*	19			1		1	1			1	1	1	1	1	1	1	1	1	1	1	1
32	3271 枯叶蛾科	*Lasiocampa*	2	1																			
32	3271 枯叶蛾科	*Lebeda*	2								1	1	1	1			1	1		1	1		
32	3271 枯叶蛾科	*Lenodora*	2														1	1					
32	3271 枯叶蛾科	*Macrothylacia*	1			1	1																
32	3271 枯叶蛾科	*Malacosoma*	11	1	1	1	1	1	1	1	1	1	1	1	1	1	1	1	1	1	1		
32	3271 枯叶蛾科	*Metanastria*	3											1	1		1		1	1	1	1	1
32	3271 枯叶蛾科	*Micropacha*	2									1						1	1				
32	3271 枯叶蛾科	*Odonestis*	4			1	1	1	1	1		1	1	1	1		1	1	1	1	1	1	1
32	3271 枯叶蛾科	*Odontocraspis*	2								1	1	1				1	1				1	1
32	3271 枯叶蛾科	*Pachypasoides*	12							1			1	1	1	1	1	1	1	1	1	1	
32	3271 枯叶蛾科	*Paradoxopla*	2											1	1		1	1	1				1
32	3271 枯叶蛾科	*Paralebeda*	4			1	1	1	1			1	1	1	1	1	1	1	1	1	1		
32	3271 枯叶蛾科	*Phyllodesma*	8	1			1	1		1		1		1									
32	3271 枯叶蛾科	*Poecilocampa*	1			1			1														
32	3271 枯叶蛾科	*Pyrosis*	9			1	1	1	1		1	1	1	1	1	1	1	1					
32	3271 枯叶蛾科	*Radhica*	2											1			1	1	1	1			1
32	3271 枯叶蛾科	*Somadasys*	4				1	1	1					1	1	1	1	1	1				
32	3271 枯叶蛾科	*Streblote*	2												1		1						1
32	3271 枯叶蛾科	*Suana*	1												1		1				1	1	1
32	3271 枯叶蛾科	*Syrastrena*	3												1		1	1		1		1	1
32	3271 枯叶蛾科	*Syrastrenopsis*	3			1								1			1		1				
32	3271 枯叶蛾科	*Takanea*	1											1	1	1	1	1					
32	3271 枯叶蛾科	*Trabala*	4			1	1	1	1			1	1	1	1	1	1	1	1	1			
32	3272 箩纹蛾科	*Brachygnatha*	1											1									
32	3272 箩纹蛾科	*Brahmaea*	9			1		1	1	1		1	1	1	1	1		1				1	1
32	3272 箩纹蛾科	*Brahmidia*	4									1	1	1			1				1	1	1
32	3272 箩纹蛾科	*Brahmophthalma*	4			1						1	1	1	1		1	1	1	1			
32	3273 大蚕蛾科	*Actias*	14			1		1	1	1		1	1	1	1	1	1	1	1	1	1	1	1
32	3273 大蚕蛾科	*Aglia*	2			1	1	1	1	1													
32	3273 大蚕蛾科	*Antheraea*	8			1		1															
32	3273 大蚕蛾科	*Antheraeopsis*	4											1	1		1	1	1		1		1
32	3273 大蚕蛾科	*Archaeoattacus*	1													1	1		1	1			
32	3273 大蚕蛾科	*Attacus*	1								1	1		1	1		1	1		1	1		
32	3273 大蚕蛾科	*Cricula*	8											1			1				1	1	1
32	3273 大蚕蛾科	*Eudia*	2	1																			
32	3273 大蚕蛾科	*Lemaireia*	1																				
32	3273 大蚕蛾科	*Loepa*	13			1	1	1	1		1	1		1	1	1	1	1	1	1	1	1	1
32	3273 大蚕蛾科	*Perisomena*	3	1					1														
32	3273 大蚕蛾科	*Rhodinia*	6			1	1	1	1					1	1			1					
32	3273 大蚕蛾科	*Rinaca*	14			1	1	1	1			1	1	1	1	1	1	1	1	1	1	1	1
32	3273 大蚕蛾科	*Salassa*	5											1	1	1	1	1			1	1	

目	科	属	种数	a	b	c	d	e	f	g	h	i	j	k	l	m	n	o	p	q	r	s	t
32	3273 大蚕蛾科	*Samia*	5			1	1	1	1	1		1	1	1	1	1	1	1	1	1		1	1
32	3273 大蚕蛾科	*Saturnia*	1	1		1		1	1			1	1				1	1				1	1
32	3273 大蚕蛾科	*Syntherata*	1										1		1				1				
32	3274 天蛾科	*Acherontia*	3				1	1	1			1	1	1	1		1	1	1	1	1		
32	3274 天蛾科	*Acosmerycoides*	1					1				1	1	1			1	1					
32	3274 天蛾科	*Acosmeryx*	9	1			1	1	1		1	1	1	1	1	1	1	1	1	1	1	1	1
32	3274 天蛾科	*Ambulyx*	1																1				
32	3274 天蛾科	*Amorpha*	2	1		1	1	1				1	1	1			1	1	1			1	1
32	3274 天蛾科	*Ampelophaga*	4			1	1	1	1			1	1	1	1	1	1	1	1			1	1
32	3274 天蛾科	*Amplypterus*	1																1				
32	3274 天蛾科	*Anambulyx*	2																	1			
32	3274 天蛾科	*Angonyx*	2											1	1		1	1	1				
32	3274 天蛾科	*Apocalypsis*	1			1		1		1				1	1							1	1
32	3274 天蛾科	*Callambulyx*	3	1	1	1	1	1	1	1		1	1	1	1	1	1	1	1			1	1
32	3274 天蛾科	*Cechenena*	5					1	1			1	1	1	1	1	1	1	1			1	1
32	3274 天蛾科	*Celerio*	11	1	1	1	1	1	1	1	1	1	1	1	1	1	1	1	1	1			
32	3274 天蛾科	*Cephonodes*	1			1							1	1	1		1	1	1	1			
32	3274 天蛾科	*Clanidopsis*	1										1		1								
32	3274 天蛾科	*Clanis*	4			1	1	1	1			1	1	1	1	1	1	1	1			1	1
32	3274 天蛾科	*Compsogene*	1																1			1	1
32	3274 天蛾科	*Cypa*	2														1	1		1			
32	3274 天蛾科	*Daphnusa*	1																				
32	3274 天蛾科	*Deilephila*	3							1		1						1	1	1	1	1	
32	3274 天蛾科	*Dolbina*	3			1		1	1			1	1	1	1	1	1	1	1			1	1
32	3274 天蛾科	*Elibia*	1																				1
32	3274 天蛾科	*Enpinanga*	5										1		1	1	1		1				
32	3274 天蛾科	*Eurypteryx*	1																				
32	3274 天蛾科	*Gurelca*	3				1				1	1	1				1	1	1		1		
32	3274 天蛾科	*Haemorrhagia*	5	1	1	1	1	1	1	1	1	1	1	1		1		1		1			
32	3274 天蛾科	*Hemaris*	2	1															1				
32	3274 天蛾科	*Herse*	1	1	1	1	1	1	1	1	1	1	1	1	1	1		1				1	1
32	3274 天蛾科	*Hippotion*	6									1	1	1		1	1	1	1	1	1	1	1
32	3274 天蛾科	*Hyloicus*	3			1	1	1	1	1		1	1	1	1	1	1		1				
32	3274 天蛾科	*Kentrochrysalis*	3	1		1		1	1			1	1	1	1	1		1					
32	3274 天蛾科	*Langia*	2				1	1					1	1		1			1			1	1
32	3274 天蛾科	*Laothoe*	2	1																			
32	3274 天蛾科	*Leucophlebia*	1					1				1	1		1	1							
32	3274 天蛾科	*Macroglossum*	21	1	1	1	1	1	1	1	1	1	1	1	1	1	1	1	1	1	1	1	1
32	3274 天蛾科	*Marumba*	9			1	1	1	1	1		1	1	1	1	1	1	1	1	1	1	1	1
32	3274 天蛾科	*Megacorma*	1																		1		1
32	3274 天蛾科	*Meganoton*	2									1	1	1	1	1	1	1	1	1	1	1	1
32	3274 天蛾科	*Mimas*	2			1			1					1	1				1				
32	3274 天蛾科	*Nephele*	1							1				1	1		1	1				1	1
32	3274 天蛾科	*Oxyambulyx*	9			1		1	1			1	1	1	1	1	1	1	1	1	1	1	1
32	3274 天蛾科	*Panacra*	6														1	1	1	1	1	1	
32	3274 天蛾科	*Parum*	2			1		1	1			1	1	1	1	1		1	1	1		1	1
32	3274 天蛾科	*Pentateucha*	1																1				
32	3274 天蛾科	*Pergesa*	5	1	1	1		1	1	1	1	1	1	1	1	1	1	1	1				1
32	3274 天蛾科	*Phyllosphingia*	1			1		1	1			1	1	1	1	1		1	1				
32	3274 天蛾科	*Polyptychus*	2									1	1	1	1	1	1		1	1		1	1
32	3274 天蛾科	*Proserpinus*	1	1	1											1							
32	3274 天蛾科	*Psilogramma*	4			1						1	1	1	1	1		1	1			1	1
32	3274 天蛾科	*Psiogramma*	1																1				
32	3274 天蛾科	*Rhagastis*	10			1		1	1			1	1	1	1	1	1	1	1	1	1	1	1
32	3274 天蛾科	*Rhodambulyx*	2																1		1		
32	3274 天蛾科	*Rhodoprasina*	4													1	1					1	1

目	科	属	种数	a	b	c	d	e	f	g	h	i	j	k	l	m	n	o	p	q	r	s	t
32	3274 天蛾科	*Rhodosoma*	3										1										
32	3274 天蛾科	*Rhopalopsycha*	1				1																
32	3274 天蛾科	*Rhyncholaba*	1									1	1	1	1	1		1	1	1		1	1
32	3274 天蛾科	*Sataspes*	1				1	1					1	1				1	1			1	1
32	3274 天蛾科	*Smerinthulus*	2										1	1			1				1	1	
32	3274 天蛾科	*Smerinthus*	5	1	1	1	1	1	1	1	1		1	1	1	1	1	1	1	1		1	1
32	3274 天蛾科	*Sphecodina*	1			1		1					1		1							1	
32	3274 天蛾科	*Sphingonaepiopsis*	2	1														1					
32	3274 天蛾科	*Sphingulus*	1					1															
32	3274 天蛾科	*Sphinx*	2	1		1	1	1	1				1		1					1			
32	3274 天蛾科	*Theretra*	12			1		1	1	1			1	1		1	1	1	1	1	1	1	1
32	3275 舟蛾科	*Acmeshachia*	2					1					1	1		1	1	1	1	1			
32	3275 舟蛾科	*Allata*	3					1					1	1	1	1	1	1	1	1		1	1	1
32	3275 舟蛾科	*Allodonta*	1				1		1	1					1	1							
32	3275 舟蛾科	*Allodontoides*	1					1					1	1	1	1	1		1	1	1		
32	3275 舟蛾科	*Antiphalera*	4										1		1		1		1			1	1
32	3275 舟蛾科	*Baradesa*	3										1				1	1	1			1	1
32	3275 舟蛾科	*Barbarossula*	2					1						1	1		1						
32	3275 舟蛾科	*Benbowia*	2										1	1		1		1	1			1	
32	3275 舟蛾科	*Besaia*	38									1	1	1	1	1	1	1	1	1	1	1	1
32	3275 舟蛾科	*Besida*	1																			1	
32	3275 舟蛾科	*Betashachia*	3				1		1				1	1	1			1	1				
32	3275 舟蛾科	*Bireta*	1														1					1	1
32	3275 舟蛾科	*Blakeia*	1																			1	
32	3275 舟蛾科	*Brykia*	1																			1	
32	3275 舟蛾科	*Calyptronotum*	1																			1	1
32	3275 舟蛾科	*Ceira*	14										1	1	1	1		1	1		1		
32	3275 舟蛾科	*Cerasana*	1																			1	1
32	3275 舟蛾科	*Cerura*	7	1	1	1	1	1	1	1	1	1	1	1	1	1	1	1	1	1	1	1	1
32	3275 舟蛾科	*Chadisra*	2																1			1	1
32	3275 舟蛾科	*Changea*	1											1	1	1		1					
32	3275 舟蛾科	*Cleapa*	1														1			1	1		
32	3275 舟蛾科	*Clostera*	12	1	1	1	1	1	1	1	1	1	1	1	1	1	1	1	1	1	1	1	1
32	3275 舟蛾科	*Cnethodonta*	2			1		1	1			1	1	1	1	1		1	1				
32	3275 舟蛾科	*Cyphanta*	2											1	1		1		1				
32	3275 舟蛾科	*Dicranura*	1			1																	
32	3275 舟蛾科	*Dracoskapha*	1										1				1					1	
32	3275 舟蛾科	*Drymonia*	1			1		1	1				1										
32	3275 舟蛾科	*Dudusa*	5			1		1	1			1	1	1	1	1		1	1	1	1	1	1
32	3275 舟蛾科	*Egonociades*	1														1						
32	3275 舟蛾科	*Ellida*	4			1			1					1				1					
32	3275 舟蛾科	*Epinotodonta*	1												1		1		1				
32	3275 舟蛾科	*Epodonta*	1			1		1				1	1		1			1					
32	3275 舟蛾科	*Euhampsonia*	6					1	1			1	1	1	1	1	1	1	1			1	1
32	3275 舟蛾科	*Eushachia*	4											1	1	1		1	1	1			
32	3275 舟蛾科	*Fentonia*	7			1	1	1	1	1			1	1	1	1		1	1	1	1	1	1
32	3275 舟蛾科	*Formofentonia*	1										1			1			1	1	1	1	1
32	3275 舟蛾科	*Franzdanieta*	1												1				1				
32	3275 舟蛾科	*Furcula*	6	1	1	1	1	1	1	1			1	1	1		1	1	1				
32	3275 舟蛾科	*Fusadonta*	2			1									1			1					
32	3275 舟蛾科	*Gangarides*	4			1						1	1	1	1	1		1	1	1		1	1
32	3275 舟蛾科	*Gangaridopsis*	2			1							1	1					1			1	
32	3275 舟蛾科	*Gargetta*	2										1		1							1	1
32	3275 舟蛾科	*Gazalina*	4					1				1	1	1	1	1			1			1	1
32	3275 舟蛾科	*Ginshachia*	3											1	1			1	1			1	1
32	3275 舟蛾科	*Gluphisia*	1			1		1	1				1		1	1		1					

（续表）

目	科	属	种数	昆虫亚区																			
				a	b	c	d	e	f	g	h	i	j	k	l	m	n	o	p	q	r	s	t
32	3275 舟蛾科	*Gonoclostera*	3		1		1	1				1	1	1	1	1	1		1		1	1	
32	3275 舟蛾科	*Hagapteryx*	6		1		1	1				1	1	1	1	1	1		1		1		
32	3275 舟蛾科	*Harpyia*	5		1		1	1				1	1	1	1	1	1	1	1	1	1	1	1
32	3275 舟蛾科	*Hemifentonia*	1		1			1				1	1	1	1			1					
32	3275 舟蛾科	*Hexafrenum*	9		1		1	1				1	1	1	1	1	1	1	1	1	1	1	1
32	3275 舟蛾科	*Higena*	1											1					1	1		1	1
32	3275 舟蛾科	*Himeropteryx*	1			1		1											1				
32	3275 舟蛾科	*Hiradonta*	4		1		1	1				1	1	1	1	1	1	1	1	1	1		
32	3275 舟蛾科	*Homocentridia*	1					1				1	1	1	1	1		1					
32	3275 舟蛾科	*Honveda*	3													1				1			
32	3275 舟蛾科	*Hupodonta*	3		1		1	1						1	1	1	1	1	1				
32	3275 舟蛾科	*Hyperaeschra*	1						1				1	1	1			1			1	1	1
32	3275 舟蛾科	*Hyperaeschrella*	1									1	1	1	1			1		1	1	1	1
32	3275 舟蛾科	*Leucodonta*	1			1																	
32	3275 舟蛾科	*Leucolopha*	2												1	1			1				
32	3275 舟蛾科	*Liccana*	3										1	1	1		1		1				
32	3275 舟蛾科	*Liparopsis*	1											1	1			1	1			1	1
32	3275 舟蛾科	*Lophocosma*	3				1		1	1				1	1	1	1		1				
32	3275 舟蛾科	*Lophontosia*	5				1		1	1		1		1	1			1	1				
32	3275 舟蛾科	*Megaceramis*	1											1	1	1							
32	3275 舟蛾科	*Megashachia*	2										1				1		1		1	1	1
32	3275 舟蛾科	*Melagonina*	1										1						1				
32	3275 舟蛾科	*Mesophalera*	5			1							1	1	1	1			1	1	1	1	1
32	3275 舟蛾科	*Metaschalis*	1										1	1			1				1	1	1
32	3275 舟蛾科	*Metriaeschra*	2										1	1	1	1			1				
32	3275 舟蛾科	*Micromelalopha*	11		1		1	1	1			1	1	1	1	1	1	1	1	1	1	1	1
32	3275 舟蛾科	*Microphalera*	1				1	1						1					1	1			
32	3275 舟蛾科	*Mimesisomera*	1											1		1							
32	3275 舟蛾科	*Minopydna*	1																1				
32	3275 舟蛾科	*Miostauropus*	1													1	1	1					
32	3275 舟蛾科	*Neodrymonia*	21			1		1				1	1	1	1	1		1	1	1	1	1	1
32	3275 舟蛾科	*Neopheosia*	1			1		1	1			1	1	1	1	1	1	1	1		1	1	
32	3275 舟蛾科	*Nephodonta*	2											1				1	1				
32	3275 舟蛾科	*Nerice*	7			1	1	1	1	1		1	1	1		1	1	1					
32	3275 舟蛾科	*Netria*	1										1	1	1			1	1		1	1	1
32	3275 舟蛾科	*Niganda*	4									1	1	1	1			1	1			1	1
32	3275 舟蛾科	*Norracoides*	1						1			1	1	1	1	1		1	1			1	1
32	3275 舟蛾科	*Notodonta*	10	1		1	1	1	1	1				1	1	1		1	1				
32	3275 舟蛾科	*Odnarda*	1														1						
32	3275 舟蛾科	*Odontosia*	1			1																	
32	3275 舟蛾科	*Odontosiana*	1					1	1	1				1									
32	3275 舟蛾科	*Odontosina*	4											1	1		1	1					
32	3275 舟蛾科	*Oxoia*	1																		1		
32	3275 舟蛾科	*Parachadisra*	1											1	1			1			1		
32	3275 舟蛾科	*Paranerice*	1					1	1		1			1									
32	3275 舟蛾科	*Peridea*	11		1		1	1	1	1	1	1	1	1	1	1	1	1	1		1	1	1
32	3275 舟蛾科	*Periergos*	10									1	1	1	1	1	1	1	1	1	1	1	1
32	3275 舟蛾科	*Periphalera*	3											1	1			1			1		
32	3275 舟蛾科	*Phalera*	32	1		1		1				1	1	1	1	1	1	1	1	1	1	1	1
32	3275 舟蛾科	*Phalerodonta*	3			1		1	1			1	1	1	1			1			1		
32	3275 舟蛾科	*Pheosia*	5		1	1	1	1	1					1									
32	3275 舟蛾科	*Pheosiopsis*	23			1		1	1			1	1	1	1	1	1	1	1	1	1	1	1
32	3275 舟蛾科	*Phycidopsis*	1																				
32	3275 舟蛾科	*Platychasma*	2											1		1			1				
32	3275 舟蛾科	*Porsica*	2												1				1			1	
32	3275 舟蛾科	*Pseudofentonia*	12			1							1	1	1	1	1		1	1	1	1	1

目	科	属	种数	a	b	c	d	e	f	g	h	i	j	k	l	m	n	o	p	q	r	s	t
32	3275 舟蛾科	*Pseudohoplitis*	1																		1		
32	3275 舟蛾科	*Pseudosomera*	1												1		1			1	1		
32	3275 舟蛾科	*Pterostoma*	6	1		1	1	1	1	1	1	1	1	1	1	1	1	1	1	1		1	
32	3275 舟蛾科	*Pterotes*	1			1	1	1	1					1									
32	3275 舟蛾科	*Ptilodon*	11			1		1	1					1	1	1	1		1	1	1		
32	3275 舟蛾科	*Ptilodontosia*	1															1	1				
32	3275 舟蛾科	*Ptilophora*	1												1				1				
32	3275 舟蛾科	*Pydnella*	1																1		1	1	
32	3275 舟蛾科	*Pygaera*	1			1																	
32	3275 舟蛾科	*Rachia*	3											1	1	1	1	1		1			
32	3275 舟蛾科	*Rachiades*	1				1					1		1	1	1	1		1		1		1
32	3275 舟蛾科	*Ramesa*	5			1							1	1	1	1	1	1	1	1	1	1	1
32	3275 舟蛾科	*Rhegmatophila*	1												1	1							
32	3275 舟蛾科	*Rosama*	6			1		1						1	1	1	1		1				
32	3275 舟蛾科	*Saliocleta*	2													1			1		1		
32	3275 舟蛾科	*Semidonta*	2			1			1			1	1	1	1				1	1		1	1
32	3275 舟蛾科	*Shachia*	1			1								1		1			1				
32	3275 舟蛾科	*Shaka*	1			1		1	1			1		1		1			1	1			
32	3275 舟蛾科	*Snellentia*	1																		1		
32	3275 舟蛾科	*Somera*	2																	1	1	1	1
32	3275 舟蛾科	*Spatalia*	4			1		1	1			1		1	1	1	1		1	1			
32	3275 舟蛾科	*Spatalina*	4			1		1	1						1	1			1				
32	3275 舟蛾科	*Stauroplitis*	1												1				1				
32	3275 舟蛾科	*Stauropus*	6			1		1	1			1	1	1	1	1	1	1	1	1	1	1	1
32	3275 舟蛾科	*Stigmatophorina*	1									1	1	1	1				1		1	1	
32	3275 舟蛾科	*Syntypistis*	20			1		1				1	1	1	1	1	1		1	1	1	1	1
32	3275 舟蛾科	*Tarsolepis*	6			1						1	1	1	1	1			1	1	1	1	1
32	3275 舟蛾科	*Teleclita*	1																				
32	3275 舟蛾科	*Tensha*	2																	1		1	1
32	3275 舟蛾科	*Togaritensha*	1															1	1				
32	3275 舟蛾科	*Togepteryx*	4			1			1				1	1	1				1				
32	3275 舟蛾科	*Torigea*	14											1	1	1	1	1	1	1	1		
32	3275 舟蛾科	*Turnaca*	2																		1	1	
32	3275 舟蛾科	*Uropyia*	1			1		1	1	1		1	1	1	1	1	1		1	1			
32	3275 舟蛾科	*Vaneeckeia*	1																1	1		1	1
32	3275 舟蛾科	*Wilemanus*	2			1		1				1	1	1		1			1				
32	3275 舟蛾科	*Zaranga*	3				1	1						1	1	1		1	1				
32	3276 毒蛾科	*Amphekes*	1														1						
32	3276 毒蛾科	*Arctornis*	15			1	1	1	1			1	1	1	1	1			1	1			
32	3276 毒蛾科	*Aroa*	5			1						1		1			1	1	1	1	1		1
32	3276 毒蛾科	*Calliteara*	33			1	1	1	1			1	1	1	1	1		1	1	1	1	1	1
32	3276 毒蛾科	*Carriola*	4									1						1	1	1	1	1	1
32	3276 毒蛾科	*Cifuna*	4			1		1	1			1	1	1				1	1	1	1	1	
32	3276 毒蛾科	*Cispia*	4													1			1		1	1	
32	3276 毒蛾科	*Daplasa*	2												1	1							
32	3276 毒蛾科	*Dasychira*	19	1		1	1	1	1	1		1		1	1	1		1	1	1	1	1	1
32	3276 毒蛾科	*Dendrophleps*	1									1			1								1
32	3276 毒蛾科	*Dura*	1															1	1	1	1		
32	3276 毒蛾科	*Euproctis*	139	1	1	1	1	1	1	1		1	1	1	1	1		1	1	1	1	1	1
32	3276 毒蛾科	*Gynaephora*	3				1	1		1	1					1							
32	3276 毒蛾科	*Heracula*	1														1						
32	3276 毒蛾科	*Himala*	1											1	1	1							
32	3276 毒蛾科	*Ilema*	24									1	1	1	1	1	1	1	1	1	1	1	1
32	3276 毒蛾科	*Imaida*	2																				1
32	3276 毒蛾科	*Imaus*	1																		1		1
32	3276 毒蛾科	*Ivela*	3			1	1	1	1			1	1	1	1	1			1		1	1	

目	科	属	种数	昆虫亚区																			
				a	b	c	d	e	f	g	h	i	j	k	l	m	n	o	p	q	r	s	t
32	3276 毒蛾科	*Kanchia*	2											1	1		1	1	1	1			1
32	3276 毒蛾科	*Laelia*	12			1		1	1			1	1	1	1	1	1	1	1	1	1	1	1
32	3276 毒蛾科	*Leucoma*	12	1	1	1	1	1	1	1	1		1	1	1	1	1	1	1	1	1	1	1
32	3276 毒蛾科	*Locharna*	3					1				1	1	1	1	1	1	1	1	1	1	1	1
32	3276 毒蛾科	*Lymantria*	44	1		1	1	1	1	1		1	1	1	1	1	1	1	1	1	1	1	1
32	3276 毒蛾科	*Mardara*	5														1	1		1			
32	3276 毒蛾科	*Medama*	2													1	1	1		1	1	1	
32	3276 毒蛾科	*Neocifuna*	2																	1			
32	3276 毒蛾科	*Neorgyia*	1														1			1			
32	3276 毒蛾科	*Numenes*	8			1		1	1			1	1	1	1	1	1	1	1	1	1	1	1
32	3276 毒蛾科	*Orgyia*	10			1	1	1	1			1	1	1	1		1	1	1	1	1	1	1
32	3276 毒蛾科	*Pantana*	12					1				1	1	1	1	1	1	1	1	1	1	1	1
32	3276 毒蛾科	*Parocneria*	2			1	1	1	1	1		1	1	1			1			1			
32	3276 毒蛾科	*Perina*	1									1	1	1	1	1	1	1	1	1	1	1	
32	3276 毒蛾科	*Pida*	6									1	1	1	1	1	1	1	1	1	1	1	
32	3276 毒蛾科	*Porthesia*	11			1	1	1	1	1		1	1	1	1		1	1	1	1	1	1	1
32	3276 毒蛾科	*Redoa*	11									1	1	1	1	1	1		1		1	1	1
32	3276 毒蛾科	*Shisa*	1														1						
32	3276 毒蛾科	*Teia*	9	1	1	1	1	1	1	1	1	1	1	1	1	1	1		1		1	1	1
32	3276 毒蛾科	*Topomesoides*	1									1	1	1			1	1		1	1		1
32	3277 灯蛾科	*Agape*	1																				1
32	3277 灯蛾科	*Aglaomorpha*	2									1	1	1			1	1		1			
32	3277 灯蛾科	*Aloa*	1			1	1	1	1			1	1	1	1	1	1	1	1	1		1	1
32	3277 灯蛾科	*Alphaea*	6									1	1	1	1	1			1				
32	3277 灯蛾科	*Amerila*	3					1				1	1	1	1		1	1	1	1	1	1	1
32	3277 灯蛾科	*Amsactoides*	1										1		1			1	1		1	1	
32	3277 灯蛾科	*Amurrhyparia*	1			1	1	1	1						1								
32	3277 灯蛾科	*Arctia*	2	1		1	1	1	1	1	1	1			1								
32	3277 灯蛾科	*Areas*	2									1	1	1		1		1		1			
32	3277 灯蛾科	*Argina*	2			1						1	1	1		1	1	1	1		1		
32	3277 灯蛾科	*Argyarctia*	1																	1			
32	3277 灯蛾科	*Argyractia*	2																	1			
32	3277 灯蛾科	*Asota*	10									1	1	1	1	1	1	1	1	1	1	1	1
32	3277 灯蛾科	*Baroa*	2									1		1							1	1	1
32	3277 灯蛾科	*Callimorpha*	7									1	1	1	1	1	1	1	1	1			
32	3277 灯蛾科	*Callindra*	1												1						1	1	
32	3277 灯蛾科	*Calpenia*	4									1	1	1	1			1					
32	3277 灯蛾科	*Camptoloma*	5			1		1				1	1	1				1			1	1	1
32	3277 灯蛾科	*Chelis*	2	1																			
32	3277 灯蛾科	*Chionarctia*	2			1		1	1			1	1	1	1		1			1			
32	3277 灯蛾科	*Cladarctia*	1											1			1						
32	3277 灯蛾科	*Coscinia*	1			1																	
32	3277 灯蛾科	*Creatonotos*	2			1		1		1		1	1	1			1	1	1	1	1	1	1
32	3277 灯蛾科	*Diacrisia*	1	1	1	1	1	1	1	1	1				1								
32	3277 灯蛾科	*Digama*	2									1	1	1								1	
32	3277 灯蛾科	*Eospilarctia*	8						1			1	1	1	1	1	1		1	1		1	
32	3277 灯蛾科	*Epatolmis*	1			1	1	1	1	1		1	1	1	1	1		1					
32	3277 灯蛾科	*Eucharia*	2	1			1	1															
32	3277 灯蛾科	*Eudiaphora*	1																				
32	3277 灯蛾科	*Euleechia*	3									1	1	1		1		1					
32	3277 灯蛾科	*Euplocia*	1																			1	1
32	3277 灯蛾科	*Fangarctia*	2												1								
32	3277 灯蛾科	*Gonerda*	1														1						
32	3277 灯蛾科	*Grammia*	1			1																	
32	3277 灯蛾科	*Hyphantria*	1					1									1						
32	3277 灯蛾科	*Hyphoraia*	2			1									1								

目	科	属	种数	a	b	c	d	e	f	g	h	i	j	k	l	m	n	o	p	q	r	s	t
32	3277 灯蛾科	*Lacides*	1												1	1	1		1	1	1	1	1
32	3277 灯蛾科	*Lacydes*	1																				
32	3277 灯蛾科	*Lacydoides*	1												1								
32	3277 灯蛾科	*Lemyra*	39			1		1	1	1		1	1	1	1	1	1	1	1	1	1	1	1
32	3277 灯蛾科	*Lithosarctia*	1																				
32	3277 灯蛾科	*Micrarctia*	3												1	1							
32	3277 灯蛾科	*Murzinowatsonia*	1												1	1							
32	3277 灯蛾科	*Nannoarctia*	3												1						1	1	1	1
32	3277 灯蛾科	*Neochera*	2											1							1	1	1	1
32	3277 灯蛾科	*Nicaea*	1									1	1	1		1		1	1		1		
32	3277 灯蛾科	*Nikaeoides*	1													1							
32	3277 灯蛾科	*Nyctemera*	11				1					1	1	1		1	1	1	1	1	1	1	1
32	3277 灯蛾科	*Palearctia*	4	1																			
32	3277 灯蛾科	*Parasemia*	1			1		1	1	1				1									
32	3277 灯蛾科	*Paraspilarctia*	1															1					
32	3277 灯蛾科	*Pericallia*	1			1		1	1														
32	3277 灯蛾科	*Peridrome*	2																				1
32	3277 灯蛾科	*Phragmatobia*	1	1		1	1	1	1	1	1		1		1	1							
32	3277 灯蛾科	*Pitasila*	2														1						
32	3277 灯蛾科	*Preparctia*	2			1		1	1	1				1		1	1	1					
32	3277 灯蛾科	*Rhyparia*	1			1		1	1	1		1		1		1							
32	3277 灯蛾科	*Rhyparioides*	4	1		1						1	1	1			1	1			1		
32	3277 灯蛾科	*Sebastia*	1																		1		
32	3277 灯蛾科	*Sibirarctia*	1				1	1	1	1													
32	3277 灯蛾科	*Spilarctia*	36			1	1	1	1	1		1	1	1	1	1	1	1	1	1	1	1	1
32	3277 灯蛾科	*Spilosoma*	10	1		1		1	1	1		1	1	1	1	1	1		1	1		1	
32	3277 灯蛾科	*Spiris*	1	1		1	1			1				1									
32	3277 灯蛾科	*Tatargina*	1													1					1	1	1
32	3277 灯蛾科	*Tyria*	1																				
32	3277 灯蛾科	*Utetheisa*	2							1		1			1		1	1	1	1	1	1	1
32	3278 苔蛾科	*Adrepsa*	1												1	1	1						
32	3278 苔蛾科	*Agrisius*	3									1	1	1					1				
32	3278 苔蛾科	*Agylla*	7													1	1		1				
32	3278 苔蛾科	*Apistosia*	1										1	1			1						
32	3278 苔蛾科	*Apogurea*	1																				
32	3278 苔蛾科	*Asura*	33			1		1	1			1	1	1	1	1	1	1	1	1	1	1	1
32	3278 苔蛾科	*Asuridia*	7									1	1	1	1				1	1	1	1	1
32	3278 苔蛾科	*Asuridoides*	1													1							
32	3278 苔蛾科	*Asuropsis*	1											1					1	1			
32	3278 苔蛾科	*Atolmis*	1							1	1					1							
32	3278 苔蛾科	*Bitecta*	1																		1		
32	3278 苔蛾科	*Chameita*	3									1			1				1	1		1	1
32	3278 苔蛾科	*Chrysaeglia*	1									1			1		1		1				
32	3278 苔蛾科	*Chrysorabdia*	8										1	1	1		1		1				
32	3278 苔蛾科	*Churinga*	5												1	1	1		1				
32	3278 苔蛾科	*Conilepia*	1										1						1				
32	3278 苔蛾科	*Cyana*	49				1	1	1			1	1	1	1	1	1	1	1	1	1	1	1
32	3278 苔蛾科	*Cyclomilta*	1												1						1		
32	3278 苔蛾科	*Cyclosiella*	1																		1		
32	3278 苔蛾科	*Diduga*	1																1	1		1	1
32	3278 苔蛾科	*Disasuridia*	5														1				1	1	
32	3278 苔蛾科	*Dolgona*	3										1	1	1	1							1
32	3278 苔蛾科	*Eilema*	66	1		1		1	1	1		1	1	1	1	1	1	1	1	1	1	1	1
32	3278 苔蛾科	*Endrosa*	1				1																
32	3278 苔蛾科	*Eugoa*	13										1	1	1				1	1	1	1	1
32	3278 苔蛾科	*Gampola*	1														1				1		

目	科	属	种数	a	b	c	d	e	f	g	h	i	j	k	l	m	n	o	p	q	r	s	t
32	3278 苔蛾科	*Garudinia*	1																	1	1		
32	3278 苔蛾科	*Ghoria*	10			1	1	1	1				1	1	1	1	1	1	1	1	1	1	
32	3278 苔蛾科	*Gymnasura*	1															1					
32	3278 苔蛾科	*Heliorabdia*	1										1		1			1	1				
32	3278 苔蛾科	*Heliosia*	5										1	1		1		1	1				
32	3278 苔蛾科	*Hemipsilia*	2										1	1		1		1	1				1
32	3278 苔蛾科	*Hemonia*	1																	1			1
32	3278 苔蛾科	*Hesudra*	1										1		1			1	1	1	1		
32	3278 苔蛾科	*Hypasura*	1															1					
32	3278 苔蛾科	*Hypeugoa*	1				1	1	1		1		1	1	1	1		1					
32	3278 苔蛾科	*Hyposiccia*	3										1		1		1	1	1			1	1
32	3278 苔蛾科	*Idopterum*	2										1	1	1			1	1				
32	3278 苔蛾科	*Kishidarctia*	1										1	1		1							
32	3278 苔蛾科	*Lambula*	1																				
32	3278 苔蛾科	*Lithosia*	2			1		1					1	1	1	1	1	1	1		1		
32	3278 苔蛾科	*Macaduma*	2															1					1
32	3278 苔蛾科	*Macotasa*	3										1			1	1			1	1	1	
32	3278 苔蛾科	*Macrobrochis*	9							1			1	1	1	1	1	1	1	1	1	1	1
32	3278 苔蛾科	*Manoba*	2															1		1			
32	3278 苔蛾科	*Melanaema*	1			1		1			1		1					1					
32	3278 苔蛾科	*Meteugoa*	1														1						
32	3278 苔蛾科	*Microlithosia*	1															1				1	
32	3278 苔蛾科	*Miltochrista*	72			1		1	1	1		1	1	1	1	1	1	1	1	1	1	1	1
32	3278 苔蛾科	*Mithuna*	3														1	1	1	1	1		
32	3278 苔蛾科	*Neasura*	3										1				1	1	1	1			
32	3278 苔蛾科	*Neasuroides*	2															1					
32	3278 苔蛾科	*Neoblavia*	1										1					1	1	1			
32	3278 苔蛾科	*Nishada*	3															1	1	1	1	1	
32	3278 苔蛾科	*Notata*	1															1					
32	3278 苔蛾科	*Nudaria*	3													1	1	1	1				
32	3278 苔蛾科	*Nudina*	2			1		1						1	1	1	1	1					
32	3278 苔蛾科	*Oeonistis*	1															1	1	1	1		
32	3278 苔蛾科	*Ovipennis*	2													1							
32	3278 苔蛾科	*Oxacme*	2															1		1			
32	3278 苔蛾科	*Padenis*	2																1				
32	3278 苔蛾科	*Palaeopsis*	2															1					1
32	3278 苔蛾科	*Parabitecta*	1											1	1		1						
32	3278 苔蛾科	*Parasiccia*	12					1					1	1	1	1	1	1	1			1	
32	3278 苔蛾科	*Pelosia*	4										1	1	1	1		1	1	1			
32	3278 苔蛾科	*Phaeosia*	1															1		1			
32	3278 苔蛾科	*Philenora*	1														1						
32	3278 苔蛾科	*Poliosia*	3										1			1	1			1			1
32	3278 苔蛾科	*Prabhasa*	1										1	1		1		1	1				
32	3278 苔蛾科	*Schistophleps*	2										1					1	1	1	1	1	
32	3278 苔蛾科	*Siccia*	10										1	1		1		1	1	1	1	1	1
32	3278 苔蛾科	*Siculifer*	1																				1
32	3278 苔蛾科	*Sidyma*	2							1				1		1							
32	3278 苔蛾科	*Stigmatophora*	15			1	1	1	1	1		1	1	1	1	1	1	1	1	1	1	1	1
32	3278 苔蛾科	*Strysopha*	6										1	1	1	1	1	1	1				
32	3278 苔蛾科	*Tarika*	1						1					1	1	1	1	1	1		1		
32	3278 苔蛾科	*Teulisna*	5													1		1			1	1	1
32	3278 苔蛾科	*Thumatha*	1								1										1		
32	3278 苔蛾科	*Thysanoptyx*	5											1	1	1	1	1	1	1	1	1	
32	3278 苔蛾科	*Tigrioides*	7													1	1	1	1	1	1	1	
32	3278 苔蛾科	*Trischalis*	1																				1
32	3278 苔蛾科	*Tropapacme*	1																		1		

目	科	属	种数	a	b	c	d	e	f	g	h	i	j	k	l	m	n	o	p	q	r	s	t
32	3278 苔蛾科	*Vamuna*	9									1	1	1	1	1	1	1	1		1	1	1
32	3278 苔蛾科	*Zadadra*	4											1	1	1	1	1			1	1	
32	3279 瘤蛾科	*Aquita*	2																				1
32	3279 瘤蛾科	*Dialithoptera*	1															1					
32	3279 瘤蛾科	*Evonima*	2																1				
32	3279 瘤蛾科	*Meganola*	18				1	1					1	1	1			1	1			1	1
32	3279 瘤蛾科	*Melanographia*	1									1	1	1				1					
32	3279 瘤蛾科	*Mimerastria*	1									1	1	1				1					
32	3279 瘤蛾科	*Nola*	38				1					1	1	1	1	1	1	1	1			1	1
32	3279 瘤蛾科	*Pexinola*	1																				
32	3279 瘤蛾科	*Pisara*	1															1					
32	3279 瘤蛾科	*Poecilonola*	1				1								1						1		
32	3279 瘤蛾科	*Pseudopisara*	1															1					
32	3279 瘤蛾科	*Rhynchopalpus*	4														1						
32	3279 瘤蛾科	*Sarbena*	1																				1
32	3279 瘤蛾科	*Xenonola*	1															1					
32	3280 鹿蛾科	*Amata*	41	1		1	1	1	1	1		1	1	1	1	1	1		1	1	1	1	1
32	3280 鹿蛾科	*Caeneressa*	16				1					1	1	1	1	1	1		1	1	1		
32	3280 鹿蛾科	*Ceryx*	2										1			1	1	1					1
32	3280 鹿蛾科	*Dysauxes*	1																				
32	3280 鹿蛾科	*Eressa*	4											1	1	1	1	1			1	1	
32	3280 鹿蛾科	*Euchromia*	3																1				
32	3280 鹿蛾科	*Syntomis*	31				1												1			1	1
32	3280 鹿蛾科	*Syntomoides*	3																1				
32	3281 虎蛾科	*Alloasteropetea*	1																1				
32	3281 虎蛾科	*Arctinia*	1									1											
32	3281 虎蛾科	*Chelonomorpha*	3						1				1	1	1			1	1		1		
32	3281 虎蛾科	*Cruriopsis*	1																1				
32	3281 虎蛾科	*Episteme*	10										1	1	1	1	1	1	1		1	1	1
32	3281 虎蛾科	*Exsula*	2											1	1	1	1				1	1	
32	3281 虎蛾科	*Maikona*	3						1					1					1				
32	3281 虎蛾科	*Mimeusemia*	4											1	1				1				
32	3281 虎蛾科	*Ophthalmis*	1																1				
32	3281 虎蛾科	*Sarbanissa*	14			1		1	1		1	1	1	1	1	1	1	1	1		1		
32	3281 虎蛾科	*Scrobigera*	4											1	1	1	1		1		1		
32	3281 虎蛾科	*Syfania*	2						1	1						1		1					
32	3282 夜蛾科	*Abrostola*	8				1	1					1					1	1				
32	3282 夜蛾科	*Acantholipes*	6																1		1		
32	3282 夜蛾科	*Acanthopolia*	1																				
32	3282 夜蛾科	*Achaea*	2						1				1	1		1			1		1	1	1
32	3282 夜蛾科	*Acontia*	11	1	1	1	1	1	1	1	1		1	1	1	1		1	1	1	1	1	1
32	3282 夜蛾科	*Acosmetia*	3																1				
32	3282 夜蛾科	*Acrapex*	1																				
32	3282 夜蛾科	*Acripioides*	1																1				
32	3282 夜蛾科	*Acronicta*	49	1		1	1	1	1	1	1	1	1	1	1	1	1	1	1	1		1	
32	3282 夜蛾科	*Actinotia*	3			1							1	1	1				1				
32	3282 夜蛾科	*Acygnatha*	1																1				
32	3282 夜蛾科	*Adisura*	2										1	1	1				1	1	1		
32	3282 夜蛾科	*Adrapsa*	9						1				1	1		1			1	1	1	1	1
32	3282 夜蛾科	*Aedia*	1										1	1	1				1	1	1		1
32	3282 夜蛾科	*Aegilia*	1																				1
32	3282 夜蛾科	*Aegle*	1																				
32	3282 夜蛾科	*Aeologramma*	1														1						
32	3282 夜蛾科	*Agrapha*	7			1	1	1	1					1					1	1			
32	3282 夜蛾科	*Agrochola*	3			1	1												1				
32	3282 夜蛾科	*Agrotis*	37	1	1	1	1	1	1	1	1	1	1	1	1	1	1	1	1	1	1	1	1

目	科	属	种数	a	b	c	d	e	f	g	h	i	j	k	l	m	n	o	p	q	r	s	t
32	3282 夜蛾科	*Aiteta*	1																	1			
32	3282 夜蛾科	*Akoniodes*	1																	1			
32	3282 夜蛾科	*Albocosta*	9				1	1	1	1	1	1		1	1	1	1	1					
32	3282 夜蛾科	*Alelimma*	2																	1			
32	3282 夜蛾科	*Aletia*	42	1		1	1	1	1	1	1	1	1	1	1	1	1	1	1	1	1	1	1
32	3282 夜蛾科	*Alika*	1																	1			
32	3282 夜蛾科	*Alikangiana*	1																	1			
32	3282 夜蛾科	*Allocosmia*	3									1	1	1	1			1		1			
32	3282 夜蛾科	*Allophyes*	4										1				1			1			
32	3282 夜蛾科	*Amilaga*	2																	1	1		
32	3282 夜蛾科	*Amphidrina*	1																				
32	3282 夜蛾科	*Amphipoea*	9	1		1	1	1	1	1				1	1	1	1						
32	3282 夜蛾科	*Amphipyra*	22			1	1	1	1	1		1		1	1	1	1	1		1	1	1	1
32	3282 夜蛾科	*Amyna*	7			1	1	1	1			1	1		1	1	1	1		1		1	1
32	3282 夜蛾科	*Anachrostis*	3								1		1					1					
32	3282 夜蛾科	*Anacronicta*	5			1	1	1	1			1	1	1	1		1	1	1		1	1	
32	3282 夜蛾科	*Anadevidia*	2			1		1	1			1	1	1	1		1	1	1				
32	3282 夜蛾科	*Analetia*	1							1		1	1	1	1		1			1			
32	3282 夜蛾科	*Ananepa*	1																	1			
32	3282 夜蛾科	*Anapamea*	2									1	1	1			1						
32	3282 夜蛾科	*Anaplectoides*	9			1				1					1	1	1						
32	3282 夜蛾科	*Anarta*	6					1		1					1								
32	3282 夜蛾科	*Anartomorpha*	4						1					1	1	1							
32	3282 夜蛾科	*Anatatha*	2																				
32	3282 夜蛾科	*Anereuthinula*	1																	1			
32	3282 夜蛾科	*Anigraea*	2																	1			1
32	3282 夜蛾科	*Anisoneura*	2										1			1			1	1		1	1
32	3282 夜蛾科	*Anoba*	2																		1		1
32	3282 夜蛾科	*Anomis*	16			1	1	1	1			1	1	1	1	1	1	1	1	1	1	1	1
32	3282 夜蛾科	*Anoratha*	3																	1			1
32	3282 夜蛾科	*Antapamea*	1																				
32	3282 夜蛾科	*Antha*	2										1	1	1		1	1	1	1		1	
32	3282 夜蛾科	*Anthracia*	1																				
32	3282 夜蛾科	*Anticarsia*	3										1	1		1			1	1		1	1
32	3282 夜蛾科	*Antitrisuloides*	1																		1	1	
32	3282 夜蛾科	*Antivaleria*	3												1			1	1				
32	3282 夜蛾科	*Anuga*	5									1	1	1	1		1	1	1	1		1	
32	3282 夜蛾科	*Anumeta*	3	1			1																
32	3282 夜蛾科	*Anydrophila*	2																				
32	3282 夜蛾科	*Apamea*	33			1	1	1	1	1	1	1	1	1	1	1	1	1	1	1	1		
32	3282 夜蛾科	*Apladrapsa*	1																	1			
32	3282 夜蛾科	*Aplotelia*	1																				1
32	3282 夜蛾科	*Apopestes*	2			1	1		1														
32	3282 夜蛾科	*Apospasta*	1																	1			
32	3282 夜蛾科	*Apsarasa*	1										1					1	1	1	1	1	1
32	3282 夜蛾科	*Araeopteron*	1							1													
32	3282 夜蛾科	*Arasada*	1																	1			
32	3282 夜蛾科	*Archanara*	8												1					1	1		
32	3282 夜蛾科	*Arcte*	2					1	1			1	1	1	1	1	1	1				1	1
32	3282 夜蛾科	*Argyrogramma*	2					1					1		1							1	1
32	3282 夜蛾科	*Argyrospila*	1							1							1	1					
32	3282 夜蛾科	*Ariola*	1																				1
32	3282 夜蛾科	*Ariolica*	1										1					1			1		
32	3282 夜蛾科	*Armada*	1																				
32	3282 夜蛾科	*Arsacia*	1																				1
32	3282 夜蛾科	*Artena*	2					1	1			1	1	1	1	1	1	1	1	1	1	1	1

目	科	属	种数	a	b	c	d	e	f	g	h	i	j	k	l	m	n	o	p	q	r	s	t
32	3282 夜蛾科	*Arytrura*	2		1		1					1	1		1				1				
32	3282 夜蛾科	*Arytrurides*	1																				
32	3282 夜蛾科	*Asidemia*	2																	1			
32	3282 夜蛾科	*Atacira*	3											1					1	1		1	1
32	3282 夜蛾科	*Atakterges*	1																				
32	3282 夜蛾科	*Athaumasta*	3								1					1							
32	3282 夜蛾科	*Athetis*	43		1	1	1	1	1			1	1	1	1	1	1	1	1	1	1	1	1
32	3282 夜蛾科	*Athyrma*	2										1		1				1	1			
32	3282 夜蛾科	*Atrachea*	6				1			1	1	1	1	1				1		1			
32	3282 夜蛾科	*Atrivirensis*	1																				
32	3282 夜蛾科	*Attatha*	1																			1	1
32	3282 夜蛾科	*Attonda*	1																				
32	3282 夜蛾科	*Atuntsea*	1																				
32	3282 夜蛾科	*Aucha*	3									1	1	1	1		1						
32	3282 夜蛾科	*Auchmis*	10			1	1	1	1	1		1	1		1	1	1		1				
32	3282 夜蛾科	*Autoba*	6										1						1		1	1	
32	3282 夜蛾科	*Autoculeora*	4				1	1	1		1	1	1		1	1	1		1	1			
32	3282 夜蛾科	*Autographa*	11	1		1	1	1	1	1	1	1	1	1	1	1	1	1	1	1	1	1	1
32	3282 夜蛾科	*Autophila*	14			1	1	1	1				1		1								
32	3282 夜蛾科	*Avatha*	5									1		1					1				1
32	3282 夜蛾科	*Aventiola*	1									1	1						1				
32	3282 夜蛾科	*Avitta*	5																1			1	1
32	3282 夜蛾科	*Axylia*	2	1		1	1	1	1	1		1	1	1	1	1	1	1	1	1	1	1	1
32	3282 夜蛾科	*Ballatha*	1																				1
32	3282 夜蛾科	*Balsa*	1		1			1	1					1									
32	3282 夜蛾科	*Bamra*	3				1					1							1				1
32	3282 夜蛾科	*Baniana*	1																				
32	3282 夜蛾科	*Baorisa*	1																				1
32	3282 夜蛾科	*Barasa*	1																				1
32	3282 夜蛾科	*Basistriga*	2				1	1				1		1				1	1				
32	3282 夜蛾科	*Batracharta*	4									1	1	1			1	1	1				1
32	3282 夜蛾科	*Beara*	1																		1		
32	3282 夜蛾科	*Beckeugenia*	1		1						1												
32	3282 夜蛾科	*Belciades*	4				1						1	1				1	1	1			1
32	3282 夜蛾科	*Belciana*	3									1	1	1					1				1
32	3282 夜蛾科	*Bena*	1			1	1	1				1		1								1	
32	3282 夜蛾科	*Bertula*	18					1															
32	3282 夜蛾科	*Bihymena*	1																				
32	3282 夜蛾科	*Blasticorhinus*	2				1					1	1	1				1	1			1	
32	3282 夜蛾科	*Blenina*	5				1					1	1	1	1		1	1	1	1	1	1	1
32	3282 夜蛾科	*Blepharita*	20		1	1	1	1	1	1		1	1	1		1	1		1				
32	3282 夜蛾科	*Blepharosis*	16			1				1	1	1	1		1	1	1		1				
32	3282 夜蛾科	*Bleptina*	14									1	1	1			1	1	1			1	1
32	3282 夜蛾科	*Bocana*	2									1	1				1	1				1	1
32	3282 夜蛾科	*Bocula*	9									1	1				1	1				1	1
32	3282 夜蛾科	*Bombycielia*	2										1										
32	3282 夜蛾科	*Borbotana*	1								1										1		
32	3282 夜蛾科	*Bostrodes*	1																				
32	3282 夜蛾科	*Brachylomia*	2													1							
32	3282 夜蛾科	*Brachyxanthia*	1																				
32	3282 夜蛾科	*Brevipecten*	3				1	1				1	1	1	1				1	1	1	1	1
32	3282 夜蛾科	*Britha*	3				1						1					1	1				
32	3282 夜蛾科	*Brithys*	2										1									1	
32	3282 夜蛾科	*Bryomoia*	1																		1		
32	3282 夜蛾科	*Bryophilina*	1								1												
32	3282 夜蛾科	*Bryophilopsis*	1																				

目	科	属	种数	a	b	c	d	e	f	g	h	i	j	k	l	m	n	o	p	q	r	s	t
32	3282 夜蛾科	*Bryopolia*	2			1					1												
32	3282 夜蛾科	*Bryotype*	2													1							
32	3282 夜蛾科	*Bryoxena*	1																				
32	3282 夜蛾科	*Busseola*	2											1					1				
32	3282 夜蛾科	*Calesia*	3											1			1			1	1	1	1
32	3282 夜蛾科	*Calesidesma*	1																	1			
32	3282 夜蛾科	*Calliergis*	2		1				1	1				1			1						
32	3282 夜蛾科	*Calliocloa*	1														1	1					
32	3282 夜蛾科	*Callistege*	1																				
32	3282 夜蛾科	*Callopistria*	25					1	1			1	1	1	1	1	1	1	1	1	1	1	1
32	3282 夜蛾科	*Callyna*	6									1		1		1	1	1		1	1		
32	3282 夜蛾科	*Calophasia*	1		1			1															
32	3282 夜蛾科	*Calyptra*	9			1	1	1	1	1		1			1		1					1	1
32	3282 夜蛾科	*Capnodes*	1																	1			
32	3282 夜蛾科	*Caradrina*	17		1	1		1	1	1				1		1		1			1		
32	3282 夜蛾科	*Cardepia*	3																				
32	3282 夜蛾科	*Cardiestra*	1																				
32	3282 夜蛾科	*Carea*	14									1	1	1		1		1	1		1	1	
32	3282 夜蛾科	*Carmara*	1																	1			
32	3282 夜蛾科	*Carrhyacia*	1																				
32	3282 夜蛾科	*Carsina*	4																	1	1		
32	3282 夜蛾科	*Castanasta*	1														1						
32	3282 夜蛾科	*Catada*	1																	1			
32	3282 夜蛾科	*Catasema*	1																				
32	3282 夜蛾科	*Catephia*	6									1	1		1		1	1	1				1
32	3282 夜蛾科	*Catoblemma*	2															1					1
32	3282 夜蛾科	*Catocala*	86	1		1	1	1	1	1	1	1	1	1	1	1	1	1	1	1	1		1
32	3282 夜蛾科	*Celaena*	1			1	1							1		1	1						
32	3282 夜蛾科	*Cephena*	1																				1
32	3282 夜蛾科	*Cerapteryx*	5														1						
32	3282 夜蛾科	*Cerastis*	6			1			1											1			
32	3282 夜蛾科	*Cerynea*	3																				1
32	3282 夜蛾科	*Chalciope*	2								1			1			1		1		1		1
32	3282 夜蛾科	*Chalconyx*	1				1			1	1	1	1			1							
32	3282 夜蛾科	*Chamyla*	6																				
32	3282 夜蛾科	*Chamyrisilla*	1											1			1						
32	3282 夜蛾科	*Chandata*	3											1	1		1	1		1			
32	3282 夜蛾科	*Chandica*	1																		1	1	1
32	3282 夜蛾科	*Characoma*	1					1			1	1					1						
32	3282 夜蛾科	*Charierges*	2																				
32	3282 夜蛾科	*Chasmina*	7												1			1	1				1
32	3282 夜蛾科	*Chasminodes*	13		1		1				1	1	1		1			1	1				
32	3282 夜蛾科	*Checupa*	2														1		1				1
32	3282 夜蛾科	*Chersotis*	10				1	1	1	1			1	1			1						
32	3282 夜蛾科	*Chilkasa*	1																				1
32	3282 夜蛾科	*Chilodes*	2																				
32	3282 夜蛾科	*Chlumetia*	2																	1	1		1	1
32	3282 夜蛾科	*Chrysodeixis*	8				1					1	1	1	1			1	1	1	1		
32	3282 夜蛾科	*Chrysonicara*	1																				
32	3282 夜蛾科	*Chrysopera*	1														1					1	1
32	3282 夜蛾科	*Chrysorithrum*	2		1		1	1		1	1	1	1	1		1		1					
32	3282 夜蛾科	*Churia*	1											1			1						
32	3282 夜蛾科	*Chusaris*	6																		1		
32	3282 夜蛾科	*Chytobrya*	4						1						1	1							
32	3282 夜蛾科	*Chytonix*	13											1			1		1	1			1
32	3282 夜蛾科	*Cidariplura*	9								1	1	1	1			1	1	1			1	1

目	科	属	种数	昆虫亚区																			
				a	b	c	d	e	f	g	h	i	j	k	l	m	n	o	p	q	r	s	t
32	3282 夜蛾科	*Claterna*	1																				1
32	3282 夜蛾科	*Clavipalpula*	1										1						1				
32	3282 夜蛾科	*Clethrophora*	1									1	1	1		1	1	1	1				
32	3282 夜蛾科	*Clethrorasa*	1										1		1							1	
32	3282 夜蛾科	*Clytie*	3				1						1					1	1				
32	3282 夜蛾科	*Coarica*	1											1									
32	3282 夜蛾科	*Colobochyla*	2			1	1	1				1	1	1	1			1			1		
32	3282 夜蛾科	*Colocasia*	3										1	1								1	
32	3282 夜蛾科	*Colonsideridis*	1																				
32	3282 夜蛾科	*Condate*	2																1				
32	3282 夜蛾科	*Condica*	9			1						1	1	1	1			1	1	1		1	1
32	3282 夜蛾科	*Conicochyta*	1																1				
32	3282 夜蛾科	*Conisania*	11																				
32	3282 夜蛾科	*Conistra*	8				1					1							1				
32	3282 夜蛾科	*Conservula*	2										1	1	1		1	1	1				1
32	3282 夜蛾科	*Consobrambus*	1																				
32	3282 夜蛾科	*Copitype*	2																				
32	3282 夜蛾科	*Corcobara*	1																				1
32	3282 夜蛾科	*Corgatha*	13					1				1	1	1				1	1	1		1	1
32	3282 夜蛾科	*Corsa*	2																1		1		
32	3282 夜蛾科	*Cortyta*	1				1					1	1	1	1				1				
32	3282 夜蛾科	*Cosmia*	17			1		1	1			1	1	1	1								
32	3282 夜蛾科	*Craccaphila*	1								1												
32	3282 夜蛾科	*Craniophora*	16				1	1	1			1	1	1	1	1	1	1	1				1
32	3282 夜蛾科	*Crassagrotis*	1	1			1																
32	3282 夜蛾科	*Cretonia*	1									1	1					1	1			1	1
32	3282 夜蛾科	*Crithote*	2										1					1				1	1
32	3282 夜蛾科	*Cryphia*	28				1	1	1	1		1	1	1	1	1	1	1	1			1	1
32	3282 夜蛾科	*Cryphiomima*	1																				
32	3282 夜蛾科	*Cteipolia*	1							1	1												
32	3282 夜蛾科	*Cucullia*	67	1		1	1	1	1	1	1	1	1	1	1	1	1		1	1			
32	3282 夜蛾科	*Cyclodes*	1																1				1
32	3282 夜蛾科	*Cymatophoropsis*	5			1		1	1			1	1	1	1	1	1				1	1	
32	3282 夜蛾科	*Cytocanis*	1																				1
32	3282 夜蛾科	*Dactyloplusia*	1																1				
32	3282 夜蛾科	*Daddala*	2											1			1	1	1	1		1	1
32	3282 夜蛾科	*Daona*	1																				
32	3282 夜蛾科	*Daseochaeta*	1																1				
32	3282 夜蛾科	*Daseuplexia*	2														1						
32	3282 夜蛾科	*Dasyerges*	1																				
32	3282 夜蛾科	*Dasypolia*	16	1			1			1							1						
32	3282 夜蛾科	*Dasysternum*	3																				
32	3282 夜蛾科	*Dasythorax*	1																				
32	3282 夜蛾科	*Data*	4															1	1	1			1
32	3282 夜蛾科	*Datungia*	1																				
32	3282 夜蛾科	*Daubeplusia*	1									1	1	1	1				1				
32	3282 夜蛾科	*Deceptria*	1			1				1													
32	3282 夜蛾科	*Deltote*	1			1																	
32	3282 夜蛾科	*Diachrysia*	8	1		1	1	1	1	1	1	1	1	1	1			1	1			1	
32	3282 夜蛾科	*Diapolia*	1																				
32	3282 夜蛾科	*Diarsia*	61			1	1	1	1	1		1	1	1	1		1	1	1	1	1		1
32	3282 夜蛾科	*Dierna*	2										1		1				1			1	1
32	3282 夜蛾科	*Dimorphicosmia*	1			1			1						1								
32	3282 夜蛾科	*Dinumma*	2				1												1	1		1	
32	3282 夜蛾科	*Diomea*	6											1				1	1	1	1		
32	3282 夜蛾科	*Diphtherocome*	20						1	1	1	1		1	1	1	1	1	1	1		1	

附录

（续表）

目	科	属	种数	昆虫亚区 a	b	c	d	e	f	g	h	i	j	k	l	m	n	o	p	q	r	s	t
32	3282 夜蛾科	*Dipterygina*	4																1	1	1		1
32	3282 夜蛾科	*Discestra*	6	1			1	1		1	1			1									
32	3282 夜蛾科	*Dissimactebia*	1											1									
32	3282 夜蛾科	*Dolophothripoides*	1															1					
32	3282 夜蛾科	*Donda*	2																				1
32	3282 夜蛾科	*Drasteria*	19	1		1	1	1	1	1	1												
32	3282 夜蛾科	*Dryobotodes*	5															1					
32	3282 夜蛾科	*Dunira*	1															1					
32	3282 夜蛾科	*Dypterygia*	6			1	1		1			1	1	1	1		1	1					1
32	3282 夜蛾科	*Dyrzela*	3									1		1							1		1
32	3282 夜蛾科	*Dysaletia*	1																				
32	3282 夜蛾科	*Dysgonia*	25			1	1	1	1	1		1	1	1	1	1	1	1	1	1	1	1	1
32	3282 夜蛾科	*Dysmilichia*	3				1								1								
32	3282 夜蛾科	*Earias*	9	1		1	1	1	1			1	1	1	1	1		1	1			1	1
32	3282 夜蛾科	*Ebertidia*	1																				
32	3282 夜蛾科	*Eclipsea*	1															1					
32	3282 夜蛾科	*Ecpatia*	1																				
32	3282 夜蛾科	*Ectogonia*	2																				
32	3282 夜蛾科	*Ectogoniella*	1															1					
32	3282 夜蛾科	*Edessena*	2				1					1	1	1	1	1	1	1	1	1	1	1	1
32	3282 夜蛾科	*Egira*	4															1					
32	3282 夜蛾科	*Egiropolia*	1															1					
32	3282 夜蛾科	*Egnasia*	2															1					1
32	3282 夜蛾科	*Elaphria*	3														1						
32	3282 夜蛾科	*Eligma*	1			1	1	1	1			1	1	1	1	1		1	1			1	1
32	3282 夜蛾科	*Elusa*	2															1					
32	3282 夜蛾科	*Elydnodes*	1												1								
32	3282 夜蛾科	*Elyra*	5														1			1	1		
32	3282 夜蛾科	*Enargia*	4			1	1		1	1	1												
32	3282 夜蛾科	*Enispa*	3															1					
32	3282 夜蛾科	*Entomogramma*	2										1		1				1	1	1	1	1
32	3282 夜蛾科	*Episema*	1																				
32	3282 夜蛾科	*Episparis*	4									1	1	1	1		1	1	1	1			
32	3282 夜蛾科	*Erastriopis*	1																				
32	3282 夜蛾科	*Ercheia*	6								1		1	1	1		1	1	1	1	1	1	
32	3282 夜蛾科	*Erebophasma*	6				1				1			1	1	1							
32	3282 夜蛾科	*Erebus*	13									1	1	1	1	1			1	1	1	1	1
32	3282 夜蛾科	*Eremobia*	2				1			1													
32	3282 夜蛾科	*Eremohadena*	2																				
32	3282 夜蛾科	*Eremophysa*	1																				
32	3282 夜蛾科	*Ericeia*	5									1	1		1		1	1	1	1	1	1	1
32	3282 夜蛾科	*Eriopygodes*	1																				
32	3282 夜蛾科	*Erygia*	1										1	1	1		1	1					1
32	3282 夜蛾科	*Erythrophaia*	1																				
32	3282 夜蛾科	*Erythroplusia*	2				1					1	1	1	1		1	1	1	1			
32	3282 夜蛾科	*Estagrotis*	2																				
32	3282 夜蛾科	*Estimata*	8			1				1	1					1							
32	3282 夜蛾科	*Etanna*	5																		1		1
32	3282 夜蛾科	*Euagrotis*	1															1					
32	3282 夜蛾科	*Eublemma*	29			1	1	1	1			1	1	1	1		1	1				1	1
32	3282 夜蛾科	*Eucarta*	7			1		1	1	1		1		1	1		1				1		
32	3282 夜蛾科	*Euchalcia*	10			1		1			1					1		1					
32	3282 夜蛾科	*Euclidia*	2			1	1	1	1														
32	3282 夜蛾科	*Euclidiana*	1																				
32	3282 夜蛾科	*Eudocima*	7			1	1	1				1	1	1	1	1	1	1	1	1	1	1	1
32	3282 夜蛾科	*Eugnorisma*	6	1			1		1	1	1			1									

目	科	属	种数	a	b	c	d	e	f	g	h	i	j	k	l	m	n	o	p	q	r	s	t
32	3282 夜蛾科	*Eugraphe*	10			1		1	1		1			1		1		1	1				
32	3282 夜蛾科	*Eugrapta*	1																				
32	3282 夜蛾科	*Eugraptoblemma*	1																		1		
32	3282 夜蛾科	*Eulocastra*	1																				
32	3282 夜蛾科	*Euplexia*	22			1		1				1	1	1	1		1	1	1	1	1	1	1
32	3282 夜蛾科	*Euplexidia*	3																1				
32	3282 夜蛾科	*Eupsilia*	9			1	1		1			1	1					1	1				
32	3282 夜蛾科	*Eurogramma*	1																				
32	3282 夜蛾科	*Eurois*	1			1	1	1		1	1												
32	3282 夜蛾科	*Euromoia*	1									1							1				
32	3282 夜蛾科	*Eustrotia*	7			1						1		1			1	1	1		1		1
32	3282 夜蛾科	*Eutamsia*	5									1		1		1	1	1	1				1
32	3282 夜蛾科	*Eutelia*	10				1	1	1			1	1	1		1	1	1	1		1	1	1
32	3282 夜蛾科	*Eutrogia*	1																1				
32	3282 夜蛾科	*Euwilemania*	1																1				
32	3282 夜蛾科	*Euxenistis*	1														1						
32	3282 夜蛾科	*Euxoa*	51			1	1	1	1	1	1	1	1	1		1	1	1	1		1		
32	3282 夜蛾科	*Extremoplusia*	1																1				
32	3282 夜蛾科	*Fabiania*	1																1				
32	3282 夜蛾科	*Fagitana*	1			1		1	1				1	1			1		1				
32	3282 夜蛾科	*Feliniopsis*	3																1				
32	3282 夜蛾科	*Feralia*	1																				
32	3282 夜蛾科	*Flammona*	1										1		1			1				1	1
32	3282 夜蛾科	*Fodina*	6															1	1	1	1	1	1
32	3282 夜蛾科	*Foveades*	1																1				
32	3282 夜蛾科	*Gabala*	2									1	1	1	1		1	1	1		1		1
32	3282 夜蛾科	*Gaurenopsis*	2																1				
32	3282 夜蛾科	*Gelastocera*	4									1	1	1	1	1	1	1	1		1		1
32	3282 夜蛾科	*Gerbathodes*	2									1						1					
32	3282 夜蛾科	*Gesonia*	1															1					
32	3282 夜蛾科	*Giaura*	2																		1		1
32	3282 夜蛾科	*Gloriana*	2																		1		
32	3282 夜蛾科	*Goenycta*	1											1	1			1	1				
32	3282 夜蛾科	*Gonepatica*	1										1		1			1					
32	3282 夜蛾科	*Goniocraspidum*	2														1		1				
32	3282 夜蛾科	*Goniographa*	1																				
32	3282 夜蛾科	*Goniophila*	1																				
32	3282 夜蛾科	*Gonoglasa*	1																1				
32	3282 夜蛾科	*Gortyna*	5			1	1	1	1				1	1	1			1	1	1			
32	3282 夜蛾科	*Grammodes*	2				1		1			1	1	1	1		1		1	1		1	1
32	3282 夜蛾科	*Graphantha*	1																				
32	3282 夜蛾科	*Graphiphora*	1																				
32	3282 夜蛾科	*Grumia*	2																				
32	3282 夜蛾科	*Gynaephila*	1																				
32	3282 夜蛾科	*Gyrtona*	4																		1		1
32	3282 夜蛾科	*Hada*	4																				
32	3282 夜蛾科	*Hadena*	18			1	1	1	1	1	1	1	1	1		1	1	1	1	1			
32	3282 夜蛾科	*Hadennia*	4									1	1	1			1	1			1	1	
32	3282 夜蛾科	*Haderonia*	19				1	1						1		1	1	1					
32	3282 夜蛾科	*Hadjina*	8				1							1			1		1				
32	3282 夜蛾科	*Hadula*	9				1																
32	3282 夜蛾科	*Hadulipolia*	1																				
32	3282 夜蛾科	*Hamodes*	3									1	1	1	1			1	1		1		1
32	3282 夜蛾科	*Haritalopha*	1																				
32	3282 夜蛾科	*Hecatera*	3																				
32	3282 夜蛾科	*Helicoverpa*	3	1		1	1	1	1	1	1	1	1	1	1	1	1	1	1	1		1	1

附录

（续表）

目	科	属	种数	a	b	c	d	e	f	g	h	i	j	k	l	m	n	o	p	q	r	s	t
32	3282 夜蛾科	*Heliophobus*	3		1	1	1	1	1	1	1	1		1	1	1		1	1	1			1
32	3282 夜蛾科	*Heliothis*	7	1		1	1	1	1	1	1	1	1	1	1	1		1					
32	3282 夜蛾科	*Hemictenophora*	1																	1			
32	3282 夜蛾科	*Hemiexarnis*	1																				
32	3282 夜蛾科	*Hemiglaea*	4																1				
32	3282 夜蛾科	*Hemipsectra*	1																				
32	3282 夜蛾科	*Hepatica*	2																	1	1		1
32	3282 夜蛾科	*Heraema*	1										1										
32	3282 夜蛾科	*Hermonassa*	60			1	1	1	1	1	1	1	1	1	1	1	1	1	1	1	1	1	
32	3282 夜蛾科	*Heterographa*	2				1																
32	3282 夜蛾科	*Hexaureia*	1			1		1	1	1	1				1								
32	3282 夜蛾科	*Himachalia*	2				1		1					1		1			1				
32	3282 夜蛾科	*Himalaea*	1																				
32	3282 夜蛾科	*Himalistra*	4																1				
32	3282 夜蛾科	*Hoeneidia*	1																				
32	3282 夜蛾科	*Holocryptis*	1																	1	1		
32	3282 夜蛾科	*Homodes*	2																				1
32	3282 夜蛾科	*Hoplodrina*	8				1		1			1			1		1		1	1			
32	3282 夜蛾科	*Hulodes*	2										1		1		1			1	1	1	1
32	3282 夜蛾科	*Hyalobole*	4																1				
32	3282 夜蛾科	*Hydraecia*	6	1		1		1															
32	3282 夜蛾科	*Hydrillodes*	8					1					1	1	1				1	1	1	1	1
32	3282 夜蛾科	*Hygrostolides*	1																1				
32	3282 夜蛾科	*Hylophilodes*	7						1					1		1	1		1			1	1
32	3282 夜蛾科	*Hypena*	69			1	1	1	1	1	1	1	1	1	1	1	1	1	1	1	1	1	1
32	3282 夜蛾科	*Hypenagonia*	7																1				
32	3282 夜蛾科	*Hypenomorpha*	1																1				
32	3282 夜蛾科	*Hypercodia*	1																1				
32	3282 夜蛾科	*Hyperlophoides*	1																1				
32	3282 夜蛾科	*Hyperstrotia*	2											1									
32	3282 夜蛾科	*Hypersypnoides*	17									1	1	1	1	1	1	1	1	1	1	1	1
32	3282 夜蛾科	*Hypobarathra*	2			1	1	1	1	1				1	1		1						
32	3282 夜蛾科	*Hypocala*	4			1	1	1			1		1	1	1	1		1	1	1	1	1	1
32	3282 夜蛾科	*Hypopteridia*	1																	1		1	1
32	3282 夜蛾科	*Hypopyra*	7						1				1	1	1	1			1	1	1	1	1
32	3282 夜蛾科	*Hyposada*	4																1				
32	3282 夜蛾科	*Hyposemansis*	2																1				
32	3282 夜蛾科	*Hypospila*	2						1			1	1	1					1			1	1
32	3282 夜蛾科	*Hypostrotia*	1						1														
32	3282 夜蛾科	*Hyppa*	1																				
32	3282 夜蛾科	*Hypsophila*	4																				
32	3282 夜蛾科	*Hyssia*	4			1	1	1	1	1	1		1		1	1			1		1		
32	3282 夜蛾科	*Iambia*	5				1				1	1	1		1	1	1				1	1	1
32	3282 夜蛾科	*Idia*	8								1	1											1
32	3282 夜蛾科	*Iontha*	1																				1
32	3282 夜蛾科	*Ipimorpha*	3			1	1	1	1		1	1	1		1	1			1	1			
32	3282 夜蛾科	*Ipiristis*	1																				
32	3282 夜蛾科	*Iragaodes*	1																1				
32	3282 夜蛾科	*Iscadia*	5								1	1	1		1				1	1		1	1
32	3282 夜蛾科	*Ischyja*	2						1		1	1	1			1	1	1	1	1	1	1	1
32	3282 夜蛾科	*Isochlora*	14	1			1			1	1				1	1		1					
32	3282 夜蛾科	*Isopolia*	2				1				1	1						1					
32	3282 夜蛾科	*Itmaharela*	1																1				
32	3282 夜蛾科	*Jingia*	1					1															
32	3282 夜蛾科	*Jodia*	1										1		1								
32	3282 夜蛾科	*Jurhyacia*	1			1	1			1													

目	科	属	种数	a	b	c	d	e	f	g	h	i	j	k	l	m	n	o	p	q	r	s	t
32	3282 夜蛾科	*Karana*	5										1	1	1		1	1	1	1	1		1
32	3282 夜蛾科	*Kerala*	6				1							1	1	1	1	1		1		1	
32	3282 夜蛾科	*Kollariana*	1												1	1	1						
32	3282 夜蛾科	*Kumasia*	1																				
32	3282 夜蛾科	*Labanda*	2																	1	1		1
32	3282 夜蛾科	*Lacanobia*	10	1			1	1	1	1	1	1	1	1	1		1		1				
32	3282 夜蛾科	*Lacera*	3									1	1		1			1	1	1			1
32	3282 夜蛾科	*Lamprosticta*	1													1							
32	3282 夜蛾科	*Lamprothripa*	1									1	1	1				1					1
32	3282 夜蛾科	*Lasianobia*	4																				
32	3282 夜蛾科	*Lasiestra*	5																				
32	3282 夜蛾科	*Lasionycta*	6				1			1					1	1		1					
32	3282 夜蛾科	*Lasiplexia*	5								1			1	1	1		1	1	1	1		
32	3282 夜蛾科	*Laspeyria*	1						1			1			1		1	1					
32	3282 夜蛾科	*Latirostrum*	1														1		1				
32	3282 夜蛾科	*Leiometopon*	1			1																	
32	3282 夜蛾科	*Leucania*	73			1	1	1	1	1	1	1	1	1	1	1	1	1	1	1	1	1	1
32	3282 夜蛾科	*Leucapamea*	3										1	1			1	1					
32	3282 夜蛾科	*Leucochlaena*	2																				
32	3282 夜蛾科	*Leucocosmia*	1												1			1			1	1	1
32	3282 夜蛾科	*Leucomelas*	1					1						1									
32	3282 夜蛾科	*Lignispalta*	1																				1
32	3282 夜蛾科	*Lineopalpa*	1																				1
32	3282 夜蛾科	*Lithacodia*	39			1	1	1	1	1		1	1	1	1		1	1	1		1		
32	3282 夜蛾科	*Lithilaria*	1															1					
32	3282 夜蛾科	*Lithomoia*	1																				
32	3282 夜蛾科	*Lithophane*	8			1												1					
32	3282 夜蛾科	*Lithopolia*	3															1					
32	3282 夜蛾科	*Lopharthrum*	1										1									1	1
32	3282 夜蛾科	*Lophomilia*	3					1					1	1	1	1		1	1				
32	3282 夜蛾科	*Lophonycta*	2															1					
32	3282 夜蛾科	*Lophoptera*	13					1	1				1	1	1	1		1	1	1			
32	3282 夜蛾科	*Lophoruza*	5										1	1	1	1		1	1	1			1
32	3282 夜蛾科	*Lophoterges*	3				1			1	1					1							
32	3282 夜蛾科	*Lophotyna*	2																				
32	3282 夜蛾科	*Loscopia*	1																				
32	3282 夜蛾科	*Loxioda*	2													1							
32	3282 夜蛾科	*Loxopamea*	2																				
32	3282 夜蛾科	*Luceria*	3									1						1					
32	3282 夜蛾科	*Luperina*	1																				
32	3282 夜蛾科	*Lycimna*	1										1					1				1	1
32	3282 夜蛾科	*Lycophotia*	2								1												
32	3282 夜蛾科	*Lygephila*	14			1	1	1	1	1	1		1	1	1	1	1	1	1	1	1		
32	3282 夜蛾科	*Lygniodes*	3													1					1		
32	3282 夜蛾科	*Lysimelia*	1																				
32	3282 夜蛾科	*Macdunnoughia*	7	1		1	1	1	1	1	1	1	1	1	1		1	1	1				
32	3282 夜蛾科	*Macrobarasa*	2															1					1
32	3282 夜蛾科	*Macrochthonia*	1									1	1	1	1		1	1					
32	3282 夜蛾科	*Maliangia*	1																				
32	3282 夜蛾科	*Maliattha*	17				1	1					1	1	1		1	1	1			1	1
32	3282 夜蛾科	*Mamestra*	2	1		1	1	1	1	1	1	1	1	1	1	1	1	1	1		1		
32	3282 夜蛾科	*Marapana*	1															1					1
32	3282 夜蛾科	*Marathyssa*	1																				
32	3282 夜蛾科	*Margelana*	1																				
32	3282 夜蛾科	*Marsipiophora*	1																				
32	3282 夜蛾科	*Masalia*	2				1					1											

目	科	属	种数	a	b	c	d	e	f	g	h	i	j	k	l	m	n	o	p	q	r	s	t
32	3282 夜蛾科	*Maurilia*	1					1									1						
32	3282 夜蛾科	*Maxera*	1																	1			
32	3282 夜蛾科	*Mecodina*	14									1	1	1	1			1	1				1
32	3282 夜蛾科	*Megaloctena*	5											1									
32	3282 夜蛾科	*Meganephria*	7			1	1	1							1				1				
32	3282 夜蛾科	*Melaleucantha*	1																				
32	3282 夜蛾科	*Melanchra*	1			1	1	1	1	1	1	1	1	1	1		1	1	1				
32	3282 夜蛾科	*Melapia*	3			1		1				1							1				
32	3282 夜蛾科	*Mesapamea*	5			1		1		1													
32	3282 夜蛾科	*Mesocrapex*	1																	1			
32	3282 夜蛾科	*Mesogona*	1																				
32	3282 夜蛾科	*Mesoligia*	2			1				1													
32	3282 夜蛾科	*Mesorhynchaglaea*	1																	1			
32	3282 夜蛾科	*Metaemene*	2																	1			
32	3282 夜蛾科	*Metaphoenia*	2																	1			
32	3282 夜蛾科	*Metopta*	1									1	1	1	1			1	1			1	1
32	3282 夜蛾科	*Micardia*	2												1					1			
32	3282 夜蛾科	*Micreremites*	1									1											
32	3282 夜蛾科	*Microxyla*	1																	1			
32	3282 夜蛾科	*Miniphila*	1																				
32	3282 夜蛾科	*Mixomelia*	1																	1			
32	3282 夜蛾科	*Mniotype*	1		1																		
32	3282 夜蛾科	*Mocis*	9				1	1	1			1	1	1		1	1	1	1	1	1	1	1
32	3282 夜蛾科	*Moma*	3			1		1	1			1	1	1	1	1		1	1	1			
32	3282 夜蛾科	*Monostola*	2													1	1						
32	3282 夜蛾科	*Monticollia*	1																				
32	3282 夜蛾科	*Mormo*	4										1		1								
32	3282 夜蛾科	*Mosara*	1																				1
32	3282 夜蛾科	*Mycteroplus*	2											1									
32	3282 夜蛾科	*Mythimna*	17		1		1	1		1	1	1	1		1		1	1		1			
32	3282 夜蛾科	*Myxinia*	1																				
32	3282 夜蛾科	*Naarda*	2																	1			
32	3282 夜蛾科	*Nacna*	5			1		1	1			1	1	1	1	1		1	1	1	1		1
32	3282 夜蛾科	*Naenia*	1			1	1	1	1			1			1			1					
32	3282 夜蛾科	*Nagadeba*	3																	1			
32	3282 夜蛾科	*Naganoella*	1			1						1	1		1			1					
32	3282 夜蛾科	*Nanaguna*	3														1		1				1
32	3282 夜蛾科	*Naranga*	2			1	1	1				1	1	1				1	1			1	1
32	3282 夜蛾科	*Narangoides*	4										1						1				
32	3282 夜蛾科	*Narcotica*	1					1						1									
32	3282 夜蛾科	*Neachrostia*	2																	1			
32	3282 夜蛾科	*Neeugoa*	1																	1			
32	3282 夜蛾科	*Negeta*	3														1		1				1
32	3282 夜蛾科	*Negritothripa*	1					1				1											
32	3282 夜蛾科	*Nekrasovia*	1																				
32	3282 夜蛾科	*Neurois*	4													1		1					
32	3282 夜蛾科	*Neustrotia*	4										1	1		1			1		1		
32	3282 夜蛾科	*Niaboma*	1													1	1						
32	3282 夜蛾科	*Niaccabana*	1																	1			
32	3282 夜蛾科	*Nikara*	2											1	1								
32	3282 夜蛾科	*Niphonyx*	1			1		1	1			1	1	1			1	1	1				
32	3282 夜蛾科	*Noctua*	3			1		1	1	1													
32	3282 夜蛾科	*Nodaria*	12				1					1	1	1	1	1	1	1	1			1	
32	3282 夜蛾科	*Nolathripa*	1					1	1			1	1	1			1	1				1	1
32	3282 夜蛾科	*Nonagria*	3											1				1					
32	3282 夜蛾科	*Nycteola*	5				1	1	1			1			1		1						

目	科	属	种数	昆虫亚区																			
				a	b	c	d	e	f	g	h	i	j	k	l	m	n	o	p	q	r	s	t
32	3282 夜蛾科	*Nyctycia*	6																1				
32	3282 夜蛾科	*Nyssocnemis*	1			1		1															
32	3282 夜蛾科	*Ochropleura*	35	1		1	1	1	1	1	1	1	1	1	1		1	1	1	1	1		
32	3282 夜蛾科	*Ochrotrigona*	1				1								1								1
32	3282 夜蛾科	*Odontelia*	1																				
32	3282 夜蛾科	*Odontestra*	5					1				1	1	1	1		1	1	1	1			
32	3282 夜蛾科	*Odontodes*	1															1					1
32	3282 夜蛾科	*Oederemia*	6								1		1	1		1		1	1				
32	3282 夜蛾科	*Oglasa*	6																1				
32	3282 夜蛾科	*Oligarcha*	1				1																
32	3282 夜蛾科	*Oligia*	10			1		1				1	1	1	1	1	1		1			1	
32	3282 夜蛾科	*Olulis*	2																1			1	
32	3282 夜蛾科	*Ommatophora*	1																1			1	1
32	3282 夜蛾科	*Omorphina*	1								1												
32	3282 夜蛾科	*Omphalophana*	1																				
32	3282 夜蛾科	*Oncocnemis*	2			1	1								1		1		1				
32	3282 夜蛾科	*Ophisma*	1									1							1	1	1	1	1
32	3282 夜蛾科	*Ophiusa*	7				1	1			1	1	1	1	1	1	1	1	1		1	1	1
32	3282 夜蛾科	*Opsyra*	1															1					
32	3282 夜蛾科	*Oraesia*	4			1		1				1	1	1	1		1	1	1	1	1	1	1
32	3282 夜蛾科	*Oroplexia*	8				1									1	1	1					
32	3282 夜蛾科	*Orthogonia*	9				1	1			1	1	1	1	1	1							
32	3282 夜蛾科	*Orthopolia*	1																				
32	3282 夜蛾科	*Orthosia*	24	1		1	1	1	1	1		1	1	1			1	1	1	1			
32	3282 夜蛾科	*Orthozona*	4									1	1		1		1	1					
32	3282 夜蛾科	*Ortospana*	1															1					
32	3282 夜蛾科	*Oruza*	12				1	1				1	1	1	1		1	1				1	1
32	3282 夜蛾科	*Oxaenanus*	1																	1			
32	3282 夜蛾科	*Oxygonitis*	1												1								1
32	3282 夜蛾科	*Oxyodes*	1										1		1			1	1	1	1	1	1
32	3282 夜蛾科	*Oxytripia*	2	1		1	1	1	1	1	1				1								
32	3282 夜蛾科	*Ozana*	1															1					
32	3282 夜蛾科	*Ozarba*	9								1	1	1	1			1	1			1	1	
32	3282 夜蛾科	*Paectes*	1										1		1			1	1		1		
32	3282 夜蛾科	*Palaeamathes*	4																				
32	3282 夜蛾科	*Palaeosafia*	1																				
32	3282 夜蛾科	*Palpirectia*	1																				
32	3282 夜蛾科	*Panchrysia*	4			1	1	1	1		1				1		1			1			
32	3282 夜蛾科	*Pandesma*	2															1		1			
32	3282 夜蛾科	*Pangrapta*	30			1	1	1	1			1	1	1	1		1		1	1	1	1	1
32	3282 夜蛾科	*Panilla*	3															1					
32	3282 夜蛾科	*Panolis*	3									1	1	1			1		1	1			
32	3282 夜蛾科	*Panthauma*	1				1							1	1								
32	3282 夜蛾科	*Panthea*	3			1				1						1	1	1	1		1		
32	3282 夜蛾科	*Pantydia*	1															1					
32	3282 夜蛾科	*Paracolax*	9				1					1	1	1			1		1				
32	3282 夜蛾科	*Paracrama*	2															1				1	1
32	3282 夜蛾科	*Paradiarsia*	3																				
32	3282 夜蛾科	*Paragabara*	4				1					1						1					
32	3282 夜蛾科	*Paragona*	2									1						1					
32	3282 夜蛾科	*Paramathes*	4			1				1						1		1					
32	3282 夜蛾科	*Parastichtis*	1																				
32	3282 夜蛾科	*Paraxestia*	1																				
32	3282 夜蛾科	*Pareuplexia*	5												1		1	1					
32	3282 夜蛾科	*Parexarnis*	7								1						1						
32	3282 夜蛾科	*Parhylophila*	1										1										

附录

（续表）

目	科	属	种数	a	b	c	d	e	f	g	h	i	j	k	l	m	n	o	p	q	r	s	t
32	3282 夜蛾科	*Paroligia*	3									1							1				
32	3282 夜蛾科	*Parvablemma*	1																				
32	3282 夜蛾科	*Pataeta*	2																		1		
32	3282 夜蛾科	*Paurophylla*	1																1				
32	3282 夜蛾科	*Pchropleura*	1				1																
32	3282 夜蛾科	*Penicillaria*	4										1		1		1	1	1		1	1	
32	3282 夜蛾科	*Perciana*	3																1				
32	3282 夜蛾科	*Pericyma*	4	1								1			1		1		1		1	1	
32	3282 夜蛾科	*Peridroma*	1			1	1	1	1	1			1	1	1	1	1		1	1			
32	3282 夜蛾科	*Perigea*	9				1	1		1			1	1	1		1	1	1	1	1	1	1
32	3282 夜蛾科	*Perigrapha*	8			1	1	1	1	1	1		1		1				1				
32	3282 夜蛾科	*Perinaenia*	1										1				1	1	1				
32	3282 夜蛾科	*Perissandria*	9			1	1	1	1	1			1			1	1	1					
32	3282 夜蛾科	*Perplexhadena*	1																				
32	3282 夜蛾科	*Perynea*	1									1	1	1				1	1		1		
32	3282 夜蛾科	*Phalga*	2										1		1			1	1	1			1
32	3282 夜蛾科	*Phidrimana*	1				1		1	1													
32	3282 夜蛾科	*Phlogophora*	8			1		1	1				1	1		1	1	1	1	1			
32	3282 夜蛾科	*Photedes*	4						1										1				
32	3282 夜蛾科	*Phyllodes*	2									1			1		1	1			1	1	
32	3282 夜蛾科	*Phyllophila*	2			1	1					1	1				1				1		
32	3282 夜蛾科	*Phytometra*	2														1						
32	3282 夜蛾科	*Pilipectus*	2														1						
32	3282 夜蛾科	*Plagideicta*	5											1									1
32	3282 夜蛾科	*Platyja*	3				1						1		1		1		1		1	1	1
32	3282 夜蛾科	*Platyprosopa*	1																				
32	3282 夜蛾科	*Plecoptera*	9									1		1					1			1	
32	3282 夜蛾科	*Plexiphleps*	1																1				
32	3282 夜蛾科	*Plumipalpia*	1																				
32	3282 夜蛾科	*Plusia*	4	1		1	1	1	1		1	1			1								
32	3282 夜蛾科	*Plusidia*	3			1			1	1					1		1						
32	3282 夜蛾科	*Plusilla*	1			1		1				1	1			1							
32	3282 夜蛾科	*Plusiodonta*	3					1				1	1	1	1			1	1		1		
32	3282 夜蛾科	*Plusiopalpa*	2															1					
32	3282 夜蛾科	*Pogonozada*	1																				
32	3282 夜蛾科	*Polia*	24	1		1	1	1	1	1	1		1	1	1	1	1	1	1	1	1	1	1
32	3282 夜蛾科	*Poliobrya*	1																				
32	3282 夜蛾科	*Polychrysia*	4			1	1	1	1														
32	3282 夜蛾科	*Polydesma*	3									1			1		1		1		1	1	
32	3282 夜蛾科	*Polymixis*	8			1			1				1				1						
32	3282 夜蛾科	*Polyphaenis*	3			1		1	1	1			1	1		1		1		1			
32	3282 夜蛾科	*Polypogon*	40		1		1	1	1		1	1	1	1		1	1	1	1	1	1	1	
32	3282 夜蛾科	*Potnyctycia*	2														1						
32	3282 夜蛾科	*Progonia*	2														1						
32	3282 夜蛾科	*Prolophota*	1														1						
32	3282 夜蛾科	*Prometopus*	2																				
32	3282 夜蛾科	*Prospalta*	11				1	1				1	1	1			1	1	1	1	1		1
32	3282 夜蛾科	*Protexarnis*	11			1	1	1	1	1	1		1			1							
32	3282 夜蛾科	*Protognirisma*	1																				
32	3282 夜蛾科	*Protoschinia*	2	1		1	1	1	1	1		1	1	1	1	1		1	1				
32	3282 夜蛾科	*Protoseudyra*	3																				
32	3282 夜蛾科	*Pseudacronicta*	1																				
32	3282 夜蛾科	*Pseudaletia*	2			1	1	1	1	1	1	1					1	1				1	1
32	3282 夜蛾科	*Pseuderiopua*	1																		1	1	
32	3282 夜蛾科	*Pseudeustrotia*	3			1										1		1					1
32	3282 夜蛾科	*Pseudocallistege*	1			1	1	1	1														

目	科	属	种数	a	b	c	d	e	f	g	h	i	j	k	l	m	n	o	p	q	r	s	t
32	3282 夜蛾科	*Pseudogyrtona*	2																1				
32	3282 夜蛾科	*Pseudohadena*	9																				
32	3282 夜蛾科	*Pseudohermonassa*	1			1	1	1		1													
32	3282 夜蛾科	*Pseudoips*	6					1			1	1	1	1		1	1		1	1			
32	3282 夜蛾科	*Pseudopanolis*	5			1			1										1				
32	3282 夜蛾科	*Pseudophyllophila*	1																				
32	3282 夜蛾科	*Pseudosphetta*	1																1				1
32	3282 夜蛾科	*Pseudozarba*	2													1							
32	3282 夜蛾科	*Psimada*	1										1	1	1				1	1	1		1
32	3282 夜蛾科	*Pterogonaga*	1																				
32	3282 夜蛾科	*Pterogonia*	2																			1	1
32	3282 夜蛾科	*Ptisciana*	1																				
32	3282 夜蛾科	*Ptyonota*	1																				1
32	3282 夜蛾科	*Pulcheria*	1				1																
32	3282 夜蛾科	*Purpurschinia*	1																				
32	3282 夜蛾科	*Pygopteryx*	2					1										1					
32	3282 夜蛾科	*Pyrocleptria*	2																				
32	3282 夜蛾科	*Pyrrhia*	5	1		1	1	1	1	1		1	1	1	1			1	1	1		1	
32	3282 夜蛾科	*Pyrrhidivalva*	1															1					
32	3282 夜蛾科	*Raddea*	10								1				1	1	1						
32	3282 夜蛾科	*Ramadasa*	1															1					1
32	3282 夜蛾科	*Raparna*	5										1					1					
32	3282 夜蛾科	*Raphia*	2			1	1		1	1					1								
32	3282 夜蛾科	*Rema*	1															1					1
32	3282 夜蛾科	*Rhabinogana*	1												1	1							
32	3282 夜蛾科	*Rhesala*	1															1					
32	3282 夜蛾科	*Rhizedra*	2	1		1		1															
32	3282 夜蛾科	*Rhyacia*	9			1	1		1	1	1	1			1		1						
32	3282 夜蛾科	*Rhynchaglaea*	5															1					
32	3282 夜蛾科	*Rhynchina*	15				1					1	1				1	1	1	1			
32	3282 夜蛾科	*Rhynchodontodes*	7				1	1			1	1	1				1						1
32	3282 夜蛾科	*Risoba*	8				1				1	1	1	1			1	1				1	1
32	3282 夜蛾科	*Rivula*	7				1				1	1		1			1	1				1	1
32	3282 夜蛾科	*Sapporia*	2								1	1	1				1				1		
32	3282 夜蛾科	*Saragossa*	1				1																
32	3282 夜蛾科	*Sarcopteron*	1															1					
32	3282 夜蛾科	*Sarobela*	1																				1
32	3282 夜蛾科	*Sarobides*	1																				1
32	3282 夜蛾科	*Sasunaga*	7										1	1	1		1	1	1			1	1
32	3282 夜蛾科	*Scedopla*	1									1											
32	3282 夜蛾科	*Schinia*	2																				
32	3282 夜蛾科	*Schistorhynx*	1																				1
32	3282 夜蛾科	*Schrankia*	3									1						1					
32	3282 夜蛾科	*Sclerogenia*	1			1		1				1	1	1	1		1	1					
32	3282 夜蛾科	*Scoliopteryx*	2			1	1	1	1	1	1		1	1	1		1	1	1	1	1		
32	3282 夜蛾科	*Scotocampa*	1																				
32	3282 夜蛾科	*Scriptoplusia*	1											1	1								
32	3282 夜蛾科	*Sedina*	1																				
32	3282 夜蛾科	*Selepa*	5										1				1	1				1	1
32	3282 夜蛾科	*Semiothisops*	1															1					
32	3282 夜蛾科	*Senta*	1									1	1										1
32	3282 夜蛾科	*Serpmyxis*	1																				
32	3282 夜蛾科	*Serrodes*	2				1					1	1		1		1	1	1	1			1
32	3282 夜蛾科	*Sesamia*	8									1	1	1			1	1			1		
32	3282 夜蛾科	*Shensiplusia*	1																				
32	3282 夜蛾科	*Shiraia*	1																				

附录

（续表）

目	科	属	种数	昆虫亚区																			
				a	b	c	d	e	f	g	h	i	j	k	l	m	n	o	p	q	r	s	t
32	3282 夜蛾科	*Sidemia*	2		1	1	1	1	1				1	1										
32	3282 夜蛾科	*Sideridis*	5		1					1	1													
32	3282 夜蛾科	*Siglophora*	3									1	1	1	1			1	1	1		1	1
32	3282 夜蛾科	*Sigmuncus*	1																	1			
32	3282 夜蛾科	*Simplicia*	12			1	1	1	1				1	1	1	1		1	1	1		1	1
32	3282 夜蛾科	*Simyra*	4	1		1	1		1	1			1			1		1					
32	3282 夜蛾科	*Sinarella*	3				1				1	1									1	1	
32	3282 夜蛾科	*Sineugrapha*	8		1		1	1	1			1	1	1	1		1		1			1	
32	3282 夜蛾科	*Sinna*	4		1		1					1	1	1	1	1		1	1	1			1
32	3282 夜蛾科	*Sinocharis*	1				1																
32	3282 夜蛾科	*Sinognorisma*	1														1	1					
32	3282 夜蛾科	*Smicroloba*	1																	1			
32	3282 夜蛾科	*Smilepholcia*	1											1	1			1			1		
32	3282 夜蛾科	*Spaelotis*	6				1	1	1	1	1	1	1	1									
32	3282 夜蛾科	*Speidelia*	3																	1			
32	3282 夜蛾科	*Speiredonia*	2																	1			
32	3282 夜蛾科	*Sphetta*	1																				1
32	3282 夜蛾科	*Sphragifera*	6		1			1	1				1	1	1	1	1	1		1	1		1	1
32	3282 夜蛾科	*Spinipalpa*	3						1	1													
32	3282 夜蛾科	*Spirama*	2				1	1					1	1	1	1		1	1	1	1	1	1
32	3282 夜蛾科	*Spodoptera*	9			1	1	1	1				1	1	1		1	1	1	1	1	1	1
32	3282 夜蛾科	*Standfussiana*	1																				
32	3282 夜蛾科	*Staurophora*	2		1	1	1	1	1														
32	3282 夜蛾科	*Stenbergmania*	1										1										
32	3282 夜蛾科	*Stenhypena*	2																	1			
32	3282 夜蛾科	*Stenodrina*	1																				
32	3282 夜蛾科	*Stenoloba*	23				1						1	1	1		1		1	1		1	1
32	3282 夜蛾科	*Stictoptera*	7										1	1	1	1		1	1		1		1
32	3282 夜蛾科	*Stilbina*	1						1														
32	3282 夜蛾科	*Subleuconycta*	1											1	1					1			
32	3282 夜蛾科	*Sugia*	1																	1			
32	3282 夜蛾科	*Sugitania*	2																	1			
32	3282 夜蛾科	*Sydiva*	1																				
32	3282 夜蛾科	*Sympis*	1												1			1	1		1	1	
32	3282 夜蛾科	*Sympistis*	5				1									1	1	1					
32	3282 夜蛾科	*Syngrapha*	4			1			1		1	1											
32	3282 夜蛾科	*Sypna*	6														1	1		1			
32	3282 夜蛾科	*Sypnoides*	21				1						1	1	1	1	1	1	1	1		1	1
32	3282 夜蛾科	*Taenerema*	1																				
32	3282 夜蛾科	*Taeneremina*	1																	1			
32	3282 夜蛾科	*Taipsaphida*	1																	1			
32	3282 夜蛾科	*Taivaleria*	1																	1			
32	3282 夜蛾科	*Tamba*	7											1						1		1	
32	3282 夜蛾科	*Tambana*	2																				
32	3282 夜蛾科	*Targalla*	3											1				1	1		1	1	1
32	3282 夜蛾科	*Tathodelta*	1																	1			
32	3282 夜蛾科	*Tathothripa*	1																				1
32	3282 夜蛾科	*Taveta*	1																				
32	3282 夜蛾科	*Telorta*	8						1				1	1			1	1	1				
32	3282 夜蛾科	*Teratoglaea*	1													1							
32	3282 夜蛾科	*Thalatha*	3									1	1	1	1	1		1					1
32	3282 夜蛾科	*Thalathoides*	1																				
32	3282 夜蛾科	*Thalatta*	1																	1			
32	3282 夜蛾科	*Thargelia*	1																				
32	3282 夜蛾科	*Thecamichtis*	1																				
32	3282 夜蛾科	*Tholera*	2																				

目	科	属	种数	a	b	c	d	e	f	g	h	i	j	k	l	m	n	o	p	q	r	s	t
32	3282 夜蛾科	*Thyas*	2			1	1	1	1	1		1	1	1	1		1	1	1	1		1	1
32	3282 夜蛾科	*Thyrostipa*	2										1	1	1		1						
32	3282 夜蛾科	*Timora*	2																				
32	3282 夜蛾科	*Tinolius*	2												1			1					
32	3282 夜蛾科	*Tiracola*	3				1	1				1	1	1	1		1	1	1	1	1		
32	3282 夜蛾科	*Titulcia*	3															1	1		1	1	
32	3282 夜蛾科	*Tolpia*	1															1					
32	3282 夜蛾科	*Tortriciforma*	1															1					
32	3282 夜蛾科	*Trachea*	10			1		1	1	1		1	1	1	1		1	1	1	1	1	1	1
32	3282 夜蛾科	*Trichanarta*	3								1												
32	3282 夜蛾科	*Trichoplusia*	5			1	1	1	1	1	1	1	1	1	1	1	1	1	1	1	1	1	1
32	3282 夜蛾科	*Trichoridia*	12												1	1	1						
32	3282 夜蛾科	*Trichosea*	5			1		1				1	1	1	1		1	1	1	1		1	1
32	3282 夜蛾科	*Trichosilia*	1																				
32	3282 夜蛾科	*Trifcestra*	1	1		1	1	1	1	1	1			1		1							
32	3282 夜蛾科	*Trigonodes*	1									1	1	1	1		1	1	1	1	1	1	1
32	3282 夜蛾科	*Trigonophora*	1																		1		
32	3282 夜蛾科	*Triphaenopsis*	5								1		1	1	1		1	1	1				
32	3282 夜蛾科	*Trisuloides*	14									1	1	1	1		1	1	1	1	1	1	1
32	3282 夜蛾科	*Tyana*	9										1	1	1		1	1	1	1	1	1	1
32	3282 夜蛾科	*Tycracona*	1																		1	1	
32	3282 夜蛾科	*Tympanistes*	3														1	1	1	1			
32	3282 夜蛾科	*Tyta*	1																				
32	3282 夜蛾科	*Ugia*	3																			1	1
32	3282 夜蛾科	*Ulotrichopus*	1												1			1					1
32	3282 夜蛾科	*Valeria*	5						1				1	1									
32	3282 夜蛾科	*Valeriodes*	4				1			1	1				1	1	1						
32	3282 夜蛾科	*Vestura*	1																				1
32	3282 夜蛾科	*Virgo*	2										1	1			1	1					
32	3282 夜蛾科	*Westermannia*	6										1	1	1		1	1	1	1	1		
32	3282 夜蛾科	*Xanthia*	13	1		1	1	1	1	1	1		1	1			1						
32	3282 夜蛾科	*Xanthocosmia*	1												1	1							
32	3282 夜蛾科	*Xanthodes*	4				1					1	1	1	1		1	1	1	1	1	1	1
32	3282 夜蛾科	*Xanthoptera*	2															1					
32	3282 夜蛾科	*Xenophysa*	1																				
32	3282 夜蛾科	*Xenotrachea*	3											1	1		1		1				1
32	3282 夜蛾科	*Xestia*	76	1	1	1	1	1	1	1	1	1	1	1	1	1	1	1	1	1	1	1	1
32	3282 夜蛾科	*Xylena*	10	1				1		1		1		1			1	1		1			
32	3282 夜蛾科	*Xyliodes*	1																				
32	3282 夜蛾科	*Xylocampa*	1																				
32	3282 夜蛾科	*Xylomoia*	1																				
32	3282 夜蛾科	*Xylophylia*	1									1	1	1	1			1			1		
32	3282 夜蛾科	*Xylopolia*	2			1	1											1					
32	3282 夜蛾科	*Xylostola*	1															1					
32	3282 夜蛾科	*Yepcalphis*	1										1				1		1		1		
32	3282 夜蛾科	*Zethes*	4															1					
32	3282 夜蛾科	*Zonoplusia*	1										1		1		1	1			1		
32	3282 夜蛾科	*Zurobata*	3										1	1			1	1	1			1	1
32	3282 夜蛾科	*Zutracum*	1																				
32	3283 弄蝶科	*Abraximorpha*	3				1	1	1			1	1	1	1		1	1	1				1
32	3283 弄蝶科	*Adopaea*	1																		1		
32	3283 弄蝶科	*Aeromachus*	13			1		1				1	1	1	1		1	1	1				1
32	3283 弄蝶科	*Ampittia*	9								1		1	1	1	1		1	1	1		1	1
32	3283 弄蝶科	*Ancistroides*	1																				1
32	3283 弄蝶科	*Apostictoperus*	1										1					1			1		
32	3283 弄蝶科	*Arnetta*	1																		1		

目	科	属	种数	a	b	c	d	e	f	g	h	i	j	k	l	m	n	o	p	q	r	s	t
32	3283 弄蝶科	*Astictopterus*	2											1	1				1		1	1	1
32	3283 弄蝶科	*Badamia*	1												1				1	1	1		1
32	3283 弄蝶科	*Baoris*	4									1		1	1				1		1	1	1
32	3283 弄蝶科	*Barca*	1											1	1								
32	3283 弄蝶科	*Bibasis*	13			1				1			1	1	1		1		1	1	1	1	1
32	3283 弄蝶科	*Borbo*	1								1	1							1	1	1	1	1
32	3283 弄蝶科	*Caltoris*	7											1	1				1		1	1	1
32	3283 弄蝶科	*Capila*	13										1		1				1		1	1	1
32	3283 弄蝶科	*Caprona*	1																				1
32	3283 弄蝶科	*Carcharodus*	3	1																			
32	3283 弄蝶科	*Carterocephalus*	20	1		1	1	1	1					1	1	1		1		1			
32	3283 弄蝶科	*Celaenorrhinus*	22				1					1	1	1	1	1	1	1	1	1	1	1	1
32	3283 弄蝶科	*Cephrenes*	1																		1		1
32	3283 弄蝶科	*Choaspes*	4									1	1	1			1	1	1	1	1	1	1
32	3283 弄蝶科	*Coladenia*	9											1	1				1	1		1	1
32	3283 弄蝶科	*Creteus*	1																				
32	3283 弄蝶科	*Ctenoptilum*	1									1	1	1				1		1			
32	3283 弄蝶科	*Daimio*	1			1		1	1			1	1	1	1	1		1	1	1	1	1	
32	3283 弄蝶科	*Darpa*	1																				1
32	3283 弄蝶科	*Erionota*	2											1	1				1	1	1		1
32	3283 弄蝶科	*Erynnis*	3	1		1	1	1	1	1		1	1		1			1	1		1		
32	3283 弄蝶科	*Gangara*	2												1								
32	3283 弄蝶科	*Gerosis*	4											1	1		1	1		1		1	
32	3283 弄蝶科	*Halpe*	17											1	1	1	1	1	1	1	1	1	1
32	3283 弄蝶科	*Hasora*	8								1	1	1	1				1	1	1	1	1	1
32	3283 弄蝶科	*Hesperia*	14	1		1		1	1	1	1			1	1			1					
32	3283 弄蝶科	*Heteropterus*	1			1		1	1						1								
32	3283 弄蝶科	*Hyarotis*	1												1				1		1		1
32	3283 弄蝶科	*Iambrix*	1																1		1		1
32	3283 弄蝶科	*Isoteinon*	1									1	1	1				1	1		1	1	
32	3283 弄蝶科	*Koruthaialos*	2																	1			
32	3283 弄蝶科	*Leptalina*	1			1		1							1			1					
32	3283 弄蝶科	*Lobocla*	8			1		1	1			1	1	1	1	1	1	1	1	1	1		
32	3283 弄蝶科	*Lotongus*	1															1					1
32	3283 弄蝶科	*Matapa*	4												1			1		1	1	1	1
32	3283 弄蝶科	*Mooreana*	1																	1			1
32	3283 弄蝶科	*Muschampia*	4	1		1	1	1	1	1													
32	3283 弄蝶科	*Notocrypta*	7										1					1	1	1	1		1
32	3283 弄蝶科	*Ochlodes*	12	1		1	1	1	1	1		1	1	1	1	1	1	1	1	1	1		
32	3283 弄蝶科	*Ochus*	1													1				1			1
32	3283 弄蝶科	*Odontoptilum*	1											1							1	1	1
32	3283 弄蝶科	*Onryza*	1														1	1					1
32	3283 弄蝶科	*Oriens*	3																		1		1
32	3283 弄蝶科	*Parnara*	5			1	1	1	1	1		1	1	1	1	1	1	1	1	1	1	1	1
32	3283 弄蝶科	*Pedesta*	7																				
32	3283 弄蝶科	*Pelopidas*	9			1	1	1	1			1	1	1	1	1		1	1	1	1	1	1
32	3283 弄蝶科	*Pintara*	1																				1
32	3283 弄蝶科	*Pithauria*	3											1	1			1	1		1	1	1
32	3283 弄蝶科	*Polytremis*	17			1	1	1	1			1	1	1	1			1	1	1	1	1	1
32	3283 弄蝶科	*Potanthus*	24			1		1				1	1	1	1			1	1	1	1	1	1
32	3283 弄蝶科	*Praescobura*	1																		1		
32	3283 弄蝶科	*Pseudoborbo*	1									1		1	1			1	1	1	1		1
32	3283 弄蝶科	*Pseudocoladenia*	2									1		1	1			1	1	1			1
32	3283 弄蝶科	*Psolos*	1																		1		1
32	3283 弄蝶科	*Pyrgus*	11	1		1	1	1	1	1	1	1	1	1	1			1			1	1	1
32	3283 弄蝶科	*Pyroneuro*	1																				1

（续表）

目	科	属	种数	a	b	c	d	e	f	g	h	i	j	k	l	m	n	o	p	q	r	s	t
32	3283 弄蝶科	*Sarangesa*	1																		1		1
32	3283 弄蝶科	*Satarupa*	7			1		1	1			1	1	1	1	1			1	1	1	1	1
32	3283 弄蝶科	*Scobura*	6															1					1
32	3283 弄蝶科	*Sebastonyma*	1														1						
32	3283 弄蝶科	*Seseria*	3											1					1	1	1	1	1
32	3283 弄蝶科	*Sovia*	4														1						
32	3283 弄蝶科	*Spialia*	4	1				1															1
32	3283 弄蝶科	*Suastus*	2												1				1	1	1	1	1
32	3283 弄蝶科	*Tagiades*	7												1				1	1	1	1	1
32	3283 弄蝶科	*Taractrocera*	4												1								
32	3283 弄蝶科	*Telicota*	8									1	1	1					1	1	1	1	1
32	3283 弄蝶科	*Thoressa*	15									1		1	1	1		1	1	1			
32	3283 弄蝶科	*Thymelicus*	4	1		1		1	1	1		1	1	1	1				1				
32	3283 弄蝶科	*Udaspes*	2									1	1		1		1		1	1	1	1	1
32	3283 弄蝶科	*Yania*	1																				
32	3283 弄蝶科	*Zographetus*	5																1		1		1
32	3284 凤蝶科	*Agehana*	2									1	1		1				1	1		1	
32	3284 凤蝶科	*Atrophaneura*	6												1				1	1		1	
32	3284 凤蝶科	*Bhutanitis*	8									1	1	1	1								
32	3284 凤蝶科	*Byasa*	16			1	1	1	1			1	1	1	1	1	1	1	1	1	1	1	1
32	3284 凤蝶科	*Chilasa*	5			1								1	1				1	1	1	1	1
32	3284 凤蝶科	*Graphium*	9							1		1	1	1	1	1			1	1	1	1	1
32	3284 凤蝶科	*Iphiclides*	2	1										1									
32	3284 凤蝶科	*Lamproptera*	2											1	1				1				1
32	3284 凤蝶科	*Losaria*	1																				1
32	3284 凤蝶科	*Luehdorfia*	5			1						1	1	1					1	1			
32	3284 凤蝶科	*Meandrusa*	3									1	1	1	1				1		1		1
32	3284 凤蝶科	*Pachliopta*	1									1	1	1			1		1	1	1	1	1
32	3284 凤蝶科	*Papilio*	39	1	1	1	1	1	1	1	1	1	1	1	1	1	1	1	1	1	1	1	1
32	3284 凤蝶科	*Paranticopsis*	4												1						1	1	1
32	3284 凤蝶科	*Pathysa*	5										1		1						1	1	1
32	3284 凤蝶科	*Pazala*	8									1	1	1	1								
32	3284 凤蝶科	*Sericinus*	1			1	1	1	1			1	1	1					1				
32	3284 凤蝶科	*Tadumia*	1																				
32	3284 凤蝶科	*Teinopalpus*	2									1			1				1				1
32	3284 凤蝶科	*Troides*	3							1			1	1	1				1	1	1	1	1
32	3285 绢蝶科	*Hypemnestra*	1	1																			
32	3285 绢蝶科	*Parnassius*	45	1	1	1	1	1	1	1	1	1		1	1	1	1	1	1				
32	3286 粉蝶科	*Anthocharis*	5	1		1	1	1	1	1	1	1		1	1	1			1				
32	3286 粉蝶科	*Aporia*	35	1		1	1	1	1	1	1	1	1	1	1	1	1	1	1		1	1	
32	3286 粉蝶科	*Appias*	11													1	1	1		1	1	1	1
32	3286 粉蝶科	*Artogeia*	1											1									
32	3286 粉蝶科	*Baltia*	2	1						1	1												
32	3286 粉蝶科	*Catopsilia*	4										1	1			1	1	1	1	1	1	1
32	3286 粉蝶科	*Cepora*	3									1			1				1	1	1	1	1
32	3286 粉蝶科	*Colias*	42	1	1	1	1	1	1	1	1	1	1	1	1	1	1	1	1	1	1	1	1
32	3286 粉蝶科	*Delias*	17									1	1	1	1	1	1	1	1	1	1	1	1
32	3286 粉蝶科	*Dercas*	4									1	1	1	1	1			1		1	1	1
32	3286 粉蝶科	*Euchloe*	1																				
32	3286 粉蝶科	*Eurema*	9			1	1	1	1	1		1	1	1	1	1	1	1	1	1	1	1	1
32	3286 粉蝶科	*Gandaca*	1									1			1				1		1	1	1
32	3286 粉蝶科	*Gonepteryx*	6	1		1	1	1	1			1	1	1	1	1			1		1	1	1
32	3286 粉蝶科	*Hebomoia*	1									1							1		1	1	1
32	3286 粉蝶科	*Ixias*	1									1	1		1				1	1	1	1	1
32	3286 粉蝶科	*Leptidea*	6	1		1	1	1	1	1				1	1								
32	3286 粉蝶科	*Leptosia*	1																		1	1	1

Appendix table 2　The distribution of insect genera in sub-regions of China

目	科	属	种数	昆虫亚区																			
				a	b	c	d	e	f	g	h	i	j	k	l	m	n	o	p	q	r	s	t
32	3286 粉蝶科	*Mesapia*	1				1	1	1	1							1		1				
32	3286 粉蝶科	*Pereronia*	2																	1		1	1
32	3286 粉蝶科	*Pieris*	13	1	1	1	1	1	1	1	1	1	1	1	1	1	1	1	1	1	1	1	
32	3286 粉蝶科	*Pontia*	4	1	1	1	1	1	1	1	1	1	1	1	1	1	1	1	1	1		1	1
32	3286 粉蝶科	*Prioneris*	2										1	1					1	1	1	1	1
32	3286 粉蝶科	*Saletara*	1																1				
32	3286 粉蝶科	*Sinopieris*	2						1														
32	3286 粉蝶科	*Talbotia*	1									1	1		1				1	1	1	1	
32	3286 粉蝶科	*Zegris*	3	1																			
32	3287 灰蝶科	*Acupicta*	1																				1
32	3287 灰蝶科	*Acytolepis*	1			1							1		1				1	1	1	1	1
32	3287 灰蝶科	*Agriades*	8																				
32	3287 灰蝶科	*Agrodiaetus*	5	1		1			1														
32	3287 灰蝶科	*Ahlbergia*	22			1		1					1		1	1		1		1			
32	3287 灰蝶科	*Albulina*	16	1		1	1	1	1	1	1				1		1		1				
32	3287 灰蝶科	*Allotius*	1												1		1						
32	3287 灰蝶科	*Amblopala*	1					1				1	1	1	1				1	1			
32	3287 灰蝶科	*Amblypodia*	1																			1	1
32	3287 灰蝶科	*Ancema*	2												1					1	1	1	1
32	3287 灰蝶科	*Anthene*	2												1						1		1
32	3287 灰蝶科	*Antigius*	3			1	1	1	1						1	1			1	1			
32	3287 灰蝶科	*Apharitis*	1		1		1																
32	3287 灰蝶科	*Araragi*	2			1		1							1	1	1		1	1			
32	3287 灰蝶科	*Arhopala*	20									1	1	1	1	1			1	1	1	1	1
32	3287 灰蝶科	*Aricia*	8			1	1	1	1	1	1	1			1								
32	3287 灰蝶科	*Artipe*	1										1						1	1	1	1	
32	3287 灰蝶科	*Artopoetes*	2			1			1														
32	3287 灰蝶科	*Athamanthia*	10	1											1	1	1	1		1			
32	3287 灰蝶科	*Bothrinia*	1					1	1						1	1					1		
32	3287 灰蝶科	*Caerulea*	2												1								
32	3287 灰蝶科	*Caleta*	4																		1	1	1
32	3287 灰蝶科	*Callenya*	1																1				
32	3287 灰蝶科	*Callophrys*	1		1		1																
32	3287 灰蝶科	*Castalius*	1																		1	1	1
32	3287 灰蝶科	*Catapaecilma*	1																1	1	1		
32	3287 灰蝶科	*Catochrysops*	2												1				1	1	1	1	1
32	3287 灰蝶科	*Catopyrops*	2																				1
32	3287 灰蝶科	*Celastrina*	14			1	1	1	1	1		1	1	1	1	1	1	1	1	1	1	1	1
32	3287 灰蝶科	*Celetoxia*	1												1					1	1	1	1
32	3287 灰蝶科	*Charana*	1																				
32	3287 灰蝶科	*Cheritrella*	1																				
32	3287 灰蝶科	*Chilades*	4				1							1					1	1			1
32	3287 灰蝶科	*Chliaria*	4														1		1	1	1		
32	3287 灰蝶科	*Chrysozephyrus*	56			1		1	1			1	1	1	1				1	1		1	1
32	3287 灰蝶科	*Cissatsuma*	6																				
32	3287 灰蝶科	*Cordelia*	3			1		1	1						1	1			1	1			
32	3287 灰蝶科	*Coreana*	1			1		1	1														
32	3287 灰蝶科	*Creon*	1																				
32	3287 灰蝶科	*Cupido*	4	1		1			1	1	1												
32	3287 灰蝶科	*Curetis*	7					1				1	1	1	1				1	1	1	1	1
32	3287 灰蝶科	*Cyaniris*	3																				
32	3287 灰蝶科	*Dacalana*	1																				1
32	3287 灰蝶科	*Danis*	1																1				
32	3287 灰蝶科	*Deudorix*	9										1	1	1				1	1	1	1	1
32	3287 灰蝶科	*Discolampa*	1																				1
32	3287 灰蝶科	*Esakiozephyrus*	6												1		1	1	1				

目	科	属	种数	a	b	c	d	e	f	g	h	i	j	k	l	m	n	o	p	q	r	s	t
32	3287 灰蝶科	*Euaspa*	3																1	1			1
32	3287 灰蝶科	*Euchrysodes*	1								1	1	1	1					1	1	1	1	1
32	3287 灰蝶科	*Eumedonia*	1	1																			
32	3287 灰蝶科	*Everes*	4	1	1	1	1	1	1	1			1	1	1	1	1		1	1	1	1	1
32	3287 灰蝶科	*Famegana*	1																	1			1
32	3287 灰蝶科	*Favonius*	13			1	1	1	1	1		1		1	1								
32	3287 灰蝶科	*Flos*	7																1		1		1
32	3287 灰蝶科	*Freyeria*	2																		1	1	
32	3287 灰蝶科	*Ginzia*	1																				
32	3287 灰蝶科	*Glaucopsyche*	5	1		1	1	1	1	1	1	1	1		1	1	1						
32	3287 灰蝶科	*Gonerilia*	5			1		1	1						1			1					
32	3287 灰蝶科	*Heliophorus*	15					1						1	1	1	1	1	1	1	1	1	1
32	3287 灰蝶科	*Helleia*	2	1		1			1					1	1	1							
32	3287 灰蝶科	*Heodes*	4			1	1					1											
32	3287 灰蝶科	*Horaga*	4																1	1			1
32	3287 灰蝶科	*Horsfieldia*	1															1					
32	3287 灰蝶科	*Howarthia*	12																1			1	1
32	3287 灰蝶科	*Hypolycaena*	1												1						1		
32	3287 灰蝶科	*Iolana*	1																				
32	3287 灰蝶科	*Ionolyce*	1																		1		1
32	3287 灰蝶科	*Iozephyrus*	1																				
32	3287 灰蝶科	*Iraota*	1												1				1		1	1	
32	3287 灰蝶科	*Iratsume*	1														1						
32	3287 灰蝶科	*Iwaseozephyrus*	2																				
32	3287 灰蝶科	*Jamides*	6										1	1	1				1	1	1	1	1
32	3287 灰蝶科	*Japonica*	5			1		1	1			1		1	1				1	1			
32	3287 灰蝶科	*Laeosopis*	1																				
32	3287 灰蝶科	*Lampides*	1				1						1	1	1		1	1	1	1	1	1	1
32	3287 灰蝶科	*Lestranicus*	1																				
32	3287 灰蝶科	*Leucantigius*	1																1	1			1
32	3287 灰蝶科	*Logania*	1																				
32	3287 灰蝶科	*Loxura*	1												1						1	1	1
32	3287 灰蝶科	*Lycaeides*	6	1		1	1	1	1	1	1	1			1	1							
32	3287 灰蝶科	*Lycaena*	10	1		1	1	1	1	1	1	1	1	1	1	1		1	1				
32	3287 灰蝶科	*Maculinea*	7	1		1	1	1	1	1					1		1						
32	3287 灰蝶科	*Mahathala*	2										1		1				1	1	1	1	1
32	3287 灰蝶科	*Maneca*	1																				
32	3287 灰蝶科	*Megisba*	1																		1	1	
32	3287 灰蝶科	*Miletus*	6																1		1	1	1
32	3287 灰蝶科	*Monodontides*	1															1					
32	3287 灰蝶科	*Mota*	1																				
32	3287 灰蝶科	*Nacaduba*	8													1	1		1		1	1	1
32	3287 灰蝶科	*Nanlingozephyrus*	1																			1	
32	3287 灰蝶科	*Neocheritra*	1																				
32	3287 灰蝶科	*Neolycaena*	8	1		1	1		1	1													
32	3287 灰蝶科	*Neopithecops*	2																1	1			1
32	3287 灰蝶科	*Neozephyrus*	7			1						1	1					1					
32	3287 灰蝶科	*Niphanda*	4			1		1	1			1	1	1	1				1	1	1		1
32	3287 灰蝶科	*Novosatsuma*	8													1	1		1				
32	3287 灰蝶科	*Orthomiella*	4										1		1	1			1	1	1		
32	3287 灰蝶科	*Palaeochrysophanus*	1			1		1															
32	3287 灰蝶科	*Palaeophilodes*	1		1																		
32	3287 灰蝶科	*Pamiria*	1																				
32	3287 灰蝶科	*Panchala*	6													1	1		1	1			1
32	3287 灰蝶科	*Patricius*	1																				
32	3287 灰蝶科	*Petrelaea*	1																		1		

（续表）

目	科	属	种数	a	b	c	d	e	f	g	h	i	j	k	l	m	n	o	p	q	r	s	t
32	3287 灰蝶科	*Phengaris*	3									1		1	1					1			
32	3287 灰蝶科	*Pithecops*	4											1					1	1	1	1	1
32	3287 灰蝶科	*Plebejus*	14	1		1	1	1	1	1	1	1		1	1				1				
32	3287 灰蝶科	*Plibejus*	1																				
32	3287 灰蝶科	*Polyommatus*	29	1		1	1	1	1	1	1	1		1	1	1		1	1			1	
32	3287 灰蝶科	*Poritia*	2																		1		
32	3287 灰蝶科	*Pratapa*	2										1				1		1				
32	3287 灰蝶科	*Prosotas*	8												1					1	1	1	1
32	3287 灰蝶科	*Protantigius*	1										1										
32	3287 灰蝶科	*Protuntigius*	1			1																	
32	3287 灰蝶科	*Pseudophilotes*	1	1					1														
32	3287 灰蝶科	*Pseudozezeeria*	1			1		1	1			1	1	1	1		1	1	1	1	1	1	1
32	3287 灰蝶科	*Qinorapala*	1										1										
32	3287 灰蝶科	*Rapala*	26			1	1					1	1	1	1		1	1	1	1	1	1	1
32	3287 灰蝶科	*Ravenna*	1																	1	1		
32	3287 灰蝶科	*Remelana*	1																		1	1	1
32	3287 灰蝶科	*Saigusaozephyrus*	1																				
32	3287 灰蝶科	*Satyrium*	39	1		1	1	1	1	1		1	1	1	1	1		1	1	1	1	1	1
32	3287 灰蝶科	*Scolitantides*	1	1		1		1	1	1	1		1	1	1		1	1					
32	3287 灰蝶科	*Shaanxiana*	2				1						1										
32	3287 灰蝶科	*Shijimia*	1									1	1	1	1		1	1					
32	3287 灰蝶科	*Shijimiaeoides*	1			1		1															
32	3287 灰蝶科	*Shirozua*	2			1		1															
32	3287 灰蝶科	*Sibataniozephyrus*	2																1				
32	3287 灰蝶科	*Sibstaniozephyrus*	1																				
32	3287 灰蝶科	*Sinia*	2																				
32	3287 灰蝶科	*Sinocupido*	1		1																		
32	3287 灰蝶科	*Sinthusa*	4										1	1	1		1	1				1	1
32	3287 灰蝶科	*Spalgis*	1																	1	1		1
32	3287 灰蝶科	*Spindasis*	10			1							1	1		1	1	1	1	1	1	1	1
32	3287 灰蝶科	*Subsulanoides*	1										1										
32	3287 灰蝶科	*Surendra*	1															1		1		1	
32	3287 灰蝶科	*Syntarucus*	1											1					1	1	1	1	
32	3287 灰蝶科	*Tajuria*	11											1		1		1	1	1	1		
32	3287 灰蝶科	*Taraka*	2			1					1	1	1	1				1	1	1	1	1	1
32	3287 灰蝶科	*Tarucus*	1																	1			
32	3287 灰蝶科	*Teratozephyrus*	15											1	1			1	1				
32	3287 灰蝶科	*Thaduka*	1																	1			
32	3287 灰蝶科	*Thecla*	3	1		1		1	1	1		1		1	1			1		1			
32	3287 灰蝶科	*Thersamonolycaena*	1																				
32	3287 灰蝶科	*Ticherra*	1																		1		1
32	3287 灰蝶科	*Tomares*	1																				
32	3287 灰蝶科	*Tongeia*	15	1		1	1	1	1	1		1	1	1	1	1		1	1	1	1	1	1
32	3287 灰蝶科	*Udara*	3			1						1	1	1	1		1	1	1	1	1	1	1
32	3287 灰蝶科	*Una*	2										1									1	1
32	3287 灰蝶科	*Ussuriana*	5			1		1				1		1	1			1	1		1		
32	3287 灰蝶科	*Vacciiina*	1			1																	
32	3287 灰蝶科	*Wagimo*	5			1		1				1		1				1	1				
32	3287 灰蝶科	*Yamamotozephyrus*	1															1				1	1
32	3287 灰蝶科	*Yasoda*	3																			1	1
32	3287 灰蝶科	*Zeltus*	1																		1		1
32	3287 灰蝶科	*Zinaspa*	5																	1			
32	3287 灰蝶科	*Zizeeria*	2									1			1						1	1	1
32	3287 灰蝶科	*Zizina*	1			1						1	1			1		1	1	1	1	1	1
32	3287 灰蝶科	*Zizula*	1										1			1					1	1	
32	3288 蚬蝶科	*Abisara*	11									1	1	1			1	1	1	1	1	1	1

目	科	属	种数	a	b	c	d	e	f	g	h	i	j	k	l	m	n	o	p	q	r	s	t
32	3288 蚬蝶科	*Dodona*	10											1	1	1	1	1	1	1	1	1	1
32	3288 蚬蝶科	*Paralaxita*	1																		1		1
32	3288 蚬蝶科	*Polycaena*	7			1				1				1	1								
32	3288 蚬蝶科	*Stiboges*	2											1	1	1		1	1		1	1	1
32	3288 蚬蝶科	*Takashia*	1				1			1				1	1								
32	3288 蚬蝶科	*Zemeros*	2									1	1	1			1	1	1		1	1	1
32	3289 喙蝶科	*Libythea*	3			1		1	1				1	1	1	1	1	1		1	1	1	1
32	3290 蛱蝶科	*Abrota*	1											1	1	1	1		1	1		1	1
32	3290 蛱蝶科	*Aglais*	4	1		1	1	1	1	1	1	1		1	1	1	1	1	1	1		1	
32	3290 蛱蝶科	*Aldania*	2			1		1						1									
32	3290 蛱蝶科	*Apatura*	5	1		1	1	1	1	1			1	1	1	1	1	1	1		1	1	1
32	3290 蛱蝶科	*Araschnia*	7			1								1	1	1	1	1	1		1		
32	3290 蛱蝶科	*Argynnis*	1			1	1	1	1	1	1	1	1	1	1	1	1	1	1	1	1	1	1
32	3290 蛱蝶科	*Argyreus*	1			1	1	1	1	1	1	1	1	1	1	1	1	1	1	1	1	1	1
32	3290 蛱蝶科	*Argyronome*	3	1		1		1	1				1	1	1	1	1	1	1	1	1	1	1
32	3290 蛱蝶科	*Ariadne*	2											1		1		1	1	1		1	
32	3290 蛱蝶科	*Athyma*	18	1					1				1	1	1	1	1	1	1	1	1	1	1
32	3290 蛱蝶科	*Auzakia*	1									1	1	1			1	1	1				
32	3290 蛱蝶科	*Bassarona*	28										1	1	1	1	1	1	1				
32	3290 蛱蝶科	*Bhagadatta*	1																1				
32	3290 蛱蝶科	*Boloria*	3	1		1	1	1	1	1	1			1		1							
32	3290 蛱蝶科	*Brenthis*	4	1		1	1	1	1	1				1			1				1		
32	3290 蛱蝶科	*Calinaga*	4			1		1				1	1	1	1	1	1		1	1	1	1	1
32	3290 蛱蝶科	*Cethosia*	5									1	1	1		1	1	1		1	1	1	1
32	3290 蛱蝶科	*Chalinga*	1									1	1	1		1			1				
32	3290 蛱蝶科	*Charaxes*	6									1		1				1		1	1	1	
32	3290 蛱蝶科	*Chersonesia*	1																	1	1	1	
32	3290 蛱蝶科	*Childrena*	2			1	1	1	1	1			1	1	1		1		1		1	1	
32	3290 蛱蝶科	*Chitoria*	7			1		1				1		1	1				1	1	1		
32	3290 蛱蝶科	*Cirrochroa*	3			1								1			1			1			1
32	3290 蛱蝶科	*Clossiana*	16	1		1		1	1	1	1			1	1	1	1	1					
32	3290 蛱蝶科	*Cupha*	1																1	1	1		
32	3290 蛱蝶科	*Cynthia*	3	1		1	1	1				1		1					1	1			
32	3290 蛱蝶科	*Cyrestis*	5									1	1	1			1	1	1	1	1	1	1
32	3290 蛱蝶科	*Damora*	1			1		1				1		1		1			1		1		
32	3290 蛱蝶科	*Diagona*	1																				
32	3290 蛱蝶科	*Dichorragia*	3									1	1	1	1			1	1	1	1	1	1
32	3290 蛱蝶科	*Dilipa*	3			1		1	1			1		1			1						
32	3290 蛱蝶科	*Doleschallia*	1																1	1		1	
32	3290 蛱蝶科	*Dophla*	2													1	1				1		1
32	3290 蛱蝶科	*Eulaceura*	1																				1
32	3290 蛱蝶科	*Euphydryas*	4	1		1	1	1	1														
32	3290 蛱蝶科	*Euripus*	2																		1	1	
32	3290 蛱蝶科	*Eurosigma*	1																				
32	3290 蛱蝶科	*Euthalia*	30				1					1	1	1	1	1	1	1	1	1	1	1	1
32	3290 蛱蝶科	*Fabriciana*	4	1		1	1	1	1	1	1	1	1	1	1	1	1	1	1		1	1	
32	3290 蛱蝶科	*Helcyra*	4									1	1	1	1			1	1	1	1		
32	3290 蛱蝶科	*Herona*	1																		1		1
32	3290 蛱蝶科	*Hestina*	8			1		1	1			1		1			1	1		1	1		
32	3290 蛱蝶科	*Hypolimnas*	3						1					1	1				1	1	1		
32	3290 蛱蝶科	*Inachis*	1				1	1	1					1									
32	3290 蛱蝶科	*Isodema*	1											1							1		
32	3290 蛱蝶科	*Issoria*	2			1	1		1	1	1			1		1		1			1		
32	3290 蛱蝶科	*Junonia*	8						1			1	1	1	1	1	1	1	1	1	1	1	1
32	3290 蛱蝶科	*Kallima*	1									1	1	1	1	1	1	1	1	1	1	1	1
32	3290 蛱蝶科	*Kaniska*	1			1		1	1			1	1	1	1				1	1	1	1	1

（续表）

目	科	属	种数	a	b	c	d	e	f	g	h	i	j	k	l	m	n	o	p	q	r	s	t
32	3290 蛱蝶科	*Kuekenthaliella*	2											1			1						
32	3290 蛱蝶科	*Lasippa*	2																		1		1
32	3290 蛱蝶科	*Lebadea*	1																		1		
32	3290 蛱蝶科	*Lelecella*	1										1										
32	3290 蛱蝶科	*Lexias*	5															1			1	1	1
32	3290 蛱蝶科	*Limenitis*	24	1		1	1	1	1	1			1	1	1	1	1	1	1	1		1	1
32	3290 蛱蝶科	*Litinga*	2			1		1	1	1				1	1	1	1						
32	3290 蛱蝶科	*Melitaea*	27	1		1	1	1	1	1	1	1		1	1	1	1	1			1		
32	3290 蛱蝶科	*Mellicta*	5	1		1	1	1	1								1						
32	3290 蛱蝶科	*Mesoacidalia*	1	1		1		1	1	1		1		1		1							
32	3290 蛱蝶科	*Mimathyma*	4			1	1	1	1	1		1	1	1	1	1		1			1	1	1
32	3290 蛱蝶科	*Moduza*	2																		1	1	1
32	3290 蛱蝶科	*Nephargynnis*	1			1						1	1	1							1	1	1
32	3290 蛱蝶科	*Neptis*	67	1		1	1	1	1	1	1	1	1	1	1	1	1	1	1	1	1	1	1
32	3290 蛱蝶科	*Neurosigma*	1																				
32	3290 蛱蝶科	*Nora*	1																		1		
32	3290 蛱蝶科	*Nymphalis*	3	1		1	1	1	1	1		1		1	1	1		1					
32	3290 蛱蝶科	*Paduca*	1															1					1
32	3290 蛱蝶科	*Pandoriana*	1	1																			
32	3290 蛱蝶科	*Pantoporia*	6										1	1				1	1	1	1		
32	3290 蛱蝶科	*Parasarpa*	4										1	1	1		1		1	1	1	1	
32	3290 蛱蝶科	*Parthenos*	2											1			1						1
32	3290 蛱蝶科	*Paseba*	1											1			1			1			
32	3290 蛱蝶科	*Patsuia*	1			1		1	1	1				1	1	1	1						
32	3290 蛱蝶科	*Phaedyma*	3					1						1	1		1				1	1	1
32	3290 蛱蝶科	*Phalanda*	2											1						1	1	1	1
32	3290 蛱蝶科	*Polygonia*	6	1		1	1	1	1	1		1	1	1		1		1	1				
32	3290 蛱蝶科	*Polyura*	11					1	1			1	1	1	1	1	1			1	1	1	1
32	3290 蛱蝶科	*Proclossiana*	1			1		1															
32	3290 蛱蝶科	*Prothoe*	1																		1		1
32	3290 蛱蝶科	*Pseudergolis*	1										1	1	1		1				1	1	
32	3290 蛱蝶科	*Rohana*	2											1			1	1			1	1	1
32	3290 蛱蝶科	*Sasakia*	4			1		1	1			1	1	1	1		1	1			1		
32	3290 蛱蝶科	*Seokia*	1			1		1		1			1	1	1		1						
32	3290 蛱蝶科	*Sephisa*	4			1		1	1			1	1	1		1	1				1		1
32	3290 蛱蝶科	*Speyeria*	2	1		1	1	1	1	1	1	1		1	1	1	1						
32	3290 蛱蝶科	*Stibochiona*	2										1	1	1		1	1	1		1	1	1
32	3290 蛱蝶科	*Sumalia*	1																		1	1	1
32	3290 蛱蝶科	*Symbrenthia*	12										1	1	1		1	1	1	1	1	1	1
32	3290 蛱蝶科	*Tanaecia*	4																		1	1	1
32	3290 蛱蝶科	*Terinos*	1																				
32	3290 蛱蝶科	*Timelaea*	5			1		1	1			1	1	1	1		1	1					
32	3290 蛱蝶科	*Vagrans*	1												1						1		1
32	3290 蛱蝶科	*Vanessa*	3	1	1	1	1	1	1	1	1	1	1	1	1	1	1	1	1	1	1	1	1
32	3290 蛱蝶科	*Vindula*	2												1					1	1	1	1
32	3290 蛱蝶科	*Yoma*	1															1					1
32	3291 眼蝶科	*Acropolis*	1										1	1			1			1			
32	3291 眼蝶科	*Aphantopus*	3			1		1	1	1			1	1	1	1	1	1					
32	3291 眼蝶科	*Arethusa*	1	1																			
32	3291 眼蝶科	*Argestina*	7							1						1							
32	3291 眼蝶科	*Aulocera*	11				1		1	1	1			1	1	1	1	1					
32	3291 眼蝶科	*Boeberia*	1	1		1																1	
32	3291 眼蝶科	*Callarge*	1											1									
32	3291 眼蝶科	*Callerebia*	20				1	1	1				1	1	1	1	1	1	1		1		
32	3291 眼蝶科	*Chazara*	5	1	1				1	1													
32	3291 眼蝶科	*Chonala*	4					1					1	1	1	1	1	1					

目	科	属	种数	a	b	c	d	e	f	g	h	i	j	k	l	m	n	o	p	q	r	s	t
32	3291 眼蝶科	*Coelites*	1																				1
32	3291 眼蝶科	*Coenonympha*	18	1		1	1	1	1	1	1	1			1		1		1	1			
32	3291 眼蝶科	*Cyllogenes*	1																				
32	3291 眼蝶科	*Davidina*	2			1		1	1			1			1	1							
32	3291 眼蝶科	*Dioriste*	1																				
32	3291 眼蝶科	*Elymnias*	5												1			1	1	1	1	1	1
32	3291 眼蝶科	*Erebia*	34	1		1	1	1	1	1					1	1			1				
32	3291 眼蝶科	*Ethope*	3																		1		1
32	3291 眼蝶科	*Hipparchia*	3	1		1	1	1	1	1	1				1								
32	3291 眼蝶科	*Hyponephele*	14	1		1		1	1	1	1				1				1				
32	3291 眼蝶科	*Karanasa*	3	1																			
32	3291 眼蝶科	*Kirinia*	1			1		1	1	1		1	1	1	1				1				
32	3291 眼蝶科	*Lasiommata*	8	1		1		1	1	1	1			1	1	1			1				
32	3291 眼蝶科	*Lethe*	88			1		1	1			1	1	1	1	1	1	1	1	1	1	1	1
32	3291 眼蝶科	*Lopinga*	4			1		1	1	1		1			1	1							
32	3291 眼蝶科	*Loxerebia*	21			1		1	1	1	1	1			1	1	1	1	1				
32	3291 眼蝶科	*Lyela*	1	1																			
32	3291 眼蝶科	*Mandarinia*	2									1	1	1	1				1			1	1
32	3291 眼蝶科	*Melanargia*	10	1		1	1	1	1	1		1	1	1	1	1			1			1	
32	3291 眼蝶科	*Melanitis*	4				1					1	1		1	1		1	1	1	1	1	1
32	3291 眼蝶科	*Minois*	5	1		1		1	1	1	1	1			1								
32	3291 眼蝶科	*Mycalesis*	19			1		1				1	1	1	1	1	1	1	1	1	1	1	1
32	3291 眼蝶科	*Neope*	25			1	1	1				1	1	1	1	1	1	1	1	1	1	1	1
32	3291 眼蝶科	*Neorina*	4											1	1	1	1	1			1	1	1
32	3291 眼蝶科	*Ninguta*	1			1		1				1		1	1	1			1				
32	3291 眼蝶科	*Nosea*	1																1			1	1
32	3291 眼蝶科	*Oeneis*	15	1		1	1	1		1	1				1			1					
32	3291 眼蝶科	*Orinoma*	2																				
32	3291 眼蝶科	*Orsotriaea*	1											1	1						1	1	1
32	3291 眼蝶科	*Palaeonympha*	1					1	1			1	1	1	1			1	1				
32	3291 眼蝶科	*Paralasa*	10	1						1	1	1			1	1							
32	3291 眼蝶科	*Pararge*	3					1	1					1	1	1	1		1				
32	3291 眼蝶科	*Paroeneis*	5				1				1	1			1								
32	3291 眼蝶科	*Penthema*	4										1	1	1			1	1	1	1	1	1
32	3291 眼蝶科	*Proterebia*	1	1																			
32	3291 眼蝶科	*Pseudochazara*	4	1			1	1	1														
32	3291 眼蝶科	*Ragadia*	1												1								1
32	3291 眼蝶科	*Rhaphicera*	3				1							1	1	1		1	1				
32	3291 眼蝶科	*Satyrus*	19	1		1	1	1	1						1			1					
32	3291 眼蝶科	*Sinonympha*	1											1		1							
32	3291 眼蝶科	*Tatinga*	1				1	1	1	1				1	1								
32	3291 眼蝶科	*Triphysa*	2	1		1		1		1													
32	3291 眼蝶科	*Ypthima*	48			1	1	1	1	1	1	1	1	1	1	1	1	1	1	1	1	1	1
32	3291 眼蝶科	*Zipaetis*	2																		1		
32	3292 环蝶科	*Aemona*	2										1		1				1		1	1	
32	3292 环蝶科	*Amathuxidia*	1																				1
32	3292 环蝶科	*Discophora*	3												1				1		1	1	1
32	3292 环蝶科	*Enispe*	5												1			1	1		1	1	1
32	3292 环蝶科	*Faunis*	3										1	1	1				1		1	1	1
32	3292 环蝶科	*Stichophthalma*	6										1	1	1		1	1	1		1	1	1
32	3292 环蝶科	*Thaumantis*	1															1			1		1
32	3292 环蝶科	*Thauria*	1																		1		
32	3293 斑蝶科	*Danaus*	5							1			1	1	1	1	1	1	1	1	1	1	1
32	3293 斑蝶科	*Euploea*	17										1		1	1		1	1		1	1	1
32	3293 斑蝶科	*Idea*	1																		1		
32	3293 斑蝶科	*Ideopsis*	2						1				1		1				1	1		1	1

目	科	属	种数	昆虫亚区																			
				a	b	c	d	e	f	g	h	i	j	k	l	m	n	o	p	q	r	s	t
32	3293 斑蝶科	*Parantica*	4			1		1		1		1	1	1	1	1	1	1	1	1	1	1	1
32	3293 斑蝶科	*Tirumala*	5									1		1	1				1	1	1	1	1
32	3294 珍蝶科	*Acraea*	2			1				1	1	1			1				1	1	1	1	1
33	3301 长节叶蜂科	*Megaxyela*	1																				
33	3301 长节叶蜂科	*Xyela*	4																			1	1
33	3302 扁蜂科	*Acantholyda*	13			1	1	1	1	1		1	1	1	1		1		1	1		1	
33	3302 扁蜂科	*Cephalcia*	22			1	1	1		1		1		1	1	1			1	1			
33	3302 扁蜂科	*Chinolyda*	1											1	1		1						
33	3302 扁蜂科	*Neurotoma*	4			1											1						
33	3302 扁蜂科	*Onycholyda*	15			1						1	1	1	1	1	1						
33	3302 扁蜂科	*Pamphilius*	11						1						1		1						
33	3302 扁蜂科	*Pseudocephaleia*	1	1																			
33	3303 长背蜂科	*Megalodontes*	5			1																	
33	3304 茸蜂科	*Blasticotoma*	2																	1			
33	3304 茸蜂科	*Runaria*	5									1	1	1	1				1	1			
33	3305 三节叶蜂科	*Alloscenia*	3				1										1						
33	3305 三节叶蜂科	*Aproceros*	4						1								1						
33	3305 三节叶蜂科	*Aprosthema*	6			1		1		1							1						
33	3305 三节叶蜂科	*Arge*	134			1	1	1	1	1		1	1	1	1	1	1	1	1	1	1	1	1
33	3305 三节叶蜂科	*Asiarge*	1																				
33	3305 三节叶蜂科	*Athermantus*	2												1						1		1
33	3305 三节叶蜂科	*Brevisceniana*	1											1									
33	3305 三节叶蜂科	*Cibdela*	6									1		1			1	1					1
33	3305 三节叶蜂科	*Copidoceros*	1																				
33	3305 三节叶蜂科	*Pampsilota*	3										1		1	1	1						1
33	3305 三节叶蜂科	*Sinarge*	1																				
33	3305 三节叶蜂科	*Spinarge*	4					1							1		1						
33	3305 三节叶蜂科	*Sterictiphora*	12					1				1		1	1		1						1
33	3305 三节叶蜂科	*Tanyphatinidea*	3											1	1		1						1
33	3305 三节叶蜂科	*Yasumatsua*	1																1				
33	3305 三节叶蜂科	*Zhuhongfuna*	1														1						
33	3306 锤角叶蜂科	*Abia*	12			1		1	1			1	1	1	1	1	1	1					1
33	3306 锤角叶蜂科	*Agenocimbex*	2						1									1			1		
33	3306 锤角叶蜂科	*Cimbex*	4			1			1						1								
33	3306 锤角叶蜂科	*Corynis*	1			1																	
33	3306 锤角叶蜂科	*Leptocimbex*	18						1	1		1		1		1							1
33	3306 锤角叶蜂科	*Odontocimbex*	1						1														
33	3306 锤角叶蜂科	*Orientabia*	1			1		1															
33	3306 锤角叶蜂科	*Palaeocimbex*	1																				
33	3306 锤角叶蜂科	*Pseudoclavaellaria*	1			1				1													
33	3306 锤角叶蜂科	*Trichiosoma*	6														1	1					
33	3306 锤角叶蜂科	*Zaraea*	5														1						
33	3307 松叶蜂科	*Augomonoctenus*	1												1								
33	3307 松叶蜂科	*Dirpion*	6						1								1					1	1
33	3307 松叶蜂科	*Gilpinia*	12			1						1		1			1					1	1
33	3307 松叶蜂科	*Macrodiprion*	1												1								
33	3307 松叶蜂科	*Microdiprion*	2												1								
33	3307 松叶蜂科	*Neodiprion*	7			1	1	1	1			1			1		1		1		1	1	
33	3307 松叶蜂科	*Nesodiprion*	6			1		1	1				1		1		1		1	1	1		1
33	3308 叶蜂科	*Abeleses*	7									1		1	1				1	1			1
33	3308 叶蜂科	*Abusarbia*	4									1		1	1				1	1			
33	3308 叶蜂科	*Abusarbidea*	1												1								
33	3308 叶蜂科	*Acladiucha*	1																				
33	3308 叶蜂科	*Adamas*	5			1		1					1				1						
33	3308 叶蜂科	*Adungia*	3															1		1			
33	3308 叶蜂科	*Afenella*	1												1								

目	科	属	种数	a	b	c	d	e	f	g	h	i	j	k	l	m	n	o	p	q	r	s	t
33	3308 叶蜂科	*Aglaostigma*	22				1	1				1	1	1	1	1			1	1			
33	3308 叶蜂科	*Allanempria*	2										1						1				1
33	3308 叶蜂科	*Allantides*	2																				
33	3308 叶蜂科	*Allantus*	11	1		1	1	1	1			1	1	1	1				1	1	1		
33	3308 叶蜂科	*Allomorpha*	5									1	1						1				
33	3308 叶蜂科	*Alloselandria*	2														1						
33	3308 叶蜂科	*Alphostromboceros*	5										1	1					1				
33	3308 叶蜂科	*Amauronematus*	1																				
33	3308 叶蜂科	*Ametastegia*	16		1		1					1		1	1				1				1
33	3308 叶蜂科	*Amonophadnus*	4											1					1				1
33	3308 叶蜂科	*Aneugmenus*	10					1				1	1	1	1	1	1		1	1	1		
33	3308 叶蜂科	*Anhoplocampa*	1											1									
33	3308 叶蜂科	*Anisoarthra*	1												1								
33	3308 叶蜂科	*Anoplonyx*	1					1															
33	3308 叶蜂科	*Apareophora*	2										1	1					1				
33	3308 叶蜂科	*Apeptamena*	1											1									
33	3308 叶蜂科	*Apetamena*	1																				
33	3308 叶蜂科	*Apethymorpha*	1																				
33	3308 叶蜂科	*Apethymus*	6					1					1	1							1		
33	3308 叶蜂科	*Aphymatocera*	1																				
33	3308 叶蜂科	*Arla*	2											1					1				
33	3308 叶蜂科	*Asiemphytus*	4				1					1		1	1	1			1				
33	3308 叶蜂科	*Astethomostus*	3				1						1						1				
33	3308 叶蜂科	*Astrombocerina*	1												1				1				
33	3308 叶蜂科	*Asunoxa*	1																1				
33	3308 叶蜂科	*Ateloza*	1																				
33	3308 叶蜂科	*Athalia*	24		1	1	1	1	1			1	1	1	1	1	1	1	1	1		1	1
33	3308 叶蜂科	*Athlophorus*	17									1	1	1	1	1	1	1	1	1	1	1	1
33	3308 叶蜂科	*Atomostethus*	3															1					
33	3308 叶蜂科	*Beldonea*	2														1			1			
33	3308 叶蜂科	*Belesempria*	1											1									
33	3308 叶蜂科	*Beleses*	13				1					1	1	1	1				1	1	1	1	1
33	3308 叶蜂科	*Birka*	4											1									
33	3308 叶蜂科	*Birmella*	4											1						1			
33	3308 叶蜂科	*Birmindia*	4					1					1	1	1	1			1		1		
33	3308 叶蜂科	*Blennallantus*	1						1														
33	3308 叶蜂科	*Blennocampa*	1																				
33	3308 叶蜂科	*Bocerus*	1																				
33	3308 叶蜂科	*Bornea*	1																		1	1	
33	3308 叶蜂科	*Brachythops*	2			1																	
33	3308 叶蜂科	*Brykella*	4																1		1	1	1
33	3308 叶蜂科	*Bua*	2											1	1								
33	3308 叶蜂科	*Busarbia*	2											1						1			
33	3308 叶蜂科	*Busarbidea*	9									1	1	1					1	1			
33	3308 叶蜂科	*Caiina*	3																			1	1
33	3308 叶蜂科	*Caliroa*	22		1		1					1	1	1	1	1			1		1		1
33	3308 叶蜂科	*Canonarea*	1											1									
33	3308 叶蜂科	*Canonias*	2											1			1						1
33	3308 叶蜂科	*Carinoscutum*	1						1														
33	3308 叶蜂科	*Casipteryx*	4			1	1									1							
33	3308 叶蜂科	*Cladardis*	1																1				
33	3308 叶蜂科	*Cladiucha*	3											1	1							1	1
33	3308 叶蜂科	*Cladius*	3											1					1				
33	3308 叶蜂科	*Claremontia*	2																				
33	3308 叶蜂科	*Clypea*	7									1	1	1	1				1				
33	3308 叶蜂科	*Colochela*	1																				

目	科	属	种数	昆虫亚区																			
				a	b	c	d	e	f	g	h	i	j	k	l	m	n	o	p	q	r	s	t
33	3308 叶蜂科	*Colochelyna*	1											1									
33	3308 叶蜂科	*Conaspidia*	14				1					1	1	1		1		1					1
33	3308 叶蜂科	*Conobeleses*	1																			1	
33	3308 叶蜂科	*Cornaria*	1																				
33	3308 叶蜂科	*Corpilus*	1												1								
33	3308 叶蜂科	*Corrugia*	16											1	1			1	1		1	1	
33	3308 叶蜂科	*Corymbas*	4								1							1	1		1		
33	3308 叶蜂科	*Craesus*	3				1					1		1				1					
33	3308 叶蜂科	*Cromaphya*	1												1								
33	3308 叶蜂科	*Curvatapenis*	1										1										
33	3308 叶蜂科	*Darjilingia*	6											1	1			1	1		1		
33	3308 叶蜂科	*Dasmithius*	1																				
33	3308 叶蜂科	*Denticornis*	3												1		1						
33	3308 叶蜂科	*Dineura*	2					1						1									
33	3308 叶蜂科	*Doleroides*	1			1																	
33	3308 叶蜂科	*Dolerus*	42	1		1	1	1	1	1		1	1	1	1	1		1	1		1	1	1
33	3308 叶蜂科	*Duplunguis*	2												1	1		1			1		
33	3308 叶蜂科	*Edenticornia*	4									1		1	1	1		1	1				
33	3308 叶蜂科	*Eirhadinoceraea*	1																				
33	3308 叶蜂科	*Emegatomostethus*	1																				
33	3308 叶蜂科	*Emphystegia*	4					1							1	1	1						
33	3308 叶蜂科	*Emphytopsis*	10															1			1		
33	3308 叶蜂科	*Emphytus*	9	1		1	1		1														
33	3308 叶蜂科	*Empria*	10		1			1					1	1				1			1		
33	3308 叶蜂科	*Encarsioneura*	2																				
33	3308 叶蜂科	*Endelomyia*	1												1								
33	3308 叶蜂科	*Endemyolia*	4					1							1		1						
33	3308 叶蜂科	*Enisciocera*	1																				
33	3308 叶蜂科	*Eriocampa*	7			1		1					1					1					
33	3308 叶蜂科	*Esehabachia*	2										1					1		1			
33	3308 叶蜂科	*Euforsius*	5				1						1	1	1			1	1				
33	3308 叶蜂科	*Eurhadinoceraea*	11	1	1	1	1	1	1	1	1	1		1			1						
33	3308 叶蜂科	*Eusunoxa*	2											1	1			1	1	1	1		
33	3308 叶蜂科	*Eutomostethus*	45				1	1			1	1	1	1	1	1	1	1	1				1
33	3308 叶蜂科	*Ferna*	7											1	1								
33	3308 叶蜂科	*Filixungulia*	1												1								
33	3308 叶蜂科	*Flagellaria*	1												1								1
33	3308 叶蜂科	*Formosempria*	3									1		1	1			1	1				1
33	3308 叶蜂科	*Genatomostethus*	2											1	1						1	1	
33	3308 叶蜂科	*Greatvallus*	1				1																
33	3308 叶蜂科	*Gulingia*	1									1											
33	3308 叶蜂科	*Hainandaonia*	1												1								1
33	3308 叶蜂科	*Hemathlophorus*	3										1		1		1		1		1		
33	3308 叶蜂科	*Hemibeleses*	3						1						1			1					
33	3308 叶蜂科	*Hemichroa*	2														1						
33	3308 叶蜂科	*Hemitaxonus*	10											1	1			1	1				
33	3308 叶蜂科	*Hemocla*	2												1			1		1			
33	3308 叶蜂科	*Heptamelus*	8											1	1			1	1			1	1
33	3308 叶蜂科	*Hoplocampa*	4				1	1	1			1	1	1				1	1				
33	3308 叶蜂科	*Hypsathalia*	1								1				1		1	1					
33	3308 叶蜂科	*Iconia*	2														1			1			
33	3308 叶蜂科	*Indostegia*	5												1	1	1			1			
33	3308 叶蜂科	*Indotaxonus*	2																		1		
33	3308 叶蜂科	*Jermakia*	5			1	1		1					1				1		1			
33	3308 叶蜂科	*Jinia*	4				1	1					1	1	1			1					
33	3308 叶蜂科	*Lagidina*	8											1	1	1			1	1			1

目	科	属	种数	a	b	c	d	e	f	g	h	i	j	k	l	m	n	o	p	q	r	s	t
33	3308 叶蜂科	*Laurentia*	5																				
33	3308 叶蜂科	*Linomorpha*	3									1	1	1	1			1					
33	3308 叶蜂科	*Linorbita*	3												1	1		1			1		
33	3308 叶蜂科	*Liuacampa*	1												1								
33	3308 叶蜂科	*Loderus*	10				1	1						1	1			1					
33	3308 叶蜂科	*Luca*	1						1		1												
33	3308 叶蜂科	*Macremphytus*	1									1			1								
33	3308 叶蜂科	*Macrophya*	110			1		1	1				1	1	1	1	1	1	1	1	1	1	1
33	3308 叶蜂科	*Mallachiella*	4											1	1	1		1			1		
33	3308 叶蜂科	*Megabeleses*	3										1										
33	3308 叶蜂科	*Megadineura*	1				1																
33	3308 叶蜂科	*Megatomostethus*	4				1							1	1			1	1				1
33	3308 叶蜂科	*Melisandra*	2			1									1								
33	3308 叶蜂科	*Mesoneura*	1						1														
33	3308 叶蜂科	*Messa*	3			1		1															
33	3308 叶蜂科	*Metallopeus*	10								1		1		1	1	1	1		1			
33	3308 叶蜂科	*Metallotala*	1																		1		
33	3308 叶蜂科	*Metallus*	6												1			1					
33	3308 叶蜂科	*Mimathlophorus*	2																		1		
33	3308 叶蜂科	*Monardis*	3										1		1	1							
33	3308 叶蜂科	*Monardoides*	1												1	1							
33	3308 叶蜂科	*Monophadnoides*	2										1		1			1					
33	3308 叶蜂科	*Monophadnus*	3			1	1	1							1			1	1		1		
33	3308 叶蜂科	*Monostegia*	1																				
33	3308 叶蜂科	*Moricella*	2									1	1					1	1	1			
33	3308 叶蜂科	*Nagamasaia*	1																		1		
33	3308 叶蜂科	*Nefusa*	1																				
33	3308 叶蜂科	*Nematus*	19			1		1	1				1		1	1	1	1					
33	3308 叶蜂科	*Neoclia*	1										1	1				1	1				
33	3308 叶蜂科	*Neocolochelyna*	1												1								
33	3308 叶蜂科	*Neocorymbas*	1										1		1								
33	3308 叶蜂科	*Neodolerus*	3										1					1					
33	3308 叶蜂科	*Neostromboceros*	62										1	1	1	1		1	1	1	1	1	1
33	3308 叶蜂科	*Neothrinax*	5															1	1	1	1		
33	3308 叶蜂科	*Neoxenaphates*	2												1		1						
33	3308 叶蜂科	*Nepala*	1												1								
33	3308 叶蜂科	*Nesofaxonus*	1											1									
33	3308 叶蜂科	*Nesoselandria*	48						1				1	1	1	1	1	1		1	1	1	1
33	3308 叶蜂科	*Nesoselandriola*	6												1			1					
33	3308 叶蜂科	*Nesotaxonus*	2										1		1	1	1	1					
33	3308 叶蜂科	*Nesotomostethus*	4				1								1			1					
33	3308 叶蜂科	*Niasnoca*	1															1			1		
33	3308 叶蜂科	*Niea*	2												1		1						
33	3308 叶蜂科	*Notodontidae*	1														1						
33	3308 叶蜂科	*Ocla*	1															1					
33	3308 叶蜂科	*Ocornia*	1														1						
33	3308 叶蜂科	*Oculocornia*	1							1													
33	3308 叶蜂科	*Onychostethomostus*	3										1	1	1			1	1				
33	3308 叶蜂科	*Oralia*	3													1		1	1		1	1	
33	3308 叶蜂科	*Pachynematus*	3			1	1																
33	3308 叶蜂科	*Pachyprotasis*	117			1		1	1			1	1	1	1	1	1	1	1	1	1	1	
33	3308 叶蜂科	*Parabeleses*	1																				1
33	3308 叶蜂科	*Parabirmella*	1															1					
33	3308 叶蜂科	*Parahem*	1											1									
33	3308 叶蜂科	*Paralinormorpha*	1																		1		
33	3308 叶蜂科	*Parallantus*	2															1					1

目	科	属	种数	昆虫亚区																				
				a	b	c	d	e	f	g	h	i	j	k	l	m	n	o	p	q	r	s	t
33	3308 叶蜂科	*Paramasaakia*	1																				
33	3308 叶蜂科	*Paraneugmenus*	1										1										
33	3308 叶蜂科	*Parapama*	1																		1		
33	3308 叶蜂科	*Parapeptamena*	1										1										
33	3308 叶蜂科	*Parasiobla*	7					1					1	1	1	1			1	1		1		
33	3308 叶蜂科	*Parna*	2																				
33	3308 叶蜂科	*Periclista*	4															1	1				
33	3308 叶蜂科	*Perineura*	1								1												
33	3308 叶蜂科	*Peus*	2											1									
33	3308 叶蜂科	*Phymatocera*	5				1	1					1	1				1					
33	3308 叶蜂科	*Phymatoceridea*	9					1				1	1		1	1		1	1		1		
33	3308 叶蜂科	*Phymatoceriola*	1												1								
33	3308 叶蜂科	*Phymatoceropsis*	5					1						1	1								
33	3308 叶蜂科	*Platycampus*	1																				
33	3308 叶蜂科	*Pontania*	2				1			1													
33	3308 叶蜂科	*Priophorus*	16			1	1	1					1	1	1	1	1	1	1	1	1	1	
33	3308 叶蜂科	*Pristiphora*	28			1	1	1	1			1		1	1	1		1	1				1
33	3308 叶蜂科	*Profenusa*	2											1									
33	3308 叶蜂科	*Propodea*	3											1	1			1					
33	3308 叶蜂科	*Protemphytus*	10					1						1	1			1	1				1
33	3308 叶蜂科	*Pseudohemitaxonus*	1																	1			
33	3308 叶蜂科	*Pseudopareophora*	1												1								
33	3308 叶蜂科	*Pseudostromboceros*	3								1	1	1		1			1	1				
33	3308 叶蜂科	*Rena*	1				1							1									
33	3308 叶蜂科	*Renonerva*	1				1																
33	3308 叶蜂科	*Renothredo*	1				1																
33	3308 叶蜂科	*Revatra*	1				1	1						1				1					
33	3308 叶蜂科	*Rhadinoceraea*	1													1							
33	3308 叶蜂科	*Rhogogaster*	13			1		1	1					1		1	1	1					
33	3308 叶蜂科	*Rhopographus*	3																	1			
33	3308 叶蜂科	*Rocalia*	4											1	1			1					
33	3308 叶蜂科	*Rya*	1															1					
33	3308 叶蜂科	*Sainia*	2											1	1			1		1			
33	3308 叶蜂科	*Sciapteryx*	1								1												
33	3308 叶蜂科	*Selandria*	3			1																	
33	3308 叶蜂科	*Senoclidea*	4					1				1	1	1	1			1	1				1
33	3308 叶蜂科	*Shenia*	1											1									
33	3308 叶蜂科	*Siniara*	1																				1
33	3308 叶蜂科	*Sinofenusa*	1				1																
33	3308 叶蜂科	*Sinonerva*	1																				
33	3308 叶蜂科	*Sinopoppia*	1															1					
33	3308 叶蜂科	*Siobla*	58			1		1	1			1	1	1	1	1	1	1	1		1		
33	3308 叶蜂科	*Songyuna*	1															1					
33	3308 叶蜂科	*Stauronematus*	1											1									
33	3308 叶蜂科	*Stenemphytus*	3						1						1	1		1					
33	3308 叶蜂科	*Stenempria*	1						1														
33	3308 叶蜂科	*Stethomostus*	3									1	1	1	1			1			1		
33	3308 叶蜂科	*Stigmatozona*	1				1							1									
33	3308 叶蜂科	*Stromboceros*	1											1									
33	3308 叶蜂科	*Strongylogaster*	12												1		1				1	1	
33	3308 叶蜂科	*Takeuchiella*	1															1					
33	3308 叶蜂科	*Tala*	1																		1		
33	3308 叶蜂科	*Taxoblenus*	10						1	1	1			1			1	1					
33	3308 叶蜂科	*Taxonemphytua*	1																				1
33	3308 叶蜂科	*Taxonus*	28			1		1				1	1	1	1			1	1	1	1		
33	3308 叶蜂科	*Tenthredo*	363	1		1	1	1	1	1	1	1	1	1	1	1	1	1	1	1		1	1

目	科	属	种数	a	b	c	d	e	f	g	h	i	j	k	l	m	n	o	p	q	r	s	t
33	3308 叶蜂科	*Tenthredypsis*	6			1		1				1		1	1	1			1	1			
33	3308 叶蜂科	*Thrinax*	3																1	1			
33	3308 叶蜂科	*Tianmuthredo*	1																1				
33	3308 叶蜂科	*Togashia*	1											1		1							
33	3308 叶蜂科	*Tomostethus*	1																				
33	3308 叶蜂科	*Trichiocampus*	5			1	1	1				1	1	1					1				
33	3308 叶蜂科	*Tridentocampa*	1																				1
33	3308 叶蜂科	*Tripidobeleses*	1													1							
33	3308 叶蜂科	*Ulotomotethus*	1																				
33	3308 叶蜂科	*Ungulia*	1											1	1								
33	3308 叶蜂科	*Wuhongia*	1																1				
33	3308 叶蜂科	*Xenapates*	1											1		1							
33	3308 叶蜂科	*Xenapatidea*	6									1	1	1	1	1			1		1	1	1
33	3308 叶蜂科	*Yuccacia*	1																				
33	3308 叶蜂科	*Yushengliua*	2													1	1						
33	3308 叶蜂科	*Zhengina*	1																				
33	3308 叶蜂科	*Zhuana*	1												1	1							
33	3309 筒腹叶蜂科	*Fergus*	1																				
33	3310 树蜂科	*Eriotremex*	1																		1	1	
33	3310 树蜂科	*Sirex*	9	1		1		1		1	1	1		1		1			1				
33	3310 树蜂科	*Tremes*	19	1		1	1	1	1			1		1	1		1	1	1	1	1	1	
33	3310 树蜂科	*Urocerus*	19			1	1		1	1				1	1	1	1	1	1	1	1		
33	3310 树蜂科	*Xeris*	1			1				1				1		1			1				
33	3310 树蜂科	*Xoanon*	2			1																	
33	3311 项蜂科	*Alloxiphia*	1											1									
33	3311 项蜂科	*Carinoxiphia*	1											1									
33	3311 项蜂科	*Dryxiphia*	3																1				
33	3311 项蜂科	*Euxiphydria*	4			1								1			1		1				
33	3311 项蜂科	*Genaxiphia*	2															1					
33	3311 项蜂科	*Hyperxiphia*	1															1					
33	3311 项蜂科	*Megaxiphia*	1				1						1	1									
33	3311 项蜂科	*Nasoxiphia*	1																				
33	3311 项蜂科	*Palpixiphia*	2																1				
33	3311 项蜂科	*Paraxiphia*	1																1				
33	3311 项蜂科	*Platyxiphydria*	1																1				
33	3311 项蜂科	*Trixiphidia*	1											1									
33	3311 项蜂科	*Xiphydria*	7												1			1					
33	3311 项蜂科	*Yangixiphia*	1												1								
33	3312 茎蜂科	*Caenocephus*	1																1				
33	3312 茎蜂科	*Calameuta*	4					1						1					1				
33	3312 茎蜂科	*Cephus*	10			1	1	1	1			1		1									
33	3312 茎蜂科	*Hartigia*	10		1			1						1					1				
33	3312 茎蜂科	*Heterojanus*	1									1											
33	3312 茎蜂科	*Janus*	8		1		1		1			1	1	1			1		1		1		
33	3312 茎蜂科	*Jungicephus*	1											1									
33	3312 茎蜂科	*Magnitarsijanus*	1													1							
33	3312 茎蜂科	*Megajanus*	1													1							
33	3312 茎蜂科	*Miscocephus*	1																1				
33	3312 茎蜂科	*Sinicephus*	1																1	1			
33	3312 茎蜂科	*Stenocephus*	2				1									1							
33	3312 茎蜂科	*Stigmatijanus*	2				1	1											1				
33	3312 茎蜂科	*Syrista*	1																1				
33	3312 茎蜂科	*Tibetjanus*	2													1		1					
33	3312 茎蜂科	*Urosyrista*	2																				
33	3313 尾蜂科	*Orussus*	1																		1		
33	3314 钩腹蜂科	*Bakeronymus*	1																		1		

目	科	属	种数	昆虫亚区																			
				a	b	c	d	e	f	g	h	i	j	k	l	m	n	o	p	q	r	s	t
33	3314 钩腹蜂科	*Bareogonalos*	1																1				
33	3314 钩腹蜂科	*Colpotrichioides*	1																				
33	3314 钩腹蜂科	*Creusa*	1																				
33	3314 钩腹蜂科	*Lycogaster*	1															1					
33	3314 钩腹蜂科	*Lycogonalos*	1																1				
33	3314 钩腹蜂科	*Nanogonalos*	1																1				
33	3314 钩腹蜂科	*Poecilogonalos*	9										1	1	1				1	1			
33	3314 钩腹蜂科	*Prionopoda*	1																				
33	3314 钩腹蜂科	*Pseudotorbda*	1																				
33	3315 巨蜂科	*Ettchellsia*	1																		1		
33	3316 旗腹蜂科	*Brachygaster*	1																1				
33	3316 旗腹蜂科	*Evania*	10										1	1	1				1	1		1	
33	3316 旗腹蜂科	*Parevania*	1											1					1				
33	3316 旗腹蜂科	*Prosevania*	2											1					1		1		
33	3317 举腹蜂科	*Aulacus*	1																1				
33	3317 举腹蜂科	*Pristaulacus*	9									1		1				1	1				
33	3318 褶翅蜂科	*Gasteruption*	8									1						1	1				
33	3319 姬蜂科	*Acaenitus*	1	1		1																	
33	3319 姬蜂科	*Acerataspis*	6												1	1		1	1		1		
33	3319 姬蜂科	*Aclastus*	1															1	1				
33	3319 姬蜂科	*Aconias*	1								1												
33	3319 姬蜂科	*Acrodactyla*	9	1				1											1				
33	3319 姬蜂科	*Acrolyta*	1																				
33	3319 姬蜂科	*Acromia*	1													1							
33	3319 姬蜂科	*Acropimpla*	10			1	1	1				1	1	1	1			1	1		1		
33	3319 姬蜂科	*Acroricnus*	2									1	1	1	1			1	1		1		
33	3319 姬蜂科	*Adelognathus*	5																1				
33	3319 姬蜂科	*Aderaeon*	1																1				
33	3319 姬蜂科	*Aeneonaenaria*	1																1				
33	3319 姬蜂科	*Afrephialtes*	5			1		1					1	1	1				1		1		
33	3319 姬蜂科	*Agasthenes*	1										1					1	1		1		
33	3319 姬蜂科	*Aglaojoppa*	4																1				
33	3319 姬蜂科	*Agriotypus*	9			1								1	1			1	1				
33	3319 姬蜂科	*Agrothereutes*	4			1													1				
33	3319 姬蜂科	*Agrypon*	36	1	1	1	1	1				1			1	1	1	1	1	1	1	1	1
33	3319 姬蜂科	*Alcima*	1																				
33	3319 姬蜂科	*Alcochera*	3			1									1			1					
33	3319 姬蜂科	*Alexeter*	2																				
33	3319 姬蜂科	*Algathia*	1																1				
33	3319 姬蜂科	*Allonotus*	1																1				
33	3319 姬蜂科	*Allophatnus*	1															1	1		1		
33	3319 姬蜂科	*Alloplasta*	4											1									
33	3319 姬蜂科	*Alomya*	1																				
33	3319 姬蜂科	*Alophosternum*	1			1																	
33	3319 姬蜂科	*Amauromorpha*	1									1	1		1				1	1	1	1	1
33	3319 姬蜂科	*Amblyjoppa*	11			1							1	1	1				1	1		1	
33	3319 姬蜂科	*Amphibulus*	2												1								
33	3319 姬蜂科	*Amrapalia*	2											1									
33	3319 姬蜂科	*Anisobas*	3																1				1
33	3319 姬蜂科	*Anomalon*	18			1	1	1					1	1	1	1	1	1	1	1	1	1	1
33	3319 姬蜂科	*Aoplus*	2										1						1				
33	3319 姬蜂科	*Apechthis*	3			1								1	1				1				
33	3319 姬蜂科	*Aphanistes*	3																1				
33	3319 姬蜂科	*Apocryptus*	6											1			1		1				
33	3319 姬蜂科	*Apophua*	7	1								1		1					1				
33	3319 姬蜂科	*Apophysius*	2															1	1			1	1

目	科	属	种数	a	b	c	d	e	f	g	h	i	j	k	l	m	n	o	p	q	r	s	t
33	3319 姬蜂科	*Aptesis*	3				1	1															
33	3319 姬蜂科	*Arenetra*	1																				
33	3319 姬蜂科	*Arhytis*	2											1								1	
33	3319 姬蜂科	*Aritranis*	2			1																	
33	3319 姬蜂科	*Arotes*	3			1									1				1	1			
33	3319 姬蜂科	*Arthula*	4									1	1						1	1		1	
33	3319 姬蜂科	*Asperpunctatus*	2														1						
33	3319 姬蜂科	*Astiphromma*	9											1					1				
33	3319 姬蜂科	*Astomaspis*	2																1	1		1	
33	3319 姬蜂科	*Astrenis*	2																1				
33	3319 姬蜂科	*Atanyjoppa*	2																1	1			
33	3319 姬蜂科	*Ateleute*	1																1				
33	3319 姬蜂科	*Atopotrophos*	4					1						1	1				1				
33	3319 姬蜂科	*Atractodes*	2											1	1				1				
33	3319 姬蜂科	*Atractogaster*	1			1																	
33	3319 姬蜂科	*Auberteterus*	1									1	1	1	1				1	1		1	
33	3319 姬蜂科	*Baltazaria*	3											1					1				
33	3319 姬蜂科	*Banchus*	7							1				1					1				
33	3319 姬蜂科	*Barichneumon*	11																1				
33	3319 姬蜂科	*Barichneumonites*	1																1				
33	3319 姬蜂科	*Barycnemis*	2											1									
33	3319 姬蜂科	*Barylypa*	2					1				1											
33	3319 姬蜂科	*Barytarbes*	2						1										1				
33	3319 姬蜂科	*Bathyplectes*	1																1				
33	3319 姬蜂科	*Bathythrix*	4			1		1				1	1	1	1				1	1		1	
33	3319 姬蜂科	*Benrtra*	1																1				
33	3319 姬蜂科	*Brachycyrtus*	1									1	1	1					1	1		1	
33	3319 姬蜂科	*Brachynervus*	7					1				1	1	1					1				
33	3319 姬蜂科	*Brachypimpla*	1																1				
33	3319 姬蜂科	*Brachyscleroma*	11										1		1				1	1			
33	3319 姬蜂科	*Brevitubulus*	1														1						
33	3319 姬蜂科	*Brussinocryptus*	3									1							1				
33	3319 姬蜂科	*Buathra*	4																				
33	3319 姬蜂科	*Buysmania*	1																1	1		1	
33	3319 姬蜂科	*Bystra*	2																1				
33	3319 姬蜂科	*Caenocryptoides*	2											1									
33	3319 姬蜂科	*Caenocryptus*	3			1		1											1				
33	3319 姬蜂科	*Calaminus*	1			1																	
33	3319 姬蜂科	*Callajoppa*	4			1		1							1				1	1		1	
33	3319 姬蜂科	*Campodorus*	2																				
33	3319 姬蜂科	*Campoletis*	7			1		1				1	1	1					1	1		1	
33	3319 姬蜂科	*Campoplex*	11			1													1				
33	3319 姬蜂科	*Camptotypus*	3																1	1			
33	3319 姬蜂科	*Carria*	1																1				
33	3319 姬蜂科	*Casinaria*	12			1	1	1				1	1	1	1				1	1		1	
33	3319 姬蜂科	*Celata*	1					1															
33	3319 姬蜂科	*Centeterus*	1																				
33	3319 姬蜂科	*Ceratocryptus*	1																	1	1		
33	3319 姬蜂科	*Charops*	4			1	1	1				1	1	1	1		1		1	1	1	1	1
33	3319 姬蜂科	*Chlorocryptus*	3			1		1				1	1	1					1	1		1	
33	3319 姬蜂科	*Chorinaeus*	3			1						1	1	1					1	1			
33	3319 姬蜂科	*Chriodes*	10									1	1			1			1		1	1	
33	3319 姬蜂科	*Chrionota*	1																1				
33	3319 姬蜂科	*Cidaphus*	3	1																			
33	3319 姬蜂科	*Cisaris*	2											1					1				
33	3319 姬蜂科	*Cladeutes*	1						1														

目	科	属	种数	a	b	c	d	e	f	g	h	i	j	k	l	m	n	o	p	q	r	s	t
																			昆虫亚区				
33	3319 姬蜂科	*Clatha*	1									1											
33	3319 姬蜂科	*Clistopyga*	2																	1			
33	3319 姬蜂科	*Cnastis*	2										1										
33	3319 姬蜂科	*Cobunus*	1										1						1	1			
33	3319 姬蜂科	*Coccygomimus*	4			1	1	1	1				1	1	1				1				
33	3319 姬蜂科	*Coelichneumon*	18										1						1				
33	3319 姬蜂科	*Coesula*	1																1				
33	3319 姬蜂科	*Coleocentrus*	9			1		1					1	1					1	1		1	
33	3319 姬蜂科	*Collyria*	2																				
33	3319 姬蜂科	*Colpotrochia*	14									1	1	1	1				1	1		1	
33	3319 姬蜂科	*Compsophorus*	4																1				
33	3319 姬蜂科	*Coptomystax*	1										1										
33	3319 姬蜂科	*Cosmoconus*	6			1								1									
33	3319 姬蜂科	*Crathiorada*	1																1				
33	3319 姬蜂科	*Cratichneumon*	1			1																	
33	3319 姬蜂科	*Cratojoppa*	1																				1
33	3319 姬蜂科	*Cratolabus*	2																1				
33	3319 姬蜂科	*Cremastus*	2			1	1	1															
33	3319 姬蜂科	*Cryptopimpla*	4			1	1							1					1				
33	3319 姬蜂科	*Cryptus*	9																				
33	3319 姬蜂科	*Ctenichneumon*	5											1	1				1	1		1	
33	3319 姬蜂科	*Cteniscus*	1																				
33	3319 姬蜂科	*Ctenochira*	1																1				
33	3319 姬蜂科	*Ctenopelma*	4											1									
33	3319 姬蜂科	*Cumatocinetus*	1						1														
33	3319 姬蜂科	*Cylloceria*	4											1	1								
33	3319 姬蜂科	*Cymodusa*	2																1				
33	3319 姬蜂科	*Cyrtorhyssa*	1																		1		
33	3319 姬蜂科	*Darachosia*	1																				
33	3319 姬蜂科	*Delomerista*	2			1																	
33	3319 姬蜂科	*Dentimachus*	4											1	1		1						
33	3319 姬蜂科	*Deuteroxorides*	1			1																	
33	3319 姬蜂科	*Diadegma*	13			1		1				1	1	1	1				1	1		1	1
33	3319 姬蜂科	*Diadromus*	2				1												1	1			
33	3319 姬蜂科	*Diaparsis*	3			1						1											
33	3319 姬蜂科	*Diatora*	2												1					1		1	
33	3319 姬蜂科	*Dicaelotus*	4																				
33	3319 姬蜂科	*Dicamptus*	7			1				1		1		1	1				1	1	1	1	
33	3319 姬蜂科	*Dichrogaster*	2				1												1				
33	3319 姬蜂科	*Dictyonotus*	2			1						1		1					1	1	1		
33	3319 姬蜂科	*Dimaetha*	1																1				
33	3319 姬蜂科	*Dinocryptus*	1																				
33	3319 姬蜂科	*Diphyus*	9																				
33	3319 姬蜂科	*Diplazon*	7	1	1	1	1	1	1	1			1	1	1		1		1	1		1	
33	3319 姬蜂科	*Dolichomitus*	22	1	1	1	1	1					1	1					1	1			
33	3319 姬蜂科	*Dolichotrochanter*	1											1									
33	3319 姬蜂科	*Dreisbachia*	1																1				
33	3319 姬蜂科	*Drepanoctonus*	1																1				
33	3319 姬蜂科	*Dusona*	21			1													1	1			
33	3319 姬蜂科	*Dyspetes*	7						1					1		1							
33	3319 姬蜂科	*Earobia*	1																1				
33	3319 姬蜂科	*Ecaepomia*	1														1						
33	3319 姬蜂科	*Eccoptosage*	3												1				1	1		1	
33	3319 姬蜂科	*Echthromorpha*	1										1								1	1	1
33	3319 姬蜂科	*Echthronomas*	1																				
33	3319 姬蜂科	*Echthrus*	1			1								1									

目	科	属	种数	a	b	c	d	e	f	g	h	i	j	k	l	m	n	o	p	q	r	s	t
33	3319 姬蜂科	*Enclisis*	1																				
33	3319 姬蜂科	*Endasys*	4			1									1								
33	3319 姬蜂科	*Endromopoda*	2					1											1				
33	3319 姬蜂科	*Enicospilus*	111	1	1	1	1	1	1		1	1	1	1	1	1	1	1	1	1	1	1	1
33	3319 姬蜂科	*Enizemum*	10											1					1				
33	3319 姬蜂科	*Ephialtes*	7			1		1	1				1	1	1				1	1		1	
33	3319 姬蜂科	*Epirhyssa*	9			1		1					1	1					1	1	1	1	
33	3319 姬蜂科	*Eriborus*	11			1		1	1			1	1	1	1				1	1		1	
33	3319 姬蜂科	*Eridolius*	3																1	1			
33	3319 姬蜂科	*Erigorgus*	2																				
33	3319 姬蜂科	*Eriostethus*	2																1				
33	3319 姬蜂科	*Etha*	2																1	1			
33	3319 姬蜂科	*Ethelurgus*	1																				
33	3319 姬蜂科	*Euceros*	6						1				1	1					1	1			
33	3319 姬蜂科	*Eugalta*	13			1						1	1	1	1	1			1				
33	3319 姬蜂科	*Eupalamus*	2												1				1				
33	3319 姬蜂科	*Eurycryptus*	2																1				
33	3319 姬蜂科	*Eurylabus*	2																1				
33	3319 姬蜂科	*Eutanyacra*	3	1		1	1	1	1	1		1		1	1			1			1	1	
33	3319 姬蜂科	*Excavarus*	2																1	1			
33	3319 姬蜂科	*Exenterus*	6																1	1			
33	3319 姬蜂科	*Exeristes*	3	1		1		1				1							1	1			
33	3319 姬蜂科	*Exestuberis*	1			1																	
33	3319 姬蜂科	*Exetastes*	22	1		1	1	1					1	1					1				
33	3319 姬蜂科	*Exochus*	21			1	1	1		1									1	1		1	
33	3319 姬蜂科	*Exyston*	1																				
33	3319 姬蜂科	*Facydes*	2										1						1	1		1	
33	3319 姬蜂科	*Fitatsia*	1																1				
33	3319 姬蜂科	*Flavopimpla*	1																1				
33	3319 姬蜂科	*Formocryptus*	1												1				1				
33	3319 姬蜂科	*Formostenus*	2																1				
33	3319 姬蜂科	*Friona*	1										1						1		1		
33	3319 姬蜂科	*Gambroides*	2																1	1			1
33	3319 姬蜂科	*Gambrus*	2								1	1			1				1				
33	3319 姬蜂科	*Gelis*	7																				
33	3319 姬蜂科	*Geniceris*	1														1						
33	3319 姬蜂科	*Giraudia*	1																1				
33	3319 姬蜂科	*Glyphicnemis*	1																				
33	3319 姬蜂科	*Glypta*	13			1	1							1					1				
33	3319 姬蜂科	*Glyptopimpla*	1																1				
33	3319 姬蜂科	*Goedartia*	3											1	1								
33	3319 姬蜂科	*Goryphus*	14				1				1	1	1	1					1	1	1	1	1
33	3319 姬蜂科	*Gotra*	4			1		1			1	1	1	1	1			1	1	1	1	1	1
33	3319 姬蜂科	*Gregopimpla*	3			1	1	1		1		1	1	1	1				1	1			
33	3319 姬蜂科	*Grypocentrus*	2																1				
33	3319 姬蜂科	*Gyrodonta*	1									1											
33	3319 姬蜂科	*Habronyx*	8			1		1					1						1	1	1	1	
33	3319 姬蜂科	*Hadrodactylus*	3																1				
33	3319 姬蜂科	*Hadrostethus*	1																1				
33	3319 姬蜂科	*Hedycryptus*	3									1	1	1					1				
33	3319 姬蜂科	*Hedyjoppa*	1																1				
33	3319 姬蜂科	*Hellwigia*	1						1														
33	3319 姬蜂科	*Hemigaster*	2								1	1	1	1				1	1	1		1	
33	3319 姬蜂科	*Hemiphanes*	1																				
33	3319 姬蜂科	*Hepialichneumon*	4														1						
33	3319 姬蜂科	*Hepiopelmus*	1																				

（续表）

目	科	属	种数	a	b	c	d	e	f	g	h	i	j	k	l	m	n	o	p	q	r	s	t
33	3319 姬蜂科	*Heresiarches*	1																	1			
33	3319 姬蜂科	*Herpestomus*	1																				
33	3319 姬蜂科	*Heteropelma*	10											1	1	1	1	1	1	1	1	1	1
33	3319 姬蜂科	*Himerta*	2																				
33	3319 姬蜂科	*Holcojoppa*	6																	1			
33	3319 姬蜂科	*Homaspis*	1																				
33	3319 姬蜂科	*Hoplismenus*	3																				
33	3319 姬蜂科	*Hoplocryptus*	4																	1			
33	3319 姬蜂科	*Hybomischos*	1												1								
33	3319 姬蜂科	*Hybrizon*	1																				
33	3319 姬蜂科	*Hyposoter*	8			1	1	1	1			1	1	1				1	1		1		
33	3319 姬蜂科	*Hypsicera*	13																1	1			
33	3319 姬蜂科	*Ichneumon*	23			1								1	1				1	1		1	
33	3319 姬蜂科	*Idiolispa*	1											1									
33	3319 姬蜂科	*Imeria*	2																	1		1	
33	3319 姬蜂科	*Insulcus*	1														1						
33	3319 姬蜂科	*Isadelphus*	1																				
33	3319 姬蜂科	*Ischnoceros*	6			1									1								
33	3319 姬蜂科	*Ischnojoppa*	1					1				1	1		1					1	1	1	1
33	3319 姬蜂科	*Ischnus*	3									1		1					1				
33	3319 姬蜂科	*Ischyrocnemis*	1																				
33	3319 姬蜂科	*Ishigakia*	9										1		1	1			1	1	1	1	
33	3319 姬蜂科	*Isotima*	4																	1		1	
33	3319 姬蜂科	*Itamoplex*	1				1																
33	3319 姬蜂科	*Itoplectis*	8			1	1	1	1	1		1	1	1	1		1		1	1	1	1	1
33	3319 姬蜂科	*Javra*	1																	1		1	
33	3319 姬蜂科	*Jezarotes*	2			1														1			
33	3319 姬蜂科	*Kerrichia*	1																	1			
33	3319 姬蜂科	*Klutiana*	3																	1			
33	3319 姬蜂科	*Kristotomus*	24					1							1					1	1		
33	3319 姬蜂科	*Lachmetha*	1																	1			
33	3319 姬蜂科	*Lagoleptus*	1																1	1			
33	3319 姬蜂科	*Lamachus*	2					1							1								
33	3319 姬蜂科	*Lareiga*	1										1							1	1		
33	3319 姬蜂科	*Lathrolestes*	2																	1			
33	3319 姬蜂科	*Lathrostizus*	1																				
33	3319 姬蜂科	*Latibulus*	4			1						1	1	1					1	1		1	
33	3319 姬蜂科	*Lemophagus*	1									1	1	1	1				1			1	
33	3319 姬蜂科	*Lentocerus*	2														1						
33	3319 姬蜂科	*Leptacoenites*	2	1																			
33	3319 姬蜂科	*Leptobatopsis*	10											1		1			1	1		1	1
33	3319 姬蜂科	*Leptophion*	2																	1			1
33	3319 姬蜂科	*Leptopimpla*	1												1					1			1
33	3319 姬蜂科	*Liaoichneumon*	1																				
33	3319 姬蜂科	*Linycus*	1																	1			
33	3319 姬蜂科	*Liotryphon*	2			1		1							1								
33	3319 姬蜂科	*Lissonota*	28	1		1	1	1	1	1		1			1			1					
33	3319 姬蜂科	*Lissosculpta*	1																1	1			
33	3319 姬蜂科	*Listrodromus*	2																	1			
33	3319 姬蜂科	*Listrognathus*	7									1	1	1					1	1		1	1
33	3319 姬蜂科	*Litochila*	6													1				1			
33	3319 姬蜂科	*Livipurpurata*	1										1		1			1					
33	3319 姬蜂科	*Lochetica*	1																	1			
33	3319 姬蜂科	*Longitibia*	1																1				
33	3319 姬蜂科	*Lophyroplectus*	1																1				
33	3319 姬蜂科	*Lusius*	2																	1			

目	科	属	种数	\multicolumn{20}{c}{昆虫亚区}

目	科	属	种数	a	b	c	d	e	f	g	h	i	j	k	l	m	n	o	p	q	r	s	t
33	3319 姬蜂科	*Lycorina*	6			1		1				1		1					1		1		
33	3319 姬蜂科	*Lygurus*	1																	1			
33	3319 姬蜂科	*Lymantrichneumon*	1																				
33	3319 姬蜂科	*Lysibia*	2																	1			
33	3319 姬蜂科	*Macromalon*	1												1					1	1		
33	3319 姬蜂科	*Madastenus*	1														1						
33	3319 姬蜂科	*Mansa*	7									1		1	1		1	1	1	1		1	1
33	3319 姬蜂科	*Maraces*	1																			1	
33	3319 姬蜂科	*Mastrus*	2																				
33	3319 姬蜂科	*Megacara*	2											1									
33	3319 姬蜂科	*Megalomya*	4									1	1	1					1				
33	3319 姬蜂科	*Megarhyssa*	18			1	1	1	1		1	1	1	1	1	1	1		1	1	1	1	1
33	3319 姬蜂科	*Melalophacharops*	1																	1			
33	3319 姬蜂科	*Melanichneumon*	3										1							1			
33	3319 姬蜂科	*Melcha*	1																	1			
33	3319 姬蜂科	*Meloboris*	1																				
33	3319 姬蜂科	*Menaforia*	2																	1			
33	3319 姬蜂科	*Meringopus*	7																				
33	3319 姬蜂科	*Mesochorus*	25			1	1	1		1		1	1	1	1				1	1		1	
33	3319 姬蜂科	*Mesoclistus*	2	1		1																	
33	3319 姬蜂科	*Mesoleptidea*	1																				
33	3319 姬蜂科	*Mesoleptus*	1																	1	1	1	
33	3319 姬蜂科	*Mesophadnus*	2																	1			
33	3319 姬蜂科	*Mesostenus*	3																	1			
33	3319 姬蜂科	*Metachorischizus*	3																	1			1
33	3319 姬蜂科	*Metopheltes*	1																				
33	3319 姬蜂科	*Metopius*	16			1						1	1	1	1				1	1		1	1
33	3319 姬蜂科	*Milironia*	1										1							1			
33	3319 姬蜂科	*Miolyta*	1																				
33	3319 姬蜂科	*Monoblastus*	3							1													
33	3319 姬蜂科	*Monontos*	2																	1			
33	3319 姬蜂科	*Myllenyxis*	1															1					
33	3319 姬蜂科	*Myrmeleonostenus*	2																	1			
33	3319 姬蜂科	*Naenaria*	4																	1			
33	3319 姬蜂科	*Naenarides*	1																	1			
33	3319 姬蜂科	*Necolio*	1																	1			
33	3319 姬蜂科	*Neliopisthus*	2											1									
33	3319 姬蜂科	*Nematopodius*	4											1						1			1
33	3319 姬蜂科	*Neodontocryptus*	1																	1			
33	3319 姬蜂科	*Neofacydes*	2																	1		1	
33	3319 姬蜂科	*Neoheresiarches*	1										1										
33	3319 姬蜂科	*Neotypus*	2			1														1	1	1	
33	3319 姬蜂科	*Neoxorides*	4			1		1		1					1								
33	3319 姬蜂科	*Nepelia*	1								1												
33	3319 姬蜂科	*Nesostenodontus*	1																	1			
33	3319 姬蜂科	*Netelia*	39	1		1	1	1	1	1	1	1	1	1	1		1	1	1	1	1	1	1
33	3319 姬蜂科	*Neurogenia*	5									1		1	1				1	1		1	
33	3319 姬蜂科	*Nipponaetes*	1															1				1	
33	3319 姬蜂科	*Nomosphecia*	2																	1			
33	3319 姬蜂科	*Notoplatylabus*	1																	1			
33	3319 姬蜂科	*Notopygus*	1																				
33	3319 姬蜂科	*Notosemus*	1																	1			
33	3319 姬蜂科	*Odontocolon*	8			1		1						1		1							
33	3319 姬蜂科	*Oedemopsis*	1																				
33	3319 姬蜂科	*Oetophorus*	1																			1	
33	3319 姬蜂科	*Olesicampe*	4																	1			

目	科	属	种数	\multicolumn{20}{c}{昆虫亚区}
				a	b	c	d	e	f	g	h	i	j	k	l	m	n	o	p	q	r	s	t
33	3319 姬蜂科	*Opheltes*	2		1			1						1									
33	3319 姬蜂科	*Ophion*	16		1	1	1	1	1			1	1	1	1		1	1	1	1			
33	3319 姬蜂科	*Orientohemiteles*	1																		1		
33	3319 姬蜂科	*Oronotus*	2																		1		
33	3319 姬蜂科	*Orthocentrus*	2																		1	1	
33	3319 姬蜂科	*Ortholaba*	1																				
33	3319 姬蜂科	*Otoblastus*	1																		1		
33	3319 姬蜂科	*Oxyrrhexis*	2					1															
33	3319 姬蜂科	*Pachymelos*	2												1		1						
33	3319 姬蜂科	*Paragambrus*	1			1																	
33	3319 姬蜂科	*Parania*	1																		1		
33	3319 姬蜂科	*Paraperithous*	5												1					1	1		
33	3319 姬蜂科	*Paraphylax*	3																		1		
33	3319 姬蜂科	*Parema*	1																		1		
33	3319 姬蜂科	*Patrocloides*	1																				
33	3319 姬蜂科	*Perilissus*	1																		1		
33	3319 姬蜂科	*Perisphincter*	1											1	1	1							
33	3319 姬蜂科	*Perispuda*	2												1								
33	3319 姬蜂科	*Perithous*	7						1						1						1		
33	3319 姬蜂科	*Perjiva*	2								1												
33	3319 姬蜂科	*Phaenolobus*	6			1		1						1	1	1					1		
33	3319 姬蜂科	*Phaeogenes*	1			1	1					1			1			1					
33	3319 姬蜂科	*Phalgea*	2																			1	1
33	3319 姬蜂科	*Phobetes*	5										1	1							1		
33	3319 姬蜂科	*Phobocampe*	2																		1		
33	3319 姬蜂科	*Phradis*	6																		1		
33	3319 姬蜂科	*Phygadeuon*	6																		1		
33	3319 姬蜂科	*Phytodietus*	9												1						1		
33	3319 姬蜂科	*Picardiella*	3												1						1		
33	3319 姬蜂科	*Pimpla*	26		1	1	1	1	1			1	1	1	1		1	1	1		1		
33	3319 姬蜂科	*Pimplaetus*	5			1		1					1			1							
33	3319 姬蜂科	*Pion*	2					1					1	1									
33	3319 姬蜂科	*Platylabus*	4																1	1			
33	3319 姬蜂科	*Platymystax*	1																		1		
33	3319 姬蜂科	*Plectiscidea*	1																				
33	3319 姬蜂科	*Plectochorus*	1																		1		
33	3319 姬蜂科	*Pleolophus*	5				1																
33	3319 姬蜂科	*Podoschistus*	3			1		1	1												1		
33	3319 姬蜂科	*Poemenia*	5			1			1	1											1		
33	3319 姬蜂科	*Polyblastus*	3			1															1		
33	3319 姬蜂科	*Polysphincta*	1												1						1		
33	3319 姬蜂科	*Polytribax*	2											1									
33	3319 姬蜂科	*Porizon*	1																				
33	3319 姬蜂科	*Priopoda*	2												1								
33	3319 姬蜂科	*Pristiceros*	1																		1		
33	3319 姬蜂科	*Pristomerus*	8			1	1					1	1	1					1	1		1	
33	3319 姬蜂科	*Probolus*	1																		1		
33	3319 姬蜂科	*Promethes*	2			1																	
33	3319 姬蜂科	*Protichneumon*	9												1				1	1			
33	3319 姬蜂科	*Pseudeupalamus*	1																				
33	3319 姬蜂科	*Pseudoamblyteles*	1																				
33	3319 姬蜂科	*Pseudomaraces*	1																				
33	3319 姬蜂科	*Pseudopimpla*	2			1		1	1				1	1			1						
33	3319 姬蜂科	*Pseudorhyssa*	2			1																	
33	3319 姬蜂科	*Psilomastax*	1																		1		1
33	3319 姬蜂科	*Pterocormus*	2							1													

目	科	属	种数	a	b	c	d	e	f	g	h	i	j	k	l	m	n	o	p	q	r	s	t
33	3319 姬蜂科	*Reclinervellus*	1																1				
33	3319 姬蜂科	*Retalia*	2																	1			
33	3319 姬蜂科	*Rhembobius*	1																	1			
33	3319 姬蜂科	*Rhimphoctona*	4			1				1				1									
33	3319 姬蜂科	*Rhyssa*	7	1		1		1	1	1				1		1	1						
33	3319 姬蜂科	*Rhyssella*	6	1		1		1	1					1	1							1	
33	3319 姬蜂科	*Rothneyia*	4									1						1					
33	3319 姬蜂科	*Rynchobanchus*	4			1																	
33	3319 姬蜂科	*Sachtlebenia*	1																1	1			
33	3319 姬蜂科	*Satrius*	1																	1			
33	3319 姬蜂科	*Scambus*	11			1				1										1			
33	3319 姬蜂科	*Scenocharops*	4																1	1			
33	3319 姬蜂科	*Schizopyga*	3					1					1						1				
33	3319 姬蜂科	*Schreineria*	6			1	1	1	1			1	1						1	1			
33	3319 姬蜂科	*Scolobates*	7					1				1	1	1	1				1	1		1	
33	3319 姬蜂科	*Seleucus*	1										1										
33	3319 姬蜂科	*Sericopimpla*	2				1					1	1	1					1	1		1	
33	3319 姬蜂科	*Setanta*	2																1				
33	3319 姬蜂科	*Seticornuta*	1												1								
33	3319 姬蜂科	*Shiapus*	1			1																	
33	3319 姬蜂科	*Sinarachna*	2												1								
33	3319 姬蜂科	*Sinicorussus*	1																				
33	3319 姬蜂科	*Sinophorus*	8			1	1	1											1				
33	3319 姬蜂科	*Siphimedia*	1										1										
33	3319 姬蜂科	*Skeatia*	2																1				
33	3319 姬蜂科	*Skiapus*	1																				
33	3319 姬蜂科	*Sphinctus*	6										1	1			1						
33	3319 姬蜂科	*Spilichneumon*	3																				
33	3319 姬蜂科	*Spilopteron*	23										1	1	1		1		1	1		1	1
33	3319 姬蜂科	*Stauropoctonus*	1																1				
33	3319 姬蜂科	*Stenaoplus*	2																1				
33	3319 姬蜂科	*Stenarella*	1																1				
33	3319 姬蜂科	*Stenichneumon*	5										1	1					1	1		1	
33	3319 姬蜂科	*Stenodontus*	2																1				
33	3319 姬蜂科	*Stictopisthus*	3																1	1		1	
33	3319 姬蜂科	*Stilpnus*	8																1				
33	3319 姬蜂科	*Stirexephanes*	4																1				
33	3319 姬蜂科	*Strongylopsis*	1																				
33	3319 姬蜂科	*Sussaba*	3																1				
33	3319 姬蜂科	*Sustenus*	1																				1
33	3319 姬蜂科	*Sympherta*	2																1				
33	3319 姬蜂科	*Syntactus*	1																				
33	3319 姬蜂科	*Syrphoctonus*	4	1																1	1		
33	3319 姬蜂科	*Syrphophilus*	1			1																	
33	3319 姬蜂科	*Syspasis*	1																				
33	3319 姬蜂科	*Syzeuctus*	9			1	1					1	1	1	1						1		
33	3319 姬蜂科	*Takastenus*	1																	1			
33	3319 姬蜂科	*Tanychora*	4																				
33	3319 姬蜂科	*Tanychorella*	1																				
33	3319 姬蜂科	*Teleutaea*	11			1		1		1				1		1			1				
33	3319 姬蜂科	*Temelucha*	6			1		1				1	1	1					1	1		1	1
33	3319 姬蜂科	*Tersilochus*	1																				
33	3319 姬蜂科	*Therion*	3			1	1		1			1		1		1	1		1	1	1		
33	3319 姬蜂科	*Theronia*	7			1						1	1	1	1		1	1	1	1	1	1	1
33	3319 姬蜂科	*Thrybius*	2			1															1		
33	3319 姬蜂科	*Thymaris*	5																				

附录

（续表）

目	科	属	种数	昆虫亚区																		
				a	b	c	d	e	f	g	h	i	j	k	l	m	n	o	p	q	r	s	t
33	3319 姬蜂科	*Togeella*	1																				
33	3319 姬蜂科	*Torbda*	7				1						1	1	1				1	1		1	1
33	3319 姬蜂科	*Townesia*	2	1		1		1		1									1				
33	3319 姬蜂科	*Trathala*	3			1		1	1		1	1	1	1					1	1		1	
33	3319 姬蜂科	*Trematopygus*	2			1													1				
33	3319 姬蜂科	*Triancyra*	14			1							1		1				1	1	1		1
33	3319 姬蜂科	*Tricholabus*	1																				
33	3319 姬蜂科	*Trichomma*	11										1	1					1	1	1	1	1
33	3319 姬蜂科	*Trichonotus*	5									1	1	1					1	1			
33	3319 姬蜂科	*Triclistus*	10														1			1			
33	3319 姬蜂科	*Triptognathus*	1																				
33	3319 姬蜂科	*Trogus*	2			1	1								1				1		1		
33	3319 姬蜂科	*Tromatobia*	5					1	1					1	1				1	1	1		
33	3319 姬蜂科	*Trychosis*	1																				
33	3319 姬蜂科	*Tryphon*	2						1														
33	3319 姬蜂科	*Tumeclypeus*	1														1						
33	3319 姬蜂科	*Uchidella*	1																	1			
33	3319 姬蜂科	*Ulesta*	4								1	1							1	1			
33	3319 姬蜂科	*Validentia*	2																	1			
33	3319 姬蜂科	*Venturia*	9																	1	1		
33	3319 姬蜂科	*Vulgichneumon*	8	1		1	1	1	1			1	1	1					1	1		1	
33	3319 姬蜂科	*Woldstedtius*	1																				
33	3319 姬蜂科	*Xanthocampoplex*	3										1		1				1	1			
33	3319 姬蜂科	*Xanthopimpla*	49					1	1			1	1	1		1	1		1	1	1	1	1
33	3319 姬蜂科	*Xenolytus*	2																	1			
33	3319 姬蜂科	*Xenoschesis*	2												1								
33	3319 姬蜂科	*Xestopelta*	1						1														
33	3319 姬蜂科	*Xorides*	42	1		1	1	1	1				1	1	1		1		1				1
33	3319 姬蜂科	*Xoridesopus*	7										1			1	1	1					
33	3319 姬蜂科	*Xylophrurus*	2	1		1	1	1															
33	3319 姬蜂科	*Yamatarotes*	10			1							1	1	1				1				
33	3319 姬蜂科	*Yezoceryx*	46			1		1					1	1	1	1			1	1	1	1	1
33	3319 姬蜂科	*Zabrachypus*	5												1				1				
33	3319 姬蜂科	*Zaglyptus*	7						1			1	1	1					1	1		1	
33	3319 姬蜂科	*Zanthojoppa*	1																	1			
33	3319 姬蜂科	*Zatypota*	1								1			1	1		1						
33	3320 茧蜂科	*Acampsis*	2										1	1									
33	3320 茧蜂科	*Acampyloneurus*	1																	1		1	
33	3320 茧蜂科	*Acanthormius*	15												1					1	1	1	
33	3320 茧蜂科	*Adelurola*	1																	1			
33	3320 茧蜂科	*Ademon*	2																		1		
33	3320 茧蜂科	*Agathis*	11			1	1		1						1				1	1			
33	3320 茧蜂科	*Alabagrus*	1																	1			
33	3320 茧蜂科	*Aleiodes*	67	1	1	1	1	1	1	1	1		1	1	1	1	1	1	1	1	1	1	1
33	3320 茧蜂科	*Alloea*	7												1					1	1		
33	3320 茧蜂科	*Alysia*	5			1														1	1		
33	3320 茧蜂科	*Amyosoma*	2						1			1	1	1						1	1		1
33	3320 茧蜂科	*Aneurobracon*	1			1															1		
33	3320 茧蜂科	*Angustibracon*	1																			1	
33	3320 茧蜂科	*Aniphiaulax*	1																				
33	3320 茧蜂科	*Apanteles*	62			1	1	1				1	1	1					1	1	1	1	1
33	3320 茧蜂科	*Aphaereta*	4												1				1				
33	3320 茧蜂科	*Apodesmia*	1													1							
33	3320 茧蜂科	*Arcaleiodes*	5										1	1	1	1			1			1	1
33	3320 茧蜂科	*Aridelus*	26			1		1					1	1	1	1			1	1		1	1
33	3320 茧蜂科	*Ascogaster*	31				1	1					1	1					1	1			1

目	科	属	种数	\multicolumn{20}{c}{昆虫亚区}
				a	b	c	d	e	f	g	h	i	j	k	l	m	n	o	p	q	r	s	t
33	3320 茧蜂科	*Asiacentistes*	2																1				
33	3320 茧蜂科	*Asobara*	9			1									1				1	1	1		
33	3320 茧蜂科	*Aspicolpus*	1																				
33	3320 茧蜂科	*Aspidobracon*	2																1			1	
33	3320 茧蜂科	*Aspilota*	10			1									1				1		1		1
33	3320 茧蜂科	*Atanycolus*	2	1											1								
33	3320 茧蜂科	*Aulacocentrum*	3			1		1				1	1	1	1	1			1	1	1	1	
33	3320 茧蜂科	*Aulosaphes*	3																1		1	1	
33	3320 茧蜂科	*Aulosaphoides*	5																1				
33	3320 茧蜂科	*Austerocardiochiles*	3			1									1				1				
33	3320 茧蜂科	*Austrozele*	4						1				1	1	1				1	1	1		
33	3320 茧蜂科	*Balcemena*	1																1		1		
33	3320 茧蜂科	*Bassus*	40			1		1	1						1				1	1	1		
33	3320 茧蜂科	*Batotheca*	1																1			1	1
33	3320 茧蜂科	*Biosteres*	1											1									
33	3320 茧蜂科	*Blacus*	9						1									1					
33	3320 茧蜂科	*Bracon*	36			1	1	1	1			1	1	1	1				1	1	1	1	1
33	3320 茧蜂科	*Braunsia*	5																1	1	1		
33	3320 茧蜂科	*Brulleia*	2																1				
33	3320 茧蜂科	*Buluca*	2																		1		
33	3320 茧蜂科	*Calcaribracon*	1																				
33	3320 茧蜂科	*Camptothlipsis*	2			1															1		
33	3320 茧蜂科	*Campyloneurus*	1																		1		
33	3320 茧蜂科	*Canalirogas*	1																			1	
33	3320 茧蜂科	*Caracallatus*	1												1								
33	3320 茧蜂科	*Cardiochiles*	4									1	1		1				1	1	1	1	
33	3320 茧蜂科	*Carinthilota*	1																1				
33	3320 茧蜂科	*Cedria*	1																1				
33	3320 茧蜂科	*Cenocoelius*	3																		1		
33	3320 茧蜂科	*Centistes*	19			1		1				1	1	1	1				1	1	1	1	
33	3320 茧蜂科	*Centistidea*	3												1						1		
33	3320 茧蜂科	*Chaenusa*	1																1				
33	3320 茧蜂科	*Chaoa*	1																1				
33	3320 茧蜂科	*Charmon*	4			1						1	1	1					1	1	1		
33	3320 茧蜂科	*Chelonogastra*	2																1				
33	3320 茧蜂科	*Chelonus*	43			1	1	1				1	1	1	1				1	1	1	1	1
33	3320 茧蜂科	*Choeras*	1			1									1				1				
33	3320 茧蜂科	*Chremylus*	1																1				
33	3320 茧蜂科	*Chrysopophthorus*	1																1				
33	3320 茧蜂科	*Clinocentrus*	11									1		1	1	1			1	1	1		
33	3320 茧蜂科	*Coccygidium*	11												1				1	1	1		1
33	3320 茧蜂科	*Coeloides*	6			1			1					1	1								
33	3320 茧蜂科	*Colastes*	5			1													1				
33	3320 茧蜂科	*Colastomion*	1																1				1
33	3320 茧蜂科	*Conspinaria*	1									1	1		1				1	1	1	1	
33	3320 茧蜂科	*Cosmophorus*	8				1		1	1					1				1				1
33	3320 茧蜂科	*Cotesia*	28			1	1	1	1	1	1	1	1	1	1				1	1		1	1
33	3320 茧蜂科	*Cremnops*	12									1	1						1	1	1		
33	3320 茧蜂科	*Cremnoptoides*	2												1								
33	3320 茧蜂科	*Cryptoxilos*	1																1				
33	3320 茧蜂科	*Cystomastax*	1																		1		
33	3320 茧蜂科	*Cystomastoides*	1																			1	
33	3320 茧蜂科	*Dactylonotum*	1																				
33	3320 茧蜂科	*Dapsilarthra*	5			1									1				1		1	1	
33	3320 茧蜂科	*Darnilia*	1								1												
33	3320 茧蜂科	*Dendrosotinus*	1																1				

目	科	属	种数	a	b	c	d	e	f	g	h	i	j	k	l	m	n	o	p	q	r	s	t
33	3320 茧蜂科	*Diachasmimorpha*	1																	1			
33	3320 茧蜂科	*Diatatrix*	1																				
33	3320 茧蜂科	*Dinocampus*	1	1			1	1				1	1	1	1			1			1		
33	3320 茧蜂科	*Dinotrema*	9			1									1			1	1				
33	3320 茧蜂科	*Disophrys*	3																1	1			1
33	3320 茧蜂科	*Distilirella*	2												1			1					
33	3320 茧蜂科	*Dolabraulax*	5												1			1			1	1	1
33	3320 茧蜂科	*Dolichogenidea*	28		1		1	1				1	1	1	1			1	1		1		1
33	3320 茧蜂科	*Doryctes*	2			1																	
33	3320 茧蜂科	*Doryctomorpha*	1					1															
33	3320 茧蜂科	*Earinus*	5															1	1	1	1		
33	3320 茧蜂科	*Ectermnoplax*	2													1		1					
33	3320 茧蜂科	*Eeorhyssalus*	2															1					
33	3320 茧蜂科	*Elasmosoma*	1															1					
33	3320 茧蜂科	*Eleonoria*	2								1							1	1				
33	3320 茧蜂科	*Eorhyssalus*	2															1					
33	3320 茧蜂科	*Esengoides*	1																	1			
33	3320 茧蜂科	*Euagathis*	26									1	1	1				1	1	1	1		1
33	3320 茧蜂科	*Eubazus*	1										1										
33	3320 茧蜂科	*Eucorystes*	1																	1			
33	3320 茧蜂科	*Eucorystoides*	1														1						
33	3320 茧蜂科	*Eudinostigma*	3			1									1		1						
33	3320 茧蜂科	*Euopus*	1												1								
33	3320 茧蜂科	*Euphorus*	6												1			1		1			1
33	3320 茧蜂科	*Eurycardiochiles*	3									1						1					
33	3320 茧蜂科	*Eurytenes*	1			1												1					
33	3320 茧蜂科	*Euurobracon*	2			1												1	1		1		1
33	3320 茧蜂科	*Exoryza*	2			1		1				1	1	1	1			1	1		1		
33	3320 茧蜂科	*Exothecus*	1																				
33	3320 茧蜂科	*Facilagathis*	2																				
33	3320 茧蜂科	*Ficobracon*	1															1					
33	3320 茧蜂科	*Fopius*	4							1					1			1					1
33	3320 茧蜂科	*Fornia*	1											1				1					
33	3320 茧蜂科	*Fornicia*	12										1		1	1		1	1		1		
33	3320 茧蜂科	*Furcadesha*	2																	1			
33	3320 茧蜂科	*Glyptapanteles*	10			1		1						1				1	1				
33	3320 茧蜂科	*Glyptomorpha*	4																				
33	3320 茧蜂科	*Gnaptodon*	6			1									1			1	1				
33	3320 茧蜂科	*Gyrochus*	2																		1	1	1
33	3320 茧蜂科	*Gyroneuron*	2												1			1	1	1	1		
33	3320 茧蜂科	*Habrobracon*	2			1	1	1				1	1	1				1	1		1	1	
33	3320 茧蜂科	*Hartemita*	6															1	1		1		
33	3320 茧蜂科	*Heia*	1															1					
33	3320 茧蜂科	*Helcon*	1																				
33	3320 茧蜂科	*Hemigyroneuron*	1																	1			
33	3320 茧蜂科	*Heratemis*	4															1	1	1			
33	3320 茧蜂科	*Heterospilus*	5			1			1						1			1	1				
33	3320 茧蜂科	*Homolobus*	19	1	1	1	1	1	1			1	1	1	1	1	1	1	1		1	1	1
33	3320 茧蜂科	*Hormius*	5									1			1			1	1				
33	3320 茧蜂科	*Hybogaster*	2															1					1
33	3320 茧蜂科	*Hygroplitis*	2												1			1					
33	3320 茧蜂科	*Hylcalosia*	2			1												1					
33	3320 茧蜂科	*Ichneutes*	3														1						
33	3320 茧蜂科	*Idiasta*	6												1			1			1	1	
33	3320 茧蜂科	*Indiopius*	1															1					
33	3320 茧蜂科	*Iphiaulax*	10	1	1	1	1	1	1	1	1			1		1	1		1	1			1

目	科	属	种数	昆虫亚区

目	科	属	种数	a	b	c	d	e	f	g	h	i	j	k	l	m	n	o	p	q	r	s	t
33	3320 茧蜂科	*Iporhogas*	5																1		1	1	1
33	3320 茧蜂科	*Isomecus*	1				1																
33	3320 茧蜂科	*Isoptronotum*	2																		1		1
33	3320 茧蜂科	*Kerorgilus*	1			1		1											1				
33	3320 茧蜂科	*Laccagathis*	1																1	1			
33	3320 茧蜂科	*Leiophron*	7				1												1		1	1	
33	3320 茧蜂科	*Leptodrepana*	2																1				
33	3320 茧蜂科	*Leptotrema*	2																1				
33	3320 茧蜂科	*Macrocentrus*	76	1	1	1	1	1	1	1		1	1	1	1	1		1	1	1	1	1	1
33	3320 茧蜂科	*Macrostomion*	3												1				1	1	1	1	1
33	3320 茧蜂科	*Marshiella*	2												1		1						
33	3320 茧蜂科	*Megarhogas*	2																1	1	1		
33	3320 茧蜂科	*Merinotus*	1																1				
33	3320 茧蜂科	*Mesocrina*	2			1									1				1		1		1
33	3320 茧蜂科	*Meteoridea*	8			1		1				1	1		1				1		1		
33	3320 茧蜂科	*Meteorus*	78			1	1	1	1			1	1	1	1	1			1	1	1	1	1
33	3320 茧蜂科	*Microbracon*	3										1						1	1			
33	3320 茧蜂科	*Microchelonus*	35			1									1				1		1		1
33	3320 茧蜂科	*Microctonus*	10			1		1		1					1				1		1	1	
33	3320 茧蜂科	*Microdus*	7																1				
33	3320 茧蜂科	*Microgaster*	29			1		1			1	1	1	1					1	1			
33	3320 茧蜂科	*Microlitis*	3	1		1		1															
33	3320 茧蜂科	*Microplitis*	24	1	1	1	1	1	1		1		1		1	1			1	1		1	
33	3320 茧蜂科	*Microtypus*	3	1	1	1																	
33	3320 茧蜂科	*Mirax*	3						1										1	1			
33	3320 茧蜂科	*Myiocephalus*	1			1													1				
33	3320 茧蜂科	*Myosoma*	2									1			1				1				
33	3320 茧蜂科	*Myosomatoides*	1																1				
33	3320 茧蜂科	*Odontobracon*	1																				
33	3320 茧蜂科	*Oligoneurus*	5																1				
33	3320 茧蜂科	*Ontsira*	4			1													1		1		
33	3320 茧蜂科	*Opius*	71			1			1					1	1				1	1	1		
33	3320 茧蜂科	*Orgilonia*	1																1				
33	3320 茧蜂科	*Orgilus*	17												1				1	1			
33	3320 茧蜂科	*Orientopius*	1																1				
33	3320 茧蜂科	*Orthostigma*	13			1									1				1				
33	3320 茧蜂科	*Pambolus*	2																1				
33	3320 茧蜂科	*Parabrullelia*	1			1	1					1	1	1					1				
33	3320 茧蜂科	*Paradelius*	1																1				
33	3320 茧蜂科	*Parahormius*	1																1				
33	3320 茧蜂科	*Paraspathius*	1																				1
33	3320 茧蜂科	*Pentatermus*	1																			1	
33	3320 茧蜂科	*Perilitus*	9			1							1		1		1		1		1		1
33	3320 茧蜂科	*Peristenus*	11	1	1	1		1							1				1	1	1	1	
33	3320 茧蜂科	*Petalodes*	1																				
33	3320 茧蜂科	*Phaedrotoma*	5												1								
33	3320 茧蜂科	*Phaenocarpa*	14											1					1	1			
33	3320 茧蜂科	*Phanerotoma*	17			1		1				1	1	1	1				1	1		1	1
33	3320 茧蜂科	*Phanerotomella*	19			1									1			1	1	1	1		
33	3320 茧蜂科	*Philomacrodoploea*	1																1				
33	3320 茧蜂科	*Physaraia*	1																1				
33	3320 茧蜂科	*Piliferolobus*	1																1	1			
33	3320 茧蜂科	*Platybracon*	1																1		1		
33	3320 茧蜂科	*Platyspathius*	3																1				
33	3320 茧蜂科	*Plesiotypus*	1												1								
33	3320 茧蜂科	*Proclithrophorus*	1			1																	

目	科	属	种数	昆虫亚区																			
				a	b	c	d	e	f	g	h	i	j	k	l	m	n	o	p	q	r	s	t
33	3320 茧蜂科	*Protapanteles*	14									1	1		1				1	1		1	
33	3320 茧蜂科	*Proterops*	2			1		1					1	1	1		1	1		1	1	
33	3320 茧蜂科	*Pseudichneutes*	1															1				
33	3320 茧蜂科	*Pseudoshirakia*	1															1	1			
33	3320 茧蜂科	*Pseudovenanides*	1										1								1	
33	3320 茧蜂科	*Psilolobus*	2															1				
33	3320 茧蜂科	*Psilommiscus*	1															1				
33	3320 茧蜂科	*Psyttalia*	1											1								
33	3320 茧蜂科	*Pycnobracon*	1															1				
33	3320 茧蜂科	*Pygostulus*	2						1								1					
33	3320 茧蜂科	*Rasivalva*	1											1								
33	3320 茧蜂科	*Rattana*	1															1				
33	3320 茧蜂科	*Rectizele*	2											1	1			1			1	1
33	3320 茧蜂科	*Rhaconotus*	16			1									1			1	1	1	1	1
33	3320 茧蜂科	*Rhysipolis*	1															1			1	1
33	3320 茧蜂科	*Rogas*	4			1							1	1	1			1				
33	3320 茧蜂科	*Rogasodes*	1															1				
33	3320 茧蜂科	*Ropalophorus*	2						1					1	1							
33	3320 茧蜂科	*Saprostichus*	1																			
33	3320 茧蜂科	*Schoenlandella*	1																1			
33	3320 茧蜂科	*Sculptolobus*	3															1		1		
33	3320 茧蜂科	*Separatatus*	1																	1		
33	3320 茧蜂科	*Shirakia*	2																1			
33	3320 茧蜂科	*Sigalphus*	8						1					1	1	1		1				1
33	3320 茧蜂科	*Sigaphus*	1											1								
33	3320 茧蜂科	*Sinadelius*	2			1															1	
33	3320 茧蜂科	*Sinaodoryctes*	1															1				
33	3320 茧蜂科	*Siniphanerotomella*	2												1							
33	3320 茧蜂科	*Sinoneoneurus*	2				1		1													
33	3320 茧蜂科	*Snellenius*	5												1			1				
33	3320 茧蜂科	*Spathicopis*	1															1				
33	3320 茧蜂科	*Spathiohormius*	2															1				
33	3320 茧蜂科	*Spathius*	74			1									1			1	1	1		1
33	3320 茧蜂科	*Spinaria*	4															1	1	1	1	1
33	3320 茧蜂科	*Stantonia*	11			1							1		1	1		1	1	1	1	1
33	3320 茧蜂科	*Stenobracon*	4										1		1			1				
33	3320 茧蜂科	*Stenophasmus*	2															1				
33	3320 茧蜂科	*Streblocera*	57			1		1	1			1	1	1	1	1		1	1	1	1	
33	3320 茧蜂科	*Syntomernus*	4												1			1		1		1
33	3320 茧蜂科	*Syntretomorpha*	1											1	1			1				
33	3320 茧蜂科	*Syntretus*	5											1		1		1				1
33	3320 茧蜂科	*Tainiterma*	1															1				
33	3320 茧蜂科	*Taiwanhormius*	2															1				
33	3320 茧蜂科	*Tanycarpa*	9			1									1			1				
33	3320 茧蜂科	*Tebennotoma*	2															1				
33	3320 茧蜂科	*Testudobracon*	3												1			1	1			1
33	3320 茧蜂科	*Townesilitus*	3												1			1				
33	3320 茧蜂科	*Triaspis*	1			1																
33	3320 茧蜂科	*Triraphis*	15				1						1	1	1	1		1	1		1	
33	3320 茧蜂科	*Trispinaria*	1																		1	
33	3320 茧蜂科	*Tropobracon*	3				1				1	1			1			1	1		1	
33	3320 茧蜂科	*Ussuraridelus*	1															1				
33	3320 茧蜂科	*Ussurohelcon*	1																	1		
33	3320 茧蜂科	*Utetes*	6			1			1					1				1		1		
33	3320 茧蜂科	*Venanides*	1																			
33	3320 茧蜂科	*Vipio*	7																			

目	科	属	种数	a	b	c	d	e	f	g	h	i	j	k	l	m	n	o	p	q	r	s	t
33	3320 茧蜂科	*Wachsmandica*	1																				
33	3320 茧蜂科	*Wesmaelia*	4																	1			
33	3320 茧蜂科	*Wroughtonica*	1																				
33	3320 茧蜂科	*Wushenia*	1																1				
33	3320 茧蜂科	*Xiphozele*	12									1			1	1			1	1	1	1	
33	3320 茧蜂科	*Yelicones*	7				1							1		1			1		1	1	
33	3320 茧蜂科	*Zele*	8	1		1	1	1	1			1	1	1	1	1			1	1	1		
33	3320 茧蜂科	*Zelomorpha*	1																				1
33	3320 茧蜂科	*Zombrus*	2			1	1	1		1			1	1	1		1		1	1		1	1
33	3321 蚜茧蜂科	*Aphidius*	22			1	1	1	1			1	1	1	1				1	1			
33	3321 蚜茧蜂科	*Binodoxys*	7																1	1			
33	3321 蚜茧蜂科	*Bioxys*	1																				
33	3321 蚜茧蜂科	*Diaeretiella*	1			1	1	1	1			1	1	1					1	1		1	
33	3321 蚜茧蜂科	*Diaeretus*	1																1				
33	3321 蚜茧蜂科	*Ephedrus*	14			1		1	1			1	1	1					1	1			1
33	3321 蚜茧蜂科	*Fissicaudus*	2																1				
33	3321 蚜茧蜂科	*Fovephedrus*	5																				
33	3321 蚜茧蜂科	*Lipolexis*	5					1											1	1			
33	3321 蚜茧蜂科	*Lysaphidus*	1												1								
33	3321 蚜茧蜂科	*Lysiphlebia*	3												1								
33	3321 蚜茧蜂科	*Lysiphlebus*	8			1		1						1	1	1			1	1			
33	3321 蚜茧蜂科	*Monoctonus*	1																1				
33	3321 蚜茧蜂科	*Papilloma*	1															1					
33	3321 蚜茧蜂科	*Parabioxys*	1											1									
33	3321 蚜茧蜂科	*Parapraon*	3																				
33	3321 蚜茧蜂科	*Pauesia*	9					1							1				1		1		
33	3321 蚜茧蜂科	*Praon*	10			1		1	1						1	1			1				1
33	3321 蚜茧蜂科	*Sinoaphidius*	1														1						
33	3321 蚜茧蜂科	*Trioxys*	15			1		1				1	1		1				1	1			
33	3322 冠蜂科	*Diastephanus*	6																1	1			
33	3322 冠蜂科	*Foenatopus*	5																1	1			
33	3322 冠蜂科	*Megischus*	3															1					
33	3322 冠蜂科	*Parastephanellus*	2																	1	1		
33	3322 冠蜂科	*Schlettererius*	1												1								
33	3323 枝跗瘿蜂科	*Heteribalia*	2										1						1				
33	3323 枝跗瘿蜂科	*Ibalia*	3				1			1				1					1				
33	3324 光翅瘿蜂科	*Paramblynotus*	3		1													1					
33	3325 环腹瘿蜂科	*Seitneria*	1																				
33	3326 匙胸瘿蜂科	*Aganaspis*	3																1				
33	3326 匙胸瘿蜂科	*Araeaspis*	2																1				
33	3326 匙胸瘿蜂科	*Discaspia*	1																1				
33	3326 匙胸瘿蜂科	*Ealata*	2																1				
33	3326 匙胸瘿蜂科	*Epochresta*	1																1				
33	3326 匙胸瘿蜂科	*Eucoila*	1																1				
33	3326 匙胸瘿蜂科	*Gastraspis*	2																1				
33	3326 匙胸瘿蜂科	*Linaspis*	1																1				
33	3326 匙胸瘿蜂科	*Linoeucoila*	11																1				
33	3326 匙胸瘿蜂科	*Paradiglyphosema*	3																1				
33	3326 匙胸瘿蜂科	*Sinochresta*	2																1				
33	3327 瘿蜂科	*Amblynodus*	1																1				
33	3327 瘿蜂科	*Anacharis*	1																				
33	3327 瘿蜂科	*Andricus*	6				1																
33	3327 瘿蜂科	*Anovicus*	1																				
33	3327 瘿蜂科	*Aspicera*	2																				
33	3327 瘿蜂科	*Aulacidea*	1															1					
33	3327 瘿蜂科	*Cerroneuroterus*	2																1				

（续表）

目	科	属	种数	昆虫亚区																			
				a	b	c	d	e	f	g	h	i	j	k	l	m	n	o	p	q	r	s	t
33	3327 瘿蜂科	*Cycloneuroterus*	3																	1			
33	3327 瘿蜂科	*Cynips*	1																				
33	3327 瘿蜂科	*Diplolepis*	1				1					1		1				1					
33	3327 瘿蜂科	*Dryocosmus*	5				1					1	1	1	1			1	1			1	
33	3327 瘿蜂科	*Dryophanta*	2			1	1					1											
33	3327 瘿蜂科	*Isocolus*	1												1								
33	3327 瘿蜂科	*Kleidotoma*	1																				
33	3327 瘿蜂科	*Mayrella*	1															1					
33	3327 瘿蜂科	*Parandricus*	1																				
33	3327 瘿蜂科	*Plagiotrochus*	1																1				
33	3327 瘿蜂科	*Psichaera*	1																1				
33	3327 瘿蜂科	*Saphonecrus*	5													1							
33	3327 瘿蜂科	*Sarothrus*	2																				
33	3327 瘿蜂科	*Synergus*	2					1															
33	3327 瘿蜂科	*Trichagalma*	2															1					
33	3327 瘿蜂科	*Trybliographa*	1																				
33	3328 长背瘿蜂科	*Alloxysta*	1													1							
33	3329 摺翅小蜂科	*Leucospis*	7				1					1	1	1	1			1	1			1	
33	3330 小蜂科	*Anacryptus*	3																1				
33	3330 小蜂科	*Anthocephalus*	20										1	1	1			1	1				1
33	3330 小蜂科	*Blephonigra*	1																				
33	3330 小蜂科	*Brachymeria*	44		1	1	1	1				1	1	1	1		1	1	1	1	1	1	1
33	3330 小蜂科	*Chalcidopsis*	1															1					
33	3330 小蜂科	*Chalcis*	3										1					1					
33	3330 小蜂科	*Chella*	1										1										
33	3330 小蜂科	*Chirocera*	1												1								
33	3330 小蜂科	*Conura*	1										1					1					1
33	3330 小蜂科	*Dirhinus*	6										1	1				1	1				1
33	3330 小蜂科	*Epitranus*	4										1					1	1				1
33	3330 小蜂科	*Haltichella*	3										1					1	1				
33	3330 小蜂科	*Hoania*	1															1					
33	3330 小蜂科	*Hockeria*	11					1				1	1					1	1			1	
33	3330 小蜂科	*Kriechbaumerella*	5										1					1					
33	3330 小蜂科	*Lasiochalcidia*	3												1			1			1		1
33	3330 小蜂科	*Megalocolus*	1												1			1			1	1	
33	3330 小蜂科	*Neochalcis*	1															1					
33	3330 小蜂科	*Nipponochalcidia*	1															1					1
33	3330 小蜂科	*Tainania*	4									1							1				
33	3330 小蜂科	*Tomocera*	1																				
33	3330 小蜂科	*Trigonura*	2											1				1					
33	3330 小蜂科	*Trigonurella*	2															1				1	1
33	3330 小蜂科	*Uga*	3										1	1				1					
33	3330 小蜂科	*Zeteticonus*	1																				
33	3331 广肩小蜂科	*Acantheurytoma*	1																			1	
33	3331 广肩小蜂科	*Aiolomorphus*	1									1	1					1					
33	3331 广肩小蜂科	*Asoka*	1															1					
33	3331 广肩小蜂科	*Bruchophagus*	12	1	1	1	1	1	1	1	1		1	1	1			1					
33	3331 广肩小蜂科	*Chryseurytoma*	1				1																
33	3331 广肩小蜂科	*Eurytoma*	29	1		1	1	1	1			1	1	1	1			1				1	
33	3331 广肩小蜂科	*Homodecatoma*	1															1					
33	3331 广肩小蜂科	*Ipideurytoma*	3			1																	
33	3331 广肩小蜂科	*Phleudecatoma*	2											1	1			1					
33	3331 广肩小蜂科	*Plutarchia*	2													1							1
33	3331 广肩小蜂科	*Ramdasoma*	1																				1
33	3331 广肩小蜂科	*Sycophila*	2					1							1			1					
33	3331 广肩小蜂科	*Tetramesa*	2					1				1			1			1				1	

目	科	属	种数	昆虫亚区																			
				a	b	c	d	e	f	g	h	i	j	k	l	m	n	o	p	q	r	s	t
33	3332 长尾小蜂科	*Amoturoides*	1			1											1						
33	3332 长尾小蜂科	*Dimeromicrus*	1																	1			
33	3332 长尾小蜂科	*Diomorus*	2											1					1	1			
33	3332 长尾小蜂科	*Ecdamua*	1																	1			
33	3332 长尾小蜂科	*Eupristina*	1																				
33	3332 长尾小蜂科	*Megastigmus*	18			1	1	1		1	1		1	1	1				1	1	1		1
33	3332 长尾小蜂科	*Monodomtomerus*	6			1	1			1		1	1	1					1			1	1
33	3332 长尾小蜂科	*Pachytomoides*	3																1	1			
33	3332 长尾小蜂科	*Podagrion*	17				1	1				1	1	1	1				1	1		1	1
33	3332 长尾小蜂科	*Propalachia*	1																				1
33	3332 长尾小蜂科	*Pseudotorymus*	1				1																1
33	3332 长尾小蜂科	*Rhynchoticida*	1																				1
33	3332 长尾小蜂科	*Torymoides*	1																				1
33	3332 长尾小蜂科	*Torymus*	15		1		1	1				1	1	1	1				1		1	1	
33	3333 榕小蜂科	*Acophila*	2																				1
33	3333 榕小蜂科	*Blastophaga*	5											1					1				
33	3333 榕小蜂科	*Ceratosolen*	1																				
33	3333 榕小蜂科	*Dolichoris*	1																				
33	3333 榕小蜂科	*Eukoebelea*	1																				
33	3334 刻腹小蜂科	*Ormyrus*	1					1											1				
33	3335 蚁小蜂科	*Eucharis*	1																				
33	3335 蚁小蜂科	*Stilbula*	1																				
33	3336 巨胸小蜂科	*Euperilampoides*	1																		1		
33	3336 巨胸小蜂科	*Euperilampus*	1											1									
33	3336 巨胸小蜂科	*Krombeinius*	1																		1		
33	3336 巨胸小蜂科	*Perilampus*	6	1		1	1		1			1			1						1		
33	3336 巨胸小蜂科	*Perilomides*	1																				
33	3336 巨胸小蜂科	*Philomides*	1																		1		
33	3337 金小蜂科	*Acroclisoides*	5				1	1					1	1	1		1						
33	3337 金小蜂科	*Acrocormus*	4	1		1	1	1	1				1										
33	3337 金小蜂科	*Agiommatus*	2											1				1					
33	3337 金小蜂科	*Allocricellius*	3												1	1							
33	3337 金小蜂科	*Amblyharma*	1												1								
33	3337 金小蜂科	*Amblymerus*	1					1						1				1		1			
33	3337 金小蜂科	*Ammeia*	1												1								
33	3337 金小蜂科	*Anacallocleonymus*	1												1								
33	3337 金小蜂科	*Anogmus*	2							1													
33	3337 金小蜂科	*Anysis*	1															1	1				
33	3337 金小蜂科	*Aplastomorpha*	1																1				
33	3337 金小蜂科	*Asaphes*	6			1	1	1			1	1	1	1	1	1	1	1	1		1		
33	3337 金小蜂科	*Caenacis*	1																				1
33	3337 金小蜂科	*Callitula*	1																1				
33	3337 金小蜂科	*Callocleonymus*	6	1	1			1	1						1				1				
33	3337 金小蜂科	*Catolaccus*	1																				
33	3337 金小蜂科	*Cavitas*	1												1								1
33	3337 金小蜂科	*Cephaleta*	2			1		1							1				1	1		1	1
33	3337 金小蜂科	*Cerocephala*	1										1						1				
33	3337 金小蜂科	*Chaetospila*	1																1				
33	3337 金小蜂科	*Cheiropachus*	5	1	1	1	1	1	1	1	1	1			1								
33	3337 金小蜂科	*Chlorocytus*	1																1				
33	3337 金小蜂科	*Cleonymus*	5												1				1				
33	3337 金小蜂科	*Coelopisthia*	3												1	1							
33	3337 金小蜂科	*Conomorium*	2			1								1		1							
33	3337 金小蜂科	*Cryptoprymna*	6			1									1		1	1	1			1	
33	3337 金小蜂科	*Cyclogaster*	1																				
33	3337 金小蜂科	*Cyclogastrella*	2																				

目	科	属	种数	\begin{tabular}{c} 昆虫亚区 \end{tabular}																			
				a	b	c	d	e	f	g	h	i	j	k	l	m	n	o	p	q	r	s	t
33	3337 金小蜂科	*Cyrtogaster*	4			1		1							1								1
33	3337 金小蜂科	*Cyrtoptyx*	3				1																
33	3337 金小蜂科	*Dibrachys*	5			1		1	1	1		1	1	1	1			1		1			
33	3337 金小蜂科	*Dinotiscus*	7				1	1		1	1			1	1		1						
33	3337 金小蜂科	*Dipara*	1												1								
33	3337 金小蜂科	*Drailea*	1										1										
33	3337 金小蜂科	*Ecrizotomorpha*	1			1																	
33	3337 金小蜂科	*Eulonchetron*	1				1																
33	3337 金小蜂科	*Euneura*	1																				
33	3337 金小蜂科	*Eunotus*	8		1	1	1	1										1					
33	3337 金小蜂科	*Eupteromalus*	2									1	1	1	1					1			
33	3337 金小蜂科	*Eurydinotomorpha*	1																	1			
33	3337 金小蜂科	*Gitognathus*	1													1							
33	3337 金小蜂科	*Grahamisia*	1												1								
33	3337 金小蜂科	*Habritys*	1		1																		
33	3337 金小蜂科	*Halticoptera*	16	1	1	1	1	1	1	1		1	1	1	1	1		1	1	1			
33	3337 金小蜂科	*Halticopterina*	1				1																
33	3337 金小蜂科	*Herbertia*	1																			1	1
33	3337 金小蜂科	*Heydenia*	4					1	1			1		1									
33	3337 金小蜂科	*Homoporus*	1										1					1					
33	3337 金小蜂科	*Hyperimerus*	1														1						
33	3337 金小蜂科	*Isocyrtus*	2					1	1														
33	3337 金小蜂科	*Lamprotatus*	11		1	1		1	1	1	1			1		1							
33	3337 金小蜂科	*Lariophagus*	1			1	1	1	1			1	1	1	1						1		
33	3337 金小蜂科	*Lonchetron*	1													1							
33	3337 金小蜂科	*Lyubana*	3										1					1					
33	3337 金小蜂科	*Macroglenes*	3				1								1		1						
33	3337 金小蜂科	*Macromesus*	4					1	1						1								
33	3337 金小蜂科	*Merismus*	3			1		1						1	1			1					
33	3337 金小蜂科	*Mesopolobus*	12			1		1	1		1		1	1							1		
33	3337 金小蜂科	*Metacolus*	2			1	1	1	1			1		1									
33	3337 金小蜂科	*Mokrzeckia*	1												1			1					
33	3337 金小蜂科	*Moranila*	1				1											1		1			1
33	3337 金小蜂科	*Nabrocytus*	3								1				1	1							
33	3337 金小蜂科	*Nasonia*	1																				
33	3337 金小蜂科	*Nemiotellus*	7																				
33	3337 金小蜂科	*Neocatolacus*	1										1										
33	3337 金小蜂科	*Netomocera*	2					1										1			1		
33	3337 金小蜂科	*Norbanus*	1										1					1			1		
33	3337 金小蜂科	*Notanisus*	1					1															
33	3337 金小蜂科	*Notoglytus*	1			1		1							1			1			1		
33	3337 金小蜂科	*Oodera*	2			1			1				1										
33	3337 金小蜂科	*Ophelosia*	1										1					1					
33	3337 金小蜂科	*Oxysychus*	9			1		1							1						1		
33	3337 金小蜂科	*Pachycrepoideus*	1																				
33	3337 金小蜂科	*Pachyneuron*	17		1	1	1	1	1			1	1	1		1		1	1	1	1		
33	3337 金小蜂科	*Panstenon*	5			1	1	1							1			1			1		
33	3337 金小蜂科	*Paracarotomus*	2			1														1			
33	3337 金小蜂科	*Paralamprotatus*	2	1																			
33	3337 金小蜂科	*Paraphorocera*	1																				
33	3337 金小蜂科	*Paroxyharma*	1					1															
33	3337 金小蜂科	*Parurios*	1												1								
33	3337 金小蜂科	*Platygerrhus*	3			1									1								
33	3337 金小蜂科	*Plutothrix*	1				1		1														
33	3337 金小蜂科	*Polycyrtus*	1																				1
33	3337 金小蜂科	*Propicroscytus*	2					1					1		1				1		1	1	1

目	科	属	种数	a	b	c	d	e	f	g	h	i	j	k	l	m	n	o	p	q	r	s	t
33	3337 金小蜂科	*Proshizonotus*	1																				1
33	3337 金小蜂科	*Pteromalus*	11			1	1	1	1	1	1	1	1	1	1	1			1			1	
33	3337 金小蜂科	*Pycnetron*	1								1			1						1			
33	3337 金小蜂科	*Rhaphitelus*	2	1		1	1	1	1					1	1								
33	3337 金小蜂科	*Rhopalicus*	3			1	1		1	1			1		1	1							
33	3337 金小蜂科	*Roptrocerus*	5			1	1	1	1	1				1	1		1		1				
33	3337 金小蜂科	*Schizonotus*	2			1		1					1	1									
33	3337 金小蜂科	*Scutellista*	1																				
33	3337 金小蜂科	*Seladerma*	8			1		1			1					1	1						
33	3337 金小蜂科	*Semiotellus*	7			1		1										1				1	
33	3337 金小蜂科	*Skeloceras*	7				1		1							1	1						
33	3337 金小蜂科	*Solenura*	1			1														1			
33	3337 金小蜂科	*Spalangia*	13			1		1					1	1	1								
33	3337 金小蜂科	*Sphaeripalpus*	3	1	1	1		1		1									1				
33	3337 金小蜂科	*Sphegigaster*	17			1	1	1	1			1	1		1		1		1		1	1	
33	3337 金小蜂科	*Stenomalina*	9	1		1										1							
33	3337 金小蜂科	*Stictomischus*	12		1	1		1	1					1	1	1	1						
33	3337 金小蜂科	*Storeya*	1																			1	
33	3337 金小蜂科	*Sycoscapter*	3																1			1	1
33	3337 金小蜂科	*Syntomopus*	6		1	1		1	1			1	1	1	1		1		1		1		
33	3337 金小蜂科	*Systasis*	9	1		1		1	1			1	1	1	1		1		1			1	1
33	3337 金小蜂科	*Thektogaster*	9			1				1		1				1	1						
33	3337 金小蜂科	*Theocolax*	3			1	1					1	1	1	1						1		
33	3337 金小蜂科	*Thinodytes*	1			1	1	1	1				1		1			1					1
33	3337 金小蜂科	*Tomicobia*	2			1																	
33	3337 金小蜂科	*Tomicobiya*	2			1									1								
33	3337 金小蜂科	*Trichomalopsis*	5			1		1				1	1	1	1			1	1				
33	3337 金小蜂科	*Trichomalus*	2													1							
33	3337 金小蜂科	*Trigonoderus*	2			1			1						1								
33	3337 金小蜂科	*Tritneptis*	4																				
33	3337 金小蜂科	*Tumor*	1								1												
33	3337 金小蜂科	*Vrestovia*	1												1								
33	3337 金小蜂科	*Xestomnaster*	5			1									1		1						
33	3337 金小蜂科	*Zdenekiana*	1			1																	
33	3337 金小蜂科	*Zolotarewskya*	2					1															
33	3338 旋小蜂科	*Anastatus*	15			1		1				1	1	1	1			1	1	1	1	1	1
33	3338 旋小蜂科	*Calosota*	7			1		1						1									
33	3338 旋小蜂科	*Calosoter*	2				1		1														
33	3338 旋小蜂科	*Eupelmus*	14				1	1	1				1	1	1			1	1	1			1
33	3338 旋小蜂科	*Eusandalum*	1				1			1													
33	3338 旋小蜂科	*Macroneura*	1			1																	
33	3338 旋小蜂科	*Mesocomys*	7			1		1		1			1	1	1			1			1		
33	3338 旋小蜂科	*Metapelma*	2				1								1								
33	3338 旋小蜂科	*Metaplopoda*	1																	1		1	
33	3338 旋小蜂科	*Neanastatus*	8												1			1	1			1	1
33	3338 旋小蜂科	*Pseudanastatus*	1									1			1							1	
33	3339 跳小蜂科	*Acerophagus*	7						1						1			1					
33	3339 跳小蜂科	*Achrysopophagus*	2																				
33	3339 跳小蜂科	*Adelencyrtus*	6									1	1		1			1	1			1	
33	3339 跳小蜂科	*Aenasius*	3																				
33	3339 跳小蜂科	*Agarwalencyrtus*	1																			1	
33	3339 跳小蜂科	*Ageniaspis*	3			1			1										1				
33	3339 跳小蜂科	*Agromyzaphagus*	1				1																
33	3339 跳小蜂科	*Anabrolepis*	2												1								
33	3339 跳小蜂科	*Anagyrietta*	1				1																
33	3339 跳小蜂科	*Anagyrus*	41			1	1		1			1	1	1	1	1		1	1			1	1

目	科	属	种数	昆虫亚区																			
				a	b	c	d	e	f	g	h	i	j	k	l	m	n	o	p	q	r	s	t
33	3339 跳小蜂科	*Anicetus*	12					1				1	1	1	1				1			1	1
33	3339 跳小蜂科	*Anomalicornis*	1																				1
33	3339 跳小蜂科	*Anthemus*	1				1																
33	3339 跳小蜂科	*Anusia*	1	1																			
33	3339 跳小蜂科	*Aphidencyrtus*	2			1	1	1				1	1	1								1	
33	3339 跳小蜂科	*Aphycoides*	2			1																	
33	3339 跳小蜂科	*Aphycus*	4																1	1			
33	3339 跳小蜂科	*Apoleptomastix*	2																				
33	3339 跳小蜂科	*Apterencyrtus*	1																1				
33	3339 跳小蜂科	*Arrhenophagus*	3								1				1				1				
33	3339 跳小蜂科	*Aschitus*	1			1																	
33	3339 跳小蜂科	*Austroencyrtus*	1																				
33	3339 跳小蜂科	*Avetianella*	2																				
33	3339 跳小蜂科	*Baeocharis*	1					1															
33	3339 跳小蜂科	*Blastothrix*	10			1	1	1	1			1			1		1		1				
33	3339 跳小蜂科	*Blepyrus*	1																				
33	3339 跳小蜂科	*Bothriothorax*	2																1				
33	3339 跳小蜂科	*Caenohomalopoda*	3								1				1								
33	3339 跳小蜂科	*Callipteroma*	2																1		1		
33	3339 跳小蜂科	*Carabunia*	2																1				
33	3339 跳小蜂科	*Ceballosia*	1			1																	
33	3339 跳小蜂科	*Cerapteroceroides*	4									1			1	1							
33	3339 跳小蜂科	*Cerapterocerus*	3				1								1								
33	3339 跳小蜂科	*Cerchysiella*	2																1				
33	3339 跳小蜂科	*Cerchysius*	2			1													1				
33	3339 跳小蜂科	*Charitopus*	2	1		1	1	1															
33	3339 跳小蜂科	*Cheiloneuromyia*	1																				
33	3339 跳小蜂科	*Cheiloneurus*	9			1	1				1	1	1	1					1		1		
33	3339 跳小蜂科	*Choreia*	1				1																
33	3339 跳小蜂科	*Cinsiana*	1			1																	
33	3339 跳小蜂科	*Cladiscodes*	3																				
33	3339 跳小蜂科	*Clausenia*	1												1					1	1		
33	3339 跳小蜂科	*Clivia*	1																				1
33	3339 跳小蜂科	*Coagerus*	1																				1
33	3339 跳小蜂科	*Coccidencyrtus*	4					1											1		1		
33	3339 跳小蜂科	*Coccidoxenoides*	2																1				
33	3339 跳小蜂科	*Coelopencyrtus*	1			1																	
33	3339 跳小蜂科	*Comperiella*	4					1				1	1	1	1				1	1	1	1	1
33	3339 跳小蜂科	*Copidosoma*	26			1			1						1				1				1
33	3339 跳小蜂科	*Copidosomopsis*	1					1															
33	3339 跳小蜂科	*Cowperia*	2			1																	
33	3339 跳小蜂科	*Cranencyrtus*	1																				
33	3339 跳小蜂科	*Cryptanusis*	1																				1
33	3339 跳小蜂科	*Diaphorencyrtus*	2																	1	1		
33	3339 跳小蜂科	*Dicarnosis*	1			1																	
33	3339 跳小蜂科	*Dinocarsiella*	2	1				1															
33	3339 跳小蜂科	*Dinocarsis*	1																				
33	3339 跳小蜂科	*Discodes*	3			1	1		1														
33	3339 跳小蜂科	*Diversinervus*	1																1				
33	3339 跳小蜂科	*Doliphoceras*	1					1															
33	3339 跳小蜂科	*Dusmetia*	2			1		1															
33	3339 跳小蜂科	*Echthrodryinus*	1					1															
33	3339 跳小蜂科	*Echthrogonatopus*	3								1				1				1		1		
33	3339 跳小蜂科	*Echthroplexiella*	3			1	1	1															
33	3339 跳小蜂科	*Ectroma*	1			1																	
33	3339 跳小蜂科	*Encyrtus*	8	1		1	1					1	1	1	1		1		1				

目	科	属	种数	a	b	c	d	e	f	g	h	i	j	k	l	m	n	o	p	q	r	s	t
33	3339 跳小蜂科	*Epitetracnemus*	6			1		1				1							1			1	
33	3339 跳小蜂科	*Erencyrtus*	1													1							
33	3339 跳小蜂科	*Ericydnus*	2			1	1																
33	3339 跳小蜂科	*Eucomys*	2			1																	
33	3339 跳小蜂科	*Eugahania*	2												1								
33	3339 跳小蜂科	*Eupoecilopoda*	2																				
33	3339 跳小蜂科	*Eusemion*	1												1				1			1	
33	3339 跳小蜂科	*Exoristobia*	1						1														
33	3339 跳小蜂科	*Ginsiana*	2			1																	
33	3339 跳小蜂科	*Grandiclavula*	1																				
33	3339 跳小蜂科	*Gyranusoides*	3																				1
33	3339 跳小蜂科	*Hambletonia*	1															1					
33	3339 跳小蜂科	*Hazmburkia*	1				1																
33	3339 跳小蜂科	*Homalotylus*	8					1				1	1	1	1	1			1				
33	3339 跳小蜂科	*Isodromus*	8				1						1		1				1	1			
33	3339 跳小蜂科	*Lakshaphagus*	1					1															
33	3339 跳小蜂科	*Lamennaisia*	1																1				
33	3339 跳小蜂科	*Leptomastidea*	3					1														1	1
33	3339 跳小蜂科	*Leptomastix*	4				1									1							1
33	3339 跳小蜂科	*Leurocerus*	1																1				
33	3339 跳小蜂科	*Litomastix*	5				1	1											1				
33	3339 跳小蜂科	*Mahencyrtus*	1				1																
33	3339 跳小蜂科	*Mayridia*	2				1	1															
33	3339 跳小蜂科	*Metablastothrix*	1																				
33	3339 跳小蜂科	*Metacheiloneurus*	1			1																	
33	3339 跳小蜂科	*Metaphycus*	24			1	1	1				1	1	1	1	1	1		1	1		1	
33	3339 跳小蜂科	*Microterys*	50	1		1	1	1	1			1	1	1	1	1			1	1		1	
33	3339 跳小蜂科	*Mira*	3			1		1															
33	3339 跳小蜂科	*Neocladella*	1			1																	
33	3339 跳小蜂科	*Neocladia*	1															1					
33	3339 跳小蜂科	*Neodiscodes*	2																			1	
33	3339 跳小蜂科	*Neodusmetia*	1																				
33	3339 跳小蜂科	*Oobius*	1																				
33	3339 跳小蜂科	*Ooencyrtus*	27			1		1					1						1	1		1	1
33	3339 跳小蜂科	*Oophagus*	1																				
33	3339 跳小蜂科	*Oriencyrtus*	2					1	1			1											
33	3339 跳小蜂科	*Parablatticida*	6																				1
33	3339 跳小蜂科	*Paralitomastix*	2										1										
33	3339 跳小蜂科	*Paraphaenodiscus*	2			1																	
33	3339 跳小蜂科	*Paratetracnemoidea*	1																				
33	3339 跳小蜂科	*Pareusemion*	1												1				1				
33	3339 跳小蜂科	*Pentacladocerus*	1																				
33	3339 跳小蜂科	*Pentelicus*	2																				
33	3339 跳小蜂科	*Philosindia*	1																				
33	3339 跳小蜂科	*Plagiomerus*	5										1		1		1		1			1	
33	3339 跳小蜂科	*Platencyrtus*	1																1				
33	3339 跳小蜂科	*Prionomitoides*	1																				
33	3339 跳小蜂科	*Prionomitus*	1																				
33	3339 跳小蜂科	*Prochiloneurus*	3												1				1			1	
33	3339 跳小蜂科	*Profundiscrobis*	1																				
33	3339 跳小蜂科	*Protyndarichoides*	3												1	1			1		1	1	1
33	3339 跳小蜂科	*Pseudaphycus*	2					1					1										
33	3339 跳小蜂科	*Pseudectroma*	1										1										
33	3339 跳小蜂科	*Pseudencyrtus*	1																				
33	3339 跳小蜂科	*Pseudococcobius*	1			1																	
33	3339 跳小蜂科	*Psilophrys*	2					1				1							1				

目	科	属	种数	昆虫亚区																			
				a	b	c	d	e	f	g	h	i	j	k	l	m	n	o	p	q	r	s	t
33	3339 跳小蜂科	*Psyllaephagus*	7						1										1	1			
33	3339 跳小蜂科	*Rhopus*	3			1		1															
33	3339 跳小蜂科	*Sakencyrtus*	2			1																	
33	3339 跳小蜂科	*Savzdargia*	1																				
33	3339 跳小蜂科	*Schedioides*	1				1																
33	3339 跳小蜂科	*Schilleriella*	1			1																	
33	3339 跳小蜂科	*Sectiliclava*	1																				
33	3339 跳小蜂科	*Spaniopterus*	1																				1
33	3339 跳小蜂科	*Submicroterys*	4					1										1					
33	3339 跳小蜂科	*Subprionomitus*	1				1																
33	3339 跳小蜂科	*Syrphophagus*	7			1						1	1	1	1			1	1			
33	3339 跳小蜂科	*Tachardiaephagus*	1																1		1	
33	3339 跳小蜂科	*Tassonia*	4																				1
33	3339 跳小蜂科	*Teleterebratus*	1												1			1				
33	3339 跳小蜂科	*Tetracnemoidea*	1																				
33	3339 跳小蜂科	*Tetracnemus*	1			1																	
33	3339 跳小蜂科	*Thomsonisca*	3									1	1					1		1		
33	3339 跳小蜂科	*Trechnites*	2				1	1														
33	3339 跳小蜂科	*Trichomasthus*	3				1								1			1				
33	3339 跳小蜂科	*Tyndarichus*	2																				
33	3339 跳小蜂科	*Waterstonia*	1															1				
33	3339 跳小蜂科	*Xenoencyrtus*	1			1																	
33	3339 跳小蜂科	*Xenostryxis*	1																				
33	3339 跳小蜂科	*Yasumatsuiola*	1																				1
33	3339 跳小蜂科	*Zaomma*	2									1	1					1				
33	3339 跳小蜂科	*Zaommoencyrtus*	1																				
33	3339 跳小蜂科	*Zozoros*	1																				
33	3340 棒小蜂科	*Chartocerus*	2												1			1				
33	3340 棒小蜂科	*Platyneurus*	1																				
33	3340 棒小蜂科	*Signiphorina*	3		1										1							
33	3341 蚜小蜂科	*Aneristus*	1								1							1	1		1	
33	3341 蚜小蜂科	*Aphelinus*	19			1		1							1			1	1			
33	3341 蚜小蜂科	*Aphelosoma*	1															1				
33	3341 蚜小蜂科	*Aphytis*	37									1	1	1				1	1	1		
33	3341 蚜小蜂科	*Archenomus*	16												1			1		1		
33	3341 蚜小蜂科	*Aspidiotiphagus*	1											1				1				
33	3341 蚜小蜂科	*Azotus*	6								1		1	1				1				
33	3341 蚜小蜂科	*Centrodora*	2															1	1			
33	3341 蚜小蜂科	*Coccobius*	15											1	1			1	1			
33	3341 蚜小蜂科	*Coccophagoides*	2															1	1			
33	3341 蚜小蜂科	*Coccophagus*	28			1	1	1				1	1	1	1			1	1	1	1	
33	3341 蚜小蜂科	*Encarsia*	62				1							1	1			1	1			1	1
33	3341 蚜小蜂科	*Encarsiella*	1															1				
33	3341 蚜小蜂科	*Eretmocerus*	8															1		1		
33	3341 蚜小蜂科	*Eriaphylis*	1															1				
33	3341 蚜小蜂科	*Marietta*	3				1					1	1	1				1	1		1	
33	3341 蚜小蜂科	*Marlattiella*	1									1		1				1				
33	3341 蚜小蜂科	*Mayrencyrtus*	1				1	1														
33	3341 蚜小蜂科	*Myiocnema*	1															1				
33	3341 蚜小蜂科	*Proaphelinoides*	2															1				
33	3341 蚜小蜂科	*Prococcophagus*	7															1				
33	3341 蚜小蜂科	*Pteroptrix*	10				1					1	1	1	1			1	1		1	
33	3342 姬小蜂科	*Ablerus*	5																				
33	3342 姬小蜂科	*Acrias*	1				1	1		1			1									
33	3342 姬小蜂科	*Alophomorphella*	1										1									1	1
33	3342 姬小蜂科	*Aprostocetus*	30			1		1	1				1	1	1			1	1		1	

目	科	属	种数	昆虫亚区																			
				a	b	c	d	e	f	g	h	i	j	k	l	m	n	o	p	q	r	s	t
33	3342 姬小蜂科	*Aroplectrus*	1																1		1	1
33	3342 姬小蜂科	*Artas*	1																			
33	3342 姬小蜂科	*Asecodes*	3										1	1								
33	3342 姬小蜂科	*Aulogymnus*	1											1								
33	3342 姬小蜂科	*Bryopezus*	1																			
33	3342 姬小蜂科	*Casca*	4																		1	
33	3342 姬小蜂科	*Ceranisus*	1																		1	
33	3342 姬小蜂科	*Chouioia*	1				1	1						1				1				
33	3342 姬小蜂科	*Chrysocharis*	11				1						1	1				1	1		1	1
33	3342 姬小蜂科	*Chrysonotomyia*	2										1	1							1	
33	3342 姬小蜂科	*Cirrospilus*	14			1		1					1	1	1			1	1		1	1
33	3342 姬小蜂科	*Citrostichus*	2											1				1	1			
33	3342 姬小蜂科	*Closterocerus*	3										1	1				1				
33	3342 姬小蜂科	*Dasmatocharis*	1											1								
33	3342 姬小蜂科	*Deuterelophus*	2															1	1			
33	3342 姬小蜂科	*Diaulinopsis*	1															1				
33	3342 姬小蜂科	*Dicladocerus*	1			1																
33	3342 姬小蜂科	*Diglyphus*	7				1	1					1	1	1			1				
33	3342 姬小蜂科	*Dimmockia*	2			1		1			1	1						1			1	1
33	3342 姬小蜂科	*Elachertus*	11			1		1	1	1			1	1	1	1	1	1	1	1	1	1
33	3342 姬小蜂科	*Entedon*	14			1			1									1				
33	3342 姬小蜂科	*Eprhopalotus*	1															1				
33	3342 姬小蜂科	*Euderus*	7			1		1	1					1	1		1	1			1	1
33	3342 姬小蜂科	*Eulophomorpha*	1								1	1						1				
33	3342 姬小蜂科	*Eulophus*	2															1	1			
33	3342 姬小蜂科	*Euplectromorpha*	1																		1	1
33	3342 姬小蜂科	*Euplectrophelinus*	1												1			1	1			
33	3342 姬小蜂科	*Euplectrus*	13			1		1				1	1	1	1	1		1	1	1	1	1
33	3342 姬小蜂科	*Hemiptarsenus*	3			1	1						1	1			1	1	1		1	1
33	3342 姬小蜂科	*Holcopelte*	4											1	1							
33	3342 姬小蜂科	*Hyssopus*	2		1			1						1			1	1				
33	3342 姬小蜂科	*Metatroctrus*	1																		1	
33	3342 姬小蜂科	*Neochrysocharis*	4					1							1			1			1	
33	3342 姬小蜂科	*Neoplectrus*	5																		1	
33	3342 姬小蜂科	*Neotetrastichus*	1																			
33	3342 姬小蜂科	*Neotrichoporoides*	4												1			1			1	
33	3342 姬小蜂科	*Omphale*	9											1				1			1	
33	3342 姬小蜂科	*Oomyzus*	5				1					1	1	1	1			1				
33	3342 姬小蜂科	*Ootetrastictus*	4																		1	
33	3342 姬小蜂科	*Pareuderus*	1				1															
33	3342 姬小蜂科	*Pediobius*	27			1		1					1	1	1	1		1	1		1	
33	3342 姬小蜂科	*Perissopterus*	1																			
33	3342 姬小蜂科	*Planoterastichus*	1			1								1								
33	3342 姬小蜂科	*Platyplectrus*	6					1						1	1		1	1	1		1	1
33	3342 姬小蜂科	*Pnigalio*	6	1	1			1					1	1	1	1	1	1			1	1
33	3342 姬小蜂科	*Quadrastichus*	3											1				1				
33	3342 姬小蜂科	*Sanyangia*	1			1																
33	3342 姬小蜂科	*Stenomesius*	3					1				1	1	1				1				
33	3342 姬小蜂科	*Sympiesis*	12		1			1			1		1	1				1	1		1	1
33	3342 姬小蜂科	*Tamarixia*	3															1	1			1
33	3342 姬小蜂科	*Teleopterus*	1											1				1				
33	3342 姬小蜂科	*Tetrastichus*	34			1	1	1	1	1			1	1	1			1			1	1
33	3342 姬小蜂科	*Trichospilus*	1															1				
33	3343 长痣小蜂科	*Cynipencyrtus*	1				1															
33	3344 扁股小蜂科	*Elasmus*	12									1	1	1	1		1	1			1	1
33	3345 四节金小蜂科	*Mongolocampa*	1			1																

目	科	属	种数	a	b	c	d	e	f	g	h	i	j	k	l	m	n	o	p	q	r	s	t
33	3346 赤眼蜂科	*Aphelinoidea*	6	1															1				
33	3346 赤眼蜂科	*Asynacta*	2			1	1	1					1										
33	3346 赤眼蜂科	*Brachygrammatella*	1																1				
33	3346 赤眼蜂科	*Chaetostricha*	4			1							1						1		1		
33	3346 赤眼蜂科	*Densufens*	1			1		1															
33	3346 赤眼蜂科	*Doirania*	1			1							1						1				
33	3346 赤眼蜂科	*Epoligosita*	7	1									1						1		1		
33	3346 赤眼蜂科	*Epoligositina*	2																1		1		
33	3346 赤眼蜂科	*Eteroligosita*	2																1				
33	3346 赤眼蜂科	*Eutrichogramma*	1																1	1			
33	3346 赤眼蜂科	*Gnorimogramma*	3										1						1				
33	3346 赤眼蜂科	*Haeckeliania*	2																1				
33	3346 赤眼蜂科	*Hayatia*	2																1				
33	3346 赤眼蜂科	*Hispidophila*	3																1				
33	3346 赤眼蜂科	*Ittys*	2					1					1						1				
33	3346 赤眼蜂科	*Japania*	2																1				
33	3346 赤眼蜂科	*Lathromeris*	3				1						1						1		1		
33	3346 赤眼蜂科	*Lathromeroidea*	3			1		1											1		1		
33	3346 赤眼蜂科	*Lathromeromyia*	2																1				
33	3346 赤眼蜂科	*Megaphragma*	3			1													1		1		
33	3346 赤眼蜂科	*Mirufens*	3			1													1				
33	3346 赤眼蜂科	*Neocentrobiella*	2																1				1
33	3346 赤眼蜂科	*Oligosita*	36			1		1			1	1		1					1	1		1	
33	3346 赤眼蜂科	*Ophioneurus*	3																1	1			
33	3346 赤眼蜂科	*Paracentrobia*	6	1		1		1			1	1	1	1					1	1		1	1
33	3346 赤眼蜂科	*Paramegaphragma*	2																1	1			
33	3346 赤眼蜂科	*Paratrichogramma*	1	1	1																		
33	3346 赤眼蜂科	*Poropoea*	5			1									1	1			1				
33	3346 赤眼蜂科	*Prestwichia*	1																1				
33	3346 赤眼蜂科	*Prochaetostricha*	1																	1			
33	3346 赤眼蜂科	*Prosoligosita*	1																1				
33	3346 赤眼蜂科	*Pseudomirufens*	1			1																	
33	3346 赤眼蜂科	*Pterygogramma*	3																1				
33	3346 赤眼蜂科	*Soikiella*	2	1																			
33	3346 赤眼蜂科	*Trichogramma*	29			1	1	1	1		1	1		1					1	1		1	1
33	3346 赤眼蜂科	*Trichogrammatoidea*	4				1	1											1	1		1	1
33	3346 赤眼蜂科	*Tumidiclava*	4										1						1		1		
33	3346 赤眼蜂科	*Tumidifemur*	1																1				
33	3346 赤眼蜂科	*Ufens*	5			1		1											1		1		
33	3346 赤眼蜂科	*Ufensia*	1	1	1																		
33	3346 赤眼蜂科	*Uscana*	4			1													1		1		
33	3346 赤眼蜂科	*Uscanoidea*	2																1				
33	3346 赤眼蜂科	*Xiphogramma*	1																1				
33	3346 赤眼蜂科	*Zagella*	2	1																			
33	3347 缨小蜂科	*Acmopolynema*	4																1				
33	3347 缨小蜂科	*Alaptus*	4			1																	
33	3347 缨小蜂科	*Anagroidea*	1																				
33	3347 缨小蜂科	*Anagrus*	26								1	1	1						1	1		1	
33	3347 缨小蜂科	*Anaphes*	5									1											
33	3347 缨小蜂科	*Camptoptera*	5	1																1			
33	3347 缨小蜂科	*Camptopteroides*	1																1				
33	3347 缨小蜂科	*Chaetomymar*	7																1				
33	3347 缨小蜂科	*Erythmelus*	5	1	1																		
33	3347 缨小蜂科	*Gonatocerus*	19	1	1						1	1		1			1	1	1				1
33	3347 缨小蜂科	*Himopolynema*	3																	1			
33	3347 缨小蜂科	*Mymar*	3																1	1			

目	科	属	种数	a	b	c	d	e	f	g	h	i	j	k	l	m	n	o	p	q	r	s	t
33	3347 缨小蜂科	*Narayabella*	1																1				
33	3347 缨小蜂科	*Omyomymar*	3																1				
33	3347 缨小蜂科	*Ooctunus*	4																				
33	3347 缨小蜂科	*Pseudanaphes*	1												1								
33	3347 缨小蜂科	*Stethynium*	2																		1		
33	3348 柄腹柄翅小蜂科	*Arrectocera*	1																				
33	3348 柄腹柄翅小蜂科	*Lymaenon*	1												1							1	
33	3348 柄腹柄翅小蜂科	*Palaeomymar*	2															1					
33	3349 柄腹细蜂科	*Helorus*	2										1					1					
33	3350 离颚细蜂科	*Sinisivanhornia*	1																				
33	3351 细蜂科	*Brachyserphus*	5											1	1			1					
33	3351 细蜂科	*Calyozina*	1																		1		
33	3351 细蜂科	*Carinaserphus*	1												1								
33	3351 细蜂科	*Codrus*	7	1				1						1	1			1					
33	3351 细蜂科	*Cryptoserphus*	1												1			1					
33	3351 细蜂科	*Exallonyx*	28											1	1			1		1			
33	3351 细蜂科	*Glyptoserphus*	1													1							
33	3351 细蜂科	*Maaserphus*	5												1					1			
33	3351 细蜂科	*Mischoserphus*	1															1					
33	3351 细蜂科	*Nothoserphus*	7									1						1	1		1	1	
33	3351 细蜂科	*Parthenocodrus*	5				1							1	1	1							
33	3351 细蜂科	*Phaenoserphus*	4				1							1		1							
33	3351 细蜂科	*Phaneroserphus*	6			1									1			1					
33	3351 细蜂科	*Phoxoserphus*	2															1					
33	3351 细蜂科	*Proctotrupes*	4				1					1						1					
33	3351 细蜂科	*Serphus*	1															1					
33	3351 细蜂科	*Sinicivanhornia*	1												1								
33	3351 细蜂科	*Tretoserphus*	1															1					
33	3352 窄腹细蜂科	*Ropronia*	12									1		1	1			1	1				
33	3352 窄腹细蜂科	*Xiphyropronia*	1															1					
33	3353 锤角细蜂科	*Aneuropria*	1												1							1	1
33	3353 锤角细蜂科	*Cardiopsilus*	1						1														
33	3353 锤角细蜂科	*Entomacis*	1																			1	
33	3353 锤角细蜂科	*Lyteba*	1					1	1													1	1
33	3353 锤角细蜂科	*Monelata*	1																			1	1
33	3353 锤角细蜂科	*Scorpioteleia*	1						1		1									1			
33	3353 锤角细蜂科	*Vadana*	1																			1	
33	3354 缘腹细蜂科	*Allotropa*	1																				1
33	3354 缘腹细蜂科	*Dissolcus*	1																				
33	3354 缘腹细蜂科	*Gryon*	1																		1		
33	3354 缘腹细蜂科	*Sparasion*	1																				
33	3354 缘腹细蜂科	*Scelio*	6				1					1		1				1	1		1		
33	3354 缘腹细蜂科	*Telenomus*	47			1	1	1			1	1	1	1	1	1		1	1		1		1
33	3354 缘腹细蜂科	*Trissolcus*	7			1		1				1	1	1				1			1		
33	3355 广腹细蜂科	*Amitus*	1									1	1	1									
33	3355 广腹细蜂科	*Platygaster*	2									1			1			1					
33	3356 大痣细蜂科	*Dendrocerus*	2										1					1	1				
33	3357 分盾细蜂科	*Ceraphron*	1				1					1	1	1				1			1		
33	3357 分盾细蜂科	*Lagocerus*	1									1											
33	3357 分盾细蜂科	*Prodendrocerus*	1													1							
33	3358 短节蜂科	*Caenosclerogibba*	1																			1	
33	3359 螯蜂科	*Acrodontochelvs*	1																				
33	3359 螯蜂科	*Adryinus*	2																			1	
33	3359 螯蜂科	*Anteon*	88			1		1	1					1			1		1	1	1	1	1
33	3359 螯蜂科	*Aphelopus*	31			1			1						1	1			1		1	1	1
33	3359 螯蜂科	*Bocchus*	2			1		1															

目	科	属	种数	昆虫亚区																			
				a	b	c	d	e	f	g	h	i	j	k	l	m	n	o	p	q	r	s	t
33	3359 螯蜂科	*Conganteon*	2											1					1	1			
33	3359 螯蜂科	*Crovettia*	3												1				1	1			
33	3359 螯蜂科	*Deinodryinus*	4							1									1				
33	3359 螯蜂科	*Dryinus*	21				1					1		1					1	1		1	1
33	3359 螯蜂科	*Echthrodelphax*	2			1		1			1	1	1	1					1	1		1	1
33	3359 螯蜂科	*Epigonatopus*	1										1		1								
33	3359 螯蜂科	*Fiorianteon*	2																1				
33	3359 螯蜂科	*Gonatopus*	29	1		1		1				1	1	1	1				1	1	1	1	1
33	3359 螯蜂科	*Haplogonatopus*	4			1		1				1	1	1					1	1		1	1
33	3359 螯蜂科	*Lonchodryinus*	8						1	1				1	1	1			1	1			
33	3359 螯蜂科	*Mesodryinus*	1																				
33	3359 螯蜂科	*Neodryinus*	4															1	1	1	1		
33	3359 螯蜂科	*Paradryinus*	1																				
33	3359 螯蜂科	*Paragonatopus*	1								1	1			1				1				
33	3359 螯蜂科	*Pseudodryinus*	1																1				
33	3359 螯蜂科	*Thaumatodryinus*	2																1		1		
33	3360 梨头蜂科	*Embolemus*	3										1						1	1			
33	3361 肿腿蜂科	*Acrepyris*	5																1	1			
33	3361 肿腿蜂科	*Apenesia*	1																1				
33	3361 肿腿蜂科	*Bethylus*	1			1																	
33	3361 肿腿蜂科	*Cephalonomis*	3																1				
33	3361 肿腿蜂科	*Epyris*	5																1	1			
33	3361 肿腿蜂科	*Goniozus*	5				1					1	1		1				1	1			
33	3361 肿腿蜂科	*Holepyris*	10				1							1	1				1				
33	3361 肿腿蜂科	*Metrionotus*	1																				
33	3361 肿腿蜂科	*Odontepyris*	2																1				1
33	3361 肿腿蜂科	*Parascleroderma*	1											1									
33	3361 肿腿蜂科	*Pristocera*	1																1	1			
33	3361 肿腿蜂科	*Sclerodermus*	2			1	1				1	1	1								1		
33	3361 肿腿蜂科	*Sierola*	1																				
33	3361 肿腿蜂科	*Sierolomorpha*	1																				
33	3362 青蜂科	*Anomalochrysa*	1																1				
33	3362 青蜂科	*Chrysellampus*	1																				
33	3362 青蜂科	*Chrysis*	69		1								1	1					1		1	1	
33	3362 青蜂科	*Cyrteuchrum*	1																				
33	3362 青蜂科	*Ellampus*	7																				
33	3362 青蜂科	*Hedychridium*	1																				
33	3362 青蜂科	*Hedychrum*	9																1				
33	3362 青蜂科	*Loboscelidia*	7														1	1			1	1	
33	3362 青蜂科	*Notozus*	2																				
33	3362 青蜂科	*Omalus*	1																1				
33	3362 青蜂科	*Parnopes*	1																				
33	3362 青蜂科	*Praestochrysis*	1			1	1	1	1	1		1	1	1					1	1		1	
33	3362 青蜂科	*Stibum*	1			1								1					1				1
33	3363 尖胸青蜂科	*Cleptes*	5																1				
33	3364 蚁蜂科	*Andreimyrme*	3																1				
33	3364 蚁蜂科	*Bischoffitilla*	17																1				1
33	3364 蚁蜂科	*Ctstomutilla*	2																1				
33	3364 蚁蜂科	*Cystomutilla*	1															1	1				
33	3364 蚁蜂科	*Dasylabris*	8	1		1	1	1											1				
33	3364 蚁蜂科	*Eotrogaspidia*	1																1				1
33	3364 蚁蜂科	*Ephucilla*	7																1				
33	3364 蚁蜂科	*Ephutomma*	1																				
33	3364 蚁蜂科	*Krombeinidia*	2																				
33	3364 蚁蜂科	*Mickelomyrme*	6																1				1
33	3364 蚁蜂科	*Mutilla*	4				1											1					

目	科	属	种数	a	b	c	d	e	f	g	h	i	j	k	l	m	n	o	p	q	r	s	t
33	3364 蚁蜂科	*Myrmilla*	1																				
33	3364 蚁蜂科	*Myrmosa*	1			1																	
33	3364 蚁蜂科	*Nemka*	5																	1			
33	3364 蚁蜂科	*Neotrogaspidia*	1																	1			
33	3364 蚁蜂科	*Odontomutilla*	3			1												1					
33	3364 蚁蜂科	*Orientilla*	5																	1			
33	3364 蚁蜂科	*Pagdenidia*	1																				
33	3364 蚁蜂科	*Petersenidis*	10																	1			
33	3364 蚁蜂科	*Physetopoda*	1																				
33	3364 蚁蜂科	*Pseudomyrmosa*	1																				
33	3364 蚁蜂科	*Radoszkowskius*	3																	1			1
33	3364 蚁蜂科	*Sinotilla*	8																	1			
33	3364 蚁蜂科	*Smicromyrme*	33			1													1	1			
33	3364 蚁蜂科	*Squamulotilla*	5																1	1			
33	3364 蚁蜂科	*Stenomutilla*	2																1	1			1
33	3364 蚁蜂科	*Taimyrmosa*	1																				
33	3364 蚁蜂科	*Taiwanomyrme*	3																	1			
33	3364 蚁蜂科	*Timulla*	1																				
33	3364 蚁蜂科	*Trogaspidia*	24																1	1			1
33	3364 蚁蜂科	*Yamanetilla*	2																	1			
33	3364 蚁蜂科	*Zavatilla*	3																	1			
33	3364 蚁蜂科	*Zeugomutilla*	2																				
33	3365 钩土蜂科	*Dermasothes*	1				1																
33	3365 钩土蜂科	*Hylomesa*	1																	1			
33	3365 钩土蜂科	*Melaniswara*	1				1																
33	3365 钩土蜂科	*Meria*	1				1																
33	3365 钩土蜂科	*Mesa*	4																	1			
33	3365 钩土蜂科	*Methocha*	13		1															1			
33	3365 钩土蜂科	*Tiphia*	80			1	1	1			1	1	1	1	1		1	1	1	1	1	1	1
33	3366 寡毛土蜂科	*Polychridium*	1																				
33	3366 寡毛土蜂科	*Sapyga*	1																				
33	3367 土蜂科	*Campsomeriella*	2	1		1	1	1	1	1		1	1	1	1		1	1	1	1	1		
33	3367 土蜂科	*Campsomeris*	20			1	1	1	1	1		1	1	1	1	1	1	1	1	1	1	1	1
33	3367 土蜂科	*Carinoscolia*	3															1					
33	3367 土蜂科	*Elis*	2																				
33	3367 土蜂科	*Liacos*	2															1					1
33	3367 土蜂科	*Scolia*	47	1		1	1	1				1	1	1					1	1	1	1	1
33	3367 土蜂科	*Triscolia*	1																				
33	3368 蚁科	*Acantholepis*	2												1								
33	3368 蚁科	*Acanthomyrmex*	2																	1	1		
33	3368 蚁科	*Acanthostichus*	1																	1			
33	3368 蚁科	*Acanthoyrex*	1																			1	
33	3368 蚁科	*Acidomyrmex*	1																				
33	3368 蚁科	*Acropyga*	5										1		1					1	1		
33	3368 蚁科	*Aenictus*	25									1	1	1	1		1			1	1	1	1
33	3368 蚁科	*Amblyopone*	8									1	1	1			1			1	1		
33	3368 蚁科	*Anillamyrma*	1																				
33	3368 蚁科	*Anochetus*	6																	1	1	1	1
33	3368 蚁科	*Anoplolepis*	2																1	1	1	1	1
33	3368 蚁科	*Aphaenogaster*	25				1	1				1	1	1	1	1				1	1	1	1
33	3368 蚁科	*Bannapone*	1																			1	
33	3368 蚁科	*Bothriomyrmex*	6										1		1						1	1	1
33	3368 蚁科	*Bothroponera*	1																				
33	3368 蚁科	*Brachyponera*	3				1								1						1		1
33	3368 蚁科	*Calalaneus*	1																				
33	3368 蚁科	*Calyptomyrmex*	1																			1	

目	科	属	种数	a	b	c	d	e	f	g	h	i	j	k	l	m	n	o	p	q	r	s	t
33	3368 蚁科	*Camponotus*	87	1		1	1	1	1			1	1	1	1	1	1	1	1	1	1	1	1
33	3368 蚁科	*Cardiocondyla*	4			1								1	1		1	1	1	1	1	1	1
33	3368 蚁科	*Carebara*	2																	1			
33	3368 蚁科	*Cataglyphis*	4	1		1	1		1														
33	3368 蚁科	*Cataulacus*	1																		1	1	1
33	3368 蚁科	*Centromyrmex*	1					1													1	1	1
33	3368 蚁科	*Cerapachys*	11												1						1	1	1
33	3368 蚁科	*Ceratopheidole*	1																			1	
33	3368 蚁科	*Colenopsis*	2																				
33	3368 蚁科	*Componotus*	1																				
33	3368 蚁科	*Crematogaster*	35	1				1				1	1	1	1	1	1	1	1	1	1	1	1
33	3368 蚁科	*Cryptopone*	9								1	1	1	1							1	1	1
33	3368 蚁科	*Dacatria*	1																			1	
33	3368 蚁科	*Diacamma*	1																1	1	1	1	1
33	3368 蚁科	*Dilobocondyla*	1												1						1	1	1
33	3368 蚁科	*Discothyrea*	1																		1	1	
33	3368 蚁科	*Dolichoderus*	13									1	1	1	1		1	1	1	1	1	1	1
33	3368 蚁科	*Dolochoderus*	2																			1	
33	3368 蚁科	*Dorylus*	3								1		1		1			1			1		
33	3368 蚁科	*Ectatomma*	1																				
33	3368 蚁科	*Ectomomyrmex*	6												1		1	1	1				
33	3368 蚁科	*Emeryopone*	1																1				
33	3368 蚁科	*Epitrilus*	2																1	1			
33	3368 蚁科	*Euponera*	6																1				1
33	3368 蚁科	*Euprenolepis*	1														1			1			
33	3368 蚁科	*Eurhopalothrix*	1														1						
33	3368 蚁科	*Formica*	48	1	1	1	1	1	1	1	1	1	1	1	1	1	1	1	1				
33	3368 蚁科	*Gauromyrmex*	1											1	1								
33	3368 蚁科	*Gesomyrmex*	1																			1	
33	3368 蚁科	*Gnamptogenys*	6								1	1	1		1					1	1	1	1
33	3368 蚁科	*Harpegnathos*	3																			1	1
33	3368 蚁科	*Hypoclinea*	3									1	1			1							
33	3368 蚁科	*Hypoponera*	11					1				1	1	1	1		1				1	1	
33	3368 蚁科	*Iridomyrmex*	4									1	1	1	1		1			1	1	1	1
33	3368 蚁科	*Itometopum*	1																				
33	3368 蚁科	*Kartidris*	5												1						1	1	1
33	3368 蚁科	*Kyidris*	2																		1	1	
33	3368 蚁科	*Lasius*	11	1		1	1	1				1	1	1		1		1	1		1	1	1
33	3368 蚁科	*Lepisiota*	6												1		1				1	1	
33	3368 蚁科	*Leptanilla*	4										1		1						1		1
33	3368 蚁科	*Leptogenys*	18									1	1	1					1	1	1	1	1
33	3368 蚁科	*Leptothorax*	4				1										1						
33	3368 蚁科	*Liometopum*	4							1		1	1	1		1	1		1				
33	3368 蚁科	*Lioponera*	1														1						
33	3368 蚁科	*Lophomyrmex*	1																1				
33	3368 蚁科	*Mayriella*	1																			1	
33	3368 蚁科	*Meranoplus*	2														1				1	1	1
33	3368 蚁科	*Messor*	4	1		1	1			1	1	1	1										
33	3368 蚁科	*Metapone*	1														1						
33	3368 蚁科	*Monomorium*	25	1		1	1					1	1	1		1		1	1		1	1	1
33	3368 蚁科	*Myopias*	2																		1	1	
33	3368 蚁科	*Myopopone*	1														1						1
33	3368 蚁科	*Myrica*	1											1									
33	3368 蚁科	*Myrmecina*	5												1		1				1	1	1
33	3368 蚁科	*Myrmica*	34	1		1	1	1	1	1	1	1	1	1		1		1			1	1	1
33	3368 蚁科	*Myrmicaria*	1									1										1	1

目	科	属	种数	a	b	c	d	e	f	g	h	i	j	k	l	m	n	o	p	q	r	s	t
33	3368 蚁科	*Myrmoteras*	2																		1		
33	3368 蚁科	*Mystrium*	1																		1		
33	3368 蚁科	*Ochetellus*	1								1				1		1					1	1
33	3368 蚁科	*Odontomachus*	11				1				1	1	1	1	1	1	1	1	1	1	1	1	1
33	3368 蚁科	*Odontoponera*	2																1		1	1	
33	3368 蚁科	*Oecophylla*	1																1		1	1	
33	3368 蚁科	*Oligomyrmex*	20								1	1	1	1					1	1	1	1	
33	3368 蚁科	*Pachycondyla*	19				1	1			1	1	1	1	1	1	1	1	1	1	1	1	1
33	3368 蚁科	*Paratopula*	2														1		1				
33	3368 蚁科	*Paratrechina*	19			1	1	1	1		1	1	1	1		1	1	1	1		1	1	1
33	3368 蚁科	*Pentastruma*	2																	1		1	
33	3368 蚁科	*Perissamyrmex*	1														1						
33	3368 蚁科	*Pheidole*	50				1	1			1	1	1	1		1	1		1	1	1	1	1
33	3368 蚁科	*Pheidologeton*	11								1	1	1	1					1	1	1	1	
33	3368 蚁科	*Philidris*	4									1										1	1
33	3368 蚁科	*Plagiolepis*	12	1			1	1	1		1	1	1	1		1	1	1	1		1	1	1
33	3368 蚁科	*Platythyrea*	1														1						
33	3368 蚁科	*Polyergus*	2	1																			
33	3368 蚁科	*Polyrhachis*	48								1	1	1	1					1	1	1	1	
33	3368 蚁科	*Ponera*	19										1	1	1	1			1		1		
33	3368 蚁科	*Prenolepis*	15								1	1	1	1		1	1		1				
33	3368 蚁科	*Prionopelta*	1															1					
33	3368 蚁科	*Pristomyrmex*	3			1		1			1	1	1						1	1	1	1	1
33	3368 蚁科	*Probolomyrmex*	2																1	1			
33	3368 蚁科	*Proceratium*	5												1				1	1			
33	3368 蚁科	*Proformica*	7	1		1	1		1		1												
33	3368 蚁科	*Protanilla*	3												1			1					
33	3368 蚁科	*Pseudolasius*	11								1	1	1	1		1					1	1	1
33	3368 蚁科	*Pyramica*	25												1	1					1	1	1
33	3368 蚁科	*Quadristruma*	1															1					
33	3368 蚁科	*Recurvidris*	3									1	1	1		1			1	1	1		
33	3368 蚁科	*Rhopalomastix*	1																1				
33	3368 蚁科	*Rhoptromyrmex*	2								1	1	1	1		1			1		1	1	1
33	3368 蚁科	*Rossomyrmex*	1		1																		
33	3368 蚁科	*Rotastruma*	1												1						1		
33	3368 蚁科	*Smithistruma*	3															1	1				
33	3368 蚁科	*Solenopsis*	8				1					1	1	1					1	1	1	1	1
33	3368 蚁科	*Stenamma*	1																				
33	3368 蚁科	*Stictoponera*	2															1					
33	3368 蚁科	*Strongylognathus*	3				1	1						1									
33	3368 蚁科	*Strumigenys*	13					1				1	1	1	1				1		1	1	
33	3368 蚁科	*Strungylognathus*	2																				
33	3368 蚁科	*Taminoma*	2																				
33	3368 蚁科	*Tapinoma*	5			1	1	1	1		1	1	1	1		1			1	1	1	1	1
33	3368 蚁科	*Tatuidris*	2																				
33	3368 蚁科	*Technomyrmex*	6				1				1	1	1	1		1			1	1	1	1	1
33	3368 蚁科	*Temnothorax*	14			1	1		1	1	1	1	1	1			1				1		
33	3368 蚁科	*Tetramorium*	47	1		1	1	1	1		1	1	1	1		1	1	1	1		1	1	1
33	3368 蚁科	*Tetraponera*	19								1	1	1	1					1	1	1	1	1
33	3368 蚁科	*Trachymesopus*	3																1				
33	3368 蚁科	*Trichoscapa*	1																1				
33	3368 蚁科	*Vollenhovia*	6									1	1	1	1				1	1	1		
33	3368 蚁科	*Vombisidris*	1												1								
33	3368 蚁科	*Yunodorylus*	1																		1		
33	3369 蛛蜂科	*Agenioides*	1							1													
33	3369 蛛蜂科	*Anoplius*	15				1			1									1	1		1	

目	科	属	种数	a	b	c	d	e	f	g	h	i	j	k	l	m	n	o	p	q	r	s	t
33	3369 蛛蜂科	*Aporineliellus*	1																1				
33	3369 蛛蜂科	*Aporus*	1														1	1					
33	3369 蛛蜂科	*Arachnospila*	7					1	1														
33	3369 蛛蜂科	*Atopopompilus*	1																1				
33	3369 蛛蜂科	*Auplopus*	13						1									1	1		1		
33	3369 蛛蜂科	*Balanodes*	1																				
33	3369 蛛蜂科	*Batozonellus*	3			1	1							1	1				1	1			
33	3369 蛛蜂科	*Batozonus*	2																		1		
33	3369 蛛蜂科	*Bifidoceropales*	1																				
33	3369 蛛蜂科	*Caliadurgus*	1															1	1				
33	3369 蛛蜂科	*Calicurgus*	3																1				
33	3369 蛛蜂科	*Ceropales*	7																				
33	3369 蛛蜂科	*Clistoderes*	4															1	1				
33	3369 蛛蜂科	*Cryptocheilus*	5					1	1			1							1				
33	3369 蛛蜂科	*Cyphononyx*	4						1					1	1			1	1				1
33	3369 蛛蜂科	*Dipogon*	5					1											1				
33	3369 蛛蜂科	*Eopompilus*	2					1											1				
33	3369 蛛蜂科	*Episyron*	4					1	1					1				1	1		1		
33	3369 蛛蜂科	*Evagetes*	3					1			1												
33	3369 蛛蜂科	*Ferreola*	2																1				
33	3369 蛛蜂科	*Ferreoloides*	1																1				
33	3369 蛛蜂科	*Hemipepsis*	4															1	1				
33	3369 蛛蜂科	*Homonotus*	1																1				
33	3369 蛛蜂科	*Leptodialepis*	4																1				1
33	3369 蛛蜂科	*Lissocnemis*	2																1				
33	3369 蛛蜂科	*Machaerothrix*	2																1				
33	3369 蛛蜂科	*Macromeris*	2																1				
33	3369 蛛蜂科	*Malloscelis*	1														1	1					
33	3369 蛛蜂科	*Megagenia*	2																1				
33	3369 蛛蜂科	*Minagenia*	4																1				
33	3369 蛛蜂科	*Minotocyphus*	2																1				
33	3369 蛛蜂科	*Monochares*	1																1				
33	3369 蛛蜂科	*Odontoderes*	2																				
33	3369 蛛蜂科	*Orientanoplius*	3																				
33	3369 蛛蜂科	*Parabatozonus*	1																				
33	3369 蛛蜂科	*Paracyphononyx*	2															1	1				
33	3369 蛛蜂科	*Poecilagenia*	1																				
33	3369 蛛蜂科	*Pompilus*	18						1										1		1		
33	3369 蛛蜂科	*Priesnerius*	1																				
33	3369 蛛蜂科	*Priocnemis*	14					1	1									1	1				
33	3369 蛛蜂科	*Psammochares*	4					1		1				1					1				
33	3369 蛛蜂科	*Pseudagenia*	9																1		1		
33	3369 蛛蜂科	*Salius*	10																1		1		
33	3369 蛛蜂科	*Sinotocyphus*	1																				
33	3369 蛛蜂科	*Spisyron*	3																1				
33	3369 蛛蜂科	*Tachypompilus*	1														1	1					
33	3369 蛛蜂科	*Telostegus*	1																1				
33	3369 蛛蜂科	*Telostholus*	1																1				
33	3369 蛛蜂科	*Xanthampulex*	1																1				
33	3370 蜾蠃蜂科	*Allorhynchium*	3									1		1	1				1	1	1		
33	3370 蜾蠃蜂科	*Ancistrocerus*	26			1	1	1	1		1			1	1		1	1	1			1	1
33	3370 蜾蠃蜂科	*Antepipona*	12			1							1			1		1	1	1	1	1	1
33	3370 蜾蠃蜂科	*Anterhynchium*	4												1		1				1		
33	3370 蜾蠃蜂科	*Antodynerus*	1													1				1			
33	3370 蜾蠃蜂科	*Archancistrocerus*	1																				
33	3370 蜾蠃蜂科	*Brachyodynerus*	1				1																

目	科	属	种数	a	b	c	d	e	f	g	h	i	j	k	l	m	n	o	p	q	r	s	t
33	3370 蜾蠃蜂科	*Chlorodynerus*	1				1																
33	3370 蜾蠃蜂科	*Coeleumenes*	1															1					
33	3370 蜾蠃蜂科	*Cyrtolabulus*	2																		1		1
33	3370 蜾蠃蜂科	*Delta*	5											1		1			1	1	1	1	
33	3370 蜾蠃蜂科	*Discoelius*	5									1	1						1	1			
33	3370 蜾蠃蜂科	*Epsilon*	1														1		1				
33	3370 蜾蠃蜂科	*Eumenes*	36			1	1	1	1		1	1	1	1	1		1		1	1	1	1	1
33	3370 蜾蠃蜂科	*Euodynerus*	12			1	1	1	1		1	1	1	1	1				1	1	1	1	
33	3370 蜾蠃蜂科	*Ischnogaster*	1																				
33	3370 蜾蠃蜂科	*Jucancistrocerus*	2				1	1											1	1			
33	3370 蜾蠃蜂科	*Katamenes*	5			1	1	1			1									1			1
33	3370 蜾蠃蜂科	*Leptochilus*	3				1																
33	3370 蜾蠃蜂科	*Leptomicrodynerus*	1																				
33	3370 蜾蠃蜂科	*Montezumia*	4																1				
33	3370 蜾蠃蜂科	*Odynerus*	33			1	1	1											1	1			1
33	3370 蜾蠃蜂科	*Orancistrocerus*	3				1						1						1		1	1	
33	3370 蜾蠃蜂科	*Oreumenes*	1																1				
33	3370 蜾蠃蜂科	*Pachymenes*	1																1				
33	3370 蜾蠃蜂科	*Pararrhynchium*	5										1						1	1		1	
33	3370 蜾蠃蜂科	*Pareumenes*	5										1				1	1	1	1	1	1	
33	3370 蜾蠃蜂科	*Phi*	1										1						1	1			
33	3370 蜾蠃蜂科	*Pseudepipona*	7			1	1	1															
33	3370 蜾蠃蜂科	*Pseudozumia*	1																1				
33	3370 蜾蠃蜂科	*Pseumenes*	2									1	1		1				1	1	1	1	
33	3370 蜾蠃蜂科	*Pterocheilus*	4				1																
33	3370 蜾蠃蜂科	*Pterochilus*	9			1	1																
33	3370 蜾蠃蜂科	*Rhynchium*	5			1	1	1	1			1	1	1					1	1	1	1	
33	3370 蜾蠃蜂科	*Stenodynerus*	8			1	1					1	1						1	1	1	1	
33	3370 蜾蠃蜂科	*Symmorphus*	11			1			1	1				1	1	1							
33	3371 胡蜂科	*Dolichovespula*	15	1		1	1	1	1		1	1			1		1	1	1				
33	3371 胡蜂科	*Eremodynerus*	8				1											1					
33	3371 胡蜂科	*Labus*	3																				1
33	3371 胡蜂科	*Parancistrocerus*	1																				
33	3371 胡蜂科	*Paravespula*	2												1		1						
33	3371 胡蜂科	*Quartinia*	1																				
33	3371 胡蜂科	*Vaspa*	2																		1		
33	3371 胡蜂科	*Vespa*	29			1	1	1	1	1	1	1	1	1	1		1	1	1	1	1	1	
33	3371 胡蜂科	*Vespula*	26			1	1	1	1	1	1	1	1	1	1	1	1	1	1	1	1	1	1
33	3372 异腹胡蜂科	*Parapolybia*	3				1					1	1	1				1	1	1	1		
33	3373 铃腹胡蜂科	*Ropalidia*	13									1	1	1				1	1	1	1	1	1
33	3374 长腹胡蜂科	*Zethus*	1																		1		
33	3375 狭腹胡蜂科	*Cochlischnogaster*	2																		1		
33	3375 狭腹胡蜂科	*Eustenogaster*	1																				
33	3375 狭腹胡蜂科	*Holischnogaster*	1																		1		
33	3375 狭腹胡蜂科	*Liostenogaster*	1																		1		
33	3375 狭腹胡蜂科	*Parischnigaster*	1																		1		
33	3375 狭腹胡蜂科	*Stenogaster*	1												1				1		1	1	1
33	3376 马蜂科	*Polistes*	31	1		1	1	1	1	1	1	1	1	1	1		1	1	1	1	1	1	1
33	3377 切叶蜂科	*Anthidiellum*	3	1		1		1						1									
33	3377 切叶蜂科	*Anthidium*	25	1	1	1	1	1	1	1	1	1	1	1	1				1	1	1	1	
33	3377 切叶蜂科	*Archeriade*	1																				
33	3377 切叶蜂科	*Bathanthidium*	5		1	1		1					1										
33	3377 切叶蜂科	*Chelostoma*	8			1											1	1					
33	3377 切叶蜂科	*Coelioxys*	51	1	1	1	1	1	1	1	1	1	1	1	1	1	1	1	1	1	1	1	1
33	3377 切叶蜂科	*Eoanthidium*	1																		1		
33	3377 切叶蜂科	*Euaspis*	4									1	1	1				1	1	1	1	1	

目	科	属	种数	昆虫亚区																			
---	---	---	---	a	b	c	d	e	f	g	h	i	j	k	l	m	n	o	p	q	r	s	t
33	3377 切叶蜂科	*Heriades*	4				1						1		1	1					1		
33	3377 切叶蜂科	*Hoplitis*	27	1	1	1	1	1	1	1	1	1		1	1		1	1	1				
33	3377 切叶蜂科	*Icteranthidium*	5	1	1		1																
33	3377 切叶蜂科	*Lithurge*	2			1		1					1		1					1	1	1	1
33	3377 切叶蜂科	*Lithurgus*	2	1																	1		
33	3377 切叶蜂科	*Megachile*	123	1	1	1	1	1	1	1	1	1	1	1	1	1	1	1	1	1	1	1	1
33	3377 切叶蜂科	*Osmia*	40	1	1	1	1	1	1	1	1	1	1	1	1	1			1	1		1	
33	3377 切叶蜂科	*Pachyanthidium*	1																		1		
33	3377 切叶蜂科	*Paraanthidium*	1																				
33	3377 切叶蜂科	*Parevaspis*	1												1			1			1		
33	3377 切叶蜂科	*Phaeoptera*	1																				
33	3377 切叶蜂科	*Pseudoanthidium*	1				1																
33	3377 切叶蜂科	*Stelis*	8	1	1	1	1	1			1			1		1	1						
33	3377 切叶蜂科	*Stenosmis*	2	1	1																		
33	3377 切叶蜂科	*Trachus*	1												1								
33	3377 切叶蜂科	*Trachusa*	14		1		1			1			1	1	1	1		1	1	1	1	1	1
33	3378 分舌蜂科	*Colletes*	9							1				1	1								
33	3378 分舌蜂科	*Hylaeus*	5											1	1	1							
33	3378 分舌蜂科	*Nesoprosopis*	1																				
33	3378 分舌蜂科	*Prosopis*	11																				
33	3379 隧蜂科	*Ceylalictus*	1																				1
33	3379 隧蜂科	*Dufourea*	9										1		1	1							
33	3379 隧蜂科	*Halictoides*	22	1		1	1				1			1		1	1	1					
33	3379 隧蜂科	*Halictus*	86	1	1	1	1	1	1	1	1			1	1	1		1					
33	3379 隧蜂科	*Lasioglossum*	58	1		1	1				1		1	1	1	1	1	1	1	1	1		
33	3379 隧蜂科	*Nomia*	34			1	1						1	1	1	1	1	1	1	1	1	1	1
33	3379 隧蜂科	*Nomioides*	1				1																
33	3379 隧蜂科	*Prosopalictus*	1														1						
33	3379 隧蜂科	*Pseudapis*	4	1		1	1	1			1					1							
33	3379 隧蜂科	*Rhopalomelissa*	11										1	1	1	1		1	1		1	1	
33	3379 隧蜂科	*Rophites*	2			1																	
33	3379 隧蜂科	*Sphecodes*	12	1		1			1				1	1		1	1	1	1				
33	3380 蜜蜂科	*Agrobombus*	1																				
33	3380 蜜蜂科	*Allodape*	2																	1			
33	3380 蜜蜂科	*Amegilla*	32			1	1	1			1			1		1	1	1	1	1	1	1	1
33	3380 蜜蜂科	*Ammobatoides*	1			1	1																
33	3380 蜜蜂科	*Anthoamegilla*	5				1			1						1							
33	3380 蜜蜂科	*Anthophora*	95	1	1	1	1	1	1	1	1	1		1	1	1	1	1			1	1	
33	3380 蜜蜂科	*Apis*	6	1		1	1	1	1	1	1	1		1	1	1	1	1	1		1	1	1
33	3380 蜜蜂科	*Astonipsityrus*	1																				
33	3380 蜜蜂科	*Bombus*	182	1		1	1	1	1	1	1	1		1	1	1	1	1		1	1	1	
33	3380 蜜蜂科	*Braunapis*	2																		1		1
33	3380 蜜蜂科	*Bremus*	3																		1		
33	3380 蜜蜂科	*Ceratina*	29						1					1	1	1	1	1	1		1	1	1
33	3380 蜜蜂科	*Clisodon*	4	1		1								1		1	1	1					
33	3380 蜜蜂科	*Ctenoplectra*	3									1	1	1	1		1	1					
33	3380 蜜蜂科	*Diversobombus*	3																		1	1	
33	3380 蜜蜂科	*Elaphropoda*	8					1					1		1	1	1	1	1				
33	3380 蜜蜂科	*Epeolus*	2				1						1			1	1						
33	3380 蜜蜂科	*Epimethea*	1																				
33	3380 蜜蜂科	*Eucera*	9			1	1						1		1								
33	3380 蜜蜂科	*Habrophorula*	4											1		1						1	
33	3380 蜜蜂科	*Habropoda*	18					1			1		1	1	1	1	1	1	1	1	1	1	1
33	3380 蜜蜂科	*Heliophila*	3	1												1		1					
33	3380 蜜蜂科	*Hortobombus*	4																				
33	3380 蜜蜂科	*Lapiariobombus*	1																				

目	科	属	种数	a	b	c	d	e	f	g	h	i	j	k	l	m	n	o	p	q	r	s	t
33	3380 蜜蜂科	*Megabombus*	1																				
33	3380 蜜蜂科	*Megapis*	3								1				1		1	1		1			1
33	3380 蜜蜂科	*Melecta*	2									1											
33	3380 蜜蜂科	*Micrapis*	2												1					1			
33	3380 蜜蜂科	*Neoceratina*	1																				
33	3380 蜜蜂科	*Nomada*	1										1	1									
33	3380 蜜蜂科	*Paramegilla*	2				1				1												
33	3380 蜜蜂科	*Pasites*	2				1																
33	3380 蜜蜂科	*Pithitis*	2											1		1		1			1	1	
33	3380 蜜蜂科	*Pralobombus*	3																				
33	3380 蜜蜂科	*Proxylocopa*	10	1	1		1	1	1	1	1	1											
33	3380 蜜蜂科	*Psithyrus*	26			1		1		1	1			1	1		1	1	1				
33	3380 蜜蜂科	*Pyrobombus*	1																				
33	3380 蜜蜂科	*Scrapter*	2															1					
33	3380 蜜蜂科	*Tanguticobombus*	3																				
33	3380 蜜蜂科	*Terrestribombus*	1																				
33	3380 蜜蜂科	*Tetralonia*	12			1	1	1					1	1		1							
33	3380 蜜蜂科	*Thyreus*	2															1					
33	3380 蜜蜂科	*Triepeolus*	1																				
33	3380 蜜蜂科	*Trigona*	7																		1		
33	3380 蜜蜂科	*Xylocopa*	39	1			1	1	1	1	1	1	1	1	1	1	1	1	1	1	1	1	1
33	3381 地蜂科	*Andrena*	89	1		1	1	1	1	1	1	1		1	1	1	1	1	1	1		1	
33	3381 地蜂科	*Camptopoeum*	1																				
33	3381 地蜂科	*Melitturga*	2			1	1	1															
33	3381 地蜂科	*Panurginus*	3													1							
33	3382 准蜂科	*Crocisa*	23									1					1	1		1			
33	3382 准蜂科	*Dasypoda*	7	1		1	1	1				1											
33	3382 准蜂科	*Macropis*	7			1							1	1	1	1		1		1			
33	3382 准蜂科	*Melitta*	19	1		1	1	1		1	1			1	1	1	1	1					
33	3383 泥蜂科	*Ammophila*	34	1	1	1	1	1	1	1	1	1	1	1	1	1	1	1	1	1	1	1	1
33	3383 泥蜂科	*Chalybion*	9			1	1						1	1	1	1			1	1	1	1	1
33	3383 泥蜂科	*Dicranorhina*	1																				1
33	3383 泥蜂科	*Eremochares*	1																		1		
33	3383 泥蜂科	*Hoplammophila*	1			1		1							1	1			1		1		
33	3383 泥蜂科	*Isodontia*	10													1			1	1		1	
33	3383 泥蜂科	*Palmodes*	1			1	1												1				
33	3383 泥蜂科	*Parapsammophila*	1	1																			
33	3383 泥蜂科	*Philanthus*	10			1	1	1	1		1			1					1				
33	3383 泥蜂科	*Podalonia*	10			1	1	1	1		1				1	1	1	1					
33	3383 泥蜂科	*Prionyx*	7			1	1	1											1	1		1	1
33	3383 泥蜂科	*Sceliphron*	10			1	1						1	1	1	1	1	1	1	1	1	1	1
33	3383 泥蜂科	*Sphex*	15			1	1						1	1	1	1		1	1	1	1	1	1
33	3383 泥蜂科	*Taialia*	1																1				
33	3384 长背泥蜂科	*Ampulex*	21													1	1		1	1	1	1	
33	3384 长背泥蜂科	*Dolichurus*	13																1	1			
33	3384 长背泥蜂科	*Trirhogma*	3										1						1	1			
33	3385 方头泥蜂科	*Alysson*	14										1	1		1	1		1	1			
33	3385 方头泥蜂科	*Ammatomus*	3																				
33	3385 方头泥蜂科	*Ammoplanops*	1			1	1																
33	3385 方头泥蜂科	*Ammoplanus*	4			1	1																
33	3385 方头泥蜂科	*Argogorytes*	3																1	1			
33	3385 方头泥蜂科	*Astata*	3																1		1		
33	3385 方头泥蜂科	*Bembecinus*	5					1											1				
33	3385 方头泥蜂科	*Bembix*	12			1	1	1	1					1					1			1	1
33	3385 方头泥蜂科	*Brachystegus*	2																1		1		
33	3385 方头泥蜂科	*Carinostigmus*	9												1	1	1		1	1	1	1	1

附录

（续表）

目	科	属	种数	昆虫亚区																			
				a	b	c	d	e	f	g	h	i	j	k	l	m	n	o	p	q	r	s	t
33	3385 方头泥蜂科	*Cerceris*	83	1		1	1	1	1	1		1		1	1				1	1		1	1
33	3385 方头泥蜂科	*Crabro*	14	1			1		1	1													
33	3385 方头泥蜂科	*Crossocerus*	52			1		1	1			1			1	1		1	1	1			
33	3385 方头泥蜂科	*Dasyproctus*	2																	1		1	
33	3385 方头泥蜂科	*Dryudella*	2																				
33	3385 方头泥蜂科	*Ectemnius*	23							1			1							1		1	
33	3385 方头泥蜂科	*Entomognathus*	3					1												1	1	1	
33	3385 方头泥蜂科	*Eogorytes*	3																	1			
33	3385 方头泥蜂科	*Gastrosericus*	2																				
33	3385 方头泥蜂科	*Gorytes*	9	1																			
33	3385 方头泥蜂科	*Hoplisoides*	1																				
33	3385 方头泥蜂科	*Laphyragogus*	1																				
33	3385 方头泥蜂科	*Larra*	9				1							1	1	1				1	1		1
33	3385 方头泥蜂科	*Leclercqia*	1																	1			
33	3385 方头泥蜂科	*Lestica*	8			1	1	1	1											1			
33	3385 方头泥蜂科	*Lestiphorus*	4																				
33	3385 方头泥蜂科	*Lindenius*	8				1		1														
33	3385 方头泥蜂科	*Liris*	18										1		1					1	1	1	1	1
33	3385 方头泥蜂科	*Lyroda*	2																	1			
33	3385 方头泥蜂科	*Mellinus*	2																				
33	3385 方头泥蜂科	*Mimesa*	10		1																		
33	3385 方头泥蜂科	*Mimumesa*	4																	1	1		
33	3385 方头泥蜂科	*Miscophus*	2																				
33	3385 方头泥蜂科	*Nippononysson*	1																				
33	3385 方头泥蜂科	*Nitela*	2																	1			
33	3385 方头泥蜂科	*Nysson*	3																				
33	3385 方头泥蜂科	*Odontocrabro*	1																	1			
33	3385 方头泥蜂科	*Oxybelus*	13				1		1								1			1	1	1	1
33	3385 方头泥蜂科	*Palarus*	2			1	1	1															
33	3385 方头泥蜂科	*Parapiagetia*	1																				
33	3385 方头泥蜂科	*Passaloecus*	3																	1			
33	3385 方头泥蜂科	*Pemphredon*	10					1					1		1				1	1		1	
33	3385 方头泥蜂科	*Philanthinus*	1																				
33	3385 方头泥蜂科	*Pison*	8										1		1				1				
33	3385 方头泥蜂科	*Piyuma*	1																	1			
33	3385 方头泥蜂科	*Polemistus*	3																	1			
33	3385 方头泥蜂科	*Prosopigastra*	1																				
33	3385 方头泥蜂科	*Psammaecius*	1																				
33	3385 方头泥蜂科	*Psen*	19												1				1	1			
33	3385 方头泥蜂科	*Pseneo*	1																	1			
33	3385 方头泥蜂科	*Psenulus*	9																	1			
33	3385 方头泥蜂科	*Rhopalum*	27												1	1				1	1	1	1
33	3385 方头泥蜂科	*Solierella*	1				1																
33	3385 方头泥蜂科	*Sphecius*	1																				
33	3385 方头泥蜂科	*Spilomena*	5												1					1	1	1	
33	3385 方头泥蜂科	*Stigmus*	4																	1			
33	3385 方头泥蜂科	*Stizoides*	1																				
33	3385 方头泥蜂科	*Stizus*	3			1	1	1			1												
33	3385 方头泥蜂科	*Tachysphex*	25	1	1	1	1	1												1			
33	3385 方头泥蜂科	*Tachytes*	12			1	1	1							1		1			1	1		1	1
33	3385 方头泥蜂科	*Tracheliodes*	3																	1			
33	3385 方头泥蜂科	*Trypoxylon*	29												1					1	1		1
33	3386 修复细蜂科	*Proctorenyxa*	1				1